城市建设标准专题汇编系列

高性能混凝土标准汇编

本社 编

中国建筑工业出版社

图书在版编目（CIP）数据

高性能混凝土标准汇编/中国建筑工业出版社
编. —北京：中国建筑工业出版社，2016.12
（城市建设标准专题汇编系列）
ISBN 978-7-112-19818-4

Ⅰ.①高…　Ⅱ.①中…　Ⅲ.①高强混凝土-标准-
汇编-中国　Ⅳ.①TU528.31-65

中国版本图书馆 CIP 数据核字(2016)第 216941 号

责任编辑：孙玉珍　何玮珂　丁洪良

城市建设标准专题汇编系列
高性能混凝土标准汇编
本社　编
*
中国建筑工业出版社出版、发行（北京西郊百万庄）
各地新华书店、建筑书店经销
北京红光制版公司制版
北京圣夫亚美印刷有限公司印刷
*
开本：787×1092毫米　1/16　印张：53　字数：1954千字
2016 年 10 月第一版　　2016 年 10 月第一次印刷
定价：**128.00** 元
ISBN 978-7-112-19818-4
（29358）

出　版　说　明

　　工程建设标准是建设领域实行科学管理，强化政府宏观调控的基础和手段。它对规范建设市场各方主体行为，确保建设工程质量和安全，促进建设工程技术进步，提高经济效益和社会效益具有重要的作用。

　　时隔 37 年，党中央于 2015 年底召开了"中央城市工作会议"。会议明确了新时期做好城市工作的指导思想、总体思路、重点任务，提出了做好城市工作的具体部署，为今后一段时期的城市工作指明了方向、绘制了蓝图、提供了依据。为深入贯彻中央城市工作会议精神，做好城市建设工作，我们根据中央城市工作会议的精神和住房城乡建设部近年来的重点工作，推出了《城市建设标准专题汇编系列》，为广大管理和工程技术人员提供技术支持。《城市建设标准专题汇编系列》共 13 分册，分别为：

1.《城市地下综合管廊标准汇编》
2.《海绵城市标准汇编》
3.《智慧城市标准汇编》
4.《装配式建筑标准汇编》
5.《城市垃圾标准汇编》
6.《养老及无障碍标准汇编》
7.《绿色建筑标准汇编》
8.《建筑节能标准汇编》
9.《高性能混凝土标准汇编》
10.《建筑结构检测维修加固标准汇编》
11.《建筑施工与质量验收标准汇编》
12.《建筑施工现场管理标准汇编》
13.《建筑施工安全标准汇编》

　　本次汇编根据"科学合理，内容准确，突出专题"的原则，参考住房和城乡建设部发布的"工程建设标准体系"，对工程建设中影响面大、使用面广的标准规范进行筛选整合，汇编成上述《城市建设标准专题汇编系列》。各分册中的标准规范均以"条文＋说明"的形式提供，便于读者对照查阅。

　　需要指出的是，标准规范处于一个不断更新的动态过程，为使广大读者放心地使用以上规范汇编本，我们将在中国建筑工业出版社网站上及时提供标准规范的制订、修订等信息。详情请点击 www.cabp.com.cn 的"规范大全园地"。我们诚恳地希望广大读者对标准规范的出版发行提供宝贵意见，以便于改进我们的工作。

目　　录

《普通混凝土拌合物性能试验方法标准》GB/T 50080—2002 …………………… 1—1

《普通混凝土力学性能试验方法标准》GB/T 50081—2002 ………………………… 2—1

《普通混凝土长期性能和耐久性能试验方法标准》GB/T 50082—2009 …………… 3—1

《混凝土强度检验评定标准》GB/T 50107—2010 ………………………………… 4—1

《混凝土外加剂应用技术规范》GB 50119—2013 ………………………………… 5—1

《粉煤灰混凝土应用技术规范》GB/T 50146—2014 ……………………………… 6—1

《混凝土质量控制标准》GB 50164—2011 ………………………………………… 7—1

《混凝土结构耐久性设计规范》GB/T 50476—2008 ……………………………… 8—1

《预防混凝土碱骨料反应技术规范》GB/T 50733—2011 ………………………… 9—1

《矿物掺合料应用技术规范》GB/T 51003—2014 ………………………………… 10—1

《早期推定混凝土强度试验方法标准》JGJ/T 15—2008 ………………………… 11—1

《蒸压加气混凝土建筑应用技术规程》JGJ/T 17—2008 ………………………… 12—1

《轻骨料混凝土技术规程》JGJ 51—2002 ………………………………………… 13—1

《普通混凝土用砂、石质量及检验方法标准》JGJ 52—2006 …………………… 14—1

《普通混凝土配合比设计规程》JGJ 55—2011 …………………………………… 15　1

《混凝土用水标准》JGJ 63—2006 ………………………………………………… 16—1

《清水混凝土应用技术规程》JGJ 169—2009 …………………………………… 17—1

《补偿收缩混凝土应用技术规程》JGJ/T 178—2009 …………………………… 18—1

《混凝土耐久性检验评定标准》JGJ/T 193—2009 ……………………………… 19—1

《海砂混凝土应用技术规范》JGJ 206—2010 …………………………………… 20—1

《纤维混凝土应用技术规程》JGJ/T 221—2010 ………………………………… 21—1

《预拌砂浆应用技术规程》JGJ/T 223—2010 …………………………………… 22—1

《再生骨料应用技术规程》JGJ/T 240—2011 …………………………………… 23—1

《人工砂混凝土应用技术规程》JGJ/T 241—2011 ……………………………… 24—1

《高强混凝土应用技术规程》JGJ/T 281—2012 ………………………………… 25—1

《自密实混凝土应用技术规程》JGJ/T 283—2012 ……………………………… 26—1

《高强混凝土强度检测技术规程》JGJ/T 294—2013 …………………………… 27—1

《高抛免振捣混凝土应用技术规程》JGJ/T 296—2013 ………………………… 28—1

《磷渣混凝土应用技术规程》JGJ/T 308—2013 ………………………………… 29—1

《石灰石粉在混凝土中应用技术规程》JGJ/T 318—2014 ……………………… 30—1

《混凝土中氯离子含量检测技术规程》JGJ/T 322—2013 ……………………… 31—1

《预拌混凝土绿色生产及管理技术规程》JGJ/T 328—2014 …………………… 32—1

《泡沫混凝土应用技术规程》JGJ/T 341—2014 ………………………………… 33—1

《喷射混凝土应用技术规程》JGJ/T 372—2016 ………………………………… 34—1

《高性能混凝土评价标准》JGJ/T 385—2015 …………………………………… 35—1

中华人民共和国国家标准

普通混凝土拌合物性能试验方法标准

Standard for test method of performance
on ordinary fresh concrete

GB/ T 50080—2002

批准部门：中华人民共和国建设部
施行日期：2003 年 6 月 1 日

中华人民共和国建设部
公　告

第 103 号

建设部关于发布国家标准《普通混凝土拌合物性能试验方法标准》的公告

现批准《普通混凝土拌合物性能试验方法标准》为国家标准，编号为 GB/T 50080—2002，自 2003 年 6 月 1 日起实施。原《普通混凝土拌合物性能试验方法》GBJ 80—85 同时废止。

本标准由建设部标准定额研究所组织中国建筑工业出版社出版发行。

中华人民共和国建设部

2003 年 1 月 10 日

前　　言

根据建设部《根据 1998 年工程建设国家标准制定、修订计划的通知》（建标〔1998〕94 号）的要求，标准组在广泛调研、认真总结实践经验、参考国外先进标准、广泛征求意见的基础上，对原国家标准《普通混凝土拌合物性能试验方法》GBJ 80—85 进行了修订。

本标准的主要技术内容有：1 总则；2 拌合物取样及试样的制备；3 稠度试验；4 凝结时间试验；5 泌水与压力泌水试验；6 拌合物表观密度试验；7 拌合物含气量试验；8 配合比分析试验；附录 A 增实因数法。

修订的主要内容是：1. 删除原标准中水压法测量混凝土含气量的试验方法；2. 对原标准中其他试验方法从技术上加以修订，使其更适用、完善；3. 由于混凝土技术的发展，增加了坍落扩展度试验、凝结时间试验、泌水与压力泌水试验、增实因数法试验；4. 原标准中的"混凝土拌合物水灰比分析"由只能分析水灰比扩展成能分析配合比四大组分的较实用的试验方法；5. 对试验仪器设备提出了标准化要求；6. 增加了试验报告应包括的内容等。

本规范将来可能需要进行局部修订，有关局部修订的信息和条文内容将刊登在《工程建设标准化》杂志上。

本规范由建设部负责管理，中国建筑科学研究院负责具体技术内容的解释。

为提高规范质量，请各单位在执行本规范过程中，结合工程实践，认真总结经验，并将意见和建议寄交北京市北三环东路 30 号中国建筑科学研究院标准研究中心国家标准《普通混凝土拌合物性能试验方法标准》管理组（邮政编码：100013，E-mail：jgbz-cabr@ vip. sina. com）。

本标准编制单位和主要起草人名单

主编单位：中国建筑科学研究院

参编单位：清华大学
同济大学材料科学与工程学院
湖南大学
铁道部产品质量监督检验中心
贵州中建建筑科研设计院
中国建筑材料科学研究院
杭州应用工程学院
上海建筑科学研究院
济南试金集团有限公司

主要起草人：戎君明　李可长　黄小平　姚　燕
杨　静　李启令　黄政宇　钟美秦
林力勋　李家康　顾政民　陶立英

目　次

1 总则 …………………………………… 1—4
2 取样及试样的制备 …………………… 1—4
　2.1 取样 ………………………………… 1—4
　2.2 试样的制备 ………………………… 1—4
　2.3 试验记录 …………………………… 1—4
3 稠度试验 ……………………………… 1—4
　3.1 坍落度与坍落扩展度法 …………… 1—4
　3.2 维勃稠度法 ………………………… 1—5
4 凝结时间试验 ………………………… 1—5
5 泌水与压力泌水试验 ………………… 1—6

　5.1 泌水试验 …………………………… 1—6
　5.2 压力泌水试验 ……………………… 1—7
6 表观密度试验 ………………………… 1—8
7 含气量试验 …………………………… 1—8
8 配合比分析试验 ……………………… 1—10
附录 A　增实因数法 …………………… 1—12
本标准用词、用语说明 ………………… 1—13
附：条文说明 …………………………… 1—14

1 总　则

1.0.1 为进一步规范混凝土试验方法，提高混凝土试验精度和试验水平，并在检验或控制混凝土工程或预制混凝土构件的质量时，有一个统一的混凝土拌合物性能试验方法，制定本标准。

1.0.2 本标准适用于建筑工程中的普通混凝土拌合物性能试验，包括取样及试样制备、稠度试验、凝结时间试验、泌水与压力泌水试验、表观密度试验、含气量试验和配合比分析试验。

1.0.3 按本标准的试验方法所做的试验，试验报告应包括下列内容：

 1 委托单位提供的内容：

 1) 委托单位名称；

 2) 工程名称及施工部位；

 3) 要求检测的项目名称；

 4) 原材料的品种、规格和产地以及混凝土配合比；

 5) 要说明的其他内容。

 2 检测单位提供的内容：

 1) 试样编号；

 2) 试验日期及时间；

 3) 仪器设备的名称、型号及编号；

 4) 环境温度和湿度；

 5) 原材料的品种、规格、产地和混凝土配合比及其相应的试验编号；

 6) 搅拌方式；

 7) 混凝土强度等级；

 8) 检测结果；

 9) 要说明的其他内容。

1.0.4 普通混凝土拌合物性能试验方法，除应符合本标准的规定外，尚应按现行国家强制性标准中的有关规定的要求执行。

2 取样及试样的制备

2.1 取　样

2.1.1 同一组混凝土拌合物的取样应从同一盘混凝土或同一车混凝土中取样。取样量应多于试验所需量的1.5倍，且宜不小于20L。

2.1.2 混凝土拌合物的取样应具有代表性，宜采用多次采样的方法。一般在同一盘混凝土或同一车混凝土中的约1/4处、1/2处和3/4处之间分别取样，从第一次取样到最后一次取样不宜超过15min，然后人工搅拌均匀。

2.1.3 从取样完毕到开始做各项性能试验不宜超过5min。

2.2 试样的制备

2.2.1 在试验室制备混凝土拌合物时，拌合时试验室的温度应保持在20±5℃，所用材料的温度应与试验室温度保持一致。

 注：需要模拟施工条件下所用的混凝土时，所用原材料的温度宜与施工现场保持一致。

2.2.2 试验室拌合混凝土时，材料用量应以质量计。称量精度：骨料为±1%；水、水泥、掺合料、外加剂均为±0.5%。

2.2.3 混凝土拌合物的制备应符合《普通混凝土配合比设计规程》JGJ 55中的有关规定。

2.2.4 从试样制备完毕到开始做各项性能试验不宜超过5min。

2.3 试验记录

2.3.1 取样记录应包括下列内容：

 1 取样日期和时间；

 2 工程名称、结构部位；

 3 混凝土强度等级；

 4 取样方法；

 5 试样编号；

 6 试样数量；

 7 环境温度及取样的混凝土温度。

2.3.2 在试验室制备混凝土拌合物时，除应记录以上内容外，还应记录下列内容：

 1 试验室温度；

 2 各种原材料品种、规格、产地及性能指标；

 3 混凝土配合比和每盘混凝土的材料用量。

3 稠　度　试　验

3.1 坍落度与坍落扩展度法

3.1.1 本方法适用于骨料最大粒径不大于40mm、坍落度不小于10mm的混凝土拌合物稠度测定。

3.1.2 坍落度与坍落扩展度试验所用的混凝土坍落度仪应符合《混凝土坍落度仪》JG 3021中有关技术要求的规定。

3.1.3 坍落度与坍落扩展度试验应按下列步骤进行：

 1 湿润坍落度筒及底板，在坍落度筒内壁和底板上应无明水。底板应放置在坚实水平面上，并把筒放在底板中心，然后用脚踩住二边的脚踏板，坍落度筒在装料时应保持固定的位置。

 2 把按要求取得的混凝土试样用小铲分三层均匀地装入筒内，使捣实后每层高度为筒高的三分之一左右。每层用捣棒插捣25次。插捣应沿螺旋方向由外向中心进行，各次插捣应在截面上均匀分布。插捣筒边混凝土时，捣棒可以稍稍倾斜。插捣底层时，捣棒应贯穿整个深度，插捣第二层和顶层时，捣棒应插透本层至下一层的表面；浇灌顶层时，混凝土应灌到高出筒口。插捣过程中，如混凝土沉落到低于筒口，则应随时添加。顶层插捣完后，刮去多余的混凝土，并用抹刀抹平。

3 清除筒边底板上的混凝土后，垂直平稳地提起坍落度筒。坍落度筒的提离过程应在 5～10s 内完成；从开始装料到提坍落度筒的整个过程应不间断地进行，并应在 150s 内完成。

4 提起坍落度筒后，测量筒高与坍落后混凝土试体最高点之间的高度差，即为该混凝土拌合物的坍落度值；坍落度筒提离后，如混凝土发生崩坍或一边剪坏现象，则应重新取样另行测定；如第二次试验仍出现上述现象，则表示该混凝土和易性不好，应予记录备查。

5 观察坍落后的混凝土试体的黏聚性及保水性。黏聚性的检查方法是用捣棒在已坍落的混凝土锥体侧面轻轻敲打，此时如果锥体逐渐下沉，则表示黏聚性良好，如果锥体倒塌、部分崩裂或出现离析现象，则表示黏聚性不好。保水性以混凝土拌合物稀浆析出的程度来评定，坍落度筒提起后如有较多的稀浆从底部析出，锥体部分的混凝土也因失浆而骨料外露，则表明此混凝土拌合物的保水性能不好；如坍落度筒提起后无稀浆或仅有少量稀浆自底部析出，则表示此混凝土拌合物保水性良好。

6 当混凝土拌合物的坍落度大于 220mm 时，用钢尺测量混凝土扩展后最终的最大直径和最小直径，在这两个直径之差小于 50mm 的条件下，用其算术平均值作为坍落扩展度值；否则，此次试验无效。

如果发现粗骨料在中央集堆或边缘有水泥浆析出，表示此混凝土拌合物抗离析性不好，应予记录。

3.1.4 混凝土拌合物坍落度和坍落扩展度值以毫米为单位，测量精确至 1mm，结果表达修约至 5mm。

3.1.5 混凝土拌合物稠度试验报告内容除应包括本标准第 1.0.3 条的内容外，尚应报告混凝土拌合物坍落度值或坍落扩展度值。

3.2 维勃稠度法

3.2.1 本方法适用于骨料最大粒径不大于 40mm，维勃稠度在 5～30s 之间的混凝土拌合物稠度测定。坍落度不大于 50mm 或干硬性混凝土和维勃稠度大于 30s 的特干硬性混凝土拌合物的稠度可采用附录 A 增实因数法来测定。

3.2.2 维勃稠度试验所用维勃稠度仪应符合《维勃稠度仪》JG 3043 中技术要求的规定。

3.2.3 维勃稠度试验应按下列步骤进行：

1 维勃稠度仪应放置在坚实水平面上，用湿布把容器、坍落度筒、喂料斗内壁及其他用具润湿；

2 将喂料斗提到坍落度筒上方扣紧，校正容器

位置，使其中心与喂料中心重合，然后拧紧固定螺丝；

3 把按要求取样或制作的混凝土拌合物试样用小铲分三层经喂料斗均匀地装入筒内，装料及插捣的方法应符合第 3.1.3 条中第 2 款的规定；

4 把喂料斗转离，垂直地提起坍落度筒，此时应注意不使混凝土试体产生横向的扭动；

5 把透明圆盘转到混凝土圆台体顶面，放松测杆螺钉，降下圆盘，使其轻轻接触到混凝土顶面；

6 拧紧定位螺钉，并检查测杆螺钉是否已经完全放松；

7 在开启振动台的同时用秒表计时，当振动到透明圆盘的底面被水泥浆布满的瞬间停止计时，并关闭振动台。

3.2.4 由秒表读出时间即为该混凝土拌合物的维勃稠度值，精确至 1s。

3.2.5 混凝土拌合物稠度试验报告内容除应包括本标准第 1.0.3 条的内容外，尚应报告混凝土拌合物维勃稠度值。

4 凝结时间试验

4.0.1 本方法适用于从混凝土拌合物中筛出的砂浆用贯入阻力法来确定坍落度值不为零的混凝土拌合物凝结时间的测定。

4.0.2 贯入阻力仪应由加荷装置、测针、砂浆试样筒和标准筛组成，可以是手动的，也可以是自动的。贯入阻力仪应符合下列要求：

1 加荷装置：最大测量值应不小于 1000N，精度为 ±10N；

2 测针：长为 100mm，承压面积为 100mm²、50mm² 和 20mm² 三种测针；在距贯入端 25mm 处刻有一圈标记；

3 砂浆试样筒：上口径为 160mm，下口径为 150mm，净高为 150mm 刚性不透水的金属圆筒，并配有盖子；

4 标准筛：筛孔为 5mm 的符合现行国家标准《试验筛》GB/T 6005 规定的金属圆孔筛。

4.0.3 凝结时间试验应按下列步骤进行：

1 应从按本标准第 2 章制备或现场取样的混凝土拌合物试样中，用 5mm 标准筛筛出砂浆，每次应筛净，然后将其拌合均匀。将砂浆一次分别装入三个试样筒中，做三个试验。取样混凝土坍落度不大于70mm 的混凝土宜用振动台振实砂浆；取样混凝土坍落度大于 70mm 的宜用捣棒人工捣实。用振动台振实砂浆时，振动应持续到表面出浆为止，不得过振；用捣棒人工捣实时，应沿螺旋方向由外向中心均匀插捣25 次，然后用橡皮锤轻轻敲打筒壁，直至插捣孔消失为止。振实或插捣后，砂浆表面应低于砂浆试样筒

口约 10mm；砂浆试样筒应立即加盖。

2 砂浆试样制备完毕，编号后应置于温度为 20±2℃的环境中或现场同条件下待试，并在以后的整个测试过程中，环境温度应始终保持 20±2℃。现场同条件测试时，应与现场条件保持一致。在整个测试过程中，除在吸取泌水或进行贯入试验外，试样筒应始终加盖。

3 凝结时间测定从水泥与水接触瞬间开始计时。根据混凝土拌合物的性能，确定测针试验时间，以后每隔 0.5h 测试一次，在临近初、终凝时可增加测定次数。

4 在每次测试前 2min，将一片 20mm 厚的垫块垫入筒底一侧使其倾斜，用吸管吸去表面的泌水，吸水后平稳地复原。

5 测试时将砂浆试样筒置于贯入阻力仪上，测针端部与砂浆表面接触，然后在 10±2s 内均匀地使测针贯入砂浆 25±2mm 深度，记录贯入压力，精确至 10N；记录测试时间，精确至 1min；记录环境温度，精确至 0.5℃。

6 各测点的间距应大于测针直径的两倍且不小于 15mm，测点与试样筒壁的距离应不小于 25mm。

7 贯入阻力测试在 0.2～28MPa 之间应至少进行 6 次，直至贯入阻力大于 28MPa 为止。

8 在测试过程中应根据砂浆凝结状况，适时更换测针，更换测针宜按表 4.0.3 选用。

表 4.0.3 测针选用规定表

贯入阻力（MPa）	0.2～3.5	3.5～20	20～28
测针面积（mm²）	100	50	20

4.0.4 贯入阻力的结果计算以及初凝时间和终凝时间的确定应按下述方法进行：

1 贯入阻力应按下式计算：

$$f_{PR} = \frac{P}{A} \qquad (4.0.4-1)$$

式中 f_{PR}——贯入阻力（MPa）；

P——贯入压力（N）；

A——测针面积（mm²）。

计算应精确至 0.1MPa。

2 凝结时间宜通过线性回归方法确定，是将贯入阻力 f_{PR} 和时间 t 分别取自然对数 $\ln(f_{PR})$ 和 $\ln(t)$，然后把 $\ln(f_{PR})$ 当作自变量，$\ln(t)$ 当作因变量作线性回归得到回归方程式：

$$\ln(t) = A + B\ln(f_{PR}) \qquad (4.0.4-2)$$

式中 t——时间（min）；

f_{PR}——贯入阻力（MPa）；

A、B——线性回归系数。

根据式 4.0.4-2 求得当贯入阻力为 3.5MPa 时为初凝时间 t_s，贯入阻力为 28MPa 时为终凝时间 t_e：

$$t_s = e^{(A+B\ln(3.5))} \qquad (4.0.4-3)$$

$$t_e = e^{(A+B\ln(28))} \qquad (4.0.4-4)$$

式中 t_s——初凝时间（min）；

t_e——终凝时间（min）；

A、B——式（4.0.4-2）中的线性回归系数。

凝结时间也可用绘图拟合方法确定，是以贯入阻力为纵坐标，经过的时间为横坐标（精确至 1min），绘制出贯入阻力与时间之间的关系曲线，以 3.5MPa 和 28MPa 划两条平行于横坐标的直线，分别与曲线相交的两个交点的横坐标即为混凝土拌合物的初凝和终凝时间。

3 用三个试验结果的初凝和终凝时间的算术平均值作为此次试验的初凝和终凝时间。如果三个测值的最大值或最小值中有一个与中间值之差超过中间值的 10%，则以中间值为试验结果；如果最大值和最小值与中间值之差均超过中间值的 10% 时，则此次试验无效。

凝结时间用 h：min 表示，并修约至 5min。

4.0.5 混凝土拌合物凝结时间试验报告内容除应包括本标准第 1.0.3 条的内容外，还应包括以下内容：

1 每次做贯入阻力试验时所对应的环境温度、时间、贯入压力、测针面积和计算出来的贯入阻力值。

2 根据贯入阻力和时间绘制的关系曲线。

3 混凝土拌合物的初凝和终凝时间。

4 其他应说明的情况。

5 泌水与压力泌水试验

5.1 泌水试验

5.1.1 本方法适用于骨料最大粒径不大于 40mm 的混凝土拌合物泌水测定。

5.1.2 泌水试验所用的仪器设备应符合下列条件：

1 试样筒：符合本标准第 6.0.2 条中第 1 款、容积为 5L 的容量筒并配有盖子；

2 台秤：称量为 50kg，感量为 50g；

3 量筒：容量为 10mL、50mL、100mL 的量筒及吸管；

4 振动台：应符合《混凝土试验室用振动台》JG/T 3020 中技术要求的规定；

5 捣棒：应符合本标准第 3.1.2 条的要求。

5.1.3 泌水试验应按下列步骤进行：

1 应用湿布湿润试样筒内壁后立即称量，记录试样筒的质量。再将混凝土试样装入试样筒，混凝土的装料及捣实方法有两种：

1）方法 A：用振动台振实。将试样一次装入试样筒内，开启振动台，振动应持续到表面出浆为止，且应避免过振；并使混凝土拌合物表面低于试样筒口 30±3mm，用抹刀抹平。抹平后立即计时并称量，记录试样筒与试样的总质量。

2）方法B：用捣棒捣实。采用捣棒捣实时，混凝土拌合物应分两层装入，每层的插捣次数应为25次；捣棒由边缘向中心均匀地插捣，插捣底层时捣棒应贯穿整个深度，插捣第二层时，捣棒应插透本层至下一层的表面；每一层捣完后用橡皮锤轻轻沿容量外壁敲打5～10次，进行振实，直至拌合物表面插捣孔消失并不见大气泡为止；并使混凝土拌合物表面低于试样筒筒口 30±3mm，用抹刀抹平。抹平后立即计时并称量，记录试样筒与试样的总质量。

2 在以下吸取混凝土拌合物表面泌水的整个过程中，应使试样筒保持水平、不受振动；除了吸水操作外，应始终盖好盖子；室温应保持在20±2℃。

3 从计时开始后 60min 内，每隔 10min 吸取 1次试样表面渗出的水。60min 后，每隔 30min 吸 1 次水，直至认为不再泌水为止。为了便于吸水，每次吸水前 2min，将一片 35mm 厚的垫块垫入筒底一侧使其倾斜，吸水后平稳地复原。吸出的水放入量筒中，记录每次吸水的水量并计算累计水量，精确至1mL。

5.1.4 泌水量和泌水率的结果计算及其确定应按下列方法进行：

1 泌水量应按下式计算：

$$B_a = \frac{V}{A} \qquad (5.1.4\text{-}1)$$

式中 B_a——泌水量（mL/mm²）；

V——最后一次吸水后累计的泌水量（mL）；

A——试样外露的表面面积（mm²）。

计算应精确至 0.01mL/mm²。泌水量取三个试样测值的平均值。三个测值中的最大值或最小值，如果有一个与中间值之差超过中间值的 15%，则以中间值为试验结果；如果最大值和最小值与中间值之差均超过中间值的 15% 时，则此次试验无效。

2 泌水率应按下式计算：

$$B = \frac{V_w}{(W/G)G_w} \times 100 \qquad (5.1.4\text{-}2)$$

$$G_w = G_1 - G_0 \qquad (5.1.4\text{-}3)$$

式中 B——泌水率（%）；

V_w——泌水总量（mL）；

G_w——试样质量（g）；

W——混凝土拌合物总用水量（mL）；

G——混凝土拌合物总质量（g）；

G_1——试样筒及试样总质量（g）；

G_0——试样筒质量（g）。

计算应精确至 1%。泌水率取三个试样测值的平均值。三个测值中的最大值或最小值，如果有一个与中间值之差超过中间值的 15%，则以中间值为试验结果；如果最大值和最小值与中间值之差均超过中间值的 15% 时，则此次试验无效。

5.1.5 混凝土拌合物泌水试验记录及其报告内容除应满足本标准第 1.0.3 条要求外，还应包括以下内容：

1 混凝土拌合物总用水量和总质量；

2 试样筒质量；

3 试样筒和试样的总质量；

4 每次吸水时间和对应的吸水量；

5 泌水量和泌水率。

5.2 压力泌水试验

5.2.1 本方法适用于骨料最大粒径不大于 40mm 的混凝土拌合物压力泌水测定。

5.2.2 压力泌水试验所用的仪器设备应符合下列条件：

1 压力泌水仪：其主要部件包括压力表、缸体、工作活塞、筛网等（图 5.2.2）。压力表最大量程 6MPa，最小分度值不大于 0.1MPa；缸体内径 125±0.02mm，内高 200±0.2mm；工作活塞压强为 3.2MPa，公称直径为 125mm；筛网孔径为 0.315mm。

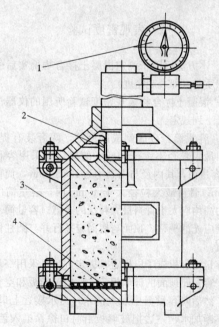

图 5.2.2 压力泌水仪
1—压力表；2—工作活塞；3—缸体；4—筛网

2 捣棒：符合本规程第 3.1.2 条的规定。

3 量筒：200mL 量筒。

5.2.3 压力泌水试验应按以下步骤进行：

1 混凝土拌合物应分两层装入压力泌水仪的缸体容器内，每层的插捣次数应为 20 次。捣棒由边缘向中心均匀地插捣，插捣底层时捣棒应贯穿整个深度，插捣第二层时，捣棒应插透本层至下一层的表面；每一层捣完后用橡皮锤轻轻沿容器外壁敲打 5～10 次，进行振实，直至拌合物表面插捣孔消失并不见大气泡为止；并使拌合物表面低于容器口以下约30mm处，用抹刀将表面抹平。

2 将容器外表擦干净，压力泌水仪按规定安装完毕后应立即给混凝土试样施加压力至3.2MPa，并打开泌水阀门同时开始计时，保持恒压，泌出的水接入200mL量筒里；加压至10s时读取泌水量V_{10}，加压至140s时读取泌水量V_{140}。

5.2.4 压力泌水率应按下式计算：

$$B_V = \frac{V_{10}}{V_{140}} \times 100 \qquad (5.2.4)$$

式中　B_V——压力泌水率（%）；

V_{10}——加压至10s时的泌水量（mL）；

V_{140}——加压至140s的泌水量（mL）。

压力泌水率的计算应精确至1%。

5.2.5 混凝土拌合物压力泌水试验报告内容除应包括本标准第1.0.3条的内容外，还应包括以下内容：

1 加压至10s时的泌水量V_{10}，和加压至140s时的泌水量V_{140}；

2 压力泌水率。

6 表观密度试验

6.0.1 本方法适用于测定混凝土拌合物捣实后的单位体积质量（即表观密度）。

6.0.2 混凝土拌合物表观密度试验所用的仪器设备应符合下列规定：

1 容量筒：金属制成的圆筒，两旁装有提手。对骨料最大粒径不大于40mm的拌合物采用容积为5L的容量筒，其内径与内高均为186±2mm，筒壁厚为3mm；骨料最大粒径大于40mm时，容量筒的内径与内高均应大于骨料最大粒径的4倍。容量筒上缘及内壁应光滑平整，顶面与底面应平行并与圆柱体的轴垂直。

容量筒容积应予以标定，标定方法可采用一块能覆盖住容量筒顶面的玻璃板，先称出玻璃板和空桶的质量，然后向容量筒中灌入清水，当水接近上口时，一边不断加水，一边把玻璃板沿筒口徐徐推入盖严，应注意使玻璃板下不带入任何气泡；然后擦净玻璃板面及筒壁外的水分，将容量筒连同玻璃板放在台称上称其质量；两次质量之差（kg）即为容量筒的容积L；

2 台秤：称量50kg，感量50g；

3 振动台：应符合《混凝土试验室用振动台》JG/T 3020中技术要求的规定；

4 捣棒：应符合规程第3.1.2条的规定。

6.0.3 混凝土拌合物表观密度试验应按以下步骤进行：

1 用湿布把容量筒内外擦干净，称出容量筒质量，精确至50g；

2 混凝土的装料及捣实方法应根据拌合物的稠度而定。坍落度不大于70mm的混凝土，用振动台振实为宜；大于70mm的用捣棒捣实为宜。采用捣棒捣实时，应根据容量筒的大小决定分层与插捣次数：用5L容量筒时，混凝土拌合物应分两层装入，每层的插捣次数应为25次；用大于5L的容量筒时，每层混凝土的高度不应大于100mm，每层插捣次数应按每10000mm²截面不小于12次计算。各次插捣应由边缘向中心均匀地插捣，插捣底层时捣棒应贯穿整个深度，插捣第二层时，捣棒应插透本层至下一层的表面；每一层捣完后用橡皮锤轻轻沿容器外壁敲打5~10次，进行振实，直至拌合物表面插捣孔消失并不见大气泡为止。

采用振动台振实时，应一次将混凝土拌合物灌到高出容量筒口。装料时可用捣棒稍加插捣，振动过程中如混凝土低于筒口，应随时添加混凝土，振动直至表面出浆为止。

3 用刮尺将筒口多余的混凝土拌合物刮去，表面如有凹陷应填平；将容量筒外壁擦净，称出混凝土试样与容量筒总质量，精确至50g。

6.0.4 混凝土拌合物表观密度的计算应按下式计算：

$$\gamma_h = \frac{W_2 - W_1}{V} \times 1000 \qquad (6.0.4)$$

式中　γ_h——表观密度（kg/m³）；

W_1——容量筒质量（kg）；

W_2——容量筒和试样总质量（kg）；

V——容量筒容积（L）。

试验结果的计算精确至10kg/m³。

6.0.5 混凝土拌合物表观密度试验报告内容除应包括本标准第1.0.3条的内容外，还应包括以下内容：

1 容量筒质量和容积；

2 容量筒和混凝土试样总质量；

3 混凝土拌合物的表观密度。

7 含气量试验

7.0.1 本方法适于骨料最大粒径不大于40mm的混凝土拌合物含气量测定。

7.0.2 含气量试验所用设备应符合下列规定：

1 含气量测定仪：如图7.0.2所示，由容器及盖体两部分组成。容器：应由硬质、不易被水泥浆腐蚀的金属制成，其内表面粗糙度不应大于3.2μm，内径应与深度相等，容积为7L。盖体：应用与容器相同的材料制成。盖体部分应包括有气室、水找平室、加水阀、排水阀、操作阀、进气阀、排气阀及压力表。压力表的量程为0~0.25MPa，精度为0.01MPa。容器及盖体之间应设置密封垫圈，用螺栓连接，连接处不得有空气存留，并保证密闭；

2 捣棒：应符合本规程第3.1.2条的规定；

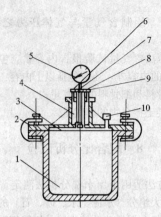

图 7.0.2 含气量测定仪

1—容器；2—盖体；3—水找平室；

4—气室；5—压力表；6—排气阀；

7—操作阀；8—排水阀；9—进气阀；

10—加水阀

3 振动台：应符合《混凝土试验室用振动台》JG/T 3020 中技术要求的规定；

4 台秤：称量 50kg，感量 50g；

5 橡皮锤：应带有质量约 250g 的橡皮锤头。

7.0.3 在进行拌合物含气量测定之前，应先按下列步骤测定拌合物所用骨料的含气量：

1 应按下式计算每个试样中粗、细骨料的质量：

$$m_g = \frac{V}{1000} \times m'_g \qquad (7.0.3-1)$$

$$m_s = \frac{V}{1000} \times m'_s \qquad (7.0.3-2)$$

式中 m_g、m_s——分别为每个试样中的粗、细骨料质量（kg）；

m'_g、m'_s——分别为每立方米混凝土拌合物中粗、细骨料质量（kg）；

V——含气量测定仪容器容积（L）。

2 在容器中先注入 1/3 高度的水，然后把通过 40mm 网筛的质量为 m_g、m_s 的粗、细骨料称好、拌匀，慢慢倒入容器。水面每升高 25mm 左右，轻轻插捣 10 次，并略予搅动，以排除夹杂进去的空气，加料过程中应始终保持水面高出骨料的顶面；骨料全部加入后，应浸泡约 5min，再用橡皮锤轻敲容器外壁，排净气泡，除去水面泡沫，加水至满，擦净容器上口边缘；装好密封圈，加盖拧紧螺栓；

3 关闭操作阀和排气阀，打开排水阀和加水阀，通过加水阀，向容器内注入水；当排水阀流出的水流不含气泡时，在注水的状态下，同时关闭加水阀和排水阀；

4 开启进气阀，用气泵向气室内注入空气，使气室内的压力略大于 0.1MPa，待压力表显示值稳定；微开排气阀，调整压力至 0.1MPa，然后关紧排气阀；

5 开启操作阀，使气室里的压缩空气进入容器，

待压力表显示值稳定后记录示值 P_{g1}，然后开启排气阀，压力仪表示值应回零；

6 重复以上第 7.0.3 条第 4 款和第 7.0.3 条第 5 款的试验，对容器内的试样再检测一次记录表值 P_{g2}；

7 若 P_{g1} 和 P_{g2} 的相对误差小于 0.2% 时，则取 P_{g1} 和 P_{g2} 的算术平均值，按压力与含气量关系曲线（见本标准第 7.0.6 条第 2 款）查得骨料的含气量（精确 0.1%）；若不满足，则应进行第三次试验。测得压力值 P_{g3}（MPa）。当 P_{g3} 与 P_{g1}、P_{g2} 中较接近一个值的相对误差不大于 0.2% 时，则取此二值的算术平均值。当仍大于 0.2% 时，则此次试验无效，应重做。

7.0.4 混凝土拌合物含气量试验应按下列步骤进行：

1 用湿布擦净容器和盖的内表面，装入混凝土拌合物试样；

2 捣实可采用手工或机械方法。当拌合物坍落度大于 70mm 时，宜采用手工插捣，当拌合物坍落度不大于 70mm 时，宜采用机械振捣，如振动台或插入或振捣器等；

用捣棒捣实时，应将混凝土拌合物分 3 层装入，每层捣实后高度约为 1/3 容器高度；每层装料后由边缘向中心均匀地插捣 25 次，捣棒应插透本层高度，再用木锤沿容器外壁重击 10～15 次，使插捣留下的插孔填满。最后一层装料应避免过满；

采用机械捣实时，一次装入捣实后体积为容器容量的混凝土拌合物，装料时可用捣棒稍加插捣，振实过程中如拌合物低于容器口，应随时添加；振动至混凝土表面平整、表面出浆为止，不得过度振捣；

若使用插入式振动器捣实，应避免振动器触及容器内壁和底面；

在施工现场测定混凝土拌合物含气量时，应采用与施工振动频率相同的机械方法捣实；

3 捣实完毕后立即用刮尺刮平，表面如有凹陷应予填平抹光；

如需同时测定拌合物表观密度时，可在此时称量和计算；

然后在正对操作阀孔的混凝土拌合物表面贴一小片塑料薄膜，擦净容器上口边缘，装好密封垫圈，加盖并拧紧螺栓；

4 关闭操作阀和排气阀，打开排水阀和加水阀，通过加水阀，向容器内注入水；当排水阀流出的水流不含气泡时，在注水的状态下，同时关闭加水阀和排水阀；

5 然后开启进气阀，用气泵注入空气至气室内压力略大于 0.1MPa，待压力示值仪表示值稳定后，微微开启排气阀，调整压力至 0.1MPa，关闭排气阀；

6 开启操作阀，待压力示值仪稳定后，测得压力值 P_{01}（MPa）；

7 开启排气阀，压力仪示值回零；重复上述 5 至 6 的步骤，对容器内试样再测一次压力值 P_{02}（MPa）；

8 若 P_{01} 和 P_{02} 的相对误差小于 0.2% 时，则取 P_{01}、P_{02} 的算术平均值，按压力与含气量关系曲线查得含气量 A_0（精确至 0.1%）；若不满足，则应进行第三次试验，测得压力值 P_{03}（MPa）。当 P_{03} 与 P_{01}、P_{02} 中较接近一个值的相对误差不大于 0.2% 时，则取此二值的算术平均值查得 A_0；当仍大于 0.2%，此次试验无效。

7.0.5 混凝土拌合物含气量应按下式计算：

$$A = A_0 - A_g \qquad (7.0.5)$$

式中　A——混凝土拌合物含气量（%）；

　　　A_0——两次含气量测定的平均值（%）；

　　　A_g——骨料含气量（%）。

计算精确至 0.1%。

7.0.6 含气量测定仪容器容积的标定及率定应按下列规定进行：

1 容器容积的标定按下列步骤进行：

1）擦净容器，并将含气量仪全部安装好，测定含气量仪的总质量，测量精确至 50g；

2）往容器内注水至上缘，然后将盖体安装好，关闭操作阀和排气阀，打开排水阀和加水阀，通过加水阀，向容器内注入水；当排水阀流出的水流不含气泡时，在注水的状态下，同时关闭加水和排水阀，再测定其总质量；测量精确至 50g；

3）容器的容积应按下式计算：

$$V = \frac{m_2 - m_1}{\rho_w} \times 1000 \qquad (7.0.6)$$

式中　V——含气量仪的容积（L）；

　　　m_1——干燥含气量仪的总质量（kg）；

　　　m_2——水、含气量仪的总质量（kg）；

　　　ρ_w——容器内水的密度（kg/m³）。

计算应精确至 0.01L。

2 含气量测定仪的率定按下列步骤进行：

1）按第 7.0.4 条中第 5 条至第 8 条的操作步骤测得含气量为 0 时的压力值；

2）开启排气阀，压力示值器示值回零；关闭操作阀和排气阀，打开排水阀，在排水阀口用量筒接水；用气泵缓缓地向气室内打气，当排出的水恰好是含气量仪体积的 1% 时。按上述步骤测得含气量为 1% 时的压力值；

3）如此继续测取含气量分别为 2%、3%、4%、5%、6%、7%、8% 时的压力值；

4）以上试验均应进行两次，各次所测压力值均应精确至 0.01MPa；

5）对以上的各次试验均应进行检验，其相对误差均应小于 0.2%；否则应重新率定；

6）据此检验以上含气量 0、1%、…、8% 共 9 次

的测量结果，绘制含气量与气体压力之间的关系曲线。

7.0.7 气压法含气量试验报告内容除应包括本标准第 1.0.3 条的内容外，还应包括以下内容：

1 粗骨料和细骨料的含气量；

2 混凝土拌合物的含气量。

8　配合比分析试验

8.0.1 本方法适用于用水洗分析法测定普通混凝土拌合物中四大组分（水泥、水、砂、石）的含量，但不适用于骨料含泥量波动较大以及用特细砂、山砂和机制砂配制的混凝土。

8.0.2 混凝土拌合物配合比水洗分析法使用的设备应符合下列规定：

1 广口瓶：容积为 2000mL 的玻璃瓶，并配有玻璃盖板；

2 台秤：称量 50kg、感量 50g 和称量 10kg、感量 5g 各一台；

3 托盘天平：称量 5kg，感量 5g；

4 试样筒：符合本标准第 6.0.2 条中第 1 款要求的容积为 5L 和 10L 的容量筒并配有玻璃盖板；

5 标准筛　孔径为 5mm 和 0.16mm 标准筛各一个。

8.0.3 在进行本试验前，应对下列混凝土原材料进行有关试验项目的测定：

1 水泥表观密度试验，按《水泥密度测定方法》GB/T 208 进行。

2 粗骨料、细骨料饱和面干状态的表观密度试验，按《普通混凝土用砂质量标准及检验方法》JGJ 52 和《普通混凝土用碎石或卵石质量标准及检验方法》JGJ 53 进行。

3 细骨料修正系数应按下述方法测定：

向广口瓶中注水至筒口，再一边加水一边徐徐推进玻璃板，注意玻璃板下不带有任何气泡，盖严后擦净板面和广口瓶壁的余水，如玻璃板下有气泡，必须排除。测定广口瓶、玻璃板和水的总质量后，取具有代表性的两个细骨料试样，每个试样的质量为 2kg，精确至 5g。分别倒入盛水的广口瓶中，充分搅拌、排气后浸泡约半小时；然后向广口瓶中注水至筒口，再一边加水一边徐徐推进玻璃板，注意玻璃板下不得带有任何气泡，盖严后擦净板面和瓶壁的余水，称得广口瓶、玻璃板、水和细粗骨料的总质量；则细骨料在水中的质量为：

$$m_{ys} = m_{ks} - m_p \qquad (8.0.3\text{-}1)$$

式中　m_{ys}——细骨料在水中的质量（g）；

　　　m_{ks}——细骨料和广口瓶、水及玻璃板的总质量（g）；

　　　m_p——广口瓶、玻璃板和水的总质量（g）；

应以两个试样试验结果的算术平均值作为测定值，计算应精确至1g。

然后用0.16mm的标准筛将细骨料过筛，用以上同样的方法测得大于0.16mm细骨料在水中的质量：

$$m_{ys1}=m_{ks1}-m_p \tag{8.0.3-2}$$

式中　m_{ys1}——大于0.16mm的细骨料在水中的质量（g）；

m_{ks1}——大于0.16mm的细骨料和广口瓶、水及玻璃板的总质量（g）；

m_p——广口瓶、玻璃板和水的总质量（g）。

应以两个试样试验结果的算术平均值作为测定值，计算应精确至1g。

细骨料修正系数为：

$$C_s=\frac{m_{ys}}{m_{ys1}} \tag{8.0.3-3}$$

式中　C_s——细骨料修正系数；

m_{ys}——细骨料在水中的质量（g）；

m_{ys1}——大于0.16mm的细骨料在的水中的质量（g）。

计算应精确至0.01。

8.0.4 混凝土拌合物的取样应符合下列规定：

1　混凝土拌合物的取样应按本标准第2章的规定进行。

2　当混凝土中粗骨料的最大粒径≤40mm时，混凝土拌合物的取样量≥20L，混凝土中粗骨料最大粒径＞40mm时，混凝土拌合物的取样量≥40L。

3　进行混凝土配合比分析时，当混凝土中粗骨料最大粒径≤40mm时，每份取12kg试样；当混凝土中粗骨料的最大粒径＞40mm时，每份取15kg试样。剩余的混凝土拌合物试样，按本标准第6章的规定，进行拌合物表观密度的测定。

8.0.5 水洗法分析混凝土配合比试验应按下列步骤进行：

1　整个试验过程的环境温度应在15～25℃之间，从最后加水至试验结束，温差不应超过2℃。

2　称取质量为m_0的混凝土拌合物试样，精确至50g并应符合本标准8.0.4条中的有关规定；然后按下式计算混凝土拌合物试样的体积：

$$V=\frac{m_0}{\rho} \tag{8.0.5-1}$$

式中　V——试样的体积（L）；

m_0——试样的质量（g）；

ρ——混凝土拌合物的表观密度（g/cm³）。

计算应精确至1g/cm³。

3　把试样全部移到5mm筛上水洗过筛，水洗时，要用水将筛上粗骨料仔细冲洗干净，粗骨料上不得粘有砂浆，筛下应备有不透水的底盘，以收集全部冲洗过筛的砂浆与水的混合物；称量洗净的粗骨料试样在饱和面干状态下在的质量m_g，粗骨料饱和面干

状态表观密度符号为ρ_g，单位g/cm³。

4　将全部冲洗过筛的砂浆与水的混合物全部移到试样筒中，加水至试样筒三分之二高度，用棒搅拌，以排除其中的空气；如水面上有不能破裂的气泡，可以加入少量的异丙醇试剂以消除气泡；让试样静止10min以使固体物质沉积于容器底部。加水至满，再一边加水一边徐徐推进玻璃板，注意玻璃板下不得带有任何气泡，盖严后应擦净板面和筒壁的余水。称出砂浆与水的混合物和试样筒、水及玻璃板的总质量。应按下式计算细砂浆的水中的质量：

$$m'_m=m_k-m_D \tag{8.0.5-2}$$

式中　m'_m——砂浆在水中的质量（g）；

m_k——砂浆与水的混合物和试样筒、水及玻璃板的总质量（g）；

m_D——试样筒、玻璃板和水的总质量（g）。

计算应精确至1g。

5　将试样筒中的砂浆与水的混合物在0.16mm筛上冲洗，然后将在0.16mm筛上洗净的细骨料全部移至广口瓶中，加水至满，再一边加水一边徐徐推进玻璃板，注意玻璃板下不得带有任何气泡，盖严后应擦净板面和瓶壁的余水；称出细骨料试样、试样筒、水及玻璃板总质量，应按下式计算细骨料在水中的质量：

$$m'_s=C_s(m_{cs}-m_p) \tag{8.0.5-3}$$

式中　m'_s——细骨料在水中的质量（g）；

C_s——细骨料修正系数；

m_{ks}——细骨料试样、广口瓶、水及玻璃板总质量（g）；

m_p——广口瓶、玻璃板和水的总质量（g）。

计算应精确至1g。

8.0.6 混凝土拌合物中四种组分的结果计算及确定应按下述方法进行：

1　混凝土拌合物试样中四种组分的质量应按以下公式计算：

1）试样中的水泥质量应按下式计算：

$$m_c=(m'_m-m'_s)\times\frac{\rho_c}{\rho_c-1} \tag{8.0.6-1}$$

式中　m_c——试样中的水泥质量（g）；

m'_m——砂浆在水中的质量（g）；

m'_s——细骨料在水中的质量（g）；

ρ_c——水泥的表观密度（g/cm³）。

计算应精确至1g。

2）试样中细骨料的质量应按下式计算：

$$m_s=m'_s\times\frac{\rho_s}{\rho_s-1} \tag{8.0.6-2}$$

式中　m_s——试样中细骨料的质量（g）；

m'_s——细骨料在水中的质量（g）；

ρ_s——处于饱和面干状态下的细骨料的表观密度（g/cm³）。

计算应精确至1g。

3）试样中的水的质量应按下式计算：

$$m_w = m_o - (m_g + m_s + m_c) \quad (8.0.6\text{-}3)$$

式中　m_w——试样中的水的质量（g）；

　　　　m_o——拌合物试样质量（g）；

　　m_g、m_s、m_c——分别为试样中粗骨料、细骨料和水泥的质量（g）。

计算应精确至1g。

4）混凝土拌合物试样中粗骨料的质量应按第8.0.5条中第3款得出的粗骨料饱和面干质量 m_g，单位 g。

2　混凝土拌合物中水泥、水、粗骨料、细骨料的单位用量，应按分别按下式计算：

$$C = \frac{m_c}{V} \times 1000 \quad (8.0.6\text{-}4)$$

$$W = \frac{m_w}{V} \times 1000 \quad (8.0.6\text{-}5)$$

$$G = \frac{m_g}{V} \times 1000 \quad (8.0.6\text{-}6)$$

$$S = \frac{m_s}{V} \times 1000 \quad (8.0.6\text{-}7)$$

式中　C、W、G、S——分别为水泥、水、粗骨料、细骨料的单位用量（kg/m³）；

　　m_c、m_w、m_g、m_s——分别为试样中水泥、水、粗骨料、细骨料的质量（g）；

　　　　　V——试样体积（L）。

以上计算应精确至1kg/m³。

3　以两个试样试验结果的算术平均值作为测定值，两次试验结果差值的绝对值应符合下列规定：水泥：≤6kg/m³；水：≤4kg/m³；砂：≤20kg/m³；石：≤30kg/m³，否则此次试验无效。

8.0.7　混凝土拌合物水洗法分析试验报告内容除应包括本标准第1.0.3条的内容外，还应包括以下内容：

1　试样的质量；

2　水泥的表观密度；

3　粗骨料和细骨料的饱和面干状态的表观密度；

4　试样中水泥、水、细骨料和粗骨料的质量；

5　混凝土拌合物中水泥、水、粗骨料和细骨料的单位用量；

6　混凝土拌合物水灰比。

附录 A　增实因数法

A.0.1　本方法适用于骨料最大粒径不大于40mm、增实因数大于1.05的混凝土拌合物稠度测定。

A.0.2　增实因数试验所用的仪器设备应符合下列条件：

1　跳桌：应符合《水泥胶砂流动度测定方法》GB 2419中有关技术要求的规定。

2　台秤：称量20kg，感量20g；

3　圆筒：钢制，内径150±0.2mm，高300±0.2mm，连同提手共重4.3±0.3kg，见图A.0.2-1；

4　盖板：钢制，直径146±0.1mm，厚6±0.1mm，连同提手共重830±20g，见图A.0.2-1。

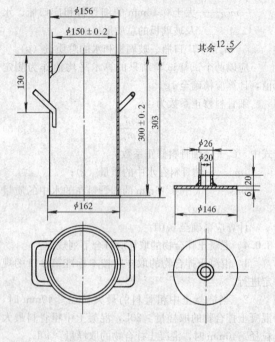

图 A.0.2-1　圆筒及盖板

5　量尺：刻度误差不大于1％，见图A.0.2-2。

A.0.3　增实因数试验用混凝土拌合物的质量应按下列方法之一确定：

1　当混凝土拌合物配合比及原材料的表观密度已知时，按下式确定混凝土拌合物的质量：

$$Q = 0.003 \times \frac{W + C + F + S + G}{\dfrac{W}{\rho_w} + \dfrac{C}{\rho_c} + \dfrac{F}{\rho_f} + \dfrac{S}{\rho_s} + \dfrac{G}{\rho_g}}$$

$$(A.0.3\text{-}1)$$

式中　Q——绝对体积为3000mL时混凝土拌合物的质量（kg）；

　　W, C, F, S, G——分别为水、水泥、掺合料、细骨料和粗骨料的质量（kg）；

　　ρ_w、ρ_c、ρ_f、ρ_s、ρ_g——分别为水、水泥、掺合料、细骨料和粗骨料的表观密度（kg/m³）。

2　当混凝土拌合物配合比及原材料的表观密度未知时，应按下述方法确定混凝土拌合物的质量；

先在圆筒内装入质量为7.5kg的混凝土拌合物，无需振实，将圆筒放在水平平台上，用量尺沿筒壁徐徐注水，并轻轻拍击筒壁，将拌合物中夹持的气泡排出，直至筒内水面与筒口平齐；记录注入圆筒中的水

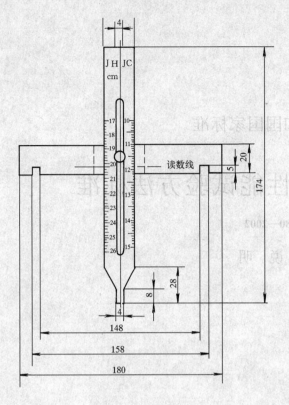

图 A.0.2-2　量尺

的体积，混凝土拌合物的质量应按下式计算：

$$Q=3000\times\frac{7.5}{V-V_w}\times(1+A)\quad(\text{A.0.3-2})$$

式中　Q——绝对体积为 3000mL 时混凝土拌
合物的质量（kg）；
V——圆筒的容积（mL）；
V_w——注入圆筒中水的体积（mL）；
A——混凝土含气量。
计算应精确至 0.05kg。

A.0.4 增实因数试验应按下列步骤进行：

1　将圆筒放在台秤上，用圆勺铲取混凝土拌合物，不加任何振动与扰动地装入圆筒，圆筒内混凝土拌合物的质量按本标准附录 A.0.3 条规定的方法确定后秤取；

2　用不吸水的小尺轻拨拌合物表面，使其大致成为一个水平面，然后将盖板轻放在拌合物上；

3　将圆筒轻轻移至跳桌台面中央，使跳桌台面以每秒一次的速度连续跳动 15 次；

4　将量尺的横尺置于筒口，使筒壁卡入横尺的凹槽中，滑动有刻度的竖尺，将竖尺的底端插入盖板中心的小筒内，读取混凝土增实因数 JC，精确至 0.01。

A.0.5 圆筒容积应经常予以校正，校正方法可采用一块能覆盖住圆筒顶面的玻璃板，先称出玻璃板和空桶的质量，然后向圆筒中灌入清水，当水接近上口时，一边不断加水，一边把玻璃板沿筒口徐徐推入盖严。应注意使玻璃板下不带入任何气泡。然后擦净玻璃板面及筒壁外的余水，将圆筒连同玻璃板放在台称上称其质量。两次质量之差（g）即为容量筒的容积（mL）。

A.0.6 混凝土拌合物稠度试验报告内容除应包括本标准第 1.0.3 条的内容外，尚应列出增实因素值和其他应说明的事项。

本标准用词、用语说明

1　为便于在执行本标准条文时区别对待，对于要求严格程度不同的用词说明如下：

1）表示很严格，非这样不可的用词：
正面词采用："必须"；反面词采用："严禁"。

2）表示严格，在正常情况下均这样做的用词：
正面词采用："应"；反面词采用："不应"或"不得"。

3）表示允许稍有选择，在条件许可时，首先应这样做的用词：
正面词采用："宜"；反面词采用："不宜"。
表示有选择，在一定条件下可以这样做的，采用："可"。

2　条文中指定按其他有关标准执行的写法为"应按……执行"或"应符合……的规定"。

普通混凝土拌合物性能试验方法标准

GB/T 50080—2002

条 文 说 明

前　　言

根据建设部建标〔1998〕第 94 号文《1998 年工程建设国家标准制定、修订计划的通知》的要求，《普通混凝土拌合物学性能试验方法》修编组对原标准进行了修订，新修订的《普通混凝土拌合物学性能试验方法标准》（GB/T50080—2002）经建设部 2003 年 1 月 10 日以第 103 号公告批准发布，于 2003 年 6 月 1 日正式实施。

为便于广大使用单位在使用本标准时能正确理解和执行条文的规定，《普通混凝土拌合物学性能试验方法标准》修编组根据建设部关于编制标准、规范条文的统一要求，按《普通混凝土拌合物性能试验方法标准》的章、节、条、款的顺序，编制了《普通混凝土拌合物学性能试验方法标准条文说明》，供有关部门和使用单位参考。在使用中如发现本条文说明有欠妥之处，请将意见直接函寄中国建筑科学研究院标准研究中心。

目　次

1　总则 ················· 1—17
2　取样及试样的制备 ··········· 1—17
　2.1　取样 ··············· 1—17
　2.2　试样的制备 ··········· 1—17
　2.3　试验记录 ··········· 1—17
3　稠度试验 ············· 1—17
　3.1　坍落度与坍落扩展度法 ····· 1—17
　3.2　维勃稠度法 ··········· 1—18
4　凝结时间试验 ··········· 1—18

5　泌水与压力泌水试验 ········· 1—20
　5.1　泌水试验 ··········· 1—20
　5.2　压力泌水试验 ········· 1—20
6　表观密度试验 ··········· 1—20
7　含气量试验 ············· 1—21
8　配合比分析试验 ··········· 1—21
附录A　增实因数法 ··········· 1—22

1 总 则

1.0.1 编制本标准的目的是进一步规范混凝土拌合物试验方法、提高试验精度，使试验结果具有代表性、准确性和复演性，确保混凝土施工质量。

1.0.2 随着混凝土技术的发展和混凝土工程施工需要，本标准不但包括原标准中 6 个混凝土拌合物性能试验方法，而且还增加了坍落扩展度、增实因数、凝结时间、泌水和压力泌水等 5 个混凝土拌合物性能试验方法。这次标准的修订，更完善了混凝土拌合物性能试验方法。

1.0.3 为规范试验报告，按国际试验标准惯例，提出了按本标准试验方法所做的试验，试验报告应包括的内容。

1.0.4 规定了混凝土拌合物性能试验方法，除应符合本标准的规定，还应符合国家强制标准中的有关规定执行。与普通混凝土拌合物性能试验方法有关的国家标准有《混凝土结构工程施工质量验收规范》GB50204、《混凝土质量控制标准》GB50154 等。

2 取样及试样的制备

2.1 取 样

2.1.1 混凝土的拌制和浇注是以一盘或一车混凝土为基本单位的，只有在同一盘或一车混凝土拌合物中取样，才代表了该基本单位的混凝土，才能用数理统计的原理，统计出各基本单位混凝土的差异。还规定了最小取样量：应多于试验所需量的 1.5 倍，且不小于 20L，以免影响取样的代表性。

2.1.2 为使取样具有代表性，往往采用多次取样。

混凝土搅拌机或搅拌运输车在出料的开始和结束阶段，容易离析，不宜取样；在约 1/4、1/2 和 3/4 处分别取样，然后人工搅拌均匀后，才能代表该车或该盘混凝土。为使取样具有代表性，往往采用多次取样。

混凝土拌合物的性能又是随时间变化的。为避免因取样时间影响混凝土拌合物的性能，规定从第一次取样到最后一次取样不宜超过 15min。

2.1.3 进一步规定了取样完毕后宜在 5min 内开始做混凝土拌合物各项性能试验（不包括成型试件），否则应重新取样或制备试样。采用"宜"，说明在条件许可的情况下，首先应这样做。在条件不许可的情况下，应视混凝土拌合物的性能而定。在不影响混凝土拌合物性能的前提下，时间可适当延长。

2.2 试样的制备

2.2.1 鉴于混凝土拌合物本身的温度对其性能有显著影响，所以修订后对混凝土原材料以及试验室温度作了明确的规定。

2.2.2 规定了试验室制备混凝土拌合物时材料的计量精度。

2.2.3 说明了混凝土拌合物制备时的技术要求，如混凝土制备量、配合比的基本参数、试配、调试和确定等，应符合《普通混凝土配合比设计规程》JGJ/T 55 中的有关规定。

2.2.4 进一步规定了试样制备完毕后宜在 5min 内开始做混凝土拌合物各项性能试验（不包括成型试件），否则应重新取样或制备试样。采用"宜"，说明在条件许可的情况下，首先应这样做。在条件不许可的情况下，应视混凝土拌合物的性能而定。在不影响混凝土拌合物性能的前提下，时间可适当延长。

2.3 试验记录

2.3.1 根据国际惯例，列出了取样记录内容的有关要求。

2.3.2 根据国际惯例，列出了试样制备记录内容的有关要求。

3 稠 度 试 验

3.1 坍落度与坍落扩展度法

3.1.1 规定了本方法的使用范围，即粗骨料最大粒径不大于 40mm、坍落度不小于 10mm 的混凝土拌合物稠度的测定。国内外资料一致认为坍落度在 10～220mm 对混凝土拌合物的稠度具有良好的反映能力，但当坍落度大于 220mm 时，由于粗骨料的堆积的偶然性，坍落度就不能很好地代表拌合物的稠度。在实际工程中，坍落度大于 220mm 的混凝土，已日益增多。为适应工程需要，在修订后的新方法中增加了坍落扩展度，来测量坍落度大于 220mm 的混凝土拌合物的稠度。

3.1.2 规定了坍落度与坍落扩展度试验所用的坍落度仪，包括坍落度筒、捣棒、底板和测量标尺，应符合《混凝土坍落度仪》JG3021 中技术要求的规定。

3.1.3 说明了坍落度与坍落扩展度试验的试验步骤。

新增加的坍落扩展度试验，是在做坍落度试验的基础上，当坍落度值大于 220mm 时，测量混凝土扩展后最终的最大直径和最小直径。在最大直径和最小直径的差值小于 50mm 时，用其算术平均值作为其坍落扩展度值。如果最大直径和最小直径的差值大于 50mm，可能的原因有：插捣不均匀；提筒时歪斜；底板干湿不匀引起的对混凝土扩展的阻力不同；底板倾斜等原因。应查明原因后重新试验。

对于混凝土坍落度大于 220mm 的混凝土，如免振捣自密实混凝土，抗离析性能的优劣至关重要，将直接影响硬化后混凝土的各种性能，包括混凝土的耐久性，应引起我们足够重视。抗离析性能的优劣，从坍落扩展度的表观形状中就能观察出来。抗离析性能强的混凝土，在扩展的过程中，始终保持其匀质性，不论是扩展的中心还是边缘，粗骨料的分布都是均匀的，也无浆体从边缘析出。如果粗骨料在中央集堆、水泥浆从边缘析出，这是混凝土在扩展的过程中产生离析而造成的，说明混凝土抗离析性能很差。

3.1.4 在以往的规定中，坍落度值表达精确至5mm。在实际操作过程中，测量精确至1mm。所以在修订后规定改为"测量精确至1mm，结果表达修约至5mm"。

3.1.5 为规范试验报告，按国际试验标准惯例，提出了按本标准试验方法所做的试验，试验报告应包括的内容。

3.2 维勃稠度法

修订后，除了对维勃稠度仪的技术要求作了明确的规定应符合《维勃稠度仪》JG3043中技术要求的规定外，其余条文未作删改。

对于维勃稠度大于30s的特干硬性混凝土，用维勃稠度法难以准确判别试验的终点，使试验结果有较大的离差。修订后可采用附录A增实因素法来测定维勃稠度大于30s的特干硬性混凝土的稠度，这种试验方法测量特干硬性混凝土具的稠度具有较高的灵敏度和精度。

3.2.1 规定了本方法的适用范围。

3.2.2 规定了维勃稠度仪的技术要求。

3.2.3 说明了维勃稠度的试验步骤。

3.2.4 规定了维勃稠度值的精度要求。

3.2.5 为规范试验报告，按国际试验标准惯例，提出了按本标准试验方法所做的试验，试验报告应包括的内容。

4 凝结时间试验

凝结时间是混凝土拌合物的一项重要指标，它对混凝土工程中混凝土的搅拌、运输以及施工具有重要的参考作用。本标准修订参照了美国ASTMC/403和GB8076等有关标准，编制了本章内容。

4.0.1 本试验是通过测定对混凝土拌合物中筛出的砂浆，进行贯入阻力的测定来确定混凝土的凝结时间的。也可适用于砂浆或灌注料凝结时间的测定。

本试验可测定各种变量对混凝土凝结时间的影响，如水灰比、水泥牌号、水泥品种、掺合料品种和掺量、外加剂品种和掺量等影响因素。

4.0.2 规定了贯入阻力仪的技术要求。

4.0.3 规定了凝结时间试验的试验步骤。

1 本试验方法规定，应从按本标准第2章制备

或现场取样的混凝土拌合物试样中，用5mm标准筛筛出砂浆进行混凝土拌合物凝结时间的测定。不得配置同配比的砂浆来代替，研究表明，用同配比的砂浆的凝结时间会比混凝土的凝结时间长得多；

2 凝结时间的测定，对环境温度的要求较高，ASTM/C403规定温度为20～25℃。本标准规定温度为20±2℃。这是因为根据测试凝结时间的实践证明，温度对混凝土拌合物凝结时间影响较大，有一个稳定的测试环境，是保证凝结时间测试精度的必要条件。如果试验室环境温度达不到要求，可将砂浆试样筒放置在标准养护室内进行测试。在现场同条件测试时，不但应与现场条件保持一致，而且应避免阳光直射，以免试样筒内的温度超过现场环境温度。

3 关于确定测针试验开始时间，随各种拌合物的性能不同而不同。在一般的情况下，基准混凝土在成型后2～3h、掺早强剂的混凝土在1～2h、掺缓凝剂的混凝土在4～6h后开始用测针测试；

4 在每次垫块吸水时，应避免试样筒振动，以免扰动被测砂浆；

5 在测试贯入阻力时，应掌握好测针贯入速度，贯入速度过快或过慢，会影响贯入压力的测值大小；

6 根据各测点距离要求，测针面积对应的最小测点距离见表1；

表1 最小测点距离

测针面积（mm²）	最小测点距离（mm）
100	23
50	16
20	15

7 为确保试验精度，测点应均布在贯入阻力测值的0.2～28MPa之间，并至少有6个测点。

8 GB8076—1997中测定凝结时间使用两种测针，在测定初凝时间时用100mm²的测针，测定终凝时间时用20mm²的测针。ASTMC403M—97标准采用测针按其截面分为六个规格（645mm²、323mm²、161mm²、65mm²、32mm²和16mm²）。本次标准修订，根据我国的测试经验，测针采用三个尺寸的规格，按测针截面积分别为100mm²、50mm²和20mm²。可根据表4.0.3选择和更换测针，当不符合表4.0.3的要求时，宜按表中要求更换测针后再测试一次。

4.0.4 规定了贯入阻力的结果计算以及初凝时间和终凝时间的确定的方法：

1 规定了贯入阻力的计算公式及计算精度。

2 规定了凝结时间的确定方法。混凝土拌合物初凝和终凝时间分别定义为贯入阻力等于3.5MPa和28MPa时的时间。当贯入阻力为3.5MPa时，混凝土在振动力的作用下不在呈现塑性；而当贯入阻力为

28MPa 时，混凝土立方体抗压强度大约为 0.7MPa。

凝结时间通过计算机非线性回归确定，其方法是将贯入阻 f_{PR} 和时间 t 分别取自然对数 $\ln(f_{PR})$ 和 $\ln(t)$，然后把 $\ln(f_{PR})$ 当作自变量，$\ln(t)$ 当作应变量作线性回归，对线性回归的数据可进行筛选，将明显偏离的数据舍去；凝结时间通过线性回归确定，得到回归方程式 (4.0.4-2)：

$$\ln(t) = A + B\ln(f_{PR})$$

将 $\ln(3.5)$ 和 $\ln(28)$ 分别代入上式，求出 $\ln(t)$，再由 $\ln(t)$ 代入式 (4.0.4-3) 和 (4.0.4-4) 求出凝结时间 t。

以下是一个测定凝结时间的实例，其测试数据见表 2：

表 2　贯入阻力试验数据汇总表

序号	贯入阻力 f_{PR} (MPa)	时间 t (min)	$\ln(f_{PR})$	$\ln(t)$
1	0.3	200	-1.204	5.298
2	0.8	230	-0.223	5.438
3	1.5	260	0.405	5.561
4	3.7	290	1.308	5.670
5	6.9	320	1.932	5.768
6	6.9	335	1.932	5.814
7	13.8	350	2.625	5.858
8	17.6	365	2.858	5.900
9	24.3	380	3.186	5.940
10	30.6	395	3.421	5.979

首先求出 $\ln(f_{PR})$ 和 $\ln(t)$ 值，列于表 2，把 $\ln(f_{PR})$ 作为横坐标，$\ln(t)$ 作为纵坐标，将数据点在坐标之上，发现第 6 个点明显偏离直线，把它舍去（见图 1）。把 $\ln(f_{PR})$ 作为自变量 X，$\ln(t)$ 作为因变量 Y，进行计算机线性回归，相关系数 $r = 0.999$，得到回归系数 $A = 5.480$；$B = 0.146$，即得 (4.0.4-2) 方程：

$$Y = 5.480 + 0.146X$$

将 $X_1 = \ln(3.5) = 1.253$ 和 $X_2 = \ln(28) = 3.332$ 分别代入上式得：

$$Y_1 = 5.663，Y_2 = 5.966。$$

根据式 (4.0.4-3) 和 (4.0.4-4) 可得初凝时间 t_s 和终凝时间 t_e：

$$t_s = e^{5.663} = 288\text{min} = 4\text{h}：48\text{min}$$

$$t_e = e^{5.966} = 390\text{min} = 6\text{h}：30\text{min}$$

则初凝时间为 4h：50min（按标准要求精确至5min）；终凝时间为 6h：30min。

用绘图拟合方法：以贯入阻力为纵坐标（精确至 0.1MPa），经过的时间为横坐标（精确至 1min），比

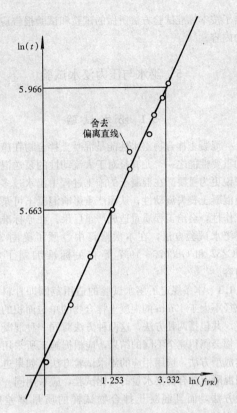

图 1　回归法确定凝结时间

例宜以 15mm 长度分别代表纵坐标 3MPa 和横坐标 h，绘制出贯入阻力与时间之间的关系曲线。以纵坐标 3.5MPa 和 28MPa 分别对应的横坐标的时间就是初凝时间为 288min，终凝时间为 389min（见图 2）。在图中也可以明显地看到，第六点明显偏离曲线，应舍去。其初凝时间和终凝时间分别为 4h：50min 和 6h：30min。

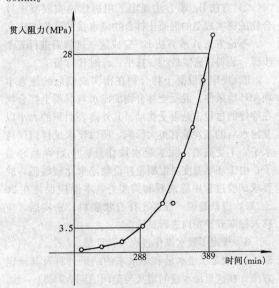

图 2　绘图法确定凝结时间

4.0.5 为规范试验报告，按国际试验标准惯例，提

出了按本标准试验方法所做的试验和试验报告应包括的内容。

5 泌水与压力泌水试验

5.1 泌水试验

混凝土拌合物泌水性能是混凝土拌合物在施工中的重要性能之一，尤其是对于大流动性的泵送混凝土来说更为重要。在混凝土的施工过程中泌水过多，会使混凝土丧失流动性，从而严重影响混凝土可泵性和工作性，会给工程质量造成严重后果。在原标准中没有泌水试验方法，在本次修订中参照了美国 ASTMC232 和 GB8076—1997 等有关标准编制了本节内容。

5.1.1 本条规定了泌水试验的适用范围即骨料最大粒径不大于 40mm 的混凝土拌合物的单位面积的泌水量。共包括两种方法，这两种方法对同一种混凝土拌合物会测得完全不同的结果，应根据施工所采用的密实成型方法，选用相应的泌水试验方法。如果进行不同混凝土拌合物泌水量的对比试验，应采用同一种试验方法，而且混凝土拌合物试样的质量偏差应小于 1kg。

5.1.2 本条规定了泌水试验所用的试验仪器设备应符合的条件。所用的仪器设备有：试样筒、台秤、振动台、量筒、捣棒。

5.1.3 规定了泌水试的试验步骤。

1 规定了两种混凝土密实成型的试验方法。

1）方法 A：本方法规定了混凝土在标准振动台上振动密实成型的混凝土拌合物泌水量的试验方法。

2）方法 B：本方法规定了用捣棒捣实混凝土拌合物的密实成型的混凝土拌合物泌水量的试验方法。

不论方法 A 或方法 B，完成这一过程需进行五个步骤：装料、密实成型、抹平、计时和称量。

2 规定了混凝土拌合物在密实成型后的注意事项和环境条件。混凝土拌合物的泌水与混凝土拌合物在静停的过程中是否受扰动、其外露表面积的大小以及泌水后的蒸发量有很大影响，所以要求试样筒保持水平、不受振动；除了吸水操作外，应始终盖好盖子；由于环境温度对混凝土拌合物泌水比较敏感，故要求试验过程中除装料和捣实外，室温应保持在 20±2℃，也就是说，混凝土拌合物装料、密实后，应移入标准养护室内进行试验。

3 规定了吸水操作过程及其计量。

5.1.4 规定了泌水量和泌水率的结果计算及其确定方法。在这里泌水量的定义与美国 ASTMC232 一致，被定义为一定量混凝土拌合物的单位面积的泌水。泌水率被定义为混凝土拌合物总泌水量和用水量之比，也就是混凝土单位用水量的泌水。

5.1.5 规定了试验记录和试验报告应包括的内容。

5.2 压力泌水试验

混凝土拌合物压力泌水性能是泵送混凝土的重要性能之一。它是衡量混凝土拌合物在压力状态下的泌水性能。混凝土压力泌水性能的好坏，关系到混凝土在泵送过程中是否会离析而堵泵。在原标准中没有此项试验方法，本次修订过程中参照日本《压力泌水试验方法》JSCE—F502 和我国行业标准《混凝土泵送剂》JC473 有关条文制定本试验方法。本方法吸取了日本试验方法中可取的部分，结合我国实际情况，丰富和完善了本试验方法。

5.2.1 本条文规定了试验方法的适用范围。

5.2.2 本条规定了压力泌水试验所用的试验仪器设备应符合的条件。所用的仪器设备有：压力泌水仪、捣棒和量筒。

5.2.3 规定了泌水试验的试验步骤。此次修订的试验方法与我国行业标准《混凝土泵送剂》JC473 关于压力泌水的试验方法基本一致，而且内容更详细、更具体，更具有操作性。

5.2.4 规定了压力泌水的计算公式和计算精度。

5.2.5 规定了试验记录和试验报告应包括的内容。

6 表观密度试验

本次修订的混凝土拌合物表观密度试验方法与原试验方法基本一致，没有很大的修改，只是对仪器设备的标准化和试验报告的内容作了一些必要的规定。

6.0.1 规定了表观密度试验的适用范围。但到目前为止，不少单位还是用试模测定拌合物表观密度，因试模的容积不宜校正，而且成型时试模边角粗骨料的含量差异较大，所以不得用试模来测定拌合物的表观密度。

6.0.2 规定了混凝土拌合物表观密度试验仪器设备应符合的规定。

《混凝土拌合物表观密度的测定》ISO 6276—1982 中规定：测定混凝土拌合物表观密度的容器的最小尺寸应大于骨料最大粒径的 4 倍，所以在本条中规定容量筒内径与内高均应大于骨料最大粒径的 4 倍。按骨料的最大粒径来选择容量筒应符合表 3 的规定。

表 3 表观密度试验容量筒选择表

骨料最大粒径 (mm)	容量筒规格 (L)	容量筒内径 (mm)	容量筒内高 (mm)
40	5	186	186
50	10	234	234
63.5	15	268	268

因容量筒在制作过程中有一定误差，而且在使用过程中会碰撞变形，所以容量筒应经常标定。

6.0.3 规定了混凝土拌合物表观密度试验的步骤。

混凝土拌合物表观密度一般在试验室内进行，故不另行规定现场检测时的检验方法。如要检测现场混凝土的表观密度，宜用与现场相同的成型方法成型。

6.0.4 规定了混凝土拌合物表观密度的计算方法。

6.0.5 规定了混凝土拌合物表观密度试验报告应包括的内容。

7 含气量试验

水压法主要是水利部门采用，但由于此试验试验过程繁杂，这次修订征求意见时，水利部门反映已经不采用此方法。故本次修订取消了水压法含气量的试验方法。

对气压法含气量试验方法，根据我国多年来使用情况表明，采用改良式气压法含气量试验方法能进一步提高含气量的试验精度及其复演性，所以这次修订，采用了改良式气压法含气量试验方法。

7.0.1 含气量试验方法的适用范围与原标准一致。由于只有一种试验方法，故把气压法含气量试验方法称为含气量试验方法。

7.0.2 规定了含气量试验所用的仪器设备应符合的要求，与原标准相比，提出了一些标准化要求：对含气量测定仪提出了更明确的技术规定，包括容器材料及其表面加工粗糙度要求、强调了容器与盖体连接处不得有空气截留，后者直接涉及到对密封垫圈的质量及对试验操作要求，用以提高测量的稳定性和精度。

7.0.3 规定了拌合物所用粗细骨料含气量的测定方法，与原标准不同的是由于使用改良含气量试验方法后，多了在混凝土表面与盖体之间的充水操作；骨料含气量 A_g 和混凝土拌合物含气量 A，误差理论要求 A_g 应具有不低于 A 的精度，因此 A_g 的测得改用两次测量方法；试验用气泵包括电动的或手动的。对气室加压后，原标准要求"轻叩表盘，使指针稳定"，改为："待压力指示器稳定后……"，主要考虑适应技术进步，产品更新，压力表将逐步由机械指针变换为更精确、更方便的电子示值。其他试验过程与原标准基本一致。

7.0.4 规定了混凝土拌合物含气量的试验步骤。

本次修订采用了改良含气量试验方法。改良含气量试验方法与原标准不同之处在于混凝土将混凝土拌合物表面与上盖之间充满水，这样避免了因混凝土拌合物修整不平、人为安装因素使气室容积产生差异而引起的测量误差。

在本次修订中，在用捣棒捣实混凝土时，改原标准要求的将容器左右交替地颠击地面的做法为用橡皮锤沿容器外壁锤击的方法。颠击地面效应受地面特征

影响太大，碰撞时间长短难以控制，至使冲量差异过大。用振动台捣实时强调了不得过振，过度振动会严重影响测定的混凝土含气量的真实性。

本次修订，容许用插入式振捣器，但使用插入式振动器捣实时，应避免振动器触及容器内壁和底面，以避免与容器内壁接触的混凝土拌合物的含气量发生显著差异。

7.0.5 规定了混凝土含气量的计算方法，与原标准一致。

7.0.6 规定了气压式含气量测定仪容器容积的校正及率定方法。

由于采用了改良含气量测定方法，大大简化了试验步骤、降低了人工操作的难度、排除了认为影响因素、从而达到提高试验精度的目的。

7.0.7 规定了试验记录和试验报告应包括的内容。

8 配合比分析试验

8.0.1 这次修订还是用水洗法分析混凝土拌合物配合比，但扩展了本章的内容，从原标准只能分析混凝土拌合物水灰比，修订后扩展为混凝土配合比四大组分的分析试验。由于本次修订没有考虑特细砂、山砂对试验结果的影响，所以不适用于用特细砂和山砂配制的混凝土。对骨料含泥量波动较大的混凝土，因无法修正含泥量对水泥用量的影响，故也不适用。

8.0.2 规定了混凝土配合比分析试验所用的仪器设备应符合的要求。

8.0.3 在对混凝土配合比分析试验前，必须知道原配合比各种原材料的表观密度。

1 在对水泥表观密度的测定时，如果掺有掺合料，此时应是水泥和掺合料混合物的表观密度，而不是单纯水泥的表观密度。

2 在《普通混凝土用砂质量标准及检验方法》JGJ 52 和《普通混凝土用碎石或卵石质量标准及检验方法》JGJ 53 中，粗、细骨料的表观密度是以干燥状态下定义的，而本标准中的表观密度是在饱和面干状态下定义的。只要稍加修正，将饱和面干状态的粗、细骨料试样代替干燥状态试样，其他试验方法与《普通混凝土用砂质量标准及检验方法》JGJ 52 和《普通混凝土用碎石或卵石质量标准及检验方法》JGJ53 中有关的试验方法相同，得出的就是饱和面干状态下的表观密度。

3 本次修订对细骨料中小于 0.16mm 部分对试验精度的影响加以修正。如果不对细骨料的用量加以修正，则细骨料中小于 0.16mm 部分，如砂子的含泥量和小于 0.16mm 的颗粒，都会被当作水泥来看待，这样会对水泥用量的分析带来很大误差。为减小试验误差，本次修订考虑了细骨料中小于 0.16mm 部分对水泥用量的影响，采用细骨料修正系数，对细骨料的

用量加以修正，从而达到减少试验误差的目的。

8.0.4 规定了混凝土拌合物的取样应符合的规定。

为使混凝土拌合物配合比分析具有一定精度，取样量应具有足够数量。本条规定的取样量是在满足一定试验精度要求的最小取样量。

8.0.5 规定了混凝土配合比分析试验的试验步骤：

在计算细骨料质量时，考虑了细骨料中小于0.16mm部分对水泥用量的影响，公式8.0.5-3中多了对细骨料的修正系数。

8.0.6 规定了混凝土拌合物中四种成分的结果计算及确定的方法。

1 规定了混凝土拌合物中四种组分质量的计算公式。

应该指出的是现在的混凝土中一般都掺有掺合料。如果掺有掺合料的混凝土，由公式8.0.6-1计算出的水泥质量，包含了掺合料的质量。所以 ρ_c 应是水泥和掺合料混合物的表观密度。

2 规定了混凝土拌合物四大成分单位用量的计算方法。

3 规定了混凝土拌合物四大成分的确定方法及试验误差。

8.0.7 规定了混凝土拌合物配合比分析的试验报告应包括的内容。

附录A 增实因数法

增实因数法是引用铁道部行业标准 TB/T22181—90 混凝土拌合物稠度试验方法——跳桌增实法，并考虑混凝土掺合料的应用而修改制定的国家试验方法标准。本方法工作原理是利用跳桌对一定量的混凝土拌合物作一定量的功使其密度增大，以混凝土拌合物增实后的密度与理想密实状态（绝对密实状态）下的密度之比作为稠度指标。它以示值读数表示拌合物的稠度，试验过程无人为影响因素，试验结果复演性好。

通过试验研究，在适用的范围内，增实因数与用水量呈直线关系，维勃稠度与用水量呈双曲线关系。而它们又随外加剂品种和掺量不同而不同。根据现有的对比试验，维勃稠度与增实因数之间的关系（见表4），只能给出对应的参考值，供使用者参考。

表4 维勃稠度与增实因数之间的关系

维勃稠度 S	增实因数 JC
<10	1.18～1.05
10～30	1.3～1.18
30～50	1.4～1.3
50～70	>1.4

A.0.1 本方法适用于增实因数大于1.05的塑性混凝土、干硬性混凝土稠度的测定，不适应于增实因数大于1.05的流动性混凝土。一般用于混凝土预制构件厂。试验用圆筒直径为150mm，允许粗骨料最大粒径为40mm，对混凝土预制构件厂是适用的。

A.0.2 本条规定了增实因数试验所用的仪器设备应符合的条件：

其中圆筒的容积为5301mL，应按A.0.5条经常校正圆筒的容积。量尺为专用量尺，以保证测量在试样筒的中心进行，得出的结果是均值。量尺同时给出拌合物增实因数与拌合物增实后的高度值。

A.0.3 本条规定了确定增实因数试验所用混凝土质量的方法：

1 当混凝土拌合物配合比及原材料的表观密度已知时确定混凝土拌合物的质量的方法。公式（A.0.3-1）计算出的是绝对体积为3000mL时的混凝土拌合物的质量。

2 当混凝土拌合物配合比及原材料的表观密度未知时确定混凝土拌合物的质量的方法。公式（A.0.3-2）中 V 是圆筒的容积，V_w 是注入圆筒中水的体积，则 $V-V_w$ 为7.5kg混凝土拌合物的体积。但还不是绝对体积，混凝土还有含气量，去掉含气量的混凝土的绝对体积应为 $(V-V_w)/(1+A)$，那么公式（A.0.3-2）的后半式为7.5kg拌合物的表观密度，乘以3000mL则为绝对体积为3000mL的混凝土拌合物是质量。

A.0.4 本条规定了增实因数试验的试验步骤。

1 因为拌合物增实后的密度与增实方法有关，因此在用跳桌增实前对拌合物的挖取、装筒、平整、放置都强调了轻放、勿振动。

2 拌合物顶面加6mm厚的钢盖板，一方面使拌合物承受 $4.5g/cm^2$ 的压力，以便拌合物沉落比较均匀，同时也便于对拌合物增实的高度进行测量。

3 跳桌跳动的次数代表给予拌合物能量的多少，采用较多的跳动次数，有利于分辨较干硬性混凝土拌合物的稠度；但对塑性混凝土拌合物的稠度测试范围就要缩小。反之，采用较少的跳动次数，有利于分辨塑性或流动性混凝土拌合物的稠度而不利于分辨干硬性混凝土拌合物的稠度。经过比较试验，采用15次跳动，除了流动性混凝土拌合物以外，对其他混凝土拌合物都具有较高的分辨能力。

4 用量尺可同时读取混凝土拌合物的增实因数 JC 和增实后的高度 JH。JC 与 JH 的关系如下：

$$JC = \frac{JH}{169.8}$$

式中 169.8——筒内拌合物在理想状态下体积等于3000mL时的高度。

中华人民共和国国家标准

普通混凝土力学性能试验方法标准

Standard for test method of mechanical properties
on ordinary concrete

GB/T 50081—2002

批准部门：中华人民共和国建设部
施行日期：2 0 0 3 年 6 月 1 日

中华人民共和国建设部
公　告

第 102 号

建设部关于发布国家标准
《普通混凝土力学性能试验方法标准》的公告

现批准《普通混凝土力学性能试验方法标准》为国家标准，编号为 GB/T 50081—2002，自 2003 年 6 月 1 日起实施。原《普通混凝土力学性能试验方法》GBJ 81—85 同时废止。

本标准由建设部标准定额研究所组织中国建筑工业出版社出版发行。

中华人民共和国建设部
2003 年 1 月 10 日

前　　言

根据建设部建标〔1998〕第 94 号文《1998 年工程建设国家标准制定、修订计划的通知》的要求，标准组在广泛调研、认真总结实践经验、参考国外先进标准、广泛征求意见的基础上，对原国家标准《普通混凝土力学性能试验方法》（GBJ 81—85）进行了修订。

本标准的主要技术内容有：1 总则；2 取样；3 试件的尺寸、形状和公差；4 试验设备；5 试件的制作和养护；6 抗压强度试验；7 轴心抗压强度试验；8 静力受压弹性模量试验；9 劈裂抗拉强度试验；10 抗折强度试验；附录 A 圆柱体试件的制作和养护；附录 B 圆柱体试件抗压强度试验；附录 C 圆柱体试件静力受压弹性模量试验；附录 D 圆柱体试件劈裂抗拉强度试验；本标准用词、用语说明。

修订的主要内容是：1. 为与国际标准接轨，在新标准的附录中增加了圆柱体试件的制作及其各种力学性能的试验方法；2. 对原标准中标准养护室的温度和湿度提出了更高的要求，由原来的温度 20±3℃，湿度为 90％以上的标准养护室，修订为与 ISO 试验方法一致的温度为 20±2℃，湿度为 95％以上的标准养护室；3. 经一系列的试验验证，混凝土静力受压弹性模量试验等同采用 ISO 标准试验方法。

4. 对混凝土强度等级不小于 C60 的高强混凝土力学性能，提出了更科学，更合理的试验方法；5. 对试验仪器设备提出了标准化要求，对某些计量单位在物理概念上进行了更正；6. 提出了试验报告应包括的内容等。

本标准主编单位：中国建筑科学研究院（地址：北京市北三环东路 30 号，邮编 100013，E-mail：jg-bzcabr@vip，sina．com）

本标准参编单位：清华大学
同济大学材料科学与工程学院
湖南大学
铁道部产品质量监督检验中心
贵阳中建建筑科学设计院
中国建筑材料科学研究院
杭州应用工程学院
上海建筑科学研究院
济南试金集团有限公司。

本标准主要起草人：戎君明、陆建雯、姚燕、杨静、李启令、黄政宇、钟美秦、林力勋、李家康、顾政民、陶立英

目　　次

1　总则 ······················· 2—4
2　取样 ······················· 2—4
3　试件的尺寸、形状和公差 ······ 2—4
 3.1　试件的尺寸 ·············· 2—4
 3.2　试件的形状 ·············· 2—4
 3.3　尺寸公差 ················ 2—4
4　设备 ······················· 2—5
 4.1　试模 ··················· 2—5
 4.2　振动台 ················· 2—5
 4.3　压力试验机 ·············· 2—5
 4.4　微变形测量仪 ············ 2—5
 4.5　垫块、垫条与支架 ········· 2—5
 4.6　钢垫板 ················· 2—5
 4.7　其他量具及器具 ·········· 2—5
5　试件的制作和养护 ············ 2—5
 5.1　试件的制作 ·············· 2—5
 5.2　试件的养护 ·············· 2—6

5.3　试验记录 ················ 2—6
6　抗压强度试验 ················ 2—6
7　轴心抗压强度试验 ············ 2—7
8　静力受压弹性模量试验 ········ 2—7
9　劈裂抗拉强度试验 ············ 2—8
10　抗折强度试验 ··············· 2—8
附录 A　圆柱体试件的制作和养护 ······ 2—9
附录 B　圆柱体试件抗压强度
　　　　试验 ················· 2—10
附录 C　圆柱体试件静力受压
　　　　弹性模量试验 ·········· 2—10
附录 D　圆柱体试件劈裂抗
　　　　拉强度试验 ············ 2—11
本标准用词、用语说明 ··········· 2—12
附：条文说明 ·················· 2—13

1 总 则

1.0.1 为进一步规范混凝土试验方法，提高混凝土试验精度和试验水平，并在检验或控制混凝土工程或预制混凝土构件的质量时，有一个统一的混凝土力学性能试验方法，特制定本标准。

1.0.2 本标准适用于工业与民用建筑以及一般构筑物中的普通混凝土力学性能试验，包括抗压强度试验、轴心抗压强度试验、静力受压弹性模量试验、劈裂抗拉强度试验和抗折强度试验。

1.0.3 按本标准的试验方法所做的试验，试验报告或试验记录一般应包括下列内容：

    1 委托单位提供的内容：

      1）委托单位名称；

      2）工程名称及施工部位；

      3）要求检测的项目名称；

      4）要说明的其他内容。

    2 试件制作单位提供的内容：

      1）试件编号；

      2）试件制作日期；

      3）混凝土强度等级；

      4）试件的形状与尺寸；

      5）原材料的品种、规格和产地以及混凝土配合比；

      6）养护条件；

      7）试验龄期；

      8）要说明的其他内容。

    3 检测单位提供的内容：

      1）试件收到的日期；

      2）试件的形状及尺寸；

      3）试验编号；

      4）试验日期；

      5）仪器设备的名称、型号及编号；

      6）试验室温度；

      7）养护条件及试验龄期；

      8）混凝土强度等级；

      9）检测结果；

      10）要说明的其他内容。

1.0.4 普通混凝土力学性能试验方法，除应符合本标准的规定外，尚应按现行国家强制性标准中有关规定的要求执行。

2 取 样

2.0.1 混凝土的取样应符合《普通混凝土拌合物性能试验方法标准》（GB/T 50080）第2章中的有关规定。

2.0.2 普通混凝土力学性能试验应以三个试件为一组，每组试件所用的拌合物应从同一盘混凝土或同一车混凝土中取样。

3 试件的尺寸、形状和公差

3.1 试件的尺寸

3.1.1 试件的尺寸应根据混凝土中骨料的最大粒径按表3.1.1选定。

表3.1.1 混凝土试件尺寸选用表

试件横截面尺寸（mm）	骨料最大粒径（mm）	
	劈裂抗拉强度试验	其他试验
100×100	20	31.5
150×150	40	40
200×200	—	63

注：骨料最大粒径指的是符合《普通混凝土用碎石或卵石质量标准及检验方法》（JGJ 53—92）中规定的圆孔筛的孔径。

3.1.2 为保证试件的尺寸，试件应采用符合本标准第4.1节规定的试模制作。

3.2 试件的形状

3.2.1 抗压强度和劈裂抗拉强度试件应符合下列规定：

    1 边长为150mm的立方体试件是标准试件。

    2 边长为100mm和200mm的立方体试件是非标准试件。

    3 在特殊情况下，可采用 ϕ150mm×300mm 的圆柱体标准试件或 ϕ100mm×200mm 和 ϕ200mm×400mm 的圆柱体非标准试件。

3.2.2 轴心抗压强度和静力受压弹性模量试件应符合下列规定：

    1 边长为150mm×150mm×300mm 的棱柱体试件是标准试件。

    2 边长为100mm×100mm×300mm 和 200mm×200mm×400mm 的棱柱体试件是非标准试件。

    3 在特殊情况下，可采用 ϕ150mm×300mm 的圆柱体标准试件或 ϕ100mm×200mm 和 ϕ200mm×400mm 的圆柱体非标准试件。

3.2.3 抗折强度试件应符合下列规定：

    1 边长为150mm×150mm×600mm(或550mm)的棱柱体试件是标准试件。

    2 边长为100mm×100mm×400mm 的棱柱体试件是非标准试件。

3.3 尺寸公差

3.3.1 试件的承压面的平面度公差不得超过 0.0005d

（d 为边长）。

3.3.2 试件的相邻面间的夹角应为 90°，其公差不得超过 0.5°。

3.3.3 试件各边长、直径和高的尺寸的公差不得超过 1mm。

4 设 备

4.1 试 模

4.1.1 试模应符合《混凝土试模》（JG 3019）中技术要求的规定。

4.1.2 应定期对试模进行自检，自检周期宜为三个月。

4.2 振 动 台

4.2.1 振动台应符合《混凝土试验室用振动台》（JG/T 3020）中技术要求的规定。

4.2.2 应具有有效期内的计量检定证书。

4.3 压 力 试 验 机

4.3.1 压力试验机除应符合《液压式压力试验机》（GB/T 3722）及《试验机通用技术要求》（GB/T 2611）中技术要求外，其测量精度为 ±1%，试件破坏荷载应大于压力机全量程的 20% 且小于压力机全量程的 80%。

4.3.2 应具有加荷速度指示装置或加荷速度控制装置，并应能均匀、连续地加荷。

4.3.3 应具有有效期内的计量检定证书。

4.4 微变形测量仪

4.4.1 微变形测量仪的测量精度不得低于 0.001mm。

4.4.2 微变形测量固定架的标距应为 150mm。

4.4.3 应具有有效期内的计量检定证书。

4.5 垫块、垫条与支架

4.5.1 劈裂抗拉强度试验应采用半径为 75mm 的钢制弧形垫块，其横截面尺寸如图 4.5.1 所示，垫块的长度与试件相同。

4.5.2 垫条为三层胶合板制成，宽度为 20mm，厚度为 3～4mm，长度不小于试件长度，垫条不得重复使用。

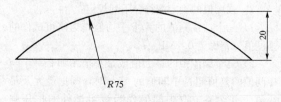

图 4.5.1　垫块

4.5.3 支架为钢支架，如图 4.5.3 所示。

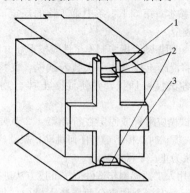

图 4.5.3　支架示意
1—垫块；2—垫条；3—支架

4.6 钢 垫 板

4.6.1 钢垫板的平面尺寸应不小于试件的承压面积，厚度应不小于 25mm。

4.6.2 钢垫板应机械加工，承压面的平面度公差为 0.04mm；表面硬度不小于 55HRC；硬化层厚度约为 5mm。

4.7 其他量具及器具

4.7.1 量程大于 600mm、分度值为 1mm 的钢板尺。

4.7.2 量程大于 200mm、分度值为 0.02mm 的卡尺。

4.7.3 符合《混凝土坍落度仪》（JG 3021）中规定的直径 16mm、长 600mm、端部呈半球形的捣棒。

5 试件的制作和养护

5.1 试件的制作

5.1.1 混凝土试件的制作应符合下列规定：

1 成型前，应检查试模尺寸并符合本标准第 4.1.1 条中的有关规定；试模内表面应涂一薄层矿物油或其他不与混凝土发生反应的脱模剂。

2 在试验室拌制混凝土时，其材料用量应以质量计，称量的精度：水泥、掺合料、水和外加剂为 ±0.5%；骨料为 ±1%。

3 取样或试验室拌制的混凝土应在拌制后尽短的时间内成型，一般不宜超过 15min。

4 根据混凝土拌合物的稠度确定混凝土成型方法，坍落度不大于 70mm 的混凝土宜用振动振实；大于 70mm 的宜用捣棒人工捣实；检验现浇混凝土或预制构件的混凝土，试件成型方法宜与实际采用的方法相同。

5 圆柱体试件的制作见附录 A。

5.1.2 混凝土试件制作应按下列步骤进行：

1 取样或拌制好的混凝土拌合物应至少用铁锨

再来回拌合三次。

2　按本章第 5.1.1 条中第 4 款的规定，选择成型方法成型。

1)　用振动台振实制作试件应按下述方法进行：

a. 将混凝土拌合物一次装入试模，装料时应用抹刀沿各试模壁插捣，并使混凝土拌合物高出试模口；

b. 试模应附着或固定在符合第 4.2 节要求的振动台上，振动时试模不得有任何跳动，振动应持续到表面出浆为止；不得过振。

2)　用人工插捣制作试件应按下述方法进行：

a. 混凝土拌合物应分两层装入模内，每层的装料厚度大致相等；

b. 插捣应按螺旋方向从边缘向中心均匀进行。在插捣底层混凝土时，捣棒应达到试模底部；插捣上层时，捣棒应贯穿上层后插入下层 20~30mm；插捣时捣棒应保持垂直，不得倾斜。然后应用抹刀沿试模内壁插拔数次；

c. 每层插捣次数按在 10000mm² 截面积内不得少于 12 次；

d. 插捣后应用橡皮锤轻轻敲击试模四周，直至插捣棒留下的空洞消失为止。

3)　用插入式振捣棒振实制作试件应按下述方法进行：

a. 将混凝土拌合物一次装入试模，装料时应用抹刀沿各试模壁插捣，并使混凝土拌合物高出试模口；

b. 宜用直径为 φ25mm 的插入式振捣棒，插入试模振捣时，振捣棒距试模底板 10~20mm 且不得触及试模底板，振动应持续到表面出浆为止，且应避免过振，以防止混凝土离析；一般振捣时间为 20s。振捣棒拔出时要缓慢，拔出后不得留有孔洞。

3　刮除试模上口多余的混凝土，待混凝土临近初凝时，用抹刀抹平。

5.2　试件的养护

5.2.1　试件成型后应立即用不透水的薄膜覆盖表面。

5.2.2　采用标准养护的试件，应在温度为 20±5℃ 的环境中静置一昼夜至二昼夜，然后编号、拆模。拆模后应立即放入温度为 20±2℃，相对湿度为 95% 以上的标准养护室中养护，或在温度为 20±2℃ 的不流动的 $Ca(OH)_2$ 饱和溶液中养护。标准养护室内的试件应放在支架上，彼此间隔 10~20mm，试件表面应保持潮湿，并不得被水直接冲淋。

5.2.3　同条件养护试件的拆模时间可与实际构件的拆模时间相同，拆模后，试件仍需保持同条件养护。

5.2.4　标准养护龄期为 28d（从搅拌加水开始计时）。

5.3　试验记录

5.3.1　试件制作和养护的试验记录内容应符合本标准第 1.0.3 条第 2 款的规定。

6　抗压强度试验

6.0.1　本方法适用于测定混凝土立方体试件的抗压强度，圆柱体试件的抗压强度试验见附录 B。

6.0.2　混凝土试件的尺寸应符合本标准第 3.1 节中的有关规定。

6.0.3　试验采用的试验设备应符合下列规定：

1　混凝土立方体抗压强度试验所采用压力试验机应符合本标准第 4.3 节的规定。

2　混凝土强度等级≥C60 时，试件周围应设防崩裂网罩。当压力试验机上、下压板不符合本标准第 4.6.2 条规定时，压力试验机上、下压板与试件之间应各垫以符合本标准第 4.6 节要求的钢垫板。

6.0.4　立方体抗压强度试验步骤应按下列方法进行：

1　试件从养护地点取出后应及时进行试验，将试件表面与上下承压板面擦干净。

2　将试件安放在试验机的下压板或垫板上，试件的承压面应与成型时的顶面垂直。试件的中心应与试验机下压板中心对准，开动试验机，当上压板与试件或钢垫板接近时，调整球座，使接触均衡。

3　在试验过程中应连续均匀地加荷，混凝土强度等级<C30 时，加荷速度取每秒钟 0.3~0.5MPa；混凝土强度等级≥C30 且<C60 时，取每秒钟 0.5~0.8MPa；混凝土强度等级≥C60 时，取每秒钟 0.8~1.0MPa。

4　当试件接近破坏开始急剧变形时，应停止调整试验机油门，直至破坏。然后记录破坏荷载。

6.0.5　立方体抗压强度试验结果计算及确定按下列方法进行：

1　混凝土立方体抗压强度应按下式计算：

$$f_{cc} = \frac{F}{A}$$ (6.0.5)

式中　f_{cc}——混凝土立方体试件抗压强度（MPa）；

F——试件破坏荷载（N）；

A——试件承压面积（mm²）。

混凝土立方体抗压强度计算应精确至 0.1MPa。

2　强度值的确定应符合下列规定：

1)　三个试件测值的算术平均值作为该组试件的强度值（精确至 0.1MPa）；

2)　三个测值中的最大值或最小值中如有一个与中间值的差值超过中间值的 15% 时，则把最大及最小值一并舍除，取中间值作为该组试件的抗压强度值；

3）如最大值和最小值与中间值的差均超过中间值的 15%，则该组试件的试验结果无效。

3 混凝土强度等级＜C60 时，用非标准试件测得的强度值均应乘以尺寸换算系数，其值为对 200mm×200mm×200mm 试件为 1.05；对 100mm×100mm×100mm 试件为 0.95。当混凝土强度等级 ≥C60 时，宜采用标准试件；使用非标准试件时，尺寸换算系数应由试验确定。

6.0.6 混凝土立方体抗压强度试验报告内容除应满足本标准第 1.0.3 条要求外，还应报告实测的混凝土立方体抗压强度值。

7 轴心抗压强度试验

7.0.1 本试验方法适用于测定棱柱体混凝土试件的轴心抗压强度。

7.0.2 测定混凝土轴心抗压强度试验的试件应符合本标准第 3 章中的有关规定。

7.0.3 试验采用的试验设备应符合下列规定：

1 轴心抗压强度试验所采用压力试验机的精度应符合本标准第 4.3 节的要求。

2 混凝土强度等级 ≥C60 时，试件周围应设防崩裂网罩。当压力试验机上、下压板不符合本标准第 4.6.2 条规定时，压力试验机上、下压板与试件之间应各垫以符合本标准第 4.6 节要求的钢垫板。

7.0.4 轴心抗压强度试验步骤应按下列方法进行：

1 试件从养护地点取出后应及时进行试验，用干毛巾将试件表面与上下承压板面擦干净。

2 将试件直立放置在试验机的下压板或钢垫板上，并使试件轴心与下压板中心对准。

3 开动试验机，当上压板与试件或钢垫板接近时，调整球座，使接触均衡。

4 应连续均匀地加荷，不得有冲击。所用加荷速度应符合本标准第 6.0.4 条中第 3 款的规定。

5 试件接近破坏而开始急剧变形时，应停止调整试验机油门，直至破坏。然后记录破坏荷载。

7.0.5 试验结果计算及确定按下列方法进行：

1 混凝土试件轴心抗压强度应按下式计算：

$$f_{cp} = \frac{F}{A} \tag{7.0.5}$$

式中 f_{cp} ——混凝土轴心抗压强度（MPa）；
$\quad F$ ——试件破坏荷载（N）；
$\quad A$ ——试件承压面积（mm²）。

混凝土轴心抗压强度计算值应精确至 0.1MPa。

2 混凝土轴心抗压强度值的确定应符合本标准第 6.0.5 条中第 2 款的规定。

3 混凝土强度等级＜C60 时，用非标准试件测得的强度值均应乘以尺寸换算系数，其值为对 200mm×200mm×400mm 试件为 1.05；对 100mm×

100mm×300mm 试件为 0.95。当混凝土强度等级 ≥C60 时，宜采用标准试件；使用非标准试件时，尺寸换算系数应由试验确定。

7.0.6 混凝土轴压抗压强度试验报告内容除应满足本标准第 1.0.3 条要求外，还应报告实测的混凝土轴心抗压强度值。

8 静力受压弹性模量试验

8.0.1 本方法适用于测定棱性体试件的混凝土静力受压弹性模量（以下简称弹性模量）。圆柱体试件的弹性模量试验见附录 C。

8.0.2 测定混凝土弹性模量的试件应符合本标准第 3 章中的有关规定。每次试验应制备 6 个试件。

8.0.3 试验采用的试验设备应符合下列规定：

1 压力试验机应符合本标准中第 4.3 节中的规定。

2 微变形测量仪应符合本标准第 4.4 节中的规定。

8.0.4 静力受压弹性模量试验步骤应按下列方法进行：

1 试件从养护地点取出后先将试件表面与上下承压板面擦干净。

2 取 3 个试件按本标准第 7 章的规定，测定混凝土的轴心抗压强度（f_{cp}）。另 3 个试件用于测定混凝土的弹性模量。

3 在测定混凝土弹性模量时，变形测量仪应安装在试件两侧的中线上并对称于试件的两端。

4 应仔细调整试件在压力试验机上的位置，使其轴心与下压板的中心线对准。开动压力试验机，当上压板与试件接近时调整球座，使其接触匀衡。

5 加荷至基准应力为 0.5MPa 的初始荷载值 F_0，保持恒载 60s 并在以后的 30s 内记录每测点的变形读数 ε_0。应立即连续均匀地加荷至应力为轴心抗压强度 f_{cp} 的 1/3 的荷载值 F_a，保持恒载 60s 并在以后的 30s 内记录每一测点的变形读数 ε_a。所用加荷速度应符合本标准第 6.0.4 条中第 3 款的规定。

6 当以上这些变形值之差与它们平均值之比大于 20% 时，应重新对中试件后重复本条第 5 款的试验。如果无法使其减少到低于 20% 时，则此次试验无效。

7 在确认试件对中符合本条第 6 款规定后，以与加荷速度相同的速度卸荷至基准应力 0.5MPa（F_0），恒载 60s；然后用同样的加荷和卸荷速度以及 60s 的保持恒载（F_0 及 F_a）至少进行两次反复预压。在最后一次预压完成后，在基准应力 0.5MPa（F_0）持荷 60s 并在以后的 30s 内记录每一测点的变形读数 ε_0；再用同样的加荷速度加荷至 F_a，持荷 60s 并在以后的 30s 内记录每一测点的变形读数 ε_a（见图 8.0.4）。

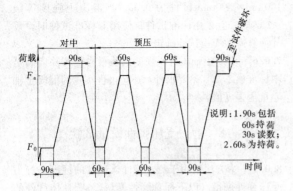

图 8.0.4 弹性模量加荷方法示意图

8 卸除变形测量仪，以同样的速度加荷至破坏，记录破坏荷载；如果试件的抗压强度与 f_{cp} 之差超过 f_{cp} 的 20%时，则应在报告中注明。

8.0.5 混凝土弹性模量试验结果计算及确定按下列方法进行：

1 混凝土弹性模量值应按下式计算：

$$E_c = \frac{F_a - F_0}{A} \times \frac{L}{\Delta n}\qquad(8.0.5-1)$$

式中 E_c——混凝土弹性模量（MPa）；

F_a——应力为 1/3 轴心抗压强度时的荷载（N）；

F_0——应力为 0.5MPa 时的初始荷载（N）；

A——试件承压面积（mm²）；

L——测量标距（mm）；

$$\Delta n = \varepsilon_a - \varepsilon_0\qquad(8.0.5-2)$$

式中 Δn——最后一次从 F_0 加荷至 F_a 时试件两侧变形的平均值（mm）；

ε_a——F_a 时试件两侧变形的平均值（mm）；

ε_0——F_0 时试件两侧变形的平均值（mm）。

混凝土受压弹性模量计算精确至 100MPa；

2 弹性模量按 3 个试件测值的算术平均值计算。如果其中有一个试件的轴心抗压强度值与用以确定检验控制荷载的轴心抗压强度值相差超过后者的 20%时，则弹性模量值按另两个试件测值的算术平均值计算；如有两个试件超过上述规定时，则此次试验无效。

8.0.6 混凝土弹性模量试验报告内容除应满足本标准第 1.0.3 条要求外，尚应报告实测的静力受压弹性模量值。

9 劈裂抗拉强度试验

9.0.1 本方法适用于测定混凝土立方体试件的劈裂抗拉强度，圆柱体劈裂抗拉强度试验方法见附录 D。

9.0.2 劈裂抗拉强度试件应符合本标准第 3 章中有关的规定。

9.0.3 试验采用的试验设备应符合下列规定：

1 压力试验机应符合本标准第 4.3 节的规定。

2 垫块、垫条及支架应符合本标准第 4.5 节的规定。

9.0.4 劈裂抗拉强度试验步骤应按下列方法进行：

1 试件从养护地点取出后应及时进行试验，将试件表面与上下承压板面擦干净。

2 将试件放在试验机下压板的中心位置，劈裂承压面和劈裂面应与试件成型时的顶面垂直；在上、下压板与试件之间垫以圆弧形垫块及垫条各一条，垫块与垫条应与试件上、下面的中心线对准并与成型时的顶面垂直。宜把垫条及试件安装在定位架上使用（如图 4.5.3 所示）。

3 开动试验机，当上压板与圆弧形垫块接近时，调整球座，使接触均衡。加荷应连续均匀，当混凝土强度等级 <C30 时，加荷速度取每秒钟 0.02～0.05MPa；当混凝土强度等级 ≥C30 且<C60 时，取每秒钟 0.05～0.08MPa；当混凝土强度等级 ≥C60时，取每秒钟 0.08～0.10MPa，至试件接近破坏时，应停止调整试验机油门，直至试件破坏，然后记录破坏荷载。

9.0.5 混凝土劈裂抗拉强度试验结果计算及确定按下列方法进行：

1 混凝土劈裂抗拉强度应按下式计算：

$$f_{ts} = \frac{2F}{\pi A} = 0.637\frac{F}{A}\qquad(9.0.5)$$

式中 f_{ts}——混凝土劈裂抗拉强度（MPa）；

F——试件破坏荷载（N）；

A——试件劈裂面面积（mm²）；

劈裂抗拉强度计算精确到 0.01MPa。

2 强度值的确定应符合下列规定：

1）三个试件测值的算术平均值作为该组试件的强度值（精确至 0.01MPa）；

2）三个测值中的最大值或最小值中如有一个与中间值的差值超过中间值的 15%时，则把最大及最小值一并舍除，取中间值作为该组试件的抗压强度值；

3）如最大值与最小值与中间值的差均超过中间值的 15%，则该组试件的试验结果无效。

3 采用 100mm×100mm×100mm 非标准试件测得的劈裂抗拉强度值，应乘以尺寸换算系数 0.85；当混凝土强度等级 ≥C60时，宜采用标准试件；使用非标准试件时，尺寸换算系数应由试验确定。

9.0.6 混凝土劈裂抗拉强度试验报告内容除应满足本标准第 1.0.3 条要求外，尚应报告实测的劈裂抗拉强度值。

10 抗折强度试验

10.0.1 本方法适用于测定混凝土的抗折强度。

10.0.2 试件除应符合本标准第 3 章的有关规定外，在长向中部 1/3 区段内不得有表面直径超过 5mm、深度超过 2mm 的孔洞。

10.0.3 试验采用的试验设备应符合下列规定：

1 试验机应符合第 4.3 节的有关规定。

2 试验机应能施加均匀、连续、速度可控的荷载，并带有能使二个相等荷载同时作用在试件跨度 3 分点处的抗折试验装置，见图 10.0.3。

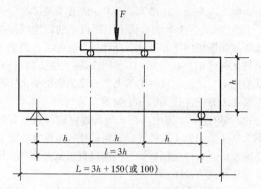

图 10.0.3 抗折试验装置

3 试件的支座和加荷头应采用直径为 20～40mm、长度不小于 b+10mm 的硬钢圆柱，支座立脚点固定铰支，其他应为滚动支点。

10.0.4 抗折强度试验步骤应按下列方法进行：

1 试件从养护地取出后应及时进行试验，将试件表面擦干净。

2 按图 10.0.3 装置试件，安装尺寸偏差不得大于 1mm。试件的承压面应为试件成型时的侧面。支座及承压面与圆柱的接触面应平稳、均匀，否则应垫平。

3 施加荷载应保持均匀、连续。当混凝土强度等级 <C30 时，加荷速度取每秒 0.02～0.05MPa；当混凝土强度等级 ≥C30 且 <C60 时，取每秒钟 0.05～0.08MPa；当混凝土强度等级 ≥C60 时，取每秒钟 0.08～0.10MPa，至试件接近破坏时，应停止调整试验机油门，直至试件破坏，然后记录破坏荷载。

4 记录试件破坏荷载的试验机示值及试件下边缘断裂位置。

10.0.5 抗折强度试验结果计算及确定按下列方法进行：

1 若试件下边缘断裂位置处于二个集中荷载作用线之间，则试件的抗折强度 f_{f}（MPa）按下式计算：

$$f_{\mathrm{f}} = \frac{Fl}{bh^2} \qquad (10.0.5)$$

式中 f_{f}——混凝土抗折强度（MPa）；
F——试件破坏荷载（N）；
l——支座间跨度（mm）；
h——试件截面高度（mm）；

b——试件截面宽度（mm）；
抗折强度计算应精确至 0.1MPa。

2 抗折强度值的确定应符合本标准第 6.0.5 条中第 2 款的规定。

3 三个试件中若有一个折断面位于两个集中荷载之外，则混凝土抗折强度值按另两个试件的试验结果计算。若这两个测值的差值不大于这两个测值的较小值的 15% 时，则该组试件的抗折强度值按这两个测值的平均值计算，否则该组试件的试验无效。若有两个试件的下边缘断裂位置位于两个集中荷载作用线之外，则该组试件试验无效。

4 当试件尺寸为 100mm×100mm×400mm 非标准试件时，应乘以尺寸换算系数 0.85；当混凝土强度等级 ≥C60 时，宜采用标准试件；使用非标准试件时，尺寸换算系数应由试验确定。

10.0.6 混凝土抗折强度试验报告内容除应满足本标准第 1.0.3 条要求外，尚应报告实测的混凝土抗折强度值。

附录 A 圆柱体试件的制作和养护

A.0.1 本方法适用于混凝土圆柱体试件的制作及养护。

A.0.2 圆柱体试件的直径为 100mm、150mm、200mm 三种，其高度是直径的 2 倍。粗骨料的最大粒径应小于试件直径的 1/4 倍。

A.0.3 试验采用的试验设备应符合下列规定：

1 试模：试模应由刚性、金属制成的圆筒形和底板构成，用适当的方法组装而成。试模组装后不能有变形和漏水现象。试模的尺寸误差，直径误差应小于 1/200d，高度误差应小于 1/100h。试模底板的平面度公差应不超过 0.02mm。组装试模时，圆筒形模纵轴与底板应成直角，其允许公差为 0.5°。

2 试验用振动台、捣棒等用具：应符合第 4.2 节与第 4.7 节的有关规定。

3 压板：用于端面平整处理的压板，应采用厚度为 6mm 及其以上的平板玻璃，压板直径应比试模的直径大 25mm 以上。

A.0.4 圆柱体试件的制作应按下列方法进行：

1 在试验室制作试件时，应根据混凝土拌合物的稠度确定混凝土成型方法，坍落度不大于 70mm 的混凝土宜用振动振实；大于 70mm 的宜用捣棒人工捣实。

1）采用插捣成型时，分层浇注混凝土，当试件的直径为 200mm 时，分 3 层装料；当试件为直径 150mm 或 100mm 时，分 2 层装料，各层厚度大致相等；浇注时以试模的纵轴为对称轴，呈对称方式装入混凝土拌合物，浇注完一层后用捣棒摊平上表面；试件的直径为 200mm 时，每层用捣棒插捣 25 次；试件的直径为 150mm 时，每层插捣 15 次；试件的直径为 100mm 时，每层插捣 8 次；插捣应按螺旋方向从边缘向中心均匀进行；在插捣底层混凝土时，捣棒应达到试模底部；插捣上层时，捣棒应贯穿该层后插入下一层 20～30mm；插捣时捣棒应保持垂直，不得倾斜。当所确定的插捣次数有可能使混凝土拌合物产生离析现象时，可酌情减少插捣次数至拌合物不产生离析的程度。插捣结束后，用橡皮锤轻轻敲打试模侧面，直到捣棒插捣后留下的孔消失为止。

2）采用插入式振捣棒振实时，直径为 100～200mm 的试件应分 2 层浇注混凝土。每层厚度大致相等，以试模的纵轴为对称轴，呈对称方式装入混凝土拌合物；振捣棒的插入密度按浇注层上表面每 6000mm^2 插入一次确定，振捣下层时振捣棒不得触及试模的底板，振捣上层时，振捣棒插入下层大约 15mm 深，不得超过 20mm；振捣时间根据混凝土的质量及振捣棒的性能确定，以使混凝土充分密实为原则。振捣棒要缓慢拔出，拔出后用橡皮锤轻轻敲打试模侧面，直到捣棒插捣后留下的孔消失为止。

3）采用振动台振实时，应将试模牢固地安装在振动台上，以试模的纵轴为对称轴，呈对称方式一次装入混凝土，然后进行振动密实。装料量以振动时砂浆不外溢为宜。振动时间根据混凝土的质量和振动台的性能确定，以使混凝土充分密实为原则。

2 振实后，混凝土的上表面稍低于试模顶面 1～2mm。

A.0.5 试件的端面找平层处理按下述方法进行：

1 拆模前当混凝土具有一定强度后，清除上表面的浮浆，并用干布吸去表面水，抹上同配比的水泥净浆，用压板均匀地盖在试模顶部。找平层水泥净浆的厚度要尽量薄并与试件的纵轴相垂直；为了防止压板与水泥浆之间粘固，在压板的下面垫上结实的薄纸。

2 找平处理后的端面应与试件的纵轴相垂直；端面的平面度公差应不大于 0.1mm。

3 不进行试件端部找平层处理时，应将试件上端面研磨整平。

A.0.6 圆柱体试件养护应符合本标准 5.2 节的规定。

附录 B　圆柱体试件抗压强度试验

B.0.1 本方法适用于测定按附录 A 要求制作和养护的圆柱体试件的抗压强度。

B.0.2 测定圆柱体抗压强度的试件应是按附录 A 要求制作和养护的圆柱体试件。

B.0.3 圆柱体试件抗压强度试验设备应符合下列规定：

1 压力试验机：应符合本标准第 4.3 节中的有关规定。

2 卡尺：量程 300mm，分度值 0.02mm。

B.0.4 抗压强度试验步骤应按下列方法进行：

1 试件从养护地取出后应及时进行试验，将试件表面与上下承压板面擦干净，然后测量试件的两个相互垂直的直径，分别记为 d_1、d_2，精确至 0.02mm；再分别测量相互垂直的两个直径段部的四个高度；应符合本标准第 3.3 节中的有关规定。

2 将试件置于试验机上下压板之间，使试件的纵轴与加压板的中心一致。开动压力试验机，当上压板与试件或钢垫板接近时，调整球座，使接触均衡；试验机的加压板与试件的端面之间要紧密接触，中间不得夹入有缓冲作用的其他物质。

3 应连续均匀地加荷，加荷速度应符合本标准第 6.0.4 条中第 4 款的规定；当试件接近破坏，开始迅速变形时，停止调整试验机油门直至试件破坏。记录破坏荷载 $F(N)$。

B.0.5 圆柱体试件抗压强度试验结果计算及确定按下列方法进行：

1 试件直径应按下式计算：

$$d = \frac{d_1 + d_2}{2} \qquad (B.0.5\text{-}1)$$

式中　d——试件计算直径（mm）；

d_1、d_2——试件两个垂直方向的直径（mm）。

试件计算直径的计算精确至 0.1mm。

2 抗压强度应按下式计算：

$$f_{cc} = \frac{4F}{\pi d^2} \qquad (B.0.5\text{-}2)$$

式中　f_{cc}——混凝土的抗压强度（MPa）；

F——试件破坏荷载（N）；

d——试件计算直径（mm）。

混凝土圆柱体试件抗压强度的计算精确至 0.1MPa。

3 混凝土圆柱体抗压强度值的确定应符合本标准第 6.0.5 条中第 2 款的规定。

4 用非标准试件测得的强度值均应乘以尺寸换算系数，其值为对 ϕ200mm×400mm 试件为 1.05；对 ϕ100mm×200mm 试件为 0.95。

B.0.6 混凝土圆柱体抗压强度试验报告内容除应满足本标准第 1.0.3 条要求外，尚应报告实测混凝土圆柱体抗压强度值。

附录 C　圆柱体试件静力受压弹性模量试验

C.0.1 本方法适用于测定按附录 A 要求制作和养护的圆柱体试件的静力受压弹性模量（以下简称弹性模量）。

C.0.2 测定圆柱体试件的弹性模量的试件应是按附录 A 要求制作和养护的圆柱体试件。每次试验应制备 6 个试件。

C.0.3 试验采用的试验设备应符合下列规定：

　　1 压力试验机：应符合本标准中第 4.3 节中的规定。

　　2 微变形测量仪：应符合本标准第 4.4 节中的规定。

C.0.4 圆柱体试件弹性模量试验步骤应按下列方法进行：

　　1 试件从养护地点取出后应及时进行试验，将试件擦干净，观察其外观，按本标准 B.0.4 条中第 1 款的规定，测量试件尺寸，应符合本标准第 3.3 节中的有关规定。

　　2 取 3 个试件按本标准附录 B 的规定，测定圆柱体试件抗压强度（f_{cp}）。另 3 个试件用于测定圆柱体试件弹性模量。

　　3 在测定圆柱体试件弹性模量时，微变形测量仪应安装在圆柱体试件直径的延长线上并对称于试件的两端。

　　4 应仔细调整试件在压力试验机上的位置，使其轴心与下压板的中心线对准。开动压力试验机，当上压板与试件接近时调整球座，使其接触均衡。

　　5 加荷至基准应力为 0.5MPa 的初始荷载值 F_0，保持恒载 60s 并在以后的 30s 内记录每测点的变形读数 ε_0。应立即连续均匀地加荷至应力为轴心抗压强度 f_{cp} 的 1/3 的荷载值 F_a，保持恒载 60s 并在以后的 30s 内记录每一测点的变形读数 ε_a。所用加荷速度应符合本标准第 6.0.4 条中第 3 款的规定。

　　6 当以上这些变形值之差与它们平均值之比大于 20% 时，应重新对中试件后重复本条第 5 款的试验。如果无法使其减少到低于 20% 时，则此次试验无效。

　　7 在确认试件对中符合本条第 6 款规定后，以与加荷速度相同的速度卸荷至基准应力 0.5MPa（F_0），恒载 60s；然后用同样的加荷和卸荷速度以及 60s 的保持恒载（F_0 及 F_a）至少进行两次反复预压。在最后一次预压完成后，在基准应力 0.5MPa（F_0）持荷 60s 并在以后的 30s 内记录每一测点的变形读数 ε_0；再用同样的加荷速度加荷至 F_a，持荷 60s 并在以后的 30s 内记录每一测点的变形读数 ε_a（见图 8.0.4）。

　　8 卸除变形测量仪，以同样的速度加荷至破坏。记录破坏荷载；如果试件的抗压强度与 f_{cp} 之差超过 f_{cp} 20% 时，则应在报告中注明。

C.0.5 圆柱体试件弹性模量试验结果计算及确定按下列方法进行：

　　1 试件计算直径 d 按 B.0.5 的有关规定计算。

　　2 圆柱体试件混凝土受压弹性模量值应按下式计算：

$$E_c = \frac{4(F_a - F_0)}{\pi d^2} \times \frac{L}{\Delta n} = 1.273 \times \frac{(F_a - F_0)L}{d^2 \Delta n}$$

$$(C.0.5-1)$$

式中　E_c——圆柱体试件混凝土静力受压弹性模量（MPa）；

　　　F_a——应力为 1/3 轴心抗压强度时的荷载（N）；

　　　F_0——应力为 0.5MPa 时的初始荷载（N）；

　　　d——圆柱体试件的计算直径（mm）；

　　　L——测量标距（mm）；

$$\Delta n = \varepsilon_a - \varepsilon_0 \qquad (C.0.5-2)$$

式中　Δn——最后一次从 F_0 加荷至 F_a 时试件两侧变形的平均值（mm）；

　　　ε_a——F_a 时试件两侧变形的平均值（mm）；

　　　ε_0——F_0 时试件两侧变形的平均值（mm）。

　　圆柱体试件混凝土受压弹性模量计算精确至 100MPa。

　　3 圆柱体试件弹性模量按 3 个试件的算术平均值计算。如果其中有一个试件的轴心抗压强度值与用以确定检验控制荷载的轴心抗压强度值相差超过后者的 20% 时，则弹性模量值按另两个试件测值的算术平均值计算；如有两个试件超过上述规定时，则此次试验无效。

C.0.6 圆柱体试件混凝土静力受压弹性模量试验报告内容除应满足本标准第 1.0.3 条要求外，尚应报告实测的圆柱体试件混凝土的静力受压弹性模量值。

附录 D　圆柱体试件劈裂抗拉强度试验

D.0.1 本方法适用于测定按附录 A 要求制作和养护的圆柱体试件的劈裂抗拉强度。

D.0.2 测定圆柱体劈裂抗拉强度的试件应是按附录 A 要求制作和养护的圆柱体试件。

D.0.3 试验采用的试验设备应符合下列规定：

　　1 试验机应符合本标准 4.3 节中的有关规定。

　　2 垫条应符合本标准 4.5.2 条的规定。

D.0.4 圆柱体劈裂抗压强度试验步骤应按下列方法进行：

　　1 试件从养护地点取出后应及时进行试验，先将试件擦拭干净，与垫层接触的试件表面应清除掉一切浮渣和其他附着物。测量尺寸，并检查其外观。圆柱体的母线公差应为 0.15mm。

　　2 标出两条承压线。这两条线应位于同一轴向平面，并彼此相对，两线的末端在试件的端面上相连，以便能明确地表示出承压面。

　　3 擦净试验机上下压板的加压面。将圆柱体试件置于试验机中心，在上下压板与试件承压线之间各垫一条垫条,圆柱体轴线应在上下垫条之间保持水平,垫条的位置应上下对准(见图D.0.4-1)。宜把垫层安放在定位架上使用(见图D.0.4-2)。

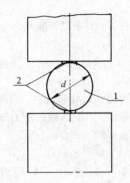

图 D.0.4-1　劈裂抗拉试验
1—试件；2—垫条

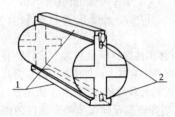

图 D.0.4-2　定位架
1—定位架；2—垫条

4　连续均匀地加荷,加荷速度按本标准第9.0.3条的规定进行。

D.0.5　圆柱体劈裂抗拉强度试验结果计算及确定按下列方法进行:

1　圆柱体劈裂抗拉强度按下式计算:

$$f_{ct} = \frac{2F}{\pi \times d \times l} = 0.637 \frac{F}{A} \qquad (D.0.5)$$

式中　f_{ct}——圆柱体劈裂抗拉强度（MPa）；
　　　F——试件破坏荷载（N）；
　　　d——劈裂面的试件直径（mm）；
　　　l——试件的高度（mm）；
　　　A——试件劈裂面面积（mm²）。
圆柱体劈裂抗拉强度精确至0.01MPa。

2　圆柱体的劈裂抗拉强度值的确定应符合本标准第6.0.5条中第2款的规定。

3　当采用非标准试件时,应在报告中注明。

D.0.6　混凝土圆柱体的劈裂抗拉强度试验报告内容除应满足本标准第1.0.3条要求外,尚应报告实测的混凝土圆柱体的劈裂抗拉强度值。

本标准用词、用语说明

1　为便于在执行本标准条文时区别对待,对于要求严格程度不同的用词说明如下:

1)　表示很严格,非这样不可的用词:
正面词采用:"必须";反面词采用:"严禁"。

2)　表示严格,在正常情况下均这样做的用词:
正面词采用:"应";反面词采用:"不应"或"不得"。

3)　表示容许稍有选择,在条件许可时,首先应这样做的用词:
正面词采用:"宜";反面词采用:"不宜"。
表示有选择,在一定条件下可以这样做的,采用:"可"。

2　条文中指定按其他有关标准执行的写法为"应按……执行"或"应符合……的规定"。

中华人民共和国国家标准

普通混凝土力学性能试验方法标准

GB/T 50081—2002

条 文 说 明

前　言

根据建设部建标〔1998〕第 94 号文《1998 年工程建设国家标准制定、修订计划的通知》的要求，《普通混凝土力学性能试验方法》编制组对原标准进行了修订，新修订的《普通混凝土力学性能试验方法标准》（GB/T 50081—2002）经建设部 2003 年 1 月 10 日以公告第 102 号批准、发布。

为便于广大使用单位在使用本标准时能正确理解和执行条文的规定，《普通混凝土力学性能试验方法标准》编制组根据建设部关于编制标准、规范条文的统一要求，按《普通混凝土力学性能试验方法标准》的章、节、条、款的顺序，编制了《普通混凝土力学性能试验方法标准条文说明》，供有关部门和使用单位参考。在使用中如发现本条文说明有欠妥之处，请将意见直接函寄中国建筑科学研究院标准研究中心。

目　次

1　总则 ……………………………… 2—16

2　取样 ……………………………… 2—16

3　试件的尺寸、形状和公差 ……… 2—16

　3.1　试件的尺寸 ………………… 2—16

　3.2　试件的形状 ………………… 2—16

　3.3　尺寸公差 …………………… 2—16

4　设备 ……………………………… 2—16

　4.1　试模 ………………………… 2—16

　4.2　振动台 ……………………… 2—17

　4.3　压力试验机 ………………… 2—17

　4.4　微变形测量仪 ……………… 2—17

　4.5　垫块、垫条和支架 ………… 2—17

　4.6　钢垫板 ……………………… 2—17

　4.7　其他量具和器具 …………… 2—17

5　试件的制作和养护……………… 2—18

　5.1　试件的制作 ………………… 2—18

　5.2　试件的养护 ………………… 2—18

　5.3　试验记录 …………………… 2—18

6　抗压强度试验 …………………… 2—18

7　轴心抗压强度试验 ……………… 2—19

8　静力受压弹性模量试验 ………… 2—19

9　劈裂抗拉强度试验 ……………… 2—19

10　抗折强度试验 ………………… 2—20

附录 A　圆柱体试件的制作和

　　　　养护 ……………………… 2—20

附录 B　圆柱体试件抗压强度

　　　　试验 ……………………… 2—20

附录 C　圆柱体试件静力受压

　　　　弹性模量试验 …………… 2—21

附录 D　圆柱体试件劈裂抗

　　　　拉强度试验 ……………… 2—21

1 总 则

1.0.1 编制本标准的目的是为了进一步规范混凝土力学性能试验方法、提高试验精度，使试验结果具有代表性、准确性和复演性，确保混凝土施工质量。

1.0.2 本标准不但包括原标准中立方体和棱柱体试件的 5 个混凝土力学性能试验方法，还在附录中增加了圆柱体试件的制作和养护以及圆柱体试件混凝土力学性能试验方法，从而实现了混凝土力学性能试验方法标准与国际标准全面接轨，为我国进入 WTO 后，建筑业面向国际市场提供了与国际标准一致的混凝土力学性能试验方法标准。

1.0.3 为规范试验报告，按国际试验标准惯例，提出了按本标准试验方法所做的试验，试验报告应包括的内容。

1.0.4 规定了混凝土力学性能试验方法，除应符合本标准的规定，还应符合国家强制标准中的有关规定。与普通混凝土力学性能试验方法有关的国家标准有《混凝土结构工程施工质量验收规范》（GB 50204）、《混凝土质量控制标准》（GB 50154）等。

2 取 样

2.0.1 规定了混凝土的取样应遵循的规定。

2.0.2 每个试件的强度都是一个随机值，为避免取到极端值和与其他现行国家强制性标准统一，规定了混凝土力学性能试验必须以三个试件为一组，并规定了每组试件混凝土的取样地点。

3 试件的尺寸、形状和公差

3.1 试件的尺寸

3.1.1 试件尺寸与允许骨料最大粒径的关系，ISO 推荐的规定为试件的尺寸应大于 4 倍的骨料最大粒径。根据我国的实际状况，经修订组讨论和广泛征求意见，修订后的规定与原标准一致即试件尺寸大于 3 倍的骨料最大粒径，与美国 ASTM 标准相同。修订组根据现行标准筛的尺寸，对相应的允许骨料的最大粒径进行了修改。

对于劈裂抗拉强度试验，骨料的最大粒径，维持原规定不变。

3.1.2 为保证试件尺寸，应使用符合要求的试模制作试件。

3.2 试件的形状

3.2.1 规定了混凝土抗压强度和劈裂抗拉强度试件的形状尺寸：

1 规定了立方体试件的标准试件的形状尺寸。

2 规定了立方体试件的非标准试件的形状尺寸。

3 在特殊情况下可采用的圆柱体标准试件和非标准试件的形状尺寸。特殊情况是指：当施工涉外工程或必须用圆柱体试件来确定混凝土力学性能时，一般情况或无特殊要求的情况下，应使用立方体试件。

3.2.2 规定了混凝土轴心抗压强度和静力受压弹性模量试件的形状尺寸：

1 规定了棱柱体试件的标准试件的形状尺寸。

2 规定了棱柱体试件的非标准试件的形状尺寸。

3 在特殊情况下可采用的圆柱体标准试件和非标准试件的形状尺寸。特殊情况是指：当施工涉外工程或必须用圆柱体试件来确定混凝土力学性能时，一般情况或无特殊要求的情况下，应使用立方体试件。

3.2.3 规定了混凝土抗折强度试件的形状尺寸：

1 规定了棱柱体试件的标准试件的形状尺寸。

2 规定了棱柱体试件的非标准试件的形状尺寸。

3.3 尺寸公差

公差包括尺寸公差和形位公差。试件的形位公差是否符合要求，对其力学性能，特别是对高强混凝土的力学性能影响甚大。对试件承压面平面度公差主要是靠试模内表面的平面度来控制，而试件相邻面夹角公差不但靠试模相邻面夹角控制，而且还取决与每次安装试模的精度。所以要使试件的形位公差符合要求，不但应采用符合标准要求的试模来制作试件，而且必须对试模的安装引起高度的重视。

3.3.1 规定了所有试件承压面的平面度公差为 $0.0005d$。为方便使用，列出各种试件对应的承压面的平面度的公差值：

表 1 试件承压面公差允许值

试件横截面边长（mm）	承压面平面度公差（mm）
100	0.050
150	0.075
200	0.100

3.3.2 规定了各种试件相邻面夹角的公差为 0.5°。

3.3.3 规定了各种试件边长的尺寸公差为 1mm。

4 设 备

4.1 试 模

4.1.1 本条文对试模提出了详细的技术规定，规定了试模必须符合《混凝土试模》（JG 3019）中技术要求的规定。为方便使用单位，各种试模的技术要求见表 2：

表2　试模的主要技术指标

部　件　名　称	技　术　指　标
试模内表面	光滑平整，不得有砂眼、裂纹及划痕
试模内表面粗糙度	不得大于 $3.2\mu m$
组装后内部尺寸误差	不得大于公称尺寸的 $\pm0.2\%$
组装后相邻面夹角	$90\pm0.3°$
试模内表面平整度	100mm 不大于 0.04mm
组装后连接面缝隙	不得大于 0.2mm

4.1.2 对试模定期检查，应根据试模的使用频率来决定，至少每三个月应检查一次。

4.2　振　动　台

4.2.1 规定了振动台应符合的技术要求。其主要的技术要求见表3。

表3　振动台的主要技术指标

部　件　名　称	技　术　指　标
台面平整度	平面度误差不应大于 0.3mm
空载台面中心垂直振幅	0.5 ± 0.02mm
空载台面振幅均匀度	不大于 15%
负载与空载台面中心垂直振幅比	不小于 0.7
试模固定装置	振动中试模无松动、无移动、无损伤
空载频率	50 ± 3Hz
启动时间	不大于 2s
制动时间	不大于 5s
空载噪声	不大于 85dB

4.2.2 本条包含三个内容：

1　由法定计量部门检测；
2　定期进行检测，周期一年；
3　有计量检定证书。

以上规定是为了保持各个不同试验室中的试验仪器设备的一致性。

4.3　压力试验机

4.3.1 本条文强调了压力试验机测量精度为 $\pm1\%$，试件破坏荷载必须大于压力机全量程的20%且小于压力机全量程的80%；尤其对于高强混凝土，对压力试验机提出更高的要求。对原标准中精度为2%的老式压力试验机，由于油泵和加压油缸磨损较大，随

荷载增高，油泵和加压油缸的漏油量也增大，到达全量程的 60%～70% 时，就无法有效调节加荷速度，故不能满足试验要求，从压力试验机生产厂调查得知，精度为2%的压力试验机已是老产品，应属淘汰之例。

4.3.2 修订后，规定了压力试验机应具有加荷速度显示装置或加荷速度控制装置，是为了便于操作人员可按本标准要求控制加荷速度。

4.3.3 修订后规定了压力试验机应具有有效期内的计量检定证书，是为了保持各个不同试验室中的试验仪器设备性能指标的一致性，其鉴定周期为一年。

4.4　微变形测量仪

4.4.1 本标准中规定了微变形测量仪的精度。微变形测量仪可采用千分表、电阻应变片测长仪和激光测长仪等，但其测量精度应符合本条的要求，其性能还应满足相关标准规定的要求。

4.4.2 规定了微变形测量仪的标距为 150mm。

4.4.3 修订后规定了压力试验机应具有有效期内的计量检定证书，鉴定周期为一年，是为了保持各个不同试验室中的试验仪器设备性能指标的一致性。

4.5　垫块、垫条和支架

4.5.1 修订后将原标准的钢制弧形垫条改名为垫块，其形状尺寸没有变。

4.5.2 修订后将三合板垫层改名为垫条。

4.5.3 在做劈裂抗拉强度试验时，试件的对中很困难。试件对中精度又影响试验结果精度。修订后增加了钢支架，使试验对中变得很容易，从而提高了劈裂抗拉强度试验的速度和精度。

4.6　钢　垫　板

因为老的压力试验机，由于多年使用，上下压板有磨损现象，特别是压板的中心，由于压试件处磨成凹状。其平整度严重影响对压板平整度要求较高的高强混凝土的抗压强度。为提高高强混凝土抗压强度试验的精度，避免试验误差，修订后在强度等级不小于C60的抗压强度试验时，如压力试验机上下压板不符合钢垫板要求时，必须使用钢垫板。

4.6.1 本条规定了钢垫板承压面积和最小厚度。

4.6.2 本条规定了钢垫板承压面平面度公差、表面硬度和硬化层厚度。

4.7　其他量具和器具

本节规定了本标准所用的其他量具和器具的规格：

4.7.1 钢板尺。

4.7.2 卡尺。

4.7.3 捣棒。

5 试件的制作和养护

5.1 试件的制作

5.1.1 叙述了混凝土试件制作的一般规定:

1 成型前,应首先检查试模的尺寸,尤其是对高强混凝土,应格外重视检查试模的尺寸是否符合试模标准的要求。特别应检查 150mm×150mm×150mm 试模的内表面平整度和相邻面夹角是否符合要求。150mm×150mm×150mm 试模尺寸不符合要求是尺寸换算系数降低的主要原因。

2 规定了试验室拌制混凝土时材料用量的计量精度,与原标准一致。

3 修订后规定了混凝土拌合物拌制后宜在15min 内成型,一般在成型前要做坍落度试验,大约5~10min,15min 内成型是完全做得到的。

4 选择成型方式:坍落度不大于 70mm 宜用振动振实,大于 70mm 宜采用捣棒人工捣实。但对于黏度较大的混凝土拌合物,虽然坍落度大于 70mm,也可用振动振实方式,以充分密实,避免分层离析为原则;对拌合物稠度大于 70mm 的含气量较大的混凝土,由于采用人工插捣方法不利于混凝土排气,其强度与实际结构混凝土相差较大,也可采用振动振实方法成型。

5 修订后,本标准在附录 A 中增加了圆柱体试件的成型方法。

5.1.2 规定了混凝土试件的制作步骤:

1 规定了取样或拌制的混凝土拌合物至少应用铁锹来回拌合三次,以确保混凝土拌合物的匀质性。

2 根据混凝土拌合物稠度,选择成型方法;试件的制作有振动台振实、人工插捣和插入式振捣棒振实三种成型方法供选择。

1)叙述了用振动台振实制作试件的方法,强调了试模应牢牢地附着或固定在振动台上,振动台振动时,不容许有任何跳动,振动持续至表面出浆为止;且应避免混凝土离析。

2)叙述了用人工插捣制作试件的方法,与原标准基本一致。

3)修订后增加了在现场检验时用插入式振捣棒振实制作试件的方法。

3 修订后标准对用抹刀抹平试模表面的时间做了规定:在混凝土临近初凝时抹平试模表面,是为了避免混凝土沉缩后,混凝土表面低于试模而引起的试验误差。

5.2 试件的养护

5.2.1 规定了成型后应立即用不透水的薄膜覆盖,以防水份蒸发。这一点对高强混凝土试件特别重要。

尤其在干燥天气,高强混凝土试件制作后没有立即覆盖而失水,会影响试件的早期 1d、3d 甚至 28d 强度。

5.2.2 修订后试件的静停时要求的温度和时间没有改变,温度为 20±5℃,时间为一至二昼夜。标准养护室的温度和湿度由原标准的温度从 20±3℃、相对湿度 90%以上提高到与 ISO 标准一致的温度为 20±2℃、相对湿度 95%以上的标准养护室或温度为 20±2℃ 的不流动的 Ca(OH)₂ 饱和溶液中养护。这点改进,对高强混凝土试件非常重要。我们做过试验,对于 150mm×150mm×150mm 高强混凝土试件来说,在温度为 20±3℃、相对湿度为 90%的养护室中养护 28d 强度会降低 10%~15%。这是因为高强混凝土的水灰比比较小、水泥用量较大、制作后试件的密实度比较大,在相对湿度为 90%的环境下,养护室中的湿空气的蒸汽压力不能足以渗透到 150mm×150mm×150mm 的试件内部,致使混凝土试件的强度降低。还规定,混凝土试件可在温度为 20±2℃ 的不流动的 Ca(OH)₂ 饱和溶液中养护。强调 Ca(OH)₂ 饱和溶液,是因为水泥石中存在 Ca(OH)₂ 是水泥水化和维持水泥石稳定的重要前提,如果养护水不是 Ca(OH)₂ 饱和溶液,那么混凝土中的 Ca(OH)₂ 就会溶出,就会影响水泥的水化进程从而影响混凝土的强度。

5.2.3 规定了同条件养护试件的养护。

5.2.4 规定了标准养护龄期为 28d;非标准养护龄期一般为 1d、3d、7d、60d、90d 和 180d。

5.3 试验记录

5.3.1 规定了试验记录的内容。

6 抗压强度试验

6.0.1 说明了本方法适用于混凝土立方体抗压强度试验。圆柱体抗压强度试验见附录 B。

6.0.2 说明了试件尺寸应符合的规定。

6.0.3 说明了试验设备应符合的规定,修订后强调了当混凝土强度等级≥C60 时压力试验机上、下压板不符合钢垫板的技术要求时,压力试验机上、下压板与试件之间应各垫以符合本标准第 4.6 节要求的钢垫板。有关试验说明垫钢垫板后高强混凝土试件的抗压强度显著提高,其原因是高强混凝土试件对钢垫板的承压面要求较高,包括对平整度、硬度的要求。还规定试件周围应设置防崩裂网罩,以免高强混凝土试件在破坏时突然崩裂射出的试件碎块伤人。

6.0.4 规定了立方体抗压强度试验的试验步骤,修订后增加了当混凝土强度等级≥C60 时的加荷速度。加荷速度对高强混凝土试件的试验结果影响很大。对 100mm 立方体试件,由于破坏荷载小,加荷速度容易控制;而 150mm 立方体试件,由于破坏荷载大,到接近破坏阶段,尽管油门已开至最大,加荷速度还是达不到规定的要求，结果破坏荷载就会明显减小而不能正确反映混凝土的真实强度。

6.0.5 规定了立方体抗压强度试验的计算方法和如何确定立方体抗压强度值。修订后根据高强混凝土的特殊性，规定了当混凝土强度等级≥C60时，宜采用标准试件；使用非标试件时，尺寸换算系数应由试验确定。在高强混凝土尺寸换算系数尚有争论的情况下，其目的有以下两点：

1 强调高强混凝土的抗压强度，以标准试件为准。

2 强调尺寸换算系数用试验确定，目的是为了纠正高强混凝土尺寸换算系数随高强混凝土强度的提高而降低的错误规定。其真正的原因是以前的高强混凝土立方体抗压强度试验方法不标准。编制组通过大量的试验证实 100mm×100mm×100mm 试件的尺寸换算系数还是 0.95。验证高强混凝土 100mm×100mm×100mm 试件的尺寸换算系数试验的要点如下：

1）试模必须符合《混凝土试模》（JG 3019）中技术要求的规定。

2）在同一振动台上必须成对成型 150mm 立方体和 100mm 立方体试件，还应防止过振；成型后应立即在试模上盖上塑料布。

3）养护必须在相对湿度 95％以上环境（或为雾室）的标准养护室或在氢氧化钙饱和溶液中养护。

4）压力试验时，150mm 立方体试件上下应加标准钢垫板。

5）加荷速度必须符合本标准第 6.0.4 条的要求，尤其是对 150mm 立方体试件在接近破坏时必须保持标准要求的加荷速度。

6）确定尺寸换算系数的试件组数必须大于20 对。

6.0.6 规定了试验报告的内容。

7 轴心抗压强度试验

7.0.1 说明了本试验方法适用于测定棱柱体混凝土试件的轴心抗压强度。

7.0.2 说明了测定轴心抗压强度的棱柱体混凝土试件应符合的规定。

7.0.3 说明了试验设备应符合的规定。

7.0.4 规定了轴心抗压强度试验的试验步骤，修订后增加了当混凝土强度等级≥C60时的加荷速度。

7.0.5 规定了立方体抗压强度试验的计算方法和如何确定抗压强度值。修订后根据高强混凝土的特殊性，规定了当混凝土强度等级≥C60时，宜采用标准试件；使用非标试件时，尺寸换算系数应由试验确定。

7.0.6 规定了试验报告的内容。

8 静力受压弹性模量试验

8.0.1 说明了本试验方法适用于测定棱柱体混凝土试件的静力受压弹性模量，圆柱体试件的静力受压弹性模量试验，见附录 C。静力受压弹性模量试验的试验方法在修订后有了较大的变动，经过编制组全体成员的努力和试验验证，修订后的试验方法不但与 ISO 试验方法完全一致，而且试验结果也与原试验方法的试验结果一致。

8.0.2 说明了测定静力受压弹性模量试验的试件应符合的规定。

8.0.3 说明了试验设备应符合的规定。

8.0.4 规定了静力受压弹性模量试验的试验步骤。修订后的静力受压弹性模量试验方法与原试验方法有以下不同：

1 原试验方法先预压 3 次再对中读数；修订后新试验方法先读数对中，然后预压 2 次，在预压时必须持荷 60s。

2 原试验方法只对 100mm×100mm 截面非标准试件要求对中；修订后新试验方法不但对 100mm×100mm 截面非标准试件要求对中，而且对标准试件也要求对中。

3 原试验方法在读数前的持荷时间为 30s，对读数时间未作出规定；修订后新试验方法在读数前的持荷时间为 60s，并要求在以后的 30s 内读数。

4 原试验方法要求最后两次试验的变形值相差应不大于 0.00002 的测量标距，否则还应进行第 6 次或第 7 次试验；修订后的新试验方法无此要求。

总之修订后的试验方法不但完全与 ISO 标准一致，而且对新旧试验方法进行了对比试验。对比试验说明：新试验方法简化了原试验方法，其试验结果与原方法试验结果基本一致。

8.0.5 规定了静力受压弹性模量试验的计算方法和如何确定静力受压弹性模量值。

8.0.6 规定了试验报告的内容。

9 劈裂抗拉强度试验

9.0.1 说明了本试验方法适用于测定立方体混凝土试件的劈裂抗拉强度试验，劈裂抗拉强度试验基本上与原试验方法一致。圆柱体试件的劈裂抗拉强度试验，见附件 D。

9.0.2 说明了测定劈裂抗拉强度试验的立方体混凝土试件应符合的规定。

9.0.3 说明了试验设备应符合的规定。

9.0.4 规定了劈裂抗拉强度试验的试验步骤。由于劈裂抗拉强度试验的对中较困难，而且由于对中误差，也会导致较大的试验误差。所以修订后的试验步骤中规定了为保证对中精度和提高试验效率，可把垫条和试件安装在定位架上使用，并给出了定位架示意图。

9.0.5 规定了劈裂抗拉强度试验的计算方法和如何确定劈裂抗拉强度值。

9.0.6 规定了试验报告的内容。

10 抗折强度试验

10.0.1 说明了本试验方法适用于测定立方体混凝土试件的抗折强度试验，抗折强度试验基本上与原试验方法基本一致。

10.0.2 说明了测定抗折强度试验的棱柱体混凝土试件应符合的规定。

10.0.3 说明了试验设备应符合的规定。对试验加荷及其设备提出明确的要求：荷载必须均匀、连续和可控。试验的荷头改弧形顶面为圆柱体面。

10.0.4 规定了抗折强度试验的试验步骤。修订后的试验方法与原试验方法不同的是规定试件的支座其中一个应为铰支。还规定了高强混凝土抗折强度试验的加荷速度以及高强混凝土抗折强度试验采用非标准试件时，尺寸换算系数应由试验确定。

10.0.5 规定了抗折强度试验的计算方法和如何确定抗折强度值，对原标准的计算公式进行了更正。

10.0.6 规定了试验报告的内容。

附录 A 圆柱体试件的制作和养护

A.0.1 说明本方法适用于圆柱体度件的制作和养护。

A.0.2 规定了圆柱体试件的尺寸以及粗骨料的最大粒径。

A.0.3 规定了试模、试验用振动台、捣棒等用具和压板的技术要求。

A.0.4 规定了圆柱体试件制作的方法。

1 规定了在试验室制作混凝土试件时，试件的成型方法应根据拌合物的稠度确定，当混凝土拌合物的稠度大于 70mm，但对于黏度较大的混凝土拌合物，虽然坍落度大于 70mm，也可用振动振实方式成型，以充分密实，避免分层离析为原则；对拌合物稠度大于 70mm 的加气量较大的混凝土，由于采用人工插捣方法不宜混凝土排气，其强度与实际结构混凝土相差较大，也可采用振动振实方法成型。

1) 说明了采用人工插捣制作试件的步骤。

2) 说明了采用插入式振捣棒制作试件的步骤，强调应分两层浇注；在插捣次数上，做了原则规定：每 6000mm² 插捣一次。按此要求计算，直径为 200mm、150mm 和 100mm 的试件的插捣次数分别为 5 次、3 次

和 1 次。之所以没有写进正文，是因为插捣次数和时间应以充分密实，避免分层离析为原则，应根据实际情况，增加或减少插捣次数和时间。

3) 说明了采用振动台振实制作试件的步骤。

2 与立方体试件不同，成型后混凝土表面应比试模顶面低 1~2mm，以便对端面的平整处理。

A.0.5 说明了试件找平层处理的方法。

1 拆模前用于试件端面找平层的水泥浆，宜与试件中混凝土的水灰比相同。找平层处理后 24h 才能拆模。

2 规定了试件端面找平层处理后应与试件的纵轴垂直及端面的平整度。

3 规定了不进行端面找平层处理时应将试件的上端面磨平。

A.0.6 规定了试件的养护，其要求与立方体试件的养护相同，符合本标准第 5.2 节的规定。

附录 B 圆柱体试件抗压强度试验

B.0.1 说明了本方法的适用范围。

圆柱体和立方体试件按抗压强度划分的抗压强度等级的相互关系，见 ISO 按抗压强度划分的抗压强度等级表（见表 4）。

表 4 ISO 按抗压强度划分的抗压强度等级表

混凝土强度等级	混凝土强度标准值（MPa）	
	圆柱体试件 φ150mm×300mm	立方体试件 150mm×150mm×150mm
C2/2.5	2.0	2.5
C4/5	4.0	5.0
C6/7.5	6.0	7.5
C8/10	8.0	10.0
C10/12.5	10.0	12.5
C12/15	12.0	15.0
C16/20	16.0	20.0
C20/25	20.0	25.0
C25/30	25.0	30.0
C30/35	30.0	35.0
C35/40	35.0	40.0
C40/45	40.0	45.0
C45/50	45.0	50.0
C50/55	50.0	55.0

B.0.2 说明了测定圆柱体试件抗压强度试验的试件应符合的规定。

B.0.3 说明了压力试验机应符合的条件。

B.0.4 规定了圆柱体试件抗压强度试验步骤。

B.0.5 规定了圆柱体试件试验结果计算和确定方法。

对于高强混凝土，国外的有关试验表明，试件抗压强度从 72MPa 至 126MPa，在采用 ϕ100mm × 200mm 非标准试件时，其尺寸换算系数为 0.95。而 ASTM 建议高强混凝土 ϕ100mm×200mm 非标准试件的尺寸换算系数为 0.96。本标准规定 ϕ100mm × 200mm 非标准试件的尺寸换算系数一律为 0.95。

B.0.6 规定了圆柱体抗压强度试验报告的内容。

附录 C 圆柱体试件静力受压弹性模量试验

圆柱体试件静力受压弹性模量试验方法与棱柱体试件的试验方法基本一致，只是试件形状不一样。

C.0.1 说明了本试验方法适用圆柱体试件的静力受压弹性模量试验。

C.0.2 说明了测定静力受压弹性模量试验的试件应符合的规定及数量。

C.0.3 说明了试验设备应符合的规定。

C.0.4 规定了静力受压弹性模量试验的试验步骤。

C.0.5 规定了静力受压弹性模量试验的计算方法和如何确定静力受压弹性模量值。

C.0.6 规定了试验报告的内容。

附录 D 圆柱体试件劈裂抗拉强度试验

圆柱体试件劈裂抗拉强度试验方法与立方体试件的试验方法基本一致，只是试件形状不一样。

D.0.1 说明了本试验方法适用于圆柱体试件的劈裂抗拉强度试验。

D.0.2 说明了测定劈裂抗拉强度试验的圆柱体试件应符合的规定。

D.0.3 说明了试验设备应符合的规定。

D.0.4 规定了劈裂抗拉强度试验的试验步骤。由于劈裂抗拉强度试验的对中较困难，而且由于对中误差，也会导致较大的试验误差。试验步骤中规定了为保证对中精度和提高试验效率，可把垫条和试件安装在定位架上使用，并给出了定位架示意图。

D.0.5 规定了劈裂抗拉强度试验的计算方法和如何确定劈裂抗拉强度值。

D.0.6 规定了试验报告的内容。

中华人民共和国国家标准

普通混凝土长期性能和耐久性能
试验方法标准

Standard for test methods of long-term performance
and durability of ordinary concrete

GB/T 50082—2009

主编部门：中华人民共和国住房和城乡建设部
批准部门：中华人民共和国住房和城乡建设部
施行日期：２０１０年７月１日

中华人民共和国住房和城乡建设部
公　告

第 454 号

关于发布国家标准《普通混凝土长期性能和耐久性能试验方法标准》的公告

现批准《普通混凝土长期性能和耐久性能试验方法标准》为国家标准，编号为 GB/T 50082 - 2009，自 2010 年 7 月 1 日起实施。原《普通混凝土长期性能和耐久性能试验方法》GBJ 82 - 85 同时废止。

本标准由我部标准定额研究所组织中国建筑工业出版社出版发行。

中华人民共和国住房和城乡建设部

2009 年 11 月 30 日

前　　言

根据原建设部《关于印发〈二〇〇四年工程建设国家标准制订、修订计划〉的通知》（建标［2004］67 号）的要求，标准编制组经广泛调查研究，认真总结实践经验、参考有关国际标准和国外先进标准，并在广泛征求意见的基础上，修订本标准。

本标准的主要技术内容是：1. 总则；2. 术语；3. 基本规定；4. 抗冻试验；5. 动弹性模量试验；6. 抗水渗透试验；7. 抗氯离子渗透试验；8. 收缩试验；9. 早期抗裂试验；10. 受压徐变试验；11. 碳化试验；12. 混凝土中钢筋锈蚀试验；13. 抗压疲劳变形试验；14. 抗硫酸盐侵蚀试验；15. 碱-骨料反应试验。

本标准修订的主要技术内容是：1. 增加了术语一章；2. 增加了基本规定一章；3. 将试件的取样、制作和养护等修订为符合现行国家标准的规定；4. 修订和完善了快冻和慢冻试验方法；5. 增加了单面冻融试验方法；6. 动弹性模量试验方法中取消了敲击法并对共振法进行了完善；7. 将原抗渗试验修改为抗水渗透试验，并增加了渗水高度法；8. 增加了抗氯离子渗透试验方法，包括电通量法和快速氯离子迁移系数法（或称 RCM 法）；9. 收缩试验增加了非接触法，完善了原收缩试验方法；10. 增加了早期抗裂试验方法；11. 完善了受压徐变试验方法；12. 完善了碳化试验和混凝土中钢筋锈蚀试验方法；13. 将原标准中的抗压疲劳强度试验方法修改为抗压疲劳变形试验方法；14. 增加了抗硫酸盐侵蚀试验方法；15. 增加了碱-骨料反应试验方法。

本标准由住房和城乡建设部负责管理，由中国建筑科学研究院负责具体技术内容的解释。执行过程中如有意见和建议，请寄送中国建筑科学研究院建筑材料研究所国家标准《普通混凝土长期性能和耐久性能试验方法标准》管理组（地址：北京市北三环东路 30 号，邮政编码:100013;电子邮箱：cabrconcrete@vip.163.com）。

本标准主编单位：中国建筑科学研究院

本标准参编单位：中国铁道科学研究院

辽宁省建设科学研究院

清华大学

中冶集团建筑研究总院

甘肃土木工程科学研究院

云南省建筑科学研究院

贵州中建建筑科研设计院

河南省建筑科学研究院

哈尔滨工业大学

深圳市高新建商品混凝土有限公司

中建三局商品混凝土公司

深圳大学

云南建工混凝土有限公司

重庆市建筑科学研究院

中南大学

武汉大学

青岛理工大学

中国水利水电科学研究院

北京耐恒科技发展有限公司

北京三思行测控技术有限公司

上虞宏兴机械仪器制造有限公司

舟山市博远科技开发有限公司

无锡建仪仪器机械有限公司

天津市天宇实验仪器有限公司

天津市建筑仪器试验机公司

上海国际港务（集团）有限公司

武汉尚品科技有限公司

苏州市东华试验仪器有限公司

建研建材有限公司

本标准主要起草人：冷发光　戎君明　丁　威　谢永江　王　元　丁建彤

赵霄龙　田冠飞　郝挺宇

杜　雷　邓　岗　林力勋

赵铁军　张彩霞　巴恒静

张国林　郭延辉　武铁明

邢　锋　李章建　杨再富

谢友均　曾　力　周永祥

马孝轩　刘　岩　李金玉

王植槐　陆国良　张关来

诸华丰　徐锡中　王玉杰

潘　明　何更新　韦庆东

纪宪坤　罗文斌　曹　芳

王雪昌

本标准主要审查人：姜福田　阎培渝　闻德荣　石云兴　朋改飞　封孝信　张仁瑜　蔡亚宁　夏玲玲

目　次

1　总则 ················· 3—6
2　术语 ················· 3—6
3　基本规定 ············· 3—6
　3.1　混凝土取样 ········· 3—6
　3.2　试件的横截面尺寸 ····· 3—6
　3.3　试件的公差 ········· 3—6
　3.4　试件的制作和养护 ····· 3—6
　3.5　试验报告 ··········· 3—6
4　抗冻试验 ············· 3—7
　4.1　慢冻法 ············· 3—7
　4.2　快冻法 ············· 3—8
　4.3　单面冻融法(或称盐冻法) · 3—10
5　动弹性模量试验 ········· 3—13
6　抗水渗透试验 ··········· 3—14
　6.1　渗水高度法 ········· 3—14
　6.2　逐级加压法 ········· 3—15
7　抗氯离子渗透试验 ········· 3—15

7.1　快速氯离子迁移系数法
　　　(或称 RCM 法) ········· 3—15
7.2　电通量法 ············· 3—18
8　收缩试验 ············· 3—19
　8.1　非接触法 ··········· 3—19
　8.2　接触法 ············· 3—20
9　早期抗裂试验 ··········· 3—22
10　受压徐变试验 ··········· 3—23
11　碳化试验 ············· 3—25
12　混凝土中钢筋锈蚀试验 ····· 3—26
13　抗压疲劳变形试验 ········· 3—27
14　抗硫酸盐侵蚀试验 ········· 3—27
15　碱-骨料反应试验 ········· 3—28
本标准用词说明 ············· 3—29
引用标准名录 ············· 3—30
附：条文说明 ············· 3—31

Contents

1 General Provisions ················· 3—6

2 Terms ······························· 3—6

3 Basic Requirements ·············· 3—6

  3.1 Sampling ···················· 3—6

  3.2 Section Size of Specimen ·········· 3—6

  3.3 Tolerance of Specimen ············· 3—6

  3.4 Preparation and Curing of
     Specimen ···················· 3—6

  3.5 Test Report ················· 3—6

4 Test Methods for Resistance of
  Concrete to Freezing and
  Thawing ························· 3—7

  4.1 Test Method for Slow Freezing and
     Thawing ·················· 3—7

  4.2 Test Method for Rapid Freezing and
     Thawing ·················· 3—8

  4.3 Test Method for Single-Side Freezing
     and Thawing ··············· 3—10

5 Test Method for Dynamic
  Modulus of Elasticity ············ 3—13

6 Test Methods for Resistance
  of Concrete to Water
  Penetration ····················· 3—14

  6.1 Test Method for Depth of Water
     Penetration ················ 3—14

  6.2 Test Method for Gradual Pressure
     Loading ··················· 3—15

7 Test Methods for Resistance of
  Concrete to Chloride
  Penetration ····················· 3—15

  7.1 Test Method for Rapid Chloride Ions
     Migration Coefficient (RCM) ·········· 3—15

  7.2 Test Method for Coulomb
     Electric Flux ··············· 3—18

8 Test Methods for Shrinkage of
  Concrete ························· 3—19

  8.1 Non-Contact Method ·········· 3—19

  8.2 Contact Method ············· 3—20

9 Test Method for Early Cracking
  of Concrete ····················· 3—22

10 Test Method for Creep of
   Concrete in Compression ········· 3—23

11 Test Method for Carbonization of
   Concrete ························ 3—25

12 Test Mothod for Corrosion of
   Embedded Steel Reinforcement
   in Concrete ···················· 3—26

13 Test Method for Fatigue
   Deformation of Concrete
   in Compression ················· 3—27

14 Test Method for Resistance of
   Concrete to Sulphate Attack ·········· 3—27

15 Test Method for Alkali-
   aggregate Reaction ············· 3—28

Explanation of Wording in This
  Standard ························· 3—29

List of Quoted Standards ··········· 3—30

Explanation of Provisions ·········· 3—31

1 总　则

1.0.1 为规范和统一混凝土长期性能和耐久性能试验方法，提高混凝土试验和检测水平，制定本标准。

1.0.2 本标准适用于工程建设活动中对普通混凝土进行的长期性能和耐久性能试验。

1.0.3 本标准规定了普通混凝土长期性能和耐久性能试验的基本技术要求，当本标准与国家法律、行政法规的规定相抵触时，应按国家法律、行政法规的规定执行。

1.0.4 普通混凝土长期性能和耐久性能试验除应符合本标准的规定外，尚应符合现行国家标准的规定。

2 术　语

2.0.1 普通混凝土　ordinary concrete

干表观密度为（2000～2800）kg/m³ 的水泥混凝土。

2.0.2 混凝土抗冻标号　resistance grade to freezing-thawing of concrete

用慢冻法测得的最大冻融循环次数来划分的混凝土的抗冻性能等级。

2.0.3 混凝土抗冻等级　resistance class to freezing-thawing of concrete

用快冻法测得的最大冻融循环次数来划分的混凝土的抗冻性能等级。

2.0.4 电通量法　test method for coulomb electric flux

用通过混凝土试件的电通量来反映混凝土抗氯离子渗透性能的试验方法。

2.0.5 快速氯离子迁移系数法　test method for rapid chloride ions migration coefficient(RCM)

通过测定混凝土中氯离子渗透深度，计算得到氯离子迁移系数来反映混凝土抗氯离子渗透性能的试验方法。简称为 RCM 法。

2.0.6 抗硫酸盐等级　resistance class to sulphate attack of concrete

用抗硫酸盐侵蚀试验方法测得的最大干湿循环次数来划分的混凝土抗硫酸盐侵蚀性能等级。

3 基本规定

3.1 混凝土取样

3.1.1 混凝土取样应符合现行国家标准《普通混凝土拌合物性能试验方法标准》GB/T 50080 中的规定。

3.1.2 每组试件所用的拌合物应从同一盘混凝土或同一车混凝土中取样。

3.2 试件的横截面尺寸

3.2.1 试件的最小横截面尺寸宜按表 3.2.1 的规定选用。

表 3.2.1　试件的最小横截面尺寸

骨料最大公称粒径(mm)	试件最小横截面尺寸(mm)
31.5	100×100 或 φ100
40.0	150×150 或 φ150
63.0	200×200 或 φ200

3.2.2 骨料最大公称粒径应符合现行行业标准《普通混凝土用砂、石质量及检验方法标准》JGJ 52 的规定。

3.2.3 试件应采用符合现行行业标准《混凝土试模》JG 237 规定的试模制作。

3.3 试件的公差

3.3.1 所有试件的承压面的平面度公差不得超过试件的边长或直径的 0.0005。

3.3.2 除抗水渗透试件外，其他所有试件的相邻面间的夹角应为 90°，公差不得超过 0.5°。

3.3.3 除特别指明试件的尺寸公差以外，所有试件各边长、直径或高度的公差不得超过 1mm。

3.4 试件的制作和养护

3.4.1 试件的制作和养护应符合现行国家标准《普通混凝土力学性能试验方法标准》GB/T 50081 中的规定。

3.4.2 在制作混凝土长期性能和耐久性能试验用试件时，不应采用憎水性脱模剂。

3.4.3 在制作混凝土长期性能和耐久性能试验用试件时，宜同时制作与相应耐久性能试验龄期对应的混凝土立方体抗压强度用试件。

3.4.4 制作混凝土长期性能和耐久性能试验用试件时，所采用的振动台和搅拌机应分别符合现行行业标准《混凝土试验用振动台》JG/T 245 和《混凝土试验用搅拌机》JG 244 的规定。

3.5 试验报告

3.5.1 委托单位提供的内容应包括下列项目：

1　委托单位和见证单位名称。

2　工程名称及施工部位。

3　要求检测的项目名称。

4　要说明的其他内容。

3.5.2 试件制作单位提供的内容应包括下列项目：

1　试件编号。

2　试件制作日期。

3　混凝土强度等级。

4 试件的形状及尺寸。

5 原材料的品种、规格和产地以及混凝土配合比。

6 养护条件。

7 试验龄期。

8 要说明的其他内容。

3.5.3 试验或检测单位提供的内容应包括下列项目：

1 试件收到的日期。

2 试件的形状及尺寸。

3 试验编号。

4 试验日期。

5 仪器设备的名称、型号及编号。

6 试验室温(湿)度。

7 养护条件及试验龄期。

8 混凝土实际强度。

9 测试结果。

10 要说明的其他内容。

4 抗冻试验

4.1 慢冻法

4.1.1 本方法适用于测定混凝土试件在气冻水融条件下，以经受的冻融循环次数来表示的混凝土抗冻性能。

4.1.2 慢冻法抗冻试验所采用的试件应符合下列规定：

1 试验应采用尺寸为 100mm×100mm×100mm 的立方体试件。

2 慢冻法试验所需要的试件组数应符合表 4.1.2 的规定，每组试件应为 3 块。

表 4.1.2 慢冻法试验所需要的试件组数

设计抗冻标号	D25	D50	D100	D150	D200	D250	D300	D300 以上
检查强度所需冻融次数	25	50	50 及 100	100 及 150	150 及 200	200 及 250	250 及 300	300 及设计次数
鉴定 28d 强度所需试件组数	1	1	1	1	1	1	1	1
冻融试件组数	1	1	2	2	2	2	2	2
对比试件组数	1	1	2	2	2	2	2	2
总计试件组数	3	3	5	5	5	5	5	5

4.1.3 试验设备应符合下列规定：

1 冻融试验箱应能使试件静止不动，并应通过气冻水融进行冻融循环。在满载运转的条件下，冷冻期间冻融试验箱内空气的温度应能保持在(−20～−18)℃范围内；融化期间冻融试验箱内浸泡混凝土试件的水温应能保持在(18～20)℃范围内；满载时冻

融试验箱内各点温度极差不应超过 2℃。

2 采用自动冻融设备时，控制系统还应具有自动控制、数据曲线实时动态显示、断电记忆和试验数据自动存储等功能。

3 试件架应采用不锈钢或者其他耐腐蚀的材料制作，其尺寸应与冻融试验箱和所装的试件相适应。

4 称量设备的最大量程应为 20kg，感量不应超过 5g。

5 压力试验机应符合现行国家标准《普通混凝土力学性能试验方法标准》GB/T 50081 的相关要求。

6 温度传感器的温度检测范围不应小于(−20～20)℃，测量精度应为±0.5℃。

4.1.4 慢冻试验应按照下列步骤进行：

1 在标准养护室内或同条件养护的冻融试验的试件应在养护龄期为 24d 时提前将试件从养护地点取出，随后应将试件放在(20±2)℃水中浸泡，浸泡时水面应高出试件顶面(20～30)mm，在水中浸泡的时间应为 4d，试件应在 28d 龄期时开始进行冻融试验。始终在水中养护的冻融试验的试件，当试件养护龄期达到 28d 时，可直接进行后续试验，对此种情况，应在试验报告中予以说明。

2 当试件养护龄期达到 28d 时应及时取出冻融试验的试件，用湿布擦除表面水分后应对外观尺寸进行测量，试件的外观尺寸应满足本标准第 3.3 节的要求，并应分别编号、称重，然后按编号置入试件架内，且试件架与试件的接触面积不宜超过试件底面的 1/5。试件与箱体内壁之间应至少留有 20mm 的空隙。试件架中各试件之间应至少保持 30mm 的空隙。

3 冷冻时间应在冻融箱内温度降至−18℃时开始计算。每次从装完试件到温度降至−18℃所需的时间应在(1.5～2.0)h 内。冻融箱内温度在冷冻时应保持在(−20～−18)℃。

4 每次冻融循环中试件的冷冻时间不应小于 4h。

5 冷冻结束后，应立即加入温度为(18～20)℃的水，使试件转入融化状态，加水时间不应超过 10min。控制系统应确保在 30min 内，水温不低于 10℃，且在 30min 后水温能保持在(18～20)℃。冻融箱内的水面应至少高出试件表面 20mm。融化时间不应小于 4h。融化完毕视为该次冻融循环结束，可进入下一次冻融循环。

6 每 25 次循环宜对冻融试件进行一次外观检查。当出现严重破坏时，应立即进行称重。当一组试件的平均质量损失率超过 5%，可停止其冻融循环试验。

7 试件在达到本标准表 4.1.2 规定的冻融循环次数后，试件应称重并进行外观检查，应详细记录试件表面破损、裂缝及边角缺损情况。当试件表面破损严重时，应先用高强石膏找平，然后应进行抗压强度

试验。抗压强度试验应符合现行国家标准《普通混凝土力学性能试验方法标准》GB/T 50081 的相关规定。

8 当冻融循环因故中断且试件处于冷冻状态时，试件应继续保持冷冻状态，直至恢复冻融试验为止，并应将故障原因及暂停时间在试验结果中注明。当试件处在融化状态下因故中断时，中断时间不应超过两个冻融循环的时间。在整个试验过程中，超过两个冻融循环时间的中断故障次数不得超过两次。

9 当部分试件由于失效破坏或者停止试验被取出时，应用空白试件填充空位。

10 对比试件应继续保持原有的养护条件，直到完成冻融循环后，与冻融试验的试件同时进行抗压强度试验。

4.1.5 当冻融循环出现下列三种情况之一时，可停止试验：

1 已达到规定的循环次数；

2 抗压强度损失率已达到 25%；

3 质量损失率已达到 5%。

4.1.6 试验结果计算及处理应符合下列规定：

1 强度损失率应按下式进行计算：

$$\Delta f_c = \frac{f_{c0} - f_{cn}}{f_{c0}} \times 100 \quad (4.1.6\text{-}1)$$

式中：Δf_c ——N 次冻融循环后的混凝土抗压强度损失率（%），精确至 0.1；

f_{c0} ——对比用的一组混凝土试件的抗压强度测定值（MPa），精确至 0.1MPa；

f_{cn} ——经 N 次冻融循环后的一组混凝土试件抗压强度测定值（MPa），精确至 0.1MPa。

2 f_{c0} 和 f_{cn} 应以三个试件抗压强度试验结果的算术平均值作为测定值。当三个试件抗压强度最大值或最小值与中间值之差超过中间值的 15% 时，应剔除此值，再取其余两值的算术平均值作为测定值；当最大值和最小值均超过中间值的 15% 时，应取中间值作为测定值。

3 单个试件的质量损失率应按下式计算：

$$\Delta W_{ni} = \frac{W_{0i} - W_{ni}}{W_{0i}} \times 100 \quad (4.1.6\text{-}2)$$

式中：ΔW_{ni} ——N 次冻融循环后第 i 个混凝土试件的质量损失率（%），精确至 0.01；

W_{0i} ——冻融循环试验前第 i 个混凝土试件的质量（g）；

W_{ni} ——N 次冻融循环后第 i 个混凝土试件的质量（g）。

4 一组试件的平均质量损失应按下式计算：

$$\Delta W_n = \frac{\sum_{i=1}^{3} \Delta W_{ni}}{3} \times 100 \quad (4.1.6\text{-}3)$$

式中：ΔW_n ——N 次冻融循环后一组混凝土试件的平

均质量损失率（%），精确至 0.1。

5 每组试件的平均质量损失率应以三个试件的质量损失率试验结果的算术平均值作为测定值。当某个试验结果出现负值，应取 0，再取三个试件的算术平均值。当三个值中的最大值或最小值与中间值之差超过 1% 时，应剔除此值，再取其余两值的算术平均值作为测定值；当最大值和最小值与中间值之差均超过 1% 时，应取中间值作为测定值。

6 抗冻标号应以抗压强度损失率不超过 25% 或者质量损失率不超过 5% 时的最大冻融循环次数按本标准表 4.1.2 确定。

4.2 快 冻 法

4.2.1 本方法适用于测定混凝土试件在水冻水融条件下，以经受的快速冻融循环次数来表示的混凝土抗冻性能。

4.2.2 试验设备应符合下列规定：

1 试件盒（图 4.2.2）宜采用具有弹性的橡胶材料制作，其内表面底部应有半径为 3mm 橡胶突起部分。盒内加水后水面应至少高出试件顶面 5mm。试件盒横截面尺寸宜为 115mm×115mm，试件盒长度宜为 500mm。

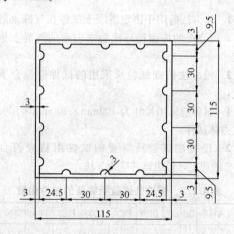

图 4.2.2 橡胶试件盒横截面示意图（mm）

2 快速冻融装置应符合现行行业标准《混凝土抗冻试验设备》JG/T 243 的规定。除应在测温试件中埋设温度传感器外，尚应在冻融箱内防冻液中心、中心与任何一个对角线的两端分别设有温度传感器。运转时冻融箱内防冻液各点温度的极差不得超过 2℃。

3 称量设备的最大量程应为 20kg，感量不应超过 5g。

4 混凝土动弹性模量测定仪应符合本标准第 5 章的规定。

5 温度传感器（包括热电偶、电位差计等）应在（-20～20）℃范围内测定试件中心温度，且测量精度应为 ±0.5℃。

4.2.3 快冻法抗冻试验所采用的试件应符合如下

规定：

1 快冻法抗冻试验应采用尺寸为 100mm×100mm×400mm 的棱柱体试件，每组试件应为 3 块。

2 成型试件时，不得采用憎水性脱模剂。

3 除制作冻融试验的试件外，尚应制作同样形状、尺寸，且中心埋有温度传感器的测温试件，测温试件应采用防冻液作为冻融介质。测温试件所用混凝土的抗冻性能应高于冻融试件。测温试件的温度传感器应埋设在试件中心。温度传感器不应采用钻孔后插入的方式埋设。

4.2.4 快冻试验应按照下列步骤进行：

1 在标准养护室内或同条件养护的试件应在养护龄期为 24d 时提前将冻融试验的试件从养护地点取出，随后应将冻融试件放在(20±2)℃水中浸泡，浸泡时水面应高出试件顶面(20～30)mm。在水中浸泡时间应为 4d，试件应在 28d 龄期时开始进行冻融试验。始终在水中养护的试件，当试件养护龄期达到 28d 时，可直接进行后续试验。对此种情况，应在试验报告中予以说明。

2 当试件养护龄期达到 28d 时应及时取出试件，用湿布擦除表面水分后应对外观尺寸进行测量，试件的外观尺寸应满足本标准第 3.3 节的要求，并应编号、称量试件初始质量 W_{0i}；然后应按本标准第 5 章的规定测定其横向基频的初始值 f_{0i}。

3 将试件放入试件盒内，试件应位于试件盒中心，然后将试件盒放入冻融箱内的试件架中，并向试件盒中注入清水。在整个试验过程中，盒内水位高度应始终保持至少高出试件顶面 5mm。

4 测温试件盒应放在冻融箱的中心位置。

5 冻融循环过程应符合下列规定：

1) 每次冻融循环应在(2～4)h 内完成，且用于融化的时间不得少于整个冻融循环时间的 1/4；

2) 在冷冻和融化过程中，试件中心最低和最高温度应分别控制在(-18±2)℃和(5±2)℃内。在任意时刻，试件中心温度不得高于 7℃，且不得低于-20℃；

3) 每块试件从 3℃降至-16℃所用的时间不得少于冷冻时间的 1/2；每块试件从-16℃升至 3℃所用时间不得少于整个融化时间的 1/2，试件内外的温差不宜超过 28℃；

4) 冷冻和融化之间的转换时间不宜超过 10min。

6 每隔 25 次冻融循环宜测量试件的横向基频 f_{ni}。测量前应先将试件表面浮渣清洗干净并擦干表面水分，然后应检查其外部损伤并称量试件的质量 W_{ni}。随后按本标准第 5 章规定的方法测量横向基频。测完后，应迅速将试件调头重新装入试件盒内并

加入清水，继续试验。试件的测量、称量及外观检查应迅速，待测试件应用湿布覆盖。

7 当有试件停止试验被取出时，应另用其他试件填充空位。当试件在冷冻状态下因故中断时，试件应保持在冷冻状态，直至恢复冻融试验为止，并应将故障原因及暂停时间在试验结果中注明。试件在非冷冻状态下发生故障的时间不宜超过两个冻融循环的时间。在整个试验过程中，超过两个冻融循环时间的中断故障次数不得超过两次。

8 当冻融循环出现下列情况之一时，可停止试验：

1) 达到规定的冻融循环次数；

2) 试件的相对动弹性模量下降到 60%；

3) 试件的质量损失率达 5%。

4.2.5 试验结果计算及处理应符合下列规定：

1 相对动弹性模量应按下式计算：

$$P_i = \frac{f_{ni}^2}{f_{0i}^2} \times 100 \qquad (4.2.5\text{-}1)$$

式中：P_i ——经 N 次冻融循环后第 i 个混凝土试件的相对动弹性模量(%)，精确至 0.1；

f_{ni} ——经 N 次冻融循环后第 i 个混凝土试件的横向基频(Hz)；

f_{0i} ——冻融循环试验前第 i 个混凝土试件横向基频初始值(Hz)；

$$P = \frac{1}{3} \sum_{i=1}^{3} P_i \qquad (4.2.5\text{-}2)$$

式中：P ——经 N 次冻融循环后一组混凝土试件的相对动弹性模量(%)，精确至 0.1。相对动弹性模量 P 应以三个试件试验结果的算术平均值作为测定值。当最大值或最小值与中间值之差超过中间值的 15% 时，应剔除此值，并应取其余两值的算术平均值作为测定值；当最大值和最小值与中间值之差均超过中间值的 15% 时，应取中间值作为测定值。

2 单个试件的质量损失率应按下式计算：

$$\Delta W_{ni} = \frac{W_{0i} - W_{ni}}{W_{0i}} \times 100 \qquad (4.2.5\text{-}3)$$

式中：ΔW_{ni} —— N 次冻融循环后第 i 个混凝土试件的质量损失率(%)，精确至 0.01；

W_{0i} ——冻融循环试验前第 i 个混凝土试件的质量(g)；

W_{ni} —— N 次冻融循环后第 i 个混凝土试件的质量(g)。

3 一组试件的平均质量损失率应按下式计算：

$$\Delta W_n = \frac{\sum_{i=1}^{3} \Delta W_{ni}}{3} \times 100 \qquad (4.2.5\text{-}4)$$

式中：ΔW_n —— N 次冻融循环后一组混凝土试件的平均质量损失率(%)，精确至 0.1。

4 每组试件的平均质量损失率应以三个试件的质量损失率试验结果的算术平均值作为测定值。当某个试验结果出现负值，应取 0，再取三个试件的平均值。当三个值中的最大值或最小值与中间值之差超过 1％时，应剔除此值，并应取其余两值的算术平均值作为测定值；当最大值和最小值与中间值之差均超过 1％时，应取中间值为测定值。

5 混凝土抗冻等级应以相对动弹性模量下降至不低于 60％或者质量损失率不超过 5％时的最大冻融循环次数来确定，并用符号 F 表示。

4.3 单面冻融法(或称盐冻法)

4.3.1 本方法适用于测定混凝土试件在大气环境中且与盐接触的条件下，以能够经受的冻融循环次数或者表面剥落质量或超声波相对动弹性模量来表示的混凝土抗冻性能。

4.3.2 试验环境条件应满足下列要求：

1 温度(20±2)℃。

2 相对湿度(65±5)％。

4.3.3 单面冻融法所采用的试验设备和用具应符合下列规定：

1 顶部有盖的试件盒(图 4.3.3-1)应采用不锈钢制成，容器内的长度应为(250±1)mm，宽度应为(200±1)mm，高度应为(120±1)mm。容器底部应安置高(5±0.1)mm 不吸水、浸水不变形且在试验过程中不得影响溶液组分的非金属三角垫条或支撑。

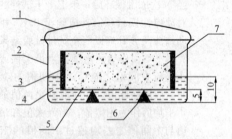

图 4.3.3-1 试件盒示意图(mm)
1—盖子；2—盒体；3—侧向封闭；4—试验液体；
5—试验表面；6—垫条；7—试件

2 液面调整装置(图 4.3.3-2)应由一支吸水管和使液面与试件盒底部间的距离保持在一定范围内的液

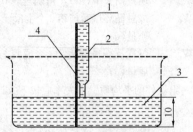

图 4.3.3-2 液面调整装置示意图
1—吸水装置；2—毛细吸管；3—试验
液体；4—定位控制装置

面自动定位控制装置组成，在使用时，液面调整装置应使液面高度保持在(10±1)mm。

3 单面冻融试验箱(图 4.3.3-3)应符合现行行业标准《混凝土抗冻试验设备》JG/T 243 的规定，试件盒应固定在单面冻融试验箱内，并应自动地按规定的冻融循环制度进行冻融循环。冻融循环制度(图4.3.3-4)的温度应从 20℃开始，并应以(10±1)℃/h 的速度均匀地降至(—20±1)℃，且应维持 3h；然后应从—20℃开始，并应以(10±1)℃/h 的速度均匀地升至(20±1)℃，且应维持 1h。

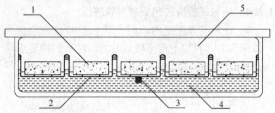

图 4.3.3-3 单面冻融试验箱示意图
1—试件；2—试件盒；3—测温度点(参考点)；
4—制冷液体；5—空气隔热层

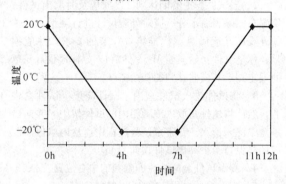

图 4.3.3-4 冻融循环制度

4 试件盒的底部浸入冷冻液中的深度应为(15±2)mm。单面冻融试验箱内应装有可将冷冻液和试件盒上部空间隔开的装置和固定的温度传感器，温度传感器应装在 50mm×6mm×6mm 的矩形容器内。温度传感器在 0℃时的测量精度不应低于±0.05℃，在冷冻液中测温的时间间隔应为(6.3±0.8)s。单面冻融试验箱内温度控制精度应为±0.5℃，当满载运转时，单面冻融试验箱内各点之间的最大温差不得超过 1℃。单面冻融试验箱连续工作时间不应少于 28d。

5 超声浴槽中超声发生器的功率应为 250W，双半波运行下高频峰值功率应为 450W，频率应为 35kHz。超声浴槽的尺寸应使试件盒与超声浴槽之间无机械接触地置于其中，试件盒在超声浴槽的位置应符合图 4.3.3-5 的规定，且试件盒和超声浴槽底部的距离不应小于 15mm。

6 超声波测试仪的频率范围应在(50～150)kHz之间。

7 不锈钢盘(或称剥落物收集器)应由厚 1mm、

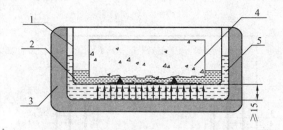

图 4.3.3-5 试件盒在超声浴槽中的位置示意图(mm)
1—试件盒；2—试验液体；3—超声浴槽；4—试件；5—水
面积不小于 110mm×150mm、边缘翘起为(10±2)
mm 的不锈钢制成的带把手钢盘。

8 超声传播时间测量装置(图 4.3.3-6)应由长和
宽均为(160±1)mm、高为(80±1)mm 的有机玻璃制
成。超声传感器应安置在该装置两侧相对的位置上，
且超声传感器轴线距试件的测试面的距离应为
35mm。

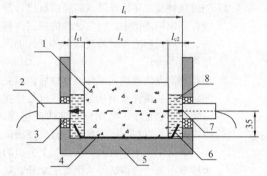

图 4.3.3-6 超声传播时间测量装置(mm)
1—试件；2—超声传感器(或称探头)；3—密封层；
4—测试面；5—超声容器；6—不锈钢盘；7—超声传
播轴；8—试验溶液

9 试验溶液应采用质量比为 97％蒸馏水和 3％
NaCl 配制而成的盐溶液。

10 烘箱温度应为(110±5)℃。

11 称量设备应采用最大量程分别为 10kg 和
5kg，感量分别为 0.1g 和 0.01g 各一台。

12 游标卡尺的量程不应小于 300mm，精度应
为±0.1mm。

13 成型混凝土试件应采用 150mm×150mm×
150mm 的立方体试模，并附加尺寸应为 150mm×
150mm×2mm 聚四氟乙烯片。

14 密封材料应为涂异丁橡胶的铝箔或环氧树
脂。密封材料应采用在−20℃和盐侵蚀条件下仍保持
原有性能，且在达到最低温度时不得表现为脆性的
材料。

4.3.4 试件制作应符合下列规定：

1 在制作试件时，应采用 150mm×150mm×
150mm 的立方体试模，应在模具中间垂直插入一片
聚四氟乙烯片，使试模均分为两部分，聚四氟乙烯片
不得涂抹任何脱模剂。当骨料尺寸较大时，应在试模

的两内侧各放一片聚四氟乙烯片，但骨料的最大粒径
不得大于超声波最小传播距离的 1/3。应将接触聚四
氟乙烯片的面作为测试面。

2 试件成型后，应先在空气中带模养护(24±2)
h，然后将试件脱模并放在(20±2)℃的水中养护至
7d 龄期。当试件的强度较低时，带模养护的时间可
延长，在(20±2)℃的水中的养护时间应相应缩短。

3 当试件在水中养护至 7d 龄期后，应对试件进
行切割。试件切割位置应符合图 4.3.4 的规定，首先
应将试件的成型面切去，试件的高度应为 110mm。
然后将试件从中间的聚四氟乙烯片分开成两个试件，
每个试件的尺寸应为 150mm×110mm×70mm，偏差
应为±2mm。切割完成后，应将试件放置在空气中养
护。对于切割后的试件与标准试件的尺寸有偏差的，
应在报告中注明。非标准试件的测试表面边长不应小
于 90mm；对于形状不规则的试件，其测试表面大小
应能保证内切一个直径 90mm 的圆，试件的长高比不
应大于 3。

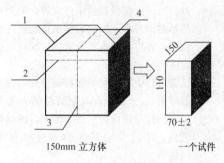

图 4.3.4 试件切割位置示意图(mm)
1—聚四氟乙烯片(测试面)；
2、3—切割线；4—成型面

4 每组试件的数量不应少于 5 个，且总的测试
面积不得少于 0.08m²。

4.3.5 单面冻融试验应按照下列步骤进行：

1 到达规定养护龄期的试件应放在温度为(20±
2)℃、相对湿度为(65±5)％的实验室中干燥至 28d
龄期。干燥时试件应侧立并应相互间隔 50mm。

2 在试件干燥至 28d 龄期前的(2～4)d，除测试
面和与测试面相平行的顶面外，其他侧面应采用环氧
树脂或其他满足本标准第 4.3.3 条要求的密封材料进
行密封。密封前应对试件侧面进行清洁处理。在密封
过程中，试件应保持清洁和干燥，并应测量和记录试
件密封前后的质量 w_0 和 w_1，精确至 0.1g。

3 密封好的试件应放置在试件盒中，并应使测
试面向下接触垫条，试件与试件盒侧壁之间的空隙应
为(30±2)mm。向试件盒中加入试验液体并不得溅湿
试件顶面。试验液体的液面高度应由液面调整装置调
整为(10±1)mm。加入试验液体后，应盖上试件盒的
盖子，并应记录加入试验液体的时间。试件预吸水时
间应持续 7d，试验温度应保持为(20±2)℃。预吸水期

间应定期检查试验液体高度，并应始终保持试验液体高度满足(10±1)mm的要求。试件预吸水过程中应每隔(2~3)d测量试件的质量，精确至0.1g。

4 当试件预吸水结束之后，应采用超声波测试仪测定试件的超声传播时间初始值t_0，精确至0.1μs。在每个试件测试开始前，应对超声波测试仪器进行校正。超声传播时间初始值的测量应符合以下规定：

1) 首先应迅速将试件从试件盒中取出，并以测试面向下的方向将试件放置在不锈钢盘上，然后将试件连同不锈钢盘一起放入超声传播时间测量装置中(图4.3.3-6)。10超声传感器的探头中心与试件测试面之间的距离应为35mm。应向超声传播时间测量装置中加入试验溶液作为耦合剂，且液面应高于超声传感器探头10mm，但不应超过试件上表面。

2) 每个试件的超声传播时间应通过测量离测试面35mm的两条相互垂直的传播轴得到。可通过细微调整试件位置，使测量的传播时间最小，以此确定试件的最终测量位置，并应标记这些位置作为后续试验中定位时采用。

3) 试验过程中，应始终保持试件和耦合剂的温度为(20±2)℃，防止试件的上表面被湿润。排除超声传感器表面和试件两侧的气泡，并应保护试件的密封材料不受损伤。

5 将完成超声传播时间初始值测量的试件按本标准第4.3.3条的要求重新装入试件盒中，试验溶液的高度应为(10±1)mm。在整个试验过程中应随时检查试件盒中的液面高度，并对液面进行及时调整。将装有试件的试件盒放置在单面冻融试验箱的托架上，当全部试件盒放入单面冻融试验箱中后，应确保试件盒浸泡在冷冻液中的深度为(15±2)mm，且试件盒在单面冻融试验箱的位置符合图4.3.5的规定。在冻融循环试验前，应采用超声浴方法将试件表面的疏松颗粒和物质清除，清除之物应作为废弃物处理。

6 在进行单面冻融试验时，应去掉试件盒的盖子。冻融循环过程宜连续不断地进行。当冻融循环过程被打断时，应将试件保存在试件盒中，并应保持试验液体的高度。

7 每4个冻融循环应对试件的剥落物、吸水率、超声波相对传播时间和超声波相对动弹性模量进行一次测量。上述参数测量应在(20±2)℃的恒温室中进行。当测量过程被打断时，应将试件保存在盛有试验液体的试验容器中。

8 试件的剥落物、吸水率、超声波相对传播时间和超声波相对动弹性模量的测量应按下列步骤进行：

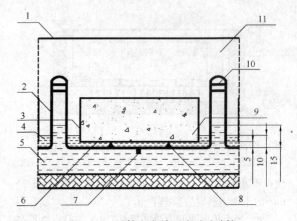

图4.3.5 试件盒在单面冻融试验箱
中的位置示意图(mm)

1—试验机盖；2—相邻试件盒；3—侧向密封层；
4—试验液体；5—制冷液体；6—测试面；7—测温度点
(参考点)；8—垫条；9—试件；10—托架；11—隔热空气层

1) 先将试件盒从单面冻融试验箱中取出，并放置到超声浴槽中，应使试件的测试面朝下，并应对浸泡在试验液体中的试件进行超声浴3min。

2) 用超声浴方法处理完试件剥落物后，应立即将试件从试件盒中拿起，并垂直放置在一吸水物表面上。待测试面液流尽后，应将试件放置在不锈钢盘中，且应使测试面向下。用干毛巾将试件侧面和上表面的水擦干净后，应将试件从钢盘中拿开，并将钢盘放置在天平上归零，再将试件放回到不锈钢盘中进行称量。应记录此时试件的质量w_n，精确至0.1g。

3) 称量后应将试件与不锈钢盘一起放置在超声传播时间测量装置中，并应按测量超声传播时间初始值相同的方法测定此时试件的超声传播时间t_n，精确至0.1μs。

4) 测量完试件的超声传播时间后，应重新将试件放入另一个试件盒中，并应按上述要求进行下一个冻融循环。

5) 将试件重新放入试件盒以后，应及时将超声波测试过程中掉落到不锈钢盘中的剥落物收集到试件盒中，并用滤纸过滤留在试件盒中的剥落物。过滤前应先称量滤纸的质量μ_s，然后将过滤后含有全部剥落物的滤纸置在(110±5)℃的烘箱中烘干24h，并在温度为(20±2)℃、相对湿度为(60±5)%的实验室中冷却(60±5)min。冷却后应称量烘干后滤纸和剥落物的总质量μ_b，精确至0.01g。

9 当冻融循环出现下列情况之一时，可停止试验，并应以经受的冻融循环次数或者单位表面面积剥落物总质量或超声波相对动弹性模量来表示混凝土抗冻性能：

    1）达到 28 次冻融循环时；

    2）试件单位表面面积剥落物总质量大于 $1500\text{g}/\text{m}^2$ 时；

    3）试件的超声波相对动弹性模量降低到 80%时。

4.3.6 试验结果计算及处理应符合下列规定：

    1 试件表面剥落物的质量 μ_s 应按下式计算：

$$\mu_s = \mu_b - \mu_f \qquad (4.3.6\text{-}1)$$

式中：μ_s ——试件表面剥落物的质量（g），精确至 0.01g；

    μ_f ——滤纸的质量（g），精确至 0.01g；

    μ_b ——干燥后滤纸与试件剥落物的总质量（g），精确至 0.01g。

    2 N 次冻融循环之后，单个试件单位测试表面面积剥落物总质量应按下式进行计算：

$$m_n = \frac{\sum \mu_s}{A} \times 10^6 \qquad (4.3.6\text{-}2)$$

式中：m_n ——N 次冻融循环后，单个试件单位测试表面面积剥落物总质量（g/m^2）；

    μ_s ——每次测试间隙得到的试件剥落物质量（g），精确至 0.01g；

    A ——单个试件测试表面的表面积（mm^2）。

    3 每组应取 5 个试件单位测试表面面积上剥落物总质量计算值的算术平均值作为该组试件单位测试表面面积上剥落物总质量测定值。

    4 经 N 次冻融循环后试件相对质量增长 Δw_n（或吸水率）应按下式计算：

$$\Delta w_n = (w_n - w_1 + \sum \mu_s)/w_0 \times 100 \qquad (4.3.6\text{-}3)$$

式中：Δw_n ——经 N 次冻融循环后，每个试件的吸水率（%），精确至 0.1；

    μ_s ——每次测试间隙得到的试件剥落物质量（g），精确至 0.01g；

    w_0 ——试件密封前干燥状态的净质量（不包括侧面密封物的质量）（g），精确至 0.1g；

    w_n ——经 N 次冻融循环后，试件的质量（包括侧面密封物）（g），精确至 0.1g；

    w_1 ——密封后饱水之前试件的质量（包括侧面密封物）（g），精确至 0.1g。

    5 每组应取 5 个试件吸水率计算值的算术平均值作为该组试件的吸水率测定值。

    6 超声波相对传播时间和相对动弹性模量应按下列方法计算：

    1）超声波在耦合剂中的传播时间 t_c 应按下式计算：

$$t_c = l_c/v_c \qquad (4.3.6\text{-}4)$$

式中：t_c ——超声波在耦合剂中的传播时间（μs），精确至 0.1μs；

    l_c ——超声波在耦合剂中传播的长度（l_{c1} + l_{c2}）mm；l_c 应由超声探头之间的距离和测试试件的长度的差值决定；

    v_c ——超声波在耦合剂中传播的速度 km/s。v_c 可利用超声波在水中的传播速度来假定，在温度为（20±5）℃时，超声波在耦合剂中传播的速度为 1440m/s（或 1.440km/s）。

    2）经 N 次冻融循环之后，每个试件传播轴线上传播时间的相对变化 τ_n 应按下式计算：

$$\tau_n = \frac{t_0 - t_c}{t_n - t_c} \times 100 \qquad (4.3.6\text{-}5)$$

式中：τ_n ——试件的超声波相对传播时间（%），精确至 0.1；

    t_0 ——在预吸水后第一次冻融之前，超声波在试件和耦合剂中的总传播时间，即超声波传播时间初始值（μs）；

    t_n ——经 N 次冻融循环之后超声波在试件和耦合剂中的总传播时间（μs）。

    3）在计算每个试件的超声波相对传播时间时，应以两个轴的超声波相对传播时间的算术平均值作为该试件的超声波相对传播时间测定值。每组应取 5 个试件超声波相对传播时间计算值的算术平均值作为该组试件超声波相对传播时间的测定值。

    4）经 N 次冻融循环之后，试件的超声波相对动弹性模量 $R_{u,n}$ 应按下式计算：

$$R_{u,n} = \tau_n^2 \times 100 \qquad (4.3.6\text{-}6)$$

式中：$R_{u,n}$ ——试件的超声波相对动弹性模量（%），精确至 0.1。

    5）在计算每个试件的超声波相对动弹性模量时，应先分别计算两个相互垂直的传播轴上的超声波相对动弹性模量，并应取两个轴的超声波相对动弹性模量的算术平均值作为该试件的超声波相对动弹性模量测定值。每组应取 5 个试件超声波相对动弹性模量计算值的算术平均值作为该组试件的超声波相对动弹性模量值测定值。

5 动弹性模量试验

5.0.1 本方法适用于采用共振法测定混凝土的动弹

性模量。

5.0.2 动弹性模量试验应采用尺寸为 100mm×100mm×400mm 的棱柱体试件。

5.0.3 试验设备应符合下列规定：

1 共振法混凝土动弹性模量测定仪（又称共振仪）的输出频率可调范围应为（100～20000）Hz，输出功率应能使试件产生受迫振动。

2 试件支承体应采用厚度约为 20mm 的泡沫塑料垫，宜采用表观密度为（16～18）kg/m³ 的聚苯板。

3 称量设备的最大量程应为 20kg，感量不应超过 5g。

5.0.4 动弹性模量试验应按下列步骤进行：

1 首先应测定试件的质量和尺寸。试件质量应精确至 0.01kg，尺寸的测量应精确至 1mm。

2 测定完试件的质量和尺寸后，应将试件放置在支撑体中心位置，成型面向上，并应将激振换能器的测杆轻轻地压在试件长边侧面中线的 1/2 处，接收换能器的测杆轻轻地压在试件长边侧面中线距端面 5mm 处。在测杆接触试件前，宜在测杆与试件接触面涂一薄层黄油或凡士林作为耦合介质，测杆压力的大小应以不出现噪声为准。采用的动弹性模量测定仪各部件连接和相对位置应符合图 5.0.4 的规定。

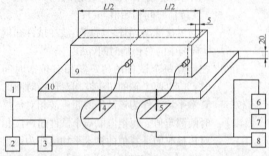

图 5.0.4 各部件连接和相对位置示意图

1—振荡器；2—频率计；3—放大器；4—激振换能器；
5—接收换能器；6—放大器；7—电表；8—示波器；
9—试件；10—试件支承体

3 放置好测杆后，应先调整共振仪的激振功率和接收增益旋钮至适当位置，然后变换激振频率，并应注意观察指示电表的指针偏转。当指针偏转为最大时，表示试件达到共振状态，应以这时所显示的共振频率作为试件的基频振动频率。每一测量应重复测读两次以上，当两次连续测值之差不超过两个测值的算术平均值的 0.5% 时，应取这两个测值的算术平均值作为该试件的基频振动频率。

4 当用示波器作显示的仪器时，示波器的图形调成一个正圆时的频率应为共振频率。在测试过程中，当发现两个以上峰值时，应将接收换能器移至距试件端部 0.224 倍试件长处，当指示电表示值为零时，应将其作为真实的共振峰值。

5.0.5 试验结果计算及处理应符合下列规定：

1 动弹性模量应按下式计算：

$$E_d = 13.244 \times 10^{-4} \times WL^3 f^2 / a^4 \quad (5.0.5)$$

式中：E_d ——混凝土动弹性模量（MPa）；

a ——正方形截面试件的边长（mm）；

L ——试件的长度（mm）；

W ——试件的质量（kg），精确到 0.01kg；

f ——试件横向振动时的基频振动频率（Hz）。

2 每组应以 3 个试件动弹性模量的试验结果的算术平均值作为测定值，计算应精确至 100MPa。

6 抗水渗透试验

6.1 渗水高度法

6.1.1 本方法适用于以测定硬化混凝土在恒定水压力下的平均渗水高度来表示的混凝土抗水渗透性能。

6.1.2 试验设备应符合下列规定：

1 混凝土抗渗仪应符合现行行业标准《混凝土抗渗仪》JG/T 249 的规定，并应能使水压按规定的制度稳定地作用在试件上。抗渗仪施加水压力范围应为（0.1～2.0）MPa。

2 试模应采用上口内部直径为 175mm、下口内部直径为 185mm 和高度为 150mm 的圆台体。

3 密封材料宜用石蜡加松香或水泥加黄油等材料，也可采用橡胶套等其他有效密封材料。

4 梯形板（图 6.1.2）应采用尺寸为 200mm×200mm 透明材料制成，并应画有十条等间距、垂直于梯形底线的直线。

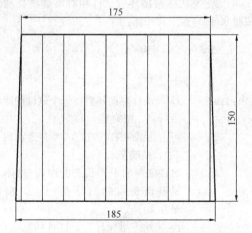

图 6.1.2 梯形板示意图（mm）

5 钢尺的分度值应为 1mm。

6 钟表的分度值应为 1min。

7 辅助设备应包括螺旋加压器、烘箱、电炉、浅盘、铁锅和钢丝刷等。

8 安装试件的加压设备可为螺旋加压或其他加压形式，其压力应能保证将试件压入试件套内。

6.1.3 抗水渗透试验应按照下列步骤进行：

1 应先按第 3 章规定的方法进行试件的制作和养护。抗水渗透试验应以 6 个试件为一组。

2 试件拆模后，应用钢丝刷刷去两端面的水泥浆膜，并应立即将试件送入标准养护室进行养护。

3 抗水渗透试验的龄期宜为 28d。应在到达试验龄期的前一天，从养护室取出试件，并擦拭干净。待试件表面晾干后，应按下列方法进行试件密封：

　　1）当用石蜡密封时，应在试件侧面裹涂一层熔化的内加少量松香的石蜡。然后应用螺旋加压器将试件压入经过烘箱或电炉预热过的试模中，使试件与试模底平齐，并应在试模变冷后解除压力。试模的预热温度，应以石蜡接触试模，即缓慢熔化，但不流淌为准。

　　2）用水泥加黄油密封时，其质量比应为（2.5～3）∶1。应用三角刀将密封材料均匀地刮涂在试件侧面上，厚度应为（1～2）mm。应套上试模并将试件压入，应使试件与试模底齐平。

　　3）试件密封也可以采用其他更可靠的密封方式。

4 试件准备好之后，启动抗渗仪，并开通 6 个试位下的阀门，使水从 6 个孔中渗出，水应充满试位坑，在关闭 6 个试位下的阀门后应将密封好的试件安装在抗渗仪上。

5 试件安装好以后，应立即开通 6 个试位下的阀门，使水压在 24h 内恒定控制在（1.2±0.05）MPa，且加压过程不应大于 5min，应以达到稳定压力的时间作为试验记录起始时间（精确至 1min）。在稳压过程中随时观察试件端面的渗水情况，当有某一个试件端面出现渗水时，应停止该试件的试验并应记录时间，并以试件的高度作为该试件的渗水高度。对于试件端面未出现渗水的情况，应在试验 24h 后停止试验，并及时取出试件。在试验过程中，当发现水从试件周边渗出时，应重新按本标准第 6.1.3 条的规定进行密封。

6 将从抗渗仪上取出来的试件放在压力机上，并应在试件上下两端面中心处沿直径方向各放一根直径为 6mm 的钢垫条，并应确保它们在同一竖直平面内。然后开动压力机，将试件沿纵断面劈裂为两半。试件劈开后，应用防水笔描出水痕。

7 应将梯形板放在试件劈裂面上，并用钢尺沿水痕等间距量测 10 个测点的渗水高度值，读数应精确至 1mm。当读数时若遇到某测点被骨料阻挡，可以靠近骨料两端的渗水高度算术平均值来作为该测点的渗水高度。

6.1.4 试验结果计算及处理应符合下列规定：

　　1 试件渗水高度应按下式进行计算：

$$\overline{h_i} = \frac{1}{10}\sum_{j=1}^{10} h_j \qquad (6.1.4\text{-}1)$$

式中：h_j——第 i 个试件第 j 个测点处的渗水高度（mm）；

　　　$\overline{h_i}$——第 i 个试件的平均渗水高度（mm）。应以 10 个测点渗水高度的平均值作为该试件渗水高度的测定值。

　　2 一组试件的平均渗水高度应按下式进行计算。

$$\overline{h} = \frac{1}{6}\sum_{i=1}^{6} \overline{h_i} \qquad (6.1.4\text{-}2)$$

式中：$\overline{h}$——一组 6 个试件的平均渗水高度（mm）。应以一组 6 个试件渗水高度的算术平均值作为该组试件渗水高度的测定值。

6.2　逐级加压法

6.2.1 本方法适用于通过逐级施加水压力来测定以抗渗等级来表示的混凝土的抗水渗透性能。

6.2.2 仪器设备应符合本标准第 6.1 节的规定。

6.2.3 试验步骤应符合下列规定：

　　1 首先应按本标准第 6.1.3 条的规定进行试件的密封和安装。

　　2 试验时，水压应从 0.1MPa 开始，以后应每隔 8h 增加 0.1MPa 水压，并应随时观察试件端面渗水情况。当 6 个试件中有 3 个试件表面出现渗水时，或加至规定压力（设计抗渗等级）在 8h 内 6 个试件中表面渗水试件少于 3 个时，可停止试验，并记下此时的水压力。在试验过程中，当发现水从试件周边渗出时，应按本标准第 6.1.3 条的规定重新进行密封。

6.2.4 混凝土的抗渗等级应以每组 6 个试件中有 4 个试件未出现渗水时的最大水压力乘以 10 来确定。混凝土的抗渗等级应按下式计算：

$$P = 10H - 1 \qquad (6.2.4)$$

式中：P——混凝土抗渗等级；

　　　H——6 个试件中有 3 个试件渗水时的水压力（MPa）。

7　抗氯离子渗透试验

7.1　快速氯离子迁移系数法（或称 RCM 法）

7.1.1 本方法适用于以测定氯离子在混凝土中非稳态迁移的迁移系数来确定混凝土抗氯离子渗透性能。

7.1.2 试验所用试剂、仪器设备、溶液和指示剂应符合下列规定：

　　1 试剂应符合下列规定：

　　　1）溶剂应采用蒸馏水或去离子水。

　　　2）氢氧化钠应为化学纯。

　　　3）氯化钠应为化学纯。

4) 硝酸银应为化学纯。

5) 氢氧化钙应为化学纯。

2 仪器设备应符合下列规定：

1) 切割试件的设备应采用水冷式金刚石锯或碳化硅锯。

2) 真空容器应至少能够容纳 3 个试件。

3) 真空泵应能保持容器内的气压处于(1～5)kPa。

4) RCM 试验装置(图 7.1.2)采用的有机硅橡胶套的内径和外径应分别为 100mm 和 115mm，长度应为 150mm。夹具应采用不锈钢环箍，其直径范围应为(105～115) mm、宽度应为 20mm。阴极试验槽可采用尺寸为 370mm×270mm×280mm 的塑料箱。阴极板应采用厚度为(0.5±0.1) mm、直径不小于 100mm 的不锈钢板。阳极板采用厚度为 0.5mm、直径为(98±1)mm 的不锈钢网或带孔的不锈钢板。支架应由硬塑料板制成。处于试件和阴极板之间的支架头高度应为(15～20)mm。RCM 试验装置还应符合现行行业标准《混凝土氯离子扩散系数测定仪》JG/T 262 的有关规定。

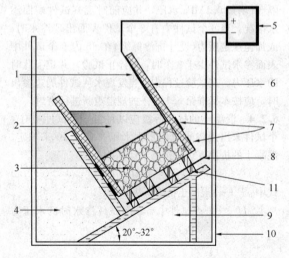

图 7.1.2 RCM 试验装置示意图

1—阳极板；2—阳极溶液；3—试件；4—阴极溶液；5—直流稳压电源；6—有机硅橡胶套；7—环箍；8—阴极板；9—支架；10—阴极试验槽；11—支撑头

5) 电源应能稳定提供(0～60)V 的可调直流电，精度应为±0.1V，电流应为(0～10)A。

6) 电表的精度应为±0.1mA。

7) 温度计或热电偶的精度应为±0.2℃。

8) 喷雾器应适合喷洒硝酸银溶液。

9) 游标卡尺的精度应为±0.1mm。

10) 尺子的最小刻度应为 1mm。

11) 水砂纸的规格应为(200～600)号。

12) 细锉刀可为备用工具。

13) 扭矩扳手的扭矩范围应为(20～100)N·m，测量允许误差应为±5%。

14) 电吹风的功率应为(1000～2000)W。

15) 黄铜刷可为备用工具。

16) 真空表或压力计的精度应为±665Pa (5mmHg 柱)，量程应为(0～13300)Pa (0～100mmHg 柱)。

17) 抽真空设备可由体积在 1000mL 以上的烧杯、真空干燥器、真空泵、分液装置、真空表等组合而成。

3 溶液和指示剂应符合下列规定：

1) 阴极溶液应为 10% 质量浓度的 NaCl 溶液，阳极溶液应为 0.3 mol/L 摩尔浓度的 NaOH 溶液。溶液应至少提前 24h 配制，并应密封保存在温度为(20～25)℃的环境中。

2) 显色指示剂为 0.1 mol/L 浓度的 AgNO₃ 溶液。

7.1.3 RCM 试验所处的试验室温度应控制在(20～25)℃。

7.1.4 试件制作应符合下列规定：

1 RCM 试验用试件应采用直径为(100±1)mm，高度为(50±2)mm 的圆柱体试件。

2 在试验室制作试件时，宜使用 φ100mm×100mm 或 φ100mm×200mm 试模。骨料最大公称粒径不宜大于 25mm。试件成型后应立即用塑料薄膜覆盖并移至标准养护室。试件应在(24±2)h 内拆模，然后应浸没于标准养护室的水池中。

3 试件的养护龄期宜为 28d。也可根据设计要求选用 56d 或 84d 养护龄期。

4 应在抗氯离子渗透试验前 7d 加工成标准尺寸的试件。当使用 φ100mm×100mm 时，应从试件中部切取高度为(50±2)mm 的圆柱体作为试验用试件，并应将靠近浇筑面的试件端面作为暴露于氯离子溶液中的测试面。当使用 φ100mm×200mm 试件时，应先将试件从正中间切成相同尺寸的两部分(φ100mm×100mm)，然后应从两部分中各切取一个高度为(50±2)mm 的试件，并应将第一次的切口面作为暴露于氯离子溶液中的测试面。

5 试件加工后应采用水砂纸和细锉刀打磨光滑。

6 加工好的试件应继续浸没于水中养护至试验龄期。

7.1.5 RCM 法试验应按下列步骤进行：

1 首先应将试件从养护池中取出来，并将试件表面的碎屑刷洗干净，擦干试件表面多余的水分。然后应采用游标卡尺测量试件的直径和高度，测量应准确到 0.1mm。应将试件在饱和面干状态下置于真空容器中进行真空处理。应在 5min 内将真空容器中的气压减少至(1～5)kPa，并应保持该真空度 3h，然后在真空泵仍然运转的情况下，将用蒸馏水配制的饱和氢氧化钙溶液注入容器，溶液高度应保证将试件浸没。在试件浸没 1h 后恢复常压，并应继续浸泡(18±2)h。

2 试件安装在 RCM 试验装置前应采用电吹风冷风档吹干，表面应干净，无油污、灰砂和水珠。

3 RCM 试验装置的试验槽在试验前应用室温凉开水冲洗干净。

4 试件和 RCM 试验装置(图 7.1.2)准备好以后，应将试件装入橡胶套内的底部，应在与试件齐高的橡胶套外侧安装两个不锈钢环箍(图 7.1.5)，每个箍高度应为 20mm，并应拧紧环箍上的螺栓至扭矩(30±2)N·m，使试件的圆柱侧面处于密封状态。当试件的圆柱曲面可能有造成液体渗漏的缺陷时，应以密封剂保持其密封性。

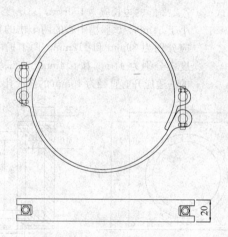

图 7.1.5　不锈钢环箍(mm)

5 应将装有试件的橡胶套安装到试验槽中，并安装好阳极板。然后应在橡胶套中注入约 300mL 浓度为 0.3mol/L 的 NaOH 溶液，并应使阳极板和试件表面均浸没于溶液中。应在阴极试验槽中注入 12L 质量浓度为 10% 的 NaCl 溶液，并应使其液面与橡胶套中的 NaOH 溶液的液面齐平。

6 试件安装完成后，应将电源的阳极(又称正极)用导线连至橡胶筒中阳极板，并将阴极(又称负极)用导线连至试验槽中的阴极板。

7.1.6 电迁移试验应按下列步骤进行：

1 首先应打开电源，将电压调整到(30±0.2)V，并应记录通过每个试件的初始电流。

2 后续试验应施加的电压(表 7.1.6 第二列)应根据施加 30V 电压时测量得到的初始电流值所处的范围(表 7.1.6 第一列)决定。应根据实际施加的电压，记录新的初始电流。应按照新的初始电流值所处的范围(表 7.1.6 第三列)，确定试验应持续的时间(表 7.1.6 第四列)。

3 应按照温度计或者电热偶的显示读数记录每一个试件的阳极溶液的初始温度。

表 7.1.6　初始电流、电压与试验时间的关系

初始电流 I_{30V}(用 30V 电压)(mA)	施加的电压 U(调整后)(V)	可能的新初始电流 I_0(mA)	试验持续时间 t(h)
$I_0 < 5$	60	$I_0 < 10$	96
$5 \leqslant I_0 < 10$	60	$10 \leqslant I_0 < 20$	48
$10 \leqslant I_0 < 15$	60	$20 \leqslant I_0 < 30$	24
$15 \leqslant I_0 < 20$	50	$25 \leqslant I_0 < 35$	24
$20 \leqslant I_0 < 30$	40	$25 \leqslant I_0 < 40$	24
$30 \leqslant I_0 < 40$	35	$35 \leqslant I_0 < 50$	24
$40 \leqslant I_0 < 60$	30	$40 \leqslant I_0 < 60$	24
$60 \leqslant I_0 < 90$	25	$50 \leqslant I_0 < 75$	24
$90 \leqslant I_0 < 120$	20	$60 \leqslant I_0 < 80$	24
$120 \leqslant I_0 < 180$	15	$60 \leqslant I_0 < 90$	24
$180 \leqslant I_0 < 360$	10	$60 \leqslant I_0 < 120$	24
$I_0 \geqslant 360$	10	$I_0 \geqslant 120$	6

4 试验结束时，应测定阳极溶液的最终温度和最终电流。

5 试验结束后应及时排除试验溶液。应用黄铜刷清除试验槽的结垢或沉淀物，并应用饮用水和洗涤剂将试验槽和橡胶套冲洗干净，然后用电吹风的冷风档吹干。

7.1.7 氯离子渗透深度测定应按下列步骤进行：

1 试验结束后，应及时断开电源。

2 断开电源后，应将试件从橡胶套中取出，并应立即用自来水将试件表面冲洗干净，然后应擦去试件表面多余水分。

3 试件表面冲洗干净后，应在压力试验机上沿轴向劈成两个半圆柱体，并应在劈开的试件断面立即喷涂浓度为 0.1 mol/L 的 AgNO₃ 溶液显色指示剂。

4 指示剂喷洒约 15min 后，应沿试件直径断面将其分成 10 等份，并应用防水笔描出渗透轮廓线。

5 然后应根据观察到的明显的颜色变化，测量显色分界线(图 7.1.7)离试件底面的距离，精确至 0.1mm。

6 当某一测点被骨料阻挡，可将此测点位置移动到最近未被骨料阻挡的位置进行测量，当某测点数据不能得到，只要总测点数多于 5 个，可忽略此测点。

7 当某测点位置有一个明显的缺陷，使该点测

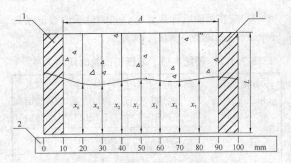

图 7.1.7　显色分界线位置编号
1—试件边缘部分；2—尺子；
A—测量范围；L—试件高度

量值远大于各测点的平均值，可忽略此测点数据，但应将这种情况在试验记录和报告中注明。

7.1.8 试验结果计算及处理应符合下列规定：

1 混凝土的非稳态氯离子迁移系数应按下式进行计算：

$$D_{RCM} = \frac{0.0239 \times (273 + T)L}{(U - 2)t}$$
$$\left(X_d - 0.0238 \sqrt{\frac{(273 + T)LX_d}{U - 2}} \right) \quad (7.1.8)$$

式中：D_{RCM}——混凝土的非稳态氯离子迁移系数，精确到 0.1×10^{-12} m²/s；

U——所用电压的绝对值（V）；

T——阳极溶液的初始温度和结束温度的平均值（℃）；

L——试件厚度（mm），精确到 0.1mm；

X_d——氯离子渗透深度的平均值（mm），精确到 0.1mm；

t——试验持续时间（h）。

2 每组应以 3 个试样的氯离子迁移系数的算术平均值作为该组试件的氯离子迁移系数测定值。当最大值或最小值与中间值之差超过中间值的 15% 时，应剔除此值，再取其余两值的平均值作为测定值；当最大值和最小值均超过中间值的 15% 时，应取中间值作为测定值。

7.2　电通量法

7.2.1 本方法适用于测定以通过混凝土试件的电通量为指标来确定混凝土抗氯离子渗透性能。本方法不适用于掺入亚硝酸盐和钢纤维等良导电材料的混凝土抗氯离子渗透试验。

7.2.2 采用的试验装置、试剂和用具应符合下列规定：

1 电通量试验装置应符合图 7.2.2-1 的要求，并应满足现行行业标准《混凝土氯离子电通量测定仪》JG/T 261 的有关规定。

2 仪器设备和化学试剂应符合下列要求：

　　1）直流稳压电源的电压范围应为（0～80）V，

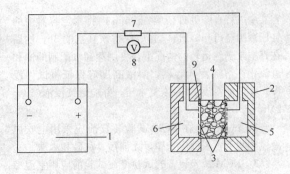

图 7.2.2-1　电通量试验装置示意图
1—直流稳压电源；2—试验槽；3—铜电极；4—混凝土试件；5—3.0%NaCl 溶液；6—0.3mol/L NaOH 溶液；7—标准电阻；8—直流数字式电压表；9—试件垫圈（硫化橡胶垫或硅橡胶垫）

电流范围应为（0～10）A。并应能稳定输出 60V 直流电压，精度应为 ±0.1V。

　　2）耐热塑料或耐热有机玻璃试验槽（图7.2.2-2）的边长应为 150mm，总厚度不应小于 51mm。试验槽中心的两个槽的直径应分别为 89mm 和 112mm。两个槽的深度应分别为 41mm 和 6.4mm。在试验槽的一边应开有直径为 10mm 的注液孔。

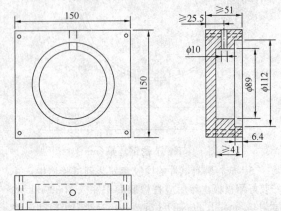

图 7.2.2-2　试验槽示意图（mm）

　　3）紫铜垫板宽度应为（12±2）mm，厚度应为（0.50±0.05）mm。铜网孔径为 0.95mm（64 孔/cm²）或者 20 目。

　　4）标准电阻精度应为 ±0.1%；直流数字电流表量程应为（0～20）A，精度应为 ±0.1%。

　　5）真空泵和真空表应符合本标准第 7.1.2 条的要求。

　　6）真空容器的内径不应小于 250mm，并应能至少容纳 3 个试件。

　　7）阴极溶液应用化学纯试剂配制的质量浓度为 3.0% 的 NaCl 溶液。

　　8）阳极溶液应用化学纯试剂配制的摩尔浓度为

0.3mol/L 的 NaOH 溶液。

9）密封材料应采用硅胶或树脂等密封材料。

10）硫化橡胶垫或硅橡胶垫的外径应为 100mm、内径应为 75mm、厚度应为 6mm。

11）切割试件的设备应采用水冷式金刚锯或碳化硅锯。

12）抽真空设备可由烧杯（体积在 1000mL 以上）、真空干燥器、真空泵、分液装置、真空表等组合而成。

13）温度计的量程应为（0～120）℃，精度应为±0.1℃。

14）电吹风的功率应为（1000～2000）W。

7.2.3 电通量试验应按下列步骤进行：

1 电通量试验应采用直径（100±1）mm，高度（50±2）mm 的圆柱体试件。试件的制作、养护应符合本标准第 7.1.3 条的规定。当试件表面有涂料等附加材料时，应预先去除，且试样内不得含有钢筋等良导电材料。在试件移送试验室前，应避免冻伤或其他物理伤害。

2 电通量试验宜在试件养护到 28d 龄期进行。对于掺有大掺量矿物掺合料的混凝土，可在 56d 龄期进行试验。应先将养护到规定龄期的试件暴露于空气中至表面干燥，并应以硅胶或树脂密封材料涂刷试件圆柱侧面，还应填补涂层中的孔洞。

3 电通量试验前应将试件进行真空饱水。应先将试件放入真空容器中，然后启动真空泵，并应在 5min 内将真空容器中的绝对压强减少至（1～5）kPa，应保持该真空度 3h，然后在真空泵仍然运转的情况下，注入足够的蒸馏水或者去离子水，直至淹没试件，应在试件浸没 1h 后恢复常压，并继续浸泡（18±2）h。

4 在真空饱水结束后，应从水中取出试件，并抹掉多余水分，且应保持试件所处环境的相对湿度在 95% 以上。应将试件安装于试验槽内，并应采用螺杆将两试验槽和端面装有硫化橡胶垫的试件夹紧。试件安装好以后，应采用蒸馏水或者其他有效方式检查试件和试验槽之间的密封性能。

5 检查试件和试件槽之间的密封性后，应将质量浓度为 3.0% 的 NaCl 溶液和摩尔浓度为 0.3mol/L 的 NaOH 溶液分别注入试件两侧的试验槽中，注入 NaCl 溶液的试验槽内的铜网应连接电源负极，注入 NaOH 溶液的试验槽中的铜网应连接电源正极。

6 在正确连接电源线后，应在保持试验槽中充满溶液的情况下接通电源，并应对上述两铜网施加（60±0.1）V 直流恒电压，且应记录电流初始读数 I_0。开始时应每隔 5min 记录一次电流值，当电流值变化不大时，可每隔 10min 记录一次电流值；当电流变化很小时，应每隔 30min 记录一次电流值，直至通电 6h。

7 当采用自动采集数据的测试装置时，记录电流的时间间隔可设定为（5～10）min。电流测量值应精确至±0.5mA。试验过程中宜同时监测试验槽中溶液的温度。

8 试验结束后，应及时排出试验溶液，并应用凉开水和洗涤剂冲洗试验槽 60s 以上，然后用蒸馏水洗净并用电吹风冷风档吹干。

9 试验应在（20～25）℃的室内进行。

7.2.4 试验结果计算及处理应符合下列规定：

1 试验过程中或试验结束后，应绘制电流与时间的关系图。应通过将各点数据以光滑曲线连接起来，对曲线作面积积分，或按梯形法进行面积积分，得到试验 6h 通过的电通量（C）。

2 每个试件的总电通量可采用下列简化公式计算：

$$Q = 900(I_0 + 2I_{30} + 2I_{60} + \cdots + 2I_{\cdots} + 2I_{300} + 2I_{330} + I_{360})$$

$$(7.2.4-1)$$

式中：Q——通过试件的总电通量（C）；

I_0——初始电流（A），精确到 0.001A；

I_t——在时间 t（min）的电流（A），精确到 0.001A。

3 计算得到的通过试件的总电通量应换算成直径为 95mm 试件的电通量值。应通过将计算的总电通量乘以一个直径为 95mm 的试件和实际试件横截面积的比值来换算，换算可按下式进行：

$$Q_s = Q_x \times (95/x)^2 \qquad (7.2.4-2)$$

式中：Q_s——通过直径为 95mm 的试件的电通量（C）；

Q_x——通过直径为 x（mm）的试件的电通量（C）；

x——试件的实际直径（mm）。

4 每组应取 3 个试件电通量的算术平均值作为该组试件的电通量测定值。当某一个电通量值与中值的差值超过中值的 15% 时，应取其余两个试件的电通量的算术平均值作为该组试件的试验结果测定值。当有两个测值与中值的差值都超过中值的 15% 时，应取中值作为该组试件的电通量试验结果测定值。

8 收缩试验

8.1 非接触法

8.1.1 本方法主要适用于测定早龄期混凝土的自由收缩变形，也可用于无约束状态下混凝土自收缩变形的测定。

8.1.2 本方法应采用尺寸为 100mm×100mm×515mm 的棱柱体试件。每组应为 3 个试件。

8.1.3 试验设备应符合下列规定：

1 非接触法混凝土收缩变形测定仪（图 8.1.3）

应设计成整机一体化装置，并应具备自动采集和处理数据、能设定采样时间间隔等功能。整个测试装置（含试件、传感器等）应固定于具有避振功能的固定式实验台面上。

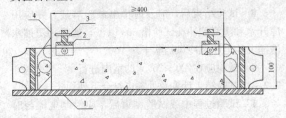

图 8.1.3　非接触法混凝土收缩
变形测定仪原理示意图(mm)
1—试模；2—固定架；3—传感器探头；4—反射靶

2 应有可靠方式将反射靶固定于试模上，使反射靶在试件成型浇筑振动过程中不会移位偏斜，且在成型完成后应能保证反射靶与试模之间的摩擦力尽可能小。试模应采用具有足够刚度的钢模，且本身的收缩变形应小。试模的长度应能保证混凝土试件的测量标距不小于400mm。

3 传感器的测试量程不应小于试件测量标距长度的0.5%或量程不应小于1mm，测试精度不应低于0.002mm。且应采用可靠方式将传感器测头固定，并应能使测头在测量整个过程中与试模相对位置保持固定不变。试验过程中应能保证反射靶能够随着混凝土收缩而同步移动。

8.1.4 非接触法收缩试验步骤应符合以下规定：

1 试验应在温度为(20±2)℃、相对湿度为(60±5)%的恒温恒湿条件下进行。非接触法收缩试验应带模进行测试。

2 试模准备后，应在试模内涂刷润滑油，然后应在试模内铺设两层塑料薄膜或者放置一片聚四氟乙烯(PTFE)片，且应在薄膜或者聚四氟乙烯片与试模接触的面上均匀涂抹一层润滑油。应将反射靶固定在试模两端。

3 将混凝土拌合物浇筑入试模后，应振动成型并抹平，然后应立即带模移入恒温恒湿室。成型试件的同时，应测定混凝土的初凝时间。混凝土初凝试验和早龄期收缩试验的环境应相同。当混凝土初凝时，应开始测读试件左右两侧的初始读数，此后应至少每隔1h或按设定的时间间隔测定试件两侧的变形读数。

4 在整个测试过程中，试件在变形测定仪上放置的位置、方向均应始终保持固定不变。

5 需要测定混凝土自收缩值的试件，应在浇筑振捣后立即采用塑料薄膜作密封处理。

8.1.5 非接触法收缩试验结果的计算和处理应符合下列规定：

1 混凝土收缩率应按照下式计算：

$$\varepsilon_{st} = \frac{(L_{10} - L_{1t}) + (L_{20} - L_{2t})}{L_0} \quad (8.1.5)$$

式中：ε_{st}——测试期为t(h)的混凝土收缩率，t从初始读数时算起；

L_{10}——左侧非接触法位移传感器初始读数(mm)；

L_{1t}——左侧非接触法位移传感器测试期为t(h)的读数(mm)；

L_{20}——右侧非接触法位移传感器初始读数(mm)；

L_{2t}——右侧非接触法位移传感器测试期为t(h)的读数(mm)；

L_0——试件测量标距(mm)，等于试件长度减去试件中两个反射靶沿试件长度方向埋入试件中的长度之和。

2 每组应取3个试件测试结果的算术平均值作为该组混凝土试件的早龄期收缩测定值，计算应精确到1.0×10^{-6}。作为相对比较的混凝土早龄期收缩值应以3d龄期测试得到的混凝土收缩值为准。

8.2 接 触 法

8.2.1 本方法适用于测定在无约束和规定的温湿度条件下硬化混凝土试件的收缩变形性能。

8.2.2 试件和测头应符合下列规定：

1 本方法应采用尺寸为 100mm×100mm×515mm 的棱柱体试件。每组应为3个试件。

2 采用卧式混凝土收缩仪时，试件两端应预埋测头或留有埋设测头的凹槽。卧式收缩试验用测头（图 8.2.2-1）应由不锈钢或其他不锈的材料制成。

3 采用立式混凝土收缩仪时，试件一端中心应

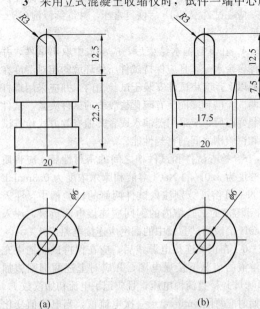

(a)　　　　　　　(b)
图 8.2.2-1　卧式收缩试验用测头(mm)
(a)预埋测头；(b)后埋测头

预埋测头(图 8.2.2-2)。立式收缩试验用测头的另外一端宜采用 M20mm×35mm 的螺栓(螺纹通长),并应与立式混凝土收缩仪底座固定。螺栓和测头都应预埋进去。

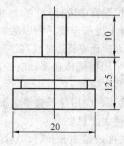

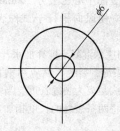

图 8.2.2-2　立式收缩试验用测头(mm)

4　采用接触法引伸仪时,所用试件的长度应至少比仪器的测量标距长出一个截面边长。测头应粘贴在试件两侧面的轴线上。

5　使用混凝土收缩仪时,制作试件的试模应具有能固定测头或预留凹槽的端板。使用接触法引伸仪时,可用一般棱柱体试模制作试件。

6　收缩试件成型时不得使用机油等憎水性脱模剂。试件成型后应带模养护(1~2)d,并保证拆模时不损伤试件。对于事先没有埋设测头的试件,拆模后应立即粘贴或埋设测头。试件拆模后,应立即送至温度为(20±2)℃、相对湿度为 95% 以上的标准养护室养护。

8.2.3　试验设备应符合下列规定:

1　测量混凝土收缩变形的装置应具有硬钢或石英玻璃制作的标准杆,并应在测量前及测量过程中及时校核仪表的读数。

2　收缩测量装置可采用下列形式之一:

　　1) 卧式混凝土收缩仪的测量标距应为540mm,并应装有精度为±0.001mm的千分表或测微器。

　　2) 立式混凝土收缩仪的测量标距和测微器同卧式混凝土收缩仪。

　　3) 其他形式的变形测量仪表的测量标距不应小于100mm及骨料最大粒径的3倍。并至少能达到±0.001mm的测量精度。

8.2.4　混凝土收缩试验步骤应按下列要求进行:

1　收缩试验应在恒温恒湿环境中进行,室温应保持在(20±2)℃,相对湿度应保持在(60±5)%。试件应放置在不吸水的搁架上,底面应架空,每个试件之间的间隙应大于30mm。

2　测定代表某一混凝土收缩性能的特征值时,试件应在3d龄期时(从混凝土搅拌加水时算起)从标准养护室取出,并应立即移入恒温恒湿室测定其初始长度,此后应至少按下列规定的时间间隔测量其变形读数:1d、3d、7d、14d、28d、45d、60d、90d、120d、150d、180d、360d(从移入恒温恒湿室内计时)。

3　测定混凝土在某一具体条件下的相对收缩值时(包括在徐变试验时的混凝土收缩变形测定)应按要求的条件进行试验。对非标准养护试件,当需要移入恒温恒湿室进行试验时,应先在该室内预置4h,再测其初始值。测量时应记下试件的初始干湿状态。

4　收缩测量前应先用标准杆校正仪表的零点,并应在测定过程中至少再复核1~2次,其中一次应在全部试件测读完后进行。当复核时发现零点与原值的偏差超过±0.001mm时,应调零后重新测量。

5　试件每次在卧式收缩仪上放置的位置和方向均应保持一致。试件上应标明相应的方向记号。试件在放置及取出时应轻稳仔细,不得碰撞表架及表杆。当发生碰撞时,应取下试件,并应重新以标准杆复核零点。

6　采用立式混凝土收缩仪时,整套测试装置应放在不易受外部振动影响的地方。读数时宜轻敲仪表或者上下轻轻滑动测头。安装立式混凝土收缩仪的测试台应有减振装置。

7　用接触法引伸仪测量时,应使每次测量时试件与仪表保持相对固定的位置和方向。每次读数应重复3次。

8.2.5　混凝土收缩试验结果计算和处理应符合以下规定:

1　混凝土收缩率应按下式计算:

$$\varepsilon_{st} = \frac{L_0 - L_t}{L_b} \qquad (8.2.5)$$

式中:ε_{st}——试验期为 t(d)的混凝土收缩率,t 从测定初始长度时算起;

　　　L_b——试件的测量标距,用混凝土收缩仪测量时应等于两测头内侧的距离,即等于混凝土试件长度(不计测头凸出部分)减去两个测头埋入深度之和(mm)。采用接触法引伸仪时,即为仪器的测量标距;

　　　L_0——试件长度的初始读数(mm);

　　　L_t——试件在试验期为 t(d)时测得的长度读数(mm)。

2　每组应取3个试件收缩率的算术平均值作为该组混凝土试件的收缩率测定值,计算精确至 1.0×10⁻⁶。

3　作为相互比较的混凝土收缩率值应为不密封

试件于 180d 所测得的收缩率值。可将不密封试件于 360d 所测得的收缩率值作为该混凝土的终极收缩率值。

9 早期抗裂试验

9.0.1 本方法适用于测试混凝土试件在约束条件下的早期抗裂性能。

9.0.2 试验装置及试件尺寸应符合下列规定：

1 本方法应采用尺寸为 800mm×600mm×100mm 的平面薄板型试件，每组应至少 2 个试件。混凝土骨料最大公称粒径不应超过 31.5mm。

2 混凝土早期抗裂试验装置（图 9.0.2）应采用钢制模具，模具的四边（包括长侧板和短侧板）宜采用槽钢或者角钢焊接而成，侧板厚度不应小于 5mm，模具四边与底板宜通过螺栓固定在一起。模具内应设有 7 根裂缝诱导器，裂缝诱导器可分别用 50mm×50mm、40mm×40mm 角钢与 5mm×50mm 钢板焊接组成，并应平行于模具短边。底板应采用不小于 5mm 厚的钢板，并应在底板表面铺设聚乙烯薄膜或者聚四氟乙烯片做隔离层。模具应作为测试装置的一个部分，测试时应与试件连在一起。

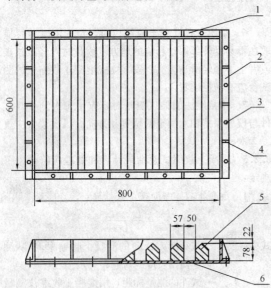

图 9.0.2　混凝土早期抗裂试验装置示意图(mm)
1—长侧板；2—短侧板；3—螺栓；4—加强肋；
5—裂缝诱导器；6—底板

3 风扇的风速应可调，并且应能够保证试件表面中心处的风速不小于 5m/s。

4 温度计精度不应低于±0.5℃。相对湿度计精度不应低于±1%。风速计精度不应低于±0.5m/s。

5 刻度放大镜的放大倍数不应小于 40 倍，分度值不应大于 0.01mm。

6 照明装置可采用手电筒或者其他简易照明

装置。

7 钢直尺的最小刻度应为 1mm。

9.0.3 试验应按下列步骤进行：

1 试验宜在温度为（20±2）℃，相对湿度为（60±5）%的恒温恒湿室中进行。

2 将混凝土浇筑至模具内以后，应立即将混凝土摊平，且表面应比模具边框略高。可使用平板表面式振捣器或者采用振捣棒插捣，应控制好振捣时间，并应防止过振和欠振。

3 在振捣后，应用抹子整平表面，并应使骨料不外露，且应使表面平实。

4 应在试件成型 30min 后，立即调节风扇位置和风速，使试件表面中心正上方 100mm 处风速为（5±0.5）m/s，并应使风向平行于试件表面和裂缝诱导器。

5 试验时间应从混凝土搅拌加水开始计算，应在（24±0.5）h 测读裂缝。裂缝长度应用钢直尺测量，并应取裂缝两端直线距离为裂缝长度。当一个刀口上有两条裂缝时，可将两条裂缝的长度相加，折算成一条裂缝。

6 裂缝宽度应采用放大倍数至少 40 倍的读数显微镜进行测量，并应测量每条裂缝的最大宽度。

7 平均开裂面积、单位面积的裂缝数目和单位面积上的总开裂面积应根据混凝土浇筑 24h 测量得到裂缝数据来计算。

9.0.4 试验结果计算及其确定应符合下列规定：

1 每条裂缝的平均开裂面积应按下式计算：

$$a = \frac{1}{2N}\sum_{i=1}^{N}(W_i \times L_i) \qquad (9.0.4-1)$$

2 单位面积的裂缝数目应按下式计算：

$$b = \frac{N}{A} \qquad (9.0.4-2)$$

3 单位面积上的总开裂面积应按下式计算：

$$c = a \cdot b \qquad (9.0.4-3)$$

式中：W_i ——第 i 条裂缝的最大宽度（mm），精确到 0.01mm；

L_i ——第 i 条裂缝的长度（mm），精确到 1mm；

N ——总裂缝数目（条）；

A ——平板的面积（m²），精确到小数点后两位；

a ——每条裂缝的平均开裂面积（mm²/条），精确到 1mm²/条；

b ——单位面积的裂缝数目（条/m²），精确到 0.1 条/m²；

c ——单位面积上的总开裂面积（mm²/m²），精确到 1mm²/m²。

4 每组应分别以 2 个或多个试件的平均开裂面积（单位面积上的裂缝数目或单位面积上的总开裂面

积)的算术平均值作为该组试件平均开裂面积(单位面积上的裂缝数目或单位面积上的总开裂面积)的测定值。

10 受压徐变试验

10.0.1 本方法适用于测定混凝土试件在长期恒定轴向压力作用下的变形性能。

10.0.2 试验仪器设备应符合下列规定:

1 徐变仪应符合下列规定:

　　1)徐变仪应在要求时间范围内(至少1年)把所要求的压缩荷载加到试件上并应能保持该荷载不变。

　　2)常用徐变仪可选用弹簧式或液压式,其工作荷载范围应为(180~500)kN。

　　3)弹簧式压缩徐变仪(图10.0.2)应包括上下压板、球座或球铰及其配套垫板、弹簧持荷装置以及2~3根承力丝杆。压板与垫板应具有足够的刚度。压板的受压面的平整度偏差不应大于0.1mm/100mm,并应能保证对试件均匀加荷。弹簧及丝杆的尺寸应按徐变仪所要求的试验吨位而定。在试验荷载下,丝杆的拉应力不应大于材料屈服点的30%,弹簧的工作压力不应超过允许极限荷载的80%,且工作时弹簧的压缩变形不得小于20mm。

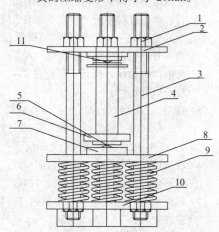

图 10.0.2　弹簧式压缩徐变仪示意图
1—螺母;2—上压板;3—丝杆;4—试件;
5—球铰;6—垫板;7—定心;8—下压板;
9—弹簧;10—底盘;11—球铰

　　4)当使用液压式持荷部件时,可通过一套中央液压调节单元同时加荷几个徐变架,该单元应由储液器、调节器、显示仪表和一个高压源(如高压氮气瓶或高压泵)等组成。

　　5)有条件时可采用几个试件串叠受荷,上下

压板之间的总距离不得超过1600mm。

2 加荷装置应符合下列规定:

　　1)加荷架应由接长杆及顶板组成。加荷时加荷架应与徐变仪丝杆顶部相连。

　　2)油压千斤顶可采用一般的起重千斤顶,其吨位应大于所要求的试验荷载。

　　3)测力装置可采用钢环测力计、荷载传感器或其他形式的压力测定装置。其测量精度应达到所加荷载的±2%,试件破坏荷载不应小于测力装置全量程的20%且不应大于测力装置全量程的80%。

3 变形量测装置应符合下列规定:

　　1)变形量测装置可采用外装式、内埋式或便携式,其测量的应变值精度不应低于0.001mm/m。

　　2)采用外装式变形量测装置时,应至少测量不少于两个均匀地布置在试件周边的基线的应变。测点应精确地布置在试件的纵向表面的纵轴上,且应与试件端头等距,与相邻试件端头的距离不应小于一个截面边长。

　　3)采用差动式应变计或钢弦式应变计等内埋式变形测量装置时,应在试件成型时可靠地固定该装置,应使其量测基线位于试件中部并应与试件纵轴重合。

　　4)采用接触法引伸仪等便携式变形量测装置时,测头应牢固附置在试件上。

　　5)量测标距应大于混凝土骨料最大粒径的3倍,且不少于100mm。

10.0.3 试件应符合下列规定:

1 试件的形状与尺寸应符合下列规定:

　　1)徐变试验应采用棱柱体试件。试件的尺寸应根据混凝土中骨料的最大粒径按表10.0.3选用,长度应为截面边长尺寸的3~4倍。

　　2)当试件叠放时,应在每叠试件端头的试件和压板之间加装一个未安装应变量测仪表的辅助性混凝土垫块,其截面边长尺寸应与被测试件的相同,且长度应至少等于其截面尺寸的一半。

表 10.0.3　徐变试验试件尺寸选用表

骨料最大公称粒径(mm)	试件最小边长(mm)	试件长度(mm)
31.5	100	400
40	150	≥450

2 试件数量应符合下列规定:

　　1)制作徐变试件时,应同时制作相应的棱柱

体抗压试件及收缩试件。

  2) 收缩试件应与徐变试件相同，并应装有与徐变试件相同的变形测量装置。

  3) 每组抗压、收缩和徐变试件的数量宜各为3个，其中每个加荷龄期的每组徐变试件应至少为2个。

 3 试件制备应符合下列规定：

  1) 当要叠放试件时，宜磨平其端头。

  2) 徐变试件的受压面与相邻的纵向表面之间的角度与直角的偏差不应超过1mm/100mm。

  3) 采用外装式应变量测装置时，徐变试件两侧面应有安装量测装置的测头，测头宜采用埋入式，试模的侧壁应具有能在成型时使测头定位的装置。在对粘结的工艺及材料确有把握时，可采用胶粘。

 4 试件的养护与存放方式应符合下列规定：

  1) 抗压试件及收缩试件应随徐变试件一并同条件养护。

  2) 对于标准环境中的徐变，试件应在成型后不少于24h且不多于48h时拆模，且在拆模之前，应覆盖试件表面。随后应立即将试件送入标准养护室养护到7d龄期（自混凝土搅拌加水开始计时），其中3d加载的徐变试验应养护3d。养护期间试件不应浸泡于水中。试件养护完成后应移入温度为(20±2)℃、相对湿度为(60±5)%的恒温恒湿室进行徐变试验，直至试验完成。

  3) 对于适用于大体积混凝土内部情况的绝湿徐变，试件在制作或脱模后应密封在保湿外套中（包括橡皮套、金属套筒等），且在整个试件存放和测试期间也应保持密封。

  4) 对于需要考虑温度对混凝土弹性和非弹性性质的影响等特定温度下的徐变，应控制好试件存放的试验环境温度，应使其符合希望的温度历史。

  5) 对于需确定在具体使用条件下的混凝土徐变值等其他存放条件，应根据具体情况确定试件的养护及试验制度。

10.0.4 徐变试验应符合下列规定：

 1 对比或检验混凝土的徐变性能时，试件应在28d龄期时加荷。当研究某一混凝土的徐变特性时，应至少制备5组徐变试件并应分别在龄期为3d、7d、14d、28d和90d时加荷。

 2 徐变试验应按下列步骤进行：

  1) 测头或测点应在试验前1d粘好，仪表安装好后应仔细检查，不得有任何松动或异常现象。加荷装置、测力计等也应予以检查。

  2) 在即将加荷徐变试件前，应测试同条件养护试件的棱柱体抗压强度。

  3) 测头和仪表准备好以后，应将徐变试件放在徐变仪的下压板后，应使试件、加荷装置、测力计及徐变仪的轴线重合。并应再次检查变形测量仪表的调零情况，且应记下初始读数。当采用未密封的徐变试件时，应在将其放在徐变仪上的同时，覆盖参比用收缩试件的端部。

  4) 试件放好后，应及时开始加荷。当无特殊要求时，应取徐变应力为所测得的棱柱体抗压强度的40%。当采用外装仪表或者接触法引伸仪时，应用千斤顶先加压至徐变应力的20%进行对中。两侧的变形相差应小于其平均值的10%，当超出此值，应松开千斤顶卸荷，进行重新调整后，应再加荷到徐变应力的20%，并再次检查对中的情况。对中完毕后，应立即继续加荷直到徐变应力，应及时读出两边的变形值，并将此时两边变形的平均值作为在徐变荷载下的初始变形值。从对中完毕到测初始变形值之间的加荷及测量时间不得超过1min。随后应拧紧承力丝杆上端的螺母，并应松开千斤顶卸荷，且应观察两边变形值的变化情况。此时，试件两侧的读数相差不应超过平均值的10%，否则应予以调整，调整应在试件持荷的情况下进行，调整过程中所产生的变形增值应计入徐变变形之中。然后应再加荷到徐变应力，并应检查两侧变形读数，其总和与加荷前读数相比，误差不应超过2%。否则应予以补足。

  5) 应在加荷后的1d、3d、7d、14d、28d、45d、60d、90d、120d、150d、180d、270d和360d测读试件的变形值。

  6) 在测读徐变试件的变形读数的同时，应测量同条件放置参比用收缩试件的收缩值。

  7) 试件加荷后应定期检查荷载的保持情况，应在加荷后7d、28d、60d、90d各校核一次，如荷载变化大于2%，应予以补足。在使用弹簧式加载架时，可通过施加正确的荷载并拧紧丝杆上的螺母，来进行调整。

10.0.5 试验结果计算及其处理应符合下列规定：

 1 徐变应变应按下式计算：

$$\varepsilon_{ct} = \frac{\Delta L_t - \Delta L_0}{L_b} - \varepsilon_t \qquad (10.0.5\text{-}1)$$

式中：ε_{ct}——加荷t(d)后的徐变应变(mm/m)，精确至0.001mm/m；

ΔL_t——加荷 t(d)后的总变形值(mm),精确至0.001mm;

ΔL_0——加荷时测得的初始变形值(mm),精确至0.001mm;

L_b——测量标距(mm),精确到1mm;

ε_t——同龄期的收缩值(mm/m),精确至0.001mm/m。

2 徐变度应按下式计算:

$$C_t = \frac{\varepsilon_{ct}}{\delta} \qquad (10.0.5\text{-}2)$$

式中:C_t——加荷 t(d)的混凝土徐变度(1/MPa),计算精确至 1.0×10^{-6}/(MPa);

δ——徐变应力(MPa)。

3 徐变系数应按下列公式计算:

$$\varphi_t = \frac{\varepsilon_{ct}}{\varepsilon_0} \qquad (10.0.5\text{-}3)$$

$$\varepsilon_0 = \frac{\Delta L_0}{L_b} \qquad (10.0.5\text{-}4)$$

式中:φ_t——加荷 t(d)的徐变系数;

ε_0——在加荷时测得的初始应变值(mm/m),精确至0.001mm/m。

4 每组应分别以3个试件徐变应变(徐变度或徐变系数)试验结果的算术平均值作为该组混凝土试件徐变应变(徐变度或徐变系数)的测定值。

5 作为供对比用的混凝土徐变值,应采用经过标准养护的混凝土试件,在28d龄期时经受0.4倍棱柱体抗压强度恒定荷载持续作用360d的徐变值。可用测得的3年徐变值作为终极徐变值。

11 碳化试验

11.0.1 本方法适用于测定在一定浓度的二氧化碳气体介质中混凝土试件的碳化程度。

11.0.2 试件及处理应符合下列规定:

1 本方法宜采用棱柱体混凝土试件,应以3块为一组。棱柱体的长宽比不宜小于3。

2 无棱柱体试件时,也可用立方体试件,其数量应相应增加。

3 试件宜在28d龄期进行碳化试验,掺有掺合料的混凝土可以根据其特性决定碳化前的养护龄期。碳化试验的试件宜采用标准养护,试件应在试验前2d从标准养护室取出,然后应在60℃下烘48h。

4 经烘干处理后的试件,除应留下一个或相对的两个侧面外,其余表面应采用加热的石蜡予以密封。然后应在暴露侧面上沿长度方向用铅笔以10mm间距画出平行线,作为预定碳化深度的测量点。

11.0.3 试验设备应符合下列规定:

1 碳化箱应符合现行行业标准《混凝土碳化试验箱》JG/T 247的规定,并应采用带有密封盖的密闭容器,容器的容积应至少为预定进行试验的试件体积的两倍。碳化箱内应有架空试件的支架、二氧化碳引入口、分析取样用的气体导出口、箱内气体对流循环装置、为保持箱内恒温恒湿所需的设施以及温湿度监测装置。宜在碳化箱上设玻璃观察口对箱内的温度进行读数。

2 气体分析仪应能分析箱内二氧化碳浓度,并应精确至 $\pm 1\%$。

3 二氧化碳供气装置应包括气瓶、压力表和流量计。

11.0.4 混凝土碳化试验应按下列步骤进行:

1 首先应将经过处理的试件放入碳化箱内的支架上。各试件之间的间距不应小于50mm。

2 试件放入碳化箱后,应将碳化箱密封。密封可采用机械办法或油封,但不得采用水封。应开动箱内气体对流装置,徐徐充入二氧化碳,并测定箱内的二氧化碳浓度。应逐步调节二氧化碳的流量,使箱内的二氧化碳浓度保持在(20±3)%。在整个试验期间应采取去湿措施,使箱内的相对湿度控制在(70±5)%,温度应控制在(20±2)℃的范围内。

3 碳化试验开始后应每隔一定时期对箱内的二氧化碳浓度、温度及湿度作一次测定。宜在前2d每隔2h测定一次,以后每隔4h测定一次。试验中应根据所测得的二氧化碳浓度、温度及湿度随时调节这些参数,去湿用的硅胶应经常更换。也可采用其他更有效的去湿方法。

4 应在碳化到了3d、7d、14d和28d时,分别取出试件,破型测定碳化深度。棱柱体试件应通过在压力试验机上的劈裂法或者用干锯法从一端开始破型。每次切除的厚度应为试件宽度的一半,切后应用石蜡将破型后试件的切断面封好,再放入箱内继续碳化,直到下一个试验期。当采用立方体试件时,应在试件中部劈开,立方体试件应只作一次检验,劈开测试碳化深度后不得再重复使用。

5 随后应将切除所得的试件部分刷去断面上残存的粉末,然后应喷上(或滴上)浓度为1%的酚酞酒精溶液(酒精溶液含20%的蒸馏水)。约经30s后,应按原先标划的每10mm一个测量点用钢板尺测出各点碳化深度。当测点处的碳化分界线上刚好嵌有粗骨料颗粒,可取该颗粒两侧处碳化深度的算术平均值作为该点的深度值。碳化深度测量应精确至0.5mm。

11.0.5 混凝土碳化试验结果计算和处理应符合下列规定:

1 混凝土在各试验龄期时的平均碳化深度应按下式计算:

$$\overline{d_t} = \frac{1}{n} \sum_{i=1}^{n} d_i \qquad (11.0.5)$$

式中:$\overline{d_t}$——试件碳化 t(d)后的平均碳化深度(mm),精确至0.1mm;

d_i ——各测点的碳化深度（mm）；

n ——测点总数。

2 每组应以在二氧化碳浓度为(20±3)%，温度为(20±2)℃，湿度为(70±5)%的条件下 3 个试件碳化 28d 的碳化深度算术平均值作为该组混凝土试件碳化测定值。

3 碳化结果处理时宜绘制碳化时间与碳化深度的关系曲线。

12　混凝土中钢筋锈蚀试验

12.0.1 本方法适用于测定在给定条件下混凝土中钢筋的锈蚀程度。本方法不适用于在侵蚀性介质中混凝土内的钢筋锈蚀试验。

12.0.2 试件的制作与处理应符合下列规定：

1 本方法应采用尺寸为 100mm×100mm×300mm 的棱柱体试件，每组应为 3 块。

2 试件中埋置的钢筋应采用直径为 6.5mm 的 Q235 普通低碳钢热轧盘条调直截断制成，其表面不得有锈坑及其他严重缺陷。每根钢筋长应为(299±1)mm，应用砂轮将其一端磨出长约 30mm 的平面，并用钢字打上标记。钢筋应采用 12% 盐酸溶液进行酸洗，并经清水漂净后，用石灰水中和，再用清水冲洗干净，擦干后应在干燥器中至少存放 4h，然后应用天平称取每根钢筋的初重（精确至 0.001g）。钢筋应存放在干燥器中备用。

3 试件成型前应将套有定位板的钢筋放入试模，定位板应紧贴试模的两个端板，安放完毕后应使用丙酮擦净钢筋表面。

4 试件成型后，应在(20±2)℃的温度下盖湿布养护 24h 后编号拆模，并应拆除定位板。然后应用钢丝刷将试件两端部混凝土刷毛，并应用水灰比小于试件用混凝土水灰比、水泥和砂子比例为 1:2 的水泥砂浆抹上不小于 20mm 厚的保护层，并应确保钢筋端部密封质量。试件应在就地潮湿养护（或用塑料薄膜盖好）24h 后，移入标准养护室养护至 28d。

12.0.3 试验设备应符合下列规定：

1 混凝土碳化试验设备应包括碳化箱、供气装置及气体分析仪。碳化设备并应符合本标准第 11.0.3 条的规定。

2 钢筋定位板（图 12.0.3）宜采用木质五合板或薄木板等材料制作，尺寸应为 100mm×100mm，板上应钻有穿插钢筋的圆孔。

3 称量设备的最大量程应为 1kg，感量应为 0.001g。

12.0.4 混凝土中钢筋锈蚀试验应按下列步骤进行：

1 钢筋锈蚀试验的试件应先进行碳化，碳化应在 28d 龄期时开始。碳化应在二氧化碳浓度为(20±3)%、相对湿度为(70±5)% 和温度为(20±2)℃的条

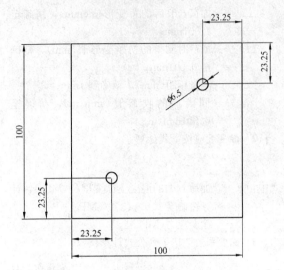

图 12.0.3　钢筋定位板示意图（mm）

件下进行，碳化时间应为 28d。对于有特殊要求的混凝土中钢筋锈蚀试验，碳化时间可再延长 14d 或者 28d。

2 试件碳化处理后应立即移入标准养护室放置。在养护室中，相邻试件间的距离不应小于 50mm，并应避免试件直接淋水。应在潮湿条件下存放 56d 后将试件取出，然后破型，破型时不得损伤钢筋。应先测出碳化深度，然后进行钢筋锈蚀程度的测定。

3 试件破型后，应取出试件中的钢筋，并应刮去钢筋上沾附的混凝土。应用 12% 盐酸溶液对钢筋进行酸洗，经清水漂净后，再用石灰水中和，最后应以清水冲洗干净。应将钢筋擦干后在干燥器中至少存放 4h，然后应对每根钢筋称重（精确至 0.001g），并应计算钢筋锈蚀失重率。酸洗钢筋时，应在洗液中放入两根尺寸相同的同类无锈钢筋作为基准校正。

12.0.5 钢筋锈蚀试验结果计算和处理应符合以下规定：

1 钢筋锈蚀失重率应按下式计算：

$$L_w = \frac{w_0 - w - \dfrac{(w_{01} - w_1) + (w_{02} - w_2)}{2}}{w_0} \times 100$$

(12.0.5)

式中：L_w ——钢筋锈蚀失重率(%)，精确至 0.01；

w_0 ——钢筋未锈前质量(g)；

w ——锈蚀钢筋经过酸洗处理后的质量(g)；

w_{01}、w_{02} ——分别为基准校正用的两根钢筋的初始质量(g)；

w_1、w_2 ——分别为基准校正用的两根钢筋酸洗后的质量(g)。

2 每组应取 3 个混凝土试件中钢筋锈蚀失重率的平均值作为该组混凝土试件中钢筋锈蚀失重率测定值。

13 抗压疲劳变形试验

13.0.1 本方法适用于在自然条件下，通过测定混凝土在等幅重复荷载作用下疲劳累计变形与加载循环次数的关系，来反映混凝土抗压疲劳变形性能。

13.0.2 试验设备应符合下列规定：

1 疲劳试验机的吨位应能使试件预期的疲劳破坏荷载不小于试验机全量程的 20%，也不应大于试验机全量程的 80%。准确度应为 I 级，加载频率应在(4~8)Hz 之间。

2 上、下钢垫板应具有足够的刚度，其尺寸应大于100mm×100mm，平面度要求为每 100mm 不应超过 0.02mm。

3 微变形测量装置的标距应为 150mm，可在试件两侧相对的位置上同时测量。承受等幅重复荷载时，在连续测量情况下，微变形测量装置的精度不得低于 0.001mm。

13.0.3 抗压疲劳变形试验应采用尺寸为 100mm×100mm×300mm 的棱柱体试件。试件应在振动台上成型，每组试件应至少为 6 个，其中 3 个用于测量试件的轴心抗压强度 f_c，其余 3 个用于抗压疲劳变形性能试验。

13.0.4 抗压疲劳变形试验应按下列步骤进行：

1 全部试件应在标准养护室养护至 28d 龄期后取出，并应在室温(20±5)℃存放至 3 个月龄期。

2 试件应在龄期达 3 个月时从存放地点取出，应先将其中 3 块试件按照现行国家标准《普通混凝土力学性能试验方法标准》GB/T 50081测定其轴心抗压强度 f_c。

3 然后应对剩下的 3 块试件进行抗压疲劳变形试验。每一试件进行抗压疲劳变形试验前，应先在疲劳试验机上进行静压变形对中，对中时应采用两次对中的方式。首次对中的应力宜取轴心抗压强度 f_c 的 20%(荷载可近似取整数，kN)，第二次对中应力宜取轴心抗压强度 f_c 的 40%。对中时，试件两侧变形值之差应小于平均值的 5%，否则应调整试件位置，直至符合对中要求。

4 抗压疲劳变形试验采用的脉冲频率宜为 4Hz。试验荷载(图 13.0.4)的上限应力 σ_{max} 宜取 0.66 f_c，下限应力 σ_{min} 宜取 $0.1f_c$。有特殊要求时，上限应力和下限应力可根据要求选定。

5 抗压疲劳变形试验中，应于每 1×10^5 次重复加载后，停机测量混凝土棱柱体试件的累积变形。测量宜在疲劳试验机停机后 15s 内完成。应在对测试结果进行记录之后，继续加载进行抗压疲劳变形试验，直到试件破坏为止。若加载至 2×10^6 次，试件仍未破坏，可停止试验。

13.0.5 每组应取 3 个试件在相同加载次数时累积变

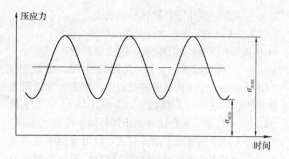

图 13.0.4 试验荷载示意图

形的算术平均值作为该组混凝土试件在等幅重复荷载下的抗压疲劳变形测定值，精确至 0.001mm/m。

14 抗硫酸盐侵蚀试验

14.0.1 本方法适用于测定混凝土试件在干湿交替环境中，以能够经受的最大干湿循环次数来表示的混凝土抗硫酸盐侵蚀性能。

14.0.2 试件应符合下列规定：

1 本方法应采用尺寸为 100mm×100mm×100mm 的立方体试件，每组应为 3 块。

2 混凝土的取样、试件的制作和养护应符合本标准第 3 章的要求。

3 除制作抗硫酸盐侵蚀试验用试件外，还应按照同样方法，同时制作抗压强度对比用试件。试件组数应符合表 14.0.2 的要求。

表 14.0.2 抗硫酸盐侵蚀试验所需的试件组数

设计抗硫酸盐等级	KS15	KS30	KS60	KS90	KS120	KS150	KS150以上
检查强度所需干湿循环次数	15	15及30	30及60	60及90	90及120	120及150	150及设计次数
鉴定28d强度所需试件组数	1	1	1	1	1	1	1
干湿循环试件组数	1	2	2	2	2	2	2
对比试件组数	1	2	2	2	2	2	2
总计试件组数	3	5	5	5	5	5	5

14.0.3 试验设备和试剂应符合下列规定：

1 干湿循环试验装置宜采用能使试件静止不动，浸泡、烘干及冷却等过程应能自动进行的装置。设备应具有数据实时显示、断电记忆及试验数据自动存储的功能。

2 也可采用符合下列规定的设备进行干湿循环试验。

1）烘箱应能使温度稳定在(80±5)℃。

2）容器应至少能够装 27L 溶液，并应带盖，且应由耐盐腐蚀材料制成。

3 试剂应采用化学纯无水硫酸钠。

14.0.4 干湿循环试验应按下列步骤进行：

1 试件应在养护至 28d 龄期的前 2d，将需进行干湿循环的试件从标准养护室取出。擦干试件表面水分，然后将试件放入烘箱中，并应在（80±5）℃下烘 48h。烘干结束后应将试件在干燥环境中冷却到室温。对于掺入掺合料比较多的混凝土，也可采用 56d 龄期或者设计规定的龄期进行试验，这种情况应在试验报告中说明。

2 试件烘干并冷却后，应立即将试件放入试件盒（架）中，相邻试件之间应保持 20mm 间距，试件与试件盒侧壁的间距不应小于 20mm。

3 试件放入试件盒以后，应将配制好的 5% Na_2SO_4 溶液放入试件盒，溶液应至少超过最上层试件表面 20mm，然后开始浸泡。从试件开始放入溶液，到浸泡过程结束的时间应为（15±0.5）h。注入溶液的时间不应超过 30min。浸泡龄期应从将混凝土试件移入 5% Na_2SO_4 溶液中起计时。试验过程中宜定期检查和调整溶液的 pH 值，可每隔 15 个循环测试一次溶液 pH 值，应始终维持溶液的 pH 值在 6～8 之间。溶液的温度应控制在（25～30）℃。也可不检测其 pH 值，但应每月更换一次试验用溶液。

4 浸泡过程结束后，应立即排液，并应在 30min 内将溶液排空。溶液排空后应将试件风干 30min，从溶液开始排出到试件风干的时间应为 1h。

5 风干过程结束后应立即升温，应将试件盒内的温度升到 80℃，开始烘干过程。升温过程应在 30min 内完成。温度升到 80℃后，应将温度维持在（80±5）℃。从升温开始到开始冷却的时间应为 6h。

6 烘干过程结束后，应立即对试件进行冷却，从开始冷却到将试件盒内的试件表面温度冷却到（25～30）℃的时间应为 2h。

7 每个干湿循环的总时间应为（24±2）h。然后应再次放入溶液，按照上述 3～6 的步骤进行下一个干湿循环。

8 在达到本标准表 14.0.2 规定的干湿循环次数后，应及时进行抗压强度试验。同时应观察经过干湿循环后混凝土表面的破损情况并进行外观描述。当试件有严重剥落、掉角等缺陷时，应先用高强石膏补平后再进行抗压强度试验。

9 当干湿循环试验出现下列三种情况之一时，可停止试验：

  1) 当抗压强度耐蚀系数达到 75%；

  2) 干湿循环次数达到 150 次；

  3) 达到设计抗硫酸盐等级相应的干湿循环次数。

10 对比试件应继续保持原有的养护条件，直到完成干湿循环后，与进行干湿循环试验的试件同时进行抗压强度试验。

14.0.5 试验结果计算及处理应按符合下列规定：

1 混凝土抗压强度耐蚀系数应按下式进行计算：

$$K_f = \frac{f_{cn}}{f_{c0}} \times 100 \qquad (14.0.5)$$

式中：K_f ——抗压强度耐蚀系数（%）；

  f_{cn} ——为 N 次干湿循环后受硫酸盐腐蚀的一组混凝土试件的抗压强度测定值（MPa），精确至 0.1MPa；

  f_{c0} ——与受硫酸盐腐蚀试件同龄期的标准养护的一组对比混凝土试件的抗压强度测定值（MPa），精确至 0.1MPa；

2 f_{c0} 和 f_{cn} 应以 3 个试件抗压强度试验结果的算术平均值作为测定值。当最大值或最小值，与中间值之差超过中间值的 15% 时，应剔除此值，并应取其余两值的算术平均值作为测定值；当最大值和最小值，均超过中间值的 15% 时，应取中间值作为测定值。

3 抗硫酸盐等级应以混凝土抗压强度耐蚀系数下降到不低于 75% 时的最大干湿循环次数来确定，并应以符号 KS 表示。

15 碱-骨料反应试验

15.0.1 本试验方法用于检验混凝土试件在温度 38℃及潮湿条件养护下，混凝土中的碱与骨料反应所引起的膨胀是否具有潜在危害。适用于碱-硅酸反应和碱-碳酸盐反应。

15.0.2 试验仪器设备应符合下列要求：

1 本方法应采用与公称直径分别为 20mm、16mm、10mm、5mm 的圆孔筛对应的方孔筛。

2 称量设备的最大量程应分别为 50kg 和 10kg，感量应分别不超过 50g 和 5g，各一台。

3 试模的内测尺寸应为 75mm×75mm×275mm，试模两个端板应预留安装测头的圆孔，孔的直径应与测头直径相匹配。

4 测头（埋钉）的直径应为（5～7）mm，长度应为 25mm。应采用不锈金属制成，测头均应位于试模两端的中心部位。

5 测长仪的测量范围应为（275～300）mm，精度应为±0.001mm。

6 养护盒应由耐腐蚀材料制成，不应漏水，且应能密封。盒底部应装有（20±5）mm 深的水，盒内应有试件架，且应能使试件垂直立在盒中。试件底部不应与水接触。一个养护盒宜同时容纳 3 个试件。

15.0.3 碱-骨料反应试验应符合下列规定：

1 原材料和设计配合比应按照下列规定准备：

  1) 应使用硅酸盐水泥，水泥含碱量宜为（0.9

±0.1)%（以 Na_2O 当量计，即 $Na_2O+0.658K_2O$）。可通过外加浓度为 10% 的 NaOH 溶液，使试验用水泥含碱量达到 1.25%。

2）当试验用来评价细骨料的活性，应采用非活性的粗骨料，粗骨料的非活性也应通过试验确定，试验用细骨料细度模数宜为（2.7±0.2）。当试验用来评价粗骨料的活性，应用非活性的细骨料，细骨料的非活性也应通过试验确定。当工程用的骨料为同一品种的材料，应用该粗、细骨料来评价活性。试验用粗骨料应由三种级配：（20～16）mm、（16～10）mm 和（10～5）mm，各取 1/3 等量混合。

3）每立方米混凝土水泥用量应为（420±10）kg。水灰比应为 0.42～0.45。粗骨料与细骨料的质量比应为 6：4。试验中除可外加 NaOH 外，不得再使用其他的外加剂。

2 试件应按下列规定制作：
1）成型前 24h，应将试验所用所有原材料放入（20±5）℃的成型室。
2）混凝土搅拌宜采用机械拌合。
3）混凝土应一次装入试模，应用捣棒和抹刀捣实，然后应在振动台上振动 30s 或直至表面泛浆为止。
4）试件成型后应带模一起送入（20±2）℃、相对湿度在 95% 以上的标准养护室中，应在混凝土初凝前（1～2）h，对试件沿模口抹平并应编号。

3 试件养护及测量应符合下列要求：
1）试件应在标准养护室中养护（24±4）h 后脱模，脱模时应特别小心不要损伤测头，并应尽快测量试件的基准长度。待测试件应用湿布盖好。
2）试件的基准长度测量应在（20±2）℃的恒温室中进行。每个试件应至少重复测试两次，应取两次测值的算术平均值作为该试件的基准长度值。
3）测量基准长度后应将试件放入养护盒中，并盖严盒盖。然后应将养护盒放入（38±2）℃的养护室或养护箱里养护。
4）试件的测量龄期应从测定基准长度后算起，测量龄期应为 1 周、2 周、4 周、8 周、13 周、18 周、26 周、39 周和 52 周，以后可每半年测一次。每次测量的前一天，应将养护盒从（38±2）℃的养护室中取出，并放入（20±2）℃的恒温室中，恒温时间应为（24±4）h。试件各龄期的测量应与测量基准长度的方法相同，测量完毕

后，应将试件调头放入养护盒中，并盖严盒盖。然后应将养护盒重新放回（38±2）℃的养护室或者养护箱中继续养护至下一测试龄期。
5）每次测量时，应观察试件有无裂缝、变形、渗出物及反应产物等，并应作详细记录。必要时可在长度测试周期全部结束后，辅以岩相分析等手段，综合判断试件内部结构和可能的反应产物。

4 当碱-骨料反应试验出现以下两种情况之一时，可结束试验：
1）在 52 周的测试龄期内的膨胀率超过 0.04%；
2）膨胀率虽小于 0.04%，但试验周期已经达 52 周（或一年）。

15.0.4 试验结果计算和处理应符合下列规定：
1 试件的膨胀率应按下式计算：

$$\varepsilon_t = \frac{L_t - L_0}{L_0 - 2\Delta} \times 100 \qquad (15.0.4)$$

式中：ε_t ——试件在 t（d）龄期的膨胀率（%），精确至 0.001；
L_t ——试件在 t（d）龄期的长度（mm）；
L_0 ——试件的基准长度（mm）；
Δ ——测头的长度（mm）。

2 每组应以 3 个试件测值的算术平均值作为某一龄期膨胀率的测定值。

3 当每组平均膨胀率小于 0.020% 时，同一组试件中单个试件之间的膨胀率的差值（最高值与最低值之差）不应超过 0.008%；当每组平均膨胀率大于 0.020% 时，同一组试件中单个试件的膨胀率的差值（最高值与最低值之差）不应超过平均值的 40%。

本标准用词说明

1 为便于在执行本标准条文时区别对待，对于要求严格的程度不同的用词、用语说明如下：
1）表示很严格，非这样做不可的词：
正面词采用："必须"；反面词采用"严禁"。
2）表示严格，在正常情况均应这样做的用词：
正面词采用："应"；反面词采用："不应"或"不得"。
3）表示允许稍有选择，在条件许可时，首先这样做的用词：
正面词采用："宜"；反面词采用"不宜"。
4）表示有选择，在一定条件下可以这样做，采用"可"。

2 条文中指定按照其他有关标准执行的写法为

"应按照……执行"或"应符合……的规定"。

引用标准名录

1 《普通混凝土拌合物性能试验方法标准》GB/T 50080

2 《普通混凝土力学性能试验方法标准》GB/T 50081

3 《普通混凝土用砂、石质量及检验方法标准》JGJ 52

4 《混凝土试模》JG 237

5 《混凝土抗冻试验设备》JG/T 243

6 《混凝土试验用搅拌机》JG 244

7 《混凝土试验用振动台》JG/T 245

8 《混凝土碳化试验箱》JG/T 247

9 《混凝土抗渗仪》JG/T 249

10 《混凝土氯离子电通量测定仪》JG/T 261

11 《混凝土氯离子扩散系数测定仪》JG/T 262

中华人民共和国国家标准

普通混凝土长期性能和耐久性能
试验方法标准

GB/T 50082—2009

条 文 说 明

修 订 说 明

《普通混凝土长期性能和耐久性能试验方法标准》GB/T 50082－2009 经住房和城乡建设部 2009 年 11 月 30 日以公告第 454 号公告批准发布。

本标准是在《普通混凝土长期性能和耐久性试验方法》GBJ 82－85 的基础上修订而成。上一版的主编单位为中国建筑科学研究院混凝土研究所，参编单位有：铁道部科学研究院铁道建筑研究所、湖南大学土木系、中国建筑第四工程局建筑科学研究所、太原工学院土木系、长沙铁道学院铁道工程系、黑龙江低温建筑研究所。主要起草人是吴兴祖、张耀芳、皮心喜、丁林宝、尹志府、马芸芳、张耀麟、崔静忠、黄伯瑜、钟美奏、陆建雯、姚挺舟、贾绿薇、冯克良。

本次修订的主要技术内容是：1. 增加了术语一章；2. 增加了基本规定一章；3. 将试件的取样、制作和养护等修订为符合现行国家标准的规定；4. 修订和完善了快冻和慢冻试验方法；5. 增加了单面冻融试验方法；6. 动弹性模量试验方法中取消了敲击法并对共振法进行了完善；7. 将原抗渗试验修改为抗水渗透试验，并增加了渗水高度法；8. 增加了抗氯离子渗透试验方法，包括电通量法和快速氯离子迁移系数法（或称 RCM 法）；9. 收缩试验增加了非接触法，完善了原收缩试验方法；10. 增加了早期抗裂试验方法；11. 完善了受压徐变试验方法；12. 完善了碳化试验和混凝土中钢筋锈蚀试验方法；13. 将原标准中的抗压疲劳强度试验方法修改为抗压疲劳变形试验方法；14. 增加了抗硫酸盐侵蚀试验方法；15. 增加了碱-骨料反应试验方法。

本标准修订过程中，编制组进行了广泛的调查研究，总结了我国工程建设混凝土耐久性试验方法领域的实践经验，同时参考了国外先进技术标准，如：Test Methods of Frost Resistance of Concrete（RILEM TC 176）；Test Method for Freeze-thaw Resistance of Concrete-tests with Sodium Chloride Solution（CDF）（RILEM TC 117-FDC）；Concrete，Mortar and Cement-Based Repair Materials：Chloride Migration Coefficient from Non-Steady-state Migration Experiments（NT BUILD 492）；Acceptance Criteria for Concrete with Synthetic Fibers（ICBO AC32）；Standard Test Method for Resistance of Concrete to Rapid Freezing and Thawing（ASTM C 666/C 666M-03）；Standard Test Method for Fundamental Tranverse，Longitudinal，and Torsional Resonant Frequencies of Concrete Specimens（ASTM C 215-02）；Standard Test Method for Electrical Indication of Concrete's Ability to Resist Chloride Ion Penetration （ASTM C 1202-07）；Standard Test Method for Creep of Concrete in Compression （ASTM C 512-02）；Water Absorption of Concrete（CSA A23.2-11C）；Potential Expansivity of Aggregates（Procedure for Length Change due to Alkali-aggregate Reaction in Concrete Prisms at 38℃）（A23.2-14A：2004）等。通过抗裂性能试验、收缩试验、抗硫酸盐侵蚀试验、抗氯离子渗透试验、抗冻试验以及有关仪器设备的验证试验等，取得了单位面积上的总开裂面积、早期收缩率、抗硫酸盐等级、抗冻等级、抗冻标号、电通量、氯离子迁移系数、渗水高度、抗渗等级、动弹性模量、碱-骨料反应膨胀值等重要技术参数。

为便于广大设计、施工、科研、学校等单位有关人员在使用本标准时能正确理解和执行条文规定，《普通混凝土长期性能和耐久性能试验方法标准》编制组按章、节、条顺序编制了本标准的条文说明，对条文规定的目的、依据以及执行中需注意的有关事项进行了说明，但是，本条文说明不具备与标准正文同等的法律效力，仅供使用者作为理解和把握标准规定的参考。

目 次

1 总则 ……………………… 3—34

2 术语 ……………………… 3—34

3 基本规定 ………………… 3—34

　3.1 混凝土取样 ………… 3—34

　3.2 试件的横截面尺寸 … 3—35

　3.3 试件的公差 ………… 3—35

　3.4 试件的制作和养护 … 3—36

　3.5 试验报告 …………… 3—36

4 抗冻试验 ………………… 3—36

　4.1 慢冻法 ……………… 3—36

　4.2 快冻法 ……………… 3—38

　4.3 单面冻融法（或称盐冻法）… 3—40

5 动弹性模量试验 ………… 3—43

6 抗水渗透试验 …………… 3—43

　6.1 渗水高度法 ………… 3—43

　6.2 逐级加压法 ………… 3—44

7 抗氯离子渗透试验 ……… 3—45

　7.1 快速氯离子迁移系数法
　　　（或称 RCM 法）……… 3—45

　7.2 电通量法 …………… 3—46

8 收缩试验 ………………… 3—48

　8.1 非接触法 …………… 3—48

　8.2 接触法 ……………… 3—49

9 早期抗裂试验 …………… 3—50

10 受压徐变试验 …………… 3—51

11 碳化试验 ………………… 3—53

12 混凝土中钢筋锈蚀试验 … 3—54

13 抗压疲劳变形试验 ……… 3—55

14 抗硫酸盐侵蚀试验 ……… 3—56

15 碱-骨料反应试验 ……… 3—57

1 总 则

1.0.1 编制本标准的目的在于为设计、施工、监理、质检和科研等单位的有关人员，在确定或检验混凝土长期性能和耐久性能时，提供一个统一和规范的试验准则，使相关的试验及试验结果具有一致性和可比性，并有助于控制混凝土工程质量。

1.0.2 规定本标准的适用范围为建设工程普通混凝土长期性能和耐久性能试验。我国水工、水运、公路等行业都已有或正在编制相应的混凝土长期性能和耐久性能试验方法标准，其中多数内容基本上与本标准相同，但也有些试验方法因为使用条件和要求不同，在一些具体的参数或规定上往往很难一致，因此对于这些工程或行业中的混凝土长期性能和耐久性能试验方法，宜以相应专业标准为主要依据。

本标准规定的试验方法种类和数量与修订前的原标准《普通混凝土长期性能和耐久性能试验方法》GBJ 82-85（以下简称 GBJ 82-85）相比，有较大幅度的增加。原标准包括抗冻性能试验（慢冻法和快冻法）、动弹性模量试验（共振法和敲击法）、抗渗性能试验（逐级加压法）、收缩试验、受压徐变试验、碳化试验、混凝土中钢筋锈蚀试验、抗压疲劳强度试验等 8 类 10 种试验方法。

本标准包括抗冻试验（慢冻法、快冻法和单面冻融法）、动弹性模量试验（共振法）、抗水渗透试验（渗水高度法、逐级加压法）、抗氯离子渗透试验（RCM 法、电通量法）、收缩试验（非接触法、接触法）、早期抗裂试验、受压徐变试验、碳化试验、混凝土中钢筋锈蚀试验、抗压疲劳变形试验、抗硫酸盐侵蚀试验、碱-骨料反应试验，共 12 类 17 种试验方法。比原标准增加了 4 类 7 种试验方法。

1.0.3、1.0.4 本标准主要规定混凝土长期性能和耐久性能试验方法，在按照本标准进行有关混凝土长期性能和耐久性能试验时，不能违反国家法律、行政法规的规定。试验过程中还涉及其他一些标准，如《普通混凝土拌合物性能试验方法标准》GB/T 50080、《普通混凝土力学性能试验方法标准》GB/T 50081 以及相关的仪器设备、试模等标准，因此规定了进行混凝土长期性能和耐久性能试验，除执行本标准的规定外，尚应符合现行的国家其他设计、施工、标准规范的有关规定，尤其是有关强制性标准的有关规定。

2 术 语

2.0.1 本标准的普通混凝土是按照其干表观密度来定义的，而不是按照混凝土力学性能或者耐久性能来定义的，这可能与当前使用比较多的普通强度混凝土等术语的含义相互混淆，应注意区别。干表观密度在

（2000～2800）kg/m³ 之间的水泥混凝土都属于本标准规定的普通混凝土范畴。

2.0.2 本标准规定的抗冻标号主要是反映慢冻法的评价指标。慢冻法与快冻法的区别不仅仅是冻融时间长短不同，而且其冻融试验条件也不同。慢冻法是采用气冻水融的冻融方式，而快冻法是采用水冻水融的冻融方式，二者针对不同的环境条件和工程需要，应注意区别。

2.0.3 本标准规定的抗冻等级主要是反映快冻法的评价指标，以区别于慢冻法的评价指标。

2.0.4 电通量法又称为电量法、导电量法等，含义相同，本标准规定以测量通过混凝土试件的电通量（库仑值）来反映混凝土抗氯离子渗透性的试验方法。与美国 ASTM C1202 和 AASHTO T277 标准规定的方法原理相同。

2.0.5 RCM 是英文 rapid chloride migration coefficient 的缩写。作为标准方法一般指瑞典唐路平教授等提出的测量非稳态情况下氯离子迁移系数的方法，其原理是通过测量混凝土中氯离子渗透深度，计算得到氯离子迁移系数。该方法已经被列为北欧标准 NT BUILD 492《Concrete, Mortar and Cement-Based Repair Materials：Chloride Migration Coeffcient From Non-Steady-State Migration Experiments》等国际标准，目前正在被列为欧盟的标准。我国的《混凝土结构耐久性设计规范》GB/T 50476、《水工混凝土试验规程》SL 352 等国家标准和行业标准已经将 RCM 法列为标准方法。其原理与本标准相同，但操作方式与本标准的规定有一些区别。本标准是等同采用 NT BUILD 492 标准，而国内其他相似标准对 NT BUILD 492 规定的操作方式等作了较大修改。根据标准编制组与 NT BUILD 492 标准主编人和方法的发明人进行沟通和编制组的试验验证结果，认为等同采用原标准比较合适。

2.0.6 实践表明，在硫酸盐环境中，混凝土通常只有在干湿循环的条件下才会产生比较严重的破坏。本标准根据实践经验、试验验证并参考国外标准，制定了以干湿循环为基础的抗硫酸盐侵蚀试验方法。其评价指标为抗硫酸盐等级，其含义是混凝土试件在硫酸盐溶液中能够经受的最大干湿循环次数。美国等发达国家也是采用抗硫酸盐等级来评价混凝土的抗硫酸盐侵蚀能力。只是国外是以混凝土的表观破坏情况来分级，而本标准是根据干湿循环次数来分级。

3 基本规定

3.1 混凝土取样

3.1.1、3.1.2 规定了普通混凝土长期性能和耐久性能试验时取样方法。普通混凝土长期性能和耐久

性能试验时混凝土的取样方法与《普通混凝土拌合物性能试验方法标准》GB/T 50080中规定的方法基本相同。强调了每组试件所用的混凝土拌合物应从同一盘混凝土或同一车混凝土中取样，以减少取样误差。

对于普通混凝土长期性能和耐久性能试验，除制作进行检验的试件外，尚需制作相应数量的对比试件或者基准试件及辅助试件。这里的对比试件或者基准试件是指为确定长期性能或耐久性能相对指标时用以作为基准的试件，如抗冻标号测定中的标准养护试件，对比试件和基准试件必须与试验用试件用同一盘混凝土制作。辅助试件是指试验时不测取读数或者虽然测取读数但仅用以作为试验控制而不在结果计算中使用的，如耐久性指标测定中的温控试件及补空试件，辅助试件并不要求与试验用试件于同一盘混凝土制作。

3.2 试件的横截面尺寸

3.2.1 本条规定了普通混凝土长期性能和耐久性能试验时所用的试件横截面尺寸。条文中的表3.2.1列出了试件最小横截面尺寸与混凝土中骨料的最大公称粒径的关系，试件最小边长或者直径与骨料最大粒径约为 3 倍的数量关系见表 1（条文中的表 3.2.1）所示。

由于实际工程使用的骨料粒径多种多样，有时候难以满足本表要求，故本条用词为"宜"，表示允许有所选择。

表 1　试件最小横截面尺寸选用表

骨料最大公称粒径（mm）	试件最小横截面尺寸（mm）
31.5	100×100 或 φ100
40.0	150×150 或 φ150
63.0	200×200 或 φ200

3.2.2 根据新修订的《普通混凝土用砂、石质量及检验方法标准》JGJ 52－2006，骨料最大公称粒径指的是符合该标准中规定的公称粒级上限对应的圆孔筛的筛孔的公称直径。

石筛筛孔尺寸和碎石或卵石的颗粒级配范围分别见表2和表3所示。

表 2　石筛筛孔的公称直径与方孔筛尺寸（mm）

石的公称直径	石筛筛孔的公称直径	方孔筛筛孔边长
2.50	2.50	2.36
5.00	5.00	4.75
10.0	10.0	9.5
16.0	16.0	16.0

续表2

石的公称直径	石筛筛孔的公称直径	方孔筛筛孔边长
20.0	20.0	19.0
25.0	25.0	26.5
31.5	31.5	31.5
40.0	40.0	37.5
50.0	50.0	53.0
63.0	63.0	63.0
80.0	80.0	75.0
100.0	100.0	90.0

表 3　碎石或卵石的颗粒级配范围

级配情况	公称粒级	累计筛余，按质量（%）											
		方孔筛筛孔边长尺寸（mm）											
		2.36	4.75	9.5	16.0	19.0	26.5	31.5	37.5	53.0	63.0	75.0	90.0
连续粒级	5~10	95~100	80~100	0~15	0								
	5~16	95~100	85~100	30~60	0~10	0							
	5~20	95~100	90~100	40~80		0~10	0						
	5~25	95~100	90~100		30~70		0~5	0					
	5~31.5	95~100	90~100	70~90	15~45			0~5	0				
	5~40		95~100	70~90		30~65			0~5	0			
单粒级	10~20		95~100	85~100	0~15	0							
	16~31.5		95~100		85~100			0~10	0				
	20~40			95~100		80~100			0~10				
	31.5~63				95~100			75~100	45~75		0~10	0	
	40~80					95~100			70~100	30~60		0~10	0

3.2.3 本条规定了制作混凝土试件所用的试模应满足《混凝土试模》JG 237标准的要求。

3.3 试件的公差

3.3.1 本条规定了混凝土试件承压面的平面度公差。参考了《普通混凝土力学性能试验方法标准》GB/T

50081 有关混凝土试件平面度的有关要求。

3.3.2 本条规定了混凝土试件相邻面的夹角及其公差。参考了《普通混凝土力学性能试验方法标准》GB/T 50081 有关混凝土试件相邻面的夹角及其公差的有关要求。由于抗渗试件为圆台形，故其相邻面夹角要求可以例外。

3.3.3 本条规定了混凝土试件尺寸公差的一般要求。由于普通混凝土长期性能和耐久性能试验涉及到 12 类 17 种试验方法，各试验方法所用的试件形状和尺寸不完全相同，试件尺寸公差对试验结果的影响也不一样。因此，各试验方法对相应的试件尺寸制作精度和公差也略有区别。本条只是规定一般的通用要求，各试验方法关于试件尺寸的特别公差要求在相应的单项试验方法标准中予以具体规定。

3.4 试件的制作和养护

3.4.1 此条规定了普通混凝土长期性能和耐久性能试验所用试件的制作和养护方法。混凝土长期性能和耐久性能试验所用的多数试件的制作和养护方法与力学性能试验所用试件的制作和养护方法基本相同，故规定应按照《普通混凝土力学性能试验方法标准》GB/T 50081 中规定的方法进行。但也有些特殊的试验，其试件的制作方法有例外，如非接触法收缩试验、早期抗裂试验等，对这些例外的试件制作方法，均在相应的试验方法标准中予以具体规定。

3.4.2 本条规定制作试件时不应采用机油等憎水性脱模剂。

试验证明，制作试件时用机油（尤其黏度大的机油）或者其他憎水性脱模剂，对混凝土长期性能和耐久性能试验结果有明显影响。尤其是对抗冻、收缩、抗硫酸盐侵蚀等与水分交换过程有关的试验结果影响比较显著。对于这类试件的制作，一般选用水性脱模剂或者采用塑料薄膜等代替脱模剂。

3.4.3 由于多数混凝土耐久性指标与强度指标有一定相关性，有些耐久性试验本身就是用强度指标来表达，且出具的试验报告也需要列出对应的强度等级和实测强度数据，故规定应同时制作强度试件。

3.4.4 《混凝土试验用搅拌机》JG 244 和《混凝土试验用振动台》JG/T 245 分别是《混凝土试验用搅拌机》JG 3036 和《混凝土试验用振动台》JG/T 3020 的修订版本，新标准从 2009 年 12 月 1 日开始实施。

3.5 试 验 报 告

3.5.1～3.5.3 规定了进行混凝土长期性能和耐久性能试验时，应出具试验报告。并规定了有关单位（委托单位、试件制作单位和试验单位等）应为试验报告提供的具体内容，以供有关方使用。

4 抗 冻 试 验

4.1 慢 冻 法

4.1.1 本条规定了慢冻法适用范围和目的。

慢冻法抗冻性能指标以抗冻标号来表示，以供设计或科研时使用。

本标准采用三种混凝土抗冻性能试验方法——慢冻法、快冻法和单面冻融法（盐冻法）。慢冻法所测定的抗冻标号是我国一直沿用的抗冻性能指标，目前在建工、水工碾压混凝土以及抗冻性要求较低的工程中还在广泛使用。近年来虽然一些部门感到检验抗冻标号的试验方法所需要的试验周期长，劳动强度大，有以快冻法检验抗冻耐久性指标来替代的趋势，但是这个替代并不会很快实现。慢冻法采用的试验条件是气冻水融法，该条件对于并非长期与水接触或者不是直接浸泡在水中的工程，如对抗冻要求不太高的工业和民用建筑，以气冻水融"慢冻法"的试验方法为基础的抗冻标号测定法，仍然有其优点，其试验条件与该类工程的实际使用条件比较相符。况且慢冻法在我国已经有几十年的使用历史，经过广大工程技术人员多年实践和研究，已经积累了丰富的试验经验。本次修订对原标准慢冻法所采用的试验设备的技术要求进行了较大修改。原设备冻结和融化是分离的，操作麻烦、工作量大、误差大、不容易控制试验条件。目前的自动冻融循环设备，实现了电脑自动控制、冻融自动循环、数据曲线实时显示、断电自动记忆和试验数据自动存储等功能，消除了由于原慢冻设备的原始、冻融分离和人为干预等造成的误差，使试验过程更科学，工作量大大减少，试验结果更可靠。目前慢冻试验设备也有了相应的产品标准《混凝土抗冻试验设备》JG/T243。故本标准仍然保留慢冻试验方法。预计在今后比较长的一段时间内，我国仍然会是几种抗冻性指标同时并存的局面，因此，本标准同时列入几种相应的试验方法。

4.1.2 本条规定了慢冻法试验所使用的试件形状、尺寸、组数和每组试件的个数等应满足的要求。

慢冻法试验要成型三种试件：测定 28d 强度所需要的试件、冻融试件以及对比试件，这些要求与原标准基本相同，只是目前有些重要工程对抗冻要求较高，故对抗冻标号分级增加了 D300 以上的等级。本标准将抗冻标号按照：D25、D50、D100、D150、D200、D250、D300、D300 以上等 8 种情况规定了相应的试件数量。慢冻法试验对于设计抗冻标号在 D50 以上的，通常只需要两组冻融试件，一组在达到规定的抗冻标号时测试，一组在与规定的抗冻标号少 50 次时进行测试。抗冻标号在 D300 以上的，在 300 次和设计规定的次数进行测试。再高的等级可按照 50

次递增，增加相应试件数量。

4.1.3 本条规定了慢冻法试验设备有关要求。

1 对冻融试验箱的温度控制能力作了新的规定。原标准规定的冻结温度为（-20～-15）℃，融化温度为（15～20）℃。由于目前市场上的自动抗冻设备控温能力较原来的冰箱有较大提高，故本标准规定的冻结温度为（-20～-18）℃，融化温度为（18～20）℃。同时规定了满载时箱内温度极差不超过2℃，以保证箱内温度均匀性。目前市场供应的设备一般能够满足此温度控制能力要求。

2 规定慢冻试验用自动冻融设备应具备自动控制、数据曲线实时显示、断电记忆、数据自动存储功能等附加功能，以提高试验精度和水平。

3 将"框篮"名称改成更恰当的术语"试件架"。原标准规定框篮用钢筋焊接而成。实践证明，钢筋焊接的框篮很容易锈蚀，故本标准规定框篮应采用不锈钢或者耐腐蚀的材料制作。且试件架的尺寸应与试件、冻融试验箱等匹配。

4 鉴于实际工作中采用的试件质量可能会超过原标准规定的案秤量程的80%，并且为了与其他相关试验共用称量设备，因此将称量试件质量用的案秤最大量程提高到20kg，感量不超过5g。将"案秤"名称改成"称量设备"，以提高设备选择范围。

5 对压力试验机的要求，在国家标准《普通混凝土力学性能试验方法标准》GB/T 50081中有详细规定。

6 本标准增加了对慢冻试验设备所采用的热电偶、电位差计等传感器或温度检测仪量程和精度有关规定。规定其在（-20～20）℃范围内的测温精度不低于±0.5℃。

由于慢冻试验设备已有行业标准《混凝土抗冻试验设备》JG/T 243，故慢冻试验设备的其他要求还应符合该设备标准的有关规定。

4.1.4 本条规定了慢冻法抗冻试验应遵照的程序和步骤。

1 慢冻试验用试件的试验龄期一般为28d，设计有特殊要求时按照设计要求进行。科研中也可以采用其他龄期进行试验，试验数据可用来比对。浸泡试件用的水温由原标准的(15～20)℃调整为(20±2)℃，现在一般的试验室均建有混凝土标准养护室或恒温室，该温度条件很容易得到满足。浸泡时间统一为4d。按照国内标准规定，试件一般应进行标准养护，但有些行业或者研究项目可能要求试件直接在水中养护，对这种情况，本标准规定可以直接进行试验，不需要在抗冻试验前再进行4d的泡水，但在试验报告应注明这种养护方式。

2 规定了试件架与试件的接触面积。二者之间的接触面积不宜过大，一般试件架与试件的接触面积应小于试件底面的1/5。对于尺寸为100mm×100mm×100mm的抗冻试件，一般在底面垫上两条宽度为10mm的垫条即可满足此要求。为了减小冻融试验箱的空间，将试件之间的最小空隙距离由50mm调整到30mm，这样调整后对试验结果影响不大，但可以减少设备尺寸。试件与冻融试验箱内壁之间的最小距离仍然规定为20mm。

3 本标准除了将冻结温度范围从（-20～-15）℃调整到（-20～-18）℃外，还对冻融试验箱的降温速率进行了统一规定，即要求在(1.5～2.0)h内降到规定的冻结温度，这样可保证市场上的慢冻试验设备技术性能基本接近，确保试验结果具备可比性和可重复性。

4 由于不同尺寸的试件抗冻试验结果差别非常大，没有可比性，本标准将慢冻试验用的试件尺寸统一为一种：100mm×100mm×100mm。冻结（冷冻）时间也统一规定为不小于4h。这样可保证各单位采用的试验设备性能基本接近，试验结果更加具有可比性，也便于设备厂家在设备出厂时对调试设备有一个统一的要求。

5 本标准对试件冻结结束后的融化时间也作了与冻结时间类似的调整。其理由同上。

本标准对用于试件融化的水温作了调整。原标准规定融化期间水温应保持在（15～20）℃，本标准将其调整为（18～20）℃。一般的自动冻融设备能够达到此要求。

6 试件的外观检查主要是测量试件的尺寸，查看有无裂缝、破损和掉角等情况，并做好记录，以备分析试验结果用。规定了每25个循环就应检查一次试件的外观和质量损失情况。由于一个冻融试验箱往往同时进行多组试件的冻融试验，因此本标准规定对于某组试件的平均质量损失率达到5%时，可以停止对该组试件的冻融试验，其他没有达到此失重率的试件可继续进行冻融试验。

7 规定了试件何时需要进行抗压强度试验，以及在抗压强度试验前应该进行的外观检查工作内容和试件破损后的处理方法。试件表面严重破损后应采用高强石膏等材料找平后再进行抗压强度试验，否则试验结果不准确。一般高强石膏几小时即可达到相应强度。

8 本标准对慢冻试验时因故中断试验的时间和次数进行了规定。要求冻融循环中断后，应将试件保持在冻结状态，以免试件失水，影响试验结果。一般可将试件保存在原容器内，并用冰块围住。如条件不具备，可将试件在潮湿状态下用防水材料包裹，加以密封，防止水分损失。

本条还对试件连续处于融化状态下的时间和次数做了严格规定，因为验证试验表明，处于融化状态下中断试验时间过长或者次数过多或者对中断试验的试件处置不当，将对试验结果有较大影响。同时规定试件处于融化状态下发生故障的时间不宜超过两个冻融循环的时间。特殊情况下，冻融循环中断时间超过两个冻融循环的次数不得超过两次。超过此规定的试验结果应作废。

9 在大多数情况下，总保持冻融试验设备中装满受测试件或者一直维持开始试验的试件数量，就可以很容易达到温度均匀性和所需时间的要求。如果冻融箱内不能装满试件或者试件中途被取出来，应当使用空白试件来填充空位。这种处理方法同时可以保证试件本身和冻融箱内流体条件的一致性。

10 规定了对比试件应继续保持原有的养护条件（标准养护、水中养护或者自然养护等），对比试件是用来作为强度损失率的计算基准。

4.1.5 本条规定了慢冻法抗冻试验的结束条件。慢冻法抗冻试验结束的条件有三个：规定的冻融循环次数（如设计规定的抗冻标号）、抗压强度损失率达到25％、质量损失率达到5％。三个指标只要达到一个，即可停止试验。

前苏联（独联体）标准 ГОСТ 10060.2-95 规定的冻融结束条件为抗压强度损失率超过15％或质量损失率超过3％。我国原水工标准 SD 105-82 和国家标准 GBJ 82-85 分别规定为抗压强度损失率达到25％或质量损失率达到5％时停止试验。我国水工、公路、港口和建工的快冻法均规定质量损失率达到5％时即停止试验，考虑到我国的实际情况和标准的连续性，修订后的标准仍然采用质量损失率达到5％或强度损失率达到25％作为结束试验的条件。

4.1.6 本条规定了试验结果计算和处理的方法。试验结果得到三个指标：强度损失率、质量损失率和抗冻标号。

1、2 规定了抗压强度试验结果的处理方法。尤其是明确了对试验误差的处理方法。由于抗冻试验需要的周期往往较长（如抗冻标号为 D100 的混凝土，冻融试验时间最快需要约 33d）。测得一个试验结果非常不容易。故规定在三个试件的抗压强度试验结果中，当有两个值与中间值之差均超过中间值的15％时，取中间值为测定值。而《普通混凝土力学性能试验方法标准》GB/T 50081 对抗压强度试验结果处理方法的规定为：当有两个值与中间值之差均超过中间值的15％时，则试验结果无效。

本标准还对公式（4.1.6-1）有关参数的计算精度作了规定。抗压强度损失率计算至0.1％，三个试件抗压强度平均值精确至0.1MPa。

3 规定了单个试件的质量损失率计算公式，并规定了计算精度。

4、5 需要注意的是计算质量损失率时用的是同一组试件，而计算强度损失率时用的是两组试件。即计算质量损失率并不需要对比试件。而是以同一组试件在冻融试验前后的质量变化来反映。

公式（4.1.6-3）中规定了一组三个试件的质量损失率平均值的计算方法，并对质量损失率的计算和误差处理作了一些特殊规定。由于抗冻试验初期，试件的质量可能还会增加，使得质量变化的计算结果可能出现负值。用负值计算很不方便，而且没有意义，因此本标准规定，当某个试验结果出现负值时，则取该值为0再进行计算。

质量损失率误差处理是按照试验结果差异的绝对数来处理，而不是像抗压强度试验结果那样，按照差异的相对数来处理。由于质量损失率最大值可取5％（因超过5％即可以停止试验），则两个试验结果的质量损失率的绝对数相差1％，大约相当于相对数相差20％。

6 根据混凝土试件所能经受的最大冻融循环次数，作为慢冻法试验时混凝土抗冻性的性能指标，该指标称为混凝土抗冻标号，并用符号 D 表示（符号同原标准）。

4.2 快 冻 法

4.2.1 本条规定了快冻试验方法的适用范围、目的和检验指标等。

快冻法采用的是水冻水融的试验方法，这与慢冻法的气冻水融方法有显著区别。

本试验方法是在《普通混凝土长期性能和耐久性能试验方法》GBJ 82-85 中快冻法的基础上，参照美国《Standard Test Method for Resistance of Concrete to Rapid Freezing and Thawing》ASTM C666/C666M-2003 和日本《混凝土快速冻融试验方法》JIS A 6204-2000 等标准修订而来，试验采用的参数、方法、步骤及对仪器设备的要求与美国 ASTM C666 基本相同。该方法在上述两国、加拿大及我国有着广泛的应用。在我国的铁路、水工、港工等行业，该方法已成为检验混凝土抗冻性的唯一方法。由于水工、港工等工程对混凝土抗冻性要求高，其冻融循环次数高达（200～300）次，且经常处于水环境中，因此如以慢冻法检验所耗费的时间及劳动量较大，故一般采用水冻水融为基础的快速冻融试验方法，以提高试验效率。ASTM C666 中混凝土抗冻性试验方法有 A 法和 B 法两种。A 法要求试件全部浸泡在清水（或 NaCl 盐溶液）中快速冻融，B 法要求试件在空气中冻结，水中溶解，但最终两方法均依靠测量试件的动弹性模量变化来实现对试件抗冻性的评定。虽然 ASTM C666 中存在两种方法，但在实际应用中，人们习惯于采用 A 法来评价混凝土的抗冻性。原 GBJ 82-85 中快冻法就是主要参考了 A 法编制的。在这次修订中我们也主要参考了 ASTM C666-2003 中的 A 法，并对原 GBJ 82-85 标准的部分条款进行了调整和补充。另外，日本规范 JIS A 6204-2000 中也是仅包含类似 ASTM C666 中 A 法的部分。

日本的洪悦郎等曾著文报道他们为拟订日本工业标准（JIS）的混凝土抗冻性试验方法所做的工作，指出搅拌温度、脱模前室内养护温度、脱模前试件上有无封闭物覆盖及通风情况、试件尺寸，尤其是横向尺寸的差异、冻融开始的龄期、装载冻融试件的容器的形状等因素对冻融试验的结果影响重大。本标准对可能影响试验结果的上述因素予以了考虑。

4.2.2 本条对快冻试验所采用的试验设备应满足的技术要求等作了规定。

1 日本的洪悦郎指出，不同的试件容器，在试件周围产生的水膜厚度不同，也会影响试验结果。另外，容器中突起的棱条形状（矩形、半圆形或无棱条网格）也会影响抗冻性试验结果。另外，美日新规范中均要求使用橡胶类柔软的容器作为试件容器，禁止使用钢容器。由于条件所限，GBJ 82-85 中并未强制使用橡胶盒作为试验容器，而是规定使用钢容器。随着技术水平的不断提高，目前国内的大部分试验室中钢容器已被橡胶容器替代，因此在这次修订中提出使用橡胶容器，并对橡胶容器的尺寸、棱条形状等作了具体规定。

由于目前国内的橡胶盒容易损坏，价格比钢制的贵，而且试件盒一旦破损会对试验带来较大麻烦，考虑可操作性，因此本标准规定试件盒宜采用具有弹性的橡胶材料制作。实际操作时许略有选择，如条件不具备或者原设备的钢制盒仍然完好，不必予以淘汰，这种情况可以使用钢制试件盒。如果是新加工的钢制盒，应采用不锈钢材料制作，盒内应垫以橡胶材料。

2 由于目前国内市场上部分抗冻试验设备质量较差，尤其是温度控制能力较差，为了促进我国抗冻试验设备质量的提高，保证试验质量，对抗冻试验设备的温度控制方法进行了更严格的规定。要求除了测温试件安装温度传感器外，还要在冻融试验箱的中心处以及试验箱中心与任意对角线两端处安装温度传感器，以便对试验箱温度进行监测，以保证试验箱温度均匀性和满足试验要求。

3 对案秤的量程作了新规定。因为快冻试验的试件质量已经接近 10kg，达到了原规定的案秤量程的上限。将"案秤"名称改成"称量设备"，以提高设备的选择范围。

4 对动弹性模量试验仪器在第 5 章有专门规定，应符合其要求。

5 规定了温度传感器（热电偶、电位差计等）在（-20~20）℃范围内的测量精度为±0.5℃，比美国 ASTM C666 规定的 1℃要求高。

4.2.3 本条规定了快冻试验所用试件的尺寸、形状、制作方法、每组试件个数和对测温试件的要求等。

1 本标准规定快冻试验应采用尺寸为 100mm×100mm×400mm 的棱柱体试件。这与美国 ASTM

C666 标准略有区别，ASTM C666 规定的试件也是棱柱体，但其截面和长度容许有一个变化范围：棱柱体试件的宽、厚度或者直径均不小于 75mm 且不大于 125mm；试件的长度不小于 275mm 且不大于 405mm。本标准规定的试件尺寸处于 ASTM C666 规定范围内，与日本 JIS A 6204 标准基本一致。

由于每个冻融循环制度设定得相对固定，试件中心的极限温度也相同，因此在试件尺寸不同，尤其是横向尺寸不同时，对于不同尺寸的单个试件其升降温的速率会产生一定的差别，而这势必影响到对混凝土抗冻性的正确评价。例如，把同样的混凝土制作成不同尺寸的抗冻试件后，由于横向尺寸不同导致的升降温速率差别，其抗冻性试验会得到不同的结果。为了避免这种情况，本标准将试件尺寸统一为 100mm×100mm×400mm。

2 实践表明，成型试件时采用机油等憎水性脱模剂，会显著影响试件的抗冻性能。试验结果会过高估计混凝土的抗冻性，这对工程偏于不安全。为消除此影响，本标准规定，成型试件时不得采用憎水性脱模剂。这与《普通混凝土力学性能试验方法标准》GB/T 50081 规定的试模内表面应涂一层矿物油或者其他不与混凝土发生反应的脱模剂有重要区别。这也是耐久性试验和力学性能试验对试件的要求显著不同之处。

3 对测温试件作了具体规定。由于实际操作中很多单位对测温试件所采用的冻融介质不统一，使得试验结果不具有可比性。本标准规定测温试件统一使用防冻液作为冻融介质，而其他试件必须采用水作为冻融介质。

原标准规定测温试件的传感器是预埋在试件中，但实际操作中往往采用在测温试件中钻孔，然后插入传感器的方法，而对传感器与测温试件之间的空隙又没有做很好的绝热处理，造成实际的冻融循环制度与标准规定的制度不符合，这通常会高估混凝土的抗冻性，给工程质量带来了隐患。本次修订后的标准严格规定了测温试件中的传感器应采用预埋方式，并且应保证埋设在试件中心位置。

4.2.4 本条规定了快冻试验的程序和操作步骤。

1 对于冻融开始的龄期，日本的 JIS 规范向 ASTM 规范看齐，都是 14d 龄期开始。试验证明，开始龄期越晚，抗冻性越好。原 GBJ 82-85 中快冻法规定，试验开始的龄期为 28d，考虑到标准的延续性和日益增加的大掺量矿物掺合料混凝土的应用，本次修订时仍规定试验开始龄期为 28d。

抗冻试验前，试件需要泡水 4d；水中养护的试件可以直接进行抗冻试验。这与慢冻法试验对试件预处理的规定相同。原标准规定浸泡试件的水温为（15~20）℃，本标准将浸泡试件的水温改成（20±2）℃，这在一般的标准养护室都很容易做到。

2 增加了对试件初始质量和初始动弹性模量或者基频初始值测量的规定。目前市场上有些动弹性模量测量仪可以直接读出试件的动弹性模量值，这可简化计算过程，提高试验效率。

3 规定了试件应位于试件盒的中心位置，这是为了使试件受温均匀。ASTM C666 规定试件周围的水层厚度为(1～3)mm，国内的公路行业标准《公路工程水泥及混凝土试验规程》JTG E30-2005、电力行业标准《水工混凝土试验规程》DL/T 5150-2001 以及水利行业标准《水工混凝土试验规程》SL 352-2006 等标准均规定试件顶面水层厚度为 20mm。原 GBJ 82-85 标准规定试件顶面的清水高度为 5mm 左右，为保持标准延续性，本次修订仍然将试件顶面清水高度规定为 5mm 左右，与美国标准基本接近，但比美国标准规定的(1～3)mm 更具有可操作性。实际上，若试件顶部的水面过高，在冻结时由于表层水先冻结，限制了表层下水的移动，因此在冻结时会对试件产生很大的压力，对试件造成破坏。

补充了对试件架的要求。规定试件盒应放入冻融箱内的试件架中。

4 规定了测温试件应处于冻融试验箱的中心位置。

5 规定了快冻法的冻融循环制度。

　1）规定一个冻融循环持续的时间为(2～4)h。用于融化的时间不少于(0.5～1)h，与原标准一致。

　2）对原标准的冻结和融化终了的温度作了调整。原标准规定冻结和融化终了时，试件中心温度分别为(-17±2)℃和(8±2)℃。本标准规定的冻结和融化终了试件中心温度分别为(-18±2)℃和(5±2)℃。冻结温度与原标准基本相同，融化温度比原标准降低了 3℃。

我国公路行业标准《公路工程水泥及混凝土试验规程》JTG E30-2005、电力行业标准《水工混凝土试验规程》DL/T 5150-2001 以及水利行业标准《水工混凝土试验规程》SL 352-2006 等标准均规定试件冻结和融化终了时试件中心温度分别为(-18±2)℃和(5±2)℃。这与美国 ASTM C666 标准规定的温度制度一致。为了使各行业的试验结果具有可比性，本标准将抗冻试验最高和最低温度进行了统一，与新修订的 ASTM C666 和公路、水工等标准规定的温度一致。

　3）规定了冻结和融化时温度变化速率，以及试件的内外温差。

　4）规定了冻结和融化过程的转换时间。转换时间不宜超过 10min，若转换时间过长，影响规定的冻融制度，从而影响试验结果。

6 规定了试件横向基频的测试时间间隔、基频的测试方法和有关要求。测试过程中防止待测试件损失水分是非常重要的，故试件的测量和外观等检查应迅速、及时。

7 规定了冻融循环中断时处理方法和试件从冻融箱取出时，应对试件空位进行补空。理由同本标准第 4.1.4 条第 8 款条文说明。

8 规定了快冻法冻融循环试验结束的条件。快冻法抗冻试验结束的条件有三个：规定的冻融循环次数（如设计规定的抗冻等级）、动弹性模量下降到初始值的 60%、质量损失率达到 5%。三个指标只要有一个达到，即可停止试验。

对于快冻法停止冻融循环试验的条件，本规范参照 JIS A 6204-2000，规定为冻融循环已达到规定的次数、相对动弹性模量已降到 60%或质量损失率达 5%时停止试验。而 ASTM C666 标准规定的停止试验条件为冻融循环已达 300 次、相对动弹性模量已降到 60%即可停止，同时将试件长度增长达到 0.1%作为可选的停止条件，考虑到测长要比称量试件的质量的操作复杂，本标准采用质量变化作为可选的停止试验条件。

4.2.5 本条规定了快冻法试验结果计算和处理的方法。

1 试件动弹性模量与试件质量、尺寸和横向基频等有关。相对动弹性模量计算时是针对同一个试件，质量和尺寸相同（除非有严重剥落），因此相对动弹性模量的计算只与横向基频有关。

2～4 质量损失率试验结果的计算和处理与慢冻法相同。

5 规定了抗冻等级确定的方法和表示符号。抗冻等级确定有三个条件：一是相对动弹性模量下降到 60%（即≤60%）；二是质量损失率不超过 5%；三是冻融循环达到规定的次数。三个指标达到任何一个，以此时的冻融循环次数来确定抗冻等级。当以300 次作为停止试验条件时，则抗冻等级≥F300。

快冻法抗冻等级用符号 F 表示，而慢冻法抗冻标号是用符号 D 表示，注意二者区别。

4.3 单面冻融法（或称盐冻法）

4.3.1 本条规定了单面冻融试验方法的适用范围和检验指标。

GBJ 82-85 中原有的混凝土抗冻性试验方法（快冻法）源自 ASTM C 666，较适宜用于评价长期浸泡在水中并处于饱水状态下的混凝土抗冻性。在我国北方地区，冬季大量使用除冰盐对道路进行除冰，此时的混凝土道路及周边附属建筑物遭受的冻融往往不是饱水状态下水的冻融循环，而是干湿交替及盐溶液存在状态下冻融循环；冬季海港及海水建筑物，水位变动区附近的混凝土也并不是在饱水状态下遭受水的冻融。对于上述情况下混凝土的抗冻性，用原有的混凝土抗冻性试验方法可能无法进行准确评估。为此，国际材料与结构研究实验联合会（RILEM）近年来做了大量的工作，成立了专门技术委员会，并在总结当代基础研究和现有实践基础之上，制定了推荐方案和评判依据。

1995 年，德国 Essen 大学建筑物理研究中心的 M. J. Setzer 教授提出了较为成熟的评价混凝土抗冻性的试验方法 RILEM TC 117-FDC，其中包括 CDF (CF) test(全名为 Capillary Suction of Deicing Chemicals and Freeze-thaw Test)。2002 年，在进一步研究的基础上，又提出了 RILEM TC 176，该方法中在对 CDF (CF) Test 的标准偏差和离散值进行了补充后提出了改进后的 CIF(CF)Test(全名为 Capillary Suction, Internal Damage and Freeze Thaw Test，毛细吸收、内部破坏和冻融试验)。另外欧洲暂行标准 prENV12390-9：2002《Testing Hardened Concrete-part 9：Freeze-thaw-scaling》也提出了类似的盐冻试验方法。

CIF（CF）test 可以对处于不饱水盐溶液冻融情况下的混凝土抗冻性进行评价。在本次标准的编制过程中参考了 RILEM TC 176：2002 中的 CIF（CF）test 和 prENV12390-9：2002，制定了盐冻环境下混凝土抗冻性的试验方法，本标准相当于等同采用 RILEM TC 176：2002 中的 CIF（CF）Test。由于该试验中试件只有一个面接触冻融介质，故将其定名为单面冻融法。由于冻融介质为盐溶液，故又称盐冻法。

4.3.2 本条规定了进行单面冻融试验时，试验室或者试验环境应满足的温度和湿度条件。该条件与第 8 章收缩试验室的条件相同。

4.3.3 本条规定了单面冻融试验所使用的设备和用具要求。

1 规定试件盒应采用不锈钢材料制作，因为试验用的冻融介质为 3% 的 NaCl 溶液，会对其他金属材料造成腐蚀。如采用非金属材料，传热又太慢。

2 规定了液面调整装置的组成和结构。

3、4 规定了冻融试验箱应满足的技术条件。冻融试验箱可设计成自动循环装置，有关技术要求在《混凝土抗冻试验设备》JG/T 243 中有具体规定。

应注意单面冻融试验设备与快冻和慢冻设备有所区别，其结构形式、尺寸和温度制度都不一样。控温精度基本相同。温度传感器的精度要求较高，在 0℃ 的测温精度为 ±0.05℃，高于快冻和慢冻用的温度传感器 ±0.5℃ 的要求。

5 规定了超声浴槽的大小应与试件盒相匹配，以确保试件盒与超声浴槽没有机械接触，可通过在超声浴槽与试件盒之间注入一定量的水来保证无机械接触。市场上的产品可以满足本标准规定的功率要求。

6 超声波测试仪的频率范围为 (50～150)kHz。

与第 5 章动弹性模量测定仪的频率范围不同，应注意区分。

7 剥落物收集器用于收集混凝土试件因盐冻破坏产生的剥落物。为防止锈蚀，应采用不锈钢材料制作。为方便操作，剥落物收集器应装有把手。

8 规定了超声波传播时间测量装置的尺寸和安装方法。要求超声波传感器安装在该装置两侧相对的位置上，且离试件的测试面应保持 35mm 的距离。这里测试面指接触试验液体（即 3%NaCl 溶液）的试件下表面。可参考本标准的图 4.3.3-6。

9 试验液体采用质量浓度为 3% 的 NaCl 溶液，该浓度可用 30g NaCl 和 970g 的蒸馏水配制而成。试验用 NaCl 为化学纯试剂即可。

10 要求烘箱具备能够稳定维持温度在 (110±5)℃ 的功能。

11 两种精度的天平，感量为 0.01g 的用于称量试件的剥落物质量，感量为 0.1g 的用于称量试件质量。

12 规定了游标卡尺的量程和精度。

13 PTFE 片的商品名称为聚四氟乙烯，一种塑料，英文名称为 Teflon。

14 由于单面冻融试验最低温度达到 −20℃，且处于盐冻环境条件，故密封材料应具有抵抗低温、盐腐蚀和冻融破坏的能力。

4.3.4 本条规定了试件的制备、尺寸和数量要求。

1 在 RILEM TC 176：2002 的 CIF（CF）test 方法中，采用将边长为 150mm 的立方体试件沿聚四氟乙烯板切成 110mm×150mm×70mm（±2mm）的方法得到被测试件，本标准保留这种试件制作方法，因为边长为 150mm 的立方体试件在我国是抗压强度试验用标准试件，容易制备。一般来说，试件的长应大于所采用的超声波长，其最小的尺寸应大于所使用的骨料的最大粒径 2～3 倍。对于未破坏的混凝土而言，在频率为 50kHz 时，其波长为 90mm，适应骨料最大粒径 30mm 左右。成型试件时可根据骨料最大粒径大小，采用在试模中间或两侧放置 PTFE 片。

2 混凝土强度较低时，可适当推迟在空气中带模养护的时间（如带模养护 2d），但试件总的养护时间（从加水算起）应控制为 7d。

3 规定了标准试件和非标准试件的切割方法和尺寸要求。非标准试件主要是针对构件或者结构中切取的试件，这些试件不容易达到标准试件的尺寸要求。有时候会遇到形状不规则的试件。从构件或者结构中切取的试件，应让测试表面为实际结构或者构件的自然表面。本标准规定的标准试件尺寸为 150mm×110mm×70mm（±2mm）。非标准试件的高度宜为（70±5）mm，长高比应小于 3，一组 5 个试件的总表面积宜大于 0.08m²。实际制作标准试件有困难时，通常可能会采用尺寸为 150mm×150mm×70mm

（±5mm）的非标准试件，这可以通过将一个尺寸为150mm×150mm×150mm的立方体试件中间放一片PTFE材料将试件一分为二得到。

4 单面冻融试验的试件数量为 5 个，这是经过统计学的推算并有助于获得有效试验结果的最低要求。5 个标准试件与溶液接触总测试面面积为 0.0825 m²，故规定总测试面积不少于 0.08m² 是可以得到满足的。

4.3.5 本条规定了单面冻融试验的程序和步骤。

1 试件从养护室取出来后的干燥时间为 21d，此时试件的实际龄期为 28d（7d 养护＋21d 干燥），干燥条件与本标准第 8 章收缩试验要求的环境条件相同。为保证干燥效果，要求试件应该侧立以及相互间隔 50mm。

2 试件的密封很重要。只有对所有侧面密封，才能防止侧面发生剥落，保证试件处于单面吸水状态，否则在冻融的过程中有可能因为侧面的剥蚀而对试验结果产生影响。密封有两种方式，一是在试件进行吸水前 3d，在试件的侧面紧紧地粘结一层 20mm 涂有异丁橡胶的铝箔；二是用可溶的环氧树脂对试件侧面进行密封，但不得污染试件的顶部和底部表面。为保证密封效果，试件应保持干净和干燥。

3 在向试验容器中添加试验液体（即质量浓度为 3% 的 NaCl 溶液）时，应保证不溅湿试件顶面，以保证试件处于毛细吸水状态。预吸水阶段应盖上容器盖子，以防止蒸发，但要同时防止冷凝水滴落在试件上表面。

4 将试件从试件盒中取出等各种操作时，都应始终将试件的测试面朝下，这是为了防止试验液体湿润上表面。同时在各种操作时，不能损伤试件的密封材料。测量超声波传播时间初始值时需注意应测量两个传播轴上的传播时间。传播时间的数据在计算相对传播时间和动弹性模量时会用到。每个传播轴上的传播时间以测量得到的最小时间为准，这可通过微调试件的位置来实现。可通过对初始传播时间的测量位置做好标记，以作为后续试验中采用。计算超声波穿过试件的长度时，不应将侧面密封材料的厚度计入。

5、6 单边冻融试验时试件的安放可参考图 4.3.3-1 和图 4.3.5。注意进行单面冻融循环试验时，应该去掉试件盒的盖子，这与预吸水时盖上盖子是不同的。但试件盒之间的接缝处必须密封严格，使试件上表面的空气层与试件盒底部的冷冻液隔离。进行单面冻融时试件的实际龄期已经达到 35d（从试件加水成型开始计算，7d 养护＋21d 干燥＋7d 预吸水）。

7、8 规定每四个循环对试件进行一次测量，测量的内容包括：试件剥落量、试件吸水量、超声波传播时间。

剥落物的收集是采用超声浴方法将试件上的剥落物先清除到剥落物收集器中。注意图 4.3.3-5 超声浴槽是专用装置，与图 4.3.3-6 的超声传播时间装置不同。测量剥落量应加上在进行超声浴之前，在冻融过程中进入试验液体中的剥落物。溶液中剥落物采用过滤方法进行提取。收集的程序为先对试件进行超声浴，然后将试件从超声浴中取出，放入剥落物收集器（不锈钢盘）中；再将试件放入测量超声波传播时间的装置，对试件进行超声波传播时间测量，每次测量超声传播时间的试件位置和方向应与测试初始超声传播时间所确定的试件位置和方向相同；将钢盘上的剥落物一起冲洗到装有试验溶液的容器中；最后将收集到全部剥落物的试验溶液进行过滤、干燥、称重，即可计算得到剥落物的质量。

测量完试件的超声传播时间后，需要将试件放入另一个试件盒中，因为装被测试件的前一个试件盒中的溶液需要进行过滤、容器需要重新清理、重新添加溶液等。

9 单面冻融试验停止的条件有三个：达到 28 次冻融循环；试件表面剥落量大于 1500g/m²；试件的超声波相对动弹性模量降低到初始值的 80%。满足三个条件中任何一个，即可停止试验。

水的温度及试件侧面上存在的气泡会对超声传播的时间造成影响，因此必须加以注意。

4.3.6 本条规定了试验数据的计算和处理方法。

1～3 计算 N 次冻融循环后每个试件剥落物的总质量时，应对每个试件在各次测间歇得到的剥落物质量进行累加。

4、5 吸水率的计算是以试件饱水后的质量为计算基础。相当于饱和面干状态。

6 超声波相对传播时间的变化即为冻融前后超声波在试件中的传播时间之比。

计算超声波相对动弹性模量时，试件密度、尺寸、泊松比的变化可以被忽略。在该试验中采用传播时间作为相关参数时，对这些数据的要求并不是非常严格。超声波动弹性模量并不是一个我们熟知的工程学上的物理量，只作为参考。但用相对动弹性模量代替传播时间的相对变化，将会更加方便地表征试件的内部损伤。

吸水率、超声波相对传播时间和超声波相对动弹性模量等参数与试件的内部损伤一般有表 4 中的大概对应关系：

表4 吸水率、超声波相对传播时间和超声波相对动弹性模量等参数与试件的内部损伤的对应关系

混凝土损伤	轻微损伤	中等损伤	严重损伤
超声波相对传播时间（%）	＞95	95～80	80～60
超声波相对动弹性模量（%）	＞90	90～60	＜60
混凝土吸水率（%）	0～0.5	0.5～1.5	＞1.5

5 动弹性模量试验

5.0.1 本条规定了动弹性模量试验方法适用范围和目的。

本标准参考了美国 ASTM C215 等国外标准以及国内的公路、水工等行业标准，这些标准规定的方法基本一致。

动弹性模量测定，目前主要用于检验混凝土在各种因素作用下内部结构的变化情况。它是快冻法试验中检测的一个基本指标。因此列入耐久性测定的范畴之内。

动弹性模量一般以共振法进行测定，其原理是使试件在一个可调频率的周期性外力作用下产生受迫振动。如果这个外力的频率等于试件的基频振动频率，就会产生共振，试件的振幅达到最大。这样测得试件的基频频率后再由质量及几何尺寸等因素计算得出动弹性模量值。

注意本试验方法测试的动弹性模量与单面冻融试验方法中测试的动弹性模量所用仪器不同、原理不同、结果不同，应注意区分。

5.0.2 试件的尺寸由可变尺寸改成固定尺寸：100mm×100mm×400mm。这是针对快冻试验来规定的。

5.0.3 本条规定了动弹性模量试验所用仪器设备应满足的基本要求。

1 敲击法测定动弹性模量虽然是近年发展起来的一门新技术，但是目前国内使用较少，因此，本次未将其列入。进行混凝土动弹性模量测定时常用的频率范围一般为（100～20000）Hz，本方法对测量仪器提出的频率范围是现有产品所能达到的检验范围。

共振法混凝土动弹性模量测定仪一般在市场上都能够买到专用产品。

2 为了减少试验误差，试件支承体采用厚度约20mm泡沫塑料垫。为了使各单位采用的试件支承体材料的材质具有一致性，规定了宜采用密度为（16～18）kg/m³的聚苯板。

3 案秤的称量由原标准的 10kg 改为 20kg。因为高强混凝土试件的质量许多都超过 10kg。将"案秤"名称改成"称量设备"，以提高设备的选择范围。

5.0.4 本条规定了动弹性模量试验的操作程序和步骤。

1 动弹性模量参数的计算需要用到试件的质量和尺寸参数，故应该准确测量。

2 动弹性模量一般采用纵向振动和横向振动两种测定形式。不少单位的使用经验表明，用纵向法所得的测量结果稳定性和规律性都比较差，故在本标准中作为确定动弹性模量，仅列横向振动法作为标准方法。

3、4 目前生产的共振法动弹性模量测定仪一般

装有指示电表及示波器两个指示机构，但由于试件存在着阻尼，往往不能同时指示出共振点，有时两者会相差 3‰～4‰之多。为了统一起见，本标准规定示值以电表为准，示波器图形作为参考。当电表示值达最高点时即可认为已经达到共振状态，示波器图形仅要求呈闭合的椭圆形即可。

目前市场上好的动弹性模量测定仪已经实现数字化显示，自动调整共振频率，使用更为方便。

5.0.5 本条规定了动弹性模量的计算方法。

修订后的标准将原标准中计算公式的系数合并为一个。原标准中计算动弹性模量时，在计算式中纳入试件尺寸修正系数 K。根据机械振动理论该 K 值为：

$$K = 1 + 6.585 \times (1 + 0.752\mu + 0.810\mu^2)(h/L)^2 - 0.868(h/L)^4 - 0.8340 \times (1 + 0.2023\mu + 2.173\mu^2)(h/L)^4 \div [1 + 6.338 \times (1 + 0.14081\mu + 1.536\mu^2)(h/L)^2] \quad (1)$$

其中 μ 为材料的泊松比。据试验，混凝土在 $\sigma = (0.3 \sim 0.5) f_{cp}$ 的范围内，泊松比约为 0.12～0.18。本标准采用 $\mu = 0.15$，算出 (L/h) 分别为 3、4、5 三种常用跨高比的 K 值，供计算时使用。本次修订标准由于试件尺寸固定为 100mm×100mm×400mm，所以试件的跨高比是固定的，计算的修正系数 K 可以直接给出。因此，本标准中的动弹性模量计算式中没有修正系数 K。但采用长宽比为其他参数的试件时，可参照上述公式计算修正系数。

6 抗水渗透试验

6.1 渗水高度法

6.1.1 本条规定渗水高度法适用范围、目的。

本标准保留了 GBJ 82 - 85 原抗渗标号法（逐级加压法）。在新标准修订中增加了渗水高度法。由于可以通过渗水高度直接计算出相对渗透系数，故有些标准称为相对渗透系数法，因相对渗透系数是通过渗水高度来计算的，故二者在本质上是一致的。国外比较倾向于用渗水高度及相对渗透系数来评价混凝土抗渗性，我国已经逐渐积累了这方面的经验并且设备质量和水平有了较大提高。《水工混凝土试验规程》DL/T 5150 - 2001 和 SL 352 - 2006、《公路工程水泥及混凝土试验规程》JTG E 30 - 2005、《水运工程混凝土试验规程》JTJ 270 - 98 等行业标准均列入了渗水高度法或相对渗透系数法，本标准在参考欧洲以及我国交通、电力、水利等行业最新的标准基础上，引入（平均）渗水高度方法，用于相对比较不同混凝土的渗透性，方法的名称定为渗水高度法。这种方法一般用于抗渗等级较高的混凝土。

6.1.2 渗水高度法使用的仪器设备与原标准中的逐

级加压法（抗渗标号法）基本相同，但本标准对设备作了更详细的规定，增加了密封材料、烘箱、电炉、磁盘、铁锅、钢丝刷、梯形板、钢尺、钟表等要求。

1 渗水高度法采用的水压力为 1.2MPa，因此规定混凝土抗渗仪的压力范围为(0.1～2.0)MPa。这样实际施加的水压力为设备能施加最大水压力的60%，比较合理和经济。该仪器也可以直接用于逐级加压法（抗渗等级的试验）。目前混凝土抗渗仪已经有产品标准《混凝土抗渗仪》JG/T 249，该标准对抗渗仪有关技术要求有具体规定。

2 原标准规定的是试件的形状和尺寸。本标准直接规定试模的形状（为圆台形）和尺寸。

3 本标准规定了两种以上的密封材料，实际操作时可根据方便来选择，关键是要保证密封效果。目前有研究表明，采用橡胶密封圈可以使操作更加简单和方便，但尚未得到推广。

4 为了方便测量渗水高度，本标准补充了对梯形板的规定。

5 钢尺：测量渗水高度用。

6～8 也是逐级加压法需要的工具和设备。如采用橡胶圈来密封，则可以不需要烘箱、电炉等工具。

6.1.3 本条规定了渗水高度法抗水渗透试验的程序和步骤。

1 国际标准如 ISO 标准和欧盟 EN 标准等，在采用渗水高度法进行试验时，对试件个数并没有明确规定，前苏联等国家的标准规定试件的数量为 6 个，目前我国水利等行业规定的试件数量为 6 个，也是沿用以前的逐级加压法的习惯做法。为保持标准的延续性，本标准规定在用渗水高度法试验时，应采用 6 个试件作为一组。

2 试件表面必须进行刷毛处理，以消除边界效应的影响。

3 规定了密封用材料操作方法。密封试件通常采用石蜡，经试验证明：采用黄油加水泥的方法进行密封，操作简单、可靠、效果好，故本标准增加了采用黄油加水泥的密封方法。由于原石蜡密封方法已经为多数试验人员熟悉，本标准仍然保留这种密封方法。同时指出也可以使用其他性能更好的密封材料。

4 安装试件前必须先启动抗渗仪，目的是检查试坑是否渗水正常。

5 抗渗仪应该能够保证在 24h 的加压期间，水压力稳定地维持在(1.2±0.05)MPa。施加到规定水压力的时间不宜过长，应在 5min 内完成。

为了同时满足抗渗等级和渗水高度法的要求，本标准规定的水压值比欧洲标准规定的水压值高，欧洲标准施加的水压力为(500±50)kPa，恒压时间为(72±2)h。我国《水工混凝土试验规程》DL/T 5150－2001 和《水工混凝土试验规程》SL 352－2006 规定施加的水压力为 0.8MPa，恒压时间为 24h。我国《公路

工程水泥及水泥混凝土试验规程》JTG E30－2005 规定施加的压力为(0.8±0.05)MPa，恒压时间为 24h，但上述标准同时规定，对于密实性高的混凝土，可以采用水压力为 1.0MPa 或 1.2MPa 进行试验。我国交通行业《水运工程混凝土试验规程》JTJ 270－98 规定施加的压力为(1.20±0.05)MPa，恒压 24h。我国正在研究开发渗水量法，而渗水量法要求较高的水压力。对于渗水高度法，若施加的水压力太小，则渗透高度小，测量的误差大，因此本标准规定的水压力为(1.20±0.05)MPa。

抗水渗透试验对试件的密封要求较高，所以规定了试验过程中应随时检查试件周围的渗水情况。

停止试验的条件是加压时间达到 24h。注意如果某个试件端面出现渗水，则应停止该试件的抗渗试验，其他试件则继续进行试验直到 24h。对于端面出现渗水的试件，其渗水高度为试件的高度，即为 150mm。

6 在压力机上劈裂试件时，应保证上下放置的钢垫条相互平行，并处于同一竖直面内，而且应放置在试件两端面的直径处，以保证劈裂面与端面垂直和便于准确测量渗水高度。

7 规定了渗水高度测读方法。

6.1.4 本条规定了渗水高度试验结果的计算和处理方法。

不同于欧洲标准规定渗水高度取最大渗水高度，本方法规定渗水高度值取 10 点平均高度为相对渗水高度，与我国交通、电力、水利、水运等行业标准规定一致。

6.2 逐级加压法

6.2.1 本条规定逐级加压法适用范围和目的。

本方法基本上保留了原标准的内容，但将抗渗标号改成了抗渗等级，以便与其他标准一致。逐级加压法尤其适用于抗渗等级较低的混凝土。

由于我国设计人员在设计混凝土抗渗性指标时，几乎所有工程设计使用原来的抗渗标号（抗渗等级），即逐级加压法测试的指标作为混凝土抗渗性的特征指标，而且国内相关标准如《混凝土结构设计规范》GB 50010、《水工混凝土结构设计规范》DL/T 5057、《轻骨料混凝土技术规程》JGJ 51、《地下防水工程质量验收规范》GB 50208、《给水排水工程构筑物结构设计规范》GB 50069、《混凝土质量控制标准》GB 50164 和众多的其他行业标准、地方标准等均引用抗渗标号或者抗渗等级指标。另外本方法在我国使用非常普遍，为大家所熟知，并已积累了非常丰富的经验和大量的数据。因此，本标准保留了本试验方法。

6.2.2 本条规定了逐级加压法对试验设备的要求。使用的设备与渗水高度法所使用的仪器设备完全相同。与原标准规定的设备也基本相同，但本标准对设

备作了更详细的规定，增加了密封材料、烘箱、电炉、磁盘、铁锅、钢丝刷、梯形板、钢尺、钟表等要求。

6.2.3 本条规定了逐级加压法试验的程序和步骤。

1 本方法规定的试件准备和处理等试验程序和步骤，与渗水高度法相同。

2 本方法规定的水压力在试验过程中是变化的，要求每 8h 变化一次压力，直到有 3 个试件渗水为止，或加至规定压力（设计抗渗等级）在 8h 内 6 个试件中表面渗水试件少于 3 个时，即可停止试验。

与渗水高度法一样，也需要随时注意观察试件周边是否渗水。

6.2.4 本条规定了逐级加压法测试的指标（抗渗等级）的确定方法。抗渗等级对应的是两个试件渗水或者是 4 个试件未出现渗水时的水压力值（单位 N/mm² 或者 MPa）的 10 倍，与原标准规定的原则一致。

本标准公式（6.2.4）有关抗渗等级的确定可能会有以下三种情况：

1 当某一次加压后，在 8h 内 6 个试件中有 2 个试件出现渗水时（此时的水压力为 H），则此组混凝土抗渗等级为：

$$P = 10H \tag{2}$$

2 当某一次加压后，在 8h 内 6 个试件中有 3 个试件出现渗水时（此时的水压力为 H），则此组混凝土抗渗等级为：

$$P = 10H - 1 \tag{3}$$

3 当加压至规定数字或者设计指标后，在 8h 内 6 个试件中表面渗水的试件少于 2 个（此时的水压力为 H），则此组混凝土抗渗等级为：

$$P > 10H \tag{4}$$

7 抗氯离子渗透试验

7.1 快速氯离子迁移系数法（或称 RCM 法）

7.1.1 本条规定了 RCM 法试验目的和适用范围。

本次国家标准修订以 NT Build 492 - 1999.11 "Chloride Migration Coefficient from Non-steady-state Migration Experiments"（非稳态迁移试验得到的氯离子迁移系数法）的方法为蓝本进行了适当文字修改而成，基本上为等同采用。

氯离子迁移系数快速测定的试验原理和方法最早由唐路平等人在瑞典高校 CTH 提出，称 CTH 法（NT BUILD 492 - 1999.11）。以后德国亚琛工业大学土木工程研究所对这一试验方法的细节作了一些改动，如试件在试验前用超声浴而不用原来的饱和石灰水作真空饱水预处理，试件置于试验槽内的倾角为 32°而不是原来的 22°，且试验时采用的阴、阳极电解溶液也有所不同。这些差异对试验结果的影响尚待进一步研究，国外已有对比试验认为，改动后的方法与原方法得出的结果无明显差别，国内的对比试验也得出相同的结果。NT BUILD 492 已被瑞士 SIA262/1 - 2003 标准和德国 BAW 标准草案（2004.05）采纳。NT BUILD 492 正在由 CEN TC 51（CEN TC 104）/WG12/TG5 讨论以进一步形成欧盟 EN 标准。

目前该方法在我国很多科研单位和工程单位得到了一定的应用，已经积累了较丰富的经验，而且已经开发成功有关试验仪器设备，并已经制定了有关设备标准《混凝土氯离子扩散系数测定仪》JG/T 262。

这种非稳态迁移方法测得到的氯离子迁移（扩散）系数不能直接和用别的方法（如非稳态浸泡试验和稳态迁移试验方法）测量得到的氯离子扩散系数进行比较。

7.1.2 本条规定了 RCM 法抗氯离子渗透试验所用的仪器、设备、化学试剂和溶液。

1 试剂主要是五种：蒸馏水、氢氧化钠、氯化钠、硝酸银、氢氧化钙。前三种与电通量法所用试剂相同。

2 规定了 RCM 法抗氯离子渗透试验需要的仪器设备。

1）～3）和 16）、17）切割设备和真空装置与电通量法所需要的设备可以通用。真空容器可自行设计，能够容纳 3 个以上试件并能与真空泵相匹配即可。采购真空泵时必须注意其抽真空能力应符合本标准要求。

4）RCM 测定装置在市场上已经有不同型号的商用产品。

5）～12）和 14）与电通量法试验需要的工具可以通用。

13）扭矩扳手主要是拧紧环箍用。

15）黄铜刷用于清理试验设备。

3 规定了试验用溶液和指示剂的要求。

1）NaCl 溶液质量浓度为 10%，与电通量法试验所用的 3% 不同。NaOH 溶液浓度为 0.3mol/L 与电通量试验用的 NaOH 溶液的浓度相同。

2）显色指示剂为针对氯离子具有显色反应的 AgNO₃ 溶液。

7.1.3 本条规定了试验室的温度条件，一般的试验室都能满足。

7.1.4 本条规定了试件的制作方法。

1 试件的形状统一为圆柱体。

2 规定可使用两种模具成型试件。

3 进行抗氯离子渗透试验的龄期一般为 28d。

由于多数矿物掺合料都可以提高混凝土抗氯离子渗透能力，其试验龄期也可以为 56d、84d，或者设计要求规定的试验龄期。

4 试件在制作和准备时应注意区分成型面、浇筑面。用不同高度的试件制作抗氯离子渗透试验用试件时，其与氯离子的暴露面有所不同。

5 试件加工后应打磨光滑，去除表面杂物，使试件表面平整和便于安装。

6 规定加工好的试件应继续在水中养护，以确保试件处于饱水状态。

7.1.5 本条规定了试件准备和安装方法。

1 首先测量试件尺寸。真空泵应能保证真空容器的绝对压力在几分钟内达到(1~5)kPa。选购真空泵时要注意其抽真空的能力。另外，能否达到规定的真空能力还与真空装置的密封性能有关，故安装真空装置时一定要保证密封，并采用专门的真空管与真空泵相连。

浸泡试件用的是饱和氢氧化钙溶液，这与电通量法使用蒸馏水或者去离子水作为浸泡溶液是不同的，操作时应注意这一点。

2 将试件表面清理干净以便安装到环箍中。

3 清理试验槽以便注入试验溶液。清洗试验槽用室温凉开水即可。

4 安装试件时密封很重要。紧固试件用的环箍可以自行加工。目前市场上也有专用的 RCM 测试仪可选用。

5 阴极溶液为 10%NaCl，可采用 100g NaCl 和 900g 蒸馏水配制，接近 2mol/L 的摩尔浓度。

6 电源连线正确与否很重要。电源阴极连接到浸泡在 NaCl 溶液中的阴极板上，电源阳极连接到浸泡在 NaOH 溶液中的阳极板上。

7.1.6 本条规定了试件在试验槽安装完毕后的电迁移操作方法。

1 规定初始电流统一以 30V 电压为基础来确定。

2 根据初始电流调整电压，按照调整后的电压再记录新的初始电流。根据新初始电流决定试验持续时间。试验的持续时间与通过试件的电流有关。电流大，持续的时间短，电流小，持续的时间就长。

3 记录阳极电解液（注意不是阴极电解液）中的初始温度，迁移系数的计算会用到此参数。

4 记录阳极电解液的最终温度，用于计算迁移系数。记录最终电流，观察电流变化情况用。

5 规定试验结束后应仔细清理试验设备和用具，以防生锈和便于保存等。

7.1.7 规定了氯离子渗透深度的测试方法。

1、2 拆卸试件是按照安装试件相反的顺序进行。可使用一个木制的圆棒协助将试件从橡胶套中取出来。

3、4 氯离子显色分界线对应的氯离子浓度约为 0.07mol/L。不同的观察者测量氯离子渗透深度的结果可能有所差异，但其误差通常在可接受的范围内。

5~7 将劈开后的试件等分为 10 等份，为消除边界效应的影响，通常只需要测量内部 6 等份（7 个测点）的氯离子渗透深度即可。为了消除因不均匀饱水或者可能的渗漏引起的边缘效应，一般不测量试件边缘 10mm 以内的显色深度。

由于测量氯离子渗透深度只需要使用劈开后的试件一半。另外一半可根据研究需要，用来测量氯离子含量或浓度分布。测量氯离子含量或者浓度分布通常可采用钻取粉末，然后溶于酸或者蒸馏水中，采用化学滴定方法分别测量得到酸溶性氯离子含量（总氯离子含量）或者水溶性氯离子含量（自由氯离子含量）。

7.1.8 本条规定了试验结果的计算方法。

通常可以按照 7.1.8 的简化公式进行计算氯离子迁移系数。需要精确计算时，可以按照以下公式进行计算。

$$D_{RCM} = \frac{RT}{zFE} \cdot \frac{X_d - \alpha\sqrt{X_d}}{t} \quad (5)$$

$$E = \frac{U-2}{L} \quad (6)$$

$$\alpha = 2\sqrt{\frac{RT}{zFE}} \cdot erf^{-1}\left(1 - \frac{2c_d}{c_0}\right) \quad (7)$$

式中：D_{RCM}——非稳态迁移系数，m^2/s；

z——离子化合价的绝对值，$z = 1$；

F——法拉第常数，$F = 9.648 \times 10^4 J/(V \cdot mol)$；

U——所用电压的绝对值，V；

R——气体常数，$R = 8.314 J/(K \cdot mol)$；

T——阳极溶液的初始温度和结束温度的平均值，K；

L——试件厚度，m；

X_d——氯离子渗透深度的平均值，m；

t——试验持续时间，s；

erf^{-1}——误差函数的逆函数；

c_d——氯离子颜色改变的浓度，普通混凝土 $c_d \approx 0.07 mol/L$；

c_0——阴极溶液中氯离子浓度，$c_0 \approx 2 mol/L$；

由于 $erf^{-1}\left(1 - \frac{2 \times 0.07}{2}\right) = 1.28$，可得以下简化式：

$$D_{RCM} = \frac{0.0239 \times (273+T)L}{(U-2)t}$$
$$\left(X_d - 0.0238\sqrt{\frac{(273+T)LX_d}{U-2}}\right) \quad (8)$$

计算氯离子迁移系数时，应注意各参数的数量单位。

7.2 电通量法

7.2.1 本条规定了电通量法的试验目的和适用范围。

本试验方法是根据美国材料试验协会(ASTM)推荐的混凝土抗氯离子渗透性试验方法 ASTM C1202 修改而成,该法也可叫直流电量法(或库仑电量法、导电量法),是目前国际上应用最为广泛的混凝土抗氯离子渗透性的试验方法之一。国内外使用该方法积累了大量的宝贵数据和经验,实践证明,该方法对于大多数普通混凝土是适用的,而且与其他电测法有较好的相关性,在大多情况下,相同混凝土配合比的电通量测试结果与氯离子浸泡试验方法(如 AASHTO T259)的测试结果之间具有很好相关性。

根据 ASTM C1202 的规定,对于已经利用本方法与长期氯离子浸泡试验方法之间已经建立相关性的各种混凝土,本试验方法均适用。

本试验方法用于有表面经过处理的混凝土时,例如采用渗入型密封剂处理的混凝土,应谨慎分析试验结果,因为本试验方法测试某些该类混凝土具有较低抗氯离子渗透性能,而采用 90d 氯离子浸泡试验方法测试对比混凝土板,却表现出较高抗氯离子渗透性能。

养护龄期对试验结果有重要影响,若大多数混凝土养护得当,随着龄期增加,其渗透性日益显著降低,因此分析试验结果时应考虑试验龄期的影响。

当混凝土中掺加亚硝酸钙时,本试验方法可能会导致错误结果。用本方法对掺加亚硝酸钙的混凝土和未掺加亚硝酸钙的对比混凝土测试,结果表明掺加亚硝酸钙的混凝土有更高库仑值,即具有更低的抗氯离子渗透性能。然而,长期氯离子浸泡试验表明掺加亚硝酸钙混凝土的抗氯离子渗透性能高于对比混凝土。

影响混凝土抗氯离子渗透性的因素有水灰比、外加剂、龄期、骨料种类、水化程度和养护方法等,采用本方法试验结果进行比较时,应注意这些因素的影响。

7.2.2 本条规定了试验采用的仪器、设备、试剂以及用具的有关要求。

1 实际采用的试验装置,在精度满足要求和符合本标准测试原理的情况下可自行设计。但宜采用自动测试电通量的装置,以减少和避免人为操作引起的误差。目前市场上已经有不同型号的商用产品,国家也已经制定了电通量测定仪的产品标准《混凝土氯离子电通量测定仪》JG/T 261。

2 主要的仪器设备和试剂与 ASTM C1202 基本相同。

1)直流电源应能够稳定输出 60V 电压,精度达到±0.1V 的要求。电流在(0~10)A 范围内,可与 RCM 法通用电源。

2)试验槽或者电解槽一般采用耐热有机玻璃制作。其结构和尺寸应符合图 7.2.2-2 要求。由于电通量试验使用的标准试件直径为 100mm,试验槽凹陷处最大直径

应比试件直径大 1/8,即凹陷处最大直径约为 112mm 比较合适。

3)紫铜板用于固定铜网并提高导电性,不能缺少。铜网作为可通过溶液的电极,其孔数和尺寸应保证溶液能够与试件端面完全紧密结合。

4)标准电阻用于检测通过试件的电流。实际检测的是标准电阻上的电压,由于电阻为 1Ω,所以试件上的电压与通过试件的电流的数值是相同的。

5)、6)、12)组成抽真空装置。与 RCM 法的抽真空装置可以通用。

7)阴极溶液为 3‰NaCl 溶液,这与 RCM 法不同。RCM 法阴极溶液为 10% NaCl 溶液。

8)阳极溶液为 0.3mol/L NaOH 溶液,与 RCM 法的阳极溶液相同。

9)规定了用于密封试件侧面(圆柱面)的密封材料一般采用硅胶或者树脂,一般能够达到密封效果。当然也可以采用其他更可靠的耐热耐腐蚀密封材料。

10)原 ASTM C1202 采用三种密封方法,前两种都是采用密封胶(分别为低黏度和高黏度)等材料对试件进行密封。采用低黏度密封材料对试件密封时,需要将密封材料涂刷在铜垫片上,将铜网上垫上滤纸,以免铜网上粘上密封材料,此时试件的端部只有部分与溶液接触(约76.2mm 直径范围内与溶液接触)。采用高黏度密封材料时,只密封试件的端部外表面与试验盒之间的部分(因有铜片存在,实际上也是直径约 76.2mm 范围内与溶液接触);第三种为采用外径100mm、内径为 75mm 的硫化橡胶垫(垫片方式),溶液与试件端部接触实际上只有直径为 75mm 范围内的部分。主要有铜片的缘故,三种方式得到的试件与溶液的接触面积基本相同。

由于密封胶方式操作比较复杂,时间长;而垫片方式操作简单,可操作性更强,因此本标准推荐了垫片方式供选择。本标准规定采用内径为 75mm 的硫化橡胶垫的密封方式。

11)加工试件用切割设备,与 RCM 法相同。

13)温度计精度要求与 RCM 法相同。

14)电吹风用于清理试验槽。

7.2.3 本条规定了电通量法的试验步骤和程序。

1 ASTM C1202 允许的试件直径范围为(95~102)mm、厚度为 51mm,范围较大,考虑到我国混

凝土试件的模具和操作方便，以及为了与 RCM 法能够通用模具，本标准规定试件直径为(99～101)mm，厚度为(48～52)mm 的范围。与美国 ASTM C1202 的规定基本一致。

本试验未规定制作试件时允许使用的最大骨料粒径，研究表明骨料的最大粒径在工程常用的范围内(5～31.5)mm，用同一批次混凝土制作的试样，其试验结果具有很好的可重复性。

试件在运输和搬动过程中应防止受冻或者损坏。试件的表面受到改动处理，比如做过粗糙处理、用了密封剂、养护剂或者别的表面处理等，必须经过特殊处理使试验结果不受这些改动的影响，可采取切除改动部分，以消除表面影响。

由于试验结果是试件电阻的函数，试件中的钢筋和植入的导电材料对试验结果有很大影响，要注意试件中是否含有这种导电材料。当试件中存在纵向钢筋时，因为在试件的两个端头搭接了一个连续的电路通道，可能损坏试验装置，这种试验结果应作废。

2 规定了试件侧面应密封好，以防止试件侧面失水和导电等。

电通量试验一般在 28d 龄期进行。由于掺入掺合料较多的混凝土，在 28d 龄期时掺合料的作用不能得到充分反映，允许在 56d 龄期进行试验。设计有龄期规定时，应按设计要求的龄期进行试验。

3 真空饱水是保证各种试件处于相同或者基本相同条件的关键步骤。

4 试件安装后，可采用向试验槽灌入蒸馏水或者去离子水的方法来检查装置是否密封好。条件不具备时，也可以采用灌入冷开水来检查装置的密封情况。

5 灌注阴极和阳极溶液时应先在溶液槽或者试验槽上用防水笔做上标记，以免操作时出错，然后按照标记分别将有关电极连接到电源的正负极上。本标准规定配制氯化钠溶液和氢氧化钠溶液宜采用蒸馏水或者去离子水，如有困难，也可以采用可饮用水制作的凉开水配制溶液。

6、7 通过试件的电流是电通量方法测试的主要数据。如果采用电流表，可直接根据电流表显示的读数记录电流值。也可以采用万用表来检测电流值。采用自动采集电流数据时，需要注意数据的精度和准确性。

测试期间，电池盒(即试验槽)中溶液的温度不能高于 90℃，以避免损坏电池盒和导致溶液沸腾。一般可在电池盒顶部的 3mm 通气孔安装热电偶，通过它可监测溶液的温度。只有高渗透性混凝土才会出现高温现象。如果因为高温而终止测试，报告应记录下来并写清时间，该混凝土归类为具有非常高的氯离子渗透性能。

8 洗涤试验用具宜用蒸馏水，如无蒸馏水时或

者现场条件不具备时，也可以采用可饮用水制作的凉开水(冷却到室温)洗刷试验槽和浸泡试件。

9 规定试验环境温度为(20～25)℃，一般具备恒温条件的试验室都能满足要求。

7.2.4 本条规定了试验结果计算和处理方法。

1 采用电流和时间曲线方式计算时，实际上是通过对曲线进行积分或者按照梯形面积进行计算。

2、3 一般手工测量电流时，通常采用本标准规定的简化公式进行计算。其本质就是梯形面积积分。

需要注意的是，本标准建立时是以直径为 95mm 的试件为标准试件的，所有电通量数据必须换算成直径为 95mm 的标准试件的电通量数据才能进行相互比较。换算的依据是通过试件的电通量与其面积成正比。采用自动采集数据的测试装置时，都具备自动进行积分计算电通量值和对试件尺寸进行换算的功能。

4 取值规则是以中值为基础。

8 收 缩 试 验

8.1 非 接 触 法

8.1.1 本条规定了非接触法的适用范围和目的。

由于混凝土品种增多以及矿物掺合料、外加剂等广泛使用，导致某些混凝土的早期收缩明显增大。混凝土早龄期(如前 3d)的体积变形最为复杂，包括全部塑性沉降收缩，而自生收缩、水泥水化的化学收缩以及混凝土表面失水产生的干燥收缩在早龄期也占较大比例。因此若在试件标养 3d 后测量变形的方法，只能测量从标准养护室移入恒温恒湿室开始，试件的长度变化，无法反映出早龄期 3d 之内，这个阶段的长度变化情况。

本次修订增加了对混凝土自初凝开始收缩变形的测试。此时混凝土尚没有足够强度，因此宜采用非接触的方法测试其收缩变形。混凝土自初凝开始至 GBJ 82 - 85 规定的开始测试时间之间的体积变形测试方法采用非接触法；其后的测试方法仍采用接触法。

非接触法收缩变形测量装置也可以用来测量自收缩。测量自收缩时要保证试件与外界无物质交换。

尽管采用非接触法收缩变形测量装置也可以测试混凝土后期收缩，但是由于非接触法收缩变形测量仪在测试过程中始终处于监测状态，如果采用此方法来测试后期收缩，则一对位移传感器在整个长期测试期内(例如 28d、180d)只能固定用于测试一个试件，难以做到一对位移传感器在短期内即可进行多个试件的测试，测试仪器利用效率很低，而位移传感器的价格往往较高，所以非接触法用于测试后期收缩很难为试验人员所接受，一般只用于混凝土的早期收缩测试。

8.1.2 本条规定了非接触法收缩试验所用的试件尺

寸。试件断面尺寸是根据混凝土中最大骨料粒径来选择。通常情况下，100mm×100mm×515mm的试件可以满足大多数试验需要，因此规定100mm×100mm×515mm为标准试件，与原标准一致。

8.1.3 本条规定了非接触法有关仪器设备的要求。

1 本标准给出了非接触法收缩变形测定仪器的尺寸和原理示意图以供参考，也可自行设计，只要达到测试精度要求即可。

由于混凝土早期收缩测试间隔时间短，测试频繁，为了保证测试数据记录的及时性和准确性，减轻测试人员人工读数的负担，本试验方法规定非接触法混凝土收缩变形测定仪的测试数据应采用计算机全自动采集、处理。

为了保证试验质量和水平，非接触法收缩变形测定仪应设计成整机一体化装置，且具备自动采集和处理数据的功能。试验期间为防止测试装置受到振动而影响试验结果，应采用固定式实验台，试件、传感器等都应采用可靠方式固定于试验台上，例如采用磁力吸附装置固定于钢制实验台面上，或采用螺栓形式紧固于实验台面上。

2 由于试模是试验测试装置的一部分，因此试模的设计和加工质量非常重要，尤其是对反射靶的连接方式、位移传感器的固定方式应非常可靠。而且试模的刚度和变形性能也对试验结果有影响。要求在本标准规定的试验条件下，试模本身的刚度足够大，其收缩变形值应可以忽略不计。

由于测量标距过短将使试件的收缩绝对值过小，不易读数，影响测试的准确度，所以本标准限制试件的测试标距不得小于400mm。

3 非接触法所用的位移传感器有多种类型，比如激光测长仪、声能传感器、电涡流传感器等，传感器的安装方式也有多种，反射靶构造也可以不拘泥于一种，只要达到测试精度要求即可。

反射靶能否随着混凝土收缩而同步移动，将决定着测试结果的真实性，决定着该测试方法的合理性和可行性，而反射靶能否与混凝土同步工作取决于反射靶构造形式及埋设方式。本方法示意图中显示的仅是一种方式，实际应用过程中也可以采取其他方式。

8.1.4 本条规定了非接触法收缩变形测量的步骤和程序。

1 规定了非接触法收缩试验应在恒温恒湿环境下进行，恒温恒湿环境与接触式方法要求的环境相同。由于试模是试验装置的一部分，因此非接触法混凝土收缩试验要求带模进行测试。

2 由于试件能否在试模内自由变形决定了测试结果的可靠性，因此要求试件能够在试模内自由变形。保证试件处于自由变形的方法有多种，本标准推荐了塑料薄膜和PTFE片两种方法。

3 因初始读数从混凝土初凝开始，因此进行非接触法收缩试验的同时，应对取自同一盘或者同一部位的相同配合比的混凝土初凝时间进行试验。初凝试验和收缩试验应在同一地点进行。目前非接触法收缩变形测量仪都可以做成自动检测仪，因此测定的时间间隔可以在程序中自由设定，但间隔时间不大于1h，以便得到较光滑的变形曲线。

5 非接触法收缩变形测量装置也可以用来测量自收缩。测量自收缩时要保证试件与外界无物质交换。理论上，可以用质量变化来反映有无物质交换，但是由于非接触收缩仪在整个测试过程中需要始终处于监测状态，不宜搬动试模及试件，所以，往往无法通过测试质量变化来反映有无物质交换。实际操作中，通常是采用将浇筑后的试件以塑料薄膜等密封的方式来保证无物质交换。

8.1.5 本条规定了非接触法收缩测试结果计算方法。

因每个试件带两个测头，两个测头均应分别进行读数。试验结果应根据两个测头读数的之和来计算。以3个试件得到的收缩算术平均值作为混凝土早期收缩值。

由于本标准规定，非接触法主要用来测试3d以内的混凝土收缩值，3d以后收缩值采用接触法进行测试，所以规定作为相对比较的混凝土早期收缩值以3d龄期测试得到的收缩值为准。3d龄期是以混凝土搅拌加水开始计算，但早期收缩从混凝土初凝开始进行测试。

8.2 接触法

8.2.1 本条规定了接触法的适用范围。本试验方法适合除外力和温度变化以外的因素所引起的试件长度变化。通常情况下收缩变形试验可用此方法。

本标准保留了原GBJ 82-85的收缩试验方法，也参考了国内外标准中的混凝土收缩测试方法，如中国交通部标准JTJ 270-98、中国电力行业标准DL/T 5150-2001、美国ASTM C157/C157M-2003和ASTM C490-2007、英国BS标准BS1881：Part5、欧洲EN标准草案prEN 480-3、日本标准JIS A 1129：2001。

国内的GBJ 82-85以及交通部JTJ 270-98、国家电力行业标准DL/T 5150-2001和水利行业标准SL 352-2006等采用的收缩仪基本都是卧式结构。美国ASTMC 157，英国BS1881试验方法使用的比长仪属于立式结构。

GBJ 82-85收缩试验方法中，采用混凝土卧式收缩仪，该仪器并非固定，在操作中，同一台收缩测试仪，对多个试件测试时，受到多次操作等影响，可能会造成误差，对操作人员的要求相对较高。但这种方法在我国已经使用多年，积累了大量的经验和数据，而且操作简单，可操作性强。只要严格按照操作程序进行试验，可以避免搬动操作造成的误差，故本标准保留了采用卧式混凝土收缩仪的试验方法。

8.2.2 本条规定了接触法收缩试验所用试件和测头要求。

1 接触法收缩试验所用试件与非接触法收缩试验所用试件尺寸等基本一样。所不同的是非接触法为带模测试,而接触法是脱模后测试。接触法混凝土收缩试验应以 100mm×100mm×515mm 的棱柱体为标准试件。根据骨料大小不同,也可以采用其他尺寸的试件。

2 采用卧式混凝土收缩仪时,测头有两种样式,一种适用于预埋的测头,一种适用于后埋(粘贴)的测头。

3 采用立式混凝土收缩仪时,试件的测头与卧式有所不同,应注意区别。

4 采用接触式引伸仪时,测钉不是在试件两端,而是粘贴在试件两个侧面的轴线上,这与卧式收缩仪对测头的要求不同。

5 不同收缩测定仪,对测头位置等要求不同,因而对试模的开孔要求也不同。

6 无论是接触法和非接触法收缩试验均要求混凝土表面不得有严重的脱模剂污染(自收缩测量可例外),以免影响试件与外界的湿度交换,影响收缩测试结果。本试验方法测量得到的实际上是干燥收缩和部分碳化收缩。这种收缩大小与试件内外水分交换方式有密切关系。而成型试件时采用的机油类憎水性脱模剂会影响试件与外界的水分交换,故本标准规定不得使用憎水性脱模剂。规定测试收缩前,试件的养护方式为标准养护。

8.2.3 本条规定了接触法收缩试验所用仪器设备的要求。

1 规定了收缩测定仪必须有校正用的标准杆,这是获得正确的收缩测量数据的重要条件。

2 目前专用的混凝土收缩测量仪一般只能测定标距为 540mm 的标准试件(试件本身长度为515mm,两个测头外露长度总计为 25mm,所以总标距长为 540mm),但在很多场合下还必须使用各种形式的非标准试件进行收缩测量,故本试验方法同时允许使用接触式引伸仪。接触法收缩变形测量装置通常指卧式收缩测定仪,本标准规定采用精度为0.001mm 的千分表。其他形式的测量装置,其精度应达到±0.001mm。

8.2.4 本条规定了接触法收缩变形试验程序和步骤。

1 规定收缩试验的标准试验条件为:温度(20±2)℃,相对湿度为(60±5)%,即要求恒温恒湿。要求放置试件的试件架本身不能吸水,试件的放置间距不能影响试件与空气的正常水分或湿度交换。

2 国外标准对收缩试验中测定初始长度读数的龄期规定得都比较早。如美国 ASTM C157 要求(23±0.5)h,日本 JIS A1129 要求 24h 初测,英国 BS 标准 BS1881:Part5 要求 24h。欧洲 EN 标准草案

prEN480-3 要求水中养护 3d 后拆模立即测定初始长度。由于 1d 时混凝土强度还非常低,这些标准要求测定初始读数后仍然要将试件送回水池标准养护,到28d 移入恒温恒湿室。为了保证 24h 拆模时不损伤预埋测头,还规定用特殊构造的试模及拆除端板的装置。

根据我国目前的情况,以及考虑到有低强度等级的混凝土(现在混凝土都掺较多的掺合料,早期强度通常不高)、预养温度不高以及有时候还需要后埋测头等情况,故本标准规定一律在 3d 龄期测定初始长度读数。但混凝土拆模后必须在标准养护室养护到测定初始读数,否则将会有一部分收缩变形在测定初始读数以前就已经出现,影响试验的准确性。

由于我国收缩试验初始读数的龄期一直规定为3d,已经积累了大量数据,考虑到标准连续性以及历史数据的可比性,本标准规定初始读数的试验龄期为 3d。

本标准规定收缩试验测试时间间隔为 1d、3d、7d、14d、28d、45d、60d、90d、120d、150d、180d及 360d。其中 360d 是本次修订新增加的规定。

3 测量其他条件下收缩值,应按照相应的试验条件进行。非标准条件养护的试件在恒温室进行收缩试验前,应先预置 4h,再测试初始读数,以保证试件温度与室温基本相同。试件温度与室温不同,可能影响后续的收缩试验结果。对于从标准养护室取出来的试件,因其温度与恒温室接近,故不必进行预置,可直接测量初始读数。

4 随时用标准杆校对仪表的零点,对于获得正确的收缩试验结果非常重要。

5~7 收缩试验每次放置的位置和方向应一致,以减小试件放置带来的误差和便于快速测量读数。

8.2.5 本条规定接触法收缩试验结果的计算方法在本质上与非接触法一样,但计算公式的形式不同。

计算收缩测量值时,应注意试件的测量标距的取值。测量标距应扣除测头长度,即为测头内侧的净距离。

本标准规定作为相互比较的收缩值,以 180d 龄期收缩值为准。由于一般混凝土试件在 360d 后,干燥收缩基本完成,故本标准规定可以 360d 的收缩值作为终极收缩率值。

9 早期抗裂试验

9.0.1 本条规定了早期抗裂试验方法的适用范围和目的。

原国标 GBJ 82-85 的收缩试验方法属于测量混凝土自由收缩的方法,难以直接评价或反映出混凝土的抗裂性能。研究收缩率的意义通常并不在于收缩数值大小本身,而是为了确定混凝土收缩对混凝土开裂

趋势的影响。约束收缩试验方法实际上是评价混凝土抗裂性能的试验方法，引入约束收缩试验方法，可以模拟工程中钢筋限制混凝土的状态，更加贴近工程现场的实际情况。

关于混凝土在约束状态下早期抗裂性能的试验方法，国内外的研究人员都作了一些研究工作，形成了一系列的方法，综合起来可以分为三大类：平板法、圆环法及棱柱体法。如美国混凝土协会 ACI-544 推荐的平板法，ICBO 推荐的平板法，美国道路工程师协会 AASHTO 推荐的圆环法，RILEM TC119-TCE 推荐的棱柱体法。本次修订在 ICBO 基础上，将其改进，经过试验验证后，形成了本标准的早期抗裂试验方法，本标准采用刀口诱导开裂，故可称其为刀口法。该方法操作简单、方便，对开裂敏感性好，容易达到试验目的。

9.0.2 本条规定了早期抗裂试验方法的装置以及对试件尺寸、每组试件个数、骨料最大粒径的要求。

1 试件为平板型。因抗裂试件使用的混凝土量较大，试模占地较多，经过验证试验表明，本方法可重复性好，故规定每组 2 个试件即可，当然也可用 2 个以上的试件进行试验。

2 试验装置可按本标准规定的尺寸自行设计。市场上已有定型产品可供选择。加工抗裂试模或者装置，应保证其刚度和可拆卸性，以保证试验效果，并便于重复使用和维护。

3 试验用风扇以能够连续调节风速为宜。

4 本试验采用三种传感器：温度计、湿度计和风速计。市场上已有将三种传感器集成在一起的产品。

5～7 规定了裂缝宽度和长度的测量工具有关量程和精度要求。

9.0.3 本条规定了早期抗裂试验的步骤和程序。

1 规定试验宜在恒温恒湿室进行，以保证试验条件一致。条件不具备时，可在温度、湿度变化不大的大房间内进行试验。

2、3 试件成型制作时需注意混凝土密实性、平整度和试件厚度，试件太厚和太薄均影响试验结果。

4 实际操作时应注意风扇是否满足规定的风速要求。风速可采用手持式风速仪进行测定。同时应注意风向要求，以保证试验条件的一致性。

5、6 开始测读裂缝的时间统一规定为 24h。从混凝土搅拌加水开始计算时间，通常 24h 后裂缝即发展稳定，变化不大。

由于采用刀口诱导开裂，经过验证试验表明，裂缝基本上为直线，多数刀口上只有一条裂缝，个别刀口上有两条裂缝，一般情况下两条裂缝也基本上处于同一直线上，此时可将两条裂缝的长度分别测量后相加，折算成一条裂缝的长度。裂缝的宽度以最大宽度为准。

规定裂缝长度采用钢尺测量，裂缝宽度采用读数显微镜测量，显微镜放大倍数至少 40 倍。这种显微镜市场上容易采购，价格便宜，精度能够满足要求。

7 需要计算的开裂指标有 3 个，分别为：平均开裂面积、单位面积裂缝数目、单位面积总开裂面积。

9.0.4 本条规定了早期开裂试验结果计算及处理方法。

1 计算裂缝面积时，裂缝形状是近似按照三角形处理，故公式中有系数 1/2。

2、3 规定了单位面积裂缝条数和单位面积总开裂面积的计算公式。

4 一般采用单位面积上的总开裂面积来比较和评价混凝土的早期抗裂性能。

10 受压徐变试验

10.0.1 本条规定受压徐变试验的适用范围和目的。

10.0.2 本条规定了徐变试验仪器设备的有关要求。

1 规定了徐变仪的有关要求。

1) 徐变仪有多种形式。加载能力及稳定性是主要要求。

2) 国内外绝大多数采用弹簧持荷式徐变仪，经长期使用证明这种形式具有简单、可靠及占地少等优点，故在标准中予以采用。目前国内采用的弹簧持荷式徐变仪的具体结构、尺寸、层数有所不同，但只要构造及制作合理，测试的精度及准确性不会受明显影响。因此在本标准中不规定具体的构造形式和尺寸，只是对丝杆及弹簧做了一些规定。随着高强混凝土的应用，徐变仪的工作荷载范围要求提高。当需要测试高强度、大尺寸的试件时，徐变仪的工作荷载范围可能超过 800kN。

3) 对丝杆及弹簧所提出的要求是为了使徐变仪在整个试验过程中有较好的持荷及调整能力。为了减少徐变仪在试验过程中发生应力松弛，要求丝杆的工作应力尽可能低，弹簧的工作压力不应超过允许极限荷载的 80%。但也不得选用吨位过大的弹簧。如果加荷时弹簧的压缩变形太小（如 20mm 以内），则在试验过程中试件所产生的变形将会造成很大的应力损失。弹簧过硬，其调整能力就较差。

4) 规定了液压持荷部件的构成。

5) 国内一般最多串叠 2 个试件，ASTM 允许串叠 3～5 个试件。按照 5 个 300mm 高的试件串叠计算，并考虑上下两头的垫块高度，上下压板之间的总距离不得超过 1600mm。

2 规定了加荷装置的结构要求。加荷装置一般由加荷架、油压千斤顶、测力装置等组成。

3 规定了变形测量装置的要求。

变形测量一般以外装式（如带接长杆的千分表）或内埋式的量测装置为好。便携式的接触式引伸仪对仪器本身、测试人员的技术水平及测点的安装等都要求较高，使用时应予注意。

变形测量装置的精度要求为 1.0×10^{-6}，这比 ASTM、EN、JIS 草案提出的要求高，与水工混凝土试验规程的精度要求基本相同。原标准所提精度要求为 20×10^{-6}，与 1985 年版 RILEM 的标准要求相同。随着应变测试仪器精度的提高，新的精度要求可以得到满足。

10.0.3 本条规定了受压徐变试验对试件的要求。

1 规定了试件的形状和尺寸。

1）本标准中要求只采用棱柱体试件，这与 ASTM、EN、RILEM、JIS 和 DL/T 均要求或允许采用圆柱体试件有所不同。国内外标准中一般要求试件截面尺寸至少为粗骨料最大粒径的 3 倍，且不小于 100mm。建工行业一般采用 100mm×100mm×400mm 的试件。

2）参考 ASTM C512 的规定，当试件叠放时，在每叠试件端头的试件和压板之间应加装一个辅助性混凝土垫块，以使得该叠试件的端部约束条件一致。

根据有关研究成果，棱柱体试件承压面约束区为距离端面 $a/2$ 的范围（a 为试件边长），故规定试件长度应比测量标距长出一个截面边长。

2 规定了试件的数量要求。

1）规定要同时制作至少 3 种试件：抗压试件、徐变试件、收缩试件，分别供确定荷载大小、测定徐变变形和测定收缩变形之用。

2）规定收缩试件应安装有与徐变试件相同的变形测量装置，确保测量精度相同。

3 规定了制备试件的要求。

1）徐变试件受压面之间的平行度及受压面与纵向表面的垂直度对试件加载时的对中有明显影响，为此需重视试模选择、成型、试件后处理等有关环节。

2）规定了角度公差。

3）规定了外装式应变测量装置对试件和试模的要求。

4 规定了试件养护和存放方式。

1）规定三种试件在相同条件下进行养护，使三种试件条件一致。

2）～5）原规程只规定了恒温恒湿（标准环境）这一种试件养护和存放方式，国外标准一般给出 2～4 种方式，《水工混凝土试验规程》（SL 352 和 DL/T 5150）规定只采用基本徐变养护方式（绝湿徐变），因为水工混凝土大多为大体积混凝土，内部接近绝湿状态。本标准规定了四种养护和存放方式：标准环境、绝湿环境、特定温度环境和其他条件。

对于在 3d 龄期加载的试件，标养时间为 3d。对于在 7d 以上龄期加载的试件，标养时间均为 7d，其他时间都放在温度为（20±2）℃，湿度为（60±5）％的环境中待试。

10.0.4 本条规定了受压徐变试验的程序和步骤。

1 规定了加荷龄期。

原标准中要求的加荷龄期为 7d、14d、28d、90d，ASTM 标准中要求的加荷龄期为 2d、7d、28d、90d 和 360d，水工混凝土试验规程的要求与 ASTM 相近。由于近年来桥梁工程施加预应力的时间多为（3～5）d，建筑施工中拆模龄期也较 1980 年代时提前，故宜增加一组早龄期加载的试件（14d）。

2 规定了受压徐变试验的操作步骤和程序。

1）、2）规定了徐变试件安装的准备工作。需要施加的徐变应力大小由棱柱体试件的抗压强度决定，故在徐变试件加载前，应先取得棱柱体抗压强度数据。

3）原标准未要求覆盖参比用收缩试件的端部，本次修订参考 ASTM C512-2002 规定，增加了该项要求，以防止收缩试件端部失去水分。

4）徐变试验加载过程中的荷载对中是整个试验过程的关键。如果对中所用时间太长或反复加卸荷的次数过多，都会使一部分徐变变形在测定初始变形值之前就发生，这对徐变变形的测值，尤其对早期徐变测值影响很大，还会导致徐变系数偏小。为了减少这部分变形损失，本标准在相当于棱柱体或圆柱体抗压强度的 8% 的低应力情况下对中，可将加载过程中产生的徐变变形控制在仪表的误差范围内。荷载到达徐变应力后虽然试件两个对侧的变形读数可能有差别，但其读数平均值基本不受两边受力不匀的影响。

5）与国内外标准相比，原标准规定的观测频率最低，尤其是在第一周内和半年以后，其他标准一般要求第一周内每天读 1

次数，半年以后仍然每月至少读1～2次数。考虑到实际可操作性，保留了原标准规定的观测频次，但增加了270d龄期测量读数的要求。

6) 测量徐变试件变形时，应同时测读收缩试件的变形，计算徐变参数时需要用到收缩变形值。

7) 在进行试验设计和徐变仪选用时，应尽量考虑在整个试验过程中使荷载的损失小于规定的允许值。采用弹簧式徐变仪时，荷载的校核和补足可按以下步骤进行：先记下螺母的初始位置，用千斤顶加荷至75%徐变荷载，松开三个螺母，加荷到100%徐变荷载，此时，如果左右两表读数之和与校核前测得的读数相差不超过规定数值，可把三个螺母拧回原位，使上压板保持原有的位置；如校核结果荷载有较大的变化，则应在千斤顶保持100%徐变荷载的状态下，把三个螺母拧紧同样的角度，使上压板平衡向下压紧，松开千斤顶，检查千斤顶松开前后试件左右两表读数之和是否有显著差异，如差异过大，则应再次加压，调整螺母拧紧的程度。

随着现代混凝土强度等级的提高、徐变的减小，徐变试验过程中荷载的补足问题与以前相比没有那么麻烦，对于C50以上的混凝土，当徐变试验时间在一年左右时，一般不需要补足荷载。

10.0.5 规定了徐变试验结果计算及处理方法。

徐变试验通常会获得3个测试指标，徐变应变、徐变度和徐变系数。计算时应注意3个指标的数量单位。徐变应变、收缩率和初始应变等均精确到$0.001mm/m$，即1.0×10^{-6}。

11 碳化试验

11.0.1 本条规定了碳化试验方法的适用范围和目的。

混凝土抗碳化能力是耐久性的一个重要指标，尤其在评定大气条件下混凝土对钢筋的保护作用（混凝土的护筋性能）时起着关键作用。本标准规定的试验方法、步骤及参数是目前我国有关单位最常用的。

11.0.2 本条规定了碳化试验对试件的要求。

1 过去用立方体试件进行碳化试验，每个试件只能使用一次。现在不少单位都采用棱柱体试件。棱柱体试件碳化试验到一定龄期时从一端劈开试件测定碳化深度，然后用石蜡封头后还可以继续进行碳化试验。这样，由于在同一个试件上测量得到各龄期的碳化深度值，消除了因试件不同而形成的误差。

2 实际操作时立方体试件使用更方便，更容易得到，所以本标准规定也容许使用立方体试件，但因立方体试件只能使用一次，故其数量应该按照试验要求予以增加。

3 本标准规定，试件一般应在28d龄期进行碳化，但是掺粉煤灰等掺合料的混凝土水化比较慢，特别是大掺量掺合料混凝土水化更慢，如在28d就进行强制碳化，则混凝土掺合料后期的水化效果在很大程度上被排除，影响了对粉煤灰等掺合料的正确评价，在这种情况下，碳化试验宜在较长的养护期后进行。

4 碳化试验后混凝土断面上碳化层的界限是很不规则的，甚至是犬牙交错的，为了防止测量过程中人为因素的影响，标准规定在试验前即应画线，画线平行于试件长度方向，间距为10mm，以定出测点位置，碳化到规定龄期破型后就按照预定的测点测量碳化深度。

11.0.3 碳化试验设备与原标准规定基本一致。目前市场上已经有较成熟的碳化试验设备，而且我国已经有碳化试验设备的产品标准《混凝土碳化试验箱》JG/T247。

11.0.4 本条规定了碳化试验的步骤和程序。

1 试件在碳化箱内放置应有一定间距，保证各试件的暴露面的碳化条件一致。

2 本标准采用在$(20\pm3)\%$浓度的二氧化碳介质中进行快速碳化试验。其理由是：

1) 在$(20\pm3)\%$浓度下混凝土的碳化速度，基本上保持自然碳化相同的规律，即$x = \alpha\sqrt{t}$的关系。如浓度过高（如达到50%）则早期碳化速度很快，7d后速度明显减慢，碳化达到稳定。如浓度过低，如国外采用（1～4）%左右的浓度，这种情况与实际比较接近，但是碳化速度太慢，试验效率低。

2) 在$(20\pm3)\%$浓度下碳化28d，大致相当于在自然环境中50年的碳化深度，与一般耐久性的要求相符合。

碳化试验时，湿度对碳化速度有直接影响。湿度太高，混凝土中部分毛细孔被自由水所充满，二氧化碳不易渗入，因此试验中采用比较低的湿度条件。但是，混凝土的碳化过程是一个析湿的过程：

$$Ca(OH)_2 + CO_2 \longrightarrow CaCO_3 + H_2O \qquad (9)$$

尤其在碳化的前几天，析出的水分较多。因此要求试件在进入碳化箱前应在60℃下烘干48h，以利于前几天箱内的湿度控制。

本标准规定的碳化试验的温度条件为(20 ± 2)℃，比原标准规定的(20 ± 5)℃要严格。由于温度对混凝土碳化速度有很大影响，温度高，碳化速度快。目前的碳化试验设备可以满足该温度要求。

3 由于温度、湿度和二氧化碳的浓度条件对碳化结果影响很大，故本标准规定应经常监测碳化试验设备的温度、湿度和二氧化碳浓度的变化情况。目前的碳化设备可自动调节温度和二氧化碳浓度等条件，但对湿度条件还应进行人工干预。目前一般采用硅胶做干燥剂来控制湿度，也可以采用其他更好的方式来控制湿度。

4 规定了不同形状和尺寸试件的碳化深度检查方法。碳化试验一般在碳化进行到 3d、7d、14d、28d 龄期时测量试件的碳化深度。试件破型可根据条件采用劈裂法和干锯法。

5 碳化深度一般采用 1‰酚酞酒精溶液做指示剂来测定。酚酞指示剂与未碳化的混凝土碱性孔溶液反应变成红色，测量靠近边缘不变色部分的深度即为碳化深度。

11.0.5 本条规定了碳化试验结果计算和处理方法。

1 碳化试验结果常用两个指标来表示，即平均碳化深度和碳化速度系数。碳化速度系数实际上只代表在该试验条件下的碳化速度与时间的平方根关系式中的系数，从数量上等于一天的碳化深度，由于这个系数实际使用价值不高，而且计算准确性也差，不如直接用 28d 的碳化深度来表示比较直观，因此，在本标准中只考虑一种表达形式，即碳化深度。

测量时一般可选取 8～9 个测点进行测量，取各测点碳化深度的平均值作为该试件碳化深度测定值。

2 规定以碳化进行到 28d 的碳化深度结果作为比较基准。以 3 个试件碳化深度平均值作为该组混凝土试件碳化深度的测定值，用于对比各种混凝土的抗碳化能力以及对钢筋的保护作用。

3 规定应按照不同龄期的碳化深度绘制碳化深度与时间的关系曲线，用于反映碳化的发展规律。

12 混凝土中钢筋锈蚀试验

12.0.1 本条规定了混凝土中钢筋锈蚀试验的适用范围和目的。

本标准只规定了一种测量混凝土中钢筋锈蚀的试验方法，即直接破型测量钢筋质量损失的方法。本试验方法适合于大气条件下钢筋的锈蚀试验，以对比不同混凝土对钢筋的保护作用。不适用于含氯离子等侵蚀性介质环境条件下钢筋锈蚀试验。

我国常用的钢筋锈蚀测量方法有两种：一是直接测量被检钢筋的锈蚀面积及失重情况；二是测量钢筋在电化学过程中的极化程度，并根据所测量得到的极化曲线来判别钢筋有无锈蚀情况。鉴于后者只适用于溶液及水泥砂浆（未硬化或已硬化）中钢筋锈蚀的定性检验。混凝土中钢筋锈蚀的极化试验虽然做过一些尝试，尚需要进一步完善和改进，故本标准只采用破型直接检验钢筋质量损失的试验方法。

12.0.2 本条规定了试件的制作和处理要求。

1 规定了钢筋锈蚀试验的试件尺寸和数量。

2 规定了钢筋锈蚀试验用钢筋的规格、尺寸、数量及处理方式。由于锈蚀产物的质量与钢筋本身质量相比较小，故称量时应非常小心，称量仪器的精度至少应达到 0.001g。

3 制作试件时钢筋的定位非常重要，钢筋定位不准确，则试验结果不准确，因此实际操作时应小心谨慎。同时保持钢筋干净不被污染也非常重要。钢筋一旦被污染，将影响锈蚀速率，得到的试验结果就不准确。

4 试件成型后一般经过三个步骤的处理：一是在成型室养护 24h 后拆模；二是拆模后在端部刷毛，涂上不小于 20mm 厚的保护层砂浆；三是涂上保护层砂浆后的试件要经过潮湿养护 24h 后再移入标准养护室继续养护至 28d 龄期。要求端部砂浆的水灰比小于试件混凝土的水灰比，以保证其护筋和密封性能。

12.0.3 本条规定了混凝土中钢筋锈蚀试验有关设备和装置的要求。

1 由于本试验方法主要针对碳化引起的钢筋锈蚀，因此试件应先经过碳化。碳化所用的设备与混凝土碳化试验所用的设备完全相同。

2 规定了钢筋定位板的材质、尺寸等要求。

3 称量设备最好是电子秤，其操作较方便。

12.0.4 本条规定了混凝土中钢筋锈蚀试验的步骤和程序。

1 鉴于碳化是引起钢筋锈蚀的主要因素之一，一般混凝土在未碳化前能很好地保护钢筋。只有碳化达到钢筋表面以后，钢筋才开始锈蚀。为了在钢筋锈蚀试验中考虑这一重要影响，本标准规定钢筋锈蚀试件首先应经过 28d 碳化处理，也即大概相当于自然放置 50 年，再进行锈蚀试验。

2 钢筋锈蚀的加速锈蚀方法是一个比较关键的问题。我国曾经试验过多种加速钢筋锈蚀的方法，并认为用干湿循环法比较简单方便，但在近几年的实践中，发现干湿循环法也有不少缺点，其中：

1) 加热干燥时烘箱的损坏率太高，如采用常温干燥则周期太长；

2) 干湿循环本身对混凝土也是一个严峻的考验，有时候会出现顺钢筋位置的纵向裂缝，此时混凝土失去对钢筋的保护作用，试验只能作废；

3) 在浸泡过程中往往会使混凝土中一些易溶成分渗出（例如氯离子），这就影响了测试的准确性。

因此有些单位建议改用标准养护代替干湿循环，这样可以节省劳动力，并有利于保持试验条件的一致性。由于标准养护条件下钢筋锈蚀的发展比干湿循环的要慢（根据一些单位的反映试验周期需要延长一倍），因此本标准规定标养 56d 后破型查锈。由于混凝土在饱水情况下氧气不易渗入，钢筋锈蚀的速度反而会降低，因此规定试件在标准养护室内应避免直接淋水，放置试件的格架应带有顶棚以阻挡养护水喷在试件上。

3 由于测量钢筋锈蚀程度采用酸洗的方法，而酸对未锈蚀的钢筋也会有一定破坏，为了避免酸洗本身带来的影响，本次修订时增加了用相同材质的未锈蚀钢筋来作为基准校正。

12.0.5 本条规定了试验结果的计算和处理方法。

钢筋锈蚀的试验结果有多种表示方法，本标准仅采用钢筋失重率作为表达指标。钢筋锈蚀面积表达法在锈蚀不大时很难分清锈蚀和未锈蚀的界限，而锈蚀严重时，却又不能反映它们程度上的差别，因此本标准未将锈蚀面积作为钢筋锈蚀的指标。

本标准对钢筋锈蚀失重率试验结果计算公式进行了修正。增加了测量基准校正钢筋质量的程序，以补偿因酸洗造成对钢筋未锈蚀部分的质量损失。

13 抗压疲劳变形试验

13.0.1 本条规定了抗压疲劳变形试验的适用范围和目的。

混凝土的抗压疲劳性能是混凝土的一项重要性质，但如何正确评价就成为一个难题。原有的疲劳试验方法（GBJ 82-85）采用混凝土的抗压疲劳强度来评价混凝土的疲劳性能。在中国铁道科学研究院等单位长期的试验过程中发现，该方法存在一定的缺陷，因此在此次修订时进行了改进。

在重复荷载作用下混凝土的纵向变形的变化规律可分为三个阶段，如图 1 所示。图中横坐标为重复荷载循环次数 N，纵坐标为纵向应变 ε。在第一阶段开始时，混凝土的纵向总应变发展较快，随后其增长速率逐渐降低，当纵向应变达到 ε'_{max} 时，第一阶段结束。第一阶段大约占总疲劳寿命的 10% 左右。在第二阶段，混凝土的纵向总应变增长速率基本为一定

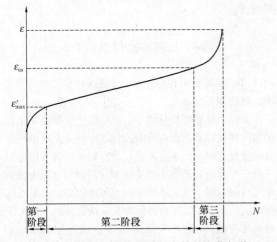

图 1 纵向应变随荷载重复次数的变化规律

值，混凝土的纵向总应变及纵向残余应变随荷载重复次数的增加基本呈线性规律变化，这一阶段占总疲劳寿命的 75% 左右。进入第三阶段后，混凝土的纵向总应变及残余应变发展很快，混凝土进入失稳破坏。我们称第三阶段开始时的混凝土纵向应变为混凝土失稳临界应变，以符号 ε_{us} 表示。这一阶段大约占混凝土总疲劳寿命的 15% 左右。

混凝土在重复荷载作用下，内部微裂缝和损伤的发展也可分为三个相应的阶段。第一阶段为混凝土内部微裂缝形成阶段。由于混凝土内部的薄弱环节存在，在这一阶段中，随着荷载重复次数的增加，在水泥和粗骨料结合处及水泥砂浆内部薄弱区迅速产生大量微裂缝，这表现在开始几周荷载重复时，混凝土的纵向残余变形和总变形发展较迅速，但随着重复次数的进一步增加，每周荷载循环形成的新裂缝的数目在逐渐减少，混凝土内部薄弱区域形成微裂缝的过程已趋近于完成。这些已形成的微裂缝由于遇到其他骨料和水泥石的约束，不能迅速发展，在宏观上表现为混凝土应变增长速率逐渐降低。当混凝土内部应力高度集中的薄弱区域和微裂缝形成基本完成后，混凝土的疲劳损伤进入占疲劳寿命绝大部分的损伤发展的第二阶段，即线性损伤随荷载重复次数的增加而线性增加。在此阶段，已形成的裂缝处于稳定扩展阶段。此时的线性累积损伤主要是在水泥砂浆中形成新的微裂缝中的累积。随损伤累积的增长，水泥砂浆的断裂韧度不断降低，当损伤达到一定程度后，这些微裂缝达到临界状态，从而导致裂缝的不稳定扩展，使疲劳损伤进入迅速增加的第三阶段。在这一损伤阶段，混凝土的超声波传播速度急剧降低，波幅急剧衰减，试件表面可以见到明显裂缝。

根据以上分析可知，混凝土的疲劳破坏是由于骨料和砂浆间的粘结裂缝和砂浆内部的微裂缝贯穿而形成连续的、不稳定的裂缝而引起的，这与混凝土的静载破坏机理是一致的。Wittmann 和 Zaitsea 认为，对于给定材料，当该材料内部的裂缝长度达到临界长度后，这一裂缝将发生不稳定扩展，而和所施加的荷载种类和荷载历程无关。根据这一观点，可以认为，对混凝土材料而言，当混凝土内部裂缝发生不稳定扩展时，该裂缝的临界长度是一定的。这一临界长度取决于混凝土材料的性质。因此，当内部裂缝不稳定扩展时，由这些微裂缝导致的混凝土纵向应变是相同的，是混凝土的材料常数，和加载历史无关，即混凝土疲劳破坏时混凝土的纵向应变是相同的。混凝土疲劳破坏试验结果充分证明了这一结论的正确性。

由于混凝土内部裂缝失稳扩展时的裂缝临界长度及此时的混凝土纵向总应变和加载历史无关，对一次加载而言，超过裂缝临界长度和纵向总应变后，混凝土的纵向总应变迅速增加。对疲劳破坏而言，当超过这一数值后，随荷载作用次数的增加，混凝土纵向应

变急剧增加，试件表面可见明显的沿加载方向的纵向裂缝，试件很快发生破坏，所以我们可以取裂缝失稳扩展时的临界裂缝长度或此时混凝土的纵向总应变作为判断混凝土破坏的疲劳破坏准则。由于裂缝失稳扩展时的临界裂缝长度较难确定，故取失稳扩展时混凝土的纵向总应变作为混凝土的疲劳破坏准则。这一结论和 Jan. Ove. Holmen 给出的"可以利用混凝土极限应变作为混凝土的疲劳破坏准则"是一致的。

基于上述论述，铁道科学研究院提出了以混凝土轴心受压重复应力下的混凝土纵向疲劳变形增量达到 $0.4f_c/E_c$ 作为混凝土疲劳失效的判据，其中 f_c 为混凝土的静载轴心抗压强度，E_c 为混凝土的原点切线弹性模量。

虽然可采用测量极限应变从而得到混凝土的极限疲劳性能，但由于疲劳变形增量限值的取值目前尚未有统一的认识，因此在本标准中不作规定，仅提供一种测量混凝土疲劳变形的方法，为今后进一步完善该方法提供数据。

13.0.2 本条规定了抗压疲劳变形试验的有关设备要求。

1、2 疲劳试验机与原标准规定相同。

3 由于本次修订后的疲劳试验从测试抗压疲劳强度改为测试抗压疲劳变形，因此，试验设备除了疲劳试验机外，增加了变形测量装置。变形测量装置要求在疲劳试验过程中具有较好的精度。

13.0.3 本条规定了疲劳试验应采用 6 个试件为一组，其中 3 个做变形试验，另外 3 个做轴心抗压强度。原标准规定测试疲劳抗压强度时规定用 9 个试件，其中 3 个做抗压强度试验，另外 6 个做抗压疲劳试验。由于测试指标和测试方法已经改变，试验过程已经不像抗压疲劳强度那样需要逐个进行初试，所以试件数量也可减少了。

13.0.4 本条规定了抗压疲劳变形试验步骤和程序。

1 由于疲劳试验所持续的时间较长，为了减少第一个进行试验的试件与最后一个进行试验的试件因试验开始时间不同引起试验误差，标准规定试件应在室温(20±5)℃下存放 3 个月龄期才开始进行试验(不要求在标准养护室继续存放)。

2 用 3 块试件先确定轴心抗压强度，作为抗压疲劳变形试验确定荷载的基准。注意测轴心抗压强度时，试件龄期为 3 个月。

3 疲劳变形试验的试件对中很重要，实际操作时需仔细。因为疲劳试验与静力试验不同，试件内部应力调整能力比较低，因此在进行疲劳变形试验时要求对试件进行物理对中（受力情况下进行对中）。原标准采用一次对中的方式，本次修订改成两次对中，以保证对中效果。

4 规定了抗压疲劳变形试验的脉冲频率、上下限应力。

在等幅应力循环次数为 2×10^6 时，对于疲劳试验的上下限应力，不同的国家和标准作出了不同的规定，铁道科学研究院在其研究的基础上提出了相应的混凝土应力上下限水平，如表 5 所示。

表5 在应力下限不同时不同文献中对混凝土应力上限水平的规定

设计规范或文献	混凝土应力下限水平 (σ_{min}/f_c)					
	0	0.1	0.2	0.3	0.4	0.5
铁道科学研究院建议	0.62	0.66	0.70	0.73	0.77	0.81
美国 ACI215 委员会建议	0.55	0.58	0.61	0.64	0.66	0.70
前苏联 снип2、05、03 规定	0.63	0.65	0.68	0.72	0.74	0.76
文献 1（日本）	0.57	0.64	0.69	0.74	0.79	0.83
文献 2（日本）	0.63	0.67	0.70	0.74	0.76	0.81
我国原 TJ 10-74 规定	0.55	0.56	0.62	0.68	0.74	0.79

从表可以看出，各设计规范和文献中提出的混凝土应力上下限水平差别并不大，本标准的修订采用了铁道科学研究院建议的值，即疲劳的上限应力取 $0.66f_c$，下限应力取 $0.1f_c$（其中 f_c 表示混凝土的轴心抗压强度）。在有特殊要求时，上限应力和下限应力可根据要求按表选定。

5 为了简化试验，本标准取一种疲劳循环次数（200 万次）作为试验的基础。这与钢筋混凝土设计规范疲劳折减系数的取值原则基本上是一致的，也和目前钢材疲劳试验所采用的循环次数相同。

虽然 200 万次疲劳试验对混凝土来说可能没有达到稳定，且以后随着疲劳次数的增加其变形还会增加，但增加的幅度减慢了。虽然有些设计规范中还要求疲劳次数有更高的性能指标（如 700 万次），但要做一个 700 万次的疲劳试验需要试验机不断地运行 20d 左右，试验周期太长，不宜作为试验的基础。而 200 万次试验，大概需要试验机连续运行 6d 左右。

13.0.5 本条规定了抗压疲劳变形试验结果的计算和处理方法。

14 抗硫酸盐侵蚀试验

14.0.1 本条规定了抗硫酸盐侵蚀试验方法的适用范围、目的和评价指标。

混凝土在硫酸盐环境中，同时耦合干湿循环条件的实际环境经常遇到，硫酸盐侵蚀再耦合干湿循环条件对混凝土的损伤速度较快，故规定本试验方法适用于处于干湿循环环境中遭受硫酸盐侵蚀的混凝土抗硫酸盐侵蚀试验，尤其适用于强度等级较高的混凝土抗硫酸盐侵蚀试验。评价指标为抗硫酸盐等级（最大干湿循环次数），符号采用汉语拼音的首字母 KS 来表示。

14.0.2 本条规定了抗硫酸盐侵蚀试验所用的试件要求。

1 尺寸为100mm×100mm×100mm的立方体混凝土试件可以测量抗压强度指标，尺寸为100mm×100mm×400mm的棱柱体试件可以测量抗折强度指标，虽然在硫酸盐侵蚀试验中，抗折强度指标比抗压强度指标敏感，但抗压强度指标对结构受力计算和设计更有意义，且抗折强度试验结果离散性大，试验误差大，设备要求较高，操作不便，故本标准规定采用尺寸为100mm×100mm×100mm的立方体混凝土试件来进行抗硫酸盐侵蚀试验。

2 规定了混凝土取样、试件的制作和养护要求。

3 试件的数量应根据设计的抗硫酸盐等级来选择。

14.0.3 本条规定了抗硫酸盐侵蚀试验设备和试剂的有关要求。

1 国内用于硫酸盐侵蚀试验的干湿循环试验设备已经开发成功，经过试验验证表明其性能稳定，能够节省人力，减轻劳动强度，试验结果可靠，故本标准规定优先采用能够自动进行干湿循环的设备。

2 考虑到有些单位进行抗硫酸盐侵蚀试验的试验量可能不大，故本标准规定也可以采用一般的烘箱进行非自动干湿循环试验。27L溶液一般可供3组试件试验。

3 规定了抗硫酸盐侵蚀试验需要的试剂的要求。

14.0.4 本条规定了抗硫酸盐侵蚀试验步骤和程序。

1 抗硫酸盐侵蚀试验的龄期规定为28d。设计另有要求时按照设计规定龄期进行试验。由于混凝土掺入粉煤灰等掺合料后，混凝土抗硫酸盐侵蚀能力一般都会有所提高，而掺合料发挥作用通常需要较长龄期，因此对于掺入较大量掺合料的混凝土，其抗硫酸盐侵蚀试验的龄期可在56d进行。

因试件为标准养护，试件内含水率通常较高，需要先进行干燥才能进行抗硫酸盐侵蚀试验。干燥的时间规定为48h。干燥温度以能够去除大部分毛细水分为原则。温度太高，则损伤试件或者去除了部分结合水，温度太低则速度慢，不能去除大部分毛细水分，且试验效率低。本标准规定干燥温度为(80±5)℃。

2 试件在干湿循环试验设备中应有一定间距，保证试件各表面能够有充足的溶液浸泡。

3、4 试件浸泡、放入溶液、排出溶液的总时间为16h。本标准规定试验过程中应定期（一般为15个循环）测试一次溶液的pH值，始终维持溶液的pH值在6~8之间。这是因为刚开始试验时，试件中渗出物质较多，可能引起溶液pH值变化，影响试验结果。在后期，试件中的物质与溶液中物质处于平衡状态，溶液pH值变化较小，故试验初期应经常检查溶液的pH值，后期检查的间隔时间可以较长。溶液的pH值可以采用1mol/L的H_2SO_4溶液进行调节。

由于定期检测溶液的pH值操作比较麻烦，做相对比较试验时也可以不检测溶液的pH值，而是采取定期（通常为1个月）更换溶液的方法，保持溶液中的硫酸盐浓度维持基本不变。国内研究表明，这样做对试验结果影响不大。

5、6 规定了试件烘干温度为(80±5)℃，烘干时间为6h，冷却时间为2h，烘干和冷却总时间共8h。

7 一个干湿循环的总时间为(24±2)h。这样便于计算时间和安排试验。

8 规定应按照设计需要或者表14.0.2要求进行中间检查和测试。

9 规定了抗硫酸盐侵蚀试验结束的三个条件：抗压强度耐蚀系数达到75%、干湿循环试验达到150次或者达到设计规定的指标。三个指标只要有一个达到即可结束试验。

大量试验研究结果表明，当抗压强度耐蚀系数低于75%，混凝土遭受硫酸盐侵蚀损伤就比较严重了。当干湿循环次数达到150次时，如果各种指标均表明混凝土硫酸盐抗侵蚀能力较好，则可以停止试验。验证试验表明，混凝土在硫酸盐溶液中进行干湿循环试验时，多数情况下试件的质量是增加的，即使质量减少，也很难达到5%的质量损失率要求，因此本标准未采纳其他标准和资料中推荐的质量损失率和质量耐蚀系数指标。

14.0.5 本条规定了抗硫酸盐侵蚀试验结果的计算和处理方法。

15 碱-骨料反应试验

15.0.1 本条规定了碱-骨料反应试验方法目的和适用范围。

本方法主要参考加拿大《Test Method for Potential Expansive of Cement-aggregate Combination (Concrete Prism Expansion Method)》CAN/CSA-A23.2-14A：2004 方法编写而成。也参考了欧洲材料与结构试验联合会（RILEM）下属的碱-骨料反应与预防委员会（TC 191 ARP）提出的混凝土棱柱体试验法（AAR-3），适用于检测骨料的碱活性。试验中把混凝土棱柱体在温暖潮湿的环境中养护12个月，以此种严酷条件激发骨料潜在的碱-骨料反应（Alkali-Aggregate Reacting, AAR）活性。我国《水工混凝土试验规程》SL 352-2006 中的碱-骨料反应（混凝土棱柱体法）也是根据相同的加拿大标准来制定的（版本不同而已）。

鉴于碱-骨料反应病害对混凝土耐久性的深重影响，以及《普通混凝土用砂、石质量及检验方法标准》中为预防碱-骨料病害已列入"砂浆长度法"、"快速砂浆棒法"和"岩石柱法"等检测骨料碱活性的方法，在《普通混凝土长期性能与耐久性试验方法标准》中有必要列入"混凝土棱柱体法"，即用混凝土试件检测骨料碱活性的方法，以进一步完善我国检测混凝土骨料碱活性的试验方法系列，有利于更好地预防混凝土碱-骨料反应病害。

碱-骨料反应已给世界许多国家造成了重大损失，经验教训告诉我们：对付碱-骨料反应重在预防。若等工程结构出现 AAR 病害再去治理，往往难以处理，且花费巨大。

从国内各部门的标准中已看出，从原来只有骨料活性的鉴定标准，向前发展了一个层次，出现了评价掺合料抑制碱-硅反应的试验方法标准，这有非常现实的意义，因我国活性骨料分布很广，而工程建设量在很长一个时期内将保持世界第一的规模，将来不可避免地会把活性骨料（或潜在活性骨料）用于工程建设，如何评价抑制 AAR 的措施具有重要意义。目前我国结合一些重大工程刚开始这方面的工作。从国际水平看，应向更高一层的标准看齐，即着眼于建立预防 AAR 的综合体系，并制订相应的试验方法标准。

现在修订 GBJ 82-85，加入了有关碱-骨料反应的混凝土试验方法，以推动以下三方面的工作：

（1）提高 AAR 试验水平。如前所述，过去我们的工作偏重于砂浆棒法试验（20 世纪末以前主要是 40℃ 的传统砂浆棒法，之后是 80℃ 的快速砂浆棒法），与工程实际情况中间差一环：混凝土棱柱体试验。目前我国用此方法做出的试验数据极少，仅在某些大工程，如三峡大坝检测骨料活性时应用了此方法与其他方法对比。而目前国际上的测长试验，首先看有没有混凝土试验数据，若没有再考虑砂浆棒试验法的结果，因为前者与工程实际最为接近。我国幅员辽阔，骨料情况复杂，理应尽快建立各地骨料的混凝土棱柱体膨胀数据，避免单纯使用砂浆棒法可能带来的不良后果，重蹈发达国家覆辙。

（2）为建立预防 AAR 综合体系打好试验基础。从判断骨料碱活性的试验方法，到判断工程是否发生有害碱-骨料反应，都应使用混凝土棱柱体法，这是国外的一致趋势。我国目前一些评价掺合料抑制 AAR 的试验标准，多以快速砂浆棒法为主，还有小混凝土柱法，与国际上公认的棱柱体法缺乏可比性。况且抑制 AAR 的方法还有限制碱含量、使用特种外加剂等，若仅用快速砂浆棒法，不易科学评价其效果。今后无论检测骨料活性，还是判断某一工程是否存在 AAR 风险，除参照既有标准进行试验外，均应大量进行混凝土棱柱体试验。

（3）完善我国混凝土长期性能和耐久性能的试验方法体系。作为长期性能和耐久性能试验，国外的混凝土棱柱体试验一般 1~2 年，有的长达 10 年以上，这些数据为工程决策提供了宝贵参考依据。我国一些重大工程，如跨海公路桥梁、高速铁路桥梁、大坝

等，已提出使用寿命 100 年的要求。若仅使用 2~4 周的砂浆棒试验评价 AAR 风险显然是不够的，必须针对实际工程的混凝土配合比，及早进行长期的混凝土试验，为评价长期的 AAR 风险提供可靠依据。

本次标准修订时引入的混凝土碱-骨料反应试验方法主要通过检测在规定的时间、湿度和温度条件下，混凝土棱柱体由于碱-骨料反应引起的长度变化，该法可用来评价粗骨料或者细骨料或者粗细混合骨料的潜在膨胀活性。也可以用来评价辅助胶凝材料（即掺合料）或含锂掺合料对碱-硅反应的抑制效果（但需要进行为期 2 年的试验）。由于本试验方法采用的是混凝土试件，故将其归入混凝土耐久性试验方法。

使用本方法时，应注意区分碱-骨料反应引起的膨胀和其他原因引起的膨胀，这些原因可能有（但不限于）以下几种：

1 骨料中存在诸如黄铁矿、磁黄铁矿和白铁矿等，这些矿物可能会氧化并水化后伴随膨胀发生，或者同时产生硫酸盐，引发硫酸盐对水泥浆体或者混凝土的破坏。

2 骨料中存在诸如石膏的硫酸盐，引发硫酸盐对水泥浆体或者混凝土的破坏。

3 水泥或者骨料中存在游离氧化钙或者氧化镁，其可能不断水化或者碳化伴随发生膨胀，导致水泥浆或者混凝土的破坏。钢渣中存在游离氧化钙和氧化镁，其他骨料中也可能存在。

但使用本方法判断骨料具有潜在碱活性时，应进行其他补充试验以确定该膨胀确实由碱-骨料活性所致。补充试验可以在试验完毕后通过对混凝土试件进行岩相分析检测，以确定是否有已知的活性组分存在。

15.0.2 本条规定了混凝土碱-骨料反应试验需要的仪器设备。

1 规定了筛孔的公称直径。

2 规定了称量设备的要求。

3 原加拿大标准规定的试件长度可以在(275~405)mm 之间变化，为简化和统一标准起见，本标准统一规定试件长度为 275mm。

4 加工的测头应采用不锈金属制作，以能重复使用，测头（埋钉）是重要部件，应与试模高度匹配。

5 规定了测长仪的量程和精度。

6 规定了养护盒的要求。市场上已经有将养护盒和养护箱做成一体的碱-骨料反应试验设备。这类设备可以满足本标准提出的有关试验要求。

15.0.3 本条规定了碱-骨料反应试验步骤和程序。

1 规定了制备试件所用原材料的要求。

1）规定了所用水泥应是高碱水泥，我国北方地区许多水泥碱含量超过 0.6%，但不一定到 0.9%，可选取一些碱含量较高的

厂家生产的水泥，并需用 NaOH 调整碱含量至 1.25%，主要目的是激发和加速可能的 AAR 反应，这并非针对现场情况。由于碱含量为 0.9% 的水泥不一定在每个地方都能够找到，故规定为"宜"采用碱含量为 0.9% 的水泥，允许有一定选择。

将水泥碱含量从 0.9% 调整到 1.25% 的计算实例如下：

因单方混凝土水泥用量为 420kg/m³，则混凝土中的碱含量为 420×0.9%＝3.78kg；

混凝土中需要达到的碱含量为：420×1.25%＝5.25kg；

二者的差 1.47kg 即为应该加到拌合水中的碱含量（以当量计）。

将 Na_2O 转化为 NaOH 的因子计算：$Na_2O+H_2O=2NaOH$

分子量：$Na_2O＝61.98$，$NaOH＝39.997$；

则转换因子为 $2×39.997/61.98＝1.291$

需要增加的 NaOH 为 $1.47×1.291＝1.898kg/m^3$。

2）原加拿大标准 CAN/CSA23.2-14A 规定试验用粗骨料由粒径为（20～14）mm、（14～10）mm 和（10～5）mm 的骨料按照相同的质量比例组成。而我国水利标准《水工混凝土试验规程》SL 352-2006 规定的筛孔直径分别为 20mm、15mm、10mm、5mm。但根据新修订的《普通混凝土用砂、石质量及检验方法标准》JGJ 52-2006，砂石筛已经由圆孔筛改成方孔筛，因此严格说来就没有"孔径"一词了。但为了保持标准延续性，修订的标准保留了筛孔的"公称直径"说法。砂筛的公称直径分别为 5.00mm、2.50mm、1.25mm、630μm、315μm、160μm、80μm。石筛的公称直径分别为 2.50mm、5.00mm、10.0mm、16.0mm、20.0mm、25.0mm、31.5mm、40.0mm、50.0mm、63.0mm、80.0mm、100mm 等。因此本标准规定筛孔的公称直径分别为 5.00mm、10.0mm、16.0mm、20.0mm，相当于方孔筛的边长分别为 4.75mm、9.5mm、16mm、19mm。所以，无论从公称直径还是方孔筛边长来说，都已经没有水工标准列出的 15mm 档次，也没有加拿大标准列出的 14mm 档次。故本标准将粗骨料粒级调整为（20～16）mm、（16～10）mm 和（10～5）mm 三种粒级等量组成。

有关石筛筛孔和颗粒级配的规定可参考本标准中 3.2 节的条文说明。

如果 20mm 筛上的骨料质量分数（筛余）大于 15%，则应将筛余部分破碎使其能够通过 20mm 筛。如果被试验的粗骨料最大公称粒径为 16mm，则最后被试验的骨料由（16～10）mm、（10～5）mm 组成。

3）规定水灰比范围为 0.42～0.45，水灰比允许在此范围内调整，目的是为了使混凝土获得足够的工作性以保证混凝土在模具内能够成型密实。水泥用量固定为（420±10）kg/m³，以保证混凝土强度等指标基本一致。

混凝土除了使用 NaOH 调整碱含量外，不得再使用其他外加剂，以控制碱含量在规定的范围内并避免其他因素对试验结果的干扰。

2 规定了试件的制作步骤和程序。

1）～4）与一般混凝土成型方法基本相同。因混凝土拌合物没有加其他外加剂，不同骨料组成的拌合物工作性可能有些差距，此时可通过适当调整水灰比（在本标准规定的范围内）来达到工作性要求。成型时应仔细，确保混凝土密实，表面平整。试件成型后的养护温度和湿度与等同采纳的标准略有区别，加拿大规定的温度为（23±2）℃，即（21～25）℃，相对湿度为 100%。为适应我国试验条件，将养护温度改成（20±2）℃，即（18～22）℃，相对湿度为 95% 以上。两种养护条件基本相同。

3 规定了试件的养护及测量步骤。

1）因试件中埋有测头，拆模时需要特别小心，避免损坏测头与试件之间的粘结。初始长度测量要及时，防止试件干燥。

2）规定了测量长度的操作应在恒温室进行。

3）初始长度测量完成后，试件的养护条件就改变了。由标准养护变成在（38±2）℃的条件下养护，而且是放在养护盒中。

4）由于养护盒的温度与恒温室的温度不同，每次将试件从养护盒中取出来测量长度时，应先在恒温室进行温度调制，即在恒温室放置 24h。每次测量完毕，应将试件掉头放入养护盒中，以便试件两端都处于基本相同条件。注意测量长度的龄期是以测量完基准长度开始计算。

5）长度测试周期全部结束后，可以辅以岩相分析，以观察凝胶孔中物质、骨料粒子周边的反应环、水泥浆和骨料中微裂缝等，作为发生碱-骨料反应的判断指标。岩相分析也可以辨别岩石品种。

4　规定碱-骨料反应试验的结束条件。结束条件有两个，一是52周的膨胀率达到0.04％；二是试验时间达到52周。二者之一得到满足即可停止试验。

15.0.4　本条规定了试验结果的计算和处理方法。

1、2　计算试件膨胀率时，应注意标距是不含测头长度的。

3　试验精度分两种情况来规定。膨胀率较小时，规定膨胀率极差（单个试件膨胀率最大值与最小值之差）应小于0.008％。膨胀率较大时，规定膨胀率相对偏差不超过40％。

美国和加拿大，用一年膨胀率达到0.04％作为判断骨料是否具有潜在危害性反应活性的骨料。当混凝土试件在52周或者一年的膨胀率超过0.04％时，则判定为具有潜在碱活性的骨料；当混凝土试件在52周或者一年的膨胀率小于0.04％时，则判定为非活性的骨料。

试验时间达到52周以后，也可以根据研究需要或者其他试验目的，继续进行试验到设定龄期，如2年等。如要判断掺合料等对碱-骨料反应的抑制效果，通常需要进行2年以上的试验。

中华人民共和国国家标准

混凝土强度检验评定标准

Standard for evaluation of concrete compressive strength

GB/T 50107—2010

主编部门：中华人民共和国住房和城乡建设部
批准部门：中华人民共和国住房和城乡建设部
施行日期：２０１０年１２月１日

中华人民共和国住房和城乡建设部
公　告

第 594 号

关于发布国家标准
《混凝土强度检验评定标准》的公告

现批准《混凝土强度检验评定标准》为国家标准，编号为 GB/T 50107-2010，自 2010 年 12 月 1 日起实施。原《混凝土强度检验评定标准》GBJ 107-87 同时废止。

本标准由我部标准定额研究所组织中国建筑工业出版社出版发行。

中华人民共和国住房和城乡建设部

2010 年 5 月 31 日

前　言

本标准是根据原建设部《关于印发〈二〇〇二～二〇〇三年度工程建设国家标准制订、修订计划〉的通知》（建标〔2003〕102 号）的要求，标准编制组经广泛调查研究，认真总结实践经验，参考有关国际标准和国外先进标准，并在广泛征求意见的基础上，修订本标准。

本标准主要内容包括：1　总则；2　术语和符号；3　基本规定；4　混凝土的取样与试验；5　混凝土强度的检验评定。

本标准修订的主要内容是：1　增加了术语和符号；2　补充了试件取样频率的规定；3　增加了 C60 及以上高强混凝土非标准尺寸试件确定折算系数的方法；4　修改了评定方法中标准差已知方案的标准差计算公式；5　修改了评定方法中标准差未知方案的评定条文；6　修改了评定方法中非统计方法的评定条文。

本标准由住房和城乡建设部负责管理，由中国建筑科学研究院负责具体技术内容的解释。执行过程中如有意见和建议，请寄送中国建筑科学研究院《混凝土强度检验评定标准》管理组（地址：北京市北三环东路 30 号，邮政编码：100013；电子信箱：standards@cabr.com.cn）。

本标准主编单位：中国建筑科学研究院

本标准参编单位：北京建工集团有限责任公司
　　　　　　　　　湖南大学

北京市建筑工程安全质量监督总站

上海建工材料工程有限公司

西安建筑科技大学

云南建工混凝土有限公司

舟山市建筑工程质量监督站

北京东方建宇混凝土科学技术研究院

贵州中建建筑科研设计院

沈阳北方建设股份有限公司

广东省建筑科学研究院

本标准主要起草人：张仁瑜　韩素芳　史志华
　　　　　　　　　　艾永祥　黄政宇　张元勃
　　　　　　　　　　陈尧亮　尚建丽　田冠飞
　　　　　　　　　　李昕成　周岳年　路来军
　　　　　　　　　　林力勋　孙亚兰　盛国赛
　　　　　　　　　　王宇杰　王淑丽　王景贤

本标准主要审查人员：夏靖华　陈肇元　陈改新
　　　　　　　　　　谢永江　陈基发　白生翔
　　　　　　　　　　邸小坛　牛开民　赵顺增
　　　　　　　　　　石云兴　龚景齐　杨晓梅
　　　　　　　　　　郝挺宇　杨思忠　高　杰

目　次

1　总则 ……………………………… 4—5

2　术语和符号 …………………… 4—5

　2.1　术语 ……………………… 4—5

　2.2　符号 ……………………… 4—5

3　基本规定 ……………………… 4—5

4　混凝土的取样与试验 ………… 4—5

　4.1　混凝土的取样 ……………… 4—5

　4.2　混凝土试件的制作与养护……… 4—5

4.3　混凝土试件的试验 ……………… 4—6

5　混凝土强度的检验评定 …………… 4—6

　5.1　统计方法评定 ………………… 4—6

　5.2　非统计方法评定 ……………… 4—7

　5.3　混凝土强度的合格性评定 …… 4—7

本标准用词说明 ……………………… 4—7

引用标准名录 ………………………… 4—7

附：条文说明 ………………………… 4—8

Contents

1 General Provisions ···························· 4—5

2 Terms and Symbols ······················· 4—5

  2.1 Terms ···································· 4—5

  2.2 Symbols ································· 4—5

3 Basic Requirements ······················· 4—5

4 Sampling and Testing ···················· 4—5

  4.1 Sampling ······························ 4—5

  4.2 Preparation and Curing ············· 4—5

  4.3 Testing ································ 4—6

5 Evaluation of Conformity for

    Compressive Strength ·················· 4—6

  5.1 Statistic Method ···················· 4—6

  5.2 Nonstatistic Method ················· 4—7

  5.3 Evaluation of Conformity ··········· 4—7

Explanation of Wording in This

  Standard ································· 4—7

List of Quoted Standards ················· 4—7

Addition: Explanation of

  Provisions ······························ 4—8

1 总　　则

1.0.1 为了统一混凝土强度的检验评定方法，保证混凝土强度符合混凝土工程质量的要求，制定本标准。

1.0.2 本标准适用于混凝土强度的检验评定。

1.0.3 混凝土强度的检验评定，除应符合本标准外，尚应符合国家现行有关标准的规定。

2　术语和符号

2.1　术　　语

2.1.1 混凝土　concrete

由水泥、骨料和水等按一定配合比，经搅拌、成型、养护等工艺硬化而成的工程材料。

2.1.2 龄期　age of concrete

自加水搅拌开始，混凝土所经历的时间，按天或小时计。

2.1.3 混凝土强度　strength of concrete

混凝土的力学性能，表征其抵抗外力作用的能力。本标准中的混凝土强度是指混凝土立方体抗压强度。

2.1.4 合格性评定　evaluation of conformity

根据一定规则对混凝土强度合格与否所作的判定。

2.1.5 检验批　inspection batch

由符合规定条件的混凝土组成，用于合格性评定的混凝土总体。

2.1.6 检验期　inspection period

为确定检验批混凝土强度的标准差而规定的统计时段。

2.1.7 样本容量　sample size

代表检验批的用于合格评定的混凝土试件组数。

2.2　符　　号

$m_{f_{cu}}$——同一检验批混凝土立方体抗压强度的平均值；

$f_{cu,k}$——混凝土立方体抗压强度标准值；

$f_{cu,min}$——同一检验批混凝土立方体抗压强度的最小值；

$S_{f_{cu}}$——标准差未知评定方法中，同一检验批混凝土立方体抗压强度的标准差；

σ_0——标准差已知评定方法中，检验批混凝土立方体抗压强度的标准差；

λ_1，λ_2，λ_3，λ_4——合格评定系数；

$f_{cu,i}$——第 i 组混凝土试件的立方体抗压强度代表值；

n——样本容量。

3　基本规定

3.0.1 混凝土的强度等级应按立方体抗压强度标准值划分。混凝土强度等级应采用符号 C 与立方体抗压强度标准值（以 N/mm² 计）表示。

3.0.2 立方体抗压强度标准值应为按标准方法制作和养护的边长为 150mm 的立方体试件，用标准试验方法在 28d 龄期测得的混凝土抗压强度总体分布中的一个值，强度低于该值的概率应为 5%。

3.0.3 混凝土强度应分批进行检验评定。一个检验批的混凝土应由强度等级相同、试验龄期相同、生产工艺条件和配合比基本相同的混凝土组成。

3.0.4 对大批量、连续生产混凝土的强度应按本标准第 5.1 节中规定的统计方法评定。对小批量或零星生产混凝土的强度应按本标准第 5.2 节中规定的非统计方法评定。

4　混凝土的取样与试验

4.1　混凝土的取样

4.1.1 混凝土的取样，宜根据本标准规定的检验评定方法要求制定检验批的划分方案和相应的取样计划。

4.1.2 混凝土强度试样应在混凝土的浇筑地点随机抽取。

4.1.3 试件的取样频率和数量应符合下列规定：

　　1　每 100 盘，但不超过 100m³ 的同配合比混凝土，取样次数不应少于一次；

　　2　每一工作班拌制的同配合比混凝土，不足 100 盘和 100m³ 时其取样次数不应少于一次；

　　3　当一次连续浇筑的同配合比混凝土超过 1000m³ 时，每 200m³ 取样不应少于一次；

　　4　对房屋建筑，每一楼层、同一配合比的混凝土，取样不应少于一次。

4.1.4 每批混凝土试样应制作的试件总组数，除满足本标准第 5 章规定的混凝土强度评定所必需的组数外，还应留置为检验结构或构件施工阶段混凝土强度所必需的试件。

4.2　混凝土试件的制作与养护

4.2.1 每次取样应至少制作一组标准养护试件。

4.2.2 每组 3 个试件应由同一盘或同一车的混凝土中取样制作。

4.2.3 检验评定混凝土强度用的混凝土试件，其成型方法及标准养护条件应符合现行国家标准《普通混凝土力学性能试验方法标准》GB/T 50081 的规定。

4.2.4 采用蒸汽养护的构件，其试件应先随构件同条件养护，然后置入标准养护条件下继续养护，两段养护时间的总和应为设计规定龄期。

4.3 混凝土试件的试验

4.3.1 混凝土试件的立方体抗压强度试验应根据现行国家标准《普通混凝土力学性能试验方法标准》GB/T 50081 的规定执行。每组混凝土试件强度代表值的确定，应符合下列规定：

  1 取 3 个试件强度的算术平均值作为每组试件的强度代表值；

  2 当一组试件中强度的最大值或最小值与中间值之差超过中间值的 15% 时，取中间值作为该组试件的强度代表值；

  3 当一组试件中强度的最大值和最小值与中间值之差均超过中间值的 15% 时，该组试件的强度不应作为评定的依据。

  注：对掺矿物掺合料的混凝土进行强度评定时，可根据设计规定，可采用大于 28d 龄期的混凝土强度。

4.3.2 当采用非标准尺寸试件时，应将其抗压强度乘以尺寸折算系数，折算成边长为 150mm 的标准尺寸试件抗压强度。尺寸折算系数按下列规定采用：

  1 当混凝土强度等级低于 C60 时，对边长为 100mm 的立方体试件取 0.95，对边长为 200mm 的立方体试件取 1.05；

  2 当混凝土强度等级不低于 C60 时，宜采用标准尺寸试件；使用非标准尺寸试件时，尺寸折算系数应由试验确定，其试件数量不应少于 30 对组。

5 混凝土强度的检验评定

5.1 统计方法评定

5.1.1 采用统计方法评定时，应按下列规定进行：

  1 当连续生产的混凝土，生产条件在较长时间内保持一致，且同一品种、同一强度等级混凝土的强度变异性保持稳定时，应按本标准第 5.1.2 条的规定进行评定。

  2 其他情况应按本标准第 5.1.3 条的规定进行评定。

5.1.2 一个检验批的样本容量应为连续的 3 组试件，其强度应同时符合下列规定：

$$m_{f_{cu}} \geqslant f_{cu,k} + 0.7\sigma_0 \qquad (5.1.2-1)$$

$$f_{cu,min} \geqslant f_{cu,k} - 0.7\sigma_0 \qquad (5.1.2-2)$$

检验批混凝土立方体抗压强度的标准差应按下式计算：

$$\sigma_0 = \sqrt{\frac{\sum\limits_{i=1}^{n} f_{cu,i}^2 - nm_{f_{cu}}^2}{n-1}} \qquad (5.1.2-3)$$

当混凝土强度等级不高于 C20 时，其强度的最小值尚应满足下式要求：

$$f_{cu,min} \geqslant 0.85 f_{cu,k} \qquad (5.1.2-4)$$

当混凝土强度等级高于 C20 时，其强度的最小值尚应满足下列要求：

$$f_{cu,min} \geqslant 0.90 f_{cu,k} \qquad (5.1.2-5)$$

式中：$m_{f_{cu}}$——同一检验批混凝土立方体抗压强度的平均值（N/mm²），精确到 0.1（N/mm²）；

  $f_{cu,k}$——混凝土立方体抗压强度标准值（N/mm²），精确到 0.1（N/mm²）；

  σ_0——检验批混凝土立方体抗压强度的标准差（N/mm²），精确到 0.01（N/mm²）；当检验批混凝土强度标准差 σ_0 计算值小于 2.5N/mm² 时，应取 2.5N/mm²；

  $f_{cu,i}$——前一个检验期内同一品种、同一强度等级的第 i 组混凝土试件的立方体抗压强度代表值（N/mm²），精确到 0.1（N/mm²）；该检验期不应少于 60d，也不得大于 90d；

  n——前一检验期内的样本容量，在该期间内样本容量不应少于 45；

  $f_{cu,min}$——同一检验批混凝土立方体抗压强度的最小值（N/mm²），精确到 0.1（N/mm²）。

5.1.3 当样本容量不少于 10 组时，其强度应同时满足下列要求：

$$m_{f_{cu}} \geqslant f_{cu,k} + \lambda_1 \cdot S_{f_{cu}} \qquad (5.1.3-1)$$

$$f_{cu,min} \geqslant \lambda_2 \cdot f_{cu,k} \qquad (5.1.3-2)$$

同一检验批混凝土立方体抗压强度的标准差应按下式计算：

$$S_{f_{cu}} = \sqrt{\frac{\sum\limits_{i=1}^{n} f_{cu,i}^2 - nm_{f_{cu}}^2}{n-1}} \qquad (5.1.3-3)$$

式中：$S_{f_{cu}}$——同一检验批混凝土立方体抗压强度的标准差（N/mm²），精确到 0.01（N/mm²）；当检验批混凝土强度标准差 $S_{f_{cu}}$ 计算值小于 2.5N/mm² 时，应取 2.5N/mm²；

  λ_1、λ_2——合格评定系数，按表 5.1.3 取用；

  n——本检验期内的样本容量。

表 5.1.3　混凝土强度的合格评定系数

试件组数	10～14	15～19	≥20
λ_1	1.15	1.05	0.95
λ_2	0.90	0.85	

5.2 非统计方法评定

5.2.1 当用于评定的样本容量小于 10 组时，应采用非统计方法评定混凝土强度。

5.2.2 按非统计方法评定混凝土强度时，其强度应同时符合下列规定：

$$m_{f_{cu}} \geqslant \lambda_3 \cdot f_{cu,k} \quad (5.2.2-1)$$

$$f_{cu,min} \geqslant \lambda_4 \cdot f_{cu,k} \quad (5.2.2-2)$$

式中：λ_3，λ_4——合格评定系数，应按表 5.2.2 取用。

表 5.2.2 混凝土强度的非统计法合格评定系数

混凝土强度等级	<C60	≥C60
λ_3	1.15	1.10
λ_4	0.95	

5.3 混凝土强度的合格性评定

5.3.1 当检验结果满足第 5.1.2 条或第 5.1.3 条或第 5.2.2 条的规定时，则该批混凝土强度应评定为合格；当不能满足上述规定时，该批混凝土强度应评定为不合格。

5.3.2 对评定为不合格批的混凝土，可按国家现行的有关标准进行处理。

本标准用词说明

1 为便于在执行本标准条文时区别对待，对要求严格程度不同的用词说明如下：

1）表示很严格，非这样做不可的：
正面词采用"必须"，反面词采用"严禁"；

2）表示严格，在正常情况下均应这样做的：
正面词采用"应"，反面词采用"不应"或"不得"；

3）表示允许稍有选择，在条件许可时首先应这样做的：
正面词采用"宜"，反面词采用"不宜"；

4）表示有选择，在一定条件下可以这样做的，采用"可"。

2 条文中指定应按其他有关标准执行时，写法为"应符合……的规定"或"应按……执行"。

引用标准名录

《普通混凝土力学性能试验方法标准》GB/T 50081

中华人民共和国国家标准

混凝土强度检验评定标准

GB/T 50107—2010

条 文 说 明

制 订 说 明

《混凝土强度检验评定标准》GB/T 50107-2010，经住房和城乡建设部 2010 年 5 月 31 日以第 594 公告批准、发布。

为便于广大设计、施工、科研、学校等单位有关人员在使用本标准时能正确理解和执行条文规定，

《混凝土强度检验评定标准》编制组按章、节、条、款顺序编制了本标准的条文说明，对条文规定的目的、依据以及执行中需注意的有关事项进行了说明。但是，本条文说明不具备与标准正文同等的法律效力，仅供使用者作为理解和把握标准规定的参考。

目 次

1 总则 ……………………………… 4—11
2 术语和符号 …………………… 4—11
　2.1 术语 ………………………… 4—11
3 基本规定 ……………………… 4—11
4 混凝土的取样与试验 ………… 4—11
　4.1 混凝土的取样 …………… 4—11

4.2 混凝土试件的制作与养护 ………… 4—11
4.3 混凝土试件的试验 ……………… 4—11
5 混凝土强度的检验评定 ……………… 4—12
　5.1 统计方法评定 ………………… 4—12
　5.2 非统计方法评定 ……………… 4—12

1 总　则

混凝土强度是影响混凝土结构可靠性的重要因素，为保证结构的可靠性，必须进行混凝土的生产控制和合格性评定。本标准是关于混凝土抗压强度检验评定的具体规定，它对保证混凝土工程质量，提高混凝土生产的质量管理水平，以及提高企业经济效益等都具有重大作用。

2　术语和符号

2.1　术　语

2.1.1　本条规定了混凝土的基本组成和生产工艺。随着混凝土技术的发展，现代的混凝土组成往往还包括外加剂和矿物掺合料等。

2.1.5　检验批在《混凝土强度检验评定标准》GBJ 107-87 中称为验收批。

3　基　本　规　定

3.0.1　混凝土强度等级由符号 C 和混凝土强度标准值组成。强度标准值以 5N/mm² 分段划分，并以其下限值作为示值。在现行国家标准《混凝土结构设计规范》GB 50010-2002 中规定的混凝土强度等级有：C15、C20、C25、C30、C35、C40、C45、C50、C55、C60、C65、C70、C75、C80 等，在该规范条文说明中指出，混凝土垫层可用 C10 级混凝土。

3.0.3　混凝土强度的分布规律，不但与统计对象的生产周期和生产工艺有关，而且与统计总体的混凝土配制强度和试验龄期等因素有关，大量的统计分析和试验研究表明：同一等级的混凝土，在龄期相同、生产工艺和配合比基本一致的条件下，其强度的概率分布可用正态分布来描述。因此，本条规定检验批应由试件强度等级和试验龄期相同、生产工艺条件和配合比基本相同的混凝土组成，以保证所评定的混凝土的强度基本符合正态分布，这是由于本标准的抽样检验方案是基于检验数据服从正态分布而制定的。其中生产工艺条件包括了养护条件。

3.0.4　规定了有条件的混凝土生产单位以及样本容量不少于 10 组时，均应采用统计法进行混凝土强度的检验评定。统计法由于样本容量大，能够更加可靠地反映混凝土的强度信息。

4　混凝土的取样与试验

4.1　混凝土的取样

4.1.1　根据采用的检验评定方法，制定检验批的划分方案和相应的取样计划，是为了避免因施工、制作、试验等因素导致缺少混凝土强度试件。

4.1.2　对混凝土强度进行合格评定时，保证混凝土取样的随机性，是使所抽取的试样具有代表性的重要条件。此外考虑到搅拌机出料口的混凝土拌合物，经运输到达浇筑地点后，混凝土的质量还可能会有变化，因此规定试样应在浇筑地点抽取。预拌混凝土的出厂和交货检验与现行国家标准《预拌混凝土》GB/T 14902 的规定相同。

4.1.3　应用统计方法对混凝土强度进行检验评定时，取样频率是保证预期检验效率的重要因素，为此规定了抽取试样的频率。在制定取样频率的要求时，考虑了各种类型混凝土生产单位的生产条件及工程性质的特点，取样频率既与搅拌机的搅拌盘（罐）数和混凝土总方量有关，也与工作班的划分有关。这样规定，对不同规模的混凝土生产单位和施工现场都有较好的实用性。

一盘指搅拌混凝土的搅拌机一次搅拌的混凝土。一个工作班指 8h。

当一次连续浇筑同配合比的混凝土超过 1000m³ 时，整批混凝土均按每 200m³ 取样不应少于一次。

4.1.4　每批混凝土应制作的试件数量，应满足评定混凝土强度的需要。对用以检查混凝土在施工（生产）过程中强度的试件，其养护条件应与结构或构件相同，它的强度只作为评定结构或构件能否继续施工的依据，两类试件不得混同。

4.2　混凝土试件的制作与养护

4.2.1～4.2.3　混凝土试件的成型和养护方法，应考虑其代表性。对用于评定的混凝土强度试件，应采用标准方法成型，之后置于标准养护条件下进行养护，直到设计要求的龄期。

4.2.4　采用蒸汽养护的构件，考虑到混凝土经蒸汽养护后，对其后期强度增长（指设计规定龄期）存在不利的影响，因此规定在评定蒸汽养护构件的混凝土强度时，其试件应先随构件同条件养护，然后置入标养室继续养护，两段养护时间的总和等于设计规定龄期。

4.3　混凝土试件的试验

4.3.1　试验误差能够导致一组内 3 个试件的强度试验结果有较大的差异。试验误差可用盘内变异系数来衡量。国内外试验研究结果表明，盘内混凝土强度变异系数一般在 5% 左右。本条文规定，当组内 3 个试件强度的最大值或最小值与中间值之差超过中间值的 15% 时，也即 3 倍的盘内变异系数时，应舍弃最大值和最小值，而取中间值为该组试件强度的代表值。这种规定造成的检验误差，与取组内平均值方案造成的检验误差比较，两者差别不大，但取中间值应用方便。

为了改善混凝土性能和节能减排，目前多数混凝土中掺有矿物掺合料，尤其是大体积混凝土。实验表明，掺加矿物掺合料混凝土的强度与纯水泥混凝土相比，早期强度较低，而后期强度发展较快，在温度较低条件下更为明显。为了充分利用掺加矿物掺合料混凝土的后期强度，本标准以注的形式规定，其混凝土强度进行合格评定时的试验龄期可以大于28d，具体龄期应由设计部门规定。

4.3.2 当采用非标准尺寸试件将其抗压强度折算为标准尺寸试件抗压强度时，折算系数需要通过试验确定。本条规定了试验的最少试件数量，有利于提高换算系数的准确性。

一个对组为两组试件，一组为标准尺寸试件，一组为非标准尺寸试件。

5 混凝土强度的检验评定

5.1 统计方法评定

5.1.1~5.1.3 对本节各条说明如下：

1 根据混凝土强度质量控制的稳定性，本标准将评定混凝土强度的统计法分为两种：标准差已知方案和标准差未知方案。

标准差已知方案：指同一品种的混凝土生产，有可能在较长的时期内，通过质量管理，维持基本相同的生产条件，即维持原材料、设备、工艺以及人员配备的稳定性，即使有所变化，也能很快予以调整而恢复正常。由于这类生产状况，能使每批混凝土强度的变异性基本稳定，每批的强度标准差 σ_0 可根据前一时期生产累计的强度数据确定。符合以上情况时，采用标准差已知方案，即第5.1.2条的规定。一般来说，预制构件生产可以采用标准差已知方案。

标准差已知方案的 σ_0 由同类混凝土、生产周期不应少于60d且不宜超过90d、样本容量不少于45的强度数据计算确定。假定其值延续在一个检验期内保持不变。3个月后，重新按上一个检验期的强度数据计算 σ_0 值。

此外，标准差的计算方法由极差估计法改为公式计算法。同时，当计算得出的标准差小于 2.5N/mm² 时，取值为2.5N/mm²。

标准差未知方案：指生产连续性较差，即在生产中无法维持基本相同的生产条件，或生产周期较短，无法积累强度数据以资计算可靠的标准差参数，此时检验评定只能直接根据每一检验批抽样的样本强度数据确定，即第5.1.3条的规定。为了提高检验的可靠性，本标准要求每批样本组数不少于10组。

2 本次修订对《混凝土强度检验评定标准》GBJ 107-87中标准差未知统计法的修改原则如下：

将原验收界限前面的系数去掉，即 $[0.9 f_{cu,k}]$ 改为 $[1.0 f_{cu,k}]$，并把验收函数系数 λ_1 调整为：

试件组数	10~14	15~19	≥20
λ_1	1.15	1.05	0.95

并取消《混凝土强度检验评定标准》GBJ 107-87第4.1.3条公式中 $S_{f_{cu}} \geqslant 0.06 f_{cu,k}$ 的规定。

验收函数中的 λ_1 系数确定如下：根据《建筑工程施工质量验收统一标准》GB 50300-2001第3.0.5条的规定，生产方风险和用户方风险均应控制在5%以内。同时，设定可接收质量水平 $AQL = f_{cu,k} + 1.645\sigma$（可接收质量水平相当于 $f_{cu,k}$ 具有不低于95%的保证率），极限质量水平 $LQ = f_{cu,k} + 0.2533\sigma$（极限质量水平相当于 $f_{cu,k}$ 具有不低于60%的保证率）。调整 λ_1 的值，采用蒙特卡罗（Monte-Carlo）法进行多次模拟计算，在生产方供应的混凝土质量水平较好（数据离散性较小）的情况下，得到生产方风险（即错判概率 α）和用户方风险（漏判概率 β）基本可控制在5%左右；当混凝土质量水平较差（数据离散性较大）时，也能使用户方风险始终控制在5%以内。

本标准新方案与原标准的对比计算结果表明，新方案均严于原标准。对小于C30的混凝土，两者相差不大。但随着混凝土强度等级的提高（标准差随之降低），新方案比原标准越来越严格，但仍在适度范围。

在第5.1.2条、5.1.3条中规定强度标准差计算值 $S_{f_{cu}}$ 不应小于 2.5N/mm²，是因为在实际评定中会出现 $S_{f_{cu}}$ 过小的现象。其原因往往是统计的混凝土检验期过短，对混凝土强度的影响因素反映不充分造成的。虽然也有质量控制好的企业可以达到这样的水平，但对于全国平均水平来讲，是达不到的。

公式（5.1.2-2）、（5.1.2-4）、（5.1.2-5）及（5.1.3-2）是关于最小值限制条件，其作用旨在防止出现实际的标准差过大情况，或避免出现混凝土强度过低的情况。

5.2 非统计方法评定

5.2.2 《混凝土强度检验评定标准》GBJ 107-87中非统计方法所选用的参数是在过去混凝土强度普遍不高的情况下规定的。而随着混凝土不断高强化，高强混凝土应用越来越多时，原规定对强度等级为C60及以上的高强混凝土是过于严格的。因此，本次修订在采用蒙特卡罗法模拟计算的基础上，对C60及以上强度等级的高强混凝土评定作了适当调整。

中华人民共和国国家标准

混凝土外加剂应用技术规范

Code for concrete admixture application

GB 50119—2013

主编部门：中华人民共和国住房和城乡建设部
批准部门：中华人民共和国住房和城乡建设部
施行日期：２０１４ 年 ３ 月 １ 日

中华人民共和国住房和城乡建设部
公　告

第 110 号

住房城乡建设部关于发布国家标准
《混凝土外加剂应用技术规范》的公告

现批准《混凝土外加剂应用技术规范》为国家标准，编号为 GB 50119-2013，自 2014 年 3 月 1 日起实施。其中，第 3.1.3、3.1.4、3.1.5、3.1.6、3.1.7 条为强制性条文，必须严格执行。原国家标准《混凝土外加剂应用技术规范》GB 50119-2003 同时废止。

本规范由我部标准定额研究所组织中国建筑工业出版社出版发行。

中华人民共和国住房和城乡建设部
2013 年 8 月 8 日

前　言

本规范是根据住房和城乡建设部《关于印发〈2009 年工程建设标准规范制订、修订计划（第一批）〉的通知》（建标［2009］88 号）的要求，由中国建筑科学研究院会同有关单位在原国家标准《混凝土外加剂应用技术规范》GB 50119-2003 的基础上修订而成的。

本规范在修订过程中，修订组经广泛调查研究，认真总结实践经验，参考有关国际标准和国外先进标准，并广泛征求意见，最后经审查定稿。

本规范共分 15 章和 3 个附录。主要技术内容是：总则；术语和符号；基本规定；普通减水剂；高效减水剂；聚羧酸系高性能减水剂；引气剂及引气减水剂；早强剂；缓凝剂；泵送剂；防冻剂；速凝剂；膨胀剂；防水剂；阻锈剂等。

本规范本次修订的主要技术内容是：

1. 与 2000 年以后颁布的相关标准规范进行了协调；

2. 增加了术语和符号章节；

3. 汇总了强制性条文至第 3 章基本规定第 3.1 节外加剂的选择；

4. 增加了聚羧酸系高性能减水剂和阻锈剂，并制订了相应的技术内容；

5. 修订了每章外加剂"品种"、"适用范围"和"施工"内容，在"施工"中增加了含减水组分的各类混凝土外加剂的相容性快速试验，增加了泵送剂施工过程中采用二次掺加法的技术规定；

6. 增加了每章外加剂"进场检验"内容，主要包括进场检验批的数量、取样数量、留样、检验项目等；

7. 增加了引气剂、泵送剂和膨胀剂的"技术要求"内容；

8. 增加并修订了基本规定，修订了涉及普通减水剂、早强剂、防冻剂和防水剂等相关的强制性条文；

9. 修订了附录 A 试验方法，用砂浆扩展度法取代了水泥净浆流动度法。

本规范中以黑体字标志的条文为强制性条文，必须严格执行。

本规范由住房和城乡建设部负责管理和对强制性条文的解释，由中国建筑科学研究院负责具体技术内容的解释。本规范在执行过程中如有意见或建议，请寄送中国建筑科学研究院建筑材料研究所（地址：北京市北三环东路 30 号，邮政编码：100013，E-mail：cabrconcrete@vip.163.com），以供今后修订时参考。

本规范主编单位、参编单位、参加单位、主要起草人和主要审查人：

主 编 单 位：中国建筑科学研究院

参 编 单 位：中国建筑材料科学研究总院
　　　　　　铁道部产品质量监督检验中心
　　　　　　北京市混凝土协会外加剂分会
　　　　　　北京市政路桥建材集团有限公司
　　　　　　江苏博特新材料有限公司
　　　　　　同济大学
　　　　　　山东省建筑科学研究院
　　　　　　巴斯夫化学建材（中国）有限公司
　　　　　　西卡（中国）建筑材料有限公司
　　　　　　苏州弗克新型建材有限公司
　　　　　　浙江五龙化工股份有限公司
　　　　　　上海市建筑科学研究院（集团）有

限公司　　　　　　　　　　　　　　　　　格雷斯中国有限公司
天津市建筑科学研究院　　　　　　　　　天津市飞龙混凝土外加剂有限公司
上海申立建材有限公司
四川柯帅外加剂有限公司
深圳市海川实业股份有限公司
江苏超力建材科技有限公司
山东华伟银凯建材有限公司
深圳市迈地砼外加剂有限公司
北京恒坤混凝土有限公司
参加单位：上海三瑞高分子材料有限公司
山东万山化工有限公司
马贝建筑材料（上海）有限公司
辽宁奥克化学股份有限公司
上海五四助剂总厂
江苏特密斯混凝土外加剂有限公司

主要起草人：郭京育　左彦峰　王　玲　孙　璐
　　　　　　王子明　杨思忠　刘加平　赵顺增
　　　　　　孙振平　王勇威　杨健英　郭景强
　　　　　　冷发光　韦庆东　薛　庆　徐　展
　　　　　　韩红良　俞海勇　黎春海　马明元
　　　　　　帅希文　贾吉堂　吴建华　何唯平
　　　　　　段雄辉　陈伟国　傅乐峰　刘　萌
　　　　　　焦　晔　刘兆滨　徐刚兵　陈国忠
　　　　　　江加标　刘子红　徐　莹
主要审查人：熊大玉　石人俊　田　培　张仁瑜
　　　　　　王　元　杜　雷　陈拴发　麻秀星
　　　　　　黄　靖　纪国晋　江　靖　李光明

目　　次

1 总则 ································· 5—7

2 术语和符号 ······················· 5—7

  2.1 术语 ························· 5—7

  2.2 符号 ························· 5—7

3 基本规定 ························· 5—7

  3.1 外加剂的选择 ··············· 5—7

  3.2 外加剂的掺量 ··············· 5—7

  3.3 外加剂的质量控制 ··········· 5—7

4 普通减水剂 ······················· 5—8

  4.1 品种 ························· 5—8

  4.2 适用范围 ··················· 5—8

  4.3 进场检验 ··················· 5—8

  4.4 施工 ························· 5—8

5 高效减水剂 ······················· 5—9

  5.1 品种 ························· 5—9

  5.2 适用范围 ··················· 5—9

  5.3 进场检验 ··················· 5—9

  5.4 施工 ························· 5—9

6 聚羧酸系高性能减水剂 ··········· 5—9

  6.1 品种 ························· 5—9

  6.2 适用范围 ··················· 5—9

  6.3 进场检验 ··················· 5—9

  6.4 施工 ························ 5—10

7 引气剂及引气减水剂 ············· 5—10

  7.1 品种 ························ 5—10

  7.2 适用范围 ·················· 5—10

  7.3 技术要求 ·················· 5—10

  7.4 进场检验 ·················· 5—11

  7.5 施工 ······················ 5—11

8 早强剂 ··························· 5—11

  8.1 品种 ······················ 5—11

  8.2 适用范围 ·················· 5—11

  8.3 进场检验 ·················· 5—11

  8.4 施工 ······················ 5—11

9 缓凝剂 ··························· 5—12

  9.1 品种 ······················ 5—12

  9.2 适用范围 ·················· 5—12

  9.3 进场检验 ·················· 5—12

  9.4 施工 ······················ 5—12

10 泵送剂 ·························· 5—12

  10.1 品种 ····················· 5—12

10.2 适用范围 ···················· 5—12

10.3 技术要求 ···················· 5—13

10.4 进场检验 ···················· 5—13

10.5 施工 ······················· 5—13

11 防冻剂 ·························· 5—13

  11.1 品种 ····················· 5—13

  11.2 适用范围 ················· 5—13

  11.3 进场检验 ················· 5—13

  11.4 施工 ····················· 5—14

12 速凝剂 ·························· 5—14

  12.1 品种 ····················· 5—14

  12.2 适用范围 ················· 5—14

  12.3 进场检验 ················· 5—14

  12.4 施工 ····················· 5—14

13 膨胀剂 ·························· 5—15

  13.1 品种 ····················· 5—15

  13.2 适用范围 ················· 5—15

  13.3 技术要求 ················· 5—15

  13.4 进场检验 ················· 5—15

  13.5 施工 ····················· 5—15

14 防水剂 ·························· 5—16

  14.1 品种 ····················· 5—16

  14.2 适用范围 ················· 5—16

  14.3 进场检验 ················· 5—16

  14.4 施工 ····················· 5—16

15 阻锈剂 ·························· 5—16

  15.1 品种 ····················· 5—16

  15.2 适用范围 ················· 5—16

  15.3 进场检验 ················· 5—16

  15.4 施工 ····················· 5—16

附录 A 混凝土外加剂相容性快速
     试验方法 ················ 5—17

附录 B 补偿收缩混凝土的限制膨
     胀率测定方法 ············ 5—18

附录 C 灌浆用膨胀砂浆竖向膨胀
     率的测定方法 ············ 5—19

本规范用词说明 ···················· 5—19

引用标准名录 ······················ 5—20

附：条文说明 ······················ 5—21

Contents

1　General Provisions ·············· 5—7

2　Terms and Symbols ············· 5—7

　2.1　Terms ···················· 5—7

　2.2　Symbols ················· 5—7

3　Basic Requirement ············· 5—7

　3.1　Selection of Chemical Admixtures ······ 5—7

　3.2　Dosage of Chemical Admixtures ········ 5—7

　3.3　Quality Control ············· 5—7

4　Normal Water Reducing
　Admixture ·················· 5—8

　4.1　Classification ············· 5—8

　4.2　Scope for Application ········· 5—8

　4.3　Acceptance for Quality ········ 5—8

　4.4　Construction ············· 5—8

5　Superpalsticizer ·············· 5—9

　5.1　Classification ············· 5—9

　5.2　Scope for Application ········· 5—9

　5.3　Acceptance for Quality ········ 5—9

　5.4　Construction ············· 5—9

6　Polycarboxylate Superplasticizer ······ 5—9

　6.1　Classification ············· 5—9

　6.2　Scope for Application ········· 5—9

　6.3　Acceptance for Quality ········ 5—9

　6.4　Construction ············· 5—10

7　Air Entraining Admixture & Air
　Entraining and Water Reducing
　Admixture ·················· 5—10

　7.1　Classification ············· 5—10

　7.2　Scope for Application ········· 5—10

　7.3　Technical Requirements ········· 5—10

　7.4　Acceptance for Quality ········ 5—11

　7.5　Construction ············· 5—11

8　Accelerating Admixture ·········· 5—11

　8.1　Classification ············· 5—11

　8.2　Scope for Application ········· 5—11

　8.3　Acceptance for Quality ········ 5—11

8.4　Construction ··············· 5—11

9　Set Retarding Admixture ·············· 5—12

　9.1　Classification ············· 5—12

　9.2　Scope for Application ········· 5—12

　9.3　Acceptance for Quality ········ 5—12

　9.4　Construction ············· 5—12

10　Pumping Aid ················ 5—12

　10.1　Classification ············ 5—12

　10.2　Scope for Application ········ 5—12

　10.3　Technical Requirements ········ 5—13

　10.4　Acceptance for Quality ······· 5—13

　10.5　Construction ············ 5—13

11　Anti-freezing Admixture ········· 5—13

　11.1　Classification ············ 5—13

　11.2　Scope for Application ········ 5—13

　11.3　Acceptance for Quality ······· 5—13

　11.4　Construction ············ 5—14

12　Quick-setting Admixture ········· 5—14

　12.1　Classification ············ 5—14

　12.2　Scope for Application ········ 5—14

　12.3　Acceptance for Quality ······· 5—14

　12.4　Construction ············ 5—14

13　Expansive Admixture ··········· 5—15

　13.1　Classification ············ 5—15

　13.2　Scope for Application ········ 5—15

　13.3　Technical Requirements ······· 5—15

　13.4　Acceptance for Quality ······· 5—15

　13.5　Construction ············ 5—15

14　Water-repellent Admixture ········ 5—16

　14.1　Classification ············ 5—16

　14.2　Scope for Application ········ 5—16

　14.3　Acceptance for Quality ······· 5—16

　14.4　Construction ············ 5—16

15　Corrosion-inhibition Admixture ··· 5—16

　15.1　Classification ············ 5—16

　15.2　Scope for Application ········· 5—16

15.3   Acceptance for Quality ·················· 5—16

15.4   Construction ··························· 5—16

Appendix A   Quick Test Method for Compatibility of Concrete Admixture ·················· 5—17

Appendix B   Test Method of Expansion Rate of Shrinkage Compensating Concrete under Restrained Condition ····················· 5—18

Appendix C   Test Method of Vertical Expansion Rate of Grouting Mortar ············· 5—19

Explanation of Wording in This Code ···································· 5—19

List of Quoted Standards ····················· 5—20

Addition: Explanation of Provisions ························· 5—21

1 总 则

1.0.1 为规范混凝土外加剂应用，改善混凝土性能，满足设计和施工要求，保证混凝土工程质量，做到技术先进、安全可靠、经济合理、节能环保，制定本规范。

1.0.2 本规范适用于普通减水剂、高效减水剂、聚羧酸系高性能减水剂、引气剂、引气减水剂、早强剂、缓凝剂、泵送剂、防冻剂、速凝剂、膨胀剂、防水剂和阻锈剂在混凝土工程中的应用。

1.0.3 混凝土外加剂在混凝土工程中的应用，除应符合本规范外，尚应符合国家现行有关标准的规定。

2 术语和符号

2.1 术 语

2.1.1 减缩型聚羧酸系高性能减水剂 shrinkage-reducing type polycarboxylate superplasticizer

28d 收缩率比不大于 90% 的聚羧酸系高性能减水剂。

2.1.2 相容性 compatibility between water reducing admixtures and other concrete raw materials

含减水组分的混凝土外加剂与胶凝材料、骨料、其他外加剂相匹配时，拌合物的流动性及其经时变化程度。

2.2 符 号

E——限制钢筋的弹性模量（MPa）；

h_0——试件高度的初始读数（mm）；

h_t——试件龄期为 t 时的高度读数（mm）；

h——试件基准高度（mm）；

L——初始长度测量值（mm）；

L_0——试件的基准长度（mm）；

L_t——所测龄期的试件长度测量值（mm）；

σ——膨胀或收缩应力（MPa）；

ε——所测龄期的限制膨胀率（%）；

ε_t——竖向膨胀率（%）；

μ——配筋率（%）。

3 基 本 规 定

3.1 外加剂的选择

3.1.1 外加剂种类应根据设计和施工要求及外加剂的主要作用选择。

3.1.2 当不同供方、不同品种的外加剂同时使用时，应经试验验证，并应确保混凝土性能满足设计和施工

要求后再使用。

3.1.3 含有六价铬盐、亚硝酸盐和硫氰酸盐成分的混凝土外加剂，严禁用于饮水工程中建成后与饮用水直接接触的混凝土。

3.1.4 含有强电解质无机盐的早强型普通减水剂、早强剂、防冻剂和防水剂，严禁用于下列混凝土结构：

1 与镀锌钢材或铝铁相接触部位的混凝土结构；

2 有外露钢筋预埋铁件而无防护措施的混凝土结构；

3 使用直流电源的混凝土结构；

4 距高压直流电源 100m 以内的混凝土结构。

3.1.5 含有氯盐的早强型普通减水剂、早强剂、防水剂和氯盐类防冻剂，严禁用于预应力混凝土、钢筋混凝土和钢纤维混凝土结构。

3.1.6 含有硝酸铵、碳酸铵的早强型普通减水剂、早强剂和含有硝酸铵、碳酸铵、尿素的防冻剂，严禁用于办公、居住等有人员活动的建筑工程。

3.1.7 含有亚硝酸盐、碳酸盐的早强型普通减水剂、早强剂、防冻剂和含亚硝酸盐的阻锈剂，严禁用于预应力混凝土结构。

3.1.8 掺外加剂混凝土所用水泥，应符合现行国家标准《通用硅酸盐水泥》GB 175 和《中热硅酸盐水泥 低热硅酸盐水泥 低热矿渣硅酸盐水泥》GB 200 的规定；掺外加剂混凝土所用砂、石应符合现行行业标准《普通混凝土用砂、石质量及检验方法标准》JGJ 52 的规定；所用粉煤灰和粒化高炉矿渣粉等矿物掺合料，应符合现行国家标准《用于水泥和混凝土中的粉煤灰》GB/T 1596 和《用于水泥和混凝土中的粒化高炉矿渣粉》GB/T 18046 的规定，并应检验外加剂与混凝土原材料的相容性，应符合要求后再使用。掺外加剂混凝土用水包括拌合用水和养护用水，应符合现行行业标准《混凝土用水标准》JGJ 63 的规定。硅灰应符合现行国家标准《高强高性能混凝土用矿物外加剂》GB/T 18736 的规定。

3.1.9 试配掺外加剂的混凝土应采用工程实际使用的原材料，检测项目应根据设计和施工要求确定，检测条件应与施工条件相同，当工程所用原材料或混凝土性能要求发生变化时，应重新试配。

3.2 外加剂的掺量

3.2.1 外加剂掺量应以外加剂质量占混凝土中胶凝材料总质量的百分数表示。

3.2.2 外加剂掺量宜按供方的推荐掺量确定，应采用工程实际使用的原材料和配合比，经试验确定。当混凝土其他原材料或使用环境发生变化时，混凝土配合比、外加剂掺量可进行调整。

3.3 外加剂的质量控制

3.3.1 外加剂进场时，供方应向需方提供下列质量

证明文件：

1 型式检验报告；

2 出厂检验报告与合格证；

3 产品说明书。

3.3.2 外加剂进场时，同一供方，同一品种的外加剂应按本规范各外加剂种类规定的检验项目与检验批量进行检验与验收，检验样品应随机抽取。外加剂进厂检验方法应符合现行国家标准《混凝土外加剂》GB 8076 的规定；膨胀剂应符合现行国家标准《混凝土膨胀剂》GB 23439 的规定；防冻剂、速凝剂、防水剂和阻锈剂应分别符合现行行业标准《混凝土防冻剂》JC 475、《喷射混凝土用速凝剂》JC 477、《混凝土防水剂》JC 474 和《钢筋阻锈剂应用技术规程》JGJ/T 192 的规定。外加剂批量进货应与留样一致，应经检验合格后再使用。

3.3.3 经进场检验合格的外加剂应按不同供方、不同品种和不同牌号分别存放，标识应清楚。

3.3.4 当同一品种外加剂的供方、批次、产地和等级等发生变化时，需方应对外加剂进行复检，应合格并满足设计和施工要求后再使用。

3.3.5 粉状外加剂应防止受潮结块，有结块时，应进行检验，合格者应经粉碎至全部通过公称直径为 $630\mu m$ 方孔筛后再使用；液体外加剂应贮存在密闭容器内，并应防晒和防冻，有沉淀、异味、漂浮等现象时，应经检验合格后再使用。

3.3.6 外加剂计量系统在投入使用前，应经标定合格后再使用，标识应清楚，计量应准确，计量允许偏差应为 $\pm 1\%$。

3.3.7 外加剂在贮存、运输和使用过程中应根据不同种类和品种分别采取安全防护措施。

4 普通减水剂

4.1 品 种

4.1.1 混凝土工程可采用木质素磺酸钙、木质素磺酸钠、木质素磺酸镁等普通减水剂。

4.1.2 混凝土工程可采用由早强剂与普通减水剂复合而成的早强型普通减水剂。

4.1.3 混凝土工程可采用由木质素磺酸盐类、多元醇类减水剂（包括糖钙和低聚糖类缓凝减水剂），以及木质素磺酸盐类、多元醇类减水剂与缓凝剂复合而成的缓凝型普通减水剂。

4.2 适 用 范 围

4.2.1 普通减水剂宜用于日最低气温 5℃ 以上强度等级为 C40 以下的混凝土。

4.2.2 普通减水剂不宜单独用于蒸养混凝土。

4.2.3 早强型普通减水剂宜用于常温、低温和最低温度不低于 −5℃ 环境中施工的有早强要求的混凝土工程。炎热环境条件下不宜使用早强型普通减水剂。

4.2.4 缓凝型普通减水剂可用于大体积混凝土、碾压混凝土、炎热气候条件下施工的混凝土、大面积浇筑的混凝土、避免冷缝产生的混凝土、需长时间停放或长距离运输的混凝土、滑模施工或拉模施工的混凝土及其他需要延缓凝结时间的混凝土，不宜用于有早强要求的混凝土。

4.2.5 使用含糖类或木质素磺酸盐类物质的缓凝型普通减水剂时，可按本规范附录 A 的方法进行相容性试验，并应满足施工要求后再使用。

4.3 进 场 检 验

4.3.1 普通减水剂应按每 50t 为一检验批，不足 50t 时也应按一个检验批计。每一检验批取样量不应少于 0.2t 胶凝材料所需用的减水剂量。每一检验批取样应充分混匀，并应分为两等份：其中一份应按本规范第 4.3.2 和 4.3.3 条规定的项目及要求进行检验，每检验批检验不得少于两次；另一份应密封留样保存半年，有疑问时，应进行对比检验。

4.3.2 普通减水剂进场检验项目应包括 pH 值、密度（或细度）、含固量（或含水率）、减水率，早强型普通减水剂还应检验 1d 抗压强度比，缓凝型普通减水剂还应检验凝结时间差。

4.3.3 普通减水剂进场时，初始或经时坍落度（或扩展度）应按进场检验批次，采用工程实际使用的原材料和配合比与上批留样进行平行对比试验，其允许偏差应符合现行国家标准《混凝土质量控制标准》GB 50164 的有关规定。

4.4 施 工

4.4.1 普通减水剂相容性的试验应按本规范附录 A 的方法进行。

4.4.2 普通减水剂掺量应根据供方的推荐掺量、环境温度、施工要求的混凝土凝结时间、运输距离、停放时间等经试验确定，不应过量掺加。

4.4.3 难溶和不溶的粉状普通减水剂应采用干掺法。粉状普通减水剂宜与胶凝材料同时加入搅拌机内，并宜延长搅拌时间 30s；液体普通减水剂宜与拌合水同时加入搅拌机内，计量应准确。减水剂的含水量应从拌合水中扣除。

4.4.4 普通减水剂可与其他外加剂复合使用，其掺量应经试验确定。配制溶液时，如产生絮凝或沉淀等现象，应分别配制溶液并分别加入混凝土搅拌机内。

4.4.5 早强型普通减水剂在日最低气温 0℃～−5℃ 条件下施工时，混凝土养护应加盖保温材料。

4.4.6 掺普通减水剂的混凝土浇筑、振捣后，应及时抹压，并应始终保持混凝土表面潮湿，终凝后还应浇水养护，低温环境施工时，应加强保温养护。

5 高效减水剂

5.1 品 种

5.1.1 混凝土工程可采用下列高效减水剂：

1 萘和萘的同系磺化物与甲醛缩合的盐类、氨基磺酸盐等多环芳香族磺酸盐类；

2 磺化三聚氰胺树脂等水溶性树脂磺酸盐类；

3 脂肪族羟烷基磺酸盐高缩聚物等脂肪族类。

5.1.2 混凝土工程可采用由缓凝剂与高效减水剂复合而成的缓凝型高效减水剂。

5.2 适用范围

5.2.1 高效减水剂可用于素混凝土、钢筋混凝土、预应力混凝土，并可用于制备高强混凝土。

5.2.2 缓凝型高效减水剂可用于大体积混凝土、碾压混凝土、炎热气候条件下施工的混凝土、大面积浇筑的混凝土、避免冷缝产生的混凝土、需较长时间停放或长距离运输的混凝土、自密实混凝土、滑模施工或拉模施工的混凝土及其他需要延缓凝结时间且有较高减水率要求的混凝土。

5.2.3 标准型高效减水剂宜用于日最低气温0℃以上施工的混凝土，也可用于蒸养混凝土。

5.2.4 缓凝型高效减水剂宜用于日最低气温5℃以上施工的混凝土。

5.3 进场检验

5.3.1 高效减水剂应按每50t为一检验批，不足50t时也应按一个检验批计。每一检验批取样量不应少于0.2t胶凝材料所需用的外加剂量。每一检验批取样应充分混匀，并应分为两等份：其中一份应按本规范第5.3.2条和第5.3.3条规定的项目及要求进行检验，每检验批检验不得少于两次；另一份应密封留样保存半年，有疑问时，应进行对比检验。

5.3.2 高效减水剂进场检验项目应包括pH值、密度（或细度）、含固量（或含水率）、减水率，缓凝型高效减水剂还应检验凝结时间差。

5.3.3 高效减水剂进场时，初始或经时坍落度（或扩展度）应按进场检验批次采用工程实际使用的原材料和配合比与上批留样进行平行对比试验，其允许偏差应符合现行国家标准《混凝土质量控制标准》GB 50164的有关规定。

5.4 施 工

5.4.1 高效减水剂相容性的试验应按本规范附录A的方法进行。

5.4.2 高效减水剂掺量应根据供方的推荐掺量、环境温度、施工要求的混凝土凝结时间、运输距离、停

放时间等经试验确定。

5.4.3 难溶和不溶的粉状高效减水剂应采用干掺法。粉状高效减水剂宜与胶凝材料同时加入搅拌机内，并宜延长搅拌时间30s；液体高效减水剂宜与拌合水同时加入搅拌机内，计量应准确。减水剂的含水量应从拌合水中扣除。

5.4.4 高效减水剂可与其他外加剂复合使用，其组成和掺量应经试验确定。配制溶液时，如产生絮凝或沉淀等现象，应分别配制溶液，并应分别加入搅拌机内。

5.4.5 需二次添加高效减水剂时，应经试验确定，并应记录备案。二次添加的高效减水剂不应包括缓凝、引气组分。二次添加后应确保混凝土搅拌均匀，坍落度应符合要求后再使用。

5.4.6 掺高效减水剂的混凝土浇筑、振捣后，应及时抹压，并应始终保持混凝土表面潮湿，终凝后应浇水养护。

5.4.7 掺高效减水剂的混凝土采用蒸汽养护时，其蒸养制度应经试验确定。

6 聚羧酸系高性能减水剂

6.1 品 种

6.1.1 混凝土工程可采用标准型、早强型和缓凝型聚羧酸系高性能减水剂。

6.1.2 混凝土工程可采用具有其他特殊功能的聚羧酸系高性能减水剂。

6.2 适用范围

6.2.1 聚羧酸系高性能减水剂可用于素混凝土、钢筋混凝土和预应力混凝土。

6.2.2 聚羧酸系高性能减水剂宜用于高强混凝土、自密实混凝土、泵送混凝土、清水混凝土、预制构件混凝土和钢管混凝土。

6.2.3 聚羧酸系高性能减水剂宜用于具有高体积稳定性、高耐久性或高工作性要求的混凝土。

6.2.4 缓凝型聚羧酸系高性能减水剂宜用于大体积混凝土，不宜用于日最低气温5℃以下施工的混凝土。

6.2.5 早强型聚羧酸系高性能减水剂宜用于有早强要求或低温季节施工的混凝土，但不宜用于日最低气温−5℃以下施工的混凝土，且不宜用于大体积混凝土。

6.2.6 具有引气性的聚羧酸系高性能减水剂用于蒸养混凝土时，应经试验验证。

6.3 进场检验

6.3.1 聚羧酸系高性能减水剂应按每50t为一检验

批，不足50t时也应按一个检验批计。每一检验批取样量不应少于0.2t胶凝材料所需用的外加剂量。每一检验批取样应充分混匀，并应分为两等份：一份应按本规范第6.3.2和6.3.3条规定的项目及要求进行检验，每检验批检验不得少于两次；另一份应密封留样保存半年，有疑问时，应进行对比检验。

6.3.2 聚羧酸系高性能减水剂进场检验项目应包括pH值、密度（或细度）、含固量（或含水率）、减水率，早强型聚羧酸系高性能减水剂应测1d抗压强度比，缓凝型聚羧酸系高性能减水剂还应检验凝结时间差。

6.3.3 聚羧酸系高性能减水剂进场时，初始或经时坍落度（或扩展度），应按进场检验批次采用工程实际使用的原材料和配合比与上批留样进行平行对比试验，其允许偏差应符合现行国家标准《混凝土质量控制标准》GB 50164的有关规定。

6.4 施　　工

6.4.1 聚羧酸系高性能减水剂相容性的试验应按本规范附录A的方法进行。

6.4.2 聚羧酸系高性能减水剂不应与萘系和氨基磺酸盐高效减水剂复合或混合使用，与其他种类减水剂复合或混合时，应经试验验证，并应满足设计和施工要求后再使用。

6.4.3 聚羧酸系高性能减水剂在运输、贮存时，应采用洁净的塑料、玻璃钢或不锈钢等容器，不宜采用铁质容器。

6.4.4 高温季节，聚羧酸系高性能减水剂应置于阴凉处；低温季节，应对聚羧酸系高性能减水剂采取防冻措施。

6.4.5 聚羧酸系高性能减水剂与引气剂同时使用时，宜分别掺加。

6.4.6 含引气剂或消泡剂的聚羧酸系高性能减水剂使用前应进行均化处理。

6.4.7 聚羧酸系高性能减水剂应按混凝土施工配合比规定的掺量添加。

6.4.8 使用聚羧酸系高性能减水剂生产混凝土时，应控制砂、石含水量、含泥量和泥块含量的变化。

6.4.9 掺聚羧酸系高性能减水剂的混凝土宜采用强制式搅拌机均匀搅拌。混凝土搅拌的最短时间可符合表6.4.9的规定。搅拌强度等级C60及以上的混凝土时，搅拌时间应适当延长。

表6.4.9　混凝土搅拌的最短时间（s）

混凝土坍落度（mm）	搅拌机机型	搅拌机出料量（L）		
		<250	250~500	>500
≤40	强制式	60	90	120
>40且<100	强制式	60	60	90
≥100	强制式		60	

6.4.10 掺用过其他类型减水剂的混凝土搅拌机和运输罐车、泵车等设备，应清洗干净后再搅拌和运输掺聚羧酸系高性能减水剂的混凝土。

6.4.11 使用标准型或缓凝型聚羧酸系高性能减水剂时，当环境温度低于10℃，应采取防止混凝土坍落度的经时增加的措施。

7　引气剂及引气减水剂

7.1 品　　种

7.1.1 混凝土工程可采用下列引气剂：

1　松香热聚物、松香皂及改性松香皂等松香树脂类；

2　十二烷基磺酸盐、烷基苯磺酸盐、石油磺酸盐等烷基和烷基芳烃磺酸盐类；

3　脂肪醇聚氧乙烯磺酸钠、脂肪醇硫酸钠等脂肪醇磺酸盐类；

4　脂肪醇聚氧乙烯醚、烷基苯酚聚氧乙烯醚等非离子聚醚类；

5　三萜皂甙等皂甙类；

6　不同品种引气剂的复合物。

7.1.2 混凝土工程中可采用由引气剂与减水剂复合而成的引气减水剂。

7.2 适用范围

7.2.1 引气剂及引气减水剂宜用于有抗冻融要求的混凝土、泵送混凝土和易产生泌水的混凝土。

7.2.2 引气剂及引气减水剂可用于抗渗混凝土、抗硫酸盐混凝土、贫混凝土、轻骨料混凝土、人工砂混凝土和有饰面要求的混凝土。

7.2.3 引气剂及引气减水剂不宜用于蒸养混凝土及预应力混凝土。必要时，应经试验确定。

7.3 技术要求

7.3.1 混凝土含气量的试验应采用工程实际使用的原材料和配合比，有抗冻融要求的混凝土含气量应根据混凝土抗冻等级和粗骨料最大公称粒径等经试验确定，但不宜超过表7.3.1规定的含气量。

表7.3.1　掺引气剂或引气减水剂混凝土含气量限值

粗骨料最大公称粒径（mm）	混凝土含气量限值（%）
10	7.0
15	6.0
20	5.5
25	5.0
40	4.5

注：表中含气量，C50、C55混凝土可降低0.5%，C60及C60以上混凝土可降低1%，但不宜低于3.5%。

7.3.2 用于改善新拌混凝土工作性时，新拌混凝土含气量宜控制在3%～5%。

7.3.3 混凝土施工现场含气量和设计要求的含气量允许偏差应为±1.0%。

7.4 进场检验

7.4.1 引气剂应按每10t为一检验批，不足10t时也应按一个检验批计，引气减水剂应按每50t为一检验批，不足50t时也应按一个检验批计。每一检验批取样量不应少于0.2t胶凝材料所需用的外加剂量。每一检验批取样应充分混匀，并应分为两等份：其中一份应按本规范第7.4.2和7.4.3条规定的项目及要求进行检验，每检验批检验不得少于两次；另一份应密封留样保存半年，有疑问时，应进行对比检验。

7.4.2 引气剂及引气减水剂进场时，检验项目应包括pH值、密度（或细度）、含固量（或含水率）、含气量、含气量经时损失，引气减水剂还应检测减水率。

7.4.3 引气剂及引气减水剂进场时，含气量应按进场检验批次采用工程实际使用的原材料和配合比与上批留样进行平行对比试验，初始含气量允许偏差应为±1.0%。

7.5 施　工

7.5.1 引气减水剂相容性的试验应按本规范附录A的方法进行。

7.5.2 引气剂宜以溶液掺加，使用时应加入拌合水中，引气剂溶液中的水量应从拌合水中扣除。

7.5.3 引气剂、引气减水剂配制溶液时，应充分溶解后再使用。

7.5.4 引气剂可与减水剂、早强剂、缓凝剂、防冻剂等复合使用。配制溶液时，如产生絮凝或沉淀等现象，应分别配制溶液，并应分别加入搅拌机内。

7.5.5 当混凝土原材料、施工配合比或施工条件变化时，引气剂或引气减水剂的掺量应重新试验并确定。

7.5.6 掺引气剂、引气减水剂的混凝土宜采用强制式搅拌机搅拌，并应搅拌均匀。搅拌时间及搅拌量应经试验确定，最少搅拌时间可符合本规范表6.4.9的规定。出料到浇筑的停放时间不宜过长。采用插入式振捣时，同一振捣点振捣时间不宜超过20s。

7.5.7 检验混凝土的含气量应在施工现场进行取样。对含气量有设计要求的混凝土，当连续浇筑时每4h应现场检验一次；当间歇施工时，每浇筑200m³应检验一次。必要时，可增加检验次数。

8 早强剂

8.1 品　种

8.1.1 混凝土工程可采用下列早强剂：

　　1 硫酸盐、硫酸复盐、硝酸盐、碳酸盐、亚硝酸盐、氯盐、硫氰酸盐等无机盐类；

　　2 三乙醇胺、甲酸盐、乙酸盐、丙酸盐等有机化合物类。

8.1.2 混凝土工程可采用两种或两种以上无机盐类早强剂或有机化合物类早强剂复合而成的早强剂。

8.2 适用范围

8.2.1 早强剂宜用于蒸养、常温、低温和最低温度不低于−5℃环境中施工的有早强要求的混凝土工程。炎热条件以及环境温度低于−5℃时不宜使用早强剂。

8.2.2 早强剂不宜用于大体积混凝土；三乙醇胺等有机胺类早强剂不宜用于蒸养混凝土。

8.2.3 无机盐类早强剂不宜用于下列情况：

　　1 处于水位变化的结构；

　　2 露天结构及经常受水淋、受水流冲刷的结构；

　　3 相对湿度大于80%环境中使用的结构；

　　4 直接接触酸、碱或其他侵蚀性介质的结构；

　　5 有装饰要求的混凝土，特别是要求色彩一致或表面有金属装饰的混凝土。

8.3 进场检验

8.3.1 早强剂应按每50t为一检验批，不足50t时应按一个检验批计。每一检验批取样量不应少于0.2t胶凝材料所需用的外加剂量。每一检验批取样应充分混匀，并应分为两等份：其中一份应按本规范第8.3.2条和第8.3.3条规定的项目和要求进行检验，每检验批检验不得少于两次；另一份应密封留样保存半年，有疑问时，应进行对比检验。

8.3.2 早强剂进场检验项目应包括密度（或细度）、含固量（含水率）、碱含量、氯离子含量和1d抗压强度比。

8.3.3 检验含有硫氰酸盐、甲酸盐等早强剂的氯离子含量时，应采用离子色谱法。

8.4 施　工

8.4.1 供方应向需方提供早强剂产品贮存方式、使用注意事项和有效期，对含有亚硝酸盐、硫氰酸盐的早强剂应按有关化学品的管理规定进行贮存和使用。

8.4.2 供方应向需方提供早强剂产品的主要成分及掺量范围。早强剂中硫酸钠掺入混凝土的量应符合本规范表8.4.2的规定，三乙醇胺掺入混凝土的量不应大于胶凝材料质量的0.05%，早强剂在素混凝土中引入的氯离子含量不应大于胶凝材料质量的1.8%。其他品种早强剂的掺量应经试验确定。

8.4.3 掺早强剂的混凝土采用蒸汽养护时，其蒸养制度应经试验确定。

8.4.4 掺粉状早强剂的混凝土宜延长搅拌时间30s。

8.4.5 掺早强剂的混凝土应加强保温保湿养护。

表 8.4.2　硫酸钠掺量限值

混凝土种类	使用环境	掺量限值（胶凝材料质量%）
预应力混凝土	干燥环境	≤1.0
钢筋混凝土	干燥环境	≤2.0
	潮湿环境	≤1.5
有饰面要求的混凝土	—	≤0.8
素混凝土		≤3.0

9　缓　凝　剂

9.1　品　　种

9.1.1　混凝土工程可采用下列缓凝剂：

1　葡萄糖、蔗糖、糖蜜、糖钙等糖类化合物；

2　柠檬酸（钠）、酒石酸（钾钠）、葡萄糖酸（钠）、水杨酸及其盐类等羟基羧酸及其盐类；

3　山梨醇、甘露醇等多元醇及其衍生物；

4　2-膦酸丁烷-1,2,4-三羧酸（PBTC）、氨基三甲叉膦酸（ATMP）及其盐类等有机膦酸及其盐类；

5　磷酸盐、锌盐、硼酸及其盐类、氟硅酸盐等无机盐类。

9.1.2　混凝土工程可采用由不同缓凝组分复合而成的缓凝剂。

9.2　适用范围

9.2.1　缓凝剂宜用于延缓凝结时间的混凝土。

9.2.2　缓凝剂宜用于对坍落度保持能力有要求的混凝土、静停时间较长或长距离运输的混凝土、自密实混凝土。

9.2.3　缓凝剂可用于大体积混凝土。

9.2.4　缓凝剂宜用于日最低气温 5℃ 以上施工的混凝土。

9.2.5　柠檬酸（钠）及酒石酸（钾钠）等缓凝剂不宜单独用于贫混凝土。

9.2.6　含有糖类组分的缓凝剂与减水剂复合使用时，可按本规范附录 A 的方法进行相容性试验。

9.3　进场检验

9.3.1　缓凝剂应按每 20t 为一检验批，不足 20t 时也应按一个检验批计。每一批次检验批取样量不应少于 0.2t 胶凝材料所需用的外加剂量。每一检验批取样应充分混匀，并应分为两等份：其中一份应按本规范第 9.3.2 条和第 9.3.3 条规定的项目和要求进行检验，每检验批检验不得少于两次；另一份应密封留样保存半年，有疑问时，应进行对比检验。

9.3.2　缓凝剂进场时检验项目应包括密度（或细

度）、含固量（或含水率）和混凝土凝结时间差。

9.3.3　缓凝剂进场时，凝结时间的检测应按进场检验批次采用工程实际使用的原材料和配合比与上批留样进行平行对比，初、终凝时间允许偏差应为±1h。

9.4　施　　工

9.4.1　缓凝剂的品种、掺量应根据环境温度、施工要求的混凝土凝结时间、运输距离、静停时间、强度等经试验确定。

9.4.2　缓凝剂用于连续浇筑的混凝土时，混凝土的初凝时间应满足设计和施工要求。

9.4.3　缓凝剂宜以溶液掺加，使用时应加入拌合水中，缓凝剂溶液中的水量应从拌合水中扣除。难溶和不溶的粉状缓凝剂应采用干掺法，并宜延长搅拌时间 30s。

9.4.4　缓凝剂可与减水剂复合使用。配制溶液时，如产生絮凝或沉淀等现象，宜分别配制溶液，并应分别加入搅拌机内。

9.4.5　掺缓凝剂的混凝土浇筑、振捣后，应及时养护。

9.4.6　当环境温度波动超过 10℃ 时，应经试验调整缓凝剂掺量。

10　泵　送　剂

10.1　品　　种

10.1.1　混凝土工程可采用一种减水剂与缓凝组分、引气组分、保水组分和黏度调节组分复合而成的泵送剂。

10.1.2　混凝土工程可采用两种或两种以上减水剂与缓凝组分、引气组分、保水组分和黏度调节组分复合而成的泵送剂。

10.1.3　混凝土工程可采用一种减水剂作为泵送剂。

10.1.4　混凝土工程可采用两种或两种以上减水剂复合而成的泵送剂。

10.2　适用范围

10.2.1　泵送剂宜用于泵送施工的混凝土。

10.2.2　泵送剂可用于工业与民用建筑结构工程混凝土、桥梁混凝土、水下灌注桩混凝土、大坝混凝土、清水混凝土、防辐射混凝土和纤维增强混凝土等。

10.2.3　泵送剂宜用于日平均气温 5℃ 以上的施工环境。

10.2.4　泵送剂不宜用于蒸汽养护混凝土和蒸压养护的预制混凝土。

10.2.5　使用含糖类或木质素磺酸盐的泵送剂时，可按本规范附录 A 进行相容性试验，并应满足施工要求后再使用。

10.3 技 术 要 求

10.3.1 泵送剂使用时，其减水率宜符合表 10.3.1 的规定。减水率应按现行国家标准《混凝土外加剂》GB 8076 的有关规定进行测定。

表 10.3.1 减水率的选择

序号	混凝土强度等级	减水率（%）
1	C30 及 C30 以下	12～20
2	C35～C55	16～28
3	C60 及 C60 以上	≥25

10.3.2 用于自密实混凝土泵送剂的减水率不宜小于 20%。

10.3.3 掺泵送剂混凝土的坍落度 1h 经时变化量可按表 10.3.3 的规定选择。坍落度 1h 经时变化值应按现行国家标准《混凝土外加剂》GB 8076 的有关规定进行测定。

表 10.3.3 坍落度 1h 经时变化量的选择

序号	运输和等候时间（min）	坍落度 1h 经时变化量（mm）
1	<60	≤80
2	60～120	≤40
3	>120	≤20

10.4 进 场 检 验

10.4.1 泵送剂应按每 50t 为一检验批，不足 50t 时也应按一个检验批计。每一检验批取样量不应少于 0.2t 胶凝材料所需用的外加剂量。每一检验批取样应充分混匀，并应分为两等份：其中一份应按本规范第 10.4.2 和 10.4.3 条规定的项目和要求进行检验，每检验批检验不得少于两次；另一份应密封留样保存半年，有疑问时，应进行对比检验。

10.4.2 泵送剂进场检验项目应包括 pH 值、密度（或细度）、含固量（或含水率）、减水率和坍落度 1h 经时变化值。

10.4.3 泵送剂进场时，减水率及坍落度 1h 经时变化值应按进场检验批次采用工程实际使用的原材料和配合比与上批留样进行平行对比试验，减水率允许偏差应为 ±2%，坍落度 1h 经时变化值允许偏差应为 ±20mm。

10.5 施 工

10.5.1 泵送剂相容性的试验应按本规范附录 A 的方法进行。

10.5.2 不同供方、不同品种的泵送剂不得混合使用。

10.5.3 泵送剂的品种、掺量应根据工程实际使用的原材料、环境温度、运输距离、泵送高度和泵送距离等经试验确定。

10.5.4 液体泵送剂宜与拌合水预混，溶液中的水量应从拌合水中扣除；粉状泵送剂宜与胶凝材料一起加入搅拌机内，并宜延长混凝土搅拌时间 30s。

10.5.5 泵送混凝土的原材料选择、配合比要求，应符合现行行业标准《普通混凝土配合比设计规程》JGJ 55 的有关规定。

10.5.6 掺泵送剂的混凝土采用二次掺加法时，二次添加的外加剂品种及掺量应经试验确定，并应记录备案。二次添加的外加剂不应包括缓凝、引气组分。二次添加后应确保混凝土搅拌均匀，坍落度应符合要求后再使用。

10.5.7 掺泵送剂的混凝土浇筑、振捣后，应及时抹压，并应始终保持混凝土表面潮湿，终凝后还应浇水养护，当气温较低时，应加强保温保湿养护。

11 防 冻 剂

11.1 品 种

11.1.1 混凝土工程可采用以某些醇类、尿素等有机化合物为防冻组分的有机化合物类防冻剂。

11.1.2 混凝土工程可采用下列无机盐类防冻剂：

　　1 以亚硝酸盐、硝酸盐、碳酸盐等无机盐为防冻组分的无氯盐类；

　　2 含有阻锈组分，并以氯盐为防冻组分的氯盐阻锈类；

　　3 以氯盐为防冻组分的氯盐类。

11.1.3 混凝土工程可采用防冻组分与早强、引气和减水组分复合而成的防冻剂。

11.2 适 用 范 围

11.2.1 防冻剂可用于冬期施工的混凝土。

11.2.2 亚硝酸钠防冻剂或亚硝酸钠与碳酸锂复合防冻剂，可用于冬期施工的硫铝酸盐水泥混凝土。

11.3 进 场 检 验

11.3.1 防冻剂应按每 100t 为一检验批，不足 100t 时也应按一个检验批计。每一检验批取样量不应少于 0.2t 胶凝材料所需用的外加剂量。每一检验批取样应充分混匀，并应分为两等份：一份应按本规范第 11.3.2 和 11.3.3 条规定的项目和要求进行检验，每检验批检验不得少于两次；另一份应密封留样保存半年，有疑问时，应进行对比检验。

11.3.2 防冻剂进场检验项目应包括氯离子含量、密度（或细度）、含固量（或含水率）、碱含量和含气量，复合类防冻剂还应检测减水率。

11.3.3 检验含有硫氰酸盐、甲酸盐等防冻剂的氯离子含量时，应采用离子色谱法。

11.4 施 工

11.4.1 含减水组分的防冻剂相容性的试验应按本规范附录 A 的方法进行。

11.4.2 防冻剂的品种、掺量应以混凝土浇筑后 5d 内的预计日最低气温选用。在日最低气温为－5℃～－10℃、－10℃～－15℃、－15℃～－20℃时，应分别选用规定温度为－5℃、－10℃、－15℃的防冻剂。

11.4.3 掺防冻剂的混凝土所用原材料，应符合下列要求：

  1 宜选用硅酸盐水泥、普通硅酸盐水泥；

  2 骨料应清洁，不得含有冰、雪、冻块及其他易冻裂物质。

11.4.4 防冻剂与其他外加剂同时使用时，应经试验确定，并应满足设计和施工要求后再使用。

11.4.5 使用液体防冻剂时，贮存和输送液体防冻剂的设备应采取保温措施。

11.4.6 掺防冻剂混凝土拌合物的入模温度不应低于 5℃。

11.4.7 掺防冻剂混凝土的生产、运输、施工及养护，应符合现行行业标准《建筑工程冬期施工规程》JGJ/T 104 的有关规定。

12 速 凝 剂

12.1 品 种

12.1.1 喷射混凝土工程可采用下列粉状速凝剂：

  1 以铝酸盐、碳酸盐等为主要成分的粉状速凝剂；

  2 以硫酸铝、氢氧化铝等为主要成分与其他无机盐、有机物复合而成的低碱粉状速凝剂。

12.1.2 喷射混凝土工程可采用下列液体速凝剂：

  1 以铝酸盐、硅酸盐为主要成分与其他无机盐、有机物复合而成的液体速凝剂；

  2 以硫酸铝、氢氧化铝等为主要成分与其他无机盐、有机物复合而成的低碱液体速凝剂。

12.2 适 用 范 围

12.2.1 速凝剂可用于喷射法施工的砂浆或混凝土，也可用于有速凝要求的其他混凝土。

12.2.2 粉状速凝剂宜用于干法施工的喷射混凝土，液体速凝剂宜用于湿法施工的喷射混凝土。

12.2.3 永久性支护或衬砌施工使用的喷射混凝土、对碱含量有特殊要求的喷射混凝土工程，宜选用碱含量小于 1%的低碱速凝剂。

12.3 进 场 检 验

12.3.1 速凝剂应按每 50t 为一检验批，不足 50t 时也应按一个检验批计。每一检验批取样量不应少于 0.2t 胶凝材料所需用的外加剂量。每一检验批取样应充分混匀，并应分为两等份：其中一份应按本规范第 12.3.2 和 12.3.3 条规定的项目和要求进行检验，每检验批检验不得少于两次；另一份应密封留样保存半年，有疑问时，应进行对比检验。

12.3.2 速凝剂进场时检验项目应包括密度（或细度）、水泥净浆初凝和终凝时间。

12.3.3 速凝剂进场时，水泥净浆初、终凝时间应按进场检验批次采用工程实际使用的原材料和配合比与上批留样进行平行对比试验，其允许偏差应为±1min。

12.4 施 工

12.4.1 速凝剂掺量宜为胶凝材料质量的 2%～10%，当混凝土原材料、环境温度发生变化时，应根据工程要求，经试验调整速凝剂掺量。

12.4.2 喷射混凝土的施工宜选用硅酸盐水泥或普通硅酸盐水泥，不得使用过期或受潮结块的水泥。当工程有防腐、耐高温或其他特殊要求时，也可采用相应特种水泥。

12.4.3 掺速凝剂混凝土的粗骨料宜采用最大粒径不大于 20mm 的卵石或碎石，细骨料宜采用中砂。

12.4.4 掺速凝剂的喷射混凝土配合比宜通过试配试喷确定，其强度应符合设计要求，并应满足节约水泥、回弹量少等要求。特殊情况下，还应满足抗冻性和抗渗性等要求。砂率宜为 45%～60%。湿喷混凝土拌合物的坍落度不宜小于 80mm。

12.4.5 湿法施工时，应加强混凝土工作性的检查。喷射作业时每班次混凝土坍落度的检查次数不应少于两次，不足一个班次时也应按一个班次检查。当原材料出现波动时应及时检查。

12.4.6 干法施工时，混合料的搅拌宜采用强制式搅拌机。当采用容量小于 400L 的强制式搅拌机时，搅拌时间不得少于 60s；当采用自落式或滚筒式搅拌机时，搅拌时间不得少于 120s；当掺有矿物掺合料或纤维时，搅拌时间宜延长 30s。

12.4.7 干法施工时，混合料在运输、存放过程中，应防止受潮及杂物混入，投入喷射机前应过筛。

12.4.8 干法施工时，混合料应随拌随用。无速凝剂掺入的混合料，存放时间不应超过 2h，有速凝剂掺入的混合料，存放时间不应超过 20min。

12.4.9 喷射混凝土终凝 2h 后，应喷水养护。环境温度低于 5℃时，不宜喷水养护。

12.4.10 掺速凝剂喷射混凝土作业区日最低气温不应低于 5℃。

12.4.11 掺速凝剂喷射混凝土施工时，施工人员应采取劳动防护措施，并应确保人身安全。

13 膨 胀 剂

13.1 品 种

13.1.1 混凝土工程可采用硫铝酸钙类混凝土膨胀剂。

13.1.2 混凝土工程可采用硫铝酸钙-氧化钙类混凝土膨胀剂。

13.1.3 混凝土工程可采用氧化钙类混凝土膨胀剂。

13.2 适用范围

13.2.1 用膨胀剂配制的补偿收缩混凝土宜用于混凝土结构自防水、工程接缝、填充灌浆，采取连续施工的超长混凝土结构，大体积混凝土工程等；用膨胀剂配制的自应力混凝土宜用于自应力混凝土输水管、灌注桩等。

13.2.2 含硫铝酸钙类、硫铝酸钙-氧化钙类膨胀剂配制的混凝土（砂浆）不得用于长期环境温度为80℃以上的工程。

13.2.3 膨胀剂应用于钢筋混凝土工程和填充性混凝土工程。

13.3 技术要求

13.3.1 掺膨胀剂的补偿收缩混凝土，其限制膨胀率应符合表 13.3.1 的规定。

表 13.3.1 补偿收缩混凝土的限制膨胀率

用　　途	限制膨胀率（%）	
	水中 14d	水中 14d 转空气中 28d
用于补偿混凝土收缩	≥0.015	≥-0.030
用于后浇带、膨胀加强带和工程接缝填充	≥0.025	≥-0.020

13.3.2 补偿收缩混凝土限制膨胀率的试验和检验应按本规范附录 B 的方法进行。

13.3.3 补偿收缩混凝土的抗压强度应符合设计要求，其验收评定应符合现行国家标准《混凝土强度检验评定标准》GB/T 50107 的有关规定。

13.3.4 补偿收缩混凝土设计强度不宜低于 C25；用于填充的补偿收缩混凝土设计强度不宜低于 C30。

13.3.5 补偿收缩混凝土的强度试件制作和检验，应符合现行国家标准《普通混凝土力学性能试验方法标准》GB/T 50081 的有关规定。用于填充的补偿收缩混凝土的抗压强度试件制作和检测，应按现行行业标准《补偿收缩混凝土应用技术规程》JGJ/T 178 - 2009 的附录 A 进行。

13.3.6 灌浆用膨胀砂浆，其性能应符合表 13.3.6 的规定。抗压强度应采用 40mm×40mm×160mm 的试模，无振动成型，拆模、养护、强度检验应按现行国家标准《水泥胶砂强度检验方法（ISO 法）》GB/T 17671 的有关规定执行，竖向膨胀率的测定应按本规范附录 C 的方法进行。

表 13.3.6 灌浆用膨胀砂浆性能

扩展度（mm）	竖向限制膨胀率（%）		抗压强度（MPa）		
	3d	7d	1d	3d	28d
≥250	≥0.10	≥0.20	≥20	≥30	≥60

13.3.7 掺加膨胀剂配制自应力水泥时，其性能应符合现行行业标准《自应力硅酸盐水泥》JC/T 218 的有关规定。

13.4 进场检验

13.4.1 膨胀剂应按每 200t 为一检验批，不足 200t 时也应按一个检验批计。每一检验批取样量不应少于 10kg。每一检验批取样应充分混匀，并应分为两等份：其中一份应按本规范第 13.4.2 条规定的项目进行检验，每检验批检验不得少于两次；另一份应密封留样保存半年，有疑问时，应进行对比检验。

13.4.2 膨胀剂进场时检验项目应为水中 7d 限制膨胀率和细度。

13.5 施 工

13.5.1 掺膨胀剂的补偿收缩混凝土，其设计和施工应符合现行行业标准《补偿收缩混凝土应用技术规程》JGJ/T 178 的有关规定。其中，对暴露在大气中的混凝土表面应及时进行保水养护，养护期不得少于14d；冬期施工时，构件拆模时间应延至 7d 以上，表层不得直接洒水，可采用塑料薄膜保水，薄膜上部应覆盖岩棉被等保温材料。

13.5.2 大体积、大面积及超长结构的后浇带可采用膨胀加强带措施连续施工，膨胀加强带的构造形式和超长结构浇筑方式，应符合现行行业标准《补偿收缩混凝土应用技术规程》JGJ/T 178 的有关规定。

13.5.3 掺膨胀剂混凝土的胶凝材料最少用量应符合表 13.5.3 的规定。

表 13.5.3 胶凝材料最少用量

用　　途	胶凝材料最少用量（kg/m³）
用于补偿混凝土收缩	300
用于后浇带、膨胀加强带和工程接缝填充	350
用于自应力混凝土	500

13.5.4 灌浆用膨胀砂浆施工应符合下列规定：

1 灌浆用膨胀砂浆的水料（胶凝材料＋砂）比宜为 0.12～0.16，搅拌时间不宜少于 3min；

2 膨胀砂浆不得使用机械振捣，宜用人工插捣排除气泡，每个部位应从一个方向浇筑；

3 浇筑完成后，应立即用湿麻袋等覆盖暴露部分，砂浆硬化后应立即浇水养护，养护期不宜少于 7d；

4 灌浆用膨胀砂浆浇筑和养护期间，最低气温低于 5℃时，应采取保温保湿养护措施。

14 防 水 剂

14.1 品 种

14.1.1 混凝土工程可采用下列防水剂：

1 氯化铁、硅灰粉末、锆化合物、无机铝盐防水剂、硅酸钠等无机化合物类；

2 脂肪酸及其盐类、有机硅类（甲基硅醇钠、乙基硅醇钠、聚乙基羟基硅氧烷等）、聚合物乳液（石蜡、地沥青、橡胶及水溶性树脂乳液等）等有机化合物类。

14.1.2 混凝土工程可采用下列复合型防水剂：

1 无机化合物类复合、有机化合物类复合、无机化合物类与有机化合物类复合；

2 本条第 1 款各类与引气剂、减水剂、调凝剂等外加剂复合而成的防水剂。

14.2 适 用 范 围

14.2.1 防水剂可用于有防水抗渗要求的混凝土工程。

14.2.2 对有抗冻要求的混凝土工程宜选用复合引气组分的防水剂。

14.3 进 场 检 验

14.3.1 防水剂应按每 50t 为一检验批，不足 50t 时也应按一个检验批计。每一检验批取样量不应少于 0.2t 胶凝材料所需用的外加剂量。每一检验批取样应充分混匀，并应分为两等份：其中一份应按本规范第 14.3.2 条规定的项目进行检验，每检验批检验不得少于两次；另一份应密封留样保存半年，有疑问时，应进行对比检验。

14.3.2 防水剂进场检验项目应包括密度（或细度）、含固量（或含水率）。

14.4 施 工

14.4.1 含有减水组分的防水剂相容性的试验应按本规范附录 A 的方法进行。

14.4.2 掺防水剂的混凝土宜选用普通硅酸盐水泥。有抗硫酸盐要求时，宜选用抗硫酸盐硅酸盐水泥或火山灰质硅酸盐水泥，并应经试验确定。

14.4.3 防水剂应按供方推荐掺量掺加，超量掺加时应经试验确定。

14.4.4 掺防水剂混凝土宜采用最大粒径不大于 25mm 连续级配的石子。

14.4.5 掺防水剂混凝土的搅拌时间应较普通混凝土延长 30s。

14.4.6 掺防水剂混凝土应加强早期养护，潮湿养护不得少于 7d。

14.4.7 处于侵蚀介质中掺防水剂的混凝土，应采取防腐蚀措施。

14.4.8 掺防水剂混凝土的结构表面温度不宜超过 100℃，超过 100℃时，应采取隔断热源的保护措施。

15 阻 锈 剂

15.1 品 种

15.1.1 混凝土工程可采用下列阻锈剂：

1 亚硝酸盐、硝酸盐、铬酸盐、重铬酸盐、磷酸盐、多磷酸盐、硅酸盐、钼酸盐、硼酸盐等无机盐类；

2 胺类、醛类、炔醇类、有机磷化合物、有机硫化合物、羧酸及其盐类、磺酸及其盐类、杂环化合物等有机化合物类。

15.1.2 混凝土工程可采用两种或两种以上无机盐类或有机化合物类阻锈剂复合而成的阻锈剂。

15.2 适 用 范 围

15.2.1 阻锈剂宜用于容易引起钢筋锈蚀的侵蚀环境中的钢筋混凝土、预应力混凝土和钢纤维混凝土。

15.2.2 阻锈剂宜用于新建混凝土工程和修复工程。

15.2.3 阻锈剂可用于预应力孔道灌浆。

15.3 进 场 检 验

15.3.1 阻锈剂应按每 50t 为一检验批，不足 50t 时也应按一个检验批计。每一检验批取样量不应少于 0.2t 胶凝材料所需用的外加剂量。每一检验批取样应充分混匀，并应分为两等份：其中一份应按本规范第 15.3.2 条规定的项目进行检验，每检验批检验不得少于两次；另一份应密封留样保存半年，有疑问时，应进行对比检验。

15.3.2 阻锈剂进场检验项目应包括 pH 值、密度（或细度）、含固量（或含水率）。

15.4 施 工

15.4.1 新建钢筋混凝土工程采用阻锈剂时，应符合下列规定：

1 掺阻锈剂混凝土配合比设计应符合现行行业

标准《普通混凝土配合比设计规程》JGJ 55 的有关规定。当原材料或混凝土性能要求发生变化时，应重新进行混凝土配合比设计。

2 掺阻锈剂或阻锈剂与其他外加剂复合使用的混凝土性能应满足设计和施工要求。

3 掺阻锈剂混凝土的搅拌、运输、浇筑和养护，应符合现行国家标准《混凝土质量控制标准》GB 50164 的有关规定。

15.4.2 使用掺阻锈剂的混凝土或砂浆对既有钢筋混凝土工程进行修复时，应符合下列规定：

1 应先剔除已被腐蚀、污染或中性化的混凝土层，并应清除钢筋表面锈蚀物后再进行修复。

2 当损坏部位较小、修补层较薄时，宜采用砂浆进行修复；当损坏部位较大、修补层较厚时，宜用混凝土进行修复。

3 当大面积施工时，可采用喷射或喷、抹结合的施工方法。

4 修复的混凝土或砂浆的养护应符合现行国家标准《混凝土质量控制标准》GB 50164 的有关规定。

附录 A 混凝土外加剂相容性快速试验方法

A.0.1 混凝土外加剂相容性快速试验方法适用于含减水组分的各类混凝土外加剂与胶凝材料、细骨料和其他外加剂的相容性试验。

A.0.2 试验所用仪器设备应符合下列规定：

1 水泥胶砂搅拌机应符合现行行业标准《行星式水泥胶砂搅拌机》JC/T 681 的有关规定；

2 砂浆扩展度筒应采用内壁光滑无接缝的筒状金属制品（图 A.0.2），尺寸应符合下列要求：

1）筒壁厚度不应小于 2mm；
2）上口内径 d 尺寸为 50mm±0.5mm；
3）下口内径 D 尺寸为 100mm±0.5mm；
4）高度 h 尺寸为 150mm±0.5mm；

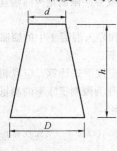

图 A.0.2 砂浆扩展度筒示意

3 捣棒应采用直径为 8mm±0.2mm、长为 300mm±3mm 的钢棒，端部应磨圆；玻璃板的尺寸应为 500mm×500mm×5mm；应采用量程为 500mm、分度值为 1mm 的钢直尺；应采用分度值为 0.1s 的秒表；应采用分度值为 1s 的时钟；应采用量程为 100g、分度值为 0.01g 的天平；应采用量程为 5kg、分度值为 1g 的台秤。

A.0.3 试验所用原材料、配合比及环境条件应符合下列规定：

1 应采用工程实际使用的外加剂、水泥和矿物掺合料；

2 工程实际使用的砂，应筛除粒径大于 5mm 以上的部分，并应自然风干至气干状态；

3 砂浆配合比应采用与工程实际使用的混凝土配合比中去除粗骨料后的砂浆配合比，水胶比应降低 0.02，砂浆总量不应小于 1.0L；

4 砂浆初始扩展度应符合下列要求：

1）普通减水剂的砂浆初始扩展度应为 260mm±20mm；
2）高效减水剂、聚羧酸系高性能减水剂和泵送剂的砂浆初始扩展度应为 350mm±20mm；

5 试验应在砂浆成型室标准试验条件下进行，试验室温度应保持在 20℃±2℃，相对湿度不应低于 50%。

A.0.4 试验方法应按下列步骤进行：

1 将玻璃板水平放置，用湿布将玻璃板、砂浆扩展度筒、搅拌叶片及搅拌锅内壁均匀擦拭，使其表面润湿；

2 将砂浆扩展度筒置于玻璃板中央，并用湿布覆盖待用；

3 按砂浆配合比的比例分别称取水泥、矿物掺合料、砂、水及外加剂待用；

4 外加剂为液体时，先将胶凝材料、砂加入搅拌锅内预搅拌 10s，再将外加剂与水混合均匀加入；外加剂为粉状时，先将胶凝材料、砂及外加剂加入搅拌锅内预搅拌 10s，再加入水；

5 加水后立即启动胶砂搅拌机，并按胶砂搅拌机程序进行搅拌，从加水时刻开始计时；

6 搅拌完毕，将砂浆分两次倒入砂浆扩展度筒，每次倒入约筒高的 1/2，并用捣棒自边缘向中心按顺时针方向均匀插捣 15 下，各次插捣应在截面上均匀分布。插捣筒边砂浆时，捣棒可稍微沿筒壁方向倾斜。插捣底层时，捣棒应贯穿筒内砂浆深度，插捣第二层时，捣棒应插透本层至下一层的表面。插捣完毕后，砂浆表面应用刮刀刮平，将筒缓慢匀速垂直提起，10s 后用钢直尺量取相互垂直的两个方向的最大直径，并取其平均值为砂浆扩展度；

7 砂浆初始扩展度未达到要求时，应调整外加剂的掺量，并重复本条第 1～6 款的试验步骤，直至砂浆初始扩展度达到要求；

8 将试验砂浆重新倒入搅拌锅内，并用湿布覆盖搅拌锅，从计时开始后 10min（聚羧酸系高性能减水剂应做）、30min、60min，开启搅拌机，快速搅拌 1min，按本条第 7 款步骤测定砂浆扩展度。

A.0.5 试验结果评价应符合下列规定：

1 应根据外加剂掺量和砂浆扩展度经时损失判断外加剂的相容性；

2 试验结果有异议时，可按实际混凝土配合比进行试验验证；

3 应注明所用外加剂、水泥、矿物掺合料和砂的品种、等级、生产厂及试验室温度、湿度等。

附录 B 补偿收缩混凝土的限制膨胀率测定方法

B.0.1 补偿收缩混凝土的限制膨胀率测定方法适用于测定掺膨胀剂混凝土的限制膨胀率及限制干缩率。

B.0.2 试验用仪器应符合下列规定：

1 测量仪可由千分表、支架和标准杆组成（图 B.0.2-1），千分表分辨率应为 0.001mm。

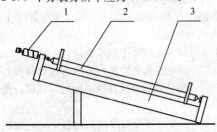

图 B.0.2-1 测量仪
1—电子千分表；2—标准杆；3—支架

2 纵向限制器应符合下列规定：

1）纵向限制器应由纵向限制钢筋与钢板焊接制成（图 B.0.2-2）。

2）纵向限制钢筋应采用直径为 10mm、横截面面积为 78.54mm²，且符合现行国家标准《钢筋混凝土用钢 第 2 部分：热轧带肋钢筋》GB 1499.2 规定的钢筋。钢筋两侧应焊接 12mm 厚的钢板，材质应符合现行国家标准《碳素结构钢》GB 700 的有关规定，钢筋两端点各 7.5mm 范围内为黄铜或不锈钢，测头呈球面状，半径为 3mm。钢板与钢筋焊接处的焊接强度不应低于 260MPa。

3）纵向限制器不应变形，一般检验可重复使用 3 次，仲裁检验只允许使用 1 次。

4）该纵向限制器的配筋率为 0.79%。

B.0.3 试验室温度应符合下列规定：

1 用于混凝土试件成型和测量的试验室的温度应为 20℃±2℃。

2 用于养护混凝土试件的恒温水槽的温度应为 20℃±2℃。恒温恒湿室温度应为 20℃±2℃，湿度应为 60%±5%。

3 每日应检查、记录温度变化情况。

B.0.4 试件制作应符合下列规定：

1 用于成型试件的模型宽度和高度均应为 100mm，长度应大于 360mm。

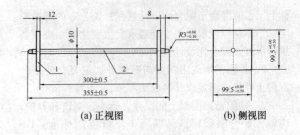

(a) 正视图   (b) 侧视图

图 B.0.2-2 纵向限制器
1—端板；2—钢筋

2 同一条件应有 3 条试件供测长用，试件全长应为 355mm，其中混凝土部分尺寸应为 100mm×100mm×300mm。

3 首先应把纵向限制器具放入试模中，然后将混凝土一次装入试模，把试模放在振动台上振动至表面呈现水泥浆，不泛气泡为止，刮去多余的混凝土并抹平；然后把试件置于温度为 20℃±2℃的标准养护室内养护，试件表面用塑料布或湿布覆盖。

4 应在成型 12h~16h 且抗压强度达到 3MPa~5MPa 后再拆模。

B.0.5 试件测长和养护应符合下列规定：

1 测长前 3h，应将测量仪、标准杆放在标准试验室内，用标准杆校正测量仪并调整千分表零点。测量前，应将试件及测量仪测头擦净。每次测量时，试件记有标志的一面与测量仪的相对位置应一致，纵向限制器的测头与测量仪的测头应正确接触，读数应精确至 0.001mm。不同龄期的试件应在规定时间±1h 内测量。试件脱模后应在 1h 内测量试件的初始长度。测量完初始长度的试件应立即放入恒温水槽中养护，应在规定龄期时进行测长。测长的龄期应从成型日算起，宜测量 3d、7d 和 14d 的长度变化。14d 后，应将试件移入恒温恒湿室中养护，应分别测量空气中 28d、42d 的长度变化。也可根据需要安排测量龄期。

2 养护时，应注意不损伤试件测头。试件之间应保持 25mm 以上间隔，试件支点距限制钢板两端宜为 70mm。

B.0.6 各龄期的限制膨胀率和导入混凝土中的膨胀或收缩应力，应按下列方法计算：

1 各龄期的限制膨胀率应按下式计算，应取相近的 2 个试件测定值的平均值作为限制膨胀率的测量结果，计算值应精确至 0.001%：

$$\varepsilon = \frac{L_t - L}{L_0} \times 100 \qquad (B.0.6-1)$$

式中：ε——所测龄期的限制膨胀率（%）；

L_t——所测龄期的试件长度测量值，单位为毫米（mm）；

L——初始长度测量值，单位为毫米（mm）；

L_0——试件的基准长度，300mm。

2 导入混凝土中的膨胀或收缩应力应按下式计

算，计算值应精确至 0.01MPa；

$$\sigma = \mu \cdot E \cdot \varepsilon \qquad (\text{B.0.6-2})$$

式中：σ——膨胀或收缩应力（MPa）；

μ——配筋率（%）；

E——限制钢筋的弹性模量，取 2.0×10^5 MPa；

ε——所测龄期的限制膨胀率（%）。

附录 C　灌浆用膨胀砂浆
竖向膨胀率的测定方法

C.0.1　灌浆用膨胀砂浆竖向膨胀率的测定方法适用于灌浆用膨胀砂浆的竖向膨胀率的测定。

C.0.2　测试仪器工具应符合下列规定：

1　应采用量程为 10mm，分度值为 0.001mm 的千分表；

2　应采用钢质测量支架；

3　应采用 140mm×80mm×5mm 的玻璃板；

4　应采用直径为 70mm，厚为 5mm，质量为 150g 的钢质压块；

5　应采用 100mm×100mm×100mm 的试模，试模的拼装缝应填入黄油，不得漏水；

6　应采用宽为 60mm，长为 160mm 的铲勺；

7　捣板可用钢锯条替代。

C.0.3　竖向膨胀率的测量装置（图 C.0.3）的安装，应符合下列要求：

1　测量支架的垫板和测量支架横梁应采用螺母紧固，其水平度不应超过 0.02；测量支架应水平放置在工作台上，水平度也不应超过 0.02；

2　试模应放置在钢垫板上，不应摇动；

3　玻璃板应平放在试模中间位置，其左右两边与试模内侧边应留出 10mm 空隙；

4　钢质压块应置于玻璃板中央；

5　千分表与测量支架横梁应固定牢靠，但表杆应能自由升降。安装千分表时，应下压表头，宜使表针指到量程的 1/2 处。

C.0.4　灌浆操作应按下列步骤进行：

1　灌浆料用水量应按扩展度为 250mm±10mm 时的用水量。

2　灌浆料加水搅拌均匀后应立即灌模。应从玻璃板的一侧灌入。当灌到 50mm 左右高度时，用捣板在试模的每一侧插捣 6 次，中间部位也插捣 6 次。灌到 90mm 高度时，和前面相同再做插捣，尽量排出气体。最后一层灌浆料要一次灌至两侧流出灌浆料为止。要尽量减少灌浆料对玻璃板产生的向上冲浮作用。

3　玻璃板两侧灌浆料表面，用小刀轻轻抹成斜坡，斜坡的高边与玻璃相平。斜坡的低边与试模内侧顶面相平。抹斜坡的时间不应超过 30s。之后 30s 内，

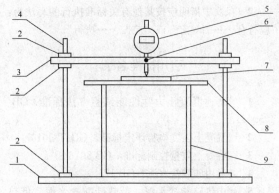

图 C.0.3　竖向膨胀率测量装置示意

1—测量支架垫板；2—测量支架紧固螺母；3—测量支架横梁；4—测量支架立杆；5—千分表；6—紧固螺钉；7—钢质压块；8—玻璃板；9—试模

用两层湿棉布覆盖在玻璃板两侧灌浆料表面。

4　把钢质压块置于玻璃板中央，再把千分表测量头垂放在钢质压块上，在 30s 内记录千分表读数 h_0，为初始读数。

5　从测定初始读数起，每隔 2h 浇水 1 次。连续浇水 4 次。以后每隔 4h 浇水 1 次。保湿养护至要求龄期，测定 3d、7d 试件高度读数。

6　从测量初始读数开始，测量装置和试件应保持静止不动，并不得振动。

7　成型温度、养护温度均应为 20℃±3℃。

C.0.5　竖向膨胀率应按下式计算，试验结果应取一组三个试件的算术平均值，计算值应精确至 0.001%：

$$\varepsilon_t = \frac{h_t - h_0}{h} \times 100 \qquad (\text{C.0.5})$$

式中：ε_t——竖向膨胀率（%）；

h_0——试件高度的初始读数（mm）；

h_t——试件龄期为 t 时的高度读数（mm）；

h——试件基准高度，100mm。

本规范用词说明

1　为便于在执行本规范条文时区别对待，对要求严格程度不同的用词说明如下：

1）表示很严格，非这样做不可的用词：

正面词采用"必须"，反面词采用"严禁"；

2）表示严格，在正常情况下均应这样做的用词：

正面词采用"应"，反面词采用"不应"或"不得"；

3）表示允许稍有选择，在条件许可时首先应这样做的用词：

正面词采用"宜"，反面词采用"不宜"；

4）表示有选择，在一定条件下可以这样做的用词，采用"可"。

2 条文中指明应按其他有关标准执行的写法为："应符合……的规定"或"应按……执行"。

引用标准名录

1 《普通混凝土力学性能试验方法标准》GB/T 50081

2 《混凝土强度检验评定标准》GB/T 50107

3 《混凝土质量控制标准》GB 50164

4 《通用硅酸盐水泥》GB 175

5 《中热硅酸盐水泥 低热硅酸盐水泥 低热矿渣硅酸盐水泥》GB 200

6 《碳素结构钢》GB 700

7 《钢筋混凝土用钢 第2部分：热轧带肋钢筋》GB 1499.2

8 《用于水泥和混凝土中的粉煤灰》GB/T 1596

9 《混凝土外加剂》GB 8076

10 《水泥胶砂强度检验方法（ISO法）》GB/T 17671

11 《用于水泥和混凝土中的粒化高炉矿渣粉》GB/T 18046

12 《高强高性能混凝土用矿物外加剂》GB/T 18736

13 《混凝土膨胀剂》GB 23439

14 《普通混凝土用砂、石质量及检验方法标准》JGJ 52

15 《普通混凝土配合比设计规程》JGJ 55

16 《混凝土用水标准》JGJ 63

17 《建筑工程冬期施工规程》JGJ/T 104

18 《补偿收缩混凝土应用技术规程》JGJ/T 178-2009

19 《钢筋阻锈剂应用技术规程》JGJ/T 192

20 《自应力硅酸盐水泥》JC/T 218

21 《混凝土防水剂》JC 474

22 《混凝土防冻剂》JC 475

23 《喷射混凝土用速凝剂》JC 477

24 《行星式水泥胶砂搅拌机》JC/T 681

中华人民共和国国家标准

混凝土外加剂应用技术规范

GB 50119—2013

条 文 说 明

修 订 说 明

《混凝土外加剂应用技术规范》GB 50119－2013，经住房和城乡建设部 2013 年 8 月 8 日以第 110 号公告批准、发布。

本规范是在《混凝土外加剂应用技术规范》GB 50119－2003 的基础上修订而成。上一版的主编单位是中国建筑科学研究院，参编单位有：中国混凝土外加剂专业委员会、中国建筑材料科学研究院、上海市建筑科学研究院、冶金建筑研究院、南京水利水电科学研究院、北京市建筑工程研究院、哈尔滨工业大学、北京城建集团总公司构件厂、北京市辛庄汇强外加剂有限公司、北京市高星混凝土外加剂厂、北京市混凝土外加剂协会、江苏镇江特密斯混凝土外加剂总厂、上海市新浦化工厂、上海市住总建科化学建材有限公司。主要起草人员是：田桂茹、郭京育、田培、陈嫣兮、游宝坤、吴菊珍、顾德珍、胡玉初、冯浩、巴恒静、张耀凯、段雄辉。

修订的主要技术内容是：1. 与 2000 年以后颁布的相关标准规范进行了协调；2. 增加了术语和符号章节；3. 汇总了强制性条文至第 3 章基本规定第 3.1 节外加剂的选择；4. 增加了聚羧酸系高性能减水剂和阻锈剂，并制订了相应的技术内容；5. 修订了每章外加剂"品种"、"适用范围"和"施工"内容，在"施工"中增加了含减水组分的各类混凝土外加剂的相容性快速试验，增加了泵送剂施工过程中采用二次掺加法的技术规定；6. 增加了每章外加剂"进场检验"内容，主要包括进场检验批的数量、取样数量、留样、检验项目等；7. 增加了引气剂、泵送剂和膨胀剂的"技术要求"内容；8. 增加并修订了基本规定，修订了涉及普通减水剂、早强剂、防冻剂和防水剂等相关的强制性条文；9. 修订了附录 A 试验方法，用砂浆扩展度法取代了水泥净浆流动度法。

本规范修订过程中，编制组进行了广泛深入的调查研究，总结了我国工程建设混凝土外加剂领域的实践经验，同时参考了国外先进技术法规、技术标准，通过试验取得了混凝土外加剂应用技术的重要技术参数。

为便于广大设计、施工、科研、学校等单位有关人员在使用本标准时能正确理解和执行条文规定，《混凝土外加剂应用技术规范》编制组按章、节、条顺序编制了本标准的条文说明，对条文规定的目的、依据以及执行中需注意的有关事项进行了说明，还着重对强制性条文的强制性理由做了解释。但是，本条文说明不具备与标准正文同等的法律效力，仅供使用者作为理解和把握标准规定的参考。

目　次

1 总则 ················· 5—24
2 术语和符号 ············· 5—24
　2.1 术语 ·············· 5—24
3 基本规定 ·············· 5—24
　3.1 外加剂的选择 ········· 5—24
　3.2 外加剂的掺量 ········· 5—25
　3.3 外加剂的质量控制 ······ 5—25
4 普通减水剂 ············· 5—25
　4.1 品种 ·············· 5—25
　4.2 适用范围 ··········· 5—26
　4.3 进场检验 ··········· 5—26
　4.4 施工 ·············· 5—26
5 高效减水剂 ············· 5—26
　5.1 品种 ·············· 5—26
　5.2 适用范围 ··········· 5—26
　5.3 进场检验 ··········· 5—27
　5.4 施工 ·············· 5—27
6 聚羧酸系高性能减水剂 ······ 5—27
　6.1 品种 ·············· 5—27
　6.2 适用范围 ··········· 5—27
　6.3 进场检验 ··········· 5—28
　6.4 施工 ·············· 5—28
7 引气剂及引气减水剂 ········ 5—28
　7.1 品种 ·············· 5—28
　7.2 适用范围 ··········· 5—28
　7.3 技术要求 ··········· 5—29
　7.4 进场检验 ··········· 5—29
　7.5 施工 ·············· 5—29
8 早强剂 ··············· 5—29
　8.1 品种 ·············· 5—29
　8.2 适用范围 ··········· 5—29
　8.3 进场检验 ··········· 5—30
　8.4 施工 ·············· 5—30
9 缓凝剂 ··············· 5—30
　9.1 品种 ·············· 5—30
　9.2 适用范围 ··········· 5—30
　9.3 进场检验 ··········· 5—30
　9.4 施工 ·············· 5—31
10 泵送剂 ·············· 5—31

10.1 品种 ·············· 5—31
10.2 适用范围 ··········· 5—31
10.3 技术要求 ··········· 5—31
10.4 进场检验 ··········· 5—32
10.5 施工 ·············· 5—32
11 防冻剂 ·············· 5—32
　11.1 品种 ············· 5—32
　11.2 适用范围 ·········· 5—32
　11.3 进场检验 ·········· 5—32
　11.4 施工 ············· 5—32
12 速凝剂 ·············· 5—33
　12.1 品种 ············· 5—33
　12.2 适用范围 ·········· 5—33
　12.3 进场检验 ·········· 5—33
　12.4 施工 ············· 5—33
13 膨胀剂 ·············· 5—34
　13.1 品种 ············· 5—34
　13.2 适用范围 ·········· 5—34
　13.3 技术要求 ·········· 5—34
　13.4 进场检验 ·········· 5—35
　13.5 施工 ············· 5—35
14 防水剂 ·············· 5—36
　14.1 品种 ············· 5—36
　14.2 适用范围 ·········· 5—36
　14.3 进场检验 ·········· 5—36
　14.4 施工 ············· 5—36
15 阻锈剂 ·············· 5—36
　15.1 品种 ············· 5—36
　15.2 适用范围 ·········· 5—36
　15.3 进场检验 ·········· 5—37
　15.4 施工 ············· 5—37
附录A　混凝土外加剂相容性快速试验
　　　　方法 ············· 5—37
附录B　补偿收缩混凝土的限制膨胀率
　　　　测定方法 ·········· 5—37
附录C　灌浆用膨胀砂浆竖向膨胀率的
　　　　测定方法 ·········· 5—38

1 总　则

1.0.1 混凝土外加剂已是混凝土不可或缺的第五组分，并在我国混凝土工程得以大量广泛应用。规范外加剂在混凝土中科学、合理和有效的应用，对满足设计和施工要求、保证工程质量和促进外加剂技术进步具有重要的意义。

1.0.2 本次修订规范共涵盖十三种混凝土外加剂。除对原规范 GB 50119‑2003 中外加剂的应用技术予以修订外，又增加了聚羧酸系高性能减水剂（标准型、早强型和缓凝型）和阻锈剂，并制订了相应的应用技术规范。

1.0.3 与本规范有关的、难以详尽的技术要求，应符合国家现行有关标准的规定。

2　术语和符号

2.1　术　语

2.1.1 混凝土外加剂包括很多种类和品种，详见《混凝土外加剂定义、分类、命名与术语》GB/T 8075。聚羧酸系高性能减水剂是近十年来成果研发应用的减水剂新品种，其分子结构灵活多变，可以通过调整分子结构使其具有减缩性能。近几年减缩型聚羧酸系高性能减水剂在我国工程中也有较多的应用。大量的工程实践与试验验证表明，聚羧酸系高性能减水剂 28d 收缩率比一般不大于 110%，减缩型聚羧酸系高性能减水剂具有更低的收缩率比，一般不大于 90%，可以用于控制混凝土早期收缩开裂。

2.1.2 相容性是用来评价混凝土外加剂与其他原材料共同使用时是否能够达到预期效果的术语。若能达到预期改善新拌与硬化混凝土性能的效果，其相容性较好；反之，其相容性较差。按照国家现行标准检验合格的各种混凝土外加剂用于实际工程中，由于混凝土原材料质量波动、配合比的不同、施工温度的变化等诸多影响因素，因此混凝土外加剂普遍存在相容性的问题。

混凝土外加剂中减水剂与混凝土原材料相容性的问题尤为突出：符合国家标准的各种混凝土原材料共同使用时，新拌混凝土的工作状态可能出现减水率不足、流动度保持不足、离析泌水等问题，严重时会影响施工。本规范所指的相容性是指含减水组分的混凝土外加剂的相容性，通过本规范新修订的附录 A 混凝土外加剂相容性快速试验方法，快速获得砂浆扩展度、扩展度保持值，及泌水、离析等工作性情况，由此预测含减水组分的混凝土外加剂与混凝土其他原材料（掺合料、砂、石）相匹配时新拌混凝土的流动性、坍落度经时损失的变化程度。

3　基　本　规　定

3.1　外加剂的选择

3.1.1 混凝土外加剂种类较多、掺量范围较宽、功能各异、使用效果易受多种因素影响，因此，外加剂种类的选择通过采用工程实际使用的原材料，经过试验验证，达到满足混凝土工作性能、力学性能、长期性能、耐久性能、安全性及节能环保等设计和施工要求。外加剂的选择可参考以下建议：

1 改善工作性、提高强度等宜选用本规范第 4 章普通减水剂、第 5 章高效减水剂、第 6 章聚羧酸系高性能减水剂。

2 改善工作性、提高抗冻融性，宜选用本规范第 7 章引气剂及引气减水剂。

3 提高早期强度宜选用本规范第 8 章早强剂。

4 延长凝结时间，宜选用本规范第 9 章缓凝剂。

5 改善混凝土泵送性、提高工作性，宜选用本规范第 10 章泵送剂。

6 提高抗冻性和抗冻融性，宜选用本规范第 11 章防冻剂。

7 喷射混凝土或有速凝要求的混凝土，宜选用本规范第 12 章速凝剂。

8 配制补偿收缩混凝土与自应力混凝土，宜选用本规范第 13 章膨胀剂。

9 提高混凝土抗渗性，宜选用本规范第 14 章防水剂。

10 防止钢筋锈蚀，宜选用本规范第 15 章阻锈剂。

3.1.2 不同供方、不同品种、不同组分的外加剂经科学合理共同（复合或混合）使用时，会使外加剂效果优化、获得多功能性。但由于我国外加剂品种多样，功能各异，当不同供方、不同品种的外加剂共同使用时，有的可能会产生某些组分超出规定的允许掺量范围，造成混凝土凝结时间异常、含气量过高或对混凝土性能产生不利影响；而配制复合外加剂的水溶液时，有的可能会产生分层、絮凝、变色、沉淀等相容性不好或发生化学反应等问题。因此，为确保安全性，本条文规定了当不同供方、不同品种外加剂共同使用时，需向供方咨询、并在供方指导下，经试验验证，满足混凝土设计和施工要求方可使用。

3.1.3 本条是强制性条文。六价铬盐、亚硝酸盐和硫氰酸盐是对人体健康有毒害作用的物质，常用作早强剂等外加剂，也可与减水剂组分复合应用。当含有这些组分的外加剂或该组分直接掺入用于饮水工程中建成后与饮用水直接接触的混凝土时，这些物质在流水的冲刷、渗透作用下会溶入水中，造成水质的污染，人饮用后会对健康产生危害。

3.1.4 本条为强制性条文,规定了含有强电解质无机盐的早强型普通减水剂、早强剂、防冻剂和防水剂严禁使用的混凝土结构。这类外加剂会导致镀锌钢材、铝铁等金属件发生锈蚀,生成的金属氧化物体积膨胀,进而导致混凝土的胀裂。强电解质无机盐在有水存在的情况下会水解为金属离子和酸根离子,这些离子在直流电的作用下会发生定向迁移,使得这些离子在混凝土中分布不均,容易造成混凝土性能劣化,导致工程安全问题。

3.1.5 本条为强制性条文,混凝土中的氯离子渗透到钢筋表面,会导致混凝土结构中的钢筋发生电化学锈蚀,进而导致结构的膨胀破坏,会对混凝土结构质量造成重大影响。因此,含有氯盐的早强型普通减水剂、早强剂、防水剂及氯盐类防冻剂严禁用于预应力混凝土、使用冷拉钢筋或冷拔低碳钢丝的混凝土以及间接或长期处于潮湿环境下的钢筋混凝土、钢纤维混凝土结构。

3.1.6 本条为强制性条文,硝酸铵、碳酸铵和尿素在碱性条件下能够释放出刺激性气味的气体,长期难以消除,直接危害人体健康,造成环境污染。因此规定了严禁用于公共娱乐场所、医院、学校、商场、候机候车室等人员活动的建筑工程。

3.1.7 本条为强制性条文,由于亚硝酸盐、碳酸盐会引起预应力混凝土中钢筋的应力腐蚀和晶格腐蚀,会对预应力混凝土结构安全造成重大影响,因此规定了严禁用于预应力混凝土结构。

3.1.8 本条文规定了掺外加剂混凝土所用的水泥、砂、石和掺合料等材料,应符合国家现行有关标准的规定。

3.2 外加剂的掺量

3.2.1 胶凝材料除水泥外,还包括矿物掺合料,主要有粉煤灰、粒化高炉矿渣、磷渣粉、硅灰、钢渣粉等。因此外加剂的掺量是以混凝土中胶凝材料总质量的百分数表示。有些特殊外加剂如膨胀剂属于内掺,因此与外掺的外加剂掺量表示方法不同。

3.2.2 外加剂掺量有固定范围,除外加剂本身的性能外,外加剂掺量还会受到水泥品种、矿物掺合料品种、混凝土原材料质量状况、混凝土配合比、混凝土强度等级、施工环境温度、商品混凝土运输距离及外加剂加入方式等诸多因素的影响。因此,外加剂最佳掺量的确定应在供方推荐掺量范围内,根据上述的影响因素,经过试验来确定。在实际工程中,混凝土原材料的品质和施工环境温度经常波动,可以通过调整混凝土外加剂的掺量以及混凝土的配合比以满足设计和施工要求。

3.3 外加剂的质量控制

3.3.1 本条规定了外加剂进场时,供方提供给需方

的质量证明文件应齐全,应包括型式检验报告、出厂检验报告与合格证和产品使用说明书等质量证明文件查验和收存。

3.3.2 进场检验的方法应符合国家现行有关标准的规定。外加剂产品进场检验对混凝土施工及质量控制具有极其重要的意义。在外加剂进场时应检验把关,不合格的外加剂产品不能进场。符合本规范各外加剂种类进厂检验规定的外加剂为质量合格,可以验收。

3.3.3 本条规定了外加剂存放及标识的要求。工程中存在因不同品种外加剂搞混、搞错而导致工程质量事故,因此,应分别存放,不得大意。

3.3.4 同一品种的外加剂,由于不同供方选用的原材料不同、生产工艺的区别、产地的差异、等级不同等,该品种外加剂的质量、匀质性、甚至性能均有所区别,都会不同程度对掺外加剂混凝土性能、施工等产生一定影响,因此,当这些情况发生变化时,需方需要复试验证,符合设计和施工要求方可使用。

3.3.5 本条规定了因受潮结块的粉状外加剂应经检验合格后方可使用。有的外加剂受潮结块后虽不影响质量,仍可使用,但须经粉碎,否则不利于混凝土的均匀拌合,有的外加剂受潮结块后会影响质量,如膨胀剂受潮结块会影响其膨胀性;有些液体外加剂贮存期间受环境的影响,质量会有所下降,会影响使用效果,贮存时应予以注意。

3.3.6 外加剂的精准计量是外加剂混凝土质量控制的重要保证,本条规定了计量仪器的标定及计量误差,以确保外加剂掺量的精准性。

3.3.7 有些外加剂的化学成分复杂多样,不正确的贮存、运输和使用方式会存在重大安全隐患。例如亚硝酸钠运输或存放过程中接触易燃物,易发生燃烧爆炸,且在燃烧时产生大量氧气,难以扑灭;又如强碱性粉状速凝剂、碱性液体速凝剂和具有酸性的低碱液体速凝剂对人的皮肤、眼睛具有强腐蚀性,因此外加剂的运输、存放及使用须按有关化学品的管理规定,采取相应的安全防护措施。为加强混凝土外加剂的安全防护,本次修订新增加了此条。

4 普通减水剂

4.1 品 种

4.1.1~4.1.3 木质素磺酸盐类的减水率约为5%~10%,一般为普通减水剂。丹宁目前基本无生产和工程应用,本次修订删除丹宁。

早强剂分为无机盐类、有机化合物类和复合类,见本规范第8章。

可以直接采用木质素磺酸盐类减水剂和多元醇系减水剂作为缓凝型普通减水剂,也可将缓凝剂(见本规范第9章)与普通减水剂复合制成缓凝型普通减水

剂。常用糖蜜或糖钙、木质素磺酸钙、柠檬酸、磷酸盐等复合成缓凝减水剂，以延长混凝土的凝结时间，其应用已有数十年的历史，在大体积混凝土工程及水电站的主体大坝工程中，尤以木钙及糖钙类缓凝剂用量最多。缓凝减水剂不仅能使混凝土的凝结时间延长，而且还能降低混凝土的早期水化热，降低混凝土最高温升，这对于减少温度裂缝、减少温控措施费用、降低工程造价、提高工程质量都有显著的作用。

4.2 适 用 范 围

4.2.1 普通减水剂减水率在 10% 左右，一般用于中低强度等级混凝土。掺普通减水剂的混凝土随气温的降低早期强度也降低，因此不适宜用于 5℃ 以下的混凝土施工。

4.2.2 普通减水剂的引气量较大，并具有缓凝性，浇筑后需要较长时间才能形成一定的结构强度，所以用于蒸养混凝土必须延长静停时间或减少掺量，否则蒸养后混凝土容易产生微裂缝，表面酥松、起鼓及肿胀等质量问题。因此普通减水剂不宜单独用于蒸养混凝土。

4.2.3 在最低温度不低于 -5℃ 环境中，加入早强剂、早强减水剂，混凝土表面采用一定的保温措施，混凝土不会受到冻害，温度转为正温时能较快地提高强度。

4.2.4 缓凝减水剂可以延长混凝土的凝结时间，其缓凝效果因品种及掺量而异，在推荐掺量范围内，柠檬酸延缓混凝土凝结时间一般约为 8h~19h，氯化锌延缓 10h~12h，糖蜜缓凝剂延缓 2h~4h，木钙延缓 2h~3h。缓凝减水剂还能降低水泥早期水化热，因而可用于炎热气候条件下施工的混凝土、大体积混凝土、大面积浇筑的混凝土、连续浇筑避免冷缝出现的混凝土，需较长时间停放或长距离运输的混凝土。

4.2.5 糖蜜、低聚糖类缓凝减水剂含有还原糖和多元醇，掺入水泥中会引发作为调凝剂的硬石膏、氟石膏在水中溶解度大幅度下降，导致水泥发生假凝现象。使用时，需进行缓凝型普通减水剂相容性试验，以防出现工程事故。

4.3 进 场 检 验

4.3.1 分别规定了普通减水剂进场检验批数量、取样数量和留样。

4.3.2 规定了普通减水剂进场检验的项目。

4.3.3 为了确保进场普通减水剂的质量稳定，采用工程实际使用的原材料与上批留样进行平行对比试验，坍落度的允许偏差应符合现行国家标准《混凝土质量控制标准》GB 50164 的规定。

4.4 施 工

4.4.1 通过附录 A 试验方法检验普通减水剂与混凝

土其他原材料的相容性，快速预测工程混凝土的工作性能的变化。

4.4.2 普通减水剂的常用掺量是根据试验结果和综合考虑技术经济效果而提出的。试验结果证明，随着普通减水剂掺量增加，混凝土的凝结时间延长，尤其是木质素磺酸盐类减水剂超过适宜掺量时，含气量有所增加，强度值随之降低，而减水率增高幅度不大，有时会使混凝土较长时间不凝结而影响施工。因此注意避免过量掺加。

4.4.3 由于减水剂的掺量较小，采用干粉加入搅拌机时，不易在拌合物中均匀分散，会影响混凝土的质量，尤其是木质素磺酸盐类减水剂会造成混凝土工程中的个别部位长期不凝的质量事故。为了确保均匀性，粉状减水剂，特别是粉状早强型减水剂直接掺入混凝土干料时，应延长混凝土搅拌时间。

4.4.4 根据工程要求，为满足混凝土多种性能要求，常需用复合减水剂。在配制复合减水剂时，应注意各种外加剂的相溶性。将粉状复合减水剂配制成溶液，如有絮凝状或沉淀等现象产生，则影响外加剂的匀质性，并可能对混凝土性能产生不利影响，因此应分别配制溶液，分别加入搅拌机中。

4.4.5 低温下，掺有早强型普通减水剂的混凝土早期强度较低，开始浇水养护的时间应适当推迟，并应覆盖塑料薄膜或保温材料进行早期养护。

4.4.6 掺有缓凝型普通减水剂的混凝土早期强度较低，开始浇水养护的时间也应适当推迟。当施工气温较低时，应覆盖塑料薄膜或保温材料养护，在施工气温较高、风力较大时，应在平仓后立即覆盖混凝土表面，以防止混凝土水分蒸发，产生塑性裂缝，并始终保持混凝土表面湿润，直至养护龄期结束。

5 高效减水剂

5.1 品 种

5.1.1 本次修订删掉了原条文中的改性木质素磺酸钙、改性丹宁，因目前基本无相关产品。

5.2 适 用 范 围

5.2.1 工程实践表明，萘系高效减水剂、氨基磺酸盐高效减水剂单独或复合使用可以配制出 C50 以上强度等级的混凝土。

5.2.2 缓凝高效减水剂通常在有较高减水率要求的混凝土中使用，而缓凝普通减水剂通常在强度等级不高、水灰比较大的混凝土中使用。缓凝高效减水剂可用于炎热气候条件下施工的混凝土、大体积混凝土、大面积浇筑的混凝土、连续浇筑避免冷缝出现的混凝土、需较长时间停放或长距离运输的混凝土、自密实混凝土、滑模施工或拉模施工的混凝土及其他需要延缓凝结时间的混凝土。

5.2.3 掺高效减水剂混凝土的强度随着温度降低而降低，但在 5℃养护条件下，3d 强度增长率仍然较高，因此高效减水剂可用于日最低气温 0℃以上施工的混凝土。高效减水剂混凝土一般含气量较低，缓凝时间较短，用于蒸养混凝土不需要延长静停时间，在实际工程中已大量应用，一般比不掺高效减水剂混凝土可缩短蒸养时间 1/2 以上。

5.2.4 掺有缓凝高效减水剂的混凝土随气温的降低早期强度也降低，因此，不适宜用于日最低气温 5℃以下混凝土的施工。

5.3 进 场 检 验

5.3.1 分别规定了高效减水剂进场检验批数量、取样数量和留样。

5.3.2 规定了高效减水剂进场检验的项目。

5.3.3 为了确保进场高效减水剂的质量稳定，采用工程实际使用的材料与上批留样进行平行对比试验，坍落度或经时损失的允许偏差应符合《混凝土质量控制标准》GB 50164 的规定。

5.4 施 工

5.4.1 通过附录 A 试验方法检验高效减水剂与混凝土其他原材料的相容性，快速预测工程混凝土的工作性能的变化。

5.4.2 随着高效减水剂掺量增加，混凝土流动性能增加。当达到饱和点后，再增加高效减水剂掺量，而混凝土流动性并没有明显增加，有时还有副作用，成本也有所增加。因此，高效减水剂的掺量应根据供方的推荐掺量、气温高低、施工要求的混凝土凝结时间、运输距离、停放时间等，经试验确定，综合考虑技术经济效果。

5.4.3 高效减水剂采用干粉加入搅拌机中时，为了确保均匀性，应延长混凝土搅拌时间。

5.4.4 根据工程要求，为更好地满足混凝土多种性能要求，常需用复合高效减水剂。在配制复合高效减水剂时，应注意各种外加剂的相容性。将粉状复合高效减水剂配制成溶液时，如有絮凝状或沉淀等现象产生，则影响外加剂的匀质性，并可能对混凝土性能产生不利影响，因此应分别配制溶液，分别加入搅拌机中。

5.4.5 为了减少坍落度损失，使高效减水剂更有效地发挥作用，可二次添加高效减水剂。为确保二次添加高效减水剂的混凝土满足设计和施工要求，本条规定了二次添加的高效减水剂不应包括缓凝、引气组分，以避免这两种组分过量掺加，而引起混凝土凝结时间异常和强度下降等问题。

5.4.6 掺有高效减水剂的混凝土应加强早期养护，防止混凝土表面失水，引起混凝土早期塑性开裂；并

始终保持混凝土表面湿润，直至养护龄期结束，防止混凝土干缩开裂。特别是低温下，掺有高效减水剂的混凝土早期强度还较低，开始浇水养护的时间也应适当推迟，可覆盖塑料薄膜或保温材料进行早期养护。

5.4.7 高效减水剂较适用于蒸养混凝土，蒸养制度适宜，才能达到最佳效果。

6 聚羧酸系高性能减水剂

6.1 品 种

6.1.1 本次修订增加了聚羧酸减水剂，并将其归类为高性能减水剂。经过近十年来聚羧酸系高性能减水剂在我国各类混凝土工程中大量的成功应用，证明它是目前技术水平条件下成熟可靠的高性能减水剂，性能符合现行国家标准《混凝土外加剂》GB 8076 高性能减水剂的要求，今后若有新的技术成熟的同类外加剂，可考虑纳入下次修订计划。

为方便工程应用，按照聚羧酸系高性能减水剂的应用性能特点分为标准型、早强型和缓凝型，与现行国家标准《混凝土外加剂》GB 8076 的分类相协调。聚羧酸系高性能减水剂的早强和缓凝性能既可通过聚合物分子结构设计得到，也可以通过复合早强和缓凝组分获得。

6.1.2 工程中也经常使用具有特殊功能的聚羧酸系高性能减水剂，例如具有减少混凝土收缩功能的、具有缓慢释放功能的、具有优越保坍功能的聚羧酸系高性能减水剂等，将这些划分为其他有特殊功能的聚羧酸系高性能减水剂。

6.2 适 用 范 围

6.2.1 聚羧酸系高性能减水剂性能优越，有害物质（氯离子、硫酸根离子和碱等）含量低，可用于多种混凝土工程，应用范围较广泛。

6.2.2 与其他减水剂相比，聚羧酸系高性能减水剂具有高减水、高保坍、收缩率小等优点，尤其适合于对混凝土性能和外观要求较高的混凝土工程，如高强混凝土、自密实混凝土、清水混凝土等。

6.2.3 大量的实践表明，聚羧酸系高性能减水剂能够比较全面地满足对耐久性要求高的混凝土结构工程，同时赋予新拌混凝土优异的工作性和硬化混凝土良好的力学性能，是重要基础设施混凝土结构中首选的外加剂。

6.2.4 缓凝型聚羧酸系高性能减水剂适用于高温环境的混凝土施工，适宜的施工环境温度为 25℃以上，适用于要求坍落度保持时间较长的混凝土施工或者大体积混凝土施工。日最低气温 5℃以下使用缓凝型聚羧酸系高性能减水剂会出现凝结时间过长的情况，影响混凝土强度的正常增长。

6.2.5 日最低气温-5℃以下使用早强型聚羧酸系高性能减水剂不能起到有效的抗冻作用，应添加防冻组分或直接使用防冻剂。大体积混凝土对水化放热速率有要求，早强型聚羧酸系高性能减水剂对降低早期水化热不利，不宜使用。

6.2.6 蒸养条件下，具有引气性的聚羧酸系高性能减水剂可能导致混凝土强度大幅度下降或耐久性能变差，因此本条规定了若用于蒸养混凝土时，应经试验验证。

6.3 进 场 检 验

6.3.1 分别规定了聚羧酸系高性能减水剂进场检验批数量、取样数量及留样。

6.3.2 规定了聚羧酸系高性能减水剂进场检验的项目。

6.3.3 为了确保进场聚羧酸系高性能减水剂的质量稳定，采用工程实际使用的材料与上批留样进行平行对比试验，坍落度（或扩展度）或经时损失的允许偏差应符合现行国家标准《混凝土质量控制标准》GB 50164 的规定。

6.4 施 工

6.4.1 通过附录 A 试验方法检验聚羧酸系高性能减水剂与混凝土其他原材料的相容性，快速预测工程混凝土的工作性能的变化。

6.4.2 大量的试验及工程实践表明，聚羧酸系高性能减水剂与萘系或氨基磺酸盐系减水剂复合或混合后会使减水剂的作用效果受到较大影响，甚至出现坍落度损失过快、工作性丧失、凝结时间异常等影响施工及工程质量，因此应避免复合或混合使用。目前，聚羧酸系高性能减水剂与其他种类减水剂复合或混合使用的经验较少，不足以证明其使用效果。为了保证工程质量的安全，本条规定了应经试验验证，满足设计和施工要求后方可使用。

6.4.3 聚羧酸系高性能减水剂产品多呈弱酸性，对铁质容器和管道存在腐蚀性。此外，铁离子与聚羧酸系高性能减水剂中的羧基易发生络合作用，影响减水剂的性能。

6.4.4 聚羧酸系高性能减水剂本身呈弱酸性，复配组分较多，尤其是复配有糖类调凝组分时，在夏季高温季节很容易发霉变质，冬季低温容易冻结。

6.4.5 有些引气剂与聚羧酸系高性能减水剂存在相溶性问题，因此宜分别掺加。

6.4.6 为了使引气剂或消泡剂均匀溶入聚羧酸系高性能减水剂，避免外加剂组分不均匀而影响混凝土的质量和稳定性，因此使用前要进行均化处理。

6.4.7 聚羧酸系高性能减水剂对掺量的敏感性较高，掺量的较小变化可能引起混凝土工作性的较大改变。因此，最佳掺量应经试验确定，并在生产中严格控制

添加量。

6.4.8 聚羧酸系高性能减水剂的应用性能与混凝土的原材料品质和配合比有关。砂石含水量对混凝土的用水量影响较大，在聚羧酸系高性能减水剂掺量不变的情况下，用水量增大会使混凝土产生离析、泌水等问题；砂石的含泥量对聚羧酸系高性能减水剂的性能影响显著，含泥量较高时，最好先冲洗砂子，不具备条件时，需要掺加更多的减水剂才能达到工作性要求；与机制砂共同使用时，要注意机制砂的石粉含量，当 MB 值大于 1.4 时石粉以泥为主，对聚羧酸系高性能减水剂的性能有较大影响。

6.4.9 聚羧酸系高性能减水剂分散作用发挥需要一定的时间，因此需要充分搅拌。

6.4.10 掺用过其他类型减水剂的混凝土搅拌机、运输罐车和泵车等设备，若未清洗干净，搅拌和运输掺聚羧酸系高性能减水剂的混凝土时，易出现工作性能显著降低的现象。

6.4.11 气温较低时，标准型和缓凝型聚羧酸系高性能减水剂的作用效果发挥缓慢，有时出现坍落度随时间延长而增加的现象，严重时出现泌水离析，影响混凝土性能。因此，环境温度低于10℃时，应观察混凝土坍落度的经时变化，并制定预防措施，一旦出现不利情况应及时予以解决。

7 引气剂及引气减水剂

7.1 品 种

7.1.1 本次修订对引气剂品种进行了重新分类，新增了非离子聚醚和复合类。

7.1.2 由引气剂与减水剂复合而成的引气减水剂已广泛用于混凝土工程中，其中减水剂包括普通减水剂、高效减水剂和聚羧酸系高性能减水剂。引气剂和减水剂复合使用时也存在相容性问题，因此使用引气减水剂时还应注意其贮存稳定性。

7.2 适 用 范 围

7.2.1 本条规定了引气剂及引气减水剂的主要使用场合。引气剂能够在硬化混凝土内部产生一定量的微小气泡，这些小气泡能够阻断混凝土内部的毛细孔，大幅度提高混凝土的抗冻融能力。同时新拌混凝土含气量的提高有利于改善混凝土的工作性，降低新拌混凝土的泌水，保证施工质量。

7.2.2 本条规定了引气剂及引气减水剂的其他使用场合。引气剂可提高混凝土的抗渗性能，适用于抗渗混凝土、抗硫酸盐混凝土。引气剂可有效改善新拌混凝土的和易性和黏聚性，对水泥用量少或骨料粗糙混凝土的改善效果更为显著，如贫混凝土、轻骨料混凝土、人工砂配制的混凝土。掺引气剂的混凝土易于抹

面，能使混凝土表面光洁，因此有饰面要求的混凝土也宜掺引气剂。

7.2.3 本条规定了不宜使用引气剂及引气减水剂的场合。在高温养护条件下，引气剂引入的气体会产生巨大膨胀，如果引入的气体含量不恰当，甚至可能导致混凝土强度大幅度下降以及耐久性能变差，因此蒸养混凝土一般不宜掺引气剂。混凝土含气量增大，会造成混凝土徐变增加、预应力损失较大，因此预应力混凝土中也不宜使用引气剂。某些工程中采用了含气量大于 4% 的聚羧酸系高性能减水剂生产蒸养预制构件和预应力混凝土，有些预应力桥梁也使用了含气量大于等于 3.0% 的泵送剂。

7.3 技术要求

7.3.1 混凝土抗冻融能力和含气量的大小密切相关，因此含气量大小应根据混凝土抗冻等级和骨料最大公称粒径等通过试验来确定。对于强度等级高的混凝土，达到相同抗冻等级所需要的含气量较低。

7.3.2 对抗冻融要求高的混凝土，注意控制施工现场的混凝土含气量波动。

7.3.3 引气剂及引气减水剂用于改善新拌混凝土工作性时，施工现场的新拌混凝土含气量在 3%～5% 为宜，太低的含气量起不到降低泌水和改善和易性的效果，太高的含气量会降低硬化混凝土力学性能。

7.4 进场检验

7.4.1 分别规定了引气剂进场检验批数量、取样数量及留样。

7.4.2 规定了引气剂及引气减水剂进场检验的项目。

7.4.3 为了确保进场引气剂或引气减水剂的质量稳定，采用工程实际使用的原材料与上批留样进行平行对比试验，初始含气量允许偏差应为 ±1.0%。

7.5 施 工

7.5.1 通过附录 A 试验方法检验引气减水剂与混凝土其他原材料的相容性，快速预测工程混凝土的工作性能的变化。

7.5.2 引气剂一般掺量较小，掺量的微小波动会导致含气量的大幅变化。为了计量准确，使用前应配成较低浓度的均匀溶液，一般质量分数不超过 5%，溶液中的水量也应从拌合水中扣除。

7.5.3 引气剂属表面活性剂，一般需用热水溶解。此外水中的钙、镁等多价离子可能会和部分引气剂溶液相互作用产生沉淀，降低引气剂的性能，稀释用水应符合现行行业标准《混凝土用水标准》JGJ 63 的规定。

7.5.4 引气剂与其他外加剂复合时，应注意与其他外加剂的相容性，如出现絮凝或沉淀等现象，则影响外加剂的匀质性，并可能对混凝土性能产生不利影

响，因此应分别配制溶液，分别加入搅拌机中。

7.5.5 混凝土原材料（如水泥品种、用量、细度及碱含量，掺合料品种、用量，骨料类型、最大粒径及级配，水的硬度，与其复合的其他外加剂品种）和施工条件（如搅拌机的类型、状态、搅拌量、搅拌速度、搅拌时间、振捣方式及环境温度）的变化对引气剂或引气减水剂的性能影响较大，需要根据这些情况的变化应经试验增减引气剂或引气减水剂的掺量。

7.5.6 混凝土搅拌时间、搅拌量及搅拌方式都会对引气剂或引气减水剂的性能产生影响。混凝土含气量随搅拌时间长短而发生变化，因此施工现场的搅拌工艺应根据试验确定。

7.5.7 为了保证浇筑后的混凝土含气量达到设计要求，考虑到在运输和振捣过程中含气量的经时变化，因此必须控制浇筑现场的混凝土含气量大小。对含气量要求严格的混凝土，施工中应定期测定含气量以确保工程质量。当气温超过 30℃、砂石含水率或含泥量产生明显波动或其他必要情况下，宜增加检验次数。

8 早 强 剂

8.1 品 种

8.1.1 本条文所指的早强剂是按照化学成分来分类的。近几年，经过大量的试验及工程实践表明，硫氰酸盐是一种具有很好早强功能的早强剂，所以本次修订在无机盐类早强剂中增加了硫氰酸盐新品种。

8.1.2 原规范第 6.1.1 条中的第三类早强剂为"其他"，实际上是两种或两种以上无机盐类早强剂或有机化合物类早强剂复合而成的早强剂。本次修订更为明确。

8.2 适用范围

8.2.1 本条规定了早强剂的适用范围和避免使用的条件。在蒸养条件下，混凝土掺入早强剂可以缩短蒸养时间，降低蒸养温度；在常温和低温条件下，掺入早强剂均能显著提高混凝土的早期强度。在低于一5℃环境条件下，掺加早强剂不能完全防止混凝土的早期冻胀破坏，应掺加防冻剂；在炎热条件下，混凝土的早期强度可以得到较快发展，此时掺加早强剂对混凝土早期强度的发展意义不大。

8.2.2 早强剂使水泥水化热集中释放，导致大体积混凝土内部温升增大，易导致温度裂缝；三乙醇胺等有机胺类早强剂在蒸养条件下会使混凝土产生爆皮、强度降低等问题，不宜使用。

原规范中的强制性条文"大体积混凝土中严禁采用含有氯盐配制的早强剂"，是因为氯盐会导致大体积混凝土中的钢筋锈蚀，同时限制氯盐早强剂导致的

水泥水化热集中释放。

考虑到其他种类的早强剂也会导致水泥水化热的集中释放，所以在此将相关内容更改为"早强剂不宜用于大体积混凝土"。

8.2.3 在水的作用下，无机盐早强剂中的有害离子易在混凝土中迁移，导致钢筋锈蚀，也易导致混凝土的结晶盐物理破坏；掺无机盐早强剂的混凝土表面会出现盐析现象，影响混凝土的表面装饰效果，并对表面的金属装饰产生腐蚀。

8.3 进 场 检 验

8.3.1 分别规定了早强剂进场检验批数量、取样数量及留样。

8.3.2 规定了早强剂进场检验的项目。

8.3.3 硫氰酸根离子、甲酸根离子与银离子反应会生成白色沉淀物，所以在含有硫氰酸盐、甲酸盐的情况下，若采用硝酸银滴定法检测氯离子含量，检测结果会受到严重干扰。

8.4 施 工

8.4.1 规定了早强剂的贮存、使用注意事项，应按有关化学品的管理规定，采取相应安全防护措施进行存放及使用。亚硝酸盐类、硫氰酸盐类早强剂是对人体健康有危害的化学物质，在使用和贮存过程中应严格控制。

8.4.2 本条规定了常用早强剂的掺量限值。硫酸盐掺量过大会导致混凝土后期强度降低，影响混凝土的耐久性；硫酸钠掺量超过水泥重量的 0.8% 即会产生表面盐析现象，不利于表面装饰。三乙醇胺掺量超过水泥重量的 0.05% 会导致混凝土假凝和早期抗压强度的降低。由于原规范表 6.3.2 中"与缓凝减水剂复合的硫酸钠的掺量限值"没有明确缓凝减水剂的种类及掺量，因此本次修订将之取消。

8.4.3 采用不同品种水泥拌制的混凝土，使用不同品种的早强剂对混凝土的工作状态、凝结时间等性能产生不同程度的影响，所以在混凝土采用蒸汽养护时，应经试验确定静停时间、蒸养温度等技术指标。

8.4.4 粉状外加剂不易分散均匀，所以应适当延长搅拌时间。

8.4.5 掺早强剂的混凝土中水泥的水化速度较快，易出现早期裂缝，所以应加强保温保湿养护。

9 缓 凝 剂

9.1 品 种

9.1.1、9.1.2 原则上，能够延缓混凝土凝结时间的外加剂都可称之为缓凝剂。糖类化合物既包括单糖也包括多糖。本此修订新增了部分新型缓凝剂，如有机磷酸及其盐类。而聚乙烯醇、纤维素醚、改性淀粉和糊精等高分子物质，虽然也具有一定的缓凝功能，但其主要作用是用来增稠，因此本次修订不列入缓凝剂品种。原规范第 5.1.1 条中的木质素磺酸盐类由于具有减水和缓凝双重功能而归类为普通减水剂。

9.2 适 用 范 围

9.2.1 缓凝剂可延长混凝土的凝结时间，保证连续浇筑的混凝土不会由于混凝土凝结硬化而产生施工冷缝，如碾压混凝土、大面积浇筑的混凝土和滑模施工或拉模施工的混凝土工程。

9.2.2 缓凝剂可延缓水泥水化进程，降低水化产物生成速率，减少对减水剂的过度吸附，进而提高混凝土的坍落度保持能力，使混凝土在所需要的时间内具有流动性和可泵性，从而满足工作性的要求。

9.2.3 缓凝剂可延缓硬化过程中水泥水化时的放热速率，可降低混凝土内外温差。如水工大坝混凝土、大型构筑物和桥梁承台混凝土、工业民用建筑大型基础底板混凝土施工均可通过掺用缓凝剂以满足水化热和凝结时间的要求。

9.2.4 本条对缓凝剂的使用条件进行了规定。低的环境温度会降低掺缓凝剂的混凝土早期强度，因此缓凝剂不适宜于日最低气温 5℃ 以下的混凝土施工。掺缓凝剂的混凝土早期强度增长慢，达到所需结构强度的静停时间长，因此不适宜用于具有早强要求的混凝土及蒸养混凝土。

9.2.5 羟基羧酸及其盐类的缓凝剂（如柠檬酸、酒石酸钾钠等）的主要作用是延缓混凝土的凝结时间，但同时也会增大混凝土的泌水率，特别是水泥用量低、水灰比大的混凝土尤为显著。为了防止因泌水离析现象加剧而导致混凝土的和易性、抗渗性等性能的下降，故在水泥用量低或水灰比大的混凝土中不宜单独使用。

9.2.6 用硬石膏或脱硫石膏、磷石膏等工业副产石膏作调凝剂的水泥，掺用含有糖类组分的缓凝剂可能会引起速凝或假凝，使用前应做混凝土外加剂相容性试验。

9.3 进 场 检 验

9.3.1 规定了缓凝剂进场检验批数量、取样数量及留样。

9.3.2 规定了缓凝剂进场后的快速检验项目。

9.3.3 为了确保进场缓凝剂的质量稳定，采用工程实际使用的原材料与上批留样进行平行对比试验，初、终凝时间允许偏差应为 ±1h。若环境温度发生显著变化，需方要求供方调整缓凝剂配方时，则供方缓凝剂可不必和留样进行对比，进场检验细节需供需双方协商确定。

9.4 施　　工

9.4.1 不同品种的缓凝剂其缓凝效果也不尽相同，因此应根据使用条件和目的选择品种，并进行试验以确定其适宜的掺量。不同品种的缓凝剂适用温度范围不同，也具有不同的温度敏感性。当施工环境温度高于 30℃时宜选用糖类、有机磷酸盐等缓凝剂，而葡萄糖酸（钠）等缓凝剂在高温下缓凝作用明显降低。

9.4.2 对于碾压混凝土、滑模施工混凝土等连续浇筑施工的掺缓凝剂的混凝土，为了确保混凝土层间结合良好，避免施工冷缝的产生，必须保证在下一批次混凝土浇筑施工时，结合面位置混凝土未达初凝。过分的缓凝将影响混凝土施工进度，故应控制混凝土凝结时间满足施工设计要求。

9.4.3 缓凝剂一般掺量较小，为胶凝材料质量的万分之几到千分之几，为了计量的准确性，宜配成溶液掺入，溶液中所含的水分须从拌合水中扣除，以免造成混凝土的水胶比增加。对于不溶于水或水溶性差的缓凝剂应以干粉掺入到混凝土拌合料中并延长搅拌时间 30s。

9.4.4 缓凝剂与减水剂复合使用时，应注意各种外加剂的相容性。配制溶液或复合时可能会产生絮凝或沉淀现象，则影响外加剂的匀质性，并可能对混凝土性能产生不利影响，因此应分别配制溶液，分别加入搅拌机中。

9.4.5 掺缓凝剂的混凝土早期强度较低，开始浇水养护时间也应适当推迟。当施工温度较低时，可覆盖塑料薄膜或保温材料养护；当施工温度较高、风力较大时，应立即覆盖混凝土表面，以防止水分蒸发产生塑性裂缝，并始终保持混凝土表面湿润，直至养护龄期结束。

9.4.6 缓凝剂的缓凝效果与环境温度有关，环境温度升高，缓凝效果变差，环境温度降低，缓凝效果增强。当环境温度波动超过 10℃时，可认为使用环境已经发生了显著变化，应慎用糖类缓凝剂，并调整缓凝剂掺量或重新确定缓凝剂品种。

10　泵　送　剂

10.1 品　　种

10.1.1 混凝土中使用的泵送剂，是以减水剂为主要组分复合而成的。复合的其他组分包括缓凝组分、引气组分、保水组分和黏度调节组分等。

　　本条文规定采用的一种减水剂是指普通减水剂、高效减水剂或聚羧酸系高性能减水剂。

10.1.2 本条文规定采用不同品种的两种或两种以上的减水剂组分，与缓凝组分、引气组分、保水组分和黏度调节组分复合而成的泵送剂。

10.1.3 在满足泵送剂技术指标要求的情况下，单独的一种减水剂，如质量较好的木质素系普通减水剂、氨基磺酸盐系高效减水剂以及缓凝型聚羧酸系高性能减水剂等，可以直接作为泵送剂使用。

10.1.4 在满足泵送剂技术指标要求的情况下，两种或两种以上的减水剂复合，可以直接作为泵送剂使用。

10.2 适　用　范　围

10.2.1 泵送剂主要应用于长距离运输和泵送施工的预拌混凝土，以及其他以减水增强和增大流动性为目的混凝土工程。泵送剂可用于泵送施工工艺、滑模施工工艺、免振自密实工艺、顶升施工工艺和高抛施工工艺等。如果对凝结时间没有特殊要求，或需要一定缓凝的混凝土工程，也可采用泵送剂代替减水剂使用。含有缓凝组分的泵送剂，不适用于对早强要求较高的蒸汽养护混凝土和蒸压养护混凝土，也不宜用于预制混凝土。现场搅拌的非泵送施工混凝土由于对坍落度或坍落度保持性没有特殊要求，若采用泵送剂，要通过试验验证其适用性，并避免因凝结时间延缓而影响混凝土强度发展。

10.2.2 本条主要根据混凝土结构种类对泵送剂的适用范围进行了规定。

10.2.3 泵送剂中常复配有缓凝组分，掺入后混凝土凝结时间会延长。环境温度较低会降低掺泵送剂混凝土的早期强度，因此泵送剂不适宜于 5℃以下的混凝土施工。

10.2.4 泵送剂中常复配有缓凝组分，掺入后混凝土凝结时间会延长，需要的静停时间也延长，因此不适用于对以快速增强为目的的和对早强要求较高的蒸汽养护和蒸压养护的预制混凝土。

10.2.5 糖蜜、低聚糖类缓凝减水剂含有还原糖和多元醇，掺入水泥中会引发作为调凝剂的硬石膏、氟石膏在水中溶解度大幅度下降，导致水泥发生假凝现象。使用时，需进行泵送剂相容性试验，以防出现工程事故。

10.3 技　术　要　求

10.3.1 实际工程中泵送剂多种多样，减水率变化较大，从 12%到 40%不等。近几年大量的研究和工程实践表明，高强混凝土不宜采用低减水率的泵送剂，否则无法满足混凝土工作性和强度发展的要求；而中低强度等级的混凝土采用高减水率的泵送剂时，容易出现泌水、离析的问题。为便于合理有效选择泵送剂，本条规定了泵送剂的减水率宜符合表 10.3.1 的规定。

10.3.2 对于自密实混凝土，由于流动性要求很高，建议选择减水率不低于 20%的泵送剂产品。

10.3.3 实际工程中，混凝土的坍落度保持性的控制是根据预拌混凝土运输和等候浇筑的时间决定的，一般浇筑时混凝土的坍落度不得低于120mm。按照现行国家标准《混凝土外加剂》GB 8076的规定，泵送剂产品的坍落度1h经时变化量不得大于80mm。对于运输和等候时间较长的混凝土，应选用坍落度保持性较好的泵送剂。通过大量调研和工程实践，本次修订提出了表10.3.3的规定，有利于需方合理选择泵送剂。

10.4 进 场 检 验

10.4.1 分别规定了泵送剂进场检验批数量、取样数量及留样。

10.4.2 规定了泵送剂进场检验的项目。

10.4.3 为了确保进场泵送剂的质量稳定，采用工程实际使用的原材料和配合比与上批留样进行平行对比试验，减水率允许偏差为±2%，坍落度1h经时变化值允许偏差为±20mm。

10.5 施 工

10.5.1 通过附录A试验方法检验泵送剂与混凝土其他原材料的相容性，快速预测工程混凝土的工作性能的变化。

10.5.2 由于不同供方、不同品种泵送剂混合使用，可能会产生外加剂性能降低的现象，例如减水率降低，坍落度保持性大幅下降，凝结时间异常等，所以不得将不同供方、不同品种的泵送剂混合使用，并应分别贮存。

10.5.3 预拌混凝土原材料来源广泛、质量波动大且工程条件也变化较大，给泵送剂的应用带来很多困难。因此泵送剂的品种、掺量应根据工程实际使用的水泥、掺合料和骨料情况，经试配后确定。在应用过程中，当原材料、环境温度、运输距离、泵送高度和泵送距离等发生变化时，应通过试验适当调整泵送剂掺量，也可适当调整混凝土配合比。

10.5.4 目前我国大都采用液体泵送剂，也有采用粉状泵送剂。液体泵送剂宜与拌合水预混，或直接加入搅拌机中；粉状泵送剂宜与胶凝材料一起加入搅拌机中，为了确保均匀性及充分发挥粉状泵送剂的效能，宜延长混凝土搅拌时间30s。

10.5.5 现行行业标准《普通混凝土配合比设计规程》JGJ 55对泵送混凝土的原材料、配合比设计等均有具体规定。

10.5.6 掺泵送剂的混凝土坍落度不能满足施工要求时，泵送剂可采用二次掺加法。为确保二次添加泵送剂的混凝土满足设计和施工要求，本条规定了二次添加的外加剂不应包括缓凝、引气组分，以避免这两种组分过量掺加，而引起混凝土凝结时间异常和强度下降等问题。二次添加的量应预先经试验确定。如需采用二次掺加法时，建议在泵送剂供方的指导下进行。

10.5.7 掺泵送剂的混凝土早期强度较低，开始浇水养护的时间也应适当推迟。当施工气温较低时，应覆盖塑料薄膜或保温材料养护，在施工气温较高、风力较大时，应在平仓后立即覆盖混凝土表面，以防止混凝土水分蒸发产生塑性裂缝，并始终保持混凝土表面湿润，直至养护龄期结束。

11 防 冻 剂

11.1 品 种

11.1.1 大多数情况下使用的防冻剂包括了无机盐类化合物、水溶性有机化合物、减水剂和引气剂等，以满足混凝土施工性能和防冻等要求。

某些醇类主要是指乙二醇、三乙醇胺、二乙醇胺、三异丙醇胺等。

11.1.2 氯盐阻锈类防冻剂对钢筋的锈蚀作用与阻锈组分和氯盐的用量比例有很大关系，只有在阻锈组分与氯盐的摩尔比大于一定比例时，才能保证钢筋不被锈蚀。无氯盐类常用的防冻组分除了亚硝酸盐和硝酸盐外，还有硫酸盐、硫氰酸盐和碳酸盐等。

11.2 适 用 范 围

11.2.1 本条对防冻剂的适用范围进行了规定。

11.2.2 亚硝酸钠具有明显改善硫铝酸盐水泥石孔结构的作用，可大幅度提高其负温下强度。碳酸锂对硫铝酸盐水泥有促凝作用，加快负温下受冻临界强度的形成，但由于对后期强度不利，应与亚硝酸钠复合使用。

11.3 进 场 检 验

11.3.1 分别规定了防冻剂进场检验批数量、取样数量及留样。

11.3.2 规定了防冻剂进场检验的项目。

11.3.3 硫氰酸根离子、甲酸根离子与银离子反应会生成白色沉淀物，若采用硝酸银滴定法检测氯离子含量，检测结果会受到严重干扰。

11.4 施 工

11.4.1 通过附录A试验方法检验防冻剂与混凝土其他原材料的相容性，快速预测工程混凝土的工作性能的变化。

11.4.2 日平均气温一般比日最低气温高5℃左右，施工允许使用的最低温度比规定温度低5℃的防冻剂。

11.4.3 硅酸盐水泥、普通硅酸盐水泥的早期强度发展快，混凝土达到受冻临界强度的时间短，更有利于抵抗早期冻害。雨、雪混入骨料不仅会降低混凝土温度，也会改变混凝土的配合比，影响混凝土的温度和强度。

11.4.4 防冻剂有时需要与其他外加剂复合使用，为防止防冻剂与这些外加剂之间发生不良反应，要在使用前进行试配试验，确定可以共同掺加方可使用。

11.4.5 温度太低时，液体防冻剂本身受冻或者出现结晶，容易堵塞输送管道，应尽量采取保温措施。

11.4.6 控制混凝土入模温度，有利于混凝土尽快达到受冻临界强度以免遭受冻害。

11.4.7 掺防冻剂的混凝土多为冬期施工混凝土，现行行业标准《建筑工程冬期施工规程》JGJ/T 104 中对冬期施工混凝土的生产、运输、施工及养护有详细的规定，可参照执行。

12 速 凝 剂

12.1 品　种

12.1.1 本条规定了用于喷射混凝土施工用的粉状速凝剂主要品种。一类是以铝酸盐、碳酸盐等为主要成分的粉状速凝剂，呈强碱性；另外一类是以硫酸铝、氢氧化铝等为主要成分（碱含量小于1%）的低碱粉状速凝剂。

12.1.2 本条规定了用于喷射混凝土施工的液体速凝剂主要品种。一类是以铝酸盐、硅酸盐为主要成分的液体速凝剂，呈强碱性；另外一类是以硫酸铝、氢氧化铝等为主要成分（碱含量小于1%）的低碱液体速凝剂。

12.2 适 用 范 围

12.2.1 本条规定了速凝剂的使用场合。

速凝剂主要用于隧道、矿山井巷、水利水电、边坡支护等岩石支护工程，还广泛用于加固、堵漏等修复工程，在建筑薄壳屋顶、深基坑处理等场合也有一定的应用。

12.2.2 本条规定了粉状速凝剂和液体速凝剂分别适用的场合。

喷射混凝土分为干法喷射和湿法喷射施工工艺。其中干法施工是除水之外的混凝土拌合物拌合均匀后，水在喷嘴处加入，这种施工方法主要采用粉状速凝剂，该法发展较早，技术较为成熟，设备投资少，可在露天边坡工程中使用；湿法施工是预拌混凝土在喷出时在喷嘴处加入速凝剂，因此必须使用液体速凝剂。湿喷法粉尘少、回弹量少，质量更稳定，在公路隧道和封闭洞室喷锚支护中，宜优先使用。湿喷法是喷射混凝土技术今后发展的主要方向。

12.2.3 由于强碱性粉状速凝剂和碱性液体速凝剂含有相当数量的碱金属离子，使用这两种速凝剂的混凝土往往后期强度发展缓慢，相对于基准混凝土的强度

损失可以达到15%以上，不宜用于后期强度和耐久性要求较高的喷射混凝土；当喷射混凝土的骨料具有碱活性时，使用这两种速凝剂会增加混凝土中的碱含量，增加碱骨料反应发生的可能性。因此对碱含量有特殊要求的喷射混凝土工程宜选用碱含量小于1%的低碱速凝剂。碱含量较低的速凝剂对喷射混凝土的后期强度影响较小，对混凝土的各项耐久性指标影响较小，因此可以用于永久性的支护和衬砌中。

12.3 进 场 检 验

12.3.1 分别规定了速凝剂进场检验批数量、取样数量及留样。

12.3.2 规定了速凝剂进场检验的项目。

12.3.3 为了确保进场速凝剂的质量稳定，采用工程实际使用的原材料与上批留样进行平行对比试验，水泥净浆初、终凝时间允许偏差应为±1min。

12.4 施　工

12.4.1 速凝剂的掺量与速凝剂品种和使用环境温度有关。一般粉状速凝剂掺量范围为水泥用量的2%～5%。液体速凝剂的掺量，应在试验室确定的最佳掺量基础上，根据施工混凝土状态、施工损耗及施工时间进行调整，以确保混凝土均匀、密实。碱性液体速凝剂掺量范围为3%～6%，低碱液体速凝剂掺量范围为6%～10%。当温度较低时，应增加速凝剂的掺量。当速凝剂掺量过高时，会导致混凝土强度的过度损失。

12.4.2 速凝剂是促进水泥快速凝结的外加剂，矿物掺合料少、新鲜的硅酸盐水泥或普通硅酸盐水泥更有利于发挥速凝剂的速凝效果，使喷射混凝土快速凝结硬化，提供早期支护。

12.4.3 为了减少回弹量并防止物料的管路堵塞，石子的最大粒径不宜大于20mm，一般宜选用15mm以下的卵石或碎石。当采用短纤维配制纤维喷射混凝土时，甚至骨料粒径不宜大于10mm。

12.4.4 喷射混凝土的配合比，目前多依经验确定。由于喷射混凝土骨料粒径较小，需要较多的浆体包裹，为了减少回弹，水泥用量应较大，一般为400kg/m³，砂率也较高。干法施工中，砂率一般为45%～55%，湿喷施工中，砂率一般为50%～60%。湿喷施工中，混凝土需要一定距离的运输，一般都使用高效减水剂，混凝土应具有一定的流动性，甚至有时坍落度应高达220mm。

12.4.5 混凝土拌合物受到原材料、气温、计量等因素的影响，拌合物的工作性可能会产生波动，在湿喷前应加强混凝土拌合物工作性的控制，以防止由于混凝土工作性变化引起的回弹量增加、粘结性能下降等问题的产生。为了兼顾施工的连续性，本条规定了喷射作业时的检查次数。

12.4.6 干喷施工时，搅拌时间、搅拌量及搅拌方式会对混合料的混合均匀性产生影响，从而影响其喷射混凝土效果，因此必须保证混合料均匀性，减少粉尘飞扬、水泥散失和减少脱落。当掺加短纤维时，搅拌时间不宜小于 180s。

12.4.7 为了防止混合料在喷射前产生水化反应，因此在运输、存放过程中，应严防雨淋、滴水或大块石等杂物混入，装进喷射机前应过筛，防止堵管。

12.4.8 为了防止混合料在喷射前产生水化反应，混合料宜随拌随用，存放时间过长会吸收空气中的水，产生水化反应，从而影响喷射混凝土的性能和效果。

12.4.9 喷射混凝土的水泥用量和砂率都很大，表面水分蒸发率较大时，应加强养护，防止开裂。喷射混凝土终凝 2h 后，应喷水养护，一般工程的养护时间不少于 7d，重要工程不少于 14d。每天喷水养护的次数，以保持表面 90% 相对湿度为准。湿度较好的隧道、洞室或封闭环境中的喷射水泥混凝土，可酌情减少喷水养护次数。

12.4.10 速凝剂的凝结时间受环境温度影响很大，当作业区日最低气温低于 5℃，混凝土凝结硬化速率降低，喷射混凝土回弹会增加。同时，环境温度很低时，喷射混凝土强度低于设计强度的 30% 时，混凝土会受到冻害。

12.4.11 强碱性粉状速凝剂和碱性液体速凝剂都对人的皮肤、眼睛具有强腐蚀性；低碱液体速凝剂为酸性，pH 值一般为 2~7，对人的皮肤、眼睛也具有腐蚀性。同时混凝土物料采用高压输送，因此施工时应有劳动防护，确保人身安全。当采用干法喷射施工时，还必须采用综合防尘措施，并加强作业区的局部通风。

13 膨 胀 剂

13.1 品　　种

13.1.1~13.1.3 本规范所指的膨胀剂，是指现行国家标准《混凝土膨胀剂》GB 23439 规定的膨胀剂。包括水化产物为钙矾石（$C_3A \cdot 3CaSO_4 \cdot 32H_2O$）的硫铝酸钙类膨胀剂、水化产物为钙矾石和氢氧化钙的硫铝酸钙-氧化钙类膨胀剂、水化产物为氢氧化钙的氧化钙类膨胀剂，不包括其他类别的膨胀剂。例如，氧化镁膨胀剂虽然在大坝混凝土中已有使用，但由于技术原因，目前还没有在建筑工程中应用，进行的研究也比较少，因此其应用技术不包括在本规范中。

13.2 适 用 范 围

13.2.1 本条规定了膨胀剂的主要使用场合。

　　目前膨胀剂主要是掺入硅酸盐类水泥中使用，用于配制补偿收缩混凝土或自应力混凝土。表 1 是其常见的一些用途。

表 1　膨胀剂的一些常见用途

混凝土种类	常 见 用 途
补偿收缩混凝土	地下、水中、海水中、隧道等构筑物；大体积混凝土（除大坝外）；配筋路面和板；屋面与厕浴间防水；构件补强、渗漏修补；预应力混凝土；回填槽、结构后浇缝、隧洞堵头、钢管与隧道之间的填充；机械设备的底座灌浆、地脚螺栓的固定、梁柱接头、加固等
自应力混凝土	自应力钢筋混凝土输水管、灌注桩等

13.2.2 对膨胀源是钙矾石的膨胀剂使用条件进行了规定。因为在长期处于 80℃ 以上的环境下，钙矾石可能分解，所以从安全性考虑，规定膨胀源是钙矾石的膨胀剂的使用环境温度不大于 80℃，膨胀源是氢氧化钙的补偿收缩混凝土不受此规定的限制。

　　原规范第 8.2.3 条规定，含氧化钙类膨胀剂配制的混凝土（砂浆）不得用于海水或有侵蚀性水的工程。经调查，目前掺膨胀剂的混凝土中，几乎都掺加大量的粉煤灰、磨细矿渣粉等活性掺合料，即使是水泥，其混合材含量也比较大，如现行国家标准《通用硅酸盐水泥》GB 175 规定的普通硅酸盐水泥，混合材含量由以前的 15% 提高到 20%，因此不存在氢氧化钙超量的问题。相反多数情况下都存在"钙"不足的现象，导致混凝土早期碳化比较严重，故本次修订取消该规定。

13.2.3 掺膨胀剂的混凝土原则上需要在限制条件下使用。这是因为，混凝土产生的膨胀在限制作用下，可导致混凝土内部产生预压应力。通过调整膨胀剂的掺加量，在限制条件下，可获得自应力值为 0.2MPa ~1.0MPa 的补偿收缩混凝土和自应力值大于 1.0MPa 的自应力混凝土。因此离开限制谈膨胀是没有意义的。

13.3 技 术 要 求

13.3.1 按膨胀能大小可以将膨胀混凝土分为补偿收缩混凝土和自应力混凝土两类，其中补偿收缩混凝土的自应力值较小，主要用于补偿混凝土收缩和填充灌注。用于补偿因混凝土收缩产生的拉应力、提高混凝土的抗裂性能和改善变形性质时，其自应力值一般为 0.2MPa ~0.7MPa；用于后浇带、连续浇筑时预设的膨胀加强带以及接缝工程填充时，自应力值为 0.5MPa~1.0MPa。在这两种情况下使用的膨胀混凝土，由于自应力很小，故在结构设计中一般不考虑自应力的影响。

自应力按照公式 $\sigma = \varepsilon \cdot E \cdot \mu$ 计算，（σ—自应力值，ε—限制膨胀率，E—限制钢筋的弹性模量，取 2.0×10^5 MPa，μ—试件配筋率）。在本标准中，限制膨胀率是通过附录 B 规定的试验方法经试验获得。按照本标准附录 B 的规定，试件的配筋率为 0.785%，通过计算可知，当限制膨胀率为 0.015% 时，其自应力值约为 0.24MPa，故规定最小限制膨胀率为 0.015%。

应该强调，掺膨胀剂的膨胀混凝土性能指标的确定，一是在不影响抗压强度的条件下，膨胀率要尽量增大，二是试件转入空气中后，最终的剩余限制膨胀率要大。

统一用限制膨胀率表述补偿收缩混凝土的变形，用"十"、"一"号区别膨胀与收缩，不再用"限制收缩率"的表述方法，易于理解。另外，根据最新的研究结果，将用于后浇带、膨胀加强带和工程接缝填充的混凝土限制膨胀率由 -0.030%（原表述为限制干缩率 3.0×10^{-4}）调整至 -0.020%，提高了混凝土的限制膨胀率指标。

13.3.2 规定了补偿收缩混凝土限制膨胀率的试验和检验方法。

13.3.3 本条规定了补偿收缩混凝土抗压强度设计和检验评定标准。

13.3.4 本条规定了补偿收缩混凝土最低抗压强度设计等级。

13.3.5 规定了补偿收缩混凝土的抗压强度试验方法。对膨胀较小的补偿收缩混凝土，按照现行国家标准《普通混凝土力学性能试验方法标准》GB/T 50081 检测。对用于填充的补偿收缩混凝土，有时因膨胀过大会出现无约束试件强度明显降低的情况，因此按照现行行业标准《补偿收缩混凝土应用技术规程》JGJ/T 178-2009 的附录 A 进行，使试件在试模中处于限制的状态，比较符合实际使用情况。

13.3.6 本条规定了灌浆用膨胀砂浆的基本性能和检验方法。

13.3.7 自应力混凝土属于膨胀量较大的一种膨胀混凝土，其自应力值较大，在结构设计时必须考虑自应力的影响。自应力混凝土目前主要用于制造自应力混凝土输水管，因此其制品性能应符合现行国家标准《自应力混凝土输水管》GB 4084 的规定。自应力水泥有多个品种，如自应力硅酸盐水泥、自应力硫酸盐水泥、自应力铝酸盐水泥等，用膨胀剂和硅酸盐类水泥配制的自应力水泥属于自应力硅酸盐水泥体系，因此其性能应符合自应力硅酸盐水泥标准的规定。

13.4 进 场 检 验

13.4.1 本条规定了膨胀剂进场检验批数量、取样数量及留样。验收批、取样量和封存样的保存时间与现行国家标准《混凝土膨胀剂》GB 23439 的编号和取样一致。

13.4.2 本条规定了进场检验的项目。就混凝土膨胀剂而言，水中 7d 限制膨胀率指标是其最重要的技术指标，细度是膨胀剂重要的均质性指标，不符合产品标准规定的细度，如大的膨胀剂颗粒会导致混凝土局部膨胀、鼓包，影响工程质量，因此将这两项指标规定为进场检验项目。

13.5 施 工

13.5.1 混凝土膨胀剂是一种功能性外加剂，用其配制的膨胀混凝土属于特种混凝土，可用于补偿混凝土收缩或建立自应力，因此在使用过程中，首先由设计师根据工程特点和用途，确定需要的限制膨胀率，据此才能够配制补偿收缩混凝土。

现行行业标准《补偿收缩混凝土应用技术规程》JGJ/T 178 的第 4 章，对使用补偿收缩混凝土时，限制膨胀率的取值方法、超长结构连续施工的构造形式、膨胀加强带、配筋方式、结构自防水设计等进行了详细规定。

现行行业标准《补偿收缩混凝土应用技术规程》JGJ/T 178 的第 5 章、第 6 章、第 7 章和第 8 章，分别对补偿收缩混凝土的原材料选择、配合比、生产和运输、浇筑和养护等进行了较为详细的规定，本条采纳了这些规定，但不赘述，执行时可以参看 JGJ/T 178。涉及与 JGJ/T 178 相协调的内容，将在下面条文中进行规定。

13.5.2 补偿收缩混凝土基本能够补偿或部分补偿混凝土的干燥收缩，因此与一般混凝土相比，可以减免用于释放变形和应力的后浇带，也可以提前浇筑这些后浇带。详细的设计和施工方法参见现行行业标准《补偿收缩混凝土应用技术规程》JGJ/T 178 的有关规定。

13.5.3 本条规定了掺膨胀剂混凝土的最少胶凝材料用量。膨胀混凝土的膨胀发展和强度发展是一对矛盾，胶凝材料太少时，不能够为膨胀发展提供足够的强度基础，因此要确保最少的胶凝材料用量。一般膨胀量越大的混凝土，胶凝材料用量也越多。

13.5.4 对灌浆用膨胀砂浆的施工进行了规定。

原规范第 8.5.7 条规定灌浆用膨胀砂浆的水料（胶凝材料+砂）比应为 0.14~0.16，本次修订改为"宜为 0.12~0.16"，是因为现在有一些厂家生产的支座砂浆的水料比小于 0.14。另外，对水料比而言，采用推荐性的指标更合适，故将"应"改为"宜"。

由于灌浆用膨胀砂浆的流动度大，一般不用机械振捣，否则会导致骨料不均匀沉降。为排除空气，可用人工插捣。浇筑抹压后，暴露部分要及时覆盖。在低于 5℃ 时需要采取保温保湿养护措施，一是防止膨胀砂浆受冻，二是避免水分蒸发，影响膨胀效果。

14 防 水 剂

14.1 品 种

14.1.1 根据防水剂的发展，本次修订增加了无机铝盐防水剂、硅酸钠防水剂。氯盐类防水剂能促进水泥的水化硬化，在早期具有较好的防水效果，特别是在要求早期必须具有防水性的情况下，可以用它作防水剂，但因为氯盐类会使钢筋锈蚀，收缩率大，后期防水效果不大，使用时应注意后期防水性能。

有机化合物类的防水剂主要是一些憎水性表面活性剂，聚合物乳液或水溶性树脂等，其防水性能较好，使用时应注意对强度的影响。

14.1.2 防水剂与引气剂组成的复合防水剂中由于引气剂能引入大量的微细气泡，隔断毛细管通道，减少泌水，减少沉降，减少混凝土的渗水通路，从而提高了混凝土的防水性。防水剂与减水剂组分复合而成的防水剂，由于减水剂的减水及改善和易性的作用使混凝土更致密，从而能达到更好的防水效果。

14.2 适 用 范 围

14.2.1 防水剂是在混凝土拌合物中掺入的能改善砂浆和混凝土的耐久性、降低其在静水压力下透水性能的外加剂。防水剂主要用于各种有抗渗要求的混凝土工程。

14.2.2 复合型防水剂中含有引气组分时，引气组分分子倾向于整齐地排列在气液界面，亲水基团在水中，而憎水基团面向空气，因而降低了水的表面张力。憎水作用的表面活性物质在搅拌时会在混凝土拌合物中产生大量微小、稳定、均匀、封闭的气泡，使硬化混凝土的内部结构得到改善。一方面气泡起到了阻断水的渗透作用，因而减少了混凝土的渗水通道；另一方面引气剂在混凝土中引入无数细小空气泡还能提高混凝土的抗冻性。因此，对于有抗冻要求的混凝土工程宜选用复合有引气组分的防水剂。

14.3 进 场 检 验

14.3.1 分别规定了防水剂进场检验批数量、检验项目和留样。

14.3.2 规定了防水剂进场检验的项目。

14.4 施 工

14.4.1 通过附录 A 试验方法检验复合类防水剂与混凝土其他原材料的相容性，快速预测工程混凝土的工作性能的变化。

14.4.2 普通硅酸盐水泥的早期强度高，泌水性小，干缩也较小，所以在选择水泥时应优先采用普通硅酸盐水泥。但其抗水性和抗硫酸盐侵蚀能力不如火山灰质硅酸盐水泥。火山灰质硅酸盐水泥抗水性好，水化热低，抗硫酸盐侵蚀能力较好，但早期强度低，干缩率大，抗冻性较差。

14.4.3 防水剂应按供方推荐掺量掺入，超量掺加时应经试验确定，符合要求方可使用。有些防水剂，如皂类防水剂、脂肪族防水剂超量掺加时，引气量大，会形成较多气泡的混凝土拌合物，反而影响强度与防水效果，所以超过推荐掺量使用时必须经试验确定。

14.4.4 防水剂混凝土宜采用小粒径、连续级配石子，以达到更加密实、更好的防水效果。

14.4.5 含有引气剂组分的防水剂，搅拌时间对混凝土的含气量有明显的影响。一般是含气量达到最大值后，如继续进行搅拌，则含气量开始下降。

14.4.6 防水剂的使用效果与早期养护条件紧密相关，混凝土的不透水性随养护龄期增加而增强。最初7d必须进行严格的养护，因为防水性能主要在此期间得以提高。不能采用间歇养护，因为一旦混凝土干燥，将不能轻易地将其再次润湿。

14.4.7 防水剂能提高静水压力下混凝土的抗渗性能。当混凝土处于侵蚀介质环境中时，除了使用防水剂以外，还需考虑各种防腐措施。

14.4.8 防水混凝土结构表面温度太高会影响到水泥石结构的稳定性，降低防水性能。

15 阻 锈 剂

15.1 品 种

15.1.1、15.1.2 本规范按化学成分将其分为无机类、有机类和复合类。目前使用较多的无机类阻锈剂为亚硝酸盐阻锈剂，其他无机阻锈剂也有应用；有机类阻锈剂应用比较成熟的有胺基醇和脂肪酸酯阻锈剂；两种或以上的无机、有机阻锈剂复合使用时，可以起到更好的阻锈效果，因此较为常用。

15.2 适 用 范 围

15.2.1 本条规定了阻锈剂的主要使用环境和场合，阻锈剂可广泛应用于各种恶劣和氯盐腐蚀的环境中，如：

海洋环境：海水侵蚀区、潮汐区、浪溅区及海洋大气区；使用海砂作为混凝土用砂，施工用水含氯盐超出标准要求；用化冰（雪）盐的钢筋混凝土桥梁等；以氯盐腐蚀为主的工业与民用建筑；已有钢筋混凝土工程的修复；盐渍土、盐碱地工程；采用低碱度水泥或能降低混凝土碱度的掺合料；预埋件或钢制品在混凝土中需要加强防护的场合。

15.2.2 阻锈剂作为一种有效地阻止钢筋锈蚀的措施，对于新建有抗锈蚀要求的钢筋混凝土或钢纤维混凝土工程，应在混凝土拌制过程中加入阻锈剂，以阻止钢筋或钢纤维锈蚀引起的对混凝土结构的破坏；钢筋阻锈剂也可用于修复钢筋外露的既有混凝土工程，加入到修补砂浆或混凝土中使用。

15.2.3 孔道灌浆作为后张法预应力施工的一道重要工序，对于保证工程质量，提高耐久性和使用寿命具有重要的作用。在灌浆材料中加入阻锈剂，可以更好地保护预应力钢绞线，使其免受锈蚀，保证预应力的施加更加有效，保证预应力工程质量。

15.3 进场检验

15.3.1 分别规定了阻锈剂进场检验批数量、取样数量和留样。

15.3.2 规定了阻锈剂进场检验的项目。

15.4 施 工

15.4.1 掺阻锈剂混凝土的性能会随着原材料的变化而发生变化，为保证混凝土试配性能与施工性能的一致性，故应采用工程实际使用的原材料。当工程使用原材料或混凝土性能要求发生变化时，配合比亦应有所调整。浇筑前，应先经试验确定阻锈剂对混凝土凝结时间等性能的影响，从而能保证浇筑作业的顺利进行。

15.4.2 如果不剔除已受腐蚀、污染和中性化等破坏的混凝土层，将会削弱混凝土层与掺有阻锈剂的砂浆或混凝土之间的界面结合力，同时也影响钢筋阻锈剂的使用效果。由于工程具体情况不同及掺有阻锈剂的砂浆或混凝土的和易性等差别，实际工程施工中每层的抹面厚度会相应有所调整。若工程有具体的设计及施工要求时，可按要求进行施工。

附录 A 混凝土外加剂相容性 快速试验方法

A.0.1 近十年的大量试验研究和工程实践表明，原规范 GB 50119-2003 附录 A "混凝土外加剂对水泥的适应性检测方法" 已落后，无法准确检验外加剂的相容性，不能对外加剂进行有效选择。由于原方法没有考虑混凝土中矿物掺合料和骨料对工作性的影响，因此导致净浆流动度的试验结果与混凝土的坍落度试验结果相关性很差。近几年，特别是聚羧酸系高性能减水剂已广泛大量应用于各类混凝土工程，更突显了原方法不适用于该类外加剂的相容性检验。因此，本次修订了原规范 GB 50119-2003 附录 A。新修订的附录 A "混凝土外加剂相容性快速试验方法" 主要特点是采用工程实际使用的原材料（水泥、矿物掺合料、细骨料、其他外加剂），用砂浆扩展度法取代了水泥净浆流动度法。经规范编制组及外加剂相关企业大量的试验研究结果与验证表明，新方法获得的试验

结果与混凝土的坍落度试验结果相关性较好，更具实用性和可操作性。本条规定了试验方法的适用范围。

A.0.2 本条详细规定了试验所用的仪器设备。

A.0.3 大量的工程实践表明，混凝土外加剂的相容性不仅与水泥的特征有关，还与混凝土的其他原材料如矿物掺合料、细骨料质量等以及配合比相关。本条详细规定了试验所用的原材料和配合比。

本条第 3 款规定了水胶比降低 0.02，主要基于砂浆试验无粗骨料，而粗骨料本身会吸附一定的水分，因此在本试验中预先将该水分去除。

本条第 4 款大量试验结果表明，普通减水剂的初始砂浆扩展度在 260mm±20mm 范围内，高效减水剂、聚羧酸系高性能减水剂和泵送剂初始砂浆扩展度在 350mm±20mm 范围内，与混凝土的工作性能有较高的相关性，能有效地判别外加剂之间的相容性差异，也可有效判别外加剂与混凝土其他原材料之间的相容性。

A.0.5 掺量小、砂浆扩展度经时损失小的外加剂其相容性较优。

附录 B 补偿收缩混凝土的 限制膨胀率测定方法

B.0.1 本条规定了测试方法的适用范围。

B.0.2 本条规定了测量仪器的构造形式、仪器测试精度以及纵向限制器的构造形式。

B.0.3 本条规定了试件成型和养护的试验环境。

B.0.4 本条规定了试件的制作和脱模要求。研究表明，脱模强度对测量限制膨胀率的精确度影响很大，脱模强度太低时，不便于测量操作，而强度太高时，有一部分膨胀则测量不到，3MPa～5MPa 的脱模强度既不影响测量操作，对测量精度的影响也很低，比较适合。

B.0.5 本条规定了试件的测量和养护，特别需要指出的是，试件初始长度的测量一定要准确，因为它是以后测量和计算的基础。另外，每次测量时，都要用标准杆对测量仪的千分表进行零点校正。标准杆要放置在恒温处，不要靠近暖气，也不要让空调的冷风直接吹。千万不可摔、碰标准杆及其测头，否则会使标准杆变形，导致测量试验无法延续下去。

B.0.6 本条规定了测量结果的计算方法和取值精度。

由于补偿收缩混凝土的限制膨胀率值比较小，测量过程中小的误差就会影响测量精度，因此在计算取值时，不采用 3 个试件测定值的平均值为计算依据，而采用相近的 2 个试件测定值的平均值为计算依据。

另外，为了便于对测量数据进行分析，本次修订增加了膨胀或收缩应力的计算方法。

附录 C 灌浆用膨胀砂浆竖向膨胀率的测定方法

C. 0. 1 规定了测试方法的适用范围。

C. 0. 2 规定了测试仪器和试验工具。

目前量程 10mm 的数显千分表使用很普遍，而且读数很方便，故将原百分表修改为精度更高的千分表。

C. 0. 3 原来的竖向膨胀率测量装置采用磁力百分表架，但是实践证明，在安装百分表时，这种支架不容易对中，影响测试精度。因此本次标准修订规定采用新的测量支架构造形式。

原来的标准中，百分表是直接与玻璃板相接触，测量实践表明，膨胀砂浆流动度大时，其浮力会致使玻璃板上浮，影响测试精度。本次标准修订中，增加了钢质压块，其作用是平衡玻璃板的上浮。

C. 0. 4 本条规定了测量试验方法和步骤。

C. 0. 5 本条规定了竖向膨胀率的计算方法。

中华人民共和国国家标准

粉煤灰混凝土应用技术规范

Technical code for application of fly ash concrete

GB/T 50146—2014

主编部门：中 华 人 民 共 和 国 水 利 部
批准部门：中华人民共和国住房和城乡建设部
施行日期：2 0 1 5 年 1 月 1 日

中华人民共和国住房和城乡建设部
公　告

第 405 号

住房城乡建设部关于发布国家标准
《粉煤灰混凝土应用技术规范》的公告

现批准《粉煤灰混凝土应用技术规范》为国家标准，编号为 GB/T 50146-2014，自 2015 年 1 月 1 日起实施。原《粉煤灰混凝土应用技术规范》GBJ 146-90 同时废止。

本规范由我部标准定额研究所组织中国计划出版

社出版发行。

中华人民共和国住房和城乡建设部

2014 年 4 月 15 日

前　言

本规范是根据原建设部《关于印发〈2006 年工程建设标准规范制订、修订计划（第一批）〉的通知》（建标〔2006〕77 号）的要求，由中国水利水电科学研究院会同有关单位在原《粉煤灰混凝土应用技术规范》GBJ 146-90 的基础上修订完成的。

本规范在编制过程中，编制组经调查研究、模拟计算、实验验证，认真总结了实践经验，参考有关国内外先进标准，并在广泛征求意见的基础上，最后经审查定稿。

本规范共分 7 章，主要技术内容包括：总则、术语、基本规定、粉煤灰的技术要求、粉煤灰混凝土的配合比、粉煤灰混凝土的施工、粉煤灰混凝土的质量检验等。

本次修订的主要技术内容是：

1. 增加了 C 类粉煤灰及相应的技术要求；

2. 增加了粉煤灰的放射性、安定性和碱含量的技术要求；

3. 将 Ⅱ 级粉煤灰细度指标由原来的 45μm 方孔筛筛余不大于 20% 改为不大于 25%；

4. 取消了取代水泥率及超量取代系数的规定；

5. 对粉煤灰最大掺量进行了修订。在按照水泥种类和混凝土种类规定粉煤灰最大掺量的基础上，增加了水胶比限制条件。

本规范由住房城乡建设部负责管理，由水利部负责日常管理，由中国水利水电科学研究院负责具体技术内容的解释。在本规范执行过程中，请各单位结合工程实践，认真总结经验，积累资料。如发现需要修改和补充之处，请及时将意见和有关资料寄送至中国水利水电科学研究院材料所（粉煤灰混凝土应用技术规范》编制组（地址：北京市海淀区玉渊潭南路 3 号，邮政编码：100038），以便今后修订时参考。

本规范主编单位、参编单位、主要起草人和主要审查人：

主 编 单 位：中国水利水电科学研究院

参 编 单 位：中国建筑科学研究院

　　　　　　中国铁道科学研究院

　　　　　　上海市建筑科学研究院

　　　　　　上海宝钢生产协力公司

　　　　　　中冶集团建筑研究总院

　　　　　　北京市建筑工程研究院

主要起草人：鲁一晖　马锋玲　陈改新　甄永严

　　　　　　冷发光　谢永江　施钟毅　康　明

　　　　　　朱桂林　贺　奎　石人俊　邓正刚

　　　　　　朱春江　王少江　吕小彬

主要审查人：韩素芳　付　智　韦志立　熊　平

　　　　　　刘咏峰　贾金生　常作维　李启棣

　　　　　　陆采荣　江丽珍　李文伟　杨全兵

　　　　　　姜福田

目 次

1 总则 ················· 6—5

2 术语 ················· 6—5

3 基本规定 ·············· 6—5

4 粉煤灰的技术要求 ········· 6—5

  4.1 技术要求及检验方法 ······ 6—5

  4.2 验收和存储 ··········· 6—5

5 粉煤灰混凝土的配合比 ······ 6—6

5.1 粉煤灰混凝土的配合比设计原则 ········ 6—6

5.2 粉煤灰的掺量 ············· 6—6

6 粉煤灰混凝土的施工 ············· 6—6

7 粉煤灰混凝土的质量检验 ············· 6—6

本规范用词说明 ··············· 6—6

引用标准名录 ·················· 6—6

附：条文说明 ·················· 6—7

Contents

1 General provisions ························· 6—5

2 Terms ································· 6—5

3 Basic requirements ···················· 6—5

4 Technical requirements of fly
ash ································· 6—5

  4.1 Requirements and test methods ········· 6—5

  4.2 Checkup for acceptance and
storage ······················· 6—5

5 Mix design ·························· 6—6

5.1 Mix design principles ··············· 6—6

5.2 Content of fly ash ················· 6—6

6 Construction ························· 6—6

7 Quality control ······················ 6—6

Explanation of wording in this code ······ 6—6

List of quoted standards ··············· 6—6

Addition: Explanation of provisions ······ 6—7

1 总　则

1.0.1 为了规范粉煤灰在水泥混凝土中的应用,达到改善混凝土性能、提高工程质量、延长混凝土结构物使用寿命,以及节约资源、保护环境等目的,制定本规范。

1.0.2 本规范适用于用粉煤灰作为主要掺合料的混凝土应用。

1.0.3 粉煤灰在混凝土中的应用,除应符合本规范外,尚应符合国家现行有关标准的规定。

2 术　语

2.0.1 粉煤灰　fly ash

从煤粉炉烟道气体中收集的粉末。粉煤灰按煤种和氧化钙含量分为F类和C类。

F类粉煤灰——由无烟煤或烟煤燃烧收集的粉煤灰。

C类粉煤灰——氧化钙含量一般大于10%,由褐煤或次烟煤燃烧收集的粉煤灰。

2.0.2 掺合料　mineral admixture

以硅、铝、钙等一种或多种氧化物为主要成分,具有一定细度,掺入混凝土中能改善混凝土性能的粉体材料。

2.0.3 胶凝材料　cementitious materials

混凝土中水泥与掺合料的总称。

2.0.4 水胶比　water-cementitious material ratio

混凝土中用水量与胶凝材料质量之比。

2.0.5 粉煤灰混凝土　fly ash concrete

以粉煤灰为主要掺合料的混凝土。

2.0.6 粉煤灰掺量　fly ash content

粉煤灰占胶凝材料质量的百分比。

3 基本规定

3.0.1 预应力混凝土宜掺用Ⅰ级F类粉煤灰,掺用Ⅱ级F类粉煤灰时应经过试验论证;其他混凝土宜掺用Ⅰ级、Ⅱ级粉煤灰,掺用Ⅲ级粉煤灰时应经过试验论证。

3.0.2 粉煤灰混凝土宜采用硅酸盐水泥和普通硅酸盐水泥配制。采用其他品种的硅酸盐水泥时,应根据水泥中混合材料的品种和掺量,并通过试验确定粉煤灰的合理掺量。

3.0.3 粉煤灰与其他掺合料同时掺用时,其合理掺量应通过试验确定。

3.0.4 粉煤灰可与各类外加剂同时使用,粉煤灰与外加剂的适应性应通过试验确定。

4 粉煤灰的技术要求

4.1 技术要求及检验方法

4.1.1 用于混凝土中的粉煤灰应分为Ⅰ级、Ⅱ级、Ⅲ级三个等级,各等级粉煤灰技术要求及检验方法应按现行国家标准《用于水泥和混凝土中的粉煤灰》GB/T 1596的有关规定执行,并应符合表4.1.1的规定。

表4.1.1 混凝土中用粉煤灰技术要求及检验方法

项　目		技术要求			检验方法
		Ⅰ级	Ⅱ级	Ⅲ级	
细度(45μm方孔筛筛余)(%)	F类粉煤灰	≤12.0	≤25.0	≤45.0	按现行国家标准《用于水泥和混凝土中的粉煤灰》GB/T 1596的有关规定执行
	C类粉煤灰				
需水量比(%)	F类粉煤灰	≤95	≤105	≤115	按现行国家标准《用于水泥和混凝土中的粉煤灰》GB/T 1596的有关规定执行
	C类粉煤灰				
烧失量(%)	F类粉煤灰	≤5.0	≤8.0	≤15.0	按现行国家标准《水泥化学分析方法》GB/T 176的有关规定执行
	C类粉煤灰				
含水量(%)	F类粉煤灰	≤1.0			按现行国家标准《用于水泥和混凝土中的粉煤灰》GB/T 1596的有关规定执行
	C类粉煤灰				
三氧化硫(%)	F类粉煤灰	≤3.0			按现行国家标准《水泥化学分析方法》GB/T 176的有关规定执行
	C类粉煤灰				
游离氧化钙(%)	F类粉煤灰	≤1.0			按现行国家标准《水泥化学分析方法》GB/T 176的有关规定执行
	C类粉煤灰	≤4.0			
安定性(雷氏夹沸煮后增加距离)(mm)	C类粉煤灰	≤5.0			净浆试验样品的制备及对比水泥样品的要求按本表注执行,安定性试验按现行国家标准《水泥标准稠度用水量、凝结时间、安定性检验方法》GB/T 1346的有关规定执行

注:1 安定性检验方法中,净浆试验样品由对比水泥样品和被检验粉煤灰按7:3质量比混合而成;

2 当实际工程中粉煤灰掺量大于30%时,应按工程实际掺量进行试验论证;

3 对比水泥样品应符合现行国家标准《通用硅酸盐水泥》GB 175规定的强度等级为42.5的硅酸盐水泥或工程实际应用的水泥。

4.1.2 粉煤灰的放射性核素限量及检验方法应按现行国家标准《建筑材料放射性核素限量》GB 6566的有关规定执行。

4.1.3 粉煤灰中的碱含量应按 Na₂O 当量计,以 Na₂O+0.658K₂O 计算值表示。当粉煤灰用于具有碱活性骨料的混凝土中,宜限制粉煤灰的碱含量。粉煤灰碱含量的检验方法应按现行国家标准《水泥化学分析方法》GB/T 176的有关规定执行。

4.2 验收和存储

4.2.1 粉煤灰供应单位应按现行国家标准《用于水泥和混凝土中的粉煤灰》GB/T 1596的相关规定出具批次产品合格证、标识和出厂检验报告,并应按相关标准要求提供型式检验报告。

4.2.2 出厂粉煤灰的标识应包括粉煤灰种类、等级、生产方式、批号、数量、生产厂名称和地址、出厂日期等。

4.2.3 对进场的粉煤灰应按下列规定及时取样检验:

1 粉煤灰的取样频次宜以同一厂家连续供应的200t相同种类、相同等级的粉煤灰为一批,不足200t时宜按一批计。

2 粉煤灰的取样方法应符合下列规定:

1)散装粉煤灰的取样,应从每批10个以上不同部位取等量样品,每份不应少于1.0kg,混合搅拌均匀,用四分法缩取出比试验需要量约大一倍的试样量;

2)袋装粉煤灰的取样,应从每批中任抽10袋,从每袋中各取等量试样一份,每份不应少于1.0kg,混合搅拌均匀,用四分法缩取出比试验需要量约大一倍的试样量。

　　3）每批粉煤灰试样应检验细度、含水量、烧失量、需水量比、安定性，需要时应检验三氧化硫、游离氧化钙、碱含量、放射性。

4.2.4 粉煤灰的验收应符合下列规定：

　　1 粉煤灰的验收应按批进行；

　　2 若其中任何一项不符合规定要求，应在同一批中重新加倍取样进行复检，以复检结果判定。

4.2.5 当供需双方对产品质量有争议时，供需双方应将双方认可的样品签封，送省级或省级以上国家认可的质量监督检验机构进行仲裁检验。

4.2.6 不同灰源、等级的粉煤灰不得混杂运输和存储，不得将粉煤灰与其他材料混杂，在运输和存储过程中应防止受潮、结块。

4.2.7 在运输、存储和使用时，应防止粉煤灰对环境的污染。

5 粉煤灰混凝土的配合比

5.1 粉煤灰混凝土的配合比设计原则

5.1.1 粉煤灰混凝土的配合比应根据混凝土的强度等级、强度保证率、耐久性、拌和物的工作性等要求，采用工程实际使用的原材料进行设计。

5.1.2 粉煤灰混凝土的设计龄期应根据建筑物类型和实际承载时间确定，并宜采用较长的设计龄期。地上、地面工程宜为 28d 或 60d，地下工程宜为 60d 或 90d，大坝混凝土宜为 90d 或 180d。

5.1.3 试验室进行粉煤灰混凝土配合比设计时，应采用搅拌机拌和。试验室确定的配合比应通过搅拌楼试拌检验后使用。

5.1.4 粉煤灰混凝土的配合比设计可按体积法或重量法计算。

5.2 粉煤灰的掺量

5.2.1 粉煤灰在混凝土中的掺量应通过试验确定，最大掺量宜符合表 5.2.1 的规定。

表 5.2.1　粉煤灰的最大掺量（%）

混凝土种类	硅酸盐水泥		普通硅酸盐水泥	
	水胶比≤0.4	水胶比>0.4	水胶比≤0.4	水胶比>0.4
预应力混凝土	30	25	25	15
钢筋混凝土	40	35	35	30
素混凝土	55		45	
碾压混凝土	70		65	

注：1　对浇筑量比较大的基础钢筋混凝土，粉煤灰最大掺量可增加 5%～10%；

　　2　当粉煤灰掺量超过本表规定时，应进行试验论证。

5.2.2 对早期强度要求较高或环境温度、湿度较低条件下施工的粉煤灰混凝土宜适当降低粉煤灰掺量。

5.2.3 特殊情况下，工程混凝土不得不采用具有碱硅酸反应活性骨料时，粉煤灰的掺量应通过碱活性抑制试验确定。

6 粉煤灰混凝土的施工

6.0.1 掺入混凝土中粉煤灰的称量允许偏差宜为±1%。

6.0.2 粉煤灰混凝土拌和物应搅拌均匀，搅拌时间应根据搅拌机类型由现场试验确定。

6.0.3 粉煤灰混凝土浇筑时不得漏振或过振。振捣后的粉煤灰

混凝土表面不得出现明显的粉煤灰浮浆层。

6.0.4 粉煤灰混凝土浇筑完毕后，应及时进行保湿养护，养护时间不宜少于 28d。粉煤灰混凝土在低温条件下施工时应采取保温措施。当日平均气温 2d 或 3d 连续下降大于 6℃时，应加强粉煤灰混凝土表面的保护。当现场施工不能满足养护条件要求时，应降低粉煤灰掺量。

6.0.5 粉煤灰混凝土的蒸养制度应通过试验确定。

6.0.6 粉煤灰混凝土负温施工时，应采取相应的技术措施。

7 粉煤灰混凝土的质量检验

7.0.1 粉煤灰混凝土的质量检验项目应包括坍落度和强度。掺引气型外加剂的粉煤灰混凝土应测定混凝土含气量，有耐久性或其他特殊要求时，还应测定耐久性或其他检验项目。

7.0.2 现场施工中对粉煤灰混凝土的坍落度进行检验时，每 4h 应至少测定 1 次，其测定值允许偏差应符合表 7.0.2 的规定。

表 7.0.2　坍落度允许偏差（mm）

坍落度	坍落度≤40	40<坍落度≤100	坍落度>100
允许偏差	±10	±20	±30

7.0.3 掺引气型外加剂的粉煤灰混凝土，每 4h 应至少测定 1 次含气量，其测定值允许偏差宜为±1.0%。

7.0.4 粉煤灰混凝土的强度检验与评定，应按现行国家标准《混凝土强度检验评定标准》GB/T 50107 的有关规定执行。粉煤灰混凝土的耐久性检验和评定，应按国家现行有关标准的规定执行。

本规范用词说明

　　1 为便于在执行本规范条文时区别对待，对要求严格程度不同的用词说明如下：

　　1）表示很严格，非这样做不可的：

　　　正面词采用"必须"，反面词采用"严禁"；

　　2）表示严格，在正常情况下均应这样做的：

　　　正面词采用"应"，反面词采用"不应"或"不得"；

　　3）表示允许稍有选择，在条件许可时首先应这样做的：

　　　正面词采用"宜"，反面词采用"不宜"；

　　4）表示有选择，在一定条件下可以这样做的，采用"可"。

　　2 条文中指明应按其他有关标准执行的写法为："应符合……的规定"或"应按……执行"。

引用标准名录

《混凝土强度检验评定标准》GB/T 50107

《通用硅酸盐水泥》GB 175

《水泥化学分析方法》GB/T 176

《水泥标准稠度用水量、凝结时间、安定性检验方法》GB/T 1346

《用于水泥和混凝土中的粉煤灰》GB/T 1596

《建筑材料放射性核素限量》GB 6566

中华人民共和国国家标准

粉煤灰混凝土应用技术规范

GB/T 50146—2014

条 文 说 明

修 订 说 明

《粉煤灰混凝土应用技术规范》GB/T 50146 - 2014，经住房城乡建设部 2014 年 4 月 15 日以第 405 号公告批准发布。

本规范是在《粉煤灰混凝土应用技术规范》GBJ 146 - 90 的基础上修订而成的，上一版的主编单位是水利水电科学研究院，参加单位是中国建筑科学研究院、铁道部科学研究院、冶金部冶金建筑研究总院、上海市建筑科学研究所，主要起草人是杨德福、甄永严、水翠娟、石人俊、彭先、钟美秦、谷章昭、盛丽芳、杜小春。

为便于广大设计、施工、科研、学校等单位有关人员在使用本规范时能正确理解和执行条文规定，《粉煤灰混凝土应用技术规范》编制组按章、节、条顺序编制了本规范的条文说明，按条文规定的目的、依据以及执行中需注意的有关事项进行了说明。但是，本条文说明不具备与规范正文同等的法律效力，仅供使用者作为理解和把握规范规定的参考。

目　次

1　总则 ················· 6—10
2　术语 ················· 6—10
3　基本规定 ············· 6—10
4　粉煤灰的技术要求 ····· 6—11
　　4.1　技术要求及检验方法 ····· 6—11
　　4.2　验收和存储 ··········· 6—11

5　粉煤灰混凝土的配合比 ·········· 6—11
　　5.1　粉煤灰混凝土的配合比设计原则 ····· 6—11
　　5.2　粉煤灰的掺量 ·················· 6—11
6　粉煤灰混凝土的施工 ··············· 6—17
7　粉煤灰混凝土的质量检验 ··········· 6—17

1 总 则

1.0.1 本条指出了制定本规范的目的。由于粉煤灰混凝土具有多方面的优点，在各种混凝土工程建设中，根据工程条件，均可掺入适量的粉煤灰。目前国内粉煤灰的使用已很普遍，并取得了大量的研究成果和应用经验，为了使工程掺用粉煤灰做到更加科学合理、有章可循，制定本规范，以利于粉煤灰得到更广泛、更可靠的应用。

1.0.2 粉煤灰可以应用在各种混凝土工程建设中，包括水利、电力、铁道、交通、冶金、石油、煤炭、工业与民用建筑、市政及其他各类部门建造结构物所采用的素混凝土、钢筋混凝土及预应力混凝土。

本条取消了原文中"不适用于建筑砂浆和作为外加剂载体所应用的粉煤灰"。

2 术 语

本章给出了粉煤灰相关术语的定义，取消了原规范中附录四的名词解释。

2.0.1 与原规范相比粉煤灰的分类增加了 C 类粉煤灰。C 类粉煤灰的定义与《用于水泥和混凝土中的粉煤灰》GB/T 1596—2005 相比更强调了其氧化钙含量，氧化钙含量中应包括游离氧化钙。

3 基 本 规 定

本章是对原规范"第三章 粉煤灰混凝土的工程应用"的修订，取消了原规范中一些过时或不再适用的规定。

3.0.1 本条与原条款相比，预应力钢筋混凝土应用粉煤灰取消了跨度小于 6m 的限制。修改后的条款也取消了原条款中按混凝土强度等级确定掺用粉煤灰等级的规定。因为粉煤灰混凝土的强度等级主要取决于混凝土的水胶比。

Ⅰ、Ⅱ级和Ⅲ级粉煤灰在细度、需水量比和烧失量等技术指标上有比较大的区别，Ⅲ级粉煤灰需水量比可高达 115%，掺入混凝土中会增加混凝土的用水量，相应带来混凝土胶凝材料用量的增加，同时Ⅲ级粉煤灰细度偏大、烧失量可达 15%，其活性和后期强度均不高。另外，如此高的含碳量对混凝土的耐久性和施工质量也有不利的影响，所以预应力混凝土中不宜掺用Ⅲ级粉煤灰，其他混凝土掺用Ⅲ级粉煤灰时应经过试验论证。优质粉煤灰，特别是Ⅰ级粉煤灰，它的形态、微集料和火山灰效应在混凝土中可得到充分发挥，有利于全面改善混凝土的性能，在技术和经济上都有突出的优势。中国水利水电科学研究院对普定碾压混凝土坝的试验研究资料列于表 1 和表 2，试验采用贵州水泥厂生产的符合当时执行的《硅酸盐水泥、普通硅酸盐水泥》GB 175—92 标准的 525# 普通硅酸盐水泥，粉煤灰为贵州清镇电厂生产的Ⅱ级粉煤灰。

从表 1 可见，掺粉煤灰 35% 和 91d 抗压强度基本相同条件下，掺Ⅰ级粉煤灰混凝土的水泥用量为 91kg/m³，掺Ⅱ级粉煤灰为 111kg/m³，掺Ⅲ级粉煤灰为 117kg/m³，掺等外粉煤灰为 136kg/m³。也就是在 91d 抗压强度基本相同条件下，掺Ⅱ级粉煤灰比掺Ⅰ级粉煤灰多用水泥 20kg/m³，掺Ⅲ级粉煤灰比掺Ⅰ级粉

表 1 不同等级粉煤灰碾压混凝土的配合比

粉煤灰		水胶比	胶材用量 (kg/m³)	砂率 (%)	减水剂 (%)	引气剂 (%)	材料用量(kg/m³)					VC (s)	含气量 (%)	容重 (kg/m³)	91d抗压强度 (MPa)
等级	掺量(%)						水泥	粉煤灰	水	砂	石				
Ⅰ	35	0.50	140	39	0.3	0.14	91	49	70	874	1366	9.3	4.9	2444	26.3
	50	0.50	140	39	0.3	0.17	70	70	70	874	1368	8.6	5.6	2437	23.9
Ⅱ	35	0.50	170	39	0.3	0.20	111	60	85	852	1334	8.3	6.0	2417	25.4
	50	0.50	176	39	0.3	0.23	88	88	88	845	1322	10.0	4.9	2438	20.4
Ⅲ	35	0.50	180	39		0.35	117	63	90	846	1324	7.5	5.6	2390	25.2
	50	0.50	190	39		0.40	95	95	95	837	1308			2391	20.2
等外灰	35	0.50	210	39		0.40	136	74	105	829	1296	6.5	5.2	2388	25.5
	50	0.50	210	39		0.45	105	105	105	821	1284	10.2	4.6	2377	19.7

表 2 固定水泥用量的碾压混凝土配合比

粉煤灰		水胶比	胶材用量 (kg/m³)	砂率 (%)	引气剂 (%)	材料用量(kg/m³)					VC (s)	含气量 (%)	容重 (kg/m³)	91d抗压强度 (MPa)
等级	掺量(%)					水泥	粉煤灰	水	砂	石				
Ⅰ	35	0.41	185	39	0.25	120	66	75	880	1376	5.5	5.6	2398	26.8
	40	0.38	200	39	0.35	120	80	75	832	1302	8.0	4.9	2417	35.7
Ⅱ	35	0.49	185	39	0.30	120	65	90	833	1302	4.5	4.9	2423	18.6
	35	0.51	185	39	0.35	120	65	95	827	1294	5.0	5.4	2401	—

煤灰多用水泥 26kg/m³。掺 50％粉煤灰的试验结果也有类似情况。从表 2 看出，在粉煤灰掺量和水泥用量相同的条件下，掺 Ⅰ级粉煤灰的混凝土 91d 抗压强度较掺 Ⅱ级粉煤灰提高 40％以上。

4 粉煤灰的技术要求

4.1 技术要求及检验方法

4.1.1 粉煤灰的分类和等级划分均参照现行国家标准《用于水泥和混凝土中的粉煤灰》GB/T 1596—2005 制定。

与原规范相比，将Ⅱ级粉煤灰细度指标由原来不大于 20％改为不大于 25％。试验研究表明，细度在 20％～25％的粉煤灰需水量相差不多，将Ⅱ级粉煤灰细度指标放宽，在不影响混凝土其他性能的前提下，可扩大粉煤灰的利用率。

粉煤灰中的三氧化硫含量，我国一贯控制较严，要求 $SO_3 \leqslant$ 3.0％。在硅酸盐水泥和普通硅酸盐水泥中均要求 $SO_3 \leqslant 3.5$％，矿渣硅酸盐水泥 $SO_3 \leqslant 4.0$％。国外粉煤灰相关标准中三氧化硫一般控制在 2.5％～5.0％。有专家提出，粉煤灰中的三氧化硫含量至少可放宽到与硅酸盐水泥相同的限量，因为三氧化硫可对粉煤灰等掺合料起到激发剂的作用，它的含量偏少，对掺合料发挥活性和增长强度都不利。但在没有更深入的研究前，本规范维持原有的三氧化硫限制条件。

由于 C 类粉煤灰中含有较高的游离氧化钙，容易出现安定性不良问题，为保证工程质量，对 C 类粉煤灰，要求在水泥中掺 30％粉煤灰后，其雷氏法安定性应合格，当实际工程中粉煤灰掺量大于 30％时，应按工程实际掺量进行安定性检验。

对特殊工艺形成的粉煤灰，如混烧灰、脱硫灰、增钙灰等，由于工程应用经验不足，为慎重起见，应进行安定性等全面性能试验论证。

目前大多数电厂都采用电收尘收集粉煤灰，因此删去了原规范中第 2.1.2 条关于湿排法粉煤灰的相关规定。

原规范中第 2.1.3 条"主要用于改善混凝土和易性所采用的粉煤灰，可不受本规范的限制"，由于粉煤灰在工程应用中作为胶凝材料还是改善和易性很难界定，为避免造成应用中的混乱，将该条删去。

4.1.2 本条依据现行国家标准《用于水泥和混凝土中的粉煤灰》GB/T 1596—2005 制定。我国现行国家标准《建筑材料放射性核素限量》GB 6566—2010 对粉煤灰及其制品的放射性作出了相关规定，现行国家标准《用于水泥和混凝土中的粉煤灰》GB/T 1596—2005 中已据此对粉煤灰的放射性提出了技术要求。因此，本规范也增加了粉煤灰的放射性技术要求。

4.1.3 本条参照现行国家标准《用于水泥和混凝土中的粉煤灰》GB/T 1596—2005 制定。当粉煤灰用于具有碱活性骨料的混凝土中，若混凝土中碱含量过高有可能引起混凝土碱骨料反应破坏，因此要求控制混凝土中总碱含量，为此本节增加了对粉煤灰碱含量的技术要求。我国目前生产的粉煤灰由于厂家使用的煤质不同，其碱含量也不同，大多在 0.8％～2.0％之间，也有一些在 2.5％以上。由于粉煤灰中的有效碱含量较低，高碱粉煤灰是否会引起混凝土碱骨料反应，还应通过试验论证。因此本规范对粉煤灰的碱含量不作具体规定。

4.2 验收和存储

4.2.1、4.2.2 粉煤灰作为商品应符合质量标准。本条款主要规定供货单位应按批向用户提供出厂检测报告和必要的标识，并及时提供型式检验报告。

4.2.3 本条主要对进场粉煤灰的取样及检验进行了规定，目的是在使用过程中确保粉煤灰品质的稳定性和一致性。

粉煤灰批量的规定，考虑到我国粉煤灰商品的实际情况（包括风选灰、磨细灰和原状灰的收集规模），与原规范相同仍以连续供应的 200t 相同种类、相同等级的粉煤灰为一批。

本条款规定了散装、袋装两种粉煤灰的取样方法和取样数量，取样采用常用的四分法缩分，以提高粉煤灰样品的代表性。

本条款规定了粉煤灰的检验应按批进行。粉煤灰的细度、含水量、烧失量、需水量比和安定性对粉煤灰混凝土的质量影响较大，所以规定每批粉煤灰应检验细度、含水量、烧失量、需水量比和安定性，修订了原规范中每月检测一次需水量比的规定。我国粉煤灰三氧化硫含量一般在 2％以下，很少有超过规范规定的 3.0％，煤种和生产工艺不变，三氧化硫不会有大的变化，一般可根据需要在一定时间内检验。当煤种和生产工艺变化时，应检验三氧化硫含量。

4.2.4 本条规定粉煤灰应按批进行验收，其品质检验结果应满足品质技术要求，其中任一项检测结果不合格时，可重新加倍取样复检，但应对所有要求检验的项目进行复检，而不仅仅是对不合格项进行复检。若经复检合格，该粉煤灰可认定为合格品，否则可降级处理或作为不合格品处理。

5 粉煤灰混凝土的配合比

本章是对原规范"第四章 粉煤灰混凝土配合比设计与粉煤灰取代水泥的最大限量"的修订。与原条款相比，配合比设计中不再采用"基准混凝土"的配合比设计指导思想，取消了粉煤灰取代水泥率及超量取代系数的规定，即取消了原规范中第 4.1.3 条和第 4.1.4 条。

5.1 粉煤灰混凝土的配合比设计原则

5.1.1 与原条款相比，配合比设计中除考虑混凝土强度因素外，还应考虑混凝土的耐久性及混凝土拌和物的工作性等要求。

5.1.2 掺粉煤灰混凝土设计龄期的确定，既要考虑建筑物类型和实际承载时间的不同，又要考虑粉煤灰对混凝土强度后期贡献比较显著的特点。地面以上结构由于长期保湿养护条件差及结构早强要求高，宜采用 28d 龄期，也可采用 60d 龄期。地下和大坝混凝土为了充分利用粉煤灰混凝土的后期强度，应尽可能采用较长的设计龄期。本条文龄期的规定是综合考虑了各个行业的具体情况，既有常规龄期的规定，又不规定过死，以利于掺用粉煤灰取得最大效益。另外，与原规范相比，本条掺粉煤灰混凝土的设计龄期不再区分地上和地面工程。

5.1.3 为使混凝土拌和物各组分搅拌均匀，对一般混凝土，试拌时不应采用人工拌和。因较难做到试验室与生产实际条件完全相同，且同种原材料的质量也有一定的波动，因此试验室确定的配合比在初次使用时，应通过搅拌楼试拌检验后使用。

5.2 粉煤灰的掺量

5.2.1 本条规定了各类混凝土中粉煤灰的最大掺量，是根据混凝土结构类型、水泥品种及水胶比确定的。由于混凝土材料科学的发展和工程经验的积累，与原规范相比，粉煤灰的最大掺量适当放宽。

表 5.2.1 中注 1"对浇筑量比较大的基础钢筋混凝土，粉煤灰最大掺量可增加 5％～10％"，主要是指有温控要求而对混凝土碳化要求较低的大型工程的基础混凝土。

粉煤灰最大掺量的确定，除了与早期强度、施工时的环境温度、大体积混凝土等有关外，混凝土的抗冻性、抗碳化性能等耐久性指标也很重要。对钢筋混凝土，粉煤灰掺量过大可导致混凝土碱度降低，使钢筋保护层碳化，进而对混凝土中钢筋锈蚀产生不利影响。为修订本规范进行的粉煤灰混凝土碳化及强度试验结果见表3和表4，试验原材料采用符合当时执行的《中热硅酸盐水泥、低热矿渣硅酸盐水泥》GB 200—1989中525#中热硅酸盐水泥、Ⅱ级粉煤灰和河砂、碎石。工程经验及试验结果表明，粉煤灰掺量越大，钢筋锈蚀敏感性增加。因此，在钢筋保护层厚度偏薄时，应适当减少粉煤灰用量，以提高混凝土碱度，减缓碳化和钢筋的锈蚀速度。

粉煤灰混凝土强度及抗冻性能试验结果见表5～表8。本试验是中国水利水电科学研究院为三峡水电站大坝混凝土进行的试验，为二级配常态混凝土，最大骨料粒径40mm。试验原材料采用符合当时执行的《中热硅酸盐水泥、低热矿渣硅酸盐水泥》GB 200—1989标准的石门525#中热硅酸盐水泥和荆门425#低热硅酸盐水泥、重庆电厂Ⅱ级粉煤灰和花岗岩人工砂石骨料。配合比试验中砂石骨料均以饱和面干状态为基准。抗冻试验龄期为28d。试验结果表明，水胶比对混凝土的抗冻性有着较为明显的影响。在等强度等含气量条件下，掺粉煤灰混凝土与不掺粉煤灰混凝土具有相当的抗冻融耐久性。

表3 粉煤灰混凝土碳化试验结果

试验项目	粉煤灰掺量（%）	水胶比																	
		0.55			0.50			0.45			0.40			0.35			0.30		
		7d	14d	28d	7d	14d	28d	7d	14d	28d	7d	14d	28d	7d	14d	28d	7d	14d	28d
碳化深度（mm）	0	9.8	11.0	12.7	7.4	8.1	11.9	5.5	5.9	7.4	0	0	0	0	0	0	0	0	0
	15	12.3	14.2	18.8	9.4	10.1	13.5	7.8	8.6	10.7	—	—	—	—	—	—	—	—	—
	20	12.2	15.4	19.1	11.1	12.9	16.8	8.2	9.8	11.3	6.7	7.6	9.6	—	—	—	—	—	—
	25	13.6	16.0	20.0	11.8	13.8	18.9	8.8	9.5	11.7	0	7.9	11.0	5.5	6.4	8.2	—	—	—
	30	13.6	16.9	21.6	11.5	14.0	18.5	9.3	11.8	14.5	7.7	9.5	11.5	6.5	7.7	9.1	0	0	0
	35	14.4	17.9	23.7	15.8	18.6	21.6	11.7	15.3	18.0	9.1	11.5	13.1	7.6	7.9	9.5	0	0	0
	40	16.2	20.6	26.0	18.2	21.1	25.5	12.9	16.7	22.1	9.8	13.5	16.8	8.0	9.9	12.4	0	0	0

表4 粉煤灰混凝土抗压强度试验结果

试验项目	粉煤灰掺量（%）	水胶比											
		0.55		0.50		0.45		0.40		0.35		0.30	
		28d	90d	28d	90d	28d	90d	28d	90d	28d	90d	28d	90d
抗压强度（MPa）	0	35.0	40.8	40.0	49.5	52.1	58.6	56.4	62.4	58.2	62.8	64.3	64.6
	15	33.8	38.6	37.2	50.6	50.7	62.4	—	—	—	—	—	—
	20	30.1	42.2	36.2	47.7	47.1	57.3	51.6	61.9	—	—	—	—
	25	28.3	44.6	33.3	47.5	45.3	57.8	46.7	60.8	52.7	57.4	—	—
	30	27.7	42.9	31.7	46.5	40.5	53.6	46.8	59.2	49.2	58.6	53.6	55.7
	35	24.3	36.8	28.7	45.3	38.1	53.4	43.4	56.1	47.4	58.3	57.7	67.2
	40	18.9	30.2	28.5	42.6	35.7	50.5	40.0	51.9	45.2	59.8	56.4	66.2

表5 525# 中热硅酸盐水泥混凝土主要配合比参数及抗压强度

水胶比	粉煤灰掺量（%）	砂率（%）	用水量（kg/m³）	水泥用量（kg/m³）	粉煤灰用量（kg/m³）	坍落度（cm）	含气量（%）	抗压强度（MPa）	
								28d	90d
0.40	0	34.0	147	367.5	0	4.8	5.0	44.4	50.3
	20	33.0	147	294.0	73.5	4.4	4.9	39.5	53.9
	40	31.0	148	222.0	148.0	4.5	4.5	29.8	41.8
0.45	0	35.0	145	322.2	0	4.5	4.8	36.1	42.6
	20	34.0	145	257.8	64.4	4.0	4.4	31.5	46.0
	40	32.0	146	194.7	129.7	5.7	4.9	21.3	33.7
0.50	0	36.0	143	286.0	0	4.5	5.0	30.4	37.1
	20	35.0	143	228.8	57.2	4.0	4.7	29.3	40.7
	40	34.0	146	171.6	114.4	5.3	4.4	17.6	28.4

水胶比	粉煤灰掺量（%）	砂率（%）	用水量（kg/m³）	水泥用量（kg/m³）	粉煤灰用量（kg/m³）	坍落度（cm）	含气量（%）	抗压强度（MPa） 28d	90d
	0	36.0	143	260.0	0	4.0	5.1	27.3	33.3
0.55	20	35.5	144	209.5	52.3	3.5	4.5	25.1	32.5
	40	35.0	144	157.0	104.8	4.3	5.0	16.1	27.6
	0	37.0	144	240.0	0	3.0	4.5	22.3	27.8
0.60	20	36.5	146	194.7	48.6	4.5	4.5	21.1	28.5
	40	35.5	146	146.0	97.3	3.0	4.5	14.6	23.8
	0	38.0	149	229.0	0	4.1	4.7	18.2	23.1
0.65	20	38.0	149	183.2	45.8	3.6	4.5	17.7	26.5
	40	36.5	148	136.6	91.1	4.3	5.1	13.4	22.5

表 6 525# 中热硅酸盐水泥混凝土抗冻试验结果

水胶比	粉煤灰掺量（%）	坍落度（cm）	含气量（%）	相对动弹性模数（%）/质量损失率（%）								表面破坏形态描述
				25 次	50 次	100 次	150 次	200 次	225 次	250 次	300 次	
	0	4.8	5.0	97.8/0	97.3/0	97.3/0	97.0/0	96.6/0	96.4/0	96.3/0	96.1/0	表面基本完好
0.40	20	4.4	4.9	97.6/0.07	96.8/0.09	96.4/0.12	96.4/0.13	96.4/0.20	96.3/0.27	96.2/0.32	95.7/0.46	局部砂浆剥落
	40	5.0	4.5	99.2/0.01	99.0/0.02	98.7/0.06	98.6/0.08	98.5/0.10	98.3/0.12	98.3/0.13	98.0/0.15	局部砂浆剥落
	0	4.5	4.8	97.5/0.01	97.5/0.01	97.4/0.01	97.2/0.02	97.1/0.03	97.0/0.04	96.9/0.04	96.9/0.05	表面基本完好
0.45	20	4.0	4.4	97.1/0.05	96.8/0.10	96.7/0.13	96.6/0.19	96.5/0.30	96.5/0.41	96.4/0.43	96.4/0.58	表面基本完好
	40	5.7	4.9	99.5/0	99.5/0	99.4/0.03	99.4/0.02	99.4/0.02	99.2/0.04	99.2/0.04	99.0/0.05	局部砂浆剥落
	0	4.5	5.0	98.0/−0.02	97.9/−0.02	97.2/−0.02	97.1/−0.04	97.1/−0.02	97.0/0	97.0/0.01	90.5/0.01	局部砂浆剥落
0.50	20	4.0	5.1	97.8/−0.08	97.8/0.10	97.0/0	97.6/0.12	97.4/0.34	97.2/0.61	97.1/0.76	97.0/0.88	砂浆普遍剥落
	40	5.3	4.4	98.5/0	96.9/0.05	96.9/0.08	96.2/0.26	96.7/0.52	96.2/0.62	95.9/0.82	95.9/0.88	砂浆剥落，局部露石
	0	4.0	5.1	98.8/−0.02	97.1/0.20	97.0/0.30	96.7/0.47	96.7/0.58	96.6/0.68	96.6/0.68	96.6/0.87	砂浆剥落，局部露石
0.55	20	3.5	4.5	98.4/0.08	96.9/0.70	96.7/0.98	96.3/0.37	95.9/0.67	95.6/0.95	95.5/1.34	95.5/1.63	砂浆普遍剥落，局部露石
	40	4.3	5.0	95.4/0.10	94.5/0.30	94.3/0.50	94.1/0.64	94.0/0.76	93.8/1.21	93.7/1.46	91.9/2.49	砂浆普遍剥落，普遍露石
	0	3.0	4.5	91.5/0.10	89.4/0.21	80.8/0.84	75.5/1.73	66.7/2.00	60.3/2.90	—	—	砂浆普遍剥落，普遍露石
0.60	20	4.5	4.5	94.5/0.10	93.7/0.52	92.4/1.12	91.2/1.28	90.3/2.17	90.0/2.40	89.7/2.80	88.0/3.20	砂浆全部剥落，普遍露石
	40	4.5	4.5	93.7/0.12	91.7/0.37	89.3/0.99	79.5/2.81	75.0/3.22	75.0/3.20	70.8/3.70	59.3/4.60	砂浆全部剥落，普遍露石，缺掉棱角
	0	4.1	4.7	92.7/0.08	90.8/0.36	87.8/1.17	83.0/2018	80.9/2.50	78.7/3.00	75.0/3.60	67.5/3.90	砂浆全部剥落，普遍露石，缺掉棱角
0.65	20	3.6	4.5	79.6/0.55	72.4/1.69	50.5/2.63	—	—	—	—	—	砂浆全部剥落，部分骨料脱落，缺掉棱角
	40	4.3	5.1	63.0/0.80	—	—	—	—	—	—	—	砂浆全部剥落，普遍露石，缺掉棱角

表 7 425# 低热硅酸盐水泥混凝土主要配合比参数及抗压强度

水胶比	粉煤灰掺量（%）	砂率（%）	用水量（kg/m³）	水泥用量（kg/m³）	粉煤灰用量（kg/m³）	坍落度（cm）	含气量（%）	抗压强度（MPa） 28d	90d
	0	34.0	145	363.0	0	3.8	4.4	34.4	40.3
0.40	10	34.0	145	327.0	36.0	4.0	4.0	37.9	41.9
	30	33.0	145	254.0	109.0	4.0	4.9	28.3	39.7

水胶比	粉煤灰掺量（%）	砂率（%）	用水量（kg/m³）	水泥用量（kg/m³）	粉煤灰用量（kg/m³）	坍落度（cm）	含气量（%）	抗压强度（MPa）	
								28d	90d
0.45	0	35.0	146	324.0	0	4.0	4.7	25.5	34.6
	10	35.0	146	292.0	32.0	4.0	4.7	33.5	41.5
	30	34.0	146	227.0	97.0	4.0	4.1	20.0	32.6
0.50	0	36.0	147	294.0	0	3.2	4.9	25.5	31.2
	10	36.0	146	263.0	29.0	4.1	4.3	29.1	39.0
	30	35.0	146	204.0	88.0	4.2	4.7	18.2	25.8
0.55	0	36.0	147	267.0	0	4.4	5.0	19.3	24.4
	10	36.0	147	240.0	27.0	4.3	4.4	20.6	29.2
	30	35.0	147	187.0	80.0	5.0	4.7	15.8	23.9
0.60	0	37.0	147	245.0	0	4.5	4.8	18.6	25.8
	10	37.0	147	220.0	25.0	4.0	5.0	16.9	23.3
	30	36.0	147	171.0	74.0	4.6	5.0	15.2	23.4
0.65	0	38.0	148	228.0	0	3.5	4.3	16.5	23.6
	10	38.0	149	206.0	23.0	3.5	4.8	16.6	24.3
	30	37.0	148	160.0	68.0	3.7	4.7	16.2	26.2

表 8　425# 低热硅酸盐水泥混凝土抗冻试验结果

水胶比	粉煤灰掺量（%）	坍落度（cm）	含气量（%）	相对动弹性模数（%）/质量损失率（%）								表面破坏形态描述
				25次	50次	75次	100次	150次	200次	250次	300次	
0.40	0	3.8	4.4	94.6/0	94.3/0.02	93.8/0.04	93.6/0.10	93.0/0.22	92.8/0.29	92.5/0.33	92.0/0.48	表面基本完好
	10	4.0	4.0	96.3/0	96.0/0.05	95.3/0.19	95.0/0.41	95.0/0.57	94.8/0.69	94.4/0.77	94.0/0.89	局部砂浆剥落
	30	4.0	4.9	96.3/0	95.8/0.09	95.6/0.15	94.6/0.41	91.0/0.92	93.8/0.97	93.7/1.03	93.7/1.33	局部砂浆剥落
0.45	0	4.0	4.7	95.8/0	95.5/0.02	95.0/0.17	94.5/0.38	94.0/0.59	93.2/0.89	92.4/1.10	91.0/1.30	表面基本完好
	10	4.0	4.7	95.8/0.06	95.6/0.20	95.2/0.26	95.0/0.40	94.8/0.70	94.7/0.76	94.5/0.82	94.4/1.10	表面基本完好
	30	4.0	4.1	94.5/0.15	94.9/0.46	94.3/0.71	94.0/0.91	93.0/1.10	92.3/1.37	90.2/2.50	89.3/3.10	局部砂浆剥落
0.50	0	3.2	4.9	98.3/0	96.5/0.02	96.2/0.15	96.0/0.29	96.8/0.48	96.3/0.70	96.0/0.87	95.8/1.01	局部砂浆剥落
	10	4.1	4.3	92.3/0.12	92.1/1.00	89.1/1.15	88.8/1.40	85.3/1.60	82.6/2.00	80.4/2.64	—	砂浆普遍剥落
	30	4.2	4.7	98.8/0.15	98.0/0.18	97.4/0.28	97.0/0.42	96.6/1.77	96.0/1.22	95.5/1.80	—	砂浆剥落，局部露石
0.55	0	4.4	5.0	93.0/0	86.4/0.30	83.3/0.39	82.8/0.70	77.7/1.10	72.8/1.40	70.2/2.10	—	砂浆剥落，局部露石
	10	4.3	4.4	93.9/0	89.8/0.15	86.3/0.27	85.5/0.93	83.32/1.30	82.0/1.60	80.0/1.90	—	砂浆普遍剥落，局部露石
	30	5.0	4.7	92.1/0.47	89.4/0.87	89.0/1.40	88.5/1.80	88.6/2.40	88.6/2.80	88.3/3.40	—	砂浆普遍剥落，普遍露石
0.60	0	4.5	4.8	93.1/0	90.4/0.02	87.6/0.16	87.0/0.39	87.0/0.63	85.2/1.30	—	—	砂浆普遍剥落，普遍露石
	10	4.0	5.0	92.0/0	88.0/0.08	84.7/0.38	82.9/0.84	82.4/1.01	81.9/1.30	—	—	砂浆全部剥落，普遍露石
	30	4.6	5.0	90.1/0.30	88.1/0.65	84.4/1.01	83.2/1.76	79.4/2.18	67.2/3.00	—	—	砂浆全部剥落，普遍露石，缺掉棱角
0.65	0	3.5	4.3	60.0/1.00	—	—	—	—	—	—	—	砂浆全部剥落，普遍露石，缺掉棱角
	10	3.5	4.8	63.1/0	—	—	—	—	—	—	—	砂浆全部剥落，部分骨料脱落，缺掉棱角
	30	3.7	4.7	58.5/0.22	—	—	—	—	—	—	—	砂浆全部剥落，普遍露石，缺掉棱角

表9～表12列出了不同行业部分高掺量粉煤灰混凝土所用的配合比参数。表中所列高铁工程、杭州湾等工程均开工于2007年之前，因此工程采用的硅酸盐水泥、普通硅酸盐水泥均为符合当时执行的《硅酸盐水泥、普通硅酸盐水泥》GB 175—1999、GB 175—92标准的水泥。CCTV主楼超长超厚底板混凝土中采用了50%的高粉煤灰掺量，取得了良好的效果。CCTV主楼总建筑面积472998m²，底板混凝土总方量约12万m³，强度等级为C40，采用60d后期强度评定，抗渗等级W8。底板平面尺寸为292.7m×219.7m，全部底板由后浇带分为16个区块，其中塔楼1底板平面尺寸为91m×75m，最大厚度10.8m，混凝土方量3.9万m³。塔楼2底板平面尺寸为77m×70m，最大厚度10.9m，混凝土方量3.3万m³。由于两座塔楼均双向倾斜，三维受力复杂，为了保证主楼底板良好的受力性能及整体性，要求一次连续浇筑混凝土。自2005年10月底开始，两座塔楼底板混凝土于12月底完成浇筑。主楼超长超厚底板混凝土施工配合比见表11，施工采用符合当时执行的《硅酸盐水泥、普通硅酸盐水泥》GB 175—1999标准的P.O 42.5普通硅酸盐水泥和Ⅰ级粉煤灰，粉煤灰掺量达到了50%，该配合比绝热温升约36℃～37℃，抗压、抗渗性能均满足设计要求。

目前我国相关标准及规定中对混凝土中粉煤灰掺量的允许范围：

(1)《混凝土结构工程施工质量验收规范》GB 50204—2002中第7.2.4条规定："混凝土中掺用矿物掺合料的质量应符合现行国家标准《用于水泥和混凝土的粉煤灰》GB 1596等的规定。矿物掺合料的掺量应通过试验确定。"

(2)《地下防水工程质量验收规范》GB 50208—2011中第4.1.7条第2款规定："粉煤灰掺量宜为胶凝材料总量的20%～30%。"

表9　掺粉煤灰高性能混凝土施工配合比(高铁工程)

| 设计等级 | 混凝土配合比(kg/m³) | | | 粉煤灰掺量(%) | 水胶比 | 电通量(C) | F200次 | | 备注 |
	水	水泥	粉煤灰				重量损失(%)	动弹模(%)	
C55	153	365	120	25	0.32	954	1.1	88	32m跨PC箱梁
	155	400	95	19	0.51				
C50	155	380	100	21	0.32				32m跨PC箱梁
	144	370	110	23	0.30	589	2.0	92	
	152	385	100	21	0.31				
C40	155	340	120	26	0.34	1150	4.6	63	RC墩帽
	153	345	110	24	0.34	1180	1.7	88	
C30	160	284	120	30	0.40	710			RC灌注桩
	160	280	120	30	0.40				

表10　掺粉煤灰、矿粉高性能混凝土施工配合比(高铁和杭州湾工程)

| 设计等级 | 混凝土配合比(kg/m³) | | | | 粉煤灰掺量(%) | (粉煤灰+矿粉)掺量(%) | 水胶比 | 备注 |
	水	水泥	粉煤灰	矿粉				
C55	149	300	70	110	14.6	37.5	0.31	济青PC箱梁
C50	155	280	80	120	16.7	41.5	0.32	武广PC箱梁
	154	310	125	45	26.0	35.5	0.32	京津PC箱梁
	152	240	72	168	15.0	50.0	0.32	杭州湾PC箱梁
	150	212	47	212	10.0	55.0	0.32	杭州湾PC箱梁
C40	152	191	144	144	30.1	60.0	0.32	杭州湾RC墩台
C30	153	160	180	80	42.9	62.0	0.36	杭州湾钻孔桩
	160	280	120	—	30.0	30.0	0.40	深圳地铁工程

表11　掺粉煤灰混凝土工程施工配合比若干实例介绍

| 设计等级 | 混凝土配合比(kg/m³) | | | 粉煤灰掺量(%) | 水胶比 | 抗压强度(MPa) | | | 备注 |
	水泥	粉煤灰	水			7d	28d	90d	
C40	309	134	165	30	0.37	40.1	51.9	56.2	北京庄胜广场，框架高层结构
C50	368	135	170	27	0.34	52.4	62.8	69.7	
C50	370	90	134	20	0.29	66.0	80.0	80.0	南京地铁工程盾构掘进法施工，配制管片C50P10用高性能混凝土
C50	350	110	134	24	0.29	60.4	82.7	85.0	
C25	230	120	180	34.2	0.51	23.3	35.1		广东佛山华丰造纸厂污水池敞开式钢筋混凝土结构
C60	426	107	160	20	0.30	56.8	72.8	84.6	北京市官园立交桥23mPC盖梁(1992年)
C60	456	114	160	20	0.29	—	79.2		深圳余氏大酒店(52层)大堂RC顶天大柱1.5m×1.5m×14.8m四根(1994年)
C20	160	200	170～175	55.5	0.48	—	30.9		深圳地铁工程RC咬合灌注桩(2000年9月)
C30S8	280	100	165	26.3	0.44	45.0	58.6		深圳地铁工程RC衬体(2002年1月)
C30S8防腐	280	120	165	30.0	0.41	51.4	64.5		
C25	302	100	185	25	0.46	25.1	37.3		滨州黄河大桥灌注桩
C30	323	107	185	25	0.43	30.2	40.7		
C25	279	93	160	25	0.43	26.6	37.5		滨州黄河大桥承台
C30	293	97	160	25	0.43	28.7	39.9		
C40	200	196	155	50	0.41	—	48.1	64.7(60d)	CCTV主楼超长超厚底板(2005年)
C30S8	260	156	184	37.5	0.44	—	38.5(42d)		黑龙江科技学院教学主楼基础底板(2001年)
C25～C30	301	129	180	30.0	0.42				官厅湖特大桥(2002年) 灌注桩
C25	215	215	180	50.0	0.42				灌承台
C30～C40	302	123	170	29.0	0.40				灌墩身、墩柱

表 12 部分高掺量粉煤灰水工混凝土配合比参数

工程名称	混凝土类型	设计指标	骨料级配	水胶比	粉煤灰掺量（%）	混凝土配合比（kg/m³）			砂率（%）	水泥品种	建成时间（年）
						水泥	粉煤灰	水			
三峡三期围堰	碾压	C₉₀15W8F50	三	0.50	55	75	91	83	34	525 中热	2003
光照	碾压	C₉₀20W6F100	三	0.48	55	71	87	76	32	42.5 普硅	2009
龙滩	碾压	C₉₀15W6F100	三	0.46	58	75	105	83	33	42.5 中热	2008
思林	碾压	C₉₀15W6F50	三	0.50	60	66	100	83	33	42.5 普硅	2011
百色	碾压	C₁₈₀15W2F50	三	0.60	63	59	101	96	34	42.5 中热	2006
索风营	碾压	C₉₀15W6F50	三	0.55	60	64	96	88	32	42.5 普硅	2004
甘肃龙首	碾压	C₉₀15W6F50	三	0.48	65	60	111	82	30	525 普硅	2001
棉花滩	碾压	C₁₈₀15W2F50	三	0.60	65	51	96	88	34.5	525 中热	2001
龙门滩	碾压	—	三	—	61.4	54	86	—	—	—	1989
天生桥二级	碾压	C₉₀15W4	三	0.59	60	55	85	83	35	525 普硅	1989
广蓄下库	碾压		三	0.56	63.5	62	108	95	37	525 普硅	1992
水口	碾压		三	0.49	62.5	60	100	78	30	—	1992
万安	碾压		三	0.58	61.8	65	105	99	30		1992
岩滩	碾压		三	0.57	65.4	50	104	94	30		1993
大广坝	碾压		三	0.65	66.7	50	100	97	32	525 普硅	1993
江垭	碾压	C₉₀15W8F50	三	0.58	60.0	64	96	93	33	525 中热	1999
石门子	碾压	R₉₀150	三	0.49	64.0	62	110	84	30		2000
普定	碾压	C₉₀15	三	0.55	65.0	54	99	84	34	525 硅酸盐	1993
阖河口	碾压	C₉₀20W6F50	三	0.47	62.0	66	106	81	34	42.5 中热	2004
奈尔波尔特（南非）	碾压		—	0.53	70.0	58.5	136.5	103.4	—	—	1988
乌勒维丹斯（南非）	碾压		—	0.43	70.0	58.2	135.8	83.4	—	—	1990
新维多利亚（澳大利亚）	碾压		二	0.43	66.7	80	160	105	34	普硅	1991
文格勒斯瓦德（南非）	碾压		—	0.90	60	44	66	99	—	—	1990
三峡	常态	C₉₀15W8F100	二	0.55	40.0	128	85	117	36	525 中热	2009
			三	0.55	40.0	103	68	94	31		
			四	0.55	40.0	96	64	88	28		
安康	常态	—	四	0.55	46.5	83	72	85	—	525 大坝	1989
渔洞	常态	—	四	0.55	60.2	78	118	108	28	525 硅酸盐	1999
大河口	常态	—	四	0.66	60.2	68	103	113	29	525 硅酸盐	1998
东西关	常态	—	四	0.61	39.9	89	59	90	15.5	425 普硅	1996
漫湾	常态	—	四	0.65	35	106	57	106	26	—	1998
过渡湾	常态	—	四	0.50	50.0	84	84	84	24	325 磷渣	1999
御部（日本）	常态	—	四	0.668	50	80	80	107	26		1989
长谷（日本）	常态	—	四	0.671	65	49	91	94	24	中热	—

(3)中国工程建设标准化协会标准《高强混凝土结构技术规程》CECS 104:99中第12.2.4条规定:"粉煤灰掺量不宜大于胶结材料总量的30%。"

(4)《水运工程混凝土施工规范》JTS 202—2011中第5.2.2条规定,高性能混凝土的粉煤灰掺量为25%~40%。

(5)《海港工程混凝土结构防腐蚀技术规范》JTJ 275—2000中第5.1.5.5款规定:①用硅酸盐水泥拌制的混凝土不大于25%;②用普通硅酸盐水泥拌制的混凝土不大于20%;③用矿渣硅酸盐水泥拌制的混凝土不大于10%;④经试验论证,最大掺量可不受以上限制。

(6)《公路水泥混凝土路面施工技术细则》JTG/T F30—2014中第4.2.12条规定:"粉煤灰最大掺量,Ⅰ型硅酸盐水泥不宜大于30%;Ⅱ型硅酸盐水泥不宜大于25%;道路硅酸盐水泥不宜大于20%。粉煤灰总掺量应通过试验最终确定。"

(7)铁道部《客运专线高性能混凝土暂行技术条件》科技基〔2005〕101号规定:"不同矿物掺合料的掺量应根据混凝土的性能通过试验确定。混凝土中粉煤灰掺量大于30%时,混凝土的水胶比不得大于0.45。预应力混凝土及处于冻融环境的混凝土中粉煤灰的掺量不宜大于30%"。

6 粉煤灰混凝土的施工

6.0.1 现行国家标准《混凝土结构工程施工质量验收规范》GB 50204—2002规定粉煤灰称量的允许偏差为±2%,《水工混凝土施工规范》DL/T 5144—2001规定粉煤灰称量的允许偏差为±1%,《公路水泥混凝土路面施工技术细则》JTG/T F30—2014规定高速公路和一级公路粉煤灰称量的允许偏差为±1%,其他等级公路为±2%。从提高混凝土施工质量和均匀性出发,宜严格控制粉煤灰的称量偏差,因此本条规定粉煤灰称量的允许偏差宜为±1%。

6.0.2 掺粉煤灰混凝土原材料种类多,应适当延长搅拌时间,使拌和物充分搅拌均匀。目前搅拌设备的形式、规格在不断更新,因此具体搅拌时间应参照设备说明书由现场试验确定,取消了原规范中"……应比基准混凝土延长10s~30s"的规定。

6.0.3 粉煤灰混凝土浇筑与普通不掺粉煤灰的混凝土相近,相同坍落度更易于振实。若在混凝土浇筑中漏振,会使混凝土形成蜂窝麻面,不密实。因粉煤灰密度较小,特别是碳颗粒,过振将使粉煤灰浆体上浮,在混凝土表面出现明显浮浆层,影响表层混凝土质量。因此,在施工中应避免漏振或过振,特别是大坍落度混凝土更应注意。

6.0.4 粉煤灰混凝土的养护非常重要,混凝土浇筑后应及时用塑料薄膜、草袋等遮盖物覆盖,防止风干和太阳曝晒脱水,始终保持混凝土表面湿润,拆模后的粉煤灰混凝土更应该加强养护,特别是混凝土薄壁结构。大掺量粉煤灰混凝土只有长期保持湿度,才能获得较高的后期强度。

粉煤灰混凝土的凝结时间要相对长一些,特别是在环境温度较低时,缓凝更为明显,强度发展缓慢。因此,在低温条件下施工时,应加强对粉煤灰混凝土的表面保温,以保证混凝土正常的凝结和硬化。

当现场施工条件不能满足保温、保湿的养护条件要求时,将对粉煤灰混凝土的强度发展产生不利影响,也容易导致薄壁混凝土结构的干缩开裂。因此,试验室进行混凝土配合比设计时应考虑养护条件对混凝土性能的影响,适当降低粉煤灰掺量。

6.0.5 当粉煤灰用于蒸养混凝土时,由于混凝土的养护温度高,对粉煤灰混凝土早期强度发展有利,但由于生产工艺要求不同,很难制定统一的蒸养制度,应通过试验确定。

7 粉煤灰混凝土的质量检验

7.0.1 本条规定的粉煤灰混凝土的检验项目中,坍落度和抗压强度两项为必需检验项目(碾压混凝土检验VC值和抗压强度),其他对混凝土具有重要影响的性能,可以根据具体要求增加检验项目。如有抗冻要求的掺引气剂的粉煤灰混凝土,应增测混凝土含气量和抗冻性能;粉煤灰用于防渗结构混凝土时应增测抗渗性;低温条件施工的混凝土应增测混凝土的凝结时间及早龄期的抗压强度等。其检验组数不作强制性规定,根据需要和可能酌情确定。

中华人民共和国国家标准

混凝土质量控制标准

Standard for quality control of concrete

GB 50164—2011

主编部门：中华人民共和国住房和城乡建设部
批准部门：中华人民共和国住房和城乡建设部
施行日期：２０１２年５月１日

中华人民共和国住房和城乡建设部
公　告

第 969 号

关于发布国家标准
《混凝土质量控制标准》的公告

现批准《混凝土质量控制标准》为国家标准，编号为 GB 50164 - 2011，自 2012 年 5 月 1 日起实施。其中，第 6.1.2 条为强制性条文，必须严格执行。原《混凝土质量控制标准》GB 50164 - 92 同时废止。

本标准由我部标准定额研究所组织中国建筑工业出版社出版发行。

中华人民共和国住房和城乡建设部

2011 年 4 月 2 日

前　言

本标准是根据原建设部《关于印发〈2005 年工程建设标准规范制订、修订计划（第一批）〉的通知》（建标〔2005〕84 号）的要求，由中国建筑科学研究院和北京中关村开发建设股份有限公司会同有关单位，并在原《混凝土质量控制标准》GB 50164 - 92 的基础上修订完成的。

本标准在编制过程中，编制组经广泛调查研究，认真总结实践经验、参考有关国际标准和国外先进标准，并在广泛征求意见的基础上，最后经审查定稿。

本标准共分 7 章和 1 个附录，主要技术内容是：总则、原材料质量控制、混凝土性能要求、配合比控制、生产控制水平、生产与施工质量控制、混凝土质量检验。

本标准修订的主要技术内容是：增加氯离子含量等质量控制指标；修订了混凝土拌合物稠度等级划分；补充混凝土耐久性质量控制指标；修订了混凝土生产控制的强度标准差要求；修订了混凝土组成材料计量结果的允许偏差；修订了混凝土蒸汽养护质量控制指标；增加混凝土质量检验等内容。

本标准中以黑体字标志的条文为强制性条文，必须严格执行。

本标准由住房和城乡建设部负责管理和对强制性条文的解释，由中国建筑科学研究院负责具体技术内容的解释。执行过程中如有意见和建议，请寄送中国建筑科学研究院（地址：北京市北三环东路 30 号，邮政编码：100013）。

本标准主编单位：中国建筑科学研究院
　　　　　　　　北京中关村开发建设股份
有限公司

本标准参编单位：甘肃土木工程科学研究院
　　　　　　　　西安建筑科技大学
　　　　　　　　深圳大学
　　　　　　　　中建商品混凝土有限公司
　　　　　　　　贵州中建建筑科研设计院
有限公司
　　　　　　　　中国建筑第二工程局深圳
分公司
　　　　　　　　建研建材有限公司
　　　　　　　　北京天恒泓混凝土有限
公司
　　　　　　　　宁波金鑫商品混凝土有限
公司
　　　　　　　　重庆市建筑科学研究院
　　　　　　　　黑龙江省寒地建筑科学研
究院
　　　　　　　　云南建工混凝土有限公司
　　　　　　　　山东省建筑科学研究院
　　　　　　　　上海市建筑科学研究院
（集团）有限公司
　　　　　　　　浙江中科仪器有限公司
　　　　　　　　北京京辉混凝土有限公司
　　　　　　　　中设建工集团有限公司
　　　　　　　　浙江国泰建设集团有限
公司
　　　　　　　　中国水利水电第三工程局
有限公司

杭州中豪建设工程有限公司

北京城建亚泰建设工程有限公司

本标准主要起草人员：冷发光　丁　威　韦庆东
周永祥　杜　雷　尚建丽
王卫仑　武铁明　钟安鑫
许远峰　高金枝　陆士强
孟国民　朱卫中　李章建
鲁统卫　韩建军　谢岳庆

李帼英　田冠飞　洪昌华
袁勇军　谢凯军　姬脉兴
张伟尧　吴尧庆　费　恺
何更新　纪宪坤　王　晶
赖文帧

本标准主要审查人员：石云兴　郝挺宇　罗保恒
闻德荣　蔡亚宁　朋改非
封孝信　姜福田　陶梦兰
戴会生

目　次

1 总则 ································ 7—6

2 原材料质量控制 ··············· 7—6

　2.1 水泥 ························ 7—6

　2.2 粗骨料 ····················· 7—6

　2.3 细骨料 ····················· 7—6

　2.4 矿物掺合料 ················· 7—7

　2.5 外加剂 ····················· 7—7

　2.6 水 ························· 7—7

3 混凝土性能要求 ················ 7—7

　3.1 拌合物性能 ················· 7—7

　3.2 力学性能 ··················· 7—8

　3.3 长期性能和耐久性能 ········· 7—8

4 配合比控制 ···················· 7—9

5 生产控制水平 ·················· 7—9

6 生产与施工质量控制 ············ 7—10

　6.1 一般规定 ·················· 7—10

　6.2 原材料进场 ················· 7—10

　6.3 计量 ······················ 7—10

　6.4 搅拌 ······················ 7—10

　6.5 运输 ······················ 7—11

　6.6 浇筑成型 ··················· 7—11

　6.7 养护 ······················ 7—12

7 混凝土质量检验 ················ 7—12

　7.1 混凝土原材料质量检验 ······· 7—12

　7.2 混凝土拌合物性能检验 ······· 7—12

　7.3 硬化混凝土性能检验 ········· 7—13

附录 A 坍落度经时损失
　　　 试验方法 ················ 7—13

本标准用词说明 ················· 7—13

引用标准名录 ··················· 7—13

附：条文说明 ··················· 7—14

Contents

1 General Provisions ················· 7—6

2 Quality Control of Raw
   Materials ························· 7—6
   2.1 Cement ······················· 7—6
   2.2 Coarse Aggregate ············· 7—6
   2.3 Fine Aggregate ··············· 7—6
   2.4 Mineral Admixture ············ 7—7
   2.5 Chemical Admixture ··········· 7—7
   2.6 Water ························· 7—7

3 Specification for Technical
   Properties of Concrete ··········· 7—7
   3.1 Mixture Properties ··········· 7—7
   3.2 Mechanical Properties ········ 7—8
   3.3 Long-term Properties and Durable
        Properties ··················· 7—8

4 Control of Mix Design ············· 7—9

5 Production Control Level ·········· 7—9

6 Quality Control of Production
   and Construction ················· 7—10
   6.1 General Requirements ········· 7—10
   6.2 Approach of Raw Materials ····· 7—10

6.3 Metering ······················· 7—10
6.4 Mixing ························· 7—10
6.5 Transportation ················· 7—11
6.6 Casting ························ 7—11
6.7 Curing ························· 7—12

7 Quality Inspection ················ 7—12
   7.1 Quality Inspection of Raw
        Materials ···················· 7—12
   7.2 Performance Inspection of
        Concrete Mixture ············· 7—12
   7.3 Performance Inspection of
        Hardened Concrete ············ 7—13

Appendix A Test Method for
            Slump Loss of
            Concrete ················· 7—13

Explanation of Wording in This
   Code ···························· 7—13

List of Quoted Standards ··········· 7—13

Addition: Explanation of
   Provisions ······················ 7—14

1 总　则

1.0.1 为加强混凝土质量控制，促进混凝土技术进步，确保混凝土工程质量，制定本标准。

1.0.2 本标准适用于建设工程的普通混凝土质量控制。

1.0.3 混凝土质量控制除应符合本标准的规定外，尚应符合国家现行有关标准的规定。

2 原材料质量控制

2.1 水　泥

2.1.1 水泥品种与强度等级的选用应根据设计、施工要求以及工程所处环境确定。对于一般建筑结构及预制构件的普通混凝土，宜采用通用硅酸盐水泥；高强混凝土和有抗冻要求的混凝土宜采用硅酸盐水泥或普通硅酸盐水泥；有预防混凝土碱-骨料反应要求的混凝土工程宜采用碱含量低于 0.6% 的水泥；大体积混凝土宜采用中、低热硅酸盐水泥或低热矿渣硅酸盐水泥。水泥应符合现行国家标准《通用硅酸盐水泥》GB 175 和《中热硅酸盐水泥　低热硅酸盐水泥　低热矿渣硅酸盐水泥》GB 200 的有关规定。

2.1.2 水泥质量主要控制项目应包括凝结时间、安定性、胶砂强度、氧化镁和氯离子含量，碱含量低于 0.6% 的水泥主要控制项目还应包括碱含量，中、低热硅酸盐水泥或低热矿渣硅酸盐水泥主要控制项目还应包括水化热。

2.1.3 水泥的应用应符合下列规定：

1 宜采用新型干法窑生产的水泥。

2 应注明水泥中的混合材品种和掺加量。

3 用于生产混凝土的水泥温度不宜高于 60℃。

2.2 粗骨料

2.2.1 粗骨料应符合现行行业标准《普通混凝土用砂、石质量及检验方法标准》JGJ 52 的规定。

2.2.2 粗骨料质量主要控制项目应包括颗粒级配、针片状颗粒含量、含泥量、泥块含量、压碎值指标和坚固性，用于高强混凝土的粗骨料主要控制项目还应包括岩石抗压强度。

2.2.3 粗骨料在应用方面应符合下列规定：

1 混凝土粗骨料宜采用连续级配。

2 对于混凝土结构，粗骨料最大公称粒径不得大于构件截面最小尺寸的 1/4，且不得大于钢筋最小净间距的 3/4；对混凝土实心板，骨料的最大公称粒径不宜大于板厚的 1/3，且不得大于 40mm；对于大体积混凝土，粗骨料最大公称粒径不宜小于 31.5mm。

3 对于有抗渗、抗冻、抗腐蚀、耐磨或其他特殊要求的混凝土，粗骨料中的含泥量和泥块含量分别不应大于 1.0% 和 0.5%；坚固性检验的质量损失不应大于 8%。

4 对于高强混凝土，粗骨料的岩石抗压强度应至少比混凝土设计强度高 30%；最大公称粒径不宜大于 25mm，针片状颗粒含量不宜大于 5% 且不应大于 8%；含泥量和泥块含量分别不应大于 0.5% 和 0.2%。

5 对粗骨料或用于制作粗骨料的岩石，应进行碱活性检验，包括碱-硅酸反应活性检验和碱-碳酸盐反应活性检验；对于有预防混凝土碱-骨料反应要求的混凝土工程，不宜采用有碱活性的粗骨料。

2.3 细骨料

2.3.1 细骨料应符合现行行业标准《普通混凝土用砂、石质量及检验方法标准》JGJ 52 的规定；混凝土用海砂应符合现行行业标准《海砂混凝土应用技术规范》JGJ 206 的有关规定。

2.3.2 细骨料质量主要控制项目应包括颗粒级配、细度模数、含泥量、泥块含量、坚固性、氯离子含量和有害物质含量；海砂主要控制项目除应包括上述指标外尚应包括贝壳含量；人工砂主要控制项目除应包括上述指标外尚应包括石粉含量和压碎值指标，人工砂主要控制项目可不包括氯离子含量和有害物质含量。

2.3.3 细骨料的应用应符合下列规定：

1 泵送混凝土宜采用中砂，且 300μm 筛孔的颗粒通过量不宜少于 15%。

2 对于有抗渗、抗冻或其他特殊要求的混凝土，砂中的含泥量和泥块含量分别不应大于 3.0% 和 1.0%；坚固性检验的质量损失不应大于 8%。

3 对于高强混凝土，砂的细度模数宜控制在 2.6～3.0 范围之内，含泥量和泥块含量分别不应大于 2.0% 和 0.5%。

4 钢筋混凝土和预应力混凝土用砂的氯离子含量分别不应大于 0.06% 和 0.02%。

5 混凝土用海砂应经过净化处理。

6 混凝土用海砂氯离子含量不应大于 0.03%，贝壳含量应符合表 2.3.3-1 的规定。海砂不得用于预应力混凝土。

表 2.3.3-1　混凝土用海砂的贝壳含量（按质量计，%）

混凝土强度等级	≥C60	C55～C40	C35～C30	C25～C15
贝壳含量	≤3	≤5	≤8	≤10

7 人工砂中的石粉含量应符合表 2.3.3-2 的规定。

表 2.3.3-2　人工砂中石粉含量（%）

混凝土强度等级		≥C60	C55～C30	≤C25
石粉含量	$MB<1.4$	≤5.0	≤7.0	≤10.0
	$MB≥1.4$	≤2.0	≤3.0	≤5.0

8　不宜单独采用特细砂作为细骨料配制混凝土。

9　河砂和海砂应进行碱-硅酸反应活性检验；人工砂应进行碱-硅酸反应活性检验和碱-碳酸盐反应活性检验；对于有预防混凝土碱-骨料反应要求的工程，不宜采用有碱活性的砂。

2.4　矿物掺合料

2.4.1　用于混凝土中的矿物掺合料可包括粉煤灰、粒化高炉矿渣粉、硅灰、沸石粉、钢渣粉、磷渣粉；可采用两种或两种以上的矿物掺合料按一定比例混合使用。粉煤灰应符合现行国家标准《用于水泥和混凝土中的粉煤灰》GB/T 1596 的有关规定，粒化高炉矿渣粉应符合现行国家标准《用于水泥和混凝土中的粒化高炉矿渣粉》GB/T 18046 的有关规定，钢渣粉应符合现行国家标准《用于水泥和混凝土中的钢渣粉》GB/T 20491 的有关规定，其他矿物掺合料应符合相关现行国家标准的规定并满足混凝土性能要求；矿物掺合料的放射性应符合现行国家标准《建筑材料放射性核素限量》GB 6566 的有关规定。

2.4.2　粉煤灰的主要控制项目应包括细度、需水量比、烧失量和三氧化硫含量，C 类粉煤灰的主要控制项目还应包括游离氧化钙含量和安定性；粒化高炉矿渣粉的主要控制项目应包括比表面积、活性指数和流动度比；钢渣粉的主要控制项目应包括比表面积、活性指数、流动度比、游离氧化钙含量、三氧化硫含量、氧化镁含量和安定性；磷渣粉的主要控制项目应包括细度、活性指数、流动度比、五氧化二磷含量和安定性；硅灰的主要控制项目应包括比表面积和二氧化硅含量。矿物掺合料的主要控制项目还应包括放射性。

2.4.3　矿物掺合料的应用应符合下列规定：

1　掺用矿物掺合料的混凝土，宜采用硅酸盐水泥和普通硅酸盐水泥。

2　在混凝土中掺用矿物掺合料时，矿物掺合料的种类和掺量应经试验确定。

3　矿物掺合料宜与高效减水剂同时使用。

4　对于高强混凝土或有抗渗、抗冻、抗腐蚀、耐磨等其他特殊要求的混凝土，不宜采用低于Ⅱ级的粉煤灰。

5　对于高强混凝土和有耐腐蚀要求的混凝土，当需要采用硅灰时，不宜采用二氧化硅含量小于90%的硅灰。

2.5　外加剂

2.5.1　外加剂应符合国家现行标准《混凝土外加剂》GB 8076、《混凝土防冻剂》JC 475 和《混凝土膨胀剂》GB 23439 的有关规定。

2.5.2　外加剂质量主要控制项目应包括掺外加剂混凝土性能和外加剂匀质性两方面，混凝土性能方面的主要控制项目应包括减水率、凝结时间差和抗压强度比，外加剂匀质性方面的主要控制项目应包括 pH 值、氯离子含量和碱含量；引气剂和引气减水剂主要控制项目还应包括含气量；防冻剂主要控制项目还应包括含气量和 50 次冻融强度损失率比；膨胀剂主要控制项目还应包括凝结时间、限制膨胀率和抗压强度。

2.5.3　外加剂的应用除应符合现行国家标准《混凝土外加剂应用技术规范》GB 50119 的有关规定外，尚应符合下列规定：

1　在混凝土中掺用外加剂时，外加剂应与水泥具有良好的适应性，其种类和掺量应经试验确定。

2　高强混凝土宜采用高性能减水剂；有抗冻要求的混凝土宜采用引气剂或引气减水剂；大体积混凝土宜采用缓凝剂或缓凝减水剂；混凝土冬期施工可采用防冻剂。

3　外加剂中的氯离子含量和碱含量应满足混凝土设计要求。

4　宜采用液态外加剂。

2.6　水

2.6.1　混凝土用水应符合现行行业标准《混凝土用水标准》JGJ 63 的有关规定。

2.6.2　混凝土用水主要控制项目应包括 pH 值、不溶物含量、可溶物含量、硫酸根离子含量、氯离子含量、水泥凝结时间差和水泥胶砂强度比。当混凝土骨料为碱活性时，主要控制项目还应包括碱含量。

2.6.3　混凝土用水的应用应符合下列规定：

1　未经处理的海水严禁用于钢筋混凝土和预应力混凝土。

2　当骨料具有碱活性时，混凝土用水不得采用混凝土企业生产设备洗涮水。

3　混凝土性能要求

3.1　拌合物性能

3.1.1　混凝土拌合物性能应满足设计和施工要求。混凝土拌合物性能试验方法应符合现行国家标准《普通混凝土拌合物性能试验方法标准》GB/T 50080 的有关规定。坍落度经时损失试验方法应符合本标准附录 A 的规定。

3.1.2 混凝土拌合物的稠度可采用坍落度、维勃稠度或扩展度表示。坍落度检验适用于坍落度不小于10mm的混凝土拌合物，维勃稠度检验适用于维勃稠度5s～30s的混凝土拌合物，扩展度适用于泵送高强混凝土和自密实混凝土。坍落度、维勃稠度和扩展度的等级划分及其稠度允许偏差应分别符合表3.1.2-1、表3.1.2-2、表3.1.2-3和表3.1.2-4的规定。

表3.1.2-1 混凝土拌合物的坍落度等级划分

等　级	坍落度（mm）
S1	10～40
S2	50～90
S3	100～150
S4	160～210
S5	≥220

表3.1.2-2 混凝土拌合物的维勃稠度等级划分

等　级	维勃稠度（s）
V0	≥31
V1	30～21
V2	20～11
V3	10～6
V4	5～3

表3.1.2-3 混凝土拌合物的扩展度等级划分

等级	扩展度（mm）	等级	扩展度（mm）
F1	≤340	F4	490～550
F2	350～410	F5	560～620
F3	420～480	F6	≥630

表3.1.2-4 混凝土拌合物稠度允许偏差

拌合物性能		允许偏差		
坍落度（mm）	设计值	≤40	50～90	≥100
	允许偏差	±10	±20	±30
维勃稠度（s）	设计值	≥11	10～6	≤5
	允许偏差	±3	±2	±1
扩展度（mm）	设计值	≥350		
	允许偏差	±30		

3.1.3 混凝土拌合物应在满足施工要求的前提下，尽可能采用较小的坍落度；泵送混凝土拌合物坍落度设计值不宜大于180mm。

3.1.4 泵送高强混凝土的扩展度不宜小于500mm；自密实混凝土的扩展度不宜小于600mm。

3.1.5 混凝土拌合物的坍落度经时损失不应影响混凝土的正常施工。泵送混凝土拌合物的坍落度经时损失不宜大于30mm/h。

3.1.6 混凝土拌合物应具有良好的和易性，并不得离析或泌水。

3.1.7 混凝土拌合物的凝结时间应满足施工要求和混凝土性能要求。

3.1.8 混凝土拌合物中水溶性氯离子最大含量应符合表3.1.8的要求。混凝土拌合物中水溶性氯离子含量应按照现行行业标准《水运工程混凝土试验规程》JTJ 270中混凝土拌合物中氯离子含量的快速测定方法或其他准确度更好的方法进行测定。

表3.1.8 混凝土拌合物中水溶性氯离子最大含量
（水泥用量的质量百分比，％）

环境条件	水溶性氯离子最大含量		
	钢筋混凝土	预应力混凝土	素混凝土
干燥环境	0.30		
潮湿但不含氯离子的环境	0.20		
潮湿且含有氯离子的环境、盐渍土环境	0.10	0.06	1.00
除冰盐等侵蚀性物质的腐蚀环境	0.06		

3.1.9 掺用引气剂或引气型外加剂混凝土拌合物的含气量宜符合表3.1.9的规定。

表3.1.9 混凝土含气量

粗骨料最大公称粒径（mm）	混凝土含气量（％）
20	≤5.5
25	≤5.0
40	≤4.5

3.2 力 学 性 能

3.2.1 混凝土的力学性能应满足设计和施工的要求。混凝土力学性能试验方法应符合现行国家标准《普通混凝土力学性能试验方法标准》GB/T 50081的有关规定。

3.2.2 混凝土强度等级应按立方体抗压强度标准值（MPa）划分为C10、C15、C20、C25、C30、C35、C40、C45、C50、C55、C60、C65、C70、C75、C80、C85、C90、C95和C100。

3.2.3 混凝土抗压强度应按现行国家标准《混凝土强度检验评定标准》GB/T 50107的有关规定进行检验评定，并应合格。

3.3 长期性能和耐久性能

3.3.1 混凝土的长期性能和耐久性能应满足设计要求。试验方法应符合现行国家标准《普通混凝土长期性能和耐久性能试验方法标准》GB/T 50082 的有关规定。

3.3.2 混凝土的抗冻性能、抗水渗透性能和抗硫酸盐侵蚀性能的等级划分应符合表 3.3.2 的规定。

表 3.3.2 混凝土抗冻性能、抗水渗透性能和抗硫酸盐侵蚀性能的等级划分

抗冻等级（快冻法）	抗冻标号（慢冻法）	抗渗等级	抗硫酸盐等级
F50	F250	D50	P4	KS30
F100	F300	D100	P6	KS60
F150	F350	D150	P8	KS90
F200	F400	D200	P10	KS120
>F400	>D200	P12	KS150
		>P12	>KS150

3.3.3 混凝土抗氯离子渗透性能的等级划分应符合下列规定：

1 当采用氯离子迁移系数（RCM 法）划分混凝土抗氯离子渗透性能等级时，应符合表 3.3.3-1 的规定，且混凝土龄期应为 84d。

表 3.3.3-1 混凝土抗氯离子渗透性能的等级划分（RCM 法）

等级	RCM-I	RCM-II	RCM-III	RCM-IV	RCM-V
氯离子迁移系数 D_{RCM}（RCM 法）（$\times 10^{-12}$ m²/s）	$D_{RCM} \geq 4.5$	$3.5 \leq D_{RCM} < 4.5$	$2.5 \leq D_{RCM} < 3.5$	$1.5 \leq D_{RCM} < 2.5$	$D_{RCM} < 1.5$

2 当采用电通量划分混凝土抗氯离子渗透性能等级时，应符合表 3.3.3-2 的规定，且混凝土龄期宜为 28d。当混凝土中水泥混合材与矿物掺合料之和超过胶凝材料用量的 50% 时，测试龄期可为 56d。

表 3.3.3-2 混凝土抗氯离子渗透性能的等级划分（电通量法）

等级	Q-I	Q-II	Q-III	Q-IV	Q-V
电通量 Q_s（C）	$Q_s \geq 4000$	$2000 \leq Q_s < 4000$	$1000 \leq Q_s < 2000$	$500 \leq Q_s < 1000$	$Q_s < 500$

3.3.4 混凝土抗碳化性能等级划分应符合表 3.3.4 的规定。

表 3.3.4 混凝土抗碳化性能的等级划分

等级	T-I	T-II	T-III	T-IV	T-V
碳化深度 d（mm）	$d \geq 30$	$20 \leq d < 30$	$10 \leq d < 20$	$0.1 \leq d < 10$	$d < 0.1$

3.3.5 混凝土早期抗裂性能等级划分应符合表 3.3.5 的规定。

表 3.3.5 混凝土早期抗裂性能的等级划分

等级	L-I	L-II	L-III	L-IV	L-V
单位面积上的总开裂面积 C（mm²/m²）	$C \geq 1000$	$700 \leq C < 1000$	$400 \leq C < 700$	$100 \leq C < 400$	$C < 100$

3.3.6 混凝土耐久性能应按现行行业标准《混凝土耐久性检验评定标准》JGJ/T 193 的有关规定进行检验评定，并应合格。

4 配合比控制

4.0.1 混凝土配合比设计应符合现行行业标准《普通混凝土配合比设计规程》JGJ 55 的有关规定。

4.0.2 混凝土配合比应满足混凝土施工性能要求，强度以及其他力学性能和耐久性能应符合设计要求。

4.0.3 对首次使用、使用间隔时间超过三个月的配合比应进行开盘鉴定，开盘鉴定应符合下列规定：

1 生产使用的原材料应与配合比设计一致。

2 混凝土拌合物性能应满足施工要求。

3 混凝土强度评定应符合设计要求。

4 混凝土耐久性能应符合设计要求。

4.0.4 在混凝土配合比使用过程中，应根据混凝土质量的动态信息及时调整。

5 生产控制水平

5.0.1 混凝土工程宜采用预拌混凝土。

5.0.2 混凝土生产控制水平可按强度标准差（σ）和实测强度达到强度标准值组数的百分率（P）表征。

5.0.3 混凝土强度标准差（σ）应按式（5.0.3）计算，并宜符合表 5.0.3 的规定。

$$\sigma = \sqrt{\frac{\sum_{i=1}^{n} f_{cu,i}^2 - n m_{fcu}^2}{n-1}} \quad (5.0.3)$$

式中：σ——混凝土强度标准差，精确到 0.1MPa；

$f_{cu,i}$——统计周期内第 i 组混凝土立方体试件的抗压强度值，精确到 0.1MPa；

m_{fcu}——统计周期内 n 组混凝土立方体试件的抗压强度的平均值，精确到 0.1MPa；

n——统计周期内相同强度等级混凝土的试件组数，n 值不应小于 30。

表 5.0.3　混凝土强度标准差（MPa）

生产场所	强度标准差 σ		
	＜C20	C20～C40	≥C45
预拌混凝土搅拌站 预制混凝土构件厂	≤3.0	≤3.5	≤4.0
施工现场搅拌站	≤3.5	≤4.0	≤4.5

5.0.4　实测强度达到强度标准值组数的百分率（P）应按公式5.0.4计算，且P不应小于95%。

$$P = \frac{n_0}{n} \times 100\% \qquad (5.0.4)$$

式中：P——统计周期内实测强度达到强度标准值组数的百分率，精确到0.1%；

n_0——统计周期内相同强度等级混凝土达到强度标准值的试件组数。

5.0.5　预拌混凝土搅拌站和预制混凝土构件厂的统计周期可取一个月；施工现场搅拌站的统计周期可根据实际情况确定，但不宜超过三个月。

6　生产与施工质量控制

6.1　一般规定

6.1.1　混凝土生产施工之前，应制订完整的技术方案，并应做好各项准备工作。

6.1.2　混凝土拌合物在运输和浇筑成型过程中严禁加水。

6.2　原材料进场

6.2.1　混凝土原材料进场时，供方应按规定批次向需方提供质量证明文件。质量证明文件应包括型式检验报告、出厂检验报告与合格证等，外加剂产品还应提供使用说明书。

6.2.2　原材料进场后，应按本标准第7.1节的规定进行进场检验。

6.2.3　水泥应按不同厂家、不同品种和强度等级分批存储，并应采取防潮措施；出现结块的水泥不得用于混凝土工程；水泥出厂超过3个月（硫铝酸盐水泥超过45d）应进行复检，合格者方可使用。

6.2.4　粗、细骨料堆场应有遮雨设施，并应符合有关环境保护的规定；粗、细骨料应按不同品种、规格分别堆放，不得混入杂物。

6.2.5　矿物掺合料存储时，应有明显标记，不同矿物掺合料以及水泥不得混杂堆放，应防潮防雨，并应符合有关环境保护的规定；矿物掺合料存储期超过3个月时，应进行复检，合格者方可使用。

6.2.6　外加剂的送检样品应与工程大批量进货一致，并应按不同的供货单位、品种和牌号进行标识，单独

存放；粉状外加剂应防止受潮结块，如有结块，应进行检验，合格者应经粉碎至全部通过600μm筛孔后方可使用；液态外加剂应储存在密闭容器内，并应防晒和防冻，如有沉淀等异常现象，应经检验合格后方可使用。

6.3　计　量

6.3.1　原材料计量宜采用电子计量设备。计量设备的精度应符合现行国家标准《混凝土搅拌站（楼）》GB/T 10171的有关规定，应具有法定计量部门签发的有效检定证书，并应定期校验。混凝土生产单位每月应自检1次；每一工作班开始前，应对计量设备进行零点校准。

6.3.2　每盘混凝土原材料计量的允许偏差应符合表6.3.2的规定，原材料计量偏差应每班检查1次。

表 6.3.2　各种原材料计量的允许偏差（按质量计，%）

原材料种类	计量允许偏差	原材料种类	计量允许偏差
胶凝材料	±2	拌合用水	±1
粗、细骨料	±3	外加剂	±1

6.3.3　对于原材料计量，应根据粗、细骨料含水率的变化，及时调整粗、细骨料和拌合用水的称量。

6.4　搅　拌

6.4.1　混凝土搅拌机应符合现行国家标准《混凝土搅拌机》GB/T 9142的有关规定。混凝土搅拌宜采用强制式搅拌机。

6.4.2　原材料投料方式应满足混凝土搅拌技术要求和混凝土拌合物质量要求。

6.4.3　混凝土搅拌的最短时间可按表6.4.3采用；当搅拌高强混凝土时，搅拌时间应适当延长；采用自落式搅拌机时，搅拌时间宜延长30s。对于双卧轴强制式搅拌机，可在保证搅拌均匀的情况下适当缩短搅拌时间。混凝土搅拌时间应每班检查2次。

表 6.4.3　混凝土搅拌的最短时间（s）

混凝土坍落度（mm）	搅拌机机型	搅拌机出料量（L）		
		＜250	250～500	＞500
≤40	强制式	60	90	120
＞40且＜100	强制式	60	60	90
≥100	强制式	60		

注：混凝土搅拌的最短时间系指全部材料装入搅拌筒中起，到开始卸料止的时间。

6.4.4　同一盘混凝土的搅拌匀质性应符合下列规定：

　1　混凝土中砂浆密度两次测值的相对误差不应大于0.8%。

2 混凝土稠度两次测值的差值不应大于表3.1.2-4规定的混凝土拌合物稠度允许偏差的绝对值。

6.4.5 冬期施工搅拌混凝土时，宜优先采用加热水的方法提高拌合物温度，也可同时采用加热骨料的方法提高拌合物温度。当拌合用水和骨料加热时，拌合用水和骨料的加热温度不应超过表6.4.5的规定；当骨料不加热时，拌合用水可加热到60℃以上。应先投入骨料和热水进行搅拌，然后再投入胶凝材料等共同搅拌。

表 6.4.5 拌合用水和骨料的最高加热温度（℃）

采用的水泥品种	拌合用水	骨料
硅酸盐水泥和普通硅酸盐水泥	60	40

6.5 运 输

6.5.1 在运输过程中，应控制混凝土不离析、不分层，并应控制混凝土拌合物性能满足施工要求。

6.5.2 当采用机动翻斗车运输混凝土时，道路应平整。

6.5.3 当采用搅拌罐车运送混凝土拌合物时，搅拌罐在冬期应有保温措施。

6.5.4 当采用搅拌罐车运送混凝土拌合物时，卸料前应采用快档旋转搅拌罐不少于20s。因运距过远、交通或现场等问题造成坍落度损失较大而卸料困难时，可采用在混凝土拌合物中掺入适量减水剂并快档旋转搅拌罐的措施，减水剂掺量应有经试验确定的预案。

6.5.5 当采用泵送混凝土时，混凝土运输应保证混凝土连续泵送，并应符合现行行业标准《混凝土泵送施工技术规程》JGJ/T 10的有关规定。

6.5.6 混凝土拌合物从搅拌机卸出至施工现场接收的时间间隔不宜大于90min。

6.6 浇筑成型

6.6.1 浇筑混凝土前，应检查并控制模板、钢筋、保护层和预埋件等的尺寸、规格、数量和位置，其偏差值应符合现行国家标准《混凝土结构工程施工质量验收规范》GB 50204的有关规定，并应检查模板支撑的稳定性以及接缝的密合情况，应保证模板在混凝土浇筑过程中不失稳、不跑模和不漏浆。

6.6.2 浇筑混凝土前，应清除模板内以及垫层上的杂物；表面干燥的地基土、垫层、木模板应浇水湿润。

6.6.3 当夏季天气炎热时，混凝土拌合物入模温度不应高于35℃，宜选择晚上或夜间浇筑混凝土；现场温度高于35℃时，宜对金属模板进行浇水降温，

但不得留有积水，并宜采取遮挡措施避免阳光照射金属模板。

6.6.4 当冬期施工时，混凝土拌合物入模温度不应低于5℃，并应有保温措施。

6.6.5 在浇筑过程中，应有效控制混凝土的均匀性、密实性和整体性。

6.6.6 泵送混凝土输送管道的最小内径宜符合表6.6.6的规定；混凝土输送泵的泵压应与混凝土拌合物特性和泵送高度相匹配；泵送混凝土的输送管道应支撑稳定，不漏浆，冬期应有保温措施，夏季施工现场最高气温超过40℃时，应有隔热措施。

表 6.6.6 泵送混凝土输送管道的最小内径（mm）

粗骨料最大公称粒径	输送管道最小内径
25	125
40	150

6.6.7 不同配合比或不同强度等级泵送混凝土在同一时间段交替浇筑时，输送管道中的混凝土不得混入其他不同配合比或不同强度等级混凝土。

6.6.8 当混凝土自由倾落高度大于3.0m时，宜采用串筒、溜管或振动溜管等辅助设备。

6.6.9 浇筑竖向尺寸较大的结构物时，应分层浇筑，每层浇筑厚度宜控制在300mm～350mm；大体积混凝土宜采用分层浇筑方法，可利用自然流淌形成斜坡沿高度均匀上升，分层厚度不应大于500mm；对于清水混凝土浇筑，可多安排振捣棒，应边浇筑混凝土边振捣，宜连续成型。

6.6.10 自密实混凝土浇筑布料点应结合拌合物特性选择适宜的间距，必要时可以通过试验确定混凝土布料点下料间距。

6.6.11 应根据混凝土拌合物特性及混凝土结构、构件或制品的制作方式选择适当的振捣方式和振捣时间。

6.6.12 混凝土振捣宜采用机械振捣。当施工无特殊振捣要求时，可采用振捣棒进行捣实，插入间距不应大于振捣棒振动作用半径的一倍，连续多层浇筑时，振捣棒应插入下层拌合物约50mm进行振捣；当浇筑厚度不大于200mm的表面积较大的平面结构或构件时，宜采用表面振动成型；当采用干硬性混凝土拌合物浇筑成型混凝土制品时，宜采用振动台或表面加压振动成型。

6.6.13 振捣时间宜按拌合物稠度和振捣部位等不同情况，控制在10s～30s内，当混凝土拌合物表面出现泛浆，基本无气泡逸出，可视为捣实。

6.6.14 混凝土拌合物从搅拌机卸出后到浇筑完毕的

延续时间不宜超过表 6.6.14 的规定。

**表 6.6.14　混凝土拌合物从搅拌机卸出后到
浇筑完毕的延续时间**（min）

混凝土生产地点	气　　温	
	≤25℃	>25℃
预拌混凝土搅拌站	150	120
施工现场	120	90
混凝土制品厂	90	60

6.6.15　在混凝土浇筑同时，应制作供结构或构件出池、拆模、吊装、张拉、放张和强度合格评定用的同条件养护试件，并应按设计要求制作抗冻、抗渗或其他性能试验用的试件。

6.6.16　在混凝土浇筑及静置过程中，应在混凝土终凝前对浇筑面进行抹面处理。

6.6.17　混凝土构件成型后，在强度达到 1.2MPa 以前，不得在构件上面踩踏行走。

6.7　养　　护

6.7.1　生产和施工单位应根据结构、构件或制品情况、环境条件、原材料情况以及对混凝土性能的要求等，提出施工养护方案或生产养护制度，并应严格执行。

6.7.2　混凝土施工可采用浇水、覆盖保湿、喷涂养护剂、冬季蓄热养护等方法进行养护；混凝土构件或制品厂生产可采用蒸汽养护、湿热养护或潮湿自然养护等方法进行养护。选择的养护方法应满足施工养护方案或生产养护制度的要求。

6.7.3　采用塑料薄膜覆盖养护时，混凝土全部表面应覆盖严密，并应保持膜内有凝结水；采用养护剂养护时，应通过试验检验养护剂的保湿效果。

6.7.4　对于混凝土浇筑面，尤其是平面结构，宜边浇筑成型边采用塑料薄膜覆盖保湿。

6.7.5　混凝土施工养护时间应符合下列规定：

1　对于采用硅酸盐水泥、普通硅酸盐水泥或矿渣硅酸盐水泥配制的混凝土，采用浇水和潮湿覆盖的养护时间不得少于 7d。

2　对于采用粉煤灰硅酸盐水泥、火山灰质硅酸盐水泥、复合硅酸盐水泥配制的混凝土，或掺加缓凝剂的混凝土以及大掺量矿物掺合料混凝土，采用浇水和潮湿覆盖的养护时间不得少于 14d。

3　对于竖向混凝土结构，养护时间宜适当延长。

6.7.6　混凝土构件或制品厂的混凝土养护应符合下列规定：

1　采用蒸汽养护或湿热养护时，养护时间和养护制度应满足混凝土及其制品性能的要求。

2　采用蒸汽养护时，应分为静停、升温、恒温和降温四个养护阶段。混凝土成型后的静停时间不宜少于 2h，升温速度不宜超过 25℃/h，降温速度不宜

超过 20℃/h，最高和恒温温度不宜超过 65℃；混凝土构件或制品在出池或撤除养护措施前，应进行温度测量，当表面与外界温差不大于 20℃时，构件方可出池或撤除养护措施。

3　采用潮湿自然养护时，应符合本节第 6.7.2条～第 6.7.5 条的规定。

6.7.7　对于大体积混凝土，养护过程应进行温度控制，混凝土内部和表面的温差不宜超过 25℃，表面与外界温差不宜大于 20℃。

6.7.8　对于冬期施工的混凝土，养护应符合下列规定：

1　日均气温低于 5℃时，不得采用浇水自然养护方法。

2　混凝土受冻前的强度不得低于 5MPa。

3　模板和保温层应在混凝土冷却到 5℃方可拆除，或在混凝土表面温度与外界温度相差不大于 20℃时拆模，拆模后的混凝土亦应及时覆盖，使其缓慢冷却。

4　混凝土强度达到设计强度等级的 50％时，方可撤除养护措施。

7　混凝土质量检验

7.1　混凝土原材料质量检验

7.1.1　原材料进场时，应按规定批次验收型式检验报告、出厂检验报告或合格证等质量证明文件，外加剂产品还应具有使用说明书。

7.1.2　混凝土原材料进场时应进行检验，检验样品应随机抽取。

7.1.3　混凝土原材料的检验批量应符合下列规定：

1　散装水泥应按每 500t 为一个检验批；袋装水泥应按每 200t 为一个检验批；粉煤灰或粒化高炉矿渣粉等矿物掺合料应按每 200t 为一个检验批；硅灰应按每 30t 为一个检验批；砂、石骨料应按每 400m³ 或 600t 为一个检验批；外加剂应按每 50t 为一个检验批；水应按同一水源不少于一个检验批。

2　当符合下列条件之一时，可将检验批量扩大一倍。

1）对经产品认证机构认证符合要求的产品。

2）来源稳定且连续三次检验合格。

3）同一厂家的同批出厂材料，用于同时施工且属于同一工程项目的多个单位工程。

3　不同批次或非连续供应的不足一个检验批量的混凝土原材料应作为一个检验批。

7.1.4　原材料的质量应符合本标准第 2 章的规定。

7.2　混凝土拌合物性能检验

7.2.1　在生产施工过程中，应在搅拌地点和浇筑地点分别对混凝土拌合物进行抽样检验。

7.2.2 混凝土拌合物的检验频率应符合下列规定：

　　1 混凝土坍落度取样检验频率应符合现行国家标准《混凝土强度检验评定标准》GB/T 50107 的有关规定。

　　2 同一工程、同一配合比、采用同一批次水泥和外加剂的混凝土的凝结时间应至少检验 1 次。

　　3 同一工程、同一配合比的混凝土的氯离子含量应至少检验 1 次；同一工程、同一配合比和采用同一批次海砂的混凝土的氯离子含量应至少检验 1 次。

7.2.3 混凝土拌合物性能应符合本标准第 3.1 节的规定。

7.3 硬化混凝土性能检验

7.3.1 硬化混凝土性能检验应符合下列规定：

　　1 强度检验评定应符合现行国家标准《混凝土强度检验评定标准》GB/T 50107 的有关规定，其他力学性能检验应符合设计要求和有关标准的规定。

　　2 耐久性能检验评定应符合现行行业标准《混凝土耐久性检验评定标准》JGJ/T 193 的有关规定。

　　3 长期性能检验规则可按现行行业标准《混凝土耐久性检验评定标准》JGJ/T 193 中耐久性检验的有关规定执行。

7.3.2 混凝土力学性能应符合本标准第 3.2 节的规定；长期性能和耐久性能应符合本标准第 3.3 节的规定。

附录 A　坍落度经时损失试验方法

A.0.1 本方法适用于混凝土坍落度经时损失的测定。

A.0.2 取样与试样的制备应符合现行国家标准《普通混凝土拌合物性能试验方法标准》GB/T 50080 的有关规定。

A.0.3 检测混凝土拌合物卸出搅拌机时的坍落度应按现行国家标准《普通混凝土拌合物性能试验方法标准》GB/T 50080 的有关规定执行，应在坍落度试验后立即将混凝土拌合物装入不吸水的容器内密闭搁置 1h，然后，应再将混凝土拌合物倒入搅拌机内搅拌 20s，卸出搅拌机后应再次测试混凝土拌合物的坍落度。

A.0.4 前后两次坍落度之差即为坍落度经时损失，计算应精确到 5mm。

本标准用词说明

　　1 为便于在执行本标准条文时区别对待，对要求严格程度不同的用词说明如下：

　　1）表示很严格，非这样做不可的：

　　　　正面词采用"必须"，反面词采用"严禁"；

　　2）表示严格，在正常情况下均应这样做的：

　　　　正面词采用"应"，反面词采用"不应"或"不得"；

　　3）表示允许稍有选择，在条件许可时，首先应这样做的：

　　　　正面词采用"宜"，反面词采用"不宜"；

　　4）表示有选择，在一定条件下可以这样做的，采用"可"。

　　2 条文中指明应按其他有关标准执行的写法为："应符合……的规定"或"应按……执行"。

引用标准名录

　　1 《普通混凝土拌合物性能试验方法标准》GB/T 50080

　　2 《普通混凝土力学性能试验方法标准》GB/T 50081

　　3 《普通混凝土长期性能和耐久性能试验方法标准》GB/T 50082

　　4 《混凝土强度检验评定标准》GB/T 50107

　　5 《混凝土外加剂应用技术规范》GB 50119

　　6 《混凝土结构工程施工质量验收规范》GB 50204

　　7 《通用硅酸盐水泥》GB 175

　　8 《中热硅酸盐水泥　低热硅酸盐水泥　低热矿渣硅酸盐水泥》GB 200

　　9 《用于水泥和混凝土中的粉煤灰》GB/T 1596

　　10 《建筑材料放射性核素限量》GB 6566

　　11 《混凝土外加剂》GB 8076

　　12 《混凝土搅拌机》GB/T 9142

　　13 《混凝土搅拌站（楼）》GB/T 10171

　　14 《用于水泥和混凝土中的粒化高炉矿渣粉》GB/T 18046

　　15 《用于水泥和混凝土中的钢渣粉》GB/T 20491

　　16 《混凝土膨胀剂》GB 23439

　　17 《混凝土泵送施工技术规程》JGJ/T 10

　　18 《普通混凝土用砂、石质量及检验方法标准》JGJ 52

　　19 《普通混凝土配合比设计规程》JGJ 55

　　20 《混凝土用水标准》JGJ 63

　　21 《混凝土耐久性检验评定标准》JGJ/T 193

　　22 《海砂混凝土应用技术规范》JGJ 206

　　23 《水运工程混凝土试验规程》JTJ 270

　　24 《混凝土防冻剂》JC 475

中华人民共和国国家标准

混凝土质量控制标准

GB 50164—2011

条 文 说 明

修 订 说 明

《混凝土质量控制标准》GB 50164－2011，经住房和城乡建设部2011年4月2日以第969号公告批准发布。

本标准是在原《混凝土质量控制标准》GB 50164－92的基础上修订而成。上一版的主编单位为中国建筑科学研究院，参加单位有：西安冶金建筑学院、北京市第一建筑构件厂、上海市建工材料公司、中建三局深圳工程地盘管理公司、上海市建筑构件研究所、中国科学院系统科学研究所。主要起草人有：韩素芳、耿维恕、钟炯垣、曹天霞、胡企才、彭冠群、许鹤力、吴传义。

本标准修订的主要技术内容是：增加氯离子含量等质量控制指标；修订了混凝土拌合物稠度等级划分；补充混凝土耐久性质量控制指标；修订了混凝土生产控制的强度标准差要求；修订了混凝土组成材料计量结果的允许偏差；修订了混凝土蒸汽养护质量控制指标；增加混凝土质量检验等内容。

本标准修订过程中，编制组进行了广泛而深入的调查研究，总结了我国工程建设中混凝土质量控制的实践经验，同时参考了国外先进技术标准，通过试验取得了混凝土质量控制的重要技术参数。

为便于广大设计、生产、施工、科研、学校等单位有关人员在使用本标准时能正确理解和执行条文规定，《混凝土质量控制标准》编制组按章、节、条顺序编制了本标准的条文说明，供使用者参考。但是，本条文说明不具备与标准正文同等的法律效力，仅供使用者作为理解和把握标准规定的参考。

目　次

1　总则 ……………………………………… 7—17
2　原材料质量控制 ………………………… 7—17
　2.1　水泥 ………………………………… 7—17
　2.2　粗骨料 ……………………………… 7—17
　2.3　细骨料 ……………………………… 7—17
　2.4　矿物掺合料 ………………………… 7—18
　2.5　外加剂 ……………………………… 7—18
　2.6　水 …………………………………… 7—18
3　混凝土性能要求 ………………………… 7—18
　3.1　拌合物性能 ………………………… 7—18
　3.2　力学性能 …………………………… 7—18
　3.3　长期性能和耐久性能 ……………… 7—19
4　配合比控制 ……………………………… 7—19
5　生产控制水平 …………………………… 7—20

6　生产与施工质量控制 …………………… 7—20
　6.1　一般规定 …………………………… 7—20
　6.2　原材料进场 ………………………… 7—20
　6.3　计量 ………………………………… 7—20
　6.4　搅拌 ………………………………… 7—20
　6.5　运输 ………………………………… 7—21
　6.6　浇筑成型 …………………………… 7—21
　6.7　养护 ………………………………… 7—21
7　混凝土质量检验 ………………………… 7—22
　7.1　混凝土原材料质量检验 …………… 7—22
　7.2　混凝土拌合物性能检验 …………… 7—22
　7.3　硬化混凝土性能检验 ……………… 7—22
附录A　坍落度经时损失试验
　　　　方法 ……………………………… 7—22

1 总　则

1.0.1 混凝土质量控制是工程建设的重要环节，体现着混凝土工程的整体技术水平，对于保证混凝土工程质量和促进混凝土技术进步具有重要意义。

1.0.2 混凝土质量控制包括对现浇混凝土和预制混凝土的质量控制，除一些特殊专业工程外，建设行业一般混凝土工程都适用。

1.0.3 与本标准有关的、难以详尽的技术要求，应符合国家现行标准的有关规定。

2 原材料质量控制

2.1 水　泥

2.1.1 在混凝土工程中，根据设计、施工要求以及工程所处环境合理选用水泥是十分重要的。硅酸盐水泥或普通硅酸盐水泥胶砂强度较高并掺加混合材较少，适合配制高强度混凝土，可掺用较多的矿物掺合料来改善高强混凝土的施工性能；由于掺加混合材较少，有利于配制抗冻混凝土。有预防混凝土碱-骨料反应要求的混凝土工程，采用碱含量不大于 0.6% 的低碱水泥是基本要求。采用低水化热的水泥，有利于限制大体积混凝土由温度应力引起的裂缝。

2.1.2 水泥质量主要控制项目为混凝土工程全过程中质量检验的主要项目。细度为选择性指标，没有列入主要控制项目，但水泥出厂检验报告中有细度检验内容；三氧化硫、烧失量和不溶物等化学项目可在选择水泥时检验，工程质量控制可以出厂检验为依据。

2.1.3 新型干法窑生产的水泥的质量稳定性较好；现行国家标准《通用硅酸盐水泥》GB 175 已经规定检验报告内容应包括混合材品种和掺加量，落实这一规定对混凝土质量控制很重要；当前建设工程对水泥的需求量很大，存在水泥出厂运到工程现场时温度过高的情况，水泥温度过高时拌制混凝土对混凝土性能不利，应予以控制。

2.2 粗　骨　料

2.2.1 现行行业标准《普通混凝土用砂、石质量及检验方法标准》JGJ 52 的内容不仅包括骨料一般质量及检验方法，还包括了不同混凝土强度等级和耐久性条件下对骨料的要求。

2.2.2 粗骨料中有害物质含量没有列入主要控制项目，实际工程中一般在选择料场时根据情况需要才进行检验。

2.2.3 连续级配粗骨料堆积相对紧密，空隙率比较小，有利于节约其他原材料，而其他原材料一般比粗骨料价格高，也有利于改善混凝土性能。混凝土中粗

骨料最大公称粒径应考虑到结构或构件的截面尺寸以及钢筋间距，粗骨料最大公称粒径太大不利于混凝土浇筑成型；对于大体积混凝土，粗骨料最大公称粒径太小则限制混凝土变形作用较小。对于有抗渗、抗冻、抗腐蚀、耐磨或其他特殊要求的混凝土，坚固性检验是保证粗骨料性能稳定的重要方法。高强混凝土对粗骨料要求较高，如果粗骨料粒径太大或（和）针片状颗粒含量较多，不利于混凝土中骨料合理堆积和应力合理分布，直接影响混凝土强度；骨料含泥（包括泥块）较多将明显影响高强混凝土强度；工程实践表明，用于高强混凝土的岩石的抗压强度比混凝土设计强度高 30% 是可行的。对于有预防混凝土碱-骨料反应要求的混凝土工程，避免采用有碱活性的粗骨料是首选方案。

2.3 细　骨　料

2.3.1 当采用海砂作为混凝土细骨料时，质量控制应执行现行行业标准《海砂混凝土应用技术规范》JGJ 206 的规定，该规范规定了用于混凝土的海砂的质量标准。除此之外，一般细骨料应执行现行行业标准《普通混凝土用砂、石质量及检验方法标准》JGJ 52 的规定。

2.3.2 我国长期持续大规模建设，河砂资源日益枯竭，人工砂取代河砂用作混凝土细骨料是大势所趋。我国人工砂质量问题主要是石粉含量高、颗粒级配差和细度模数偏大，采用高水平的制砂设备可以解决这些问题，虽然设备投入大，但可以节约大量胶凝材料并提高混凝土性能，总体核算，十分经济。人工砂与碎石往往处于同一石料场，通常在选择料场时根据情况需要才检验氯离子含量和有害物质含量。

2.3.3 对于混凝土，尤其是对于有特殊性能要求的混凝土，如有抗渗、抗冻要求的混凝土和高强混凝土等，含泥（包括泥块）较多都对混凝土性能有不利的影响。

当采用海砂作为混凝土细骨料时，首要是须采用专用设备对海砂进行淡水淘洗并使之符合现行行业标准《海砂混凝土应用技术规范》JGJ 206 的要求。海砂的氯离子含量控制比河砂严格得多，河砂指标为 0.06%。现行行业标准《海砂混凝土应用技术规范》JGJ 206 对贝壳含量的控制指标（见本标准表 2.3.3-1）比现行行业标准《普通混凝土用砂、石质量及检验方法标准》JGJ 52 略宽，是经多年试验进行修正的。

对于人工砂中的石粉含量，根据我国人工砂生产现状和混凝土质量控制要求，本标准表 2.3.3-2 中的控制指标是比较合理的，既比较适合混凝土性能的要求，又可促进人工砂生产水平的提高，因为目前我国许多地区人工砂的石粉含量大于 10%，质量水平较差。MB 为人工砂中亚甲蓝测定值，测试方法应符合

现行行业标准《普通混凝土用砂、石质量及检验方法标准》JGJ 52 的规定。

我国部分地区有特细砂资源，如重庆地区的特细河砂和云南的特细山砂等，目前特细砂与人工砂混合使用效果较好，但如果单独采用作为细骨料配制结构混凝土，混凝土收缩趋势较大，工程质量控制难度较大。

对于有预防混凝土碱-骨料反应要求的混凝土工程，避免采用有碱活性的细骨料是首选方案。

2.4 矿物掺合料

2.4.1 粉煤灰、粒化高炉矿渣粉、硅灰、钢渣粉、磷渣粉等矿物掺合料为活性粉体材料，掺入混凝土中能改善混凝土性能和降低成本，这些矿物掺合料列入国家标准或行业标准，在本条列出的标准中包括了对这些矿物掺合料的质量规定。

2.4.2 列入的矿物掺合料的主要控制项目是在混凝土工程中质量检验的主要项目，目前在实际工程中实行情况逐步规范。其他项目可在选择矿物掺合料时检验，工程质量控制可以出厂检为依据。

2.4.3 硅酸盐水泥和普通硅酸盐水泥中混合材掺量相对较少，有利于掺加矿物掺合料，其他通用硅酸盐水泥中混合材掺量较多，再掺加矿物掺合料易于过量。矿物掺合料品种多，质量差异比较大，掺量范围较宽，用于混凝土时只有经过试验验证，才能实施混凝土质量的控制。采用适宜质量等级的矿物掺合料，有利于控制对性能有特殊要求的混凝土质量。

2.5 外 加 剂

2.5.1 国家现行标准《混凝土外加剂》GB 8076、《混凝土防冻剂》JC 475 和《混凝土膨胀剂》GB 23439 是我国关于外加剂产品的几本主要标准。

2.5.2 列入的外加剂的主要控制项目是在混凝土工程中质量检验的主要项目，其他项目可在选择外加剂时检验，工程质量控制可以出厂检验为依据。

2.5.3 现行国家标准《混凝土外加剂应用技术规范》GB 50119 规定了不同剂种外加剂的应用技术要求。外加剂品种多，质量差异比较大，掺量范围较宽，用于混凝土时只有经过试验验证，才能实施混凝土质量的控制。含有氯盐配制的外加剂引起的钢筋锈蚀问题对钢筋混凝土和预应力混凝土具有严重的危害。液态外加剂易于在混凝土中均匀分布。

2.6 水

2.6.1 混凝土用水包括拌合用水和养护用水。现行行业标准《混凝土用水标准》JGJ 63 包括了对各种水用于混凝土的规定。

2.6.2 混凝土用水主要控制项目在实际工程基本落实。

2.6.3 未经处理的海水含有大量氯盐，会引起严重的钢筋锈蚀，危及混凝土结构的安全性；混凝土企业设备洗涮水中碱含量高，与碱活性骨料一起配制混凝土易产生碱-骨料反应。

3 混凝土性能要求

3.1 拌合物性能

3.1.1 混凝土设计和施工都会提出对坍落度等混凝土拌合物性能的要求，如果混凝土拌合物出了问题，则硬化混凝土质量无法保证，因此，混凝土拌合物性能是混凝土质量控制的重点之一。现行国家标准《普通混凝土拌合物性能试验方法标准》GB/T 50080 未规定坍落度经时损失试验方法。

3.1.2 扩展度即坍落扩展度。混凝土拌合物的坍落度、维勃稠度、扩展度的等级划分以及稠度允许偏差与欧洲标准一致，也与原标准差异不大。允许偏差是指可以接受的实测值与设计值的差值。

3.1.3～3.1.7 这些条文的规定是工程实践的经验总结，在执行过程中已经取得了较好的质量控制效果。其中，泵送混凝土拌合物稠度的控制指标允许存在本标准表 3.1.2-4 中的允许偏差。自密实混凝土的扩展度的控制指标略大于国外标准 550mm 的指标，比较适合于我国工程实际情况。以拌合物坍落度设计值 180mm 为例，正文表 3.1.2-4 规定其允许偏差为 30mm，则实际控制范围应为 150mm～210mm。

3.1.8 按环境条件影响氯离子引起钢锈的程度简明地分为四类，并规定了各类环境条件下的混凝土中氯离子最大含量。本条规定与现行国家标准《混凝土结构设计规范》GB 50010 是协调的，也与欧美国家控制氯离子的趋势一致。测定混凝土拌合物中氯离子的方法，与测试硬化后混凝土中氯离子的方法相比，时间大大缩短，有利于混凝土质量控制。表 3.1.8 中的氯离子含量系相对混凝土中水泥用量的百分比，与控制氯离子相对混凝土中胶凝材料用量的百分比相比，偏于安全。

3.1.9 本条规定是针对一般环境条件下混凝土而言。对处于潮湿或水位变动的寒冷和严寒环境以及盐冻环境的混凝土可高于表 3.1.9 的规定，但最大含气量宜控制在 7.0%以内。

3.2 力 学 性 能

3.2.1 混凝土的力学性能主要包括抗压强度、轴压强度、弹性模量、劈裂抗拉强度和抗折强度等。

3.2.2 立方体抗压强度标准值系指按标准方法制作和养护的边长为 150mm 的立方体试件在 28d 龄期标准试验方法测得的具有 95%保证率的抗压强度值（以 MPa 计）。

3.2.3 现行国家标准《混凝土强度检验评定标准》GB/T 50107 规定了混凝土取样、试件的制作与养护、试验、混凝土强度检验与评定，为各建设行业所采用。

3.3 长期性能和耐久性能

3.3.1 混凝土质量控制不仅仅是对混凝土拌合物性能和力学性能进行控制，还应包括混凝土长期性能和耐久性能的控制，以往对混凝土长期性能和耐久性能控制重视不够。本标准中的长期性能包括收缩和徐变。混凝土长期性能和耐久性能控制以满足设计要求为目标。

3.3.2 抗冻等级和抗渗等级的划分与我国各行业的标准规范是协调的，涵盖了各行业设计标准划分的全部等级。混凝土工程的结构（包括构件）混凝土基本都采用抗冻等级（快冻法），符号为 F；建材行业中的混凝土制品基本还沿用抗冻标号（慢冻法），符号为 D；抗渗等级是采用逐级加压的试验方法，为各行业通用的设计指标。

抗硫酸盐等级及其划分是在多年试验研究和工程实践的基础上制定的，并已经列入现行行业标准《混凝土耐久性检验评定标准》JGJ/T 193；抗硫酸盐侵蚀试验方法也已经列入现行国家标准《普通混凝土长期性能和耐久性能试验方法标准》GB/T 50082。一般在混凝土处于硫酸盐侵蚀环境时会对混凝土抗硫酸盐侵蚀性能提出设计要求。一般而言，抗硫酸盐等级为 KS120 的混凝土具有较好的抗硫酸盐侵蚀性能，抗硫酸盐等级超过 KS150 的混凝土具有优异的抗硫酸盐侵蚀性能。

3.3.3 按照氯离子迁移系数将混凝土抗氯离子渗透性能划分为五个等级，从Ⅰ级到Ⅴ级，表示混凝土抗氯离子渗透性能越来越高。同样，按电通量划分的混凝土抗氯离子渗透性能等级意义类同。

与Ⅰ～Ⅴ级对应的混凝土耐久性水平推荐意见见表1，该表定性地描述了等级中代号所代表的混凝土耐久性能的高低。这种定性评价仅对混凝土材料本身而言，至于是否符合工程实际的要求，则需要结合设计和施工要求进行确定。

表 1 等级代号与混凝土耐久性水平推荐意见

等级代号	Ⅰ	Ⅱ	Ⅲ	Ⅳ	Ⅴ
混凝土耐久性水平推荐意见	差	较差	较好	好	很好

混凝土氯离子迁移系数往往是针对海洋等氯离子侵蚀环境的控制指标，此类环境的工程由于耐久性需要，混凝土中一般都掺入较多的矿物掺合料，规定 84d 龄期指标相对比较合理。目前 84d 龄期指标已经被工程普遍采用，如我国杭州湾大桥和马来西亚槟城

第二跨海大桥等。一般而言，84d 龄期的混凝土氯离子迁移系数小于 $2.5 \times 10^{-12}\,\mathrm{m^2/s}$，表明混凝土具有较好的抗氯离子渗透性能；氯离子迁移系数小于 $1.5 \times 10^{-12}\,\mathrm{m^2/s}$，表明混凝土具有优异的抗氯离子渗透性能。

当采用电通量作为混凝土抗氯离子渗透性能的控制指标时，对于大掺量矿物掺合料的混凝土，28d 的试验结果可能不能准确反映混凝土真实的抗氯离子渗透性能，故允许采用 56d 的测试值进行评定。本标准明确了大掺量矿物掺合料的涵义：混凝土中水泥混合材与矿物掺合料之和超过胶凝材料用量的 50%。

本标准电通量的等级划分部分参照了 ASTM C 1202-05 的规定（见表2）。我国其他有关标准也是参考该标准制订的。

表 2 基于电通量的氯离子渗透性

电通量（C）	>4000	2000～4000	1000～2000	100～1000	<100
氯离子渗透性评价	高	中等	低	很低	可忽略

3.3.4 快速碳化试验碳化深度小于 20mm 的混凝土，其抗碳化性能较好，通常可满足大气环境下 50 年的耐久性要求。在大气环境下，有其他腐蚀介质侵蚀的影响，混凝土的碳化会发展得快一些。快速碳化试验碳化深度小于 10mm 的混凝土的碳化性能良好；许多强度等级高、密实性好的混凝土，在碳化试验中会出现测不出碳化的情况。

3.3.5 混凝土早期的抗裂性能系统试验研究表明，单位面积上的总开裂面积在 $100\mathrm{mm^2/m^2}$ 以内的混凝土抗裂性能好；当单位面积上的总开裂面积超过 $1000\mathrm{mm^2/m^2}$ 时，混凝土的抗裂性能较差。由于试验周期短，可用于混凝土配合比的对比和筛选，对混凝土裂缝控制具有良好的效果。

3.3.6 现行行业标准《混凝土耐久性检验评定标准》JGJ/T 193 包括了混凝土抗冻性能、抗水渗透性能、抗硫酸盐侵蚀性能、抗氯离子渗透性能、抗碳化性能和早期抗裂性能的检验评定。

4 配合比控制

4.0.1 多年以来，现行行业标准《普通混凝土配合比设计规程》JGJ 55 在混凝土工程领域普遍采用，可操作性强，效果良好。

4.0.2 混凝土配合比不仅应满足混凝土强度要求，还应满足混凝土施工性能和耐久性能的要求。目前应通过配合比控制加强对混凝土耐久性能的控制。

4.0.3 对于首次使用、使用间隔时间超过三个月的混凝土配合比，在使用前进行配合比审查和核准是不

可省略的。生产使用的原材料应与配合比设计一致是指原材料的品种、规格、强度等级等指标应相同。以水泥为例，即指采用同一厂家生产的同品种、同强度等级和同批次水泥。

4.0.4 在混凝土配合比使用过程中，现场会出现各种情况，需要对混凝土配合比进行适当调整，比如因气候或施工情况变化可能影响混凝土质量，则需要适当调整混凝土配合比。

5 生产控制水平

5.0.1 预拌混凝土包括预拌混凝土搅拌站、预制混凝土构件厂和施工现场搅拌站生产的混凝土，具体定义为：在搅拌站生产、通过运输设备送至使用地点、交付时为拌合物的混凝土。

5.0.2 混凝土强度标准差（σ）、实测强度达到强度标准值组数的百分率（P）是表征生产控制水平的重要指标。

5.0.3、5.0.4 按强度评价混凝土生产控制水平主要体现在：强度满足要求，分散性小，且合格保证率高。因此，不仅仅要看混凝土强度是否满足评定要求，还要看反映强度分散程度的标准差的大小以及实测强度达到强度标准值组数的百分率，其中重点是强度标准差指标。近年来，我国预拌混凝土生产质量控制水平得到提高，全国范围统计的强度标准差基本可以达到修订前的标准的优良水平，因此，本次修订取消了原有的强度标准差一般水平，将强度标准差优良水平稍作调整后作为控制水平。

5.0.5 施工现场集中搅拌站的混凝土生产不及预拌混凝土搅拌站和预制混凝土构件厂规律，因此，统计周期可根据实际情况延长，但不宜超过 3 个月。

6 生产与施工质量控制

6.1 一般规定

6.1.1 完整的生产施工技术方案能够充分研究确定各个环节及相互联系的控制技术，有利于做好充分准备，保证混凝土工程的顺利实施，进而保证混凝土工程质量。

6.1.2 在生产施工过程中向混凝土拌合物中加水会严重影响混凝土力学性能、长期性能和耐久性能，对混凝土工程质量危害极大，必须严格禁止。

6.2 原材料进场

6.2.1 混凝土原材料进场时，应有质量证明文件。质量证明文件应存档备案作为原材料验收文件的一部分。

6.2.2 原材料进场检验对于混凝土质量控制具有极其重要的意义，因为原材料质量是混凝土质量的基本保证。

6.2.3 水泥在潮湿情况下容易结块，水泥结块后质量受到影响；水泥出厂超过 3 个月（硫铝酸盐水泥超过 45d）属于过期，对质量重新进行检验是必要的。

6.2.4 混凝土骨料含水情况变化是长期以来影响混凝土质量的重要因素，很难在混凝土生产过程中对骨料含水情况变化做相应的准确调控。解决这一问题的最好办法就是建造大棚等遮雨设施，可大大提高混凝土质量的控制水平。建造大棚等遮雨设施一次性投资有限，可节约大量调控付出的材料成本和为质量问题付出的代价，经济上非常合算。目前国内许多搅拌站已经实施这一措施。

6.2.5 工程中存在将矿物掺合料和水泥搞错的质量事故，因此，区分矿物掺合料和水泥不得大意。

6.2.6 应杜绝外加剂送检样品与工程大批量进货不一致的情况。粉状外加剂受潮结块会影响质量，混凝土拌合时也不利于均匀分布；有些液态外加剂经过日晒和冻融后质量会下降，储存时应予以注意。

6.3 计 量

6.3.1 采用电子计量设备进行原材料计量对混凝土生产质量控制意义重大，无论是规模生产可控性还是控制精度，都是现代混凝土生产所要求的。混凝土生产企业应重视计量设备的自检和零点校准，保证计量设备运行质量。

6.3.2 由于拌合用水和外加剂用量对混凝土性能影响较大，所以本次修订提高拌合用水和外加剂计量控制水平（原来允许偏差为 2%），目前计量设备可以满足要求。

6.3.3 在执行配合比进行计量时，粗、细骨料计量包含了骨料含水，拌合用水计量则应把相当于骨料含水的水扣除。

6.4 搅 拌

6.4.1 预拌混凝土搅拌站、预制混凝土构件厂和施工现场搅拌站都是采用强制式搅拌机，一些条件落后的情况还在使用自落式搅拌机。

6.4.2 原材料投料方式主要是指混凝土搅拌时原材料投料的顺序以及顺序之间的间隔时间。

6.4.3 目前，预拌混凝土搅拌站、预制混凝土构件厂和施工现场搅拌站基本采用双卧轴强制式搅拌机，采用的搅拌时间一般都少于表 6.4.3 给出的最短时间，但只要能保证混凝土搅拌均匀，就是允许的。

6.4.4 本条规定旨在直接控制混凝土搅拌质量，并给出具体控制指标。

6.4.5 在执行本条规定时，重点应注意通过骨料和热水搅拌使热水降温后，再加入水泥等胶凝材料搅拌。

6.5 运　　输

6.5.1　广泛采用的搅拌罐车是控制混凝土拌合物性能稳定的重要运输工具。

6.5.2　采用机动翻斗车运输混凝土时，如果道路颠簸，容易导致混凝土分层和离析。

6.5.3　由于要控制混凝土拌合物入模温度不低于5℃，所以对搅拌罐车的搅拌罐作出保温的规定。

6.5.4　卸料之前采用快档旋转搅拌的目的是将拌合物搅拌均匀，利于泵送施工。搅拌罐车卸料困难或混凝土坍落度损失过大情况时有发生，较多情况是现场施工组织不力，不能及时浇筑混凝土而导致压车，这时可向罐车内掺加适量减水剂并搅拌均匀以改善拌合物稠度，但是应经过试验确定。

6.5.5　保证混凝土的连续泵送非常重要。尤其对大体积混凝土和不留施工缝的结构混凝土等。

6.5.6　随着混凝土外加剂技术的发展，调整混凝土拌合物的可操作时间并满足硬化混凝土性能要求比较容易实现，因此，控制混凝土出机至现场接收不超过90min是可行的。

6.6 浇筑成型

6.6.1　支模质量直接影响混凝土施工质量，如模板失稳或跑模会打乱混凝土浇筑节奏，影响混凝土质量；支模质量也对混凝土外观质量有直接影响。

6.6.2　表面干燥的地基土、垫层、木模板具有吸水性，会造成混凝土表面失水过多，容易产生外观质量问题。

6.6.3　混凝土拌合物入模温度过高，对混凝土硬化过程有影响，加大了控制难度，因此，避免高温条件浇筑混凝土是比较合理的选择。

6.6.4　混凝土拌合物入模温度过低，对水泥水化和混凝土强度发展不利，混凝土在冬期容易被冻伤。

6.6.5　混凝土浇筑质量控制目标为浇筑的均匀性、密实性和整体性。

6.6.6　如果混凝土粗骨料粒径太大而输送管道内径太小，会突出粗骨料与管道的摩阻力，混凝土的摩阻力也增大，在压力下，影响浆体对粗骨料包覆，易于堵泵。

6.6.7　无论采用车泵还是拖泵，都应避免输送管道中的混凝土混入其他不同配合比或不同强度等级混凝土，在工程中存在搞混引起质量事故的问题。

6.6.8　当混凝土自由倾落高度过大时，采用串筒、溜管或振动溜管等辅助设备有利于避免混凝土离析。

6.6.9　混凝土分层浇筑厚度过大不利于混凝土振捣，影响混凝土的成型质量，清水混凝土可采用边浇筑边振捣以利于形成质量均匀、颜色一致的混凝土表面。

6.6.10　自密实混凝土浇筑布料点往往选择多个，可避免自密实混凝土流动距离过远，影响混凝土的自密

实效果。

6.6.11～6.6.13　一般结构混凝土通常使用振捣棒进行插入振捣，较薄的平面结构可采用平板振捣器进行表面振捣，竖向薄壁且配筋较密的结构或构件可采用附壁振动器进行附壁振动，当采用干硬性混凝土成型混凝土制品时可采用振动台或表面加压振动。振捣（动）时间要适宜，避免混凝土密实不够或分层。

6.6.14　虽然通过混凝土外加剂技术，可以调整混凝土拌合物的可操作时间并满足硬化混凝土性能要求，但控制混凝土从搅拌机卸出到浇筑完毕的延续时间对混凝土浇筑质量仍然非常重要，抓紧时间尽早完成浇筑有利于浇筑成型各方面的操作。

6.6.15　同条件养护试件可以比较客观地反映结构和构件实体的混凝土质量情况。

6.6.16　在混凝土终凝前对浇筑面进行抹面处理有利于抑制表面裂缝，提高表面质量。

6.6.17　混凝土硬化不足时人为踩踏会给混凝土造成伤害；构件底模及其支架拆除过早会使上面结构荷载和施工荷载对混凝土构件造成伤害的可能性增大。混凝土在自然保湿养护下强度达到1.2MPa的时间可按表3估计。混凝土强度的发展还受混凝土强度等级、配合比设计、构件尺寸、施工工艺等因素影响。

表3　混凝土强度达到1.2MPa的时间估计（h）

水泥品种	外界温度（℃）			
	1～5	5～10	10～15	15以上
硅酸盐水泥 普通硅酸盐水泥	46	36	26	20
矿渣硅酸盐水泥 火山灰质硅酸盐水泥 粉煤灰硅酸盐水泥	60	38	28	22

注：掺加矿物掺合料的混凝土可适当增加时间。

6.7 养　　护

6.7.1　混凝土养护是水泥水化及混凝土硬化正常发展的重要条件，混凝土养护不好往往会前功尽弃。在工程中，制订施工养护方案或生产养护制度应作为必不可少的规定，并应有实施过程的养护记录，供存档备案。

6.7.2　养护应同时注意湿度和温度，原则是：湿度要充分，温度应适宜。

6.7.3　混凝土成型后立即用塑料薄膜覆盖可以预防混凝土早期失水和被风吹，是比较好的养护措施。对于难以潮湿覆盖的结构立面混凝土等，可采用养护剂进行养护，但养护效果应通过试验验证。

6.7.4　本规定可有效减少混凝土表面水分损失，有利于混凝土表面裂缝的控制。

6.7.5　粉煤灰硅酸盐水泥、火山灰质硅酸盐水泥和

复合硅酸盐水泥配制的混凝土，或掺加缓凝剂的混凝土以及大掺量矿物掺合料混凝土中胶凝材料水化速度慢，达到性能要求的水化时间长，因此，相应需要的养护时间也长。

6.7.6 采用蒸汽养护时，在可接受生产效率范围内，混凝土成型后的静停时间长一些有利于减少混凝土在蒸养过程中的内部损伤；控制升温速度和降温速度慢一些，可减小温度应力对混凝土内部结构的不利影响；控制最高和恒温温度不宜超过 65℃ 比较合适，最高不应超过 80℃。

6.7.7 大体积混凝土温度控制，可有效控制混凝土内部温度应力对混凝土浇筑体结构的不利影响，减小裂缝产生的可能性。

6.7.8 对于冬期施工的混凝土，同样应注意避免混凝土内外温差过大，有效控制混凝土温度应力的不利影响。混凝土强度不低于 5MPa 即具有了一定的非冻融循环大气条件下的抗冻能力，这个强度也称抗冻临界强度。

7 混凝土质量检验

7.1 混凝土原材料质量检验

7.1.1 混凝土原材料质量检验应包括型式检验报告、出厂检验报告或合格证等质量证明文件的查验和收存。

7.1.2 应在混凝土原材料进场时检验把关，不合格的原材料不能进场。

7.1.3 混凝土原材料每个检验批的量不能多于规定的量。

7.1.4 符合本标准第 2 章规定的原材料为质量合格，可以验收。

7.2 混凝土拌合物性能检验

7.2.1 坍落度与和易性检验在搅拌地点和浇筑地点都要进行，搅拌地点检验为控制性自检，浇筑地点检验为验收检验；凝结时间检验可以在搅拌地点进行。

7.2.2 水泥和外加剂及其相容性是影响混凝土凝结时间的主要因素，且不同批次的水泥和外加剂对混凝土凝结时间的影响可能变化。对于海砂混凝土，关键是控制海砂的氯离子含量，因此，相应于每批海砂的混凝土都应检验混凝土氯离子含量。

7.2.3 符合本标准第 3.1 节规定的混凝土拌合物为质量合格，可以验收。

7.3 硬化混凝土性能检验

7.3.1 我国现行标准《混凝土强度检验评定标准》GB/T 50107 和《混凝土耐久性检验评定标准》JGJ/T 193 中包括了相应于混凝土强度和混凝土耐久性的检验规则。

7.3.2 符合本标准第 3.2 节和第 3.3 节规定的硬化混凝土为质量合格，可以验收。

附录 A 坍落度经时损失试验方法

A.0.1 坍落度经时损失是混凝土拌合物性能的重要方面，现行国家标准《普通混凝土拌合物性能试验方法标准》GB/T 50080 中尚未规定具体试验标准。

A.0.2 取样与试样的制备与现行国家标准《普通混凝土拌合物性能试验方法标准》GB/T 50080 一致。

A.0.3 坍落度经时损失测定是在现行国家标准《普通混凝土拌合物性能试验方法标准》GB/T 50080 中坍落度试验方法的基础上进行的，试验条件与坍落度试验方法相同。本方法规定测定经过 1h 的坍落度损失为标准做法；如果工程需要，也可参照此方法测定经过不同时间的坍落度损失。

A.0.4 坍落度经时损失可以为负值，表示经过一段时间后，混凝土坍落度反而有所增大。

中华人民共和国国家标准

混凝土结构耐久性设计规范

Code for durability design of concrete structures

GB/T 50476—2008

主编部门：中华人民共和国住房和城乡建设部
批准部门：中华人民共和国住房和城乡建设部
施行日期：２００９年５月１日

中华人民共和国住房和城乡建设部
公 告

第 162 号

关于发布国家标准
《混凝土结构耐久性设计规范》的公告

现批准《混凝土结构耐久性设计规范》为国家标准，编号为 GB/T 50476-2008，自 2009 年 5 月 1 日起实施。

本规范由我部标准定额研究所组织中国建筑工业出版社出版发行。

中华人民共和国住房和城乡建设部

2008 年 11 月 12 日

前　言

本规范是根据建设部《关于印发〈二○○四年工程建设国家标准制定、修订计划〉的通知》（建标〔2004〕67 号文）要求，由清华大学会同有关单位共同编制而成。

在编写过程中，编制组开展了专题调查研究，总结了我国近年来的工程实践经验并借鉴了现行的有关国际标准，先后完成了编写初稿、征求意见稿和送审稿，并以多种方式在全国范围内广泛征求意见，经反复修改，最后审查定稿。

本规范共分 8 章、4 个附录，主要内容为：混凝土结构耐久性设计的基本原则、环境作用类别与等级的划分、设计使用年限、混凝土材料的基本要求、有关的结构构造措施以及一般环境、冻融环境、氯化物环境和化学腐蚀环境作用下的耐久性设计方法。

混凝土结构的耐久性问题十分复杂，不仅环境作用本身多变，带有很大的不确定与不确知性，而且结构材料在环境作用下的劣化机理也有诸多问题有待进一步明确。我国幅员辽阔，各地环境条件与混凝土原材料均存在很大差异，在应用本规范时，应充分考虑当地的实际情况。

本规范由住房和城乡建设部负责管理，由清华大学负责具体技术内容的解释。为提高规范质量，请在使用本规范的过程中结合工程实践，认真总结经验、积累资料，并将意见和建议寄交清华大学土木系（邮编：100084；E-mail：jiegou@tsinghua.edu.cn）。

本规范主编单位、参编单位和主要起草人：

主编单位：清华大学

参编单位：中国建筑科学研究院
国家建筑工程质量监督检验中心
北京市市政工程设计研究总院
同济大学
西安建筑科技大学
大连理工大学
中交四航工程研究院
中交天津港湾工程研究院
路桥集团桥梁技术有限公司
中国建筑工程总公司

主要起草人：陈肇元　邸小坛　李克非　廉慧珍
徐有邻　包琦玮　王庆霖　黄士元
金伟良　干伟忠　赵　筠　朱万旭
鲍卫刚　潘德强　孙　伟　王　铠
陈蔚凡　巴恒静　路新瀛　谢永江
郝挺宇　邓德华　冷发光　缪昌文
钱稼茹　王清湘　张　鑫　邢　锋
尤天直　赵铁军

目　次

1　总则 ……………………………… 8—4
2　术语和符号 …………………… 8—4
　2.1　术语 …………………………… 8—4
　2.2　符号 …………………………… 8—5
3　基本规定 ……………………… 8—5
　3.1　设计原则 ……………………… 8—5
　3.2　环境类别与作用等级 ………… 8—5
　3.3　设计使用年限 ………………… 8—5
　3.4　材料要求 ……………………… 8—6
　3.5　构造规定 ……………………… 8—6
　3.6　施工质量的附加要求 ………… 8—7
4　一般环境 ……………………… 8—7
　4.1　一般规定 ……………………… 8—7
　4.2　环境作用等级 ………………… 8—8
　4.3　材料与保护层厚度 …………… 8—8
5　冻融环境 ……………………… 8—9
　5.1　一般规定 ……………………… 8—9
　5.2　环境作用等级 ………………… 8—9
　5.3　材料与保护层厚度 …………… 8—10
6　氯化物环境 …………………… 8—10
　6.1　一般规定 ……………………… 8—10

6.2　环境作用等级 ………………… 8—10
6.3　材料与保护层厚度 …………… 8—11
7　化学腐蚀环境 ………………… 8—12
　7.1　一般规定 ……………………… 8—12
　7.2　环境作用等级 ………………… 8—13
　7.3　材料与保护层厚度 …………… 8—13
8　后张预应力混凝土结构 ……… 8—14
　8.1　一般规定 ……………………… 8—14
　8.2　预应力筋的防护 ……………… 8—14
　8.3　锚固端的防护 ………………… 8—14
　8.4　构造与施工质量的附加要求 … 8—15
附录A　混凝土结构设计的耐久性
　　　　极限状态 …………………… 8—15
附录B　混凝土原材料的选用 ……… 8—15
附录C　引气混凝土的含气量与
　　　　气泡间隔系数 ……………… 8—17
附录D　混凝土耐久性参数与腐蚀性
　　　　离子测定方法 ……………… 8—17
本规范用词说明 …………………… 8—18
附：条文说明 ……………………… 8—19

1 总　则

1.0.1 为保证混凝土结构的耐久性达到规定的设计使用年限，确保工程的合理使用寿命要求，制定本规范。

1.0.2 本规范适用于常见环境作用下房屋建筑、城市桥梁、隧道等市政基础设施与一般构筑物中普通混凝土结构及其构件的耐久性设计，不适用于轻骨料混凝土及其他特种混凝土结构。

1.0.3 本规范规定的耐久性设计要求，应为结构达到设计使用年限并具有必要保证率的最低要求。设计中可根据工程的具体特点、当地的环境条件与实践经验，以及具体的施工条件等适当提高。

1.0.4 混凝土结构的耐久性设计，除执行本规范的规定外，尚应符合国家现行有关标准的规定。

2　术语和符号

2.1　术　语

2.1.1 环境作用　environmental action

温、湿度及其变化以及二氧化碳、氧、盐、酸等环境因素对结构的作用。

2.1.2 劣化　degradation

材料性能随时间的逐渐衰减。

2.1.3 劣化模型　degradation model

描述材料性能劣化过程的数学表达式。

2.1.4 结构耐久性　structure durability

在设计确定的环境作用和维修、使用条件下，结构构件在设计使用年限内保持其适用性和安全性的能力。

2.1.5 结构使用年限　structure service life

结构各种性能均能满足使用要求的年限。

2.1.6 氯离子在混凝土中的扩散系数　chloride diffusion coefficient of concrete

描述混凝土孔隙水中氯离子从高浓度区向低浓度区扩散过程的参数。

2.1.7 混凝土抗冻耐久性指数 DF（durability factor）

混凝土经规定次数快速冻融循环试验后，用标准试验方法测定的动弹性模量与初始动弹性模量的比值。

2.1.8 引气　air entrainment

混凝土拌合时用表面活性剂在混凝土中形成均匀、稳定球形微气泡的工艺措施。

2.1.9 含气量　concrete air content

混凝土中气泡体积与混凝土总体积的比值。对于采用引气工艺的混凝土，气泡体积包括掺入引气剂后形成的气泡体积和混凝土拌合过程中挟带的空气体积。

2.1.10 气泡间隔系数　air bubble spacing

硬化混凝土或水泥浆体中相邻气泡边缘之间的平均距离。

2.1.11 维修　maintenance

为维持结构在使用年限内所需性能而采取的各种技术和管理活动。

2.1.12 修复　restore

通过修补、更换或加固，使受到损伤的结构恢复到满足正常使用所进行的活动。

2.1.13 大修　major repair

需在一定期限内停止结构的正常使用，或大面积置换结构中的受损混凝土，或更换结构主要构件的修复活动。

2.1.14 可修复性　restorability

受到损伤的结构或构件具有能够经济合理地被修复的能力。

2.1.15 胶凝材料　cementitious material，or binder

混凝土原材料中具有胶结作用的硅酸盐水泥和粉煤灰、硅灰、磨细矿渣等矿物掺合料与混合料的总称。

2.1.16 水胶比　water to binder ratio

混凝土拌合物中用水量与胶凝材料总量的重量比。

2.1.17 大掺量矿物掺合料混凝土　concrete with high-volume supplementary cementitious materials

胶凝材料中含有较大比例的粉煤灰、硅灰、磨细矿渣等矿物掺合料和混合料，需要采取较低的水胶比和特殊施工措施的混凝土。

2.1.18 钢筋的混凝土保护层　concrete cover to reinforcement

从混凝土表面到钢筋（包括纵向钢筋、箍筋和分布钢筋）公称直径外边缘之间的最小距离；对后张法预应力筋，为套管或孔道外边缘到混凝土表面的距离。

2.1.19 防腐蚀附加措施　additional protective measures

在改善混凝土密实性、增加保护层厚度和利用防排水措施等常规手段的基础上，为进一步提高混凝土结构耐久性所采取的补充措施，包括混凝土表面涂层、防腐蚀面层、环氧涂层钢筋、钢筋阻锈剂和阴极保护等。

2.1.20 多重防护策略　multiple protective strategy

为确保混凝土结构和构件的使用年限而同时采取多种防腐蚀附加措施的方法。

2.1.21 混凝土结构　concrete structure

以混凝土为主制成的结构，包括素混凝土结构、钢筋混凝土结构和预应力混凝土结构；无筋或不配置受力钢筋的结构为素混凝土结构,钢筋混凝土和预应力混凝土结构在本规范统称为配筋混凝土结构。

2.2 符　号

c——钢筋的混凝土保护层厚度;

c_1——钢筋的混凝土保护层厚度的检测值;

C_a30——强度等级为C30的引气混凝土;

D_{RCM}——用外加电场加速离子迁移的标准试验方法测得的氯离子扩散系数;

DF——混凝土抗冻耐久性指数;

E_0——经历冻融循环之前混凝土的初始动弹性模量;

E_1——经历冻融循环后混凝土的动弹性模量;

W/B——混凝土的水胶比;

α_f——混凝土原材料中的粉煤灰重量占胶凝材料总重的比值;

α_s——混凝土原材料中的磨细矿渣重量占胶凝材料总重的比值;

$\triangle$——混凝土保护层施工允许负偏差的绝对值。

3　基　本　规　定

3.1　设　计　原　则

3.1.1　混凝土结构的耐久性应根据结构的设计使用年限、结构所处的环境类别及作用等级进行设计。

对于氯化物环境下的重要混凝土结构,尚应按本规范附录 A 的规定采用定量方法进行辅助性校核。

3.1.2　混凝土结构的耐久性设计应包括下列内容:

　1　结构的设计使用年限、环境类别及其作用等级;

　2　有利于减轻环境作用的结构形式、布置和构造;

　3　混凝土结构材料的耐久性质量要求;

　4　钢筋的混凝土保护层厚度;

　5　混凝土裂缝控制要求;

　6　防水、排水等构造措施;

　7　严重环境作用下合理采取防腐蚀附加措施或多重防护策略;

　8　耐久性所需的施工养护制度与保护层厚度的施工质量验收要求;

　9　结构使用阶段的维护、修理与检测要求。

3.2　环境类别与作用等级

3.2.1　结构所处环境按其对钢筋和混凝土材料的腐蚀机理可分为5类,并应按表3.2.1确定。

表 3.2.1　环境类别

环境类别	名　称	腐蚀机理
I	一般环境	保护层混凝土碳化引起钢筋锈蚀
II	冻融环境	反复冻融导致混凝土损伤
III	海洋氯化物环境	氯盐引起钢筋锈蚀
IV	除冰盐等其他氯化物环境	氯盐引起钢筋锈蚀
V	化学腐蚀环境	硫酸盐等化学物质对混凝土的腐蚀

注:一般环境系指无冻融、氯化物和其他化学腐蚀物质作用。

3.2.2　环境对配筋混凝土结构的作用程度应采用环境作用等级表达,并应符合表3.2.2的规定。

表 3.2.2　环境作用等级

环境类别 \ 环境作用等级	A 轻微	B 轻度	C 中度	D 严重	E 非常严重	F 极端严重
一般环境	I-A	I-B	I-C	—	—	—
冻融环境	—	—	II-C	II-D	II-E	—
海洋氯化物环境	—	—	III-C	III-D	III-E	III-F
除冰盐等其他氯化物环境	—	—	IV-C	IV-D	IV-E	—
化学腐蚀环境	—	—	V-C	V-D	V-E	—

3.2.3　当结构构件受到多种环境类别共同作用时,应分别满足每种环境类别单独作用下的耐久性要求。

3.2.4　在长期潮湿或接触水的环境条件下,混凝土结构的耐久性设计应考虑混凝土可能发生的碱-骨料反应、钙矾石延迟反应和软水对混凝土的溶蚀,在设计中采取相应的措施。对混凝土含碱量的限制应根据附录 B 确定。

3.2.5　混凝土结构的耐久性设计尚应考虑高速流水、风沙以及车轮行驶对混凝土表面的冲刷、磨损作用等实际使用条件对耐久性的影响。

3.3　设　计　使　用　年　限

3.3.1　混凝土结构的设计使用年限应按建筑物的合理使用年限确定,不应低于现行国家标准《工程结构可靠性设计统一标准》GB 50153 的规定;对于城市桥梁等市政工程结构应按照表3.3.1的规定确定。

表 3.3.1　混凝土结构的设计使用年限

设计使用年限	适　用　范　围
不低于 100 年	城市快速路和主干道上的桥梁以及其他道路上的大型桥梁、隧道，重要的市政设施等
不低于 50 年	城市次干道和一般道路上的中小型桥梁，一般市政设施

3.3.2　一般环境下的民用建筑在设计使用年限内无需大修，其结构构件的设计使用年限应与结构整体设计使用年限相同。

严重环境作用下的桥梁、隧道等混凝土结构，其部分构件可设计成易于更换的形式，或能够经济合理地进行大修。可更换构件的设计使用年限可低于结构整体的设计使用年限，并应在设计文件中明确规定。

3.4　材　料　要　求

3.4.1　混凝土材料应根据结构所处的环境类别、作用等级和结构设计使用年限，按同时满足混凝土最低强度等级、最大水胶比和混凝土原材料组成的要求确定。

3.4.2　对重要工程或大型工程，应针对具体的环境类别和作用等级，分别提出抗冻耐久性指数、氯离子在混凝土中的扩散系数等具体量化耐久性指标。

3.4.3　结构构件的混凝土强度等级应同时满足耐久性和承载能力的要求。

3.4.4　配筋混凝土结构满足耐久性要求的混凝土最低强度等级应符合表 3.4.4 的规定。

表 3.4.4　满足耐久性要求的混凝土最低强度等级

环境类别与作用等级	设计使用年限		
	100 年	50 年	30 年
I-A	C30	C25	C25
I-B	C35	C30	C25
I-C	C40	C35	C30
II-C	C_a35，C45	C_a30，C45	C_a30，C40
II-D	C_a40	C_a35	C_a35
II-E	C_a45	C_a40	C_a40
III-C, IV-C, V-C, III-D, IV-D	C45	C40	C40
V-D, III-E, IV-E	C50	C45	C45
V-E, III-F	C55	C50	C50

注：1　预应力混凝土构件的混凝土最低强度等级不应低于 C40；

2　如能加大钢筋的保护层厚度，大截面受压墩、柱的混凝土强度等级可以低于表中规定的数值，但不应低于第 3.4.5 条规定的素混凝土最低强度等级。

3.4.5　素混凝土结构满足耐久性要求的混凝土最低强度等级，一般环境不应低于 C15；冻融环境和化学腐蚀环境应根据本规范表 5.3.2、表 7.3.2 的规定确定；氯化物环境可按本规范表 6.3.2 的 III-C 或 IV-C 环境作用等级确定。

3.4.6　直径为 6mm 的细直径热轧钢筋作为受力主筋，应只限在一般环境（I 类）中使用，且当环境作用等级为轻微（I-A）和轻度（I-B）时，构件的设计使用年限不得超过 50 年；当环境作用等级为中度（I-C）时，设计使用年限不得超过 30 年。

3.4.7　冷加工钢筋不宜作为预应力筋使用，也不宜作为按塑性设计构件的受力主筋。

公称直径不大于 6mm 的冷加工钢筋应只在 I-A、I-B 等级的环境作用中作为受力钢筋使用，且构件的设计使用年限不得超过 50 年。

3.4.8　预应力筋的公称直径不得小于 5mm。

3.4.9　同一构件中的受力钢筋，宜使用同材质的钢筋。

3.5　构　造　规　定

3.5.1　不同环境作用下钢筋主筋、箍筋和分布筋，其混凝土保护层厚度应满足钢筋防锈、耐火以及与混凝土之间粘结力传递的要求，且混凝土保护层厚度设计值不得小于钢筋的公称直径。

3.5.2　具有连续密封套管的后张预应力钢筋，其混凝土保护层厚度可与普通钢筋相同且不应小于孔道直径的 1/2；否则应比普通钢筋增加 10mm。

先张法构件中预应力钢筋在全预应力状态下的保护层厚度可与普通钢筋相同，否则应比普通钢筋增加 10mm。

直径大于 16mm 的热轧预应力钢筋保护层厚度可与普通钢筋相同。

3.5.3　工厂预制的混凝土构件，其普通钢筋和预应力钢筋的混凝土保护层厚度可比现浇构件减少 5mm。

3.5.4　在荷载作用下配筋混凝土构件的表面裂缝最大宽度计算值不应超过表 3.5.4 中的限值。对裂缝宽度无特殊外观要求的，当保护层设计厚度超过 30mm 时，可将厚度取为 30mm 计算裂缝的最大宽度。

表 3.5.4　表面裂缝计算宽度限值（mm）

环境作用等级	钢筋混凝土构件	有粘结预应力混凝土构件
A	0.40	0.20
B	0.30	0.20（0.15）
C	0.20	0.10
D	0.20	按二级裂缝控制或按部分预应力 A 类构件控制

环境作用等级	钢筋混凝土构件	有粘结预应力混凝土构件
E、F	0.15	按一级裂缝控制或按全预应力类构件控制

注：1　括号中的宽度适用于采用钢丝或钢绞线的先张预应力构件；

2　裂缝控制等级为二级或一级时，按现行国家标准《混凝土结构设计规范》GB 50010 计算裂缝宽度；部分预应力 A 类构件或全预应力构件按现行行业标准《公路钢筋混凝土及预应力混凝土桥涵设计规范》JTG D62 计算裂缝宽度；

3　有自防水要求的混凝土构件，其横向弯曲的表面裂缝计算宽度不应超过 0.20mm。

3.5.5　混凝土结构构件的形状和构造应有效地避免水、汽和有害物质在混凝土表面的积聚，并应采取以下构造措施：

1　受雨淋或可能积水的露天混凝土构件顶面，宜做成斜面，并应考虑结构挠度和预应力反拱对排水的影响；

2　受雨淋的室外悬挑构件侧边下沿，应做滴水槽、鹰嘴或采取其他防止雨水淌向构件底面的构造措施；

3　屋面、桥面应专门设置排水系统，且不得将水直接排向下部混凝土构件的表面；

4　在混凝土结构构件与上覆的露天面层之间，应设置可靠的防水层。

3.5.6　当环境作用等级为 D、E、F 级时，应减少混凝土结构构件表面的暴露面积，并应避免表面的凹凸变化；构件的棱角宜做成圆角。

3.5.7　施工缝、伸缩缝等连接缝的设置宜避开局部环境作用不利的部位，否则应采取有效的防护措施。

3.5.8　暴露在混凝土结构构件外的吊环、紧固件、连接件等金属部件，表面应采用可靠的防腐措施；后张法预应力体系应采取多重防护措施。

3.6　施工质量的附加要求

3.6.1　根据结构所处的环境类别与作用等级，混凝土耐久性所需的施工养护应符合表 3.6.1 的规定。

表 3.6.1　施工养护制度要求

环境作用等级	混凝土类型	养护制度
I -A	一般混凝土	至少养护 1d
	大掺量矿物掺合料混凝土	浇筑后立即覆盖并加湿养护，至少养护 3d
I -B、I -C、II -C、III -C、IV -C、V -C	一般混凝土	养护至现场混凝土的强度不低于 28d 标准强度的 50%，且不少于 3d
II -D、V -D II -E、V -E	大掺量矿物掺合料混凝土	浇筑后立即覆盖并加湿养护，养护至现场混凝土的强度不低于 28d 标准强度的 50%，且不少于 7d

环境作用等级	混凝土类型	养护制度
III -D、IV -D III -E、IV -E III -F	大掺量矿物掺合料混凝土	浇筑后立即覆盖并加湿养护，养护至现场混凝土的强度不低于 28d 标准强度的 50%，且不少于 7d。加湿养护结束后应继续用养护喷涂或覆盖保湿、防风一段时间至现场混凝土的强度不低于 28d 标准强度的 70%

注：1　表中要求适用于混凝土表面大气温度不低于 10℃ 的情况，否则应延长养护时间；

2　有盐的冻融环境中混凝土施工养护应按 III、IV 类环境的规定执行；

3　大掺量矿物掺合料混凝土在 I -A 环境中用于永久浸没于水中的构件。

3.6.2　处于 I -A、I -B 环境下的混凝土结构构件，其保护层厚度的施工质量验收要求按照现行国家标准《混凝土结构工程施工质量验收规范》GB 50204 的规定执行。

3.6.3　环境作用等级为 C、D、E、F 的混凝土结构构件，应按下列要求进行保护层厚度的施工质量验收：

1　对选定的每一配筋构件，选择有代表性的最外侧钢筋 8～16 根进行混凝土保护层厚度的无破损检测；对每根钢筋，应选取 3 个代表性部位测量。

2　对同一构件所有的测点，如有 95% 或以上的实测保护层厚度 c_1 满足以下要求，则认为合格：

$$c_1 \geqslant c - \Delta \qquad (3.6.3)$$

式中　c——保护层设计厚度；

Δ——保护层施工允许负偏差的绝对值，对梁柱等条形构件取 10mm，板墙等面形构件取 5mm。

3　当不能满足第 2 款的要求时，可增加同样数量的测点进行检测，按两次测点的全部数据进行统计，如仍不能满足第 2 款的要求，则判定为不合格，并要求采取相应的补救措施。

4　一般环境

4.1　一般规定

4.1.1　一般环境下混凝土结构的耐久性设计，应控制在正常大气作用下混凝土碳化引起的内部钢筋锈蚀。

4.1.2　当混凝土结构构件同时承受其他环境作用时，应按环境作用等级较高的有关要求进行耐久性设计。

4.1.3 一般环境下混凝土结构的构造要求应符合本规范第3.5节的规定。

4.1.4 一般环境下混凝土结构施工质量控制应按照本规范第3.6节的规定执行。

4.2 环境作用等级

4.2.1 一般环境对配筋混凝土结构的环境作用等级应根据具体情况按表4.2.1确定。

表4.2.1　一般环境对配筋混凝土结构的
环境作用等级

环境作用等级	环境条件	结构构件示例
Ⅰ-A	室内干燥环境	常年干燥、低湿度环境中的室内构件；所有表面均永久处于静水下的构件
	永久的静水浸没环境	
Ⅰ-B	非干湿交替的室内潮湿环境	中、高湿度环境中的室内构件；不接触或偶尔接触雨水的室外构件；长期与水或湿润土体接触的构件
	非干湿交替的露天环境	
	长期湿润环境	
Ⅰ-C	干湿交替环境	与冷凝水、露水或与蒸汽频繁接触的室内构件；地下室顶板构件；表面频繁淋雨或频繁与水接触的室外构件；处于水位变动区的构件

注：1　环境条件系指混凝土表面的局部环境；
　　2　干燥、低湿度环境指年平均湿度低于60%，中、高湿度环境指年平均湿度大于60%；
　　3　干湿交替指混凝土表面经常交替接触到大气和水的环境条件。

4.2.2 配筋混凝土墙、板构件的一侧表面接触室内干燥空气、另一侧表面接触水或湿润土体时，接触空气一侧的环境作用等级宜按干湿交替环境确定。

4.3 材料与保护层厚度

4.3.1 一般环境中的配筋混凝土结构构件，其普通钢筋的保护层最小厚度与相应的混凝土强度等级、最大水胶比应符合表4.3.1的要求。

4.3.2 大截面混凝土墩柱在加大钢筋的混凝土保护层厚度的前提下，其混凝土强度等级可低于本规范表4.3.1中的要求，但降低幅度不应超过两个强度等级，且设计使用年限为100年和50年的构件，其强度等级不应低于C25和C20。

当采用的混凝土强度等级比本规范表4.3.1的规定低一个等级时，混凝土保护层厚度应增加5mm；当低两个等级时，混凝土保护层厚度应增加10mm。

4.3.3 在Ⅰ-A、Ⅰ-B环境中的室内混凝土结构构件，如考虑建筑饰面对于钢筋防锈的有利作用，则其混凝土保护层最小厚度可比本规范表4.3.1规定适当减小，但减小幅度不应超过10mm；在任何情况下，板、墙等面形构件的最外侧钢筋保护层厚度不应小于10mm；梁、柱等条形构件最外侧钢筋的保护层厚度不应小于15mm。

在Ⅰ-C环境中频繁遭遇雨淋的室外混凝土结构构件，如考虑防水饰面的保护作用，则其混凝土保护层最小厚度可比本规范表4.3.1规定适当减小，但不应低于Ⅰ-B环境的要求。

4.3.4 采用直径6mm的细直径热轧钢筋或冷加工钢筋作为构件的主要受力钢筋时，应在本规范表4.3.1规定的基础上将混凝土强度提高一个等级，或将钢筋的混凝土保护层厚度增加5mm。

表4.3.1　一般环境中混凝土材料与钢筋的保护层最小厚度 c（mm）

环境作用等级		100年			50年			30年		
		混凝土强度等级	最大水胶比	c	混凝土强度等级	最大水胶比	c	混凝土强度等级	最大水胶比	c
板、墙等面形构件	Ⅰ-A	≥C30	0.55	20	≥C25	0.60	20	≥C25	0.60	20
	Ⅰ-B	C35	0.50	30	C30	0.55	25	C25	0.60	25
		≥C40	0.45	25	≥C35	0.50	20	≥C30	0.55	20
	Ⅰ-C	C40	0.45	40	C35	0.50	35	C30	0.55	30
		C45	0.40	35	C40	0.45	30	C35	0.50	25
		≥C50	0.36	30	≥C45	0.40	25	≥C40	0.45	20
梁、柱等条形构件	Ⅰ-A	C30	0.55	25	C25	0.60	25	≥C25	0.60	25
		≥C35	0.50	20	≥C30	0.55	20			
	Ⅰ-B	C35	0.50	35	C30	0.55	30	C25	0.60	30
		≥C40	0.45	30	≥C35	0.50	25	≥C30	0.55	25

续表 4.3.1

设计使用年限 环境作用 等级	100 年			50 年			30 年		
	混凝土 强度 等级	最大 水胶比	c	混凝土 强度 等级	最大 水胶比	c	混凝土 强度 等级	最大 水胶比	c
梁、柱等 条形构件　Ⅰ-C	C40	0.45	45	C35	0.50	40	C30	0.55	35
	C45	0.40	40	C40	0.45	35	C35	0.50	30
	≥C50	0.36	35	≥C45	0.40	30	≥C40	0.45	25

注：1　Ⅰ-A 环境中使用年限低于 100 年的板、墙，当混凝土骨料最大公称粒径不大于 15mm 时，保护层最小厚度可降为 15mm，但最大水胶比不应大于 0.55；

2　年平均气温大于 20℃且年平均湿度大于 75％的环境，除Ⅰ-A 环境中的板、墙构件外，混凝土最低强度等级应比表中规定提高一级，或将保护层最小厚度增大 5mm；

3　直接接触土体浇筑的构件，其混凝土保护层厚度不应小于 70mm；有混凝土垫层时，可按上表确定；

4　处于流动水中或同时受水中泥沙冲刷的构件，其保护层厚度宜增加 10～20mm；

5　预制构件的保护层厚度可比表中规定减少 5mm；

6　当胶凝材料中粉煤灰和矿渣等掺量小于 20％时，表中水胶比低于 0.45 的，可适当增加；

7　预应力钢筋的保护层厚度按照本规范第 3.5.2 条的规定执行。

5　冻　融　环　境

5.1　一　般　规　定

5.1.1　冻融环境下混凝土结构的耐久性设计，应控制混凝土遭受长期冻融循环作用引起的损伤。

5.1.2　长期与水体直接接触并会发生反复冻融的混凝土结构构件，应考虑冻融环境的作用。最冷月平均气温高于 2.5℃的地区，混凝土结构可不考虑冻融环境作用。

5.1.3　冻融环境下混凝土结构的构造要求应符合本规范第 3.5 节的规定。对冻融环境中混凝土结构的薄壁构件，还宜增加构件厚度或采取有效的防冻措施。

5.1.4　冻融环境下混凝土结构的施工质量控制应按照本规范第 3.6 节的规定执行，且混凝土构件在施工养护结束至初次受冻的时间不得少于一个月并避免与水接触。冬期施工中混凝土接触负温时的强度应大于 10N/mm²。

5.2　环境作用等级

5.2.1　冻融环境对混凝土结构的环境作用等级应按表 5.2.1 确定。

表 5.2.1　冻融环境对混凝土结构的环境作用等级

环境作用 等级	环境条件	结构构件示例
Ⅱ-C	微冻地区的无盐环境 混凝土高度饱水	微冻地区的水位变动区构件和频繁受雨淋的构件水平表面
	严寒和寒冷地区的无盐环境 混凝土中度饱水	严寒和寒冷地区受雨淋构件的竖向表面

续表 5.2.1

环境作用 等级	环境条件	结构构件示例
Ⅱ-D	严寒和寒冷地区的无盐环境 混凝土高度饱水	严寒和寒冷地区的水位变动区构件和频繁受雨淋的构件水平表面
	微冻地区的有盐环境 混凝土高度饱水	有氯盐微冻地区的水位变动区构件和频繁受雨淋的构件水平表面
	严寒和寒冷地区的有盐环境 混凝土中度饱水	有氯盐严寒和寒冷地区受雨淋构件的竖向表面
Ⅱ-E	严寒和寒冷地区的有盐环境 混凝土高度饱水	有氯盐严寒和寒冷地区的水位变动区构件和频繁受雨淋的构件水平表面

注：1　冻融环境按当地最冷月平均气温划分为微冻地区、寒冷地区和严寒地区，其平均气温分别为：−3～2.5℃、−8～−3℃和−8℃以下；

2　中度饱水指冰冻前偶受水或受潮，混凝土内饱水程度不高；高度饱水指冰冻前长期或频繁接触水或湿润土体，混凝土内高度水饱和；

3　无盐或有盐指冻结的水中是否含有盐类，包括海水中的氯盐、除冰盐或其他盐类。

5.2.2　位于冰冻线以上土中的混凝土结构构件，其环境作用等级可根据当地实际情况和经验适当降低。

5.2.3　可能偶然遭受冻害的饱水混凝土结构构件，其环境作用等级可按本规范表 5.2.1 的规定降低一级。

5.2.4　直接接触积雪的混凝土墙、柱底部，宜适当提高环境作用等级，并宜增加表面防护措施。

5.3 材料与保护层厚度

5.3.1 在冻融环境下，混凝土原材料的选用应符合本规范附录B的规定。环境作用等级为Ⅱ-D和Ⅱ-E的混凝土结构构件应采用引气混凝土，引气混凝土的含气量与气泡间隔系数应符合本规范附录C的规定。

5.3.2 冻融环境中的配筋混凝土结构构件，其普通钢筋的混凝土保护层最小厚度与相应的混凝土强度等级、最大水胶比应符合表5.3.2的规定。其中，有盐冻融环境中钢筋的混凝土保护层最小厚度，应按氯化物环境的有关规定执行。

表5.3.2 冻融环境中混凝土材料与钢筋的保护层最小厚度 c（mm）

设计使用年限 环境作用等级		100年			50年			30年		
		混凝土强度等级	最大水胶比	c	混凝土强度等级	最大水胶比	c	混凝土强度等级	最大水胶比	c
板、墙等面形构件	Ⅱ-C无盐	C45	0.40	35	C45	0.40	35	C40	0.45	30
		≥C50	0.36	30	≥C50	0.36	25	≥C45	0.40	25
		C$_a$35	0.50	30	C$_a$35	0.55	30	C$_a$30	0.55	25
	Ⅱ-D 无盐			35			35			30
		C$_a$40	0.45		C$_a$35	0.50		C$_a$35	0.50	
		有盐								
	Ⅱ-E 有盐	C$_a$45	0.40		C$_a$40	0.45		C$_a$40	0.45	
梁、柱等条形构件	Ⅱ-C无盐	C45	0.40	40	C45	0.40	40	C40	0.45	35
		≥C50	0.36	35	≥C50	0.36	30	≥C45	0.40	35
		C$_a$35	0.50	35	C$_a$35	0.55	35	C$_a$30	0.55	30
	Ⅱ-D 无盐			40			40			35
		C$_a$40	0.45		C$_a$35	0.50		C$_a$35	0.50	
		有盐								
	Ⅱ-E 有盐	C$_a$45	0.40		C$_a$40	0.45		C$_a$40	0.45	

注：1 如采取表面防水处理的附加措施，可降低大体积混凝土对最低强度等级和最大水胶比的抗冻要求；

2 预制构件的保护层厚度可比表中规定减少5mm；

3 预应力钢筋的保护层厚度按本规范第3.5.2条的规定执行。

5.3.3 重要工程和大型工程，混凝土的抗冻耐久性指数不应低于表5.3.3的规定。

表5.3.3 混凝土抗冻耐久性指数 DF（%）

设计使用年限 环境条件	100年			50年			30年		
	高度饱水	中度饱水	盐或化学腐蚀下冻融	高度饱水	中度饱水	盐或化学腐蚀下冻融	高度饱水	中度饱水	盐或化学腐蚀下冻融
严寒地区	80	70	85	70	60	80	65	50	75
寒冷地区	70	60	80	60	50	70	60	45	65
微冻地区	60	60	70	50	45	60	50	40	55

注：1 抗冻耐久性指数为混凝土试件经300次快速冻融循环后混凝土的动弹性模量 E_1 与其初始值 E_0 的比值，$DF=E_1/E_0$；如在达到300次循环之前 E_1 已降至初始值的60%或试件重量损失达到5%，以此时的循环次数 N 计算 DF 值，$DF=0.6×N/300$；

2 对于厚度小于150mm的薄壁混凝土构件，其 DF 值宜增加5%。

6 氯化物环境

6.1 一般规定

6.1.1 氯化物环境中配筋混凝土结构的耐久性设计，应控制氯离子引起的钢筋锈蚀。

6.1.2 海洋和近海地区接触海水氯化物的配筋混凝土结构构件，应按海洋氯化物环境进行耐久性设计。

6.1.3 降雪地区接触除冰盐（雾）的桥梁、隧道、停车库、道路周围构筑物等配筋混凝土结构的构件，内陆地区接触含有氯盐的地下水、土以及频繁接触含氯盐消毒剂的配筋混凝土结构的构件，应按除冰盐等其他氯化物环境进行耐久性设计。

降雪地区新建的城市桥梁和停车库楼板，应按除冰盐氯化物环境作用进行耐久性设计。

6.1.4 重要配筋混凝土结构的构件，当氯化物环境作用等级为E、F级时应采用防腐蚀附加措施。

6.1.5 氯化物环境作用等级为E、F的配筋混凝土结构，应在耐久性设计中提出结构使用过程中定期检测的要求。重要工程尚应在设计阶段作出定期检测的详细规划，并设置专供检测取样用的构件。

6.1.6 氯化物环境中，用于稳定周围岩土的混凝土初期支护，如作为永久性混凝土结构的一部分，则应满足相应的耐久性要求；否则不应考虑其中的钢筋和型钢在永久承载中的作用。

6.1.7 氯化物环境中配筋混凝土桥梁结构的构造要求除应符合本规范第3.5节的规定外，尚应符合下列规定：

1 遭受氯盐腐蚀的混凝土桥面、墩柱顶面和车库楼面等部位应设置排水坡；

2 遭受雨淋的桥面结构，应防止雨水流到底面或下部结构构件表面；

3 桥面排水管道应采用非钢质管道，排水口应远离混凝土构件表面，并应与墩柱基础保持一定距离；

4 桥面铺装与混凝土桥面板之间应设置可靠的防水层；

5 应优先采用混凝土预制构件；

6 海水水位变动区和浪溅区，不宜设置施工缝与连接缝；

7 伸缩缝及附近部位的混凝土宜局部采取防腐蚀附加措施，处于伸缩缝下方的构件应采取防止渗漏水侵蚀的构造措施。

6.1.8 氯化物环境中混凝土结构施工质量控制应按照本规范第3.6节的规定执行。

6.2 环境作用等级

6.2.1 海洋氯化物环境对配筋混凝土结构构件的环

境作用等级，应按表 6.2.1 确定。

表 6.2.1 海洋氯化物环境的作用等级

环境作用等级	环 境 条 件	结构构件示例
Ⅲ-C	水下区和土中区：周边永久浸没于海水或埋于土中	桥墩，基础
Ⅲ-D	大气区（轻度盐雾）：距平均水位 15m 高度以上的海上大气区；涨潮岸线以外 100～300m 内的陆上室外环境	桥墩，桥梁上部结构构件；靠海的陆上建筑外墙及室外构件
Ⅲ-E	大气区（重度盐雾）：距平均水位上方 15m 高度以内的海上大气区；离涨潮岸线 100m 以内、低于海平面以上 15m 的陆上室外环境	桥梁上部结构构件；靠海的陆上建筑外墙及室外构件
Ⅲ-E	潮汐区和浪溅区，非炎热地区	桥墩，码头
Ⅲ-F	潮汐区和浪溅区，炎热地区	桥墩，码头

注：1 近海或海洋环境中的水下区、潮汐区、浪溅区和大气区的划分，按国家现行标准《海港工程混凝土结构防腐蚀技术规范》JTJ 275 的规定确定；近海或海洋环境中的土中区指海底以下或近海的陆区地下，其地下水中的盐类成分与海水相近；

2 海水激流中构件的作用等级宜提高一级；

3 轻度盐雾区与重度盐雾区界限的划分，宜根据当地的具体环境和既有工程调查确定；靠近海岸的陆上建筑物，盐雾对室外混凝土构件的作用尚应考虑风向、地貌等因素；密集建筑群，除直接面海和迎风的建筑物外，其他建筑物可适当降低作用等级；

4 炎热地区指年平均温度高于 20℃ 的地区；

5 内陆盐湖中氯化物的环境作用等级可比照上表规定确定。

6.2.2 一侧接触海水或含有海水土体、另一侧接触空气的海中或海底隧道配筋混凝土结构构件，其环境作用等级不宜低于 Ⅲ-E。

6.2.3 江河入海口附近水域的含盐量应根据实测确定，当含盐量明显低于海水时，其环境作用等级可根据具体情况低于表 6.2.1 的规定。

6.2.4 除冰盐等其他氯化物环境对于配筋混凝土结构构件的环境作用等级宜根据调查确定；当无相应的调查资料时，可按表 6.2.4 确定。

6.2.5 在确定氯化物环境对配筋混凝土结构构件的作用等级时，不应考虑混凝土表面普通防水层对氯化物的阻隔作用。

表 6.2.4 除冰盐等其他氯化物环境的作用等级

环境作用等级	环境条件	结构构件示例
Ⅳ-C	受除冰盐盐雾轻度作用	离开行车道 10m 以外接触盐雾的构件
Ⅳ-C	四周浸没于含氯化物水中	地下水中构件
Ⅳ-C	接触较低浓度氯离子水体，且有干湿交替	处于水位变动区，或部分暴露于大气、部分在地下水土中的构件
Ⅳ-D	受除冰盐水溶液轻度溅射作用	桥梁护墙，立交桥桥墩
Ⅳ-D	接触较高浓度氯离子水体，且有干湿交替	海水游泳池壁；处于水位变动区，或部分暴露于大气、部分在地下水土中的构件
Ⅳ-E	直接接触除冰盐溶液	路面，桥面板，与含盐渗漏水接触的桥梁帽梁、墩柱顶面
Ⅳ-E	受除冰盐水溶液重度溅射或重度盐雾作用	桥梁护栏、护墙，立交桥桥墩；车道两侧 10m 以内的构件
Ⅳ-E	接触高浓度氯离子水体，有干湿交替	处于水位变动区，或部分暴露于大气、部分在地下水土中的构件

注：1 水中氯离子浓度（mg/L）的高低划分为：较低 100～500；较高 500～5000；高 >5000；土中氯离子浓度（mg/kg）的高低划分为：较低 150～750；较高 750～7500；高 >7500；

2 除冰盐环境的作用等级与冬季喷洒除冰盐的具体用量和频度有关，可根据具体情况作出调整。

6.3 材料与保护层厚度

6.3.1 氯化物环境中应采用掺有矿物掺合料的混凝土。对混凝土的耐久性质量和原材料选用要求应符合附录 B 的规定。

6.3.2 氯化物环境中的配筋混凝土结构构件，其普通钢筋的保护层最小厚度及其相应的混凝土强度等级、最大水胶比应符合表 6.3.2 的规定。

6.3.3 海洋氯化物环境作用等级为 Ⅲ-E 和 Ⅲ-F 的配筋混凝土，宜采用大掺量矿物掺合料混凝土，否则应提高表 6.3.2 中的混凝土强度等级或增加钢筋的保护层最小厚度。

6.3.4 对大截面柱、墩等配筋混凝土受压构件中的钢筋，宜采用较大的混凝土保护层厚度，且相应的混凝土强度等级不宜降低。对于受氯化物直接作用的混凝土墩柱顶面，宜加大钢筋的混凝土保护层厚度。

表 6.3.2　氯化物环境中混凝土材料与钢筋的保护层最小厚度 c（mm）

环境作用等级	设计使用年限	100年 混凝土强度等级	100年 最大水胶比	100年 c	50年 混凝土强度等级	50年 最大水胶比	50年 c	30年 混凝土强度等级	30年 最大水胶比	30年 c
板、墙等面形构件	III-C, IV-C	C45	0.40	45	C40	0.42	40	C40	0.42	35
	III-D, IV-D	C45	0.40	55	C40	0.42	50	C40	0.42	45
		≥C50	0.36	50	≥C45	0.40	45	≥C45	0.40	40
	III-E, IV-E	C50	0.36	60	C45	0.36	55	C45	0.40	45
		≥C55	0.36	55	≥C50	0.36	50	≥C50	0.36	40
	III-F	≥C50	0.36	65	C50	0.36	60	C50		55
					≥C55	0.36	55			
梁、柱等条形构件	III-C, IV-C	C45	0.40	50	C40	0.42	45	C40	0.42	40
	III-D, IV-D	C45	0.40	60	C40	0.42	55	C40	0.42	50
		≥C50	0.36	55	≥C45	0.40	50	≥C45	0.40	40
	III-E, IV-E	C50	0.36	65	C45	0.36	60	C45	0.40	50
		≥C55	0.36	60	≥C50	0.36	55	≥C50	0.36	45
	III-F	C55	0.36	70		0.36	65	C50		55
					≥C55	0.36	60			

注：1　可能出现海水冰冻环境与除冰盐环境时，宜采用引气混凝土；当采用引气混凝土时，表中混凝土强度等级可降低一个等级，相应的最大水胶比可提高 0.05，但引气混凝土的强度等级和最大水胶比仍应满足本规范表 5.3.2 的规定；

2　处于流动海水中或同时受水中泥沙冲刷腐蚀的混凝土构件，其钢筋的混凝土保护层厚度应增加 10～20mm；

3　预制构件的保护层厚度可比表中规定减少 5mm；

4　当满足本规范表 6.3.6 中规定的扩散系数时，C50 和 C55 混凝土所对应的最大水胶比可分别提高到 0.40 和 0.38；

5　预应力钢筋的保护层厚度按照本规范第 3.5.2 条的规定执行。

6.3.5　在特殊情况下，对处于氯化物环境作用等级为 E、F 中的配筋混凝土构件，当采取可靠的防腐蚀附加措施并经过专门论证后，其混凝土保护层最小厚度可适当低于本规范表 6.3.2 中的规定。

6.3.6　对于氯化物环境中的重要配筋混凝土结构工程，设计时应提出混凝土的抗氯离子侵入性指标，并应满足表 6.3.6 的要求。

表 6.3.6　混凝土的抗氯离子侵入性指标

侵入性指标 \ 作用等级 \ 设计使用年限	100年 D	100年 E	50年 D	50年 E
28d 龄期氯离子扩散系数 D_{RCM}（10^{-12} m²/s）	≤7	≤4	≤10	≤6

注：1　表中的混凝土抗氯离子侵入性指标与本规范表 6.3.2 中规定的混凝土保护层厚度相对应，如实际采用的保护层厚度高于表 6.3.2 的规定，可对本表中数据作适当调整；

2　表中的 D_{RCM} 值适用于较大或大掺量矿物掺合料混凝土，对于胶凝材料主要成分为硅酸盐水泥的混凝土，应采取更为严格的要求。

6.3.7　氯化物环境中配筋混凝土构件的纵向受力钢筋直径应不小于 16mm。

7　化学腐蚀环境

7.1　一般规定

7.1.1　化学腐蚀环境下混凝土结构的耐久性设计，应控制混凝土遭受化学腐蚀性物质长期侵蚀引起的损伤。

7.1.2　化学腐蚀环境下混凝土结构的构造要求应符合本规范第 3.5 节的规定。

7.1.3　严重化学腐蚀环境下的混凝土结构构件，应结合当地环境和对既有建筑物的调查，必要时可在混凝土表面施加环氧树脂涂层、设置水溶性树脂砂浆抹面层或铺设其他防腐蚀面层，也可加大混凝土构件的截面尺寸。对于配筋混凝土结构薄壁构件宜增加其厚度。

当混凝土结构构件处于硫酸根离子浓度大于 1500mg/L 的流动水或 pH 值小于 3.5 的酸性水中时，

应在混凝土表面采取专门的防腐蚀附加措施。

7.1.4 化学腐蚀环境下混凝土结构的施工质量控制应按照本规范第 3.6 节的规定执行。

7.2 环境作用等级

7.2.1 水、土中的硫酸盐和酸类物质对混凝土结构构件的环境作用等级可按表 7.2.1 确定。当有多种化学物质共同作用时，应取其中最高的作用等级作为设计的环境作用等级。如其中有两种及以上化学物质的作用等级相同且可能加重化学腐蚀时，其环境作用等级应再提高一级。

7.2.2 部分接触含硫酸盐的水、土且部分暴露于大气中的混凝土结构构件，可按本规范表 7.2.1 确定环境作用等级。当混凝土结构构件处于干旱、高寒地区，其环境作用等级应按表 7.2.2 确定。

表 7.2.1 水、土中硫酸盐和酸类物质环境作用等级

作用因素 环境作用等级	水中硫酸根离子浓度 SO_4^{2-} (mg/L)	土中硫酸根离子浓度（水溶值） SO_4^{2-} (mg/kg)	水中镁离子浓度 (mg/L)	水中酸碱度 (pH 值)	水中侵蚀性二氧化碳浓度 (mg/L)
V-C	200~1000	300~1500	300~1000	6.5~5.5	15~30
V-D	1000~4000	1500~6000	1000~3000	5.5~4.5	30~60
V-E	4000~10000	6000~15000	≥3000	<4.5	60~100

注：1 表中与环境作用等级相应的硫酸根浓度，所对应的环境条件为非干旱高寒地区的干湿交替环境；当无干湿交替（长期浸没于地表或地下水中）时，可按表中的作用等级降低一级，但不得低于 V-C 级；对于干旱、高寒地区的环境条件可按本规范第 7.2.2 条确定；

2 当混凝土结构构件处于弱透水土体时，土中硫酸根离子、水中镁离子、水中侵蚀性二氧化碳及水的 pH 值的作用等级可按相应的等级降低一级，但不低于 V-C 级；

3 对含有较高浓度氯盐的地下水、土，可不单独考虑硫酸盐的作用；

4 高水压条件下，应提高相应的环境作用等级；

5 表中硫酸根等含量的测定方法应符合本规范附录 D 的规定。

表 7.2.2 干旱、高寒地区硫酸盐环境作用等级

作用因素 环境作用等级	水中硫酸根离子浓度 SO_4^{2-} (mg/L)	土中硫酸根离子浓度（水溶值） SO_4^{2-} (mg/kg)
V-C	200~500	300~750
V-D	500~2000	750~3000
V-E	2000~5000	3000~7500

注：我国干旱区指干燥度系数大于 2.0 的地区，高寒地区指海拔 3000m 以上的地区。

7.2.3 污水管道、厕舍、化粪池等接触硫化氢气体或其他腐蚀性液体的混凝土结构构件，可将环境作用确定为 V-E 级，当作用程度较轻时也可按 V-D 级确定。

7.2.4 大气污染环境对混凝土结构的作用等级可按表 7.2.4 确定。

表 7.2.4 大气污染环境作用等级

环境作用等级	环境条件	结构构件示例
V-C	汽车或机车废气	受废气直射的结构构件，处于封闭空间内受废气作用的车库或隧道构件
V-D	酸雨（雾、露）pH 值≥4.5	遭酸雨频繁作用的构件
V-E	酸雨 pH 值<4.5	遭酸雨频繁作用的构件

7.2.5 处于含盐大气中的混凝土结构构件环境作用等级可按 V-C 级确定，对气候常年湿润的环境，可不考虑其环境作用。

7.3 材料与保护层厚度

7.3.1 化学腐蚀环境下的混凝土不宜单独使用硅酸盐水泥或普通硅酸盐水泥作为胶凝材料，其原材料组成应根据环境类别和作用等级按照本规范附录 B 确定。

7.3.2 水、土中的化学腐蚀环境、大气污染环境和含盐大气环境中的配筋混凝土结构构件，其普通钢筋的混凝土保护层最小厚度及相应的混凝土强度等级、最大水胶比应按表 7.3.2 确定。

表 7.3.2 化学腐蚀环境下混凝土材料与钢筋的保护层最小厚度 c（mm）

设计使用年限 环境作用等级		100 年			50 年		
		混凝土强度等级	最大水胶比	c	混凝土强度等级	最大水胶比	c
板、墙等面形构件	V-C	C45	0.40	40	C40	0.45	35
	V-D	C50 ≥C55	0.36 0.36	45 40	C45 ≥C50	0.40 0.36	40 35
	V-E	C55	0.36	45	C50	0.36	40
梁、柱等条形构件	V-C	C45 ≥C50	0.40 0.36	45 40	C40 ≥C45	0.45 0.36	40 35
	V-D	C50 ≥C55	0.36 0.36	50 45	C45 ≥C50	0.40 0.36	45 40
	V-E	C55 ≥C60	0.36 0.33	50 45	C50 ≥C55	0.36 0.36	45 40

注：1 预制构件的保护层厚度可比表中规定减少 5mm；

2 预应力钢筋的保护层厚度按照本规范第 3.5.2 条的规定执行。

7.3.3 水、土中的化学腐蚀环境、大气污染环境和含盐大气环境中的素混凝土结构构件，其混凝土的最低强度等级和最大水胶比应与配筋混凝土结构构件相同。

7.3.4 在干旱、高寒硫酸盐环境和含盐大气环境中的混凝土结构，宜采用引气混凝土，引气要求可按冻融环境中度饱水条件下的规定确定，引气后混凝土强度等级可按本规范表7.3.2的规定降低一级或两级。

8 后张预应力混凝土结构

8.1 一般规定

8.1.1 后张预应力混凝土结构除应满足钢筋混凝土结构的耐久性要求外，尚应根据结构所处环境类别和作用等级对预应力体系采取相应的多重防护措施。

8.1.2 在严重环境作用下，当难以确保预应力体系的耐久性达到结构整体的设计使用年限时，应采用可更换的预应力体系。

8.2 预应力筋的防护

8.2.1 预应力筋（钢绞线、钢丝）的耐久性能可通过材料表面处理、预应力套管、预应力套管填充、混凝土保护层和结构构造措施等环节提供保证。预应力筋的耐久性防护措施应按本规范表8.2.1的规定选用。

表 8.2.1 预应力筋的耐久性防护工艺和措施

编号	防护工艺	防护措施
PS1	预应力筋表面处理	油脂涂层或环氧涂层
PS2	预应力套管内部填充	水泥基浆体、油脂或石蜡
PS2a	预应力套管内部特殊填充	管道填充浆体中加入阻锈剂
PS3	预应力套管	高密度聚乙烯、聚丙烯套管或金属套管
PS3a	预应力套管特殊处理	套管表面涂刷防渗涂层
PS4	混凝土保护层	满足本规范第3.5.2条规定
PS5	混凝土表面涂层	耐腐蚀表面涂层和防腐蚀面层

注：1 预应力筋钢材质量需要符合现行国家标准《预应力混凝土用钢丝》GB/T 5223、《预应力混凝土用钢绞线》GB/T 5224与现行行业标准《预应力钢丝及钢绞线用热轧盘条》YB/T 146的技术规定；
　　2 金属套管仅可用于体内预应力体系，并应符合本规范第8.4.1条的规定。

8.2.2 不同环境作用等级下，预应力筋的多重防护措施可根据具体情况按表8.2.2的规定选用。

表 8.2.2 预应力筋的多重防护措施

环境类别与作用等级		预应力体系 体内预应力体系	体外预应力体系
I 大气环境	I-A、I-B	PS2、PS4	PS2、PS3
	I-C	PS2、PS3、PS4	PS2a、PS3
II 冻融环境	II-C、II-D(无盐)	PS2、PS3、PS4	PS2、PS3
	II-D(有盐)、II-E	PS2a、PS3、PS4	PS2a、PS3a
III 海洋环境	III-C、III-D	PS2a、PS3、PS4	PS2a、PS3a
	III-E	PS2a、PS3、PS4、PS5	PS1、PS2a、PS3
	III-F	PS1、PS2a、PS3、PS4、PS5	PS1、PS2a、PS3a
IV 除冰盐	IV-C、IV-D	PS2a、PS3、PS4	PS2a、PS3a
	IV-E	PS2a、PS3、PS4、PS5	PS1、PS2a、PS3
V 化学腐蚀	V-C、V-D	PS2a、PS3、PS4	PS2a、PS3a
	V-E	PS2a、PS3、PS4、PS5	PS1、PS2a、PS3

8.3 锚固端的防护

8.3.1 预应力锚固端的耐久性应通过锚头组件材料、锚头封罩、封罩填充、锚固区封填和混凝土表面处理等环节提供保证。锚固端的防护工艺和措施应按本规范表8.3.1的规定选用。

表 8.3.1 预应力锚固端耐久性防护工艺与措施

编号	防护工艺	防护措施
PA1	锚具表面处理	锚具表面镀锌或者镀氧化膜工艺
PA2	锚头封罩内部填充	水泥基浆体、油脂或者石蜡
PA2a	锚头封罩内部特殊填充	填充材料中加入阻锈剂
PA3	锚头封罩	高耐磨性材料
PA3a	锚头封罩特殊处理	锚头封罩表面涂刷防渗涂层
PA4	锚固端封端层	细石混凝土材料
PA5	锚固端表面涂层	耐腐蚀表面涂层和防腐蚀面层

注：1 锚具组件材料需要符合国家现行标准《预应力筋用锚具、夹具和连接器》GB/T 14370、《预应力筋用锚具、夹具和连接器应用技术规程》JGJ 85的技术规定；
　　2 锚固端封端层的细石混凝土材料应满足本规范第8.4.4条要求。

8.3.2 不同环境作用等级下，预应力锚固端的多重防护措施可根据具体情况按表8.3.2的规定选用。

表8.3.2 预应力锚固端的多重防护措施

环境类别与作用等级	锚固端类型	埋入式锚头	暴露式锚头
Ⅰ大气环境	Ⅰ-A，Ⅰ-B	PA4	PA2，PA3
	Ⅰ-C	PA2，PA3，PA4	PA2a，PA3
Ⅱ冻融环境	Ⅱ-C，Ⅱ-D(无盐)	PA2，PA3，PA4	PA2a，PA3
	Ⅱ-D(有盐)，Ⅱ-E	PA2a，PA3，PA4	PA2a，PA3a
Ⅲ海洋环境	Ⅲ-C，Ⅲ-D	PA2a，PA3，PA4	PA2a，PA3a
	Ⅲ-E	PA2a，PA3，PA4，PA5	不宜使用
	Ⅲ-F	PA1，PA2a，PA3，PA4，PA5	不宜使用
Ⅳ除冰盐	Ⅳ-C，Ⅳ-D	PA2a，PA3，PA4	PA2a，PA3a
	Ⅳ-E	PA2a，PA3，PA4，PA5	不宜使用
Ⅴ化学腐蚀	Ⅴ-C，Ⅴ-D	PA2a，PA3，PA4	PA2a，PA3a
	Ⅴ-E	PA2a，PA3，PA4，PA5	不宜使用

8.4 构造与施工质量的附加要求

8.4.1 当环境作用等级为D、E、F时，后张预应力体系中的管道应采用高密度聚乙烯套管或聚丙烯塑料套管；分节段施工的预应力桥梁结构，节段间的体内预应力套管不应使用金属套管。

8.4.2 高密度聚乙烯和聚丙烯预应力套管应能承受不小于$1N/mm^2$的内压力。采用体内预应力体系时，套管的厚度不应小于2mm；采用体外预应力体系时，套管的厚度不应小于4mm。

8.4.3 用水泥基浆体填充后张预应力管道时，应控制浆体的流动度、泌水率、体积稳定性和强度等指标。

在冰冻环境中灌浆，灌入的浆料必须在10～15℃环境温度中至少保存24h。

8.4.4 后张预应力体系的锚固端应采用无收缩高性能细石混凝土封锚，其水胶比不得大于本体混凝土的水胶比，且不应大于0.4；保护层厚度不应小于50mm，且在氯化物环境中不应小于80mm。

8.4.5 位于桥梁梁端的后张预应力锚固端，应设置专门的排水沟和滴水沿；现浇节段间的锚固端应在梁体顶板表面涂刷防水层；预制节段间的锚固端除应在梁体上表面涂刷防水涂层外，尚应在预制节段间涂刷或填充环氧树脂。

附录A 混凝土结构设计的耐久性极限状态

A.0.1 结构构件耐久性极限状态应按正常使用下的适用性极限状态考虑，且不应损害到结构的承载能力和可修复性要求。

A.0.2 混凝土结构构件的耐久性极限状态可分为以下三种：

1 钢筋开始发生锈蚀的极限状态；

2 钢筋发生适量锈蚀的极限状态；

3 混凝土表面发生轻微损伤的极限状态。

A.0.3 钢筋开始发生锈蚀的极限状态应为混凝土碳化发展到钢筋表面，或氯离子侵入混凝土内部并在钢筋表面积累的浓度达到临界浓度。

对锈蚀敏感的预应力钢筋、冷加工钢筋或直径不大于6mm的普通热轧钢筋作为受力主筋时，应以钢筋开始发生锈蚀状态作为极限状态。

A.0.4 钢筋发生适量锈蚀的极限状态应为钢筋锈蚀发展导致混凝土构件表面开始出现顺筋裂缝，或钢筋截面的径向锈蚀深度达到0.1mm。

普通热轧钢筋（直径小于或等于6mm的细钢筋除外）可按发生适量锈蚀状态作为极限状态。

A.0.5 混凝土表面发生轻微损伤的极限状态应为不影响结构外观、不明显损害构件的承载力和表层混凝土对钢筋的保护。

A.0.6 与耐久性极限状态相对应的结构设计使用年限应具有规定的保证率，并应满足正常使用下适用性极限状态的可靠度要求。根据适用性极限状态失效后果的严重程度，保证率宜为90%～95%，相应的失效概率宜为5%～10%。

A.0.7 混凝土结构耐久性定量设计的材料劣化数学模型，其有效性应经过验证并应具有可靠的工程应用经验。定量计算得出的保护层厚度和使用年限，必须满足本规范第A.0.6条的保证率规定。

A.0.8 采用定量方法计算环境氯离子侵入混凝土内部的过程，可采用Fick第二定律的经验扩散模型。模型所选用的混凝土表面氯离子浓度、氯离子扩散系数、钢筋锈蚀的临界氯离子浓度等参数的取值应有可靠的依据。其中，表面氯离子浓度和扩散系数应为其表观值，氯离子扩散系数、钢筋锈蚀的临界浓度等参数还应考虑混凝土材料的组成特性、混凝土构件使用环境的温、湿度等因素的影响。

附录B 混凝土原材料的选用

B.1 混凝土胶凝材料

B.1.1 单位体积混凝土的胶凝材料用量宜控制在表

B.1.1 规定的范围内。

表 B.1.1　单位体积混凝土的胶凝材料用量

最低强度等级	最大水胶比	最小用量 (kg/m³)	最大用量 (kg/m³)
C25	0.60	260	
C30	0.55	280	400
C35	0.50	300	
C40	0.45	320	
C45	0.40	340	450
C50	0.36	360	480
≥C55	0.36	380	500

注：1　表中数据适用于最大骨料粒径为 20mm 的情况，骨料粒径较大时宜适当降低胶凝材料用量，骨料粒径较小时可适当增加；

2　引气混凝土的胶凝材料用量与非引气混凝土要求相同；

3　对于强度等级达到 C60 的泵送混凝土，胶凝材料最大用量可增大至 530kg/m³。

B.1.2　配筋混凝土的胶凝材料中，矿物掺合料用量占胶凝材料总量的比值应根据环境类别与作用等级、混凝土水胶比、钢筋的混凝土保护层厚度以及混凝土施工养护期限等因素综合确定，并应符合下列规定：

1　长期处于室内干燥Ⅰ-A环境中的混凝土结构构件，当其钢筋（包括最外侧的箍筋、分布钢筋）的混凝土保护层≤20mm，水胶比＞0.55时，不应使用矿物掺合料或粉煤灰硅酸盐水泥、矿渣硅酸盐水泥；长期湿润Ⅰ-A环境中的混凝土结构构件，可采用矿物掺合料，且厚度较大的构件宜采用大掺量矿物掺合料混凝土。

2　Ⅰ-B、Ⅰ-C环境和Ⅱ-C、Ⅱ-D，Ⅱ-E环境中的混凝土结构构件，可使用少量矿物掺合料，并可随水胶比的降低适当增加矿物掺合料用量。当混凝土的水胶比 W/B≥0.4 时，不应使用大掺量矿物掺合料混凝土。

3　氯化物环境和化学腐蚀环境中的混凝土结构构件，应采用较大掺量矿物掺合料混凝土，Ⅲ-D、Ⅳ-D、Ⅲ-E、Ⅳ-E、Ⅲ-F 环境中的混凝土结构构件，应采用水胶比 W/B≤0.4 的大掺量矿物掺合料混凝土，且宜在矿物掺合料中再加入胶凝材料总重的 3%～5% 的硅灰。

B.1.3　用作矿物掺合料的粉煤灰应选用游离氧化钙含量不大于 10% 的低钙灰。

B.1.4　冻融环境下用于引气混凝土的粉煤灰掺合料，其含碳量不宜大于 1.5%。

B.1.5　氯化物环境下不宜使用抗硫酸盐硅酸盐水泥。

B.1.6　硫酸盐化学腐蚀环境中，当环境作用为Ⅴ-C

和Ⅴ-D 级时，水泥中的铝酸三钙含量应分别低于 8% 和 5%；当使用大掺量矿物掺合料时，水泥中的铝酸三钙含量可分别不大于 10% 和 8%；当环境作用为Ⅴ-E 级时，水泥中的铝酸三钙含量应低于 5%，并应同时掺加矿物掺合料。

硫酸盐环境中使用抗硫酸盐水泥或高抗硫酸盐水泥时，宜掺加矿物掺合料。当环境作用等级超过Ⅴ-E 级时，应根据当地的大气环境和地下水变动条件，进行专门实验研究和论证后确定水泥的种类和掺合料用量，且不应使用高钙粉煤灰。

硫酸盐环境中的水泥和矿物掺合料中，不得加入石灰石粉。

B.1.7　对可能发生碱-骨料反应的混凝土，宜采用大掺量矿物掺合料；单掺磨细矿渣的用量占胶凝材料总重 $α_s$≥50%，单掺粉煤灰 $α_f$≥40%，单掺火山灰质材料不小于 30%，并应降低水泥和矿物掺合料中的含碱量和粉煤灰中的游离氧化钙含量。

B.2　混凝土中氯离子、三氧化硫和碱含量

B.2.1　配筋混凝土中氯离子的最大含量（用单位体积混凝土中氯离子与胶凝材料的重量比表示）不应超过表 B.2.1 的规定。

表 B.2.1　混凝土中氯离子的最大含量（水溶值）

环境作用等级	构件类型	
	钢筋混凝土	预应力混凝土
Ⅰ-A	0.3%	
Ⅰ-B	0.2%	
Ⅰ-C	0.15%	
Ⅲ-C、Ⅲ-D、Ⅲ-E、Ⅲ-F	0.1%	0.06%
Ⅳ-C、Ⅳ-D、Ⅳ-E	0.1%	
Ⅴ-C、Ⅴ-D、Ⅴ-E	0.15%	

注：对重要桥梁等基础设施，各种环境下氯离子含量均不应超过 0.08%。

B.2.2　不得使用含有氯化物的防冻剂和其他外加剂。

B.2.3　单位体积混凝土中三氧化硫的最大含量不应超过胶凝材料总量的 4%。

B.2.4　单位体积混凝土中的含碱量（水溶碱，等效 Na_2O 当量）应满足以下要求：

1　对骨料无活性且处于干燥环境条件下的混凝土构件，含碱量不应超过 3.5kg/m³，当设计使用年限为 100 年时，混凝土的含碱量不应超过 3kg/m³。

2　对骨料无活性但处于潮湿环境（相对湿度≥75%）条件下的混凝土结构构件，含碱量不超过 3kg/m³。

3　对骨料有活性且处于潮湿环境（相对湿度≥75%）条件下的混凝土结构构件，应严格控制混凝土含碱量并掺加矿物掺合料。

B. 3　混凝土骨料

B. 3. 1　配筋混凝土中的骨料最大粒径应满足表B. 3. 1的规定。

表 B. 3. 1　配筋混凝土中骨料最大粒径（mm）

混凝土保护层最小厚度（mm）		20	25	30	35	40	45	50	≥60
环境作用	Ⅰ-A，Ⅰ-B	20	25	30	35	40	40	40	40
	Ⅰ-C，Ⅱ，Ⅴ	15	20	20	25	25	30	35	35
	Ⅲ，Ⅳ	10	15	15	20	20	25	25	25

B. 3. 2　混凝土骨料应满足骨料级配和粒形的要求，并应采用单粒级石子两级配或三级配投料。

B. 3. 3　混凝土用砂在开采、运输、堆放和使用过程中，应采取防止遭受海水污染或混用海砂的措施。

附录 C　引气混凝土的含气量与气泡间隔系数

C. 0. 1　引气混凝土含气量与气泡间隔系数应符合表C. 0. 1的规定。

表 C. 0. 1　引气混凝土含气量（％）和
平均气泡间隔系数

含气量 / 环境条件 骨料最大粒径（mm）	混凝土高度饱水	混凝土中度饱水	盐或化学腐蚀下冻融
10	6.5	5.5	6.5
15	6.5	5.0	6.5
25	6.0	4.5	6.0
40	5.5	4.0	5.5
平均气泡间隔系数（μm）	250	300	200

注：1　含气量从运至施工现场的新拌混凝土中取样用含气量测定仪（气压法）测定，允许绝对误差为±1.0％，测定方法应符合现行国家标准《普通混凝土拌合物性能试验方法标准》GB/T 50080；
　　2　气泡间隔系数为从硬化混凝土中取样（芯）测得的数值，用直线导线法测定，根据抛光混凝土截面上气泡面积推算三维气泡平均间隔，推算方法可按国家现行标准《水工混凝土试验规程》DL/T 5150的规定执行；
　　3　表中含气量：C50混凝土可降低0.5％，C60混凝土可降低1％，但不应低于3.5％。

附录 D　混凝土耐久性参数与腐蚀性离子测定方法

D. 0. 1　混凝土抗冻耐久性指数 DF 和氯离子扩散系数 D_{RCM} 的测定方法应符合表D. 0. 1的规定。

表 D. 0. 1　混凝土材料耐久性参数及其测定方法

耐久性能参数	试验方法	测试内容	参照规范/标准
耐久性指数 DF	快速冻融试验	混凝土试件动弹模损失	《水工混凝土试验规程》DL/T 5150
氯离子扩散系数 D_{RCM}	氯离子外加电场快速迁移RCM试验	非稳态氯离子扩散系数	《公路工程混凝土结构防腐蚀技术规范》JTG/T B07-1-2006

D. 0. 2　混凝土及其原材料中氯离子含量的测定方法应符合表D. 0. 2的规定。

表 D. 0. 2　氯离子含量测定方法

测试对象	试验方法	测试内容	参照规范/标准
新拌混凝土	硝酸银滴定水溶氯离子，1L新拌混凝土溶于1L水中，搅拌3min，取上部50mL溶液	氯离子百分含量	《水质 氯化物的测定 硝酸银滴定法》GB 11896
	氯离子选择电极快速测定，取600g砂浆，用氯离子选择电极和甘汞电极进行测量	砂浆中氯离子的选择电位电势	《水运工程混凝土试验规程》JTJ 270
硬化混凝土	硝酸银滴定水溶氯离子，5g粉末溶于100mL蒸馏水，磁力搅拌2h，取50mL溶液	氯离子百分含量	《水质 氯化物的测定 硝酸银滴定法》GB 11896
	硝酸银滴定水溶氯离子，20g混凝土硬化砂浆粉末溶于200mL蒸馏水，搅拌2min，浸泡24h，取20mL溶液	氯离子百分含量	《混凝土质量控制标准》GB 50164 《水运工程混凝土试验规程》JTJ 270
砂	硝酸银滴定水溶氯离子，水砂比2：1,10mL澄清溶液稀释至100mL	氯离子百分含量	《普通混凝土用砂、石质量及检验方法标准》JGJ 52
外加剂	电位滴定法测水溶氯离子，固体外加剂5g溶于200mL水中；液体外加剂10mL稀释至100mL	氯离子百分含量	《混凝土外加剂匀质性试验方法》GB/T 8077

D. 0. 3 混凝土及水、土中硫酸根离子含量的测定方法应符合表 D. 0. 3 的规定。

表 D. 0. 3　硫酸根离子含量测定方法

测试对象	实验方法	测试内容	参照规范/标准
硬化混凝土	重量法测量硫酸根含量，5g 粉末溶于 100mL 蒸馏水	硫酸根百分含量	《水质 硫酸盐的测定 重量法》GB/T 11899
水	重量法测量硫酸根含量	硫酸根离子浓度，mg/L	
土	重量法测量硫酸根含量	硫酸根含量，mg/kg	《森林土壤水溶性盐分分析》GB 7871

本规范用词说明

1　为便于在执行本规范条文时区别对待，对要求严格程度不同的用词说明如下：

1）表示很严格，非这样做不可的：
正面词采用"必须"；
反面词采用"严禁"。

2）表示严格，在正常情况下均应这样做的：
正面词采用"应"；
反面词采用"不应"或"不得"。

3）表示允许稍有选择，在条件许可时首先应这样做的：
正面词采用"宜"；
反面词采用"不宜"。

4）表示有选择，在一定条件下可以这样做的，采用"可"。

2　条文中必须按指定的标准、规范或其他有关规定执行的写法为"应按……执行"或"应符合……要求（或规定）"。

中华人民共和国国家标准

混凝土结构耐久性设计规范

GB/T 50476—2008

条 文 说 明

目　次

1　总则 ···································· 8—21

2　术语和符号 ·························· 8—21

3　基本规定 ···························· 8—22

4　一般环境 ···························· 8—26

5　冻融环境 ···························· 8—27

6　氯化物环境 ·························· 8—28

7　化学腐蚀环境 ······················ 8—30

8　后张预应力混凝土结构 ·············· 8—32

附录 A　混凝土结构设计的耐久性
　　　　极限状态 ···················· 8—33

附录 B　混凝土原材料的选用 ··········· 8—33

1 总　则

1.0.1　我国 1998 年颁布的《建筑法》规定："建筑物在其合理使用寿命内，必须确保地基基础工程和主体结构的质量"（第 60 条），"在建筑物的合理使用寿命内，因建筑工程质量不合格受到损害的，有权向责任者要求赔偿"（第 80 条）。所谓工程的"合理"寿命，首先应满足工程本身的"功能"（安全性、适用性和耐久性等）需要，其次是要"经济"，最后要体现国家、社会和民众的根本利益如公共安全、环保和资源节约等需要。

工程的业主和设计人应该关注工程的功能需要和经济性，而社会和公众的根本利益则由国家批准的法规和技术标准所规定的最低年限要求予以保证。所以设计人在工程设计前应该首先听取业主和使用者对于工程合理使用寿命的要求，然后以合理使用寿命为目标，确定主体结构的合理使用年限。受过去计划经济年代的长期影响，我国设计人员习惯于直接照搬技术标准中规定的结构最低使用年限要求，而不是首先征求业主意见来共同确定是否需要采取更长的合理使用年限作为主体结构的设计使用年限。在许多情况下，结构的设计使用年限与工程的经济性并不矛盾，合理的耐久性设计在造价不明显增加的前提下就能大幅度提高结构物的使用寿命，使工程具有优良的长期使用效益。

建筑物的使用寿命是土建工程质量得以量化的集中表现。建筑物的主体结构设计使用年限在量值上与建筑物的合理使用年限相同。通过耐久性设计保证混凝土结构具有经济合理的使用年限（或使用寿命），体现节约资源和可持续发展的方针政策，是本规范的编制目标。

1.0.2　本条确定规范的适用范围。本规范适用的工程对象除房屋建筑和一般构筑物外，还包括城市市政基础设施工程，如桥梁、涵洞、隧道、地铁、轻轨、管道等。对于公路桥涵混凝土结构，可比照本规范的有关规定进行耐久性设计。

本规范仅适用于普通混凝土制作的结构及构件，不适用于轻骨料混凝土、纤维混凝土、蒸压混凝土等特种混凝土，这些混凝土材料在环境作用下的劣化机理与速度不同于普通混凝土。低周反复荷载和持久荷载的作用也能引起材料性能劣化，与结构强度直接相关，有别于环境作用下的耐久性问题，故不属于本规范考虑的范畴。

本规范不涉及工业生产的高温高湿环境、微生物腐蚀环境、电磁环境、高压环境、杂散电流以及极端恶劣自然环境作用下的耐久性问题，也不适用于特殊腐蚀环境下混凝土结构的耐久性设计。特殊腐蚀环境下混凝土结构的耐久性设计可按现行国家标准《工业建筑防腐蚀设计规范》GB 50046 等专用标准进行，但需注意不同设计使用年限的结构应采取不同的防腐蚀要求。

1.0.3　混凝土结构耐久性设计的主要目标，是为了确保主体结构能够达到规定的设计使用年限，满足建筑物的合理使用年限要求。主体结构的设计使用年限虽然与建筑物的合理使用年限源于相同的概念但数值并不相同。合理使用年限是一个确定的期望值，而设计使用年限则必须考虑环境作用、材料性能等因素的变异性对于结构耐久性的影响，需要有足够的保证率，这样才能做到所设计的工程主体结构满足《建筑法》规定的"确保"要求（参见附录 A）。设计人员应结合工程重要性和环境条件等具体特点，必要时应采取高于本规范条文的要求。由于环境作用下的耐久性问题十分复杂，存在较大的不确定和不确知性，目前尚缺乏足够的工程经验与数据积累。因此在使用本规范时，如有可靠的调查类比与试验依据，通过专门的论证，可以局部调整本规范的规定。此外，各地方宜根据当地环境特点与工程实践经验，制定相应的地方标准，进一步细化和具体化本规范的相关规定。

1.0.4　本条明确了本规范与其他相关标准规范的关系。

我国现行标准规范中有关混凝土结构耐久性的规定，在一些方面并不能完全满足结构设计使用年限的要求，这是编制本规范的主要目的，并建议混凝土结构的耐久性设计按照本规范执行。对于本规范未提及的与耐久性设计有关的其他内容，按照国家现有技术标准的有关规定执行。

结构设计规范中的要求是基于公共安全和社会需要的最低限度要求。每个工程都有自身的特点，仅仅满足规范的最低要求，并不总能保证具体设计对象的安全性与耐久性。当不同技术标准规范对同一问题规定不同时，需要设计人员结合工程的实际情况自行确定。技术规范或标准不是法律文件，所有技术规范的规定（包括强制性条文）决不能代替工程人员的专业分析判断能力和免除其应承担的法律责任。

2　术语和符号

2.1.17　大掺量矿物掺合料混凝土的水胶比通常不低于 0.42，在配制混凝土时需要延长搅拌时间，一般需在 90s 以上。这种混凝土从搅拌出料入模（仓）到开始加湿养护的施工过程中，应尽量避免新拌混凝土的水分蒸发，缩小暴露于干燥空气中的工作面，施工操作之前和操作完毕的暴露表面需立即用塑料膜覆盖，避免吹风；在干燥空气中操作时宜在工作面上方喷雾以增加环境湿度并起到降温的作用。

本规范中所指的大掺量矿物掺合料混凝土为：在硅酸盐水泥中单掺粉煤灰量不小于胶凝材料总重的

30%、单掺磨细矿渣量不小于胶凝材料总重的 50%；复合使用多种矿物掺合料时，粉煤灰掺量与 0.3 的比值加上磨细矿渣掺量与 0.5 的比值之和大于 1。

2.1.21 本规范所指配筋混凝土结构中的筋体，不包括不锈钢、耐候钢或高分子聚酯材料等有机材料制成的筋体，也不包括纤维状筋体。

3 基 本 规 定

3.1 设 计 原 则

3.1.1 混凝土结构的耐久性设计可分为传统的经验方法和定量计算方法。传统经验方法是将环境作用按其严重程度定性地划分成几个作用等级，在工程经验类比的基础上，对于不同环境作用等级下的混凝土结构构件，由规范直接规定混凝土材料的耐久性质量要求（通常用混凝土的强度、水胶比、胶凝材料用量等指标表示）和钢筋保护层厚度等构造要求。近年来，传统的经验方法有很大的改进：首先是按照材料的劣化机理确定不同的环境类别，在每一类别下再按温、湿度及其变化等不同环境条件区分其环境作用等级，从而更为详细地描述环境作用；其次是对不同设计使用年限的结构构件，提出不同的耐久性要求。

在结构耐久性设计的定量计算方法中，环境作用需要定量表示，然后选用适当的材料劣化数学模型求出环境作用效应，列出耐久性极限状态下的环境作用效应与耐久性抗力的关系式，可求得相应的使用年限。结构的设计使用年限应有规定的安全度，所以在耐久性极限状态的关系式中应引入相应的安全系数，当用概率可靠度方法设计时应满足所需的保证率。对于混凝土结构耐久性极限状态与设计使用年限安全度的具体规定，可见本规范的附录 A。

目前，环境作用下耐久性设计的定量计算方法尚未成熟到能在工程中普遍应用的程度。在各种劣化机理的计算模型中，可供使用的还只局限于定量估算钢筋开始发生锈蚀的年限。在国内外现行的混凝土结构设计规范中，所采用的耐久性设计方法仍然是传统方法或改进的传统方法。

本规范仍采用传统的经验方法，但进行了改进。除了细化环境的类别和作用等级外，规范在混凝土的耐久性质量要求中，既规定了不同环境类别与作用等级下的混凝土最低强度等级、最大水胶比和混凝土原材料组成，又提出了混凝土抗冻耐久性指数、氯离子扩散系数等耐久性参数的量值指标；同时从耐久性要求出发，对结构构造方法、施工质量控制以及工程使用阶段的维修检测作出了比较具体的规定。对于设计使用年限所需的安全度，已隐含在规范规定的上述要求中。

本规范中所指的环境作用，是直接与混凝土表面接触的局部环境作用。同一结构中的不同构件或同一构件中的不同部位，所处的局部环境有可能不同，在耐久性设计中可分别予以考虑。

3.1.2 本条提出混凝土结构耐久性设计的基本内容，强调耐久性设计不仅是确定材料的耐久性能指标与钢筋的混凝土保护层厚度。适当的防排水构造措施能够非常有效地减轻环境作用，应作为耐久性设计的重要内容。混凝土结构的耐久性在很大程度上还取决于混凝土的施工养护质量与钢筋保护层厚度的施工误差，由于国内现行的施工规范较少考虑耐久性的需要，所以必须提出基于耐久性的施工养护与保护层厚度的质量验收要求。

在严重的环境作用下，仅靠提高混凝土保护层的材料质量与厚度，往往还不能保证设计使用年限，这时就应采取一种或多种防腐蚀附加措施（参见 2.1.20 条）组成合理的多重防护策略；对于使用过程中难以检测和维修的关键部件如预应力钢绞线，应采取多重防护措施。

混凝土结构的设计使用年限是建立在预定的维修与使用条件下的。因此，耐久性设计需要明确结构使用阶段的维护、检测要求，包括设置必要的检测通道，预留检测维修的空间和装置等；对于重要工程，需预置耐久性监测和预警系统。

对于严重环境作用下的混凝土工程，为确保使用寿命，除进行施工建造前的结构耐久性设计外，尚应根据竣工后实测的混凝土耐久性能和保护层厚度进行结构耐久性的再设计，以便发现问题及时采取措施；在结构的使用年限内，尚需根据实测的材料劣化数据对结构的剩余使用寿命作出判断并针对问题继续进行再设计，必要时追加防腐措施或适时修理。

3.2 环境类别与作用等级

3.2.1 本条根据混凝土材料的劣化机理，对环境作用进行了分类：一般环境、冻融环境、海洋氯化物环境、除冰盐等其他氯化物环境和化学腐蚀环境，分别用大写罗马字母 Ⅰ～Ⅴ 表示。

一般环境（Ⅰ类）是指仅有正常的大气（二氧化碳、氧气等）和温、湿度（水分）作用，不存在冻融、氯化物和其他化学腐蚀物质的影响。一般环境对混凝土结构的腐蚀主要是碳化引起的钢筋锈蚀。混凝土呈高度碱性，钢筋在高度碱性环境中会在表面生成一层致密的钝化膜，使钢筋具有良好的稳定性。当空气中的二氧化碳扩散到混凝土内部，会通过化学反应降低混凝土的碱度（碳化），使钢筋表面失去稳定性并在氧气与水分的作用下发生锈蚀。所有混凝土结构都会受到大气和温湿度作用，所以在耐久性设计中都应予以考虑。

冻融环境（Ⅱ类）主要会引起混凝土的冻蚀。当混凝土内部含水量很高时，冻融循环的作用会引起内部或表层的冻蚀和损伤。如果水中含有盐分，还会加重损伤程度。因此冰冻地区与雨、水接触的露天混凝土构件应按冻融环境考虑。另外，反复冻融造成混凝土保护层损伤还会间接加速钢筋锈蚀。

海洋、除冰盐等氯化物环境（Ⅲ和Ⅳ类）中的氯离子可从混凝土表面迁移到混凝土内部。当到达钢筋表面的氯离子积累到一定浓度（临界浓度）后，也能引发钢筋的锈蚀。氯离子引起的钢筋锈蚀程度要比一般环境（Ⅰ类）下单纯由碳化引起的锈蚀严重得多，是耐久性设计的重点问题。

化学腐蚀环境（Ⅴ类）中混凝土的劣化主要是土、水中的硫酸盐、酸等化学物质和大气中的硫化物、氮氧化物等对混凝土的化学作用，同时也有盐结晶等物理作用所引起的破坏。

3.2.2 本条将环境作用按其对混凝土结构的腐蚀影响程度定性地划分成 6 个等级，用大写英文字母 A～F 表示。一般环境的作用等级从轻微到中度（Ⅰ-A、Ⅰ-B、Ⅰ-C），其他环境的作用程度则为中度到极端严重。应该注意，由于腐蚀机理不同，不同环境类别相同等级（如Ⅰ-C、Ⅱ-C、Ⅲ-C）的耐久性要求不会完全相同。

与各个环境作用等级相对应的具体环境条件，可分别参见本规范第 4～7 章中的规定。由于环境作用等级的确定主要依靠对不同环境条件的定性描述，当实际的环境条件处于两个相邻作用等级的界限附近时，就有可能出现难以判定的情况，这就需要设计人员根据当地环境条件和既有工程劣化状况的调查，并综合考虑工程重要性等因素后确定。在确定环境对混凝土结构的作用等级时，还应充分考虑环境作用因素在结构使用期间可能发生的演变。

由于本规范中所指的环境作用是指直接与混凝土表面接触的局部环境作用，所以同一结构中的不同构件或同一构件中的不同部位，所承受的环境作用等级可能不同。例如，外墙板的室外一侧会受到雨淋受潮或干湿交替为Ⅰ-B或Ⅰ-C，但室内一侧则处境良好为Ⅰ-A，此时内外两侧钢筋所需的保护层厚度可取不同。在实际工程设计中，还应从施工方便和可行性出发，例如桥梁的同一墩柱可能分别处于水中区、水位变动区、浪溅区和大气区，局部环境作用最严重的应是干湿交替的浪溅区和水位变动区，尤其是浪溅区；这时整个构件中的钢筋保护层最小厚度和混凝土的最大水胶比与最低强度等级，一般就要按浪溅区的环境作用等级Ⅲ-E或Ⅲ-F确定。

3.2.3 一般环境（Ⅰ类）的作用是所有结构构件都会遇到和需要考虑的。当同时受到两类或两类以上的环境作用时，通常由作用程度较高的环境类别决定或控制混凝土构件的耐久性要求，但对冻融环境（Ⅱ类）或化学腐蚀环境（Ⅴ类）有例外，例如在严重作用等级的冻融环境下可能必须采用引气混凝土，同时在混凝土原材料选择、结构构造、混凝土施工养护等

方面也有特殊要求。所以当结构构件同时受到多种类别的环境作用时，原则上均应考虑，需满足各自单独作用下的耐久性要求。

3.2.4 混凝土中的碱（Na_2O 和 K_2O）与砂、石骨料中的活性硅会发生化学反应，称为碱-硅反应（Aggregate-Silica Reaction，简称 ASR）；某些碳酸盐类岩石骨料也能与碱起反应，称为碱-碳酸盐反应（Aggregate-Carbonate Reaction，简称 ACR）。这些碱-骨料反应在骨料界面生成的膨胀性产物会引起混凝土开裂，在国内外都发生过此类工程损坏的事例。环境作用下的化学腐蚀反应大多从表面开始，但碱-骨料反应却是在内部发生的。碱-骨料反应是一个长期过程，其破坏作用需要若干年后才会显现，而且一旦在混凝土表面出现开裂，往往已严重到无法修复的程度。

发生碱-骨料反应的充分条件是：混凝土有较高的碱含量；骨料有较高的活性；还要有水的参与。限制混凝土含碱量、在混凝土中加入足够掺量的粉煤灰、矿渣或沸石岩等掺合料，能够抑制碱-骨料反应；采用密实的低水胶比混凝土也能有效地阻止水分进入混凝土内部，有利于阻止反应的发生。混凝土含碱量的规定见附录 B.2。

混凝土钙矾石延迟生成（Delayed Ettringite Formation，简写作 DEF）也是混凝土内部成分之间发生的化学反应。混凝土中的钙矾石是硫酸盐、铝酸钙与水反应后的产物，正常情况下应该在混凝土拌合后水泥的水化初期形成。如果混凝土硬化后内部仍然剩有较多的硫酸盐和铝酸三钙，则在混凝土的使用中如与水接触可能会再起反应，延迟生成钙矾石。钙矾石在生成过程中体积会膨胀，导致混凝土开裂。混凝土早期蒸养过度或内部温度较高会增加延迟生成钙矾石的可能性。防止延迟生成钙矾石反应的主要途径是降低养护温度、限制水泥的硫酸盐和铝酸三钙（C_3A）含量以及避免混凝土在使用阶段与水分接触。在混凝土中引气也能缓解其破坏作用。

流动的软水能将水泥浆体中的氢氧化钙溶出，使混凝土密实性下降并影响其他含钙水化物的稳定。酸性地下水也有类似的作用。增加混凝土密实性有助于减轻氢氧化钙的溶出。

3.2.5 冲刷、磨损会削弱混凝土构件截面，此时应采用强度等级较高的耐磨混凝土，通常还需要将可能磨损的厚度作为牺牲厚度考虑在构件截面或钢筋的混凝土保护层厚度内。

不同骨料抗冲磨性能大不相同。研究表明，骨料的硬度和耐磨性对混凝土的抗冲磨能力起到重要作用，铁矿石骨料好于花岗岩骨料，花岗岩骨料好于石灰岩骨料。在胶凝材料中掺入硅灰也能有效提高混凝土的抗冲磨性能。

3.3 设计使用年限

3.3.1 本条对混凝土结构的最低设计使用年限作出了规定。结构的设计使用年限和我国《建筑法》规定的合理使用年限（寿命）的关系见 1.0.1 和 1.0.3 的条文说明。

结构设计使用年限是在确定的环境作用和维修、使用条件下，具有规定保证率或安全裕度的年限。设计使用年限应由设计人员与业主共同确定，首先要满足工程设计对象的功能要求和使用者的利益，并不低于有关法规的规定。

我国现行国家标准《工程结构可靠性设计统一标准》GB 50153 对房屋建筑、公路桥涵、铁路桥涵以及港口工程规定了使用年限，应予遵守；对于城市桥梁、隧道等市政工程按照表 3.3.1 的规定确定结构的设计使用年限。

3.3.2 在严重（包括严重、非常严重和极端严重）环境作用下，混凝土结构的个别构件因技术条件和经济性难以达到结构整体的设计使用年限时（如斜拉桥的拉索），在与业主协商同意后，可设计成易更换的构件或能在预期的年限进行大修，并应在设计文件中注明更换或大修的预期年限。需要大修或更换的结构构件，应具有可修复性，能够经济合理地进行修复或更换，并具备相应的施工操作条件。

3.4 材 料 要 求

3.4.1 根据结构物所处的环境类别和作用等级以及设计使用年限，规范分别在第 4～7 章中规定了不同环境中混凝土材料的最低强度等级和最大水胶比，具体见本规范的 4.3.1 条、5.3.2 条、6.3.2 条、7.3.2 条的规定。在附录 B 中规定了混凝土组成原材料的成分限定范围。原材料的限定范围包括硅酸盐水泥品种与用量、胶凝材料中矿物掺合料的用量范围、水泥中的铝酸三钙含量、原材料中有害成分总量（如氯离子、硫酸根离子、可溶碱等）以及粗骨料的最大粒径等。具体见本规范的附录 B.1、B.2 和 B.3。

通常，在设计文件中仅需提出混凝土的最低强度等级与最大水胶比。对于混凝土原材料的选用，可在设计文件中注明由施工单位和混凝土供应商根据规定的环境作用类别与等级，按本规范的附录 B.1、B.2 和 B.3 执行。对于大型工程和重要工程，应在设计阶段由结构工程师会同材料工程师共同确定混凝土及其原材料的具体技术要求。

3.4.2 常用的混凝土耐久性指标包括一般环境下的混凝土抗渗等级、冻融环境下的抗冻耐久性指数或抗冻等级、氯化物环境下的氯离子在混凝土中的扩散系数等。这些指标均由实验室标准快速试验方法测定，可用来比较胶凝材料组分相近的不同混凝土之间的耐久性能高低，主要用于施工阶段的混凝土质量控制和质量检验。

如果混凝土的胶凝材料组成不同，用快速试验得到的耐久性指标往往不具有可比性。标准快速试验中的混凝土龄期过短，不能如实反映混凝土在实际结构中的耐久性能。某些在实际工程中耐久性能表现优良的混凝土，如低水胶比大掺量粉煤灰混凝土，由于其成熟速度比较缓慢，在快速试验中按标准龄期测得的抗氯离子扩散指标往往不如相同水胶比的无矿物掺合料混凝土；但实际上，前者的长期抗氯离子侵入能力比后者要好得多。

抗渗等级仅对低强度混凝土的性能检验有效，对于密实的混凝土宜用氯离子在混凝土中的扩散系数作为耐久性能的评定指标。

3.4.3 本条规定了混凝土结构设计中混凝土强度的选取原则。结构构件需要采用的混凝土强度等级，在许多情况下是由环境作用决定的，并非由荷载作用控制。因此在进行构件的承载能力设计以前，应该首先了解耐久性要求的混凝土最低强度等级。

3.4.4 本条规定了耐久性需要的配筋混凝土最低强度等级。对于冻融环境的 II-D、II-E 等级，表 3.4.4 给出的强度等级为引气混凝土的强度等级；对于冻融环境的 II-C 等级，表 3.4.4 同时给出了引气和非引气混凝土的强度等级。

表 3.4.4 的耐久性强度等级主要是对钢筋混凝土保护层的要求。对于截面较大的墩柱等受压构件，如果为了满足钢筋保护层混凝土的耐久性要求而需要提高全截面的混凝土强度，就不如增加钢筋保护层厚度或者在混凝土表面采取附加防腐蚀措施的办法更为经济。

3.4.5 素混凝土结构不存在钢筋锈蚀问题，所以在一般环境和氯化物环境中可按较低的环境作用等级确定混凝土的最低强度等级。对于冻融环境和化学腐蚀环境，环境因素会直接导致混凝土材料的劣化，因此对素混凝土的强度等级要求与配筋混凝土要求相同。

3.4.6～3.4.7 冷加工钢筋和细直径钢筋对锈蚀比较敏感，作为受力主筋使用时需要相应提高耐久性要求。细直径钢筋可作为构造钢筋。

3.4.8 本条所指的预应力筋为在先张法构件中单独使用的预应力钢丝，不包括钢绞线中的单根钢丝。

3.4.9 埋在混凝土中的钢筋，如材质有所差异且相互的连接能够导电，则引起的电位差有可能促进钢筋的锈蚀，所以宜采用同样牌号或代号的钢筋。不同材质的金属埋件之间（如镀锌钢材与普通钢材、钢材与铝材）尤其不能有导电的连接。

3.5 构 造 规 定

3.5.1 本条提出环境作用下混凝土保护层厚度的确定原则。对于不同环境作用下所需的混凝土保护层最小厚度，可见本规范的 4.3.1 条、5.3.2 条、6.3.2 条和 7.3.2 条中的具体规定。

混凝土构件中最外侧的钢筋会首先发生锈蚀，一般是箍筋和分布筋，在双向板中也可能是主筋。所以本规范对构件中各类钢筋的保护层最小厚度提出相同的要求。欧洲 CEB-FIP 模式规范、英国 BS 规范、美国混凝土学会 ACI 规范以及现行的欧盟规范都有这样的规定。箍筋的锈蚀可引起构件混凝土沿箍筋的环向开裂，而墙、板中分布筋的锈蚀除引起开裂外，还会导致保护层的成片剥落，都是结构的正常使用所不允许的。

保护层厚度的尺寸较小，而钢筋出现锈蚀的年限大体与保护层厚度的平方成正比，保护层厚度的施工偏差会对耐久性造成很大的影响。以保护层厚度为 20mm 的钢筋混凝土板为例，如果施工允许偏差为 ±5mm，则 5mm 的允许负偏差就可使钢筋出现锈蚀的年限缩短约 40%。因此在耐久性设计所要求的保护层厚度中，必须计入施工允许负偏差。1990 年颁布的 CEB-FIP 模式规范、2004 年正式生效的欧盟规范，以及英国历届 BS 规范中，都将用于设计计算和标注于施工图上的保护层设计厚度称为"名义厚度"，并规定其数值不得小于耐久性要求的最小厚度与施工允许负偏差的绝对值之和。欧盟规范建议的施工允许偏差对现浇混凝土为 5~15mm，一般取 10mm。美国 ACI 规范和加拿大规范规定保护层的最小设计厚度已经包含了约 12mm 的施工允许偏差，与欧盟规范名义厚度的规定实际上相同。

本规范规定保护层设计厚度的最低值仍称为最小厚度，但在耐久性所要求最小厚度的取值中已考虑了施工允许负偏差的影响，并对现浇的一般混凝土梁、柱取允许负偏差的绝对值为 10mm，板、墙为 5mm。

为保证钢筋与混凝土之间粘结力传递，各种钢筋的保护层厚度均不应小于钢筋的直径。按防火要求的混凝土保护层厚度，可参照有关的防火设计标准，但我国有关设计规范中规定的梁板保护层厚度，往往达不到所需耐火极限的要求，尤其在预应力预制楼板中相差更多。

过薄的混凝土保护层厚度容易在混凝土施工中因新拌混凝土的塑性沉降和硬化混凝土的收缩引起顺筋开裂；当顶面钢筋的混凝土保护层过薄时，新拌混凝土的抹面整平工序也会促使混凝土硬化后的顺筋开裂。此外，混凝土粗骨料的最大公称粒径尺寸与保护层的厚度之间也要满足一定关系（见附录 B.3），如果施工不能提供规定粒径的粗骨料，也有可能需要增大混凝土保护层的设计厚度。

3.5.2　预应力筋的耐久性保证率应高于普通钢筋。在严重的环境条件下，除混凝土保护层外还应对预应力筋采取多重防护措施，如将后张预应力筋置于密封的波形套管中并灌浆。本规范规定，对于单纯依靠混凝土保护层防护的预应力筋，其保护层厚度应比普通钢筋的大 10mm。

3.5.3　工厂生产的混凝土预制构件，在保护层厚度的质量控制上较有保证，保护层施工偏差比现浇构件的小，因此设计要求的保护层厚度可以适当降低。

3.5.4　本条所指的裂缝为荷载造成的横向裂缝，不包括收缩和温度等非荷载作用引起的裂缝。表 3.5.4 中的裂缝宽度允许值，更不能作为荷载裂缝计算值与非荷载裂缝计算值两者叠加后的控制标准。控制非荷载因素引起的裂缝，应该通过混凝土原材料的精心选择、合理的配比设计、良好的施工养护和适当的构造措施来实现。

表面裂缝最大宽度的计算值可根据现行国家标准《混凝土结构设计规范》GB 50010 或现行行业标准《公路钢筋混凝土及预应力混凝土桥涵设计规范》JTG D62 的相关公式计算，后者给出的裂缝宽度与保护层厚度无关。研究表明，按照规范 GB 50010 公式计算得到的最大裂缝宽度要比国内外其他规范的计算值大得多，而规定的裂缝宽度允许值却偏严。增大混凝土保护层厚度虽然会加大构件裂缝宽度的计算值，但实际上对保护钢筋减轻锈蚀十分有利，所以在 JTG D62 中，不考虑保护层厚度对裂缝宽度计算值的影响。

此外，不能为了减少裂缝计算宽度而在厚度较大的混凝土保护层内加设没有防锈措施的钢筋网，因为钢筋网的首先锈蚀会导致网片外侧混凝土的剥落，减少内侧箍筋和主筋应有的保护层厚度，对构件的耐久性造成更为有害的后果。荷载与收缩引起的横向裂缝本质上属于正常裂缝，如果影响建筑物的外观要求或防水功能可适当填补。

3.5.6　棱角部位受到两个侧面的环境作用并容易造成碰撞损伤，在可能条件下应尽量加以避免。

3.5.7　混凝土施工缝、伸缩缝等连接缝是结构中相对薄弱的部位，容易成为腐蚀性物质侵入混凝土内部的通道，故在设计与施工中应尽量避免让局部环境作用比较不利的部位，如桥墩的施工缝不应设在干湿交替的水位变动区。

3.5.8　应避免外露金属部件的锈蚀造成混凝土的胀裂，影响构件的承载力。这些金属部件宜与混凝土中的钢筋隔离或进行绝缘处理。

3.6　施工质量的附加要求

3.6.1　本条给出了保证混凝土结构耐久性的不同环境中混凝土的养护制度要求，利用养护时间和养护结束时的混凝土强度来控制现场养护过程。养护结束时的强度是指现场混凝土强度，用现场同温养护条件下的标准试件测得。

现场混凝土构件的施工养护方法和养护时间需要考虑混凝土强度等级、施工环境的温、湿度和风速、构件尺寸、混凝土原材料组成和入模温度等诸多因素。应根据具体施工条件选择合理的养护工艺，可参考中国土木工程学会标准《混凝土结构耐久性设计与施工指南》CCES 01-2004（2005年修订版）的相关规定。

3.6.3 本条给出了在不同环境作用等级下，混凝土结构中钢筋保护层的检测原则和质量控制方法。

4 一般环境

4.1 一般规定

4.1.1 正常大气作用下表层混凝土碳化引发的内部钢筋锈蚀，是混凝土结构中最常见的劣化现象，也是耐久性设计中的首要问题。在一般环境作用下，依靠混凝土本身的耐久性质量、适当的保护层厚度和有效的防排水措施，就能达到所需的耐久性，一般不需考虑防腐蚀附加措施。

4.2 环境作用等级

4.2.1 确定大气环境对配筋混凝土结构与构件的作用程度，需要考虑的环境因素主要是湿度（水）、温度和 CO_2 与 O_2 的供给程度。对于混凝土的碳化过程，如果周围大气的相对湿度较高，混凝土的内部孔隙充满溶液，则空气中的 CO_2 难以进入混凝土内部，碳化就不能或只能非常缓慢地进行；如果周围大气的相对湿度很低，混凝土内部比较干燥，孔隙溶液的量很少，碳化反应也很难进行。对于钢筋的锈蚀过程，电化学反应要求混凝土有一定的电导率，当混凝土内部的相对湿度低于70%时，由于混凝土电导率太低，钢筋锈蚀很难进行；同时，锈蚀电化学过程需有水和氧气参与，当混凝土处于水下或湿度接近饱和时，氧气难以到达钢筋表面，锈蚀会因为缺氧而难以发生。

室内干燥环境对混凝土结构的耐久性最为有利。虽然混凝土在干燥环境中容易碳化，但由于缺少水分使钢筋锈蚀非常缓慢甚至难以进行。同样，水下构件由于缺乏氧气，钢筋基本不会锈蚀。因此表4.2.1将这两类环境作用归为Ⅰ-A级。在室内外潮湿环境或者偶尔受到雨淋、与水接触的条件下，混凝土的碳化反应和钢筋的锈蚀过程都有条件进行，环境作用等级归为Ⅰ-B级。在反复的干湿交替作用下，混凝土碳化有条件进行，同时钢筋锈蚀过程由于水分和氧气的交替供给而显著加强，因此对钢筋锈蚀最不利的环境条件是反复干湿交替，其环境作用等级归为Ⅰ-C级。

如果室内构件长期处于高湿度环境，即使年平均湿度高于60%，也有可能引起钢筋锈蚀，故宜按Ⅰ-B级考虑。在干湿交替环境下，如混凝土表面在干燥阶段周围大气相对湿度较高，干湿交替的影响深度很有限，混凝土内部仍会长期处于高湿度状态，内部

混凝土碳化和钢筋锈蚀程度都会受到抑制。在这种情况下，环境对配筋混凝土构件的作用程度介于Ⅰ-C与Ⅰ-B之间，具体作用程度可根据当地既有工程的实际调查确定。

4.2.2 与湿润土体或水接触的一侧混凝土饱水，钢筋不易锈蚀，可按环境作用等级Ⅰ-B考虑；接触干燥空气的一侧，混凝土容易碳化，又可能有水分从临水侧迁移供给，一般应按Ⅰ-C级环境考虑。如果混凝土密实性好、构件厚度较大或临水表面已作可靠防护层，临水侧的水分供给可以被有效隔断，这时接触干燥空气的一侧可不按Ⅰ-C级考虑。

4.3 材料与保护层厚度

4.3.1 表4.3.1分别对板、墙等面形构件和梁、柱等条形构件规定了混凝土的最低强度等级、最大水胶比和钢筋的保护层最小厚度。板、墙、壳等面形构件中的钢筋，主要受来自一侧混凝土表面的环境因素侵蚀，而矩形截面的梁、柱等条形构件中的角部钢筋，同时受到来自两个相邻侧面的环境因素作用，所以后者的保护层最小厚度要大于前者。对保护层最小厚度要求与所用的混凝土水胶比有关，在应用表4.3.1中不同使用年限和不同环境作用等级下的保护层厚度时，应注意到对混凝土水胶比和强度等级的不同要求。

表4.3.1中规定的混凝土最低强度等级、最大水胶比和保护层厚度与欧美的相关规范相近，这些数据比照了已建工程实际劣化现状的调查结果，并用材料劣化模型作了近似的计算校核，总体上略高于我国现行的混凝土结构设计规范的规定，尤其在干湿交替的环境条件下差别较大。美国ACI设计规范要求室外淋雨环境的梁柱外侧钢筋（箍筋或分布筋）保护层最小设计厚度为50mm（钢筋直径不大于16mm时为38mm），英国BS8110设计规范（60年设计年限）为40mm（C40）或30mm（C45）。

4.3.2 本条给出了大截面墩柱在符合耐久性要求的前提下，截面混凝土强度与钢筋保护层厚度的调整方法。一般环境下对混凝土提出最低强度等级的要求，是为了保护钢筋的需要，针对的是构件表层的保护层混凝土。但对大截面墩柱来说，如果只是为了提高保护层混凝土的耐久性而全截面采用较高强度的混凝土，往往不如加大保护层厚度的办法更为经济合理。相反，加大保护层厚度会明显增加梁、板等受弯构件的自重，宜提高混凝土的强度等级以减少保护层厚度。

4.3.3 本条所指的建筑饰面包括不受雨水冲淋的石灰浆、砂浆抹面和砖石贴面等普通建筑饰面；防水饰面包括防水砂浆、粘贴面砖、花岗石等具有良好防水性能的饰面。除此之外，构件表面的油毡等一般防水层由于防水有效年限远低于构件的设计使用年限，不

宜考虑其对钢筋防锈的作用。

5 冻融环境

5.1 一般规定

5.1.1 饱水的混凝土在反复冻融作用下会造成内部损伤，发生开裂甚至剥落，导致骨料裸露。与冻融破坏有关的环境因素主要有水、最低温度、降温速率和反复冻融次数。混凝土的冻融损伤只发生在混凝土内部含水量比较充足的情况。

　　冻融环境下的混凝土结构耐久性设计，原则上要求混凝土不受损伤，不影响构件的承载力与对钢筋的保护。确保耐久性的主要措施包括防止混凝土受湿、采用高强度的混凝土和引气混凝土。

5.1.2 冰冻地区与雨、水接触的露天混凝土构件应按冻融环境进行耐久性设计。环境温度达不到冰冻条件（如位于土中冰冻线以下和长期在不结冻水下）的混凝土构件可不考虑抗冻要求。冰冻前不饱水的混凝土且在反复冻融过程中不接触外界水分的混凝土构件，也可不考虑抗冻要求。

　　本规范不考虑人工造成的冻融环境作用，此类问题由专门的标准规范解决。

5.1.3 截面尺寸较小的钢筋混凝土构件和预应力混凝土构件，发生冻蚀的后果严重，应赋予更大的安全保证率。在耐久性设计时应适当增加厚度作为补偿，或采取表面附加防护措施。

5.1.4 适当延迟现场混凝土初次与水接触的时间实际上是延长混凝土的干燥时间，并且给混凝土内部结构发育提供时间。在可能情况下，应尽量延迟混凝土初次接触水的时间，最好在一个月以上。

5.2 环境作用等级

5.2.1 本规范对冻融环境作用等级的划分，主要考虑混凝土饱水程度、气温变化和盐分含量三个因素。饱水程度与混凝土表面接触水的频度及表面积水的难易程度（如水平或竖向表面）有关；气温变化主要与环境最低温度及年冻融次数有关；盐分含量指混凝土表面受冻时冰水中的盐含量。

　　我国现行规范中对混凝土抗冻等级的要求多按当地最冷月份的平均气温进行区分，这在使用上有其方便之处，但应注意当地气温与构件所处地段的局部温度往往差别很大。比如严寒地区朝南构件的冻融次数多于朝北的构件，而微冻地区可能相反。由于缺乏各地区年冻融次数的统计资料，现仍暂时按当地最冷月的平均气温表示气温变化对混凝土冻融的影响程度。

　　对于饱水程度，分为高度饱水和中度饱水两种情况，前者指受冻前长期或频繁接触水体或湿润土体，混凝土体内高度饱水；后者指受冻前偶受雨淋或潮

湿，混凝土体内的饱水程度不高。混凝土受冻融破坏的临界饱水度约为 $85\% \sim 90\%$，含水量低于临界饱水度时不会冻坏。在表面有水的情况下，连续的反复冻融可使混凝土内部的饱水程度不断增加，一旦达到或超过临界饱水度，就有可能很快发生冻坏。

　　有盐的冻融环境主要指冬季喷洒除冰盐的环境。含盐分的水溶液不仅会造成混凝土的内部损伤，而且能使混凝土表面起皮剥蚀，盐中的氯离子还会引起混凝土内部钢筋的锈蚀（除冰盐引起的钢筋锈蚀按Ⅳ类环境考虑）。除冰盐的剥蚀作用程度与混凝土湿度有关；不同构件及部位由于方向、位置不同，受除冰盐直接、间接作用或溅射的程度也会有很大的差别。

　　寒冷地区海洋和近海环境中的混凝土表层，当接触水分时也会发生盐冻，但海水的含盐浓度要比除冰盐融雪后的盐水低得多。海水的冰点较低，有些微冻地区和寒冷地区的海水不会出现冻结，具体可通过调查确定；若不出现冰冻，就可以不考虑冻融环境作用。

5.2.2 埋置于土中冰冻线以上的混凝土构件，发生冻融交替的次数明显低于暴露在大气环境中的构件，但仍要考虑冻融损伤的可能，可根据具体情况适当降低环境作用等级。

5.2.3 某些结构在正常使用条件下冬季出现冰冻的可能性很小，但在极端气候条件下或偶发事故时有可能会遭受冰冻，故应具有一定的抗冻能力，但可适当降低要求。

5.2.4 竖向构件底部侧面的积雪可引发混凝土较严重的冻融损伤。尤其在冬季喷洒除冰盐的环境中，道路上含盐的积雪常被扫到两侧并堆置在墙柱和栏杆底部，往往造成底部混凝土的严重腐蚀。对于接触积雪的局部区域，也可采取局部的防护处理。

5.3 材料与保护层厚度

5.3.1 本条规定了冻融环境中混凝土原材料的组成与引气工艺的使用。使用引气剂能在混凝土中产生大量均布的微小封闭气孔，有效缓解混凝土内部结冰造成的材料破坏。引气混凝土的抗冻要求用新拌混凝土的含气量表示，是气泡占混凝土的体积比。冻融越严重，要求混凝土的含气量越大；气泡只存在于水泥浆体中，所以混凝土抗冻所需的含气量与骨料的最大粒径有关；过大的含气量会明显降低混凝土强度，故含气量应控制在一定范围内，且有相应的误差限制。具体可参照附录C的要求。

　　矿物掺合料品种和数量对混凝土抗冻性能有影响。通常情况下，掺加硅粉有利于抗冻；在低水胶比前提下，适量掺加粉煤灰和矿渣对抗冻能力影响不大，但应严格控制粉煤灰的品质，特别要尽量降低粉煤灰的烧失量。具体见规范附录B的规定。

　　严重冻融环境下必须引气的要求主要是根据实验

室快速冻融试验的研究结果提出的，50多年来工程实际应用肯定了引气工艺的有效性。但是混凝土试件在标准快速试验下的冻融激烈程度要比工程现场的实际环境作用严酷得多。近年来，越来越多的现场调查表明，高强混凝土用于非常严重的冻融环境即使不引气也没有发生破坏。新的欧洲混凝土规范EN206-1：2000虽然对严重冻融环境作用下的构件混凝土有引气要求，但允许通过实验室的对比试验研究后不引气；德国标准DIN1045-2/07.2001规定含盐的高度饱水情况需要引气，其他情况下均可采用强度较高的非引气混凝土；英国标准8500-1：2002规定，各种冻融环境下的混凝土均可不引气，条件是混凝土强度等级需达到C50且骨料符合抗冻要求。北欧和北美各国的规范仍规定严重冻融环境作用下的混凝土需要引气。由于我国国内在这方面尚缺乏相应的研究和工程实际经验，本规范现仍规定严重冻融环境下需要采用引气混凝土。

5.3.2 表5.3.2中仅列出一般冻融（无盐）情况下钢筋的混凝土保护层最小厚度。盐冻情况下的保护层厚度由氯化物环境控制，具体见第6章的有关规定；相应的保护层混凝土质量则同时满足冻融环境和氯化物环境的要求。有盐冻融条件下的耐久性设计见条文6.3.2的规定及其条文说明。

5.3.3 对于冻融环境下重要工程和大型工程的混凝土，其耐久性质量除需满足第5.3.2条的规定外，应同时满足本条提出的抗冻耐久性指数要求。表5.3.3中的抗冻耐久性指数由快速冻融循环试验结果进行评定。美国ASTM标准定义试件经历300次冻融循环后的动弹性模量的相对损失为抗冻耐久性指数 DF，其计算方法见表注1。在北美，认为有抗冻要求的混凝土 DF 值不能小于60%。对于年冻融次数不频繁的环境条件或混凝土现场饱水程度不很高时，这一要求可能偏高。

混凝土的抗冻性评价可用多种指标表示，如试件经历冻融循环后的动弹性模量损失、质量损失、伸长量或体积膨胀等。多数标准都采用动弹性模量损失或同时考虑质量损失来确定抗冻级别，但上述指标通常只用来比较混凝土材料的相对抗冻性能，不能直接用来进行结构使用年限的预测。

6 氯化物环境

6.1 一般规定

6.1.1 环境中的氯化物以水溶氯离子的形式通过扩散、渗透和吸附等途径从混凝土构件表面向混凝土内部迁移，可引起混凝土内钢筋的严重锈蚀。氯离子引起的钢筋锈蚀难以控制、后果严重，因此是混凝土结构耐久性的重要问题。氯盐对于混凝土材料也有一定的腐蚀作用，但相对较轻。

6.1.2 本条规定所指的海洋和近海氯化物包括海水、大气、地下水与土体中含有的来自海水的氯化物。此外，其他情况下接触海水的混凝土构件也应考虑海洋氯化物的腐蚀，如海洋馆中接触海水的混凝土池壁、管道等。内陆盐湖中的氯化物作用可参照海洋氯化物环境进行耐久性设计。

6.1.3 除冰盐对混凝土的作用机理很复杂。对钢筋混凝土（如桥面板）而言，一方面，除冰盐直接接触混凝土表层，融雪过程中的温度骤降以及渗入混凝土的含盐雪水的蒸发结晶都会导致混凝土表面的开裂剥落；另一方面，雪水中的氯离子不断向混凝土内部迁移，会引起钢筋腐蚀。前者属于盐冻现象，有关的耐久性要求在第5章中已有规定；后者属于钢筋锈蚀问题，相应的要求由本章规定。

降雪地区喷洒的除冰盐可以通过多种途径作用于混凝土构件，含盐的融雪水直接作用于路面，并通过伸缩缝等连接处渗漏到桥面板下方的构件表面，或者通过路面层和防水层的缝隙渗漏到混凝土桥面板的顶面。排出的盐水如渗入地下土体，还会侵蚀混凝土基础。此外，高速行驶的车辆会将路面上含盐的水溅射或转变成盐雾，作用到车道两侧甚至较远的混凝土构件表面；汽车底盘和轮胎上冰冻的含盐雪水进入停车库后融化，还会作用于车库混凝土楼板或地板引起钢筋腐蚀。

地下水土（滨海地区除外）中的氯离子浓度一般较低，当浓度较高且在干湿交替的条件下，则需考虑对混凝土构件的腐蚀。我国西部盐湖和盐渍土地区地下水土中氯盐含量很高，对混凝土构件的腐蚀作用需专门研究处理，不属于本规范的内容。对于游泳池及其周围的混凝土构件，如公共浴室、卫生间地面等，还需要考虑氯盐消毒剂对混凝土构件腐蚀的作用。

除冰盐可对混凝土结构造成极其严重的腐蚀，不进行耐久性设计的桥梁在除冰盐环境下只需几年或十几年就需要大修甚至被迫拆除。发达国家使用含氯除冰盐融化道路积雪已有40年的历史，迄今尚无更为经济的替代方法。考虑今后交通发展对融化道路积雪的需要，应在混凝土桥梁的耐久性设计时考虑除冰盐氯化物的影响。

6.1.4 当环境作用等级非常严重或极端严重时，按照常规手段通过增加混凝土强度、降低混凝土水胶比和增加混凝土保护层厚度的办法，仍然有可能保证不了50年或100年设计使用年限的要求。这时宜考虑采用一种或多种防腐蚀附加措施，并建立合理的多重防护策略，提高结构使用年限的保证率。在采取防腐蚀附加措施的同时，不应降低混凝土材料的耐久性质量和保护层的厚度要求。

常用的防腐蚀附加措施有：混凝土表面涂刷防腐面层或涂层、采用环氧涂层钢筋、应用钢筋阻锈剂等。环氧涂层钢筋和钢筋阻锈剂只有在耐久性优良的混凝土材料中才能起到控制构件锈蚀的作用。

6.1.5 定期检测可以尽快发现问题，并及时采取补救措施。

6.2 环境作用等级

6.2.1 对于海水中的配筋混凝土结构，氯盐引起钢筋锈蚀的环境可进一步分为水下区、潮汐区、浪溅区、大气区和土中区。长年浸没于海水中的混凝土，由于水中缺氧使锈蚀发展速度变得极其缓慢甚至停止，所以钢筋锈蚀危险性不大。潮汐区特别是浪溅区的情况则不同，混凝土处于干湿交替状态，混凝土表面的氯离子可通过吸收、扩散、渗透等多种途径进入混凝土内部，而且氧气和水交替供给，使内部的钢筋具备锈蚀发展的所有条件。浪溅区的供氧条件最为充分，锈蚀最严重。

我国现行行业标准《海港工程混凝土结构防腐蚀技术规范》JTJ 275 在大量调查研究的基础上，分别对浪溅区和潮汐区提出不同的要求。根据海港工程的大量调查表明，平均潮位以下的潮汐区，混凝土在落潮时露出水面时间短，且接触的大气的湿度很高，所含水分较难蒸发，所以混凝土内部饱水程度高、钢筋锈蚀没有浪溅区显著。但本规范考虑到潮汐区内进行修复的难度，将潮汐区与浪溅区按同一作用等级考虑。南方炎热地区温度高，氯离子扩散系数增大，钢筋锈蚀也会加剧，所以炎热气候应作为一种加剧钢筋锈蚀的因素考虑。

海洋和近海地区的大气中都含有氯离子。海洋大气区处于浪溅区的上方，海浪拍击产生大小为 $0.1\sim20\mu m$ 的细小雾滴，较大的雾滴积聚于海面附近，而较小的雾滴可随风飘移到近海的陆上地区。海上桥梁的上部构件离浪溅区很近时，受到浓重的盐雾作用，在构件混凝土表层内积累的氯离子浓度可以很高，而且同时又处于干湿交替的环境中，因此处于很不利的状态。在浪溅区与其上方的大气区之间，构件表层混凝土的氯离子浓度没有明确的界限，设计时应该根据具体情况偏安全地选用。

虽然大气盐雾区的混凝土表面氯离子浓度可以积累到与浪溅区的相近，但浪溅区的混凝土表面氯离子浓度可认为从一开始就达到其最大值，而大气盐雾区则需许多年才能逐渐积累到最大值。靠近海岸的陆上大气也含盐分，其浓度与具体的地形、地物、风向、风速等多种因素有关。根据我国浙东、山东等沿海地区的调查，构件的腐蚀程度与离岸距离以及朝向有很大关系，靠近海岸且暴露于室外的构件应考虑盐雾的作用。烟台地区的调查发现，离海岸 100m 内的室外混凝土构件中的钢筋均发生严重锈蚀。

表 6.2.1 中对靠海构件环境作用等级的划分，尚有待积累更多调查数据后作进一步修正。设计人员宜在调查工程所在地区具体环境条件的基础上，采取适当的防腐蚀要求。

6.2.2 海底隧道结构的构件维修困难，宜取用较高的环境作用等级。隧道混凝土构件接触土体的外侧如无空气进入的可能，可按 Ⅲ-D 级的环境作用确定构件的混凝土保护层厚度；如在外侧设置排水通道有可能引入空气时，应按 Ⅲ-E 级考虑。隧道构件接触空气的内侧可能接触渗漏的海水，底板和侧墙底部应按 Ⅲ-E 级考虑，其他部位可根据具体情况确定，但不低于 Ⅲ-D 级。

6.2.3 近海和海洋环境的氯化物对混凝土结构的腐蚀作用与当地海水中的含盐量有关。表 6.2.1 的环境作用等级是根据一般海水的氯离子浓度（约 18～20g/L）确定的。不同地区海水的含盐量可能有很大差别，沿海地区海水的含盐量受到江河淡水排放的影响并随季节而变化，海水的含盐量有可能较低，可取年均值作为设计的依据。

河口地区虽然水中氯化物含量低于海水，但是对于大气区和浪溅区，混凝土表面的氯盐含量会不断积累，其长期含盐量可以明显高于周围水体中的含盐浓度。在确定氯化物环境的作用等级时，应充分考虑到这些因素。

6.2.4 对于同一构件，应注意不同侧面的局部环境作用等级的差异。混凝土桥面板的顶面会受到除冰盐溶液的直接作用，所以顶面钢筋一般应按 Ⅳ-E 的作用等级设计，保护层至少需 60mm，除非在桥面板与路面铺装层之间有质量很高的防水层；而桥面板的底部钢筋通常可按一般环境中的室外环境条件设计，板的底部不受雨淋，无干湿交替，作用等级为 Ⅰ-B，所需的保护层可能只有 25mm。桥面板顶面的氯离子不可能迁移到底部钢筋，因为所需的时间非常长。但是桥面板的底部有可能受到从板的侧边流淌到底面的雨水或伸缩缝处渗漏水的作用，从而出现干湿交替、反复冻融和盐蚀。所以必须采取相应的排水构造措施，如在板的侧边设置滴水沿、排水沟等。桥面板上部的铺装层一般容易开裂渗漏，防水层的寿命也较短，通常在确定钢筋的保护层厚度时不考虑其有利影响。设计时可根据铺装层防水性能的实际情况，对桥面板顶部钢筋保护层厚度作适当调整。

水或土体中氯离子浓度的高低对与之接触并部分暴露于大气中构件锈蚀的影响，目前尚无确切试验数据，表 6.2.4 注 1 中划分的浓度范围可供参考。

6.2.5 与混凝土构件的设计使用年限相比，一般防水层的有效年限要短得多，在氯化物环境下只能作为辅助措施，不应考虑其有利作用。

6.3 材料与保护层厚度

6.3.1 低水胶比的大掺量矿物掺合料混凝土，在长期使用过程中的抗氯离子侵入的能力要比相同水胶比的硅酸盐水泥混凝土高得多，所以在氯化物环境中不宜单独采用硅酸盐水泥作为胶凝材料。为了增强混凝土早期的强度和耐久性发展，通常应在矿物掺合料中加入少量硅灰，可复合使用两种或两种以上的矿物掺合料，如粉煤灰加硅灰、粉煤灰加矿渣加硅灰。除冻融环境外，矿物掺合料占胶凝材料总量的比例宜大于40%，具体规定见附录B。不受冻融环境作用的氯化物环境也可使用引气混凝土，含气量可控制在4.0%～5.0%，试验表明，适当引气可以降低氯离子扩散系数，提高抗氯离子侵入的能力。

使用大掺量矿物掺合料混凝土，必须有良好的施工养护和保护为前提。如施工现场不具备本规范规定的混凝土养护条件，就不应采用大掺量矿料混凝土。

6.3.2 表6.3.2规定的混凝土最低强度等级大体与国外规范中的相近，考虑到我国的混凝土组成材料特点，最大水胶比的取值则相对较低。表6.3.2规定的保护层厚度根据我国海洋地区混凝土工程的劣化现状调研以及比照国外规范的数据而定，并利用材料劣化模型作了近似核对。表6.3.2提出的只是最低要求，设计人员应该充分考虑工程设计对象的具体情况，必要时采取更高的要求。对于重要的桥梁等生命线工程，宜在设计中同时采用防腐蚀附加措施。

受盐冻的钢筋混凝土构件，需要同时考虑盐冻作用（第5章）和氯离子引起钢筋锈蚀的作用（第6章）。以严寒地区50年设计使用年限的跨海桥梁墩柱为例：冬季海水冰冻，据表5.2.1冻融环境的作用等级为Ⅱ-E，所需混凝土最低强度等级为Ca40，最大水胶比0.45；桥梁墩柱的浪溅区混凝土干湿交替，据表6.2.1海洋氯化物环境的作用等级为Ⅲ-E，所需保护层厚度为60mm（C45）或55mm（≥C50）；由于按照表5.2.1的要求必须引气，表6.3.2要求的强度等级可降低5N/mm²，成为60mm（Ca40）或55mm（≥Ca45），且均不低于环境作用等级Ⅱ-E所需的Ca40；故设计时可选保护层厚度60mm（混凝土强度等级Ca40，最大水胶比0.45），或保护层厚度55mm（混凝土强度等级Ca45，最大水胶比0.40）。

从总体看，如要确保工程在设计使用年限内不需大修，表6.3.2规定的保护层最小厚度仍可能偏低，但如配合使用阶段的定期检测，应能具有经济合理地被修复的能力。国际上近年建成的一些大型桥梁的保护层厚度都比较大，如加拿大的Northumberland海峡大桥（设计寿命100年），墩柱的保护层厚度用75～100mm，上部结构50mm（混凝土水胶比0.34）；丹麦Great Belt Link跨海桥墩用环氧涂层钢筋，保护层厚度75mm，上部结构50mm（混凝土水胶比0.35），同时为今后可能发生锈蚀时采取阴极保护预置必要的条件。

6.3.3 大掺量矿物掺合料混凝土的定义见2.1.17条。氯离子在混凝土中的扩散系数会随着龄期或暴露时间的增长而逐渐降低，这个衰减过程在大掺量矿物掺合料混凝土中尤其显著。如果大掺量矿物掺合料与非大掺量矿物掺合料混凝土的早期（如28d或84d）扩散系数相同，非大掺量矿物掺合料混凝土中钢筋就会更早锈蚀。因此在Ⅲ-E和Ⅲ-F环境下不能采用大掺量矿物掺合料混凝土时，需要提高混凝土强度等级（如10～15N/mm²）或同时增加保护层厚度（如5～10mm），具体宜根据计算或试验研究确定。

6.3.4 与受弯构件不同，增加墩柱的保护层厚度基本不会增大构件材料的工作应力，但能显著提高构件对内部钢筋的保护能力。氯化物环境的作用存在许多不确定性，为了提高结构使用年限的保证率，采用增大保护层厚度的办法要比附加防腐蚀措施更为经济。

墩柱顶部的表层混凝土由于施工中混凝土泌水等影响，密实性相对较差。这一部位又往往受到含盐渗漏水影响并处于干湿交替状态，所以宜增加保护层厚度。

6.3.6 本条规定氯化物环境中混凝土需要满足的氯离子侵入性指标。

氯化物环境下的混凝土侵入性可用氯离子在混凝土中的扩散系数表示。根据不同测试方法得到的扩散系数在数值上不尽相同并各有其特定的用途。D_{RCM}是在实验室内采用快速电迁移的标准试验方法（RCM法）测定的扩散系数。试验时将试件的两端分别置于两种溶液之间并施加电位差，上游溶液中含氯盐，在外加电场的作用下氯离子快速向混凝土内迁移，经过若干小时后劈开试件测出氯离子侵入试件中的深度，利用理论公式计算得出扩散系数，称为非稳态快速氯离子迁移扩散系数。这一方法最早由唐路平提出，现已得到较为广泛的应用，不仅可以用于施工阶段的混凝土质量控制，而且还可结合根据工程实测得到的扩散系数随暴露年限的衰减规律，用于定量估算混凝土中钢筋开始发生锈蚀的年限。

本规范推荐采用RCM法，具体试验方法可参见中国土木工程学会标准《混凝土结构耐久性设计与施工指南》CCES 01-2004（2005年修订版）。混凝土的抗氯离子侵入性也可以用其他试验方法及其指标表示。比如，美国ASTM C1202快速电量测定方法测量一段时间内通过混凝土试件的电量，但这一方法用于水胶比低于0.4的矿物掺合料混凝土时误差较大；我国自行研发的NEL氯离子扩散系数快速试验方法测量饱盐混凝土试件的电导率。表6.3.6中的数据主要参考近年来国内外重大工程采用D_{RCM}作为质量控制指标的实践，并利用Fick模型进行了近似校核。

7 化学腐蚀环境

7.1 一般规定

7.1.1 本规范考虑的常见腐蚀性化学物质包括土中

和地表、地下水中的硫酸盐和酸类等物质以及大气中的盐分、硫化物、氮氧化合物等污染物质。这些物质对混凝土的腐蚀主要是化学腐蚀，但盐类侵入混凝土也有可能产生盐结晶的物理腐蚀。本章的化学腐蚀环境不包括氯化物，后者已在第6章中单独作了规定。

7.2 环境作用等级

7.2.1 本条根据水、土环境中化学物质的不同浓度范围将环境作用划分为 V-C、V-D 和 V-E 共3个等级。浓度低于 V-C 等级的不需在设计中特别考虑，浓度高于 V-E 等级的应作为特殊情况另行对待。化学环境作用对混凝土的腐蚀，至今尚缺乏足够的数据积累和研究成果。重要工程应在设计前作充分调查，以工程类比作为设计的主要依据。

水、土中的硫酸盐对混凝土的腐蚀作用，除硫酸根离子的浓度外，还与硫酸盐的阳离子种类及浓度、混凝土表面的干湿交替程度、环境温度以及土的渗透性和地下水的流动性等因素有很大关系。腐蚀混凝土的硫酸盐主要来自周围的水、土，也可能来自原本受过硫酸盐腐蚀的混凝土骨料以及混凝土外加剂，如喷射混凝土中常使用的大剂量钠盐速凝剂等。

在常见的硫酸盐中，对混凝土腐蚀的严重程度从强到弱依次为硫酸镁、硫酸钠和硫酸钙。腐蚀性很强的硫酸盐还有硫酸铵，此时需单独考虑铵离子的作用，自然界中的硫酸铵不多见，但在长期施加化肥的土地中则需要注意。

表7.2.1规定的土中硫酸根离子 SO_4^{2-} 浓度，是在土样中加水溶出的浓度（水溶值）。有的硫酸盐（如硫酸钙）在水中的溶解度很低，在土样中加酸则可溶出土中含有的全部 SO_4^{2-}（酸溶值）。但是，只有溶于水中的硫酸盐才会腐蚀混凝土。不同国家的混凝土结构设计规范，对硫酸盐腐蚀的作用等级划分有较大差别，采用的浓度测定方法也有较大出入，有的用酸溶法测定（如欧盟规范），有的则用水溶法（如美国、加拿大和英国）。当用水溶法时，由于水土比例和浸泡搅拌时间的差别，溶出的量也不同。所以最好能同时测定 SO_4^{2-} 的水溶值和酸溶值，以便于判断难溶盐的数量。

硫酸盐对混凝土的化学腐蚀是两种化学反应的结果：一是与混凝土中的水化铝酸钙起反应形成硫铝酸钙即钙矾石；二是与混凝土中氢氧化钙结合形成硫酸钙（石膏），两种反应均会造成体积膨胀，使混凝土开裂。当含有镁离子时，同时还能和Ca(OH)₂反应，生成疏松而无胶凝性的 Mg(OH)₂，这会降低混凝土的密实性和强度并加剧腐蚀。硫酸盐对混凝土的化学腐蚀过程很慢，通常要持续很多年，开始时混凝土表面泛白，随后开裂、剥落破坏。当土中构件暴露于流动的地下水中时，硫酸盐得以不断补充，腐蚀的产物也被带走，材料的损坏程度就会非常严重。相反，在

渗透性很低的黏土中，当表面浅层混凝土遭硫酸盐腐蚀后，由于硫酸盐得不到补充，腐蚀反应就很难进一步进行。

在干湿交替的情况下，水中的 SO_4^{2-} 浓度如大于200mg/L（或土中 SO_4^{2-} 大于1000mg/kg）就有可能损害混凝土；水中 SO_4^{2-} 如大于2000mg/L（或土中的水溶 SO_4^{2-} 大于4000mg/kg）则可能有较大的损害。水的蒸发可使水中的硫酸盐逐渐积累，所以混凝土冷却塔就有可能遭受硫酸盐的腐蚀。地下水、土中的硫酸盐可以渗入混凝土内部，并在一定条件下使得混凝土毛细孔隙水溶液中的硫酸盐浓度不断积累，当超过饱和浓度时就会析出盐结晶而产生很大的压力，导致混凝土开裂破坏，这是纯粹的物理作用。

硅酸盐水泥混凝土的抗酸腐蚀能力较差，如果水的pH值小于6，对抗渗性较差的混凝土就会造成损害。这里的酸包括除硫酸和碳酸以外的一般酸和酸性盐，如盐酸、硝酸等强酸和其他弱的无机、有机酸及其盐类，其来源于受工业或养殖业废水污染的水体。

酸对混凝土的腐蚀作用主要是与硅酸盐水泥水化产物中的氢氧化钙起反应，如果混凝土骨料是石灰石或白云石，酸也会与这些骨料起化学反应，反应的产物是水溶性的钙化物，其可以被水溶液浸出（草酸和磷酸形成的钙盐除外）。对于硫酸来说，还会进一步形成硫酸盐造成硫酸盐腐蚀。如果酸、盐溶液能到达钢筋表面，还会引起钢筋锈蚀，从而造成混凝土顺筋开裂和剥落。低水胶比的密实混凝土能够抵抗弱酸的腐蚀，但是硅酸盐水泥混凝土不能承受高浓度酸的长期作用。因此在流动的地下水中，必须在混凝土表面采取涂层覆盖等保护措施。

当结构所处环境中含有多种化学腐蚀物质时，一般会加重腐蚀的程度。如 Mg^{2+} 和 SO_4^{2-} 同时存在时能引起双重腐蚀。但两种以上的化学物质有时也可能产生相互抑制的作用。例如，海水环境中的氯盐就可能会减弱硫酸盐的危害。有资料报道，如无 Cl^- 存在，浓度约为250mg/L 的 SO_4^{2-} 就能引起纯硅酸盐水泥混凝土的腐蚀，如 Cl^- 浓度超过5000mg/L，则造成损害的 SO_4^{2-} 浓度要提高到约1000mg/L 以上。海水中的硫酸盐含量很高，但有大量氯化物存在，所以不再单独考虑硫酸盐的作用。

土中的化学腐蚀物质对混凝土的腐蚀作用需要通过溶于土中的孔隙水来实现。密实的弱透水土体提供的孔隙水量少，而且流动困难，靠近混凝土表面的化学腐蚀物质与混凝土发生化学作用后被消耗，得不到充分的补充，所以腐蚀作用有限。对弱透水土体的定量界定比较困难，一般认为其渗透系数小于 10^{-5} m/s 或 0.86m/d。

7.2.2 部分暴露于大气中而其他部分又接触含盐水、土的混凝土构件应特别考虑盐结晶作用。在日温

差剧烈变化或干旱和半干旱地区，混凝土孔隙中的盐溶液容易浓缩并产生结晶或在外界低温过程的作用下析出结晶。对于一端置于水、土而另一端露于空气中的混凝土构件，水、土中的盐会通过混凝土细毛孔隙的吸附作用上升，并在干燥的空气中蒸发，最终因浓度的不断提高产生盐结晶。我国滨海和盐渍土地区电杆、墩柱、墙体等混凝土构件在地面以上 1m 左右高度范围内常出现这类破坏。对于一侧接触水或土而另一侧暴露于空气中的混凝土构件，情况也与此相似。

表 7.2.2 注中的干燥度系数定义为：

$$K = \frac{0.16\sum t}{\gamma}$$

式中　K——干燥度系数；

$\sum t$——日平均温度 $\geqslant 10℃$ 稳定期的年积温（℃）；

γ——日平均温度 $\geqslant 10℃$ 稳定期的年降水量（mm），取 0.16。

我国西部的盐湖地区，水、土中盐类的浓度可以高出表 7.2.1 值的几倍甚至 10 倍以上，这些情况则需专门研究对待。

7.2.4　大气污染环境的主要作用因素有大气中 SO_2 产生的酸雨，汽车和机车排放的 NO_2 废气，以及盐碱地区空气中的盐分。这种环境对混凝土结构的作用程度可有很大差别，宜根据当地的调查情况确定其等级。含盐大气中混凝土构件的环境作用等级见第 7.2.5 条的规定。

7.2.5　处于含盐大气中的混凝土构件，应考虑盐结晶的破坏作用。大气中的盐分会附着在混凝土构件的表面，环境降水可溶解混凝土表面的盐分形成盐溶液侵入混凝土内部。混凝土孔隙中的盐溶液浓度在干湿循环的条件下会不断增高，达到临界浓度后产生巨大的结晶压力使混凝土开裂破坏。在常年湿润（植被地带的最大蒸发量和降水量的比值小于 1）地区，孔隙水难以蒸发，不会发生盐结晶。

7.3　材料与保护层厚度

7.3.1　硅酸盐水泥混凝土抗硫酸盐以及酸类物质的化学腐蚀的能力较差。硅酸盐水泥水化产物中的 $Ca(OH)_2$ 不论在强度上或化学稳定性上都很弱，几乎所有的化学腐蚀都与 $Ca(OH)_2$ 有关，在压力水、流动水尤其是软水的作用下 $Ca(OH)_2$ 还会溶析，是混凝土抗腐蚀的薄弱环节。

在混凝土中加入适量的矿物掺合料对于提高混凝土抵抗化学腐蚀的能力有良好的作用。研究表明，在合适的水胶比下，矿物掺合料及其形成的致密水化产物可以改善混凝土的微观结构，提高混凝土抵抗水、酸和盐类物质腐蚀的能力，而且还能降低氯离子在混凝土中的扩散系数，提高抵抗碱-骨料反应的能力。所以在化学腐蚀环境下，不宜单独使用硅酸盐水泥作

为胶凝材料。通常用标准试验方法对 28d 龄期混凝土试件测得的混凝土抗化学腐蚀的耐久性能参数，不能反映这种混凝土的性能在后期的增长。

化学腐蚀环境中的混凝土结构耐久性设计必须有针对性，对于不同种类的化学腐蚀性物质，采用的水泥品种和掺合料的成分及合适掺量并不完全相同。在混凝土中加入少量硅灰一般都能起到比较显著的作用；粉煤灰和其他火山灰质材料因其本身的 Al_2O_3 含量有波动，效果差别较大，并非都是掺量越大越好。

因此当单独掺加粉煤灰等火山灰质掺合料时，应当通过实验确定其最佳掺量。在西方，抗硫酸盐水泥或高抗硫酸盐水泥都是硅酸盐类的水泥，只不过水泥中铝酸三钙（C_3A）和硅酸三钙（C_3S）的含量不同程度地减少。当环境中的硫酸盐含量异常高时，最好是采用不含硅酸盐的水泥，如石膏矿渣水泥或矾土水泥。但是非硅酸盐类水泥的使用条件和配合比以及养护等都有特殊要求，需通过试验确定后使用。此外，要注意在硫酸盐腐蚀环境下的粉煤灰掺合料应使用低钙粉煤灰。

8　后张预应力混凝土结构

8.1　一　般　规　定

8.1.1　预应力混凝土结构由混凝土和预应力体系两部分组成。有关混凝土材料的耐久性要求，已在本规范第 4~7 章中作出规定。

预应力混凝土结构中的预应力施加方式有先张法和后张法两类。后张法还分为有粘结预应力体系、无粘结预应力体系、体外预应力体系等。先张预应力筋的张拉和混凝土的浇筑、养护以及钢筋与混凝土的粘结锚固多在预制工厂条件下完成。相对来说，质量较易保证。后张法预应力构件的制作则多在施工现场完成，涉及的工序多而复杂，质量控制的难度大。预应力混凝土结构的工程实践表明，后张预应力体系的耐久性往往成为工程中最为薄弱的环节，并对结构安全构成严重威胁。

本章专门针对后张法预应力体系的钢筋与锚固端提出防护措施与工艺、构造要求。

8.1.2　对于严重环境作用下的结构，按现有工艺技术生产和施工的预应力体系，不论在耐久性质量的保证或在长期使用过程中的安全检测上，均有可能满足不了结构设计使用年限的要求。从安全角度考虑，可采用可更换的无粘结预应力体系或体外预应力体系，同时也便于检测维修；或者在设计阶段预留预应力孔道以备再次设置预应力筋。

8.2　预应力筋的防护

8.2.1　表 8.2.1 列出了目前可能采取的预应力筋防

护措施，适用于体内和体外后张预应力体系。为方便起见，表中使用的序列编号代表相应的防护工艺与措施。这里的预应力筋主要指对锈蚀敏感的钢绞线和钢丝，不包括热轧高强粗钢筋。

涉及体内预应力体系的防护措施有 PS1、PS2、PS2a、PS3、PS4 和 PS5；涉及体外预应力体系的防护措施有 PS1、PS2、PS2a、PS3、PS3a。这些防护措施的使用应根据混凝土结构的环境作用类别和等级确定，具体见 8.2.2 条。

8.2.2 本条给出预应力筋在不同环境作用等级条件下耐久性综合防护的最低要求，设计人员可以根据具体的结构环境、结构重要性和设计使用年限适当提高防护要求。

对于体内预应力筋，基本的防护要求为 PS2 和 PS4；对于体外预应力，基本的防护要求为 PS2 和 PS3。

8.3 锚固端的防护

8.3.1 表 8.3.1 列出了目前可能采取的预应力锚固端防护措施，包括了埋入式锚头和暴露式锚头。为方便起见，表中使用的序列编号代表相应的防护工艺与措施。

涉及埋入式锚头的防护措施有 PA1、PA2、PA2a、PA3、PA4、PA5；涉及暴露式锚头的防护措施有 PA1、PA2、PA2a、PA3、PA3a。这些防护措施的使用应根据混凝土结构的环境类别和作用等级确定，参见 8.3.2 条。

8.3.2 本条给出预应力锚头在不同环境作用等级条件下耐久性综合防护的最低要求，设计人员可以根据具体的结构环境、结构重要性和设计使用年限适当提高防护要求。

对于埋入式锚固端，基本的防护要求为 PA4；对于暴露式锚固端，基本的防护要求为 PA2 和 PA3。

8.4 构造与施工质量的附加要求

8.4.2 本条规定的预应力套管应能承受的工作内压，参照了欧盟技术核准协会（EOTA）对后张法预应力体系组件的要求。对高密度聚乙烯和聚丙烯套管的其他技术要求可参见现行行业标准《预应力混凝土桥梁用塑料波纹管》JT/T 529—2004 的有关规定。

8.4.3 水泥基浆体的压浆工艺对管道内预应力筋的耐久性有重要影响，具体压浆工艺和性能要求可参见中国土木工程学会标准《混凝土结构耐久性设计与施工指南》CCES 01—2004（2005 年修订版）附录 D 的相关条文。

8.4.4 在氯化物等严重环境作用下，封锚混凝土中宜外加阻锈剂或采用水泥基聚合物混凝土，并外覆塑料密封罩。对于桥梁等室外预应力构件，应采取构造措施，防止雨水或渗漏水直接作用或流过锚固封堵端

的外表面。

附录 A 混凝土结构设计的耐久性极限状态

A.0.2 这三种劣化程度都不会损害到结构的承载能力，满足 A.0.1 条的基本要求。

A.0.3 预应力筋和冷加工钢筋的延性差，破坏呈脆性，而且一旦开始锈蚀，发展速度较快。所以宜偏于安全考虑，以钢筋开始发生锈蚀作为耐久性极限状态。

A.0.4 适量锈蚀到开始出现顺筋开裂尚不会损害钢筋的承载能力，钢筋锈蚀深度达到 0.1mm 不至于明显影响钢筋混凝土构件的承载力。可以近似认为，钢筋锈胀引起构件顺筋开裂（裂缝与钢筋保护层表面垂直）或层裂（裂缝与钢筋保护层表面平行）时的锈蚀深度约为 0.1mm。两种开裂状态均使构件达到正常使用的极限状态。

A.0.5 冻融环境和化学腐蚀环境中的混凝土构件可按表面轻微损伤极限状态考虑。

A.0.6 环境作用引起的材料腐蚀在作用移去后不可恢复。对于不可逆的正常使用极限状态，可靠指标应大于 1.5。欧洲一些工程用可靠度方法进行环境作用下的混凝土结构耐久性设计时，与正常使用极限状态相应的可靠指标一般取 1.8，失效概率不大于 5%。

A.0.7 应用数学模型定量分析氯离子侵入混凝土内部并使钢筋达到临界锈蚀的年限，应选择比较成熟的数学模型，模型中的参数取值有可靠的试验依据，可委托专业机构进行。

A.0.8 从长期暴露于现场氯离子环境的混凝土构件中取样，实测得到构件截面不同深度上的氯离子浓度分布数据，并按 Fick 第二扩散定律的误差函数解析公式（其中假定在这一暴露时间内的扩散系数和表面氯离子浓度均为定值）进行曲线拟合回归求得的扩散系数和表面氯离子浓度，称为表观扩散系数和表观的表面氯离子浓度。表观扩散系数的数值随暴露期限的增长而降低，其衰减规律与混凝土胶凝材料的成分有关。设计取用的表面氯离子浓度和扩散系数，应以类似工程中实测得到的表观值为依据，具体可参见中国土木工程学会标准《混凝土结构耐久性设计与施工指南》CCES 01—2004（2005 年修订版）。

附录 B 混凝土原材料的选用

B.1 混凝土胶凝材料

B.1.1 根据耐久性的需要，单位体积混凝土的胶

凝材料用量不能太少，但过大的用量会加大混凝土的收缩，使混凝土更加容易开裂，因此应控制胶凝材料的最大用量。在强度与原材料相同的情况下，胶凝材料用量较小的混凝土，体积稳定性好，其耐久性能通常要优于胶凝材料用量较大的混凝土。泵送混凝土由于工作度的需要，允许适当加大胶凝材料用量。

B.1.2 本条规定了不同环境作用下，混凝土胶凝材料中矿物掺合料的选择原则。混凝土的胶凝材料除水泥中的硅酸盐水泥外，还包括水泥中具有胶凝作用的混合材料（如粉煤灰、火山灰、矿渣、沸石岩等）以及配制混凝土时掺入的具有胶凝作用的矿物掺合料（粉煤灰、磨细矿渣、硅灰等）。对胶凝材料及其中矿物掺合料用量的具体规定可参考中国土木工程学会标准《混凝土结构耐久性设计与施工指南》CCES 01—2004（2005 年修订版）的表 4.0.3 进行。为方便查阅，将该表在条文说明中列出。

不同环境作用下胶凝材料品种与矿物掺合料用量的限定范围

环境类别与作用等级		可选用的硅酸盐类水泥品种	矿物掺合料的限定范围（占胶凝材料总量的比值）	备 注
Ⅰ	Ⅰ-A（室内干燥）	PO，PⅠ，PⅡ，PS，PF，PC	$W/B = 0.55$ 时，$\dfrac{\alpha_f}{0.2} + \dfrac{\alpha_s}{0.3} \leqslant 1$； $W/B = 0.45$ 时，$\dfrac{\alpha_f}{0.3} + \dfrac{\alpha_s}{0.5} \leqslant 1$	保护层最小厚度 $c \leqslant 15\mathrm{mm}$ 或 $W/B > 0.55$ 的构件混凝土中不宜含有矿物掺合料
	Ⅰ-A（水中） Ⅰ-B（长期湿润）	PO，PⅠ，PⅡ，PS，PF，PC	$\dfrac{\alpha_f}{0.5} + \dfrac{\alpha_s}{0.7} \leqslant 1$	
	Ⅰ-B（室内非干湿交替）（露天非干湿交替）	PO，PⅠ，PⅡ，PS，PF，PC	$W/B = 0.5$ 时，$\dfrac{\alpha_f}{0.2} + \dfrac{\alpha_s}{0.3} \leqslant 1$； $W/B = 0.4$ 时，$\dfrac{\alpha_f}{0.3} + \dfrac{\alpha_s}{0.5} \leqslant 1$	保护层最小厚度 $c \leqslant 20\mathrm{mm}$ 或水胶比 $W/B > 0.5$ 的构件混凝土中胶凝材料中不宜含有掺合料
	Ⅰ-C（干湿交替）	PO，PⅠ，PⅡ	$\leqslant 1$	
Ⅱ	Ⅱ-C，Ⅱ-D，Ⅱ-E	PO，PⅠ，PⅡ	$W/B = 0.5$ 时，$\dfrac{\alpha_f}{0.2} + \dfrac{\alpha_s}{0.3} \leqslant 1$； $W/B = 0.4$ 时，$\dfrac{\alpha_f}{0.3} + \dfrac{\alpha_s}{0.4} \leqslant 1$	
Ⅲ	Ⅲ-C，Ⅲ-D，Ⅲ-E，Ⅲ-F	PO，PⅠ，PⅡ	下限：$\dfrac{\alpha_f}{0.25} + \dfrac{\alpha_s}{0.4} = 1$ 上限：$\dfrac{\alpha_f}{0.42} + \dfrac{\alpha_s}{0.8} = 1$	当 $W/B = 0.4 \sim 0.5$ 时，需同时满足Ⅰ类环境下的要求；如同时处于冻融环境，掺合料用量的上限尚应满足Ⅱ类环境要求
Ⅳ	Ⅳ-C，Ⅳ-D，Ⅳ-E			
Ⅴ	Ⅴ-C，Ⅴ-D，Ⅴ-E	PⅠ，PⅡ，PO，SR，HSR	下限：$\dfrac{\alpha_f}{0.25} + \dfrac{\alpha_s}{0.4} = 1$ 上限：$\dfrac{\alpha_f}{0.5} + \dfrac{\alpha_s}{0.8} = 1$	当 $W/B = 0.4 \sim 0.5$ 时，矿物掺合料用量的上限需同时满足Ⅰ类环境下的要求；如同时处于冻融环境，掺合料用量的上限尚应满足Ⅱ类环境要求

表中水泥品种符号说明如下：PⅠ——硅酸盐水泥，PⅡ——掺混合材料不超过 5% 的硅酸盐水泥，PO ——掺混合材料 6%～15% 的普通硅酸盐水泥，PS ——矿渣硅酸盐水泥，PF ——粉煤灰硅酸盐水泥，PP ——火山灰质硅酸盐水泥，PC ——复合硅酸盐水泥，SR ——抗硫酸盐硅酸盐水泥，HSR ——高抗硫酸盐水泥。

表中的矿物掺合料指配制混凝土时加入的具有胶凝作用的矿物掺合料（粉煤灰、磨细矿渣、硅灰等）与水泥生产时加入的具有胶凝作用的混合材料，不包括石灰石粉等惰性矿物掺合料。但在计算混凝土配合比时，要将惰性掺合料计入胶凝材料总量中。表中公式中 α_f、α_s 分别表示粉煤灰和矿渣占胶凝材料总量的比值。当使用 PⅠ、PⅡ 以外的掺有混合材料的硅酸盐类水泥时，矿物掺合料中应计入水泥生产中已掺入的混合料，在没有确切水泥组分的数据时不宜使用。

表中用算式表示粉煤灰和磨细矿渣的限定用量范围。例如一般环境中干湿交替的 Ⅰ-C 作用等级，如混凝土的水胶比为 0.5，有 $\dfrac{\alpha_f}{0.2}+\dfrac{\alpha_s}{0.3}\leqslant 1$。如单掺粉煤灰，$\alpha_s=0$，$\alpha_f\leqslant 0.2$，即粉煤灰用量不能超过胶凝材料总重的 20%；如单掺磨细矿渣，$\alpha_f=0$，$\alpha_s\leqslant 0.3$，即磨细矿渣用量不能超过胶凝材料总重的 30%。双掺粉煤灰和磨细矿渣，如粉煤灰掺量为 10%，则从上式可得矿渣掺量需小于 15%。

B.2 混凝土中氯离子、三氧化硫和碱含量

B.2.1 混凝土中的氯离子含量，可对所有原材料的氯离子含量进行实测，然后加在一起确定；也可以从新拌混凝土和硬化混凝土中取样化验求得。氯离子能与混凝土胶凝材料中的某些成分结合，所以从硬化混凝土中取样测得的水溶氯离子量要低于原材料氯离子总量。使用酸溶法测量硬化混凝土的氯离子含量时，氯离子酸溶值的最大含量限制对于一般环境作用下的钢筋混凝土构件可大于表 B.2.1 中水溶值的 1/4～1/3。混凝土氯离子量的测试方法见附录 D。

重要结构的混凝土不得使用海砂配制。一般工程由于取材条件限制不得不使用海砂时，混凝土水胶比应低于 0.45，强度等级不宜低于 C40，并适当加大保护层厚度或掺入化学阻锈剂。

B.2.4 矿物掺合料带入混凝土中的碱可按水溶性碱的含量计入，当无检测条件时，对粉煤灰，可取其总碱量的 1/6，磨细矿渣取 1/2。对于使用潜在活性骨料并常年处于潮湿环境条件的混凝土构件，可参考国内外相关预防碱-骨料反应的技术规程，如国内北京市预防碱-骨料反应的地方标准、铁路、水工等部门的技术文件，以及国外相关标准，如加拿大标准 CSA C23.2-27A 等。加拿大标准 CSA C23.2-27A 针对不同使用年限构件提出了具体要求，包括硅酸盐水泥的最大含碱量、矿物掺合料的最低用量，以及粉煤灰掺合料中的 CaO 最大含量。

中华人民共和国国家标准

预防混凝土碱骨料反应技术规范

Technical code for prevention of alkali-aggregate reaction in concrete

GB/T 50733—2011

主编部门：中华人民共和国住房和城乡建设部
批准部门：中华人民共和国住房和城乡建设部
施行日期：2012年6月1日

中华人民共和国住房和城乡建设部
公　告

第 1144 号

关于发布国家标准《预防混凝土
碱骨料反应技术规范》的公告

现批准《预防混凝土碱骨料反应技术规范》为国家标准，编号为 GB/T 50733-2011，自 2012 年 6 月 1 日起实施。

本规范由我部标准定额研究所组织中国建筑工业出版社出版发行。

中华人民共和国住房和城乡建设部

2011 年 8 月 26 日

前　言

根据住房和城乡建设部《关于印发〈2010 年工程建设标准规范制订、修订计划〉的通知》（建标 [2010] 43 号）的要求，规范编制组经广泛调查研究，认真总结实践经验，参考有关国际标准和国外先进标准，并在广泛征求意见的基础上，编制本规范。

本规范的主要技术内容是：1　总则；2　术语；3　基本规定；4　骨料碱活性的检验；5　抑制骨料碱活性有效性检验；6　预防混凝土碱骨料反应的技术措施；7　质量检验与验收；附录 A　抑制骨料碱-硅酸反应活性有效性试验方法。

本规范由住房和城乡建设部负责管理，由中国建筑科学研究院负责具体技术内容的解释。执行过程中如有意见和建议，请寄送中国建筑科学研究院（地址：北京市北三环东路 30 号，邮政编码：100013）。

本 规 范 主 编 单 位：中国建筑科学研究院
　　　　　　　　　　　浙江舜江建设集团有限公司

本 规 范 参 编 单 位：南京工业大学
　　　　　　　　　　　中国建筑材料科学研究总院
　　　　　　　　　　　中冶集团建筑研究总院
　　　　　　　　　　　建筑材料工业砂石产品质量监督检验中心
　　　　　　　　　　　中国铁道科学研究院
　　　　　　　　　　　长江水利委员会长江科学院
　　　　　　　　　　　贵州中建建筑科研设计院

有限公司
中交武汉港湾工程设计研究院有限公司
中铁十二局（集团）有限公司
深圳市安托山混凝土有限公司
上海中技桩业股份有限公司
上海市建筑科学研究院（集团）有限公司
广东三和管桩有限公司
青岛一建集团有限公司
山西省建筑科学研究院
青岛博海建设集团有限公司
云南建工混凝土有限公司
浙江运业建筑工程有限公司
浙江中联建设集团有限公司
浙江湖州市建工集团有限公司
西安建筑科技大学

本规范主要起草人员：丁　威　冷发光　卢都友
　　　　　　　　　　　王　玲　冯惠敏　周永祥
　　　　　　　　　　　郝挺宇　谢永江　李鹏翔
　　　　　　　　　　　张金波　徐立斌　王福川
　　　　　　　　　　　张国志　何更新　黄直久

目　次

目　　次

1　总则 ……………………………… 9—6

2　术语 ……………………………… 9—6

3　基本规定 ………………………… 9—6

4　骨料碱活性的检验 ……………… 9—6

　4.1　一般规定 …………………… 9—6

　4.2　试验方法 …………………… 9—6

　4.3　试验方法的选择 …………… 9—6

　4.4　检验结果评价 ……………… 9—7

5　抑制骨料碱活性有效性检验 …… 9—7

6　预防混凝土碱骨料反应的技

　术措施 …………………………… 9—7

　6.1　骨料 ………………………… 9—7

　6.2　其他原材料 ………………… 9—7

　6.3　配合比 ……………………… 9—7

　6.4　混凝土性能 ………………… 9—7

　6.5　生产和施工 ………………… 9—8

7　质量检验与验收 ………………… 9—8

　7.1　骨料碱活性及其他原材料质量

　　　检验 ………………………… 9—8

　7.2　混凝土质量检验 …………… 9—8

　7.3　工程验收 …………………… 9—8

附录 A　抑制骨料碱-硅酸反应活

　　　　性有效性试验方法 ……… 9—8

本规范用词说明 …………………… 9—9

引用标准名录 ……………………… 9—10

附：条文说明 ……………………… 9—11

Contents

1 General Provisions ·························· 9—6

2 Terms ······································· 9—6

3 Basic Requirements ····················· 9—6

4 Alkali Reactivity Test of
   Aggregate ································· 9—6

  4.1 General Requirements ············· 9—6

  4.2 Test Methods ······················ 9—6

  4.3 Selection of Test Methods ········· 9—6

  4.4 Evaluation of Test Results ········· 9—7

5 Test of Validity of Alkali-aggr-
   egate Reaction Prevention ············ 9—7

6 Technical Measures of
   Alkali-aggregate Reaction
   Prevention ······························· 9—7

  6.1 Aggregate ·························· 9—7

  6.2 Other Raw Materials ·············· 9—7

  6.3 Mix Proportion ···················· 9—7

  6.4 Concrete Performance ············· 9—7

  6.5 Production and Construction ······· 9—8

7 Quality Inspection and
   Acceptance ······························ 9—8

  7.1 Inspection of Alkali Reactivity
   and Quality of Aggregate ··············· 9—8

  7.2 Quality Inspection of
   Concrete ····························· 9—8

  7.3 Inspection and Acceptance of
   Construction ························· 9—8

Appendix A: Test Method of
   Validity of Alkali-
   silica Reaction
   Prevention ·············· 9—8

Explanation of Wording in
   This Code ···························· 9—9

List of Quoted Standards ·············· 9—10

Addition: Explanation of
   Provisions ················ 9—11

1 总　　则

1.0.1 为预防混凝土碱骨料反应，保证混凝土工程的耐久性和安全性，制定本规范。

1.0.2 本规范适用于建设工程中混凝土碱骨料反应的预防。

1.0.3 预防混凝土碱骨料反应除应符合本规范的规定外，尚应符合国家现行有关标准的规定。

2 术　　语

2.0.1 混凝土碱骨料反应 alkali-aggregate reaction in concrete

混凝土中的碱（包括外界渗入的碱）与骨料中的碱活性矿物成分发生化学反应，导致混凝土膨胀开裂等现象。

2.0.2 碱-硅酸反应 alkali-silica reaction

混凝土中的碱（包括外界渗入的碱）与骨料中活性 SiO_2 发生化学反应，导致混凝土膨胀开裂等现象。

2.0.3 碱-碳酸盐反应 alkali-carbonate reaction

混凝土中的碱（包括外界渗入的碱）与碳酸盐骨料中活性白云石晶体发生化学反应，导致混凝土膨胀开裂等现象。

2.0.4 碱活性 alkali reactivity

骨料在混凝土中与碱发生反应产生膨胀并对混凝土具有潜在危害的特性。

2.0.5 碱含量 alkali content

混凝土及其原材料中当量 Na_2O 含量；当量 $Na_2O＝Na_2O＋0.658K_2O$。

2.0.6 胶凝材料用量 binder content

混凝土中水泥用量和矿物掺合料用量之和。

2.0.7 矿物掺合料 mineral addition

以硅、铝、钙等氧化物为主要成分，并达到规定细度，掺入混凝土中能改善混凝土性能的粉体材料。

2.0.8 矿物掺合料掺量 percentage of mineral addition

混凝土胶凝材料用量中矿物掺合料用量所占的质量百分比。

2.0.9 外加剂掺量 percentage of chemical admixture

混凝土中外加剂用量相对胶凝材料用量的质量百分比。

2.0.10 水胶比 water-binder ratio

混凝土拌合物中用水量与胶凝材料用量之比。

3 基 本 规 定

3.0.1 用于混凝土的骨料应进行碱活性检验。

3.0.2 对采用碱活性骨料或设计要求预防碱骨料反应的混凝土工程，应采取预防混凝土碱骨料反应的技术措施。

3.0.3 对于大型或重要的混凝土工程，采料场的骨料碱活性检验和抑制骨料碱活性有效性检验宜进行不同实验室的比对试验。

4 骨料碱活性的检验

4.1 一 般 规 定

4.1.1 骨料碱活性检验项目应包括岩石类型、碱-硅酸反应活性和碱-碳酸盐反应活性检验。

4.1.2 各类岩石制作的骨料均应进行碱-硅酸反应活性检验，碳酸盐类岩石制作的骨料还应进行碱-碳酸盐反应活性检验。

4.1.3 河砂和海砂可不进行岩石类型和碱-碳酸盐反应活性的检验。

4.2 试 验 方 法

4.2.1 用于检验骨料的岩石类型和碱活性的岩相法，应符合现行行业标准《普通混凝土用砂、石质量及检验方法标准》JGJ 52 的规定。

4.2.2 用于检验骨料碱-硅酸反应活性的快速砂浆棒法，应符合现行国家标准《建筑用卵石、碎石》GB/T 14685 中快速碱-硅酸反应试验方法的规定。

4.2.3 用于检验碳酸盐骨料的碱-碳酸盐反应活性的岩石柱法，应符合现行行业标准《普通混凝土用砂、石质量及检验方法标准》JGJ 52 的规定。

4.2.4 用于检验骨料碱-硅酸反应活性和碱-碳酸盐反应活性的混凝土棱柱体法，应符合现行国家标准《普通混凝土长期性能和耐久性能试验方法标准》GB/T 50082 中碱骨料反应试验方法的规定。

4.3 试验方法的选择

4.3.1 宜采用岩相法对骨料的岩石类型和碱活性进行检验，且检验结果应按下列规定进行处理：

　　1 岩相法检验结果为不含碱活性矿物的骨料可不再进行检验；

　　2 岩相法检验结果为碱-硅酸反应活性或可疑的骨料应再采用快速砂浆棒法进行检验；

　　3 岩相法检验结果为碱-碳酸盐反应活性或可疑的骨料应再采用岩石柱法进行检验。

4.3.2 在不具备岩相法检验条件且不了解岩石类型的情况下，可直接采用快速砂浆棒法和岩石柱法分别进行骨料的碱-硅酸反应活性和碱-碳酸盐反应活性检验。

4.3.3 在时间允许的情况下，可采用混凝土棱柱体法进行骨料碱活性检验或验证。

4.4 检验结果评价

4.4.1 岩相法、快速砂浆棒法、岩石柱法和混凝土棱柱体法的试验结果的判定应符合国家现行相关试验方法标准的规定。

4.4.2 当同一检验批的同一检验项目进行一组以上试验时，应取所有试验结果中碱活性指标最大者为检验结果。

4.4.3 检验报告结论为碱活性时应注明碱活性类型。

4.4.4 岩相法和快速砂浆棒法的检验结果不一致时，应以快速砂浆棒法的检验结果为准。

4.4.5 岩相法、快速砂浆棒法和岩石柱法的检验结果与混凝土棱柱体法的检验结果不一致时，应以混凝土棱柱体法的检验结果为准。

5 抑制骨料碱活性有效性检验

5.0.1 快速砂浆棒法检验结果不小于 0.10% 膨胀率的骨料应进行抑制骨料碱活性有效性检验。

5.0.2 抑制骨料碱-硅酸反应活性有效性试验应按本规范附录 A 的规定执行，试验结果 14d 膨胀率小于 0.03% 可判断为抑制骨料碱-硅酸反应活性有效。

5.0.3 当有效性检验进行一组以上试验时，应取所有试验结果中膨胀率最大者为检验结果。

6 预防混凝土碱骨料反应的技术措施

6.1 骨　　料

6.1.1 混凝土工程宜采用非碱活性骨料。

6.1.2 在勘察和选择采料场时，应对制作骨料的岩石或骨料进行碱活性检验。

6.1.3 对快速砂浆棒法检验结果膨胀率不小于 0.10% 的骨料，应按本规范第 5 章的规定进行抑制骨料碱-硅酸反应活性有效性试验，并验证有效。

6.1.4 在盐渍土、海水和受除冰盐作用等含碱环境中，重要结构的混凝土不得采用碱活性骨料。

6.1.5 具有碱-碳酸盐反应活性的骨料不得用于配制混凝土。

6.2 其他原材料

6.2.1 宜采用碱含量不大于 0.6% 的通用硅酸盐水泥。水泥的碱含量试验方法应按现行国家标准《水泥化学分析方法》GB 176 执行。

6.2.2 应采用 F 类的 I 级或 II 级粉煤灰，碱含量不宜大于 2.5%。粉煤灰的碱含量试验方法应按现行国家标准《水泥化学分析方法》GB 176 执行。

6.2.3 宜采用碱含量不大于 1.0% 的粒化高炉矿渣粉。粒化高炉矿渣粉的碱含量试验方法应按现行国家

标准《水泥化学分析方法》GB 176 执行。

6.2.4 宜采用二氧化硅含量不小于 90%、碱含量不大于 1.5% 的硅灰。其碱含量试验方法应按现行国家标准《水泥化学分析方法》GB 176 执行。

6.2.5 应采用低碱含量的外加剂。外加剂的碱含量试验方法应按现行国家标准《混凝土外加剂匀质性试验方法》GB/T 8077 执行。

6.2.6 应采用碱含量不大于 1500mg/L 的拌合用水。水的碱含量试验方法应符合现行行业标准《混凝土用水标准》JGJ 63 的规定。

6.3 配　合　比

6.3.1 混凝土配合比设计应符合现行行业标准《普通混凝土配合比设计规程》JGJ 55 的规定。

6.3.2 混凝土碱含量不应大于 $3.0kg/m^3$。混凝土碱含量计算应符合以下规定：

 1 混凝土碱含量应为配合比中各原材料的碱含量之和；

 2 水泥、外加剂和水的碱含量可用实测值计算；粉煤灰碱含量可用 1/6 实测值计算，硅灰和粒化高炉矿渣粉碱含量可用 1/2 实测值计算；

 3 骨料碱含量可不计入混凝土碱含量。

6.3.3 当采用硅酸盐水泥和普通硅酸盐水泥时，混凝土中矿物掺合料掺量宜符合下列规定：

 1 对于快速砂浆棒法检验结果膨胀率大于 0.20% 的骨料，混凝土中粉煤灰掺量不宜小于 30%；当复合掺用粉煤灰和粒化高炉矿渣粉时，粉煤灰掺量不宜小于 25%，粒化高炉矿渣粉掺量不宜小于 10%；

 2 对于快速砂浆棒法检验结果膨胀率为 0.10% ~ 0.20% 范围的骨料，宜采用不小于 25% 的粉煤灰掺量；

 3 当本条第 1、2 款规定均不能满足抑制碱-硅酸反应活性有效性要求时，可再增加掺用硅灰或用硅灰取代相应掺量的粉煤灰或粒化高炉矿渣粉，硅灰掺量不宜小于 5%。

6.3.4 当采用除硅酸盐水泥和普通硅酸盐水泥以外的其他通用硅酸盐水泥配制混凝土时，可将水泥中混合材掺量 20% 以上部分的粉煤灰和粒化高炉矿渣掺量分别计入混凝土中粉煤灰和粒化高炉矿渣粉掺量，并应符合本规范第 6.3.3 条的规定。

6.3.5 在混凝土中宜掺用适量引气剂，引气剂掺量应通过试验确定。

6.4 混凝土性能

6.4.1 混凝土拌合物不应泌水，稠度和其他拌合物性能应满足设计要求。

6.4.2 混凝土强度和其他力学性能应满足设计要求。

6.4.3 混凝土耐久性能应满足设计要求。

6.5 生产和施工

6.5.1 混凝土生产和施工应符合现行国家标准《混凝土质量控制标准》GB 50164 的规定。

6.5.2 对于采用快速砂浆棒法检验结果不小于 0.10%膨胀率的骨料，当其配制的混凝土用于盐渍土、海水和受除冰盐作用等含碱环境中非重要结构时，除应采取抑制骨料碱活性措施和控制混凝土碱含量之外，还应在混凝土表面采用防碱涂层等隔离措施。

6.5.3 对于大体积混凝土，混凝土浇筑体内最高温度不应高于 80℃。

6.5.4 采用蒸汽养护或湿热养护时，最高养护温度不应高于 80℃。

6.5.5 混凝土潮湿养护时间不宜少于 10d。

6.5.6 施工时应加强对混凝土裂缝的控制，出现裂缝应及时修补。

7 质量检验与验收

7.1 骨料碱活性及其他原材料质量检验

7.1.1 在勘察和选择采料场时岩石碱活性检验应符合下列规定：

1 岩石碱活性检验与评价应符合本规范第 4 章的规定；

2 每个采料场宜分别选取不少于 3 个具有代表性的部位各采集 1 份样品；样品宜为爆破或开采的非表层部分；每份样品不宜少于 20kg，宜为 3~4 块各方向尺寸相近的完整岩石；

3 每份样品应进行不少于 1 组碱活性检验。

7.1.2 骨料进场时，应按规定批量进行骨料碱活性检验，检验样品应随机抽取。

7.1.3 骨料的检验批量应符合下列规定：

1 砂、石骨料的碱活性检验应按每 3000m³ 或 4500t 为一个检验批；当来源稳定且连续两次检验合格，可每 6 个月检验一次；

2 砂、石骨料碱活性以外的质量检验应符合现行国家标准《混凝土质量控制标准》GB 50164 的规定；

3 不同批次或非连续供应的不足一个检验批量的骨料应作为一个检验批。

7.1.4 骨料质量和抑制骨料碱-硅酸反应活性有效性应符合本规范第 6.1 节的规定。

7.1.5 除骨料以外的原材料的质量检验应符合现行国家标准《混凝土质量控制标准》GB 50164 的规定，其质量应符合本规范第 6.2 节的规定。

7.2 混凝土质量检验

7.2.1 混凝土配合比应符合本规范第 6.3 节的规定，并应在每工作班前进行确认和在班中进行检查。

7.2.2 混凝土拌合物性能、硬化混凝土力学性能和耐久性能的检验应符合现行国家标准《混凝土质量控制标准》GB 50164 的规定。

7.2.3 混凝土拌合物性能、硬化混凝土力学性能和耐久性能应符合本规范第 6.4 节的规定。

7.3 工程验收

7.3.1 混凝土工程质量验收应符合现行国家标准《混凝土结构工程施工质量验收规范》GB 50204 的规定。

7.3.2 混凝土工程质量验收时，还应符合本规范对预防混凝土碱骨料反应的规定。

附录 A 抑制骨料碱-硅酸反应活性有效性试验方法

A.0.1 本试验方法适用于评估采用粉煤灰、粒化高炉矿渣粉和硅灰等矿物掺合料抑制骨料碱-硅酸反应活性的有效性。

A.0.2 试验应采用下列仪器设备：

1 烘箱——温度控制范围为（105±5）℃；

2 天平——称量 1000g，感量 1g；

3 试验筛——筛孔公称直径为 5.00mm、2.50mm、1.25mm、630μm、315μm、160μm 的方孔筛各一只；

4 测长仪——测量范围 280mm~300mm，精度 0.01mm；

5 水泥胶砂搅拌机——应符合现行行业标准《行星式水泥胶砂搅拌机》JC/T 681 的规定；

6 恒温养护箱或水浴——温度控制范围为（80±2）℃；

7 养护筒——由耐酸耐高温的材料制成，不漏水，密封，防止容器内湿度下降，筒的容积可以保证试件全部浸没在水中；筒内设有试件架，试件垂直于试件架放置；

8 试模——金属试模，尺寸为 25mm×25mm×280mm，试模两端正中有小孔，装有不锈钢测头；

9 镘刀、捣棒、量筒、干燥器等。

A.0.3 试验用胶凝材料应符合下列规定：

1 水泥应采用硅酸盐水泥，并应符合现行国家标准《通用硅酸盐水泥》GB 175 的规定；

2 矿物掺合料应为工程实际采用的矿物掺合料；粉煤灰应采用符合现行国家标准《用于水泥和混凝土中的粉煤灰》GB/T 1596 要求的Ⅰ级或Ⅱ级的 F 类粉煤灰；粒化高炉矿渣粉应符合现行国家标准《用于水泥和混凝土中的粒化高炉矿渣粉》GB/T 18046 的规定；硅灰的二氧化硅含量不宜小于 90%。

A.0.4 胶凝材料中矿物掺合料掺量应符合下列

规定：

1 单独掺用粉煤灰时，粉煤灰掺量应为 30%；

2 当复合掺用粉煤灰和粒化高炉矿渣粉时，粉煤灰掺量应为 25%，粒化高炉矿渣粉掺量应为 10%；

3 可掺用硅灰取代相应掺量的粉煤灰或粒化高炉矿渣粉，硅灰掺量不得小于 5%。

A.0.5 试验用骨料应符合下列规定：

1 骨料应与混凝土工程实际采用的骨料相同；

2 骨料 14 d 膨胀率不应小于 0.10%，试验方法应为快速砂浆棒法，并应符合现行国家标准《建筑用卵石、碎石》GB/T 14685 中快速碱-硅酸反应试验方法的规定；

3 应将骨料制成砂样并缩分成约 5kg，按表 A.0.5 中所示级配及比例组合成试验用料，并将试样洗净烘干或晾干备用。

表 A.0.5 砂级配表

公称粒级	5.00mm～2.50mm	2.50mm～1.25mm	1.25mm～630μm	630μm～315μm	315μm～160μm
分级质量（%）	10	25	25	25	15

A.0.6 试件制作应符合下列规定：

1 成型前 24h，应将试验所用材料放入（20±2)℃的试验室中；

2 胶凝材料与砂的质量比应为 1:2.25，水灰比应为 0.47；称取一组试件所需胶凝材料 440g 和砂 990g；

3 当胶砂变稠难以成型时，可维持用水量不变而掺加适量非引气型的减水剂，调整胶砂稠度利于成型；

4 将称好的水泥与砂倒入搅拌锅，应按现行国家标准《水泥胶砂强度检验方法（ISO 法）》GB/T 17671 的规定进行搅拌；

5 搅拌完成后，应将砂浆分两层装入试模内，每层捣 20 次；测头周围应填实，浇捣完毕后用镘刀刮除多余砂浆，抹平表面，并标明测定方向及编号；

6 每组应制作三条试件。

A.0.7 试验应按下列步骤进行：

1 将试件成型完毕后，应带模放入标准养护室，养护（24±4)h 后脱模；

2 脱模后，应将试件浸泡在装有自来水的养护筒中，同种骨料制成的试件放在同一个养护筒中，然后将养护筒放入温度（80±2)℃的烘箱或水浴箱中养护 24h；

3 然后应将养护筒逐个取出，每次从养护筒中取出一个试件，用抹布擦干表面，立即用测长仪测试件的基长（L_0），测试时环境温度应为（20±2)℃，每个试件至少重复测试两次，取差值在仪器精度范围内的两个读数的平均值作为长度测定值（精确至

0.02mm)，每次每个试件的测量方向应一致；从取出试件擦干到读数完成应在（15±5)s 内结束，读完数后的试件应用湿毛巾覆盖。全部试件测完基准长度后，把试件放入装有浓度为 1mol/L 氢氧化钠溶液的养护筒中，并确保试件被完全浸泡。溶液温度应保持在（80±2)℃，将养护筒放回烘箱或水浴箱中。

注：用测长仪测定任一组试件的长度时，均应先调整测长仪的零点。

4 自测定基准长度之日起，第 3d、7d、10d、14d 应再分别测其长度（L_t)。测长方法与测基长方法相同。每次测量完毕后，应将试件调头放入原有氢氧化钠溶液养护筒，盖好筒盖，放回（80±2)℃的烘箱或水浴箱中，继续养护到下一个测试龄期。操作时防止氢氧化钠溶液溢溅，避免烧伤皮肤。

5 在测量时应观察试件的变形、裂缝、渗出物等，特别应观察有无胶体物质，并作详细记录。

A.0.8 每个试件的膨胀率应按下式计算，并应精确至 0.01%：

$$\varepsilon_t = \frac{L_t - L_0}{L_0 - 2\Delta} \times 100 \qquad (A.0.8)$$

式中：ε_t——试件在 t 天龄期的膨胀率（%）；

L_t——试件在 t 天龄期的长度（mm)；

L_0——试件的基长（mm)；

Δ——测头长度（mm)。

A.0.9 某一龄期膨胀率的测定值应为三个试件膨胀率的平均值；任一试件膨胀率与平均值均应符合下列规定：

1 当平均值小于或等于 0.05% 时，其差值均应小于 0.01%；

2 当平均值大于 0.05% 时，单个测值与平均值的差值均应小于平均值的 20%；

3 当三个试件的膨胀率均大于 0.10% 时，可无精度要求；

4 当不符合上述要求时，应去掉膨胀率最小的，用其余两个试件的平均值作为该龄期的膨胀率。

A.0.10 试验结果应为三个试件 14d 膨胀率的平均值；当试验结果——14d 膨胀率小于 0.03% 时，可判定抑制骨料碱-硅酸反应活性有效。

本规范用词说明

1 为便于在执行本规范条文时区别对待，对要求严格程度不同的用词说明如下：

  1）表示很严格，非这样做不可的：

  正面词采用"必须"，反面词采用"严禁"；

  2）表示严格，在正常情况下均应这样做的：

  正面词采用"应"，反面词采用"不应"或"不得"；

  3）表示允许稍有选择，在条件许可时首先应

这样做的：

正面词采用"宜"，反面词采用"不宜"；

4）表示有选择，在一定条件下可以这样做的，采用"可"。

2 条文中指明应按其他有关标准执行的写法为："应符合……的规定"或"应按……执行"。

引用标准名录

1 《普通混凝土长期性能和耐久性能试验方法标准》GB/T 50082

2 《混凝土质量控制标准》GB 50164

3 《混凝土结构工程施工质量验收规范》GB 50204

4 《通用硅酸盐水泥》GB 175

5 《水泥化学分析方法》GB 176

6 《用于水泥和混凝土中的粉煤灰》GB/T 1596

7 《混凝土外加剂匀质性试验方法》GB/T 8077

8 《建筑用卵石、碎石》GB/T 14685

9 《水泥胶砂强度检验方法（ISO 法）》GB/T 17671

10 《用于水泥和混凝土中的粒化高炉矿渣粉》GB/T 18046

11 《普通混凝土用砂、石质量及检验方法标准》JGJ 52

12 《普通混凝土配合比设计规程》JGJ 55

13 《混凝土用水标准》JGJ 63

14 《行星式水泥胶砂搅拌机》JC/T 681

中华人民共和国国家标准

预防混凝土碱骨料反应技术规范

GB/T 50733—2011

条 文 说 明

制 定 说 明

《预防混凝土碱骨料反应技术规范》GB/T 50733 -2011，经住房和城乡建设部 2011 年 8 月 26 日以第 1144 号公告批准、发布。

本规范制定过程中，编制组进行了广泛而深入的调查研究，总结了我国工程建设中预防混凝土碱骨料反应的实践经验，同时参考了国外先进技术法规、技术标准，通过试验取得了预防混凝土碱骨料反应的重要技术参数。

为便于广大设计、施工、科研、学校等单位有关人员在使用本规范时能正确理解和执行条文规定，《预防混凝土碱骨料反应技术规范》编制组按章、节、条顺序编制了本规范的条文说明，对条文规定的目的、依据以及执行中需注意的有关事项进行了说明。但是，本条文说明不具备与规范正文同等的法律效力，仅供使用者作为理解和把握规范规定的参考。

目　次

1 总则 ……………………………… 9—14

2 术语 ……………………………… 9—14

3 基本规定 ………………………… 9—14

4 骨料碱活性的检验 ……………… 9—14

  4.1 一般规定 …………………… 9—14

  4.2 试验方法 …………………… 9—14

  4.3 试验方法的选择 …………… 9—15

  4.4 检验结果评价 ……………… 9—15

5 抑制骨料碱活性有效性检验 …… 9—15

6 预防混凝土碱骨料反应的技术
措施 ……………………………… 9—15

  6.1 骨料 ………………………… 9—15

  6.2 其他原材料 ………………… 9—16

  6.3 配合比 ……………………… 9—16

  6.4 混凝土性能 ………………… 9—17

  6.5 生产和施工 ………………… 9—17

7 质量检验与验收 ………………… 9—17

  7.1 骨料碱活性及其他原材料质量
检验 ………………………… 9—17

  7.2 混凝土质量检验 …………… 9—17

  7.3 工程验收 …………………… 9—17

附录 A 抑制骨料碱-硅酸反应活性
有效性试验方法 ………… 9—17

1 总　则

1.0.1 混凝土碱骨料反应破坏一旦发生，往往没有很好的方法进行治理，直接危害混凝土工程耐久性和安全性。解决混凝土碱骨料反应问题的最好方法就是采取预防措施，本规范对此作出相应规定。

1.0.2 本规范的适用范围可包括建筑工程、市政工程、水工、公路、铁路、核电和冶金等各个建设行业的混凝土工程中混凝土碱骨料反应的预防。

1.0.3 本规范涉及的混凝土领域的标准规范较多，对于预防混凝土碱骨料反应的技术内容，以本规范的规定为准，未作规定的其他内容应按其他相关标准规范执行。

2 术　语

2.0.1 混凝土碱骨料反应包括了碱-硅酸反应和碱-碳酸盐反应，这两种反应都会导致混凝土膨胀开裂等现象。

2.0.2 在我国，工程中发生的混凝土碱骨料反应普遍是碱-硅酸反应，用于混凝土骨料的岩石中都有可能存在含活性 SiO_2 的矿物，如蛋白石、火山玻璃体、玉髓、玛瑙和微晶石英等，当含量达到一定程度时就可能在混凝土中引发碱-硅酸反应的破坏。

2.0.3 混凝土工程中发生碱-碳酸盐反应破坏的情况很少，也不易确认。通常只有碳酸盐骨料中可能存在活性白云石晶体，如细小菱形白云石晶体等，对于纯粹的碱-碳酸盐反应活性的骨料，目前尚无公认的好的预防措施。

2.0.4 骨料碱活性包括碱-硅酸反应活性和碱-碳酸盐反应活性，应采用本规范中规定的标准方法予以鉴别和判定。

2.0.5 混凝土中的碱含量是影响混凝土碱骨料反应的重要因素。混凝土原材料中或多或少存在 Na_2O 和 K_2O，可采用标准方法予以测定。目前，混凝土中的碱含量不计入骨料中的碱含量。混凝土碱含量表达为每立方米混凝土中碱的质量（kg/m^3），水的碱含量表达为每升水中碱的质量（mg/L），其他原材料的碱含量表达为原材料中碱的质量相对原材料质量的百分比（%）。外加剂的碱含量称为总碱量。

2.0.6 胶凝材料用量的术语和定义在混凝土工程技术领域已被普遍接受。

2.0.7 矿物掺合料的种类主要有粉煤灰、粒化高炉矿渣粉、硅灰等。

2.0.8、2.0.9 用量含义是使用量（以质量计）；掺量含义是相对质量的百分比。

2.0.10 随着混凝土矿物掺合料的广泛应用，国内外已经普遍采用水胶比取代水灰比。

3 基本规定

3.0.1 碱活性检验可判断骨料在混凝土中是否与碱发生膨胀反应并对混凝土具有潜在危害，以便采取相应的对策。

3.0.2 采用非碱活性骨料，通常无须采取预防混凝土碱骨料反应的技术措施；对设计要求预防碱骨料反应的混凝土工程，应对骨料碱活性进行批量检验，尽量采用非碱活性骨料；如不得已采用碱活性骨料，应采取预防混凝土碱骨料反应的技术措施。

3.0.3 进行不同实验室的比对试验可提高试验结果及其分析的准确性和可靠性，这对大型或重要的混凝土工程的采料场选定是必要的。

4 骨料碱活性的检验

4.1 一般规定

4.1.1 骨料碱活性包括碱-硅酸反应活性和碱-碳酸盐反应活性两种。确定岩石类型对于判断骨料碱活性有一定帮助。

4.1.2 用于制作混凝土骨料的各类岩石（包括碳酸盐岩石）中都有可能存在活性 SiO_2，工程中发生的混凝土碱骨料反应普遍是碱-硅酸反应；而通常只有碳酸盐骨料中才可能存在活性白云石晶体。岩石类型检验可以确定碳酸盐骨料。

4.1.3 在我国，尚未有检验确定为碱-碳酸盐反应活性的河砂和海砂。

4.2 试验方法

4.2.1 岩相法见于现行行业标准《普通混凝土用砂、石质量及检验方法标准》JGJ 52 - 2006 第 7 章 7.15 节。

4.2.2 快速砂浆棒法见于现行国家标准《建筑用卵石、碎石》GB/T 14685 - 2001 第 6 章 6.14.2 节，与现行行业标准《普通混凝土用砂、石质量及检验方法标准》JGJ 52 - 2006 第 7 章 7.16 节的方法的区别在于：前者采用硅酸盐水泥，后者采用普通硅酸盐水泥。本规范的试验方法中采用硅酸盐水泥而不采用普通硅酸盐水泥的原因是，普通硅酸盐水泥中混合材种类和掺量变化较大，且掺量最高可达到 20%，对检验骨料碱活性会有影响。

4.2.3 岩石柱法见于现行行业标准《普通混凝土用砂、石质量及检验方法标准》JGJ 52 - 2006 第 7 章 7.18 节，目前国内其他标准也普遍采用这一方法。在使用该方法时，最好在小岩石柱两端粘接小测钉，以保证测试的准确性和可重复性。目前，国际上在检验碱-碳酸盐反应活性试验方法方面有近几年来推荐的"RILEM TC 191-ARP AAR-5：碳酸盐骨料快速初步筛选试验方法"，也具有使用价值。

4.2.4 混凝土棱柱体法见于现行国家标准《普通混凝土长期性能和耐久性能试验方法标准》GB/T 50082第15章。该方法是目前唯一采用混凝土试件检验骨料碱活性的正式方法，可检验砂和石的碱活性；当前采用人工砂是大势所趋，该方法也可检验砂石一起用于人工砂混凝土的碱活性。该方法得到普遍认可，但试验周期长，为52周（星期）。

4.3 试验方法的选择

4.3.1 岩相法对检验人员的专业水平要求高，当镜下碱活性矿物清楚且含量与临界量差距较大的情况下，可根据经验进行鉴别和判断。但是，相比较而言，要确切判断骨料碱活性情况，还得采用快速砂浆棒法等测试膨胀率的试验方法比较可靠。岩相法对骨料为非碱活性的判定依据是制作骨料的岩石中不含（镜下看不见）碱活性矿物，因此，岩相法检验结果为非碱活性的骨料可不再进行验证。岩相法检验还应包括确定岩石名称。

4.3.2 一般质量检验单位不具备岩相法检验条件，骨料碱活性检验可按本条规定执行。

4.3.3 混凝土棱柱体法试验周期为52周（星期），一般工程情况无法等待这么长的时间，但是，对于一些重大工程，前期论证和准备有充分的时间进行前期验证试验。

4.4 检验结果评价

4.4.1 岩相法、快速砂浆棒法、岩石柱法和混凝土棱柱体法试验方法中都给出了判定依据，可据此对试验结果进行判定。

4.4.2 由于岩石矿物的不均匀性，并且试验量有限，因此，采取进行一组以上试验时取所有试验结果中碱活性指标最大者作为检验结果的偏于安全的做法。

4.4.3 检验报告明确骨料碱活性类型是必要的，对于碱-硅酸反应活性的骨料，可以通过采取预防混凝土碱骨料反应措施用于混凝土；而对于碱-碳酸盐反应活性的骨料，则不能用于混凝土。碱活性骨料是指具有碱-硅酸反应活性或碱-碳酸盐反应活性；非碱活性骨料是指不具有碱-硅酸反应活性和碱-碳酸盐反应活性。

4.4.4 采用快速砂浆棒法等测试膨胀率的试验方法比较可靠。

4.4.5 混凝土棱柱体法更接近混凝土的实际情况，普遍认可度比较高。

5 抑制骨料碱活性有效性检验

5.0.1 快速砂浆棒法14d膨胀率大于0.2%的骨料为

具有碱-硅酸反应活性，14d膨胀率在0.1%～0.2%的骨料属于不确定。对于这类骨料，从偏于安全的角度考虑，14d膨胀率不小于0.10%的骨料需要进行抑制骨料碱活性有效性检验并采取预防碱骨料反应措施是合理的。另外，采用25%粉煤灰掺量的预防措施几乎没有代价，因为25%粉煤灰掺量的混凝土是常规采用的普通混凝土。

5.0.2 抑制骨料碱-硅酸反应活性有效性试验方法是在ASTM C1567-08确定胶凝材料与骨料潜在碱-硅反应活性的标准测试方法（快速砂浆棒法）的基础上制定的，具体说明可见附录A的条文说明。本规范采用该方法取代了国内标准原来采用的抑制骨料碱活性效能试验方法。实际上原方法难以实现，而且采用高活性石英玻璃代替实际骨料，国际和国内都已经很少采用。

5.0.3 经多家实验室比对试验验证，对于碱-硅酸反应活性高的骨料，采用试验方法规定的矿物掺合料掺量的试验结果膨胀率均小于0.025%，最大值为0.021%；曾在实际工程中采用不同骨料的试验结果膨胀也都小于0.020%。另外，按附录A试验方法的规定，三个试件的膨胀率平均值小于或等于0.05%时，各试件的膨胀率差值均应小于0.01%，因此，膨胀率控制值为0.03%是合理的。

6 预防混凝土碱骨料反应的技术措施

6.1 骨 料

6.1.1、6.1.2 选择采料场是预防混凝土碱骨料反应的关键环节之一。如果选择了非碱活性的骨料料场，就不需要考虑预防碱骨料反应的问题。因此，在勘察和选择采料场时就需要进行岩石或骨料碱活性检验，根据检验结果，作出采用或弃用的抉择。

6.1.3 对快速砂浆棒法检验结果不小于0.1%的骨料，采取预防碱骨料反应措施的关键技术之一就是验证抑制骨料碱-硅酸反应活性有效。

6.1.4 含碱环境中的碱会渗入混凝土，强化碱骨料反应条件，在这种环境下采用碱活性骨料用于混凝土是很危险的。虽然可以采用防碱涂层等外防护技术，但由于外防护材料品种多样，其耐久性和长期有效性值得商榷，实际应用时，对于重要结构（一般设计使用期长）需要定期维护或更新，代价不小，实际操作也不一定能保证，因此，外防护往往作为提高安全储备的辅助技术手段，而采用或换用非碱活性骨料无论是技术方面还是经济方面都是最合理的。对于含碱环境中的非重要结构，可以在采取预防碱骨料反应措施的情况下有条件地采用碱活性骨料。

6.1.5 我国工程中发生的混凝土碱骨料反应普遍是碱-硅酸反应，发生碱-碳酸盐反应破坏的情况很少，也不易确认。对于纯粹的碱-碳酸盐反应活性的骨料，尚无好的预防混凝土碱骨料反应的措施。

6.2 其他原材料

6.2.1 硅酸盐水泥目前各地难以买到；普通硅酸盐水泥（代号 P·O）质量相对比较稳定，可以掺加较大掺量的矿物掺合料抑制骨料碱活性，耐久性也可以达到要求；其他品种的通用硅酸盐水泥中混合材比较复杂并掺量较大，用于混凝土时应将水泥中的粉煤灰、粒化高炉矿渣等混合材与配制混凝土外掺的粉煤灰、粒化高炉矿渣等矿物掺合料统筹考虑，可比普通硅酸盐水泥掺加较少的矿物掺合料。由于水泥碱含量是混凝土中碱含量的主要来源，因此，控制水泥碱含量是控制混凝土碱含量的重要环节。许多地方难以购买到碱含量不大于 0.6% 的低碱水泥，但如果能够控制混凝土中碱含量不超过 3kg/m³，水泥碱含量略微大于 0.6% 也是可以的。

6.2.2 验证试验和工程实践表明，Ⅰ级或Ⅱ级的 F 类粉煤灰在达到一定掺量的情况下都可以显著抑制骨料的碱-硅活性，粉煤灰碱含量的影响作用不明显，由于验证试验和工程实践采用粉煤灰的碱含量最大值为 2.64%，因此规定碱含量不宜大于 2.5%。

6.2.3 验证试验和工程实践表明，以粉煤灰为主并复合粒化高炉矿渣粉在达到一定掺量的情况下也可以显著抑制骨料的碱-硅活性。粒化高炉矿渣粉碱含量一般不超过 1.0%。

6.2.4 硅灰可以显著抑制骨料的碱-硅活性已经为公认的事实，二氧化硅含量不小于 90% 的硅灰质量较好，硅灰碱含量一般不超过 1.5%。

6.2.5 混凝土外加剂碱含量对混凝土骨料反应影响较大，只有采用低碱含量的外加剂，才有利于预防混凝土碱骨料反应。在现行国家标准《混凝土外加剂匀质性试验方法》GB/T 8077 碱含量试验方法中，外加剂的碱含量称为总碱量。

6.2.6 一般情况下，水中的碱含量比较低。

6.3 配 合 比

6.3.1 对于预防混凝土碱骨料反应，混凝土配合比设计仍应执行现行行业标准《普通混凝土配合比设计规程》JGJ 55，本章作出的特殊规定与《普通混凝土配合比设计规程》JGJ 55 并无矛盾。

6.3.2 控制混凝土碱含量是预防混凝土碱骨料反应的关键环节之一，混凝土碱含量不大于 3.0kg/m³ 的控制指标已经被普遍接受。研究表明：矿物掺合料碱含量实测值并不代表实际参与碱骨料反应的有效碱含量，参与碱骨料反应的粉煤灰、硅灰和粒化高炉矿渣粉的有效碱含量分别约为实测值 1/6、1/2 和 1/2，这也已经被普遍接受，并已用于工程实际。

混凝土碱含量表达为每立方米混凝土中碱的质量（kg/m³），而除水以外的原材料碱含量表达为原材料中当量 Na_2O 含量相对原材料质量的百分比（%），因此，在计算混凝土碱含量时，应先将原材料有效碱含量百分比计算为每立方米混凝土配合比中各种原材料中碱的质量（kg/m³），然后再求和计算；水的计算过程类似。

6.3.3 本条规定的混凝土中矿物掺合料掺量与《普通混凝土配合比设计规程》JGJ 55 的规定无矛盾，《普通混凝土配合比设计规程》JGJ 55 相关规定见表 1 和表 2。

预应力混凝土强度要求较高，在矿物掺合料掺量大的情况下，可取较低的水胶比。

表 1　钢筋混凝土中矿物掺合料最大掺量

矿物掺合料种类	水胶比	最大掺量（%）	
		采用硅酸盐水泥时	采用普通硅酸盐水泥时
粉煤灰	≤0.40	45	35
	>0.40	40	30
粒化高炉矿渣粉	≤0.40	65	55
	>0.40	55	45
硅灰	—	10	10
复合掺合料	≤0.40	65	55
	>0.40	55	45

注：1　复合掺合料各组分的掺量不宜超过单掺时的最大掺量；

　　2　在混合使用两种或两种以上矿物掺合料时，矿物掺合料总掺量应符合表中复合掺合料的规定。

表 2　预应力钢筋混凝土中矿物掺合料最大掺量

矿物掺合料种类	水胶比	最大掺量（%）	
		采用硅酸盐水泥时	采用普通硅酸盐水泥时
粉煤灰	≤0.40	35	30
	>0.40	25	20
粒化高炉矿渣粉	≤0.40	55	45
	>0.40	45	35
硅灰	—	10	10
复合掺合料	≤0.40	55	45
	>0.40	45	35

注：同表 1 的注。

6.3.4 除硅酸盐水泥和普通硅酸盐水泥以外的其他

品种的通用硅酸盐水泥中混合材比较复杂并掺量较大，应将水泥中的粉煤灰、粒化高炉矿渣粉等混合材与配制混凝土外掺的粉煤灰和粒化高炉矿渣粉统筹考虑，因此，采用其他品种的通用硅酸盐水泥可比硅酸盐水泥和普通硅酸盐水泥掺加较少的粉煤灰和粒化高炉矿渣粉。以各地应用较为普遍的复合硅酸盐水泥为例：复合硅酸盐水泥中混合材品种可以包括粒化高炉矿渣、火山灰质混合材料、粉煤灰和石灰石等，复合硅酸盐水泥中混合材掺量范围为＞20％且≤50％，因此，在执行本条规定时，可将混合材掺量 20％以上部分（20％以下部分可以包括火山灰质混合材料、石灰石、粉煤灰或其他等）的粉煤灰和粒化高炉矿渣掺量分别计入混凝土中粉煤灰和粒化高炉矿渣粉掺量，20％以上部分其他品种混合材不计入。

6.3.5 混凝土中矿物掺合料掺量较大会影响混凝土的抗冻性能和抗碳化性能，在混凝土中掺用适量引气剂可以改善混凝土的这些耐久性能。掺加引气剂还能对缓解碱骨料反应早期膨胀起一定作用。

6.4 混凝土性能

6.4.1 掺加大量粉煤灰混凝土拌合物的混凝土易于产生泌水。在掺加粉煤灰的同时，复合掺加粒化高炉矿渣粉有利于控制泌水问题。

6.4.2 关于预防混凝土碱骨料反应的混凝土性能方面，强度仍是混凝土最重要的性能之一。

6.4.3 掺加大量粉煤灰会明显影响混凝土的抗冻和抗碳化性能，掺加引气剂可以改善混凝土抗冻和抗碳化性能。

6.5 生产和施工

6.5.1 现行国家标准《混凝土质量控制标准》GB 50164 对有预防混凝土碱骨料反应要求的工程同样适用，对于具体有效地落实预防混凝土碱骨料反应的措施和全面保证混凝土工程质量具有重要意义。

6.5.2 盐渍土、海水和受除冰盐作用等含碱环境能不断向混凝土内部提供远高于混凝土碱骨料反应所需要的碱，采取抑制骨料碱活性措施和控制混凝土碱含量后，防碱涂层等隔离措施能阻断外部环境向混凝土内部提供混凝土碱骨料反应所需要的碱。即便这样，也仅可用于非重要结构，可见本规范 6.1.4 条及其条文说明。

6.5.3、6.5.4 较高的温度会加速混凝土碱骨料反应；采取抑制骨料碱活性措施有效性检验的试验温度为 80℃，超过 80℃的情况目前缺少试验依据。

6.5.5 矿物掺合料掺量较大的混凝土需要较长的潮湿养护时间。

6.5.6 混凝土开裂后，水分容易进入从而为碱骨料反应创造了条件，同时，裂缝处溶出物集中处的碱度一般比较高，发生碱骨料反应的风险增加。

7 质量检验与验收

7.1 骨料碱活性及其他原材料质量检验

7.1.1 在勘察和选择骨料场地时进行岩石碱活性检验可以最大限度地选择有利于预防混凝土碱骨料反应的骨料料场，如果能排除采用碱活性骨料料场，则是预防混凝土碱骨料反应的最佳方案。在勘察和选择骨料料场时进行岩石碱活性检验时，最好在具有代表性的多个不同部位和未受风化影响的部位取样，在需要用岩石柱法检验碱-碳酸盐反应活性时，由于需要从三个方向钻取小圆柱体，所以样品应具有一定的厚度，最好各方向尺寸相近。

7.1.2、7.1.3 在预拌混凝土生产过程中，无论是商品混凝土搅拌站还是现场搅拌站，对于 3000m³ 的供货量，骨料来源一般变化不大；经验表明，一旦确定某一区域或料场的骨料碱活性与否，相对是比较稳定的；另外，由于检验条件和检验时间的限制，不可能将检验批量规定得太小。

7.1.4 本条规定了骨料质量和抑制骨料碱-硅酸反应活性有效性检验的评定依据。

7.1.5 其他原材料的质量检验在现行国家标准《混凝土质量控制标准》GB 50164 已有明确的规定，本规范不再重复引用。

7.2 混凝土质量检验

7.2.1 混凝土配合比是落实预防混凝土碱骨料反应技术措施的关键环节之一，因此，检查并核实施工配合比应体现在每个工作班的全过程中。

7.2.2 现行国家标准《混凝土质量控制标准》GB 50164 明确规定了混凝土拌合物性能、硬化混凝土力学性能和耐久性能的检验规则。

7.2.3 本条规定了混凝土拌合物性能、硬化混凝土力学性能和耐久性能检验的评定依据。

7.3 工 程 验 收

7.3.1 预防混凝土碱骨料反应是针对混凝土工程，对于混凝土工程的验收，应符合现行国家标准《混凝土结构工程施工质量验收规范》GB 50204 的规定。

7.3.2 对采用碱活性骨料或设计要求预防碱骨料反应的混凝土工程，落实本规范有关规定的技术工作应作为混凝土工程质量验收的内容之一。

附录 A 抑制骨料碱-硅酸反应
活性有效性试验方法

本试验方法源于 ASTM C1567－08《确定胶凝材

料与骨料潜在碱-硅反应活性的标准测试方法》，与 ASTM C1567-08 原理一致。主要变动为：将用胶凝材料控制骨料碱-硅酸反应活性的判据由 0.1% 调整为 0.03%，并规定了矿物掺合料的种类和掺量。变动的主要理由是：本试验方法是由快速碱-硅酸反应试验方法——快速砂浆棒法发展而来，不同的是本试验方法采用有矿物掺合料的胶凝材料，而快速碱-硅酸反应试验方法采用水泥。如果试验判据都是 0.1%，这会导致在很少矿物掺合料掺量的情况下也判定抑制骨料碱-硅酸反应活性有效，而采用很少的矿物掺合料掺量可能并不能满足实际工程中抑制骨料碱-硅酸反应活性的要求。

为了验证本试验方法的有效性，编制组组织四个实验室进行了验证和比对试验。结果表明：在胶凝材料中掺加规定的矿物掺合料可以显著抑制骨料的碱-硅活性；该试验方法具有良好的敏感性，能够分辨在胶凝材料中掺加矿物掺合料对抑制骨料碱-硅酸反应的有效程度；抑制骨料碱-硅酸反应及其试验方法的技术规律显著，稳定性良好。

本试验方法已经在采用碱活性骨料的混凝土工程的碱骨料反应预防过程中进行过应用。

中华人民共和国国家标准

矿物掺合料应用技术规范

Technical code for application of mineral admixture

GB/T 51003—2014

主编部门：中华人民共和国住房和城乡建设部
批准部门：中华人民共和国住房和城乡建设部
施行日期：２０１５年２月１日

中华人民共和国住房和城乡建设部
公　告

第 416 号

住房城乡建设部关于发布国家标准
《矿物掺合料应用技术规范》的公告

现批准《矿物掺合料应用技术规范》为国家标准，编号为 GB/T 51003-2014，自 2015 年 2 月 1 日起实施。

本规范由我部标准定额研究所组织中国建筑工业出版社出版发行。

中华人民共和国住房和城乡建设部

2014 年 5 月 16 日

前　言

本规范是根据原建设部《关于印发〈二○○二～二○○三年度工程建设国家标准制订、修订计划〉的通知》(建标[2003]102 号)的要求，由中国建筑科学研究院会同有关单位共同编制完成。

本规范在编制过程中，编制组进行了大量的试验研究和工程调研、认真总结了我国矿物掺合料在混凝土中应用的实践经验、参考国内外先进标准和广泛征求意见的基础上，最后经审查定稿。

本规范共分 6 章和 5 个附录，主要技术内容包括：总则、术语和符号、基本规定、矿物掺合料的技术要求、掺矿物掺合料混凝土的配合比设计、掺矿物掺合料混凝土的工程应用等。

本规范由住房和城乡建设部负责管理，中国建筑科学研究院负责具体技术内容的解释。执行过程中如有意见和建议，请寄送中国建筑科学研究院标准研究中心国家标准《矿物掺合料应用技术规范》管理组(地址：北京北三环东路 30 号，邮政编码：100013)。

本 规 范 主 编 单 位：中国建筑科学研究院

本 规 范 参 编 单 位：北京东方建宇混凝土科学技术研究院
北京田华和众混凝土搅拌站
清华大学土木工程系
中国水利水电科学研究院
沈阳北方建筑材料试验有限责任公司
浙江华威建材集团有限公司
上海市建筑科学研究院
北京天恒泓混凝土有限公司
北京建工集团商品混凝土中心
沈阳泰丰特种混凝土有限公司
北京新奥混凝土有限公司
云南建工集团混凝土公司
中冶集团建筑研究总院环保分院
北京新航建材集团有限公司
太原智海集团有限公司
建研建材有限公司
中南大学土木建筑学院
上海宝钢生产协力公司
舟山弘业预拌混凝土有限公司
铁岭三环新型材料厂
柳州万诚混凝土公司

本规范主要起草人：张仁瑜　韩素芳　路来军
于　明　覃维祖　马锋玲
徐　欣　王安岭　王章夫
施钟毅　于大忠　高金枝
李路明　瞿庆华　韩先福
李昕成　朱桂林　张京涛
贾福根　谢友均　田冠飞
周　群　孙树杉　刘建生
徐栋厚　李章健　周岳年
王宇杰　宋东升　周　虹
康　明　王彩英　谢岳庆

本规范主要审查人：陈肇元　甄永严　艾永祥
谢永江　田　培　阎培渝
张国志　谭洪光　闻德荣

目　次

1 总则 ················· 10—5
2 术语和符号 ············· 10—5
　2.1 术语 ·············· 10—5
　2.2 符号 ·············· 10—5
3 基本规定 ·············· 10—5
4 矿物掺合料的技术要求 ······ 10—5
　4.1 矿物掺合料的技术要求 ···· 10—5
　4.2 矿物掺合料试验方法 ····· 10—7
　4.3 矿物掺合料的检验与验收 ··· 10—7
　4.4 矿物掺合料存储 ······· 10—8
5 掺矿物掺合料混凝土的配合比
　设计 ··············· 10—8
　5.1 混凝土的配合比设计原则 ··· 10—8
　5.2 配合比设计步骤 ······· 10—9
6 掺矿物掺合料混凝土的工程应用··· 10—9
　6.1 混凝土的制备与运送 ····· 10—9
　6.2 混凝土的浇筑与成型 ····· 10—9

　6.3 混凝土的养护 ········ 10—10
　6.4 混凝土的冬期施工 ······ 10—10
　6.5 质量检验评定 ········ 10—10
附录 A　矿物掺合料细度试验方法
　　　　（气流筛法） ······· 10—10
附录 B　矿物掺合料胶砂需水量比、
　　　　流动度比及活性指数试验
　　　　方法 ············ 10—11
附录 C　含水量试验方法 ······· 10—12
附录 D　吸铵值试验方法 ······· 10—12
附录 E　石灰石粉亚甲蓝值测试
　　　　方法 ············ 10—13
本规范用词说明 ············ 10—14
引用标准名录 ············· 10—14
附：条文说明 ············· 10—15

Contents

1　General Provisions ·················· 10—5

2　Terms and Symbols ················ 10—5

　2.1　Terms ························· 10—5

　2.2　Symbols ······················ 10—5

3　Basic Requirements ·············· 10—5

4　Technical Requirements for
　Mineral Admixture ·············· 10—5

　4.1　Technical Requirements for
　　　Mineral Admixture ·············· 10—5

　4.2　Test Methods for Mineral
　　　Admixture ··············· 10—7

　4.3　Inspection and Acceptance of
　　　Mineral Admixture ·············· 10—7

　4.4　Storage of Mineral Admixture ········· 10—8

5　Mix Proportion Design of the
　Concrete with Mineral
　Admixture ···················· 10—8

　5.1　Rule of Mix Proportion Design ········ 10—8

　5.2　Procedure of Mix Proportion
　　　Design ····················· 10—9

6　Engineering Application of the
　Concrete with Mineral
　Admixture ·················· 10—9

　6.1　Production and Transportation ········ 10—9

　6.2　Casting ····················· 10—9

　6.3　Curing ················· 10—10

6.4　Winter Construction ·················· 10—10

6.5　Quality Inspection and Acceptance ······ 10—10

Appendix A　Test Method for
　　　the Fineness of Mineral
　　　Admixture（Air Stream
　　　Screen Method）········· 10—10

Appendix B　Test Method for the
　　　Water Demand Ratio, the
　　　Ratio of Fluidity and the
　　　Activity Index of Mineral
　　　Admixture ·················· 10—11

Appendix C　Test Method for the
　　　Moisture Content ········ 10—12

Appendix D　Test Method for the
　　　Value of Ammonium
　　　Absorption ··················· 10—12

Appendix E　Test Method for the
　　　Methylene Blue Value
　　　of Ground Limestone ··· 10—13

Explanation of Wording in This
　Code ···················· 10—14

List of Quoted Standards ················ 10—14

Addition: Explanation of
　Provisions ··························· 10—15

1 总 则

1.0.1 为规范矿物掺合料在混凝土中的应用，引导其技术发展，达到改善混凝土性能、提高工程质量、延长混凝土结构物使用寿命的目的，并有利于工程建设的可持续发展，制定本规范。

1.0.2 本规范适用于粉煤灰、粒化高炉矿渣粉、硅灰、石灰石粉、钢渣粉、磷渣粉、沸石粉和复合矿物掺合料在混凝土工程中的应用。

1.0.3 在混凝土中掺用矿物掺合料时，除应符合本规范外，尚应符合国家现行有关标准的规定。

2 术语和符号

2.1 术 语

2.1.1 矿物掺合料 mineral admixture

以硅、铝、钙等一种或多种氧化物为主要成分，具有规定细度，掺入混凝土中能改善混凝土性能的粉体材料。

2.1.2 粉煤灰 fly ash

煤粉炉烟道气体中收集的粉末。粉煤灰按煤种和氧化钙含量分为 F 类和 C 类。

F 类粉煤灰——由无烟煤或烟煤燃烧收集的粉煤灰。

C 类粉煤灰——氧化钙含量一般大于 10%，由褐煤或次烟煤燃烧收集的粉煤灰。

2.1.3 粒化高炉矿渣粉 ground granulated blast furnace slag

从炼铁高炉中排出的，以硅酸盐和铝硅酸盐为主要成分的熔融物，经淬冷成粒后粉磨所得的粉体材料。

2.1.4 硅灰 silica fume

从冶炼硅铁合金或工业硅时通过烟道排出的粉尘，经收集得到的以无定形二氧化硅为主要成分的粉体材料。

2.1.5 石灰石粉 ground limestone

以一定纯度的石灰石为原料，经粉磨至规定细度的粉状材料。

2.1.6 钢渣粉 steel slag powder

从炼钢炉中排出的，以硅酸盐为主要成分的熔融物，经消解稳定化处理后粉磨所得的粉体材料。

2.1.7 磷渣粉 phosphorous slag powder

用电炉法制黄磷时，所得到的以硅酸钙为主要成分的熔融物，经淬冷成粒后粉磨所得的粉体材料。

2.1.8 沸石粉 zeolite powder

将天然斜发沸石岩或丝光沸石岩磨细制成的粉体材料。

2.1.9 复合矿物掺合料 compound mineral admixtures

将本规范所列的两种或两种以上矿物掺合料按一定比例复合后的粉体材料。

2.1.10 胶凝材料 binder

用于配制混凝土的水泥与矿物掺合料的总称。

2.1.11 水胶比 water-binder ratio

混凝土用水量与胶凝材料质量之比。

2.2 符 号

β_b——矿物掺合料占胶凝材料总量的百分率（%）；

m_f——每立方米混凝土中的矿物掺合料用量（kg/m³）；

m_b——每立方米混凝土中的胶凝材料用量（kg/m³）；

m_c——每立方米混凝土中的水泥用量（kg/m³）。

3 基 本 规 定

3.0.1 掺矿物掺合料的混凝土，宜采用硅酸盐水泥和普通硅酸盐水泥。当采用其他品种水泥时，应了解水泥中混合材的品种和掺量，并通过充分试验确定矿物掺合料的掺量。

3.0.2 配制混凝土时，宜同时掺用矿物掺合料与外加剂，其组分之间应有良好的相容性，矿物掺合料及外加剂的品种和掺量应通过混凝土试验确定。

3.0.3 掺用本规范以外的矿物掺合料时，应经过系统、充分试验验证之后再行使用。

3.0.4 矿物掺合料的放射性核素应符合现行国家标准《建筑材料放射性核素限量》GB 6566 的有关规定。

4 矿物掺合料的技术要求

4.1 矿物掺合料的技术要求

4.1.1 粉煤灰和磨细粉煤灰的技术要求应符合表4.1.1 的规定。

表 4.1.1 粉煤灰和磨细粉煤灰的技术要求

项 目		技术指标			
		F 类粉煤灰		磨细粉煤灰	
		级别			
		I	II	I	II
细度	45μm 方孔筛筛余（%）	≤12.0	≤25.0	—	—
	比表面积（m²/kg）	—	—	≥600	≥400

续表 4.1.1

项　目	技术指标			
	F 类粉煤灰		磨细粉煤灰	
	级别			
	Ⅰ	Ⅱ	Ⅰ	Ⅱ
需水量比（%）	≤95	≤105	≤95	≤105
烧失量（%）	≤5.0	≤8.0	≤5.0	≤8.0
含水量（%）	≤1.0			
三氧化硫（%）	≤3.0			
游离氧化钙（%）	≤1.0			
氯离子含量（%）	—		≤0.02	

注：C 类粉煤灰除符合表 4.1.1F 类粉煤灰的规定外，尚应
　　满足以下要求：
　　① 游离氧化钙不大于 4%；
　　② 安定性：应采用标准法，沸煮后雷氏夹增加距离不
　　　大于 5mm。

4.1.2 粒化高炉矿渣粉的技术要求应符合表 4.1.2
的规定。

表 4.1.2　粒化高炉矿渣粉的技术要求

项　目	技术指标		
	级　别		
	S105	S95	S75
密度（g/cm³）	≥2.8		
比表面积（m²/kg）	≥500	≥400	≥300
活性指数 7d	≥95	≥75	≥55
（%）　28d	≥105	≥95	≥75
流动度比（%）	≥95		
含水量（%）	≤1.0		
三氧化硫（%）	≤4.0		
氯离子含量（%）	≤0.06		
烧失量（%）	≤3.0		
玻璃体含量（%）	≥85		

4.1.3 硅灰的技术要求应符合表 4.1.3 的规定。

表 4.1.3　硅灰的技术要求

项　目	技术指标
比表面积（m²/kg）	≥15000
28d 活性指数（%）	≥85
二氧化硅含量（%）	≥85
含水量（%）	≤3.0
烧失量（%）	≤6.0
需水量比（%）	≤125
氯离子含量（%）	≤0.02

4.1.4 石灰石粉的技术要求应符合表 4.1.4 的规定。

表 4.1.4　石灰石粉的技术要求

项　目	技术指标
碳酸钙含量（%）	≥75
细度（45μm 方孔筛筛余）（%）	≤15
活性指数 7d	≥60
（%）　28d	≥60
流动度比（%）	≥100
含水量（%）	≤1.0
亚甲蓝值	≤1.4

注：当石灰石粉用于有碱活性骨料配制的混凝土时，可由
　　供需双方协商确定碱含量。

4.1.5 钢渣粉的技术要求应符合表 4.1.5 的规定。

表 4.1.5　钢渣粉的技术要求

项　目	技术指标	
	级别	
	一级	二级
比表面积（m²/kg）	≥400	
密度（g/cm³）	≥2.8	
含水量（%）	≤1.0	
游离氧化钙含量（%）	≤3.0	
三氧化硫含量（%）	≤4.0	
碱度系数	≥1.8	
活性指数 7d	≥65	≥55
（%）　28d	≥80	≥65
流动度比（%）	≥90	
安定性 沸煮法	合格	
压蒸法（当钢渣中氧化镁含量大于 13% 时应检验合格）		

注：碱度系数是指钢渣粉中的氧化钙含量与二氧化硅和五
　　氧化二磷含量之和的比值。

4.1.6 磷渣粉的技术要求应符合表 4.1.6 的规定。

表 4.1.6　磷渣粉的技术要求

项　目	技术指标		
	级别		
	L95	L85	L70
比表面积（m²/kg）	≥350		
活性指数（%） 7d	≥70	≥60	≥50
28d	≥95	≥85	≥70
流动度比（%）	≥95		
密度（g/cm³）	≥2.8		
五氧化二磷含量（%）	≤3.5		
碱含量（Na₂O＋0.658K₂O）（%）	≤1.0		
三氧化硫含量（%）	≤4.0		
氯离子含量（%）	≤0.06		
烧失量（%）	≤3.0		
含水量（%）	≤1.0		
玻璃体含量（%）	≥80		

4.1.7 沸石粉的技术要求应符合表 4.1.7 的规定。

表 4.1.7 沸石粉的技术要求

项　　目	技术指标	
	级别	
	Ⅰ	Ⅱ
28d 活性指数（%）	≥75	≥70
细度（80μm 方孔筛筛余）（%）	≤4	≤10
需水量比（%）	≤125	≤120
吸铵值（mmol/100g）	≥130	≥100

4.1.8 复合矿物掺合料的技术要求应符合表 4.1.8 的规定。

表 4.1.8 复合矿物掺合料的技术要求

项　　目		技术指标
细度	45μm 方孔筛筛余（%）	≤12
	比表面积（m²/kg）	≥350
活性指数（%）	7d	≥50
	28d	≥75
流动度比（%）		≥100
含水量（%）		≤1.0
三氧化硫含量（%）		≤3.5
烧失量（%）		≤5.0
氯离子含量（%）		≤0.06

注：比表面积测定法和筛析法，宜根据不同的复合品种选定。

4.2 矿物掺合料试验方法

4.2.1 矿物掺合料的细度应按下列方法进行试验：

　1 筛余量（%）应按本规范附录 A 进行测定；

　2 比表面积应按现行国家标准《水泥比表面积测定方法　勃氏法》GB/T 8074 的有关规定进行测定；硅灰的比表面积应用 BET 氮吸附法进行测定。

4.2.2 矿物掺合料的密度试验应按现行国家标准《水泥密度测定方法》GB/T 208 的有关规定进行测定。

4.2.3 矿物掺合料需水量比、流动度比和活性指数试验应按本规范附录 B 进行测定。

4.2.4 C 类粉煤灰的安定性和钢渣粉的沸煮安定性试验应按现行国家标准《水泥标准稠度用水量、凝结时间、安定性检验方法》GB/T 1346 的有关规定进行测定，钢渣粉的压蒸安定性应按现行国家标准《水泥压蒸安定试验方法》GB/T 750 的有关规定进行测定。粉煤灰和钢渣粉应以 30% 等量取代水泥量。

4.2.5 矿物掺合料的含水量试验应按本规范附录 C 进行测定。

4.2.6 沸石粉的吸铵值试验应按本规范附录 D 进行测定。

4.2.7 石灰石粉的碳酸钙含量应按 1.785 倍氧化钙含量折算，其中氧化钙含量应按现行国家标准《建材用石灰石化学分析方法》GB/T 5762 的有关规定进行测定；亚甲蓝值试验应按本规范附录 E 进行测定。

4.2.8 钢渣粉中游离氧化钙、氧化钙、二氧化硅、氧化镁、五氧化二磷含量应按现行行业标准《钢渣化学分析方法》YB/T 140 的有关规定进行测定。

4.2.9 磷渣粉中的五氧化二磷、碱含量、三氧化硫、氯离子含量、烧失量应按现行行业标准《粒化电炉磷渣化学分析方法》JC/T 1088 的有关规定进行测定。

4.2.10 第 4.2.8 条和第 4.2.9 条未涉及的矿物掺合料的烧失量、游离氧化钙、氧化钙、三氧化硫和氯离子含量应按现行国家标准《水泥化学分析方法》GB/T 176 的有关规定进行测定。当矿物掺合料为粒化高炉矿渣粉或含有其组分时，应对烧失量进行校正。

4.2.11 粒化高炉矿渣粉、磷渣粉的玻璃体含量应按国家标准《用于水泥和混凝土中的粒化高炉矿渣粉》GB/T 18046-2008 中的附录 C 进行测定。

4.2.12 硅灰的二氧化硅含量应按现行国家标准《高强高性能混凝土用矿物外加剂》GB/T 18736 的有关规定进行测定。

4.2.13 放射性应按现行国家标准《建筑材料放射性核素限量》GB 6566 的有关规定进行测定；其中粒化高炉矿渣粉应符合现行国家标准《通用硅酸盐水泥》GB 175 要求的硅酸盐水泥按质量比 1：1 混合均匀后，再按现行国家标准《建筑材料放射性核素限量》GB 6566 进行测定。

4.3 矿物掺合料的检验与验收

4.3.1 矿物掺合料应按批进行检验，供应单位应出具出厂合格证或出厂检验报告。合格证或检验报告的内容应包括：厂名、合格证或检验报告编号、级别、生产日期、代表数量及本批检验结果和结论等，并应定期提供型式检验报告。检验项目及结果应满足本规范 4.1 节的技术要求。

4.3.2 购进矿物掺合料时，应按下列规定及时取样检验：

　1 取样应符合下列规定：

　　1）散装矿物掺合料：应从每批连续购进的任意 3 个罐体各取等量试样一份，每份不少于 5.0kg，混合搅拌均匀，用四分法缩取比试验需要量大一倍的试样量；

　　2）袋装矿物掺合料：应从每批中任抽 10 袋，从每袋中各取等量试样一份，每份不少于 1.0kg，按上款规定的方法缩取试样。

　2 矿物掺合料检验项目、组批条件及批量应符合表 4.3.2 规定：

表 4.3.2　矿物掺合料检验项目、组批条件及批量

序号	矿物掺合料名称	检验项目	验收组批条件及批量	检验项目的依据及要求
1	粉煤灰	细度 需水量比 烧失量 安定性（C 类粉煤灰）	同一厂家 相同级别 连续供应 200 t/批 （不足 200t，按一批计）	《用于水泥和混凝土中的粉煤灰》GB/T 1596
2	粒化高炉矿渣粉	比表面积 流动度比 活性指数	同一厂家 相同级别 连续供应 500 t/批 （不足 500t，按一批计）	《用于水泥和混凝土中的粒化高炉矿渣粉》GB/T 18046
3	硅灰	需水量比 烧失量	同一厂家连续供应 30 t/批（不足 30t，按一批计）	本规范表 4.1.3
4	石灰石粉	细度 流动度比 安定性 活性指数	同一厂家 相同级别 连续供应 200t/批 （不足 200t，按一批计）	本规范表 4.1.4
5	钢渣粉	比表面积 流动度比 安定性 活性指数	同一厂家 相同级别 连续供应 200t/批 （不足 200t，按一批计）	《用于水泥和混凝土中的钢渣粉》GB/T 20491
6	磷渣粉	细度 流动度比 安定性 活性指数	同一厂家 相同级别 连续供应 200t/批 （不足 200t，按一批计）	《用于水泥和混凝土中的粒化电炉磷渣粉》GB/T 26751
7	沸石粉	吸铵值 细度 需水量比 活性指数	同一厂家 相同级别 连续供应 120t/批 （不足 120t，按一批计）	本规范表 4.1.7
8	复合矿物掺合料	细度（比表面积或筛余量） 流动度比 活性指数	同一厂家 相同级别 连续供应 500t/批 （不足 500t，按一批计）	本规范表 4.1.8

注：可根据需要检验表 4.3.2 以外的其他项目。

4.3.3　矿物掺合料的验收规则应符合下列规定：

1　矿物掺合料的验收应按批进行，符合检验项目规定技术要求的方可使用。

2　当其中任一检验项目不符合规定要求，应降级使用或不宜使用；也可根据工程和原材料实际情况，通过混凝土试验论证，确能保证工程质量时，方可使用。

4.4　矿物掺合料存储

4.4.1　矿物掺合料存储时，应符合有关环境保护的规定，不得与其他材料混杂。

4.4.2　矿物掺合料存储期超过 3 个月时，使用前应按本规范第 4.3.2 条和第 4.3.3 进行复验。

5　掺矿物掺合料混凝土的配合比设计

5.1　混凝土的配合比设计原则

5.1.1　混凝土配合比设计，应根据设计要求的强度等级、强度标准值的保证率和混凝土的耐久性以及施工要求，采用实际工程使用的原材料，按现行行业标准《普通混凝土配合比设计规程》JGJ 55 的有关规定进行。对有特殊要求的混凝土，其配合比设计尚应符合国家现行相关标准的规定。

5.1.2　混凝土的配合比确定后，在工程中使用时仍应通过开盘鉴定和试浇筑予以验证。

5.1.3　矿物掺合料的品种和掺量，应根据矿物掺合料本身的品质，结合混凝土其他参数、工程性质、所处环境等因素，宜按下列原则选择确定：

1　混凝土的水胶比较小、浇筑温度与气温较高、混凝土强度验收龄期较长时，矿物掺合料宜采用较大掺量；

2　对混凝土构件最小截面尺寸较大的大体积混凝土、水下工程混凝土以及有抗腐蚀要求的混凝土等，可在本规范表 5.2.3 的基础上，根据需要适当增加矿物掺合料的掺量；

3　对于最小截面尺寸小于 150mm 的构件混凝

土，宜采用较小坍落度，矿物掺合料宜采用较小掺量；

4 对早期强度要求较高或环境温度较低条件下施工的混凝土，矿物掺合料宜采用较小掺量。

5.2 配合比设计步骤

5.2.1 混凝土的配合比设计首先应根据设计要求的强度等级、工程所用的原材料及其他性能要求确定配制强度，选择用水量和砂率。

5.2.2 掺矿物掺合料的混凝土宜进行系统配合比试验，建立胶水比与强度关系式时，可采用最小二乘法进行线性回归，并应根据设计和施工要求，按经试验建立的强度关系式计算混凝土的水胶比、胶凝材料用量及其他组分的用量。

5.2.3 根据工程所处的环境条件、结构特点，混凝土中矿物掺合料占胶凝材料总量的最大百分率(β_b)宜按表5.2.3控制。

表5.2.3 矿物掺合料占胶凝材料总量的百分率(β_b)限值

矿物掺合料种类	水胶比	水泥品种	
		硅酸盐水泥（%）	普通硅酸盐水泥（%）
粉煤灰（F类Ⅰ、Ⅱ级）	≤0.40	≤45	≤35
	>0.40	≤40	≤30
粒化高炉矿渣粉	≤0.40	≤65	≤55
	>0.40	≤55	≤45
硅灰	—	≤10	≤10
石灰石粉	≤0.40	≤35	≤25
	>0.40	≤30	≤20
钢渣粉		≤30	≤20
磷渣粉		≤30	≤20
沸石粉		≤15	≤15
复合掺合料	≤0.40	≤65	≤55
	>0.40	≤55	≤45

注：1 C类粉煤灰用于结构混凝土时，安定性应合格，其掺量应通过试验确定，但不应超过本表中F类粉煤灰的规定限量；对硫酸盐侵蚀环境下的混凝土不得用C类粉煤灰。

2 混凝土强度等级不大于C15时，粉煤灰的级别和最大掺量可不受表5.2.3规定的限制。

3 复合掺合料中各组分的掺量不宜超过任一组分单掺时的上限掺量。

5.2.4 掺合料用量应按下式计算：

$$m_f = m_b \cdot \beta_b \qquad (5.2.4)$$

式中：m_f——每立方米混凝土中矿物掺合料用量（kg/m³）；

m_b——每立方米混凝土中胶凝材料用量（kg/m³）；

β_b——矿物掺合料占胶凝材料总量的百分率（%）。

5.2.5 掺矿物掺合料混凝土的最小胶凝材料用量及最大水胶比宜按现行行业标准《普通混凝土配合比设计规程》JGJ 55的要求控制。

5.2.6 掺矿物掺合料混凝土中水泥用量应按下式计算：

$$m_c = m_b - m_f \qquad (5.2.6)$$

式中：m_c——每立方米混凝土中水泥用量（kg/m³）。

5.2.7 按质量法或绝对体积法确定单方混凝土的砂、石用量，应最后通过试配调整混凝土配合比直至符合要求，提出混凝土设计配合比；再根据现场粗细骨料实际含水量调整后，方可签发混凝土施工配合比。

5.2.8 外加剂的掺量应按胶凝材料用量的百分比计。

6 掺矿物掺合料混凝土的工程应用

6.1 混凝土的制备与运送

6.1.1 制备混凝土时，宜采用强制式搅拌机，并应适当延长搅拌时间。

6.1.2 各种矿物掺合料的计量应按质量计，每盘计量允许偏差应为±2%，累计计量允许偏差应为±1%。

6.1.3 混凝土运送到浇筑点时，应不分层、不离析，并应保证施工要求的工作性和均匀性。

6.2 混凝土的浇筑与成型

6.2.1 混凝土运送到现场时，实测坍落度与要求坍落度之间的允许偏差应符合表6.2.1的规定。

表6.2.1 混凝土实测坍落度与要求坍落度之间的允许偏差（mm）

要求坍落度	允许偏差
≤40	±10
50~90	±20
≥100	±30

6.2.2 混凝土浇筑应分层连续进行，其运输、浇筑及间歇的全部时间不应超过混凝土的初凝时间。

6.2.3 当混凝土自由倾落的高度大于3.0m时，宜采用串筒、溜槽或振动溜槽等辅助设备。

6.2.4 振捣时，不得用插入式振捣棒平拖振捣，并不得利用振捣器使混凝土长距离流动。混凝土初凝后，不应受到二次振动。

6.2.5 混凝土浇筑后应立即进行振捣，并应避免漏振或过振。振捣后混凝土表面不应出现明显的掺合料浮浆层。并应注意下列事项：

    1 应选用每分钟频率不少于 4500 脉冲的高频振捣器振捣。

    2 分层浇筑的混凝土应采用插入式振捣器分层振捣，进行后一层混凝土振捣时，振捣器必须插入前一层混凝土约 50mm 深度中。插入时应采用快插慢拔法。

    3 插入式振捣器移动间距不得超过有效振动半径的 1.0 倍。当浇筑厚度不大于 200mm 且表面积较大的平面结构或构件时，宜采用平板振动器振动成型，平板振动器移动间距应覆盖已振实部分混凝土边缘。

    4 振捣时间宜按拌合物稠度和振捣部位等不同情况，控制在 10s～30s 内，当混凝土拌合物表面出现泛浆、基本无气泡逸出，可视为已捣实。

6.2.6 对板类构件，应至少对混凝土进行两次搓压，必要时还可增加搓压次数。最后一次搓压应在泌浆结束、初凝前完成。

6.2.7 混凝土在高温或多风环境中浇筑时，应减少暴露的工作面，浇筑完成后应立即覆盖。

6.2.8 厚度在 300mm 以上的混凝土构件，应先进行混凝土温度计算或试浇筑施工，并在实体构件中设置测温点，监测混凝土内部各点的温度发展。

6.3　混凝土的养护

6.3.1 混凝土浇筑后，应及时覆盖混凝土表面；在高温季节、大风、日照较强等环境中或采用水胶比小于 0.40 的混凝土施工时，浇筑后应立即覆盖混凝土表面，并进行保湿养护。初凝后，应对混凝土表面进行持续的加湿、保湿和保温养护。

6.3.2 对已浇筑成型的混凝土，可单独或组合使用下列养护方法：

    1 延长拆模时间；

    2 在混凝土表面覆盖防水分蒸发薄膜；

    3 使用保水保温覆盖物（湿麻袋或吸水性毛毡等），持续保湿、保温；

    4 在混凝土表面喷雾、喷水或蓄水；

    5 大体积混凝土采用蓄水养护时，蓄水厚度不宜小于 150mm；

    6 经使用验证的其他养护方法。

6.3.3 混凝土湿养护时间不宜少于 7d；当有补偿收缩、抗渗或缓凝要求的混凝土保湿养护时间不宜少于 14d；当气温较低或在干燥环境下应适当延长养护时间。

6.3.4 混凝土蒸养时应符合下列要求：

    1 成型后预养温度不宜高于 45℃，静停预养时间不得少于 1h。

    2 蒸养时升、降温速度不宜超过 25℃/h，最高和恒温温度不宜超过 65℃。

6.4　混凝土的冬期施工

6.4.1 当室外日平均气温连续 5d 低于 5℃时，应采取冬期施工措施。当室外日平均气温连续 5d 高于 5℃时，可以解除冬期施工措施。

6.4.2 冬期施工混凝土受冻临界强度应满足下列要求：

    1 掺防冻剂的混凝土：当室外最低气温不低于 -15℃ 时，混凝土强度不应小于 4.0MPa；当室外最低气温不低于 -30℃ 时，混凝土强度不应小于 5.0MPa；

    2 采取其他防冻措施的混凝土，应为设计要求的混凝土强度标准值的 40%，且混凝土强度不应小于 5.0MPa。

6.4.3 冬期施工混凝土的出机温度不宜低于 10℃，入模温度不得低于 5℃。混凝土在运输与浇筑过程中应采取保温措施。

6.4.4 其他有关规定应按照现行行业标准《建筑工程冬期施工规程》JGJ/T 104 的有关规定执行。

6.5　质量检验评定

6.5.1 混凝土的质量检验评定，应按现行国家标准《混凝土强度检验评定标准》GB/T 50107 和《混凝土结构工程施工质量验收规范》GB 50204 的规定分批检验评定。

6.5.2 混凝土的强度验收龄期，首先应符合工程设计要求；当设计允许时，可按 60d 或其他更长龄期验收，但供需双方应在合同中作出规定。

6.5.3 混凝土拌合物性能检验评定应符合现行国家标准《预拌混凝土》GB/T 14902 和《混凝土质量控制标准》GB 50164 的有关规定。

6.5.4 混凝土长期性能和耐久性能检验评定应符合现行行业标准《混凝土耐久性检验评定标准》JGJ/T 193 的有关规定。

附录 A　矿物掺合料细度试验方法
（气流筛法）

A.1　一　般　规　定

A.1.1 本附录规定了矿物掺合料细度试验用负压筛析仪的结构和组成，适用于矿物掺合料的细度检验。

A.1.2 利用气流作为筛分的动力和介质，通过旋转的喷嘴喷出的气流作用，应使筛网里的待测粉状物料呈流态化，并应在整个系统负压的作用下，将细颗粒通过筛网抽走，从而达到筛分的目的。

A.2　仪　器　设　备

A.2.1 负压筛析仪应由 45μm 或 80μm 方孔筛、筛座、真空源和收尘器等组成，其中方孔筛内径应为

$\phi150mm$，高度应为 25mm。

A.2.2 天平量程不应小于 50g，最小分度值不应大于 0.01g。

A.3 试 验 步 骤

A.3.1 矿物掺合料样品应置于温度为 105℃～110℃ 烘干箱内烘至恒重，取出放在干燥器中冷却至室温。

A.3.2 从制备好的样品中应称取约 10g 试样，精确至 0.01g，倒入 $45\mu m$ 或 $80\mu m$ 方孔筛筛网上，将筛子置于筛座上，盖上筛盖。

A.3.3 接通电源，应将定时开关固定在 3min 开始筛析。

A.3.4 开始工作后，应观察负压表，使负压稳定在 4000Pa～6000Pa；若负压小于 4000Pa，则应停机，清理收尘器的积灰后再进行筛析。

A.3.5 在筛析过程中，发现有细灰吸附在筛盖上，可用木锤轻轻敲打筛盖，使吸附在筛盖的灰落下。

A.3.6 在筛析 3min 后自动停止工作，停机后应观察筛余物，当出现颗粒成球、粘筛或有细颗粒沉积在筛框边缘，用毛刷将细颗粒轻轻刷开，将定时开关固定在手动位置，再筛析 1min～3min，至筛分彻底为止（图 A.3.6）。

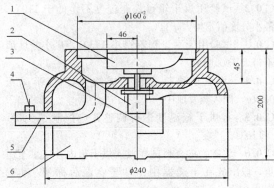

图 A.3.6 筛座示意图

1—喷气嘴；2—微电机；3—控制板开口；4—负压表接口；5—负压源及吸尘器接口；6—壳体

A.4 计 算 结 果

A.4.1 将筛网内的筛余物收集并应称量，准确至 0.01g。

A.4.2 对于 $45\mu m$ 或 $80\mu m$ 方孔筛筛余，应按下式计算：

$$F = (G_1/G) \times 100 \qquad (A.4.2)$$

式中：F——$45\mu m$ 或 $80\mu m$ 方孔筛筛余，计算至 0.1%；

G_1——筛余物的质量(g)；

G——称取试样的质量(g)。

A.5 筛网的校正

A.5.1 筛网的校正采用粉煤灰细度标准样品或其他

同等级标准样品，按本规范第 A.3 节的步骤测定标准样品的细度，筛网校正系数应按下式计算：

$$K = m_0/m \qquad (A.5.1)$$

式中：K——筛网校正系数，计算至 0.1；

m_0——标准样品筛余标准值(%)；

m——标准样品筛余实测值(%)。

注：1 筛网校正系数范围为 0.8～1.2，超出该范围筛网不得用于试验；

2 筛析 150 个样品后进行筛网的校正。

A.5.2 最终的筛余量结果应为筛网校正系数和方孔筛筛余的乘积。

附录 B 矿物掺合料胶砂需水量比、流动度比及活性指数试验方法

B.1 一 般 规 定

B.1.1 本附录规定了粉煤灰、粒化高炉矿渣粉、硅灰、石灰石粉、钢渣粉、磷渣粉、沸石粉及其复合矿物掺合料胶砂需水量比、流动度比及活性指数的测试方法。

B.1.2 试验应采用现行国家标准《水泥胶砂强度检验方法(ISO 法)》GB/T 17671 中所规定的仪器。

B.2 试 验 用 材 料

B.2.1 试验应采用基准水泥或合同约定水泥。

B.2.2 试验应采用符合现行国家标准《水泥胶砂强度检验方法(ISO 法)》GB/T 17671 规定的标准砂。

B.2.3 试验应采用自来水或蒸馏水。

B.2.4 试验应采用受检的矿物掺合料。

B.3 试 验 条 件 及 方 法

B.3.1 试验室应符合国家标准《水泥胶砂强度检验方法(ISO 法)》GB/T 17671 - 1999 中第 4.1 节的规定。试验用各种材料和用具应预先放在试验室内，使其达到试验室相同温度。

B.3.2 进行需水量比试验时，其胶砂配合比应按表 B.3.2 选用。

表 B.3.2 胶砂配合比

材　料	对比胶砂	受检胶砂		
		粉煤灰	硅灰	沸石粉
水泥(g)	450±2	315±1	405±1	405±1
矿物掺合料(g)	—	135±1	45±1	45±1
ISO 砂(g)	1350±5	1350±5	1350±5	1350±5
水(mL)	225±1	按使受检胶砂流动度达基准胶砂流动度值±5mm 调整		

注：表 B.3.2 所示均为一次搅拌量。

B.3.3 进行流动度比及活性指数试验时，其胶砂配合比应按表 B.3.3 选用。

表 B.3.3 胶砂配合比

材 料	对比胶砂	受检胶砂		
		复合矿物掺合料粒化高炉矿渣粉	钢渣粉磷渣粉石灰石粉	沸石粉 *
水泥(g)	450±2	225±1	315±1	405±1
矿物掺合料(g)	—	225±1	135±1	45±1
ISO 砂(g)	1350±5	1350±5	1350±5	1350±5
水(mL)	225±1			

注：1 * 在此沸石粉只进行活性指数检验；
    2 表 B.3.3 所示均为一次搅拌量。

B.3.4 试验时，应先将水加入搅拌锅里，再加入预先混匀的水泥和矿物掺合料，把锅放置在固定架上，上升至固定位置。然后按国家标准《水泥胶砂强度检验方法(ISO 法)》GB/T 17671-1999 中的第 6.3 节进行搅拌，开动机器后，低速搅拌 30s 后，在第二个 30s 开始的同时均匀地将砂子加入。当各级砂是分装时，从最初粒级开始，依次将所需的每级砂量加完。把机器转至高速再搅拌 30s。停拌 90s，在第一个 15s 内用一个胶皮刮具将叶片和锅具上的胶砂刮入锅中间。再高速下继续搅拌 60s。各个搅拌阶段，时间误差应在±1s 以内。

B.3.5 试件应按国家标准《水泥胶砂强度检验方法(ISO 法)》GB/T 17671-1999 中第 7 章的有关规定进行制备。

B.3.6 试件脱模前的处理和养护、脱模、水中养护应按国家标准《水泥胶砂强度检验方法(ISO 法)》GB/T 17671-1999 中第 8.1~8.3 节的有关规定进行。

B.3.7 试体龄期是从水泥加水搅拌开始时算起，不同龄期强度试验应在下列时间里进行：
1 72h±45min；
2 7d±2h；
3 28d±8h。

B.4 结果与计算

B.4.1 根据表 B.3.2 的胶砂配合比，测得受检砂浆的用水量，应按下式计算相应矿物掺合料的需水量比，计算结果取整数。

$$R_w = \frac{W_t}{225} \times 100 \qquad (B.4.1)$$

式中：R_w——受检胶砂的需水量比(%)；
　　　W_t——受检胶砂的用水量(g)；
　　　225——对比胶砂的用水量(g)。

B.4.2 根据本规范第 B.3.3 条的胶砂配合比，应按现行国家标准《水泥胶砂流动度测定方法》GB/T 2419

进行试验，分别测定对比胶砂和受检胶砂的流动度，按下式计算受检胶砂的流动度比，计算结果取整数。

$$F = \frac{L_t}{L_0} \times 100 \qquad (B.4.2)$$

式中：F——受检胶砂的流动度比(%)；
　　　L_t——受检胶砂的流动度(mm)；
　　　L_0——对比胶砂的流动度(mm)。

B.4.3 在测得相应龄期对比胶砂和受检胶砂抗压强度后，应按下式计算矿物掺合料相应龄期的活性指数，计算结果取整数。

$$A = \frac{R_t}{R_0} \times 100 \qquad (B.4.3)$$

式中：A——矿物掺合料的活性指数(%)；
　　　R_t——受检胶砂相应龄期的强度(MPa)；
　　　R_0——对比胶砂相应龄期的强度(MPa)。

附录 C 含水量试验方法

C.0.1 将矿物掺合料放入规定温度的烘干箱内并应烘至恒重，以烘干前和烘干后的质量之差与烘干前的质量之比确定矿物掺合料的含水量。

C.0.2 试验用烘干箱可控制温度不得低于 110℃，最小分度值不得大于 2℃。

C.0.3 试验用天平量程不得小于 50g，最小分度值不得大于 0.01g。

C.0.4 称取矿物掺合料试样约 50g，应准确至 0.01g，倒入蒸发皿中。

C.0.5 将烘干箱温度进行调整并应控制在 105℃~110℃。

C.0.6 将矿物掺合料试样放入烘干箱内并应烘至恒重，取出放在干燥器中冷却至室温后称量，准确至 0.01g。

C.0.7 含水量应按下式计算：

$$W = [(\omega_1 - \omega_0) / \omega_1] \times 100 \qquad (C.0.7)$$

式中：W——含水量(%)，计算至 0.1%；
　　　ω_1——烘干前试样的质量(g)；
　　　ω_0——烘干后试样的质量(g)。

C.0.8 每个样品应称取两个试样进行试验，取两个试样含水量的算术平均值为试验结果。当两个试验含水量的绝对差值大于 0.2% 时，应重新试验。

附录 D 吸铵值试验方法

D.0.1 吸铵值测定时应采用下列试剂：
1 氯化铵含量为 1mol/L 的溶液；
2 氯化钾含量为 1mol/L 的溶液；
3 硝酸铵含量为 0.005mol/L 的溶液；

4 硝酸银含量为 5% 的溶液;

5 NaOH 含量为 0.1mol/L 的标准溶液;

6 甲醛含量为 38% 的溶液;

7 酚酞含量为 1% 的酒精溶液。

D.0.2 测试应按下列步骤进行:

1 称取通过 80μm 筛的沸石粉风干样 1.000g,置于 150mL 的烧杯中,加入 100mL 的 1mol/L 的氯化铵溶液。

2 将烧杯放在电热板上或调温电炉上加热微沸 2h,应经常搅拌,可补充水,保持杯中溶液不少于 30mL。

3 趁热用中速滤纸过滤,取煮沸并冷却的蒸馏水洗烧杯和滤纸沉淀,再用 0.005mol/L 的硝酸铵淋洗至无氯离子。可用黑色比色板滴两滴淋洗液,加入一滴硝酸银溶液,无白色沉淀产生,即表明无氯离子。

4 移去滤液瓶,将沉淀物移到普通漏斗中,用煮沸的 1mol/L 氯化钾溶液每次约 30mL 冲洗沉淀物。用一干净烧杯承接,分四次洗至 100mL~120mL 为止。

5 在洗液中加入 10mL 甲醛溶液静置 20min。

6 加入 2 滴~8 滴酚酞指示剂,用氢氧化钠标准溶液滴定,直至微红色为终点,应半分钟不褪色,记下消耗的氢氧化钠标准溶液体积。

D.0.3 沸石粉吸铵值应按下式计算:

$$A = M \times V \times 100/m \qquad (D.0.3)$$

式中: A——吸铵值(mmol/100g);

M——NaOH 标准溶液的摩尔浓度(mol/L);

V——消耗的 NaOH 标准溶液的体积(mL);

m——沸石粉风干样质量(g)。

D.0.4 测试结果应符合下列要求:

1 二次平行操作结果之差不应大于 8%;

2 同一样品应同时分别进行两次测试,所得测试结果之差不得大于 8%,取其平均值为试验结果;当超过允许范围时,应查找原因,重新按上述实验方法进行测试;

3 两个试验室采用本试验方法对同一试样各自进行测试时,两个试验室的分析结果之差不应大于 8%。

附录 E 石灰石粉亚甲蓝值测试方法

E.0.1 本测试方法适用于石灰石粉亚甲蓝值的测试。

E.0.2 试验仪器设备及其精度应符合下列规定:

1 烘箱:烘箱的温度控制范围应为(105±5)℃;

2 天平:应配备天平 2 台,其称量应分别为 1000g 和 100g,感量应分别为 0.1g 和 0.01g;

3 移液管:应配备 2 个移液管,容量应分别为 5mL 和 2mL;

4 搅拌器:搅拌器应为三片或四片式转速可调的叶轮搅拌器,最高转速应达到(600±60)r/min,直径应为(75±10)mm;

5 定时装置:定时装置的精度应为 1s;

6 玻璃容量瓶:玻璃容量瓶的容量应为 1L;

7 温度计:温度计的精度应为 1℃;

8 玻璃棒:应配备 2 支玻璃棒,直径应为 8mm,长应为 300mm;

9 滤纸:滤纸应为快速定量滤纸;

10 烧杯:烧杯的容量应为 1000mL。

E.0.3 试样应按下列步骤进行制备:

1 石灰石粉的样品应缩分至 200g,并在烘箱中于(105±5)℃下烘干至恒重,冷却至室温;

2 应采用粒径为 0.5mm~1.0mm 的标准砂;

3 分别称取 50g 石灰石粉和 150g 标准砂,称量应精确至 0.1g。石灰石粉和标准砂应混合均匀,作为试样备用。

E.0.4 亚甲蓝溶液应按下列步骤配制:

1 亚甲蓝的含量不应小于 95%,样品粉末应在(105±5)℃下烘干至恒重,称取烘干亚甲蓝粉末 10g,称量应精确至 0.01g。

2 在烧杯中注入 600mL 蒸馏水,并加温到(35~40)℃。将亚甲蓝粉末倒入烧杯中,用搅拌器持续搅拌 40min,直至亚甲蓝粉末完全溶解,并冷却至 20℃。

3 将溶液倒入 1L 容量瓶中,用蒸馏水淋洗烧杯等,使所有亚甲蓝溶液全部移入容量瓶,容量瓶和溶液的温度应保持在(20±1)℃,加蒸馏水至容量瓶 1L 刻度。振荡容量瓶以保证亚甲蓝粉末完全溶解。

4 将容量瓶中的溶液移入深色储藏瓶中,置于阴暗处保存。应在瓶上标明制备日期、失效日期。

E.0.5 应按下列步骤进行试验操作:

1 将试样倒入盛有(500±5)mL 蒸馏水的烧杯中,用叶轮搅拌机以(600±60)r/min 转速搅拌 5min,形成悬浮液,然后以(400±40)r/min 转速持续搅拌,直至试验结束。

2 在悬浮液中加入 5mL 亚甲蓝溶液,用叶轮搅拌机以(400±40)r/min 转速搅拌至少 1min 后,用玻璃棒蘸取一滴悬浮液,滴于滤纸上。所取悬浮液滴在滤纸上形成的沉淀物直径应为 8mm~12mm。滤纸应置于空烧杯或其他合适的支撑物上,滤纸表面不得与任何固体或液体接触。当滤纸上的沉淀物周围未出现色晕,应再加入 5mL 亚甲蓝溶液,继续搅拌 1min,再用玻璃棒蘸取一滴悬浮液,滴于滤纸上。当沉淀物周围仍未出现色晕,应重复上述步骤,直至沉淀物周围出现约 1mm 宽的稳定浅蓝色晕。

3 应继续搅拌,不再加入亚甲蓝溶液,每 1min 进行一次蘸染试验。当色晕在 4min 内消失,再加入

5mL 亚甲蓝溶液；当色晕在第 5min 消失，再加入 2mL 亚甲蓝溶液。在上述两种情况下，均应继续进行搅拌和蘸染试验，直至色晕可持续 5min。

4 当色晕可以持续 5min 时，应记录所加入的亚甲蓝溶液总体积，数值应精确至 1mL。

5 石灰石粉的亚甲蓝值应按下式计算：

$$MB = V/G \times 10 \qquad (E.0.5)$$

式中：MB——石灰石粉的亚甲蓝值（g/kg），精确至 0.01；

G——试样质量（g）；

V——所加入的亚甲蓝溶液的总量（mL）；

10——用于将每千克试样消耗的亚甲蓝溶液体积换算成亚甲蓝质量的系数。

本规范用词说明

1 为便于在执行本规范条文时区别对待，对要求严格程度不同的用词说明如下：

　1）表示很严格，非这样做不可的用词：

　　正面词采用"必须"，反面词采用"严禁"；

　2）表示严格，在正常情况下均应这样做的用词：

　　正面词采用"应"，反面词采用"不应"或"不得"；

　3）表示允许稍有选择，在条件许可时首先应这样做的用词：

　　正面词采用"宜"，反面词采用"不宜"；

　4）表示有选择，在一定条件下可以这样做的用词，采用"可"。

2 条文中指明应按其他有关标准执行的写法为："应符合……的规定"或"应按……执行"。

引用标准名录

1 《混凝土强度检验评定标准》GB/T 50107

2 《混凝土质量控制标准》GB 50164

3 《混凝土结构工程施工质量验收规范》GB 50204

4 《通用硅酸盐水泥》GB 175

5 《水泥化学分析方法》GB/T 176

6 《水泥密度测定方法》GB/T 208

7 《水泥压蒸安定试验方法》GB/T 750

8 《水泥标准稠度用水量、凝结时间、安定性检验方法》GB/T 1346

9 《用于水泥和混凝土中的粉煤灰》GB/T 1596

10 《水泥胶砂流动度测定方法》GB/T 2419

11 《建材用石灰石化学分析方法》GB/T 5762

12 《建筑材料放射性核素限量》GB 6566

13 《水泥比表面积测定方法　勃氏法》GB/T 8074

14 《预拌混凝土》GB/T 14902

15 《水泥胶砂强度检验方法（ISO 法）》GB/T 17671

16 《用于水泥和混凝土中的粒化高炉矿渣粉》GB/T 18046

17 《高强高性能混凝土用矿物外加剂》GB/T 18736

18 《用于水泥和混凝土中的钢渣粉》GB/T 20491

19 《用于水泥和混凝土中的粒化电炉磷渣粉》GB/T 26751

20 《普通混凝土配合比设计规程》JGJ 55

21 《建筑工程冬期施工规程》JGJ/T 104

22 《混凝土耐久性检验评定标准》JGJ/T 193

23 《钢渣化学分析方法》YB/T 140

24 《粒化电炉磷渣化学分析方法》JC/T 1088

中华人民共和国国家标准

矿物掺合料应用技术规范

GB/T 51003—2014

条 文 说 明

制 订 说 明

《矿物掺合料应用技术规范》GB/T 51003-2014，经住房和城乡建设部于 2014 年 5 月 16 日以第 416 号公布批准、发布。

本规范制定过程中，编制组进行了充分的调查研究，总结了近年来我国矿物掺合料在混凝土中应用的实践经验和研究成果，借鉴了有关国际标准和国外先进标准，开展了多项专题研究，与其他的相关标准进行了协调。

为便于广大混凝土生产企业、施工、监理、质检、设计、科研、学校等有关人员在使用本规范时能正确理解和执行条文规定，《矿物掺合料应用技术规范》编制组按章、节、条顺序编制了本规范的条文说明，对条文规定的目的、依据以及执行中需注意的有关事项进行了说明。但是，本条文说明不具备与规范正文同等的法律效力，仅供使用者作为理解和把握规范规定的参考。

目 次

1 总则 ……………………………… 10—18
2 术语和符号 …………………… 10—18
　2.1 术语 ……………………… 10—18
3 基本规定 ……………………… 10—18
4 矿物掺合料的技术要求 ………… 10—18
　4.1 矿物掺合料的技术要求 …… 10—18
　4.3 矿物掺合料的检验与验收 … 10—18
5 掺矿物掺合料混凝土的配合比
　设计 …………………………… 10—19

5.1 混凝土的配合比设计原则 ………… 10—19
5.2 配合比设计步骤 ………………… 10—19
6 掺矿物掺合料混凝土的工程应用 … 10—19
　6.1 混凝土的制备与运送 ………… 10—19
　6.2 混凝土的浇筑与成型 ………… 10—19
　6.3 混凝土的养护 ………………… 10—20
　6.4 混凝土的冬期施工 …………… 10—20
　6.5 质量检验评定 ………………… 10—20

1 总 则

1.0.1 编制本规范的目的是为了规范混凝土矿物掺合料的应用技术，引导其技术发展，达到改善混凝土的性能、提高工程质量、延长混凝土结构物使用寿命，并有利于工程建设的可持续发展。目前，北京、上海等地区的粉煤灰、粒化高炉矿渣粉等掺合料的使用已很普遍，为了科学、合理地在混凝土中应用矿物掺合料，参照有关国家标准及北京、上海等地的地方标准，并进行大量的验证试验和调研，制定的本规范。

1.0.2 本规范适用于掺粉煤灰（包括磨细粉煤灰）、粒化高炉矿渣粉、硅灰、石灰石粉、钢渣粉、磷渣粉、沸石粉、复合矿物掺合料的各类预拌混凝土、现场搅拌混凝土及预制构件混凝土。

1.0.3 规定了本规范与其他相关标准规范的关系，与本规范有关的、难以详尽列出的技术要求，应符合国家现行有关标准的规定。

2 术语和符号

2.1 术 语

2.1.2 同《用于水泥和混凝土中的粉煤灰》GB/T 1596 中对粉煤灰的定义，按煤种分为 F 类和 C 类。C 类粉煤灰通常又称之为高钙灰。

2.1.3~2.1.7 给出了粒化高炉矿渣粉、硅灰、石灰石粉、钢渣粉、磷渣粉的主要化学成分及生产工艺，其中钢渣中消解有害成分的工艺有热泼法、热闷法等。

2.1.8 天然沸石粉在我国华北地区和东北地区分布广、储量大、品位高，主要品种是斜发沸石岩和丝光沸石岩，经破碎、磨至规定细度的粉体材料。

2.1.9 规定了复合掺合料的定义。专指用粉煤灰、粒化高炉矿渣粉、硅灰、石灰石粉、沸石粉、钢渣粉、磷渣粉中两种或两种以上的矿物原料，单独粉磨至规定的细度后再按一定的比例混合均匀；或者两种及两种以上的矿物原料按一定的比例混合后再粉磨至规定的细度并达到规定的活性指数的复合材料。

3 基 本 规 定

3.0.1 硅酸盐水泥、普通硅酸盐水泥在生产过程中加入混合材料较少，配制掺矿物掺合料混凝土时宜优先选用这两种水泥。选用其他水泥时，应充分了解所用水泥中混合材料的品种和掺量，混凝土中矿物掺合料的掺量要相应减少，并通过试验确定。

3.0.2 配制掺矿物掺合料的混凝土应同时掺加外加剂，以便其颗粒效应、填充效应和叠加效应得到充分的发挥。选用的外加剂不仅要与水泥有良好的相容性，还应与所用矿物掺合料有良好的相容性，矿物掺合料及外加剂的品种和掺量均应通过混凝土试验确定。

3.0.3 随着混凝土技术的进步和发展，会有新的矿物掺合料出现，因此本规范规定，当采用新品种矿物掺合料时，在使用前应经过充分、系统的试验验证。

4 矿物掺合料的技术要求

4.1 矿物掺合料的技术要求

根据相关的产品标准规定结合混凝土矿物掺合料技术的发展和应用情况，制定了各种矿物掺合料的质量指标和技术要求。

4.1.1 磨细粉煤灰是干燥的粉煤灰经粉磨加工达到规定细度的粉末，粉磨时可添加适量的助磨剂。

4.1.3~4.1.6 随着混凝土技术的发展，专业技术人员对用硅灰、钢渣粉、磷渣粉和沸石粉配制混凝土进行了大量的试验研究，并在北京、上海、沈阳、四川、云南等地的工程中得以应用，在总结试验研究和工程应用经验的基础上，本规范给出其技术要求。

钢渣粉碱度系数为化学成分中碱性氧化物（CaO）和酸性氧化物（SiO_2 和 P_2O_5）的比值。

$$钢渣粉的碱度系数 = \frac{\omega_{(CaO)}}{\omega_{(SiO_2)} + \omega_{(P_2O_5)}}$$

式中 CaO、SiO_2、P_2O_5 含量按《钢渣化学分析方法》YB/T 140 测定。

4.1.8 由于近年来混凝土技术的发展，尤其是高性能混凝土的出现，使矿物掺合料已成为配制高性能混凝土必不可少的重要组分和功能性材料。为了充分发挥各种材料的技术优势，弥补单一材料自身固有的某些缺陷，利用两种或两种以上材料复合产生的超叠加效应可取得比掺某一种材料更好的效果。上海、北京、沈阳、深圳等地已在实际工程中大量应用，沈阳市已用特制的复合掺合料配制出 C100 级高性能混凝土，并成功地应用于若干项设计要求 C100 的混凝土工程。参编单位又在此基础上进行了大量补充试验。根据以上情况确定了复合掺合料的技术指标。

4.3 矿物掺合料的检验与验收

4.3.1 规定了矿物掺合料检验应按批进行，并规定供货单位应按批量向用户提供出厂合格证；按年度提供法定检测机构的质量检测报告。

4.3.2 **1** 对散装、袋装矿物掺合料的两种取样方法和取样数量作了规定。

2 本款规定了各种矿物掺合料的检验项目、组批条件和批量，以及检验项目的依据标准。

由于粒化高炉矿渣粉、复合矿物掺合料的掺量较大，而且这类掺合料的质量又相对稳定，因此连续供应相同种类和等级的矿物掺合料的批量放宽至500t。

5 掺矿物掺合料混凝土的配合比设计

5.1 混凝土的配合比设计原则

5.1.1~5.1.3 规定了掺矿物掺合料混凝土的配合比设计按现行《普通混凝土配合比设计规程》JGJ 55中的规定进行，并给出了矿物掺合料品种和掺量的选择与混凝土的参数及工作环境的关系。为了保证所设计的配合比的可操作性应做到以下几点：

1 在混凝土试拌时，不仅要采用与实际工程相同的原材料，还宜采用与实际工程具有相同温度的原材料，使拌合物温度尽量与实际接近。当施工周期较长，且气温变化较大时，应提供不同环境温度条件下的系列配合比供生产使用。

2 为使混凝土拌合物各组分搅拌均匀，试拌时不宜采用自落式搅拌机。

3 虽然尽可能的结合生产实际进行试配，但做不到试验室与生产实际条件完全相同，且同种原材料的质量也有一定的波动，因此配合比在初次使用时还应通过开盘鉴定和现场试浇筑作进一步确定。

5.2 配合比设计步骤

5.2.1、5.2.2 使用掺矿物掺合料的混凝土企业及试验室宜首先进行系统配合比试验，根据自身的特点及原材料情况建立自己的掺矿物掺合料混凝土强度关系式；按同一厂家生产的相同品种和等级的水泥及矿物掺合料(掺量的百分率相同)，建立混凝土强度关系式时，试验用水胶比不宜少于5个，其最大与最小水胶比之差宜大于0.20；应使常用水胶比值位于所选水胶比范围的中间区段；然后根据设计和施工要求，按现行《普通混凝土配合比设计规程》JGJ 55确定掺矿物掺合料混凝土的配制强度，根据通过试验建立的强度关系式计算水胶比、胶凝材料和其他组分的用量。

5.2.4 掺合料的用量可以直接用质量法进行计算，其对混凝土体积的影响可以通过表观密度的验证进行调整。也可采用体积法进行混凝土配合比计算。

5.2.5 掺矿物掺合料混凝土的最小胶凝材料用量及最大水胶比宜按《普通混凝土配合比设计规程》JGJ 55的要求控制。

5.2.6~5.2.8 求出每立方米混凝土原材料用量后，通过试配、调整、校正直至符合要求为止。

6 掺矿物掺合料混凝土的工程应用

6.1 混凝土的制备与运送

6.1.1 掺矿物掺合料混凝土宜采用强制式搅拌机。由于掺矿物掺合料混凝土的组分多，用水量较低，采用自落式搅拌机不但生产效率低，而且难以保证拌合物的匀质性要求。

目前搅拌设备的形式、规格在不断更新，因此搅拌时间应按设备说明书规定或经试验确定。掺矿物掺合料混凝土原材料种类多，应较基准混凝土适当延长搅拌时间，使拌合物充分搅拌均匀。

6.1.2 依据《预拌混凝土》GB/T 14902。

6.1.3 掺矿物掺合料混凝土的运输和泵送设备应能保证混凝土在运输和泵送过程中不发生分层离析。采用泵送施工尚应遵守《混凝土泵送施工技术规程》JGJ/T 10有关规定。

6.2 混凝土的浇筑与成型

6.2.2 强调混凝土浇筑应连续进行，其运输、浇筑及间歇的全部时间一般的经验是控制在初凝前1h左右完成，但最迟不应大于混凝土的初凝时间，否则应按施工缝处理。

6.2.4 用插入式振捣棒平拖振捣，或利用振捣器使混凝土长距离流动，会严重影响混凝土的匀质性，造成不同部位混凝土在收缩性能上的差异而导致开裂。混凝土经捣实、初凝后受到振动会导致混凝土早期开裂，并影响混凝土结构强度和耐久性。

6.2.5 掺矿物掺合料混凝土的浇筑、成型与不掺矿物掺合料的混凝土基本相同。但为了防止掺合料混凝土泌水离析或浆体上浮，必须控制好振捣时间，不得漏振或过振。振捣后的混凝土表面不应出现明显的掺合料浮浆层；为减少浮浆层，配合比设计时，可采用较小坍落度或降低水胶比。

当使用插入式振捣器时，应尽可能避免与钢筋和预埋件相接触。模板角落以及振捣器不能达到的地方，辅以插针振捣，以保证混凝土面光内实。

在浇筑成型过程中，应控制混凝土的均匀性和密实性，避免出现露筋、空洞、冷缝、夹渣、松散等现象，特别是构件棱角处。模板接缝应严密，避免混凝土振捣过程中出现漏浆现象。对混凝土表面操作应精心细致，以使混凝土表面光滑、无水囊、气囊或蜂窝。

6.2.6 由于矿物掺合料有一定的缓凝作用，混凝土抹面作业要把握恰当的时机，在抹面时为防止起粉、塌陷，面层要进行二次及二次以上搓压。搓压可减少混凝土的沉降及塑性干缩产生的表面裂缝。

6.2.7 当工程混凝土处于高温或多风环境中，混凝土在浇筑及静置过程中，应采取措施防止产生裂缝。施工时应尽量减少暴露的工作面，浇筑完成后应立即覆盖。

6.2.8 对最小壁厚在300mm以上的混凝土构件，应先进行试浇筑施工并监测混凝土内部各点的温度发展，以确定正式施工时混凝土的浇筑工艺，并给出施工过程中混凝土温度参数的合理控制值。

6.3 混凝土的养护

6.3.1～6.3.3 掺矿物掺合料混凝土早期强度增长通常较慢，及时覆盖保湿养护是保证混凝土强度和减少收缩最有效的措施之一。特别是对水胶比小于0.40的混凝土，自收缩较大，内部水分向外迁移较慢，以及混凝土浇筑时处于干燥、大风环境均应立即覆盖养护，可以有效减少混凝土表面水分的挥发速度，减少收缩和内外温差引起的应力，减少开裂的危险。

对截面较大的柱子，宜用湿麻袋围裹喷水养护或用塑料薄膜围裹保湿养护。

墙体混凝土浇筑完毕，混凝土达到一定强度后，如有必要，应及时松动两侧模板，离缝约3mm～5mm，在墙体顶部架设喷淋水管，喷淋养护。拆除模板后，应在墙体两侧覆挂麻袋或草帘等覆盖物，避免阳光直照墙面，连续喷水养护时间应符合本规范的规定。地下室外墙应尽早回填土。

对大体积混凝土蓄水养护时，规定的蓄水厚度有利于调节混凝土表面与空气的温差，防止表面龟裂。

掺矿物掺合料混凝土的湿养护应比基准混凝土长，养护时间长短与水泥品种、环境温度、湿度关系较大，考虑了我国实际情况，本规范规定一般情况下不宜少于7d，在条件允许时，尽量延长养护时间。特别是对掺补偿收缩外加剂及有缓凝和抗渗要求的混凝土，湿养护时间越长，补偿收缩和抗裂效果越好。

当采用水养护时，水的温度与混凝土表面温度要相适应，避免因温差过大而引起混凝土表面开裂。

保温养护应采取措施使混凝土内外温差不超过25℃，可通过控制混凝土的入模温度和优选配合比控制水化温升来控制混凝土内部最高温度不超过限值，提高混凝土结构的耐久性。

6.4 混凝土的冬期施工

6.4.1 在建筑工程冬期施工中"冬期"的界定参考了《建筑工程冬期施工规程》JGJ 104的规定。

6.4.2 混凝土早期允许受冻的临界强度是指新浇筑的混凝土在受冻前达到某强度值，然后受冻，但恢复正温养护后，混凝土强度还能增长，再经28d标养后，其强度能达到设计要求。为此本条参考了《混凝土外加剂应用技术规范》GB 50119，规定了不同负温下施工的受冻临界强度。为保证混凝土质量，冬期施工的混凝土宜掺加防冻剂。

6.4.3 控制混凝土的入模温度，主要是为了保证混凝土在浇筑后有一段正温养护期，这对混凝土早期强度增长有利，可使混凝土尽早达到临界强度以免遭受冻害。因此规定入模温度不得低于5℃。根据出机到入模的热耗估计，规定出机温度不宜低于10℃。

6.5 质量检验评定

掺矿物掺合料混凝土的施工工艺与不掺矿物掺合料的混凝土基本相同，因此其质量检验可执行现行国家标准《混凝土强度检验评定标准》GB 50107和《混凝土结构工程施工质量验收规范》GB 50204。

根据试验表明，掺矿物掺合料混凝土的强度与不掺矿物掺合料的混凝土相比，早期强度发展较慢，而后期强度发展较快，在低温条件下更为明显。因此，对掺矿物掺合料混凝土，在设计允许时，可采用大于28d龄期的混凝土强度进行合格评定。

中华人民共和国行业标准

早期推定混凝土强度试验方法标准

Standard for test method of early estimating
compressive strength of concrete

JGJ/T 15—2008

J 784—2008

批准部门：中华人民共和国建设部
施行日期：2008年9月1日

中华人民共和国建设部
公　告

第 819 号

建设部关于发布行业标准
《早期推定混凝土强度试验方法标准》的公告

现批准《早期推定混凝土强度试验方法标准》为行业标准，编号为 JGJ/T 15—2008，自 2008 年 9 月 1 日起实施。原《早期推定混凝土强度试验方法》JGJ 15—83 同时废止。

本标准由建设部标准定额研究所组织中国建筑工业出版社出版发行。

中华人民共和国建设部
2008 年 2 月 29 日

前　　言

根据建设部《关于印发〈二〇〇四年度工程建设城建、建工行业标准制订、修订计划〉的通知》（建标[2004]66 号）的要求，编制组经广泛调查研究，认真总结实践经验，参考有关国际标准和国外先进标准，并在广泛征求意见的基础上，对原行业标准《早期推定混凝土强度试验方法》JGJ 15-83 进行了修订。

本标准的主要技术内容是：1. 总则；2. 术语、符号；3. 混凝土加速养护法；4. 砂浆促凝压蒸法；5. 早龄期法；6. 混凝土强度关系式的建立与强度的推定；7. 早期推定混凝土强度的应用；以及混凝土强度关系式的建立方法。

修订的主要技术内容是：1. 将标准名称修订为《早期推定混凝土强度试验方法标准》；2. 增加了砂浆促凝压蒸法推定混凝土强度的试验方法；3. 增加了用早龄期强度推定混凝土 28d 强度的方法；4. 增加早期推定混凝土强度的应用一章，目的是充分利用早期推定的混凝土强度进行混凝土质量控制；5. 附录 A 中增加了采用幂函数回归法建立混凝土强度关系式的方法。

本标准由建设部负责管理，由主编单位负责具体技术内容的解释。

本标准主编单位：中国建筑科学研究院（地址：北京市北三环东路 30 号；邮政编码：100013）

本标准参加单位：贵州中建建筑科研设计院
西安建筑科技大学
浙江省台州市建设工程质量检测中心
北京城建混凝土有限公司
宁波市北仑区建设局
北京灵感科技发展有限公司
建研建材有限公司
台州四强新型建材有限公司
上虞市宏兴机械仪器制造有限公司

本标准主要起草人：张仁瑜　张秀芳　林力勋
尚建丽　孙盛佩　朱效荣
姚德正　孙　辉　罗世明
张关来

目　　次

1　总则 ……………………………… 11—4
2　术语、符号 ………………………… 11—4
　2.1　术语 ……………………… 11—4
　2.2　符号 ……………………… 11—4
3　混凝土加速养护法 ………………… 11—4
　3.1　基本规定 …………………… 11—4
　3.2　加速养护设备 ………………… 11—5
　3.3　加速养护试验方法 …………… 11—5
4　砂浆促凝压蒸法 …………………… 11—5
　4.1　设备 ………………………… 11—5
　4.2　专用促凝剂 ………………… 11—6
　4.3　促凝压蒸试验方法 …………… 11—6
5　早龄期法 …………………………… 11—6

6　混凝土强度关系式的建立与
　强度的推定 ……………………… 11—6
7　早期推定混凝土强度的应用 ……… 11—7
　7.1　基本规定 …………………… 11—7
　7.2　混凝土配合比的早期推测 …… 11—7
　7.3　混凝土强度的早期控制 …… 11—7
　7.4　混凝土强度的早期评估 …… 11—7
附录 A　混凝土强度关系式的
　　　　建立方法 ………………… 11—7
　A.1　线性回归法 ………………… 11—7
　A.2　幂函数回归法 ……………… 11—8
本标准用词说明 ……………………… 11—8
附：条文说明 ………………………… 11—9

1 总 则

1.0.1 为规范早期推定混凝土强度试验方法及其应用，达到适用可靠、经济合理，制定本标准。

1.0.2 本标准适用于混凝土强度的早期推定、混凝土生产和施工中的强度控制以及混凝土配合比调整的辅助设计。

1.0.3 早期推定混凝土强度时，除应符合本标准外，尚应符合国家现行有关标准的规定。

2 术语、符号

2.1 术 语

2.1.1 沸水法 boiling water method

混凝土试件成型、静置后，浸入沸水中养护，测得加速养护混凝土试件抗压强度，以此推定标准养护28d混凝土抗压强度的方法。

2.1.2 热水法80℃ heated water method

混凝土试件成型、静置后，浸入80℃热水中养护，测得加速养护混凝土试件抗压强度，以此推定标准养护28d混凝土抗压强度的方法。

2.1.3 温水法55℃ warm water method

混凝土试件成型、静置后，浸入55℃温水中养护，测得加速养护混凝土试件抗压强度，以此推定标准养护28d混凝土抗压强度的方法。

2.1.4 砂浆促凝压蒸法 accelerated setting mortar method with high temperature and pressure curing

筛取混凝土拌合物中的砂浆，加入促凝剂，成型试件，然后置于高温高压中养护，测得加速养护砂浆试件抗压强度，以此推定标准养护28d混凝土抗压强度的方法。

2.1.5 早龄期法 early ages method

以早龄期标准养护混凝土抗压强度推定标准养护28d混凝土抗压强度的方法。

2.1.6 加速试验周期 accelerated testing period

从加水拌和、取样、成型、加速养护至冷却破型前的时间总和。

2.2 符 号

a、b——回归系数；

$f_{cu,i}$——第i组标准养护28d混凝土试件抗压强度值；

$f^{a}_{cu,i}$——第i组加速养护混凝土（砂浆）试件抗压强度值；

f^{a}_{cu}——加速养护混凝土（砂浆）试件抗压强度值；

$f^{e}_{cu,i}$——第i组标准养护28d混凝土强度的

推定值；

f^{e}_{cu}——标准养护28d混凝土抗压强度的推定值；

$m_{f_{cu}}$——n组标准养护28d混凝土试件抗压强度平均值；

n——试件组数；

r——回归方程的相关系数；

S^{*}——回归方程的剩余标准差；

$\hat{\sigma}$——早期推定混凝土强度标准差的控制目标值；

σ——标准养护28d混凝土强度标准差的控制目标值；

σ_{e}——早期推定混凝土强度误差的标准差。

3 混凝土加速养护法

3.1 基 本 规 定

3.1.1 混凝土试件加速养护前，加速养护箱内水温应达到规定要求，且箱内各处水温相差不应大于2℃。

3.1.2 加速养护箱内的水温应于浸放试件后15min内恢复到规定温度。

3.1.3 在加速养护期间内，应连续或定时测定并记录养护水的温度。

3.1.4 对于具有温度自动控制装置的加速养护箱，还应采用独立于温度自动控制装置之外的温度计或其他测温装置校核水的温度。

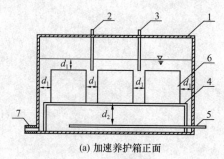

(a) 加速养护箱正面

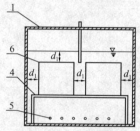

(b) 加速养护箱侧面

图3.2.1 加速养护箱示意

1—具有保温功能的养护箱；2—温度传感器；
3—校核温度计；4—放置试件的支架；
5—加热元件；6—试件；7—排水口

3.2 加速养护设备

3.2.1 加速养护箱的形状、尺寸应根据试件的尺寸、数量及在箱内放置形式而确定。试件与箱壁之间及各个试件之间应至少留有50mm的空隙，试件底面距热源不应小于100mm。在整个养护期间，箱内水面与试件顶面之间应至少保持50mm的距离（见图3.2.1）。

3.2.2 试验所采用试模应符合现行行业标准《混凝土试模》JG 3019的规定。带模加速养护时，试模应具有密封装置，保证不漏失水分。试验时，可采用特制的密封试模（见图3.2.2），也可在普通试模上覆盖橡皮垫，加盖钢板，用夹具夹紧，使试模密封。

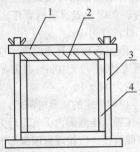

图 3.2.2 试模密封装置示意
1—钢板；2—橡皮垫；3—拉杆；4—试模

3.3 加速养护试验方法

3.3.1 沸水法试验应按下列步骤进行：

1 试件应在20±5℃室温下成型、抹面，随即应以橡皮垫或塑料布覆盖表面，然后静置。从加水拌和、取样、成型、静置至脱模，时间应为24h±15min。

2 应将脱模试件立即浸入加速养护箱内的Ca(OH)₂饱和沸水中。整个养护期间，箱中水应保持沸腾。

3 试件应在沸水中养护4h±5min，水温不应低于98℃。取出试件，应在室温20±5℃下静置1h±10min，使其冷却。然后，应按现行国家标准《普通混凝土力学性能试验方法标准》GB/T 50081的规定进行抗压强度试验，测得其加速养护强度f'_{cu}。

4 加速试验周期应为29h±15min。

3.3.2 80℃热水法试验应按下列步骤进行：

1 试件应在20±5℃室温下成型、抹面，随即密封试模。从加水拌和、取样、成型至静置结束，时间应为1h±10min。

2 应将带有试模的试件浸入养护箱80±2℃热水中。整个养护期间，箱中水温应保持80±2℃。

3 试件应在80±2℃热水中养护5h±5min，取出带模试件，脱模，应在室温20±5℃下静置1h±10min，使其冷却。然后，应按现行国家标准《普通

混凝土力学性能试验方法标准》GB/T 50081的规定进行抗压强度试验，测得其加速养护强度f'_{cu}。

4 加速试验周期应为7h±15min。

3.3.3 55℃温水法试验应按下列步骤进行：

1 试件应在20±5℃室温下成型、抹面，随即应密封试模。从加水拌和、取样、成型至静置结束，时间应为1h±10min。

2 应将带有试模的试件浸入养护箱55±2℃温水中。整个养护期间，箱中水温应保持55±2℃。

3 试件应在55±2℃温水中养护23h±15min，取出带模试件，脱模，应在室温20±5℃下静置1h±10min，使其冷却。然后，应按现行国家标准《普通混凝土力学性能试验方法标准》GB/T 50081的规定进行抗压强度试验，测得其加速养护强度f'_{cu}。

4 加速试验周期应为25h±15min。

3.3.4 采用沸水法、热水法、温水法测得的加速养护强度推定标准养护28d强度时，应事先通过试验建立二者的强度关系式。建立公式的方法和要求应符合本标准第6章的规定。

4 砂浆促凝压蒸法

4.1 设 备

4.1.1 压蒸设备宜采用 ϕ240mm 的压蒸锅（见图4.1.1），压蒸锅上应装有压力表，其量程宜为0～160kPa。

4.1.2 热源应保证带模试件放入装有沸水的压蒸锅并加盖安全阀后，在15±1min内使锅内压力达到并稳定在90±10kPa。

4.1.3 专用试模的尺寸宜为 40mm×40mm×50mm（见图4.1.3）。试模宜由可装卸的三联试模和160mm×80mm×8mm的钢盖板组成，钢模应符合现行行业标准《水泥胶砂试模》JC/T 726的要求。

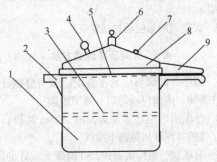

图 4.1.1 压蒸锅构造
1—锅体；2—小手柄；3—蒸屉；4—压力表；
5—密封圈；6—限压阀；7—易熔塞；
8—锅盖；9—大手柄

4.1.4 筛子孔径应为 ϕ5mm，并应配备相应尺寸的料盘。

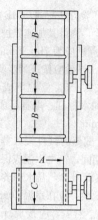

图 4.1.3 试模构造

$A=50mm$；

$B=C=40mm$

4.1.5 案秤的称量应为 5kg，感量不应大于 5g；天平的称量应为 100g，感量不应大于 0.1g。

4.2 专用促凝剂

4.2.1 专用促凝剂应采用分析纯或化学纯化学试剂，并应按表 4.2.1 规定的质量比配制，称准至 0.1g 将所用的化学试剂分别研细，按比例拌匀后，应装入塑料袋密封，置于阴凉干燥处保存，保存期不得超过 7d。

表 4.2.1 促凝剂配方（质量比）

型号	无水碳酸钠 Na_2CO_3 （%）	无水硫酸钠 Na_2SO_4 （%）	铝酸钠 $NaAlO_2$ （%）
CS	75	25	—
CAS	60	25	15

4.2.2 试验用的促凝剂宜优先选用 CS 型；对于早期强度低、水化速度慢、凝结时间长的混凝土可采用 CAS 型。

4.2.3 促凝剂用量应通过试验确定。

4.3 促凝压蒸试验方法

4.3.1 擦净后的试模应紧密装配，四周缝隙处应涂抹少许黄油，内壁应均匀刷一薄层机油。

4.3.2 压蒸锅内应加水至离蒸屉 20mm 高度，将水加热至沸腾并保证压蒸锅不漏气。

4.3.3 每成型一组标准养护 28d 混凝土试件的同时，留取代表性的混凝土试样不应少于 3kg。

4.3.4 混凝土取样后应立即进行试验。将湿布擦过的筛子与料盘置于混凝土振动台上，应将混凝土试样一次性均匀摊放于筛子中。开动振动台后，应用小铲翻拌筛内混凝土试样，当粗骨料表面不粘砂浆并基本不见砂浆落入料盘时，可停止振动。

4.3.5 筛分完毕后，应立即将料盘中的砂浆试样拌匀，并称取 600g 砂浆放入湿布擦过的水泥净浆搅拌锅中，均匀撒入已称好的促凝剂，快速搅拌 30s。

4.3.6 从搅拌锅中取出的砂浆，应一次加入置于混凝土振动台上的专用试模中，振实砂浆，振动成型时间可参考表 4.3.6。振动完毕应立即用小刀将高出试模的砂浆刮去并抹平，盖上钢盖板。从掺入促凝剂至盖上钢盖板为止宜在 3min 内完成。

表 4.3.6 振动成型时间参考表

混凝土种类	塑性混凝土	流动性混凝土
振动成型时间（s）	30～50	20～40

4.3.7 应将盖有钢盖板的带模试件立即放入水已烧沸的压蒸锅内，立即加盖、压阀，压蒸时间应从加盖、压阀后起计，宜为 1h。

4.3.8 记录压蒸过程中的升压时间。应从加盖、压阀起至蒸汽压力达到 $90\pm10kPa$ 并开始释放蒸汽为止。升压时间应为 $15\pm1min$。

4.3.9 压蒸养护到规定的压蒸时间后，应切断热源，去阀放气。应在确认压蒸锅内无气压后方可开盖取出试模，并应立即脱模。应按现行国家标准《水泥胶砂强度检验方法（ISO 法）》GB/T 17671 的规定进行抗压强度试验，测得其加速养护强度 f_{cu}。从切断热源到抗压强度试验的时间不宜超过 3min。

4.3.10 采用砂浆促凝压蒸法测得的加速养护强度推定标准养护 28d 强度时，应事先通过试验建立二者的强度关系式。建立公式的方法和要求应符合本标准第 6 章的规定。

5 早 龄 期 法

5.0.1 早龄期法的龄期宜采用 3d 或 7d。

5.0.2 早龄期混凝土试件的抗压强度试验宜在 3d± 1h 或 7d±2h 龄期内完成，试验应按现行国家标准《普通混凝土力学性能试验方法标准》GB/T 50081 的规定进行。

5.0.3 采用早龄期法时，早龄期混凝土试件与标准养护 28d 混凝土试件应取自同盘混凝土，且制作与养护条件应相同。

5.0.4 采用早龄期标准养护混凝土强度推定标准养护 28d 强度时，应事先通过试验建立二者的强度关系式。建立公式的方法和要求应符合本标准第 6 章的规定。

6 混凝土强度关系式的建立
与强度的推定

6.0.1 建立混凝土强度关系式时，可采用线性方程（6.0.1-1）或幂函数方程（6.0.1-2）：

$$f_{cu}^c = a + b f_{cu}^a \qquad (6.0.1\text{-}1)$$

$$f_{cu}^c = a \left(f_{cu}^a\right)^b \qquad (6.0.1\text{-}2)$$

式中 f_{cu}^c ——标准养护 28d 混凝土抗压强度的推定值（MPa）；

f_{cu}^a ——加速养护混凝土（砂浆）试件抗压强度值（MPa）；

a、b ——回归系数，应按本标准附录 A 的规定计算。

6.0.2 为建立混凝土强度关系式而进行专门试验时，应采用与工程相同的原材料制作试件。混凝土拌合物的坍落度或工作度应与工程所用的相近。

6.0.3 每一混凝土试样应至少成型两组试件并组成一个对组。其中一组应按本标准规定进行加速养护，测得加速养护强度；另一组应进行标准养护，测得 28d 抗压强度。

6.0.4 建立强度关系式时，混凝土试件数量不应少于 30 对组。混凝土试样拌合物的水灰（胶）比不应少于三种。每种水灰（胶）比拌合物成型的试件对组数宜相同，其最大和最小水灰（胶）比之差不宜小于 0.2，且应使推定的水灰（胶）比位于所选水灰（胶）比范围的中间区段。

6.0.5 按回归方法建立强度关系式时，其相关系数不应小于 0.90，关系式的剩余标准差不应大于标准养护 28d 强度平均值的 10%。强度关系式的相关系数、剩余标准差可按本标准附录 A 的方法计算。

6.0.6 当应用专门建立的强度关系式推定实际工程用的混凝土强度时，应与建立强度关系式时的条件基本相同；其混凝土试件的加速养护强度应在事前建立强度关系式时的最大、最小加速养护强度值范围内，不应外延。

6.0.7 混凝土强度关系式在应用过程中，宜利用应用过程中积累的数据加原有试验数据修正原混凝土强度关系式，修正后的混凝土强度关系式仍应满足本标准第 6.0.5 条的要求。

7 早期推定混凝土强度的应用

7.1 基 本 规 定

7.1.1 已建立满足本标准第 6.0.5 条要求的强度关系式后，当早期推定混凝土强度的误差符合均值为零的正态分布时，可采用本标准第 7.2 节、第 7.3 节、第 7.4 节进行混凝土配合比的早期推测、混凝土强度的早期控制和早期推定。

7.1.2 对于现场取样的混凝土，取样后应立即移至温度为 20±5℃ 的室内成型试件。

7.2 混凝土配合比的早期推测

7.2.1 混凝土配合比设计应按现行行业标准《普通混凝土配合比设计规程》JGJ 55 的规定进行。

7.2.2 早期推定混凝土强度的方法可作为混凝土配合比调整的辅助设计。

7.3 混凝土强度的早期控制

7.3.1 混凝土标准养护 28d 强度平均值和标准差的控制目标值（μ_{cu} 和 σ），应根据正常生产中所测得的混凝土强度资料，按月（或季）求得。强度的控制目标值不应低于混凝土的配制强度。

7.3.2 早期推定混凝土强度平均值的控制目标值应与混凝土标准养护 28d 强度平均值的控制目标值相等。

7.3.3 早期推定混凝土强度标准差的控制目标值 $\hat{\sigma}$ 可按下式计算：

$$\hat{\sigma} = \sqrt{\sigma^2 - \sigma_\varepsilon^2} \qquad (7.3.3)$$

式中 $\hat{\sigma}$ ——早期推定混凝土强度标准差的控制目标值；

σ ——标准养护 28d 混凝土强度标准差的控制目标值；

σ_ε ——早期推定混凝土强度误差的标准差。

7.3.4 应采用早期推定混凝土强度的质量控制图对混凝土强度进行早期控制。

7.4 混凝土强度的早期评估

7.4.1 混凝土强度的早期评估宜与质量控制图同时使用，并作为工序质量控制的依据。混凝土工程的验收评定应以标准养护 28d 强度为依据。

7.4.2 混凝土强度的早期评估可采用现行国家标准《混凝土强度检验评定标准》GBJ 107 中的非统计方法和统计方法中方差未知的方法进行评估。

附录 A 混凝土强度关系式的建立方法

A.1 线性回归法

A.1.1 宜按线性回归方法建立式（A.1.1-1）的混凝土强度关系式，并按式（A.1.1-2）和式（A.1.1-3）计算回归系数。

$$f_{cu}^c = a + b f_{cu}^a \qquad (A.1.1\text{-}1)$$

$$b = \frac{\sum_{i=1}^{n} \left(f_{cu,i} f_{cu,i}^a\right) - \frac{1}{n} \sum_{i=1}^{n} f_{cu,i} \sum_{i=1}^{n} f_{cu,i}^a}{\sum_{i=1}^{n} \left(f_{cu,i}^a\right)^2 - \frac{1}{n} \left(\sum_{i=1}^{n} f_{cu,i}^a\right)^2}$$

$$(A.1.1\text{-}2)$$

$$a = \frac{1}{n} \sum_{i=1}^{n} f_{cu,i} - \frac{b}{n} \sum_{i=1}^{n} f_{cu,i}^a \qquad (A.1.1\text{-}3)$$

式中 f_{cu}^c ——标准养护 28d 混凝土抗压强度的推定值（MPa）；

f_{cu}^{a} ——加速养护混凝土（砂浆）试件抗压强度值（MPa）；

$f_{cu,i}^{a}$ ——第 i 组加速养护混凝土（砂浆）试件抗压强度值（MPa）；

$f_{cu,i}$ ——第 i 组标准养护 28d 混凝土试件抗压强度值（MPa）；

n ——试件组数；

a、b ——回归系数。

A.1.2 相关系数应按下式计算：

$$r = \dfrac{\displaystyle\sum_{i=1}^{n}(f_{cu,i}f_{cu,i}^{a}) - \dfrac{1}{n}\sum_{i=1}^{n}f_{cu,i}\sum_{i=1}^{n}f_{cu,i}^{a}}{\sqrt{\left(\displaystyle\sum_{i=1}^{n}(f_{cu,i})^2 - \dfrac{1}{n}\left(\sum_{i=1}^{n}f_{cu,i}\right)^2\right)\left(\sum_{i=1}^{n}(f_{cu,i}^{a})^2 - \dfrac{1}{n}\left(\sum_{i=1}^{n}f_{cu,i}^{a}\right)^2\right)}}$$

(A.1.2)

式中 r ——相关系数。

A.1.3 剩余标准差应按下式计算：

$$S^{*} = \sqrt{\dfrac{(1-r^2)\left(\displaystyle\sum_{i=1}^{n}(f_{cu,i})^2 - \dfrac{1}{n}\left(\sum_{i=1}^{n}f_{cu,i}\right)^2\right)}{n-2}}$$

(A.1.3)

式中 S^{*} ——剩余标准差。

A.2 幂函数回归法

A.2.1 宜按幂函数回归方法建立式（A.2.1-1）的混凝土强度关系式，并应按式（A.2.1-2）和式（A.2.1-3）计算回归系数。

$$f_{cu}^{e} = a(f_{cu}^{a})^{b}$$ (A.2.1-1)

$$b = \dfrac{\displaystyle\sum_{i=1}^{n}(\ln f_{cu,i}\ln f_{cu,i}^{a}) - \dfrac{1}{n}\sum_{i=1}^{n}\ln f_{cu,i}\sum_{i=1}^{n}\ln f_{cu,i}^{a}}{\displaystyle\sum_{i=1}^{n}(\ln f_{cu,i}^{a})^2 - \dfrac{1}{n}\left(\sum_{i=1}^{n}\ln f_{cu,i}^{a}\right)^2}$$

(A.2.1-2)

$$c = \dfrac{1}{n}\sum_{i=1}^{n}\ln f_{cu,i} - \dfrac{b}{n}\sum_{i=1}^{n}\ln f_{cu,i}^{a}$$

$$a = e^{c}$$ (A.2.1-3)

式中 a、b ——回归系数。

A.2.2 相关系数应按下式计算：

$$r = \sqrt{1 - \dfrac{\displaystyle\sum_{i=1}^{n}(f_{cu,i} - f_{cu,i}^{e})^2}{\displaystyle\sum_{i=1}^{n}(f_{cu,i} - m_{f_{cu}})^2}}$$

(A.2.2)

式中 r ——相关系数；

$f_{cu,i}^{e}$ ——第 i 组标准养护 28d 混凝土抗压强度的推定值（MPa）；

$m_{f_{cu}}$ —— n 组标准养护 28d 混凝土试件抗压强度平均值（MPa）。

A.2.3 剩余标准差应按下式计算：

$$S^{*} = \sqrt{\dfrac{\displaystyle\sum_{i=1}^{n}(f_{cu,i} - f_{cu,i}^{e})^2}{n-2}}$$

(A.2.3)

式中 S^{*} ——剩余标准差。

本标准用词说明

1 为便于在执行本标准条文时区别对待，对要求严格程度不同的用词说明如下：

  1）表示很严格，非这样做不可的用词：
    正面词采用"必须"；反面词采用"严禁"。

  2）表示严格，在正常情况下均应这样做的用词：
    正面词采用"应"；反面词采用"不应"或"不得"。

  3）表示允许稍有选择，在条件许可时首先应这样做的用词：
    正面词采用"宜"；反面词采用"不宜"。
    表示有选择，在一定条件下可以这样做的用词，采用"可"。

2 条文中指明应按其他有关标准执行的写法为"应符合……的规定"或"应按……执行"。

中华人民共和国行业标准

早期推定混凝土强度试验方法标准

JGJ/T 15—2008

条 文 说 明

前　言

《早期推定混凝土强度试验方法标准》JGJ/T 15—2008，经建设部 2008 年 2 月 29 日以第 819 号公告批准发布。

本标准第一版的主编单位是中国建筑科学研究院，参加单位是北京市建筑工程局、中国建筑第四工程局、西安冶金建筑学院、中国建筑第三工程局、河北第一建筑工程公司、广西第五建筑工程公司、北京市第一建筑构件厂、上海市混凝土制品一厂、沈阳市建筑工程研究所、山西省第一建筑工程公司、中国建筑第六工程局第四公司。

为便于广大设计、施工、科研、学校等单位有关人员在使用本标准时能正确理解和执行条文规定，《早期推定混凝土强度试验方法标准》编制组按章、节、条顺序编制了本标准的条文说明，供使用者参考。在使用中如发现本条文说明有不妥之处，请将意见函寄中国建筑科学研究院（主编单位）。

目　次

1　总则 ……………………… 11—12
3　混凝土加速养护法 ……… 11—12
  3.1　基本规定 ……………… 11—12
  3.2　加速养护设备 ………… 11—12
  3.3　加速养护试验方法 …… 11—12
4　砂浆促凝压蒸法 ………… 11—12
  4.1　设备 …………………… 11—12
  4.2　专用促凝剂 …………… 11—12
  4.3　促凝压蒸试验方法 …… 11—13

5　早龄期法 ………………… 11—13
6　混凝土强度关系式的建立与
    强度的推定 ……………… 11—13
7　早期推定混凝土强度的应用 … 11—14
  7.1　基本规定 ……………… 11—14
  7.2　混凝土配合比的早期推测 … 11—14
  7.3　混凝土强度的早期控制 … 11—14
  7.4　混凝土强度的早期评估 … 11—15

1 总　　则

1.0.1 混凝土标准养护 28d 强度的试验方法，由于试验周期长，既不能及时预报施工中的质量状况，又不能据此及时设计和调整配合比，不利于加强混凝土质量管理和充分利用水泥活性。因此，有必要制定早期推定混凝土强度的试验方法标准。

1.0.2 通过建立标准养护 28d 强度与早期强度二者的关系式，利用早期强度推定标准养护 28d 强度。推定的混凝土强度仅适用于混凝土生产和施工中的强度控制以及混凝土配合比的调整和辅助设计。

3　混凝土加速养护法

3.1　基　本　规　定

3.1.1～3.1.4 三种混凝土加速养护法均为试件置于一定温度的水介质中经较短时间的加速养护，因此，水温不均匀和试件放入养护箱内造成水温降低的延续时间较长，均将影响混凝土试件强度发展条件的同一性。鉴于水温对混凝土加速养护强度的影响较大，且加速养护时间较短，因此对水温进行了较严格的规定。

3.2　加速养护设备

3.2.1 由于养护水对试验结果的影响较大，因此对热源的位置和功率、水位高度、试件放置位置和距离等都作了规定。

3.2.2 80℃热水法和 55℃温水法是于试件成型后，经短暂静置，即置于热水或温水中养护。为防止未结硬的混凝土表面受养护热水的扰动，漏失水分，影响试验结果，故规定所用试模应具有密封装置。

3.3　加速养护试验方法

3.3.1～3.3.3 三种混凝土加速养护试验方法的加速养护制度的确定，主要是考虑既求得较高的早期强度，又使试验时间较短，并适应一般的工作时间。

加速养护制度中的前置时间、加速养护时间和后置时间，经二十余年的应用是合适的，本次修订未作改动。

对预拌混凝土在出料地点取样时，前置时间为从混凝土搅拌车出口或泵送出口取样，至成型、静置结束的时间。

沸水法是将脱模试件置于沸水中养护，因养护水的碱饱和与否对加速养护强度有一定的影响，故规定养护水为碱饱和沸水，以减小试验误差。

3.3.4 采用加速养护强度推定标准养护 28d 强度时，

需预先通过试验建立二者的强度关系式，根据推定公式进行混凝土强度的早期推定。

4　砂浆促凝压蒸法

4.1　设　　备

4.1.1 压蒸设备可采用市场上均能购到的 φ240mm 压力锅，通过改装，安装压力表即可。因压蒸锅的稳定压力取决于限压阀的重量，φ240mm 压蒸锅的压力基本上稳定在 90±10kPa，稳定时的温度约 120℃。采用量程 0～160kPa 的压力表，比较适合测量 90±10kPa 的压力。

4.1.2 采用 2.0kW 的电炉基本上可保证压蒸锅的压力在 15±1min 达到稳定压力。夏季或冬季可适当减小或增大热源的功率。

4.1.3 采用 40mm×40mm×50mm 的三联专用钢模，一方面是为了使试模能放到压蒸锅内，另一方面是为了能和水泥抗压夹具配套使用。钢盖板的尺寸以能盖住试模中的砂浆为宜。

4.1.4 筛孔直径采用 5mm，以保证筛得的砂浆中不含粗骨料。

4.2　专用促凝剂

4.2.1 本方法参照《公路工程水泥混凝土试验规程》JTJ 053—94，选用 CS 和 CAS 型 2 种促凝剂。促凝剂是砂浆促凝压蒸法的关键材料。

4.2.2 相同掺量下，掺 CS 型促凝剂砂浆的凝结时间比掺 CAS 型的要长，为了避免在成型过程中砂浆凝结太快以致无法成型，因此宜优先选用 CS 型促凝剂。但对于大流动性或大掺量矿物掺合料及掺缓凝型外加剂等混凝土，因其早期强度低，水化速度慢，凝结时间长，可采用 CAS 型促凝剂。

4.2.3 若促凝剂用量过少，砂浆压蒸后的强度较低，容易造成强度离散性大；若促凝剂用量过多，易造成砂浆凝结过快，以致无法成型。因此合理选择促凝剂的用量是本方法的关键。

对于流动性混凝土，因其坍落度较大，混凝土凝结时间较长，可适当增加促凝剂的用量。通过试验比较，促凝剂用量 6g（即砂浆试样质量的 1%）时比较合适。对于塑性混凝土，因坍落度较小，混凝土凝结时间较快，宜减少促凝剂的用量。试验表明大水胶比的塑性混凝土促凝剂用量可多一些，小水胶比的塑性混凝土则要少一些，其用量范围为砂浆试样质量的 0.6%～0.8%时比较适宜。

对水胶比小于 0.4 的高强混凝土，因胶凝材料在混凝土中的相对含量增大，其凝结硬化速度相对加快，因此促凝剂用量应更少。本次试验中，当促凝剂用量减少到 2g（即砂浆试样质量的 0.33%）时，才能满足成型要求。

考虑到在本次标准修订的试验中，没有进行各种原材料品种及掺量下的促凝剂用量的系统试验研究工作，试验有一定的局限性，而全国各地混凝土原材料的品种及掺量千变万化，无法给出一个统一的掺量，因此本标准规定"促凝剂用量应通过试验确定"。上述给出的促凝剂用量是我们在试验中总结得出的，可供参考。

4.3 促凝压蒸试验方法

4.3.2 为了防止沸水飞溅到试模上，规定水与蒸屉有 20mm 的距离。如果压蒸锅漏气，就不能保证 90±10kPa 的稳定压力，所以试验前一定要检查压蒸锅，保证其不漏气。

4.3.3 试验表明，留取 3kg 左右的混凝土试样，可以成型一组砂浆试模，如果太少就缺乏代表性。

4.3.4 筛至粗骨料表面不粘砂浆，并基本不见砂浆落入料盘为止，此时水泥砂浆基本上和粗骨料分离。

4.3.5 600g 砂浆正好能装满 40mm×40mm×50mm 三联试模。为了缩短中间操作时间，需预先称好促凝剂。通过试验比较，快速搅拌 30s 基本上能使促凝剂和砂浆混合均匀。

4.3.6 塑性混凝土因其流动性小，振动成型时间可长些，而流动性混凝土则要短些。表 4.3.6 给出振动成型时间的参考值，具体时间可通过试验确定。

4.3.7 为了统一压蒸时间，应预先将压蒸锅内的水烧沸。压蒸时间从加盖、压阀后起计，而不是从蒸汽达到稳定压力 90±10kPa 时起计。压蒸时间一般为 1h，由于水泥品种不同（如普通型、早强型），混凝土中有的掺、有的不掺矿物掺合料，掺量又各不相同，外加剂又有缓凝型和早强型等品种，所以压蒸时间不一定限制为 1h，可根据水泥、外加剂及矿物掺合料的品种与掺量，适当延长或缩短压蒸时间，具体时间可通过试验确定。

4.3.8 为了使砂浆在相同的压力和温度下，保持相同的强度增长时间，规定每次试验都保持相同的升压时间就显得尤其重要。试验表明，采用 2.0kW 的热源基本上能满足上述要求。如果试验受季节气温影响，可通过增减热源的功率来保证压蒸过程的升压时间。

4.3.9 压蒸养护到规定时间后，一定要去阀放气，在确认压蒸锅内无气压后再开盖取出试模，以免发生意外。取试模时要带上厚手套，以防止烫伤手。为了减少因时间带来的试验误差，一般宜在取出试模后 3min 内进行抗压强度试验。

5 早 龄 期 法

5.0.1～5.0.3 以早龄期 3d、7d 标准养护混凝土强度推定标准养护 28d 强度的方法，也是一种有效、可行的早期推定混凝土强度的方法，在实际工作中已有不少单位在使用，这次将其列入本标准。

受各种因素的影响，采用这种方法进行推定也是有误差的，因此有必要对试验条件、推定公式的建立与应用等加以规范。

6 混凝土强度关系式的 建立与强度的推定

6.0.1 通过对试验结果的回归分析，表明加速养护（早期）强度与标准养护 28d 强度间具有较好的线性相关关系，且线性回归方程便于实际应用，故推荐以线性回归方程作为混凝土强度关系式。

有些情况下，幂函数方程比线性回归方程的显著性高一些，故本次修订增加了幂函数方程。通过对变量的适当变换，把非线性的相关关系转换成线性的相关关系，然后用线性回归的方法进行处理。在实际应用中，可选择相关性较好的方程作为混凝土强度关系式。

6.0.2 因水泥品种、粗细骨料品种、矿物掺合料的品种和掺量以及外加剂的品质等均影响混凝土强度的增长速度，因此应采用与工程相同的原材料建立强度关系式。当任何一种原材料发生变化时需重新建立新的强度关系式。

6.0.4 回归方程中的 f_{cu} 的变化范围（幅度）对回归方程的稳定性有直接影响。所以对 f_{cu} 的变化范围应有适当规定。考虑到常用强度等级混凝土水灰比的变化幅度，规定了在建立回归方程式时，混凝土试样最大、最小水灰比之差不宜小于 0.2。

为便于对各次建立的回归方程的线性显著性进行比较，对观测值的数量（即成对试验数据组数）应有一个统一的规定。虽观测值的数量越多，推定值越准确，但考虑到试验工作量不能太大，同时，参考国外同类标准的有关规定，选定建立回归方程的试件数量不应少于 30 对组。

6.0.5 衡量回归方程相关显著性的参数是相关系数，用加速养护（早期）强度推定标准养护 28d 强度的精确度一般用剩余标准差表示，所以标准中规定计算相关系数和剩余标准差，据此确定本次试验所建立的混凝土强度关系式是否可用。

为了提高所建立强度关系式的显著性水平，本次修订将相关系数由 0.85 提高到 0.90。

6.0.7 回归方程与用于试验的原材料（主要是水泥）的品种和质量状况有直接关系，水泥强度、质量和矿物组成的变化，将带来混凝土强度关系式系数的变化，它对推定误差有较大影响。为了保证强度关系式的可靠性，可用生产积累的数据校核强度关系式。若无异常情况，可用积累的数据加原有试验数据修订原强度关系式。当发现有系统误差时，应重新建立混凝土强度关系式。

7 早期推定混凝土强度的应用

7.1 基 本 规 定

7.1.1 标准养护强度与推定强度之差为推定强度的误差，误差应服从均值为零的正态分布，其检验应依据《数据的统计处理和解释 正态性检验》GB/T 4882 和《数据的统计处理和解释 正态分布均值和方差的估计与检验方法》GB 4889 进行。

7.1.2 在实际应用中，试验条件变化较大的是原材料的初始温度，特别是冬夏两季，在露天堆放的砂、石、水泥等原材料的初始温度相差很大，与建立强度公式时存放在室内的原材料也有较大的差异，这种情况对推定结果均有较明显的影响，有试验资料表明这种影响甚至会产生较大误差。本条规定就是尽量避免原材料的初始温度对推定结果的影响。

7.2 混凝土配合比的早期推测

7.2.2 因《普通混凝土配合比设计规程》JGJ 55 是依据标准养护 28d 强度进行配合比设计的，这往往不能及时满足工程的需要，为此，可根据早期推定的混凝土强度对混凝土配合比进行调整。

7.3 混凝土强度的早期控制

7.3.3 早期推定混凝土强度的关系式为：
$$f_{cu}^e = a + b f_{cu}^a \tag{1}$$
标准养护 28d 混凝土强度与早期推定的混凝土强度之间有如下关系：
$$f_{cu} = f_{cu}^e + \varepsilon \tag{2}$$
式中 ε——早期推定混凝土强度的误差。

经本标准第 7.1.1 条检验误差 ε 服从均值为零的正态分布。以某一段时间（如月、季）为统计期的标准养护 28d 混凝土强度是服从正态分布的，即 $f_{cu} \sim N(\mu, \sigma^2)$。同批混凝土因养护条件和龄期不同的加速养护混凝土强度 f_{cu}^a，假定也是服从正态分布，可以表示为 $f_{cu}^a \sim N(\mu_a, \sigma_a^2)$。早期推定混凝土强度 f_{cu}^e 和 f_{cu}^a 是线性关系，服从正态分布的随机变量经线性变换后仍服从正态分布，即 $f_{cu}^e \sim N(\hat{\mu}, \hat{\sigma}^2)$。

根据数学期望的性质，公式（1）有：
$$E(f_{cu}^e) = A + BE(f_{cu}^a) = \hat{\mu}$$
公式（2）有：$E(f_{cu}) = A + BE(f_{cu}^a) + E(\varepsilon)$ 即：$\mu = \hat{\mu}$

根据数学方差的性质，公式（1）有：
$$D(f_{cu}^e) = D(A + B f_{cu}^a), \text{即} \hat{\sigma}^2 = B^2 \sigma_a^2;$$
公式（2）有：

$$D(f_{cu}) = D(A + B f_{cu}^a + \varepsilon)$$
即 $\sigma^2 = \hat{\sigma}^2 + \sigma_\varepsilon^2$ 或 $\hat{\sigma} = \sqrt{\sigma^2 - \sigma_\varepsilon^2}$。

由于早期推定混凝土强度的标准差 $\hat{\sigma}$，其值既受 σ 影响，又受 σ_ε 的影响。所以当早期推定混凝土强度值出现异常时，应从两个方面去查找原因。可以先从查早期推定混凝土强度的试验偏差入手，然后再查混凝土的生产过程，及时分析原因，采取对策，使生产恢复到稳定状态。

7.3.4 通常采用质量控制图进行混凝土质量控制。常用的控制图有计量型的单值-移动极差控制图（X—R），由单值（X）和移动极差（R）2 个控制图组成，如图 1、图 2 所示。移动极差就是在 1 个序列中相邻 2 个观测值之间的绝对差，即第 1 个观测值与第 2 个观测值的绝对差，第 2 个观测值与第 3 个观测值的绝对差，以此类推。

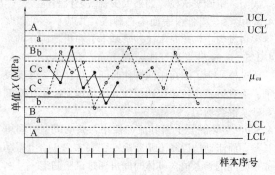

图 1 单值（X）控制

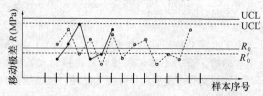

图 2 移动极差（R）控制

标准养护 28d 强度的单值（X）控制图的控制中心线坐标为强度控制目标值 μ_{cu}。上控制限（UCL）和下控制限（LCL）分别位于中心线之上与之下的 3σ 距离处。将控制图等分为 6 个区，每个区宽 σ。6 个区的符号分别为 A、B、C、C、B、A，两个 A 区、B 区及 C 区都关于中心线对称。在图 1 中以实线划分该 6 区。

早期推定混凝土强度的单值（X）控制图的控制中心线坐标为强度控制目标值 μ_{cu}。上控制限（UCL'）和下控制限（LCL'）分别位于中心线之上与之下的 $3\hat{\sigma}$ 距离处。将控制图等分为 6 个区，每个区宽 $\hat{\sigma}$。6 个区的符号分别为 a、b、c、c、b、a，两个 a 区、b 区及 c 区都关于中心线对称。在图 1 中以虚线划分该 6 区。

标准养护 28d 强度的移动极差（R）控制图的控制中心线坐标 R_0 为 1.128σ。上控制限（UCL）为

3.686σ，下控制限为0。

早期推定混凝土强度的移动极差（R）控制图的控制中心线坐标 R'_0 为 1.128σ。上控制限（UCL$'$）为 3.686σ，下控制限为0。

将混凝土试件的早期强度的推定值和移动极差，直接在两个图上绘点，并将相邻点用虚线连接，用于混凝土强度的早期控制。将混凝土试件的标准养护28d强度和移动极差也绘制在两个图上，并将相邻点用实线连接，用于混凝土标准养护28d强度的控制。

早期强度推定值或标准养护28d强度值在单值（X）控制图上的点各自出现下列模式检验情形之一时，表明生产过程已出现变差的可查明原因（见图3）：

1 1个点落在A（a）区以外，见图（a）；

2 连续9点落在中心线同一侧，见图（b）；

3 连续6点递增或递减，见图（c）；

4 连续14点中相邻点交替上下，见图（d）；

5 连续3点中有2点落在中心线同一侧的B（b）区以外，见图（e）；

6 连续5点中有4点落在中心线同一侧的C（c）区以外，见图（f）；

7 连续15点落在中心线两侧的C（c）区内，见图（g）；

8 连续8点落在中心线两侧且无一在C（c）区内，见图（h）。

图3的模式检验是依据《常规控制图》GB/T 4091—2001确定的。对移动极差控制图上的点是否出现变差的可查明原因，因该标准未给出检验的模式，故没有作出规定，可参考单值（X）控制图进行检验。

当出现变差的可查明原因时，应加以诊断和纠正，使之不再发生。

控制图使用一段时间后，应根据实际强度水平对中心线和控制界限进行修正。

7.4 混凝土强度的早期评估

7.4.1 当采用质量控制图进行混凝土质量控制时，可结合控制图对混凝土强度进行早期评估，但它只是作为工序质量控制的依据，而不作为混凝土工程的验收评定。

7.4.2 早期评估混凝土强度可采用《混凝土强度检验评定标准》GBJ 107中的非统计方法和统计方法中方差未知的方法进行评估（以下简称"早期评估"）。可采用数学的方法进行推导和随机抽样的方法来验证其与标准养护28d检验评定混凝土强度（以下简称"标评"）之间的差异（见图4、图5）。早期评估的错判概率和漏判概率 α、β 均小于标评；早期评估的漏判概率 β 在多数情况下比错判概率 α 大。而标评的漏判概率 β 在多数情况下比错判概率 α 小。

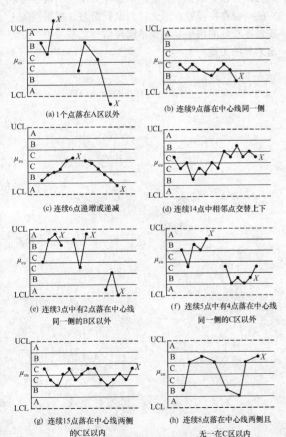

图3 可查明原因的检验

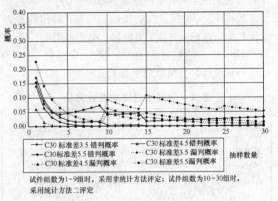

试件组数为1~9组时，采用非统计方法评定；试件组数为10~30组时，采用统计方法二评定

图4 C30混凝土早期推定强度评估（非统计方法与统计方法二）抽样数量与错、漏判概率关系

实际积累数据的检验评定比较：

选用某地实际积累的温水法对组数据，采用分批的方法分别按早期评估和标评的方法检验。以下分别叙述分批方法的检验效果。

从1982年至2002年6月不同单位的2096对组的数据中选出相同强度等级、对组数大于100的数据，其中C20混凝土449对组、C25混凝土266对组、C28混凝土731对组、C30混凝土342对组。每个强度等级的数据按时间顺序排列，然后依次分别按

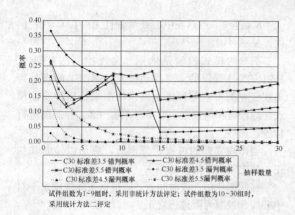

图5 C30混凝土标养28d强度评定（非统计方法
与统计方法二）抽样数量与错、漏判概率关系

每批1组或每批2组或每批3组……或每批30组，组成早期评估和标评验收批分别评定。

如C20混凝土449对组，其早期推定强度和标养28d强度可分别分成1组为一批共449批、2组为一批共224批、3组为一批共149批、……30组为一批共14批。然后分别进行早期评估与标评，并比较两种评定效果的差异。早期评估在采用统计方法二时混凝土强度标准差由下式计算：$\sigma^2 = \sigma^2 + \sigma_e^2$。

此时会出现4种情况：①早期评估合格、标评也合格；②早期评估不合格、标评也不合格；③早期评估不合格、而标评合格；④早期评估合格、而标评不合格。前两种情况属于两种评定的结果是一致的，后两种情况属于两种评定的结果是不一致的。

现将C20、C25、C28、C30共1788对组检验结果按批的组数分成4类：1组到9组为一类、10组到14组为一类、15组到24组为一类、25组到30组为一类分别统计，其结果列于表1。

表1 混凝土强度的统计分析

两种评定检验结果的情况	1～9组		10～14组		15～24组		25～30组	
	检验批数	占本类小计的百分率(%)	检验批数	占本类小计的百分率(%)	检验批数	占本类小计的百分率(%)	检验批数	占本类小计的百分率(%)
①	3664	73	555	74	694	75	285	74
②	530	10	60	8	79	9	35	9
③	450	9	51	7	37	4	15	4
④	401	8	82	11	109	12	49	13
小计	5045	—	748	—	919	—	381	—

检验结果分析：早期评估结果与标评结果基本一致。从表1中可以看出：每类中的4种情况的批数占本类的百分率基本相同，其百分率的平均值分别为74%、9%、6%、11%。也就是说早期评估和标评结果完全一致的情况①与情况②约占83%，不一致的约占17%。可以说两种评定办法的结果大体上是一致的。

早期评估与标评的差异：情况②与情况③均为早期评估不合格，此时标评也判为不合格的约占这两种情况的60%，标评判为合格的约40%。也就是说当早期评估判为不合格时，标评有60%的可能是不合格，有40%的可能在标评时是合格的。因此可以说出现情况③是一种有益的警告。情况①与情况④均为早期评估合格，此时标评也合格的情况①约占这两种情况的87%，标评不合格的情况④约占13%。因此在早期评估合格时对验收函数略大于验收界线的也应引起足够的重视，以避免早期评估的错判。

差异的原因：早期评估混凝土强度的误差是影响早期评估与标评结果一致的主要因素。误差产生的原因：一是试验条件的波动；二是混凝土养护条件不同，混凝土强度的增长不同。前者的波动是难免的，但是可以控制得尽量小。后者也是不可避免的，如同样采用标准养护3d、7d的混凝土强度和28d强度之间可以有很好的相关关系，但这种关系也不是一一对应的，也存在误差。因此控制试验误差，控制混凝土质量在较好的水平是减少早期评估与标准养护28d评定差异的关键。

中华人民共和国行业标准

蒸压加气混凝土建筑应用技术规程

Technical specification for application of autoclaved aerated concrete

JGJ/T 17—2008

J 824—2008

批准部门：中华人民共和国住房和城乡建设部

施行日期：2 0 0 9 年 5 月 1 日

中华人民共和国住房和城乡建设部
公　告

第 153 号

关于发布行业标准《蒸压加气
混凝土建筑应用技术规程》的公告

现批准《蒸压加气混凝土建筑应用技术规程》为行业标准，编号为 JGJ/T 17‑2008，自 2009 年 5 月 1 日起实施。原《蒸压加气混凝土应用技术规程》JGJ/T 17‑84 同时废止。

本规程由我部标准定额研究所组织中国建筑工业出版社出版发行。

中华人民共和国住房和城乡建设部

2008 年 11 月 14 日

前　　言

根据原建设部关于发布《一九八八年工程建设标准规范制订计划》（草案）的通知（计标函［1987］78 号）的要求，规程编制组经广泛调查研究，认真总结实践经验，参考有关国际标准和国外先进标准，并在广泛征求意见的基础上，全面修订了本规程。

本规程的主要技术内容是：1. 总则；2. 术语、符号；3. 一般规定；4. 材料计算指标；5. 结构构件计算；6. 围护结构热工设计；7. 建筑构造；8. 饰面处理；9. 施工与质量验收。

本规程修订的主要技术内容是：

1. 根据现行国家标准《建筑结构可靠度设计统一标准》GB 50068，修改过去的安全系数法为以概率理论为基础的极限状态设计方法，以分项系数设计表达式进行计算；

2. 砌体的材料分项系数由原规程的 $\gamma_f = 1.55$ 提高到 $\gamma_f = 1.6$，适当提高了结构可靠度；

3. 根据实际工程的事故调查总结，对受弯板材中的配筋，规定上下层钢筋网必须有箍筋相连接；同时，为了不使屋面板脱落而要求设置预埋件，与屋架或圈梁焊接；

4. 将上墙含水率改为宜小于 30%，同时又规定了墙体抹灰前含水率为 15%～20%；

5. 为解决抹灰裂缝问题，总结以往经验，在抹灰材料、施工工艺及构造措施方面，提出相应规定；并推广在实践中行之有效的专用砌筑砂浆和抹灰材料，以防止墙体裂缝；

6. 根据现行国家标准《蒸压加气混凝土砌块》GB 11968、《蒸压加气混凝土板》GB 15762 及检测的加气混凝土热工数据，调整了加气混凝土材料导热系数和蓄热系数计算值的数据；

7. 为适应建筑节能形势的要求及扩大加气混凝土的应用，增加了 03 级、04 级加气混凝土的热工参数；

8. 根据国家现行标准《夏热冬冷地区居住建筑节能设计标准》JGJ 134 和《夏热冬暖地区居住建筑节能设计标准》JGJ 75 的要求，增加了这两个地区加气混凝土围护结构低限保温厚度的选用表。

本规程由住房和城乡建设部负责管理，由北京市建筑设计研究院负责具体技术内容的解释。

本规程主编单位：北京市建筑设计研究院（地址：北京市南礼士路 62 号，邮编：100045）

哈尔滨市建筑设计院

本规程参编单位：清华大学

浙江大学建筑设计研究院

中国建筑科学研究院

中国建筑东北设计研究院

武汉市建筑设计院

上海建筑科学研究院

北京加气混凝土厂

本规程主要起草人：顾同曾　周炳章　过镇海

严家禧　蒋秀伦　何世全

高连玉　杨善勤　夏祖宏

杨星虎　崔克勤

目　　次

1　总则 ························· 12—4

2　术语、符号 ················· 12—4
　2.1　术语 ···················· 12—4
　2.2　符号 ···················· 12—4

3　一般规定 ··················· 12—5

4　材料计算指标 ··············· 12—5

5　结构构件计算 ··············· 12—6
　5.1　基本计算规定 ············ 12—6
　5.2　砌体构件的受压承载力计算 ··· 12—6
　5.3　砌体构件的受剪承载力计算 ··· 12—7
　5.4　配筋受弯板材的承载力计算 ··· 12—7
　5.5　配筋受弯板材的刚度计算 ····· 12—7
　5.6　构造要求 ················ 12—8

6　围护结构热工设计 ··········· 12—8
　6.1　一般规定 ················ 12—8
　6.2　围护结构热工设计 ········· 12—9

7　建筑构造 ··················· 12—10
　7.1　一般规定 ················ 12—10
　7.2　屋面板 ·················· 12—10
　7.3　砌块 ···················· 12—11
　7.4　外墙板 ·················· 12—11
　7.5　内隔墙板 ················ 12—11

8　饰面处理 ··················· 12—12

9　施工与质量验收 ············· 12—12
　9.1　一般规定 ················ 12—12
　9.2　砌块施工 ················ 12—12
　9.3　墙板安装 ················ 12—13
　9.4　屋面工程 ················ 12—13
　9.5　墙体抹灰 ················ 12—13
　9.6　工程质量验收 ············ 12—13

附录A　蒸压加气混凝土隔墙
　　　　隔声性能 ·············· 12—13

附录B　蒸压加气混凝土
　　　　耐火性能 ·············· 12—14

附录C　蒸压加气混凝土砌体抗压
　　　　强度的试验方法 ········· 12—14

附录D　砌体水平通缝抗剪强度试验
　　　　方法 ················· 12—15

附录E　配筋加气混凝土矩形截面
　　　　受弯构件承载力计算表 ····· 12—15

附录F　我国60个城市围护结构冬季
　　　　室外计算温度 t_e(℃) ······· 12—16

本规程用词说明 ··············· 12—16

附：条文说明 ················· 12—17

1 总 则

1.0.1 为了在工业与民用建筑中积极合理地推广应用蒸压加气混凝土（以下简称"加气混凝土"）制品，做到技术先进、安全适用、经济合理，以确保工程质量，节约能耗，实现墙体革新和有效地利用工业废料，制定本规程。

1.0.2 本规程适用于在抗震设防烈度为 6～8 度的地震区以及非地震区使用，强度等级为 A2.5 级及以上的蒸压加气混凝土砌块，强度等级为 A3.5 级以上的蒸压加气混凝土配筋板材的设计、施工与质量验收。

1.0.3 蒸压加气混凝土制品质量应符合现行国家标准《蒸压加气混凝土砌块》GB 11968、《蒸压加气混凝土板》GB 15762 及有关标准的规定。

1.0.4 蒸压加气混凝土建筑的设计、施工与质量验收，除应符合本规程外，尚应符合国家现行有关标准的规定。

2 术语、符号

2.1 术 语

2.1.1 蒸压加气混凝土制品 autoclaved aerated concrete

以硅、钙为原材料，以铝粉（膏）为发气剂，经过蒸压养护而制造成的砌块、板材等制品。

2.1.2 蒸压加气混凝土砌块 autoclaved aerated concrete blocks

蒸压加气混凝土制成的砌块，可用作承重和非承重墙体或保温隔热材料。

2.1.3 蒸压加气混凝土板材 autoclaved aerated concrete plates

蒸压加气混凝土制成的板材，可分为屋面板、外墙板、隔墙板和楼板。根据结构构造要求，在加气混凝土内配置经防腐处理的不同数量钢筋网片。

2.1.4 蒸压加气混凝土专用砂浆 special mortar for autoclaved aerated concrete

与蒸压加气混凝土性能相匹配的，能满足加气混凝土砌块、板材建筑施工要求的内外墙专用抹面和砌筑砂浆。

加气混凝土粘结砂浆：采用水泥、级配砂、轻骨料、掺合料，以及保水剂、引气剂等原料，在专业工厂经精确计量、均匀混合，用于砌筑灰缝厚度不大于 5mm 的加气混凝土砌块的干混砂浆。该砂浆尤其适用于加气混凝土单一材料保温体系。

加气混凝土砌筑砂浆：采用水泥、级配砂、掺合料、保水剂及其他外加剂等原料，在专业工厂经精确计量、均匀混合，用于砌筑加气混凝土砌块的干混砂浆。砌筑灰缝厚度≤15mm。

2.1.5 外墙平均传热系数 average heat-transfer coefficient of exterior wall

外墙主体部位传热系数与热桥部位传热系数按照面积的加权平均值。

2.1.6 热惰性指标 thermal inertia index

表征围护结构反抗温度波动和热流波动能力的无量纲指标。

2.2 符 号

2.2.1 材料性能

A_{xx}——加气混凝土强度等级；

E——加气混凝土砌体弹性模量；

E_c——加气混凝土板弹性模量；

$f_{cu,15}^A$——加气混凝土出釜强度等级代表值；

f_c——抗压强度设计值；

f_{ck}——抗压强度标准值；

f_t——抗拉强度设计值；

f_{tk}——抗拉强度标准值；

f_y——钢筋抗拉强度设计值；

f_v——沿砌体通缝截面抗剪强度设计值；

ρ_0——干密度；

λ——导热系数；

S_{24}——蓄热系数。

2.2.2 作用、作用效应

M——弯矩设计值；

M_k——按全部荷载标准值计算的弯矩；

M_q——按荷载长期效应组合计算的弯矩；

N——轴向压力设计值；

V——剪力设计值。

2.2.3 几何参数

A——截面积；

A_b——垫板面积；

A_s——纵向受拉钢筋截面积；

e——轴向力的偏心矩；

H_0——受压构件的计算高度；

h_1——砌块高度；

l_1——砌块长度；

x——截面受压区高度。

2.2.4 计算参数

μ_1——非承重墙$[\beta]$的修正系数；

μ_2——有门窗洞口时的墙$[\beta]$的修正系数；

B_e——板材截面长期抗弯刚度；

B_s——板材截面短期抗弯刚度；

C——块形修正系数；

γ_0——结构重要性系数；

γ_f——材料分项系数；

R——构件的承载力设计值；

S——构件的荷载效应组合的设计值；

φ——受压构件的纵向弯曲系数；

α——轴向力的偏心影响系数；

θ——荷载长期效应组合对挠度的影响系数。

3 一般规定

3.0.1 在应用蒸压加气混凝土制品时，应结合本地区的具体情况和建筑物的使用要求，进行方案比较和技术经济分析。

3.0.2 地震区加气混凝土砌块横墙承重房屋总层数与总高度的限值应符合表 3.0.2 的规定。

表 3.0.2 地震区加气混凝土砌块横墙承重房屋总层数与总高度（m）限值

强度等级	抗震设防烈度（度）		
	6	7	8
A5.0(B07)	5/16	5/16	4/13
A7.5(B08)	6/19	6/19	5/16

注：1 在有可靠试验依据的情况下，增加墙厚或采取其他有效措施时，总层数和总高度可适当提高；

    2 房屋承重砌块的最小厚度不宜小于 250mm；

    3 强度等级栏中括号内为加气混凝土相应的干密度等级。

3.0.3 在下列情况下不得采用加气混凝土制品：

    1 建筑物防潮层以下的外墙；

    2 长期处于浸水和化学侵蚀环境；

    3 承重制品表面温度经常处于 80℃ 以上的部位。

3.0.4 加气混凝土制品砌筑或安装时的含水率宜小于 30%。

3.0.5 加气混凝土砌块应采用专用砂浆砌筑。

3.0.6 加气混凝土制品用作民用建筑外墙时，应做饰面防护层。

3.0.7 采用加气混凝土砌块作为承重墙体的房屋，宜采用横墙承重结构，横墙间距不宜超过 4.2m，宜使横墙对正贯通。每层每开间均应设置现浇钢筋混凝土圈梁。

3.0.8 加气混凝土砌块用作多层房屋的承重墙体，当设防烈度为 6 或 7 度时，应在内外墙交接处设置拉结钢筋，沿墙高度每 600mm 应放置 2φ6 钢筋，伸入墙内的长度不得小于 1m。且每开间均应设置现浇钢筋混凝土构造柱。

当设防烈度为 8 度时，除应按上述要求设置拉结钢筋外，还应在内外纵、横墙连接处设置现浇的钢筋混凝土构造柱。构造柱的最小截面应为 180mm×200mm，最小配筋应为 4φ12，混凝土强度等级不应低于 C20。构造柱与加气混凝土砌块的相接处宜砌成马牙槎。

3.0.9 非抗震设防地区的圈梁、构造柱设置可参照地震区的要求适当放宽。但房屋顶层必须设置圈梁，房屋四角必须有构造柱，马牙槎连接可改为拉结筋连接。

3.0.10 加气混凝土墙体的隔声、耐火性能应符合本规程附录 A 和附录 B 的规定。

4 材料计算指标

4.0.1 加气混凝土的强度等级应按出釜状态（含水率为 35%～40%）时的立方体抗压强度标准值确定。

4.0.2 加气混凝土在气干工作状态时的强度标准值应按表 4.0.2-1 的规定确定，强度设计值应按表 4.0.2-2 的规定确定。

表 4.0.2-1 加气混凝土抗压、抗拉强度标准值（N/mm²）

强度种类	符号	强 度 等 级			
		A2.5	A3.5	A5.0	A7.5
抗压强度	f_{ck}	1.80	2.40	3.50	5.20
抗拉强度	f_{tk}	0.16	0.22	0.31	0.47

注：本表抗压强度标准值用于板和砌块，抗拉强度标准值用于板。

表 4.0.2-2 加气混凝土抗压、抗拉强度设计值（N/mm²）

强度种类	符 号	强 度 等 级			
		A2.5	A3.5	A5.0	A7.5
抗压强度	f_c	1.28	1.71	2.50	3.71
抗拉强度	f_t	0.11	0.15	0.22	0.33

注：本表强度设计值用于板构件。

4.0.3 加气混凝土的弹性模量可按表 4.0.3 的规定确定。

表 4.0.3 加气混凝土的弹性模量 E_c（N/mm²）

品 种	强 度 等 级			
	A2.5	A3.5	A5.0	A7.5
水泥、石灰、砂加气混凝土	1700	1900	2300	2300
水泥、石灰、粉煤灰加气混凝土	1500	1700	2000	2000

注：本表弹性模量用于板构件。

4.0.4 加气混凝土的泊松比可取为 0.20，线膨胀系数可取为 $8 \times 10^{-6}/℃$（温度范围为：0～100℃）。

4.0.5 砂浆龄期为 28d 的砌体抗压强度设计值 f、沿通缝截面的抗剪强度设计值 f_v 和砌体弹性模量 E

应根据砂浆强度等级分别按表 4.0.5-1～表 4.0.5-3 的规定确定，有关试验方法可按本规程附录 C、附录 D 进行。

当砌块高度小于 250mm 且大于 180mm、长度大于 600mm 时，其砌体抗压强度 f 应乘以块形修正系数 C，C 值应按下式计算：

$$C = 0.01 \times \frac{h_1^2}{l_1} \leqslant 1 \qquad (4.0.5)$$

式中 h_1——砌块高（mm）；

l_1——砌块长度（mm）。

表 4.0.5-1 每皮高度 250mm 的砌体抗压强度设计值 f（N/mm²）

砂浆强度等级	加气混凝土强度等级			
	A2.5	A3.5	A5.0	A7.5
M2.5	0.67	0.90	1.33	1.95
≥M5	0.73	0.97	1.42	2.11

注：有系统的试验数据时可另定。

表 4.0.5-2 砌体沿通缝截面的抗剪强度设计值 f_v（N/mm²）

砂浆强度等级	f_v
M2.5	0.03
≥M5.0	0.05

注：采用专用砂浆时，可根据试验数据确定。

表 4.0.5-3 每皮高度 250mm 的砌体弹性模量 E（N/mm²）

砂浆强度等级	加气混凝土强度等级			
	A2.5	A3.5	A5.0	A7.5
M2.5	1100	1480	2000	2400
≥M5	1180	1600	2200	2600

4.0.6 加气混凝土配筋构件中的钢筋宜采用 HPB235 级钢。抗拉强度设计值 f_y 应为 210N/mm²。当机械调直钢筋有可靠试验根据时，可按试验数据取值，但抗拉强度设计值 f_y 不宜超过 250N/mm²。冷拔钢筋的弹性模量应取 2×10^5 N/mm²。

4.0.7 涂有防腐剂的钢筋与加气混凝土间的粘结强度应符合下列规定：

　　1 当加气混凝土强度等级为 A2.5 时，粘结强度不应小于 0.8N/mm²；

　　2 当加气混凝土强度等级为 A5.0 时，粘结强度不应小于 1N/mm²。

4.0.8 加气混凝土砌体和配筋构件重量可按加气混凝土标准干密度乘系数 1.4 采用。

5 结构构件计算

5.1 基本计算规定

5.1.1 加气混凝土结构构件应根据现行国家标准《建筑结构可靠度设计统一标准》GB 50068 的有关规定进行计算。构件应满足承载能力极限状态的要求，受弯板材还应满足正常使用极限状态的要求，受压砌体应满足允许高厚比的要求。

5.1.2 构件按承载能力极限状态设计时，应符合下式要求：

$$\gamma_0 S \leqslant \frac{1}{\gamma_{RA}} R(\cdot) \qquad (5.1.2)$$

式中 γ_0——结构重要性系数；对安全等级为一级、二级、三级的结构构件可分别取 1.1、1.0、0.9；

S——荷载效应组合的设计值；分别表示构件的轴向力设计值 N，剪力设计值 V，或弯矩设计值 M 等；

$R(\cdot)$——结构构件的抗力函数；

γ_{RA}——加气混凝土构件的承载力调整系数，可取 1.33。

5.1.3 受弯板材应按荷载效应的标准值组合，并应考虑荷载长期作用影响进行变形验算，其最大挠度计算值不应超过 $l_0/200$（l_0 为板材计算跨度）。

5.1.4 受弯板材应根据出釜和吊装的受力情况进行承载力验算。此时板材自重荷载的分项系数应取 1.2，并乘以动力系数 1.5。

5.2 砌体构件的受压承载力计算

5.2.1 轴心或偏心受压构件的承载力应按下式验算：

$$N \leqslant 0.75 \varphi \alpha f A \qquad (5.2.1)$$

式中 N——轴向压力设计值；

φ——受压构件的纵向弯曲系数，按本规程第 5.2.3 条采用；

α——轴向力的偏心影响系数，按本规程第 5.2.4 条采用；

f——砌体抗压强度设计值，按本规程第 4.0.5 条采用；

A——构件截面面积。

5.2.2 按荷载设计值计算的构件轴向力的偏心距 e，不应超过 $0.5y$，其中 y 为截面重心到轴向力所在方向截面边缘的距离。

5.2.3 受压构件的纵向弯曲系数 φ，可根据构件的高厚比 β 值乘以 1.1 后，按表 5.2.3 采用。构件的高厚比 β 应按下式计算：

$$\beta = \frac{H_0}{h} \qquad (5.2.3)$$

式中 H_0——受压构件的计算高度，应按现行国家标准《砌体结构设计规范》GB 50003中的有关规定采用；

　　　h——矩形截面的轴向力偏心方向的边长；当轴心受压时为截面较小边长。

表 5.2.3 受压构件的纵向弯曲系数 φ

1.1β	6	8	10	12	14	16	18	20	22	24	26	28	30
φ	0.93	0.89	0.83	0.78	0.72	0.66	0.61	0.56	0.51	0.46	0.42	0.39	0.36

5.2.4 对于矩形截面，根据轴向力的偏心矩 e，轴向力的偏心影响系数 α 应按下式计算：

$$\alpha = \frac{1}{1 + 12\left(\dfrac{e}{h}\right)^2} \qquad (5.2.4\text{-}1)$$

式中 e——轴向力的偏心矩。

当墙体厚度 $h < 200\text{mm}$ 时，式（5.2.4-1）的 α 值应乘以修正系数 η，η 应按下式验算：

$$\eta = 1 - 0.9\left(\frac{2e}{h} - 0.4\right) \leqslant 1 \qquad (5.2.4\text{-}2)$$

5.2.5 在梁端下设置刚性垫块时，垫块下砌体的局部受压承载力 N 应按下式计算：

$$N \leqslant 0.75\alpha f A_L \qquad (5.2.5)$$

$$N = N_1 + N_0$$

式中 N_1——梁端支承压力设计值；

　　　N_0——上部传来作用于垫块上的轴向力设计值；

　　　α——轴向力对垫块下表面积重心的偏心影响系数，按本规程第5.2.4条采用；

　　　A_L——垫块面积。

5.3 砌体构件的受剪承载力计算

5.3.1 砌体沿通缝的受剪承载力应按下式验算：

$$V \leqslant 0.75(f_v + 0.2\sigma_0)A \qquad (5.3.1)$$

式中 V——剪力设计值；

　　　f_v——砌体沿通缝截面的抗剪强度设计值，应按本规程第4.0.5条采用；

　　　σ_0——永久荷载设计值产生的平均压应力；

　　　A——受剪截面面积。

5.4 配筋受弯板材的承载力计算

5.4.1 配筋加气混凝土受弯板材的正截面承载力（图5.4.1）应按下列公式计算：

$$M \leqslant 0.75 f_c bx\left(h_0 - \frac{x}{2}\right) \qquad (5.4.1\text{-}1)$$

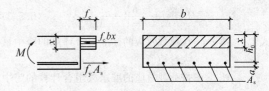

图 5.4.1 配筋受弯板材正截面承载力计算简图

受压区高度可按下列公式确定：

$$f_c bx = f_y A_s \qquad (5.4.1\text{-}2)$$

并应符合条件：

$$x \leqslant 0.5h_0 \qquad (5.4.1\text{-}3)$$

即单面受拉钢筋的最大配筋率为：

$$\mu_{max} = 0.5\frac{f_c}{f_y} - 100\% \qquad (5.4.1\text{-}4)$$

式中 M——弯矩设计值；

　　　f_c——加气混凝土抗压强度设计值，按本规程第4.0.2条采用；

　　　b——板材截面宽度；

　　　h_0——截面有效高度（图中 a 为受拉钢筋截面中心到板底的距离）；

　　　x——加气混凝土受压区的高度；

　　　f_y——纵向受拉钢筋的强度设计值，按本规程第4.0.6条采用；

　　　A_s——纵向受拉钢筋的截面面积。

矩形截面的受弯构件可采用本规程附录E的表进行计算。

5.4.2 配筋受弯板材的截面抗剪承载力，可按下式验算：

$$V \leqslant 0.45 f_t bh_0 \qquad (5.4.2)$$

式中 V——剪力设计值；

　　　f_t——加气混凝土抗拉强度设计值，按本规程第4.0.2条采用。

当不能符合式（5.4.2）的要求时，应增大板材的厚度。

5.5 配筋受弯板材的刚度计算

5.5.1 配筋受弯板材在正常使用极限状态下的挠度应按荷载效应标准组合，并考虑荷载长期作用影响的刚度 B，用结构力学的方法计算。所得挠度应符合本规程第5.1.3条的规定。

5.5.2 配筋受弯板材在荷载效应标准组合下的短期刚度 B_s，可按下式计算：

$$B_s = 0.85 E_c I_0 \qquad (5.5.2)$$

式中 E_c——加气混凝土板的弹性模量，按本规程第4.0.3条采用；

　　　I_0——换算截面的惯性矩。

5.5.3 当考虑荷载长期作用的影响时，板材的刚度 B 可按下式计算：

$$B = \frac{M_{\mathrm{k}}}{M_{\mathrm{q}}(\theta-1)+M_{\mathrm{k}}}B_{\mathrm{s}} \quad (5.5.3)$$

式中 M_{k} ——按荷载效应的标准组合计算的跨中最大弯矩值;

      M_{q} ——按荷载效应的准永久组合计算的跨中最大弯矩值;

      θ ——考虑荷载长期作用对挠度增大的影响系数,在一般情况下可取 2.0。

5.6 构 造 要 求

5.6.1 砌块墙体的高厚比 β 应符合下列规定:

$$\beta = \frac{H_0}{h} \leqslant \mu_1\mu_2[\beta] \quad (5.6.1)$$

式中 μ_1 ——非承重墙 $[\beta]$ 的修正系数,取为 1.3;

      μ_2 ——有门窗洞口墙 $[\beta]$ 的修正系数,按第 5.6.2 条采用;

      $[\beta]$ ——墙的允许高厚比,应按表 5.6.1 采用。

注:当墙高 H 大于或等于相邻横墙间的距离 S 时,应按计算高度 $H_0 = 0.6S$ 验算高厚比。

表 5.6.1 墙的允许高厚比 $[\beta]$ 值

砂浆强度等级	≥M5.0	M2.5
$[\beta]$	20	18

5.6.2 有门窗洞口墙的允许高厚比 $[\beta]$ 的修正系数 μ_2 可按下式计算:

$$\mu_2 = 1 - 0.4\frac{b_{\mathrm{s}}}{S} \quad (5.6.2)$$

式中 b_{s} ——在宽度 S 范围内的门窗洞口宽度;

      S ——相邻横墙之间的距离。

当按式(5.6.2)算得的 μ_2 值小于 0.7 时,仍采用 0.7。

5.6.3 加气混凝土砌块承重房屋伸缩缝的间距不宜大于 40m。

5.6.4 抗震设防地区的砌块墙体,应根据设计选用粘结性能良好的专用砂浆砌筑,砂浆的最低强度等级不应低于 M5.0。

5.6.5 不宜用加气混凝土砌块做独立柱承重。支承梁的加气混凝土砌块墙段,必须有混凝土垫块;当有圈梁时,应将圈梁与混凝土垫块浇成整体。

5.6.6 在房屋底层和顶层的窗口标高处,应沿纵横墙设置通长的水平配筋带三皮,每皮 3ϕ4;或采用 60mm 厚的配筋混凝土条带,配 2ϕ10 纵筋和 ϕ6 的分布筋,用 C20 混凝土浇筑。

5.6.7 楼、屋盖的钢筋混凝土梁或屋架,应与墙、柱或圈梁有可靠的连接。

5.6.8 加气混凝土砌块承重墙上的门窗洞口,不得采用无筋砌块过梁;其他过梁支承长度每侧不应小于 240mm。

5.6.9 墙长大于或等于层高的 1.5 倍时,应在墙的中段增设构造柱,其做法与设在纵横墙间的构造柱相同。

5.6.10 受弯板材中应采用焊接网和焊接骨架配筋,不得采用绑扎的钢筋网片和骨架。钢筋上网与下网必须有连接钢筋或采用其他形式使之形成一个整体的焊接钢筋网骨架。钢筋网片必须采用防锈蚀性能可靠并具有良好粘结力的防腐剂进行处理。

5.6.11 受弯板材内,下网主筋的直径不宜超过 ϕ10,其间距不应大于 200mm,数量不得少于 3ϕ6。主筋末端应焊接 3 根横向锚固筋,直径与最大主筋相同。中间的分布钢筋可采用 ϕ4,最大间距应小于 1200mm。钢筋保护层应为 20mm,主筋端部到板端部的距离不得大于 10mm(图 5.6.11)。

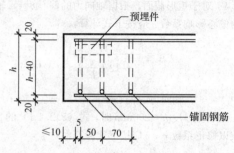

图 5.6.11 受弯板材主筋端部锚固示意图

5.6.12 受弯板材内,上网的纵向钢筋不得少于 2 根,两端应各有 1 根锚固钢筋,直径与上网主筋相同。上网钢筋必须与下网主筋有箍筋相连,箍筋可采用封闭式、U 形开口或其他形式。

5.6.13 地震区受弯板材应在板内设置预埋件,或采取其他有效措施加强相邻板间的连接。预埋件应与板内钢筋网片焊接(图 5.6.11 和图 7.2.1)。板材安装后,与相邻板之间应相互焊牢,或采取其他有效连接措施。

5.6.14 屋面板端部的横向锚固钢筋至少应有 2 根配置在支座承压面以内。同时支座承压区的长度应符合下列规定:

1 当支承在砖墙上时,不应小于 110mm;

2 当支承在钢筋混凝土梁和钢结构上时,不应小于 90mm。

6 围护结构热工设计

6.1 一 般 规 定

6.1.1 加气混凝土应用在具有保温隔热和节能要求的围护结构中时,根据建筑物性质、地区气候条件、围护结构构造形式,应合理地进行热工设计。当保温、隔热和节能设计要求的厚度不同时,应采用其中的最大厚度。

6.1.2 加气混凝土用作围护结构时,其材料的导热系数和蓄热系数设计计算值应按表 6.1.2 采用。

表6.1.2 加气混凝土材料导热系数和蓄热系数设计计算值

围护结构类别		干密度 ρ_0 (kg/m³)	理论计算值(体积含水量3%条件下)		灰缝影响系数	潮湿影响系数	设计计算值	
			导热系数 λ [W/(m·K)]	蓄热系数 S_{24} [W/(m²·K)]			导热系数 λ [W/(m·K)]	蓄热系数 S_{24} [W/(m²·K)]
单一结构		400	0.13	2.06	1.25	—	0.16	2.58
		500	0.16	2.61	1.25	—	0.20	3.26
		600	0.19	3.01	1.25	—	0.24	3.76
		700	0.22	3.49	1.25	—	0.28	4.36
复合结构	铺设在密闭屋面内	300	0.11	1.64	—	1.5	0.17	2.46
		400	0.13	2.06	—	1.5	0.20	3.09
		500	0.16	2.61	—	1.5	0.24	3.92
		600	0.19	3.01	—	1.5	0.29	4.52
	浇筑在混凝土构件中	300	0.11	1.64	—	1.6	0.17	2.62
		400	0.13	2.06	—	1.6	0.21	3.30
		500	0.16	2.61	—	1.6	0.26	4.18
		600	0.19	3.01	—	1.6	0.30	4.82

注：当加气混凝土砌块和条板之间采用粘结砂浆，且灰缝≤3mm时，灰缝影响系数取1.00。

6.2 围护结构热工设计

6.2.1 加气混凝土外墙和屋面的传热系数（K 值）（当外墙中有钢筋混凝土柱、梁等热桥影响时，应为外墙平均传热系数 K_m 值）和热惰性指标（D 值），应符合国家现行有关标准的规定。

6.2.2 加气混凝土外墙和屋面的传热系数（K 值）和热惰性指标（D 值），应按现行国家标准《民用建筑热工设计规范》GB 50176 的规定计算，外墙的平均传热系数 K_m 值应按现行节能设计标准的规定计算。

6.2.3 不同厚度加气混凝土外墙的传热系数 K 值和热惰性指标 D 值可按表 6.2.3 采用。

表6.2.3 不同厚度加气混凝土外墙热工性能指标（B06 级）

外墙厚度 δ (mm)	传热阻 R_0 [(m²·K)/W]	传热系数 K [W/(m²·K)]	热惰性指标 D
150	0.82(0.98)	1.23(1.02)	2.77(2.80)
175	0.92(1.11)	1.09(0.90)	3.16(3.19)
200	1.02(1.24)	0.98(0.81)	3.55(3.59)
225	1.13(1.37)	0.88(0.73)	3.95(3.98)
250	1.23(1.51)	0.81(0.66)	4.34(4.38)
275	1.34(1.64)	0.75(0.61)	4.73(4.78)
300	1.44(1.77)	0.69(0.56)	5.12(5.18)
325	1.54(1.90)	0.65(0.53)	5.51(5.57)
350	1.65(2.03)	0.61(0.49)	5.90(5.96)

续表 6.2.3

外墙厚度 δ (mm)	传热阻 R_0 [(m²·K)/W]	传热系数 K [W/(m²·K)]	热惰性指标 D
375	1.75(2.16)	0.57(0.46)	6.30(6.36)
400	1.86(2.30)	0.54(0.43)	6.69(6.76)

注：1 表中热工性能指标为干密度 600kg/m³ 加气混凝土，考虑灰缝影响导热系数 $\lambda = 0.24$W/(m·K)，蓄热系数 $S_{24} = 3.76$W/(m²·K)；

2 括号内数据为加气混凝土砌块之间采用粘结砂浆，导热系数 $\lambda = 0.19$W/(m·K)，蓄热系数 $S_{24} = 3.01$W/(m²·K)；

3 其他干密度的加气混凝土热工性能指标可根据本规程表 6.1.2 的数据计算；

4 表内数据不包括钢筋混凝土圈梁、过梁、构造柱等热桥部位的影响。

6.2.4 不同厚度加气混凝土屋面板的传热系数 K 值和热惰性指标 D 值可按表 6.2.4 采用。

表6.2.4 不同厚度加气混凝土屋面板热工性能指标（B06 级）

屋面板厚度 δ(mm)	传热阻 R_0 [(m²·K)/W]	传热系数 K [W/(m²·K)]	热惰性指标 D
200	1.02	0.98	3.55
225	1.13	0.88	3.95
250	1.23	0.81	4.34
275	1.34	0.75	4.73

续表 6.2.4

屋面板厚度 δ(mm)	传热阻 R_0 $[(m^2 \cdot K)/W]$	传热系数 K $[W/(m^2 \cdot K)]$	热惰性指标 D
300	1.44	0.69	5.12
325	1.54	0.65	5.51
350	1.65	0.61	5.90

注：1 表中热工性能指标为干密度 600kg/m³ 加气混凝土，考虑灰缝影响导热系数 $\lambda=0.24W/(m \cdot K)$，蓄热系数 $S_{24}=3.76W/(m^2 \cdot K)$。

2 其他干密度的加气混凝土热工性能指标根据表 6.1.2 的数据计算。

6.2.5 在严寒、寒冷和夏热冬冷地区，加气混凝土外墙中的钢筋混凝土梁、柱等热桥部位外侧应做保温处理；经处理后，当该部位的热阻值不小于外墙主体部位的热阻时，则可取外墙主体部位的传热系数作为外墙的平均传热系数，否则应按 6.2.2 条的规定计算外墙平均传热系数。

6.2.6 加气混凝土外墙和屋面的隔热性能应符合现行国家标准《民用建筑热工设计规范》GB 50176 的有关规定。单一加气混凝土围护结构的隔热低限厚度可按表 6.2.6-1 采用；复合屋盖中加气混凝土隔热低限厚度可按表 6.2.6-2 采用。

表 6.2.6-1　加气混凝土围护结构隔热低限厚度

围护结构类别	隔热低限厚度（mm）
外墙（不包括内外饰面）	175～200
屋面板	250～300

表 6.2.6-2　复合屋盖中加气混凝土隔热低限厚度（mm）

钢筋混凝土屋面板厚度	加气混凝土隔热低限厚度
120	180～200
150	160～180

注：1 表中隔热层厚度包括加气混凝土碎块找坡层（以平均厚度计）和加气混凝土砌块保温层厚度；

2 采用其他材料找坡层或其他构造形式的复合屋面构造形式中，加气混凝土隔热层厚度应根据热工计算确定。

6.2.7 当采用加气混凝土作为复合墙体的保温、隔热层时，加气混凝土应布置在水蒸气流出的一侧。

6.2.8 采用加气混凝土作保温层的复合屋面或单一屋面，每 50m² 应设置排湿排汽孔 1 个（图 6.2.8）。在单一加气混凝土屋面板的下表面宜做隔汽涂层。

6.2.9 加气混凝土砌块用作复合屋面的保温、隔热层时，可先在屋面板上做找坡层和找平层，将加气混凝土砌块置于找坡层之上，然后在隔热层上做防水层（图 6.2.9）。

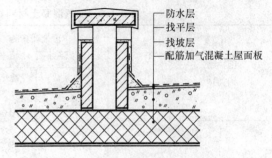

图 6.2.8　加气混凝土复合及单一屋面排湿排汽孔构造示意图

——防水层
——找平层
——找坡层
——配筋加气混凝土屋面板

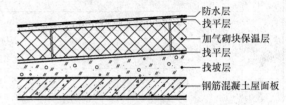

——防水层
——找平层
——加气砌块保温层
——找平层
——找坡层
——钢筋混凝土屋面板

图 6.2.9　复合屋面构造示意图

7　建筑构造

7.1　一般规定

7.1.1 当加气混凝土外墙墙面水平方向有凹凸线脚和挑出部分时，应做泛水和滴水。

7.1.2 加气混凝土制品与门、窗、附墙管道、管线支架、卫生设备等应连接牢固。当采用金属件作为进入或穿过加气混凝土制品的连接构件时，应有防锈保护措施。

7.1.3 加气混凝土屋面板表面不宜镂槽；有特殊要求时，可在板的上部表面沿板长方向镂划，深度不得大于 15mm。墙板表面不得横向镂槽；有特殊要求时可在板的一面沿板长方向镂划。双面配筋的墙板，其镂划深度不应大于 15mm。单网片配筋隔板镂划深度不得大于板厚的 1/3，并不得破坏钢筋的防锈层。

7.2　屋面板

7.2.1 采用加气混凝土屋面板做平屋面时，当由支座找坡时，坡度应符合设计要求，支座部位应平整，板下应铺专用砂浆。在地震区应采取符合抗震要求的可靠连接措施，对设置有预埋件的屋面板，预埋件应通过连系钢筋使板与板之间以及板与支座之间有牢固的构造连接（图 7.2.1）。

7.2.2 加气混凝土屋面板不应作为屋架的支撑系统。

7.2.3 加气混凝土屋面板的挑出长度（图 7.2.3）应符合下列规定：

1 沿板宽方向不宜大于板宽的 1/3；

2 与相邻板应有可靠的连接；

3 沿板长方向不宜大于板宽的 2/3。

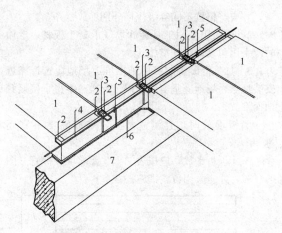

图 7.2.1 有抗震设防要求的加气
混凝土屋面板构造示意图

1—抗震加气混凝土屋面板；2—预埋角铁；3—$\phi8$ 钢筋环
与预埋角铁和 $\phi8$ 通长钢筋焊接；4—$\phi8$ 通长钢筋；5—梁
内预埋 $\phi10$ 钢筋，间距 1200 与 $\phi8$ 通长钢筋焊接；6—专用
砌筑砂浆坐浆；7—钢筋混凝土梁或圈梁

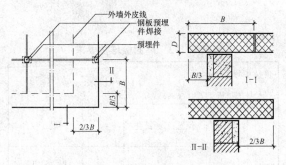

图 7.2.3 屋面板挑出长、宽度示意图

7.2.4 当不切断钢筋和不破坏钢筋防腐层时，加气
混凝土屋面板上可开一个孔洞（图 7.2.4）。如开较
大的孔洞，应另行设计。

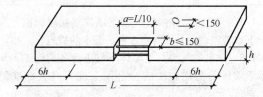

图 7.2.4 屋面板上开洞示意图

7.2.5 在加气混凝土屋面板上做卷材防水层时，屋
盖应有良好的整体性，当为两道以上卷材时，在板的
端头缝处干铺一条宽度为 150～200mm 的卷材，第
一层应采用花撒或点铺或在底层加铺一层带孔油毡。
卷材的搭接部分和屋盖周边应满粘，第二层以上应符
合国家现行有关标准的规定。

7.2.6 当加气混凝土屋面板采用无组织排水时，其
檐口部位应有合理的防水、排水和滴水构造，不得顺
板侧或板端自由流淌。

7.2.7 加气混凝土屋面板底表面不应做普通抹灰，
宜采用刮腻子喷浆或在其下部做吊顶等底表面构造处

理方式。

7.3 砌 块

7.3.1 加气混凝土砌块作为单一材料用作外墙，当
其与其他材料处于同一表面时，应在其他材料的外表
设保温材料，并在其表面和接缝处做聚合物砂浆耐碱
玻纤布加强面层或其他防裂措施。

在严寒地区，外墙砌块应采用具有保温性能的专
用砌筑砂浆砌筑，或采用灰缝小于等于 3mm 的密缝
精确砌块。

7.3.2 对后砌筑的非承重墙，在与承重墙或柱交接
处应沿墙高 1m 左右用 2$\phi4$ 钢筋与承重墙或柱拉结，
每边伸入墙内长度不得小于 700mm。地震区应采用
通长钢筋。当墙长大于等于 5.0m 或墙高大于等于
4.0m 时，应根据结构计算采取其他可靠的构造措施。

7.3.3 对后砌筑的非承重墙，其顶部在梁或楼板下
的缝隙宜作柔性连接，在地震区应有卡固措施。

7.3.4 墙体洞口过梁，伸过洞口两边搁置长度每边
不得小于 300mm。

7.3.5 当砌块作为外墙的保温材料与其他墙体复合
使用时，应采用专用砂浆砌筑。并沿墙高每 500～
600mm 左右，在两墙体之间应采用钢筋网片拉结。

7.4 外 墙 板

7.4.1 加气混凝土墙板作非承重的围护结构时，其与
主体结构应有可靠的连接。当采用竖墙板和拼装大板
时，应分层承托；横墙应按一定高度由主体结构承托。

在地震区采用外墙板时，应符合抗震构造要求。

7.4.2 外墙拼装大板，洞口两边和上部过梁板最小
尺寸应符合表 7.4.2 的规定。

表 7.4.2 最小尺寸限值

洞口尺寸 宽×高（mm）	洞口两边板宽 （mm）	过梁板板高 （mm）
900×1200 以下	300	300
1800×1500 以下	450	300
2400×1800 以下	600	400

注：300mm 或 400mm 板材如需用 600mm 宽的板材在纵
向切锯，不得切锯两边截取中段。如用作过梁板，应
经结构验算。

7.5 内隔墙板

7.5.1 加气混凝土隔墙板，宜采用垂直安装（过梁
板除外）。板与主体结构的顶部构造宜采用柔性连接。

板上端与主体结构连接的水平板缝应填放弹性材
料，压缩后的厚度可控制在 5mm 左右。

板下端顺板宽方向打入楔子（如用木材应经防腐
处理），应使板上部通过弹性材料与上部主体结构顶

紧。板下楔子不再撤出，楔子之间应采用豆石混凝土填塞严实，或采用其他有效的方法固定。

7.5.2 板与板之间无楔口槽平接时，应采用专用砂浆粘结，且饱满度应大于80%。

沿板缝高度每800mm应按30°角上下各钉入铝合金片或涂锌金属片（图7.5.2）。

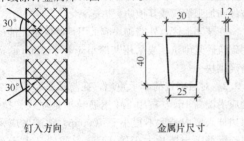

钉入方向　　　　　　　金属片尺寸

图7.5.2　金属片钉入板缝示意图

7.5.3 在加气混凝土隔墙板上吊挂重物时，应按国家现行有关标准设计和施工。

7.5.4 在隔墙板上设置暗线时，宜沿板高方向镂槽埋设管线。

8 饰面处理

8.0.1 加气混凝土墙面应做饰面。外饰面应对冻融交替、干湿循环、自然碳化和磕碰磨损等起有效的保护作用。饰面材料与基层应粘结良好，不得空鼓开裂。

8.0.2 加气混凝土墙面抹灰前，应在其表面用专用砂浆或其他有效的专用界面处理剂进行基底处理后方可抹底灰。

8.0.3 加气混凝土外墙的底层，应采用与加气混凝土强度等级接近的砂浆抹灰，如室内表面宜采用粉刷石膏抹灰。

8.0.4 在墙体易于磕碰磨损部位，应做塑料或钢板网护角，提高装修面层材料的强度等级。

8.0.5 当加气混凝土制品与其他材料处在同一表面时，两种不同材料的交界缝隙处应采用粘贴耐碱玻纤网格布聚合物水泥加强层加强后方可做装修。

8.0.6 抹灰层宜设分格缝，面积宜为30m²，长度不宜超过6m。

8.0.7 加气混凝土制品用于卫生间墙体，应在墙面上做防水层（至顶板底部），再粘贴饰面砖。

8.0.8 当加气混凝土制品的精确度高，砌筑或安装质量好，其表面平整度达到质量要求时，可直接刮腻子喷涂料做装饰面层。

9 施工与质量验收

9.1 一般规定

9.1.1 装卸加气混凝土砌块时，应轻拿轻放避免磕碰，并应严格按不同等级规格分别堆放整齐。

9.1.2 应采用专用工具装卸加气混凝土板材，运输时应采用包装的绑扎措施。

9.1.3 加气混凝土制品的施工堆放场地应选择靠近安装地点，场地应坚实、平坦、干燥。不得直接接触地面堆放。

墙板堆放时，宜侧立放置，堆放高度不宜超过3m。

屋面板可平放，应按表9.1.3要求堆放保管（图9.1.3），并应采用覆盖措施。

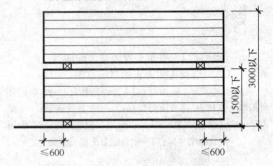

图9.1.3　屋面板堆放要求示意图

表9.1.3　屋面板堆放要求

堆放方式	堆放限制高度	垫 木			
		位置	长度	断面尺寸	根 数
平放	3.0m以下	距端头≤600mm	约900mm	100mm×100mm	板长4m以上时，每点2根；板长4m以下时，每点1根

9.1.4 穿过或紧靠加气混凝土墙体（或屋面板）的上下水管道，应采取防止渗水、漏水的措施。

9.1.5 承重加气混凝土墙体不宜进行冬期施工。非承重墙体的冬期施工应符合国家现行有关标准的规定。

9.1.6 在加气混凝土墙体或屋面板上钻孔、镂槽或切锯时，应采用专用工具。不得任意剔凿，不得横向镂槽。

9.2 砌块施工

9.2.1 砌块砌筑时，应上下错缝，搭接长度不宜小于砌块长度的1/3。

9.2.2 砌块内外墙体应同时咬槎砌筑，临时间断时可留成斜槎，不得留"马牙槎"。灰缝应横平竖直，水平缝砂浆饱满度不应小于90%。垂直缝砂浆饱满度不应小于80%。如砌块表面太干，砌筑前可适量浇水。

9.2.3 地震区砌块应采用专用砂浆砌筑，其水平缝和垂直缝的厚度均不宜大于 15mm。非地震区如采用普通砂浆砌筑，应采取有效措施，使砌块之间粘结良好，灰缝饱满。当采用精确砌块和专用砂浆薄层砌筑方法时，其灰缝不宜大于 3mm。

9.2.4 后砌填充砌块墙，当砌筑到梁（板）底面位置时，应留出缝隙，并应等待 7d 后，方可对该缝隙做柔性处理。

9.2.5 切锯砌块应采用专用工具，不得用斧子或瓦刀任意砍劈。洞口两侧，应选用规格整齐的砌块砌筑。

9.2.6 砌筑外墙时，不得在墙上留脚手眼，可采用里脚手或双排外脚手。

9.3 墙板安装

9.3.1 应使用专用工具和设备安装外墙板。当墙板上有油污时，应在安装前将其清除。外墙板的板缝应采用有效的连接构造，缝隙应严密、粘结应牢固。

9.3.2 内隔墙板的安装顺序应从门洞处向两端依次进行，门洞两侧宜用整块板。无门洞口的墙体应从一端向另一端顺序安装。

9.3.3 平缝拼接缝间粘结砂浆应饱满，安装时应以缝隙间挤出砂浆为宜。缝宽不得大于 5mm。

9.3.4 在墙板上钻孔、开洞，或固定物件时，必须待板缝内粘结砂浆达到设计强度后进行。

9.4 屋面工程

9.4.1 应采用专用工具安装屋面板，不得用钢丝绳直接兜吊，不得用普通撬杠调整板位。

9.4.2 当在屋面板上部施工时，板上部的施工荷载不得超过设计荷载，否则应加临时支撑。

9.4.3 应按设计要求焊接屋面板上的预埋件，不得漏焊。

9.5 墙体抹灰

9.5.1 加气混凝土墙面抹灰宜采用干粉料专用砂浆。内外墙饰面应严格按设计要求的工序进行，待制品砌筑、安装完毕后不应立即抹灰，应待墙面含水率达 15%～20% 后再做装修抹灰层。抹灰工序应先做界面处理、后抹底灰，厚度应予控制。当抹灰层超过 15mm 时应分层抹，一次抹灰厚度不宜超过 15mm，其总厚度宜控制在 20mm 以内。

9.5.2 两种不同材料之间的缝隙（包括埋设管线的槽），应采用聚合物水泥砂浆耐碱玻纤网格布加强，然后再抹灰。

9.5.3 抹灰层宜用中砂，砂子含泥量不得大于 3%。

9.5.4 抹灰砂浆应严格按设计要求级配计量。掺有外加剂的砂浆，应按有关操作说明搅拌混合。

9.5.5 当采用水硬性抹灰砂浆时，应加强养护，直至达到设计强度。

9.6 工程质量验收

9.6.1 验收砌块墙体时，砌体结构尺寸和位置的偏差不应超过表 9.6.1-1 的规定，墙板结构尺寸和位置的偏差不应超过表 9.6.1-2 的规定。

表 9.6.1-1 砌体结构尺寸和位置允许偏差

项　目		允许偏差（mm）	检查方法
砌体厚度		±4	—
基础顶面和楼面标高		±15	—
轴线位移		10	—
墙面垂直	每层	5	用 2m 靠尺检查
	全高	10	
表面平整		6	用 2m 靠尺检查
水平灰缝平直		7	用 10m 长的线拉直检查

表 9.6.1-2 墙板结构尺寸和位置允许偏差

项　目		允许偏差（mm）	检查方法
拼装大板的高度或宽度两对角线长度差		±55	拉　线
外墙板安装	垂直度 每层	5	用 2m 靠尺检查
	全高	20	
	平整度 表面平整	5	
内墙板安装	垂直度 墙面垂直	4	用 2m 靠尺检查
	平整度 表面平整	4	
内外墙门、窗框余量 10mm		±5	

9.6.2 屋面板施工时支座的平整度偏差不得大于 5mm，屋面板相邻的平整度偏差不得大于 3mm。

附录 A　蒸压加气混凝土隔墙隔声性能

表 A　蒸压加气混凝土隔墙隔声性能表

隔墙做法	构造示意	下列各频率的隔声量（dB）						100～3150Hz的计权隔声量 R_w（dB）
		125 Hz	250 Hz	500 Hz	1000 Hz	2000 Hz	4000 Hz	
75mm 厚砌块墙，双面抹灰	10‖75‖10	29.9	30.4	30.4	40.2	49.2	55.5	38.8
100mm 厚砌块墙，双面抹灰	10‖100‖10	34.7	37.5	33.3	40.1	51.9	56.5	41.0

续表 A

| 隔墙做法 | 构造示意 | 下列各频率的隔声量(dB) | | | | | | 100～3150Hz的计权隔声量 R_w(dB) |
		125 Hz	250 Hz	500 Hz	1000 Hz	2000 Hz	4000 Hz	
150mm厚砌块墙，双面抹灰	20╫150╫20	37.4	38.6	38.4	48.6	53.6	57.0	44.0(砌块)
		37.4	38.6	38.4	48.6	53.6	57.0	46.0(板材)(B06级无抹灰层)
100mm厚条板，双面刮腻子喷浆	3╫100╫3	32.6	31.6	31.9	40.0	47.9	60.0	39.0
两道75mm厚砌块墙，双面抹混合灰	5╫75╫75╫75╫5	35.4	38.9	46.0	47.0	62.2	69.2	49.0
两道75mm厚条板，双面抹混合灰	5╫75╫75╫75╫5	38.6	49.3	49.4	55.6	65.7	69.6	56.0
一道75mm厚砌块和一道半砖墙，双面抹灰	20╫75╫50╫120╫20	40.3	40.8	55.4	57.7	67.2	63.5	55.0
200mm厚条板，双面刮腻子喷浆	5╫200╫5	31.0	37.2	41.1	43.1	51.3	54.7	45.2(板材)
		39.0	40.1	40.4	50.4	59.1	48.4	48.4(砖块)(B06级无抹灰层)

注：1 本检测数据除注明外，均为 B05 级水泥、矿渣、砂加气混凝土砌块；

　　2 砌块均为普通水泥砂浆砌筑；

　　3 抹灰为 1：3：9（水：石灰：砂）混合砂浆；

　　4 B06 级制品隔声数据系水泥、石灰、粉煤灰加气混凝土制品。

附录 B　蒸压加气混凝土耐火性能

表 B　蒸压加气混凝土耐火性能表

材料		体积密度级别	厚度（mm）	耐火极限（h）
加气混凝土砌块	水泥、矿渣、砂为原材料	B05	75	2.5
			100	3.75
			150	5.75
			200	8.0
	水泥、石灰、粉煤灰为原材料	B06	100	6
			200	8
	水泥、石灰、砂为原材料	B05	150	>4
			100	3
水泥、矿渣、砂为原材料	屋面板	B05	100	3
			3300×600×150	1.25
	墙板	B05	2700×(3×600)×150	<4

附录 C　蒸压加气混凝土砌体抗压强度的试验方法

C.0.1　加气混凝土砌体试件采用三皮砌块，包括 2 条水平灰缝和 1 条垂直灰缝（图 C.0.1）。试件的截面尺寸可为 200mm×600mm。砌体高度与较小边的比值可采用 3～4。

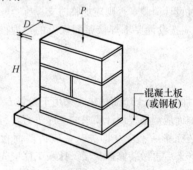

图 C.0.1　砌体试件示意图

C.0.2　砌体抗压强度试验应按下列步骤进行：

　　1　在砌筑前，先确定加气混凝土强度和砂浆强度。每组砌体至少应做 1 组（3 块）砂浆试块，与砌体相同的条件养护，并在砌体试验的同时进行抗压试验。

　　2　砌体试件采用 3 个为 1 组，按图 C.0.1 所示砌筑砌体，其砌筑方法与质量应与现场操作一致。

　　3　试件在温度为（20±3）℃的室内自然条件下，养护 28d，放在压力机上进行轴心受压试验。

试验时采用等速[加载速度为 $0.5\text{N}/(\text{mm}^2 \cdot \text{s})$]分级加载，每级荷载约等于预计破坏荷载 10%，直至破坏为止。

4 根据破坏荷载，按下列公式确定砌体抗压试验强度 f，并计算3个试件的平均值：

$$f = \frac{P\psi}{\varphi A} \qquad (\text{C.0.2-1})$$

$$\psi = \frac{1}{0.75 + \dfrac{18.5S}{A}} \qquad (\text{C.0.2-2})$$

式中 P——破坏荷载(N)；

A——试件的受压面积(mm^2)；

φ——纵向弯曲系数，按本规程第 5.2.3 条采用；

ψ——截面换算系数；

S——试件的截面周长(mm)。

附录 D 砌体水平通缝抗剪强度试验方法

D.0.1 试件尺寸：砌体标准尺寸见图 D.0.1。灰缝厚度为 $8\sim15\text{mm}$。若砌块生产规格不同，试件尺寸可按图 D.0.1 中括号内的数值确定。

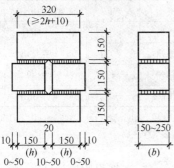

图 D.0.1 砌体标准尺寸示意图

D.0.2 试件制作：砌体水平砌筑，砌块的砌筑面需为切割面，同一水平的左右灰缝不得相连。试件砌筑完成后，顶部压二皮砌块，直至试验前取下。

抗剪试件一般砌筑 $2\sim3$ 组、每组 $3\sim5$ 个，砌筑的同时留 1 组砂浆标准试件(至少 3 块)，在室内条件下一起养护和存放，待砂浆达到预期强度后进行试验。

D.0.3 试验方法：试件按图 D.0.3-1 安装，直接在试验机或其他设备上加载，传力板和垫板尺寸和制作见图 D.0.3-2。

试验时可采用等速连续或分级加载，加载过程力求缓慢、均匀。当试件出现滑移并开始卸载时，即认为达到极限状态，记下最大荷载值 $P(\text{N})$，其中应包括试件上的全部附加重量。

D.0.4 抗剪强度：按下式确定砌体水平通缝的抗剪强度 f_v，并计算各组试件的平均值。

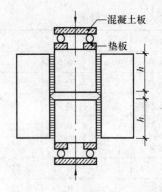

图 D.0.3-1 试件安装示意图

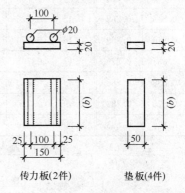

传力板(2件)　　垫板(4件)

图 D.0.3-2 传力板和垫板尺寸示意图

$$f_\text{v} = \frac{P}{2bh} \qquad (\text{D.0.4})$$

式中 f_v——砌体水平通缝的抗剪强度(N/mm^2)；

b——砌体试件宽度(mm)；

h——试件剪切面长度(mm)，见图 D.0.1、图 D.0.3-1。

附录 E 配筋加气混凝土矩形截面受弯构件承载力计算表

ξ	γ_0	A_0	ξ	γ_0	A_0
0.01	0.995	0.010	0.12	0.940	0.113
0.02	0.990	0.020	0.13	0.935	0.121
0.03	0.985	0.030	0.14	0.930	0.130
0.04	0.980	0.039	0.15	0.925	0.139
0.05	0.975	0.048	0.16	0.920	0.147
0.06	0.970	0.058	0.17	0.915	0.155
0.07	0.965	0.067	0.18	0.910	0.164
0.08	0.960	0.077	0.19	0.905	0.172
0.09	0.955	0.086	0.20	0.900	0.180
0.10	0.950	0.095	0.21	0.895	0.188
0.11	0.945	0.104	0.22	0.890	0.196

ξ	γ_0	A_0	ξ	γ_0	A_0
0.23	0.885	0.203	0.37	0.815	0.301
0.24	0.880	0.211	0.38	0.810	0.308
0.25	0.875	0.219	0.39	0.805	0.314
0.26	0.870	0.226	0.40	0.800	0.320
0.27	0.865	0.234	0.41	0.795	0.326
0.28	0.860	0.241	0.42	0.790	0.332
0.29	0.855	0.248	0.43	0.785	0.337
0.30	0.850	0.255	0.44	0.780	0.343
0.31	0.845	0.262	0.45	0.775	0.349
0.32	0.840	0.269	0.46	0.770	0.354
0.33	0.835	0.275	0.47	0.765	0.360
0.34	0.830	0.282	0.48	0.760	0.365
0.35	0.825	0.289	0.49	0.755	0.370
0.36	0.820	0.295	0.50	0.750	0.375

注：表中 $\xi = \dfrac{x}{h_0} = \dfrac{f_y A_s}{f_c b h_0}$，$\gamma_0 = 1 - \dfrac{\xi}{2} = \dfrac{\gamma_{RA} M}{f_y A_s h_0}$，$A_0 = \xi \gamma_0 = \dfrac{\gamma_{RA} M}{f_c b h_0^2}$，$A_s = \xi \dfrac{f_c}{f_y} b h_0$ 或 $A_s = \dfrac{\gamma_{RA} M}{\gamma_0 f_y h_0}$，$M = \dfrac{A_0}{\gamma_{RA}} f_c b h_0^2$。

附录 F 我国 60 个城市围护结构冬季室外计算温度 t_e (℃)

序名	地名	围护结构室外计算温度 t_e (℃)	序名	地名	围护结构室外计算温度 t_e (℃)
1	北京	−14	13	锡林浩特	−31
2	天津	−12	14	海拉尔	−40
3	石家庄	−14	15	通辽	−25
4	张家口	−21	16	赤峰	−23
5	秦皇岛	−15	17	二连浩特	−32
6	保定	−13	18	多伦	−31
7	唐山	−14	19	沈阳	−27
8	承德	−18	20	丹东	−19
9	太原	−16	21	大连	−17
10	大同	−22	22	抚顺	−27
11	运城	−11	23	本溪	−23
12	呼和浩特	−23	24	锦州	−19

序名	地名	围护结构室外计算温度 t_e (℃)	序名	地名	围护结构室外计算温度 t_e (℃)
25	鞍山	−23	43	日喀则	−14
26	锦西	−18	44	西安	−10
27	长春	−28	45	榆林	−23
28	吉林	−31	46	延安	−16
29	延吉	−24	47	兰州	−15
30	通化	−28	48	酒泉	−21
31	四平	−26	49	敦煌	−20
32	哈尔滨	−31	50	天水	−12
33	嫩江	−39	51	西宁	−18
34	齐齐哈尔	−30	52	银川	−21
35	牡丹江	−29	53	乌鲁木齐	−30
36	佳木斯	−32	54	塔城	−30
37	伊春	−35	55	哈密	−24
38	济南	−12	56	伊宁	−30
39	青岛	−11	57	喀什	−16
40	德州	−14	58	克拉玛依	−31
41	郑州	−9	59	吐鲁番	−21
42	拉萨	−9	60	和田	−16

注：摘自《民用建筑热工设计规范》GB 50176—93 附录三附表 3.1。

本规程用词说明

1 为便于在执行本规程条文时区别对待，对要求严格程度不同的用词说明如下：

1） 表示很严格，非这样做不可的：

正面词采用"必须"，反面词采用"严禁"；

2） 表示严格，在正常情况下均应这样做的：

正面词采用"应"，反面词采用"不应"或"不得"；

3） 表示允许稍有选择，在条件许可时首先应这样做的：

正面词采用"宜"，反面词采用"不宜"；

4） 表示有选择，在一定条件下可以这样做的，采用"可"。

2 条文中指明按其他有关标准执行的写法为："应符合……的规定"或"应按……执行"。

中华人民共和国行业标准

蒸压加气混凝土建筑应用技术规程

JGJ/T 17—2008

条 文 说 明

前　言

《蒸压加气混凝土建筑应用技术规程》JGJ/T 17—2008，经住房和城乡建设部 2008 年 11 月 14 日以第153 号公告批准发布。

本标准第一版的主编单位是北京市建筑设计院、哈尔滨市建筑设计院，参加单位是清华大学、中国建筑东北设计院、北京加气混凝土厂等共 16 个单位。

为便于广大设计、施工、科研、学校等单位有关人员在使用本标准时能正确理解和执行条文规定，《蒸压加气混凝土建筑应用技术规程》编制组按章、节、条顺序编制了本标准的条文说明，供使用者参考。在使用中如发现本条文说明有不妥之处，请将意见函寄主编单位北京市建筑设计研究院（地址：北京市南礼士路 62 号，邮编 100045）。

目　次

1　总则 ················· 12—20

3　一般规定 ············· 12—20

4　材料计算指标 ········· 12—21

5　结构构件计算 ········· 12—22

6　围护结构热工设计 ········· 12—25

7　建筑构造 ················· 12—25

8　饰面处理 ················· 12—27

9　施工与质量验收 ········· 12—27

1 总 则

1.0.1 蒸压加气混凝土的生产和应用在我国尽管已有40多年的历史,但就全国范围来看,大量建厂生产加气混凝土还是近十多年的事情。

从加气混凝土制品在各类建筑中的应用效果来看,技术经济效益较好,受到设计、施工和建设单位的好评。特别是近些年来国家提出墙体改革和节约能源的政策以来,更使加气混凝土材料有用武之地。

但是,在推广应用过程中,也暴露出应用技术与之不相适应的问题,如设计、施工不尽合理,辅助材料不够配套,以致在房屋的施工和使用中不断出现一些质量问题,影响加气混凝土更快更广泛地推广应用。

为了更好地推广和应用加气混凝土制品,充分发挥这种材料的优点,扬长避短,确保建筑的质量和安全,是本规程的编制目的。

1.0.2 我国是一个多地震的国家,6度和6度以上地震区占全国国土面积2/3以上。因此,任何一种材料要广泛用于房屋建筑中,必须了解它的抗震性能和适用范围。

本规程针对加气混凝土砌块和屋面板等构件应用于抗震设防地区及非地震区作出相应规定。

加气混凝土制品的原材料主要是硅、钙两种成分,如当前国内主要生产两个品种的加气混凝土,即水泥、石灰、砂加气混凝土和水泥、石灰、粉煤灰加气混凝土。过去所进行的材性和构性试验中,以干密度为B05级、强度为A2.5级的水泥矿渣砂加气混凝土制品较多。后来大量发展干密度为B06级、强度为A3.5级的水泥、石灰、粉煤灰的加气混凝土制品,又做了大量的材性试验工作。最近又开发作为保温用的B03级和B04级的制品,这类制品仅作为保温材料使用。故本规程适用于水泥、石灰、砂以及水泥、石灰、粉煤灰两种加气混凝土以及有可靠检测数据的其他硅、钙为原材料的加气混凝土制品。从实验室的试验来看,它们之间的材性基本上是相似的,因此制定本条,扩大了本规程的应用对象。对于其差异之处,将引入不同的设计参数加以区别对待。对配筋板材,为提高其刚度和钢筋的粘结力,要求强度等级在A3.5以上。

对于非蒸压加气混凝土制品,由于其强度低、收缩大,只能作为保温隔热材料使用。不属于本规程范围。

1.0.3 加气混凝土制品的质量应符合《蒸压加气混凝土板》GB 15762和《蒸压加气混凝土砌块》GB 11968的要求,这两个产品质量标准是最低的质量要求。为了确保建筑质量,对于不符合质量要求的产品,不应在建筑上使用。

1.0.4 本规程是现行设计和施工标准的补充文件,规程仅根据加气混凝土的特性作了一些必要的补充规定。在设计、施工和装修中还应符合国家现行的有关标准的要求。

3 一般规定

3.0.1 从应用效果来看,在民用房屋建筑和一般工业厂房的围护结构中用加气混凝土墙板、砌块、屋面板和保温材料是适宜的,它充分利用了体轻和保温效果好的优点,技术经济效果比较好。但应结合本地区和建筑物的具体情况进行方案比较,做到"物尽其用"。

3.0.2 多年的实践已经取得许多经验。但对于砌块作为承重墙体用于地震区,还缺乏宏观震害经验,出于安全考虑,参考其他砌体材料,对以横墙承重的房屋,限制其总层数及总高度是必要的。

表3.0.2给出加气混凝土砌块的强度等级与干密度的对应关系,是根据现行国家标准《蒸压加气混凝土砌块》GB 11968和《蒸压加气混凝土板》GB 15762的规定。如B05级产品即干密度小于等于500kg/m³的产品,其他级别产品以此类推。

3.0.3 加气混凝土制品长期处于受水浸泡环境,会降低强度。在可能出现0℃以下的地区,易受局部冻融破坏。对浓度较大的二氧化碳以及酸碱环境下也易于破坏。其耐火性能较好,但长期在高温环境下采用承重制品如墙、屋面板应慎重,因其在长期高温环境下易开裂。

3.0.4 控制加气混凝土制品在砌筑或安装时的含水率是减少收缩裂缝的一项有效措施,这已为工程实践证明。首先控制上房含水率,不得在饱和状态下上房;其次控制墙体抹灰前含水率,墙体砌筑完毕后不宜立即抹灰,一般控制在15%以内再进行抹灰工艺。通过试验研究证明,对粉煤灰加气混凝土制品以及相对湿度较高的地区,制品含水率可适当放宽,但亦宜控制在20%左右。

3.0.5 实践证明,采用普通水泥砂浆或混合砂浆砌筑加气混凝土砌块,如无切实可行的措施,不能保证缝隙砂浆饱满及两者粘结良好,这是墙体开裂的主要原因之一。因此承重墙体宜采用专用砌筑砂浆。

3.0.6 工程调查的结果表明,没有做饰面的加气混凝土墙面(尤其是外墙),经过数年后,由于干湿、冻融循环等自然条件影响,均有不同程度的损坏。因此,做外饰面是保护加气混凝土制品耐久性的重要措施。

3.0.7 震害经验表明,地震区采用横墙承重的结构体系其抗震性能优于其他结构布置形式。为此,加气混凝土砌块作为承重墙体时,应尽量采用横墙承重体系。同时,参考其他砌体房屋的震害经验,其横墙间距取较小的数值。

3.0.8 加气混凝土砌块承重房屋的抗震性能还取决于它的整体性。为了加强砌块墙体内外墙的连接，按照不同烈度设置拉结钢筋。

构造柱是砌体结构防止地震时突然倒塌的有效抗震措施，对于加气混凝土砌块承重的房屋，设置钢筋混凝土构造柱是十分必要的。

3.0.9 在加气混凝土砌块作为承重结构时，虽在非地震区建造，但也应加强房屋结构的整体性。因此，在一般在房屋顶层应设置现浇圈梁；房屋四角应有钢筋混凝土构造柱等。

3.0.10 隔声和耐火性能仅做过干密度为 $500\sim600\text{kg/m}^3$ 的加气混凝土制品的试验。其他干密度制品目前仅能根据理论推算，有待各厂家逐步完善，经试验后补充数据。

4 材料计算指标

4.0.1 加气混凝土强度等级的定义是：

1 考虑到加气混凝土生产的特点，为了方便生产检验和准确地标定加气混凝土强度，由原规程的气干状态（含水率 10%）检验强度改为出釜状态（含水率 35%～40%）检验强度。

2 在出釜状态随机抽取远离侧模边 250mm 以上的 3 块砌块，在每个砌块发气方向的中间部位切割 3 个边长 100mm 立方体试块构成 1 组，用标准试验方法测得的、具有 95% 保证率的立方体抗压强度平均值作为加气混凝土抗压强度等级的标准值。

3 加气混凝土强度等级（亦称标号）的代表值（A2.5、A3.5、A5.0、A7.5），系指在出釜状态立方体抗压强度检验时 3 个试块为 1 组的平均值，应等于或大于强度等级（A2.5、A3.5、A5.0 和 A7.5）代表值（且其中 1 个试块的立方体抗压强度不得低于代表值的 85%），以确保加气混凝土在应用时的安全度。

4 加气混凝土在出釜状态时的强度等级代表值 $f_{\text{cu·15}}^{\text{A}}$，是本规程加气混凝土各项力学指标的基本代表值。

4.0.2 按照国家现行标准《建筑结构可靠度设计统一标准》GB 50068，并参照《混凝土结构设计规范》GB 50010 的要求，依据原《蒸压加气混凝土应用技术规程》JGJ 17—84 的编制背景材料《我国加气混凝土主要力学性能统计分析研究报告》（哈尔滨市建筑设计院 1982 年 10 月）和《加气混凝土构件的计算及其试验基础》（清华大学抗震抗爆工程研究室科学研究报告集第二集 1980 年）所提供的试验资料数据，并考虑到目前我国加气混凝土在气干状态（含水率 10%）时的实际强度，对加气混凝土的抗压、抗拉强度标准值、设计值按下述原则和方法确定。

1 抗压强度：按正态分布曲线统计分析确定。

1）抗压强度标准值 f_{ck}：

取其概率分布的 0.05 分位数确定，保证率为 95%。

$$f_{\text{ck}} = 0.88 \times 1.10 f_{\text{cu·15}}^{\text{A}} - 1.645\sigma \quad (1)$$

式中 f_{ck}——抗压强度标准值（N/mm²）；

0.88——考虑结构中加气混凝土强度与试件强度之间的差异对试件强度的修正系数；

1.10——出釜强度换算成气干强度的调整系数；

$f_{\text{cu·15}}^{\text{A}}$——加气混凝土出釜强度等级代表值（N/mm²）；

σ——标准差（N/mm²）。

按正态分布曲线统计规律，加气混凝土强度的变异系数 $\delta_f = \sigma/f_{\text{cu·15}}^{\text{A}}$ 为 0.10～0.18，取 $\delta_f = 0.15$ 确定标准差 σ 后，代入（1）式得出本规程加气混凝土抗压强度标准值（见表 4.0.2-1）。

2）抗压强度设计值 f_{c}：

参照《混凝土结构设计规范》GB 50010 及其条文说明的可靠度分析，根据安全等级为二级的一般建筑结构构件，按脆性破坏，要求满足可靠度指标 $\beta = 3.7$。经综合分析后，对于板构件加气混凝土抗压强度设计值由加气混凝土抗压强度标准值除以加气混凝土材料分项系数 γ_f 求得，加气混凝土材料分项系数取 $\gamma_f = 1.40$。加气混凝土抗压强度设计值为：

$$f_{\text{c}} = \frac{1}{\gamma_f} f_{\text{ck}} \quad (2)$$

按（2）式得出本规程加气混凝土抗压强度设计值（见表 4.0.2-2）。

2 抗拉强度：与抗压强度处于同一正态分布曲线，变异系数相同，按抗拉强度与抗压强度相关规律：

1）抗拉强度标准值 $f_{\text{tk}} = 0.09 f_{\text{ck}}$ （3）

2）抗拉强度设计值 $f_{\text{t}} = 0.09 f_{\text{c}}$ （4）

由此得表 4.0.2-1 和表 4.0.2-2 中的相应值。

4.0.3 加气混凝土的弹性模量仍按原规程的定义和方法确定。

1 水泥矿渣砂加气混凝土和水泥石灰砂加气混凝土取为：

$$E_{\text{c}} = 310 \sqrt{1.10 f_{\text{cu·15}}^{\text{A}} \times 10} \quad (5)$$

2 水泥石灰粉煤灰加气混凝土取为：

$$E_{\text{c}} = 280 \sqrt{1.10 f_{\text{cu·15}}^{\text{A}} \times 10} \quad (6)$$

按（5）、（6）式得出本规程加气混凝土弹性模量（见表 4.0.3）。

4.0.4 加气混凝土的泊松比、线膨胀系数系参照国内的科研成果和国外标准而定。

4.0.5 砌体的抗压强度、抗剪强度和弹性模量。

本条是根据国内北京、哈尔滨、重庆等地有关单位的科研成果而定的。

国内目前生产的块材尺寸，一般的高度为 250～

300mm，长度为 400～600mm，厚度按使用要求和承载能力确定。影响砌体强度的主要因素是砌块的强度和高度，本标准以块高 250～300mm 作为标准给出砌体强度。

砂浆为广义名称，包括水泥砂浆、混合砂浆、胶粘剂和保温砂浆等，砌筑加气混凝土应优先采用专用砂浆。由于加气混凝土砌块强度不高，试验表明采用高强度等级的砂浆对其砌体强度增长得不多，强度太低的砂浆又不易保证较大砌块的砌体整体工作性能，故只给出 M2.5 和 M5.0 两个砂浆强度等级作为砌体强度正常选用指标，高于 M5.0 的砂浆强度等级仍按 M5.0 砂浆采用。

表 4.0.5-1 中的砌体抗压强度系按国内的科研成果，以高 250mm、长 600mm 砌块为准，按砌体强度与砌块材料立方强度的线性关系给定的。

当砂浆强度等级为 M2.5 时，砌体抗压强度标准值为 $f_k = 0.6 f_{ck}$，f_{ck} 为加气混凝土砌块材料立方抗压强度标准值。

当砂浆强度等级为 M5.0 时，砌体抗压强度标准值为 $f_k = 0.65 f_{ck}$。

砌体的材料分项系数由原规程的 $\gamma_f = 1.55$，提高到 $\gamma_f = 1.6$，将砌体抗压强度标准值除以此材料分项系数即得砌体抗压强度设计值：

当砂浆为 M2.5 时，$f = f_k / \gamma_f = 0.375 f_{ck}$；当砂浆为 M5.0 时，$f = f_k / \gamma_f = 0.406 f_{ck}$。

按上式得出砌体抗压强度设计值见表 4.0.5-1。

当砌块高度小于 250mm、大于 180mm，长度大于 600mm 时，其砌体抗压强度按块形变动，需乘以块形修正系数 C 进行调整。

块形修正系数：

$$C = 0.01 \frac{h_1^2}{l_1} \leqslant 1.0 \qquad (7)$$

只取小于 1 的 C 值进行修正。

式中　h_1——砌块高度（mm）；

　　　l_1——砌块长度（mm）。

砌体沿通缝的抗剪强度，系规程编制组采用普通砂浆砌体试验的科研成果而标定的，见表 4.0.5-2。采用专用砂浆时的抗剪强度，因离散性较大不便统一规定。

砌体的弹性模量取压应力等于砌体抗压强度 40% 时的割线模量，按原来试验统计公式，当砂浆强度等级 M2.5～M5.0 时为：

$$E = \alpha \sqrt{R_a} \qquad (8)$$

$$\alpha = \frac{1.06 \times 10^6}{\frac{1550}{\sqrt{R_1}} + \frac{450}{\sqrt{R_2}}} \qquad (9)$$

式中　E——加气混凝土砌体弹性模量（kg/cm²）；

　　　α——系数；

　　　R_a——加气混凝土砌体的抗压强度值 $R_a = 0.6 R_1$

（kg/cm²）；

　　　R_1——砌块的抗压强度（kg/cm²）；

　　　R_2——砂浆强度（kg/cm²）。

将上述公式中各项的单位，由 kg/cm² 变换为 N/mm²，并将本规程的加气混凝土强度等级和砂浆强度等级代入，经计算调整后得表 4.0.5-3 所列值。

4.0.6　加气混凝土配筋构件的钢筋强度取值是按国内科研成果并参照《混凝土结构设计规范》GB 50010 给出的。配筋构件的钢筋，宜采用 HPB235 级钢，其抗拉、抗压强度设计值取 210N/mm²。

经过机械调直和蒸养时效的 HPB235 级钢筋，屈服强度可提高。通过规程编制组的试验和各主要生产厂的采样分析，其提高值离散性较大。有的生产厂机械调直设备完善，管理较好，质量控制较严，机械调直能起冷加工作用，调直蒸压后的钢筋抗拉强度提高较多，且性能稳定。有的生产厂机械调直设备陈旧、型号较杂，管理较差，钢筋机械调直后的强度变化不大。鉴于此种情况不宜作统一规定。如果生产厂能保证钢筋调直后提高强度，且有可靠试验根据时，当钢筋直径等于或小于 12mm 时，调直蒸压后的钢筋抗拉强度可取 250N/mm²，但抗压强度均为 210N/mm²。

4.0.7　规程对钢筋防腐处理明确提出要有严格的保证，这是配筋构件的关键性技术要求。工程实践表明加气混凝土配筋构件的钢筋防腐如果处理不好，将是造成构件破坏或不能使用的主要原因，因此强调钢筋防腐必须可靠，在产品标准中给以严格的保证。

本规程提出的涂有防腐剂的钢筋与加气混凝土的粘着力不得小于 0.8N/mm²（A2.5）和 1N/mm²（A5.0），这是最低要求，并不作为产品标准的依据。产品标准应提高保证数据，储存可靠的安全度。

4.0.8　将砌体和配筋构件的重量综合在一起进行标定。主要是考虑加气混凝土的密度小，各类构件密度差的绝对值不大。为了便于应用和简化，以加气混凝土干密度为准，给定一个综合增重系数 1.4，考虑了使用阶段的超密度，较大含水率、钢筋量、胶结材料超重等因素。各地可根据所采用的加气混凝土制品干密度指标乘以增重系数，切合实际而又灵活。在目前国内各生产厂产品密度离散性较大的情况下，不宜给出统一标定的设计密度绝对指标。

5　结构构件计算

5.1　基本计算规定

5.1.1　我国颁布《建筑结构可靠度设计统一标准》GB 50068 后，统一了结构可靠度和表达式形式，各种设计规范都根据此标准所规定的原则相继地进行修订。与本规程密切相关的有：《建筑结构荷载规范》GB 50009，《砌体结构设计规范》50003，《混凝土结

构设计规范》GB 50010 和《建筑抗震设计规范》
GB 50011 等。

本规程的原版本 JGJ 17—84 是此前制定的，因此也必须进行相应的修订。本规程中结构构件计算部分遵循的修订原则如下：

1 根据统一标准 GB 50068 规定的原则，采用了以概率理论为基础的极限状态设计法和分项系数表达的计算式；

2 在实际工程中，加气混凝土构件常常和钢筋混凝土、砖砌体构件等结合使用。同一建筑物内各构件的设计可靠度应该相等或相近。在确定加气混凝土的材料强度和弹性模量的设计值，以及砌体强度设计值时，采用了与混凝土或砖砌体相同或略高的可靠度指标（β值）；

3 设计人员对常用的荷载、混凝土结构和砖砌体结构等的设计规范都很熟悉，本规程中构件计算公式的形式和符号都与同类受力构件（如板受弯、砌体受压）在相应规范中的计算式基本一致，以方便使用、避免混淆；

4 考虑到加气混凝土材质的特点和差异，以及构件在运输或建造过程中可能受到损伤等不利因素，在构件承载能力的极限状态设计基本公式（5.1.2）中，在承载力设计值 R 一边引入一个调整系数（γ_{RA}）。

在原规程 JGJ 17—84 中，基于同样的考虑在确定加气混凝土构件的设计安全系数 K 值时就比原混凝土结构和砖砌体结构规范所要求的安全系数有一定提高（表1）。为了使两本规程很好地衔接，也注意到近年加气混凝土配筋板材的质量有所提高，本规程对于配筋板和砌体采用相同的承载力调整系数值 $\gamma_{RA}=1.33$，相当于对加气混凝土构件的安全系数提高 1.33 倍。此值与表1中原规程的安全系数提高值相当。

表1 原规程与相关规范安全系数的比较

构件种类	配筋板		砌体	
受力种类	受弯	受剪	受压	受剪
加气混凝土应用规程 JGJ 17—84	2.0	2.2	3.0	3.3
钢筋混凝土规范 TJ 10—74	1.4	1.55		
砖砌体规范 GBJ 3—73			2.3	2.5
加气混凝土构件的安全系数提高比	1.43	1.42	1.30	1.32

原规程在工程实践中使用已二十多年，表明设计安全系数取值合理。本规程按上述修改后，对典型构件进行对比计算，构件可靠度与原规程的计算结果基本相同，故构件可靠度有切实保证，且比原规程略有改进。

关于构件的极限承载力和变形等性能的计算方法和参数值的确定，在原规程 JGJ 17—84 的编制说明中已经列举了试验依据和分析。在制定本规程时如无重大补充和修改，将不再重复。

5.1.2 承载能力极限状态设计的一般计算式按照《建筑结构可靠度设计统一标准》GB 50068 的原则确定。承载力调整系数 γ_{RA} 及其数值专为加气混凝土构件而设定。

5.1.3 关于构件的正常使用极限状态，由于加气混凝土的弹性模量值低，需验算受弯板材的变形。

试验证明，由于制造过程中形成的初始自应力和加气混凝土的抗折强度较高等原因，适筋受弯板材的开裂弯矩与极限弯矩的比值约为 $M_{cr}/M_u=0.5\sim0.7$，远大于普通混凝土构件的相应值。因此，加气混凝土板材在使用荷载下一般不会出现受弯裂缝，而且钢筋外表有防锈涂层可防止锈蚀，故不作抗裂验算。

5.1.4 本条用以计算板材截面上网的配筋数量。板材的自重分项系数根据生产经验由原规程的 1.1 增加至 1.2。

5.2 砌体构件的受压承载力计算

5.2.1 轴心和偏心受压构件的承载力计算式与原规程中的相同，也与现行《砌体结构设计规范》GB 50003 的同类计算式相似。受压构件的纵向弯曲系数 φ 和轴向力的偏心影响系数 α 分列，系数 0.75 即承载力调整系数（$\gamma_{RA}=1.33$）的倒数值（下列有关计算式中同此）。

5.2.2 加气混凝土砌体的偏心受压试验表明，大小偏心受压破坏的界限偏心距在 $e=(0.48\sim0.51)y$ 范围内。当 $e>0.5y$ 时，砌体的一侧出现拉应力，极限承载力很低，且破坏突然，设计时宜加以限制。

5.2.3 长柱砌体的试验结果表明，加气混凝土砌体的纵向弯曲系数 φ 与砖砌体（砂浆 M2.5）的数值相近。本条根据构件高厚比 β 值确定系数 φ 的方法，以及表5.2.3 中的 φ 值同原规程，也与《砌体结构设计规范》GB 50003 中的相应条款相同。

β 的修正值取为 1.1，系参考了规范 GB 50003 的规定，并通过试算和对比试验结果后确定。构件的计算高度 H_0 按规范 GB 50003 中的有关规定取用。

5.2.4 加气混凝土短柱砌体的偏心受压试验证明，偏心影响系数 α 值与砌体和砂浆强度的关系不大，且与砖砌体的相应值吻合，故可采用规范 GB 50003 中相应的计算式，即式（5.2.4-1）。

5.2.5 由于加气混凝本身强度较低，梁端下应设置刚性垫块。加气混凝土砌体的试验表明，其局部承压强度较砌体抗压强度（f）提高有限，计算式（5.2.5）中仍取后者。

5.3 砌体构件的受剪承载力计算

按照统一标准 GB 50068 的原则，原规程的公式变换成本规程公式（5.3.1），其中 σ_k 前的系数值推导如下：

由 JGJ 17—84 的 $KQ = (R_{qj} + 0.6\sigma_0)A$

以 $K = 3.3$ 代入得：

$$Q = \frac{1}{3.3}(R_{qj} + 0.6\sigma_0)A \qquad (10)$$

本规程的表述式为 $\bar{\gamma}V_k = 0.75(f_v + x\sigma_k)A$

以平均荷载系数 $\bar{\gamma} = 1.24$ 代入得：

$$V_k = \frac{0.75}{1.24}(f_v + x\sigma_k)A \qquad (11)$$

在式（5.3.1）中 $Q = V_k$，$\sigma_0 = \sigma_k$，为使本规程和原规程的计算安全度相同，必须符合：

$$f_v = \frac{1.24}{0.75} \cdot \frac{1}{3.3} R_{qj} = 0.501 R_{qj} \qquad (12)$$

$$x = \frac{1.24}{0.75} \cdot \frac{0.6}{3.3} = 0.301 \approx 0.3 \qquad (13)$$

5.4 配筋受弯板材的承载力计算

5.4.1 正截面承载力的基本计算公式（5.4.1-1）、（5.4.1-2）由原规程的公式按统一标准的原则和符号改写，且与现行《混凝土结构设计规范》GB 50010 中的有关公式一致。系数 0.75 即承载力调整系数（$\gamma_{RA} = 1.33$）的倒数值。

式（5.4.1-3）、（5.4.1-4）分别为界限受压区相对高度的限制条件和适筋受弯破坏的最大配筋率。由于《混凝土结构设计规范》GB 50010 在计算受弯构件时，改用了平截面假定，本规程随之作相应变化。

根据已有试验结果（详见"加气混凝土构件的计算及其试验基础"，清华大学，1980），配筋加气混凝土板在弯矩作用下的截面应变符合平截面假定，适筋破坏时压区加气混凝土的最大应变为 $2 \times 10^{-3} \sim 4 \times 10^{-3}$，平均值为 2.8×10^{-3}。由此得界限受压区相对高度：

$$\xi = \frac{0.0028}{0.0028 + \dfrac{f_y}{E_s}} = \frac{1}{1 + \dfrac{f_y}{0.0028E_s}} \qquad (14)$$

而等效矩形应力图的相对高度为：

$$\xi_b = 0.75\xi = \frac{0.75}{1 + \dfrac{f_y}{0.0028E_s}} \qquad (15)$$

所以

$$\mu_{max} = \xi_b \frac{f_c}{f_y} \times 100\% \qquad (16)$$

本规程中钢筋屈服强度 $f_y = 210(250)\text{N/mm}^2$，$E_s = 2.0 \times 10^5 \text{N/mm}^2$，代入式（15）得：

$$\xi_b = 0.545(0.5185) \qquad (17)$$

与试验结果（见前面同一文献）$\xi_b = 0.5$ 相一致。

故本规程建议采用 $\mu_{max} = 0.5 \dfrac{f_c}{f_y} \times 100\%$。

5.4.2 原规程的计算式中，板材抗剪承载力取为 $0.055 f_c bh_0$，是根据板材均布荷载和集中荷载试验结果所得的最小抗剪能力。改写成本规程的表述式，并将加气混凝土的抗压强度转换成抗拉强度（$f_t = $

$0.09 f_c$），故：

$$\frac{1}{\gamma_{RA}} 0.055 f_c h_0 = \frac{1}{1.33} 0.055 \frac{f_t}{0.09} bh_0 = 0.458 f_t bh_0$$

取整后即得式（5.4.2）。

5.5 配筋受弯板材的挠度验算

5.5.1 这是一般的方法，同普通混凝土件的计算。

5.5.2 加气混凝土板材的试验表明，在使用荷载的短期作用下，一般不出现受弯裂缝，且抗弯刚度（B_s）接近常值。为简化计算，将换算截面的弹性刚度 $E_c I_0$ 予以折减，系数值 0.85 比实测值（0.81～1.04，平均为 0.94）偏小，计算结果可偏安全。

5.5.3 计算公式同《混凝土结构设计规范》GB 50010。

水泥矿渣砂加气混凝土板的长期荷载试验中，实测得 6 年后挠度增长 1.4～1.7 倍。据其发展规律推算，在 20 年和 30 年后将分别达 1.886 和 2.063，故暂取 $\theta = 2.0$。

5.6 构 造 要 求

5.6.1～5.6.2 验算高厚比 β 的计算式同原规程，也同《砌体结构设计规范》GB 50003。允许高厚比 $[\beta]$ 值（表 5.6.1）参照该规范和工程经验确定。

5.6.3 控制房屋伸缩缝的间距是减轻砌体裂缝现象的重要措施之一。最大距离 40m 约可安排 3 个住宅单元。

5.6.4 砌筑墙体所用的砂浆，由原规程建议的混合砂浆改为"粘结性能良好的专用砂浆"，以保证砌块的粘结强度和砌体质量（砌体强度）。

5.6.5 加气混凝土砌块由于强度偏低，不宜直接承担局部受压荷载，因此要采用垫块或圈梁作为过渡。

5.6.6 为增强房屋的整体性，对加气混凝土砌块承重的底层和顶层窗台标高处，设置通长的现浇混凝土条带。

5.6.7 楼、屋盖处的梁或屋架，必须与相对应位置的墙、柱或圈梁有可靠的连接，以增强房屋的整体性能，提高其抗震能力。

5.6.8 承重加气混凝土砌块房屋，门窗洞口的过梁应采用钢筋砌块过梁（跨度≤900）或钢筋混凝土过梁（跨度较大时）。支承长度均不应小于 240mm。

5.6.9 加气混凝土砌块墙长大于层高的 1.5 倍时，为了保持砌块墙体出平面外的稳定性，应在墙中段设置起稳定作用的钢筋混凝土构造柱。

5.6.10 加气混凝土与钢筋的粘结强度较低，板材中的钢筋网片和骨架要加焊接，以充分地发挥钢筋的受力作用。钢筋上、下网片之间设连接箍筋，以加强板材的压区和拉区的整体联系作用。

加气混凝土的透气性大，为防止钢筋锈蚀，板材内所有的钢筋（网片）都必须经过可靠的防腐处理。

5.6.11 板材内钢筋直径和数量的限制，参照国内外的有关试验研究和工程经验制定。试验证明，当主筋末端焊接3根相同直径的横向锚固筋，可保证受弯板材的跨中主筋屈服时端部不产生滑移。

根据工程经验，主筋末端到板端部的距离，由原规程要求的小于等于15mm，改为小于等于10mm。

5.6.12 当板材起吊时，上网纵向钢筋受拉，因此，上网钢筋不得少于2根，并与下网受力主筋相连。

5.6.13 为增强地震区加气混凝土屋盖结构的整体刚度，对加气混凝土屋面板与板之间加强连接是十分必要的。为此，在板内埋设预留铁件，并在吊装后加以焊接。由于加气混凝土强度等级较低，因此，预埋件应与板主筋或架立筋焊接。

5.6.14 若板材的支承长度过小，不仅安装困难，还易发生局部损坏，影响承载力。本条的限制值是根据板材主筋的长度、板材试验和工程经验而确定。

6 围护结构热工设计

6.1 一 般 规 定

6.1.1 本条是加气混凝土围护结构热工设计的基本原则和方法的规定，在同一地区同一建筑中，从满足保温、隔热和节能要求出发，求得的加气混凝土外墙和屋面的保温层厚度可能不同，实际使用时，应取其中的最大厚度。

6.1.2 根据目前加气混凝土生产和应用中有代表性的密度等级、使用情况、有无灰缝影响及含水率等，对加气混凝土围护结构材料热工性能有主要影响的计算参数——导热系数和蓄热系数计算值的规定，以便使计算结果具有可比性和一定程度的准确性，并更接近实际应用效果。

在根据保温隔热和节能要求计算确定加气混凝土围护结构或加气混凝土保温隔热层厚度时，正确确定和选用加气混凝土材料导热系数和蓄热系数的计算值，是十分重要的。这是因为如果计算值的确定和选用不当（偏高或偏低）则将影响计算结果的正确性，使计算结果与实际效果偏离较大，或在实际上不能满足保温隔热和节能要求。

计算值的确定应具有代表性，亦即材料的品种、密度，以及在围护结构中所处的状况（潮湿和灰缝影响等）应具有代表性，本规程表6.1.2中所列的4种密度（400、500、600、700kg/m³）、2种构造（单一结构和复合结构）、3种状况（单一结构中，体积含水率3%的正常含水率和灰缝影响；复合结构中，铺设在密闭屋面内和浇筑在混凝土构件中所受潮湿和灰缝的影响），具有代表性，且与《民用建筑热工设计规范》GB 50176的取值接近。按本表计算值采用，基本上能够反映实际情况。

6.2 保温和节能设计围护结构热工设计

6.2.1 对加气混凝土围护结构（主要包括外墙和屋面）的传热系数 K 值和热惰性指标 D 值，应符合国家现行节能设计标准的有关规定，因近年来我国建筑节能迅速发展，对围护结构保温、隔热的要求不断提高，有些城市（如北京、天津等）已先行实施节能65%的居住建筑节能设计标准，适用于我国严寒、寒冷、夏热冬冷和夏热冬暖地区的节能50%的居住建筑节能设计行业标准目前正在修订中，《公共建筑节能设计标准》GB 50189 也已实施。为了适应这种不断发展变化的形势需要，作出本条规定。满足相关节能标准要求的保温厚度，以及满足《民用建筑热工设计规范》GB 50176 要求的低限保温、隔热厚度的规定。

6.2.2 本条规定了加气混凝土外墙和屋面传热系数 K 值、热惰性指标 D 值，以及外墙中存在钢筋混凝土梁、柱等热桥情况下外墙平均传热系数的计算方法。

6.2.3 本表所列为干密度为600kg/m³的加气混凝土外墙砌筑和粘结不同做法的传热系数 K 值和热惰性指标 D 值，供参考选用。

6.2.4 本表所列为干密度为600kg/m³的加气混凝土单一材料屋面板的传热系数 K 值和热惰性指标 D 值，供参考选用。

6.2.5 加气混凝土外墙中常存在钢筋混凝土梁、柱等热桥部位，如果不在这些热桥部位的外侧作保温处理，则将严重影响整体的保温效果，并有在这些部位的内表面结露长霉的危害，故作出本条规定。

6.2.6 本条从我国许多地区夏季有隔热的要求出发，对加气混凝土外墙和屋面能够满足《民用建筑热工设计规范》GB 50176 隔热要求的厚度列出数据，但还应与满足建筑节能设计标准要求的计算厚度进行比较，取其中的最大厚度。

6.2.7 为避免加气混凝土复合墙体冬季内部冷凝受潮，降低保温效果，并引起结构损坏，作出本条规定。

6.2.8 为避免加气混凝土复合屋面冬季内部冷凝受潮，降低保温效果，并引起防水层损坏，作出本条规定。

6.2.9 本条还有另一种做法，即在屋面板上先做找坡层和防水层，再将加气混凝土块铺设在防水层上面，然后再做刚性防水层或其他防水层，实质上是一种倒置屋面。这种做法有利于加气混凝土内部潮湿的散发，对改善屋面的保温、隔热性能和保护防水层有利。

7 建 筑 构 造

7.1 一 般 规 定

7.1.1 在低温下，加气混凝土外表受潮结冰，体积增大 1.09 倍，在实际使用过程中，一般均外层结冰，这样就封闭了内部水分向外迁移的通道。当加气混凝土的内部水分向表面迁移时，在表层产生较大破坏应力，加气混凝土抗拉强度低，只有 0.3~0.5MPa，所以局部冻融容易产生分层剥离。

7.1.2 加气混凝土系多孔材料，出釜含水率为 35%~40%，使用过程中，水分不可能全部蒸发；其次在潮湿季节中，它会吸入一部分水分；三是加气混凝土属于中性材料，pH 值在 9~11 之间。上述因素对未经处理的铁件均会起锈蚀作用，所以进入加气混凝土中的铁件应作防锈处理。

7.1.3 加气混凝土屋面板上镂划沟槽容易破坏钢筋保护层，所以一般不宜镂划，横向镂槽会减小板材的受力面积，而且如施工不当，有可能伤及更多的纵向钢筋，所以不宜横向镂划。沿纵向镂划的，其深度应小于等于 15mm，以不触及钢筋保护层为原则。

7.2 屋 面 板

7.2.1 加气混凝土屋面板是兼有保温和结构双重功能的构件，并由于机械钢丝切割，厚度精确，只要安装精确可不必在其上表面做找平层，如支座处找坡，则支座必须平整。在荷载允许情况下在屋面板上部可做找坡层。在地震区屋面必须有两个要求，板内上下网片应有连接和板上应设预埋件，构造方法如图 7.2.1 所示，或采用其他行之有效的连接方法。

7.2.2 加气混凝土屋面板强度偏低，在屋盖体系中，不应考虑作为水平支撑，因此应对屋架上部支撑予以适当加强。

7.2.3 沿板长和板宽方向不得出挑过多，以避免上部受拉产生裂缝，参考国外有关资料，其挑出长度给予限制，并采取相应构造连接措施。

7.2.4 板两端为受力钢筋的锚固区，不能在此范围内开洞，如需切断钢筋时，要对板的承载力进行验算。在正常情况下，只能按图 7.2.4 允许的范围内开洞。加气混凝土屋面板两端有横向锚固钢筋，因此严禁切断使用。需要纵向切锯的板材要与厂方协商，经计算后采用特殊配筋，专门生产允许切锯的板材。

7.2.5 加气混凝土屋面板因用切割机切割，一般两面都比较平整。如用支座找坡，只要支座处平整，屋面上下都会十分平整，可不做找平层，直接铺卷材防水层。如屋面板上须做找坡层和找平层，则在设计时应验算板的上部荷载，不要超过设计荷载。

加气混凝土屋面板因宽度较窄（600mm）刚度差，当铺好卷材防水层后，如其上部有施工荷载或温差伸缩变形时，易于将端头缝防水层处拉裂，尤其当满铺时更易拉裂。因此为防止端头缝开裂，除采取板材预埋件相互焊接外，还应在防水层做法上采取一定措施。在端头缝处干铺一条卷材的作用；一是加强作用，二是允许滑动；花撒和点铺的作用，均是允许有

伸缩余地，以免在薄弱部位拉裂。

7.2.6 加气混凝土易受局部冻融破坏，同时也易受干湿循环破坏，所以在一些经常有可能处于干湿交替部位如檐口、窗台等排水部位应做滴水处理。

7.2.7 坯体经钢丝切割后，在制品表面有一些鱼鳞状的渣末，在使用过程中相当一段时间，会有掉落现象，因此，在其底面必须进行处理，一般以刮腻子喷浆为宜，因板表面抹灰较难保证质量，不做抹灰。对卫生要求较高的建筑，以及公共建筑等一般均做吊顶。

7.3 砌 块

7.3.1 加气混凝土保温性能好，在寒冷地区宜作为单一材料墙体，其用材厚度要比传统材料薄，如与其他材料处于同一表面，如外露混凝土构件（圈梁、柱或门窗过梁），则在采暖地区在该部位易产生"热桥"，同时两种材料密度不同，收缩值和温度变形不一，外露在同一表面易在交接处产生裂缝。所以无论在采暖或非采暖地区，在构件外表面均应有保温构造。由于在严寒地区其墙厚比传统墙体减薄，相应的灰缝距离也短，易于在灰缝处出现"热桥"，所以应采用保温砂浆砌筑，但有的产品精确度高，灰缝可控制在 3mm 以下，则灰缝产生"热桥"的可能性较小。

7.4 外 墙 板

7.4.1 加气混凝土用作外墙板，因其强度偏低，不宜将每层墙板层层叠压到顶。根据多年的实践经验，以分层承托为宜，尤其在地震区的高层建筑中，必须各层分别承托本层的重量。

7.4.2 外墙拼装大板是由过梁板、窗下板和洞口两边板三部分组合，洞口两边宽度和过梁板高度不宜太窄，否则在板材组装运输和吊装过程中易于损坏。外墙板一般为对称双面布筋每面 4 根，如要切锯成过梁板，最小宽度不宜小于 300mm，以使切锯后的板内保持 4 根钢筋，并根据洞口大小经结构验算后方可使用，也可与厂方协商生产专用板材。

7.5 内 隔 墙 板

7.5.1 一般民用建筑隔墙的平面较为复杂，垂直安装的灵活性比较大，为保证隔墙板的牢固，在地震区梁（或板）下应设预埋件将板上部卡住。为防止上部结构产生挠度或地震时结构变形，将板压坏，在板顶部应放柔性材料。板材安装时其下部用楔子将板往上顶紧，楔子应顺板宽方向打入，这样使板之间越挤越紧，不能从厚度方向对楔。当然同时也应采用上部固定方式。板缝间打入金属片的目的，是板之间用胶粘后的补强措施，一旦发生振动而不致开胶。

7.5.3 加气混凝土强度低、板材薄，如在民用建筑墙板上安装卫生设备、暖气片、热水器、吊柜等重

物，或在工业建筑中固定管道支架时，应采用加强措施，如穿墙螺栓夹板锚固等。

8 饰面处理

8.0.1 加气混凝土的饰面不仅是美观要求，主要是保护加气混凝土墙体耐久性必不可少的措施。良好的饰面是提高抗冻、抗干湿循环和抗自然碳化的有效方法，对有可能受磕碰和磨损部位，如底层外墙、墙体阳角、门窗口、窗台板、踢脚线等要适当提高抹灰层的强度，当做完基层处理后，头道底灰一般抹强度与制品强度接近的混合砂浆。待头道抹灰初凝后，再抹强度较高的面层。

8.0.2 加气混凝土的吸水特性与传统的砖或混凝土不同，它的毛细作用较差，形似一种"墨水瓶"结构，其单端吸水试验表明，是先快后慢，吸水时间长，24h内吸水速度快，以后渐缓，直到10d以上才能达到平衡，但量不多。所以如基层不做处理，将不断吸收砂浆中的水分，使砂浆在未达到强度前就失去水化条件，造成抹灰开裂空鼓。根据德国标准，对加气混凝土饰面层的基层，其吸水率的要求是 $A = 0.5kg/(m^2 \cdot h)$，所以宜采用专用抹灰砂浆或在粉刷前做界面处理封闭气孔。减少吸水量，并使抹灰层与加气混凝土有较好的粘结力。

8.0.3 因加气混凝土本身强度较低，故抹底灰层的强度应与加气混凝土的强度、弹性模量和收缩值等相适应，以避免抹灰开裂。

8.0.4 根据8.0.3条原则加气混凝土的底灰强度不宜过高，如表面要做强度较高的砂浆，则应采取逐层过渡、逐层加强的原则。

8.0.5 在设计中力求避免两种不同材料在同一表面。如遇此情况，则应对该缝隙或界面进行处理，如用聚合物砂浆及玻纤网格布加强。但采用聚合物砂浆所用水泥必须用低碱水泥，玻纤网格布一定要用耐碱和涂塑的，其性能应符合相关标准要求。

8.0.6 这是防止抹灰层开裂的措施之一，尤其是住宅的山墙，工业厂房的外墙，都是窗户小、墙面大。

8.0.7 在卫生间使用时，其墙面应做防水层，一般采用防水涂料一直做到上层顶板底部，表面粘贴饰面砖。

8.0.8 目前国内有些厂家已能达到这一标准。

9 施工与质量验收

9.1 一般规定

9.1.1 因加气混凝土砌块本身强度较低，要求在搬动和堆放过程中尽量减少损坏，有条件的应采用包装运输。

9.1.2 板材如不采取捆绑措施，在运输过程中易产生倾倒损坏或发生安全事故。板材运输采用专用车辆和包装运输，其目的是使板材在运输和装卸过程中避免受损。

9.1.3 墙板均按构造配筋，如平放易造成板材断裂，因此规定墙板应侧立放置。堆放高度限值是从安全考虑。屋面板可平放，其堆放规定是参照瑞典、日本的做法。

9.1.4 加气混凝土制品系气孔结构，孔内如渗入水分、受冻、膨胀，易于破坏制品，干湿循环易于使制品开裂，或产生盐析破坏。

9.1.5 因目前加气砌块砌体冬期施工的经验尚少，为慎重起见，暂规定承重砌块砌体不宜进行冬期施工。

9.1.6 在加气混凝土的墙体、屋面上钻孔镂槽，一定要使用专用工具，如乱剔、乱凿易于破坏制品及其受力性能。

9.2 砌 块 施 工

9.2.1 砌块砌筑时，错缝搭接是加强砌体整体性、保证砌体强度的重要措施，要求必须做到。

9.2.2~9.2.3 承重砌块内外墙体同时砌筑是加强砌块建筑整体性的重要措施，在地震区尤为必要，根据工程实际调查，砌块砌筑在临时间断处留"马牙槎"，后塞砌块的竖缝大部分灰浆不饱满。留成斜槎可避免此不足。

砌体灰缝要求饱满度，是墙体有良好整体性的必要条件，而采用专用砂浆更能使灰缝饱满得到可靠保证；对于灰缝的宽度，取决于砌块尺寸的精确度。精确砌块可控制在小于等于3mm。

灰缝厚度的规定是参照砖石结构规范和砌块尺寸的特点而拟定的，灰缝太大，易在灰缝处产生热桥，且影响砌体强度。

砌块的吸水特性与黏土砖不同，它的初始吸水高于砖。因持续吸水时间较长，因此，用普通砂浆砌筑前适量浇水，能保证砌筑砂浆本身硬化过程的水化作用所必要的条件，并使砂浆与砌块有良好的粘结力，浇水多少与遍数视各地气候和制品品种不同而定。如采用精确砌块、专用胶粘剂密缝砌筑则可不用浇水。

9.2.4 砌块墙砌筑后灰缝会受压缩变形，一定要等灰缝压缩变形基本稳定后再处理顶缝，否则该缝隙会太宽影响墙体稳定性。

9.2.5 针对目前施工中不采用专用工具而用斧子任意剔凿，造成砌块不应有的破损。尤其是门窗洞口两侧，因门窗开闭经常受撞击，要求其两侧不得用零星小块。

9.2.6 砌筑加气砌块墙体不得留脚手眼的原因有两点：

　1　加气砌块不允许直接承受局部荷载，避免加气砌块局部受压；

2 一般加气砌块墙体较薄，留脚手眼后用砂浆或砌块填塞，很难严实且极易在该部位产生开裂缝或造成"热桥"。

9.3 墙板安装

9.3.1 内外墙板安装时需有专用的机具设备，如夹具、无齿锯、手电钻、手工刀锯和特制撬棍等。外墙拼接缝如灌缝和粘结不严，如在雨期有风压时，雨水就有可能侵入缝内。墙板板侧如有油污应该除净，以保证板之间的粘结良好。

9.3.2 如内隔墙板由两端向中间安装，最后安装的中间条板很难使粘结砂浆饱满，致使在该处产生裂缝。因而规定了从一端向另一端依次安装，边缝作特殊处理。如有门洞，则从门洞处向两端安装。门洞处因需固定门框，宜用整板。

9.3.3～9.3.4 控制拼缝厚度和粘结砂浆饱满，以及施工中尽量减少墙面和楼层振动是防止板缝出现裂缝的几项主要措施。

9.4 屋面工程

9.4.1 针对目前施工中不采用专用工具如吊装不用夹具而用钢丝索起吊，撬板用普通撬杠调整使屋面板受到不同程度的损坏，特制定本条。

9.4.2 为确保施工安全，施工荷载应予控制，一般不得在加气屋面板上推小车等，否则应在板下采取临时支撑等措施。

9.4.3 为保证屋面板之间以及屋面板与支座之间的有效连接，以保证有效地抵抗地震力的破坏，故相互之间的焊接一定要认真进行。

9.5 内外墙抹灰

9.5.1 加气混凝土制品为封闭型的气孔结构，表面因钢丝切割破坏了原来的气孔，并有许多渣末存在。其表面的初始吸水快，而向制品内的吸水速度缓慢，因此在做饰面前应作界面处理，方法是多样的，如可

以刷界面处理剂，也可以采用专用砂浆刮糙。界面处理的作用是不使加气混凝土制品过多地吸取抹灰砂浆中的水分，而使砂浆在未充分水化前失水而形成空鼓开裂，同时也能增强抹灰层与加气墙的粘结力。工程实践表明，在界面处理前，一般在墙面均用水稍加湿润。这一工序能收到较好的效果。同时，一次性抹灰厚度较厚易于开裂，分层抹可以避免开裂。为控制加气混凝土墙含水率太高引起的收缩裂缝，因此建议控制墙体抹灰前的含水率，在墙体砌筑完毕后不应立即抹灰，因砌筑好的墙最利于排除块内水分，加速完成收缩过程，各地可根据不同气候条件确定抹灰前墙体含水率，一般宜控制在 15%～20%，也不排斥根据各地的实际情况控制墙体抹灰前的含水率。

9.5.2 这是避免不同材料之间变形而产生裂缝的较为有效的措施，但聚合物砂浆和玻纤网格布的质量至关重要，应符合有关标准。

9.5.3～9.5.4 在施工中，对抹灰砂浆配比、计量、混料应严格要求，从实际情况看，所以引起墙面抹灰开裂，其主要原因之一是用料不当，计量不准，操作工艺不规范，如采用过高标号的水泥、配比不计量、砂子含泥量高、掺入外加剂后搅拌时间不够等等，使原设计的砂浆面目全非，这在施工中要特别注意。

9.5.5 基于加气混凝土制品的材性特点，除注意基面处理、抹灰强度、控制一次抹灰厚度等措施外，对其养护也是十分重要，水硬性材料一般可采用喷水养护，亦可采取养护剂养护。如采用气硬性和石膏类抹灰，则没有必要养护。

9.6 工程质量验收

9.6.1 验收指标是参照砖石砌体施工验收规范中有关条文和国内部分地区工程实践调查总结而得。

9.6.2 屋面板相邻平整度偏差不得超过 3mm，这是根据加气混凝土屋盖上不做找平层而直接做防水层的要求，这不仅与施工质量有关，而且受加气屋面板外观尺寸的影响较大，因此符合质量标准的板方可上房使用，当然支座的平整度也很重要。

中华人民共和国行业标准

轻骨料混凝土技术规程

Technical specification for lightweight aggregate concrete

JGJ 51—2002

J 215—2002

批准部门：中华人民共和国建设部
实施日期：2003 年 1 月 1 日

建设部关于发布行业标准
《轻骨料混凝土技术规程》的公告

建标〔2002〕68 号

现批准《轻骨料混凝土技术规程》为行业标准，编号为 JGJ 51—2002，自 2003 年 1 月 1 日起实施。其中，第 5.1.5、5.3.6、6.2.3 条为强制性条文，必须严格执行；原行业标准《轻集料混凝土技术规程》JGJ 51—90 同时废止。

本规程由建设部标准定额研究所组织中国建筑工业出版社出版发行。

中华人民共和国建设部

2002 年 9 月 27 日

前　　言

根据建设部建标〔1999〕309 号文的要求，规程编制组经广泛调查研究，认真总结实践经验，参考有关国外先进标准，并在广泛征求意见的基础上，对《轻骨料混凝土技术规程》JGJ 51—90 进行了修订。

本规程修订的主要技术内容是：

1. 按新修订的水泥和轻骨料等标准，对轻骨料混凝土原材料提出新的要求，与有关新修标准相一致；

2. 调整了轻骨料混凝土的密度等级和强度等级：密度等级新增了 600 级和 700 级；强度提高到 LC55 和 LC60；

3. 重新标定了结构轻骨料混凝土的弹性模量、收缩和徐变等技术指标；取消了弯曲强度和抗剪强度指标；

4. 新增了 600 级和 700 级保温轻骨料混凝土的热物理系数；

5. 新增了对干湿循环部位轻骨料混凝土的抗冻指标；明确了轻骨料混凝土的抗渗性应满足工程设计的要求；

6. 根据国外有关标准，对轻骨料混凝土耐久性设计的有关指标（最大水灰比和最小水泥用量），按不同环境条件作了调整；

7. 突出了松散体积法设计轻骨料混凝土配合比

的实用性和可靠性，并根据实际经验，对混凝土稠度、用水量和粗细骨料总体积等有关设计参数做了相应调整；

8. 根据国内外实际经验，放宽了对轻骨料混凝土中粉煤灰掺量的要求；

9. 根据工程需要，新增了轻骨料混凝土工程验收的条文；

10. 新增了附录 A——大孔轻骨料混凝土和附录 B——泵送轻骨料混凝土。

本规程由建设部负责管理并对强制性条文的解释，主编单位负责具体技术内容的解释。

本规程主编单位：中国建筑科学研究院。

本规程参加单位：陕西建筑科学研究设计院、黑龙江寒地建筑科学研究院、同济大学材料科学与工程学院、辽宁省建设科学研究院、上海建筑科学研究院、北京市榆树庄构件厂、哈尔滨金鹰建筑节能建材制品有限责任公司、南通大地陶粒有限公司、金坛海发新兴建材有限公司、宜昌宝珠陶粒开发有限责任公司。

本规程主要起草人员：丁威、龚洛书、周运灿、刘巽伯、陈烈芳、沈玄、董金道、陶梦兰、宋淑敏、杨正宏、鞠东岳、尤志杰。

目 次

1 总则 …………………………………… 13—4
2 术语、符号 ………………………… 13—4
　2.1 术语 …………………………… 13—4
　2.2 符号 …………………………… 13—4
3 原材料 ……………………………… 13—5
4 技术性能 …………………………… 13—5
　4.1 一般规定 ……………………… 13—5
　4.2 性能指标 ……………………… 13—5
5 配合比设计 ………………………… 13—7
　5.1 一般要求 ……………………… 13—7
　5.2 设计参数选择 ………………… 13—7
　5.3 配合比计算与调整 …………… 13—9
6 施工工艺 …………………………… 13—10
　6.1 一般要求 ……………………… 13—10
　6.2 拌和物拌制 …………………… 13—11

6.3 拌和物运输 …………………… 13—11
6.4 拌和物浇筑和成型 …………… 13—11
6.5 养护和缺陷修补 ……………… 13—11
6.6 质量检验和验收 ……………… 13—12
7 试验方法 …………………………… 13—12
　7.1 一般规定 ……………………… 13—12
　7.2 拌和方法 ……………………… 13—12
　7.3 干表观密度 …………………… 13—12
　7.4 吸水率和软化系数 …………… 13—13
　7.5 导热系数 ……………………… 13—13
　7.6 线膨胀系数 …………………… 13—15
附录 A 大孔轻骨料混凝土 ………… 13—15
附录 B 泵送轻骨料混凝土 ………… 13—16
本标准用词说明 …………………… 13—17
附：条文说明 ……………………… 13—18

1 总　　则

1.0.1　为促进轻骨料混凝土生产和应用，保证技术先进、安全可靠、经济合理的要求，制订本规程。

1.0.2　本规程适用于无机轻骨料混凝土及其制品的生产、质量控制和检验。

热工、水工、桥涵和船舶等用途的轻骨料混凝土可按本规程执行，但还应遵守相关的专门技术标准的有关规定。

1.0.3　轻骨料混凝土性能指标的测定和施工工艺，除应符合本规程的规定外，尚应符合国家现行有关强制性标准的规定。

2　术语、符号

2.1　术　　语

2.1.1　轻骨料混凝土　lightweight aggregate concrete

用轻粗骨料、轻砂（或普通砂）、水泥和水配制而成的干表观密度不大于 1950kg/m³ 的混凝土。

2.1.2　全轻混凝土　full lightweight aggregate concrete

由轻砂做细骨料配制而成的轻骨料混凝土。

2.1.3　砂轻混凝土　sand lightweight concrete

由普通砂或部分轻砂做细骨料配制而成的轻骨料混凝土。

2.1.4　大孔轻骨料混凝土　hollow lightweight aggregate concrete

用轻粗骨料，水泥和水配制而成的无砂或少砂混凝土。

2.1.5　次轻混凝土　specified density concret

在轻粗骨料中掺入适量普通粗骨料，干表观密度大于 1950kg/m³、小于或等于 2300kg/m³ 的混凝土。

2.1.6　混凝土干表观密度　dry apparent density of concrete

硬化后的轻骨料混凝土单位体积的烘干质量。

2.1.7　混凝土湿表观密度　apparent density of fresh concrete

轻骨料混凝土拌和物经捣实后单位体积的质量。

2.1.8　净用水量　net water content

不包括轻骨料 1h 吸水量的混凝土拌和用水量。

2.1.9　总用水量　total water content

包括轻骨料 1h 吸水量的混凝土拌和用水量。

2.1.10　净水灰比　net water-cement ratio

净用水量与水泥用量之比。

2.1.11　总水灰比　total water-cement ratio

总用水量与水泥用量之比。

2.1.12　圆球型轻骨料　spherical lightweight aggregate

原材料经造粒、煅烧或非煅烧而成的，呈圆球状的轻骨料。

2.1.13　普通型轻骨料　ordinary lightweight aggregate

原材料经破碎烧胀而成的，呈非圆球状的轻骨料。

2.1.14　碎石型轻骨料　crushed lightweight aggregate

由天然轻骨料、自燃煤矸石或多孔烧结块经破碎加工而成的；或由页岩块烧胀后破碎而成的，呈碎石状的轻骨料。

2.2　符　　号

a_c——轻骨料混凝土在平衡含水率状态下的导温系数计算值；

a_d——轻骨料混凝土在干燥状态下的导温系数；

c_c——轻骨料混凝土在平衡含水率状态下的比热容计算值；

c_d——轻骨料混凝土在干燥状态下的比热容；

E_{LC}——轻骨料混凝土的弹性模量；

f_{ck}——轻骨料混凝土轴心抗压强度标准值；

$f_{cu,o}$——轻骨料混凝土的试配强度；

$f_{cu,k}$——轻骨料混凝土的立方体抗压强度标准值；

f_{tk}——轻骨料混凝土轴心抗拉强度标准值；

m_c——每立方米轻骨料混凝土的水泥用量；

m_a——每立方米轻骨料混凝土的粗集料用量；

m_s——每立方米轻骨料混凝土的细集料用量；

m_{wa}——每立方米轻骨料混凝土的附加水量；

m_{wn}——每立方米轻骨料混凝土的净用水量；

m_{wt}——每立方米轻骨料混凝土的总用水量；

s_{c24}——轻骨料混凝土在平衡含水率状态下，周期为 24h 的蓄热系数；

s_{d24}——轻骨料混凝土在干燥状态下，周期为 24h 的蓄热系数；

s_p——轻骨料混凝土的砂率，以体积砂率表示；

V_a——每立方米轻骨料混凝土的粗骨料体积；

V_s——每立方米轻骨料混凝土的细骨料体积；

V_t——每立方米轻骨料混凝土的粗细骨料总体积；

a_T——轻骨料混凝土的温度线膨胀系数；

β_c——粉煤灰取代水泥百分率；

δ_c——粉煤灰的超量系数；

η——配合比设计的校正系数；

λ_c——轻骨料混凝土在平衡含水率状态下的导热系数计算值；

λ_d——轻骨料混凝土在干燥状态下导热系数；

ρ_d——轻骨料混凝土的干表观密度；

ρ_l——轻骨料的堆积密度；

ρ_p——轻骨料的颗粒表观密度；

σ——轻骨料混凝土强度标准差；

ψ——轻骨料混凝土的软化系数；

ω_a——轻粗骨料 1h 吸水率；

ω_s——轻砂 1h 吸水率；

ω_{sat}——轻骨料混凝土的饱和吸水率。

3 原 材 料

3.0.1 轻骨料混凝土所用水泥应符合现行国家标准《硅酸盐水泥、普通硅酸盐水泥》（GB 175）和《矿渣硅酸盐水泥、火山灰质硅酸盐水泥和粉煤灰硅酸盐水泥》（GB 1344）的要求。

当采用其他品种的水泥时，其性能指标必须符合相应标准的要求。

3.0.2 轻骨料混凝土所用轻骨料应符合国家现行标准《轻集料及其试验方法第 1 部分：轻集料》（GB/T 17431.1）和《膨胀珍珠岩》（JC 209）的要求；膨胀珍珠岩的堆积密度应大于 80kg/m³。

3.0.3 轻骨料混凝土所用普通砂应符合国家现行标准《普通混凝土用砂质量标准及检验方法》（JGJ 52）的要求。

3.0.4 混凝土拌和用水应符合国家现行标准《混凝土拌和用水标准》（JGJ 63）的要求。

3.0.5 轻骨料混凝土矿物掺和料应符合国家现行标准《用于水泥和混凝土的粉煤灰》（GB 1596）、《粉煤灰在混凝土和砂浆中应用技术规程》（JGJ 28）、《粉煤灰混凝土应用技术规范》（GBJ 146）和《用于水泥和混凝土中的粒化高炉矿渣粉》（GB/T 18046）的要求。

3.0.6 轻骨料混凝土所用的外加剂应符合现行国家标准《混凝土外加剂》（GB 8076）的要求。

4 技 术 性 能

4.1 一 般 规 定

4.1.1 轻骨料混凝土的强度等级应按立方体抗压强度标准值确定。

4.1.2 轻骨料混凝土的强度等级应划分为：LC5.0；LC7.5；LC10；LC15；LC20；LC25；LC30；LC35；LC40；LC45；LC50；LC55；LC60。

4.1.3 轻骨料混凝土按其干表观密度可分为十四个等级（表 4.1.3）。某一密度等级轻骨料混凝土的密度标准值，可取该密度等级干表观密度变化范围的上限值。

4.1.4 轻骨料混凝土根据其用途可按表 4.1.4 分为三大类。

表 4.1.3 轻骨料混凝土的密度等级

密度等级	干表观密度的变化范围（kg/m³）	密度等级	干表观密度的变化范围（kg/m³）
600	560～650	1300	1260～1350
700	660～750	1400	1360～1450
800	760～850	1500	1460～1550
900	860～950	1600	1560～1650
1000	960～1050	1700	1660～1750
1100	1060～1150	1800	1760～1850
1200	1160～1250	1900	1860～1950

表 4.1.4 轻骨料混凝土按用途分类

类别名称	混凝土强度等级的合理范围	混凝土密度等级的合理范围	用　　途
保温轻骨料混凝土	LC5.0	≤800	主要用于保温的围护结构或热工构筑物
结构保温轻骨料混凝土	LC5.0 LC7.5 LC10 LC15	800～1400	主要用于既承重又保温的围护结构
结构轻骨料混凝土	LC15 LC20 LC25 LC30 LC35 LC40 LC45 LC50 LC55 LC60	1400～1900	主要用于承重构件或构筑物

4.2 性 能 指 标

4.2.1 结构轻骨料混凝土的强度标准值应按表 4.2.1 采用。

表 4.2.1 结构轻骨料混凝土的强度标准值（MPa）

强 度 种 类	轴心抗压	轴心抗拉
符　　号	f_{ck}	f_{tk}
混凝土强度等级 LC15	10.0	1.27
LC20	13.4	1.54
LC25	16.7	1.78
LC30	20.1	2.01
LC35	23.4	2.20
LC40	26.8	2.39
LC45	29.6	2.51
LC50	32.4	2.64
LC55	35.5	2.74
LC60	38.5	2.85

注：自燃煤矸石混凝土轴心抗拉强度标准值应按表中值乘以系数 0.85；浮石或火山渣混凝土轴心抗拉强度标准值应按表中值乘以系数 0.80。

4.2.2 结构轻骨料混凝土弹性模量应通过试验确定。在缺乏试验资料时，可按表4.2.2取值。

表 4.2.2　轻骨料混凝土的弹性模量 E_{LC}（$\times 10^2$ MPa）

强度等级	密　度　等　级							
	1200	1300	1400	1500	1600	1700	1800	1900
LC15	94	102	110	117	125	133	141	149
LC20	—	117	126	135	145	154	163	172
LC25	—	—	141	152	162	172	182	192
LC30	—	—	—	166	177	188	199	210
LC35	—	—	—	—	191	203	215	227
LC40	—	—	—	—	—	217	230	243
LC45	—	—	—	—	—	230	244	257
LC50	—	—	—	—	—	243	257	271
LC55	—	—	—	—	—	—	267	285
LC60	—	—	—	—	—	—	280	297

注：用膨胀矿渣珠、自燃煤矸石作粗骨料的混凝土，其弹性模量值可比表列数值提高20%。

4.2.3 结构用砂轻混凝土的收缩值可按下列公式计算，且计算后取值和实测值不应大于表4.2.3-2的规定值。

$$\varepsilon(t) = \varepsilon(t)_0 \beta_1 \cdot \beta_2 \cdot \beta_3 \cdot \beta_5 \quad (4.2.3\text{-}1)$$

$$\varepsilon(t)_0 = \frac{t}{a+bt} \times 10^{-3} \quad (4.2.3\text{-}2)$$

式中　$\varepsilon(t)$——结构用砂轻混凝土的收缩值；

$\varepsilon(t)_0$——结构用砂轻混凝土随龄期变化的收缩值；

t——龄期（d）；

β_1、β_2、β_3、β_5——结构用砂轻混凝土的收缩值修正系数，可按表4.2.3-1取值；

a、b——计算参数，当初始测试龄期为3d时，取 $a=78.69$，$b=1.20$；当初始测试龄期为28d时，取 $a=120.23$，$b=2.26$。

表 4.2.3-1　收缩值与徐变系数的修正系数

影响因素	变化条件	收　缩　值		徐变系数	
		符号	系数	符号	系数
相对湿度（%）	≤40 ≈60 ≥80	β_1	1.30 1.00 0.75	ξ_1	1.30 1.00 0.75
截面尺寸（体积/表面积，cm）	2.00 2.50 3.75 5.00 10.00 15.00 >20.00	β_2	1.20 1.00 0.95 0.90 0.80 0.65 0.40	ξ_2	1.15 1.00 0.92 0.85 0.70 0.60 0.55

续表 4.2.3-1

影响因素	变化条件	收缩值		徐变系数	
		符号	系数	符号	系数
养护方法	标准的 蒸养的	β_3		ξ_3	1.00 0.85
加荷龄期（d）	7 14 28 90	—		ξ_4	1.20 1.10 1.00 0.80
粉煤灰取代水泥率（%）	0 10~20	β_5	1.00 0.95	ξ_5	1.00 1.00

表 4.2.3-2　不同龄期的收缩值

龄　期（d）	28	90	180	360	终极值
收缩值（mm/m）	0.36	0.59	0.72	0.82	0.85

4.2.4 结构用砂轻混凝土的徐变系数可按下列公式计算，且计算后取值和实测值不应大于表4.2.4的规定值。

$$\phi(t) = \phi(t)_0 \cdot \xi_1 \cdot \xi_2 \cdot \xi_3 \cdot \xi_4 \cdot \xi_5 \quad (4.2.4\text{-}1)$$

$$\varphi(t)_0 = \frac{t^n}{a+bt^n} \quad (4.2.4\text{-}2)$$

式中　$\phi(t)$——结构用砂轻混凝土的徐变系数；

$\phi(t)_0$——结构用砂轻混凝土随龄期变化的徐变系数；

ξ_1、ξ_2、ξ_3、ξ_4、ξ_5——结构用砂轻混凝土徐变系数的修正系数，可按表4.2.3-1取值；

n、a、b——计算参数，当加荷龄期为28d时，取：$n=0.6$，$a=4.520$，$b=0.353$。

表 4.2.4　不同龄期的徐变系数

龄　期（d）	28	90	180	360	终极值
徐变系数	1.63	2.11	2.38	2.64	2.65

4.2.5 轻骨料混凝土的泊松比可取0.2。

4.2.6 轻骨料混凝土温度线膨胀系数，当温度为0~100℃范围时可取 $7\times10^{-6}/℃ \sim 10\times10^{-6}/℃$。低密度等级者可取下限值，高密度等级者可取上限值。

4.2.7 轻骨料混凝土在干燥条件下和在平衡含水率条件下的各种热物理系数应符合表4.2.7的要求。

表 4.2.7　轻骨料混凝土的各种热物理系数

密度等级	导热系数		比热容		导温系数		蓄热系数	
	λ_d	λ_c	c_d	c_c	a_d	a_c	S_{d24}	S_{c24}
	(W/m・K)		(kJ/kg・K)		(m²/h)		(W/m²・K)	
600	0.18	0.25	0.84	0.92	1.28	1.63	2.56	3.01
700	0.20	0.27	0.84	0.92	1.25	1.50	2.91	3.38

续表 4.2.7

密度等级	导热系数 λ_d	导热系数 λ_c	比热容 c_d	比热容 c_c	导温系数 a_d	导温系数 a_c	蓄热系数 S_{d24}	蓄热系数 S_{c24}
	(W/m·K)		(kJ/kg·K)		(m²/h)		(W/m²·K)	
800	0.23	0.30	0.84	0.92	1.23	1.38	3.37	4.17
900	0.26	0.33	0.84	0.92	1.22	1.33	3.73	4.55
1000	0.28	0.36	0.84	0.92	1.20	1.37	4.10	5.13
1100	0.31	0.41	0.84	0.92	1.23	1.36	4.57	5.62
1200	0.36	0.47	0.84	0.92	1.29	1.43	5.12	6.28
1300	0.42	0.52	0.84	0.92	1.38	1.48	5.73	6.93
1400	0.49	0.59	0.84	0.92	1.50	1.56	6.43	7.65
1500	0.57	0.67	0.84	0.92	1.63	1.66	7.19	8.44
1600	0.66	0.77	0.84	0.92	1.78	1.77	8.01	9.30
1700	0.76	0.87	0.84	0.92	1.91	1.89	8.81	10.20
1800	0.87	1.01	0.84	0.92	2.08	2.07	9.74	11.30
1900	1.01	1.15	0.84	0.92	2.26	2.23	10.70	12.40

注：1. 轻骨料混凝土的体积平衡含水率取 6%。
  2. 用膨胀矿渣珠作粗骨料的混凝土导热系数可按表列数值降低 25% 取用或经试验确定。

4.2.8 轻骨料混凝土不同使用条件的抗冻性应符合表 4.2.8 的要求。

表 4.2.8　不同使用条件的抗冻性

使　用　条　件	抗冻标号
1. 非采暖地区	F15
2. 采暖地区	
相对湿度≤60%	F25
相对湿度>60%	F35
干湿交替部位及水位变化的部位	≥F50

注：1. 非采暖地区系指最冷月份的平均气温高于−5℃的地区。
  2. 采暖地区系指最冷月份的平均气温低于或等于−5℃的地区。

4.2.9 结构用砂轻混凝土的抗碳化耐久性应按快速碳化标准试验方法检验，其 28d 的碳化深度值应符合表 4.2.9 的要求。

表 4.2.9　砂轻混凝土的碳化深度值

等　级	使用条件	碳化深度值 (mm)，不大于
1	正常湿度，室内	40
2	正常湿度，室外	35
3	潮湿，室外	30
4	干湿交替	25

注：1. 正常湿度系指相对湿度为 55%～65%；
  2. 潮湿系指相对湿度为 65%～80%；
  3. 碳化深度值相当于在正常大气条件下，即 CO_2 的体积浓度为 0.03%、温度为 20±3℃环境条件下，自然碳化 50 年时轻骨料混凝土的碳化深度。

4.2.10 结构用砂轻混凝土的抗渗性应满足工程设计抗渗等级和有关标准的要求。

4.2.11 次轻混凝土的强度标准值、弹性模量、收

缩、徐变等有关性能，应通过试验确定。

5　配合比设计

5.1　一般要求

5.1.1 轻骨料混凝土的配合比设计主要应满足抗压强度、密度和稠度的要求，并以合理使用材料和节约水泥为原则。必要时尚应符合对混凝土性能（如弹性模量、碳化和抗冻性等）的特殊要求。

5.1.2 轻骨料混凝土的配合比应通过计算和试配确定。混凝土试配强度应按下式确定：

$$f_{cu,o} \geqslant f_{cu,k} + 1.645\sigma \qquad (5.1.2-1)$$

式中　$f_{cu,o}$——轻骨料混凝土的试配强度（MPa）；
　　　$f_{cu,k}$——轻骨料混凝土立方体抗压强度标准值（即强度等级）（MPa）；
　　　σ——轻骨料混凝土强度标准差（MPa）。

5.1.3 混凝土强度标准差应根据同品种、同强度等级轻骨料混凝土统计资料计算确定。计算时，强度试件组数不应少于 25 组。

当无统计资料时，强度标准差可按表 5.1.3 取值。

表 5.1.3　强度标准差 σ（MPa）

混凝土强度等级	低于 LC20	LC20～LC35	高于 LC35
σ	4.0	5.0	6.0

5.1.4 轻骨料混凝土配合比中的轻粗骨料宜采用同一品种的轻骨料。结构保温轻骨料混凝土及其制品掺入煤（炉）渣轻粗骨料时，其掺量不应大于轻粗骨料总量的 30%，煤（炉）渣含碳量不应大于 10%。为改善某些性能而掺入另一品种粗骨料时，其合理掺量应通过试验确定。

5.1.5 在轻骨料混凝土配合比中加入化学外加剂或矿物掺和料时，其品种、掺量和对水泥的适应性，必须通过试验确定。

5.1.6 大孔轻骨料混凝土和泵送轻骨料混凝土的配合比设计应符合附录 A 和附录 B 的规定。

5.2　设计参数选择

5.2.1 不同试配强度的轻骨料混凝土的水泥用量可按表 5.2.1 选用。

表 5.2.1　轻骨料混凝土的水泥用量（kg/m³）

混凝土试配强度(MPa)	轻骨料密度等级						
	400	500	600	700	800	900	1000
<5.0	260～320	250～300	230～280				
5.0～7.5	280～360	260～340	240～320	220～300			

续表5.2.1

混凝土试配强度 (MPa)	轻骨料密度等级						
	400	500	600	700	800	900	1000
7.5~10		280~370	260~350	240~320			
10~15			280~350	260~340	240~330		
15~20		300~400	280~380	270~370	260~360	250~350	
20~25			330~400	320~390	310~380	300~370	
25~30				380~450	370~440	360~430	350~420
30~40				420~500	390~490	380~480	370~470
40~50					430~530	420~520	410~510
50~60					450~550	440~540	430~530

注：1. 表中横线以上为采用 32.5 级水泥时水泥用量值；横线以下为采用 42.5 级水泥时的水泥用量值；
　　2. 表中下限值适用于圆球型和普通型轻骨料，上限值适用于碎石型轻粗骨料和全轻混凝土；
　　3. 最高水泥用量不宜超过 550kg/m³。

5.2.2 轻骨料混凝土配合比中的水灰比应以净水灰比表示。配制全轻混凝土时，可采用总水灰比表示，但应加以说明。

轻骨料混凝土最大水灰比和最小水泥用量的限值应符合表5.2.2的规定。

表 5.2.2　轻骨料混凝土的最大水灰比和最小水泥用量

混凝土所处的环境条件	最大水灰比	最小水泥用量 (kg/m³)	
		配筋混凝土	素混凝土
不受风雪影响混凝土	不作规定	270	250
受风雪影响的露天混凝土；位于水中及水位升降范围内的混凝土和潮湿环境中的混凝土	0.50	325	300
寒冷地区位于水位升降范围内的混凝土和受水压或除冰盐作用的混凝土	0.45	375	350
严寒和寒冷地区位于水位升降范围内和受硫酸盐、除冰盐等腐蚀的混凝土	0.40	400	375

注：1. 严寒地区指最寒冷月份的月平均温度低于 −15℃ 者，寒冷地区指最寒冷月份的月平均温度处于 −5～−15℃ 者；
　　2. 水泥用量不包括掺和料；
　　3. 寒冷和严寒地区用的轻骨料混凝土应掺入引气剂，其含气量宜为 5%～8%。

5.2.3 轻骨料混凝土的净用水量根据稠度（坍落度或维勃稠度）和施工要求，可按表5.2.3选用。

表 5.2.3　轻骨料混凝土的净用水量

轻骨料混凝土用途	稠度		净用水量 (kg/m³)
	维勃稠度 (s)	坍落度 (mm)	
预制构件及制品： （1）振动加压成型	10~20	—	45~140
（2）振动台成型	5~10	0~10	140~180
（3）振捣棒或平板振动器振实	—	30~80	165~215
现浇混凝土： （1）机械振捣	—	50~100	180~225
（2）人工振捣或钢筋密集	—	≥80	200~230

注：1. 表中值适用于圆球型和普通型轻粗骨料，对碎石型轻粗骨料，宜增加 10kg 左右的用水量；
　　2. 掺加外加剂时，宜按其减水率适当减少用水量，并按施工稠度要求进行调整；
　　3. 表中值适用于砂轻混凝土；若采用轻砂时，宜取轻砂 1h 吸水率为附加水量；若无轻砂吸水率数据时，可适当增加用水量，并按施工稠度要求进行调整。

5.2.4 轻骨料混凝土的砂率可按表5.2.4选用。当采用松散体积法设计配合比时，表中数值为松散体积砂率；当采用绝对体积法设计配合比时，表中数值为绝对体积砂率。

表 5.2.4　轻骨料混凝土的砂率

轻骨料混凝土用途	细骨料品种	砂率（%）
预制构件	轻　砂	35~50
	普通砂	30~40
现浇混凝土	轻　砂	—
	普通砂	35~45

注：1. 当混合使用普通砂和轻砂作细骨料时，砂率宜取中间值，宜按普通砂和轻砂的混合比例进行插入计算；
　　2. 当采用圆球型轻粗骨料时，砂率宜取表中值下限；采用碎石型时，则宜取上限。

5.2.5 当采用松散体积法设计配合比时，粗细骨料松散状态的总体积可按表5.2.5选用。

表 5.2.5　粗细骨料总体积

轻粗骨料粒型	细骨料品种	粗细骨料总体积（m³）
圆球型	轻　砂	1.25~1.50
	普通砂	1.10~1.40
普通型	轻　砂	1.30~1.60
	普通砂	1.10~1.50
碎石型	轻　砂	1.35~1.65
	普通砂	1.10~1.60

注：1. 混凝土强度等级较高时，宜取表中下限范围；
　　2. 当采用膨胀珍珠岩砂时，宜取表中上限值。

5.2.6 当采用粉煤灰作掺和料时，粉煤灰取代水泥百分率和超量系数等参数的选择，应按国家现行标准

《粉煤灰在混凝土和砂浆中应用技术规程》（JGJ 28）的有关规定执行。

5.3 配合比计算与调整

5.3.1 砂轻混凝土和全轻混凝土宜采用松散体积法进行配合比计算，砂轻混凝土也可采用绝对体积法。配合比计算中粗细骨料用量均应以干燥状态为基准。

5.3.2 采用松散体积法计算应按下列步骤进行：

1 根据设计要求的轻骨料混凝土的强度等级、混凝土的用途，确定粗细骨料的种类和粗骨料的最大粒径；

2 测定粗骨料的堆积密度、筒压强度和1h吸水率，并测定细骨料的堆积密度；

3 按本规程第5.1.2条计算混凝土试配强度；

4 按本规程第5.2.1条选择水泥用量；

5 根据施工稠度的要求，按本规程第5.2.3条选择净用水量；

6 根据混凝土用途按本规程第5.2.4条选取松散体积砂率；

7 根据粗细骨料的类型，按本规程第5.2.5条选用粗细骨料总体积，并按下列公式计算每立方米混凝土的粗细骨料用量：

$$V_s = V_t \times S_p \qquad (5.3.2-1)$$

$$m_s = V_s \times \rho_{1s} \qquad (5.3.2-2)$$

$$V_a = V_t - V_s \qquad (5.3.2-3)$$

$$m_a = V_a \times \rho_{1a} \qquad (5.3.2-4)$$

式中　V_s、V_a、V_t——分别为每立方米细骨料、粗骨料和粗细骨料的松散体积（m³）；

m_s、m_a——分别为每立方米细骨料和粗骨料的用量（kg）；

S_p——砂率（%）；

ρ_{1s}、ρ_{1a}——分别为细骨料和粗骨料的堆积密度（kg/m³）。

8 根据净用水量和附加水量的关系按下式计算总用水量：

$$m_{wt} = m_{wn} + m_{wa} \qquad (5.3.2-5)$$

式中　m_{wt}——每立方米混凝土的总用水量（kg）；

m_{wn}——每立方米混凝土的净用水量（kg）；

m_{wa}——每立方米混凝土的附加水量（kg）。

附加水量计算应符合本规程第5.3.4条的规定。

9 按下式计算混凝土干表观密度，并与设计要求的干表观密度进行对比，如其误差大于2%，则应按下式重新调整和计算配合比。

$$\rho_{cd} = 1.15m_c + m_a + m_s \qquad (5.3.2-6)$$

式中　ρ_{cd}——轻骨料混凝土的干表观密度（kg/m³）。

5.3.3 采用绝对体积法计算应按下列步骤进行：

1 根据设计要求的轻骨料混凝土的强度等级、密度等级和混凝土的用途，确定粗细骨料的种类和粗骨料的最大粒径；

2 测定粗骨料的堆积密度、颗粒表观密度、筒压强度和1h吸水率，并测定细骨料的堆积密度和相对密度；

3 按本规程第5.1.2条计算混凝土试配强度；

4 按本规程第5.2.1条选择水泥用量；

5 根据制品生产工艺和施工条件要求的混凝土稠度指标，按本规程第5.2.3条确定净用水量；

6 根据轻骨料混凝土的用途，按本规程第5.2.4条选用砂率；

7 按下列公式计算粗细骨料的用量：

$$V_s = \left[1 - \left(\frac{m_c}{\rho_c} + \frac{m_{wn}}{\rho_w} \right) \div 1000 \right] \times s_p$$
$$(5.3.3-1)$$

$$m_s = V_s \times \rho_s \qquad (5.3.3-2)$$

$$V_a = \left[1 - \left(\frac{m_c}{\rho_c} + \frac{m_{wn}}{\rho_w} + \frac{m_s}{\rho_s} \right) \div 1000 \right]$$
$$(5.3.3-3)$$

$$m_a = V_a \times \rho_{ap} \qquad (5.3.3-4)$$

式中　V_s——每立方米混凝土的细骨料绝对体积（m³）；

m_c——每立方米混凝土的水泥用量（kg）；

ρ_c——水泥的相对密度，可取 $\rho_c = 2.9 \sim 3.1$；

ρ_w——水的密度，可取 $\rho_w = 1.0$；

V_a——每立方米混凝土的轻粗骨料绝对体积（m³）；

ρ_s——细骨料密度，采用普通砂时，为砂的相对密度，可取 $\rho_s = 2.6$；采用轻砂时，为轻砂的颗粒表观密度（g/cm³）；

ρ_{ap}——轻粗骨料的颗粒表观密度（kg/m³）。

8 根据净用水量和附加水量的关系，按下式计算总用水量：

$$m_{wt} = m_{wn} + m_{wa} \qquad (5.3.3-5)$$

附加水量的计算应符合本规程第5.3.4条的规定。

9 按下式计算混凝土干表观密度，并与设计要求的干表观密度进行对比，当其误差大于2%，则应重新调整和计算配合比。

$$\rho_{cd} = 1.15m_c + m_a + m_s \qquad (5.3.3-6)$$

5.3.4 根据粗骨料的预湿处理方法和细骨料的品种，附加水量宜按表5.3.4所列公式计算。

表 5.3.4　附加水量的计算

项　　　目	附加水量（m_{wa}）
粗骨料预湿，细骨料为普砂	$m_{wa}=0$
粗骨料不预湿，细骨料为普砂	$m_{wa}=m_a \cdot \omega_a$
粗骨料预湿，细骨料为轻砂	$m_{wa}=m_s \cdot \omega_s$
粗骨料不预湿，细骨为轻砂	$m_{wa}=m_a \cdot \omega_a+m_s \cdot \omega_s$

注：1. ω_a、ω_s 分别为粗、细骨料的 1h 吸水率。
　　2. 当轻骨料含水时，必须在附加水量中扣除自然含水量。

5.3.5 粉煤灰轻骨料混凝土配合比计算应按下列步骤进行：

1　基准轻骨料混凝土的配合比计算应按本规程第 5.3.2 条或第 5.3.3 条的步骤进行；

2　粉煤灰取代水泥率应按表 5.3.5 的要求确定；

表 5.3.5　粉煤灰取代水泥率

混凝土强度等级	取代普通硅酸盐水泥率 β_c（%）	取代矿渣硅酸盐水泥率 β_c（%）
≤LC15	25	20
LC20	15	10
≥LC25	20	15

注：1. 表中值为范围上限，以 32.5 级水泥为基准；

　　2. ≥LC20 的混凝土宜采用Ⅰ、Ⅱ级粉煤灰，≤LC15 的素混凝土可采用Ⅲ级粉煤灰；

　　3. 在有试验根据时，粉煤灰取代水泥百分率可适当放宽。

3　根据基准混凝土水泥用量（m_{c0}）和选用的粉煤灰取代水泥百分率（β_c），按下式计算粉煤灰轻骨料混凝土的水泥用量（m_c）：

$$m_c=m_{c0}(1-\beta_c) \qquad (5.3.5\text{-}1)$$

4　根据所用粉煤灰级别和混凝土的强度等级，粉煤灰的超量系数（δ_c）可在 1.2～2.0 范围内选取，并按下式计算粉煤灰掺量（m_f）：

$$m_f=\delta_c(m_{c0}-m_c) \qquad (5.3.5\text{-}2)$$

5　分别计算每立方米粉煤灰轻骨料混凝土中水泥、粉煤灰和细骨料的绝对体积。按粉煤灰超出水泥的体积，扣除同体积的细骨料用量；

6　用水量保持与基准混凝土相同，通过试配，以符合稠度要求来调整用水量；

7　配合比的调整和校正方法同本规程第 5.3.6 条。

5.3.6 计算出的轻骨料混凝土配合比必须通过试配予以调整。

5.3.7 配合比的调整应按下列步骤进行：

1　以计算的混凝土配合比为基础，再选取与之相差±10%的相邻两个水泥用量，用水量不变，砂率相应适当增减，分别按三个配合比拌制混凝土拌和

物。测定拌和物的稠度，调整用水量，以达到要求的稠度为止；

2　按校正后的三个混凝土配合比进行试配，检验混凝土拌和物的稠度和振实湿表观密度，制作确定混凝土抗压强度标准值的试块，每种配合比至少制作一组；

3　标准养护 28d 后，测定混凝土抗压强度和干表观密度。最后，以既能达到设计要求的混凝土配制强度和干表观密度又具有最小水泥用量的配合比作为选定的配合比；

4　对选定配合比进行质量校正。其方法是先按公式（5.3.6-1）计算出轻骨料混凝土的计算湿表观密度，然后再与拌和物的实测振实湿表观密度相比，按公式（5.3.6-2）计算校正系数：

$$\rho_{cc}=m_a+m_s+m_c+m_f+m_{wt} \qquad (5.3.6\text{-}1)$$

$$\eta=\frac{\rho_{c0}}{\rho_{cc}} \qquad (5.3.6\text{-}2)$$

式中　　η——校正系数；

　　　　ρ_{cc}——按配合比各组成材料计算的湿表观密度（kg/m³）；

　　　　ρ_{c0}——混凝土拌和物的实测振实湿表观密度（kg/m³）；

　　m_a、m_s、m_c、m_f、m_{wt}——分别为配合比计算所得的粗骨料、细骨料、水泥、粉煤灰用量和总用水量（kg/m³）。

5　选定配合比中的各项材料用量均乘以校正系数即为最终的配合比设计值。

6　施　工　工　艺

6.1　一　般　要　求

6.1.1 大孔径骨料混凝土的施工应符合附录 A 的规定，轻骨料混凝土的泵送施工应符合附录 B 的规定。

6.1.2 轻骨料进厂（场）后，应按现行国家标准《轻集料及其试验方法》（GB/T 17431.1—2）的要求进行检验验收，对配制结构用轻骨料混凝土的高强轻骨料，还应检验强度等级。

6.1.3 轻骨料的堆放和运输应符合下列要求：

1　轻骨料应按不同品种分批运输和堆放，不得混杂；

2　轻粗骨料运输和堆放应保持颗粒混合均匀，减少离析。采用自然级配时，堆放高度不宜超过 2m，并应防止树叶、泥土和其他有害物质混入；

3　轻砂在堆放和运输时，宜采取防雨措施，并防止风刮飞扬。

6.1.4 在气温高于或等于 5℃的季节施工时，根据工程需要，预湿时间可按外界气温和来料的自然含水状态确定，应提前半天或一天对轻粗骨料进行淋水或

泡水预湿，然后滤干水分进行投料。在气温低于5℃时，不宜进行预湿处理。

6.2 拌和物拌制

6.2.1 应对轻粗骨料的含水率及其堆积密度进行测定。测定原则宜为：

    1 在批量拌制轻骨料混凝土拌和物前进行测定；

    2 在批量生产过程中抽查测定；

    3 雨天施工或发现拌和物稠度反常时进行测定。

    对预湿处理的轻粗骨料，可不测其含水率，但应测定其湿堆积密度。

6.2.2 轻骨料混凝土生产时，砂轻混凝土拌和物中的各组分材料应以质量计量；全轻混凝土拌和物中轻骨料组分可采用体积计量，但宜按质量进行校核。

    轻粗、细骨料和掺和料的质量计量允许偏差为±3%；水、水泥和外加剂的质量计量允许偏差为±2%。

6.2.3 轻骨料混凝土拌和物必须采用强制式搅拌机搅拌。

6.2.4 在轻骨料混凝土搅拌时，使用预湿处理的轻粗骨料，宜采用图6.2.4-1的投料顺序；使用未预湿处理的轻粗骨料，宜采用图6.2.4-2的投料顺序。

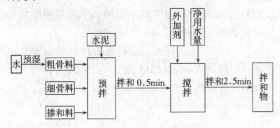

图 6.2.4-1 使用预湿处理的轻粗骨料时的投料顺序

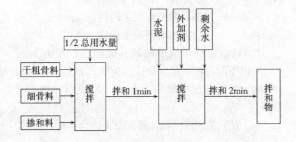

图 6.2.4-2 使用未预湿处理的轻粗骨料时的投料顺序

6.2.5 轻骨料混凝土全部加料完毕后的搅拌时间，在不采用搅拌运输车运送混凝土拌和物时，砂轻混凝土不宜少于3min；全轻或干硬性砂轻混凝土宜为3～4min。对强度低而易破碎的轻骨料，应严格控制混凝土的搅拌时间。

6.2.6 外加剂应在轻骨料吸水后加入。当用预湿处理的轻粗骨料时，液体外加剂可按图6.2.4-1所示加入；当用未预湿处理的轻粗骨料时，液体外加剂可按

图6.2.4-2所示加入。采用粉状外加剂，可与水泥同时加入。

6.3 拌 和 物 运 输

6.3.1 拌和物在运输中应采取措施减少坍落度损失和防止离析。当产生拌和物稠度损失或离析较重时，浇筑前应采用二次拌和，但不得二次加水。

6.3.2 拌和物从搅拌机卸料起到浇入模内止的延续时间不宜超过45min。

6.3.3 当用搅拌运输车运送轻骨料混凝土拌和物，因运距过远或交通问题造成坍落度损失较大时，可采取在卸料前掺入适量减水剂进行搅拌的措施，满足施工所需和易性要求。

6.4 拌和物浇筑和成型

6.4.1 轻骨料混凝土拌和物浇筑倾落的自由高度不应超过1.5m。当倾落高度大于1.5m时，应加串筒、斜槽或溜管等辅助工具。

6.4.2 轻骨料混凝土拌和物应采用机械振捣成型。对流动性大、能满足强度要求的塑性拌和物以及结构保温类和保温类轻骨料混凝土拌和物，可采用插捣成型。

6.4.3 干硬性轻骨料混凝土拌和物浇筑构件，应采用振动台或表面加压成型。

6.4.4 现场浇筑的大模板或滑模施工的墙体等竖向结构物，应分层浇筑，每层浇筑厚度宜控制在300～350mm。

6.4.5 浇筑上表面积较大的构件，当厚度小于或等于200mm时，宜采用表面振动成型；当厚度大于200mm时，宜先用插入式振捣器振捣密实后，再表面振捣。

6.4.6 用插入式振捣器振捣时，插入间距不应大于棒的振动作用半径的一倍。连续多层浇筑时，插入式振捣器应插入下层拌和物约50mm。

6.4.7 振捣延续时间应以拌和物捣实和避免轻骨料上浮为原则。振捣时间应根据拌和物稠度和振捣部位确定，宜为10～30s。

6.4.8 浇筑成型后，宜采用拍板、刮板、辊子或振动抹子等工具，及时将浮在表层的轻粗骨料颗粒压入混凝土内。若颗粒上浮面积较大，可采用表面振动器复振，使砂浆返上，再作抹面。

6.5 养护和缺陷修补

6.5.1 轻骨料混凝土浇筑成型后应及时覆盖和喷水养护。

6.5.2 采用自然养护时，用普通硅酸盐水泥、硅酸盐水泥、矿渣水泥拌制的轻骨料混凝土，湿养护时间不应少于7d；用粉煤灰水泥、火山灰水泥拌制的轻骨料混凝土及在施工中掺缓凝型外加剂的混凝土，湿

养护时间不应少于 14d。轻骨料混凝土构件用塑料薄膜覆盖养护时，全部表面应覆盖严密，保持膜内有凝结水。

6.5.3 轻骨料混凝土构件采用蒸汽养护时，成型后静停时间不宜少于 2h，并应控制升温和降温速度。

6.5.4 保温和结构保温类轻骨料混凝土构件及构筑物的表面缺陷，宜采用原配合比的砂浆修补。结构轻骨料混凝土构件及构筑物的表面缺陷可采用水泥砂浆修补。

6.6 质量检验和验收

6.6.1 轻骨料混凝土拌和物的检验应按下列规定进行：

1 检验拌和物各组成材料的称量是否与配合比相符。同一配合比每台班不得少于一次；

2 检验拌和物的坍落度或维勃稠度以及表观密度，每台班每一配合比不得少于一次。

6.6.2 轻骨料混凝土强度的检验应按下列规定进行，其检验评定方法应按现行国家标准《混凝土强度检验评定标准》（GBJ 107）执行。

1 每 100 盘，且不超过 100m³ 的同配合比的混凝土，取样次数不得少于一次；

2 每一工作班拌制的同配合比混凝土不足 100 盘时，取样次数不得少于一次。

6.6.3 混凝土干表观密度的检验应按下列规定进行，其检验结果的平均值不应超过配合比设计值的±3%。

1 连续生产的预制厂及预拌混凝土搅拌站，对同配合比的混凝土，每月不得少于四次；

2 单项工程，每 100m³ 混凝土的抽查不得少于一次，不足者按 100m³ 计。

6.6.4 轻骨料混凝土工程验收应按现行国家标准《混凝土结构工程施工质量验收规范》（GB 50204）的有关规定执行。

7 试 验 方 法

7.1 一 般 规 定

7.1.1 轻骨料混凝土拌和物性能、力学性能、收缩和徐变等长期性能，以及碳化、钢锈和抗冻等耐久性能指标的测定，应符合现行国家标准《普通混凝土拌和物性能试验方法》（GB 50080）、《普通混凝土力学性能试验方法》（GB 50081）和《普通混凝土长期性能和耐久性能试验方法》（GB 50082）的有关规定。

7.1.2 与轻骨料特性有关的干表观密度、吸水率、软化系数、导热系数和线膨胀系数等混凝土性能指标的测定应符合本章的规定。

7.2 拌 和 方 法

7.2.1 配合比中各组分材料的质量计量允许误差：粗、细骨料和掺和料为±1%；水、水泥和外加剂为±0.5%。

7.2.2 试验室拌制轻骨料混凝土时，拌和量不应小于搅拌机公称搅拌量的三分之一。

7.2.3 轻骨料混凝土应按下列步骤拌和：

1 采用干燥或自然含水的轻粗骨料时，先将轻粗骨料、细骨料和水泥加入搅拌机内，加入二分之一拌和用水，搅拌 1min 后，再加入剩余拌和水量，继续拌 2min 即可；

2 采用经过淋水预湿处理的轻粗骨料时，先将轻粗骨料滤去明水，与细骨料、水泥一起拌和约 1min 后，再加入拌和用水量，继续拌和 2min 即可。

7.2.4 掺和料或粉状外加剂可与水泥同时加入。液状外加剂或预制成溶液的粉状外加剂，宜加入剩余拌和用水中。

7.3 干 表 观 密 度

7.3.1 干表观密度可采用整体试件烘干法或破碎试件烘干法测定。

7.3.2 当采用整体试件烘干法测定干表观密度时，可把试件置于 105～110℃的烘箱中烘至恒重，称重，并测定试件的体积，应按公式（7.3.3-1）计算干表观密度。

7.3.3 当采用破碎试件烘干法测定干表观密度时应按下列试验步骤进行：

1 在做抗压试验前，先将立方体试件表面水分擦干。用称量为 5kg（感量 2g）的托盘天平称重。求出该组试件自然含水时混凝土的表观密度。应按下式计算：

$$\rho_n = \frac{m}{V} \times 10^3 \qquad (7.3.3-1)$$

式中　ρ_n——自然含水时混凝土的表观密度（kg/m³）；

　　　m——自然含水时混凝土的质量（g）；

　　　V——自然含水时混凝土试件的体积（cm³）。

2 将做完抗压强度的试件破碎成粒径为 20～30mm 以下的小块。把 3 块试件的破碎试料混匀，取样 1kg，然后将试样放在 105～110℃烘箱中烘干至恒重；

3 按下式计算出轻骨料混凝土的含水率：

$$W_c = \frac{m_1 - m_0}{m_0} \times 100\% \qquad (7.3.3-2)$$

式中　W_c——混凝土的含水率（%），计算精确至 0.1%；

　　　m_1——所取试样质量（g）；

　　　m_0——烘干后试样质量（g）。

4 按下式计算出轻骨料混凝土的干表观密度：

$$\rho_d = \frac{\rho_n}{1 + W_c} \qquad (7.3.3-3)$$

式中　ρ_d——轻骨料混凝土的干表观密度（kg/m³），

精确至 10kg/m³；

ρₙ——自然含水状态下轻骨料混凝土的表观密度（kg/m³）。

7.4 吸水率和软化系数

7.4.1 吸水率和软化系数试验所用设备应符合下列规定：

1 托盘天平：称量 5kg，感量 2g；

2 烘箱：105～110℃，可恒温；

3 压力试验机：测力精度不低于±1%。

7.4.2 吸水率和软化系数试验应按下列步骤进行：

1 试件的制作和养护按《普通混凝土力学性能试验方法》（GB 50081）的要求进行。采用边长为 100mm 立方体试件时，每组为 12 块；采用边长为 150mm 立方体试件时，每组为 6 块；

2 标准养护 28d 后，取出试件在 105～110℃下烘至恒重，取 6 块（或 3 块）试件作抗压强度试验，绝干状态混凝土的抗压强度（f_0）；

3 取其余 6 块（或 3 块）试件，先称重，确定其质量平均值。然后，将它们浸入温度为 20±5℃的水中，浸水时间分别为：0.5h、1h、3h、6h、12h、24h、48h；每到上述各时间，将试件取出、擦干、称重，确定其质量平均值。随后，再浸入水中，直至 48h 时，将试件取出，擦干、称重，确定其质量平均值；

4 在称得浸水时间为 48h 时试件的质量平均值后，即进行抗压强度试验，确定饱水状态混凝土的抗压强度（f_1）；

5 按下列公式计算轻骨料混凝土的吸水率及软化系数：

$$\omega_t = \frac{m_1 - m_0}{m_0} \times 100\% \qquad (7.4.2-1)$$

$$\omega_{sat} = \frac{m_n - m_0}{m_0} \times 100\% \qquad (7.4.2-2)$$

$$\psi = \frac{f_1}{f_0} \qquad (7.4.2-3)$$

式中 m_0——烘至恒重试件的质量平均值（kg）；

m_t——浸水时间为 t 时试件的质量平均值（kg）；

m_n——浸水时间为 48h 时试件的质量平均值（kg）；

ω_t——浸水时间为 t 时的吸水率（%）；

ω_{sat}——浸水时间为 48h 时的吸水率（%）；

ψ——软化系数；

f_0——绝干状态混凝土的抗压强度（MPa）；

f_1——饱水状态混凝土的抗压强度（MPa）。

7.5 导热系数

7.5.1 导热系数可采用热脉冲法进行测定，其适用于测定干燥或不同含湿状况下轻骨料混凝土的导热系数、导温系数和比热容。

7.5.2 热脉冲法测定导热系数的装置由一个加热器和放置在加热器两侧材料相同的三块试件以及测温热电偶组成（图 7.5.2）。当加热器通以电流后，根据被测试件的温度变化可测出试件的导热系数、导温系数和比热容。装置的各个部分应满足下列要求：

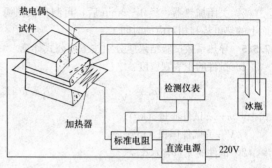

图 7.5.2 用热脉冲法测量
导热系数装置示意图

1 加热器的厚度不应大于 0.4mm，且应有弹性，其面热容量应小于 0.42kJ/（m²·℃）；加热丝应选用电阻温度系数小的镍铜、锰铜等材料，加热丝之间的间距宜小于 2mm，整个面积发出的热量应是均匀的，且对试件应为对称传热；加热器不应有吸湿性，其尺寸宜与试件尺寸相同；

2 热电偶直径宜选用 0.1mm，电势测量仪表的精度应为±1μV；

3 在试验过程中，应保持测量装置电压恒定，稳定度应为±0.1%，功率测量误差应小于 0.5%；

4 应设有试件夹紧装置，以保证相互间接触紧密。

7.5.3 导热系数测定所用试件应符合下列要求：

1 试件以三块为一组，取自相同配合比的混凝土，各试件间的表观密度差应小于 5%；

2 三块试件分别为：薄试件一块（200mm×200mm×20～30mm），厚试件二块（200mm×200mm×60～100mm）；

3 试件两表面应平行，厚度应均匀。薄试件不平行度应小于试件厚度的 1%。各试件的接触面应结合紧密；

4 测量干燥状态的热物理系数时，试件应在 105～110℃下烘干至恒重。测量不同含湿状况的热物理性能时，应将干燥试件培养至所需湿度后再进行测定。一组试件之间的湿度差应小于 1%，在同一试件内湿度分布宜均匀。

7.5.4 导热系数试验应按下列步骤进行：

1 称量试件质量，测量试件尺寸，计算混凝土的干表观密度；

2 将试件按图 7.5.2 所示安置完毕。当试件的初始温度在 10min 内的变化小于 0.05℃，且薄试件上下表面温度差小于 0.1℃时，可开始测定；

3 接通加热器电源，并同时启动秒表，测量加热回路电流；

4 加热时间（τ'）控制为 4～6min，当薄试件上表面温度升高 1～2℃时，记录上表面热电势及相对应的时间。接着测量热源面上的热电势及相对应的时间，其间隔不宜超过 1min；

5 关闭加热器，经 4～6min 后，再测一次热源面上的热电势和相对应的时间。

7.5.5 导热系数试验结果应分别按下列公式计算。

1 试件的干表观密度：

$$\rho_d = \frac{m}{V} \tag{7.5.5-1}$$

式中 m——试件质量（kg）；
V——试件体积（m³）。

2 试件的质量含水率：

$$\omega = \frac{m_2 - m_1}{m_1} \times 100\% \tag{7.5.5-2}$$

式中 m_1——烘干至恒重试件的质量（kg）；
m_2——某一含湿状态下试件的质量（kg）。

3 试件的导温系数、导热系数及比热容应分别按下列公式计算：

（1）函数 $B(Y)$ 值的计算：

$$B(Y) = \frac{\theta'(x \cdot \tau')\sqrt{\tau'}}{\theta(o \cdot \tau'_2)\sqrt{\tau'_2}} \tag{7.5.5-3}$$

式中 $\theta'(x \cdot \tau')$、τ'——薄试件上表面过余温度（℃），及相对应的时间（h）；
$\theta'(o \cdot \tau'_2)$、τ'_2——升温过程中热源面上的过余温度（℃）及相对应的时间（h）。

根据计算所得的 $B(Y)$ 值，查表 7.5.5 求得 Y^2 值；

（2）导温系数（a）的计算：

$$a = \frac{d^2}{4\tau' Y^2}(\text{m}^2/\text{h}) \tag{7.5.5-4}$$

式中 d——薄试件的厚度（m）；
τ'——薄试件上表面温度为 $\theta'(x, \tau')$ 时的时间（h）；
Y^2——函数 $B(Y)$ 的自变量。

（3）导热系数（λ）的计算：

$$\lambda = \frac{Q\sqrt{a}(\sqrt{\tau_2} - \sqrt{\tau_2 - \tau_1})}{A\theta(o \cdot \tau_2)\sqrt{\pi}}[\text{W}/(\text{m} \cdot \text{K})] \tag{7.5.5-5}$$

式中 $\theta(o \cdot \tau_2)$、τ_2——降温过程中热源面上的过余温度（℃）及相对应的时间（h）；
τ_1——关闭热源相对应的时间（h）；
A——加热器的面积（m²）；
a——导温系数（m²/h）；
Q——加热器的功率（W）；

$$Q = I^2 R \tag{7.5.5-6}$$

I——通过加热器的电流（A）；
R——加热器的电阻（Ω）。

（4）比热容（c）的计算：

$$c = \frac{\lambda}{a\rho}[\text{kJ}/(\text{kg} \cdot \text{K})] \tag{7.5.5-7}$$

式中 λ——导热系数 [W/（m·K）]；
ρ——三块试件的平均表观密度（kg/m³）。

（5）蓄热系数（s）的计算：

$$s = 0.51 \cdot \lambda \cdot a \cdot \rho$$

表 7.5.5 函数 $B(Y)$ 表

Y^2	0	1	2	3	4
0.0	1.0000	0.8327	0.7693	0.7229	0.6852
0.1	0.5379	0.5203	0.5037	0.4881	0.4736
0.2	0.4010	0.3908	0.3810	0.3716	0.3625
0.3	0.3151	0.3031	0.3014	0.2948	0.2885
0.4	0.2543	0.2492	0.2442	0.2394	0.2347
0.5	0.2089	0.2049	0.2010	0.1973	0.1937
0.6	0.1735	0.1704	0.1674	0.1645	0.1616
0.7	0.1456	0.1431	0.1407	0.1383	0.1360
0.8	0.1230	0.1210	0.1190	0.1170	0.1151
0.9	0.1044	0.1027	0.1011	0.09949	0.09791
1.0	0.08908	0.08770	0.08634	0.08501	0.08370
1.1	0.07631	0.07516	0.07403	0.07292	0.07181
1.2	0.06562	0.06464	0.06368	0.06274	0.06181
1.3	0.05657	0.05575	0.05494	0.05414	0.05335
1.4	0.04890	0.04820	0.04751	0.04684	0.04617
1.5	0.04238	0.04179	0.04120	0.04062	0.04004
1.6	0.03680	0.03629	0.03578	0.03528	0.3479
1.7	0.03201	0.03157	0.03114	0.03072	0.03030
1.8	0.02790	0.02752	0.02715	0.02678	0.02642
1.9	0.02435	0.02402	0.02370	0.02333	0.02307
2.0	0.02128	—	—	—	—

Y^2	5	6	7	8	9
0.0	0.6533	0.6253	0.6002	0.5777	0.5570
0.1	0.4599	0.4469	0.4346	0.4229	0.4117
0.2	0.3539	0.3455	0.3375	0.3298	0.3223
0.3	0.2824	0.2764	0.2707	0.2651	0.2596
0.4	0.2301	0.2256	0.2213	0.2170	0.2129
0.5	0.1902	0.1867	0.1833	0.1800	0.1767
0.6	0.1588	0.1561	0.1534	0.1507	0.1481
0.7	0.1337	0.1315	0.1293	0.1271	0.1250
0.8	0.1132	0.1114	0.1096	0.1078	0.1061
0.9	0.09645	0.09491	0.09340	0.09129	0.09048

Y^2	5	6	7	8	9
1.0	0.08241	0.08115	0.07991	0.07869	0.07749
1.1	0.07073	0.06967	0.06863	0.06761	0.06660
1.2	0.06090	0.06000	0.05912	0.05826	0.05741
1.3	0.05258	0.05182	0.05107	0.05033	0.04961
1.4	0.04552	0.04487	0.04423	0.04360	0.04298
1.5	0.03948	0.03893	0.03839	0.03785	0.03732
1.6	0.03431	0.03384	0.03337	0.03291	0.03246
1.7	0.02988	0.02947	0.02907	0.02867	0.02828
1.8	0.02606	0.02570	0.02535	0.02501	0.02468
1.9	0.02276	0.02246	0.02216	0.02186	0.02157
2.0	—	—	—	—	—

注：Y^2 值的竖行为其首数，横行为其尾数。

7.5.6 每组试件应测量三次，当相对误差小于 5% 时，取三次试验平均值作为该组试件的热物理系数值。

7.6 线 膨 胀 系 数

7.6.1 线膨胀系数测定时所用的试件应为 100mm× 100mm×300mm 的棱柱体，每组至少三块；并应具有下列设备：

1 人工气候箱，如无人工气候箱，亦可采用稳定性较好的烘箱；

2 电阻应变仪；

3 测量温度用镍铜—铜热电偶（试件成型时埋入混凝土内）及符合精度要求（精确至 0.1℃）的电位差计；

4 石英管一根。

7.6.2 线膨胀系数测定应按下列步骤进行：

1 试件应在恒温恒湿养护室养护到 28d 龄期后，放入 105～110℃ 的烘箱中加热 24h，再在室内放置 5～7d 以使其湿度达到平衡；

2 每个试件两侧各贴一个电阻片及一个热电偶。电阻片标距应为 100mm，其电阻值应相同。贴片可采用 502 胶或其他在试验温度范围内工作可靠的胶粘贴；

3 热电偶应事先在恒温器中校核，求出温度与电位差的关系，其温度读数应精确在 0.1℃；

4 应在石英管上贴同样规格的电阻片，作电阻应变仪的补偿之用。为检查试验工作是否正常，应同时准备已知线膨胀系数的钢或铜等材料的试件，与混凝土试件同时进行测试；

5 所有测量温度和变形的引出导线与仪器接通，经检验待工作正常后，调零，记下初读数。随即开始升（降）温，每次升（降）温的幅度控制在 10℃ 左右，升（降）温速度宜缓慢，到达温度后要恒温到试件内外温差小于 0.2℃ 时才能测数，每次恒温时间宜为 3h；

6 记下所有各点的温度及变形读数后，即可继续升（降）温。整个试验的最低和最高温度差值应大于 60℃；

7.6.3 线膨胀系数值的取用和计算应按下列规定进行：

1 按测得的温度和变形的数据用回归分析法求得两者的关系。温度和变形若呈直线关系，其斜率即为线膨胀系数值；

2 数据不多时，也可用下式计算：

$$a_T = \frac{\varepsilon_t - \varepsilon_0}{t - t_0} \qquad (7.6.3)$$

式中 a_T——线膨胀系数；

ε_t——温度为 t 时的变形值（mm）；

ε_0——初始变形值（mm），如电阻应变仪在 t_0 时调零，则 $\varepsilon_0 = 0$；

t_0——初始温度（℃）；

t——测量时的温度（℃）。

附录A 大孔轻骨料混凝土

A.1 一 般 规 定

A.1.1 大孔径骨料混凝土按其抗压强度标准值，可划分为 LC2.5、LC3.5、LC5.0、LC7.5 和 LC10.0 五个强度等级。按其干表观密度，可按本规程第 4.1.3 条划分密度等级。

A.2 轻粗骨料技术要求

A.2.1 轻粗骨料级配宜采用 5～10mm 或 10～16mm 单一粒级。

A.2.2 轻粗骨料的密度等级和强度应根据工程需要选用。

A.2.3 轻粗骨料其他技术性能应符合现行国家标准《轻集料及其试验方法第 1 部分：轻集料》（GB/T 17431.1）的有关规定。

A.3 配合比计算与试配

A.3.1 混凝土的试配强度应按照本规程第 5.1.2 条计算。

A.3.2 根据轻粗骨料的堆积密度，宜按下式（A.3.2）计算每立方米混凝土的轻粗骨料用量：

$$m_a = V_a \times \rho_{1a} \qquad (A.3.2)$$

按体积计量时，每立方米混凝土的轻粗骨料用量取一立方米松散体积（V_a）。

A.3.3 根据混凝土要求的强度等级和轻粗骨料品种，水泥用量可在 150～250kg/m³ 范围内选用，并可掺入适量外加剂和掺和料。

A.3.4 混凝土拌和物的用水量宜以水泥浆能均匀附

在骨料表面并呈油状光泽而不流淌为度。可在净水灰比 0.30～0.42 的范围内选用一个试配水灰比，并可按下式计算拌和物的净用水量（kg/m³）：

$$m_{wn} = m_c \times W/C \qquad (A.3.4-1)$$

式中 W/C——试配水灰比。

当采用干燥骨料时，应根据净用水量加上轻粗骨料 1h 吸水量，按下式计算总用水量：

$$m_{wt} = m_{wn} + m_{wa} \qquad (A.3.4-2)$$

A.3.5 振动加压成型的轻骨料混凝土小型空心砌块宜采用干硬性大孔混凝土拌和物，其用水量宜以模底不淌浆和坯体不变形为准，可按本规程表 5.2.3 选用。

A.3.6 配合比应通过试验确定。其试验与调整应按本规程 5.3.6 条进行。

A.3.7 混凝土试件的成型方法，应与实际施工采用的成型工艺相同。

A.4 施 工 工 艺

A.4.1 拌和物各组分材料应按质量计量。轻粗骨料也可采用体积计量。

A.4.2 拌和物应采用强制式搅拌机拌制。

A.4.3 当采用预湿饱和面干骨料时，粗骨料、水泥和净用水量可一次投入搅拌机内，拌和至水泥浆均匀包裹在骨料表面且呈油状光泽时为准，拌和时间宜为 1.5～2.0min。采用干骨料时，先将骨料和 40%～60% 总用水量投入搅拌机内，拌和 1min 后，再加入剩余水量和水泥拌和 1.5～2.0min。拌制少砂大孔轻骨料混凝土时，砂或轻砂和粉煤灰等宜与水泥一起加入搅拌机内。

A.4.4 现场浇筑时，混凝土拌和物直接浇筑入模，依靠自重落料压实。可用捣棒轻轻插捣靠近模壁处的拌和物，不得振捣。

A.4.5 浇筑高度较高时，应水平分层和多点浇筑。每层高度不宜大于 300mm，浇筑捣实后，表面用铁铲拍平。

A.4.6 大孔轻骨料混凝土小型空心砌块应采用振动加压成型。

A.4.7 养护应按本规程第 6.5 节规定的要求进行。

A.5 质量检验与验收

A.5.1 大孔轻骨料混凝土的质量检验与验收应按本规程第 6.6 节的规定执行。

附录 B 泵送轻骨料混凝土

B.1 一 般 规 定

B.1.1 泵送轻骨料混凝土宜采用砂轻混凝土。

B.1.2 泵送轻骨料混凝土采用的轻粗骨料在使用前，宜浸水或洒水进行预湿处理，预湿后的吸水率不应少于 24h 吸水率。

B.2 原 材 料

B.2.1 泵送轻骨料混凝土采用的水泥应符合本规程第 3.1.1 条的要求。

B.2.2 泵送轻骨料混凝土采用的轻粗骨料的密度等级不宜低于 600 级；当掺入轻细骨料时，轻细骨料的密度等级不宜低于 800 级。

B.2.3 泵送轻骨料混凝土中的轻粗骨料应采用连续级配，公称最大粒径不宜大于 16mm，粒型系数不宜大于 2.0。

B.2.4 泵送砂轻混凝土的细骨料宜采用中砂，细度模数宜在 2.2～2.7 之间，并应符合国家现行标准《普通混凝土用砂质量标准及试验方法》（JGJ 52）的要求，其中，通过 0.315mm 颗粒含量不应少于 15%。

B.2.5 泵送轻骨料混凝土宜掺用泵送剂、减水剂和引气剂等外加剂，且可掺加 Ⅰ、Ⅱ 级粉煤灰、矿物微粉或其他矿物掺和料。外加剂和掺和料应符合有关标准的要求。

B.3 配 合 比 设 计

B.3.1 泵送轻骨料混凝土配合比的设计除应满足轻骨料混凝土设计强度、耐久性和密度的要求外，其拌和物还应满足混凝土可泵性、粘聚性和保水性的要求。

B.3.2 泵送轻骨料混凝土拌和物入泵时的坍落度值应根据泵送的高度选用，宜为 150～200mm；含气量宜为 5%。

B.3.3 泵送轻骨料混凝土试配时要求的坍落度值应按下式计算：

$$T_t = T_p + \Delta T \qquad (B.3.3)$$

式中 T_t——试配时要求的坍落度值（mm）；

T_p——入泵时要求的坍落度值（mm）；

ΔT——试验时测得在预计时间内的坍落度经时损失值（mm）。

B.3.4 泵送轻骨料混凝土的水泥用量不宜少于 350kg/m³。

B.3.5 泵送轻骨料混凝土的体积砂率宜为 40%～50%。当掺用粉煤灰并采用超量法取代水泥时，砂率可适当降低。

B.3.6 泵送轻骨料混凝土配合比的设计步骤宜按本规程第 5 章进行。其中，轻粗骨料吸水率应采用 24h 吸水率。泵送轻骨料混凝土配合比应根据具体施工条件进行试配和调整，并应进行试泵。

B.4 施 工 工 艺

B.4.1 泵送轻骨料混凝土施工工艺及其设备应符合

国家现行标准《混凝土泵送施工技术规程》（JGJ/T 10）第4、5、6章和本规程第6章的有关规定。

B.4.2 拌制轻骨料混凝土之前，浸水预湿的轻骨料宜采取表面覆盖、充分沥水等措施以控制轻骨料呈饱和面干状态，也可采用测出预湿后轻骨料含水率的方法，以控制搅拌时的用水量。

B.4.3 泵送轻骨料混凝土的投料顺序和搅拌时间应符合本规程第6章的有关规定。

B.4.4 泵送轻骨料混凝土泵送施工时，应采取降低泵送阻力的措施。输送管的管径不宜小于125mm。所有管道内应清洁，泵送开始前应先采用砂浆润滑管壁。

B.5 质量检验与验收

B.5.1 泵送轻骨料混凝土的质量控制和质量检验与验收应符合国家现行标准《混凝土泵送施工技术规程》（JGJ/T 10）第7章的要求和本规程第6.6节有关规定。

B.5.2 泵送轻骨料混凝土各项性能的试验方法应按本规程第7章的有关规定进行。

本标准用词说明

1. 为便于在执行本标准条文时区别对待，对于要求严格程度不同的用词说明如下：

1) 表示很严格，非这样做不可的：
正面词采用"必须"；反面词采用"严禁"。

2) 表示严格，在正常情况下均应这样做的：
正面词采用"应"；反面词采用"不应"或"不得"。

3) 表示允许稍有选择，在条件许可时首先应这样做的：
正面词采用"宜"；反面词采用"不宜"。

4) 表示有选择，在一定条件下可以这样做的，采用"可"。

2. 条文中指明应按其他有关标准执行的写法为："应符合……的规定"或"应按……执行"。

中华人民共和国行业标准

轻骨料混凝土技术规程

Technical specification for lightweight
aggregate concrete

(JGJ 51—2002)

条 文 说 明

前　言

《轻骨料混凝土技术规程》（JGJ 51—2002），经建设部 2002 年 9 月 27 日以公告第 68 号文批准、发布。

本标准第一版的主编单位是中国建筑科学研究院，参加单位是陕西省建筑科学研究院、上海建筑科学研究院、黑龙江建筑低温科学研究所、辽宁省建筑科学研究所、大庆油田建设设计研究院、同济大学、北京市第二建筑构件厂。

为便于广大设计、施工、科研、学校等单位有关人员在使用本标准时能正确理解和执行条文规定，《轻骨料混凝土技术规程》编制组按章、节、条顺序编制了本标准的条文说明，供使用者参考。在使用中如发现本条文说明有不妥之处，请将意见函寄中国建筑科学研究院（地址：北京市北三环东路 30 号，邮编：100013）。

目　次

1 总则 ·· 13—21
2 术语、符号 ···································· 13—21
3 原材料 ·· 13—21
4 技术性能 ·· 13—21
　4.1 一般规定 ································ 13—21
　4.2 性能指标 ································ 13—21
5 配合比设计 ···································· 13—22
　5.1 一般要求 ································ 13—22
　5.2 设计参数选择 ························ 13—22
　5.3 配合比计算与调整 ················ 13—22

6 施工工艺 ·· 13—23
　6.1 一般要求 ································ 13—23
　6.2 拌和物拌制 ···························· 13—23
　6.3 拌和物运输 ···························· 13—23
　6.4 拌和物浇筑和成型 ················ 13—24
　6.5 养护和缺陷修补 ···················· 13—24
　6.6 质量检验和验收 ···················· 13—24
7 试验方法 ·· 13—24
附录 A　大孔轻骨料混凝土 ············ 13—25
附录 B　泵送轻骨料混凝土 ············ 13—26

1 总 则

1.0.1 阐明本规程的编制目的。

1.0.2 本规程规定了无机轻骨料混凝土的适用范围。根据轻骨料混凝土技术发展的需要，删去了原规程不适用于无砂或少砂大孔轻骨料混凝土的规定，初次将无砂大孔轻骨料混凝土列入规程。

2 术语、符号

在我国，轻骨料混凝土属新品种混凝土，在《建筑结构设计术语和符号标准》GB/T 50083—97 中列入的、与之相适应的术语和符号很少。因此，《规程》中的术语和符号除按《建筑结构设计术语和符号标准》GB/T 50083 的要求和原则制订外，还考虑尽量与国内相关标准相一致。

3 原 材 料

3.0.1～3.0.7 轻骨料混凝土的原材料主要是水泥、轻粗细骨料、普通砂、水、各种化学外加剂和掺和料。这些原材料的各项技术性能及要求都应满足现行国家或行业的有关标准和规程的要求。因此，本规程将有关标准、规程和规范的名称和编号列入，而内容不再一一列入。

4 技 术 性 能

4.1 一 般 规 定

4.1.1～4.1.4 根据国内外同类型标准和规程的经验，本章主要规定了轻骨料混凝土强度等级和密度等级的定义及其划分原则。参照国际通用原则，按用途将轻骨料混凝土划分为保温、结构保温和结构轻骨料混凝土三大类，分别规定了各类混凝土的强度等级、密度等级和合理使用的范围，将轻骨料混凝土强度等级符号统一改为 LC。

4.2 性 能 指 标

4.2.1 20 世纪 90 年代以来，我国高强轻骨料的生产取得突破性的发展，在上海、宜昌、哈尔滨、天津和金坛等地已可生产出质量符合国家标准的高强陶粒，可以配制出密度等级为 1900，强度等级为 LC40～LC60 的高强轻骨料混凝土，并越来越多在高层、大跨的房屋建筑和桥梁工程中应用。因此，在轻骨料混凝土强度等级中增设了 LC55 和 LC60 两个等级。

为与钢筋混凝土结构设计规范相适应，删去弯曲抗压和抗剪强度两项标准值。增设 LC55 和 LC60 两

个强度等级标准值，其确定原则与其他等级相同。

4.2.2 原《规程》中轻骨料混凝土弹性模量值（E_{LC}），是在专题研究基础上提出的我国自己的弹性模量经验公式 $E_{LC} = 2.02 \cdot \rho \cdot \sqrt{f_{cu \cdot k}}$ 标定而得的，但近几年发现工程中应用的高强轻骨料混凝土的 E_{LC} 值与公式相比偏高约 12%。

在这次修订中，经专题论证发现，其主要原因是在参照美国 ACI 213R74、84、87 的弹性模量公式 $E_c = \rho_c^{15} \cdot 0.043 \cdot \sqrt{f_c}$（式中 f_c 为轻骨料混凝土圆柱体试件抗压强度）时，在轻骨料混凝土强度大于 35～42MPa 范围，E_{LC} 值下调 6%～15% 所致。

经与近几年工程中所用高强轻骨料混凝土的 E_{LC} 值相比较，完全证实了这一点。因此，在这次修订中，仍以原公式 $E_{LC} = 2.02 \cdot \rho \cdot \sqrt{f_{cu \cdot k}}$ 为依据，但高强、高密度区的 E_{LC} 值不再下调。

4.2.3～4.2.4 原《规程》的收缩和徐变的标定值，在专题研究成果的基础上，提出的我国自己的在标准状态轻骨料混凝土下收缩经验公式 $\varepsilon(t)_0 = \frac{t}{a+bt} \times 10^{-3}$、徐变系数的经验公式 $\varphi(t)_0 = \frac{t^n}{a+bt^n}$ 标定而得的。但原《规程》规定只适用于 LC20～LC30 的结构轻骨料混凝土。

在这次修订中，经与 ACI 213R 和美国 SOLITE 公司的有关资料相比较，又经近几年我国有关工程和试验的实测资料验证，充分说明，原规程中给出的有关公式和系数，仍然适用于 LC30～LC60 的结构轻骨料混凝土。只是原《规程》标定值富裕系数较小，特别是收缩值更为明显。因此，本规程中规定的收缩值和徐变系数上限，即表 4.2.3 和表 4.2.4 列出的数值，是按《规程》中给出的公式，按不同龄期和具有 95% 保证率计算得出。

4.2.7 为适应建筑节能技术发展的需要，在轻骨料混凝土密度等级方面，增加了 600 和 700 两个密度等级。与其相对应的有关热物理系数，仍按原规程所采用的有关实验公式计算。

4.2.8 轻骨料混凝土与普通混凝土同样，具有良好的抗冻性，本规程的抗冻性指标主要参照国外有关标准和规范的一般性规定，近 10 年来未有异议。这次修订基本保持原规定，并新规定在干湿交替部位、水位变化部位或粉煤灰掺量大于 50% 的工程应用时，抗冻等级应大于 F50，以保证工程的耐久性，国外桥梁和海工等工程的应用经验证明这是适宜的。

4.2.9 轻骨料混凝土的抗碳化指标是在 1981 年建筑科技发展计划中，在轻骨料混凝土和普通混凝土抗碳化性能专题研究成果的基础上制定的。20 多年的工程实践表明，抗碳化指标是合理、可行的。

4.2.10 这一新增条款是在轻骨料混凝土应用日益增多的情况下，根据工程实际的要求而制订。轻骨料混

凝土比普通混凝土具有更好的抗渗性，许多工程在混凝土的抗渗性方面也有相应的要求。

4.2.11 这是新列入的条款。20 世纪 80 年代以来，在国外，次轻混凝土（又称指定密度混凝土，或普通轻混凝土）在桥梁等工程中的应用越来越多。在轻粗骨料中加入适量的普通粗骨料配制而成的次轻混凝土，与未掺入普通粗骨料的轻骨料混凝土相比，具有更好的力学性能和体积稳定性，这对改善轻骨料混凝土的性能，扩大其应用范围都有积极的意义。因此，为促进次轻混凝土的发展，将其列入规程是十分必要的。鉴于我国尚缺乏次轻混凝土的系统试验资料，因此，规定次轻混凝土的强度标准值、弹性模量、收缩和徐变等有关性能，应通过试验确定。

5 配合比设计

5.1 一般要求

5.1.1 本条文规定轻骨料混凝土配合比设计的主要目的与任务。轻骨料混凝土与普通混凝土不同的是，除抗压强度应满足设计要求外，表观密度也应满足要求。在某些特殊情况下，如在高层、大跨等承载结构上，还应满足对弹性模量、收缩和徐变等的要求。

5.1.2 本条文规定了试配强度的确定方法，强调轻骨料混凝土的配合比应通过计算和试配确定，一样也不能少。和普通混凝土一样，试配强度应具有 95% 的保证率。

5.1.3 《规程》新编时，对我国各主要地区的部分工程中不同强度等级、不同品种的轻骨料混凝土取样的 4800 组试块抗压强度的统计资料说明，其各强度等级总体的强度标准差 σ，与普通混凝土基本上是一致的。因此，其 σ 的取值与普通混凝土相同。

5.1.4 鉴于轻骨料混凝土技术的发展，为改善某些性能指标，在轻骨料混凝土中同时采用两种不同品种的粗骨料，在国外应用已越来越多。在国内，近几年，发现不少厂家，从谋利出发，在陶粒混凝土小砌块中，加入大量劣质炉渣（又称煤渣），仍称陶粒混凝土小砌块，以高价售出，引起公愤。为了抑制这种现象，保证混凝土小砌块的质量，特意在本条文中，规定了对炉渣的限量。

5.1.5 化学外加剂和掺和料品种很多，性能各异。其品种与掺入量对水泥适应性的影响，比普通混凝土更甚，因此，为了保证轻骨料混凝土的施工质量，特制定本条文。

5.1.6 根据轻骨料混凝土技术发展的需要，增设了主要用于小砌块、屋面和墙体的大孔轻骨料混凝土，以及用于现浇施工的泵送轻骨料混凝土的技术内容。

5.2 设计参数选择

5.2.1 表 5.2.1 下注中的水泥强度等级应按现行国家标准《硅酸盐水泥、普通硅酸盐水泥》（GB 175—1999）的规定执行。因为轻骨料混凝土配合比设计复杂，水泥用量不按公式计算，而是按表 5.2.1 的有关参数经试验确定，所以，这次水泥新标准的实施对其影响不大。

5.2.2 根据对混凝土耐久性更高的要求，参照美国 ACI 318 M—95 的要求，将表 5.2.2 中最大水灰比调低。表中的最小水泥用量，是根据 ACI 318 M—95 给出的对不同环境条件和不同强度等级的要求，在原规程的基础上调整而得。

5.2.3 根据十多年来生产和工程实践经验，表 5.2.3 中增加振动加压成型，是为适应某些干硬性混凝土生产的需要，如砌块等；坍落度加大，是根据减水剂的普遍使用、混凝土搅拌运输车出料和施工操作要求等多方面技术发展情况调整的。

5.2.4 此条文规定了轻骨料混凝土砂率特殊的表示方法，及不同用途轻骨料混凝土的砂率值的变化范围。与普通混凝土的不同点：一是以体积砂率表示；二是一般砂率较大。

轻骨料混凝土的砂率应以体积砂率表示，即细骨料体积与粗细骨料总体积之比。体积可采用松散体积或绝对体积表示。其对应的砂率为松散体积砂率或绝对体积砂率。随其配合比设计方法不同，采用砂率表示方法也不同：采用松散体积法设计配合比则用松散体积砂率表示；用绝对体积法设计时，则用绝对体积砂率表示。

不同用途混凝土的砂率变化范围是根据国内外施工经验制定的。经过多年的实践证明是可行的。故本次修订没有变动。

5.2.5 表 5.2.5 中用普通砂时粗细骨料总体积下限降低，主要是根据高强陶粒、高强陶粒混凝土和较高强度等级的砂轻混凝土在结构中的推广应用，及其施工操作性能的要求等原因，使水泥和粉煤灰等掺和料总用量相对增加而确定的。试验和实际工程已经明显反映出这一变化。美国用于工程结构方面（如桥梁等）的轻骨料混凝土配合比也反映出这一点。

5.2.6 《粉煤灰在混凝土和砂浆中应用技术规程》（JGJ 28—86）尚未重新修订。当时制订的某些掺量较保守。当前，粉煤灰在混凝土中掺量向较大掺量方向发展。因此，这次修订中，允许在有试验根据时，可适当放宽粉煤灰掺量的范围。

5.3 配合比计算与调整

5.3.1 将松散体积法用于砂轻混凝土的配合比计算，并放在突出位置，基于五点考虑：1. 在计算过程中，有关材料的计算参数，需要经专门试验加以确定，而轻骨料和砂等有关材料匀质性不理想，试验确定的参数，代表性并不好。因此，绝对体积法往往与实际情况有较大出入。2. 实际工程中，时常由于缺乏试验条件，或图方便省时间，往往直接采用经验取值作为计算参数。实践证明，这种方法应用效果不理想，最终还是靠试验修正，修正的偏差还较大。3. 松散体积法基于试验和应用经验，也包括了积累经验过程中绝对体积法在初步计算时的大量应用，我们可以站在已有知识（包括理论指导、试验和应用经验）的平台上，在合理范围内查取计算参数，直接经试验调整确定配合比，相对较为简明。4. 松散体积法相对较简易，便于理解和应用，有利于试验和工程中配合比的反复调配，有利于轻骨料混凝土的推广应用；5. 试验和工程证明，松散体积法的应用，确实带来很大的方便，而且，其准确性和可靠性是有保证的。

经验证明，两种配合比计算和调整的步骤可行，这次修订未作改动。

5.3.2 松散体积法是以给定每立方米混凝土的粗细骨料松散总体积为基础进行计算，然后按设计要求的混凝土干表观密度为依据进行校核，最后通过试验调整出配合比。

20多年使用经验说明，本条文规定的松散体积法，既适用全轻混凝土，也适用于砂轻混凝土。它是一个十分简便易行、预估性较好的和非常实用的轻骨料混凝土配合比设计方法。它特别适用于在施工中及时、快速地调整配合比。这次规定仍沿用以前设计步骤，未作修改。

5.3.3 绝对体积法是按每立方米混凝土的绝对体积为各组成材料的绝对体积之和进行计算。绝对体积法概念明确，便于计算。但由于原材料的某些设计参数，如粗、细骨料的颗粒表观密度和水泥的密度等，设计需经试验确定，费用较多，十分麻烦，不能满足在施工中经常检测，及时调整配合比的要求。若不采用实测值，而是按一般的资料任取一个经验值进行计算，则可能带来配合比设计结果的较大误差，影响工程质量。

但对于对比、检验、分析和研究等工作，绝对体积法仍是有用的。这次规定仍沿用以前设计步骤，未作修改。

5.3.4 轻骨料一般都具有吸水性。为了便于计算附加水量，进而计算轻骨料混凝土的总用水量，特列出表5.3.4，使概念更为清楚，便于使用。

5.3.5 表5.3.5将粉煤灰的应用扩大到LC30以上，同时考虑到大掺量粉煤灰技术发展的需要，在注中取消了"钢筋轻骨料混凝土的粉煤灰取代水泥率不宜大于15％"的内容，写入了在有试验根据时可适当放宽的条款。经近年来的研究和工程实践证明，只要加强粉煤灰质量控制和应用技术保证，适当扩大粉煤灰在轻骨料混凝土中的应用是可行的。

6 施 工 工 艺

6.1 一 般 要 求

6.1.1 该条对本章的适用范围重新作了调整。去掉了"适用于一般工业与民用建筑"，和"不适用于特种……工程"的字样。

20多年的施工经验说明，本章的规定不仅适用于工业与民用建筑，也可适用于热工、水工、桥涵等土木工程轻骨料混凝土的施工。

6.1.2 强调原材料进场后，应按国家标准的要求进行复检验收。

6.1.3 对轻骨料进入施工现场后的堆放、运输作了具体规定。强调应按不同品种，分批运输和堆放，在堆放时避免离析，并宜采取防雨、防风防水措施。

6.1.4 在低于5℃的气温下，不宜进行轻骨料混凝土的预湿和施工。

6.2 拌 和 物 拌 制

6.2.1 一般来说，轻粗骨料的堆积密度变化较大，在生产过程中若不经常对其进行测定，将在很大程度上影响拌和物方量的准确性。轻粗骨料的含水率会影响配合比中用水量的准确性，并对拌和物的稠度和混凝土的强度产生不良影响。为保证混凝土施工用轻骨料混凝土拌和物方量与配合比计算方量相吻合，以及拌和物的和易性符合施工要求，应对轻粗骨料的含水率及其堆积密度进行测定。

6.2.2 本条文规定轻骨料混凝土原材料的计量方法。砂轻混凝土和普通混凝土一样可采用按质量计量；但全轻混凝土则采用体积与质量相结合的方法计量。误差的控制按质量计量，与普通混凝土相同。

6.2.3 轻骨料混凝土因骨料轻，自落式搅拌机一般不易搅匀，严重影响混凝土性能，建设部早已明文规定禁止使用。因此，本条规定应采用强制式搅拌机。

6.2.4 本条文按预湿处理和非预湿处理两种拌和物搅拌工艺分别提出预湿、计量、下料、拌和、出料的工艺流程图，程序明确，一目了然，便于操作。20年来生产实践表明，该工艺流程是可行的。此次修订基本上未作变动。

6.2.5 本条文规定了不采用搅拌运输车运送混凝土拌和物时，即不是由预拌混凝土厂供料时，砂轻混凝土和全轻混凝土的搅拌时间（含下料）不宜超过3min。为保证拌和物的均匀性，全轻混凝土拌和物的搅拌时间宜延长1min。

若由预拌混凝土厂供货时，砂轻混凝土拌和物的搅拌时间，则可视拌和物距离的远近，适当缩短。

6.2.6 本条文专门规定了化学外加剂掺入的方法。轻粗骨料具有一定吸水性，试验证明，轻粗骨料未预湿时，与拌合水同步加入化学外加剂，会部分被轻粗骨料所吸收，而影响其功效，因此，外加剂应在轻骨料吸水后加入。

6.3 拌 和 物 运 输

6.3.1 本条文明确规定，轻骨料混凝土拌和物运输时，如坍落度损失或离析较严重者，浇筑前应采用人工二次拌和，但不得加水。若加水，即使是加入量不多，也会严重降低混凝土的强度，影响工程质量。

6.3.2 为了减少轻骨料混凝土拌和物的坍落损失，应选择最佳运输路线，中途不停顿。本条文规定，其从搅拌机卸料至浇入模内止的时间，不宜超过45min。

6.3.3 当采用搅拌运输车运送拌和物时，如发现罐内拌和物坍落度损失严重，可在卸料前加入适量减水剂，加速转几圈后出料。掺入量的多少应以不影响混凝土质量为准。

6.4　拌和物浇筑和成型

6.4.1 为了避免离析，减小了拌和物浇筑时倾落的自由高度。倾落的自由高度从2m降低到1.5m。

6.4.2 轻骨料混凝土拌和物的内摩擦力比普通混凝土的大。为保证拌和物的密实性，本条规定应采用机械振捣成型。只有对流动性大、不振捣和硬化后的混凝土强度能满足要求的塑性拌和物，以及对强度没有要求的结构保温类和保温类的轻骨料混凝土拌和物，可采用插捣成型。

6.4.3 本条规定了干硬性轻骨料混凝土构件的成型应采用振动台或表面振动加压成型，以保证振捣密实。

6.4.4 本条规定了竖向结构成构件的浇筑应采用分层振捣成型，拌和物每层厚度宜控制在300mm左右。

6.4.5 本条规定了浇筑大面积水平构件时的振捣方法。厚度小于200mm或大于200mm时，可采用不同的振捣方式。但最终是要保证混凝土的密实性。

6.4.6 本条根据施工经验，规定了采用插入式振捣器的振捣深度和距离，以及多层浇筑插捣的注意事项。强调连续多层浇筑时，插入式振捣器应插入下层拌和物50mm。

6.4.7 本条规定了拌和物成型时的振捣时间（含振动台，表面振动器和插入式振捣器）。振捣时间的长短不仅影响混凝土的密度和强度，而且还影响拌和物中轻骨料的上浮，表面气泡的大小和分布，以及蜂窝、狗洞等表面质量问题。应根据拌和物稠度、振捣部位、配筋疏密和操作工技术水平等具体情况，在本条规定的振捣时间范围（为10～30s）内，利用经验和试振捣确定。

6.4.8 为保证轻骨料混凝土表面质量，在振捣成型后，应进行抹面处理。若轻粗骨料上浮时，不应刮去，应采取措施（如用表面振动器再振一遍等），将其压入混凝土内，抹平，保证混凝土配合比与设计相符。

6.5　养护和缺陷修补

6.5.1 轻骨料混凝土成型后，应比普通混凝土更为注意防止表面失水，否则可能因为内外湿差引起收缩应力，导致混凝土表面裂缝。

6.5.2 本条文规定了轻骨料混凝土自然养护应注意的事项。虽然因水泥品种不同而略有差异，但还都应注意早期养护，坚持14天湿养护是十分必要的。特别是在夏季，并非14天后就平安无事了，对厚大的结构或构件更不能掉以轻心。

6.5.3 取消热拌混凝土的养护要求。蒸汽养护时，成型后应有一定的静停时间，强调升温、降温都不宜太快，以保证通汽升温时不发生温度裂缝。

6.5.4 对结构保温类和保温类轻骨料混凝土构件，为使其缺陷修补处的保温性能与主体一致，宜用原配合比砂浆修补。

6.6　质量检验和验收

6.6.1 本条文规定了轻骨料拌和物检验的项目和次数。应注意，与普通混凝土拌和物不同的是，除强度与坍落度外，每次都必须检验拌和物的表观密度。很多工地，甚至是对轻骨料混凝土较熟悉的技术人员，也经常忘了这一点。

6.6.2 本条文规定了轻骨料混凝土强度的检验次数和评定方法。和普通混凝土强度一样，应按GBJ 107—87的规定进行。

6.6.3 轻骨料混凝土硬化后的表观密度的检验，可在28d龄期时，按本规程第7.3节规定的方法，与抗压强度同时进行。按本文规定予以评定时，若检验值与设计值之间的偏差＞3％时，应及时采取措施。一般说来，在按6.6.1条进行拌和物检验后，如轻骨料混凝土理论干表观密度（即 $\rho_{cd} = 1.15m_c + m_a + m_s$）与设计值之间的偏差不大于2％，则按本条检验就不会有问题。所以应该说按6.6.1验评更为重要。

6.6.4 前规程未列入"工程验收"的条文，曾引起一些误解，以为不必进行工程验收，也不明白应如何进行验收。因此，本条文明确规定，应按《混凝土结构工程施工质量验收规范》的有关规定进行验收。

7　试　验　方　法

7.1～7.6 轻骨料混凝土和普通混凝土同属混凝土范畴。根据国外经验，为了便于使用和比较，其试验方法是统一的。轻骨料混凝土拌和物性能、力学性能以及收缩徐变等长期性能的试验方法，全部按我国普通混凝土的国家标准执行。干表观密度，导热系数等试验方法，则参照国内外轻骨料混凝土通用的方法制定。试验配合比中各组分材料计量允许误差的控制严于施工配合比。7.4节用于测定轻骨料混凝土随时间变化的吸水性能及吸水饱和后的强度变化情况，以评定其耐水性能。7.6节用于测定轻骨料混凝土的温度线膨胀系数；以评定其温度变形性能。

附录 A 大孔轻骨料混凝土

大孔轻骨料混凝土具有水泥用量低、表观密度小、热工性能好、收缩小和无毛细管渗透现象等特点。早在二次大战后，国外就大量推广应用大孔轻骨料混凝土。我国在 20 世纪 70 年代后期也开始研究，并在工业与民用建筑墙体工程中（包括现浇与预制）应用。近几年，大量应用于制作小砌块，取代粘土砖，成为我国墙体材料改革中最有发展前途的一种新型墙体材料。

但是，以前的规程没有包括大孔轻骨料混凝土。为了使大孔轻骨料混凝土的生产和应用达到技术先进、质量优良和经济合理，特将其列入本规程的附录。

A.1 一般规定

本节阐明了附录 A 的适用范围，以及大孔轻骨料混凝土强度等级和密度等级的划分。

A.2 轻粗骨料技术要求

A.2.1 大孔轻骨料混凝土对轻粗骨料级配的要求与密实轻骨料混凝土不同。为了使混凝土中形成较多的大孔隙，宜采用单一粒级。

A.2.2 轻粗骨料的密度和强度是影响大孔轻骨料混凝土质量的主要因素，因此，轻粗骨料的选用，要与大孔轻骨料混凝土要求的密度和强度相适应。

A.3 配合比计算与试配

A.3.1 与轻骨料混凝土的配合比计算步骤相同，应根据混凝土要求的强度等级，计算试配强度。试配强度的计算方法与本规程 5.1.2 条相同。

A.3.2 本条规定了每立方米大孔混凝土的轻粗骨料用量的计算方法。大孔轻骨料混凝土的轻粗骨料用量是按每立方米混凝土用 1m³ 松散体积的轻粗骨料计算。如按质量计量，则 1m³ 混凝土的轻粗骨料用量等于其堆积密度乘以 1m³。

A.3.3 大孔轻骨料混凝土的水泥用量取决于混凝土强度等级和所用轻粗骨料的品种。虽然国内一些研究者提出过各种计算公式，但使用时都有一定的局限条件。考虑到每立方米大孔轻骨料混凝土的水泥用量一般都在 150～250kg，变化范围较窄。因此，可以根据设计的混凝土强度等级，初步选用一个相应的水泥用量。

A.3.4 大孔轻骨料混凝土与普通混凝土的稠度指标不同，采用浇注成型时，用水量是以水泥浆能均匀粘附在骨料表面并呈油状光泽而不流淌为度，因此，是以达到这种状态来确定水灰比（用水量）的。经验说明，净水灰比变化范围为 0.30～0.42，可在此范围内选用。

A.3.5 制作小砌块时，采用振动加压成型。根据实践经验，用水量应以模底不淌浆和坯体不变形为准。

A.3.6 与其他混凝土配合比设计要求相同，应进行试配和调整。

为起提示作用，给出应用实例，其中的配合比供参考。

附表 A.3.6-1 现浇大孔轻骨料混凝土应用实例

混凝土强度等级	混凝土密度等级	轻粗骨料				混凝土原材料用量			净水胶比	大孔轻骨料混凝土		
		产地	品种	密度等级	粒级(mm)	水泥(kg)	粉煤灰(kg)	粗骨料(kg)		干表观密度(kg/m³)	抗压强度(MPa)	弹性模量(10³MPa)
LC5	1000	天津	粉煤灰陶粒	700	5～10	150 32.5级	—	730	0.34	1000	6.0	6.4
LC5	1100	陕西	粉煤灰陶粒	900	5～16	150 32.5级	37.5	948	0.30	1066	6.1	8.7
LC10	1200	陕西	粉煤灰陶粒	900	5～16	200 32.5级	100	948	0.36	1200	10.7	8.9
LC7.5	1200	上海	粉煤灰陶粒	800	5～10	186 42.5级	—	837	0.45	1180	7.8	8.9
LC5	1100	上海	粉煤灰陶粒	800	5～10	186 32.5级	—	837	0.45	1080	5.7	8.7
LC5	1100	上海	粘土陶粒	800	5～10	200 32.5级	—	800	0.37	1150	5.7	9.0
LC7.5	1200	上海	粘土陶粒	800	5～16	231 42.5级	—	838	0.33	1200	8.3	11.4

附表 A.3.6-2 大孔轻骨料混凝土小型空心砌块应用实例

砌块强度等级	砌块密度等级	轻粗骨料				混凝土原材料用量			净水胶比	小型空心砌块	
		产地	品种	密度等级	粒级(mm)	32.5级水泥(kg)	粉煤灰(kg)	粗骨料(kg)		干表观密度(kg/m³)	抗压强度(MPa)
1.5	600	黑龙江	页岩陶粒	500	5～16	246	62	489	0.43	518	1.6
1.5	600	黑龙江	页岩陶粒	600	5～16	238	60	600	0.38	590	2.0
2.5	700	黑龙江	页岩陶粒	700	5～16	231	58	720	0.33	650	2.8

注：1. 小砌块的规格尺寸 390mm×290mm×190mm；

2. 小砌块空心率 35%；

3. 允许用煤渣取代部分页岩陶粒，但其取代量应通过试验确定，且不宜超过 30%。

A.3.7 规定了测定大孔轻骨料混凝土力学性能的试验方法。

A.4 施 工 工 艺

A.4.1 本条规定了计量方法。

A.4.2 强制式搅拌机不粘盘，搅拌均匀。

A.4.3 本条规定了大孔轻骨料混凝土搅拌工艺，包括投料顺序、搅拌时间和拌和物状态等。

A.4.4 现场浇注靠拌和物自重压实，用捣棒轻插边角处，不得采用机械振捣，避免过于密实，影响有关性能。

A.4.5 因现场浇注不得采用机械振捣，故构筑物较高大时，应分层和多点浇注，保证匀质性。

A.4.6 砌块生产与现场浇注不同，应采用振动加压成型。

A.4.7 大孔径骨料混凝土的孔隙多、孔大、内表面积大，因此要注意早期保湿养护。

附录 B 泵送轻骨料混凝土

20 世纪 90 年代，我国商品混凝土得到迅猛发展，泵送混凝土的技术水平有了很大提高；同时，泵送轻骨料混凝土也在我国得到应用，并取得了较好的技术经济效益。为了进一步推广泵送轻骨料混凝土在建筑工程中的应用，充分发挥其优越性，保证工程质量，特编制本附录。

B.1 一 般 规 定

B.1.1 全轻混凝土一般因空隙太大，含水率高，泵送时易产生严重离析。根据国内外经验，除个别采用高密度等级作轻砂外，泵送施工时一般都是采用砂轻混凝土。

B.1.2 因为轻骨料孔隙率和吸水率比普通骨料大，所以，轻骨料混凝土的泵送比普通混凝土困难得多。在泵送压力下，轻骨料会急剧吸收拌和物中的水分，使泵送管道内的拌和物坍落度明显下降，和易性变差，影响泵送，甚至发生堵泵现象。当压力消失后，轻骨料内部吸收的水分又会释放出来，影响轻骨料混凝土的凝结和硬化后的性能。为解决这些问题，在轻骨料混凝土泵送工艺中规定了轻粗骨料在泵送前要预湿处理。

条文中只推荐了一种预湿方法。工程说明这种方法较方便，也较实用。在有条件时，也可采用真空法、压力法等。

B.2 原 材 料

B.2.1 规定了泵送轻骨料混凝土所用水泥应符合本规程第 3.1.1 条的要求。

B.2.2 密度等级太低的轻骨料混凝土拌和物易产生离析，因此不宜泵送。根据工程调研，轻粗骨料一般

不低于 600 级。为防止泵送施工中的离析、轻骨料上浮等现象，当轻骨料混凝土密度较小时，轻粗骨料公称最大粒径不宜大于 16mm。轻粗骨料的粒型系数会影响拌和物的泵送性能，若粒型系数太大，易造成堵泵现象，因此，控制粒型系数以 2.0 为宜。

B.2.3 为保证泵送轻骨料混凝土拌和物的质量，规定了宜用的轻粗骨料颗粒级配和粒型系数。

B.2.4 砂的质量对泵送性能也有较大的影响。宜使用中砂，且较细部分（0.315mm 通过量）应占有一定比例，否则影响拌和物的和易性。

B.3 配 合 比 设 计

B.3.1 本条提出了泵送轻骨料混凝土的技术要求。

B.3.2 混凝土含气量太大会降低泵送效率，严重时会引起堵泵现象，参照有关规程，轻骨料混凝土的含气量不宜大于 5%。

B.3.3 本条规定了试配时泵送轻骨料混凝土坍落度的计算方法。

B.3.4 本条规定了泵送轻骨料混凝土的最小水泥用量。

B.3.5 泵送混凝土的砂率应比非泵送的高，体积砂率宜为 40%～50%。

为提高拌和物的和易性，可掺加外加剂和矿物掺和料。由于其品种较多，因此，除应符合现行有关标准要求外，还要通过试验确定品种和用量。

B.3.6 本条规定了泵送轻骨料混凝土配合比设计、试验和调整方法。指明与普通混凝土不同的是，其轻粗骨料的吸水率应按 24h 取用。

B.4 施 工 工 艺

B.4.1 泵送轻骨料混凝土施工工艺及其设备除应符合本规程外，尚应符合《混凝土泵送施工技术规程》JGJ/T 10 的相关要求。

B.4.2 本条规定了轻骨料预湿后的注意事项，以保证搅拌时混凝土拌和用水量的严格控制。

B.4.3 本条规定了泵送轻骨料混凝土搅拌时的投料顺序和搅拌时间的要求。

B.4.4 为减少泵送阻力，除在泵型方面应有所选择外，还应尽量选用钢管，少用胶管，减少弯管数量。此外，浇注速度也应适当放慢。

泵送混凝土用轻骨料的最大粒径变化较小，对输送管道的管径大小影响不大。根据国外的经验，一般不宜小于 125mm。

B.5 质量控制与验收

B.5.1 本条规定了泵送轻骨料混凝土施工时质量的控制、检验与验收的要求。

B.5.2 本条规定了对泵送轻骨料混凝土各项性能指标的试验方法应按本规程第 7 章的要求进行。

中华人民共和国行业标准

普通混凝土用砂、石质量及检验方法标准

Standard for technical requirements and test method
of sand and crushed stone（or gravel）for ordinary concrete

JGJ 52—2006
J 628—2006

批准部门：中华人民共和国建设部
施行日期：２００７年６月１日

中华人民共和国建设部
公　告

第 529 号

建设部关于发布行业标准《普通混凝土用砂、石质量及检验方法标准》的公告

现批准《普通混凝土用砂、石质量及检验方法标准》为行业标准，编号为 JGJ 52 - 2006，自 2007 年 6 月 1 日起实施。其中，第 1.0.3、3.1.10 条为强制性条文，必须严格执行。原行业标准《普通混凝土用砂质量标准及检验方法》JGJ 52 - 92 和《普通混凝土用碎石或卵石质量标准及检验方法》JGJ 53 - 92 同时废止。

本标准由建设部标准定额研究所组织中国建筑工业出版社出版发行。

中华人民共和国建设部

2006 年 12 月 19 日

前　言

根据建设部建标〔2002〕84 号文的要求，标准编制组经广泛调查研究，认真总结实践经验，参考有关国际标准和国外先进标准，并在广泛征求意见的基础上，对原《普通混凝土用砂质量标准及检验方法》JGJ 52 - 92 和《普通混凝土用碎石或卵石质量标准及检验方法》JGJ 53 - 92 进行了修订。

本标准的主要技术内容是：1. 总则；2. 术语、符号；3. 质量要求；4. 验收、运输和堆放；5. 取样与缩分；6. 砂的检验方法；7. 石的检验方法。

修订的主要技术内容是：1. 砂的种类增加了人工砂和特细砂，同时增加了相应的质量指标及试验方法；2. 增加了海砂中贝壳的质量指标及试验方法；3. 增加了 C60 以上混凝土用砂石的质量指标；4. 将原筛分析试验方法中的圆孔筛改为方孔筛；5. 增加了砂石碱活性试验的快速法。

本标准由建设部负责管理和对强制性条文的解释，由主编单位负责具体技术内容的解释。

本标准主编单位：中国建筑科学研究院（地址：北京市北三环东路 30 号；邮政编码：100013）

本标准参加单位：铁道部产品质量监督检验中心
贵州中建建筑科研设计院
重庆市建筑科学研究院
上海市建筑科学研究院
山东省建筑科学研究院
浙江省建筑科学设计研究院
河南省商丘市建委人工砂研究会
上海建工材料工程有限公司
济南四建（集团）有限责任公司
上海市东星建材试验设备有限公司
绍兴肯特机械电子有限公司

本标准主要起草人：陆建雯　钟美秦　张裕民
林力勋　敬相海　徐国孝
王文奎　袁惠星　陈尧亮
韩跃红　徐　彦　甄景泰

目　次

1　总则 ……………………… 14—4
2　术语、符号 …………………… 14—4
　2.1　术语 ……………………… 14—4
　2.2　符号 ……………………… 14—4
3　质量要求 ……………………… 14—4
　3.1　砂的质量要求 ……………… 14—4
　3.2　石的质量要求 ……………… 14—6
4　验收、运输和堆放 …………… 14—8
5　取样与缩分 …………………… 14—8
　5.1　取样 ……………………… 14—8
　5.2　样品的缩分 ………………… 14—9
6　砂的检验方法 ………………… 14—9
　6.1　砂的筛分析试验 …………… 14—9
　6.2　砂的表观密度试验（标准法）14—10
　6.3　砂的表观密度试验（简易法）14—11
　6.4　砂的吸水率试验 …………… 14—11
　6.5　砂的堆积密度和紧密密度试验 14—12
　6.6　砂的含水率试验（标准法）… 14—12
　6.7　砂的含水率试验（快速法）… 14—13
　6.8　砂中含泥量试验（标准法）… 14—13
　6.9　砂中含泥量试验（虹吸管法）14—13
　6.10　砂中泥块含量试验 ……… 14—14
　6.11　人工砂及混合砂中石粉含量试验
　　　（亚甲蓝法）……………… 14—14
　6.12　人工砂压碎值指标试验 … 14—15
　6.13　砂中有机物含量试验 …… 14—16
　6.14　砂中云母含量试验 ……… 14—16
　6.15　砂中轻物质含量试验 …… 14—16
　6.16　砂的坚固性试验 ………… 14—17
　6.17　砂中硫酸盐及硫化物含量
　　　试验 ……………………… 14—18
　6.18　砂中氯离子含量试验 …… 14—18
　6.19　海砂中贝壳含量试验（盐酸
　　　清洗法）………………… 14—19
　6.20　砂的碱活性试验（快速法）14—19

　6.21　砂的碱活性试验
　　　（砂浆长度法）…………… 14—20
7　石的检验方法 ……………… 14—21
　7.1　碎石或卵石的筛分析试验 … 14—21
　7.2　碎石或卵石的表观密度试验
　　　（标准法）………………… 14—22
　7.3　碎石或卵石的表观密度试验
　　　（简易法）………………… 14—23
　7.4　碎石或卵石的含水率试验 … 14—23
　7.5　碎石或卵石的吸水率试验 … 14—24
　7.6　碎石或卵石的堆积密度和紧密
　　　密度试验 ………………… 14—24
　7.7　碎石或卵石中含泥量试验 … 14—25
　7.8　碎石或卵石中泥块含量试验 14—25
　7.9　碎石或卵石中针状和片状颗粒的总
　　　含量试验 ………………… 14—25
　7.10　卵石中有机物含量试验 … 14—26
　7.11　碎石或卵石的坚固性试验 14—27
　7.12　岩石的抗压强度试验 …… 14—28
　7.13　碎石或卵石的压碎值指标
　　　试验 ……………………… 14—28
　7.14　碎石或卵石中硫化物及硫酸盐
　　　含量试验 ………………… 14—29
　7.15　碎石或卵石的碱活性试验
　　　（岩相法）………………… 14—29
　7.16　碎石或卵石的碱活性试验
　　　（快速法）………………… 14—30
　7.17　碎石或卵石的碱活性试验
　　　（砂浆长度法）…………… 14—31
　7.18　碳酸盐骨料的碱活性试验
　　　（岩石柱法）…………… 14—32
附录A　砂的检验报告表 ……… 14—33
附录B　石的检验报告表 ……… 14—34
本标准用词说明 ………………… 14—34
附：条文说明 …………………… 14—35

1 总　则

1.0.1　为在普通混凝土中合理使用天然砂、人工砂和碎石、卵石，保证普通混凝土用砂、石的质量，制定本标准。

1.0.2　本标准适用于一般工业与民用建筑和构筑物中普通混凝土用砂和石的质量要求和检验。

1.0.3　对于长期处于潮湿环境的重要混凝土结构所用的砂、石，应进行碱活性检验。

1.0.4　砂和石的质量要求和检验，除应符合本标准外，尚应符合国家现行有关标准的规定。

2　术语、符号

2.1　术　语

2.1.1　天然砂　natural sand

由自然条件作用而形成的，公称粒径小于5.00mm的岩石颗粒。按其产源不同，可分为河砂、海砂、山砂。

2.1.2　人工砂　artificial sand

岩石经除土开采、机械破碎、筛分而成的，公称粒径小于5.00mm的岩石颗粒。

2.1.3　混合砂　mixed sand

由天然砂与人工砂按一定比例组合而成的砂。

2.1.4　碎石　crushed stone

由天然岩石或卵石经破碎、筛分而得的，公称粒径大于5.00mm的岩石颗粒。

2.1.5　卵石　gravel

由自然条件作用形成的，公称粒径大于5.00mm的岩石颗粒。

2.1.6　含泥量　dust content

砂、石中公称粒径小于$80\mu m$颗粒的含量。

2.1.7　砂的泥块含量　clay lump content in sands

砂中公称粒径大于1.25mm，经水洗、手捏后变成小于$630\mu m$的颗粒的含量。

2.1.8　石的泥块含量　clay lump content in stones

石中公称粒径大于5.00mm，经水洗、手捏后变成小于2.50mm的颗粒的含量。

2.1.9　石粉含量　crusher dust content

人工砂中公称粒径小于$80\mu m$，且其矿物组成和化学成分与被加工母岩相同的颗粒含量。

2.1.10　表观密度　apparent density

骨料颗粒单位体积（包括内封闭孔隙）的质量。

2.1.11　紧密密度　tight density

骨料按规定方法颠实后单位体积的质量。

2.1.12　堆积密度　bulk density

骨料在自然堆积状态下单位体积的质量。

2.1.13　坚固性　soundness

骨料在气候、环境变化或其他物理因素作用下抵抗破裂的能力。

2.1.14　轻物质　light material

砂中表观密度小于$2000kg/m^3$的物质。

2.1.15　针、片状颗粒　elongated and flaky particle

凡岩石颗粒的长度大于该颗粒所属粒级的平均粒径2.4倍者为针状颗粒；厚度小于平均粒径0.4倍者为片状颗粒。平均粒径指该粒级上、下限粒径的平均值。

2.1.16　压碎值指标　crushing value index

人工砂、碎石或卵石抵抗压碎的能力。

2.1.17　碱活性骨料　alkali-active aggregate

能在一定条件下与混凝土中的碱发生化学反应导致混凝土产生膨胀、开裂甚至破坏的骨料。

2.2　符　号

δ_a——碎石或卵石的压碎值指标；

δ_{sa}——人工砂压碎值指标；

ε_t——试件在t天龄期的膨胀率；

ε_{st}——试件浸泡t天的长度变化率；

μ_f——细度模数；

ρ——表观密度；

ρ_c——紧密密度；

ρ_L——堆积密度；

ω_b——贝壳含量；

ω_c——含泥量；

$\omega_{c,L}$——泥块含量；

ω_{cl}——氯离子含量；

ω_f——石粉含量；

ω_l——轻物质含量；

ω_m——云母含量；

ω_p——碎石或卵石中针、片状颗粒含量；

ω_{wa}——吸水率；

ω_{wc}——含水率；

m_r——试样在一个筛上的剩留量；

MB——人工砂中亚甲蓝测定值。

3　质量要求

3.1　砂的质量要求

3.1.1　砂的粗细程度按细度模数μ_f分为粗、中、细、特细四级，其范围应符合下列规定：

粗砂：$\mu_f = 3.7 \sim 3.1$

中砂：$\mu_f = 3.0 \sim 2.3$

细砂：$\mu_f = 2.2 \sim 1.6$

特细砂：$\mu_f = 1.5 \sim 0.7$

3.1.2　砂筛应采用方孔筛。砂的公称粒径、砂筛筛孔的公称直径和方孔筛筛孔边长应符合表 3.1.2-1 的规定。

表 3.1.2-1 砂的公称粒径、砂筛筛孔的公称直径和方孔筛筛孔边长尺寸

砂的公称粒径	砂筛筛孔的公称直径	方孔筛筛孔边长
5.00mm	5.00mm	4.75mm
2.50mm	2.50mm	2.36mm
1.25mm	1.25mm	1.18mm
630μm	630μm	600μm
315μm	315μm	300μm
160μm	160μm	150μm
80μm	80μm	75μm

除特细砂外，砂的颗粒级配可按公称直径 630μm 筛孔的累计筛余量（以质量百分率计，下同），分成三个级配区（见表 3.1.2-2），且砂的颗粒级配应处于表 3.1.2-2 中的某一区内。

砂的实际颗粒级配与表 3.1.2-2 中的累计筛余相比，除公称粒径为 5.00mm 和 630μm（表 3.1.2-2 斜体所标数值）的累计筛余外，其余公称粒径的累计筛余可稍有超出分界线，但总超出量不应大于 5%。

当天然砂的实际颗粒级配不符合要求时，宜采取相应的技术措施，并经试验证明能确保混凝土质量后，方允许使用。

表 3.1.2-2 砂颗粒级配区

累计筛余（%） 级配区 公称粒径	Ⅰ 区	Ⅱ 区	Ⅲ 区
5.00mm	10～0	10～0	10～0
2.50mm	35～5	25～0	15～0
1.25mm	65～35	50～10	25～0
630μm	85～71	70～41	40～16
315μm	95～80	92～70	85～55
160μm	100～90	100～90	100～90

配制混凝土时宜优先选用Ⅱ区砂。当采用Ⅰ区砂时，应提高砂率，并保持足够的水泥用量，满足混凝土的和易性；当采用Ⅲ区砂时，宜适当降低砂率；当采用特细砂时，应符合相应的规定。

配制泵送混凝土，宜选用中砂。

3.1.3 天然砂中含泥量应符合表 3.1.3 的规定。

表 3.1.3 天然砂中含泥量

混凝土强度等级	≥C60	C55～C30	≤C25
含泥量（按质量计，%）	≤2.0	≤3.0	≤5.0

对于有抗冻、抗渗或其他特殊要求的小于或等于 C25 混凝土用砂，其含泥量不应大于 3.0%。

3.1.4 砂中泥块含量应符合表 3.1.4 的规定。

表 3.1.4 砂中泥块含量

混凝土强度等级	≥C60	C55～C30	≤C25
泥块含量（按质量计，%）	≤0.5	≤1.0	≤2.0

对于有抗冻、抗渗或其他特殊要求的小于或等于 C25 混凝土用砂，其泥块含量不应大于 1.0%。

3.1.5 人工砂或混合砂中石粉含量应符合表 3.1.5 的规定。

表 3.1.5 人工砂或混合砂中石粉含量

混凝土强度等级		≥C60	C55～C30	≤C25
石粉含量（%）	MB<1.4（合格）	≤5.0	≤7.0	≤10.0
	MB≥1.4（不合格）	≤2.0	≤3.0	≤5.0

3.1.6 砂的坚固性应采用硫酸钠溶液检验，试样经 5 次循环后，其质量损失应符合表 3.1.6 的规定。

表 3.1.6 砂的坚固性指标

混凝土所处的环境条件及其性能要求	5 次循环后的质量损失（%）
在严寒及寒冷地区室外使用并经常处于潮湿或干湿交替状态下的混凝土 对于有抗疲劳、耐磨、抗冲击要求的混凝土 有腐蚀介质作用或经常处于水位变化区的地下结构混凝土	≤8
其他条件下使用的混凝土	≤10

3.1.7 人工砂的总压碎值指标应小于 30%。

3.1.8 当砂中含有云母、轻物质、有机物、硫化物及硫酸盐等有害物质时，其含量应符合表 3.1.8 的规定。

表 3.1.8 砂中的有害物质含量

项目	质量指标
云母含量（按质量计，%）	≤2.0
轻物质含量（按质量计，%）	≤1.0
硫化物及硫酸盐含量（折算成 SO_3 按质量计，%）	≤1.0

项　目	质　量　指　标
有机物含量（用比色法试验）	颜色不应深于标准色。当颜色深于标准色时，应按水泥胶砂强度试验方法进行强度对比试验，抗压强度比不应低于 0.95

对于有抗冻、抗渗要求的混凝土用砂，其云母含量不应大于 1.0%。

当砂中含有颗粒状的硫酸盐或硫化物杂质时，应进行专门检验，确认能满足混凝土耐久性要求后，方可采用。

3.1.9 对于长期处于潮湿环境的重要混凝土结构用砂，应采用砂浆棒（快速法）或砂浆长度法进行骨料的碱活性检验。经上述检验判断为有潜在危害时，应控制混凝土中的碱含量不超过 3kg/m³，或采用能抑制碱-骨料反应的有效措施。

3.1.10 砂中氯离子含量应符合下列规定：

1 对于钢筋混凝土用砂，其氯离子含量不得大于 0.06%（以干砂的质量百分率计）；

2 对于预应力混凝土用砂，其氯离子含量不得大于 0.02%（以干砂的质量百分率计）。

3.1.11 海砂中贝壳含量应符合表 3.1.11 的规定。

表 3.1.11　海砂中贝壳含量

混凝土强度等级	≥C40	C35～C30	C25～C15
贝壳含量（按质量计，%）	≤3	≤5	≤8

对于有抗冻、抗渗或其他特殊要求的小于或等于 C25 混凝土用砂，其贝壳含量不应大于 5%。

3.2　石的质量要求

3.2.1 石筛应采用方孔筛。石的公称粒径、石筛筛孔的公称直径与方孔筛筛孔边长应符合表 3.2.1-1 的规定。

表 3.2.1-1　石筛筛孔的公称直径与方孔筛尺寸（mm）

石的公称粒径	石筛筛孔的公称直径	方孔筛筛孔边长
2.50	2.50	2.36
5.00	5.00	4.75
10.0	10.0	9.5
16.0	16.0	16.0
20.0	20.0	19.0
25.0	25.0	26.5
31.5	31.5	31.5
40.0	40.0	37.5
50.0	50.0	53.0
63.0	63.0	63.0
80.0	80.0	75.0
100.0	100.0	90.0

碎石或卵石的颗粒级配，应符合表 3.2.1-2 的要求。混凝土用石应采用连续粒级。

单粒级宜用于组合成满足要求的连续粒级；也可与连续粒级混合使用，以改善其级配或配成较大粒度的连续粒级。

当卵石的颗粒级配不符合本标准表 3.2.1-2 要求时，应采取措施并经试验证实能确保工程质量后，方允许使用。

表 3.2.1-2　碎石或卵石的颗粒级配范围

级配情况	公称粒级（mm）	累计筛余，按质量（%）											
		方孔筛筛孔边长尺寸（mm）											
		2.36	4.75	9.5	16.0	19.0	26.5	31.5	37.5	53	63	75	90
连续粒级	5～10	95～100	80～100	0～15	0	—	—	—	—	—	—	—	—
	5～16	95～100	85～100	30～60	0～10	0	—	—	—	—	—	—	—
	5～20	95～100	90～100	40～80	—	0～10	0	—	—	—	—	—	—
	5～25	95～100	90～100	—	30～70	—	0～5	0	—	—	—	—	—
	5～31.5	95～100	90～100	70～90	—	15～45	—	0～5	0	—	—	—	—
	5～40	—	95～100	70～90	—	30～65	—	—	0～5	0	—	—	—

级配情况	公称粒级(mm)	累计筛余，按质量（%）											
		方孔筛筛孔边长尺寸（mm）											
		2.36	4.75	9.5	16.0	19.0	26.5	31.5	37.5	53	63	75	90
单粒级	10~20		95~100	85~100		0~15	0						
	16~31.5		95~100		85~100			0~10	0				
	20~40			95~100		80~100			0~10	0			
	31.5~63				95~100			75~100	45~75		0~10	0	
	40~80					95~100			70~100	30~60	0~10		0

3.2.2 碎石或卵石中针、片状颗粒含量应符合表3.2.2的规定。

表 3.2.2　针、片状颗粒含量

混凝土强度等级	≥C60	C55~C30	≤C25
针、片状颗粒含量（按质量计,%）	≤8	≤15	≤25

3.2.3 碎石或卵石中含泥量应符合表3.2.3的规定。

表 3.2.3　碎石或卵石中含泥量

混凝土强度等级	≥C60	C55~C30	≤C25
含泥量（按质量计,%）	≤0.5	≤1.0	≤2.0

对于有抗冻、抗渗或其他特殊要求的混凝土，其所用碎石或卵石中含泥量不应大于1.0%。当碎石或卵石的含泥是非黏土质的石粉时，其含泥量可由表3.2.3的0.5%、1.0%、2.0%，分别提高到1.0%、1.5%、3.0%。

3.2.4 碎石或卵石中泥块含量应符合表3.2.4的规定。

表 3.2.4　碎石或卵石中泥块含量

混凝土强度等级	≥C60	C55~C30	≤C25
泥块含量（按质量计,%）	≤0.2	≤0.5	≤0.7

对于有抗冻、抗渗或其他特殊要求的强度等级小于C30的混凝土，其所用碎石或卵石中泥块含量不应大于0.5%。

3.2.5 碎石的强度可用岩石的抗压强度和压碎值指标表示。岩石的抗压强度应比所配制的混凝土强度至少高20%。当混凝土强度等级大于或等于C60时，应进行岩石抗压强度检验。岩石强度首先应由生产单位提供，工程中可采用压碎值指标进行质量控制。碎石的压碎值指标宜符合表3.2.5-1的规定。

表 3.2.5-1　碎石的压碎值指标

岩石品种	混凝土强度等级	碎石压碎值指标（%）
沉积岩	C60~C40	≤10
	≤C35	≤16
变质岩或深成的火成岩	C60~C40	≤12
	≤C35	≤20
喷出的火成岩	C60~C40	≤13
	≤C35	≤30

注：沉积岩包括石灰岩、砂岩等；变质岩包括片麻岩、石英岩等；深成的火成岩包括花岗岩、正长岩、闪长岩和橄榄岩等；喷出的火成岩包括玄武岩和辉绿岩等。

卵石的强度可用压碎值指标表示。其压碎值指标宜符合表3.2.5-2的规定。

表 3.2.5-2　卵石的压碎值指标

混凝土强度等级	C60~C40	≤C35
压碎值指标（%）	≤12	≤16

3.2.6 碎石或卵石的坚固性应用硫酸钠溶液法检验，试样经5次循环后，其质量损失应符合表3.2.6的规定。

表 3.2.6　碎石或卵石的坚固性指标

混凝土所处的环境条件及其性能要求	5次循环后的质量损失（%）
在严寒及寒冷地区室外使用，并经常处于潮湿或干湿交替状态下的混凝土；有腐蚀性介质作用或经常处于水位变化区的地下结构或有抗疲劳、耐磨、抗冲击等要求的混凝土	≤8
在其他条件下使用的混凝土	≤12

3.2.7 碎石或卵石中的硫化物和硫酸盐含量以及卵石中有机物等有害物质含量，应符合表3.2.7的规定。

表 3.2.7　碎石或卵石中的有害物质含量

项　目	质 量 要 求
硫化物及硫酸盐含量（折算成 SO_3，按质量计，%）	≤1.0
卵石中有机物含量（用比色法试验）	颜色应不深于标准色。当颜色深于标准色时，应配制成混凝土进行强度对比试验，抗压强度比应不低于0.95

当碎石或卵石中含有颗粒状硫酸盐或硫化物杂质时，应进行专门检验，确认能满足混凝土耐久性要求后，方可采用。

3.2.8 对于长期处于潮湿环境的重要结构混凝土，其所使用的碎石或卵石应进行碱活性检验。

进行碱活性检验时，首先应采用岩相法检验碱活性骨料的品种、类型和数量。当检验出骨料中含有活性二氧化硅时，应采用快速砂浆棒法和砂浆长度法进行碱活性检验；当检验出骨料中含有活性碳酸盐时，应采用岩石柱法进行碱活性检验。

经上述检验，当判定骨料存在潜在碱-碳酸盐反应危害时，不宜用作混凝土骨料；否则，应通过专门的混凝土试验，做最后评定。

当判定骨料存在潜在碱-硅反应危害时，应控制混凝土中的碱含量不超过 $3kg/m^3$，或采用能抑制碱-骨料反应的有效措施。

4　验收、运输和堆放

4.0.1 供货单位应提供砂或石的产品合格证及质量检验报告。

使用单位应按砂或石的同产地同规格分批验收。采用大型工具（如火车、货船或汽车）运输的，应以 $400m^3$ 或600t 为一验收批；采用小型工具（如拖拉机等）运输的，应以 $200m^3$ 或300t 为一验收批。不足上述量者，应按一验收批进行验收。

4.0.2 每验收批砂石至少应进行颗粒级配、含泥量、泥块含量检验。对于碎石或卵石，还应检验针片状颗粒含量；对于海砂或有氯离子污染的砂，还应检验其氯离子含量；对于海砂，还应检验贝壳含量；对于人工砂及混合砂，还应检验石粉含量。对于重要工程或特殊工程，应根据工程要求增加检测项目。对其他指标的合格性有怀疑时，应予检验。

当砂或石的质量比较稳定、进料量又较大时，可以 1000t 为一验收批。

当使用新产源的砂或石时，供货单位应按本标准第3章的质量要求进行全面检验。

4.0.3 使用单位的质量检验报告内容应包括：委托单位、样品编号、工程名称、样品产地、类别、代表数量、检测依据、检测条件、检测项目、检测结果、结论等。检测报告可采用附录A、附录B的格式。

4.0.4 砂或石的数量验收，可按质量计算，也可按体积计算。测定质量，可用汽车地量衡或船舶吃水线为依据；测定体积，可按车皮或船舶的容积为依据。采用其他小型运输工具时，可按量方确定。

4.0.5 砂或石在运输、装卸和堆放过程中，应防止颗粒离析、混入杂质，并应按产地、种类和规格分别堆放。碎石或卵石的堆料高度不宜超过 5m，对于单粒级或最大粒径不超过20mm的连续粒级，其堆料高度可增加到 10m。

5　取样与缩分

5.1　取　样

5.1.1 每验收批取样方法应按下列规定执行：

　　1 从料堆上取样时，取样部位应均匀分布。取样前应先将取样部位表层铲除，然后由各部位抽取大致相等的砂 8 份，石子为 16 份，组成各自一组样品。

　　2 从皮带运输机上取样时，应在皮带运输机尾的出料处用接料器定时抽取砂 4 份、石 8 份组成各自一组样品。

　　3 从火车、汽车、货船上取样时，应从不同部位和深度抽取大致相等的砂 8 份，石 16 份组成各自一组样品。

5.1.2 除筛分析外，当其余检验项目存在不合格项时，应加倍取样进行复验。当复验仍有一项不满足标准要求时，应按不合格品处理。

　　注：如经观察，认为各节车皮间（汽车、货船间）所载的砂、石质量相差甚为悬殊时，应对质量有怀疑的每节列车（汽车、货船）分别取样和验收。

5.1.3 对于每一单项检验项目，砂、石的每组样品取样数量应分别满足表 5.1.3-1 和表 5.1.3-2 的规定。当需要做多项检验时，可在确保样品经一项试验后不致影响其他试验结果的前提下，用同组样品进行多项不同的试验。

表 5.1.3-1　每一单项检验项目所需砂的最少取样质量

检验项目	最少取样质量（g）
筛分析	4400
表观密度	2600
吸水率	4000
紧密密度和堆积密度	5000
含水率	1000

续表 5.1.3-1

检验项目	最少取样质量（g）
含泥量	4400
泥块含量	20000
石粉含量	1600
人工砂压碎值指标	分成公称粒级 5.00～2.50mm；2.50～1.25mm；1.25mm～630μm；630～315μm；315～160μm 每个粒级各需 1000g
有机物含量	2000
云母含量	600
轻物质含量	3200
坚固性	分成公称粒级 5.00～2.50mm；2.50～1.25mm；1.25mm～630μm；630～315μm；315～160μm 每个粒级各需 100g
硫化物及硫酸盐含量	50
氯离子含量	2000
贝壳含量	10000
碱活性	20000

表 5.1.3-2　每一单项检验项目所需碎石或
卵石的最小取样质量（kg）

试验项目	最大公称粒径（mm）							
	10.0	16.0	20.0	25.0	31.5	40.0	63.0	80.0
筛分析	8	15	16	20	25	32	50	64
表观密度	8	8	8	8	12	16	24	24
含水率	2	2	2	2	3	3	4	6
吸水率	8	8	16	16	16	24	24	32
堆积密度、紧密密度	40	40	40	40	80	80	120	120
含泥量	8	8	24	24	40	40	80	80
泥块含量	8	8	24	24	40	40	80	80
针、片状含量	1.2	4	8	12	20	40	—	—
硫化物及硫酸盐	1.0							

注：有机物含量、坚固性、压碎值指标及碱-骨料反应检验，应按试验要求的粒级及质量取样。

5.1.4　每组样品应妥善包装，避免细料散失，防止污染，并附样品卡片，标明样品的编号、取样时间、代表数量、产地、样品量、要求检验项目及取样方式等。

5.2　样品的缩分

5.2.1　砂的样品缩分方法可选择下列两种方法之一：

　　1　用分料器缩分（见图 5.2.1）：将样品在潮湿状态下拌和均匀，然后将其通过分料器，留下两个接料斗中的一份，并将另一份再次通过分料器。重复上述过程，直至把样品缩分到试验所需量为止。

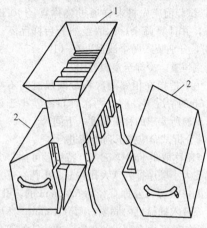

图 5.2.1　分料器
1—分料漏斗；2—接料斗

　　2　人工四分法缩分：将样品置于平板上，在潮湿状态下拌合均匀，并堆成厚度约为 20mm 的"圆饼"状，然后沿互相垂直的两条直径把"圆饼"分成大致相等的四份，取其对角的两份重新拌匀，再堆成"圆饼"状。重复上述过程，直至把样品缩分后的材料量略多于进行试验所需量为止。

5.2.2　碎石或卵石缩分时，应将样品置于平板上，在自然状态下拌均匀，并堆成锥体，然后沿互相垂直的两条直径把锥体分成大致相等的四份，取其对角的两份重新拌匀，再堆成锥体。重复上述过程，直至把样品缩分至试验所需量为止。

5.2.3　砂、碎石或卵石的含水率、堆积密度、紧密密度检验所用的试样，可不经缩分，拌匀后直接进行试验。

6　砂的检验方法

6.1　砂的筛分析试验

6.1.1　本方法适用于测定普通混凝土用砂的颗粒级配及细度模数。

6.1.2　砂的筛分析试验应采用下列仪器设备：

　　1　试验筛——公称直径分别为 10.0mm、5.00mm、2.50mm、1.25mm、630μm、315μm、160μm 的方孔筛各一只，筛的底盘和盖各一只；筛框

直径为 300mm 或 200mm。其产品质量要求应符合现行国家标准《金属丝编织网试验筛》GB/T 6003.1 和《金属穿孔板试验筛》GB/T 6003.2 的要求；

2 天平——称量 1000g，感量 1g；

3 摇筛机；

4 烘箱——温度控制范围为（105±5）℃；

5 浅盘、硬、软毛刷等。

6.1.3 试样制备应符合下列规定：

用于筛分析的试样，其颗粒的公称粒径不应大于 10.0mm。试验前应先将来样通过公称直径 10.0mm 的方孔筛，并计算筛余。称取经缩分后样品不少于 550g 两份，分别装入两个浅盘，在（105±5）℃的温度下烘干到恒重。冷却至室温备用。

注：恒重是指在相邻两次称量间隔时间不小于 3h 的情况下，前后两次称量之差小于该项试验所要求的称量精度（下同）。

6.1.4 筛分析试验应按下列步骤进行：

1 准确称取烘干试样 500g（特细砂可称 250g），置于按筛孔大小顺序排列（大孔在上、小孔在下）的套筛的最上一只筛（公称直径为 5.00mm 的方孔筛）上；将套筛装入摇筛机内固紧，筛分 10min；然后取出套筛，再按筛孔由大到小的顺序，在清洁的浅盘上逐一进行手筛，直至每分钟的筛出量不超过试样总量的 0.1% 时为止；通过的颗粒并入下一只筛子，并和下一只筛子中的试样一起进行手筛。按这样顺序依次进行，直至所有的筛子全部筛完为止。

注：1 当试样含泥量超过 5% 时，应先将试样水洗，然后烘干至恒重，再进行筛分；

2 无摇筛机时，可改用手筛。

2 试样在各只筛子上的筛余量均不得超过按式（6.1.4）计算得出的剩留量，否则应将该筛的筛余试样分成两份或数份，再次进行筛分，并以其筛余量之和作为该筛的筛余量。

$$m_r = \frac{A\sqrt{d}}{300} \qquad (6.1.4)$$

式中 m_r——某一筛上的剩留量（g）；

d——筛孔边长（mm）；

A——筛的面积（mm²）。

3 称取各筛筛余试样的质量（精确至 1g），所有各筛的分计筛余量和底盘中的剩余量之和与筛分前的试样总量相比，相差不得超过 1%。

6.1.5 筛分析试验结果应按下列步骤计算：

1 计算分计筛余（各筛上的筛余量除以试样总量的百分率），精确至 0.1%；

2 计算累计筛余（该筛的分计筛余与筛孔大于该筛的各筛的分计筛余之和），精确至 0.1%；

3 根据各筛两次试验累计筛余的平均值，评定该试样的颗粒级配分布情况，精确至 1%；

4 砂的细度模数应按下式计算，精确至 0.01：

$$\mu_f = \frac{(\beta_2 + \beta_3 + \beta_4 + \beta_5 + \beta_6) - 5\beta_1}{100 - \beta_1} \qquad (6.1.5)$$

式中 μ_f——砂的细度模数；

β_1、β_2、β_3、β_4、β_5、β_6——分别为公称直径 5.00mm、2.50mm、1.25mm、630μm、315μm、160μm 方孔筛上的累计筛余；

5 以两次试验结果的算术平均值作为测定值，精确至 0.1。当两次试验所得的细度模数之差大于 0.20 时，应重新取试样进行试验。

6.2 砂的表观密度试验（标准法）

6.2.1 本方法适用于测定砂的表观密度。

6.2.2 标准法表观密度试验应采用下列仪器设备：

1 天平——称量 1000g，感量 1g；

2 容量瓶——容量 500mL；

3 烘箱——温度控制范围为（105±5）℃；

4 干燥器、浅盘、铝制料勺、温度计等。

6.2.3 试样制备应符合下列规定：

经缩分后不少于 650g 的样品装入浅盘，在温度为（105±5）℃的烘箱中烘干至恒重，并在干燥器内冷却至室温。

6.2.4 标准法表观密度试验应按下列步骤进行：

1 称取烘干的试样 300g（m_0），装入盛有半瓶冷开水的容量瓶中。

2 摇转容量瓶，使试样在水中充分搅动以排除气泡，塞紧瓶塞，静置 24h；然后用滴管加水至瓶颈刻度线平齐，再塞紧瓶塞，擦干容量瓶外壁的水分，称其质量（m_1）。

3 倒出容量瓶中的水和试样，将瓶的内外壁洗净，再向瓶内加入与本条文第 2 款水温相差不超过 2℃的冷开水至瓶颈刻度线。塞紧瓶塞，擦干容量瓶外壁水分，称质量（m_2）。

注：在砂的表观密度试验过程中应测量并控制水的温度，试验的各项称量可在 15～25℃的温度范围内进行。从试样加水静置的最后 2h 起直至试验结束，其温度相差不应超过 2℃。

6.2.5 表观密度（标准法）应按下式计算，精确至 10kg/m³：

$$\rho = \left(\frac{m_0}{m_0 + m_2 - m_1} - \alpha_t\right) \times 1000 \qquad (6.2.5)$$

式中 ρ——表观密度（kg/m³）；

m_0——试样的烘干质量（g）；

m_1——试样、水及容量瓶总质量（g）；

m_2——水及容量瓶总质量（g）；

α_t——水温对砂的表观密度影响的修正系数，见表 6.2.5。

**表 6.2.5　不同水温对砂的表观密度
影响的修正系数**

水温(℃)	15	16	17	18	19	20
α_t	0.002	0.003	0.003	0.004	0.004	0.005
水温(℃)	21	22	23	24	25	—
α_t	0.005	0.006	0.006	0.007	0.008	—

以两次试验结果的算术平均值作为测定值。当两次结果之差大于 20kg/m³ 时，应重新取样进行试验。

6.3　砂的表观密度试验（简易法）

6.3.1　本方法适用于测定砂的表观密度。

6.3.2　简易法表观密度试验应采用下列仪器设备：

　　1　天平——称量 1000g，感量 1g；

　　2　李氏瓶——容量 250mL；

　　3　烘箱——温度控制范围为（105±5）℃；

　　4　其他仪器设备应符合本标准第 6.2.2 条的规定。

6.3.3　试样制备应符合下列规定：

　　将样品缩分至不少于 120g，在（105±5）℃的烘箱中烘干至恒重，并在干燥器中冷却至室温，分成大致相等的两份备用。

6.3.4　简易法表观密度试验应按下列步骤进行：

　　1　向李氏瓶中注入冷开水至一定刻度处，擦干瓶颈内部附着水，记录水的体积（V_1）；

　　2　称取烘干试样 50g（m_0），徐徐加入盛水的李氏瓶中；

　　3　试样全部倒入瓶中后，用瓶内的水将粘附在瓶颈及瓶壁的试样洗入水中，摇转李氏瓶以排除气泡，静置约 24h 后，记录瓶中水面升高后的体积（V_2）。

　　注：在砂的表观密度试验过程中应测量并控制水的温度，允许在 15～25℃ 的温度范围内进行体积测定，但两次体积测定（指 V_1 和 V_2）的温差不得大于 2℃。从试样加水静置的最后 2h 起，直至记录完瓶中水面高度时止，其相差温度不应超过 2℃。

6.3.5　表观密度（简易法）应按下式计算，精确至 10kg/m³：

$$\rho = \left(\frac{m_0}{V_2 - V_1} - \alpha_t \right) \times 1000 \qquad (6.3.5)$$

式中　ρ——表观密度（kg/m³）；

　　　m_0——试样的烘干质量（g）；

　　　V_1——水的原有体积（mL）；

　　　V_2——倒入试样后的水和试样的体积（mL）；

　　　α_t——水温对砂的表观密度影响的修正系数，见表 6.2.5。

以两次试验结果的算术平均值作为测定值，两次结果之差大于 20kg/m³ 时，应重新取样进行试验。

6.4　砂的吸水率试验

6.4.1　本方法适用于测定砂的吸水率，即测定以烘干质量为基准的饱和面干吸水率。

6.4.2　吸水率试验应采用下列仪器设备：

　　1　天平——称量 1000g，感量 1g；

　　2　饱和面干试模及质量为（340±15）g 的钢制捣棒（见图 6.4.2）；

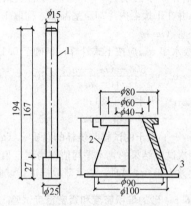

图 6.4.2　饱和面干试模及
其捣棒（单位：mm）
1—捣棒；2—试模；3—玻璃板

　　3　干燥器、吹风机（手提式）、浅盘、铝制料勺、玻璃棒、温度计等；

　　4　烧杯——容量 500mL；

　　5　烘箱——温度控制范围为（105±5）℃。

6.4.3　试样制备应符合下列规定：

　　饱和面干试样的制备，是将样品在潮湿状态下用四分法缩分至 1000g，拌匀后分成两份，分别装入浅盘或其他合适的容器中，注入清水，使水面高出试样表面 20mm 左右［水温控制在（20±5）℃］。用玻璃棒连续搅拌 5min，以排除气泡。静置 24h 以后，细心地倒去试样上的水，并用吸管吸去余水。再将试样在盘中摊开，用手提吹风机缓缓吹入暖风，并不断翻拌试样，使砂表面的水分在各部位均匀蒸发。然后将试样松散地一次装满饱和面干试模中，捣 25 次（捣棒端面距试样表面不超过 10mm，任其自由落下），捣完后，留下的空隙不用再装满，从垂直方向徐徐提起试模。试样呈图 6.4.3（a）形状时，则说明砂中尚含有表面水，应继续按上述方法用暖风干燥，并按上述方法进行试验，直至试模提起后试样呈图 6.4.3（b）的形状为止。试模提起后，试样呈图 6.4.3（c）的形状时，则说明试样已干燥过分，此时应将试样洒水 5mL，充分拌匀，并静置于加盖容器中 30min 后，再按上述方法进行试验，直至试样达到图 6.4.3（b）的形状为止。

6.4.4　吸水率试验应按下列步骤进行：

　　立即称取饱和面干试样 500g，放入已知质量

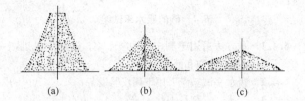

图 6.4.3 试样的塌陷情况

（m_1）烧杯中，于温度为（105 ± 5）℃的烘箱中烘干至恒重，并在干燥器内冷却至室温后，称取干样与烧杯的总质量（m_2）。

6.4.5 吸水率 w_{wa} 应按下式计算，精确至 0.1%：

$$w_{wa} = \frac{500-(m_2-m_1)}{m_2-m_1} \times 100\% \qquad (6.4.5)$$

式中 w_{wa}——吸水率（%）；

m_1——烧杯质量（g）；

m_2——烘干的试样与烧杯的总质量（g）。

以两次试验结果的算术平均值作为测定值，当两次结果之差大于 0.2% 时，应重新取样进行试验。

6.5 砂的堆积密度和紧密密度试验

6.5.1 本方法适用于测定砂的堆积密度、紧密密度及空隙率。

6.5.2 堆积密度和紧密密度试验应采用下列仪器设备：

1 秤——称量 5kg，感量 5g；

2 容量筒——金属制，圆柱形，内径 108mm，净高 109mm，筒壁厚 2mm，容积 1L，筒底厚度为 5mm；

3 漏斗（见图 6.5.2）或铝制料勺；

4 烘箱——温度控制范围为（105 ± 5）℃；

5 直尺、浅盘等。

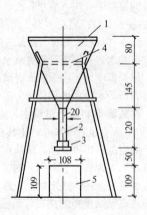

图 6.5.2 标准漏斗（单位：mm）

1—漏斗；2—ϕ20mm 管子；3—活动门；
4—筛；5—金属筒

6.5.3 试样制备应符合下列规定：

先用公称直径 5.00mm 的筛子过筛，然后取经缩分后的样品不少于 3L，装入浅盘，在温度为（$105\pm$

5）℃烘箱中烘干至恒重，取出并冷却至室温，分成大致相等的两份备用。试样烘干后若有结块，应在试验前先予捏碎。

6.5.4 堆积密度和紧密密度试验应按下列步骤进行：

1 堆积密度：取试样一份，用漏斗或铝制勺，将它徐徐装入容量筒（漏斗出料口或料勺距容量筒筒口不应超过 50mm）直至试样装满并超出容量筒口。然后用直尺将多余的试样沿筒口中心线向相反方向刮平，称其质量（m_2）。

2 紧密密度：取试样一份，分两层装入容量筒。装完一层后，在筒底垫放一根直径为 10mm 的钢筋，将筒按住，左右交替颠击地面各 25 下，然后再装第二层；第二层装满后用同样方法颠实（但筒底所垫钢筋的方向应与第一层放置方向垂直）；二层装完并颠实后，加料直至试样超出容量筒筒口，然后用直尺将多余的试样沿筒口中心线向两个相反方向刮平，称其质量（m_2）。

6.5.5 试验结果计算应符合下列规定：

1 堆积密度（ρ_L）及紧密密度（ρ_c）按下式计算，精确至 10kg/m³：

$$\rho_L(\rho_c) = \frac{m_2-m_1}{V} \times 1000 \qquad (6.5.5\text{-}1)$$

式中 $\rho_L(\rho_c)$——堆积密度（紧密密度）（kg/m³）；

m_1——容量筒的质量（kg）；

m_2——容量筒和砂总质量（kg）；

V——容量筒容积（L）。

以两次试验结果的算术平均值作为测定值。

2 空隙率按下式计算，精确至 1%：

$$\nu_L = \left(1-\frac{\rho_L}{\rho}\right) \times 100\% \qquad (6.5.5\text{-}2)$$

$$\nu_c = \left(1-\frac{\rho_c}{\rho}\right) \times 100\% \qquad (6.5.5\text{-}3)$$

式中 ν_L——堆积密度的空隙率（%）；

ν_c——紧密密度的空隙率（%）；

ρ_L——砂的堆积密度（kg/m³）；

ρ——砂的表观密度（kg/m³）；

ρ_c——砂的紧密密度（kg/m³）。

6.5.6 容量筒容积的校正方法：

以温度为（20 ± 2）℃的饮用水装满容量筒，用玻璃板沿筒口滑移，使其紧贴水面。擦干筒外壁水分，然后称其质量。用下式计算筒的容积：

$$V = m_2' - m_1' \qquad (6.5.6)$$

式中 V——容量筒容积（L）；

m_1'——容量筒和玻璃板质量（kg）；

m_2'——容量筒、玻璃板和水总质量（kg）。

6.6 砂的含水率试验（标准法）

6.6.1 本方法适用于测定砂的含水率。

6.6.2 砂的含水率试验（标准法）应采用下列仪器

设备：

1 烘箱——温度控制范围为（105±5）℃；

2 天平——称量1000g，感量1g；

3 容器——如浅盘等。

6.6.3 含水率试验（标准法）应按下列步骤进行：

由密封的样品中取各重500g的试样两份，分别放入已知质量的干燥容器（m_1）中称重，记下每盘试样与容器的总重（m_2）。将容器连同试样放入温度为（105±5）℃的烘箱中烘干至恒重，称量烘干后的试样与容器的总质量（m_3）。

6.6.4 砂的含水率（标准法）按下式计算，精确至0.1%：

$$w_{wc} = \frac{m_2 - m_3}{m_3 - m_1} \times 100\% \qquad (6.6.4)$$

式中　w_{wc}——砂的含水率（%）；

　　　m_1——容器质量（g）；

　　　m_2——未烘干的试样与容器的总质量（g）；

　　　m_3——烘干后的试样与容器的总质量（g）。

以两次试验结果的算术平均值作为测定值。

6.7 砂的含水率试验（快速法）

6.7.1 本方法适用于快速测定砂的含水率。对含泥量过大及有机杂质含量较多的砂不宜采用。

6.7.2 砂的含水率试验（快速法）应采用下列仪器设备：

1 电炉（或火炉）；

2 天平——称量1000g，感量1g；

3 炒盘（铁制或铝制）；

4 油灰铲、毛刷等。

6.7.3 含水率试验（快速法）应按下列步骤进行：

1 由密封样品中取500g试样放入干净的炒盘（m_1）中，称取试样与炒盘的总质量（m_2）；

2 置炒盘于电炉（或火炉）上，用小铲不断地翻拌试样，到试样表面全部干燥后，切断电源（或移出火外），再继续翻拌1min，稍予冷却（以免损坏天平）后，称干样与炒盘的总质量（m_3）。

6.7.4 砂的含水率（快速法）应按下式计算，精确至0.1%：

$$w_{wc} = \frac{m_2 - m_3}{m_3 - m_1} \times 100\% \qquad (6.7.4)$$

式中　w_{wc}——砂的含水率（%）；

　　　m_1——炒盘质量（g）；

　　　m_2——未烘干的试样与炒盘的总质量（g）；

　　　m_3——烘干后的试样与炒盘的总质量（g）。

以两次试验结果的算术平均值作为测定值。

6.8 砂中含泥量试验（标准法）

6.8.1 本方法适用于测定粗砂、中砂和细砂的含泥量，特细砂含泥量测定方法见本标准第6.9节。

6.8.2 含泥量试验应采用下列仪器设备：

1 天平——称量1000g，感量1g；

2 烘箱——温度控制范围为（105±5）℃；

3 试验筛——筛孔公称直径为80μm及1.25mm的方孔筛各一个；

4 洗砂用的容器及烘干用的浅盘等。

6.8.3 试样制备应符合下列规定：

样品缩分至1100g，置于温度为（105±5）℃的烘箱中烘干至恒重，冷却至室温后，称取各为400g（m_0）的试样两份备用。

6.8.4 含泥量试验应按下列步骤进行：

1 取烘干的试样一份置于容器中，并注入饮用水，使水面高出砂面约150mm，充分拌匀后，浸泡2h，然后用手在水中淘洗试样，使尘屑、淤泥和黏土与砂粒分离，并使之悬浮或溶于水中。缓缓地将浑浊液倒入公称直径为1.25mm、80μm的方孔套筛（1.25mm筛放置于上面）上，滤去小于80μm的颗粒。试验前筛子的两面应先用水润湿，在整个试验过程中应避免砂粒丢失。

2 再次加水于容器中，重复上述过程，直到筒内洗出的水清澈为止。

3 用水淋洗剩留在筛上的细粒，并将80μm筛放在水中（使水面略高出筛中砂粒的上表面）来回摇动，以充分洗除小于80μm的颗粒。然后将两只筛上剩留的颗粒和容器中已经洗净的试样一并装入浅盘，置于温度为（105±5）℃的烘箱中烘干至恒重。取出来冷却至室温后，称试样的质量（m_1）。

6.8.5 砂中含泥量应按下式计算，精确至0.1%：

$$w_c = \frac{m_0 - m_1}{m_0} \times 100\% \qquad (6.8.5)$$

式中　w_c——砂中含泥量（%）；

　　　m_0——试验前的烘干试样质量（g）；

　　　m_1——试验后的烘干试样质量（g）。

以两个试样试验结果的算术平均值作为测定值。两次结果之差大于0.5%时，应重新取样进行试验。

6.9 砂中含泥量试验（虹吸管法）

6.9.1 本方法适用于测定砂中含泥量。

6.9.2 含泥量试验（虹吸管法）应采用下列仪器设备：

1 虹吸管——玻璃管的直径不大于5mm，后接胶皮弯管；

2 玻璃容器或其他容器——高度不小于300mm，直径不小于200mm；

3 其他设备应符合本标准第6.8.2条的要求。

6.9.3 试样制备应按本标准第6.8.3条的规定进行。

6.9.4 含泥量试验（虹吸管法）应按下列步骤进行：

1 称取烘干的试样500g（m_0），置于容器中，并注入饮用水，使水面高出砂面约150mm，浸泡2h，浸泡过程中每隔一段时间搅拌一次，确保尘屑、淤泥和黏土与砂分离；

2 用搅拌棒均匀搅拌 1min（单方向旋转），以适当宽度和高度的闸板闸水，使水停止旋转。经 20～25s 后取出闸板，然后，从上到下用虹吸管细心地将浑浊液吸出，虹吸管吸口的最低位置应距离砂面不小于 30mm；

3 再倒入清水，重复上述过程，直到吸出的水与清水的颜色基本一致为止；

4 最后将容器中的清水吸出，把洗净的试样倒入浅盘并在（105±5）℃的烘箱中烘干至恒重，取出，冷却至室温后称砂质量（m_1）。

6.9.5 砂中含泥量（虹吸管法）应按下式计算，精确至 0.1%：

$$w_c = \frac{m_0 - m_1}{m_0} \times 100\% \qquad (6.9.5)$$

式中 w_c——砂中含泥量（%）；
m_0——试验前的烘干试样质量（g）；
m_1——试验后的烘干试样质量（g）。

以两个试样试验结果的算术平均值作为测定值。两次结果之差大于 0.5% 时，应重新取样进行试验。

6.10 砂中泥块含量试验

6.10.1 本方法适用于测定砂中泥块含量。

6.10.2 砂中泥块含量试验应采用下列仪器设备：

1 天平——称量 1000g，感量 1g；称量 5000g，感量 5g；

2 烘箱——温度控制范围为（105±5）℃；

3 试验筛——筛孔公称直径为 630μm 及 1.25mm 的方孔筛各一只；

4 洗砂用的容器及烘干用的浅盘等。

6.10.3 试样制备应符合下列规定：

将样品缩分至 5000g，置于温度为（105±5）℃的烘箱中烘干至恒重，冷却至室温后，用公称直径 1.25mm 的方孔筛筛分，取筛上的砂不少于 400g 分为两份备用。特细砂按实际筛分量。

6.10.4 泥块含量试验应按下列步骤进行：

1 称取试样约 200g（m_1）置于容器中，并注入饮用水，使水面高出砂面 150mm。充分拌匀后，浸泡 24h，然后用手在水中碾碎泥块，再把试样放在公称直径 630μm 的方孔筛上，用水淘洗，直至水清澈为止。

2 保留下来的试样应小心地从筛里取出，装入水平浅盘后，置于温度为（105±5）℃烘箱中烘干至恒重，冷却后称重（m_2）。

6.10.5 砂中泥块含量应按下式计算，精确至 0.1%：

$$w_{c,L} = \frac{m_1 - m_2}{m_1} \times 100\% \qquad (6.10.5)$$

式中 $w_{c,L}$——泥块含量（%）；
m_1——试验前的干燥试样质量（g）；
m_2——试验后的干燥试样质量（g）。

以两次试样试验结果的算术平均值作为测定值。

6.11 人工砂及混合砂中石粉含量试验（亚甲蓝法）

6.11.1 本方法适用于测定人工砂和混合砂中石粉含量。

6.11.2 石粉含量试验（亚甲蓝法）应采用下列仪器设备：

1 烘箱——温度控制范围为（105±5）℃；

2 天平——称量 1000g，感量 1g；称量 100g，感量 0.01g；

3 试验筛——筛孔公称直径为 80μm 及 1.25mm 的方孔筛各一只；

4 容器——要求淘洗试样时，保持试样不溅出（深度大于 250mm）；

5 移液管——5mL、2mL 移液管各一个；

6 三片或四片式叶轮搅拌器——转速可调[最高达（600±60）r/min]，直径（75±10）mm；

7 定时装置——精度 1s；

8 玻璃容量瓶——容量 1L；

9 温度计——精度 1℃；

10 玻璃棒——2 支，直径 8mm，长 300mm；

11 滤纸——快速；

12 搪瓷盘、毛刷、容量为 1000mL 的烧杯等。

6.11.3 溶液的配制及试样制备应符合下列规定：

1 亚甲蓝溶液的配制按下述方法：

将亚甲蓝（$C_{16}H_{18}C1N_3S \cdot 3H_2O$）粉末在（105±5）℃下烘干至恒重，称取烘干亚甲蓝粉末 10g，精确至 0.01g，倒入盛有约 600mL 蒸馏水（水温加热至 35～40℃）的烧杯中，用玻璃棒持续搅拌 40min，直至亚甲蓝粉末完全溶解，冷却至 20℃。将溶液倒入 1L 容量瓶中，用蒸馏水淋洗烧杯等，使所有亚甲蓝溶液全部移入容量瓶，容量瓶和溶液的温度应保持在（20±1）℃，加蒸馏水至容量瓶 1L 刻度。振荡容量瓶以保证亚甲蓝粉末完全溶解。将容量瓶中溶液移入深色储藏瓶中，标明制备日期、失效日期（亚甲蓝溶液保质期应不超过 28d），并置于阴暗处保存。

2 将样品缩分至 400g，放在烘箱中于（105±5）℃下烘干至恒重，待冷却至室温后，筛除大于公称直径 5.0mm 的颗粒备用。

6.11.4 人工砂及混合砂中的石粉含量按下列步骤进行：

1 亚甲蓝试验应按下述方法进行：

1）称取试样 200g，精确至 1g。将试样倒入盛有（500±5）mL 蒸馏水的烧杯中，用叶轮搅拌机以（600±60）r/min 转速搅拌

5min，形成悬浮液，然后以（400±40）r/min 转速持续搅拌，直至试验结束。

2) 悬浮液中加入 5mL 亚甲蓝溶液，以（400±40）r/min 转速搅拌至少 1min 后，用玻璃棒蘸取一滴悬浮液（所取悬浮液滴应使沉淀物直径在 8～12mm 内），滴于滤纸（置于空烧杯或其他合适的支撑物上，以使滤纸表面不与任何固体或液体接触）上。若沉淀物周围未出现色晕，再加入 5mL 亚甲蓝溶液，继续搅拌 1min，再用玻璃棒蘸取一滴悬浮液，滴于滤纸上，若沉淀物周围仍未出现色晕，重复上述步骤，直至沉淀物周围出现约 1mm 宽的稳定浅蓝色色晕。此时，应继续搅拌，不加亚甲蓝溶液，每 1min 进行一次蘸染试验。若色晕在 4min 内消失，再加入 5mL 亚甲蓝溶液；若色晕在第 5min 消失，再加入 2mL 亚甲蓝溶液。两种情况下，均应继续进行搅拌和蘸染试验，直至色晕可持续 5min。

3) 记录色晕持续 5min 时所加入的亚甲蓝溶液总体积，精确至 1mL。

4) 亚甲蓝 MB 值按下式计算：

$$MB = \frac{V}{G} \times 10 \qquad (6.11.4)$$

式中　MB——亚甲蓝值（g/kg），表示每千克 0～2.36mm 粒级试样所消耗的亚甲蓝克数，精确至 0.01；

　　G——试样质量（g）；

　　V——所加入的亚甲蓝溶液的总量（mL）。

注：公式中的系数 10 用于将每千克试样消耗的亚甲蓝溶液体积换算成亚甲蓝质量。

5) 亚甲蓝试验结果评定应符合下列规定：

当 MB 值＜1.4 时，则判定是以石粉为主；当 MB 值≥1.4 时，则判定为以泥粉为主的石粉。

2　亚甲蓝快速试验应按下述方法进行：

1) 应按本条第一款第一项的要求进行制样；

2) 一次性向烧杯中加入 30mL 亚甲蓝溶液，以（400±40）r/min 转速持续搅拌 8min，然后用玻璃棒蘸取一滴悬浊液，滴于滤纸上，观察沉淀物周围是否出现明显色晕，出现色晕的为合格，否则为不合格。

3　人工砂及混合砂中的含泥量或石粉含量试验步骤及计算按本标准 6.8 节的规定进行。

6.12　人工砂压碎值指标试验

6.12.1　本方法适用于测定粒级为 315μm～5.00mm 的人工砂的压碎指标。

6.12.2　人工砂压碎指标试验应采用下列仪器设备：

1　压力试验机，荷载 300kN；

2　受压钢模（图 6.12.2）；

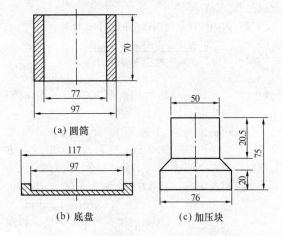

图 6.12.2　受压钢模示意图（单位：mm）

3　天平——称量为 1000g，感量 1g；

4　试验筛——筛孔公称直径分别为 5.00mm、2.50mm、1.25mm、630μm、315μm、160μm、80μm 的方孔筛各一只；

5　烘箱——温度控制范围为（105±5）℃；

6　其他——瓷盘 10 个，小勺 2 把。

6.12.3　试样制备应符合下列规定：

将缩分后的样品置于（105±5）℃的烘箱内烘干至恒重，待冷却至室温后，筛分成 5.00～2.50mm、2.50～1.25mm、1.25mm～630μm、630～315μm 四个粒级，每级试样质量不得少于 1000g。

6.12.4　试验步骤应符合下列规定：

1　置圆筒于底盘上，组成受压模，将一单级砂样约 300g 装入模内，使试样距底盘约为 50mm；

2　平整试模内试样的表面，将加压块放入圆筒内，并转动一周使之与试样均匀接触；

3　将装好砂样的受压钢模置于压力机的支承板上，对准压板中心后，开动机器，以 500N/s 的速度加荷，加荷至 25kN 时持荷 5s，而后以同样速度卸荷；

4　取下受压模，移去加压块，倒出压过的试样并称其质量（m_0），然后用该粒级的下限筛（如砂样为公称粒级 5.00～2.50mm 时，其下限筛为筛孔公称直径 2.50mm 的方孔筛）进行筛分，称出该粒级试样的筛余量（m_1）。

6.12.5　人工砂的压碎指标按下述方法计算：

1　第 i 单级砂样的压碎指标按下式计算，精确至 0.1%：

$$\delta_i = \frac{m_0 - m_1}{m_0} \times 100\% \qquad (6.12.5-1)$$

式中　δ_i——第 i 单级砂样压碎指标（%）；

m_0——第 i 单级试样的质量（g）；

m_1——第 i 单级试样的压碎试验后筛余的试样质量（g）。

以三份试样试验结果的算术平均值作为各单粒级试样的测定值。

2 四级砂样总的压碎指标按下式计算：

$$\delta_{s\alpha} = \frac{\alpha_1\delta_1 + \alpha_2\delta_2 + \alpha_3\delta_3 + \alpha_4\delta_4}{\alpha_1 + \alpha_2 + \alpha_3 + \alpha_4} \times 100\%$$

$$(6.12.5\text{-}2)$$

式中　　$\delta_{s\alpha}$——总的压碎指标（%），精确至 0.1%；

α_1、α_2、α_3、α_4——公称直径分别为 2.50mm、1.25mm、630μm、315μm 各方孔筛的分计筛余（%）；

δ_1、δ_2、δ_3、δ_4——公称粒级分别为 5.00～2.50mm、2.50 ～ 1.25mm、1.25mm ～ 630μm、630～315μm 单级试样压碎指标（%）。

6.13 砂中有机物含量试验

6.13.1 本方法适用于近似地判断天然砂中有机物含量是否会影响混凝土质量。

6.13.2 有机物含量试验应采用下列仪器设备：

1 天平——称量 100g，感量 0.1g 和称量 1000g，感量 1g 的天平各一台；

2 量筒——容量为 250mL、100mL 和 10mL；

3 烧杯、玻璃棒和筛孔公称直径为 5.00mm 的方孔筛；

4 氢氧化钠溶液——氢氧化钠与蒸馏水之质量比为 3：97；

5 鞣酸、酒精等。

6.13.3 试样的制备与标准溶液的配制应符合下列规定：

1 筛除样品中的公称粒径 5.00mm 以上颗粒，用四分法缩分至 500g，风干备用；

2 称取鞣酸粉 2g，溶解于 98mL 的 10%酒精溶液中，即配得所需的鞣酸溶液；然后取该溶液 2.5mL，注入 97.5mL 浓度为 3%的氢氧化钠溶液中，加塞后剧烈摇动，静置 24h，即配得标准溶液。

6.13.4 有机物含量试验应按下列步骤进行：

1 向 250mL 量筒中倒入试样至 130mL 刻度处，再注入浓度为 3%氢氧化钠溶液至 200mL 刻度处，剧烈摇动后静置 24h；

2 比较试样上部溶液和新配制标准溶液的颜色，盛装标准溶液与盛装试样的量筒容积应一致。

6.13.5 结果评定应按下列方法进行：

1 当试样上部的溶液颜色浅于标准溶液的颜色时，则试样的有机物含量判定合格；

2 当两种溶液的颜色接近时，则应将该试样（包括上部溶液）倒入烧杯中放在温度为 60～70℃的水浴锅中加热 2～3h，然后再与标准溶液比色；

3 当溶液颜色深于标准色时，则应按下法进一步试验：

取试样一份，用 3%的氢氧化钠溶液洗除有机杂质，再用清水淘洗干净，直至试样上部溶液颜色浅于标准溶液的颜色，然后用洗除有机质和未洗除的试样分别按现行的国家标准《水泥胶砂强度检验方法（ISO 法）》GB/T 17671 配制两种水泥砂浆，测定 28d 的抗压强度，当未经洗除有机杂质的砂的砂浆强度与经洗除有机物后的砂的砂浆强度比不低于 0.95 时，则此砂可以采用，否则不可采用。

6.14 砂中云母含量试验

6.14.1 本方法适用于测定砂中云母的近似百分含量。

6.14.2 云母含量试验应采用下列仪器设备：

1 放大镜（5 倍）；

2 钢针；

3 试验筛——筛孔公称直径为 5.00mm 和 315μm 的方孔筛各一只；

4 天平——称量 100g，感量 0.1g。

6.14.3 试样制备应符合下列规定：

称取经缩分的试样 50g，在温度（105±5）℃的烘箱中烘干至恒重，冷却至室温后备用。

6.14.4 云母含量试验应按下列步骤进行：

先筛出粒径大于公称粒径 5.00mm 和小于公称粒径 315μm 的颗粒，然后根据砂的粗细不同称取试样 10～20g（m_0），放在放大镜下观察，用钢针将砂中所有云母全部挑出，称取所挑出云母质量（m）。

6.14.5 砂中云母含量 w_m 应按下式计算，精确至 0.1%：

$$w_m = \frac{m}{m_0} \times 100\% \qquad (6.14.5)$$

式中　w_m——砂中云母含量（%）；

m_0——烘干试样质量（g）；

m——云母质量（g）。

6.15 砂中轻物质含量试验

6.15.1 本方法适用于测定砂中轻物质的近似含量。

6.15.2 轻物质含量试验应采用下列仪器设备和试剂：

1 烘箱——温度控制范围为（105±5）℃；

2 天平——称量 1000g，感量 1g；

3 量具——量杯（容量 1000mL）、量筒（容量 250mL）、烧杯（容量 150mL）各一只；

4 比重计——测定范围为 1.0～2.0；

5 网篮——内径和高度均为 70mm，网孔孔径不大于 150μm（可用坚固性检验用的网篮，也可用孔径 150μm 的筛）；

　　6 试验筛——筛孔公称直径为 5.00mm 和 315μm 的方孔筛各一只；

　　7 氯化锌——化学纯。

6.15.3 试样制备及重液配制应符合下列规定：

　　1 称取经缩分的试样约 800g，在温度为（105±5）℃的烘箱中烘干至恒重，冷却后将粒径大于公称粒径 5.00mm 和小于公称粒径 315μm 的颗粒筛去，然后称取每份为 200g 的试样两份备用；

　　2 配制密度为 1950～2000kg/m³ 的重液：向 1000mL 的量杯中加水至 600mL 刻度处，再加入 1500g 氯化锌，用玻璃棒搅拌使氯化锌全部溶解，待冷却至室温后，将部分溶液倒入 250mL 量筒中测其密度；

　　3 如溶液密度小于要求值，则将它倒回量杯，再加入氯化锌，溶解并冷却后测其密度，直至溶液密度满足要求为止。

6.15.4 轻物质含量试验应按下列步骤进行：

　　1 将上述试样一份（m_0）倒入盛有重液（约 500mL）的量杯中，用玻璃棒充分搅拌，使试样中的轻物质与砂分离，静置 5min 后，将浮起的轻物质连同部分重液倒入网篮中，轻物质留在网篮中，而重液通过网篮流入另一容器，倾倒重液时应避免带出砂粒，一般当重液表面与砂表面相距约 20～30mm 时即停止倾倒，流出的重液倒回盛试样的量杯中，重复上述过程，直至无轻物质浮起为止；

　　2 用清水洗净留存于网篮中的物质，然后将它倒入烧杯，在（105±5）℃的烘箱中烘干至恒重，称取轻物质与烧杯的总质量（m_1）。

6.15.5 砂中轻物质的含量 w_1 应按下式计算，精确到 0.1%：

$$w_1 = \frac{m_1 - m_2}{m_0} \times 100\% \qquad (6.15.5)$$

式中　w_1——砂中轻物质含量（%）；

　　　m_1——烘干的轻物质与烧杯的总质量（g）；

　　　m_2——烧杯的质量（g）；

　　　m_0——试验前烘干的试样质量（g）。

以两次试验结果的算术平均值作为测定值。

6.16　砂的坚固性试验

6.16.1 本方法适用于通过测定硫酸钠饱和溶液渗入砂中形成结晶时的裂胀力对砂的破坏程度，来间接地判断其坚固性。

6.16.2 坚固性试验应采用下列仪器设备和试剂：

　　1 烘箱——温度控制范围为（105±5）℃；

　　2 天平——称量 1000g，感量 1g；

　　3 试验筛——筛孔公称直径为 160μm、315μm、630μm、1.25mm、2.50mm、5.00mm 的方孔筛各一只；

　　4 容器——搪瓷盆或瓷缸，容量不小于 10L；

　　5 三脚网篮——内径及高均为 70mm，由铜丝或镀锌铁丝制成，网篮的孔径不应大于所盛试样粒级下限尺寸的一半；

　　6 试剂——无水硫酸钠；

　　7 比重计；

　　8 氯化钡——浓度为 10%。

6.16.3 溶液的配制及试样制备应符合下列规定：

　　1 硫酸钠溶液的配制应按下述方法进行：

　　取一定数量的蒸馏水（取决于试样及容器大小，加温至 30～50℃），每 1000mL 蒸馏水加入无水硫酸钠（Na_2SO_4）300～350g，用玻璃棒搅拌，使其溶解并饱和，然后冷却至 20～25℃，在此温度下静置两昼夜，其密度应为 1151～1174kg/m³；

　　2 将缩分后的样品用水冲洗干净，在（105±5）℃的温度下烘干冷却至室温备用。

6.16.4 坚固性试验应按下列步骤进行：

　　1 称取公称粒级分别为 315～630μm、630μm～1.25mm、1.25～2.50mm 和 2.50～5.00mm 的试样各 100g。若是特细砂，应筛去公称粒径 160μm 以下和 2.50mm 以上的颗粒，称取公称粒级分别为 160～315μm、315～630μm、630μm～1.25mm、1.25～2.50mm 的试样各 100g。分别装入网篮并浸入盛有硫酸钠溶液的容器中，溶液体积应不小于试样总体积的 5 倍，其温度应保持在 20～25℃。三脚网篮浸入溶液时，应先上下升降 25 次以排除试样中的气泡，然后静置于该容器中。此时，网篮底面应距容器底约 30mm（由网篮脚高控制），网篮之间的间距应不小于 30mm，试样表面至少应在液面以下 30mm。

　　2 浸泡 20h 后，从溶液中提出网篮，放在温度为（105±5）℃的烘箱中烘烤 4h，至此，完成了第一次循环。待试样冷却至 20～25℃后，即开始第二次循环，从第二次循环开始，浸泡及烘烤时间均为 4h。

　　3 第五次循环完成后，将试样置于 20～25℃的清水中洗净硫酸钠，再在（105±5）℃的烘箱中烘干至恒重，取出并冷却至室温后，用孔径为试样粒级下限的筛，过筛并称量各粒级试样试验后的筛余量。

　　注：试样中硫酸钠是否洗净，可按下法检验：取冲洗过试样的水若干毫升，滴入少量 10% 的氯化钡（$BaCl_2$）溶液，如无白色沉淀，则说明硫酸钠已被洗净。

6.16.5 试验结果计算应符合下列规定：

　　1 试样中各粒级颗粒的分计质量损失百分率 δ_{ji} 应按下式计算：

$$\delta_{ji} = \frac{m_i - m_i'}{m_i} \times 100\% \qquad (6.16.5\text{-}1)$$

式中　δ_{ji}——各粒级颗粒的分计质量损失百分率（%）；

　　　m_i——每一粒级试样试验前的质量（g）；

　　　m_i'——经硫酸钠溶液试验后，每一粒级筛余颗粒的烘干质量（g）。

2 300μm～4.75mm粒级试样的总质量损失百分率 δ_j 应按下式计算，精确至1%：

$$\delta_j = \frac{\alpha_1\delta_{j1} + \alpha_2\delta_{j2} + \alpha_3\delta_{j3} + \alpha_4\delta_{j4}}{\alpha_1 + \alpha_2 + \alpha_3 + \alpha_4} \times 100\%$$

(6.16.5-2)

式中 δ_j ——试样的总质量损失百分率（%）；

α_1、α_2、α_3、α_4 ——公称粒级分别为 315～630μm、630μm～1.25mm、1.25～2.50mm、2.50～5.00mm粒级在筛除小于公称粒径315μm及大于公称粒径5.00mm颗粒后的原试样中所占的百分率（%）。

δ_{j1}、δ_{j2}、δ_{j3}、δ_{j4} ——公称粒级分别为 315～630μm、630μm～1.25mm、1.25～2.50mm、2.50～5.00mm各粒级的分计质量损失百分率（%）。

3 特细砂按下式计算，精确至1%：

$$\delta_j = \frac{\alpha_0\delta_{j0} + \alpha_1\delta_{j1} + \alpha_2\delta_{j2} + \alpha_3\delta_{j3}}{\alpha_0 + \alpha_1 + \alpha_2 + \alpha_3} \times 100\%$$

(6.16.5-3)

式中 δ_j ——试样的总质量损失百分率（%）；

α_0、α_1、α_2、α_3 ——公称粒级分别为 160～315μm、315～630μm、630μm～1.25mm、1.25～2.50mm粒级在筛除小于公称粒径160μm及大于公称粒径2.50mm颗粒后的原试样中所占的百分率（%）；

δ_{j0}，δ_{j1}，δ_{j2}，δ_{j3} ——公称粒级分别为 160～315μm、315～630μm、630μm～1.25mm、1.25～2.50mm各粒级的分计质量损失百分率（%）。

6.17 砂中硫酸盐及硫化物含量试验

6.17.1 本方法适用于测定砂中的硫酸盐及硫化物含量（按SO₃百分含量计算）。

6.17.2 硫酸盐及硫化物试验应采用下列仪器设备和试剂：

1 天平和分析天平——天平，称量1000g，感量1g；分析天平，称量100g，感量0.0001g；

2 高温炉——最高温度1000℃；

3 试验筛——筛孔公称直径为80μm的方孔筛一只；

4 瓷坩锅；

5 其他仪器——烧瓶、烧杯等；

6 10%（W/V）氯化钡溶液——10g氯化钡溶于100mL蒸馏水中；

7 盐酸（1+1）——浓盐酸溶于同体积的蒸馏水中；

8 1%（W/V）硝酸银溶液——1g硝酸银溶于100mL蒸馏水中，并加入5～10mL硝酸，存于棕色瓶中。

6.17.3 试样制备应符合下列规定：

样品经缩分至不少于10g，置于温度为（105±5）℃烘干至恒重，冷却至室温后，研磨至全部通过筛孔公称直径为80μm的方孔筛，备用。

6.17.4 硫酸盐及硫化物含量试验应按下列步骤进行：

1 用分析天平精确称取砂粉试样1g（m），放入300mL的烧杯中，加入30～40mL蒸馏水及10mL盐酸（1+1），加热至微沸，并保持微沸5min，试样充分分解后取下，以中速滤纸过滤，用温水洗涤10～12次；

2 调整滤液体积至200mL，煮沸，搅拌同时滴加10mL10%氯化钡溶液，并将溶液煮沸数分钟，然后移至温热处静置至少4h（此时溶液体积应保持200mL），用慢速滤纸过滤，用温水洗到无氯根反应（用硝酸银溶液检验）；

3 将沉淀及滤纸一并移入已灼烧至恒重的瓷坩锅（m_1）中，灰化后在800℃的高温炉内灼烧30min。取出坩锅，置于干燥器中冷却至室温，称量，如此反复灼烧，直至恒重（m_2）。

6.17.5 硫化物及硫酸盐含量（以SO₃计）应按下式计算，精确至0.01%：

$$w_{SO_3} = \frac{(m_2 - m_1) \times 0.343}{m} \times 100\%$$

(6.17.5)

式中 w_{SO_3} ——硫酸盐含量（%）；

m ——试样质量（g）；

m_1 ——瓷坩锅的质量（g）；

m_2 ——瓷坩锅质量和试样总量（g）；

0.343——BaSO₄换算成SO₃的系数。

以两次试验的算术平均值作为测定值，当两次试验结果之差大于0.15%时，须重做试验。

6.18 砂中氯离子含量试验

6.18.1 本方法适用于测定砂中的氯离子含量。

6.18.2 氯离子含量试验应采用下列仪器设备和试剂：

1 天平——称量1000g，感量1g；

2 带塞磨口瓶——容量1L；

3 三角瓶——容量300mL；

4 滴定管——容量10mL或25mL；

5 容量瓶——容量500mL；

6 移液管——容量 50mL，2mL；

7 5%（W/V）铬酸钾指示剂溶液；

8 0.01mol/L 的氯化钠标准溶液；

9 0.01mol/L 的硝酸银标准溶液。

6.18.3 试样制备应符合下列规定：

取经缩分后样品 2kg，在温度（105±5）℃的烘箱中烘干至恒重，经冷却至室温备用。

6.18.4 氯离子含量试验应按下列步骤进行：

1 称取试样 500g（m），装入带塞磨口瓶中，用容量瓶取 500mL 蒸馏水，注入磨口瓶内，加上塞子，摇动一次，放置 2h，然后每隔 5min 摇动一次，共摇动 3 次，使氯盐充分溶解。将磨口瓶上部已澄清的溶液过滤，然后用移液管吸取 50mL 滤液，注入三角瓶中，再加入浓度为 5%的（W/V）铬酸钾指示剂 1mL，用 0.01mol/L 硝酸银标准溶液滴定至呈现砖红色为终点，记录消耗的硝酸银标准溶液的毫升数（V₁）。

2 空白试验：用移液管准确吸取 50mL 蒸馏水到三角瓶内，加入 5%铬酸钾指示剂 1mL，并用 0.01mol/L 硝酸银标准溶液滴定至溶液呈砖红色为止，记录此点消耗的硝酸银标准溶液的毫升数（V₂）。

6.18.5 砂中氯离子含量 w_{cl} 应按下式计算，精确至 0.001%：

$$w_{cl} = \frac{C_{AgNO_3}(V_1 - V_2) \times 0.0355 \times 10}{m} \times 100\%$$

(6.18.5)

式中 w_{cl}——砂中氯离子含量（%）；

C_{AgNO_3}——硝酸银标准溶液的浓度（mol/L）；

V_1——样品滴定时消耗的硝酸银标准溶液的体积（mL）；

V_2——空白试验时消耗的硝酸银标准溶液的体积（mL）；

m——试样质量（g）。

6.19 海砂中贝壳含量试验（盐酸清洗法）

6.19.1 本方法适用于检验海砂中的贝壳含量。

6.19.2 贝壳含量试验应采用下列仪器设备和试剂：

1 烘箱——温度控制范围为（105±5）℃；

2 天平——称量 1000g，感量 1g 和称量 5000g、感量 5g 的天平各一台；

3 试验筛——筛孔公称直径为 5.00mm 的方孔筛一只；

4 量筒——容量 1000mL；

5 搪瓷盆——直径 200mm 左右；

6 玻璃棒；

7 （1+5）盐酸溶液——由浓盐酸（相对密度 1.18，浓度 26%～38%）和蒸馏水按 1：5 的比例配制而成；

8 烧杯——容量 2000mL。

6.19.3 试样制备应符合下列规定：

将样品缩分至不少于 2400g，置于温度为（105±5）℃烘箱中烘干至恒重，冷却至室温后，过筛孔公称直径为 5.00mm 的方孔筛后，称取 500g（m_1）试样两份，先按本标准第 6.8 节测出砂的含泥量（w_c），再将试样放入烧杯中备用。

6.19.4 海砂中贝壳含量应按下列步骤进行：

在盛有试样的烧杯中加入（1+5）盐酸溶液 900mL，不断用玻璃棒搅拌，使反应完全。待溶液中不再有气体产生后，再加少量上述盐酸溶液，若再无气体生成则表明反应已完全。否则，应重复上一步骤，直至无气体产生为止。然后进行五次清洗，清洗过程中要避免砂粒丢失。洗净后，置于温度为（105±5）℃的烘箱中，取出冷却至室温，称重（m_2）。

6.19.5 砂中贝壳含量 w_b 应按下式计算，精确至 0.1%：

$$w_b = \frac{m_1 - m_2}{m_1} \times 100\% - w_c$$

(6.19.5)

式中 w_b——砂中贝壳含量（%）；

m_1——试样总量（g）；

m_2——试样除去贝壳后的质量（g）；

w_c——含泥量（%）。

以两次试验结果的算术平均值作为测定值，当两次结果之差超过 0.5%时，应重新取样进行试验。

6.20 砂的碱活性试验（快速法）

6.20.1 本方法适用于在 1mol/L 氢氧化钠溶液中浸泡试样 14d 以检验硅质骨料与混凝土中的碱产生潜在反应的危害性，不适用于碱碳酸盐反应活性骨料检验。

6.20.2 快速法碱活性试验应采用下列仪器设备：

1 烘箱——温度控制范围为（105±5）℃；

2 天平——称量 1000g，感量 1g；

3 试验筛——筛孔公称直径为 5.00mm、2.50mm、1.25mm、630μm、315μm、160μm 的方孔筛各一只；

4 测长仪——测量范围 280～300mm，精度 0.01mm；

5 水泥胶砂搅拌机——应符合现行行业标准《行星式水泥胶砂搅拌机》JC/T 681 的规定；

6 恒温养护箱或水浴——温度控制范围为（80±2）℃；

7 养护筒——由耐碱耐高温的材料制成，不漏水，密封，防止容器内湿度下降，筒的容积可以保证试件全部浸没在水中。筒内设有试件架，试件垂直于试件架放置；

8 试模——金属试模，尺寸为 25mm×25mm×280mm，试模两端正中有小孔，装有不锈钢测头；

9 镘刀、捣棒、量筒、干燥器等。

6.20.3 试件的制作应符合下列规定：

1 将砂样缩分成约 5kg，按表 6.20.3 中所示级配及比例组合成试验用料，并将试样洗净烘干或晾干备用。

表 6.20.3　砂级配表

公称粒级	5.00 ~ 2.50mm	2.50 ~ 1.25mm	1.25mm ~ 630μm	630 ~ 315μm	315 ~ 160μm
分级质量（%）	10	25	25	25	15

注：对特细砂分级质量不作规定。

2 水泥应采用符合现行国家标准《硅酸盐水泥、普通硅酸盐水泥》GB 175 要求的普通硅酸盐水泥。水泥与砂的质量比为 1:2.25，水灰比为 0.47。试件规格 25mm×25mm×280mm，每组三条，称取水泥 440g，砂 990g。

3 成型前 24h，将试验所用材料（水泥、砂、拌合用水等）放入（20±2）℃的恒温室中。

4 将称好的水泥与砂倒入搅拌锅，应按现行国家标准《水泥胶砂强度检验方法（ISO 法）》GB/T 17671 的规定进行搅拌。

5 搅拌完成后，将砂浆分两层装入试模内，每层捣 40 次，测头周围应填实，浇捣完毕后用镘刀刮除多余砂浆，抹平表面，并标明测定方向及编号。

6.20.4 快速法试验应按下列步骤进行：

1 将试件成型完毕后，带模放入标准养护室，养护（24±4）h 后脱模。

2 脱模后，将试件浸泡在装有自来水的养护筒中，并将养护筒放入温度（80±2）℃的烘箱或水浴箱中养护 24h。同种骨料制成的试件放在同一个养护筒中。

3 然后将养护筒逐个取出。每次从养护筒中取出一个试件，用抹布擦干表面，立即用测长仪测试件的基长（L_0）。每个试件至少重复测试两次，取差值在仪器精度范围内的两个读数的平均值作为长度测定值（精确至 0.02mm），每次每个试件的测量方向应一致，待测的试件须用湿布覆盖，防止水分蒸发；从取出试件擦干到读数完成应在（15±5）s 内结束，读完数后的试件应用湿布覆盖。全部试件测完基准长度后，把试件放入装有浓度为 1mol/L 氢氧化钠溶液的养护筒中，并确保试件被完全浸泡。溶液温度应保持在（80±2）℃，将养护筒放回烘箱或水浴箱中。

注：用测长仪测定任一组试件的长度时，均应先调整测长仪的零点。

4 自测定基准长度之日起，第 3d、7d、10d、14d 再分别测其长度（L_t）。测长方法与测基长方法相同。每次测量完毕后，应将试件调头放入原养护筒，盖好筒盖，放回（80±2）℃的烘箱或水浴箱中，继续养护到下一个测试龄期。操作时防止氢氧化钠溶

液溢溅，避免烧伤皮肤。

5 在测量时应观察试件的变形、裂缝、渗出物等，特别应观察有无胶体物质，并作详细记录。

6.20.5 试件中的膨胀率应按下式计算，精确至 0.01%：

$$\varepsilon_t = \frac{L_t - L_0}{L_0 - 2\Delta} \times 100\% \quad (6.20.5)$$

式中　ε_t——试件在 t 天龄期的膨胀率（%）；

　　　L_t——试件在 t 天龄期的长度（mm）；

　　　L_0——试件的基长（mm）；

　　　Δ——测头长度（mm）。

以三个试件膨胀率的平均值作为某一龄期膨胀率的测定值。任一试件膨胀率与平均值均应符合下列规定：

1 当平均值小于或等于 0.05% 时，其差值均应小于 0.01%；

2 当平均值大于 0.05% 时，单个测值与平均值的差值均应小于平均值的 20%；

3 当三个试件的膨胀率均大于 0.10% 时，无精度要求；

4 当不符合上述要求时，去掉膨胀率最小的，用其余两个试件的平均值作为该龄期的膨胀率。

6.20.6 结果评定应符合下列规定：

1 当 14d 膨胀率小于 0.10% 时，可判定为无潜在危害；

2 当 14d 膨胀率大于 0.20% 时，可判定为有潜在危害；

3 当 14d 膨胀率在 0.10%~0.20% 之间时，应按本标准第 6.21 节的方法再进行试验判定。

6.21　砂的碱活性试验（砂浆长度法）

6.21.1 本方法适用于鉴定硅质骨料与水泥（混凝土）中的碱产生潜在反应的危害性，不适用于碱碳酸盐反应活性骨料检验。

6.21.2 砂浆长度法碱活性试验应采用下列仪器设备：

1 试验筛——应符合本标准第 6.1.2 条的要求；

2 水泥胶砂搅拌机——应符合现行行业标准《行星式水泥胶砂搅拌机》JC/T 681 规定；

3 镘刀及截面为 14mm×13mm、长 120~150mm 的钢制捣棒；

4 量筒、秒表；

5 试模和测头——金属试模，规格为 25mm×25mm×280mm，试模两端正中应有小孔，测头在此固定埋入砂浆，测头用不锈钢金属制成；

6 养护筒——用耐腐蚀材料制成，应不漏水，不透气，加盖后放在养护室中能确保筒内空气相对湿度为 95% 以上，筒内设有试件架，架下盛有水，试件垂直立于架上并不与水接触；

7 测长仪——测量范围 280～300mm，精度 0.01mm；

8 室温为（40±2）℃的养护室；

9 天平——称量 2000g，感量 2g；

10 跳桌——应符合现行行业标准《水泥胶砂流动度测定仪》JC/T 958 要求。

6.21.3 试件的制备应符合下列规定：

1 制作试件的材料应符合下列规定：

1) 水泥——在做一般骨料活性鉴定时，应使用高碱水泥，含碱量为 1.2%；低于此值时，掺浓度为 10% 的氢氧化钠溶液，将碱含量调至水泥量的 1.2%；对于具体工程，当该工程拟用水泥的含碱量高于此值，则应采用工程所使用的水泥。

注：水泥含碱量以氧化钠（Na_2O）计，氧化钾（K_2O）换算为氧化钠时乘以换算系数 0.658。

2) 砂——将样品缩分成约 5kg，按表 6.21.3 中所示级配及比例组合成试验用料，并将试样洗净晾干。

表 6.21.3 砂级配表

公称粒级	5.00～2.50mm	2.50～1.25mm	1.25～630μm	630～315μm	315～160μm
分级质量（%）	10	25	25	25	15

注：对特细砂分级质量不作规定。

2 制作试件用的砂浆配合比应符合下列规定：

水泥与砂的质量比为 1：2.25。每组 3 个试件，共需水泥 440g，砂料 990g，砂浆用水量应按现行国家标准《水泥胶砂流动度测定方法》GB/T 2419 确定，跳桌次数改为 6s 跳动 10 次，以流动度在 105～120mm 为准。

3 砂浆长度法试验所用试件应按下列方法制作：

1) 成型前 24h，将试验所用材料（水泥、砂、拌和用水等）放入（20±2）℃的恒温室中；

2) 先将称好的水泥与砂倒入搅拌锅内，开动搅拌机，拌合 5s 后徐徐加水，20～30s 加完，自开动机器起搅拌（180±5）s 停机，将粘在叶片上的砂浆刮下，取下搅拌锅；

3) 砂浆分两层装入试模内，每层捣 40 次；测头周围应填实，浇捣完毕后用镘刀刮除多余砂浆，抹平表面并标明测定方向和编号。

6.21.4 砂浆长度法试验应按下列步骤进行：

1 试件成型完毕后，带模放入标准养护室，养护（24±4）h 后脱模（当试件强度较低时，可延至 48h 脱模），脱模后立即测量试件的基长（L_0）。测长应在（20±2）℃的恒温室中进行，每个试件至少重复测试两次，取差值在仪器精度范围内的两个读数的平均值作为长度测定值（精确至 0.02mm）。待测的试件须用湿布覆盖，以防止水分蒸发。

2 测量后将试件放入养护筒中，盖严后放入（40±2）℃养护室里养护（一个筒内的品种应相同）。

3 自测基长之日起，14d、1 个月、2 个月、3 个月、6 个月再分别测其长度（L_t），如有必要还可适当延长。在测长前一天，应把养护筒从（40±2）℃养护室中取出，放入（20±2）℃的恒温室。试件的测长方法与测基长相同，测量完毕后，应将试件测头放入养护筒中，盖好筒盖，放回（40±2）℃养护室继续养护到下一测龄期。

4 在测量时应观察试件的变形、裂缝和渗出物，特别应观察有无胶体物质，并作详细记录。

6.21.5 试件的膨胀率应按下式计算，精确至 0.001%：

$$\varepsilon_t = \frac{L_t - L_0}{L_0 - 2\Delta} \times 100\% \qquad (6.21.5)$$

式中 ε_t——试件在 t 天龄期的膨胀率（%）；

L_0——试件的基长（mm）；

L_t——试件在 t 天龄期的长度（mm）；

Δ——测头长度（mm）。

以三个试件膨胀率的平均值作为某一龄期膨胀率的测定值。任一试件膨胀率与平均值均应符合下列规定：

1 当平均值小于或等于 0.05% 时，其差值均应小于 0.01%；

2 当平均值大于 0.05% 时，其差值均应小于平均值的 20%；

3 当三个试件的膨胀率均超过 0.10% 时，无精度要求；

4 当不符合上述要求时，去掉膨胀率最小的，用其余两个试件的平均值作为该龄期的膨胀率。

6.21.6 结果评定应符合下列规定：

当砂浆 6 个月膨胀率小于 0.10% 或 3 个月的膨胀率小于 0.05%（只有在缺少 6 个月膨胀率时才有效）时，则判为无潜在危害。否则，应判为有潜在危害。

7 石的检验方法

7.1 碎石或卵石的筛分析试验

7.1.1 本方法适用于测定碎石或卵石的颗粒级配。

7.1.2 筛分析试验应采用下列仪器设备：

1 试验筛——筛孔公称直径为 100.0mm、80.0mm、63.0mm、50.0mm、40.0mm、31.5mm、25.0mm、20.0mm、16.0mm、10.0mm、5.00mm 和

2.50mm 的方孔筛以及筛的底盘和盖各一只，其规格和质量要求应符合现行国家标准《金属穿孔板试验筛》GB/T 6003.2 的要求，筛框直径为 300mm；

2 天平和秤——天平的称量 5kg，感量 5g；秤的称量 20kg，感量 20g；

3 烘箱——温度控制范围为（105±5）℃；

4 浅盘。

7.1.3 试样制备应符合下列规定：试验前，应将样品缩分至表 7.1.3 所规定的试样最少质量，并烘干或风干后备用。

表 7.1.3 筛分析所需试样的最少质量

公称粒径 （mm）	10.0	16.0	20.0	25.0	31.5	40.0	63.0	80.0
试样最少质量（kg）	2.0	3.2	4.0	5.0	6.3	8.0	12.6	16.0

7.1.4 筛分析试验应按下列步骤进行：

1 按表 7.1.3 的规定称取试样；

2 将试样按筛孔大小顺序过筛，当每只筛上的筛余层厚度大于试样的最大粒径值时，应将该筛上的筛余试样分成两份，再次进行筛分，直至各筛每分钟的通过量不超过试样总量的 0.1%；

注：当筛余试样的颗粒粒径比公称粒径大 20mm以上时，在筛分过程中，允许用手拨动颗粒。

3 称取各筛筛余的质量，精确至试样总质量的0.1%。各筛的分计筛余量和筛底剩余量的总和与筛分前测定的试样总量相比，其相差不得超过 1%。

7.1.5 筛分析试验结果应按下列步骤计算：

1 计算分计筛余（各筛上筛余量除以试样的百分率），精确至 0.1%；

2 计算累计筛余（该筛的分计筛余与筛孔大于该筛的各筛的分计筛余百分率之总和），精确至 1%；

3 根据各筛的累计筛余，评定该试样的颗粒级配。

7.2 碎石或卵石的表观密度试验（标准法）

7.2.1 本方法适用于测定碎石或卵石的表观密度。

7.2.2 标准法表观密度试验应采用下列仪器设备：

1 液体天平——称量 5kg，感量 5g，其型号及尺寸应能允许在臂上悬挂盛试样的吊篮，并在水中称重（见图 7.2.2）；

2 吊篮——直径和高度均为 150mm，由孔径为 1~2mm 的筛网或钻有孔径为 2~3mm 孔洞的耐锈蚀金属板制成；

3 盛水容器——有溢流孔；

4 烘箱——温度控制范围为（105±5）℃；

5 试验筛——筛孔公称直径为 5.00mm 的方孔筛一只；

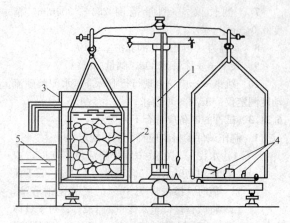

图 7.2.2 液体天平
1—5kg 天平；2—吊篮；3—带有溢流孔的金属容器；4—砝码；5—容器

6 温度计——0~100℃；

7 带盖容器、浅盘、刷子和毛巾等。

7.2.3 试样制备应符合下列规定：

试验前，将样品筛除公称粒径 5.00mm 以下的颗粒，并缩分至略大于两倍于表 7.2.3 所规定的最少质量，冲洗干净后分成两份备用。

表 7.2.3 表观密度试验所需的试样最少质量

最大公称粒径 （mm）	10.0	16.0	20.0	25.0	31.5	40.0	63.0	80.0
试样最少质量（kg）	2.0	2.0	2.0	2.0	3.0	4.0	6.0	6.0

7.2.4 标准法表观密度试验应按以下步骤进行：

1 按表 7.2.3 的规定称取试样；

2 取试样一份装入吊篮，并浸入盛水的容器中，水面至少高出试样 50mm；

3 浸水 24h 后，移放到称量用的盛水容器中，并用上下升降吊篮的方法排除气泡（试样不得露出水面）。吊篮每升降一次约为 1s，升降高度为 30~50mm；

4 测定水温（此时吊篮应全浸在水中），用天平称取吊篮及试样在水中的质量（m_2）。称量时盛水容器中水面的高度由容器的溢流孔控制；

5 提起吊篮，将试样置于浅盘中，放入（105±5）℃的烘箱中烘干至恒重；取出来放在带盖的容器中冷却至室温后，称重（m_0）；

注：恒重是指相邻两次称量间隔时间不小于 3h的情况下，其前后两次称量之差小于该项试验所要求的称量精度。下同。

6 称取吊篮在同样温度的水中质量（m_1），称量时盛水容器的水面高度仍应由溢流口控制。

注：试验的各项称重可以在 15~25℃ 的温度范围内进行，但从试样加水静置的最后 2h 起

直至试验结束，其温度相差不应超过 2℃。

7.2.5 表观密度 ρ 应按下式计算，精确至 $10kg/m^3$：

$$\rho = \left(\frac{m_0}{m_0 + m_1 - m_2} - \alpha_t\right) \times 1000 \quad (7.2.5)$$

式中 ρ——表观密度（kg/m^3）；

m_0——试样的烘干质量（g）；

m_1——吊篮在水中的质量（g）；

m_2——吊篮及试样在水中的质量（g）；

α_t——水温对表观密度影响的修正系数，见表 7.2.5。

表 7.2.5 不同水温下碎石或卵石的表观密度影响的修正系数

水温（℃）	15	16	17	18	19	20
α_t	0.002	0.003	0.003	0.004	0.004	0.005
水温（℃）	21	22	23	24	25	
α_t	0.005	0.006	0.006	0.007	0.008	

以两次试验结果的算术平均值作为测定值。当两次结果之差大于 $20kg/m^3$ 时，应重新取样进行试验。对颗粒材质不均匀的试样，两次试验结果之差大于 $20kg/m^3$ 时，可取四次测定结果的算术平均值作为测定值。

7.3 碎石或卵石的表观密度试验（简易法）

7.3.1 本方法适用于测定碎石或卵石的表观密度，不宜用于测定最大公称粒径超过 40mm 的碎石或卵石的表观密度。

7.3.2 简易法测定表观密度应采用下列仪器设备：

1 烘箱——温度控制范围为 $(105\pm5)℃$；

2 秤——称量 20kg，感量 20g；

3 广口瓶——容量 1000mL，磨口，并带玻璃片；

4 试验筛——筛孔公称直径为 5.00mm 的方孔筛一只；

5 毛巾、刷子等。

7.3.3 试样制备应符合下列规定：

试验前，筛除样品中公称粒径为 5.00mm 以下的颗粒，缩分至略大于本标准表 7.2.3 所规定的量的两倍。洗刷干净后，分成两份备用。

7.3.4 简易法测定表观密度应按下列步骤进行：

1 按本标准表 7.2.3 规定的数量称取试样；

2 将试样浸水饱和，然后装入广口瓶中。装试样时，广口瓶应倾斜放置，注入饮用水，用玻璃片覆盖瓶口，以上下左右摇晃的方法排除气泡；

3 气泡排尽后，向瓶中添加饮用水直至水面凸出瓶口边缘。然后用玻璃片沿瓶口迅速滑行，使其紧贴瓶口水面。擦干瓶外水分后，称取试样、水、瓶和玻璃片总质量（m_1）；

4 将瓶中的试样倒入浅盘中，放在 $(105\pm5)℃$ 的烘箱中烘干至恒重；取出，放在带盖的容器中冷却至室温后称取质量（m_0）；

5 将瓶洗净，重新注入饮用水，用玻璃片紧贴瓶口水面，擦干瓶外水分后称取质量（m_2）。

注：试验时各项称重可以在 $15\sim25℃$ 的温度范围内进行，但从试样加水静置的最后 2h 起直至试验结束，其温度相差不应超过 2℃。

7.3.5 表观密度 ρ 应按下式计算，精确至 $10kg/m^3$：

$$\rho = \left(\frac{m_0}{m_0 + m_2 - m_1} - \alpha_t\right) \times 1000 \quad (7.3.5)$$

式中 ρ——表观密度（kg/m^3）；

m_0——烘干后试样质量（g）；

m_1——试样、水、瓶和玻璃片的总质量（g）；

m_2——水、瓶和玻璃片总质量（g）；

α_t——水温对表观密度影响的修正系数，见表 7.2.5。

以两次试验结果的算术平均值作为测定值。当两次结果之差大于 $20kg/m^3$ 时，应重新取样进行试验。对颗粒材质不均匀的试样，如两次试验结果之差大于 $20kg/m^3$ 时，可取四次测定结果的算术平均值为测定值。

7.4 碎石或卵石的含水率试验

7.4.1 本方法适用于测定碎石或卵石的含水率。

7.4.2 含水率试验应采用下列仪器设备：

1 烘箱——温度控制范围为 $(105\pm5)℃$；

2 秤——称量 20kg，感量 20g；

3 容器——如浅盘等。

7.4.3 含水率试验应按下列步骤进行：

1 按本标准表 5.1.3-2 的要求称取试样，分成两份备用；

2 将试样置于干净的容器中，称取试样和容器的总质量（m_1），并在 $(105\pm5)℃$ 的烘箱中烘干至恒重；

3 取出试样，冷却后称取试样与容器的总质量（m_2），并称取容器的质量（m_3）。

7.4.4 含水率 w_{wc} 应按下式计算，精确至 0.1%：

$$w_{wc} = \frac{m_1 - m_2}{m_2 - m_3} \times 100\% \quad (7.4.4)$$

式中 w_{wc}——含水率（%）；

m_1——烘干前试样与容器总质量（g）；

m_2——烘干后试样与容器总质量（g）；

m_3——容器质量（g）。

以两次试验结果的算术平均值作为测定值。

注：碎石或卵石含水率简易测定法可采用"烘干法"。

7.5 碎石或卵石的吸水率试验

7.5.1 本方法适用于测定碎石或卵石的吸水率，即测定以烘干质量为基准的饱和面干吸水率。

7.5.2 吸水率试验应采用下列仪器设备：

1 烘箱——温度控制范围为（105±5）℃；

2 秤——称量20kg，感量20g；

3 试验筛——筛孔公称直径为5.00mm的方孔筛一只；

4 容器、浅盘、金属丝刷和毛巾等。

7.5.3 试样的制备应符合下列要求：

试验前，筛除样品中公称粒径5.00mm以下的颗粒，然后缩分至两倍于表7.5.3所规定的质量，分成两份，用金属丝刷刷净后备用。

表7.5.3 吸水率试验所需的试样最少质量

最大公称粒径（mm）	10.0	16.0	20.0	25.0	31.5	40.0	63.0	80.0
试样最少质量（kg）	2	2	4	4	6	6	8	

7.5.4 吸水率试验应按下列步骤进行：

1 取试样一份置于盛水的容器中，使水面高出试样表面5mm左右，24h后从水中取出试样，并用拧干的湿毛巾将颗料表面的水分拭干，即成为饱和面干试样。然后，立即将试样放在浅盘中称取质量（m_2），在整个试验过程中，水温必须保持在（20±5）℃。

2 将饱和面干试样连同浅盘置于（105±5）℃的烘箱中烘干至恒重。然后取出，放入带盖的容器中冷却0.5～1h，称取烘干试样与浅盘的总质量（m_1），称取浅盘的质量（m_3）。

7.5.5 吸水率w_{wa}应按下式计算，精确至0.01%：

$$w_{wa} = \frac{m_2 - m_1}{m_1 - m_3} \times 100\% \qquad (7.5.5)$$

式中 w_{wa}——吸水率（%）；

m_1——烘干后试样与浅盘总质量（g）；

m_2——烘干前饱和面干试样与浅盘总质量（g）；

m_3——浅盘质量（g）。

以两次试验结果的算术平均值作为测定值。

7.6 碎石或卵石的堆积密度和紧密密度试验

7.6.1 本方法适用于测定碎石或卵石的堆积密度、紧密密度及空隙率。

7.6.2 堆积密度和紧密密度试验应采用下列仪器设备：

1 秤——称量100kg，感量100g；

2 容量筒——金属制，其规格见表7.6.2；

3 平头铁锹；

4 烘箱——温度控制范围为（105±5）℃。

表7.6.2 容量筒的规格要求

碎石或卵石的最大公称粒径（mm）	容量筒容积（L）	容量筒规格（mm）		筒壁厚度（mm）
		内径	净高	
10.0,16.0,20.0,25	10	208	294	2
31.5,40.0	20	294	294	3
63.0,80.0	30	360	294	4

注：测定紧密密度时，对最大公称粒径为31.5mm、40.0mm的骨料，可采用10L的容量筒，对最大公称粒径为63.0mm、80.0mm的骨料，可采用20L容量筒。

7.6.3 试样的制备应符合下列要求：

按表5.1.3-2的规定称取试样，放入浅盘，在（105±5）℃的烘箱中烘干，也可摊在清洁的地面上风干，拌匀后分成两份备用。

7.6.4 堆积密度和紧密密度试验应按以下步骤进行：

1 堆积密度：取试样一份，置于平整干净的地板（或铁板）上，用平头铁锹铲起试样，使石子自由落入容量筒内。此时，从铁锹的齐口至容量筒上口的距离应保持为50mm左右。装满容量筒除去凸出筒口表面的颗粒，并以合适的颗粒填入凹陷部分，使表面稍凸起部分和凹陷部分的体积大致相等，称取试样和容量筒总质量（m_2）。

2 紧密密度：取试样一份，分三层装入容量筒。装完一层后，在筒底垫放一根直径为25mm的钢筋，将筒按住并左右交替颠击地面各25下，然后装入第二层。第二层装满后，用同样方法颠实（但筒底所垫钢筋的方向应与第一层放置方向垂直），然后再装入第三层，如法颠实。待三层试样装填完毕后，加料直到试样超出容量筒筒口，用钢筋沿筒口边缘滚转，刮下高出筒口的颗粒，用合适的颗粒填平凹处，使表面稍凸起部分和凹陷部分的体积大致相等。称取试样和容量筒总质量（m_2）。

7.6.5 试验结果计算应符合下列规定：

1 堆积密度（ρ_L）或紧密密度（ρ_c）按下式计算，精确至10kg/m³：

$$\rho_L(\rho_c) = \frac{m_2 - m_1}{V} \times 1000 \qquad (7.6.5-1)$$

式中 ρ_L——堆积密度（kg/m³）；

ρ_c——紧密密度（kg/m³）；

m_1——容量筒的质量（kg）；

m_2——容量筒和试样总质量（kg）；

V——容量筒的体积（L）。

以两次试验结果的算术平均值作为测定值。

2 空隙率（ν_L、ν_c）按7.6.5-2及7.6.5-3计算，精

确至 1%：

$$\nu_L = \left(1 - \frac{\rho_L}{\rho}\right) \times 100\% \qquad (7.6.5\text{-}2)$$

$$\nu_c = \left(1 - \frac{\rho_c}{\rho}\right) \times 100\% \qquad (7.6.5\text{-}3)$$

式中 ν_L、ν_c——空隙率（%）；

ρ_L——碎石或卵石的堆积密度（kg/m³）；

ρ_c——碎石或卵石的紧密密度（kg/m³）；

ρ——碎石或卵石的表观密度（kg/m³）。

7.6.6 容量筒容积的校正应以（20±5）℃的饮用水装满容量筒，用玻璃板沿筒口滑移，使其紧贴水面，擦干筒外壁水分后称取质量。用下式计算筒的容积：

$$V = m'_2 - m'_1 \qquad (7.6.6)$$

式中 V——容量筒的体积（L）；

m'_1——容量筒和玻璃板质量（kg）；

m'_2——容量筒、玻璃板和水总质量（kg）。

7.7 碎石或卵石中含泥量试验

7.7.1 本方法适用于测定碎石或卵石中的含泥量。

7.7.2 含泥量试验应采用下列仪器设备：

1 秤——称量 20kg，感量 20g；

2 烘箱——温度控制范围为（105±5）℃；

3 试验筛——筛孔公称直径为 1.25mm 及 80μm 的方孔筛各一只；

4 容器——容积约 10L 的瓷盘或金属盒；

5 浅盘。

7.7.3 试样制备应符合下列规定：

将样品缩分至表 7.7.3 所规定的量（注意防止细粉丢失），并置于温度为（105±5）℃的烘箱内烘干至恒重，冷却至室温后分成两份备用。

表 7.7.3 含泥量试验所需的试样最少质量

最大公称粒径 (mm)	10.0	16.0	20.0	25.0	31.5	40.0	63.0	80.0
试样量不少于 (kg)	2	2	6	6	10	10	20	20

7.7.4 含泥量试验应按下列步骤进行：

1 称取试样一份（m_0）装入容器中摊平，并注入饮用水，使水面高出石子表面 150mm；浸泡 2h 后，用手在水中淘洗颗粒，使尘屑、淤泥和黏土与较粗颗粒分离，并使之悬浮或溶解于水。缓缓地将浑浊液倒入公称直径为 1.25mm 及 80μm 的方孔套筛（1.25mm 筛放置上面）上，滤去小于 80μm 的颗粒。试验前筛子的两面应先用水湿润。在整个试验过程中应注意避免大于 80μm 的颗粒丢失。

2 再次加水于容器中，重复上述过程，直至洗出的水清澈为止。

3 用水冲洗剩留在筛上的细粒，并将公称直径

为 80μm 的方孔筛放在水中（使水面略高出筛内颗粒）来回摇动，以充分洗除小于 80μm 的颗粒。然后将两只筛上剩留的颗粒和筒中已洗净的试样一并装入浅盘，置于温度为（105±5）℃的烘箱中烘干至恒重。取出冷却至室温后，称取试样的质量（m_1）。

7.7.5 碎石或卵石中含泥量 w_c 应按下式计算，精确至 0.1%：

$$w_c = \frac{m_0 - m_1}{m_0} \times 100\% \qquad (7.7.5)$$

式中 w_c——含泥量（%）；

m_0——试验前烘干试样的质量（g）；

m_1——试验后烘干试样的质量（g）。

以两个试样试验结果的算术平均值作为测定值。两次结果之差大于 0.2% 时，应重新取样进行试验。

7.8 碎石或卵石中泥块含量试验

7.8.1 本方法适用于测定碎石或卵石中泥块的含量。

7.8.2 泥块含量试验应采用下列仪器设备：

1 秤——称量 20kg，感量 20g；

2 试验筛——筛孔公称直径为 2.50mm 及 5.00mm 的方孔筛各一只；

3 水筒及浅盘等；

4 烘箱——温度控制范围为（105±5）℃。

7.8.3 试样制备应符合下列规定：

将样品缩分至略大于表 7.7.3 所示的量，缩分时应防止所含黏土块被压碎。缩分后的试样在（105±5）℃烘箱内烘至恒重，冷却至室温后分成两份备用。

7.8.4 泥块含量试验应按下列步骤进行：

1 筛去公称粒径 5.00mm 以下颗粒，称取质量（m_1）；

2 将试样在容器中摊平，加入饮用水使水面高出试样表面，24h 后把水放出，用手碾压泥块，然后把试样放在公称直径为 2.50mm 的方孔筛上摇动淘洗，直至洗出的水清澈为止；

3 将筛上的试样小心地从筛里取出，置于温度为（105±5）℃烘箱中烘干至恒重。取出冷却至室温后称取质量（m_2）。

7.8.5 泥块含量 $w_{c,L}$ 应按下式计算，精确至 0.1%：

$$w_{c,L} = \frac{m_1 - m_2}{m_1} \times 100\% \qquad (7.8.5)$$

式中 $w_{c,L}$——泥块含量（%）；

m_1——公称直径 5mm 筛上筛余量（g）；

m_2——试验后烘干试样的质量（g）。

以两个试样试验结果的算术平均值作为测定值。

7.9 碎石或卵石中针状和片状颗粒的总含量试验

7.9.1 本方法适用于测定碎石或卵石中针状和片状颗粒的总含量。

7.9.2 针状和片状颗粒的总含量试验应采用下列仪器设备：

1 针状规准仪（见图7.9.2-1）和片状规准仪（见图7.9.2-2），或游标卡尺；

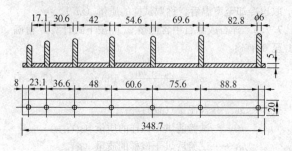

图7.9.2-1 针状规准仪（单位：mm）

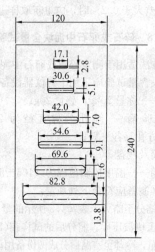

图7.9.2-2 片状规准仪（单位：mm）

2 天平和秤——天平的称量2kg，感量2g；秤的称量20kg，感量20g；

3 试验筛——筛孔公称直径分别为5.00mm、10.0mm、20.0mm、25.0mm、31.5mm、40.0mm、63.0mm和80.0mm的方孔筛各一只，根据需要选用；

4 卡尺。

7.9.3 试样制备应符合下列规定：

将样品在室内风干至表面干燥，并缩分至表7.9.3-1规定的量，称量（m_0），然后筛分成表7.9.3-2所规定的粒级备用。

表7.9.3-1 针状和片状颗粒的总含量试验所需的试样最少质量

最大公称粒径（mm）	10.0	16.0	20.0	25.0	31.5	≥40.0
试样最少质量（kg）	0.3	1	2	3	5	10

表7.9.3-2 针状和片状颗粒的总含量试验的粒级划分及其相应的规准仪孔宽或间距

公称粒级（mm）	5.00～10.0	10.0～16.0	16.0～20.0	20.0～25.0	25.0～31.5	31.5～40.0
片状规准仪上相对应的孔宽（mm）	2.8	5.1	7.0	9.1	11.6	13.8
针状规准仪上相对应的间距（mm）	17.1	30.6	42.0	54.6	69.6	82.8

7.9.4 针状和片状颗粒的总含量试验应按下列步骤进行：

1 按表7.9.3-2所规定的粒级用规准仪逐粒对试样进行鉴定，凡颗粒长度大于针状规准仪上相对应的间距，为针状颗粒。厚度小于片状规准仪上相应孔宽的，为片状颗粒。

2 公称粒径大于40mm的可用卡尺鉴定其针片状颗粒，卡尺卡口的设定宽度应符合表7.9.4的规定。

表7.9.4 公称粒径大于40mm用卡尺卡口的设定宽度

公称粒级（mm）	40.0～63.0	63.0～80.0
片状颗粒的卡口宽度（mm）	18.1	27.6
针状颗粒的卡口宽度（mm）	108.6	165.6

3 称取由各粒级挑出的针状和片状颗粒的总质量（m_1）。

7.9.5 碎石或卵石中针状和片状颗粒的总含量 w_p 应按下式计算，精确至1%：

$$w_p = \frac{m_1}{m_0} \times 100\% \qquad (7.9.5)$$

式中 w_p——针状和片状颗粒的总含量（%）；

　　　m_1——试样中所含针状和片状颗粒的总质量（g）；

　　　m_0——试样总质量（g）。

7.10 卵石中有机物含量试验

7.10.1 本方法适用于定性地测定卵石中的有机物含量是否达到影响混凝土质量的程度。

7.10.2 有机物含量试验应采用下列仪器、设备和试剂：

1 天平——称量2kg，感量2g和称量100g，感量0.1g的天平各1台；

2 量筒——容量为100mL、250mL和1000mL；

3 烧杯、玻璃棒和筛孔公称直径为20mm的试验筛；

4 浓度为3%的氢氧化钠溶液——氢氧化钠与蒸馏水之质量比为3：97；

5 鞣酸、酒精等。

7.10.3 试样的制备和标准溶液配制应符合下列规定：

1 试样制备：筛除样品中公称粒径20mm以上的颗粒，缩分至约1kg，风干后备用；

2 标准溶液的配制方法：称取2g鞣酸粉，溶解于98mL的10%酒精溶液中，即得所需的鞣酸溶液，然后取该溶液2.5mL，注入97.5mL浓度为3%的氢氧化钠溶液中，加塞后剧烈摇动，静置24h即得标准溶液。

7.10.4 有机物含量试验应按下列步骤进行：

1 向1000mL量筒中，倒入干试样至600mL刻度处，再注入浓度为3%的氢氧化钠溶液至800mL刻度处，剧烈搅动后静置24h；

2 比较试样上部溶液和新配制标准溶液的颜色。盛装标准溶液与盛装试样的量筒容积应一致。

7.10.5 结果评定应符合下列规定：

1 若试样上部的溶液颜色浅于标准溶液的颜色，则试样有机物含量鉴定合格；

2 若两种溶液的颜色接近，则应将该试样（包括上部溶液）倒入烧杯中放在温度为60～70℃的水浴锅中加热2～3h，然后再与标准溶液比色；

3 若试样上部的溶液的颜色深于标准色，则应配制成混凝土作进一步检验。其方法为：取试样一份，用浓度3%氢氧化钠溶液洗除有机物，再用清水淘洗干净，直至试样上部溶液的颜色浅于标准色；然后用洗除有机物的和未经清洗的试样用相同的水泥、砂配成配合比相同、坍落度基本相同的两种混凝土，测其28d抗压强度。若未经洗除有机物的卵石混凝土强度与经洗除有机物的混凝土强度之比不低于0.95，则此卵石可以使用。

7.11 碎石或卵石的坚固性试验

7.11.1 本方法适用于以硫酸钠饱和溶液法间接地判断碎石或卵石的坚固性。

7.11.2 坚固性试验应采用下列仪器、设备及试剂：

1 烘箱——温度控制范围为（105±5）℃；

2 台秤——称量5kg，感量5g；

3 试验筛——根据试样粒级，按表7.11.2选用；

4 容器——搪瓷盆或瓷盆，容积不小于50L；

5 三脚网篮——网篮的外径为100mm，高为150mm，采用网孔公称直径不大于2.50mm的网，由铜丝制成；检验公称粒径为40.0～80.0mm的颗粒时，应采用外径和高度均为150mm的网篮；

6 试剂——无水硫酸钠。

表7.11.2 坚固性试验所需的各粒级试样量

公称粒级 (mm)	5.00～ 10.0	10.0～ 20.0	20.0～ 40.0	40.0～ 63.0	63.0～ 80.0
试样重 (g)	500	1000	1500	3000	3000

注：1 公称粒级为10.0～20.0mm试样中，应含有40%的10.0～16.0mm粒级颗粒、60%的16.0～20.0mm粒级颗粒；

  2 公称粒级为20.0～40.0mm的试样中，应含有40%的20.0～31.5mm粒级颗粒、60%的31.5～40.0mm粒级颗粒。

7.11.3 硫酸钠溶液的配制及试样的制备应符合下列规定：

1 硫酸钠溶液的配制：取一定数量的蒸馏水（取决于试样及容器的大小）。加温至30～50℃，每1000mL蒸馏水加入无水硫酸钠（Na_2SO_4）300～350g，用玻璃棒搅拌，使其溶解至饱和，然后冷却至20～25℃。在此温度下静置两昼夜。其密度保持在1151～1174kg/m³ 范围内；

2 试样的制备：将样品按表7.11.2的规定分级，并分别擦洗干净，放入105～110℃烘箱内烘24h，取出并冷却至室温，然后按表7.11.2对各粒级规定的量称取试样（m_1）。

7.11.4 坚固性试验应按下列步骤进行：

1 将所称取的不同粒级的试样分别装入三脚网篮并浸入盛有硫酸钠溶液的容器中。溶液体积应不小于试样总体积的5倍，其温度保持在20～25℃的范围内。三脚网篮浸入溶液时应先上下升降25次以排除试样中的气泡，然后静置于该容器中。此时，网篮底面应距容器底面约30mm（由网篮脚控制），网篮之间的间距应不小于30mm，试样表面至少应在液面以下30mm。

2 浸泡20h后，从溶液中提出网篮，放在（105±5）℃的烘箱中烘4h。至此，完成了第一个试验循环。待试样冷却至20～25℃后，即开始第二次循环。从第二次循环开始，浸泡及烘烤时间均可为4h。

3 第五次循环完后，将试样置于25～30℃的清水中洗净硫酸钠，再在（105±5）℃的烘箱中烘至恒重。取出冷却至室温后，用筛孔孔径为试样粒级下限的筛过筛，并称取各粒级试样试验后的筛余量（m_i'）。

注：试样中硫酸钠是否洗净，可按下法检验：取洗试样的水数毫升，滴入少量氯化钡（$BaCl_2$）溶液，如无白色沉淀，即说明硫酸钠已被洗净。

4 对公称粒径大于20.0mm的试样部分，应在试验前后记录其颗粒数量，并作外观检查，描述颗粒的裂缝、开裂、剥落、掉边和掉角等情况所占颗粒数量，以作为分析其坚固性时的补充依据。

7.11.5 试样中各粒级颗粒的分计质量损失百分率 δ_{ji} 应按下式计算：

$$\delta_{ji} = \frac{m_i - m'_i}{m_i} \times 100\% \qquad (7.11.5\text{-}1)$$

式中 δ_{ji}——各粒级颗粒的分计质量损失百分率（%）；

m_i——各粒级试样试验前的烘干质量（g）；

m'_i——经硫酸钠溶液法试验后，各粒级筛余颗粒的烘干质量（g）。

试样的总质量损失百分率 δ_j 应按下式计算，精确至 1%：

$$\delta_j = \frac{\alpha_1 \delta_{j1} + \alpha_2 \delta_{j2} + \alpha_3 \delta_{j3} + \alpha_4 \delta_{j4} + \alpha_5 \delta_{j5}}{\alpha_1 + \alpha_2 + \alpha_3 + \alpha_4 + \alpha_5} \times 100\%$$

$$(7.11.5\text{-}2)$$

式中 δ_j——总质量损失百分率（%）；

$\alpha_1、\alpha_2、\alpha_3、\alpha_4、\alpha_5$——试样中分别为 5.00~10.0mm、10.0~20.0mm、20.0~40.0mm、40.0~63.0mm、63.0~80.0mm 各公称粒级的分计百分含量（%）；

$\delta_{j1}、\delta_{j2}、\delta_{j3}、\delta_{j4}、\delta_{j5}$——各粒级的分计质量损失百分率（%）。

7.12 岩石的抗压强度试验

7.12.1 本方法适用于测定碎石的原始岩石在水饱和状态下的抗压强度。

7.12.2 岩石的抗压强度试验应采用下列设备：

1 压力试验机——荷载 1000kN；

2 石材切割机或钻石机；

3 岩石磨光机；

4 游标卡尺，角尺等。

7.12.3 试样制备应符合下列规定：

试验时，取有代表性的岩石样品用石材切割机切割成边长为 50mm 的立方体，或用钻石机钻取直径与高度均为 50mm 的圆柱体。然后用磨光机把试件与压力机压板接触的两个面磨光并保持平行，试件形状须用角尺检查。

7.12.4 至少应制作六个试块。对有显著层理的岩石，应取两组试件（12 块）分别测定其垂直和平行于层理的强度值。

7.12.5 岩石抗压强度试验应按下列步骤进行：

1 用游标卡尺量取试件的尺寸（精确至 0.1mm），对于立方体试件，在顶面和底面上各量取其边长，以各个面上相互平行的两个边长的算术平均值作为宽或高，由此计算面积。对于圆柱体试件，在顶面和底面上各量取相互垂直的两个直径，以其算术平均值计算面积。取顶面和底面面积的算术平均值作为计算抗压强度所用的截面积。

2 将试件置于水中浸泡 48h，水面应至少高出试件顶面 20mm。

3 取出试件，擦干表面，放在有防护网的压力机上进行强度试验，防止岩石碎片伤人。试验时加压速度应为 0.5~1.0MPa/s。

7.12.6 岩石的抗压强度 f 应按下式计算，精确至 1MPa：

$$f = \frac{F}{A} \qquad (7.12.6)$$

式中 f——岩石的抗压强度（MPa）；

F——破坏荷载（N）；

A——试件的截面积（mm²）。

7.12.7 结果评定应符合下列规定：

以六个试件试验结果的算术平均值为抗压强度测定值；当其中两个试件的抗压强度与其他四个试件抗压强度的算术平均值相差三倍以上时，应以试验结果相接近的四个试件的抗压强度算术平均值作为抗压强度测定值。

对具有显著层理的岩石，应以垂直于层理及平行于层理的抗压强度的平均值作为其抗压强度。

7.13 碎石或卵石的压碎值指标试验

7.13.1 本方法适用于测定碎石或卵石抵抗压碎的能力，以间接地推测其相应的强度。

7.13.2 压碎值指标试验应采用下列仪器设备：

1 压力试验机——荷载 300kN；

2 压碎值指标测定仪（图 7.13.2）；

3 秤——称量 5kg，感量 5g；

4 试验筛——筛孔公称直径为 10.0mm 和 20.0mm 的方孔筛各一只。

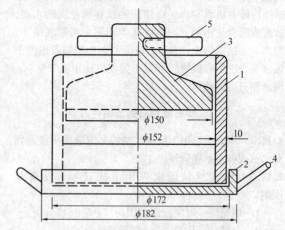

图 7.13.2 压碎值指标测定仪
1—圆筒；2—底盘；3—加压头；4—手把；5—把手

7.13.3 试样制备应符合下列规定：

1 标准试样一律采用公称粒级为 10.0~20.0mm 的颗粒，并在风干状态下进行试验。

2 对多种岩石组成的卵石，当其公称粒径大于 20.0mm 颗粒的岩石矿物成分与 10.0~20.0mm 粒级有显著差异时，应将大于 20.0mm 的颗粒应经人工破碎后，筛取 10.0～20.0mm 标准粒级另外进行压碎值指标试验。

3 将缩分后的样品先筛除试样中公称粒径 10.0mm 以下及 20.0mm 以上的颗粒，再用针状和片状规准仪剔除针状和片状颗粒，然后称取每份 3kg 的试样 3 份备用。

7.13.4 压碎值指标试验应按下列步骤进行：

1 置圆筒于底盘上，取试样一份，分二层装入圆筒。每装完一层试样后，在底盘下面垫放一直径为 10mm 的圆钢筋，将筒按住，左右交替颠击地面各 25 下。第二层颠实后，试样表面距盘底的高度应控制为 100mm 左右。

2 整平筒内试样表面，把加压头装好（注意应使加压头保持平正），放到试验机上在 160～300s 内均匀地加荷到 200kN，稳定 5s，然后卸荷，取出测定筒。倒出筒中的试样并称其质量（m_0），用公称直径为 2.50mm 的方孔筛筛除被压碎的细粒，称量剩留在筛上的试样质量（m_1）。

7.13.5 碎石或卵石的压碎值指标 δ_a，应按下式计算（精确至 0.1%）：

$$\delta_a = \frac{m_0 - m_1}{m_0} \times 100\% \qquad (7.13.5\text{-}1)$$

式中 δ_a——压碎值指标（%）；

  m_0——试样的质量（g）；

  m_1——压碎试验后筛余的试样质量（g）。

多种岩石组成的卵石，应对公称粒径 20.0mm 以下和 20.0mm 以上的标准粒级（10.0～20.0mm）分别进行检验，则其总的压碎值指标 δ_a 应按下式计算：

$$\delta_a = \frac{a_1 \delta_{a1} + a_2 \delta_{a2}}{a_1 + a_2} \times 100\% \qquad (7.13.5\text{-}2)$$

式中 δ_a——总的压碎值指标（%）；

  a_1、a_2——公称粒径 20.0mm 以下和 20.0mm 以上两粒级的颗粒含量百分率；

  δ_{a1}、δ_{a2}——两粒级以标准粒级试验的分计压碎值指标（%）。

以三次试验结果的算术平均值作为压碎指标测定值。

7.14 碎石或卵石中硫化物及硫酸盐含量试验

7.14.1 本方法适用于测定碎石或卵石中硫化物及硫酸盐含量（按 SO_3 百分含量计）。

7.14.2 硫化物及硫酸盐含量试验应采用下列仪器、设备及试剂：

1 天平——称量 1000g，感量 1g；

2 分析天平——称量 100g，感量 0.0001g；

3 高温炉——最高温度 1000℃；

4 试验筛——筛孔公称直径为 630μm 的方孔筛

一只；

5 烧瓶、烧杯等；

6 10%氯化钡溶液——10g 氯化钡溶于 100mL 蒸馏水中；

7 盐酸（1+1）——浓盐酸溶于同体积的蒸馏水中；

8 1%硝酸银溶液——1g 硝酸银溶于 100mL 蒸馏水中，加入 5～10mL 硝酸，存于棕色瓶中。

7.14.3 试样制作应符合下列规定：

试验前，取公称粒径 40.0mm 以下的风干碎石或卵石约 1000g，按四分法缩分至约 200g，磨细使全部通过公称直径为 630μm 的方孔筛，仔细拌匀，烘干备用。

7.14.4 硫化物及硫酸盐含量试验应按下列步骤进行：

1 精确称取石粉试样约 1g（m）放入 300mL 的烧杯中，加入 30～40mL 蒸馏水及 10mL 的盐酸（1+1），加热至微沸，并保持微沸 5min，使试样充分分解后取下，以中速滤纸过滤，用温水洗涤 10～12 次；

2 调整滤液体积至 200mL，煮沸，边搅拌边滴加 10mL 氯化钡溶液（10%），并将溶液煮沸数分钟，然后移至温热处至少静置 4h（此时溶液体积应保持在 200mL），用慢速滤纸过滤，用温水洗至无氯根反应（用硝酸银溶液检验）；

3 将沉淀及滤纸一并移入已灼烧至恒重（m_1）的瓷坩埚中，灰化后在 800℃的高温炉内灼烧 30min。取出坩埚，置于干燥器中冷却至室温，称重，如此反复灼烧，直至恒重（m_2）。

7.14.5 水溶性硫化物及硫酸盐含量（以 SO_3 计）（w_{SO_3}）应按下式计算，精确至 0.01%：

$$w_{SO_3} = \frac{(m_2 - m_1) \times 0.343}{m} \times 100\%$$

$$(7.14.5)$$

式中 w_{SO_3}——硫化物及硫酸盐含量（以 SO_3 计）（%）；

  m——试样质量（g）；

  m_2——沉淀物与坩埚共重（g）；

  m_1——坩埚质量（g）；

  0.343——$BaSO_4$ 换算成 SO_3 的系数。

以两次试验的算术平均值作为评定指标，当两次试验结果的差值大于 0.15%时，应重做试验。

7.15 碎石或卵石的碱活性试验（岩相法）

7.15.1 本方法适用于鉴定碎石、卵石的岩石种类、成分，检验骨料中活性成分的品种和含量。

7.15.2 岩相法试验应采用下列仪器设备：

1 试验筛——筛孔公称直径为 80.0mm、40.0mm、20.0mm、5.00mm 的方孔筛以及筛的底盘和盖各一只；

   2 秤——称量 100kg，感量 100g；

   3 天平——称量 2000g，感量 2g；

   4 切片机、磨片机；

   5 实体显微镜、偏光显微镜。

7.15.3 试样制备应符合下列规定：

经缩分后将样品风干，并按表 7.15.3 的规定筛分、称取试样。

表 7.15.3 岩相试验样最少质量

公称粒级 (mm)	40.0～80.0	20.0～40.0	5.00～20.0
试验最少质量 (kg)	150	50	10

注：1 大于 80.0mm 的颗粒，按照 40.0～80.0mm 一级进行试验；

   2 试样最少数量也可以以颗粒计，每级至少 300 颗。

7.15.4 岩相试验应按下列步骤进行：

   1 用肉眼逐粒观察试样，必要时将试样放在砧板上用地质锤击碎（应使岩石碎片损失最小），观察颗粒新鲜断面。将试样按岩石品种分类。

   2 每类岩石先确定其品种及外观品质，包括矿物质成分、风化程度、有无裂缝、坚硬性、有无包裹体及断口形状等。

   3 每类岩石均应制成若干薄片，在显微镜下鉴定矿物质组成、结构等，特别应测定其隐晶质、玻璃质成分的含量。测定结果填入表 7.15.4 中。

表 7.15.4 骨料活性成分含量测定表

委托单位		样品编号		
样品产地、名称		检测条件		
公称粒级（mm）	40.0～80.0	20.0～40.0		5.00～20.0
质量百分数（%）				
岩石名称及外观品质				
碱活性矿物	品种及占本级配试样的质量百分含量（%）			
	占试样总重的百分含量（%）			
	合计			
结论		备注		

注：1 硅酸类活性硬度物质包括蛋白石、火山玻璃体、玉髓、玛瑙、蠕石英、磷石英、方石英、微晶石英、燧石、具有严重波状消光的石英；

   2 碳酸盐类活性矿物为具有细小菱形的白云石晶体。

7.15.5 结果处理应符合下列规定：

根据岩相鉴定结果，对于不含活性矿物的岩石，可评定为非碱活性骨料。

评定为碱活性骨料或可疑时，应按本标准第 3.2.8 条的规定进行进一步鉴定。

7.16 碎石或卵石的碱活性试验（快速法）

7.16.1 本方法适用于检验硅质骨料与混凝土中的碱产生潜在反应的危害性，不适用于碳酸盐骨料检验。

7.16.2 快速法碱活性试验应采用下列仪器设备：

   1 烘箱——温度控制范围为（105±5）℃；

   2 台秤——称量 5000g，感量 5g；

   3 试验筛——筛孔公称直径为 5.00mm、2.50mm、1.25mm、630μm、315μm、160μm 的方孔筛各一只；

   4 测长仪——测量范围 280～300mm，精度 0.01mm；

   5 水泥胶砂搅拌机——应符合现行国家标准《行星式水泥胶砂搅拌机》JC/T 681 要求；

   6 恒温养护箱或水浴——温度控制范围为（80±2）℃；

   7 养护筒——由耐碱耐高温的材料制成，不漏水，密封，防止容器内温度下降，筒的容积可以保证试件全部浸没在水中；筒内设有试件架，试件垂直于试架放置；

   8 试模——金属试模尺寸为 25mm×25mm×280mm，试模两端正中有小孔，可装入不锈钢测头；

   9 镘刀、捣棒、量筒、干燥器等；

   10 破碎机。

7.16.3 试样制备应符合下列规定：

   1 将试样缩分成约 5kg，把试样破碎后筛分成按表 6.20.3 中所示级配及比例组合成试验用料，并将试样洗净烘干或晾干备用；

   2 水泥采用符合现行国家标准《硅酸盐水泥、普通硅酸盐水泥》GB 175 要求的普通硅酸盐水泥，水泥与砂的质量比为 1：2.25，水灰比为 0.47；每组试件称取水泥 440g，石料 990g；

   3 将称好的水泥与砂倒入搅拌锅，应按现行国家标准《水泥胶砂强度检验方法（ISO 法）》GB/T 17671 规定的方法进行；

   4 搅拌完成后，将砂浆分两层装入试模内，每层捣 40 次，测头周围应填实，浇捣完毕后用镘刀刮除多余砂浆，抹平表面，并标明测定方向。

7.16.4 碎石或卵石快速法试验应按下列步骤进行：

   1 将试件成型完毕后，带模放入标准养护室，养护(24±4)h 后脱模。

   2 脱模后，将试件浸泡在装有自来水的养护筒中，并将养护筒放入温度（80±2）℃的恒温养护箱或水浴箱中，养护 24h，同种骨料制成的试件放在同一个养护筒中。

3 然后将养护筒逐个取出，每次从养护筒中取出一个试件，用抹布擦干表面，立即用测长仪测试件的基长（L_0），测长应在（20±2）℃恒温室中进行，每个试件至少重复测试两次，取差值在仪器精度范围内的两个读数的平均值作为长度测定值（精确至0.02mm），每次每个试件的测量方向应一致，待测的试件须用湿布覆盖，以防止水分蒸发；从取出试件擦干到读数完成应在（15±5）s内结束，读完数后的试件用湿布覆盖。全部试件测完基长后，将试件放入装有浓度为1mol/L氢氧化钠溶液的养护筒中，确保试件被完全浸泡，且溶液温度应保持在（80±2）℃，将养护筒放回恒温养护箱或水浴箱中。

注：用测长仪测定任一组试件的长度时，均应先调整测长仪的零点。

4 自测定基长之日起，第3d、7d、14d再分别测长（L_t），测长方法与测基长方法一致。测量完毕后，应将试件调头放入原养护筒，盖好筒盖放回（80±2）℃的恒温养护箱或水浴箱中，继续养护至下一测试龄期。操作时应防止氢氧化钠溶液溢溅烧伤皮肤。

5 在测量时应观察试件的变形、裂缝和渗出物等，特别应观察有无胶体物质，并作详细记录。

7.16.5 试件的膨胀率按下式计算，精确至0.01%：

$$\varepsilon_t = \frac{L_t - L_0}{L_0 - 2\Delta} \times 100\% \qquad (7.16.5)$$

式中 ε_t——试件在 t 天龄期的膨胀率（%）；

L_0——试件的基长（mm）；

L_t——试件在 t 天龄期的长度（mm）；

Δ——测头长度（mm）。

以三个试件膨胀率的平均值作为某一龄期膨胀率的测定值。任一试件膨胀率与平均值应符合下列规定：

1 当平均值小于或等于0.05%时，单个测值与平均值的差值均应小于0.01%；

2 当平均值大于0.05%时，单个测值与平均值的差值均应小于平均值的20%；

3 当三个试件的膨胀率均大于0.10%时，无精度要求；

4 当不符合上述要求时，去掉膨胀率最小的，用其余两个试件膨胀率的平均值作为该龄期的膨胀率。

7.16.6 结果评定应符合下列规定：

1 当14d膨胀率小于0.10%时，可判定为无潜在危害；

2 当14d膨胀率大于0.20%时，可判定为有潜在危害；

3 当14d膨胀率在0.10%～0.20%之间时，需按7.17节的方法再进行试验判定。

7.17 碎石或卵石的碱活性试验（砂浆长度法）

7.17.1 本方法适用于鉴定硅质骨料与水泥（混凝土）中的碱产生潜在反应的危险性，不适用于碱碳酸盐反应活性骨料检验。

7.17.2 砂浆长度法碱活性试验应采用下列仪器设备：

1 试验筛——筛孔公称直径为160μm、315μm、630μm、1.25mm、2.50mm、5.00mm方孔筛各一只；

2 胶砂搅拌机——应符合现行国家标准《行星式水泥胶砂搅拌机》JC/T 681的规定；

3 镘刀及截面为14mm×13mm、长130～150mm的钢制捣棒；

4 量筒、秒表；

5 试模和测头（埋钉）——金属试模，规格为25mm×25mm×280mm，试模两端板正中有小洞，测头以耐锈蚀金属制成；

6 养护筒——用耐腐材料（如塑料）制成，应不漏水、不透气，加盖后在养护室能确保筒内空气相对湿度为95%以上，筒内设有试件架，架下盛有水，试件垂直立于架上并不与水接触；

7 测长仪——测量范围160～185mm，精度0.01mm；

8 恒温箱（室）——温度为（40±2）℃；

9 台秤——称量5kg，感量5g；

10 跳桌——应符合现行行业标准《水泥胶砂流动度测定仪》JC/T 958的要求。

7.17.3 试样制备应符合下列规定：

1 制备试样的材料应符合下列规定：

1）水泥：水泥含碱量应为1.2%，低于此值时，可掺浓度10%的氢氧化钠溶液，将碱含量调至水泥量的1.2%。当具体工程所用水泥含碱量高于此值时，则应采用工程所使用的水泥。

注：水泥含碱量以氧化钠（Na_2O）计，氧化钾（K_2O）换算为氧化钠时乘以换算系数0.658。

2）石料：将试样缩分至约5kg，破碎筛分后，各粒级都应在筛上用水冲净粘附在骨料上的淤泥和细粉，然后烘干备用。石料按表7.17.3的级配配成试验用料。

表 7.17.3 石料级配表

公称粒级	5.00～2.50mm	2.50～1.25mm	1.25mm～630μm	630～315μm	315～160μm
分级质量（%）	10	25	25	25	15

2 制作试件用的砂浆配合比应符合下列规定：

水泥与石料的质量比为1：2.25。每组3个试件，共需水泥440g，石料990g。砂浆用水量按现行国家标准《水泥胶砂流动度测定方法》GB/T 2419确定，跳桌跳动次数应为6s跳动10次，流动度应为105～120mm。

3 砂浆长度法试验所用试件应按下列方法制作：

1）成型前24h，将试验所用材料（水泥、骨料、拌合用水等）放入（20±2）℃的恒温室中。

2）石料水泥浆制备：先将称好的水泥，石料倒入搅拌锅内，开动搅拌机。拌合5s后，徐徐加水，20～30s加完，自开动机器起搅拌120s。将粘在叶片上的料刮下，取下搅拌锅。

3）砂浆分二层装入试模内，每层捣40次，测头周围应捣实，浇捣完毕后用镘刀刮除多余砂浆，抹平表面，并标明测定方向及编号。

7.17.4 砂浆长度法试验应按下列步骤进行：

1 试件成型完毕后，带模放入标准养护室，养护24h后，脱模（当试件强度较低时，可延至48h脱模）。脱模后立即测量试件的基长（L_0），测长应在（20±2）℃的恒温室中进行，每个试件至少重复测试两次，取差值在仪器精度范围内的两个读数的平均值作为测定值。待测的试件须用湿布覆盖，防止水分蒸发。

2 测量后将试件放入养护筒中，盖严筒盖放入（40±2）℃的养护室里养护（同一筒内的试件品种应相同）。

3 自测量基长起，第14d、1个月、2个月、3个月、6个月再分别测长（L_t），需要时可以适当延长。在测长前一天，应把养护筒从（40±2）℃的养护室取出，放入（20±2）℃的恒温室。试件的测长方法与测基长相同，测量完毕后，应将试件调头放入养护筒中。盖好筒盖，放回（40±2）℃的养护室继续养护至下一测试龄期。

4 在测量时应观察试件的变形、裂缝和渗出物等，特别应观察有无胶体物质，并作详细记录。

7.17.5 试件的膨胀率应按下式计算，精确至0.001%：

$$\varepsilon_t = \frac{L_t - L_0}{L_0 - 2\Delta} \times 100\% \qquad (7.17.5)$$

式中 ε_t——试件在 t 天龄期的膨胀率（%）；
L_0——试件的基长（mm）；
L_t——试件在 t 天龄期的长度（mm）；
Δ——测头长度（mm）。

以三个试件膨胀率的平均值作为某一龄期膨胀率的测定值。任一试件膨胀率与平均值应符合下列规定：

1 当平均值小于或等于0.05%时，单个测值与平均值的差值均应小于0.01%；

2 当平均值大于0.05%时，单个测值与平均值的差值均应小于平均值的20%；

3 当三个试件的膨胀率均超过0.10%时，无精度要求；

4 当不符合上述要求时，去掉膨胀率最小的，用其余两个试件膨胀率的平均值作为该龄期的膨胀率。

7.17.6 结果评定应符合下列规定：

当砂浆半年膨胀率低于0.10%时或3个月膨胀率低于0.05%时（只有在缺半年膨胀率资料时才有效），可判定为无潜在危害。否则，应判定为具有潜在危害。

7.18 碳酸盐骨料的碱活性试验（岩石柱法）

7.18.1 本方法适用于检验碳酸盐岩石是否具有碱活性。

7.18.2 岩石柱法试验应采用下列仪器、设备和试剂：

1 钻机——配有小圆筒钻头；

2 锯石机、磨片机；

3 试件养护瓶——耐碱材料制成，能盖严以避免溶液变质和改变浓度；

4 测长仪——量程25～50mm，精度0.01mm；

5 1mol/L氢氧化钠溶液——（40±1）g氢氧化钠（化学纯）溶于1L蒸馏水中。

7.18.3 试样制备应符合下列规定：

1 应在同块岩石的不同岩性方向取样；岩石层理不清时，应在三个相互垂直的方向上各取一个试件；

2 钻取的圆柱体试件直径为（9±1）mm，长度为（35±5）mm，试件两端面应磨光、互相平行且与试件的主轴线垂直，试件加工时应避免表面变质而影响碱溶液渗入岩样的速度。

7.18.4 岩石柱法试验应按下列步骤进行：

1 将试件编号后，放入盛有蒸馏水的瓶中，置于（20±2）℃的恒温室内，每隔24h取出擦干表面水分，进行测长，直至试件前后两次测得的长度变化不超过0.02%为止，以最后一次测得的试件长度为基长（L_0）。

2 将测完基长的试件浸入盛有浓度为1mol/L氢氧化钠溶液的瓶中，液面应超过试件顶面至少10mm，每个试件的平均液量至少应为50mL。同一瓶中不得浸泡不同品种的试件，盖严瓶盖，置于（20±2）℃的恒温室中。溶液每六个月更换一次。

3 在（20±2）℃的恒温室中进行测长（L_t）。每个试件测长方向应始终保持一致。测量时，试件从瓶中取出，先用蒸馏水洗涤，将表面水擦干后再测量。

测长龄期从试件泡入碱液时算起，在 7d、14d、21d、28d、56d、84d 时进行测量，如有需要，以后每 1 个月一次，一年后每 3 个月一次。

4 试件在浸泡期间，应观测其形态的变化，如开裂、弯曲、断裂等，并作记录。

7.18.5 试件长度变化应按下式计算，精确至 0.001%：

$$\varepsilon_{st} = \frac{L_t - L_0}{L_0} \times 100\% \qquad (7.18.5)$$

式中 ε_{st}——试件浸泡 t 天后的长度变化率；

L_t——试件浸泡 t 天后的长度（mm）；

L_0——试件的基长（mm）。

注：测量精度要求为同一试验人员、同一仪器测量同一试件，其误差不应超过 $\pm 0.02\%$；不同试验人员、同一仪器测量同一试件，其误差不应超过 $\pm 0.03\%$。

7.18.6 结果评定应符合下列规定：

1 同块岩石所取的试样中以其膨胀率最大的一个测值作为分析该岩石碱活性的依据；

2 试件浸泡 84d 的膨胀率超过 0.10%，应判定为具有潜在碱活性危害。

附录 A 砂的检验报告表

A.0.1 砂的检验报告可采用表 A.0.1 中的格式。

表 A.0.1 砂的检验报告表

报告日期：　　　　　　　　　　　　　　　　　　　　　　　　　　　　NO.

委托单位			样品编号		
工程名称			代表数量		
样品产地、名称			收样日期		年　月　日
检验条件			检验依据		
检验项目	检测结果	附记	检验项目	检测结果	附记
表观密度(kg/m³)			有机物含量		
堆积密度(kg/m³)			云母含量(%)		
紧密密度(kg/m³)			轻物质含量(%)		
含泥量(%)			坚固性质量损失率(%)		
泥块含量(%)			硫酸盐及硫化物含量(%)		
氯离子含量(%)			人工砂	石粉含量(%)	
含水率(%)				MB 值	
吸水率(%)			压碎值指标(%)		
碱活性			贝壳含量(%)		

颗　粒　级　配								检测结果
公称粒径	10.0mm	5.00mm	2.50mm	1.25mm	630μm	315μm	160μm	细度模数
砂颗粒级配区	Ⅰ区	0	10～0	35～5	65～35	85～71	95～80	100～90	
	Ⅱ区	0	10～0	25～0	50～10	70～41	92～70	100～90	
	Ⅲ区	0	10～0	15～0	25～0	40～16	85～55	100～90	
实际累计筛余(%)								级配区属区砂
结论		备注						

技术负责人：　　校核：　　检验：　　检测单位：(盖章)

附录 B 石的检验报告表

B.0.1 碎石或卵石检验报告可采用表 B.0.1 中的格式。

表 B.0.1 碎石或卵石检验报告表

报告日期：　　　　　　　　　　　　　　　　　　　　　　　　　　　　　　NO.

委托单位		样品编号		
工程名称		代表数量		
样品产地、名称		收样日期		年　月　日
检验条件		检验依据		
检验项目	检测结果	附记	检验项目	检测结果	附记
表观密度(kg/m³)			有机物含量		
堆积密度(kg/m³)			坚固性质量损失率(%)		
紧密密度(kg/m³)			岩石强度(N/mm²)		
吸水率(%)			压碎值指标(%)		
含水率(%)			SO₃含量(%)		
含泥量(%)			碱活性		
泥块含量(%)					
针状和片状颗粒总含量(%)					

颗　粒　级　配											
公称粒径(mm)	80.0	63.0	50.0	40.0	31.5	25.0	20.0	16.0	10.0	5.00	2.50
标准颗粒级配范围累积筛余(%)											
实际累计筛余(%)											

检验结果				
结　论			备　注	

技术负责人：　　校核：　　检验：　　检测单位：(盖章)

本标准用词说明

1 为便于在执行本标准条文时区别对待，对于要求严格程度不同的用词说明如下：

　　1) 表示很严格，非这样做不可的：

　　　　正面词采用"必须"，反面词采用"严禁"。

　　2) 表示严格，在正常情况下均应这样做的：

　　　　正面词采用"应"，反面词采用"不应"或"不得"。

　　3) 表示允许稍有选择，在条件许可时首先应这样做的：

　　　　正面词采用"宜"，反面词采用"不宜"。

　　表示允许有选择，在一定条件下可以这样做的，采用"可"。

2 条文中指明应按其他有关标准执行的写法为："应符合……的规定"或"应按……执行"。

中华人民共和国行业标准

普通混凝土用砂、石质量及检验方法标准

JGJ 52—2006

条 文 说 明

前　言

《普通混凝土用砂、石质量及检验方法标准》JGJ 52—2006，经建设部 2006 年 12 月 19 日以第 529 号公告批准发布。

本标准第一版为两本标准：《普通混凝土用砂质量标准及检验方法》JGJ 52—92 和《普通混凝土用碎石或卵石质量标准及检验方法》JGJ 53—92，主编单位是中国建筑科学研究院，参加单位是陕西省建筑科学研究设计院、黑龙江省低温建筑研究所、四川省建筑科学研究设计院、中建四局科研设计所、上海市建筑工程材料公司、福建省建筑科研所、山东省建筑科学研究设计院、冶金部建筑科学研究总院、河南建材研究设计院。

为便于广大设计、施工、科研、学校等单位有关人员在使用本标准时能正确理解和执行条文规定，《普通混凝土用砂、石质量及检验方法标准》编制组按章、节、条顺序编制了本标准的条文说明，供使用者参考。在使用中如发现本条文说明有不妥之处，请将意见函寄中国建筑科学研究院建筑工程质量检测中心（地址：北京市北三环东路 30 号；邮政编码：100013）。

目　次

1 总则 ……………… 14—38

2 术语、符号 ……………… 14—38

3 质量要求 ……………… 14—38

  3.1 砂的质量要求 ……………… 14—38

  3.2 石的质量要求 ……………… 14—38

4 验收、运输和堆放 ……………… 14—38

5 取样与缩分 ……………… 14—38

  5.1 取样 ……………… 14—38

  5.2 样品的缩分 ……………… 14—41

6 砂的检验方法 ……………… 14—41

  6.1 砂的筛分析试验 ……………… 14—41

  6.2 砂的表观密度试验（标准法） ……………… 14—41

  6.3 砂的表观密度试验（简易法） ……………… 14—41

  6.4 砂的吸水率试验 ……………… 14—41

  6.5 砂的堆积密度和紧密密度试验 ……………… 14—41

  6.6 砂的含水率试验（标准法） ……………… 14—41

  6.7 砂的含水率试验（快速法） ……………… 14—41

  6.8 砂中含泥量试验（标准法） ……………… 14—41

  6.9 砂中含泥量试验（虹吸管法） ……………… 14—41

  6.10 砂中泥块含量试验 ……………… 14—41

  6.11 人工砂及混合砂中石粉含量试验
（亚甲蓝法） ……………… 14—41

  6.12 人工砂压碎值指标试验 ……………… 14—42

  6.13 砂中有机物含量试验 ……………… 14—42

  6.14 砂中云母含量试验 ……………… 14—42

  6.15 砂中轻物质含量试验 ……………… 14—42

  6.16 砂的坚固性试验 ……………… 14—42

  6.17 砂中硫酸盐及硫化物含量试验 ……… 14—42

  6.18 砂中氯离子含量试验 ……………… 14—42

  6.19 海砂中贝壳含量试验
（盐酸清洗法） ……………… 14—42

  6.20 砂的碱活性试验（快速法） ……… 14—42

  6.21 砂的碱活性试验
（砂浆长度法） ……………… 14—42

7 石的检验方法 ……………… 14—42

  7.1 碎石或卵石的筛分析试验 ……… 14—42

  7.2 碎石或卵石的表观密度试验
（标准法） ……………… 14—42

  7.3 碎石或卵石的表观密度试验
（简易法） ……………… 14—43

  7.4 碎石或卵石的含水率试验 ……… 14—43

  7.5 碎石或卵石的吸水率试验 ……… 14—43

  7.6 碎石或卵石的堆积密度和紧密
密度试验 ……………… 14—43

  7.7 碎石或卵石中含泥量试验 ……… 14—43

  7.8 碎石或卵石中泥块含量试验 …… 14—43

  7.9 碎石或卵石中针状和片状颗粒的总
含量试验 ……………… 14—43

  7.10 卵石中有机物含量试验 ………… 14—43

  7.11 碎石或卵石的坚固性试验 ……… 14—43

  7.12 岩石的抗压强度试验 …………… 14—43

  7.13 碎石或卵石的压碎值指标试验 …… 14—43

  7.14 碎石或卵石中硫化物及硫酸盐
含量试验 ……………… 14—43

  7.15 碎石或卵石的碱活性试验
（岩相法） ……………… 14—43

  7.16 碎石或卵石的碱活性试验
（快速法） ……………… 14—43

  7.17 碎石或卵石的碱活性试验
（砂浆长度法） ……………… 14—43

  7.18 碳酸盐骨料的碱活性试验
（岩石柱法） ……………… 14—43

1 总 则

1.0.1 为在建筑工程上合理地选择和使用天然砂、人工砂和碎石、卵石，保证新配制的普通混凝土的质量，制定本标准。

1.0.2 本标准适用于一般工业与民用建筑和构筑物中的普通混凝土用砂和石的要求和质量检验。对用于港工、水工、道路等工程的砂和石，除按照各行业相应标准执行外，也可参照本标准执行。

　　修订标准中的砂系指：天然砂即河砂、海砂、山砂及特细砂；人工砂（包括尾矿）以及混合砂。石系指：碎石、碎卵石及卵石。通过本次修订扩大了砂的使用种类，将人工砂及特细砂纳入本标准，主要考虑天然砂资源日益匮乏，而建筑市场随着国民经济的发展日益扩大，天然砂供不应求，为了充分地利用有限的资源，解决供需矛盾，特作此修订。

1.0.3 "长期处于潮湿环境的重要混凝土结构"指的是处于潮湿或干湿交替环境，直接与水或潮湿土壤接触的混凝土工程；或有外部碱源，并处于潮湿环境的混凝土结构工程，如：地下构筑物、建筑物桩基、地下室、处于高盐碱地区的混凝土工程、盐碱化学工业污染范围内的工程。引起混凝土中砂石碱活性反应应具备三个条件：一是活性骨料，二是有水，三是高碱。骨料产生碱活性反应，直接影响混凝土的耐久性、建筑物的安全及使用寿命，因此将长期处于潮湿环境的重要混凝土结构用砂石应进行碱活性检验作为强制性条文。

1.0.4 砂、石的质量标准及检验除应符合本标准外，尚应符合国家现行的有关标准的规定。

2 术语、符号

2.1.1 由于试验筛孔径改为方孔，原5.00mm的筛孔直径改为边长4.75mm，为不改变习惯称呼，将原来砂的粒径和筛孔直径，称为砂的公称粒径和砂筛的公称直径，与方孔筛筛孔尺寸对应起来。

2.1.2 增加人工砂、混合砂是由于天然砂资源日益减少，混凝土用砂的供需矛盾日益突出。为了解决天然砂供不应求的问题，从20世纪70年代起，贵州省首先在建筑工程上广泛使用人工砂，近十几年来我国相继在十几个省市使用人工砂，并制定了各地区的人工砂标准及规定。

　　由于人工砂颗粒形状棱角多，表面粗糙不光滑，粉末含量较大，配制混凝土时用水量应比天然砂配制混凝土的用水量适当增加，增加量由试验确定。

　　人工砂配制混凝土时，当石粉含量较大时，宜配制低流动度混凝土，在配合比设计中，宜采用低砂率。细度模数高的宜采用较高砂率。

　　人工砂配制混凝土宜采用机械搅拌，搅拌时间应比天然砂配制混凝土的时间延长1min左右。

　　人工砂混凝土要注意早期养护。养护时间应比天然砂混凝土延长2～3d。

　　实践证明人工砂配制混凝土的技术是可靠的，将给建筑工程带来经济与质量的双赢。

2.1.3 混合砂的使用是为了克服机制砂粗糙、天然砂细度模数偏细的缺点。采用人工砂与天然砂混合，其混合的比例可按混凝土拌合物的工作性及所要求的细度模数进行调整，以满足不同要求的混凝土。

3 质量要求

3.1 砂的质量要求

3.1.1 本次修订增加了特细砂的细度模数。考虑到天然砂资源越来越匮乏，使用特细砂的地区已不限于重庆地区。而原建筑工程部标准 BJG 19—65 关于《特细砂混凝土配制及应用规程》至今一直未作修订，因此本次修订将特细砂纳入本标准范围内。

　　由特细砂配制的混凝土，俗称特细砂混凝土，在我国特别是重庆地区应用已有半个世纪，经研究和工程应用表明其许多物理力学性能和耐久性与天然砂配制的混凝土性能相当或接近，只要材料选择恰当，配合比设计合理，完全可以用于一般混凝土和钢筋混凝土工程。与人工砂复合改性，提高混合砂的细度模数与级配，也可以用于预应力混凝土工程。

　　用特细砂配制的混凝土拌合物黏度较大，因此，主要结构部位的混凝土必须采用机械搅拌和振捣。搅拌时间要比中、粗砂配制的混凝土延长 1～2min。配制混凝土的特细砂细度模数满足表1要求。

表 1　配制混凝土特细砂细度模数的要求

强度等级	C50	C40～C45	C35	C30	C20～C25	C20
细度模数（不小于）	1.3	1.0	0.8	0.7	0.6	0.5

　　配制 C60 以上混凝土，不宜单独使用特细砂，应与天然砂、粗砂或人工砂按适当比例混合使用。

　　特细砂配制混凝土，砂率应低于中、粗砂混凝土。水泥用量和水灰比：最小水泥用量应比一般混凝土增加 20kg/m³，最大水泥用量不宜大于 550kg/m³，最大水灰比应符合《普通混凝土配合比设计规程》JGJ 55 的有关规定。

　　特细砂混凝土宜配制成低流动度混凝土，配制坍落度大于 70mm 以上的混凝土时，宜掺外加剂。

3.1.2 本次修订，筛分析试验与 ISO 6274《混凝土-骨料的筛分析》一致，将原 2.50mm 以上的圆孔筛改为方孔筛，原 2.50mm、5.00mm、10.0mm 孔径的圆孔筛，改为 2.36mm、4.75mm、9.50mm 孔径的方孔筛。经编制组试验证明：筛的孔径调整后，砂的颗粒级配区，用新旧两种不同的筛子无明显不同，砂的细度模数也无明显的差异。

考虑到以往的习惯用法，编制了表 3.1.2-1。为不改变习惯称呼，将原来砂的粒径和砂筛筛孔直径，称为砂的公称粒径和砂筛的公称直径，与方孔筛筛孔尺寸对应起来。

本次修订规定砂（除特细砂外）颗粒级配应满足本标准要求。

由于特细砂多数均为 $150\mu m$ 以下颗粒，因此无级配要求。

由于天然砂是自然状态的级配，若不满足级配要求，允许采取一定的技术措施后，在保证混凝土质量的前提下，可以使用。

3.1.3 增加了 C60 及 C60 以上混凝土的含泥量。国内外相关标准对含泥量的最严格的限定：美国标准 ASTM C 33 规定受磨损的混凝土的限值为 3%，其他混凝土限值为 5.0%；德国 DIN 4226、英国 BS 882 标准中最严格的要求均是 4%。我国砂石国家产品标准规定 Ⅰ 类产品为 1%，《高强混凝土结构技术规定》CEC S104：99 要求配制 C70 以上混凝土时为 1.0%。经 569 批次 C60 混凝土用砂含泥量调查统计结果如下，含泥量：>1.5%占 20.0%、>1.8%占 18.4%、>2%占 13.9%，鉴于砂子实际含泥的状况及国内外标准，同时考虑到在运输过程中的污染，因此将 C60 及 C60 以上混凝土的含泥量定在 2%之内。

经试验证明，不同含泥量对混凝土拌合物和易性有一定影响。对低等级混凝土的影响比对高等级混凝土影响小，尤其是对低等级塑性贫混凝土，含有一定量的泥后，可以改善拌合物的和易性，因此含泥量可酌情放宽，放宽的量应视水泥等级和水泥用量而定，因此本次修订去掉了对 C10 以下混凝土中含泥量的规定。

3.1.4 增加了 C60 及 C60 以上混凝土用砂的泥块含量限值。美国标准对泥块的含量不分等级，所有混凝土限值均为 3.0%；国内《建筑用砂》、《高强混凝土结构技术规程》要求 C60 以上混凝土，泥块含量为 0。据调查，用于 C60 混凝土中的砂 569 个批次，泥块含量 > 0.3%占 18.3%、> 0.5%占 10.2%、>0.8%占 8.6%，考虑到砂子的现实状况及运输堆放过程中的污染，允许有 0.5%的泥块含量存在是合理的。

对 C10 和 C10 以下的混凝土用砂，适量的非包裹型的泥或胶泥，经加水搅拌粉碎后可改善混凝土的和易性，其量视水泥等级而定，因此本次修订去掉了对 C10 以下混凝土中泥块含量的规定。

3.1.5 石粉是指人工砂及混合砂中的小于 $75\mu m$ 以下的颗粒。人工砂中的石粉绝大部分是母岩被破碎的

细粒，与天然砂中的泥不同，它们在混凝土中的作用也有很大区别。石粉含量高一方面使砂的比表面积增大，增加用水量；另一方面细小的球形颗粒产生的滚珠作用又会改善混凝土和易性。因此不能将人工砂中的石粉视为有害物质。

石粉含量对人工砂的综合影响经过几十年的试验证明：贵州省从 20 世纪 70 年代开始研究使用人工砂，当人工砂中石粉含量在 0～30%时，对混凝土的性能影响很小，对中、低等级混凝土的抗压、抗拉强度无影响，C50 级混凝土强度的降低也极小，收缩与河砂接近。铁科院的试验研究也证明，人工砂配制的混凝土各项力学性能与河砂混凝土相比更好一些（在水泥用量与混凝土拌合物稠度相等的条件下）。

许多工业发达国家早在数十年前对人工砂进行研究并把人工砂列入国家标准，现将我国有关标准及国外标准对石粉含量的要求列入表 2～表 4。

表 2 贵州省《山砂混凝土技术规定》

强度等级	<C20	C20～C30	>C30
石粉含量	<20%	<15%	<10%

表 3 国标《建筑用砂》

产品分类	Ⅰ 类	Ⅱ 类	Ⅲ 类
石粉含量（%）	<3.0	<5.0	<7.0

表 4 国外石粉含量的限值

美 国	英 国	日 本	德 国 （0.063mm 以下）
5%～7%	用于承重混凝土≤9% 一般混凝土≥16%	<7%	4%～22%

经试验证明，当人工砂中含有 7.5%的石粉时，配制 C60 泵送混凝土强度比普通天然砂的强度稍高，当石粉含量为 14.5%时，配制 C35 的强度比普通天然砂高。因此现将石粉含量限值定为：大于等于 C60 时为≤5%、C55～C30 时为≤7%、小于等于 C25 时为≤10%是可行的。

考虑到采矿时山上土层没有清除干净或有土的夹层会在人工砂中夹有泥土，标准要求人工砂或混合砂需先经过亚甲蓝法判定。亚甲蓝法对石粉的敏感性如何？经试验证明，此方法对于纯石粉其测值是变化不大的，当含有一定量的石粉时其测值有明显变化，黏土含量与亚甲蓝 MB 值之间的相关系数在 0.99。

3.1.6 保留原条文。

3.1.7 人工砂的压碎值指标是检验其坚固性及耐久性的一项指标。经试验证明，中、低等级混凝土的强度不受压碎指标的影响，人工砂的压碎值指标对高等

级混凝土抗冻性无显著影响，但导致耐磨性明显下降，因此将压碎值指标定为30%。

3.1.8 保留原条文。

3.1.9 将原"对重要工程结构混凝土使用的砂"改为"对长期处于潮湿环境的重要结构混凝土用砂"应进行碱活性检验。因活性骨料产生膨胀，需水及高碱，缺一不可，否则不会膨胀。

去掉了原采用的化学法检验砂的碱活性，增加了砂浆棒法。因化学法易受某些因素的干扰如：碳酸盐、氧化铝等。快速砂浆棒法从制作到在1mol/L的氢氧化钠溶液里浸泡14d，共16d即能判断砂的碱活性，快捷、方便、直观。

本标准本次修订提出了当骨料判为有潜在危害时，应控制混凝土中的碱含量不应超过3kg/m³，与《混凝土结构设计规范》GB 50010一致。

3.1.10 本条文为强制性条文。本标准要求除海砂外，对受氯离子侵蚀或污染的砂，也应进行氯离子检测。

3.1.11 本标准中的贝壳指的是4.75mm以下被破碎了的贝壳。海砂中的贝壳对混凝土的和易性、强度及耐久性均有不同程度的影响，特别是对于C40以上的混凝土，两年后的混凝土强度会产生明显下降，对于低等级混凝土其影响较小，因此C10和C10以下的混凝土用砂的贝壳含量可不予规定。

3.2 石的质量要求

3.2.1 ISO 6274《混凝土-骨料的筛分析》方法中规定试验用筛要求用方孔筛，为与国际标准一致，同时考虑到试验筛与生产用筛一致，将原来的圆孔筛改为方孔筛。为使原有指标不产生大的变化，圆孔改为方孔后，筛子的尺寸相应的变小。编制组共进行了164组对比试验，对不同公称粒径的级配进行了圆孔筛及方孔筛筛分析。试验证明，筛分结果基本与原标准的颗粒级配范围基本相符。因此表3.2.1-2中除将5~16的4.75mm筛上的累计筛余由原90~100改为85~100外，其余的均没变。

由于原圆孔筛与现在的方孔筛进行的筛分试验结果基本相符，在圆孔筛未损坏时，仍可使用。

为满足用户的习惯要求，筛孔尺寸改变，公称粒径称呼不变。

本次修订规定混凝土用石应采用连续粒级，去掉了可用单一粒级配制混凝土。主要是单粒级配制混凝土会加大水泥用量，对混凝土的收缩等性能造成不利影响。由于卵石的颗粒级配是自然形成的，若不满足级配要求时，允许采取一定的技术措施后，在保证混凝土质量的前提下，可以使用。

3.2.2 碎石或卵石的针、片状含量增加了大于等于C60以上混凝土的指标。经调查用于C60混凝土的808个批次的碎石针、片状颗粒含量>8.0%的占

39.6%、>10%的占22.5%、>12%的占5.4%，若将指标定在5%将有一半的石子无法使用，实践证明8%含量的针、片状颗粒能够配制C60的混凝土，因此本次修订将C60及C60以上混凝土的针、片状颗粒含量规定为≤8%。

3.2.3 碎石或卵石中含泥量增加了大于等于C60的混凝土指标。经827批次的数据统计：含泥量>0.5%占21.8%、>0.6%的占13.9%、>0.8%的占4.1%。应考虑到含泥对混凝土耐久性有较大影响，将指标定在0.5%。

3.2.4 增加了大于等于C60的混凝土泥块含量的指标。国标《建筑用卵石、碎石》要求Ⅰ类等级泥块含量为0。美国根据不同气候条件及使用部位将黏土块含量为10%、5.0%、3.0%、2.0%四等。经827批次用于C60混凝土的石子统计，>0.2%的占5.6%、>0.3%的占1.4%、>0.5的占0.1%，应考虑到运输过程的污染，将指标定在0.2%，既满足使用要求又满足实际情况。

3.2.5 对配制C60及以上混凝土的岩石，由原来要求"岩石的抗压强度与混凝土强度等级之比不应小于1.5"，修改成"岩石的立方体抗压强度宜比新配制的混凝土强度高20%以上"。主要考虑到，随着混凝土等级的不断提高，原有的1.5倍要求不易达到。而提高混凝土等级不只是依靠岩石的强度，可通过不同的技术途径，实践证明是可以做到的。

3.2.6 保留原条文。

3.2.7 保留原条文。

3.2.8 同3.1.9条。

4 验收、运输和堆放

4.0.1 将砂、石验收批作了统一的规定，小型工具系指拖拉机等。

4.0.2 "当质量比较稳定，进料量又较大时，可定期检验"系指日进量在1000t以上，连续复检五次以上合格，可按1000t为一批。规定了砂、石检验的必试项目，增加了人工砂、混合砂需对石粉进行必试，以及海砂应进行贝壳含量的检测。

4.0.3 规定了砂、石质量检验报告的内容及可参照的报告格式。

4.0.4 规定了砂、石数量验收的方法，可按重量计也可按体积计。

4.0.5 规定了砂、石堆放的要求。

5 取样与缩分

5.1 取 样

5.1.1 规定了砂、石在料堆上、皮带运输机上、火

车、汽车、货船不同地方取样的方法及份数。

5.1.2 规定了对不合格试样可进行加倍复验。但不包括筛分析。

5.1.3 规定了每组样品的取样数量，数量约是试验量的四倍，经四分法后，得试样重。同时规定了当做几项试验，如确保样品经一项试验后不致影响另一项试验的结果，可用同一组样品做几项不同的试验。

5.1.4 规定了样品的包装。

5.2 样品的缩分

5.2.1 规定了砂的样品的缩分的两种方法：1. 用分料器；2. 用人工四分法。

5.2.2 石子的缩分用人工四分法。

5.2.3 做砂、石含水率、堆积密度、紧密密度试验时，所用试样可不缩分。

6 砂的检验方法

6.1 砂的筛分析试验

试验筛改为方孔筛，原孔径 10.0mm、5.00mm、2.50mm 的圆孔筛改为 9.50mm、4.75mm、2.36mm 的方孔筛。

筛框可采用内径为 $\phi 200$ 或 $\phi 300$。

6.2 砂的表观密度试验（标准法）

保留原条文。

6.3 砂的表观密度试验（简易法）

保留原条文。

6.4 砂的吸水率试验

保留原条文。

6.5 砂的堆积密度和紧密密度试验

保留原条文。

6.6 砂的含水率试验（标准法）

保留原条文。

6.7 砂的含水率试验（快速法）

保留原条文。

6.8 砂中含泥量试验（标准法）

此方法不适用于特细砂中含泥量的测定。因特细砂中公称粒径 80μm 以下的颗粒较多，用此方法将小于 80μm 以下的颗粒均作为泥计算了，公称粒径 80μm 方孔筛边长为 75μm。

6.9 砂中含泥量试验（虹吸管法）

本方法适用于砂中的含泥量，尤其适用于测定特细砂中的含泥量。通过沉淀虹吸不会使细小的颗粒流出。

6.10 砂中泥块含量试验

删除了"两次结果的差值超过 0.4％时，应重新取样进行试验"的提法。因泥块不似泥粉具有分散性，当两次试验，一份有泥块，而一份无泥块时，差值往往会超过 0.4％的要求。因此取两次试验结果的算术平均值作为测定值。

6.11 人工砂及混合砂中石粉含量试验（亚甲蓝法）

本方法是此次修订新增的试验方法，是参照欧州标准 EW933-9：1999《骨料几何特性试验中的细粉评估——亚甲蓝试验》编制。

方法的原理是试样的水悬液中连续逐次加入亚甲蓝溶液，每次加亚甲蓝溶液后，通过滤纸蘸染试验检验游离染料的出现，以检查试样对染料溶液的吸附，当确认游离染料出现后，即可计算出亚甲蓝值（MB）表示为每千克试样粒级吸附的染料克数。

也可用快速法，一次加入 30mL 亚甲蓝溶液，此时 $MB \geqslant 1.4$，若出现色晕即为合格；若不出现，即为不合格，快速简便。

人工砂及混合砂中的石粉含量的测定，首先应进行亚甲蓝试验，通过亚甲蓝试验来评定，细粉是石粉还是泥粉。

当亚甲蓝值 $MB < 1.4$ 时，则判定是石粉；若 MB 值 $\geqslant 1.4$ 时，则判定为泥粉。

亚甲蓝对石粉的敏感性：经试验将机制砂中分别掺入不含黏土成分的纯石灰石粉 10％、15％、20％，测定其亚甲蓝值分别为 0.35、0.75、0.75，见图1。

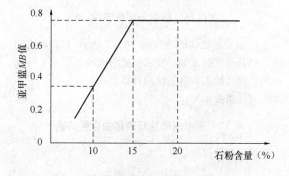

图1

从图中可以看出机制砂中掺入不同比例的石粉，亚甲蓝测定值变化不大，说明亚甲蓝对纯石粉不敏感。

当石粉中掺入黏土时，用亚甲蓝法测其 MB 值，发现其相关性很高，相关系数可达 0.9959。这说明用亚甲兰法检测石粉中的黏土含量精确度很高。试验结果如图2所示。

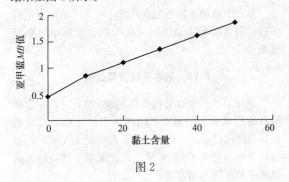

图2

6.12　人工砂压碎值指标试验

压碎值指标是表示人工砂坚固性的一项指标。本方法取自于贵州省地方标准《山砂混凝土技术规定》。

方法规定采用四个粒级的筛分分别进行压碎，然后将四级砂样进行总的压碎值指标计算。试验证明5～10mm颗粒级的压碎指标比其他粒级要明显大，总的趋势是粒径越大压碎指标越小，鉴于砂的定义，公称粒径5.00mm以下的颗粒为砂，所以取公称粒径5.00mm以下的颗粒分成公称粒级 5.00～2.50mm、2.50～1.25mm、1.25mm～630μm、630～315μm 四个粒级，每级试样1000g。

6.13　砂中有机物含量试验

保留原条文。

6.14　砂中云母含量试验

保留原条文。

6.15　砂中轻物质含量试验

保留原条文。

6.16　砂的坚固性试验

增加了氯化钡的浓度为10%，去掉了工业用的十水结晶硫酸钠试剂，使试验更为准确。增加了特细砂的粒级及特细砂坚固性的计算公式。

其他条文不变。

6.17　砂中硫酸盐及硫化物含量试验

试验步骤保持不变。

6.18　砂中氯离子含量试验

为使试验步骤更具有操作性，空白试验时，具体规定加入5%铬酸钾指示剂"1mL"。

6.19　海砂中贝壳含量试验（盐酸清洗法）

本方法是新增的，本方法参照《宁波地区建筑用海砂技术规定（试行）》编写而成，该方法操作方便、实用。

试验前可以先洗去含泥，用洗去泥的砂子做贝壳含量，也可用原样做，最终结果减去含泥量。

6.20　砂的碱活性试验（快速法）

本方法是按照 ASTM C1260—94《碱骨料潜在活性标准试验方法（砂浆棒法）》编写而成。

1　本方法适用于检验硅质骨料与混凝土中的碱产生潜在反应的危害性，不适用于碳酸盐骨料。

本方法采用1mol/L氢氧化钠溶液浸泡试件14d，温度为80℃的条件下来加速骨料的碱-硅反应。当然该试验条件不能代表混凝土在使用过程中所处的实际条件，可能对于反应缓慢或在反应后期产生膨胀的骨料有用。

2　由于本方法试件是浸泡在氢氧化钠溶液中，水泥的碱含量不是影响膨胀的首要因素，所以试验中没有考虑水泥的碱含量。

3　制作试件的骨料要有一定的级配。骨料的级配与日本、美国、水工方法是一致的。并对其每一级配的重量作了规定，由于特细砂粗颗粒较少，所以对分级重量不作规定。

4　标准中制作试件的水泥与砂的重量比、水灰比及制作方法、测试步骤均与美国标准 ASTM 1260—94一致。

5　由于此方法国内采用时间不长，对这方面经验积累不多。结果评定是根据美国标准制定，并与国标一致，若当14d的膨胀率在0.1%～0.2%之间时，要用砂浆长度法进行试验判定，即用 3 个月或半年的慢速方法进行［水泥含碱量为1.2%，温度(40±2)℃］。

6.21　砂的碱活性试验（砂浆长度法）

保留原条文。

7　石的检验方法

7.1　碎石或卵石的筛分析试验

根据 ISO 6274—1984《混凝土-骨料的筛分析》试验用筛要求用方孔筛，本次修订与国际标准一致，将原为圆孔筛改为方孔筛，筛孔尺寸，由原来的圆孔直径 为：100、80.0、63.0、50.0、40.0、31.5、25.0、20.0、16.0、10.0、5.00 和 2.50mm 改为方孔边长 90.0、75.0、63.0、53.0、37.5、31.5、26.5、19.0、16.0、9.50、4.75 和 2.36mm。习惯上仍按原来圆孔直径称呼。

7.2　碎石或卵石的表观密度试验（标准法）

保留原条文。

7.3 碎石或卵石的表观密度试验（简易法）

保留原条文。

7.4 碎石或卵石的含水率试验

保留原条文。

7.5 碎石或卵石的吸水率试验

保留原条文。

7.6 碎石或卵石的堆积密度和紧密密度试验

保留原条文。

7.7 碎石或卵石中含泥量试验

保留原条文。

7.8 碎石或卵石中泥块含量试验

删除"如两次结果的差值超过 0.2%，应重新取样进行试验"，理由同 6.10 节。

其他条款，保留原条文。

7.9 碎石或卵石中针状和片状颗粒的总含量试验

针片状规准仪的尺寸，由于试验筛孔径的改变而改变了。根据定义，长度大于 2.5 倍的平均粒度为针状，厚度小于 0.4 倍平均粒度为片状，规准仪的尺寸作了相应的调整，具体数值见表 5、表 6。

表 5　针状规准仪（单位：mm）

新		82.8	69.6	54.6	42	30.6	17.1
旧		85.8	67.8	54	43.2	31.2	18
粒级	新	37.5~31.5	31.5~26.5	26.5~19	19~16	16~9.5	9.5~4.75
	旧	40~31.5	31.5~25	25~20	20~16	16~10	10~5

表 6　片状规准仪（单位：mm）

粒级	新	37.5~31.5	31.5~26.5	26.5~19	19~16	16~9.5	9.5~4.75
	旧	40~31.5	31.5~25	25~20	20~16	16~10	10~5
新		13.8	11.6	9.1	7.0	5.1	2.8
旧		14.3	11.3	9	7.2	5.2	3

其他条文保留原条文。

7.10 卵石中有机物含量试验

保留原条文。

7.11 碎石或卵石的坚固性试验

保留原条文。

7.12 岩石的抗压强度试验

增加了试件"应放在有防护网的"压力机上进行强度试验，"以防岩石碎片伤人"。因岩石强度越高脆性越大，破坏时会产生崩裂，碎片四溅易伤人。

7.13 碎石或卵石的压碎值指标试验

保留原条文。

7.14 碎石或卵石中硫化物及硫酸盐含量试验

增加分析天平一台，因做化学分析时，称量精度要求万分之一。

7.15 碎石或卵石的碱活性试验（岩相法）

保留原条文。

7.16 碎石或卵石的碱活性试验（快速法）

碎石或卵石的试样缩分成约 5kg，然后把试样破碎后筛分成 6.20.3 中所要求的级配及比例组合。

其他同 6.20 节。

7.17 碎石或卵石的碱活性试验（砂浆长度法）

同 6.21 节。

7.18 碳酸盐骨料的碱活性试验（岩石柱法）

保留原条文。

中华人民共和国行业标准

普通混凝土配合比设计规程

Specification for mix proportion design of ordinary concrete

JGJ 55—2011

批准部门：中华人民共和国住房和城乡建设部
施行日期：２０１１年１２月１日

中华人民共和国住房和城乡建设部
公　告

第 991 号

关于发布行业标准《普通混凝土
配合比设计规程》的公告

现批准《普通混凝土配合比设计规程》为行业标准，编号为 JGJ 55 - 2011，自 2011 年 12 月 1 日起实施。其中第 6.2.5 条为强制性条文，必须严格执行。原行业标准《普通混凝土配合比设计规程》JGJ 55 - 2000 同时废止。

本规程由我部标准定额研究所组织中国建筑工业出版社出版发行。

中华人民共和国住房和城乡建设部

2011 年 4 月 22 日

前　言

根据原建设部《关于印发〈2005 年度工程建设标准规范制订、修订计划（第一批）〉的通知》（建标 [2005] 84 号）的要求，编制组经广泛调查研究，认真总结实践经验，参考有关国际标准和国外先进标准，并在广泛征求意见的基础上，修订了本规程。

本规程的主要技术内容是：1. 总则；2. 术语和符号；3. 基本规定；4. 混凝土配制强度的确定；5. 混凝土配合比计算；6. 混凝土配合比的试配、调整与确定；7. 有特殊要求的混凝土。

本次修订的主要技术内容是：1. 与 2000 年以后颁布的相关标准规范进行了协调；2. 增加并突出了混凝土耐久性的规定；3. 修订了普通混凝土试配强度的计算公式和强度标准差；4. 修订了混凝土水胶比计算公式中的胶砂强度取值以及回归系数 α_a 和 α_b；5. 增加了高强混凝土试配强度的计算公式；6. 增加了高强混凝土水胶比、胶凝材料用量和砂率推荐表。

本规程中以黑体字标志的条文为强制性条文，必须严格执行。

本规程由住房和城乡建设部负责管理和对强制性条文的解释，由中国建筑科学研究院负责具体技术内容的解释。执行过程中如有意见或建议，请寄送中国建筑科学研究院《普通混凝土配合比设计规程》管理组（地址：北京市北三环东路 30 号，邮政编码：100013）。

本 规 程 主 编 单 位：中国建筑科学研究院

本 规 程 参 编 单 位：北京建工集团有限责任公司

中国建筑材料科学研究总院

重庆市建筑科学研究院

辽宁省建设科学研究院

贵州中建建筑科研设计院有限公司

云南建工混凝土有限公司

甘肃土木工程科学研究院

广东省建筑科学研究院

宁波金鑫商品混凝土有限公司

深圳大学土木工程学院

黑龙江省寒地建筑科学研究院

中南大学土木建筑学院

沈阳飞耀技术咨询有限公司

深圳市富通混凝土有限公司

山东省建筑科学研究院

天津港保税区航保商品砼供应有限公司

山西四建集团有限公司

河北麒麟建筑科技发展有限公司

建研建材有限公司

金华市建筑科学研究所有限公司

西麦斯（天津）有限公司

天津津贝尔建筑工程试验检测技术有限公司

延边朝鲜族自治州建设工程质量检测中心

四川省建筑科学研究院

中国水利水电第三工程局有限公司

张家口市建设工程质量检测中心

北京城建亚泰建设工程有限公司

本规程主要起草人员：丁　威　冷发光　艾永祥　赵顺增　韦庆东　肖保怀　王　元　张秀芳　钟安鑫　李章建　王惠玲　王新祥

陆士强　周永祥　田冠飞　丁　铸　朱广祥　胡晓波　刘良季　吴义明　王文奎　张　锋　刘雅晋　侯翠敏　季　宏　齐广华　尚静媛　谢凯军　姜　博　王鹏禹　毛海勇　刘　源　戴会生　李路明　费　恺　何更新　纪宪坤　王　晶

本规程主要审查人员：石云兴　郝挺宇　罗保恒　闻德荣　蔡亚宁　朋改非　封孝信　王　军　李帼英　高金枝

目　　次

1 总则 ················· 15—6
2 术语和符号 ··········· 15—6
　2.1 术语 ············· 15—6
　2.2 符号 ············· 15—6
3 基本规定 ············· 15—7
4 混凝土配制强度的确定 ·· 15—8
5 混凝土配合比计算 ····· 15—8
　5.1 水胶比 ··········· 15—8
　5.2 用水量和外加剂用量 · 15—9
　5.3 胶凝材料、矿物掺合料和水泥
　　　用量 ············· 15—9
　5.4 砂率 ············· 15—10
　5.5 粗、细骨料用量 ····· 15—10
6 混凝土配合比的试配、调整与

确定 ················· 15—10
　6.1 试配 ············· 15—10
　6.2 配合比的调整与确定 · 15—11
7 有特殊要求的混凝土 ···· 15—11
　7.1 抗渗混凝土 ········ 15—11
　7.2 抗冻混凝土 ········ 15—12
　7.3 高强混凝土 ········ 15—12
　7.4 泵送混凝土 ········ 15—12
　7.5 大体积混凝土 ······ 15—13
本规程用词说明 ·········· 15—13
引用标准名录 ············ 15—13
附：条文说明 ············ 15—13

Contents

1 General Provisions ···················· 15—6

2 Terms and Symbols ················· 15—6

  2.1 Terms ······························ 15—6

  2.2 Symbols ·························· 15—6

3 Basic Requirements ················ 15—7

4 Determination of Compounding
  Strength ····························· 15—8

5 Calculation of Mix Proportion ······· 15—8

  5.1 Water-Binder Ratio ············· 15—8

  5.2 Water and Chemical Admixtrue
    Content ·························· 15—9

  5.3 Binder, Mineral Admixture and
    Cement Content ················ 15—9

  5.4 Ratio of Sand to Aggregate ·········· 15—10

  5.5 Fine Aggregate and Coarse Aggregate
    Content ························ 15—10

6 Trial Mix, Adjustment and
  Determination of Mix
  Proportion ························· 15—10

  6.1 Trial Mix ······················ 15—10

  6.2 Adjustment and Determination of
    Mix Proportion ················ 15—11

7 Special Concrete ··················· 15—11

  7.1 Impermeable Concrete ·········· 15—11

  7.2 Frost-Resistant Concrete ············· 15—12

  7.3 High Strength Concrete ·········· 15—12

  7.4 Pumped Concrete ·············· 15—12

  7.5 Mass Concrete ················· 15—13

Explanation of Wording in This
  Specification ······················ 15—13

List of Quoted Standards ·············· 15—13

Addition: Explanation of
  Provisions ·························· 15—13

1 总　　则

1.0.1 为规范普通混凝土配合比设计方法，满足设计和施工要求，保证混凝土工程质量，达到经济合理，制定本规程。

1.0.2 本规程适用于工业与民用建筑及一般构筑物所采用的普通混凝土配合比设计。

1.0.3 普通混凝土配合比设计除应符合本规程的规定外，尚应符合国家现行有关标准的规定。

2　术语和符号

2.1　术　　语

2.1.1 普通混凝土　ordinary concrete

干表观密度为 2000kg/m³～2800kg/m³ 的混凝土。

2.1.2 干硬性混凝土　stiff concrete

拌合物坍落度小于 10mm 且须用维勃稠度（s）表示其稠度的混凝土。

2.1.3 塑性混凝土　plastic concrete

拌合物坍落度为 10mm～90mm 的混凝土。

2.1.4 流动性混凝土　flowing concrete

拌合物坍落度为 100mm～150mm 的混凝土。

2.1.5 大流动性混凝土　high flowing concrete

拌合物坍落度不低于 160mm 的混凝土。

2.1.6 抗渗混凝土　impermeable concrete

抗渗等级不低于 P6 的混凝土。

2.1.7 抗冻混凝土　frost-resistant concrete

抗冻等级不低于 F50 的混凝土。

2.1.8 高强混凝土　high strength concrete

强度等级不低于 C60 的混凝土。

2.1.9 泵送混凝土　pumped concrete

可在施工现场通过压力泵及输送管道进行浇筑的混凝土。

2.1.10 大体积混凝土　mass concrete

体积较大的、可能由胶凝材料水化热引起的温度应力导致有害裂缝的结构混凝土。

2.1.11 胶凝材料　binder

混凝土中水泥和活性矿物掺合料的总称。

2.1.12 胶凝材料用量　binder content

每立方米混凝土中水泥用量和活性矿物掺合料用量之和。

2.1.13 水胶比　water-binder ratio

混凝土中用水量与胶凝材料用量的质量比。

2.1.14 矿物掺合料掺量　percentage of mineral admixture

混凝土中矿物掺合料用量占胶凝材料用量的质量

百分比。

2.1.15 外加剂掺量　percentage of chemical admixture

混凝土中外加剂用量相对于胶凝材料用量的质量百分比。

2.2　符　　号

f_b——胶凝材料 28d 胶砂抗压强度实测值（MPa）；

f_{ce}——水泥 28d 胶砂抗压强度（MPa）；

$f_{ce,g}$——水泥强度等级值（MPa）；

$f_{cu,0}$——混凝土配制强度（MPa）；

$f_{cu,i}$——第 i 组的试件强度（MPa）；

$f_{cu,k}$——混凝土立方体抗压强度标准值（MPa）；

m_a——每立方米混凝土的外加剂用量（kg/m³）；

m_{a0}——计算配合比每立方米混凝土的外加剂用量（kg/m³）；

m_b——每立方米混凝土的胶凝材料用量（kg/m³）；

m_{b0}——计算配合比每立方米混凝土的胶凝材料用量（kg/m³）；

m_c——每立方米混凝土的水泥用量（kg/m³）；

m_{c0}——计算配合比每立方米混凝土的水泥用量（kg/m³）；

m_{cp}——每立方米混凝土拌合物的假定质量（kg/m³）；

m_f——每立方米混凝土的矿物掺合料用量（kg/m³）；

m_{f0}——计算配合比每立方米混凝土的矿物掺合料用量（kg/m³）；

m_{fcu}——n 组试件的强度平均值（MPa）；

m_g——每立方米混凝土的粗骨料用量（kg/m³）；

m_{g0}——计算配合比每立方米混凝土的粗骨料用量（kg/m³）；

m_s——每立方米混凝土的细骨料用量（kg/m³）；

m_{s0}——计算配合比每立方米混凝土的细骨料用量（kg/m³）；

m_w——每立方米混凝土的用水量（kg/m³）；

m_{w0}——计算配合比每立方米混凝土的用水量（kg/m³）；

m'_{w0}——未掺外加剂时推定的满足实际坍落度要求的每立方米混凝土用水量（kg/m³）；

n——试件组数，n 值应大于或者等于 30；

P_t——6 个试件中不少于 4 个未出现渗水时的最大水压值（MPa）；

P——设计要求的抗渗等级值；

W/B——混凝土水胶比；

α——混凝土的含气量百分数；

α_a、α_b——混凝土水胶比计算公式中的回归系数；

β——外加剂的减水率(%);

β_a——外加剂的掺量(%);

β_f——矿物掺合料的掺量(%);

β_s——砂率(%);

γ_c——水泥强度等级值的富余系数;

γ_f——粉煤灰影响系数;

γ_s——粒化高炉矿渣粉影响系数;

δ——混凝土配合比校正系数;

ρ_c——水泥密度(kg/m³);

$\rho_{c,c}$——混凝土拌合物表观密度计算值(kg/m³);

$\rho_{c,t}$——混凝土拌合物表观密度实测值(kg/m³);

ρ_f——矿物掺合料密度(kg/m³);

ρ_g——粗骨料的表观密度(kg/m³);

ρ_s——细骨料的表观密度(kg/m³);

ρ_w——水的密度(kg/m³);

σ——混凝土强度标准差(MPa)。

3 基 本 规 定

3.0.1 混凝土配合比设计应满足混凝土配制强度及其他力学性能、拌合物性能、长期性能和耐久性能的设计要求。混凝土拌合物性能、力学性能、长期性能和耐久性能的试验方法应分别符合现行国家标准《普通混凝土拌合物性能试验方法标准》GB/T 50080、《普通混凝土力学性能试验方法标准》GB/T 50081和《普通混凝土长期性能和耐久性能试验方法标准》GB/T 50082的规定。

3.0.2 混凝土配合比设计应采用工程实际使用的原材料;配合比设计所采用的细骨料含水率应小于0.5%,粗骨料含水率应小于0.2%。

3.0.3 混凝土的最大水胶比应符合现行国家标准《混凝土结构设计规范》GB 50010的规定。

3.0.4 除配制C15及其以下强度等级的混凝土外,混凝土的最小胶凝材料用量应符合表3.0.4的规定。

表 3.0.4 混凝土的最小胶凝材料用量

最大水胶比	最小胶凝材料用量(kg/m³)		
	素混凝土	钢筋混凝土	预应力混凝土
0.60	250	280	300
0.55	280	300	300
0.50	320		
≤0.45	330		

3.0.5 矿物掺合料在混凝土中的掺量应通过试验确定。采用硅酸盐水泥或普通硅酸盐水泥时,钢筋混凝土中矿物掺合料最大掺量宜符合表3.0.5-1的规定,预应力混凝土中矿物掺合料最大掺量宜符合表3.0.5-2的规定。对基础大体积混凝土,粉煤灰、粒化高炉矿渣粉和复合掺合料的最大掺量可增加5%。采用掺

量大于30%的C类粉煤灰的混凝土应以实际使用的水泥和粉煤灰掺量进行安定性检验。

表 3.0.5-1 钢筋混凝土中矿物掺合料最大掺量

矿物掺合料种类	水胶比	最大掺量(%)	
		采用硅酸盐水泥时	采用普通硅酸盐水泥时
粉煤灰	≤0.40	45	35
	>0.40	40	30
粒化高炉矿渣粉	≤0.40	65	55
	>0.40	55	45
钢渣粉	—	30	20
磷渣粉	—	30	20
硅灰	—	10	10
复合掺合料	≤0.40	65	55
	>0.40	55	45

注:1 采用其他通用硅酸盐水泥时,宜将水泥混合材掺量20%以上的混合材量计入矿物掺合料;

2 复合掺合料各组分的掺量不宜超过单掺时的最大掺量;

3 在混合使用两种或两种以上矿物掺合料时,矿物掺合料总掺量应符合表中复合掺合料的规定。

表 3.0.5-2 预应力混凝土中矿物掺合料最大掺量

矿物掺合料种类	水胶比	最大掺量(%)	
		采用硅酸盐水泥时	采用普通硅酸盐水泥时
粉煤灰	≤0.40	35	30
	>0.40	25	20
粒化高炉矿渣粉	≤0.40	55	45
	>0.40	45	35
钢渣粉	—	20	10
磷渣粉	—	20	10
硅灰	—	10	10
复合掺合料	≤0.40	55	45
	>0.40	45	35

注:1 采用其他通用硅酸盐水泥时,宜将水泥混合材掺量20%以上的混合材量计入矿物掺合料;

2 复合掺合料各组分的掺量不宜超过单掺时的最大掺量;

3 在混合使用两种或两种以上矿物掺合料时,矿物掺合料总掺量应符合表中复合掺合料的规定。

3.0.6 混凝土拌合物中水溶性氯离子最大含量应符合表3.0.6的规定,其测试方法应符合现行行业标准《水运工程混凝土试验规程》JTJ 270中混凝土拌合物中氯离子含量的快速测定方法的规定。

表 3.0.6 混凝土拌合物中水溶性氯离子最大含量

环境条件	水溶性氯离子最大含量 （%，水泥用量的质量百分比）		
	钢筋混凝土	预应力混凝土	素混凝土
干燥环境	0.30		
潮湿但不含氯离子的环境	0.20	0.06	1.00
潮湿且含有氯离子的环境、盐渍土环境	0.10		
除冰盐等侵蚀性物质的腐蚀环境	0.06		

3.0.7 长期处于潮湿或水位变动的寒冷和严寒环境以及盐冻环境的混凝土应掺用引气剂。引气剂掺量应根据混凝土含气量要求经试验确定，混凝土最小含气量应符合表 3.0.7 的规定，最大不宜超过 7.0%。

表 3.0.7 混凝土最小含气量

粗骨料最大公称粒径 （mm）	混凝土最小含气量（%）	
	潮湿或水位变动的寒冷和严寒环境	盐冻环境
40.0	4.5	5.0
25.0	5.0	5.5
20.0	5.5	6.0

注：含气量为气体占混凝土体积的百分比。

3.0.8 对于有预防混凝土碱骨料反应设计要求的工程，宜掺用适量粉煤灰或其他矿物掺合料，混凝土中最大碱含量不应大于 3.0kg/m³；对于矿物掺合料碱含量，粉煤灰碱含量可取实测值的 1/6，粒化高炉矿渣粉碱含量可取实测值的 1/2。

4 混凝土配制强度的确定

4.0.1 混凝土配制强度应按下列规定确定：

1 当混凝土的设计强度等级小于 C60 时，配制强度应按下式确定：

$$f_{cu,0} \geqslant f_{cu,k} + 1.645\sigma \qquad (4.0.1\text{-}1)$$

式中：$f_{cu,0}$——混凝土配制强度（MPa）；

$f_{cu,k}$——混凝土立方体抗压强度标准值，这里取混凝土的设计强度等级值（MPa）；

σ——混凝土强度标准差（MPa）。

2 当设计强度等级不小于 C60 时，配制强度应按下式确定：

$$f_{cu,0} \geqslant 1.15 f_{cu,k} \qquad (4.0.1\text{-}2)$$

4.0.2 混凝土强度标准差应按下列规定确定：

1 当具有近 1 个月～3 个月的同一品种、同一强度等级混凝土的强度资料，且试件组数不小于 30 时，其混凝土强度标准差 σ 应按下式计算：

$$\sigma = \sqrt{\frac{\sum_{i=1}^{n} f_{cu,i}^2 - n m_{fcu}^2}{n-1}} \qquad (4.0.2)$$

式中：σ——混凝土强度标准差；

$f_{cu,i}$——第 i 组的试件强度（MPa）；

m_{fcu}——n 组试件的强度平均值（MPa）；

n——试件组数。

对于强度等级不大于 C30 的混凝土，当混凝土强度标准差计算值不小于 3.0MPa 时，应按式（4.0.2）计算结果取值；当混凝土强度标准差计算值小于 3.0MPa 时，应取 3.0MPa。

对于强度等级大于 C30 且小于 C60 的混凝土，当混凝土强度标准差计算值不小于 4.0MPa 时，应按式（4.0.2）计算结果取值；当混凝土强度标准差计算值小于 4.0MPa 时，应取 4.0MPa。

2 当没有近期的同一品种、同一强度等级混凝土强度资料时，其强度标准差 σ 可按表 4.0.2 取值。

表 4.0.2 标准差 σ 值（MPa）

混凝土强度标准值	≤C20	C25～C45	C50～C55
Σ	4.0	5.0	6.0

5 混凝土配合比计算

5.1 水 胶 比

5.1.1 当混凝土强度等级小于 C60 时，混凝土水胶比宜按下式计算：

$$W/B = \frac{\alpha_a f_b}{f_{cu,0} + \alpha_a \alpha_b f_b} \qquad (5.1.1)$$

式中：W/B——混凝土水胶比；

α_a、α_b——回归系数，按本规程第 5.1.2 条的规定取值；

f_b——胶凝材料 28d 胶砂抗压强度（MPa），可实测，且试验方法应按现行国家标准《水泥胶砂强度检验方法（ISO 法）》GB/T 17671 执行；也可按本规程第 5.1.3 条确定。

5.1.2 回归系数（α_a、α_b）宜按下列规定确定：

1 根据工程所使用的原材料，通过试验建立的水胶比与混凝土强度关系式来确定；

2 当不具备上述试验统计资料时，可按表 5.1.2 选用。

表 5.1.2 回归系数（α_a、α_b）取值表

系数	粗骨料品种	
	碎石	卵石
α_a	0.53	0.49
α_b	0.20	0.13

5.1.3 当胶凝材料 28d 胶砂抗压强度值（f_b）无实测值时，可按下式计算：

$$f_b = \gamma_f \gamma_s f_{ce} \qquad (5.1.3)$$

式中：γ_f、γ_s——粉煤灰影响系数和粒化高炉矿渣粉
　　　　　　影响系数，可按表 5.1.3 选用；

　　　　f_{ce}——水泥 28d 胶砂抗压强度（MPa），可
　　　　　　实测，也可按本规程第 5.1.4 条
　　　　　　确定。

**表 5.1.3　粉煤灰影响系数（γ_f）和粒化
高炉矿渣粉影响系数（γ_s）**

种类　　掺量(%)	粉煤灰影响系数 γ_f	粒化高炉矿渣粉影响系数 γ_s
0	1.00	1.00
10	0.85～0.95	1.00
20	0.75～0.85	0.95～1.00
30	0.65～0.75	0.90～1.00
40	0.55～0.65	0.80～0.90
50	—	0.70～0.85

注：1　采用Ⅰ级、Ⅱ级粉煤灰宜取上限值；
　　2　采用 S75 级粒化高炉矿渣粉宜取下限值，采用 S95
　　　级粒化高炉矿渣粉宜取上限值，采用 S105 级粒化
　　　高炉矿渣粉可取上限值加 0.05；
　　3　当超出表中的掺量时，粉煤灰和粒化高炉矿渣粉
　　　影响系数应经试验确定。

5.1.4　当水泥 28d 胶砂抗压强度（f_{ce}）无实测值时，
可按下式计算：

$$f_{ce} = \gamma_c f_{ce,g} \qquad (5.1.4)$$

式中：γ_c——水泥强度等级值的富余系数，可按实际
　　　　　统计资料确定；当缺乏实际统计资料
　　　　　时，也可按表 5.1.4 选用；

　　　$f_{ce,g}$——水泥强度等级值（MPa）。

表 5.1.4　水泥强度等级值的富余系数（γ_c）

水泥强度等级值	32.5	42.5	52.5
富余系数	1.12	1.16	1.10

5.2　用水量和外加剂用量

5.2.1　每立方米干硬性或塑性混凝土的用水量
（m_{w0}）应符合下列规定：

　　1　混凝土水胶比在 0.40～0.80 范围时，可按表
5.2.1-1 和表 5.2.1-2 选取；

　　2　混凝土水胶比小于 0.40 时，可通过试验
确定。

表 5.2.1-1　干硬性混凝土的用水量（kg/m³）

拌合物稠度		卵石最大公称粒径（mm）			碎石最大公称粒径（mm）		
项目	指标	10.0	20.0	40.0	16.0	20.0	40.0
维勃稠度 (s)	16～20	175	160	145	180	170	155
	11～15	180	165	150	185	175	160
	5～10	185	170	155	190	180	165

表 5.2.1-2　塑性混凝土的用水量（kg/m³）

拌合物稠度		卵石最大公称粒径(mm)				碎石最大公称粒径(mm)			
项目	指标	10.0	20.0	31.5	40.0	16.0	20.0	31.5	40.0
坍落度 (mm)	10～30	190	170	160	150	200	185	175	165
	35～50	200	180	170	160	210	195	185	175
	55～70	210	190	180	170	220	205	195	185
	75～90	215	195	185	175	230	215	205	195

注：1　本表用水量系采用中砂时的取值。采用细砂时，每立方米混凝土用水
　　　量可增加 5kg～10kg；采用粗砂时，可减少 5kg～10kg；
　　2　掺用矿物掺合料和外加剂时，用水量应相应调整。

5.2.2　掺外加剂时，每立方米流动性或大流动性混
凝土的用水量（m_{w0}）可按下式计算：

$$m_{w0} = m'_{w0}(1 - \beta) \qquad (5.2.2)$$

式中：m_{w0}——计算配合比每立方米混凝土的用水量
　　　　　　（kg/m³）；

　　　m'_{w0}——未掺外加剂时推定的满足实际坍落度
　　　　　　要求的每立方米混凝土用水量（kg/
　　　　　　m³），以本规程表 5.2.1-2 中 90mm 坍
　　　　　　落度的用水量为基础，按每增大
　　　　　　20mm 坍落度相应增加 5 kg/m³用水量
　　　　　　来计算，当坍落度增大到 180mm 以上
　　　　　　时，随坍落度相应增加的用水量可
　　　　　　减少。

　　　β——外加剂的减水率（%），应经混凝土试
　　　　　验确定。

5.2.3　每立方米混凝土中外加剂用量（m_{a0}）应按下
式计算：

$$m_{a0} = m_{b0}\beta_a \qquad (5.2.3)$$

式中：m_{a0}——计算配合比每立方米混凝土中外加剂用
　　　　　　量（kg/m³）；

　　　m_{b0}——计算配合比每立方米混凝土中胶凝材料用
　　　　　　量（kg/m³），计算应符合本规程第
　　　　　　5.3.1 条的规定；

　　　β_a——外加剂掺量（%），应经混凝土试验
　　　　　确定。

5.3　胶凝材料、矿物掺合料和水泥用量

5.3.1　每立方米混凝土的胶凝材料用量（m_{b0}）应按
式（5.3.1）计算，并应进行试拌调整，在拌合物性
能满足的情况下，取经济合理的胶凝材料用量。

$$m_{b0} = \frac{m_{w0}}{W/B} \qquad (5.3.1)$$

式中：m_{b0}——计算配合比每立方米混凝土中胶凝材
　　　　　　料用量（kg/m³）；

　　　m_{w0}——计算配合比每立方米混凝土的用水量
　　　　　　（kg/m³）；

　　　W/B——混凝土水胶比。

5.3.2 每立方米混凝土的矿物掺合料用量（m_{f0}）应按下式计算：

$$m_{f0} = m_{b0}\beta_f \qquad (5.3.2)$$

式中：m_{f0}——计算配合比每立方米混凝土中矿物掺合料用量（kg/m³）；

β_f——矿物掺合料掺量（％），可结合本规程第 3.0.5 条和第 5.1.1 条的规定确定。

5.3.3 每立方米混凝土的水泥用量（m_{c0}）应按下式计算：

$$m_{c0} = m_{b0} - m_{f0} \qquad (5.3.3)$$

式中：m_{c0}——计算配合比每立方米混凝土中水泥用量（kg/m³）。

5.4 砂 率

5.4.1 砂率（β_s）应根据骨料的技术指标、混凝土拌合物性能和施工要求，参考既有历史资料确定。

5.4.2 当缺乏砂率的历史资料时，混凝土砂率的确定应符合下列规定：

1 坍落度小于 10mm 的混凝土，其砂率应经试验确定；

2 坍落度为 10mm～60mm 的混凝土，其砂率可根据粗骨料品种、最大公称粒径及水胶比按表 5.4.2 选取；

3 坍落度大于 60mm 的混凝土，其砂率可经试验确定，也可在表 5.4.2 的基础上，按坍落度每增大 20mm、砂率增大 1％ 的幅度予以调整。

表 5.4.2 混凝土的砂率（％）

水胶比	卵石最大公称粒径(mm)			碎石最大公称粒径(mm)		
	10.0	20.0	40.0	16.0	20.0	40.0
0.40	26～32	25～31	24～30	30～35	29～34	27～32
0.50	30～35	29～34	28～33	33～38	32～37	30～35
0.60	33～38	32～37	31～36	36～41	35～40	33～38
0.70	36～41	35～40	34～39	39～44	38～43	36～41

注：1 本表数值系中砂的选用砂率，对细砂或粗砂，可相应地减少或增大砂率。

2 采用人工砂配制混凝土时，砂率可适当增大。

3 只用一个单粒级粗骨料配制混凝土时，砂率应适当增大。

5.5 粗、细骨料用量

5.5.1 当采用质量法计算混凝土配合比时，粗、细骨料用量应按式（5.5.1-1）计算；砂率应按式（5.5.1-2）计算。

$$m_{f0} + m_{c0} + m_{g0} + m_{s0} + m_{w0} = m_{cp} \qquad (5.5.1-1)$$

$$\beta_s = \frac{m_{s0}}{m_{g0} + m_{s0}} \times 100\% \qquad (5.5.1-2)$$

式中：m_{g0}——计算配合比每立方米混凝土的粗骨料用量（kg/m³）；

m_{s0}——计算配合比每立方米混凝土的细骨料用量（kg/m³）；

β_s——砂率（％）；

m_{cp}——每立方米混凝土拌合物的假定质量（kg），可取 2350kg/m³～2450kg/m³。

5.5.2 当采用体积法计算混凝土配合比时，砂率应按公式（5.5.1-2）计算，粗、细骨料用量应按公式（5.5.2）计算。

$$\frac{m_{c0}}{\rho_c} + \frac{m_{f0}}{\rho_f} + \frac{m_{g0}}{\rho_g} + \frac{m_{s0}}{\rho_s} + \frac{m_{w0}}{\rho_w} + 0.01\alpha = 1$$

$$(5.5.2)$$

式中：ρ_c——水泥密度（kg/m³），可按现行国家标准《水泥密度测定方法》GB/T 208 测定，也可取 2900kg/m³～3100kg/m³；

ρ_f——矿物掺合料密度（kg/m³），可按现行国家标准《水泥密度测定方法》GB/T 208 测定；

ρ_g——粗骨料的表观密度（kg/m³），应按现行行业标准《普通混凝土用砂、石质量及检验方法标准》JGJ 52 测定；

ρ_s——细骨料的表观密度（kg/m³），应按现行行业标准《普通混凝土用砂、石质量及检验方法标准》JGJ 52 测定；

ρ_w——水的密度（kg/m³），可取 1000kg/m³；

α——混凝土的含气量百分数，在不使用引气剂或引气型外加剂时，α 可取 1。

6 混凝土配合比的试配、调整与确定

6.1 试 配

6.1.1 混凝土试配应采用强制式搅拌机进行搅拌，并应符合现行行业标准《混凝土试验用搅拌机》JG 244 的规定，搅拌方法宜与施工采用的方法相同。

6.1.2 试验室成型条件应符合现行国家标准《普通混凝土拌合物性能试验方法标准》GB/T 50080 的规定。

6.1.3 每盘混凝土试配的最小搅拌量应符合表 6.1.3 的规定，并不应小于搅拌机公称容量的 1/4 且不应大于搅拌机公称容量。

表 6.1.3 混凝土试配的最小搅拌量

粗骨料最大公称粒径(mm)	拌合物数量(L)
≤31.5	20
40.0	25

6.1.4 在计算配合比的基础上应进行试拌。计算水胶比宜保持不变，并应通过调整配合比其他参数使混

凝土拌合物性能符合设计和施工要求，然后修正计算配合比，提出试拌配合比。

6.1.5 在试拌配合比的基础上应进行混凝土强度试验，并应符合下列规定：

1 应采用三个不同的配合比，其中一个应为本规程第6.1.4条确定的试拌配合比，另外两个配合比的水胶比宜较试拌配合比分别增加和减少0.05，用水量应与试拌配合比相同，砂率可分别增加和减少1%；

2 进行混凝土强度试验时，拌合物性能应符合设计和施工要求；

3 进行混凝土强度试验时，每个配合比应至少制作一组试件，并应标准养护到28d或设计规定龄期时试压。

6.2 配合比的调整与确定

6.2.1 配合比调整应符合下列规定：

1 根据本规程第6.1.5条混凝土强度试验结果，宜绘制强度和胶水比的线性关系图或插值法确定略大于配制强度对应的胶水比；

2 在试拌配合比的基础上，用水量（m_w）和外加剂用量（m_a）应根据确定的水胶比作调整；

3 胶凝材料用量（m_b）应以用水量乘以确定的胶水比计算得出；

4 粗骨料和细骨料用量（m_g和m_s）应根据用水量和胶凝材料用量进行调整。

6.2.2 混凝土拌合物表观密度和配合比校正系数的计算应符合下列规定：

1 配合比调整后的混凝土拌合物的表观密度应按下式计算：

$$\rho_{c,c} = m_c + m_f + m_g + m_s + m_w \quad (6.2.2\text{-}1)$$

式中：$\rho_{c,c}$——混凝土拌合物的表观密度计算值（kg/m³）；

m_c——每立方米混凝土的水泥用量（kg/m³）；

m_f——每立方米混凝土的矿物掺合料用量（kg/m³）；

m_g——每立方米混凝土的粗骨料用量（kg/m³）；

m_s——每立方米混凝土的细骨料用量（kg/m³）；

m_w——每立方米混凝土的用水量（kg/m³）。

2 混凝土配合比校正系数应按下式计算：

$$\delta = \frac{\rho_{c,t}}{\rho_{c,c}} \quad (6.2.2\text{-}2)$$

式中：δ——混凝土配合比校正系数；

$\rho_{c,t}$——混凝土拌合物的表观密度实测值（kg/m³）。

6.2.3 当混凝土拌合物表观密度实测值与计算值之差的绝对值不超过计算值的2%时，按本规程第

6.2.1条调整的配合比可维持不变；当二者之差超过2%时，应将配合比中每项材料用量均乘以校正系数（δ）。

6.2.4 配合比调整后，应测定拌合物水溶性氯离子含量，试验结果应符合本规程表3.0.6的规定。

6.2.5 对耐久性有设计要求的混凝土应进行相关耐久性试验验证。

6.2.6 生产单位可根据常用材料设计出常用的混凝土配合比备用，并应在启用过程中予以验证或调整。遇有下列情况之一时，应重新进行配合比设计：

1 对混凝土性能有特殊要求时；

2 水泥、外加剂或矿物掺合料等原材料品种、质量有显著变化时。

7 有特殊要求的混凝土

7.1 抗渗混凝土

7.1.1 抗渗混凝土的原材料应符合下列规定：

1 水泥宜采用普通硅酸盐水泥；

2 粗骨料宜采用连续级配，其最大公称粒径不宜大于40.0mm，含泥量不得大于1.0%，泥块含量不得大于0.5%；

3 细骨料宜采用中砂，含泥量不得大于3.0%，泥块含量不得大于1.0%；

4 抗渗混凝土宜掺用外加剂和矿物掺合料，粉煤灰等级应为Ⅰ级或Ⅱ级。

7.1.2 抗渗混凝土配合比应符合下列规定：

1 最大水胶比应符合表7.1.2的规定；

2 每立方米混凝土中的胶凝材料用量不宜小于320kg；

3 砂率宜为35%～45%。

表7.1.2 抗渗混凝土最大水胶比

设计抗渗等级	最大水胶比	
	C20～C30	C30以上
P6	0.60	0.55
P8～P12	0.55	0.50
＞P12	0.50	0.45

7.1.3 配合比设计中混凝土抗渗技术要求应符合下列规定：

1 配制抗渗混凝土要求的抗渗水压值应比设计值提高0.2MPa；

2 抗渗试验结果应满足下式要求：

$$P_t \geqslant \frac{P}{10} + 0.2 \quad (7.1.3)$$

式中：P_t——6 个试件中不少于 4 个未出现渗水时的
最大水压值（MPa）；

P——设计要求的抗渗等级值。

7.1.4 掺用引气剂或引气型外加剂的抗渗混凝土，
应进行含气量试验，含气量宜控制在 3.0%～5.0%。

7.2 抗冻混凝土

7.2.1 抗冻混凝土的原材料应符合下列规定：

1 水泥应采用硅酸盐水泥或普通硅酸盐水泥；

2 粗骨料宜选用连续级配，其含泥量不得大于
1.0%，泥块含量不得大于 0.5%；

3 细骨料含泥量不得大于 3.0%，泥块含量不
得大于 1.0%；

4 粗、细骨料均应进行坚固性试验，并应符合
现行行业标准《普通混凝土用砂、石质量及检验方法
标准》JGJ 52 的规定；

5 抗冻等级不小于 F100 的抗冻混凝土宜掺用引
气剂；

6 在钢筋混凝土和预应力混凝土中不得掺用含
有氯盐的防冻剂；在预应力混凝土中不得掺用含有亚
硝酸盐或碳酸盐的防冻剂。

7.2.2 抗冻混凝土配合比应符合下列规定：

1 最大水胶比和最小胶凝材料用量应符合表
7.2.2-1 的规定；

2 复合矿物掺合料掺量宜符合表 7.2.2-2 的规
定；其他矿物掺合料掺量宜符合本规程表 3.0.5-1 的
规定；

3 掺用引气剂的混凝土最小含气量应符合本规
程第 3.0.7 条的规定。

表 7.2.2-1 最大水胶比和最小胶凝材料用量

设计抗冻等级	最大水胶比		最小胶凝材料用量（kg/m³）
	无引气剂时	掺引气剂时	
F50	0.55	0.60	300
F100	0.50	0.55	320
不低于 F150	—	0.50	350

表 7.2.2-2 复合矿物掺合料最大掺量

水胶比	最大掺量（%）	
	采用硅酸盐水泥时	采用普通硅酸盐水泥时
≤0.40	60	50
>0.40	50	40

注：1 采用其他通用硅酸盐水泥时，可将水泥混合材掺
量 20%以上的混合材量计入矿物掺合料；
2 复合矿物掺合料中各矿物掺合料组分的掺量不宜
超过表 3.0.5-1 中单掺时的限量。

7.3 高强混凝土

7.3.1 高强混凝土的原材料应符合下列规定：

1 水泥应选用硅酸盐水泥或普通硅酸盐水泥；

2 粗骨料宜采用连续级配，其最大公称粒径
不宜大于 25.0mm，针片状颗粒含量不宜大于
5.0%，含泥量不应大于 0.5%，泥块含量不应大
于 0.2%；

3 细骨料的细度模数宜为 2.6～3.0，含泥量不
应大于 2.0%，泥块含量不应大于 0.5%；

4 宜采用减水率不小于 25%的高性能减水剂；

5 宜复合掺用粒化高炉矿渣粉、粉煤灰和硅灰
等矿物掺合料；粉煤灰等级不应低于Ⅱ级；对强度等
级不低于 C80 的高强混凝土宜掺用硅灰。

7.3.2 高强混凝土配合比应经试验确定，在缺乏试
验依据的情况下，配合比设计宜符合下列规定：

1 水胶比、胶凝材料用量和砂率可按表 7.3.2
选取，并应经试配确定；

表 7.3.2 水胶比、胶凝材料用量和砂率

强度等级	水胶比	胶凝材料用量（kg/m³）	砂率（%）
≥C60，<C80	0.28～0.34	480～560	
≥C80，<C100	0.26～0.28	520～580	35～42
C100	0.24～0.26	550～600	

2 外加剂和矿物掺合料的品种、掺量，应通过
试配确定；矿物掺合料掺量宜为 25%～40%；硅灰
掺量不宜大于 10%；

3 水泥用量不宜大于 500kg/m³。

7.3.3 在试配过程中，应采用三个不同的配合比进
行混凝土强度试验，其中一个可为依据表 7.3.2 计算
后调整拌合物的试拌配合比，另外两个配合比的水胶
比，宜较试拌配合比分别增加和减少 0.02。

7.3.4 高强混凝土设计配合比确定后，尚应采用该
配合比进行不少于三盘混凝土的重复试验，每盘混凝
土应至少成型一组试件，每组混凝土的抗压强度不
低于配制强度。

7.3.5 高强混凝土抗压强度测定宜采用标准尺寸试
件，使用非标准尺寸试件时，尺寸折算系数应经试验
确定。

7.4 泵送混凝土

7.4.1 泵送混凝土所采用的原材料应符合下列规定：

1 水泥宜选用硅酸盐水泥、普通硅酸盐水泥、
矿渣硅酸盐水泥和粉煤灰硅酸盐水泥；

2 粗骨料宜采用连续级配，其针片状颗粒含量
不宜大于 10%；粗骨料的最大公称粒径与输送管径
之比宜符合表 7.4.1 的规定；

表 7.4.1　粗骨料的最大公称粒径与输送管径之比

粗骨料品种	泵送高度 (m)	粗骨料最大公称粒径与输送管径之比
碎 石	＜50	≤1∶3.0
	50～100	≤1∶4.0
	＞100	≤1∶5.0
卵 石	＜50	≤1∶2.5
	50～100	≤1∶3.0
	＞100	≤1∶4.0

　　3　细骨料宜采用中砂，其通过公称直径为 $315\mu m$ 筛孔的颗粒含量不宜少于 15%；

　　4　泵送混凝土应掺用泵送剂或减水剂，并宜掺用矿物掺合料。

7.4.2　泵送混凝土配合比应符合下列规定：

　　1　胶凝材料用量不宜小于 $300kg/m^3$；

　　2　砂率宜为 35%～45%。

7.4.3　泵送混凝土试配时应考虑坍落度经时损失。

7.5　大体积混凝土

7.5.1　大体积混凝土所用的原材料应符合下列规定：

　　1　水泥宜采用中、低热硅酸盐水泥或低热矿渣硅酸盐水泥，水泥的 3d 和 7d 水化热应符合现行国家标准《中热硅酸盐水泥　低热硅酸盐水泥　低热矿渣硅酸盐水泥》GB 200 规定。当采用硅酸盐水泥或普通硅酸盐水泥时，应掺加矿物掺合料，胶凝材料的 3d 和 7d 水化热分别不宜大于 240kJ/kg 和 270kJ/kg。水化热试验方法应按现行国家标准《水泥水化热测定方法》GB/T 12959 执行。

　　2　粗骨料宜为连续级配，最大公称粒径不宜小于 31.5mm，含泥量不应大于 1.0%。

　　3　细骨料宜采用中砂，含泥量不应大于 3.0%。

　　4　宜掺用矿物掺合料和缓凝型减水剂。

7.5.2　当采用混凝土 60d 或 90d 龄期的设计强度时，宜采用标准尺寸试件进行抗压强度试验。

7.5.3　大体积混凝土配合比应符合下列规定：

　　1　水胶比不宜大于 0.55，用水量不宜大于 $175kg/m^3$；

　　2　在保证混凝土性能要求的前提下，宜提高每立方米混凝土中的粗骨料用量；砂率宜为 38%～42%；

　　3　在保证混凝土性能要求的前提下，应减少胶凝材料中的水泥用量，提高矿物掺合料掺量，矿物掺合料掺量应符合本规程第 3.0.5 条的规定。

7.5.4　在配合比试配和调整时，控制混凝土绝热温升不宜大于 50℃。

7.5.5　大体积混凝土配合比应满足施工对混凝土凝结时间的要求。

本规程用词说明

　　1　为便于在执行本规程条文时区别对待，对要求严格程度不同的用词说明如下：

　　　1）表示很严格，非这样做不可的：
　　　　正面词采用"必须"，反面词采用"严禁"；

　　　2）表示严格，在正常情况下均应这样做的：
　　　　正面词采用"应"，反面词采用"不应"或"不得"；

　　　3）表示允许稍有选择，在条件许可时首先应这样做的：
　　　　正面词采用"宜"，反面词采用"不宜"；

　　　4）表示有选择，在一定条件下可以这样做的，采用"可"。

　　2　条文中指明应按其他有关标准执行的写法为："应符合……的规定"或"应按……执行"。

引用标准名录

　　1　《混凝土结构设计规范》GB 50010

　　2　《普通混凝土拌合物性能试验方法标准》GB/T 50080

　　3　《普通混凝土力学性能试验方法标准》GB/T 50081

　　4　《普通混凝土长期性能和耐久性试验方法标准》GB/T 50082

　　5　《中热硅酸盐水泥　低热硅酸盐水泥　低热矿渣硅酸盐水泥》GB 200

　　6　《水泥密度测定方法》GB/T 208

　　7　《水泥水化热测定方法》GB/T 12959

　　8　《水泥胶砂强度检验方法（ISO 法）》GB/T 17671

　　9　《普通混凝土用砂、石质量及检验方法标准》JGJ 52

　　10　《混凝土试验用搅拌机》JG 244

　　11　《水运工程混凝土试验规程》JTJ 270

中华人民共和国行业标准

普通混凝土配合比设计规程

JGJ 55—2011

条 文 说 明

修 订 说 明

《普通混凝土配合比设计规程》JGJ 55 - 2011，经住房和城乡建设部 2011 年 4 月 22 日以第 991 号公告批准、发布。

本规程是在《普通混凝土配合比设计规程》JGJ 55 - 2000 的基础上修订而成。上一版的主编单位为中国建筑科学研究院，参编单位有：北京建工集团有限责任公司、北京城建集团有限责任公司混凝土公司、沈阳北方建设集团、上海徐汇区建工质量监督站、上海建工材料工程有限公司、山西四建集团有限公司、中建三局建筑技术研究设计院、北京住总构件厂、深圳安托山混凝土有限公司、中国建筑材料科学研究院、广东省建筑科学研究院、四川省建筑科学研究院和陕西省建筑科学研究设计院。主要起草人有：韩素芳、许鹤力、艾永祥、路来军、张秀芳、徐欣、丁整伟、陈尧亮、佘振阳、魏荣华、韩秉刚、朱艾路、杨晓梅、陈社生、李玮、刘树财、白显明。

本规程修订的主要技术内容是：1. 与 2000 年以后颁布的相关标准规范进行了协调；2. 增加并突出了混凝土耐久性的规定；3. 修订了普通混凝土试配强度的计算公式和强度标准差；4. 修订了混凝土水胶比计算公式中的胶砂强度取值以及回归系数 α_a 和 α_b；5. 增加了高强混凝土试配强度的计算公式；6. 增加了高强混凝土水胶比、胶凝材料用量和砂率推荐表。

本规程修订过程中，编制组进行了广泛而深入的调查研究，总结了我国工程建设中普通混凝土配合比设计的实践经验，同时参考了国外先进技术法规、技术标准，通过试验取得了普通混凝土配合比设计的重要技术参数。

为便于广大设计、生产、施工、科研、学校等单位有关人员在使用本规程时能正确理解和执行条文规定，《普通混凝土配合比设计规程》编制组按章、节、条顺序编制了本规程的条文说明，供使用者参考。但是，本条文说明不具备与规程正文同等的法律效力，仅供使用者作为理解和把握规程规定的参考。

目　　次

1　总则 ································ 15—17
2　术语和符号 ······················ 15—17
　2.1　术语 ·························· 15—17
3　基本规定 ························· 15—17
4　混凝土配制强度的确定 ·········· 15—18
5　混凝土配合比计算 ··············· 15—18
　5.1　水胶比 ······················ 15—18
　5.2　用水量和外加剂用量 ········· 15—18
　5.3　胶凝材料、矿物掺合料和水泥
　　　　用量 ······················ 15—18
　5.4　砂率 ························ 15—18

5.5　粗、细骨料用量 ·············· 15—18
6　混凝土配合比的试配、调整与
　确定 ······························ 15—19
　6.1　试配 ························ 15—19
　6.2　配合比的调整与确定 ········· 15—19
7　有特殊要求的混凝土 ············· 15—19
　7.1　抗渗混凝土 ················· 15—19
　7.2　抗冻混凝土 ················· 15—19
　7.3　高强混凝土 ················· 15—19
　7.4　泵送混凝土 ················· 15—20
　7.5　大体积混凝土 ··············· 15—20

1 总 则

1.0.1 混凝土配合比是生产、施工的关键环节之一，对于保证混凝土工程质量和节约资源具有重要意义。

1.0.2 普通混凝土配合比设计的适用范围非常广泛，除一些专业工程以及特殊构筑物的混凝土外，一般混凝土工程都可以采用。

1.0.3 与本规程有关的、难以详尽的技术要求，应符合国家现行有关标准的规定。

2 术语和符号

2.1 术 语

2.1.1 目前我国普通混凝土的定义是按干表观密度范围确定的，即干表观密度为 2000kg/m³～2800kg/m³ 的抗渗混凝土、抗冻混凝土、高强混凝土、泵送混凝土和大体积混凝土等均属于普通混凝土范畴。在建工行业，普通混凝土简称混凝土，是指水泥混凝土。

2.1.2 用维勃稠度（s）可以合理表示坍落度很小甚至为零的混凝土拌合物稠度，维勃稠度等级划分应符合表1的规定。

表1 混凝土拌合物的维勃稠度等级划分

等 级	维勃时间（s）
V0	≥31
V1	30～21
V2	20～11
V3	10～6
V4	5～3

2.1.3～2.1.5 用坍落度可以合理表示塑性或流动性混凝土拌合物稠度，坍落度等级划分应符合表2的规定。

表2 混凝土拌合物的坍落度等级划分

等 级	坍落度（mm）
S1	10～40
S2	50～90
S3	100～150
S4	160～210
S5	≥220

2.1.6 本条特指设计提出抗渗要求的混凝土，抗渗等级不低于 P6。

2.1.7 本条特指设计提出抗冻要求的混凝土，F50 是混凝土抗冻性能划分的最低抗冻等级。

2.1.8 本条定义已被混凝土工程界普遍接受，正在编制的高强混凝土应用技术规程中高强混凝土定义与本条相同。

2.1.9 泵送混凝土包括流动性混凝土和大流动性混凝土，泵送时坍落度不小于 100mm，应用极为广泛。

2.1.10 大体积混凝土也可以定义为：混凝土结构物实体最小几何尺寸不小于 1m 的大体积混凝土，或预计会因混凝土中胶凝材料水化引起的温度变化和收缩而导致有害裂缝产生的混凝土。

2.1.11、2.1.12 胶凝材料、胶凝材料用量的术语和定义在混凝土工程技术领域已被普遍接受。

2.1.13 随着混凝土矿物掺合料的广泛应用，国内外已经普遍采用水胶比取代水灰比。

2.1.14、2.1.15 本规程中，掺量含义是相对质量百分比，用量含义是绝对质量。

3 基 本 规 定

3.0.1 混凝土配合比设计不仅仅应满足配制强度要求，还应满足施工性能、其他力学性能、长期性能和耐久性能的要求。强调混凝土配合比设计应满足耐久性能要求，这是本次修订的重点之一。

3.0.2 基于我国骨料的实际情况和技术条件，我国长期以来一直在建设工程中采用以干燥状态骨料为基准的混凝土配合比设计，具有可操作性，应用情况良好。

3.0.3 控制最大水胶比是保证混凝土耐久性能的重要手段，而水胶比又是混凝土配合比设计的首要参数。现行国家标准《混凝土结构设计规范》GB 50010 对不同环境条件的混凝土最大水胶比作了规定。

3.0.4 在控制最大水胶比的条件下，表 3.0.4 中最小胶凝材料用量是满足混凝土施工性能和掺加矿物掺合料后满足混凝土耐久性能的胶凝材料用量下限。

3.0.5 规定矿物掺合料最大掺量主要是为了保证混凝土耐久性能。矿物掺合料在混凝土中的实际掺量是通过试验确定的，在本规程配合比调整和确定步骤中规定了耐久性试验验证，以确保满足工程设计提出的混凝土耐久性要求。当采用超出表 3.0.5-1 和表 3.0.5-2 给出的矿物掺合料最大掺量时，全盘否定不妥，通过对混凝土性能进行全面试验论证，证明结构混凝土安全性和耐久性可以满足设计要求后，还是能够采用的。

3.0.6 本规程按环境条件影响氯离子引起钢筋锈蚀的程度简明地分为四类，并规定了各类环境条件下的混凝土中氯离子最大含量。本规程采用测定混凝土拌合物中氯离子的方法，与测试硬化后混凝土中氯离子的方法相比，时间大大缩短，有利于配合比设计和控制。表 3.0.6 中的氯离子含量是相对混凝土中水泥用量的百分比，与控制氯离子相对混凝土中胶凝材料用量的百分比相比，偏于安全。

3.0.7 掺加适量引气剂有利于混凝土的耐久性，尤其对于有较高抗冻要求的混凝土，掺加引气剂可以明显提高混凝土的抗冻性能。引气剂掺量要适当，引气量太少作用不够，引气量太多混凝土强度损失较大。

3.0.8 将混凝土中碱含量控制在 $3.0 kg/m^3$ 以内，并掺加适量粉煤灰和粒化高炉矿渣粉等矿物掺合料，对预防混凝土碱-骨料反应具有重要意义。混凝土中碱含量是测定的混凝土各原材料碱含量计算之和，而实测的粉煤灰和粒化高炉矿渣粉等矿物掺合料碱含量并不是参与碱-骨料反应的有效碱含量，对于矿物掺合料中有效碱含量，粉煤灰碱含量取实测值的 $1/6$，粒化高炉矿渣粉碱含量取实测值的 $1/2$，已经被混凝土工程界采纳。

4 混凝土配制强度的确定

4.0.1 混凝土配制强度对生产施工的混凝土强度应具有充分的保证率。对于强度等级小于 C60 的混凝土，实践证明传统的计算公式是合理的，因此仍然沿用传统的计算公式；对于强度等级不小于 C60 的混凝土，传统的计算公式已经不能满足要求，修订后采用公式（4.0.1-2），这个公式早已经在现行行业标准《公路桥涵施工技术规范》JTJ 041 中体现，并在公路桥涵和建筑工程等实际工程中得到检验。

4.0.2 根据实际生产技术水平和大量调研，适当调高了按公式（4.0.2）计算的强度标准差取值，并给出表 4.0.2 的强度标准差取值，这些取值与目前实际控制水平的标准差比较，是偏于安全的，也与国际上提高安全性的总体趋势是一致的。

5 混凝土配合比计算

5.1 水 胶 比

5.1.1～5.1.4 为了使混凝土水胶比计算公式更符合实际情况以及普遍掺加粉煤灰和粒化高炉矿渣粉等矿物掺合料的技术发展情况，在试验验证的基础上，对 0.30～0.68 水胶比范围，采用掺加矿物掺合料的胶凝材料胶砂强度和相应的混凝土强度进行回归分析，调整了表 5.1.2 的回归系数，并经过试验验证，给出了表 5.1.3 粉煤灰影响系数 γ_f 和粒化高炉矿渣粉影响系数 γ_s。表 5.1.4 中水泥强度等级值的富余系数是在全国范围内调研的基础上给出的。

验证试验覆盖全国代表性的主要地区和城市，参加试验的单位有：中国建筑科学研究院、北京建工集团有限责任公司、中国建筑材料科学研究总院、建研建材有限公司、中建商品混凝土公司、重庆市建筑科学研究院、辽宁省建设科学研究院、

贵州中建建筑科研设计院有限公司、云南建工混凝土有限公司、上海嘉华混凝土有限公司、甘肃土木工程科学研究院、广东省建筑科学研究院、宁波金鑫商品混凝土有限公司、深圳市富通混凝土有限公司、天津港保税区航保商品砼供应有限公司、山西四建集团有限公司等。试验量多达上千组，试验结果规律性良好。

5.2 用水量和外加剂用量

5.2.1 表 5.2.1-1 和表 5.2.1-2 是未掺加外加剂的干硬性和塑性混凝土的用水量，经多年应用，证明基本符合实际。干硬性和塑性混凝土也可以掺加外加剂，掺加外加剂后的用水量可在表 5.2.1-1 和表 5.2.1-2 的基础通过试验进行调整。

5.2.2 本节中的外加剂特指具有减水功能的外加剂。

5.2.3 本条具有指导性作用，尤其对于缺乏经验和试验资料者更为重要。在实际工作中，有经验的专业技术人员通常将满足混凝土性能和节约成本作为目标，结合经验并经试验来确定流动性或大流动性混凝土的外加剂用量和用水量。

5.3 胶凝材料、矿物掺合料和水泥用量

5.3.1 对于同一强度等级混凝土，矿物掺合料掺量增加会使水胶比相应减小，如果取用水量不变，按公式（5.3.1）计算的胶凝材料用量也会增加，并可能不是最节约的胶凝材料用量，因此，公式（5.3.1）计算结果仅仅为初算的胶凝材料用量，实际采用的胶凝材料用量应按本规程第 6.1.4 条调整，经过试拌选取一个满足拌合物性能要求的、较节约的胶凝材料用量。

5.3.2、5.3.3 计算矿物掺合料用量所采用的矿物掺合料掺量是在计算水胶比过程中选用不同掺量经过比较后确定的。计算得出的胶凝材料、矿物掺合料和水泥的用量还要在试配过程中调整验证。

5.4 砂 率

5.4.1、5.4.2 本节对砂率的取值具有指导性，经实际应用，证明基本符合实际。在实际工作中，也可以根据经验和历史资料初选砂率。砂率对混凝土拌合物性能影响较大，可调整范围略宽，也关系到材料成本，因此，按本节选取的砂率仅是初步的，需要在试配过程中调整后确定合理的砂率。

5.5 粗、细骨料用量

5.5.1、5.5.2 在实际工程中，混凝土配合比设计通常采用质量法。混凝土配合比设计也允许采用体积法，可视具体技术需要选用。与质量法比较，体积法需要测定水泥和矿物掺合料的密度以及骨料的表观密度等，对技术条件的要求略高。

6 混凝土配合比的试配、调整与确定

6.1 试 配

6.1.1 本条提及的搅拌方法的内涵主要包括搅拌方式、投料方式和搅拌时间等。

6.1.2 本条规范了试配过程中试件成型的基本要求。

6.1.3 如果搅拌量太小，由于混凝土拌合物浆体粘锅因素影响和体量不足等原因，拌合物的代表性不足。

6.1.4 在试配过程中，首先是试拌，调整混凝土拌合物。在试拌调整过程中，在计算配合比的基础上，保持水胶比不变，尽量采用较少的胶凝材料用量，以节约胶凝材料为原则，通过调整外加剂用量和砂率，使混凝土拌合物坍落度及和易性等性能满足施工要求，提出试拌配合比。

6.1.5 调整好混凝土拌合物并形成试拌配合比后，即开始混凝土强度试验。无论是计算配合比还是试拌配合比，都不能保证混凝土配制强度是否满足要求，混凝土强度试验的目的是通过三个不同水胶比的配合比的比较，取得能够满足配制强度要求的、胶凝材料用量经济合理的配合比。由于混凝土强度试验是在混凝土拌合物调整适宜后进行，所以强度试验采用三个不同水胶比的配合比的混凝土拌合物性能应维持不变，即维持用水量不变，增加和减少胶凝材料用量，并相应减少和增加砂率，外加剂掺量也作减少和增加的微调。

在没有特殊规定的情况下，混凝土强度试件在28d龄期进行抗压试验；当规定采用60d或90d等其他龄期的设计强度时，混凝土强度试件在相应的龄期进行抗压试验。

6.2 配合比的调整与确定

6.2.1 通过绘制强度和胶水比关系图，或采用插值法，选用略大于配制强度的强度对应的胶水比作进一步配合比调整偏于安全。也可以直接采用前述3个水胶比混凝土强度试验中一个满足配制强度的胶水比作进一步配合比调整，虽然相对比较简明，但有时可能强度富余较多，经济代价略高。

6.2.2、6.2.3 混凝土配合比是指每立方米混凝土中各种材料的用量。在配合比计算、混凝土试配和配合比调整过程中，每立方米混凝土的各种材料混成的混凝土可能不足或超过$1m^3$，即通常所说的亏方或盈方，通过配合比校正，可使依据配合比计算的混凝土生产方量更为准确。

6.2.4 在确定设计配合比前，对混凝土氯离子含量进行试验验证是非常必要的。

6.2.5 在确定设计配合比前，应对设计规定的混凝土耐久性能进行试验验证，例如设计规定的抗水渗透、抗氯离子渗透、抗冻、抗碳化和抗硫酸盐侵蚀等耐久性能要求，以保证混凝土质量满足设计规定的性能要求。

6.2.6 备用的混凝土配合比在启用时，即便是条件类同，进行配合比验证试验是不可省略的。原材料质量显著变化是指诸如水泥胶砂强度、外加剂减水率和矿物掺合料细度等发生明显变化。

7 有特殊要求的混凝土

7.1 抗渗混凝土

7.1.1 原材料的选用和质量控制对抗渗混凝土非常重要。大量抗渗混凝土用于地下工程，为了提高抗渗性能和适合地下环境特点，掺加外加剂和矿物掺合料十分有利，也是普遍的做法。在以胶凝材料最小用量作为控制指标的情况下，采用普通硅酸盐水泥有利于提高混凝土耐久性能和进行质量控制。骨料粒径太大和含泥（包括泥块）较多都对混凝土抗渗性能不利。

7.1.2 采用较小的水胶比可提高混凝土的密实性，从而使其有较好的抗渗性，因此，控制最大水胶比是抗渗混凝土配合比设计的重要法则。另外，胶凝材料和细骨料用量太少也对混凝土抗渗性能不利。

7.1.3 抗渗混凝土的配制抗渗等级比设计值要求高，有利于确保实际工程混凝土抗渗性能满足设计要求。

7.1.4 在混凝土中掺用引气剂适量引气，有利于提高混凝土抗渗性能。

7.2 抗冻混凝土

7.2.1 采用硅酸盐水泥或普通硅酸盐水泥配制抗冻混凝土是一个基本做法，目前寒冷或严寒地区一般都这样做。骨料含泥（包括泥块）较多和骨料坚固性差都对混凝土抗冻性能不利。一些混凝土防冻剂中掺用氯盐，采用后会引起混凝土中钢筋锈蚀，导致严重的结构混凝土耐久性问题。现行国家标准《混凝土外加剂应用技术规范》GB 50119规定含亚硝酸盐或碳酸盐的防冻剂严禁用于预应力混凝土结构。

7.2.2 混凝土水胶比大则密实性差，对抗冻性能不利，因此要控制混凝土最大水胶比。在通常水胶比情况下，混凝土中掺入过量矿物掺合料也对混凝土抗冻性能不利。混凝土中掺用引气剂是提高混凝土抗冻性能的有效方法之一。

7.3 高强混凝土

7.3.1 原材料的选用和质量控制对高强混凝土非常重要。

1 在水泥方面，由于高强混凝土强度高，水胶比低，所以采用硅酸盐水泥或普通硅酸盐水泥无论是技术还是经济都比较合理：不仅胶砂强度较高，适合配制高强等级混凝土；而且水泥中混合材较少，可掺加较多的矿物掺合料来改善高强混凝土的施工性能。

2 在骨料方面，如果粗骨料粒径太大或（和）针片状颗粒含量较多，不利于混凝土中骨料合理堆积和应力合理分布，直接影响混凝土强度，也影响混凝土拌合物性能。细度模数为2.6～3.0的细骨料更适用于高强混凝土，使胶凝材料较多的高强混凝土中总体材料颗粒级配更加合理；骨料含泥（包括泥块）较多将明显降低高强混凝土强度。

3 在减水剂方面，目前采用具有高减水率的聚羧酸高性能减水剂配制高强混凝土相对较多，其主要优点是减水率高，可不低于28%，混凝土拌合物保塑性较好，混凝土收缩较小；在矿物掺合料方面，采用复合掺用粒化高炉矿渣粉和粉煤灰配制高强混凝土比较普遍，对于强度等级不低于C80的高强混凝土，复合掺用粒化高炉矿渣粉、粉煤灰和硅灰比较合理，硅灰掺量一般为3%～8%。

7.3.2 近年来，高强混凝土研究已经较多，工程应用也逐渐增多。根据国内外研究成果和工程应用的实践经验，推荐高强混凝土配合比参数范围对高强混凝土配合比设计具有指导意义。当经过充分试验验证，确认所设计的混凝土配合比满足拌合物性能、力学性能、长期性能和耐久性能要求时，可不受此条限制。

7.3.3 高强混凝土水胶比变化对强度影响比一般强度等级混凝土敏感，因此，在试配的强度试验中，三个不同配合比的水胶比间距为0.02比较合理。

7.3.4 因为高强混凝土强度稳定性和重要性受到高度重视，所以对高强混凝土配合比进行复验是必要的。

7.3.5 采用标准尺寸试件测定高强混凝土抗压强度最为合理。

7.4 泵送混凝土

7.4.1 硅酸盐水泥、普通硅酸盐水泥、矿渣硅酸盐水泥和粉煤灰硅酸盐水泥配制的混凝土的拌合物性能比较稳定，易于泵送。良好的骨料颗粒粒型和级配有利于配制泵送性能良好的混凝土。在混凝土中掺用泵送剂或减水剂以及粉煤灰，并调整其合适掺量，是配制泵送混凝土的基本方法。

7.4.2 如果胶凝材料用量太少，水胶比大则浆体太稀，黏度不足，混凝土容易离析，水胶比小则浆体不足，混凝土中骨料量相对过多，这些都不利于混凝土的泵送。泵送混凝土的砂率通常控制在35%～45%。

7.4.3 泵送混凝土的坍落度经时损失值可以通过调整外加剂进行控制，通常坍落度经时损失控制在30mm/h以内比较好。

7.5 大体积混凝土

7.5.1 采用低水化热的胶凝材料，有利于限制大体积混凝土由于温度应力引起的裂缝。粗骨料粒径太小则限制混凝土变形作用较小。掺用缓凝型减水剂有利于缓解温升，起到温控作用。

7.5.2 由于采用低水化热的胶凝材料有利于限制大体积混凝土由于温度应力引起的裂缝，所以大体积混凝土的胶凝材料中往往掺用大量粉煤灰等矿物掺合料，使混凝土强度发展较慢，设计采用混凝土60d或90d龄期强度也是合理的。当标准养护时间和标准尺寸试件未能两全时，维持标准尺寸试件比较合理。

7.5.3 水胶比大，用水量多对限制裂缝不利。混凝土中粗骨料较多有利于限制胶凝材料硬化体的变形作用。因为水泥水化热相对较高，所以大体积混凝土中往往掺用大量粉煤灰，减少胶凝材料中的水泥用量，以达到降低水化热的目的。

7.5.4 可在配合比试配和调整时通过混凝土绝热温升测试设备测定混凝土的绝热温升，或通过计算求出混凝土的绝热温升，从而在配合比设计过程中控制混凝土绝热温升。

7.5.5 延迟混凝土的凝结时间对大体积混凝土施工操作和温度控制有利，大体积混凝土配合比设计应重视混凝土的凝结时间。

中华人民共和国行业标准

混 凝 土 用 水 标 准

Standard of water for concrete

JGJ 63—2006

J 531—2006

批准部门：中华人民共和国建设部

施行日期：2006年12月1日

中华人民共和国建设部
公　告

第 461 号

建设部关于发布行业标准
《混凝土用水标准》的公告

现批准《混凝土用水标准》为行业标准，编号为 JGJ 63 - 2006，自 2006 年 12 月 1 日起实施。其中，第 3.1.7 条为强制性条文，必须严格执行。原行业标准《混凝土拌合用水标准》JGJ 63 - 89 同时废止。

本规范由建设部标准定额研究所组织中国建筑工业出版社出版发行。

中华人民共和国建设部
2006 年 7 月 25 日

前　　言

根据建设部建标〔2004〕66 号文的要求，标准编制组经广泛调查研究，认真总结实践经验，参考有关国外先进标准，在广泛征求意见的基础上，对原《混凝土拌合用水标准》JGJ 63 - 89 进行修订。

本标准的主要技术内容是：1. 总则；2. 术语；3. 技术要求；4. 检验方法；5. 检验规则；6. 结果评定。

修订的主要内容是：1. 将标准名称修订为《混凝土用水标准》，将混凝土养护用水纳入本标准；2. 增加术语一章，取消分类一章；3. 将再生水纳入本标准；4. 在水质技术要求中，预应力混凝土用水 pH 值由 4.0 提高到 5.0，钢筋混凝土和素混凝土用水 pH 值由 4.0 提高到 4.5；钢筋混凝土用水中氯化物含量（以 Cl^- 计）由 1200mg/L 减少到 1000mg/L；设计使用年限为 100 年的结构混凝土用水氯离子含量不得超过 500mg/L；硫酸盐（以 SO_4^{2-} 计）含量由 2700mg/L 减少到 2000mg/L；取消了硫化物检验项目；增加了碱含量内容；5. 增加了放射性检验项目；6. 确定水泥胶砂强度试验为惟一的强度对比试验方法；7. 全部检验方法采用国家标准；8. 增加检验频率内容。

本标准由建设部负责管理和对强制性条文的解释，由主编单位负责具体技术内容的解释。

本标准主编单位：中国建筑科学研究院（地址：北京市北三环东路 30 号；邮政编码：100013）

本标准参加单位：北京排水集团京城中水公司
深圳大学
中国环境监测总站
云南建工混凝土有限公司
深圳高新建商品混凝土有限公司
北京市丰台区榆树庄构件厂
北京市节约用水管理中心
贵州中建建筑科研设计院
建研建材有限公司

本标准主要起草人员：丁　威　冷发光　霍　健
邢　峰　王　强　杜　炜
郭惠斌　李昕成　杨玉启
何建平　马冬花　赵继成
黄　蕾　王宇杰　林力勋

目　次

1 总则 ……………………………… 16—4

2 术语 ……………………………… 16—4

3 技术要求 ………………………… 16—4

  3.1 混凝土拌合用水 ……………… 16—4

  3.2 混凝土养护用水 ……………… 16—4

4 检验方法 ………………………… 16—4

5 检验规则 ………………………… 16—5

  5.1 取样 …………………………… 16—5

  5.2 检验期限和频率 ……………… 16—5

6 结果评定 ………………………… 16—5

本标准用词说明 …………………… 16—5

附：条文说明 ……………………… 16—6

1 总　则

1.0.1 为保证混凝土用水的质量，使混凝土性能符合技术要求，制定本标准。

1.0.2 本标准适用于工业与民用建筑以及一般构筑物的混凝土用水。

1.0.3 混凝土用水除应符合本标准外，尚应符合国家现行有关标准的规定。

2 术　语

2.0.1 混凝土用水　water for concrete

混凝土拌合用水和混凝土养护用水的总称，包括：饮用水、地表水、地下水、再生水、混凝土企业设备洗刷水和海水等。

2.0.2 地表水　nature surface water

存在于江、河、湖、塘、沼泽和冰川等中的水。

2.0.3 地下水　underground water

存在于岩石缝隙或土壤孔隙中可以流动的水。

2.0.4 再生水　urban recycling water

指污水经适当再生工艺处理后具有使用功能的水。

2.0.5 不溶物　insoluble matter

在规定的条件下，水样经过滤，未通过滤膜部分干燥后留下的物质。

2.0.6 可溶物　soluble matter

在规定的条件下，水样经过滤，通过滤膜部分干燥蒸发后留下的物质。

3 技术要求

3.1 混凝土拌合用水

3.1.1 混凝土拌合用水水质要求应符合表 3.1.1 的规定。对于设计使用年限为 100 年的结构混凝土，氯离子含量不得超过 500mg/L；对使用钢丝或经热处理钢筋的预应力混凝土，氯离子含量不得超过 350mg/L。

表 3.1.1　混凝土拌合用水水质要求

项　　目	预应力混凝土	钢筋混凝土	素混凝土
pH 值	≥5.0	≥4.5	≥4.5
不溶物（mg/L）	≤2000	≤2000	≤5000
可溶物（mg/L）	≤2000	≤5000	≤10000
Cl⁻（mg/L）	≤500	≤1000	≤3500
SO₄²⁻（mg/L）	≤600	≤2000	≤2700
碱含量（mg/L）	≤1500	≤1500	≤1500

注：碱含量按 $Na_2O+0.658K_2O$ 计算值来表示。采用非碱活性骨料时，可不检验碱含量。

3.1.2 地表水、地下水、再生水的放射性应符合现行国家标准《生活饮用水卫生标准》GB 5749 的规定。

3.1.3 被检验水样应与饮用水样进行水泥凝结时间对比试验。对比试验的水泥初凝时间差及终凝时间差均不应大于 30min；同时，初凝和终凝时间应符合现行国家标准《硅酸盐水泥、普通硅酸盐水泥》GB 175 的规定。

3.1.4 被检验水样应与饮用水样进行水泥胶砂强度对比试验。被检验水样配制的水泥胶砂 3d 和 28d 强度不应低于饮用水配制的水泥胶砂 3d 和 28d 强度的 90%。

3.1.5 混凝土拌合用水不应有漂浮明显的油脂和泡沫，不应有明显的颜色和异味。

3.1.6 混凝土企业设备洗刷水不宜用于预应力混凝土、装饰混凝土、加气混凝土和暴露于腐蚀环境的混凝土；不得用于使用碱活性或潜在碱活性骨料的混凝土。

3.1.7 未经处理的海水严禁用于钢筋混凝土和预应力混凝土。

3.1.8 在无法获得水源的情况下，海水可用于素混凝土，但不宜用于装饰混凝土。

3.2 混凝土养护用水

3.2.1 混凝土养护用水可不检验不溶物和可溶物，其他检验项目应符合本标准 3.1.1 条和 3.1.2 条的规定。

3.2.2 混凝土养护用水可不检验水泥凝结时间和水泥胶砂强度。

4 检验方法

4.0.1 pH 值的检验应符合现行国家标准《水质 pH 值的测定　玻璃电极法》GB/T 6920 的要求，并宜在现场测定。

4.0.2 不溶物的检验应符合现行国家标准《水质悬浮物的测定　重量法》GB/T 11901 的要求。

4.0.3 可溶物的检验应符合现行国家标准《生活饮用水标准检验法》GB 5750 中溶解性总固体检验法的要求。

4.0.4 氯化物的检验应符合现行国家标准《水质氯化物的测定　硝酸银滴定法》GB/T 11896 的要求。

4.0.5 硫酸盐的检验应符合现行国家标准《水质硫酸盐的测定　重量法》GB/T 11899 的要求。

4.0.6 碱含量的检验应符合现行国家标准《水泥化学分析方法》GB/T 176 中关于氧化钾、氧化钠测定的火焰光度计法的要求。

4.0.7 水泥凝结时间试验应符合现行国家标准《水泥标准稠度用水量、凝结时间、安定性检验方法》

GB/T 1346 的要求。试验应采用 42.5 级硅酸盐水泥，也可采用 42.5 级普通硅酸盐水泥；出现争议时，应以 42.5 级硅酸盐水泥为准。

4.0.8 水泥胶砂强度试验应符合现行国家标准《水泥胶砂强度检验方法（ISO 法）》GB/T 17671 的要求。试验应采用 42.5 级硅酸盐水泥，也可采用 42.5 级普通硅酸盐水泥；出现争议时，应以 42.5 级硅酸盐水泥为准。

5 检 验 规 则

5.1 取 样

5.1.1 水质检验水样不应少于 5L；用于测定水泥凝结时间和水泥胶砂强度的水样不应少于 3L。

5.1.2 采集水样的容器应无污染；容器应用待采集水样冲洗三次再灌装，并应密封待用。

5.1.3 地表水宜在水域中心部位、距水面 100mm 以下采集，并应记载季节、气候、雨量和周边环境的情况。

5.1.4 地下水应在放水冲洗管道后接取，或直接用容器采集；不得将地下水积存于地表后再从中采集。

5.1.5 再生水应在取水管道终端接取。

5.1.6 混凝土企业设备洗刷水应沉淀后，在池中距水面 100mm 以下采集。

5.2 检验期限和频率

5.2.1 水样检验期限应符合下列要求：

1 水质全部项目检验宜在取样后 7d 内完成；

2 放射性检验、水泥凝结时间检验和水泥胶砂强度成型宜在取样后 10d 内完成。

5.2.2 地表水、地下水和再生水的放射性应在使用前检验；当有可靠资料证明无放射性污染时，可不检验。

5.2.3 地表水、地下水、再生水和混凝土企业设备洗刷水在使用前应进行检验；在使用期间，检验频率宜符合下列要求：

1 地表水每 6 个月检验一次；

2 地下水每年检验一次；

3 再生水每 3 个月检验一次；在质量稳定一年后，可每 6 个月检验一次；

4 混凝土企业设备洗刷水每 3 个月检验一次；在质量稳定一年后，可一年检验一次；

5 当发现水受到污染和对混凝土性能有影响时，应立即检验。

6 结 果 评 定

6.0.1 符合现行国家标准《生活饮用水卫生标准》GB 5749 要求的饮用水，可不经检验作为混凝土用水。

6.0.2 符合本标准 3.1 节要求的水，可作为混凝土用水；符合本标准 3.2 节要求的水，可作为混凝土养护用水。

6.0.3 当水泥凝结时间和水泥胶砂强度的检验不满足要求时，应重新加倍抽样复检一次。

本标准用词说明

1 为便于在执行本标准条文时区别对待，对要求严格程度不同的用词说明如下：

1) 表示很严格，非这样做不可的：
正面词采用"必须"；反面词采用"严禁"。

2) 表示严格，在正常情况下均应这样做的：
正面词采用"应"；反面词采用"不应"或"不得"。

3) 表示允许稍有选择，在条件许可时首先应这样做的：
正面词采用"宜"；反面词采用"不宜"。
表示有选择，在一定条件下可以这样做的，采用"可"。

2 条文中指明应按其他有关标准执行的写法为："应符合……的规定"或"应按……执行"。

中华人民共和国行业标准

混 凝 土 用 水 标 准

JGJ 63—2006

条 文 说 明

前　言

《混凝土用水标准》JGJ 63—2006，经建设部
2006 年 7 月 25 日以公告第 461 号批准，业已发布。

原《混凝土拌合用水标准》JGJ 63—89 的主编单
位是中国建筑科学研究院，参加单位是北京市市政设
计院研究所、北京市第一建筑构件厂。

为便于广大设计、施工、科研、学校等单位有关
人员在使用本标准时能正确理解和执行条文规定，
《混凝土用水标准》编制组按章、节、条顺序编制了
本标准的条文说明，供使用者参考。在使用中如发现
本条文说明有不妥之处，请将意见函寄中国建筑科学
研究院（主编单位）。

目　次

1　总则 ···················· 16—9

2　术语 ···················· 16—9

3　技术要求 ················ 16—9

　3.1　混凝土拌合用水 ········ 16—9

　3.2　混凝土养护用水 ········ 16—9

4　检验方法 ················ 16—10

5　检验规则 ················ 16—10

　5.1　取样 ················ 16—10

　5.2　检验期限和频率 ········ 16—10

6　结果评定 ················ 16—10

1 总 则

1.0.1 水是混凝土不可缺少、不可替代的主要组分之一，直接影响混凝土拌合物的性能，如力学性能、长期性能和耐久性能，应制定技术标准进行规范，保证混凝土质量，满足建设工程的要求。本标准规定的混凝土用水包括了混凝土拌合用水和养护用水，与原标准相比，增加了养护用水的内容。

1.0.2 规定了本标准的适用范围。

1.0.3 相关规定。

2 术 语

2.0.1 定义混凝土用水及其主要内容。

2.0.2 定义地表水。在我国，通常所说的地表水并不包括海洋水，属于狭义的地表水的概念。主要包括河流水、湖泊水、冰川水和沼泽水，并把大气降水视为地表水体的主要补给源。把分别存在于河流、湖库、沼泽、冰川和冰盖等水体中水分的总称定义为地表水。

2.0.3 定义地下水。

2.0.4 定义再生水。再生水也称为中水，应符合《城市污水利用 城市杂用水水质》GB/T 18920 的要求。

2.0.5、2.0.6 混凝土用水水质专有测试项目。

3 技 术 要 求

3.1 混凝土拌合用水

3.1.1 规定混凝土拌合用水中影响混凝土性能的物质含量限值。

1 原标准规定 pH 值大于 4.0，试验证明，pH 值约为 4.0 时，对水泥凝结时间和胶砂强度影响不大。但考虑到 pH 值约为 4.0 时，水呈较明显的酸性，尤其是腐殖酸或有机酸等对混凝土耐久性可能造成影响，因此，适当提高 pH 值，有益于混凝土的耐久性。正常情况下，各类水均可达到 pH 值大于 4.5 的要求。对于预应力混凝土，要求应高一些，如桥梁工程中预应力混凝土应用较多，《公路桥涵施工技术规范》JTJ 041—2000 规定 pH 值不得小于 5.0。另外，喷射混凝土用水的 pH 值小于 5.0 也会影响混凝土的施工性能。

2 不溶物含量限值主要是限制水中泥土、悬浮物等物质，当这类物质含量较高时，会影响混凝土质量，但控制在水泥含量的 1% 以内，影响较小。

3 可溶物含量限值主要是限制水中各类盐的总量，从而限制水中各类离子对混凝土性能的影响。原

标准规定的限值是合理的。

4 氯离子会引起钢筋锈蚀，《混凝土结构设计规范》GB 50010—2002 和《混凝土质量控制标准》GB 50164—92 对不同环境条件下混凝土中氯离子含量有明确的规定，本标准中的规定与其是协调的。对钢筋混凝土用水的要求与欧洲标准一致。

5 硫酸根离子（SO_4^{2-}）会与水泥水化产物反应，进而影响混凝土的体积稳定性，对钢筋也有腐蚀作用，混凝土各原材料的有关标准对其都有规定。在原标准的基础上，修订钢筋混凝土用水的要求与欧洲标准相一致。

6 如使用碱活性骨料，则必须限制混凝土中的碱含量，避免发生碱骨料反应。《混凝土结构设计规范》GB 50010—2002 对混凝土中最大碱含量有明确的规定。本标准的规定与其是协调的，也与欧洲标准一致。

3.1.2 放射性要求按饮用水标准从严控制，超标者不能使用。

3.1.3 本条款除保证混凝土拌合物施工性能外，对一些未列入检验的水中物质含量也是间接的控制。

3.1.4 强度是混凝土的主控项目，对比试验也反映水的质量。水泥胶砂试验使用材料一致，试验控制标准化水平高，对比性强，误差小。

3.1.5 采用油污染的水和泡沫明显的水会影响混凝土性能；采用明显颜色的水会影响混凝土质量；采用异味的水会影响环境。

3.1.6 经试验验证，混凝土生产企业（主要是商品混凝土搅拌站）设备洗刷水含 $Ca(OH)_2$，pH 值可达 12 左右；若沉淀不足会含有细颗粒；水中含有一些有害物质，如碱含量较高等。鉴于这些情况的影响，作出相应的规定。

3.1.7 未经处理的海水不能满足混凝土用水的技术要求。海水中含盐量较高，可超过 30000mg/L，尤其是氯离子含量高，可超过 15000mg/L。高含盐量会影响混凝土性能，尤其会严重影响混凝土耐久性，例如，高氯离子含量会导致混凝土中钢筋锈蚀，使结构物破坏。因此，海水严禁用于钢筋混凝土和预应力混凝土。

3.1.8 即使将海水用于素混凝土，也是在无法获得其他水源情况下的不得已的做法。海水会引起混凝土表面潮湿和泛霜，影响混凝土表面质量。

3.2 混凝土养护用水

3.2.1、3.2.2 对硬化混凝土的养护用水，重点控制 pH 值、氯离子含量、硫酸根离子含量和放射性指标等。对混凝土养护用水的要求，可较拌合用水适当放宽，检测项目可适当减少。

4 检验方法

4.0.1～4.0.8 全部检验方法都采用国家标准规定的方法。

4.0.7、4.0.8 42.5 级普通硅酸盐水泥受矿物掺合料影响较小，使用最普遍；42.5 级硅酸盐水泥受矿物掺合料影响更小。

5 检验规则

5.1 取 样

5.1.1 规定检验水样的最小用量。

5.1.2 避免其他物质沾染容器，影响水样检验的准确性。

5.1.3 地表水取样应有代表性，并注意环境等影响因素。

5.1.4 地下水取样应避免管道中或地表附近物质的影响。

5.1.5 规定再生水取样位置。

5.1.6 混凝土生产企业设备洗刷用水在使用前应充分沉淀，取样情况也应相同。

5.2 检验期限和频率

5.2.1 避免水样陈放时间过长变质。

5.2.2 放射性检验不宜重复。

5.2.3 规定的检验频率可以满足监控混凝土用水质量稳定性的要求，便于及时解决发现的问题。

6 结果评定

6.0.1 符合《生活饮用水卫生标准》GB 5749 的饮用水完全可以满足本标准要求，可以不经检验，直接用于混凝土生产。

6.0.2 满足混凝土拌合用水要求即可满足混凝土养护用水要求；混凝土养护用水要求可略低于混凝土拌合用水要求。

6.0.3 水泥凝结时间检验和水泥胶砂强度不符合要求，有可能是材料（如水泥）或操作等因素的影响，可对这两项进行复检。

中华人民共和国行业标准

清水混凝土应用技术规程

Technical specification for fair-faced concrete construction

JGJ 169—2009
J 858—2009

批准部门：中华人民共和国住房和城乡建设部
施行日期：２００９年６月１日

中华人民共和国住房和城乡建设部
公　告

第 232 号

关于发布行业标准《清水混凝土应用技术规程》的公告

现批准《清水混凝土应用技术规程》为建筑工程行业标准，编号为 JGJ 169－2009，自 2009 年 6 月 1 日起实施。其中，第 3.0.4、4.2.3 条为强制性条文，必须严格执行。

本规程由我部标准定额研究所组织中国建筑工业出版社出版发行。

中华人民共和国住房和城乡建设部

2009 年 3 月 4 日

前　言

根据原建设部《关于印发〈2005 年工程建设标准规范制订、修订计划（第一批）〉的通知》（建标函〔2005〕84 号）的要求，编制组经过广泛调查研究，认真总结实践经验，参考有关国际标准和国外先进标准，并在广泛征求意见的基础上，制定了本规程。

本规程的主要技术内容是：1. 总则；2. 术语；3. 基本规定；4. 工程设计；5. 施工准备；6. 模板工程；7. 钢筋工程；8. 混凝土工程；9. 混凝土表面处理；10. 成品保护；11. 质量验收。

本规程中以黑体字标志的条文为强制性条文，必须严格执行。

本规程由住房和城乡建设部负责管理和对强制性条文的解释，由中国建筑股份有限公司（地址：北京三里河路 15 号中建大厦，邮政编码：100037）负责具体技术内容的解释。

本规程主编单位：中国建筑股份有限公司
　　　　　　　　中建三局建设工程股份有限公司

本规程参编单位：中国建筑工程一局（集团）有限公司
中国建筑第八工程局有限公司
中建八局第二建设有限公司
中建国际建设有限公司
中国建筑西南设计研究院有限公司
中建柏利工程技术发展有限公司
北京奥宇模板有限公司
三博桥梁模板制造有限公司
旭硝子化工贸易（上海）有限公司

本规程主要起草人：毛志兵　张良杰　张晶波
周鹏华　黄　迅　刘　源
张金序　许宏雷　石云兴
李忠卫　王桂玲　邓明胜
王建英　董秀林　黄宗瑜
仇铭华　杨秋利　周　衡

目　次

1　总则 ……………………… 17—4
2　术语 ……………………… 17—4
3　基本规定 ………………… 17—4
4　工程设计 ………………… 17—4
　4.1　建筑设计 …………… 17—4
　4.2　结构设计 …………… 17—4
5　施工准备 ………………… 17—5
　5.1　技术准备 …………… 17—5
　5.2　材料准备 …………… 17—5
6　模板工程 ………………… 17—6
　6.1　模板设计 …………… 17—6
　6.2　模板制作 …………… 17—6
　6.3　模板安装 …………… 17—6
　6.4　模板拆除 …………… 17—6
7　钢筋工程 ………………… 17—6
8　混凝土工程 ……………… 17—7

　8.1　配合比设计 ………… 17—7
　8.2　制备与运输 ………… 17—7
　8.3　混凝土浇筑 ………… 17—7
　8.4　混凝土养护 ………… 17—7
　8.5　冬期施工 …………… 17—7
9　混凝土表面处理 ………… 17—7
10　成品保护 ……………… 17—7
　10.1　模板成品保护 …… 17—7
　10.2　钢筋成品保护 …… 17—7
　10.3　混凝土成品保护 … 17—8
11　质量验收 ……………… 17—8
　11.1　模板 ……………… 17—8
　11.2　钢筋 ……………… 17—8
　11.3　混凝土 …………… 17—8
本规程用词说明 …………… 17—9
附：条文说明 ……………… 17—10

1 总 则

1.0.1 为保证清水混凝土工程的设计和施工质量，做到技术先进、经济合理、安全适用，制定本规程。

1.0.2 本规程适用于表面有清水混凝土外观效果要求的混凝土工程的设计、施工与质量验收。

1.0.3 清水混凝土工程应进行饰面效果设计和构造设计，并应编制施工组织管理文件。

1.0.4 清水混凝土工程的设计、施工与质量验收，除应符合本规程的规定外，尚应符合国家现行有关标准的规定。

2 术 语

2.0.1 清水混凝土 fair-faced concrete

直接利用混凝土成型后的自然质感作为饰面效果的混凝土。

2.0.2 普通清水混凝土 standard fair-faced concrete

表面颜色无明显色差，对饰面效果无特殊要求的清水混凝土。

2.0.3 饰面清水混凝土 decorative fair-faced concrete

表面颜色基本一致，由有规律排列的对拉螺栓孔眼、明缝、蝉缝、假眼等组合形成的、以自然质感为饰面效果的清水混凝土。

2.0.4 装饰清水混凝土 formlining fair-faced concrete

表面形成装饰图案、镶嵌装饰片或彩色的清水混凝土。

2.0.5 对拉螺栓孔眼 eyelet of tie rod

对拉螺栓在混凝土表面形成的有饰面效果的孔眼。

2.0.6 明缝 visible joint

凹入混凝土表面的分格线或装饰线。

2.0.7 蝉缝 panel joint

模板面板拼缝在混凝土表面留下的细小痕迹。

2.0.8 表面色差 differences in surface color

清水混凝土成型后的表面颜色差异。

2.0.9 堵头 bulkhead

模板内侧对拉螺栓套管两端的定位、成孔配件。

2.0.10 假眼 artificial eyelet

在没有对拉螺杆的位置设置堵头或接头而形成的有饰面效果的孔眼。

2.0.11 衬模 sheathing mould

设置在模板内表面，用于形成混凝土表面装饰图案的内衬板。

2.0.12 装饰图案 facing pattern

混凝土成型后表面形成的凹凸线条或花纹。

2.0.13 装饰片 facing sheet

镶嵌在清水混凝土表面的装饰物。

3 基 本 规 定

3.0.1 清水混凝土可分为普通清水混凝土、饰面清水混凝土和装饰清水混凝土。装饰清水混凝土的质量要求应由设计确定，也可参考普通清水混凝土或饰面清水混凝土的相关规定。

3.0.2 清水混凝土施工应进行全过程质量控制。对于饰面效果要求相同的清水混凝土，材料和施工工艺应保持一致。

3.0.3 有防水和人防等要求的清水混凝土构件，必须采取防裂、防渗、防污染及密闭等措施，其措施不得影响混凝土饰面效果。

3.0.4 处于潮湿环境和干湿交替环境的混凝土，应选用非碱活性骨料。

3.0.5 清水混凝土工程应在上一道施工工序质量验收合格后再进行下一道工序施工。

3.0.6 清水混凝土关键工序应编制专项施工方案。

3.0.7 饰面清水混凝土和装饰清水混凝土施工前，宜做样板。

4 工 程 设 计

4.1 建 筑 设 计

4.1.1 建筑设计应确定清水混凝土类型及应用范围。清水混凝土构件尺寸宜标准化和模数化。

4.1.2 对于饰面清水混凝土和装饰清水混凝土，应绘制构件详图，并应明确明缝、蝉缝、对拉螺栓孔眼、装饰图案和装饰片等的形状、位置和尺寸。

4.1.3 清水混凝土的施工缝宜与明缝的位置一致。

4.2 结 构 设 计

4.2.1 当钢筋混凝土结构采用清水混凝土时，混凝土结构的使用年限不宜超过 50 年，清水混凝土结构的环境条件宜符合表 4.2.1 规定。

表 4.2.1 清水混凝土结构的环境条件

环境类别		条 件
一		室内正常环境
二	a	室内潮湿环境；非严寒和非寒冷地区的露天环境、与无侵蚀性的水或土壤直接接触的环境
	b	严寒和寒冷地区的露天环境、与无侵蚀性的水或土壤直接接触的环境

4.2.2 清水混凝土的强度等级应符合下列规定：

1 普通钢筋混凝土结构采用的清水混凝土强度

等级不宜低于 C25；

2 当钢筋混凝土伸缩缝的间距不符合现行国家标准《混凝土结构设计规范》GB 50010 的规定时，清水混凝土强度等级不宜高于 C40；

3 相邻清水混凝土结构的混凝土强度等级宜一致；

4 无筋和少筋混凝土结构采用清水混凝土时，可由设计确定。

4.2.3 对于处于露天环境的清水混凝土结构，其纵向受力钢筋的混凝土保护层最小厚度应符合表 4.2.3 的规定。

表 4.2.3 纵向受力钢筋的混凝土
保护层最小厚度（mm）

部位	保护层最小厚度
板、墙、壳	25
梁	35
柱	35

注：钢筋的混凝土保护层厚度为钢筋外边缘至混凝土表面的距离。

4.2.4 设计结构钢筋时，应根据清水混凝土饰面效果对螺栓孔位的要求确定。

4.2.5 对于伸缩缝间距不符合现行国家标准《混凝土结构设计规范》GB 50010 的规定的楼（屋）盖和墙体，其设计应符合下列规定：

1 水平方向（长向）的钢筋宜采用带肋钢筋，钢筋间距宜适当减小，配筋率宜增加；

2 可根据工程的具体情况，采用设置后浇带或跳仓施工等措施；

3 当采用后浇带分段浇筑混凝土时，后浇带施工缝宜设在明缝处，且后浇带宽度宜为相邻两条明缝的间距。

5 施 工 准 备

5.1 技 术 准 备

5.1.1 施工前应熟悉设计图纸，明确清水混凝土范围和类型，并应确定施工工艺。

5.1.2 施工前应进行施工图深化设计，并应综合考虑各施工工序对清水混凝土饰面效果的影响。

5.2 材 料 准 备

5.2.1 模板工程应符合下列规定：

1 模板体系的选型应根据工程设计要求和工程具体情况确定，并应满足清水混凝土质量要求；所选择的模板体系应技术先进、构造简单、支拆方便、经济合理；

2 模板面板可采用胶合板、钢板、塑料板、铝板、玻璃钢等材料，应满足强度、刚度和周转使用要求，且加工性能好；

3 模板骨架材料应顺直、规格一致，应有足够的强度、刚度，且满足受力要求；

4 模板之间的连接可采用模板夹具、螺栓等连接件；

5 对拉螺栓的规格、品种应根据混凝土侧压力、墙体防水、人防要求和模板面板等情况选用，选用的对拉螺栓应有足够的强度；

6 对拉螺栓套管及堵头应根据对拉螺栓的直径进行确定，可选用塑料、橡胶、尼龙等材料；

7 明缝条可选用硬木、铝合金等材料，截面宜为梯形；

8 内衬模可选用塑料、橡胶、玻璃钢、聚氨酯等材料。

5.2.2 钢筋工程应符合下列规定：

1 钢筋连接方式不应影响保护层厚度；

2 钢筋绑扎材料宜选用 20～22 号无锈绑扎钢丝；

3 钢筋垫块应有足够的强度、刚度，颜色应与清水混凝土的颜色接近。

5.2.3 饰面清水混凝土原材料除应符合现行国家标准《混凝土结构工程施工质量验收规范》GB 50204 等的规定外，尚应符合下列规定：

1 应有足够的存储量，原材料的颜色和技术参数宜一致。

2 宜选用强度等级不低于 42.5 级的硅酸盐水泥、普通硅酸盐水泥。同一工程的水泥宜为同一厂家、同一品种、同一强度等级。

3 粗骨料应采用连续粒级，颜色应均匀，表面应洁净，并应符合表 5.2.3-1 的规定。

表 5.2.3-1 粗骨料质量要求

混凝土强度等级	≥C50	<C50
含泥量（按质量计，%）	≤0.5	≤1.0
泥块含量（按质量计，%）	≤0.2	≤0.5
针、片状颗粒含量（按质量计，%）	≤8	≤15

4 细骨料宜采用中砂，并应符合表 5.2.3-2 的规定。

表 5.2.3-2 细骨料质量要求

混凝土强度等级	≥C50	<C50
含泥量（按质量计，%）	≤2.0	≤3.0
泥块含量（按质量计，%）	≤0.5	≤1.0

5 同一工程所用的掺合料应来自同一厂家、同一规格型号。宜选用 I 级粉煤灰。

5.2.4 涂料应选用对混凝土表面具有保护作用的透

明涂料，且应有防污染性、憎水性、防水性。

6 模板工程

6.1 模板设计

6.1.1 模板分块设计应满足清水混凝土饰面效果的设计要求。当设计无具体要求时，应符合下列规定：

1 外墙模板分块宜以轴线或门窗口中线为对称中心线，内墙模板分块宜以墙中线为对称中心线；

2 外墙模板上下接缝位置宜设于明缝处，明缝宜设置在楼层标高、窗台标高、窗过梁梁底标高、框架梁梁底标高、窗间墙边线或其他分格线位置；

3 阴角模与大模板之间不宜留置调节余量；当确需留置时，宜采用明缝方式处理。

6.1.2 单块模板的面板分割设计应与蝉缝、明缝等清水混凝土饰面效果一致。当设计无具体要求时，应符合下列规定：

1 墙模板的分割应依据墙面的长度、高度、门窗洞口的尺寸、梁的位置和模板的配置高度、位置等确定，所形成的蝉缝、明缝水平方向应交圈，竖向应顺直有规律。

2 当模板接高时，拼缝不宜错缝排列，横缝应在同一标高位置。

3 群柱竖缝方向宜一致。当矩形柱较大时，其竖缝宜设置在柱中心。柱模板横缝宜从楼面标高开始向上作均匀布置，余数宜放在柱顶。

4 水平模板排列设计应均匀对称、横平竖直；对于弧形平面宜沿径向辐射布置。

5 装饰清水混凝土的内衬模板的面板分割应保证装饰图案的连续性及施工的可操作性。

6.1.3 模板结构设计除应符合国家现行标准《建筑工程大模板技术规程》JGJ 74 和《钢框胶合板模板技术规程》JGJ 96 的规定外，尚应符合下列规定：

1 模板结构应牢固稳定，拼缝应严密，规格尺寸应准确。模板宜高出墙体浇筑高度 50mm。

2 斜墙、斜柱等异形构件的模板应进行专项受力计算。

3 液压爬模、预制构件等工艺的清水混凝土模板，应进行专业设计和计算，且应满足饰面效果要求。

6.1.4 饰面清水混凝土模板应符合下列规定：

1 阴角部位应配置阴角模，角模面板之间宜斜口连接；

2 阳角部位宜两面模板直接搭接；

3 模板面板接缝宜设置在肋处，无肋接缝处应有防止漏浆措施；

4 模板面板的钉眼、焊缝等部位的处理不应影响混凝土饰面效果；

5 假眼宜采用同直径的堵头或锥形接头固定在模板面板上；

6 门窗洞口模板宜采用木模板，支撑应稳固，周边应贴密封条，下口应设置排气孔，滴水线模板宜采用易于拆除的材料，门窗洞口的企口、斜坡宜一次成型；

7 宜利用下层构件的对拉螺栓孔支承上层模板；

8 宜将墙体端部模板面板内嵌固定；

9 对拉螺栓应根据清水混凝土的饰面效果，且应按整齐、匀称的原则进行专项设计。

6.2 模板制作

6.2.1 模板下料尺寸应准确，切口应平整，组拼前应调平、调直。

6.2.2 模板龙骨不宜有接头。当确需接头时，有接头的主龙骨数量不应超过主龙骨总数量的 50%。

6.2.3 木模板材料应干燥，切口宜刨光。

6.2.4 模板加工后宜预拼，应对模板平整度、外形尺寸、相邻板面高低差以及对拉螺栓组合情况等进行校核，校核后应对模板进行编号。

6.3 模板安装

6.3.1 模板安装前，应进行下列工作：

1 检查面板清洁度；

2 清点模板和配件的型号、数量；

3 核对明缝、蝉缝、装饰图案的位置；

4 检查模板内侧附件连接情况，附件连接应牢固；

5 复核基层上内外模板控制线和标高；

6 涂刷脱模剂，且脱模剂应均匀。

6.3.2 应根据模板编号进行安装，模板之间应连接紧密；模板拼接缝处应有防漏浆措施。

6.3.3 对拉螺栓安装应位置正确、受力均匀。

6.3.4 应对模板面板、边角和已成型清水混凝土表面进行保护。

6.4 模板拆除

6.4.1 清水混凝土模板的拆除，除应符合国家现行标准《混凝土结构工程施工质量验收规范》GB 50204 和《建筑工程大模板技术规程》JGJ 74 的规定外，尚应符合下列规定：

1 应适当延长拆模时间；

2 应制定清水混凝土墙体、柱等的保护措施；

3 模板拆除后应及时清理、修复。

7 钢筋工程

7.0.1 钢筋应清洁、无明显锈蚀和污染。

7.0.2 钢筋保护层垫块宜梅花形布置。饰面清水混凝土定位钢筋的端头应涂刷防锈漆，并宜套上与混凝土颜色接近的塑料套。

7.0.3 每个钢筋交叉点均应绑扎，绑扎钢丝不得少于两圈，扎扣及尾端应朝向构件截面的内侧。

7.0.4 饰面清水混凝土对拉螺栓与钢筋发生冲突时，宜遵循钢筋避让对拉螺栓的原则。

7.0.5 钢筋绑扎后应有防雨水冲淋等措施。

8 混凝土工程

8.1 配合比设计

8.1.1 清水混凝土配合比设计除应符合国家现行标准《混凝土结构工程施工质量验收规范》GB 50204、《普通混凝土配合比设计规程》JGJ 55 的规定外，尚应符合下列规定：

1 应按照设计要求进行试配，确定混凝土表面颜色；

2 应按照混凝土原材料试验结果确定外加剂型号和用量；

3 应考虑工程所处环境，根据抗碳化、抗冻害、抗硫酸盐、抗盐害和抑制碱-骨料反应等对混凝土耐久性产生影响的因素进行配合比设计。

8.1.2 配制清水混凝土时，应采用矿物掺合料。

8.2 制备与运输

8.2.1 搅拌清水混凝土时应采用强制式搅拌设备，每次搅拌时间宜比普通混凝土延长 20~30s。

8.2.2 同一视觉范围内所用清水混凝土拌合物的制备环境、技术参数应一致。

8.2.3 制备成的清水混凝土拌合物工作性能应稳定，且无泌水离析现象，90min 的坍落度经时损失值宜小于 30mm。

8.2.4 清水混凝土拌合物入泵坍落度值：柱混凝土宜为 150±20mm，墙、梁、板的混凝土宜为 170±20mm。

8.2.5 清水混凝土拌合物的运输宜采用专用运输车，装料前容器内应清洁、无积水。

8.2.6 清水混凝土拌合物从搅拌结束到入模前不宜超过 90min，严禁添加配合比以外用水或外加剂。

8.2.7 进入施工现场的清水混凝土应逐车检查坍落度，不得有分层、离析等现象。

8.3 混凝土浇筑

8.3.1 清水混凝土浇筑前应保持模板内清洁、无积水。

8.3.2 竖向构件浇筑时，应严格控制分层浇筑的间隔时间。分层厚度不宜超过 500mm。

8.3.3 门窗洞口宜从两侧同时浇筑清水混凝土。

8.3.4 清水混凝土应振捣均匀，严禁漏振、过振、欠振；振捣棒插入下层混凝土表面的深度应大于 50mm。

8.3.5 后续清水混凝土浇筑前，应先剔除施工缝处松动石子或浮浆层，剔凿后应清理干净。

8.4 混凝土养护

8.4.1 清水混凝土拆模后应立即养护，对同一视觉范围内的清水混凝土应采用相同的养护措施。

8.4.2 清水混凝土养护时，不得采用对混凝土表面有污染的养护材料和养护剂。

8.5 冬期施工

8.5.1 掺入混凝土的防冻剂，应经试验对比，混凝土表面不得产生明显色差。

8.5.2 冬期施工时，应在塑料薄膜外覆盖对清水混凝土无污染且阻燃的保温材料。

8.5.3 混凝土罐车和输送泵应有保温措施，混凝土入模温度不应低于 5℃。

8.5.4 混凝土施工过程中应有防风措施；当室外气温低于－15℃时，不得浇筑混凝土。

9 混凝土表面处理

9.0.1 对局部不满足本规程第 11.3.1 条和第 11.3.2 条要求的部位应进行处理，且应由施工单位编写方案、做样板，经监理（建设）单位、设计单位同意后实施。

9.0.2 普通清水混凝土表面宜涂刷透明保护涂料；饰面清水混凝土表面应涂刷透明保护涂料。

9.0.3 同一视觉范围内的涂料及施工工艺应一致。

10 成品保护

10.1 模板成品保护

10.1.1 清水混凝土模板上不得堆放重物。模板面板不得被污染或损坏，模板边角和面板应有保护措施，运输过程中应采用护角保护。

10.1.2 清水混凝土模板应有专用场地堆放，存放区应有排水、防水、防潮、防火等措施。

10.1.3 饰面清水混凝土模板胶合板面板切口处应涂刷封边漆，螺栓孔眼处应有保护垫圈。

10.2 钢筋成品保护

10.2.1 钢筋半成品应分类摆放、及时使用，存放环境应干燥、清洁。

10.2.2 对于钢筋、垫块、预埋件等，操作时不得对其位置造成影响。

10.3 混凝土成品保护

10.3.1 浇筑清水混凝土时不应污染、损伤成品清水混凝土。

10.3.2 拆模后应对易磕碰的阳角部位采用多层板、塑料等硬质材料进行保护。

10.3.3 当挂架、脚手架、吊篮等与成品清水混凝土表面接触时，应使用垫衬保护。

10.3.4 严禁随意剔凿成品清水混凝土表面。确需剔凿时，应制定专项施工措施。

11 质 量 验 收

11.1 模 板

11.1.1 模板制作尺寸的允许偏差与检验方法应符合表 11.1.1 的规定。

检查数量：全数检查。

表 11.1.1 清水混凝土模板制作尺寸允许偏差与检验方法

项次	项 目	允许偏差（mm）		检验方法
		普通清水混凝土	饰面清水混凝土	
1	模板高度	±2	±2	尺量
2	模板宽度	±1	±1	尺量
3	整块模板对角线	≤3	≤3	塞尺、尺量
4	单块板面对角线	≤3	≤2	塞尺、尺量
5	板面平整度	3	2	2m靠尺、塞尺
6	边肋平直度	2	2	2m靠尺、塞尺
7	相邻面板拼缝高低差	≤1.0	≤0.5	平尺、塞尺
8	相邻面板拼缝间隙	≤0.8	≤0.5	塞尺、尺量
9	连接孔中心距	±1	±1	游标卡尺
10	边框连接孔与板面距离	±0.5	±0.5	游标卡尺

11.1.2 模板板面应干净，隔离剂应涂刷均匀。模板间的拼缝应平整、严密，模板支撑应设置正确、连接牢固。

检查方法：观察。

检查数量：全数检查。

11.1.3 模板安装尺寸允许偏差与检验方法应符合表 11.1.3 的规定。

检查数量：全数检查。

表 11.1.3 清水混凝土模板安装尺寸允许偏差与检验方法

项次	项 目		允许偏差（mm）		检验方法
			普通清水混凝土	饰面清水混凝土	
1	轴线位移	墙、柱、梁	4	3	尺量
2	截面尺寸	墙、柱、梁	±4	±3	尺量
3	标高		±5	±3	水准仪、尺量
4	相邻板面高低差		3	2	尺量
5	模板垂直度	不大于5m	4	3	经纬仪、线坠、尺量
		大于5m	6	5	
6	表面平整度		3	2	塞尺、尺量
7	阴阳角	方正	3	2	方尺、塞尺
		顺直	3	2	线尺
8	预留洞口	中心线位移	8	6	拉线、尺量
		孔洞尺寸	+8,0	+4,0	
9	预埋件、管、螺栓	中心线位移	3	2	拉线、尺量
10	门窗洞口	中心线位移	8	5	拉线、尺量
		宽、高	±6	±4	
		对角线	8	6	

11.2 钢 筋

11.2.1 钢筋表面应清洁无浮锈；钢筋保护层垫块颜色应与混凝土表面颜色接近，位置、间距应准确；钢筋绑扎钢丝扎扣和尾端应弯向构件截面内侧。

检查方法：观察。

检查数量：全数检查。

11.2.2 钢筋工程安装尺寸允许偏差与检验方法应符合现行国家标准《混凝土结构工程施工质量验收规范》GB 50204 的规定，受力钢筋保护层厚度偏差不应大于3mm。

11.3 混 凝 土

11.3.1 混凝土外观质量与检验方法应符合表 11.3.1 的规定。

检查数量：抽查各检验批的 30%，且不应少于 5 件。

表 11.3.1　清水混凝土外观质量与检验方法

项次	项目	普通清水混凝土	饰面清水混凝土	检查方法
1	颜色	无明显色差	颜色基本一致，无明显色差	距离墙面5m观察
2	修补	少量修补痕迹	基本无修补痕迹	距离墙面5m观察
3	气泡	气泡分散	最大直径不大于8mm，深度不大于2mm，每平方米气泡面积不大于20cm²	尺量
4	裂缝	宽度小于0.2mm	宽度小于0.2mm，且长度不大于1000mm	尺量、刻度放大镜
5	光洁度	无明显漏浆、流淌及冲刷痕迹	无漏浆、流淌及冲刷痕迹，无油迹、墨迹及锈斑，无粉化物	观察
6	对拉螺栓孔眼	—	排列整齐，孔洞封堵密实，凹孔棱角清晰圆滑	观察、尺量
7	明缝	—	位置规律、整齐，深度一致，水平交圈	观察、尺量
8	蝉缝	—	横平竖直，水平交圈，竖向成线	观察、尺量

11.3.2 清水混凝土结构允许偏差与检查方法应符合表11.3.2的规定。

检查数量：抽查各检验批的30%，且不应少于5件。

表 11.3.2　清水混凝土结构允许偏差与检查方法

项次	项目		允许偏差（mm）普通清水混凝土	允许偏差（mm）饰面清水混凝土	检查方法
1	轴线位移	墙、柱、梁	6	5	尺量
2	截面尺寸	墙、柱、梁	±5	±3	尺量
3	垂直度	层高	8	5	经纬仪、线坠、尺量
		全高（H）	H/1000，且≤30	H/1000，且≤30	
4	表面平整度		4	3	2m靠尺、塞尺
5	角线顺直		4	3	拉线、尺量
6	预留洞口中心线位移		10	8	尺量
7	标高	层高	±8	±5	水准仪、尺量
		全高	±30	±30	
8	阴阳角	方正	4	3	尺量
		顺直	4	3	
9	阳台、雨罩位置		±8	±5	尺量
10	明缝直线度		—	3	拉5m线，不足5m拉通线，钢尺检查

续表 11.3.2

项次	项目	允许偏差（mm）普通清水混凝土	允许偏差（mm）饰面清水混凝土	检查方法
11	蝉缝错台	—	2	尺量
12	蝉缝交圈	—	5	拉5m线，不足5m拉通线，钢尺检查

本规程用词说明

1 为了便于在执行本规程条文时区别对待，对要求严格程度不同的用词说明如下：

　1）表示很严格，非这样做不可的：

　　正面词采用"必须"，反面词采用"严禁"。

　2）表示严格，在正常情况下均应这样做的：

　　正面词采用"应"，反面词采用"不应"或"不得"。

　3）表示允许稍有选择，在条件许可时首先应这样做的：

　　正面词采用"宜"，反面词采用"不宜"。

　　表示有选择，在一定条件下可以这样做的，采用"可"。

2 条文中指明应按其他有关标准执行的写法为："应按……执行"或"应符合……规定"。

中华人民共和国行业标准

清水混凝土应用技术规程

JGJ 169—2009

条 文 说 明

前　言

《清水混凝土应用技术规程》JGJ 169—2009 经住房和城乡建设部 2009 年 3 月 4 日以 232 号公告批准，业已发布。

为方便广大设计、施工、科研、院校等单位的有关人员在使用本标准时能正确理解和执行条文规定，本规程编制组按章、节、条的顺序编制了条文说明，供使用时参考。在使用中如发现本条文说明有欠妥之处，请将意见函寄中国建筑股份有限公司。

目 次

1 总则 ……………………………… 17—13
3 基本规定 ………………………… 17—13
4 工程设计 ………………………… 17—13
  4.1 建筑设计 ……………………… 17—13
  4.2 结构设计 ……………………… 17—13
5 施工准备 ………………………… 17—14
  5.1 技术准备 ……………………… 17—14
  5.2 材料准备 ……………………… 17—14
6 模板工程 ………………………… 17—15
  6.1 模板设计 ……………………… 17—15
  6.3 模板安装 ……………………… 17—17
  6.4 模板拆除 ……………………… 17—18

7 钢筋工程 ………………………… 17—18
8 混凝土工程 ……………………… 17—18
  8.1 配合比设计 …………………… 17—18
  8.2 制备与运输 …………………… 17—19
  8.3 混凝土浇筑 …………………… 17—19
  8.4 混凝土养护 …………………… 17—19
  8.5 冬期施工 ……………………… 17—19
9 混凝土表面处理 ………………… 17—19
10 成品保护 ………………………… 17—19
  10.1 模板成品保护 ………………… 17—19
  10.2 钢筋成品保护 ………………… 17—20
  10.3 混凝土成品保护 ……………… 17—20

1 总 则

1.0.1 近些年来，随着我国建筑业整体水平的提高、绿色建筑的兴起，清水混凝土越来越引起人们的重视，清水混凝土工程越来越多。但长期以来，国内没有关于清水混凝土的统一定义，更没有清水混凝土设计、施工和质量验收等方面的标准。在这种情况下，编制组经过广泛调查研究，认真总结实践经验，参考有关国际标准和国外先进标准，并在广泛征求意见的基础上，制定了本规程。

1.0.2 本条规定了本规程的适用范围，即适用于清水混凝土工程的设计、施工与质量验收。本规程的规定是最低标准，当承包合同和设计文件对质量验收的要求高于本规程的规定时，验收时应当以承包合同和设计文件的要求为准。

1.0.3 本条规定了清水混凝土在施工图设计时需进行有针对性的详细设计，包括混凝土表面的饰面效果、装饰图案的设计等，并进行结构耐久性相关构造设计。

清水混凝土施工管理是一个精细化管理的过程，本规程规定了相关单位要编制施工组织管理文件，内容要涵盖施工组织机构、质量计划、旁站制度、"三检"制度、质量会诊制度、成品保护制度、表面修复管理制度等各项质量保证措施及管理制度。

1.0.4 本条提出了本规程编制的依据是现行国家标准，如《建筑工程施工质量验收统一标准》GB 50300、《混凝土结构工程施工质量验收规范》GB 50204、《混凝土结构设计规范》GB 50010 等，因此在执行本规程时强调应与这些标准配套使用。

3 基 本 规 定

3.0.1 本条说明清水混凝土的分类情况，饰面清水混凝土的质量验收标准高于普通清水混凝土；装饰清水混凝土由于体现设计师的设计理念，饰面效果各不相同，因此，无法对其施工工艺和质量验收标准等作统一规定，可参考其他两类清水混凝土。

3.0.2 本条规定了清水混凝土的质量控制管理要求，提出了全过程的质量控制，包括对模板、钢筋、混凝土等的选择；对模板的设计、加工、安装的质量控制；对混凝土的制备、运输、浇筑、振捣、养护、成品保护等工作的质量控制；保证模板的拆模时间、拆模程序、混凝土浇筑、养护条件及修复等工艺的一致性。这些都是混凝土表面颜色一致性的保证措施。

3.0.3 对于有防水功能要求的地下室外墙及人防墙体，除采用抗渗混凝土、增加抗裂配筋外，该部位的穿墙对拉螺栓采用中间焊止水钢片的三节式对拉螺栓；对于倾斜墙体，该构件同时具有墙体及顶板功

能，此处穿墙（板）对拉螺栓采用中间焊止水钢片的三节式对拉螺栓，并涂刷涂料等防渗漏措施；对于清水混凝土卫生间，在墙体与楼板之间、墙体施工缝之间设置钢板止水带等防水措施，并在混凝土表面进行渗透结晶等刚性防水处理方式。

3.0.4 本条为强制性条文。混凝土中的碱（Na_2O 和 K_2O）与砂、石中含有的活性硅石发生化学反应，称为"碱-硅反应"；某些碳酸盐类岩石骨料也能和碱起反应，称为"碱-碳酸盐反应"。这些都称为"碱-骨料反应"。这些"碱-骨料反应"能引起混凝土的开裂，在国内外都发生过此类工程损害的案例。发生"碱-骨料反应"的充分条件是：混凝土有较高的碱含量；骨料有较高的活性；还有水的参与。所以，本条规定了潮湿环境和干湿交替环境的混凝土，应选用非碱活性骨料。

3.0.6 本条所指的专项施工方案包括：模板施工方案、钢筋施工方案、混凝土施工方案、预留预埋施工方案、成品保护施工方案、表面处理施工方案、透明涂料施工方案、季节性施工方案、施工管理措施等。

3.0.7 通过样板对混凝土的配合比、模板体系、施工工艺等进行验证，并进行技能培训和技术交底。

4 工 程 设 计

4.1 建 筑 设 计

4.1.1、4.1.2 为合理安排施工，设计图纸中需明确清水混凝土的类型及细部要求。为做到经济合理，在考虑饰面效果的同时兼顾标准化和模数化。

4.1.3 本条规定是为了保证清水混凝土饰面效果的一致性。

4.2 结 构 设 计

4.2.1 本条规定了设计清水混凝土范围。规定了设计使用年限为 50 年的三类环境类别的清水混凝土结构的建筑要结合当地环境进行专门研究。

4.2.2 参照英国 BS8110 规范，结合我国的实际情况和近年清水混凝土工程实例，本条规定了清水混凝土的适宜最低强度等级和最高等级。对于超长结构，限制使用过高的混凝土强度等级，主要是控制混凝土的水化热，减少和制约裂缝的发生。相邻构件的混凝土强度等级宜一致是为防止不同配合比的相邻部位表面色差过大。

4.2.3 参照国外规范和国内的研究成果，考虑混凝土的耐久性，本条规定了露天环境的混凝土保护层最小厚度。

4.2.4 在清水混凝土施工实例中，经常碰到对拉螺栓孔眼与主筋位置矛盾的问题，设计应同时兼顾结构

安全和建筑饰面效果，通常采取主筋错开对拉螺栓位置解决。

4.2.5 采用带肋钢筋和适当增加配筋率的措施，是为了减少和限制混凝土表面的裂缝；后浇带的位置与宽度规定主要是为了控制清水混凝土饰面效果和降低施工难度。

5 施 工 准 备

5.1 技 术 准 备

5.1.2 综合考虑结构、建筑、设备、电气、水暖等专业图纸进行全面深化设计，避免在清水混凝土表面剔凿。施工单位、监理（建设）单位和设计单位就钢筋保护层，影响对拉螺栓和混凝土浇筑的钢筋间距，构造配筋，施工缝与明缝的一致性，楼梯间、梁、后浇带、高级装修之间的衔接等可能对清水混凝土饰面效果产生影响的部位进行协商。

5.2 材 料 准 备

5.2.1 根据不同的清水混凝土等级选择不同的模板体系及相关的模板配件。

1 清水混凝土模板选择可参考表1。

表1 清水混凝土模板选型表

序号	模板类型	清水混凝土分类		
		普通清水混凝土	饰面清水混凝土	装饰清水混凝土
1	木梁胶合板模板	●	●	●
2	铝梁胶合板模板		●	●
3	木框胶合板模板	●	●	
4	钢框胶合板模板（包边）	●	●	●
5	钢框胶合板模板（不包边）	●		
6	全钢大模板	●	●	
7	全钢不锈钢贴面模板		●	●
8	全钢不锈钢装饰模板			●
9	50mm厚木板模板			●
10	铸铝装饰内衬模板			●
11	胶合板装饰模板			●
12	玻璃钢模板	●	●	
13	塑料模板	●	●	

2 模板面板选材需兼顾面板材料的吸水性、周转使用次数、清水混凝土饰面效果影响程度等因素。面板的选择可参考表2。

表2 清水混凝土模板面板选材表

面板材料	吸水性能	混凝土饰面效果	注意事项	周转次数	备注
原木板材，表面不封漆	吸水性面板	粗糙木板纹理	色差大，有斑纹	2~3	
锯木板材，表面不封漆		粗糙木板纹理，暗色调	多次使用后，纹理和吸水性会减退	3~4	具体使用次数与清水混凝土饰面要求等级的高低有关
表面刨平的木板材		平滑的木板纹理，暗色调	多次使用后，纹理和吸水性会减退	3~5	
普通胶板或松木板		粗糙木板纹理，暗色调	多次使用后，纹理和吸水性会减退	3~5	
表面封漆的平木板	弱吸水性面板	平滑的木板纹理，深色调	多次使用后，纹理和吸水性会减退	10~15	具体使用次数与板材的封漆厚度有关
木质光面多层板，三合板		平滑的木板纹理	多次使用后，纹理和吸水性会减退	8~15	具体使用次数与板材的厚度有关
压实处理的三合板				15~20	具体使用次数多取决于板材的压实胶结度
覆膜多层板	非吸水性面板	平滑表面没有纹理	面层不均匀性和覆膜色调差异	5~30	具体使用次数与板材的覆膜厚度有关（120~600g/m²）
平面塑料板材		平滑发亮的混凝土表面		50	
塑料、塑胶、聚氨酯内衬膜		根据设计选择制作		20~50	具体使用次数与衬膜厚度和使用部位有关
玻璃钢		混凝土表面易形成气孔和石状纹理		8~10	
金属模板		平滑表面。混凝土表面易形成气孔和石状纹理甚至锈痕		80~100	

4 清水混凝土模板之间的连接采用操作简便、三维受力较好的模板夹具，能降低施工操作难度，减少漏浆的同时，避免模板错台，如图1。

5 参考清水混凝土施工实例：无要求的墙体选

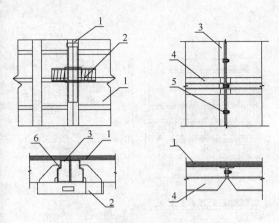

图1 模板之间的连接
1—清水混凝土模板；2—模板夹具；3—模板边框；
4—槽钢背楞；5—连接螺栓；6—斜面三维受力

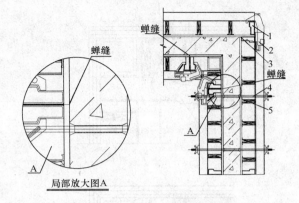

图2 非闭合墙体阴角处理
1—型材边框；2—模板夹具；3—密封条；
4—对拉螺栓；5—型材龙骨

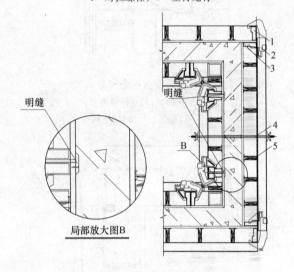

图3 闭合墙体阴角处理
1—型材边框；2—模板夹具；3—密封条；
4—对拉螺栓；5—型材龙骨

用通丝型对拉螺栓与相配的套管及套管堵头施工比较方便；有防水和人防等要求的墙体选用三节式对拉螺栓，三节式螺栓的锥接头与模板面板接触端采用塑料套保护，可以有效地保证混凝土表面效果。

5.2.2 结合清水混凝土实例：墙、柱、梁竖向结构选用与混凝土颜色近似的塑料垫块；梁、板底部选用与混凝土同强度等级的砂浆垫块或塑料垫块，既满足清水混凝土的保护层要求，又可以保证饰面效果。

5.2.4 本条规定选用透明涂料的目的是为了防止清水混凝土表面污染，减少外界有害物质的侵害，延缓混凝土表面碳化速度。为提高混凝土耐久性，满足结构设计年限，可引用国家现行标准《色漆和清漆涂层老化的评级方法》GB/T 1766—2008 和《交联型氟树脂涂料》HG/T 3792—2005，耐人工气候老化性（白色和浅色）指标不低于3500h，失光率不大于20%。

6 模板工程

6.1 模板设计

6.1.1 为保证脱模后的效果与其他蝉缝一致，本条规定了非闭合墙体阴角模与大模板面板之间不宜留调节余量；闭合墙体阴角模与大模板面板之间采用明缝的方式处理调节余量，可以避免破坏混凝土表面。如图2、图3所示。

6.1.2 墙面形式影响模板面板的分割，当面板采用胶合板时，分割尺寸为1800mm×900mm、2400mm×1200mm、2440mm×1220mm等标准尺寸适宜周转使用。钢模板面板分割缝一般竖向布置，同一块模板上的面板分割缝一般对称均匀布置。

6.1.4 在总结清水混凝土实例基础上，本规程列举了模板细部处理的参考做法。

1 设置阴角模，可保证阴角部位模板的稳定性，角模不变形，接缝不漏浆；角模面板采用斜口连接可

保证阴角部位清水混凝土的饰面效果。

斜口连接时，角模面板的两端切口倒角略小于45°，切口处涂刷防水胶粘结；平口连接时，切口处刨光并涂刷防水材料，连接端刨平并涂刷防水胶粘结。如图4所示。

2 阳角部位采用两面模板直接搭接的方式可保证阳角部位模板的稳定性。搭接处用与模板型材边框相吻合的专用模板夹具连接，并在拼缝处加密封条，可有效防止漏浆，保证阳角质量。如图5所示。

3 模板面板采用胶合板时，竖向拼缝设置在竖肋位置，并在接缝处涂胶；水平拼缝位置一般无横肋（木框模板可加短木方），模板接缝处背面切85°坡口并涂胶，用高密度密封条沿缝贴好，再用胶带纸封严。如图6所示。

4 以胶合板面板模板为例说明钉眼处理方法：
模板面板与肋的连接采用木螺钉从背面固定，螺钉间距150～300mm。弧度较大的模板，面板与肋采

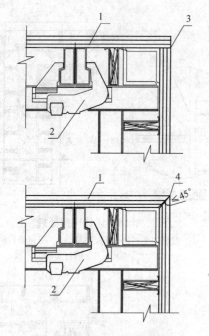

图 4　阴角模面板处理节点
1—多层板面板；2—模板夹具；
3—平口连接；4—斜口连接

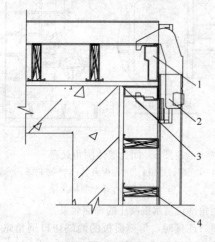

图 5　阳角节点处理
1—型材边框；2—模板夹具；3—密封条；4—型材龙骨

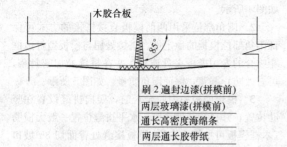

图 6　蝉缝的处理

用沉头螺钉正钉连接，钉头下沉 2～3mm，并用铁腻子将凹坑刮平。如图 7 所示。

5 为了保证清水混凝土的整体饰面效果，在

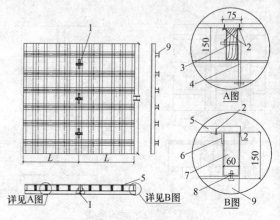

图 7　龙骨与面板连接示意图
1—模板夹具；2—自攻螺钉；3—型材；4—连接扣件；
5—木胶合板；6—角铁；7—边框型材；8—螺栓；
9—双向槽钢背楞

"L" 形墙、"丁" 字墙或梁柱上常设有对拉螺栓孔眼，当不能或不需设置对拉螺栓时，采用设置假眼的方式进行处理。如图 8 所示。

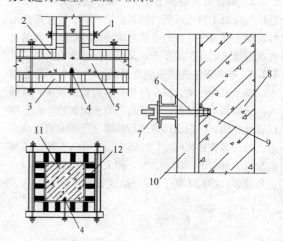

图 8　假眼的位置
1—穿墙螺栓；2—内侧模板；3—外侧模板；4—假眼；
5—混凝土墙；6—螺栓；7—螺母；8—混凝土墙柱；
9—堵头；10—清水混凝土模板；11—混凝土柱；
12—柱模

6 门窗洞口模板采用钢模板或钢角木模板时，施工中易在清水混凝土模板面板上造成划痕，模板周转使用至其他部位时，此划痕将影响清水混凝土的饰面效果；滴水线模板采用梯形塑料条、铝合金等材料。

7 模板上口的明缝条在墙面上形成的凹槽作为上一层模板下口的明缝，为防止漏浆，在结合处贴密封条。这种做法适用于清水混凝土的施工缝设置在明缝的部位。如图 9 所示。

8 墙体端部堵头模板设置不好，易造成漏浆、跑模现象，影响清水混凝土的饰面效果，采用内嵌端

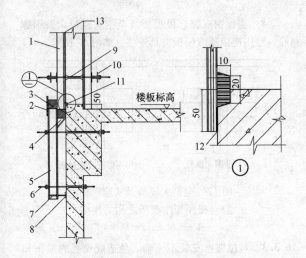

图9 明缝与楼层施工节点做法

1—铝梁；2—Φ32钢筋与槽钢焊接；3—方木；
4—三角形支架与槽钢焊接；5—10号槽钢；
6—对拉螺栓；7—Φ28钢筋；8—钢垫片下垫
密封条；9—PVC套管；10—10号槽钢；
11—20mm宽、10mm深明缝；
12—贴密封条；13—模板

部模板面板的做法可以解决。边框为型材的清水混凝土模板采用模板夹具加固，边框不是型材的清水混凝土模板采用槽钢加固。如图10、图11所示。

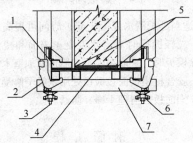

图10 堵头模板处理一

1—模板边框；2—模板夹具；3—钩
头螺栓；4—堵头模板；5—加海绵
条；6—铸钢螺母、垫片；7—背楞

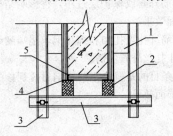

图11 堵头模板处理二

1—模板竖楞；2—50mm×100mm
木方；3—10号槽钢；4—贴透明胶
带纸；5—海绵条嵌缝

9 对拉螺栓有通丝型、三节式或锥形螺栓等。通丝型对拉螺栓的穿墙套管采用硬质塑料管或PVC

套管。套管堵头与套管相配套，有一定的强度，避免穿墙孔眼变形或漏浆。为防止漏浆和保护面板，施工时，在套管堵头上粘贴密封条或橡胶垫圈，并使之与模板面板接触紧密。如图12所示。

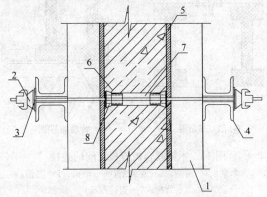

图12 通丝型对拉螺栓的安装

1—清水模板；2—铸钢螺母；3—钢垫片；
4—槽钢背楞；5—模板面板；6—海绵垫圈；
7—PVC套管；8—塑料堵头

三节式对拉螺栓的锥形接头与模板面接触面积较大，加海绵垫圈或塑料垫圈防止漏浆。如图13所示。

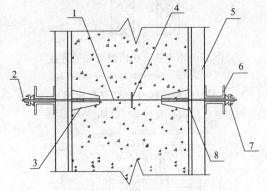

图13 止水螺栓方案图

1—埋入螺栓；2—接头螺栓；3—锥接头；
4—止水片；5—模板；6—背楞；
7—铸钢螺母、垫片；8—垫圈

6.3 模板安装

6.3.1 模板面板不清洁或脱模剂喷涂不均匀，将影响清水混凝土饰面效果。补刷遭雨淋、水浇或脱模剂失效的模板。清洗清水混凝土模板面板上的墨线痕迹、油污、铁锈等。

6.3.2 模板之间的连接易产生漏浆、错台等现象，影响清水混凝土的饰面效果，因此本条规定了应有防漏浆措施。为防止密封条挤压后凸出板面，在模板侧边退后板面1～3mm粘贴；将竖向模板下部的缝隙封堵严密。模板之间的连接采用以下方式：

1 木梁胶合板模板之间加连接角钢、密封条，并用螺栓连接；或采用背楞加芯带的做法，面板边口刨光，木梁缩进5～10mm，相互之间连接靠芯带、钢销紧固。如图14所示。

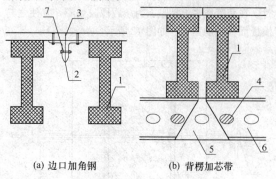

(a) 边口加角钢　　　(b) 背楞加芯带

图14　木梁胶合板模板之间的连接

1—木梁；2—角钢；3—密封条；4—钢销；5—芯带；6—背楞；7—连接螺栓

2 以木方作边框的胶合板模板，采用企口连接，一块模板的边口缩进25mm，另一块模板边口伸出35～45mm，连接后两木方之间留有10～20mm拆模间隙，模板背面以φ48×3.5钢管作背楞。如图15所示。

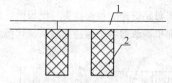

图15　木方胶合板模板之间的连接

1—多层板；2—50mm×100mm木方

3 铝梁胶合板模板及钢框胶合板模板，边框采用空腹型材，用模板夹具连接。如图16所示。

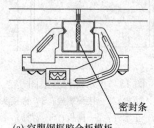

(a) 空腹钢框胶合板模板

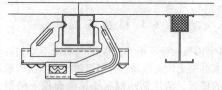

(b) 铝梁胶合板模板

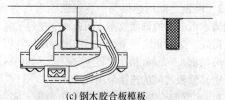

(c) 钢木胶合板模板

图16　模板之间夹具连接

4 实腹钢框胶合板模板及全钢大模板，采用螺栓、专用连接器或模板夹具连接。如图17所示。

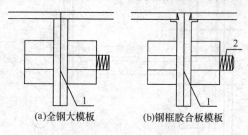

(a) 全钢大模板　　　(b) 钢框胶合板模板

图17　全钢大模板及实腹钢框胶合板模板中模板之间的连接

1—密封条；2—螺栓

6.3.3 对拉螺栓安装不正确，易造成模板的损伤和对拉螺栓孔眼处漏浆。安装时调整位置，并确保每个孔位都装有塑料垫圈，避免螺纹损伤模板面板上的对拉螺栓孔眼。拧紧对拉螺栓和模板夹具等连接件时用力均匀，保证塑料垫圈与模板板面正确接触，避免混凝土浇筑后孔眼发生不规则变形。

6.3.4 施工过程中，模板面板易与钢筋、清水混凝土表面等发生刮碰而破损，影响清水混凝土的饰面效果，可采用地毯、木方或胶合板等与钢筋隔离、牵引入模等措施。

6.4　模 板 拆 除

6.4.1 适当延长清水混凝土养护时间可提高混凝土的强度，减轻拆模时对清水混凝土表面和棱角的破坏；拆除模板时，采取在模板与墙体间加塞木方等保护措施。胶合板模板面板破损处用铁腻子修复，并涂刷清漆；钢面板需清理干净并防锈。

7　钢 筋 工 程

7.0.1 本条规定是为了防止钢筋锈蚀污染混凝土饰面效果。

7.0.2 钢筋外露或保护层过小，将影响结构安全及混凝土饰面效果。

7.0.3 钢筋绑扎点扎扣和绑扎钢丝尾端朝结构内侧是为了防止扎丝外露生锈。

7.0.4 本条目的是避免钢筋影响对拉螺栓的安装和混凝土的饰面效果。

8　混凝土工程

8.1　配合比设计

8.1.1 清水混凝土配合比设计时重点考虑混凝土耐久性；通过原材料选择、实验室试配出适宜的混凝土表面颜色。

8.1.2 掺入矿物掺合料的目的是为了增加混凝土密实度，有效降低混凝土内部水化热，降低裂缝发生的概率，从而提高清水混凝土的工作性和耐久性。常用的掺合料有粉煤灰、矿渣粉等。

8.2 制备与运输

8.2.1 适当延长混凝土搅拌时间可提高混凝土拌合物的匀质性和稳定性。

8.2.2 同一视觉范围是指水平距离清水混凝土构件表面5m，平视清水混凝土表面所观察的范围；混凝土拌合物的制备环境、技术参数一致是指混凝土的出机温度及拌合物状态一致。

8.2.3 控制混凝土坍落度的经时损失可减少现场二次增加混凝土外加剂而改变混凝土匀质性和稳定性的现象发生。

8.2.4 本条规定了混凝土坍落度的量化指标，目的是在满足施工的前提下尽量减小混凝土坍落度，以减小浮浆厚度和混凝土表面色差。

8.2.5 本条是为了防止混凝土因容器不洁净而发生性质改变，如采用混凝土运输车接料前反转排水等措施。

8.2.6 本条是为了防止现场调整混凝土而产生饰面效果差异。

8.3 混凝土浇筑

8.3.2 严格控制分层浇筑的间隔时间是为了防止冷缝出现，水泥砂浆通过振捣溶合于混凝土中。

8.3.3 本条是为了防止门窗洞口模板被一侧混凝土挤压变形及位移。

8.3.5 剔除施工缝处松动石子或浮浆层有利于结构安全和保证清水混凝土的饰面效果。

8.4 混凝土养护

8.4.1 混凝土浇筑后12h内及时采取覆盖保温养护措施是为了防止混凝土脱水产生裂缝。采用塑料薄膜养护时保持膜内潮湿；采用浇水养护时混凝土保持湿润；大体积混凝土养护时有控温、测温措施；冬期养护时有保温、防冻措施。

8.4.2 采用保水性好的养护剂是为了保证混凝土表面颜色的一致性。

8.5 冬期施工

8.5.1～8.5.4 冬期施工时对防冻剂进行试验对比是为了防止混凝土表面返碱，影响清水混凝土的饰面效果以及对耐久性的影响。

9 混凝土表面处理

9.0.1 清水混凝土是混凝土表面作为饰面，追求的

是一次成型的原始效果。目前，全国不同地区的材料水平、施工工艺等都存在很大不同，结合近年施工的清水混凝土实例，大面积的清水混凝土施工中要做到表面效果一致难度较大。所以，本条提出了表面处理。但表面处理以越少越好为原则，这里强调了由设计、监理（建设）单位共同确定标准和工艺。表面处理的施工工艺可参考以下方法：

1 气泡处理：清理混凝土表面，用与原混凝土同配比减砂石水泥浆刮补墙面，待硬化后，用细砂纸均匀打磨，用水冲洗洁净。

2 螺栓孔眼处理：清理螺栓孔眼表面，将原堵头放回孔中，用专用刮刀取界面剂的稀释液调制同配比减石子的水泥砂浆刮平周边混凝土面，待砂浆终凝后擦拭混凝土表面浮浆，取出堵头，喷水养护。

3 漏浆部位处理：清理混凝土表面松动砂子，用刮刀取界面剂的稀释液调制成颜色与混凝土基本相同的水泥腻子抹于需处理部位。待腻子终凝后用砂纸磨平，刮至表面平整，阳角顺直，喷水养护。

4 明缝处胀模、错台处理：用铲刀铲平，打磨后用水泥浆修复平整。明缝处拉通线，切割超出部分，对明缝上下阳角损坏部位先清理浮渣和松动混凝土，再用界面剂的稀释液调制同配比减石子砂浆，将明缝条平直嵌入明缝内，将砂浆填补到处理部位，用刮刀压实刮平，上下部分分次处理；待砂浆终凝后，取出明缝条，及时清理被污染混凝土表面，喷水养护。

5 螺栓孔的封堵：采用三节式螺栓时，中间一节螺栓留在混凝土内，两端的锥形接头拆除后用补偿收缩防水水泥砂浆封堵，并用专用封孔模具修饰，使修补的孔眼直径、孔眼深度与其他孔眼一致，并喷水养护。采用通丝杆对拉螺栓时，螺栓孔用补偿收缩水泥砂浆和专用模具封堵，取出堵头后，喷水养护。

9.0.2 在清水混凝土表面涂刷保护涂料的目的是增强混凝土的耐久性。

9.0.3 本条规定是为了保证清水混凝土表面颜色的一致性。

10 成品保护

10.1 模板成品保护

10.1.1、10.1.2 本条说明了清水混凝土模板存放的重要性，模板水平叠放时，采用面对面、背靠背的方式；模板竖向存放时，使用专用插放架，面对面的插入存放，上面覆盖塑料布。

10.1.3 采用封边漆封边和保护垫圈是为了防止雨水等从胶合板面板的切口和侧面渗入，胶合板吸水翘曲变形，影响清水混凝土表面效果。

10.2 钢筋成品保护

10.2.1 加工成型的钢筋按规格、品种、使用部位和顺序分类摆放，采用防雨水等措施，都是为了防止锈蚀的钢筋对混凝土表面颜色产生影响。

10.3 混凝土成品保护

10.3.1 混凝土浇筑过程采取专人监控方式进行，从浇筑部位流淌下的水泥浆和洒落的混凝土及时清理干净，成品清水混凝土用塑料薄膜封严保护，材料运输通道等易破坏地方用硬质材料护角保护。

10.3.3 使用挂架、脚手架、吊篮时，与混凝土墙面的接触点采用垫橡胶板、木方或聚苯板等材料，是为了防止破坏清水混凝土表面。

中华人民共和国行业标准

补偿收缩混凝土应用技术规程

Technical specification for application of
shrinkage-compensating concrete

JGJ/T 178—2009

批准部门：中华人民共和国住房和城乡建设部
施行日期：２００９年１２月１日

中华人民共和国住房和城乡建设部
公　告

第 331 号

关于发布行业标准
《补偿收缩混凝土应用技术规程》的公告

现批准《补偿收缩混凝土应用技术规程》为行业标准，编号为 JGJ/T 178－2009，自 2009 年 12 月 1 日起实施。

本规程由我部标准定额研究所组织中国建筑工业出版社出版发行。

中华人民共和国住房和城乡建设部

2009 年 6 月 16 日

前　　言

根据住房和城乡建设部《关于印发〈2008 年工程建设标准规范制订、修订计划（第一批）〉的通知》（建标〔2008〕102 号）的要求，本规程编制组经广泛调查研究，认真总结实践经验，参考有关国外标准，并在广泛征求意见的基础上，制定了本规程。

本规程的主要技术内容是：1. 总则；2. 术语；3. 基本规定；4. 设计原则；5. 原材料选择；6. 配合比；7. 生产和运输；8. 浇筑和养护；9. 施工缝、防水节点和施工缺陷的处理措施；10. 验收；附录 A 限制状态下补偿收缩混凝土抗压强度检验方法。

本规程由住房和城乡建设部负责管理，由中国建筑材料科学研究总院负责具体技术内容的解释。执行过程中如有意见或建议，请寄送中国建筑材料科学研究总院（地址：北京市朝阳区管庄东里 1 号，邮政编码：100024）。

本规程主编单位：中国建筑材料科学研究总院
　　　　　　　　长业建设集团有限公司
本规程参编单位：中国建筑科学研究院
　　　　　　　　北京市建筑设计研究院
　　　　　　　　山东省建筑科学研究院

北京中岩特种工程材料公司
江苏博特新材料有限公司
天津豹鸣股份有限公司
重庆市江北特种建材有限公司
浙江合力新型建材有限公司
深圳陆基建材技术有限公司
武汉三源特种建材有限责任公司
杭州力盾混凝土外加剂有限公司

本规程主要起草人员：赵顺增　刘　立　游宝坤
　　　　　　　　　　　张利俊　徐少骏　敖　鹏
　　　　　　　　　　　丁　威　陈彬磊　刘加平
　　　　　　　　　　　王勇威　李光明　李乃珍
　　　　　　　　　　　董同刚　刘福全　丁小富
　　　　　　　　　　　苑立东　邓庆洪
本规程主要审查人员：王栋民　徐湘生　陈锡智
　　　　　　　　　　　白生翔　曹永康　阎培渝
　　　　　　　　　　　左克伟　张培建　王子明

目　次

1 总则 ································· 18—5

2 术语 ································· 18—5

3 基本规定 ····························· 18—5

4 设计原则 ····························· 18—5

5 原材料选择 ··························· 18—7

6 配合比 ······························· 18—7

7 生产和运输 ··························· 18—7

8 浇筑和养护 ··························· 18—7

9 施工缝、防水节点和施工缺陷的
　　处理措施 ··························· 18—8

10 验收 ································· 18—8

附录 A　限制状态下补偿收缩混凝土
　　　　抗压强度检验方法 ··········· 18—8

本规程用词说明 ······················· 18—9

引用标准名录 ························· 18—9

附：条文说明 ························· 18—10

Contents

1 General Provisions ·············· 18—5

2 Terms ···························· 18—5

3 Basic Requirements ············· 18—5

4 Design Principles ··············· 18—5

5 Raw Materials ·················· 18—7

6 Mix Proportioning ·············· 18—7

7 Mixing and Transportation ·········· 18—7

8 Placing and Curing ··············· 18—7

9 Treatment for Construction
Joints, Waterproof Joints and
Construction Defects ············· 18—8

10 Check and Acceptance ··············· 18—8

Appendix A Test Method for
Compressive Strength
of Constrained Shrinkage-
Compensating
Concrete ·············· 18—8

Explanation of Wording in This
Specification ·············· 18—9

Normative Standards ··············· 18—9

Explanation of Provisions ··············· 18—10

1 总 则

1.0.1 为规范补偿收缩混凝土的工程应用，减少或消除混凝土收缩裂缝，提高混凝土结构的防水性能，保证工程质量，制定本规程。

1.0.2 本规程适用于补偿收缩混凝土的设计、施工及验收。

1.0.3 补偿收缩混凝土的应用除应符合本规程外，尚应符合国家现行有关标准的规定。

2 术 语

2.0.1 混凝土膨胀剂 expansive agents for concrete
与水泥、水拌合后经水化反应生成钙矾石、氢氧化钙或钙矾石和氢氧化钙，使混凝土产生体积膨胀的外加剂，简称膨胀剂。

2.0.2 限制膨胀率 percentage of restrained expansion
混凝土的膨胀被钢筋等约束体限制时导入钢筋的应变值，用钢筋的单位长度伸长值表示。

2.0.3 自应力 self-stress
混凝土的膨胀被钢筋等约束体约束时导入混凝土的压应力。

2.0.4 补偿收缩混凝土 shrinkage-compensating concrete
由膨胀剂或膨胀水泥配制的自应力为 $0.2 \sim 1.0$ MPa 的混凝土。

2.0.5 单位胶凝材料用量 binding material content
每立方米混凝土中使用的水泥、矿物掺合料和膨胀剂的质量之和。

2.0.6 膨胀剂掺量 addition percentage of expansive agent in binding material
混凝土中膨胀剂占胶凝材料总量的百分含量。

2.0.7 膨胀加强带 expansive strengthening band
通过在结构预设的后浇带部位浇筑补偿收缩混凝土，减少或取消后浇带和伸缩缝、延长构件连续浇筑长度的一种技术措施，可分为连续式、间歇式和后浇式三种。

连续式膨胀加强带是指膨胀加强带部位的混凝土与两侧相邻混凝土同时浇筑；间歇式膨胀加强带是指膨胀加强带部位的混凝土与一侧相邻的混凝土同时浇筑，而另一侧是施工缝；后浇式膨胀加强带与常规后浇带的浇筑方式相同。

3 基 本 规 定

3.0.1 补偿收缩混凝土宜用于混凝土结构自防水、工程接缝填充、采取连续施工的超长混凝土结构、大体积混凝土等工程。以钙矾石作为膨胀源的补偿收缩混凝土，不得用于长期处于环境温度高于 80℃ 的钢筋混凝土工程。

3.0.2 补偿收缩混凝土的质量除应符合现行国家标准《混凝土质量控制标准》GB 50164 的规定外，还应符合设计所要求的强度等级、限制膨胀率、抗渗等级和耐久性技术指标。

3.0.3 补偿收缩混凝土的限制膨胀率应符合表 3.0.3 的规定。

表 3.0.3 补偿收缩混凝土的限制膨胀率

用 途	限制膨胀率（%）	
	水中 14d	水中 14d 转空气中 28d
用于补偿混凝土收缩	≥0.015	≥−0.030
用于后浇带、膨胀加强带和工程接缝填充	≥0.025	≥−0.020

3.0.4 补偿收缩混凝土限制膨胀率的试验和检验应按照现行国家标准《混凝土外加剂应用技术规范》GB 50119 的有关规定进行。

3.0.5 补偿收缩混凝土的抗压强度应满足下列要求：

1 对大体积混凝土工程或地下工程，补偿收缩混凝土的抗压强度可以标准养护 60d 或 90d 的强度为准；

2 除对大体积混凝土工程或地下工程外，补偿收缩混凝土的抗压强度应以标准养护 28d 的强度为准。

3.0.6 补偿收缩混凝土设计强度等级不宜低于 C25；用于填充的补偿收缩混凝土设计强度等级不宜低于 C30。

3.0.7 补偿收缩混凝土的抗压强度检验应按照现行国家标准《普通混凝土力学性能试验方法标准》GB/T 50081 执行。用于填充的补偿收缩混凝土的抗压强度检测，可按照本规程附录 A 进行。

4 设 计 原 则

4.0.1 设计使用补偿收缩混凝土时，应在设计图纸中明确注明不同结构部位的限制膨胀率指标要求。

4.0.2 补偿收缩混凝土的设计取值应符合下列规定：

1 补偿收缩混凝土的设计强度等级应符合现行国家标准《混凝土结构设计规范》GB 50010 的规定。用于后浇带和膨胀加强带的补偿收缩混凝土的设计强度等级应比两侧混凝土提高一个等级。

2 限制膨胀率的设计取值应符合表 4.0.2 的规定。使用限制膨胀率大于 0.060% 的混凝土时，应预先进行试验研究。

表 4.0.2　限制膨胀率的设计取值

结构部位	限制膨胀率（%）
板梁结构	≥0.015
墙体结构	≥0.020
后浇带、膨胀加强带等部位	≥0.025

　　3　限制膨胀率的取值应以 0.005% 的间隔为一个等级。

　　4　对下列情况，表 4.0.2 中的限制膨胀率取值宜适当增大：

　　　1）强度等级大于等于 C50 的混凝土，限制膨胀率宜提高一个等级；

　　　2）约束程度大的桩基础底板等构件；

　　　3）气候干燥地区、夏季炎热且养护条件差的构件；

　　　4）结构总长度大于 120m；

　　　5）屋面板；

　　　6）室内结构越冬外露施工。

4.0.3　大体积、大面积及超长混凝土结构的后浇带可采用膨胀加强带的措施，并应符合下列规定：

　　1　膨胀加强带可采用连续式、间歇式或后浇式等形式（见图 4.0.3-1～图 4.0.3-3）；

　　2　膨胀加强带的设置可按照常规后浇带的设置原则进行；

　　3　膨胀加强带宽度宜为 2000mm，并应在其两侧用密孔钢（板）丝网将带内混凝土与带外混凝土分开；

　　4　非沉降的膨胀加强带可在两侧补偿收缩混凝土浇筑 28d 后再浇筑，大体积混凝土的膨胀加强带应在两侧的混凝土中心温度降至环境温度时再浇筑。

4.0.4　补偿收缩混凝土的浇筑方式和构造形式应根据结构长度，按表 4.0.4 进行选择。膨胀加强带之间的间距宜为 30～60m。强约束板式结构宜采用后浇式膨胀加强带分段浇筑。

表 4.0.4　补偿收缩混凝土浇筑方式和构造形式

结构类别	结构长度 L（m）	结构厚度 H（m）	浇筑方式	构造形式
墙体	L≤60	—	连续浇筑	连续式膨胀加强带
	L>60	—	分段浇筑	后浇式膨胀加强带
板式结构	L≤60	—	连续浇筑	—
	60<L≤120	H≤1.5	连续浇筑	连续式膨胀加强带
	60<L≤120	H>1.5	分段浇筑	后浇式、间歇式膨胀加强带
	L>120	—	分段浇筑	后浇式、间歇式膨胀加强带

注：不含现浇挑檐、女儿墙等外露结构。

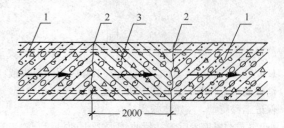

图 4.0.3-1　连续式膨胀加强带
1—补偿收缩混凝土；2—密孔钢丝网；
3—膨胀加强带混凝土

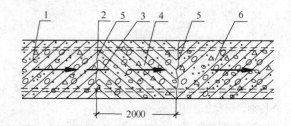

图 4.0.3-2　间歇式膨胀加强带
1—先浇筑的补偿收缩混凝土；2—施工缝；3—钢板止水带；4—后浇筑的膨胀加强带混凝土；5—密孔钢丝网；6—与膨胀加强带同时浇筑的补偿收缩混凝土

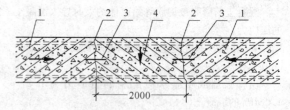

图 4.0.3-3　后浇式膨胀加强带
1—补偿收缩混凝土；2—施工缝；3—钢板止水带；4—膨胀加强带混凝土

4.0.5　补偿收缩混凝土中的钢筋配置应符合下列规定：

　　1　补偿收缩混凝土应采用双排双向配筋，钢筋间距宜符合表 4.0.5 的要求。当地下室外墙的净高度大于 3.6m 时，在墙体高度的水平中线部位上下 500mm 范围内，水平筋的间距不宜大于 100mm。配筋率应符合现行国家标准《混凝土结构设计规范》GB 50010 的有关规定。

表 4.0.5　钢　筋　间　距

结构部位	钢筋间距（mm）
底板	150～200
楼板	100～200
屋面板、墙体水平筋	100～150

　　2　附加钢筋的配置宜符合下列规定：

　　　1）当房屋平面形体有凹凸时，在房屋和凹角处的楼板、房屋两端阳角处及山墙处的楼板、与周围梁柱墙等构件整体浇筑且受约束较强的楼板，宜加强配筋。

　　2）在出入口位置、结构截面变化处、构造复杂的突出部位、楼板预留孔洞、标高不同的相邻构件连接处等，宜加强配筋。

4.0.6 当地下结构或水工结构采用补偿收缩混凝土做结构自防水时，在施工保证措施完善的前提下，迎水面可不做柔性防水。

5　原材料选择

5.0.1 水泥应符合现行国家标准《通用硅酸盐水泥》GB 175 或《中热硅酸盐水泥、低热硅酸盐水泥、低热矿渣硅酸盐水泥》GB 200 的规定。

5.0.2 膨胀剂的品种和性能应符合现行行业标准《混凝土膨胀剂》JC 476 的规定。膨胀剂应单独存放，并不得受潮。当膨胀剂在存放过程中发生结块、胀袋现象时，应进行品质复验。

5.0.3 外加剂和矿物掺合料的选择应符合下列规定：

　　1 减水剂、缓凝剂、泵送剂、防冻剂等混凝土外加剂应分别符合国家现行标准《混凝土外加剂》GB 8076、《混凝土泵送剂》JC 473、《混凝土防冻剂》JC 475 等的规定。

　　2 粉煤灰应符合现行国家标准《用于水泥和混凝土中的粉煤灰》GB 1596 的规定，不得使用高钙粉煤灰。使用的矿渣粉应符合现行国家标准《用于水泥和混凝土中的粒化高炉矿渣粉》GB/T 18046 的规定。

5.0.4 骨料应符合现行行业标准《普通混凝土用砂、石质量及检验方法标准》JGJ 52 的规定。轻骨料应符合现行国家标准《轻集料及其试验方法　第1部分：轻集料》GB/T 17431.1 的规定。

5.0.5 拌合水应符合现行行业标准《混凝土用水标准》JGJ 63 的规定。

6　配　合　比

6.0.1 补偿收缩混凝土的配合比设计，应满足设计所需要的强度、膨胀性能、抗渗性、耐久性等技术指标和施工工作性要求。配合比设计应符合现行行业标准《普通混凝土配合比设计规程》JGJ 55的规定。使用的膨胀剂品种应根据工程要求和施工要求事先进行选择。

6.0.2 膨胀剂掺量应根据设计要求的限制膨胀率，并应采用实际工程使用的材料，经过混凝土配合比试验后确定。配合比试验的限制膨胀率值应比设计值高0.005%，试验时，每立方米混凝土膨胀剂用量可按照表6.0.2选取。

表6.0.2　每立方米混凝土膨胀剂用量

用　途	混凝土膨胀剂用量（kg/m³）
用于补偿混凝土收缩	30～50
用于后浇带、膨胀加强带和工程接缝填充	40～60

6.0.3 补偿收缩混凝土的水胶比不宜大于0.50。

6.0.4 单位胶凝材料用量应符合现行国家标准《混凝土外加剂应用技术规范》GB 50119 的规定，且补偿收缩混凝土单位胶凝材料用量不宜小于300kg/m³，用于膨胀加强带和工程接缝填充部位的补偿收缩混凝土单位胶凝材料用量不宜小于350kg/m³。

6.0.5 有耐久性要求的补偿收缩混凝土，其配合比设计应符合现行国家标准《混凝土结构耐久性设计规范》GB/T 50476 的规定。

7　生产和运输

7.0.1 补偿收缩混凝土宜在预拌混凝土厂生产，并应符合现行国家标准《混凝土质量控制标准》GB 50164 的有关规定。

7.0.2 补偿收缩混凝土的各种原材料应采用专用计量设备进行准确计量。计量设备应定期校验，使用前应进行零点校核。原材料每盘称量的允许偏差应符合表7.0.2的规定。

表7.0.2　原材料每盘称量的允许偏差

材料名称	允许偏差（%）
水泥、膨胀剂、矿物掺合料	±2
粗、细骨料	±3
水、外加剂	±2

7.0.3 补偿收缩混凝土应搅拌均匀。对预拌补偿收缩混凝土，其搅拌时间可与普通混凝土的搅拌时间相同，现场拌制的补偿收缩混凝土的搅拌时间应比普通混凝土的搅拌时间延长30s以上。

8　浇筑和养护

8.0.1 补偿收缩混凝土的浇筑和养护应符合现行国家标准《混凝土质量控制标准》GB 50164 的有关规定。

8.0.2 补偿收缩混凝土的浇筑应符合下列规定：

　　1 浇筑前应制定浇筑计划，检查膨胀加强带和后浇带的设置是否符合设计要求，浇筑部位应清理干净。

　　2 当施工中因遇到雨、雪、冰雹需留施工缝时，对新浇混凝土部分应立即用塑料薄膜覆盖；当出现混凝土已硬化的情况时，应先在其上铺设30～50mm厚的同配合比无粗骨料的膨胀水泥砂浆，再浇筑混凝土。

3 当超长的板式结构采用膨胀加强带取代后浇带时，应根据所选膨胀加强带的构造形式，按规定顺序浇筑。间歇式膨胀加强带和后浇式膨胀加强带浇筑前，应将先期浇筑的混凝土表面清理干净，并充分湿润。

4 水平构件应在终凝前采用机械或人工的方式，对混凝土表面进行三次抹压。

8.0.3 补偿收缩混凝土的养护应符合下列规定：

1 补偿收缩混凝土浇筑完成后，应及时对暴露在大气中的混凝土表面进行潮湿养护，养护期不得少于14d。对水平构件，常温施工时，可采取覆盖塑料薄膜并定时洒水、铺湿麻袋等方式。底板宜采取直接蓄水养护方式。墙体浇筑完成后，可在顶端设多孔淋水管，达到脱模强度后，可松动对拉螺栓，使墙体外侧与模板之间有2~3mm的缝隙，确保上部淋水进入模板与墙壁间，也可采取其他保湿养护措施。

2 在冬期施工时，构件拆模时间应延至7d以上，表层不得直接洒水，可采用塑料薄膜保水，薄膜上部再覆盖岩棉被等保温材料。

3 已浇筑完混凝土的地下室，应在进入冬期施工前完成灰土的回填工作。

4 当采用保温养护、加热养护、蒸汽养护或其他快速养护等特殊养护方式时，养护制度应通过试验确定。

9 施工缝、防水节点和施工缺陷的处理措施

9.0.1 墙体混凝土预留的水平施工缝和竖向施工缝应在迎水面进行混凝土自防水的修补处理，可在浇筑混凝土时沿缝预留凹槽，也可在拆模后在施工缝位置开凿深10mm、宽100mm的凹形槽。穿墙管（盒）、固定模板的对穿螺栓等节点位置，应开凿凹槽。应先用清水将凹槽冲洗干净，再涂刷一层混凝土界面剂，然后再用膨胀水泥砂浆填实抹平并湿润养护14d，也可在修补部位表面涂刷防水涂料。

9.0.2 现浇混凝土所产生的外观质量缺陷，应按照现行国家标准《混凝土结构工程施工质量验收规范》GB 50204的相关规定进行处理。较大的蜂窝、孔洞等应采用比结构混凝土高一个强度等级的补偿收缩混凝土进行修补；对有防水要求的部位，还宜在修补的表面采用膨胀水泥砂浆进行防水处理，采用补偿收缩混凝土或膨胀水泥砂浆修补的部位应湿润养护14d。

9.0.3 对于贯穿性的混凝土裂缝，当混凝土有防水要求时，应采用压力灌浆法进行修补。对于非贯通性的混凝土裂缝，可进行表面封堵，也可沿着裂缝开凿凹形槽，采用刚性防水材料或膨胀水泥砂浆修补。

10 验 收

10.0.1 补偿收缩混凝土工程的验收应符合现行国家标准《建筑工程施工质量验收统一标准》GB 50300和《混凝土结构工程施工质量验收规范》GB 50204的有关规定。

10.0.2 补偿收缩混凝土的原材料验收应符合下列规定：

1 同一生产厂家、同一类型、同一编号且连续进场的膨胀剂，应按不超过200t为一批，每批抽样不应少于一次，检查产品合格证、出厂检验报告和进场复验报告。

2 水泥、外加剂等原材料应按现行国家标准《混凝土结构工程施工质量验收规范》GB 50204的规定进行验收。

10.0.3 对于补偿收缩混凝土的限制膨胀率的检验，应在浇筑地点制作限制膨胀率试验的试件，在标准条件下水中养护14d后进行试验，并应符合下列规定：

1 对于配合比试配，应至少进行一组限制膨胀率试验，试验结果应满足配合比设计要求。

2 施工过程中，对于连续生产的同一配合比的混凝土，应至少分成两个批次取样进行限制膨胀率试验，每个批次应至少制作一组试件，各批次的试验结果均应满足工程设计要求。

3 对于多组试件的试验，应取平均值作为试验结果。

4 限制膨胀率试验应按现行国家标准《混凝土外加剂应用技术规范》GB 50119的有关规定进行。

10.0.4 当现场取样试件的限制膨胀率低于设计值，而实际工程没有发生贯通裂缝时，可通过验收；当现场取样试件的限制膨胀率符合设计值，而实际工程发生贯通裂缝时，应按本规程第9章的措施修补，或由施工单位提出技术处理方案，并经认可后进行处理。处理后应重新检查验收。

当现场取样试件的限制膨胀率低于设计值，实际工程也发生贯通裂缝时，应组织专家进行专项评审并提出处理意见，经认可后进行处理。处理后，应重新检查验收。

附录A 限制状态下补偿收缩混凝土抗压强度检验方法

A.0.1 本方法适用于在限制状态下养护的补偿收缩混凝土抗压强度的检验。

A.0.2 试件尺寸及制作应符合现行国家标准《普通混凝土力学性能试验方法标准》GB/T 50081的有关规定，应采用钢制模具。装入混凝土之前，应确认模

具的挡块不松动。

A.0.3 试件养护和脱模应符合下列规定：

1 试件在标准养护条件下带模养护不应少于 7d。

2 龄期 7d 后，可拆模并进行标准养护。脱模时，模具破损或接缝处张开的试件，不得用于检验。

A.0.4 抗压强度检验应符合现行国家标准《普通混凝土力学性能试验方法标准》GB/T 50081 的有关规定。

本规程用词说明

1 为便于在执行本规程条文时区别对待，对于要求严格的程度不同的用词说明如下：

　1）表示很严格，非这样做不可的：

　　正面词采用"必须"；反面词采用"严禁"。

　2）表示严格，在正常情况均应这样做的：

　　正面词采用"应"；反面词采用"不应"或"不得"。

　3）表示允许稍有选择，在条件许可时，首先这样做的：

　　正面词采用"宜"；反面词采用"不宜"。

　4）表示有选择，在一定条件下可以这样做的，采用"可"。

2 条文中指明应按照其他有关标准执行的写法为："应按照…执行"或"应符合…的规定"。

引用标准名录

1　《混凝土结构设计规范》GB 50010

2　《普通混凝土力学性能试验方法标准》GB/T 50081

3　《混凝土外加剂应用技术规范》GB 50119

4　《混凝土质量控制标准》GB 50164

5　《混凝土结构工程施工质量验收规范》GB 50204

6　《建筑工程施工质量验收统一标准》GB 50300

7　《混凝土结构耐久性设计规范》GB/T 50476

8　《通用硅酸盐水泥》GB 175

9　《中热硅酸盐水泥、低热硅酸盐水泥、低热矿渣硅酸盐水泥》GB 200

10　《用于水泥和混凝土中的粉煤灰》GB 1596

11　《混凝土外加剂》GB 8076

12　《用于水泥和混凝土中的粒化高炉矿渣粉》GB/T 18046

13　《轻集料及其试验方法第 1 部分：轻集料》GB/T 17431.1

14　《普通混凝土用砂、石质量及检验方法标准》JGJ 52

15　《普通混凝土配合比设计规程》JGJ 55

16　《混凝土用水标准》JGJ 63

17　《混凝土泵送剂》JC 473

18　《混凝土防冻剂》JC 475

19　《混凝土膨胀剂》JC 476

中华人民共和国行业标准

补偿收缩混凝土应用技术规程

JGJ/T 178—2009

条 文 说 明

制 订 说 明

《补偿收缩混凝土应用技术规程》JGJ /T 178—2009，经住房和城乡建设部 2009 年 6 月 16 日以 331 号公告批准发布。

本规程制订过程中，编制组进行了补偿收缩混凝土应用技术现状与发展和工程应用实例的调查研究，总结了我国补偿收缩混凝土工程应用的实践经验，同时参考了日本《膨胀混凝土设计施工指南》和美国混凝土协会《使用补偿收缩混凝土的标准做法》（ACI223.1R），通过补偿收缩混凝土的基本性能试验、配合比设计试验和干燥收缩开裂试验等取得了补偿收缩混凝土的基本性能、配合比及质量控制等重要技术参数。

为方便广大设计、施工、科研、院校等单位的有关人员在使用本标准时能正确的理解和执行条文规定，《补偿收缩混凝土应用技术规程》编制组按章、节、条的顺序编制了条文说明，对条文规定的目的、依据以及执行中需要注意的有关事项进行了说明。但是，本条文说明不具备与标准正文同等的法律效力，仅供使用者作为理解和把握标准规定的参考。

目　次

1 总则 ································· 18—13

2 术语 ································· 18—13

3 基本规定 ························· 18—13

4 设计原则 ························· 18—14

5 原材料选择 ····················· 18—15

6 配合比 ····························· 18—16

7 生产和运输 ····················· 18—16

8 浇筑和养护 ····················· 18—16

9 施工缝、防水节点和施工
　 缺陷的处理措施 ··············· 18—17

10 验收 ····························· 18—17

附录 A　限制状态下补偿收缩
　　　　混凝土抗压强度检验
　　　　方法 ····················· 18—17

1 总　则

1.0.1 制定本规程的目的，即规范补偿收缩混凝土工程的设计与施工，突出补偿收缩混凝土结构的防水性能，从而保证补偿收缩混凝土工程的质量。

1.0.2 本规程的适用范围。本规程的直接服务对象是设计和施工人员。

1.0.3 补偿收缩混凝土源于普通混凝土，二者在制备工艺、施工工艺、工作性能与强度性能等诸方面基本相同，又确无必要一一列入本规程。因此，补偿收缩混凝土在应用过程中，除执行本规程的规定外，同时要符合国家现行有关标准的规定。本规程的有关内容，将随着建筑技术和新材料开发的进步以及工程实践经验的不断积累，得到补充和完善。

2 术　语

2.0.1 本规程所指的膨胀剂，包括水化产物为钙矾石（$C_3A \cdot 3CaSO_4 \cdot 32H_2O$）的硫铝酸钙类膨胀剂、水化产物为钙矾石和氢氧化钙的硫铝酸钙—氧化钙类膨胀剂、水化产物为氢氧化钙的氧化钙类膨胀剂，不包括其他类别的膨胀剂。氧化镁膨胀剂虽然在大坝混凝土中已有使用，但由于技术原因，目前还没有在建筑工程中应用，进行的研究也比较少，因此不包括在本规程中。

2.0.2 通过测量配筋率一定的单向限制器具的变形可以获得限制膨胀率。膨胀剂的限制膨胀率是膨胀剂产品的关键质量和技术指标，按照现行行业标准《混凝土膨胀剂》JC 476 规定的方法测定。补偿收缩混凝土的限制膨胀率是工程设计指标，按现行国家标准《混凝土外加剂应用技术规范》GB 50119 规定的方法测定。

2.0.3 补偿收缩混凝土膨胀时，会对其约束体施加拉应力，根据作用力与反作用力原理，约束体会对其产生相应的压应力，由于此压应力是利用混凝土自身的化学能（膨胀能）张拉钢筋或其他约束体产生的，有别于外部施加的机械预应力，所以称为自应力。自应力按照公式 $\sigma = \varepsilon \cdot E \cdot \mu$ 计算（σ 为自应力值；E 为限制钢筋的弹性模量，取 2.0×10^5 MPa；μ 为试件配筋率），对于钢筋混凝土而言，在一定范围内，配筋率与自应力值成正比关系；配筋率一定时，限制膨胀率高，自应力值就大。

2.0.4 按膨胀能大小可以将膨胀混凝土分为补偿收缩混凝土和自应力混凝土两类，其中补偿收缩混凝土的自应力值较小，主要用于补偿混凝土收缩和填充灌注。用于补偿因混凝土收缩产生的拉应力、提高混凝土的抗裂性能和改善变形性质时，其自应力值一般为 0.2～0.7MPa；用于后浇带、连续浇筑时预设的膨胀

加强带、以及接缝工程填充时，自应力值为 0.5～1.0MPa。在这两种情况下使用的膨胀混凝土，由于自应力很小，故在结构设计中一般不考虑自应力的影响。

日本认为当膨胀混凝土经过干燥收缩后尚残留压应力，称为自应力混凝土，否则为补偿收缩混凝土。我国所称的自应力混凝土的自应力值较大，在结构设计时必须考虑自应力的影响，自应力混凝土主要用于制造自应力混凝土压力输水管。

以前是使用膨胀水泥拌制膨胀混凝土，自从膨胀剂问世后，由于其成本低，使用灵活方便，现在基本上都使用膨胀剂拌制膨胀混凝土，鉴于两种工艺拌制的补偿收缩混凝土性质大致相同，因此使用膨胀水泥拌制补偿收缩混凝土时，本规程也具有一定参考性。

2.0.5 因为膨胀剂与水泥一样，参与水化作用，属于胶凝材料，所以单位胶凝材料用量应该为（$C+E+F$），此处 C 表示单位水泥用量，E 表示单位膨胀剂用量，F 表示除膨胀剂以外的掺合料（如粉煤灰、磨细矿渣粉等）的单位用量。

2.0.6 膨胀剂掺量是指膨胀剂与水泥、膨胀剂和矿物掺合料等胶凝材料的百分比，即 $E/(C+E+F)$。

2.0.7 膨胀加强带一般设在原设计留有后浇带的部位，收缩应力比较集中，需要采用自应力大的补偿收缩混凝土对两侧混凝土进行强化补偿。根据工程结构特点和施工要求，膨胀加强带分为连续式、间歇式和后浇式三种构造形式。

3 基 本 规 定

3.0.1 本条明确了补偿收缩混凝土的主要使用场合。对膨胀源是钙矾石的补偿收缩混凝土使用条件进行了规定。因为钙矾石在 80℃ 以上可能分解，所以从安全性考虑，规定膨胀源是钙矾石的补偿收缩混凝土使用环境温度不高于 80℃，膨胀源是氢氧化钙的补偿收缩混凝土不受此规定的限制。

3.0.2 掺入膨胀剂的补偿收缩混凝土仍属普通硅酸盐体系的混凝土，其使用也在普通混凝土的范围之内，故需满足普通混凝土的质量控制标准，但是掺入膨胀剂后，与普通混凝土相比，在多数情况下新拌补偿收缩混凝土的凝结时间略快、坍落度偏低、坍落度损失略大，在确定其工作性指标时，应予以注意。

3.0.3 限制膨胀率指标是依据现行国家标准《混凝土外加剂应用技术规范》GB 50119 的规定确定的。其中用于后浇带、膨胀加强带和工程接缝填充的混凝土限制膨胀率，根据最新的研究结果调整至 −0.020%。根据补偿收缩混凝土的定义，自应力为 0.2～1.0MPa 时，相应的限制膨胀率约为 0.015%～0.060%，故最小限制膨胀率取 0.015%。

3.0.4 本条规定了补偿收缩混凝土限制膨胀率的试验

和检验方法。

3.0.5 本条规定了补偿收缩混凝土抗压强度的检验龄期。

3.0.6 本条规定了补偿收缩混凝土的最低抗压强度设计等级。

3.0.7 本条规定了补偿收缩混凝土的抗压强度试验方法。对膨胀较小的补偿收缩混凝土，按照现行国家标准《普通混凝土力学性能试验方法标准》GB/T 50081 检测。对用于填充的补偿收缩混凝土，有时因膨胀过大会出现无约束试件强度明显降低的情况，按照本规程附录 A 进行，使试件在试模中处于限制的状态，比较符合实际使用情况。

4 设 计 原 则

4.0.1 随着国内建设的高速发展，现浇大体积、大面积和超长混凝土得到大量应用，同时其开裂情况不断增多，补偿收缩混凝土是一种较好的解决手段。本条是对补偿收缩混凝土设计的一般规定。不同的结构部位受约束的程度不同，因此补偿收缩时需要的膨胀能也不一样，需要明示限制膨胀率取值范围。膨胀剂掺量不能准确反映混凝土的膨胀能，规定了限制膨胀率后，可以根据限制膨胀率经过配合比试验确定膨胀剂的准确掺量。由于导入混凝土的自应力值很小，在计算补偿收缩混凝土的设计轴向压缩极限应力和设计弯曲拉伸极限应力时，可不考虑膨胀的影响。

4.0.2 在胶凝材料用量和水胶比相同的条件下，补偿收缩混凝土的 28d 强度与普通混凝土相当；在限制充分的状态下，强度高于普通混凝土；无约束试件 60d 龄期强度一般比 28d 增长 15% 以上。从过去的研究结果和工程实践来看，我国的膨胀剂配制的补偿收缩混凝土，在中等强度等级（C25～C40）的水平上较适于体现膨胀的有益作用，因此需要注重膨胀与强度的协调问题，不宜过大追求混凝土的富余强度。但是高强度混凝土是混凝土的发展方向，应该努力探究提高混凝土的补偿收缩能力的新措施。后浇带和膨胀加强带的部位收缩应力一般比较大，故在强度设计时作适当提高。

本条所述限制膨胀率设计取值，是指本规程第 3 章规定的水中 14d 龄期限制膨胀率。

基于限制膨胀率检测误差等考虑，限制膨胀率的取值一般以 0.005% 为级，如 0.015%、0.020%、0.025%……0.060%。

根据补偿收缩混凝土的定义，自应力为 0.2～1.0MPa 时，相应的限制膨胀率约为 0.015%～0.060%，故补偿收缩混凝土的最小限制膨胀率为 0.015%，最大限制膨胀率为 0.060%，限制膨胀率大于 0.060% 的混凝土可归为自应力混凝土，所以如果在特殊条件下需要使用自应力混凝土时，事前应进

行必要的试验研究，重点研究膨胀稳定期、强度变化规律等。

设计选取限制膨胀率时，需要综合考虑混凝土强度等级、限制（约束）程度、使用环境、结构总长度等因素；另外，同一结构的不同部位的约束程度和收缩应力不同，其限制膨胀率的设计取值也不相同，养护条件的差别会影响混凝土限制膨胀率的发挥，也是设计取值的考虑因素，因此，墙体结构的限制膨胀率取值高于水平梁板结构。大的限制应该用大的膨胀进行补偿，故后浇带、膨胀加强带的取值要高一些。

板梁和墙体结构部位，限制膨胀率的取值主要考虑结构长度、约束程度和混凝土强度，结构长度小、约束较弱、混凝土强度较低的情况下，可取低些，反之则取高些。

后浇带、膨胀加强带等填充部位，限制膨胀率的取值主要考虑结构总长度和构件厚度，一般随着结构体总长度增加或厚度增大，限制膨胀率渐次增大。

4.0.3 膨胀加强带的设计。

补偿收缩混凝土基本能够补偿或部分补偿混凝土的干燥收缩，因此与一般混凝土相比，用于释放变形和应力的后浇带可以提前浇筑，为降低温度应力的影响，大体积混凝土应该在温度降至环境温度下再浇筑后浇带。后浇带详细构造见现行国家标准《地下工程防水技术规范》GB 50108 的要求。

采用普通混凝土施工时，关于后浇带混凝土的浇筑时间，不同的规范要求也不相同，现行国家标准《地下工程防水技术规范》GB 50108—2008 要求在两侧混凝土浇筑 42d 后再施工，高层建筑的后浇带应该在结构顶板浇筑混凝土 14d 后进行；《混凝土结构设计规范》GB 50010—2002 在条文说明中认为后浇带混凝土在两个月后施工比较合适。采用了补偿收缩混凝土，由于可以补偿混凝土的干燥收缩，根据大量的工程实例，28d 可以浇筑后浇带混凝土。

膨胀加强带是一种旨在提高混凝土结构抗裂性能的技术措施。施工中采用膨胀加强带的目的是代替后浇带，进一步简化施工工艺，所以一般设置在后浇带的位置。为了有效发挥膨胀效果，增加长度方向的膨胀量值，所以其宽度应该比后浇带更宽一些；膨胀加强带是一种"抗"的措施，在连续施工的混凝土结构中，为提高其抵御收缩应力的能力，增设一些附加钢筋。膨胀加强带的构造与后浇带基本相同，但是在较厚的板中，一般不用设止水带。图 4.0.3-1～图 4.0.3-3 是工程实践过程中应用效果比较好的部分节点构造示例，工程技术人员可以根据工程特点选择更合理的构造形式。其中图 4.0.3-1～图 4.0.3-3 是板式结构中三种膨胀加强带构造示意图。图 4.0.3-1 是连续浇筑混凝土时的膨胀加强带构造示意图，图 4.0.3-2 是与先浇筑混凝土相接时采用的膨胀加强带构造示意图，图 4.0.3-3 是一种类似于后浇带的后浇

筑方式，除大体积混凝土考虑温度收缩应力外，一般可以在浇筑完两侧膨胀混凝土的任何时候回填浇筑。墙体一般采用后浇式膨胀加强带，在两侧混凝土浇筑完7~14d后回填浇筑。

对于钢筋混凝土结构的裂缝控制有"抗"与"放"两种措施。设膨胀加强带方式属于"抗"，后浇带或后浇式膨胀加强带方式属于"放"，同时使用补偿收缩混凝土、后浇带、膨胀加强带体现了"抗"与"放"的结合。对于地下结构及较薄的构件，以"抗"为主较为有利；对于地上结构及厚大构件，结合采用"放"的措施较为妥当。

设置的膨胀加强带条数及形状依工程构造、尺寸和施工组织安排，由设计和施工技术人员视工程具体情况酌定。

4.0.4 本条规定了超长结构采取的浇筑方式和结构形式。

表4.0.4体现了约束弱、结构总长度小、结构厚度小的构件，连续浇筑的区段长，反之则短的原则。

采用膨胀加强带取代后浇带，简化了施工工艺。超长、大面积混凝土结构施工时，一般采用分段浇筑，在相邻区段之间设后浇式膨胀加强带比单设后浇带有利于缩短工期。后浇式膨胀加强带实质上是一种加宽、加强的后浇带。另外，跳仓施工也是超长、大面积分段浇筑中常用的施工方式，与后浇带、后浇式膨胀加强带相比，减少了一条施工缝。

《混凝土结构设计规范》GB 50010—2002 第9章指出，在采用后浇带分段施工、预加应力或采取能减小混凝土收缩的措施时，可以适当增大伸缩缝间距。补偿收缩混凝土膨胀产生的自应力（化学预应力）能够抵消混凝土结构因为收缩产生的拉应力，因此可以减免为释放收缩应力而设置的伸缩缝或后浇带，延长浇筑区段，故本条规定与《混凝土结构设计规范》GB 50010—2002 的第9章规定是统一的。

4.0.5 补偿收缩混凝土主要用于避免或减少混凝土的干燥收缩和温度收缩裂缝，并不承担提高承载能力的任务，所以配筋率按现行设计规范取值。改善配筋方式，分散配筋可以充分发挥混凝土的膨胀性能，提高混凝土的抗裂能力，在一些薄弱部位增设附加钢筋，能够发挥混凝土的补偿收缩效果，抵御有害裂缝的产生。

对补偿收缩混凝土而言，均衡配筋可以保证在需要补偿收缩的部位产生均匀有效的膨胀，因此强调在全截面双层配筋。

4.0.6 补偿收缩混凝土用于地下工程防水是其最重要的技术特点，不仅能够提高防水能力，而且可以节约柔性防水材料、缩短工期，因此是一种节能节材的优质建筑材料。补偿收缩混凝土是集结构承重和防水于一体的抗裂防水材料，国外称其为不透水混凝土，根据《UEA补偿收缩混凝土防水工法》YJGF 22-92

以及众多地下室和水池的工程实践提供的范例和经验，采用补偿收缩混凝土可以不做外防水。补偿收缩混凝土的寿命远比柔性防水长，只要严格施工，用补偿收缩混凝土完全可以达到结构自防水的效果，并且具有防水与建筑结构寿命相等的优点。

试验研究和工程实践表明，补偿收缩混凝土有显著的裂缝"自愈合"能力，对因施工不当产生的微小裂缝，即使一些渗水的裂缝，在水养护一段时间后，由于膨胀性水化产物堵塞裂缝可以将断裂的两个表面胶接为一体，这个性质对地下防水工程非常有益。

5 原材料选择

5.0.1 原则上膨胀剂可以掺入所有硅酸盐类水泥中使用，但是水泥的矿物组成和细度等对补偿收缩混凝土的膨胀率和膨胀速度有一定影响，也会影响混凝土的工作性。研究表明，水泥中的含铝相、含硫相会对膨胀性能产生影响，水泥的强度发展规律也会影响膨胀，一般粉磨细、早期强度高的水泥膨胀较小，使用时应该予以注意。

5.0.2 选用膨胀剂以限制膨胀率作为主要控制指标，不同厂家、不同类别的产品存在质量差异，因此，有必要对产品进行复核检验。另外，原材料在存放过程中有异常时，也必须进行复验，合格后才能使用，膨胀剂也不例外。

5.0.3 化学外加剂对于补偿收缩混凝土的新拌状态和硬化后性质的影响与普通混凝土的情况大致相同，不宜选用收缩率比偏大的化学外加剂，早强剂、防冻剂会使膨胀性质产生差别，使用时应该予以注意。

使用粉煤灰和矿渣粉可以改善混凝土工作性、降低水化热等，但用量增大时，对膨胀率也会产生较大的影响，需要在配合比设计时通过调整膨胀剂掺量获得需要的限制膨胀率和抗压强度。对补偿收缩混凝土而言，高钙粉煤灰中的游离氧化钙对体积稳定性具有很大的不确定性，无法控制其膨胀，故严禁使用。

对硅灰、沸石粉、石灰石粉、高岭土粉等掺合料，对发泡剂、速凝剂、水下不离散混凝土外加剂等外加剂，与膨胀剂共同使用时应在使用前进行试验、论证。

5.0.4 补偿收缩混凝土使用的骨料与一般混凝土相同。对于要求使用非碱活性骨料的工程，应在使用前检验、测定骨料的碱活性，或采取控制混凝土最大碱含量的措施。轻骨料也同样能够配制补偿收缩混凝土。

5.0.5 补偿收缩混凝土与一般混凝土的用水标准相同。

6 配合比

6.0.1 补偿收缩混凝土和普通混凝土的标志性区别在于它可以通过自身产生的膨胀而具有抗裂防渗功能。因此，在配合比设计与试配时，应在选材和确定材料用量方面，尽可能做到有利于膨胀的发挥，以保证限制膨胀率设计值，并进行限制膨胀率测定、验证。

研究表明，钙矾石长期在 80℃ 的环境中会分解，所以规定膨胀源是钙矾石的补偿收缩混凝土不能在环境温度大于 80℃ 的情况下使用。因此须根据使用条件事先对膨胀剂类型进行选择。另外，我国膨胀剂生产厂家多，产品品种也多，普遍存在膨胀剂与水泥、化学外加剂的适应性问题，因此有必要事先选择、确定膨胀剂的种类。

凝结时间对混凝土的温升和表面裂缝形成有较大影响，这一点补偿收缩混凝土与普通混凝土也一样，工程实践表明，下述的凝结时间有利于补偿收缩混凝土抗裂性能的发挥：①常温施工环境下，初凝时间大于 12h；②高于 28℃ 的环境和强度等级 C50 以上时，初凝时间大于 16h；③大体积混凝土初凝时间大于 18h；④冬期施工时，初凝时间小于 10h。在配合比设计时予以注意。

6.0.2 补偿收缩混凝土的限制膨胀率大小，不像强度那样主要取决于水胶比大小，而与单位膨胀剂用量关系最密切，大致成正比。以往，单纯使用百分比掺量确定膨胀剂用量，在混凝土强度等级较低或水泥用量较少时，直接采用生产厂家推荐的掺量，会出现膨胀剂实际用量不足，而导致膨胀率偏低，达不到补偿收缩的目的。科学的方法是根据设计要求的限制膨胀率，采用工程实际原材料，通过配合比试验求取。表6.0.2 是为方便试验而推荐的掺量范围，研究表明，大部分补偿收缩混凝土膨胀剂掺量在此范围之内。实际应用中，由于膨胀剂品质的差异，可能出现超出表中推荐值的情况，这时应以试验结果为准。

一般而言，混凝土膨胀率越大，补偿收缩和导入自应力的效果越好，然而膨胀率过大，会使自由状态的混凝土试件抗压强度比不掺膨胀剂时有所降低。所以，应在保证达到最低强度要求的前提下确定较高的膨胀率。

6.0.3 试验研究表明，水胶比大于 0.50，不仅对补偿收缩混凝土的膨胀性能有一定影响，而且混凝土的耐久性也不好，故规定不宜大于 0.50。

6.0.4 单位胶凝材料用量根据单位用水量和水胶比确定。一般来说，C25～C40 补偿收缩混凝土的单位胶凝材料用量为 300～450kg/m³ 时，可获得结构致密及最佳的补偿收缩效果。研究表明，胶凝材料中掺合料过多会降低膨胀性能，因此在配合比试验设计过程

中，需要根据选用水泥的品种、膨胀剂品种及混凝土强度等级等具体情况，适当调节胶凝材料中各组分的比例，比如在掺合料用量大的情况下，可以适当调高膨胀剂的掺量，确保设计要求的限制膨胀率。

6.0.5 工程设计中，出于混凝土在不同环境条件下的耐久性考虑，需要提出一些耐久性指标，为满足这些指标，在混凝土配合比设计过程中，需要采取一些必要的技术措施，如限制水胶比、限制氯离子和碱含量等等，这些要求和措施需要符合现行国家标准《混凝土结构耐久性设计规范》GB/T 50476 的相关要求。

7 生产和运输

7.0.1 补偿收缩混凝土是具有膨胀性能的高品质混凝土，为了确保其品质，需要选择技术水平和生产管理水平高的预拌混凝土工厂。选择工厂时，必须考虑到达现场的运输时间、卸车时间、混凝土的生产能力、运输车数、工厂的生产设备以及质量管理状态等。

7.0.2 膨胀剂与其他外加剂必须用专用计量器，使用前确认其具有所规定的计量精度；应防止膨胀剂在上次计量后残留在计量器具上，下一次使用时应检查、清扫；当遇雨天或骨料含水率有显著变化时，应及时调整水和骨料的用量，确保原材料计量准确。

7.0.3 一般而言，膨胀剂与水泥同时投入为好。为得到均匀的混凝土，应规定恰当的投料顺序与投料方式。采用间歇式搅拌机时，由于最初的一盘混凝土中的部分砂浆会附着在搅拌机内，所以最好先预拌适量的砂浆，然后卸出，再投入规定的材料进行搅拌。

混凝土尽量以近似搅拌结束时的状态进行运输、浇筑至关重要。运输必须快捷，需要严格控制从搅拌开始到运至现场的时间。为避免出现混凝土坍落度小于浇筑要求的情况，使用缓凝剂、保塑剂是有效的。采取后掺减水剂的方法可以恢复坍落度，对强度和膨胀效果几乎没有影响。

8 浇筑和养护

8.0.1 补偿收缩混凝土的浇筑应该遵循普通混凝土的浇筑质量标准。

8.0.2 补偿收缩混凝土是具有膨胀效果的优质混凝土，其浇筑过程和注意事项也应该采取与普通混凝土相同的作业标准。

出于保证混凝土质量和洁净施工面的目的，施工遇到雨雪时，应该对新浇筑的混凝土进行覆盖保护。许多工程实例证明，万一出现施工"冷缝"，采用膨胀砂浆接缝的措施比较可靠。

终凝前对混凝土表面进行多次抹压是为了消除塑性裂缝。

8.0.3 本条规定了补偿收缩混凝土的养护方法。

1 充分的水养护是保障补偿收缩混凝土发挥其膨胀性能的关键技术措施，应予以足够的重视，特别是早期。补偿收缩混凝土在硬化初期应避免受到低温、干燥以及急剧的温度变化影响。新浇筑的混凝土既没有足够的强度，也没有建立起有效的膨胀应力，不能够抵御突然降温或振动、冲击等产生的破坏应力，为防止出现裂缝，要采取一定的保护措施。

2 北方冬期施工的混凝土，直接浇水可能会导致混凝土遭受冻害，因此需要进行保温养护，虽然这样做会导致膨胀效果的降低，但是由于冬期施工的混凝土冷缩小，与高温季节相比，需要的膨胀也较小。

3 使用补偿收缩混凝土的工程，在完工后应该尽早回填，使混凝土处于潮湿状态，对膨胀能的充分发挥十分有利。为防止温度应力造成工程裂缝，应该在降温之前对地下工程进行回填保温。

4 对补偿收缩混凝土进行保温养护、加热养护、蒸汽养护等特殊养护时，必须预先充分地研究，以确认这些措施能获得所要求的品质。

9 施工缝、防水节点和施工缺陷的处理措施

9.0.1 施工缝、穿墙螺栓孔和穿墙管道等节点部位是容易产生渗漏的部位，而且是漏浆、砂眼、结瘤挂浆等缺陷易发部位，对这些部位进行处理，可以消除渗漏隐患并改善构件的外观，选用水泥基无机材料可以实现防渗与结构本体材料等寿命。膨胀砂浆可以按去掉石子后的填充用膨胀混凝土配合比拌制；也可以拌制1:2砂浆，水泥中的膨胀剂掺量按生产厂推荐值的高限。

9.0.2 处理现浇混凝土结构的外观质量缺陷，要按照现行国家标准的相关要求进行，在进行修补时优先

采用膨胀水泥砂浆或膨胀混凝土，是由于其膨胀作用可以使新老混凝土结合部位牢固粘接。

9.0.3 对于贯穿性裂缝，采取灌浆的方法可以将裂缝全面封闭；对于非贯穿性裂缝或局部裂缝，采用膨胀水泥砂浆修补能够节约修补成本。对同一结构的裂缝处理，也可以根据实际需要结合使用两种措施。

10 验 收

10.0.2 规定了补偿收缩混凝土原材料进场复验验收原则。

10.0.3、10.0.4 规定了补偿收缩混凝土限制膨胀率取样方式、检验方法和验收原则。

补偿收缩混凝土确有减少和消除混凝土裂缝的作用，但是应用不当，如养护不到位膨胀性能没有充分发挥、混凝土水化热过高产生的冷缩大于其补偿收缩能力等，混凝土结构也会产生一些裂缝，规定了因施工过程中出现的裂缝或其他外观缺陷的后续处理和验收原则。

附录A 限制状态下补偿收缩混凝土抗压强度检验方法

A.0.1 大膨胀混凝土在无约束情况下，抗压强度会显著降低；在充分限制情况下，其强度比无约束状态高，也高于相同配合比的普通混凝土。制定本检验方法，目的在于使试验结果更趋近于工程实际情况。

A.0.2 钢制模型的弹性模量与混凝土中的钢筋相同，约束力强，采用单块模型比三联模型的效果好。

A.0.3 为了保证混凝土膨胀需要的水分，并充分受到约束，达到理想的膨胀效果，至少需要保持带模湿润养护7d。

中华人民共和国行业标准

混凝土耐久性检验评定标准

Standard for inspection and assessment of concrete durability

JGJ/T 193—2009

批准部门：中华人民共和国住房和城乡建设部
施行日期：2 0 1 0 年 7 月 1 日

中华人民共和国住房和城乡建设部
公　告

第 430 号

关于发布行业标准《混凝土耐久性检验评定标准》的公告

现批准《混凝土耐久性检验评定标准》为行业标准，编号为 JGJ/T 193-2009，自 2010 年 7 月 1 日起实施。

本标准由我部标准定额研究所组织中国建筑工业出版社出版发行。

中华人民共和国住房和城乡建设部
2009 年 11 月 9 日

前　言

根据原建设部《关于印发〈2005 年工程建设标准规范制订、修订计划（第一批）〉的通知》（建标〔2005〕84 号）的要求，编制组经广泛调研研究，认真总结实践经验，参考有关国际标准和国外先进标准，并在广泛征求意见的基础上，制定本标准。

本标准的主要技术内容是：1 总则；2 基本规定；3 性能等级划分与试验方法；4 检验；5 评定。

本标准由住房和城乡建设部负责管理，由中国建筑科学研究院负责具体技术内容的解释。执行过程中如有意见或建议，请寄送至中国建筑科学研究院建筑材料研究所《混凝土耐久性检验评定标准》标准编制组（地址：北京市北三环东路 30 号，邮编：100013；电子邮件：cabrconcrete@vip.163.com）。

本 标 准 主 编 单 位：中国建筑科学研究院
　　　　　　　　　　中设建工集团有限公司

本 标 准 参 编 单 位：中国铁道科学研究院
　　　　　　　　　　辽宁省建设科学研究院
　　　　　　　　　　中冶集团建筑研究总院
　　　　　　　　　　甘肃土木工程科学研究院
　　　　　　　　　　南京水利科学研究院
　　　　　　　　　　云南建工混凝土有限公司
　　　　　　　　　　贵州中建筑科研设计院
　　　　　　　　　　广东省建筑科学研究院
　　　　　　　　　　重庆市建筑科学研究院
　　　　　　　　　　山东省建筑科学研究院
　　　　　　　　　　中国建筑材料科学研究总院
　　　　　　　　　　武汉大学
　　　　　　　　　　深圳大学
　　　　　　　　　　中国建筑第二工程局有限公司
　　　　　　　　　　北京耐恒检测设备科技发展有限公司
　　　　　　　　　　吉安市建筑工程质量检测中心
　　　　　　　　　　建研建材有限公司

本标准主要起草人员：冷发光　张仁瑜　丁　威
　　　　　　　　　　周永祥　谢永江　田冠飞
　　　　　　　　　　王　元　郝挺宇　杜　雷
　　　　　　　　　　陈永根　傅国君　张燕迟
　　　　　　　　　　刘数华　李昕成　李章建
　　　　　　　　　　王林枫　王新祥　杨再富
　　　　　　　　　　王志刚　李景芳　王　玲
　　　　　　　　　　邢　锋　王植槐　黄素平
　　　　　　　　　　何更新　纪宪坤　王　晶
　　　　　　　　　　韦庆东　鲍克蒙　田　凯

本标准主要审查人员：赵铁军　石云兴　陈改新
　　　　　　　　　　闻德荣　朋改非　惠云玲
　　　　　　　　　　赵顺增　蔡亚宁　张国志
　　　　　　　　　　王　军　封孝信

目　次

1　总则 ················· 19—5

2　基本规定 ············· 19—5

3　性能等级划分与试验方法 ·· 19—5

4　检验 ················· 19—5

4.1　检验批及试验组数 ····· 19—5

4.2　取样 ··············· 19—6

4.3　试件制作与养护 ······· 19—6

4.4　检验结果 ··········· 19—6

5　评定 ················· 19—6

本标准用词说明 ··········· 19—6

引用标准名录 ············· 19—6

附：条文说明 ············· 19—7

Contents

1 General Provisions ·················· 19—5

2 Basic Requirements ·················· 19—5

3 Performance Grading and Test
Methods ····························· 19—5

4 Inspection ·························· 19—5

   4. 1   Batch for Inspection and Experimental
        Group Number ··········· 19—5

   4. 2   Sampling ···················· 19—6

   4. 3   Specimens Preparation and
        Curing ························· 19—6

   4. 4   Results of Inspection ··········· 19—6

5   Assessment ···················· 19—6

Explanation of Wording in This
Standard ···························· 19—6

Normative Standards ··············· 19—6

Explanation of Provisions ············ 19—7

1 总　　则

1.0.1 为规范混凝土耐久性能的检验评定方法，制定本标准。

1.0.2 本标准适用于建筑与市政工程中混凝土耐久性的检验与评定。

1.0.3 本标准规定了混凝土耐久性检验评定的基本技术要求。当本标准与国家法律、行政法规的规定相抵触时，应按国家法律、行政法规的规定执行。

1.0.4 混凝土耐久性的检验评定除应符合本标准的规定外，尚应符合国家现行有关标准的规定。

2　基本规定

2.0.1 混凝土耐久性检验评定的项目可包括抗冻性能、抗水渗透性能、抗硫酸盐侵蚀性能、抗氯离子渗透性能、抗碳化性能和早期抗裂性能。当混凝土需要进行耐久性检验评定时，检验评定的项目及其等级或限值应根据设计要求确定。

2.0.2 混凝土原材料应符合国家现行有关标准的规定，并应满足设计要求；工程施工过程中，混凝土原材料的质量控制与验收应符合现行国家标准《混凝土结构工程施工质量验收规范》GB 50204 的规定。

2.0.3 对于需要进行耐久性检验评定的混凝土，其强度应满足设计要求，且强度检验评定应符合现行国家标准《混凝土强度检验评定标准》GBJ 107 的规定。

2.0.4 混凝土的配合比设计应符合现行行业标准《普通混凝土配合比设计规程》JGJ 55 中关于耐久性的规定。

2.0.5 混凝土的质量控制应符合现行国家标准《混凝土质量控制标准》GB 50164 的规定。

3　性能等级划分与试验方法

3.0.1 混凝土抗冻性能、抗水渗透性能和抗硫酸盐侵蚀性能的等级划分应符合表 3.0.1 的规定。

表 3.0.1　混凝土抗冻性能、抗水渗透性能和抗硫酸盐侵蚀性能的等级划分

抗冻等级（快冻法）	抗冻标号（慢冻法）	抗渗等级	抗硫酸盐等级
F50	F250	D50	P4	KS30
F100	F300	D100	P6	KS60
F150	F350	D150	P8	KS90
F200	F400	D200	P10	KS120
>F400	>D200	P12	KS150
		>P12	>KS150

3.0.2 混凝土抗氯离子渗透性能的等级划分应符合下列规定：

1 当采用氯离子迁移系数（RCM 法）划分混凝土抗氯离子渗透性能等级时，应符合表 3.0.2-1 的规定，且混凝土测试龄期应为 84d。

表 3.0.2-1　混凝土抗氯离子渗透性能的等级划分（RCM 法）

等级	RCM-Ⅰ	RCM-Ⅱ	RCM-Ⅲ	RCM-Ⅳ	RCM-Ⅴ
氯离子迁移系数 D_{RCM}（RCM 法）（$\times 10^{-12}$ m²/s）	$D_{RCM} \geq 4.5$	$3.5 \leq D_{RCM} < 4.5$	$2.5 \leq D_{RCM} < 3.5$	$1.5 \leq D_{RCM} < 2.5$	$D_{RCM} < 1.5$

2 当采用电通量划分混凝土抗氯离子渗透性能等级时，应符合表 3.0.2-2 的规定，且混凝土测试龄期宜为 28d。当混凝土中水泥混合材与矿物掺合料之和超过胶凝材料用量的 50% 时，测试龄期可为 56d。

表 3.0.2-2　混凝土抗氯离子渗透性能的等级划分（电通量法）

等级	Q-Ⅰ	Q-Ⅱ	Q-Ⅲ	Q-Ⅳ	Q-Ⅴ
电通量 Q_s(C)	$Q_s \geq 4000$	$2000 \leq Q_s < 4000$	$1000 \leq Q_s < 2000$	$500 \leq Q_s < 1000$	$Q_s < 500$

3.0.3 混凝土抗碳化性能的等级划分应符合表 3.0.3 的规定。

表 3.0.3　混凝土抗碳化性能的等级划分

等级	T-Ⅰ	T-Ⅱ	T-Ⅲ	T-Ⅳ	T-Ⅴ
碳化深度 d（mm）	$d \geq 30$	$20 \leq d < 30$	$10 \leq d < 20$	$0.1 \leq d < 10$	$d < 0.1$

3.0.4 混凝土早期抗裂性能的等级划分应符合表 3.0.4 的规定。

表 3.0.4　混凝土早期抗裂性能的等级划分

等级	L-Ⅰ	L-Ⅱ	L-Ⅲ	L-Ⅳ	L-Ⅴ
单位面积上的总开裂面积 c（mm²/m²）	$c \geq 1000$	$700 \leq c < 1000$	$400 \leq c < 700$	$100 \leq c < 400$	$c < 100$

3.0.5 混凝土耐久性检验项目的试验方法应符合现行国家标准《普通混凝土长期性能和耐久性能试验方法标准》GB/T 50082 的规定。

4　检　　验

4.1　检验批及试验组数

4.1.1 同一检验批混凝土的强度等级、龄期、生产工艺和配合比应相同。

4.1.2 对于同一工程、同一配合比的混凝土，检验批不应少于一个。

4.1.3 对于同一检验批，设计要求的各个检验项目应至少完成一组试验。

4.2 取 样

4.2.1 取样方法应符合现行国家标准《普通混凝土拌合物性能试验方法标准》GB/T 50080 的规定。

4.2.2 取样应在施工现场进行，应随机从同一车（盘）中取样，并不宜在首车（盘）混凝土中取样。从车中取样时，应将混凝土搅拌均匀，并应在卸料量的 1/4～3/4 之间取样。

4.2.3 取样数量应至少为计算试验用量的 1.5 倍。计算试验用量应根据现行国家标准《普通混凝土长期性能和耐久性能试验方法标准》GB/T 50082 的规定计算。

4.2.4 每次取样应进行记录，取样记录应至少包括下列内容：

 1 耐久性检验项目；

 2 取样日期、时间和取样人；

 3 取样地点（实验室名称或工程名称、结构部位等）；

 4 混凝土强度等级；

 5 混凝土拌合物工作性；

 6 取样方法；

 7 试样编号；

 8 试样数量；

 9 环境温度及取样的混凝土温度（现场取样还应记录取样时的天气状况）；

 10 取样后的样品保存方法、运输方法以及从取样到制作成型的时间。

4.3 试件制作与养护

4.3.1 试件制作应在现场取样后 30min 内进行。

4.3.2 试件制作和养护应符合现行国家标准《普通混凝土力学性能试验方法标准》GB/T 50081 和《普通混凝土长期性能和耐久性能试验方法标准》GB/T 50082 的有关规定。

4.4 检 验 结 果

4.4.1 对于同一检验批只进行一组试验的检验项目，应将试验结果作为检验结果。对于抗冻试验、抗水渗透试验和抗硫酸盐侵蚀试验，当同一检验批进行一组以上试验时，应取所有组试验结果中的最小值作为检验结果。当检验结果介于本标准表 3.0.1 中所列的相邻两个等级之间时，应取等级较低者作为检验结果。

4.4.2 对于抗氯离子渗透试验、碳化试验、早期抗裂试验，当同一检验批进行一组以上试验时，应取所有组试验结果中的最大值作为检验结果。

5 评 定

5.0.1 混凝土的耐久性应根据混凝土的各耐久性检验项目的检验结果，分项进行评定。符合设计规定的检验项目，可评定为合格。

5.0.2 同一检验批全部耐久性项目检验合格者，该检验批混凝土耐久性可评定为合格。

5.0.3 对于某一检验批被评定为不合格的耐久性检验项目，应进行专项评审并对该检验批的混凝土提出处理意见。

本标准用词说明

 1 为便于在执行本标准条文时区别对待，对要求严格程度不同的用词说明如下：

 1）表示很严格，非这样做不可的：

  正面词采用"必须"，反面词采用"严禁"；

 2）表示严格，在正常情况下均应这样做的：

  正面词采用"应"，反面词采用"不应"或"不得"；

 3）表示允许稍有选择，在条件许可时首先应这样做的：

  正面词采用"宜"，反面词采用"不宜"；

 4）表示有选择，在一定条件下可以这样做的采用"可"。

 2 条文中指明应按其他有关标准执行的写法为："应符合……的规定"或"应按……执行"。

引用标准名录

 1 《混凝土强度检验评定标准》GBJ 107

 2 《普通混凝土拌合物性能试验方法标准》GB/T 50080

 3 《普通混凝土力学性能试验方法标准》GB/T 50081

 4 《普通混凝土长期性能和耐久性能试验方法标准》GB/T 50082

 5 《混凝土质量控制标准》GB 50164

 6 《混凝土结构工程施工质量验收规范》GB 50204

 7 《普通混凝土配合比设计规程》JGJ 55

中华人民共和国行业标准

混凝土耐久性检验评定标准

JGJ/T 193—2009

条 文 说 明

制 订 说 明

《混凝土耐久性检验评定标准》JGJ/T 193 - 2009，经住房和城乡建设部 2009 年 11 月 9 日以第 430 号公告批准、发布。

本标准制订过程中，编制组进行了广泛而深入的调查研究，总结了我国工程建设中混凝土耐久性检验评定的实践经验，同时参考了国外先进技术法规、技术标准，通过试验取得了混凝土耐久性检验评定的重要技术参数。

为便于广大设计、施工、科研、学校等单位有关人员在使用本标准时能正确理解和执行条文规定，《混凝土耐久性检验评定标准》编制组按章、节、条顺序编制了本标准的条文说明，对条文规定的目的、依据以及执行中需注意的有关事项进行了说明。但是，本条文说明不具备与标准正文同等的法律效力，仅供使用者作为理解和把握标准规定的参考。在使用中如果发现本条文说明有不妥之处，请将意见函寄中国建筑科学研究院建筑材料研究所《混凝土耐久性检验评定标准》标准编制组。

目　　次

1　总则 …………………………………… 19—10

2　基本规定 ……………………………… 19—10

3　性能等级划分与试验方法 …………… 19—10

4　检验 …………………………………… 19—12

　　4.1　检验批及试验组数 ……………… 19—12

4.2　取样 ………………………………… 19—12

4.3　试件制作与养护 …………………… 19—13

4.4　检验结果 …………………………… 19—13

5　评定 …………………………………… 19—13

1 总 则

1.0.1 国家标准《普通混凝土长期性能和耐久性能试验方法标准》GB/T 50082 提出了若干混凝土耐久性的标准试验方法，但不包括对试验结果等级的评定，更不包括对工程混凝土耐久性检验结果的评定，而本标准则对混凝土耐久性检验评定作出规定。

1.0.2 本条规定了本标准的适用范围。本标准中的"混凝土"指"普通混凝土"，即干表观密度为 2000kg/m³～2800kg/m³ 的水泥混凝土，定义见《普通混凝土配合比设计规程》JGJ 55。

1.0.4 本标准的有关内容还应与相应的国家现行有关标准相协调，并避免与相关标准有不必要的重复。

2 基 本 规 定

2.0.1 用于不同工程的混凝土所需要的耐久性能不同，根据实际情况或设计要求来确定哪些混凝土耐久性项目需要进行检验评定。同时，即使同一检验批的混凝土，不同检验项目的等级或限值可能处于不同的级别，例如某混凝土样品，其抗氯离子渗透性处于Ⅲ级，而其早期抗裂性可能处于Ⅳ级。

本标准规定进行检验评定的混凝土耐久性项目，是当今工程中最主要的混凝土耐久性项目，可以满足工程对混凝土耐久性控制的基本要求。对于一些与耐久性相关的特殊项目，可按照设计要求进行。

2.0.2 原材料的质量控制是保证混凝土耐久性的重要环节，与原材料有关的现行标准有：《通用硅酸盐水泥》GB 175、《用于水泥和混凝土中的粉煤灰》GB/T 1596、《用于水泥和混凝土中的粒化高炉矿渣粉》GB/T 18046、《普通混凝土用砂、石质量及检验方法标准》JGJ 52、《混凝土用水标准》JGJ 63、《混凝土外加剂》GB 8076 以及《聚羧酸系高性能减水剂》JG/T 223 等。

《混凝土结构工程施工质量验收规范》GB 50204-2002 第 7.2 节对原材料的"主控项目"和"一般项目"进行了规定。

2.0.3 混凝土的耐久性检验评定应与强度检验评定结合，强度符合要求是耐久性检验评定的前提条件。

2.0.4 混凝土配合比设计是保证混凝土耐久性的重要环节，《普通混凝土配合比设计规程》JGJ 55 中保证混凝土耐久性的相关技术规定有：最大水胶比、最小胶凝材料用量等。

2.0.5 混凝土生产与施工是保证结构中混凝土耐久性的重要环节。为了最大限度保证按本标准进行的耐久性检验评定与实际结构中混凝土的耐久性相当，除了对原材料、配合比设计等提出要求外，还必须加强混凝土生产和施工阶段的质量控制。

3 性能等级划分与试验方法

3.0.1 混凝土的抗冻等级（快冻法）、抗冻标号（慢冻法）、抗渗等级、抗硫酸盐等级的试验方法已包含等级划分，同时，这些耐久性指标多数在国内已有较长的应用历史并已体现在相关的标准中，因此，本标准将它们单独列出，以便符合目前的工程设计习惯，且能与相关标准相协调。

1）抗冻等级的划分

美国《混凝土快速冻融试验方法标准》（Standard Test Method for Resistance of Concrete to Rapid Freezing and Thawing）ASTM C 666 确定的快速冻融法以耐久性指数 DF 来表征混凝土的抗冻融性能。DF 的计算以预设的总循环次数（最大为 300 次）为基础，实质上体现了混凝土试件耐受冻融循环的次数。我国《普通混凝土长期性能和耐久性能试验方法标准》GB/T 50082 以抗冻等级综合反映混凝土的抗冻性能。

《水工建筑物抗冰冻设计规范》DL/T 5082-1998 将按快冻法测试的抗冻等级分为 F400、F300、F200、F150、F100、F50 六级。《水运工程混凝土质量控制标准》JTJ 269-96 对水位变动区有抗冻要求的混凝土进行了规定，针对海水环境、淡水环境分别采用的混凝土抗冻等级有 F100、F150、F200、F250、F300、F350 六个等级。抗冻等级的适用范围可参考该标准的相关规定进行选用。

《水运工程混凝土质量控制标准》JTJ 269-96 对水位变动区有抗冻要求的混凝土进行了规定，见表 1。《公路钢筋混凝土及预应力混凝土桥涵设计规范》JTG D62-2004 对水位变动区混凝土抗冻等级的要求与表 1 一致。

表 1 水位变动区混凝土抗冻等级选定标准

建筑所在地区	海水环境		淡水环境	
	钢筋混凝土及预应力混凝土	素混凝土	钢筋混凝土及预应力混凝土	素混凝土
严重受冻地区（最冷月平均气温低于−8℃）	F350	F300	F250	F200
受冻地区（最冷月平均气温在−8℃～−4℃之间）	F300	F250	F200	F150
微冻地区（最冷月平均气温在−4℃～0℃之间）	F250	F200	F150	F100

注：1 试验过程中试件所接触的介质应与建筑物实际接触的介质相近；

2 开敞式码头和防波堤等建筑物混凝土应选用比同一地区高一级的抗冻等级。

《铁路混凝土结构耐久性设计暂行规定》对冻融环境进行了分类，并根据不同的设计使用年限和环境作用等级，规定设计使用年限分别为 100 年、60 年和 30 年的混凝土抗冻等级（56d 龄期）分别为 ≥F300、≥F250 和≥F200。

对于有抗冻要求的结构，应根据气候分区、环境条件、结构构件的重要性以及用途等情况提出相应的抗冻等级要求，具体要求可参见相关标准。

2）抗冻标号的等级划分

根据目前结构混凝土慢冻法的研究结果，D25 的混凝土抗冻性能很差，一般不能满足有抗冻要求的工程需要，因此本标准将 D50 作为抗冻标号的最低等级。考虑到慢冻法试验周期较长的实际情况，且D200 也足以反映混凝土在慢冻条件下良好的耐久性能，D200 以上不再进行更详细的划分。

3）抗渗等级的划分

采用逐级加压法测得的抗水渗透等级在我国有着广泛的应用。《混凝土质量控制标准》GB 50164-92将混凝土抗渗等级划分为 S4、S6、S8、S10、S12 五个等级〔各个标准中抗（水）渗等级的表示符号不同，应注意区分，有关标准中的 S、W 与本标准中的P 含义相同〕。《普通混凝土配合比设计规程》JGJ 55-2000 将抗渗混凝土（impermeable concrete）定义为抗渗等级等于或大于 P6 的混凝土。《给水排水工程构筑物结构设计规范》GB 50069-2002 根据最大作用水头与混凝土壁、板厚度之比值 i_w 来设计抗渗等级：i_w 小于 10 时，抗渗等级为 S4；i_w 大于 30 时，抗渗等级为 S8；介于二者之间的抗渗等级为 S6。

《水工混凝土结构设计规范》DL/T 5057-1996将混凝土抗渗等级分为 W2、W4、W6、W8、W10、W12 六级。《水运工程混凝土施工规范》JTJ 268-1996 以及《水运工程混凝土质量控制标准》JTJ 269-96按照最大作用水头与混凝土壁厚之比，对抗（水）渗等级作出了相应的规定（见表 2）。《公路钢筋混凝土及预应力混凝土桥涵设计规范》JTG D62-2004 对结构混凝土抗渗等级的要求与表 2 一致。

表 2 混凝土抗渗等级

最大作用水头与混凝土壁厚之比	<5	5～10	11～15	16～20	>20
抗渗等级	W4	W6	W8	W10	W12

对于有抗渗要求的结构，应根据所承受的水头、水力梯度、水质条件和渗透水的危害程度等因素进行确定，具体要求可参见相关标准。

4）抗硫酸盐等级划分

抗硫酸盐侵蚀试验的评定指标为抗硫酸盐等级。《普通混凝土长期性能和耐久性能试验方法标准》

GB/T 50082 规定：当抗压强度耐蚀系数低于 75%，或者达到规定的干湿循环次数即可停止试验，此时记录的干湿循环次数即为抗硫酸盐等级。

抗硫酸盐侵蚀试验一般只有当工程环境中有较强的硫酸盐侵蚀时才进行该试验，因此，为保证此类工程具有足够的抗硫酸盐侵蚀性能，将下限值设为KS30。系统的试验结果表明，能够经历 150 次以上抗硫酸盐干湿循环的混凝土，具有优异的抗硫酸盐侵蚀性能，故将 KS150 定为分级的上限值。

3.0.2 按照氯离子迁移系数将混凝土抗氯离子渗透性能划分为五个等级，分别用 RCM-Ⅰ、RCM-Ⅱ、RCM-Ⅲ、RCM-Ⅳ 和 RCM-Ⅴ 来表示。从 Ⅰ 级到 Ⅴ级，表示混凝土抗氯离子渗透性能越来越高。与 Ⅰ～Ⅴ级对应的混凝土耐久性水平推荐意见见表 3，该表定性地描述了等级代号所代表的混凝土耐久性能的高低。

同样，用 Q-Ⅰ～Q-Ⅴ 来代表按电通量划分的混凝土抗氯离子渗透性能等级，用 T-Ⅰ～T-Ⅴ 代表混凝土的抗碳化性能等级，用 L-Ⅰ～L-Ⅴ 代表混凝土的早期抗裂性能等级。从 Ⅰ 级到 Ⅴ级的代号含义，均可参照表 3 理解。需要说明的是，这种定性评价仅对混凝土材料本身而言，至于是否符合工程实际的要求，则需要结合设计和施工要求进行确定。

表 3 等级代号与混凝土耐久性水平推荐意见

等级代号	Ⅰ	Ⅱ	Ⅲ	Ⅳ	Ⅴ
混凝土耐久性水平推荐意见	差	较差	较好	好	很好

《普通混凝土长期性能和耐久性能试验方法标准》GB/T 50082 规定抗氯离子渗透性试验（RCM 法）的试验龄期可以为 28d、56d 或 84d，这是为了照顾到所有的混凝土种类，并尽可能缩短试验周期。但是，测试混凝土氯离子迁移系数往往是针对海洋等氯离子侵蚀环境，而此类工程的混凝土中一般都需要掺入较多的矿物掺合料，若以 28d 龄期作为测试时间，则不够合理，而在 84d 龄期测试相对比较合理。因此，84d 龄期的测试指标多为跨海桥梁等工程设计所采用，例如我国杭州湾大桥，以 84d 龄期的混凝土氯离子迁移系数作为控制要求，不同结构部位的控制阈值分别为：$1.5 \times 10^{-12} \text{ m}^2/\text{s}$、$2.5 \times 10^{-12} \text{ m}^2/\text{s}$、$3.0 \times 10^{-12} \text{ m}^2/\text{s}$ 和 $3.5 \times 10^{-12} \text{ m}^2/\text{s}$。马来西亚槟城第二跨海大桥也以 84d 龄期抗氯离子迁移系数作为设计指标。

试验研究表明，如果 84d 龄期的混凝土氯离子迁移系数小于 $2.5 \times 10^{-12} \text{ m}^2/\text{s}$，则表明混凝土具有较好的抗氯离子渗透性能。因此，本标准以 84d 龄期的试验值进行评定。

《普通混凝土长期性能和耐久性能试验方法标准》

GB/T 50082 规定抗氯离子渗透性试验（电通量法）的试验龄期可以为 28d 或 56d。为缩短试验周期，对于以硅酸盐水泥为主要胶凝材料的混凝土，一般试验龄期为 28d。但是对于大掺量矿物掺合料的混凝土，28d 的试验结果可能不能准确反映混凝土真实的抗氯离子渗透性能，故允许采用 56d 的测试值进行评定。本标准明确了大掺量矿物掺合料的混凝土指：混凝土中水泥混合材与矿物掺合料之和超过胶凝材料用量的 50%，其中，胶凝材料用量包括水泥用量与矿物掺合料用量之和。

《铁路混凝土结构耐久性设计暂行规定》对氯盐环境进行了分类，并根据不同的设计使用年限和环境作用等级，规定了混凝土的电通量（56d）等级（见表 4）。另外，该标准还规定氯盐环境和化学侵蚀环境下混凝土的电通量一般不超过 1500C，有的则需要小于 800C 或 1000C。

表 4 混凝土的电通量

设计使用年限级别		一（100 年）	二(60 年)、三(30 年)
电通量(C)(56d)	<C30	<2000	<2500
	C30~C45	<1500	<2000
	≥C50	<1000	<1500

《海港工程混凝土结构防腐蚀技术规范》JTJ 275 - 2000 对高性能混凝土的电通量要求不超过 1000C。需要注意的是，该标准对电通量的测试龄期要求是：标准条件下养护 28d，试验应在 35d 内完成；对掺加粉煤灰或粒化高炉矿渣粉的混凝土，可按 90d 龄期的试验结果评定。

本标准电通量的等级划分部分参照了美国《用电通量法测试混凝土的抗氯离子侵入性能试验方法标准》(Standard Test Method for Electrical Indication of Concrete's Ability to Resist Chloride Ion Penetration) ASTM C 1202 的规定（表 5）。我国其他有关标准也是参考该标准制订。

表 5 基于电通量的氯离子渗透性

电通量（C）	>4000	2000~4000	1000~2000	100~1000	<100
氯离子渗透性评价	高	中等	低	很低	可忽略

3.0.3 系统的试验研究表明，在快速碳化试验中，碳化深度小于 20mm 的混凝土，其抗碳化性能较好，一般认为可满足大气环境下 50 年的耐久性要求。在工程实际中，碳化的发展规律也基本与此相近。在其他腐蚀介质的共同侵蚀下，混凝土的碳化会发展得更快。一般公认的是，碳化深度小于 10mm 的混凝土，其抗碳化性能良好。许多强度等级高、密实性好的混

凝土，在碳化试验中会出现测不出碳化的情况。目前，《轻骨料混凝土技术规程》JGJ 51 - 2002 根据不同的使用条件对砂轻混凝土的碳化深度进行了规定（表 6）。在抗碳化性能方面，有些种类的轻骨料混凝土与普通混凝土相近，有些种类则比普通混凝土略差一些。

表 6 砂轻混凝土的碳化深度值

等　级	使用条件	碳化深度（mm）
1	正常湿度，室内	≤40
2	正常湿度，室外	≤35
3	潮湿，室外	≤30
4	干湿交替	≤25

注：1　正常湿度系指相对湿度为 55%～65%；
　　2　潮湿系指相对湿度为 65%～80%；
　　3　碳化深度值相当于在正常大气条件下，即 CO_2 的体积浓度为 0.03%、温度为 20℃±3℃ 环境条件下，自然碳化 50 年时混凝土的碳化深度。

3.0.4 中国建筑科学研究院采用刀口法试验对混凝土早期的抗裂性能进行了系统的研究，结果发现，抗裂性能好的混凝土，单位面积上的总开裂面积很小，通常在 100mm²/m² 以内；当单位面积上的总开裂面积超过 1000mm²/m² 时，混凝土的抗裂性能较差；而单位面积上的总开裂面积在 700mm²/m² 左右时，混凝土抗裂性能也出现一个较为明显的变化。据此，将混凝土的早期抗裂性能进行了等级划分。

3.0.5 本标准规定的测试方法均出自《普通混凝土长期性能和耐久性能试验方法标准》GB/T 50082。

4　检　验

4.1　检验批及试验组数

4.1.1 本条为检验批的划分提供了明确的依据。

4.1.2 本条规定与《混凝土结构工程施工质量验收规范》GB 50204 协调。

4.1.3 混凝土耐久性检验项目的确定见本标准第 3.0.1 条的规定。例如，某一检验批按照设计要求需要对抗碳化性能和抗硫酸盐侵蚀性能进行检验评定时，需要各做不少于一组的抗碳化试验和抗硫酸盐侵蚀试验。

4.2　取　样

4.2.2 从同一盘或同一车混凝土中取样以保证试件制作的匀质性。由于搅拌设备、运输设备首次启用可能造成混凝土的组分不具有代表性，因此不宜在首盘或首车混凝土中取样。

4.2.4 取样记录包含了影响混凝土耐久性试验结果

的因素，有时对解释检验结果有用。因此，取样记录包含了多种信息。

4.3 试件制作与养护

4.3.1 本条规定了取样与试件制作的时间要求。

4.3.2 《普通混凝土力学性能试验方法标准》GB/T 50081 规定了一般混凝土试件的制作与养护，《普通混凝土长期性能和耐久性能试验方法标准》GB/T 50082 在此基础上针对具体的试验方法进行了更为详细的规定。

4.4 检 验 结 果

4.4.1 按《普通混凝土长期性能和耐久性能试验方法标准》GB/T 50082 进行试验得到的结果为试验结果。如果检验批只进行了一组试验，试验结果即为检验结果。对于一组以上的试验结果，取偏于安全者作为检验结果，如：快冻法试验进行了 2 组，其试验结果分别为 F125 和 F150，取最小值 F125，但 F125 介于本标准表 3.0.1 所规定的 F100 和 F150 之间，此时取 F100 作为检验结果。

4.4.2 本条规定取偏于安全的试验结果作为检验结果。

5 评 定

5.0.1 本条规定了对混凝土耐久性先进行分项评定。

5.0.2 在分项评定的基础上，对检验批的耐久性进行总体评定。

5.0.3 对于存在不合格检验项目的检验批，由专家进行评审并提出处理意见为妥。

中华人民共和国行业标准

海砂混凝土应用技术规范

Technical code for application of sea sand concrete

JGJ 206—2010

批准部门：中华人民共和国住房和城乡建设部
施行日期：2010年12月1日

中华人民共和国住房和城乡建设部
公　告

第 578 号

关于发布行业标准
《海砂混凝土应用技术规范》的公告

现批准《海砂混凝土应用技术规范》为行业标准，编号为 JGJ 206 - 2010，自 2010 年 12 月 1 日起实施。其中，第 3.0.1 条为强制性条文，必须严格执行。

本规范由我部标准定额研究所组织中国建筑工业出版社出版发行。

中华人民共和国住房和城乡建设部

2010 年 5 月 18 日

前　言

根据住房和城乡建设部《关于印发〈2008 年工程建设标准规范制订、修订计划（第一批）〉的通知》（建标〔2008〕102 号）的要求，编制组经广泛调查研究，认真总结实践经验，参考有关国际标准和国外先进标准，并在广泛征求意见的基础上，制订本规范。

本规范的主要技术内容有：1. 总则；2. 术语；3. 基本规定；4. 原材料；5. 海砂混凝土性能；6. 配合比设计；7. 施工；8. 质量检验和验收。

本规范以黑体字标志的条文为强制性条文，必须严格执行。

本规范由住房和城乡建设部负责管理和对强制性条文的解释，由中国建筑科学研究院负责具体技术内容的解释。执行过程中如有意见或建议，请寄送至中国建筑科学研究院建筑材料研究所《海砂混凝土应用技术规范》标准编制组（地址：北京市北三环东路 30 号，邮政编码：100013）。

本 规 范 主 编 单 位：中国建筑科学研究院
　　　　　　　　　　浙江中联建设集团有限公司

本 规 范 参 编 单 位：舟山弘业预拌混凝土有限公司
　　　　　　　　　　青岛理工大学
　　　　　　　　　　宁波华基混凝土有限公司
　　　　　　　　　　深圳大学
　　　　　　　　　　上海市建筑科学研究院（集团）有限公司
　　　　　　　　　　厦门市建筑科学研究院集团股份有限公司
　　　　　　　　　　中交上海三航科学研究院有限公司
　　　　　　　　　　中国建筑第二工程局有限公司
　　　　　　　　　　中交天津港湾工程研究院有限公司
　　　　　　　　　　北京耐久伟业科技有限公司
　　　　　　　　　　建研建材有限公司

本规范主要起草人员：冷发光　丁　威　周永祥
　　　　　　　　　　周岳年　赵铁军　刘江平
　　　　　　　　　　邢　锋　施钟毅　纪宪坤
　　　　　　　　　　苏　卿　刘　伟　王　彤
　　　　　　　　　　王　晶　田冠飞　李景芳
　　　　　　　　　　何更新　桂苗苗　王成启
　　　　　　　　　　曹巍巍　张　俐　李俊毅
　　　　　　　　　　张小冬　陈　思

本规范主要审查人员：姜福田　洪乃丰　石云兴
　　　　　　　　　　闻德荣　朋改非　封孝信
　　　　　　　　　　张仁瑜　蔡亚宁　杜　雷

目 次

1 总则 …………………………………… 20—5

2 术语 …………………………………… 20—5

3 基本规定 ……………………………… 20—5

4 原材料 ………………………………… 20—5

  4.1 海砂 ……………………………… 20—5

  4.2 其他原材料 ……………………… 20—6

5 海砂混凝土性能 ……………………… 20—6

  5.1 拌合物技术要求 ………………… 20—6

  5.2 力学性能 ………………………… 20—6

  5.3 长期性能与耐久性能 …………… 20—6

6 配合比设计 …………………………… 20—7

  6.1 一般规定 ………………………… 20—7

  6.2 配制强度的确定 ………………… 20—7

  6.3 配合比计算 ……………………… 20—7

  6.4 配合比试配、调整与确定 ……… 20—7

7 施工 …………………………………… 20—8

  7.1 一般规定 ………………………… 20—8

  7.2 海砂混凝土的制备、运输、浇筑和
　　养护 …………………………… 20—8

8 质量检验和验收 ……………………… 20—8

  8.1 混凝土原材料质量检验 ………… 20—8

  8.2 混凝土拌合物性能检验 ………… 20—9

  8.3 硬化混凝土性能检验 …………… 20—9

  8.4 混凝土工程验收 ………………… 20—9

本规范用词说明 ………………………… 20—9

引用标准名录 …………………………… 20—9

附：条文说明 …………………………… 20—10

Contents

1 General Provisions ·············· 20—5

2 Terms ··························· 20—5

3 Basic Requirements ············· 20—5

4 Raw Materials ················· 20—5

  4.1 Sea Sand ················· 20—5

  4.2 Other Raw Materials ········· 20—6

5 Sea Sand Concrete Performance ····· 20—6

  5.1 Technical Requirements of
    Mixtures ················· 20—6

  5.2 Mechanical Performance ········· 20—6

  5.3 Long-term Performance and
    Durability ··············· 20—6

6 Mix Design ················· 20—7

  6.1 General Requirements ········· 20—7

  6.2 Calculation of Compounding
    Strength ················· 20—7

  6.3 Calculation of Mix Proportion ········ 20—7

  6.4 Trial Mix, Adjustment and
    Determination of Mix Proportion ····· 20—7

7 Construction ················· 20—8

7.1 General Requirements ·············· 20—8

7.2 Preparation, Transporting, Casting
   and Curing of Sea Sand
   Concrete ····················· 20—8

8 Quality Inspection and
  Acceptance ················· 20—8

  8.1 Quality Inspection of Concrete Raw
    Materials ··············· 20—8

  8.2 Property Inspection of Concrete
    Mixture ················· 20—9

  8.3 Property Inspection of Hardened
    Concrete ················· 20—9

  8.4 Acceptance of Concrete
    Engineering ··············· 20—9

Explanation of Wording in This
Code ····················· 20—9

List of Quoted Standards ·············· 20—9

Addition: Explanation of
        Provisions ··············· 20—10

1 总 则

1.0.1 为规范海砂混凝土的应用，保证工程质量，制定本规范。

1.0.2 本规范适用于建设工程中海砂混凝土的配合比设计、施工、质量检验和验收。

1.0.3 海砂混凝土的应用除应符合本规范外，尚应符合国家现行有关标准的规定。

2 术 语

2.0.1 海砂 sea sand

出产于海洋和入海口附近的砂，包括滩砂、海底砂和入海口附近的砂。

2.0.2 滩砂 beach sand

出产于海滩的砂。

2.0.3 海底砂 undersea sand

出产于浅海或深海海底的砂。

2.0.4 海砂混凝土 sea sand concrete

细骨料全部或部分采用海砂的混凝土。

2.0.5 净化处理 washing treatment

采用专用设备对海砂进行淡水淘洗并使之符合本规范要求的生产过程。

3 基 本 规 定

3.0.1 用于配制混凝土的海砂应作净化处理。

3.0.2 海砂不得用于预应力混凝土。

3.0.3 配制海砂混凝土宜采用海底砂。

3.0.4 海砂宜与人工砂或天然砂混合使用。

4 原 材 料

4.1 海 砂

4.1.1 海砂的颗粒级配应符合表4.1.1的要求，且宜选用Ⅱ区砂。

表 4.1.1 海砂的颗粒级配

累计筛余（%）\\级配区 方孔筛筛孔边长	Ⅰ区	Ⅱ区	Ⅲ区
4.75mm	10～0	10～0	10～0
2.36mm	35～5	25～0	15～0
1.18mm	65～35	50～10	25～0
600μm	85～71	70～41	40～16
300μm	95～80	92～70	85～55

续表 4.1.1

累计筛余（%）\\级配区 方孔筛筛孔边长	Ⅰ区	Ⅱ区	Ⅲ区
150μm	100～90	100～90	100～90

注：除4.75mm和600μm筛外，其他筛的累计筛余可略有超出，超出总量不应大于5%。

4.1.2 海砂的质量应符合表4.1.2的要求。海砂质量检验的试验方法应符合现行行业标准《普通混凝土用砂、石质量及检验方法标准》JGJ 52的规定。

表 4.1.2 海砂的质量要求

项 目	指 标
水溶性氯离子含量（%，按质量计）	≤0.03
含泥量（%，按质量计）	≤1.0
泥块含量（%，按质量计）	≤0.5
坚固性指标（%）	≤8
云母含量（%，按质量计）	≤1.0
轻物质含量（%，按质量计）	≤1.0
硫化物及硫酸盐含量（%，折算为SO_3，按质量计）	≤1.0
有机物含量	符合现行行业标准《普通混凝土用砂、石质量及检验方法标准》JGJ 52的规定

4.1.3 海砂应进行碱活性检验，检验方法应符合现行国家标准《建筑用砂》GB/T 14684的规定。当采用有潜在碱活性的海砂时，应采取有效的预防碱-骨料反应的技术措施。

4.1.4 海砂中贝壳的最大尺寸不应超过4.75mm。贝壳含量应符合表4.1.4的要求。对于有抗冻、抗渗或其他特殊要求的强度等级不大于C25的混凝土用砂，贝壳含量不应大于8%。贝壳含量的试验方法应符合现行行业标准《普通混凝土用砂、石质量及检验方法标准》JGJ 52的规定。

表 4.1.4 海砂中贝壳含量

混凝土强度等级	≥C60	C40～C55	C35～C30	C25～C15
贝壳含量（%，按质量计）	≤3	≤5	≤8	≤10

4.1.5 海砂的放射性应符合现行国家标准《建筑材料放射性核素限量》GB 6566 的规定。

4.2 其他原材料

4.2.1 海砂混凝土宜采用硅酸盐水泥或普通硅酸盐水泥。水泥应符合现行国家标准《通用硅酸盐水泥》GB 175 的规定，且氯离子含量不得大于 0.025%。

4.2.2 海砂混凝土宜采用粉煤灰、粒化高炉矿渣粉、硅灰等矿物掺合料，且粉煤灰等级不宜低于 II 级，粒化高炉矿渣粉等级不宜低于 S95 级。粉煤灰和粒化高炉矿渣粉应分别符合现行国家标准《用于水泥和混凝土中的粉煤灰》GB/T 1596 和《用于水泥和混凝土中的粒化高炉矿渣粉》GB/T 18046 的规定。

4.2.3 海砂混凝土用粗骨料和除海砂之外的细骨料应符合现行行业标准《普通混凝土用砂、石质量及检验方法标准》JGJ 52 的规定。

4.2.4 海砂混凝土用水应符合现行行业标准《混凝土用水标准》JGJ 63 的规定，且拌合用水的氯离子含量不得超过 250mg/L。

4.2.5 海砂混凝土用外加剂应符合现行国家标准《混凝土外加剂》GB 8076 和《混凝土外加剂应用技术规范》GB 50119 的规定。海砂混凝土宜采用聚羧酸系减水剂，且聚羧酸系减水剂的质量应符合现行行业标准《聚羧酸系高性能减水剂》JG/T 223 的规定。

4.2.6 海砂混凝土用于钢筋混凝土工程时，可掺加钢筋阻锈剂。阻锈剂的应用应符合现行行业标准《钢筋阻锈剂应用技术规程》JGJ/T 192 的规定。

5 海砂混凝土性能

5.1 拌合物技术要求

5.1.1 海砂混凝土拌合物应具有良好的粘聚性、保水性和流动性，不得离析或泌水。

5.1.2 海砂混凝土坍落度应满足工程设计和施工要求；泵送海砂混凝土坍落度经时损失不宜大于 30mm/h。海砂混凝土坍落度的试验方法应符合现行国家标准《普通混凝土拌合物性能试验方法标准》GB/T 50080 的规定。

5.1.3 海砂混凝土拌合物的水溶性氯离子最大含量应符合表 5.1.3 的要求。海砂混凝土拌合物的水溶性氯离子含量宜按照现行行业标准《水运工程混凝土试验规程》JTJ 270 中混凝土拌合物中氯离子含量的快速测定方法进行测定。

表 5.1.3 海砂混凝土拌合物水溶性氯离子最大含量

环境条件	水溶性氯离子最大含量（%，水泥用量的质量百分比）	
	钢筋混凝土	素混凝土
干燥环境	0.3	
潮湿但不含氯离子的环境	0.1	0.3
潮湿且含有氯离子的环境	0.06	
腐蚀环境	0.06	

5.2 力学性能

5.2.1 海砂混凝土的强度标准值、强度设计值、弹性模量、轴心抗压强度与轴心抗拉疲劳强度设计值、疲劳变形模量等应符合现行国家标准《混凝土结构设计规范》GB 50010 的规定。海砂混凝土力学性能应按照现行国家标准《普通混凝土力学性能试验方法标准》GB/T 50081 的规定进行试验测定，并应满足设计要求。

5.2.2 海砂混凝土抗压强度应按现行国家标准《混凝土强度检验评定标准》GB/T 50107 进行评定，并应满足设计要求。

5.3 长期性能与耐久性能

5.3.1 海砂混凝土的干缩率和徐变系数应满足设计要求。

5.3.2 海砂混凝土耐久性应满足表 5.3.2 的要求。

表 5.3.2 海砂混凝土耐久性要求

项 目		技术要求
碳化深度（mm）		≤25
抗硫酸盐等级（有抗硫酸盐侵蚀性能要求时）		≥KS60
抗渗等级		≥P8
抗氯离子渗透	28d 电通量（C）	≤3000
	84d RCM 氯离子迁移系数（$10^{-12}m^2/s$）	≤4.0
抗冻等级（有抗冻性能要求时）		≥F100
碱-骨料反应（%，52 周膨胀率）		≤0.04

5.3.3 海砂混凝土长期性能与耐久性能的试验方法应符合现行国家标准《普通混凝土长期性能和耐久性能试验方法标准》GB/T 50082 的规定。

6 配合比设计

6.1 一般规定

6.1.1 海砂混凝土配合比设计应符合现行行业标准《普通混凝土配合比设计规程》JGJ 55 的规定，并应满足设计和施工要求。

6.1.2 海砂混凝土的最大水胶比应符合现行国家标准《混凝土结构耐久性设计规范》GB/T 50476 的规定。

6.1.3 除 C15 及其以下强度等级的混凝土外，海砂混凝土的胶凝材料最小用量应符合表 6.1.3 的要求。海砂混凝土的胶凝材料最大用量不宜超过 550kg/m³。

表 6.1.3 海砂混凝土的胶凝材料最小用量（kg/m³）

最大水胶比	素混凝土	钢筋混凝土
0.60	250	280
0.55	280	300
0.50	320	
0.45	350	

注：1 胶凝材料用量是指水泥用量和矿物掺合料用量之和；

2 最大水胶比数值介于表中相邻两个水胶比之间时，其对应的胶凝材料最小用量可采用线性插值的方法计算得到。

6.1.4 矿物掺合料和外加剂的品种和掺量应经混凝土试配确定，并应满足海砂混凝土强度和耐久性设计要求以及施工要求。

6.1.5 海砂混凝土的氯离子含量应符合本规范表 5.1.3 的规定。

6.1.6 海砂混凝土不宜用于除冰盐环境。当用于长期处于潮湿的严寒环境、严寒和寒冷地区冬季水位变动环境等时应掺用引气剂，混凝土的含气量宜为 4.5%～6.0%，且不应超过 7.0%。

6.1.7 当采用人工砂与海砂混合配制海砂混凝土时，海砂与人工砂的质量比宜为 2/3～3/2。

6.1.8 对于重要工程结构，混凝土中碱含量（以 Na_2O_{eq} 计）不宜大于 3.0kg/m³；对于与预防碱-骨料反应措施有关的混凝土总碱含量计算，粉煤灰碱含量计算可取粉煤灰碱含量测试值的 1/6，矿渣粉碱含量计算可取矿渣粉碱含量测试值的 1/2。

6.2 配制强度的确定

6.2.1 海砂混凝土的配制强度应符合下列规定：

1 当设计强度等级小于或等于 C60 时，配制强度应符合下式规定：

$$f_{cu,0} \geqslant f_{cu,k} + 1.645\sigma \qquad (6.2.1\text{-}1)$$

式中：$f_{cu,0}$ ——海砂混凝土的配制强度（MPa）；

$f_{cu,k}$ ——混凝土立方体抗压强度标准值，此处为设计的海砂混凝土强度等级值（MPa）；

σ ——海砂混凝土的强度标准差（MPa）。

2 当设计强度等级大于 C60 时，配制强度应符合下式规定：

$$f_{cu,0} \geqslant 1.15 f_{cu,k} \qquad (6.2.1\text{-}2)$$

6.2.2 海砂混凝土强度标准差应按下列规定确定：

1 当具有近 1 个月～3 个月的同一品种海砂混凝土的强度资料时，其强度标准差 σ 应按下式计算：

$$\sigma = \sqrt{\frac{\sum_{i=1}^{n} f_{cu,i}^2 - n m_{fcu}^2}{n-1}} \qquad (6.2.2)$$

式中：$f_{cu,i}$ ——第 i 组的试件强度平均值（MPa）；

m_{fcu} —— n 组试件的强度平均值（MPa）；

n ——试件组数，n 应大于等于 30。

2 对于强度等级小于等于 C30 的海砂混凝土，当 σ 计算值大于等于 3.0MPa 时，应按计算结果取值；当 σ 计算值小于 3.0MPa 时，σ 应取 3.0MPa。对于强度等级大于 C30 且小于等于 C60 的海砂混凝土，当 σ 计算值大于等于 4.0MPa 时，应按照计算结果取值；当 σ 计算值小于 4.0MPa 时，σ 应取 4.0MPa。

3 当没有近期的同品种海砂混凝土强度资料时，其强度标准差 σ 可按表 6.2.2 取值。

表 6.2.2 标准差 σ 值（MPa）

混凝土强度标准差值	≤C20	C25～C45	C50～C60
σ	4.0	5.0	6.0

6.3 配合比计算

6.3.1 海砂混凝土配合比计算应符合现行行业标准《普通混凝土配合比设计规程》JGJ 55 的规定。

6.3.2 海砂混凝土配合比计算宜采用质量法。

6.3.3 海砂混凝土配合比计算中骨料应以干燥状态下的质量为基准。

6.3.4 海砂混凝土每立方米拌合物的假定质量宜按下列规定取值：

1 混凝土强度等级不大于 C35 时，假定质量宜为 2300kg～2400kg。

2 混凝土强度等级大于 C35 时，假定质量宜为 2350kg～2450kg。

3 混凝土强度等级较高时，宜取上限值；混凝土强度等级较低时，宜取下限值。

6.4 配合比试配、调整与确定

6.4.1 海砂混凝土试配、调整与确定应符合现行行业标准《普通混凝土配合比设计规程》JGJ 55 的规定。

6.4.2 在海砂混凝土试配过程中，应根据贝壳和轻物质等的影响，对配合比进行调整。

6.4.3 在确定设计配合比和施工配合比前，应测定混凝土拌合物的表观密度，并应按下式计算配合比校正系数（δ）：

$$\delta = \frac{\rho_{c,t}}{\rho_{c,c}} \qquad (6.4.3)$$

式中：$\rho_{c,t}$ ——混凝土拌合物表观密度实测值（kg/m³）；

$\rho_{c,c}$ ——混凝土表观密度计算值，即每立方米混凝土所用原材料质量之和（kg/m³）。

6.4.4 当混凝土表观密度实测值与计算值之差的绝对值超过计算值的2%时，应将配合比中每项材料用量均乘以校正系数（δ），作为确定的设计配合比。

6.4.5 配合比设计时，应按照本规范第5.1.3条规定的方法测试拌合物的水溶性氯离子含量。当海砂批次发生变化时，应重新测试拌合物的水溶性氯离子含量。

6.4.6 配合比设计时，应在满足混凝土拌合物性能要求和混凝土设计强度等级的基础上，对设计要求的或本规范第5.3.2条规定的混凝土耐久性项目进行检验和评定。检验不合格的配合比，不得确定为设计配合比。

7 施 工

7.1 一般规定

7.1.1 海砂混凝土的施工应符合现行国家标准《混凝土质量控制标准》GB 50164 的有关规定。

7.1.2 在施工过程中，应按本规范第8章的要求对海砂及其他原材料、混凝土质量进行检验。

7.2 海砂混凝土的制备、运输、浇筑和养护

7.2.1 海砂混凝土宜采用预拌混凝土。当需要在现场制备混凝土时，宜采用具有自动计量装置的现场集中搅拌方式。

7.2.2 原材料计量宜采用电子计量仪器，计量仪器在使用前应进行检查。每盘原材料计量的允许偏差应符合表7.2.2的要求。

表 7.2.2 每盘原材料计量的允许偏差

原材料种类	允许偏差（按质量计）
胶凝材料（水泥、掺合料等）	±2%
化学外加剂（高效减水剂或其他化学添加剂）	±1%

续表 7.2.2

原材料种类	允许偏差（按质量计）
粗、细骨料	±3%
拌合用水	±1%

7.2.3 海砂混凝土的拌制宜采用双卧轴强制式搅拌机，搅拌时间可控制在 60s～90s。当采用细度模数小于2.3的海砂和（或）粉剂外加剂配制混凝土时，搅拌时间宜取上限值。

7.2.4 制备混凝土前，应测定粗、细骨料的含水率，并应根据含水率的变化调整混凝土配合比。每工作班应至少抽测2次，雨雪天应增加抽测次数。骨料堆场宜搭设遮雨棚。

7.2.5 在每个工作班开始前，宜在堆场用铲车将海砂翻拌均匀。

7.2.6 海砂混凝土的运输、浇筑、养护应符合现行国家标准《混凝土质量控制标准》GB 50164 的有关规定。

8 质量检验和验收

8.1 混凝土原材料质量检验

8.1.1 混凝土原材料进场时，应按规定批次验收型式检验报告、出厂检验报告或合格证等质量证明文件，外加剂产品还应具有使用说明书。

8.1.2 原材料进场后，应进行进场检验，且在混凝土生产过程中，宜对混凝土原材料进行随机抽检。

8.1.3 原材料进场检验和生产中抽检的项目应符合下列规定：

   1 海砂的检验项目应包括氯离子含量、颗粒级配、细度模数、贝壳含量、含泥量和泥块含量。

   2 其他原材料的检验项目应按国家现行有关标准执行。

8.1.4 原材料的检验规则应符合下列规定：

   1 海砂应按每 400m³ 或 600t 为一个检验批。同一产地的海砂，放射性可只检验一次；当有可靠的放射性检验数据时，可不再检验。

   2 散装水泥应按每 500t 为一个检验批，袋装水泥应按每 200t 为一个检验批；矿物掺合料应按每 200t 为一个检验批；砂、石应按每 400m³ 或 600t 为一个检验批；外加剂应按每 50t 为一个检验批。

   3 不同批次或非连续供应的混凝土原材料，在不足一个检验批量情况下，应按同品种和同等级材料每批次检验一次。

8.1.5 海砂及其他原材料的质量应符合本规范第4章的规定。

8.2 混凝土拌合物性能检验

8.2.1 制备系统的计量仪器、设备应经检定合格后方可使用，且混凝土生产单位每月应自检一次。原材料计量偏差应每班检查1次；混凝土搅拌时间应每班检查2次，原材料计量偏差和搅拌时间应分别符合本规范第7.2.2条和第7.2.3条的规定。

8.2.2 在生产和施工过程中，应对海砂混凝土拌合物进行抽样检验，坍落度、粘聚性和保水性应在搅拌地点和浇筑地点分别取样检验；水溶性氯离子含量应在浇筑地点取样检验。

8.2.3 对于海砂混凝土拌合物的坍落度、粘聚性和保水性项目，每工作班应至少检验2次；同一工程、同一配合比的海砂混凝土，水溶性氯离子含量应至少检验1次。

8.2.4 海砂混凝土拌合物性能应符合本规范第5.1节的规定。

8.2.5 当海砂混凝土拌合物性能出现异常时，应查找原因，并应根据实际情况，对配合比进行调整。

8.3 硬化混凝土性能检验

8.3.1 对海砂混凝土的力学性能、长期性能和耐久性能检验时，应对设计规定的项目进行检验，设计未规定的项目可不检验。

8.3.2 海砂混凝土性能检验应符合下列规定：

1 强度检验应符合现行国家标准《混凝土强度检验评定标准》GB/T 50107的规定，其他力学性能检验应符合工程要求和国家现行有关标准的规定。

2 耐久性检验评定应符合现行行业标准《混凝土耐久性检验评定标准》JGJ/T 193的规定。

3 长期性能检验可按现行行业标准《混凝土耐久性检验评定标准》JGJ/T 193中耐久性检验的有关规定执行。

8.3.3 海砂混凝土力学性能应符合本规范第5.2节的规定，长期性能和耐久性能应符合本规范第5.3节的规定。

8.4 混凝土工程验收

8.4.1 海砂混凝土工程验收应符合现行国家标准《混凝土结构工程施工质量验收规范》GB 50204的规定。

8.4.2 海砂混凝土工程验收时，应符合本规范对海砂混凝土长期性能和耐久性能的规定。

本规范用词说明

1 为便于在执行本规范条文时区别对待，对要求严格程度不同的用词说明如下：

　　1）表示很严格，非这样做不可的：

　　正面词采用"必须"，反面词采用"严禁"；

　　2）表示严格，在正常情况下均应这样做的：

　　正面词采用"应"，反面词采用"不应"或"不得"；

　　3）表示允许稍有选择，在条件许可时首先应这样做的：

　　正面词采用"宜"，反面词采用"不宜"；

　　4）表示有选择，在一定条件下可以这样做的，采用"可"。

2 条文中指明应按其他有关标准执行的写法为："应符合……的规定"或"应按……执行"。

引用标准名录

1 《混凝土结构设计规范》GB 50010

2 《普通混凝土拌合物性能试验方法标准》GB/T 50080

3 《普通混凝土力学性能试验方法标准》GB/T 50081

4 《普通混凝土长期性能和耐久性能试验方法标准》GB/T 50082

5 《混凝土强度检验评定标准》GB/T 50107

6 《混凝土外加剂应用技术规范》GB 50119

7 《混凝土质量控制标准》GB 50164

8 《混凝土结构工程施工质量验收规范》GB 50204

9 《混凝土结构耐久性设计规范》GB/T 50476

10 《通用硅酸盐水泥》GB 175

11 《用于水泥和混凝土中的粉煤灰》GB/T 1596

12 《建筑材料放射性核素限量》GB 6566

13 《混凝土外加剂》GB 8076

14 《建筑用砂》GB/T 14684

15 《用于水泥和混凝土中的粒化高炉矿渣粉》GB/T 18046

16 《普通混凝土用砂、石质量及检验方法标准》JGJ 52

17 《普通混凝土配合比设计规程》JGJ 55

18 《混凝土用水标准》JGJ 63

19 《钢筋阻锈剂应用技术规程》JGJ/T 192

20 《混凝土耐久性检验评定标准》JGJ/T 193

21 《聚羧酸系高性能减水剂》JG/T 223

22 《水运工程混凝土试验规程》JTJ 270

中华人民共和国行业标准

海砂混凝土应用技术规范

JGJ 206—2010

条 文 说 明

制 订 说 明

《海砂混凝土应用技术规范》（JGJ 206 - 2010），经住房和城乡建设部 2010 年 5 月 18 日以第 578 号公告批准、发布。

本规范制定过程中，编制组进行了广泛而深入的调查研究，总结了我国工程建设中海砂混凝土应用的实践经验，同时参考了国外先进技术法规、技术标准，通过试验取得了海砂混凝土应用的重要技术参数。

为便于广大设计、施工、科研、学校等单位有关人员在使用本标准时能正确理解和执行条文规定，《海砂混凝土应用技术规范》编制组按章、节、条顺序编制了本标准的条文说明，对条文规定的目的、依据以及执行中需注意的有关事项进行了说明。但是，本条文说明不具备与标准正文同等的法律效力，仅供使用者作为理解和把握标准规定的参考。

目　次

1　总则 ································ 20—13

2　术语 ································ 20—13

3　基本规定 ···························· 20—13

4　原材料 ····························· 20—13

  4.1　海砂 ··························· 20—13

  4.2　其他原材料 ····················· 20—15

5　海砂混凝土性能 ······················ 20—16

  5.1　拌合物技术要求 ·················· 20—16

  5.2　力学性能 ······················ 20—16

  5.3　长期性能与耐久性能 ·············· 20—16

6　配合比设计 ·························· 20—17

  6.1　一般规定 ······················ 20—17

6.2　配制强度的确定 ··················· 20—18

6.3　配合比计算 ······················ 20—18

6.4　配合比试配、调整与确定 ············· 20—18

7　施工 ································ 20—18

  7.1　一般规定 ······················ 20—18

  7.2　海砂混凝土的制备、运输、浇筑和
养护 ·························· 20—18

8　质量检验和验收 ······················ 20—18

  8.1　混凝土原材料质量检验 ············· 20—18

  8.2　混凝土拌合物性能检验 ············· 20—18

  8.3　硬化混凝土性能检验 ·············· 20—19

  8.4　混凝土工程验收 ················· 20—19

1 总　　则

1.0.1　海砂混凝土在日本、英国、我国台湾地区等已有数十年的应用历史，20 世纪 90 年代以来，我国海砂混凝土的应用有了较大发展。海砂混凝土的应用，国内外均走过弯路，在混凝土结构耐久性方面付出过沉重的代价。本规范本着从严控制的原则，以确保海砂混凝土的工程质量为目的。本规范主要根据我国现有的标准规范、科研成果和实践经验，并参考国外先进标准制定而成。

1.0.2　本规范的适用范围包括建筑工程和其他建设行业中使用的海砂混凝土。

1.0.3　对于海砂混凝土的有关技术内容，本规范规定的以本规范为准，未作规定的应按照其他标准执行。

2 术　　语

2.0.1　建设工程中应用的海砂大致可分为滩砂、海底砂和入海口附近的砂，其中以海底砂为主。入海口是河流与海洋的汇合处，淡水和海水的界线不易分明，且随着季节发生变化，为保险起见，故规定入海口附近的砂属于海砂。

2.0.3　目前海砂主要来源于浅海地区的海底砂，一般属于陆源砂。

2.0.4　掺有海砂的混凝土，无论掺加比例多少，都视为海砂混凝土。

2.0.5　海砂的净化处理需要使用专用设备，采用淡水淘洗。净化过程包括去除氯离子等有害离子、泥、泥块，以及粗大的砾石和贝壳等杂质。

3 基 本 规 定

3.0.1　海砂因含有较高的氯离子、贝壳等物质，直接用于配制混凝土会严重影响结构的耐久性，造成严重的工程质量问题甚至酿成事故。海砂的净化处理需要采用专用设备进行淡水淘洗，并去除泥、泥块、粗大的砾石和贝壳等杂质。采用简易的人工清洗，含盐量和杂质不易去除干净，且均匀性差，质量难以控制。海砂用于配制混凝土，应特别考虑影响建设工程的安全性和耐久性的因素，确保工程质量，确保海砂应用的安全性。鉴于我国目前质量管理的现实状况，本规范规定，用于配制混凝土的海砂应作净化处理（净化处理的解释见本规范术语部分第 2.0.5 条），并将此条作为强制性条文。

3.0.2　国内外有关标准规范中，对预应力混凝土结构的氯离子总量限制最为严格。《混凝土结构耐久性设计规范》GB/T 50476 的有关条文说明阐述：重要

结构的混凝土不得使用海砂配制。而预应力混凝土一般属于重要结构。国内工程中，预应力混凝土也很少采用海砂。因此，本着确保结构安全的原则，本规范规定预应力混凝土结构不得使用海砂混凝土。

3.0.3、3.0.4　海砂主要包括滩砂、海底砂和入海口附近的砂。开采滩砂和入海口附近的砂会破坏海岸线及其周边的生态环境，甚至会造成滨海地质环境的改变。此外，滩砂通常比海底砂要细，多属于细砂范畴，采用滩砂配制的混凝土，性能相比海底砂较差。

海砂经过净化之后能够满足一般建设工程用砂的要求，但海砂的大量开采会破坏采砂区的生态环境。以日本为例，20 世纪八九十年代，日本的海砂用量占整个建筑用砂的比例高达 30％左右。经过近 20 多年的海砂开采，日本周边海洋的生态环境出现了严重的破坏；加之，海砂虽经淡化处理，仍然比其他砂更具有潜在的危害性。自 2000 年起，日本开始逐渐禁止采掘海砂。濑户内海于 2003 年禁止开采海砂，其余海域亦从严审查。2007 年，日本海砂占建筑用砂的比例已经下降到 12％。在使用方式上，海砂通常与人工砂（机制砂）混合使用。在应用中，由于天然砂石的表面形貌较为圆滑，骨料堆积紧密，空隙率低，配制混凝土的工作性较好。然而天然砂产量日趋减少，人工砂是未来建用砂的必然趋势。人工砂与海砂混合使用，既可降低混凝土的氯离子含量，又可以节约天然砂资源。当有其他天然砂资源时，也允许海砂与其他天然砂（如河砂）混合使用。

4 原 材 料

4.1 海　砂

4.1.1　本条与《普通混凝土用砂、石质量及检验方法标准》JGJ 52 和《建筑用砂》GB/T 14684 的要求一致。

4.1.2　本条对混凝土用海砂的若干重要性能指标进行了规定，其要求或高于《普通混凝土用砂、石质量及检验方法标准》JGJ 52 的规定，或取该标准中最严格的限值，以达到从严控制的目的。

1　水溶性氯离子含量

《普通混凝土用砂、石质量及检验方法标准》JGJ 52 中对砂的氯离子含量作为强制性条文规定：钢筋混凝土用砂，氯离子含量不得大于 0.06％（以干砂质量百分率计）；预应力钢筋混凝土用砂，氯离子含量不得大于 0.02％。

日本标准《预拌混凝土》JIS A5308：2003 对砂的氯离子含量的要求是：氯盐（按 NaCl 计算）含量不超过 0.04％（相当于 0.024％的 Cl⁻ 含量），同时

又规定：如砂的氯盐含量超过 0.04%，则应获得用户许可，但不得超过 0.1%（相当于 0.06% 的 Cl⁻ 含量）；如果用于先张预应力混凝土的砂，氯盐含量不应超过 0.02%（相当于 0.012% 的 Cl⁻ 含量），即使得到用户许可，也不应超过 0.03%（相当于 0.018% 的 Cl⁻ 含量）。

我国台湾地区的标准《混凝土粒料》CNS 1240 沿用了日本最严格的规定：预应力钢筋混凝土用砂，水溶性氯离子含量不得大于 0.012%；所有其他混凝土用砂，水溶性氯离子含量不得大于 0.024%。

本标准借鉴日本和我国台湾地区的标准，并同时考虑到我国大陆地区的实际情况，将钢筋混凝土用海砂的氯离子含量限值规定为 0.03%，低于《普通混凝土用砂、石质量及检验方法标准》JGJ 52 规定的 0.06%。

本规范规定的海砂氯离子含量低于 JGJ 52 的另外一个原因是：目前采用《普通混凝土用砂、石质量及检验方法标准》JGJ 52 测定氯离子含量的制样方法，与工程中使用海砂的实际中的做法不相符，且会低估海砂中氯离子的含量。该标准的制样方法为：取经缩分后的样品，在温度（105±5）℃的烘箱中烘干至恒重，经冷却至室温备用，简称干砂制样。另一种与实际情况相符的制样方法是采用湿砂进行制样：先测定砂的含水率 ω_{wc}，然后根据试验所用的干砂质量 500g，计算得到湿砂的实际用量 $500/(1-\omega_{wc})$g，简称湿砂制样。干砂制样和湿砂制样后的其他试验操作完全相同。

采用 A、B 两个砂样分别用不同水砂比例（质量）淘洗、过滤，获得不同的淡化砂，分别采用两种制样方法测试氯离子含量。试验发现，同样的砂样，湿砂制样测定的氯离子含量比干砂制样的要高 20%～30% 以上（图 1）。而且，无论是海砂原砂还是淡化砂，无论是试验室取样还是海砂净化生产线现场取样，这一规律都明显存在。其主要原因是干砂制样过程会造成氯离子的损失。

在实际生产中使用海砂时，一般不存在烘干的过程，因此，湿砂制样更能准确反映实际情况，且结果偏于安全。试验结果发现，两种制样方法的测试结果存在近似的平行关系，可以视为系统误差进行处理，因此，在不改变《普通混凝土用砂、石质量及检验方法标准》JGJ 52 干砂制样的试样方法的前提下，可以通过降低氯离子含量的限值来弥补制样方法带来的对砂样氯离子含量的低估。因此，本标准仍采用《普通混凝土用砂、石质量及检验方法标准》JGJ 52 的制样方法，但提高了指标要求。

2　含泥量与泥块含量

《建筑用砂》GB/T 14684-2001 对天然砂的含泥量和泥块含量的规定如表 1。

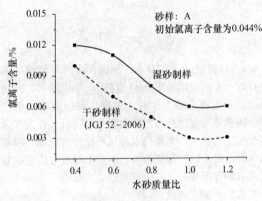

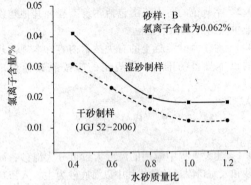

图 1　不同制样方法对测定氯离子含量的影响

表 1　含泥量和泥块含量

项　　目	指标		
	Ⅰ类	Ⅱ类	Ⅲ类
含泥量（%，按质量计）	<1.0	<3.0	<5.0
泥块含量（%，按质量计）	0	<1.0	<2.0

《普通混凝土用砂、石质量及检验方法标准》JGJ 52 对天然砂中含泥量和泥块含量的规定分别如表 2 和表 3 所示。且规定：对于有抗冻、抗渗或其他特殊要求的小于或等于 C25 混凝土用砂，其含泥量不应于 3.0%。对于有抗冻、抗渗或其他特殊要求的小于或等于 C25 混凝土用砂，其泥块含量不应大于 1.0%。

表 2　天然砂中含泥量

混凝土强度等级	≥C60	C55～C30	≤C25
含泥量（%，按质量计）	≤2.0	≤3.0	≤5.0

表 3　天然砂中泥块含量

混凝土强度等级	≥C60	C55～C30	≤C25
泥块含量（%，按质量计）	≤0.5	≤1.0	≤2.0

试验发现，经过净化处理的海砂，易于做到含泥量小于 1.0%，泥块含量小于 0.5%。此两项指标规定为现有砂、石标准的最严格限值，对于海砂混凝土的质量控制具有重要意义。

3 坚固性

《普通混凝土用砂、石质量及检验方法标准》JGJ 52根据混凝土所处的环境及其性能要求，将砂的坚固性指标分为两个等级：≤8%和≤10%。本规范考虑到海砂多用于滨海环境，且海砂来源复杂，颗粒表面质地可能较河砂差，所以将坚固性指标规定为较为严格的≤8%。

4 云母、轻物质、硫化物及硫酸盐和有机物含量

《建筑用砂》GB/T 14684-2001对天然砂的云母、轻物质、硫化物及硫酸盐和有机物含量的规定如下表。

表4 有害物质含量

项 目	指 标		
	Ⅰ类	Ⅱ类	Ⅲ类
云母（%，按质量计）	<1.0	<2.0	<2.0
轻物质（%，按质量计）	1.0	1.0	1.0
有机物（比色法）	合格	合格	合格
硫化物及硫酸盐 （%，按SO_3质量计）	<0.5	<0.5	<0.5

《普通混凝土用砂、石质量及检验方法标准》JGJ 52对天然砂中云母、轻物质、硫化物及硫酸盐和有机物含量的规定如表5所示。

表5 砂中的有害物质含量

项 目	质量指标
云母（%，按质量计）	≤2.0
轻物质（%，按质量计）	≤1.0
硫化物及硫酸盐 （%，按SO_3质量计）	≤1.0
有机物（用比色法试验）	颜色不应深于标准色。当颜色深于标准色时，应按水泥胶砂强度试验方法进行强度对比试验，抗压强度比不应低于0.95

考虑到海砂混凝土的使用环境和海砂性能，云母、轻物质、硫化物及硫酸盐和有机物含量基本按照现行国家标准《建筑用砂》GB/T 14684的最高标准进行要求。此外，海砂中硫酸盐含量较低，参照建工的行业标准，硫化物及硫酸盐含量相应取值为≤1.0%。

4.1.3 海砂通常比河砂具有更大的碱活性风险，应用前需要进行检验。对于有潜在碱活性的海砂，应采取控制混凝土的总碱含量、掺加可预防破坏性碱-骨料反应的矿物掺合料、使用低碱水泥等措施。这些措施经确认有效后，方能使用。

4.1.4 《普通混凝土用砂、石质量及检验方法标准》JGJ 52对海砂中的贝壳含量进行了规定，但未对贝壳尺寸进行规定，大贝壳会明显影响混凝土的性能，故对贝壳尺寸进行了规定。《普通混凝土用砂、石质量及检验方法标准》JGJ 52-2006对贝壳含量的规定见表6。

表6 海砂中贝壳含量

混凝土强度等级	≥C40	C35~C30	C25~C15
贝壳含量（%，按质量计）	≤3	≤5	≤8

目前宁波、舟山地区经过净化的海砂，其贝壳含量的常见范围是5%~8%。故JGJ 52-2006的规定将在很大程度上限制海砂的合理使用。试验研究发现，采用贝壳含量在7%~8%的海砂可以配制C60混凝土，且试验室的耐久性指标良好。从目前取得的贝壳含量对普通混凝土抗压强度和自然碳化深度影响的10年数据来看，贝壳含量从2.4%增加到22.0%，抗压强度和自然碳化深度无明显变化。2003年发布的《宁波市建筑工程使用海砂管理规定》（试行）对贝壳含量有如下规定：混凝土强度等级大于C60，净化海砂的贝壳含量小于4.0%；强度等级为C30~C60，净化海砂的贝壳含量小于（4.0%~8.0%）；强度等级小于C30，净化海砂的贝壳含量小于（8.0%~10.0%）。根据上述情况，本着审慎的原则，本规范对海砂的贝壳含量进行了新的规定。

4.1.5 海砂的来源和形成过程十分复杂，可能具有放射性危害。用于建筑特别是人居环境中的海砂，需要确保其放射性满足《建筑材料放射性核素限量》GB 6566的要求。

4.2 其他原材料

4.2.1 硅酸盐水泥和普通硅酸盐水泥有利于降低早期混凝土的孔隙率，并有利于维持混凝土较高的碱性环境，对抗碳化和保护钢筋较为有利。为了控制海砂混凝土中的氯离子含量，对水泥的氯离子含量进行了限制。

4.2.2 采用品质较好的矿物掺合料有利于提高混凝土的密实性，对海砂混凝土的耐久性具有明显的意义。

4.2.4 海砂混凝土拌合用水的氯离子含量比非海砂混凝土更严格。我国台湾地区的混凝土拌合用水氯离子含量的最大限值为250mg/L。

4.2.5 聚羧酸系减水剂对海砂的敏感性小，配制的海砂混凝土拌合物性能稳定。另外，相比萘系减水剂，聚羧酸系减水剂在混凝土耐久性方面（如抗开裂性能、收缩性能等）具有明显的技术优势。

4.2.6 为了预防海砂引起混凝土结构中的钢筋锈蚀，对于重要工程或重要结构部位，可掺加符合有关标准要求的钢筋阻锈剂。

5 海砂混凝土性能

5.1 拌合物技术要求

5.1.2 海砂的盐分含量对混凝土的坍落度损失有影响，坍落度经时损失变异性较大，这是海砂混凝土相比于其他混凝土的一个特点。因此，加强对混凝土坍落度经时损失的控制是海砂混凝土质量控制的重要手段。工程经验表明，混凝土坍落度经时损失不大于30mm/h，能够满足一般混凝土工程的施工要求。

5.1.3 《混凝土结构设计规范》GB 50010、《预拌混凝土》GB 14902 和《混凝土结构耐久性设计规范》GB/T 50476 均对不同环境中混凝土的氯离子最大含量进行了规定。参照以上标准规范的规定，本规范将环境类别简单清楚地分为四类。本着从严控制的原则，对处于存在氯离子的潮湿环境的钢筋混凝土，水溶性氯离子最大含量一律规定为不超过水泥用量的0.06%，对于其余环境的钢筋混凝土或素混凝土结构，本规范的限值也明显比其他标准规范严格。

现行行业标准《水运工程混凝土试验规程》JTJ 270 中提供了混凝土拌合物中氯离子含量的快速测定方法，海砂混凝土拌合物水溶性氯离子含量可以采用该方法进行测定，也可以根据试验条件采取化学滴定法等方法，以及其他精度更高的快速测定方法。我国台湾地区的标准《新拌混凝土中水溶性氯离子含量试验法》CNS 13465 可以作为参考，但要将其测试结果（kg/m³）换算为水泥用量的质量百分比。

5.2 力学性能

5.2.1、5.2.2 明确了现行国家标准《混凝土结构设计规范》GB 50010、《混凝土强度检验评定标准》GB/T 50107 等规范有关混凝土力学性能的规定同样适用于海砂混凝土。

5.3 长期性能与耐久性能

5.3.2 本条规定了无设计要求时，结构用海砂混凝土需要满足的耐久性能基本要求，这也是一般混凝土工程耐久性的主要控制指标。

1 碳化深度

试验证明，碳化深度小于25mm的混凝土，其抗碳化性能较好，可以满足大气环境下50年的耐久性要求。海砂混凝土系统的试验研究表明：采用普通硅酸盐水泥配制的海砂混凝土，碳化28d的碳化深度均小于25mm；但采用复合硅酸盐水泥，碳化深度要大于25mm，最大值接近30mm。规定海砂混凝土的碳化深度不大于25mm，可保证保护层对钢筋的保护作用。

2 抗硫酸盐等级与抗渗等级

系统的试验研究表明：采用普通硅酸盐水泥并掺加部分矿物掺合料配制的低强度等级的海砂混凝土，其抗硫酸盐等级不低于KS60，抗渗等级不低于P8。随着混凝土强度等级的提高，抗硫酸盐侵蚀性能和抗水渗透性能会有明显改善。提出海砂混凝土的抗硫酸盐等级不低于KS60，抗渗等级不低于P8，以保证海砂混凝土的耐久性能。

3 抗氯离子渗透性能（电通量法）

《铁路混凝土结构耐久性设计暂行规定》对氯盐环境进行了分类，并根据不同的设计使用年限和环境作用等级，规定了混凝土的电通量（56d）等级（见表7）。另外，该标准还规定氯盐环境和化学侵蚀环境下混凝土的电通量一般不超过1500C，有的则需要小于800C或1000C。需要说明的是，表7的电通量数据是56d龄期的测试结果。美国ASTM C 1202-05 对氯离子电通量的规定如表8所示。系统的试验研究表明：掺加部分矿物掺合料，耐久性能较好的低强度等级海砂混凝土28d氯离子电通量普遍低于2500C。海砂的含盐量越高，混凝土的氯离子电通量值越大。根据试验结果并结合已有标准，规定海砂混凝土28d氯离子电通量不大于3000C。

表7　混凝土的电通量

设计使用年限级别		一（100年）	二(60年)、三(30年)
电通量(56d)，C	<C30	<2000	<2500
	C30～C45	<1500	<2000
	≥C50	<1000	<1500

表8　基于电通量的抗氯离子渗透性

电通量（C）	>4000	2000～4000	1000～2000	100～1000	<100
氯离子渗透性评价	高	中等	低	很低	可忽略

4 抗氯离子渗透性能（RCM法）

海砂混凝土大多用于滨海环境或沿海地区建筑，控制混凝土氯离子迁移系数，有利于提高海砂混凝土在滨海环境中的耐久性。掺入较多的矿物掺合料，以84d龄期的测试值进行规定较为合理。《混凝土耐久性检验评定标准》JGJ/T 193 对RCM法氯离子迁移系数的等级划分如表9所示。系统的试验研究表明：耐久性较好的低强度等级的海砂混凝土，84d氯离子迁移系数普遍低于$4.0×10^{-12}$ m²/s，故以此值作为下限值。

表9　混凝土抗氯离子渗透性能的等级划分（RCM法）

等级	RCM-Ⅰ	RCM-Ⅱ	RCM-Ⅲ	RCM-Ⅳ	RCM-Ⅴ
氯离子迁移系数（RCM法）（×10⁻¹²m²/s）	≥4.5	≥3.5 <4.5	≥2.5 <3.5	≥1.5 <2.5	<1.5

5 抗冻性能

《水运工程混凝土质量控制标准》JTJ 269-96 对水位变动区有抗冻要求的混凝土进行了规定（见表10）。《公路钢筋混凝土及预应力混凝土桥涵设计规范》JTG D62-2004 对水位变动区混凝土抗冻等级的要求与表10一致。系统试验研究表明：耐久性良好的低强度等级的海砂混凝土的抗冻等级可高于F100。因此，对于有抗冻要求的海砂混凝土，抗冻等级最低要求不低于F100。

表10 水位变动区混凝土抗冻等级选定标准

建筑所在地区	海水环境		淡水环境	
	钢筋混凝土及预应力混凝土	素混凝土	钢筋混凝土及预应力混凝土	素混凝土
严重受冻地区（最冷月平均气温低于-8℃）	F350	F300	F250	F200
受冻地区（最冷月平均气温在-4℃～-8℃之间）	F300	F250	F200	F150
微冻地区（最冷月平均气温在0℃～-4℃之间）	F250	F200	F150	F100

6 碱-骨料反应

按照《普通混凝土长期性能和耐久性能试验方法标准》GB/T 50082中规定的混凝土碱-骨料反应试验方法进行试验，52周混凝土试件的膨胀率不大于0.04％即可认为混凝土不存在潜在的碱-骨料反应危害，因此规定海砂混凝土的52周混凝土试件膨胀率不大于0.04％。

6 配合比设计

6.1 一般规定

6.1.2 与现行国家标准相协调。

6.1.3 《混凝土结构设计规范》GB 50010关于混凝土中水泥最小用量的规定如表11所示，《混凝土结构耐久性设计规范》GB/T 50476附录B中关于混凝土中胶凝材料最小用量如表12所示。考虑到海砂混凝土的特性及其使用环境，将胶凝材料最小用量略加提高，以保证海砂混凝土结构的耐久性。另外，海砂混凝土与非海砂混凝土在胶凝材料最大用量方面无本质差异。

表11 结构混凝土耐久性的基本要求

环境类别	最大水灰比	水泥最小用量（kg/m³）	最低混凝土强度等级	氯离子最大含量（％）	最大碱含量（kg/m³）
一	0.65	225	C20	1.0	不限制

续表11

环境类别		最大水灰比	水泥最小用量（kg/m³）	最低混凝土强度等级	氯离子最大含量（％）	最大碱含量（kg/m³）
二	a	0.60	250	C25	0.3	3.0
	b	0.55	275	C30	0.2	3.0
三		0.50	300	C30	0.1	3.0

注：1 氯离子含量系指占水泥用量的百分率；
  2 预应力构件混凝土中的氯离子最大含量为0.06％，水泥最小用量为300kg/m³；最低混凝土强度等级应按表中规定提高两个等级；
  3 素混凝土构件的水泥最小用量不应小于表中数值减25kg/m³；
  4 当混凝土中加入活性掺合料或能够提高耐久性的外加剂时，可适当降低水泥最小用量；
  5 当有可靠工程经验时，处于一类和二类环境中的最低混凝土强度等级可降低一个等级；
  6 当使用非碱活性骨料时，对混凝土中的碱含量可不作限制。

表12 单位体积混凝土的胶凝材料用量

最低强度等级	最大水胶比	最小用量（kg/m³）	最大用量（kg/m³）
C25	0.60	260	
C30	0.55	280	400
C35	0.50	300	
C40	0.45	320	
C45	0.40	340	450
C50	0.36	360	480
≥C55	0.36	380	500

注：1 表中数据适用于最大骨料粒径为20mm的情况，骨料粒径较大时宜适当降低胶凝材料用量，骨料粒径较小时可适当增加；
  2 引气混凝土的胶凝材料用量与非引气混凝土要求相同；
  3 对于强度等级达到C60的泵送混凝土，胶凝材料最大用量可增大至530kg/m³。

6.1.4 矿物掺合料的掺量太大会影响混凝土的强度和耐久性，掺量太小则不经济，也会影响混凝土性能，需要通过试配确定。外加剂掺量也需要通过试配确定，以满足施工和混凝土性能的要求。

6.1.5 为了更好地控制海砂混凝土的氯离子含量，配合比设计的必要步骤之一就是计算混凝土的氯离子含量，检查该值是否超过本规范的限值。如果计算值超出限值，此时一般需要部分更换原材料，选用氯离子含量更低的产品。根据各种原材料的氯离子含量的检测值（当没有水溶性氯离子含量的检测值时，可以采用偏于安全的酸溶值替代），可以计算出混凝土的氯离子含量。要求计算值不超过本规范表 5.1.3 的限值，是为了严格控制，并确保实际混凝土生产中控制到位。

6.1.6 参照《普通混凝土配合比设计规程》JGJ 55 中对抗冻混凝土和抗渗混凝土配合比设计参数的规定，结合目前对冻融环境、氯离子侵蚀环境等条件下混凝土抗冻性能的研究结果和工程经验，规定了海砂混凝土设计配合比时的含气量的要求。验证试验表明：在所规定的含气量范围内，海砂混凝土具有良好的抗冻性能。

6.1.7 为了节约海砂资源，同时推广人工砂的应用，本规范第 3.0.4 条推荐人工砂与海砂混合使用。实践经验表明，海砂与人工砂的质量比在 2/3～3/2 之间，混凝土的各种性能良好，尤其可以有效降低海砂应用的技术风险。

6.1.8 对于重要的工程结构，需要对碱-骨料反应层层设防。粉煤灰和矿渣粉的碱含量计算可按碱含量中对碱-骨料反应有潜在贡献的有效碱计算。

6.2 配制强度的确定

6.2.1 配制强度的计算分两种情况，对于强度等级不大于 C60 的混凝土，仍按现行配合比设计规程执行；对于强度等级大于 C60 的高强混凝土，经大量工程实践，采用式（6.2.1-2）为宜。

6.2.2 本规范规定的强度标准差 σ 与有关标准协调，也是大量工程实践的总结。

6.3 配合比计算

6.3.2 质量法即通常所谓的重量法。对于海砂混凝土，采用质量法计算配合比较为合理，且易于操作。若采用绝对体积法计算配合比，则有关材料的计算参数（如材料密度等）需经专门试验加以确定，条件和时间往往难以保证；如果直接采用经验值计算，则误差较大。

6.3.4 海砂中因存在的贝壳等物质，堆积密度略小于河砂。因此，海砂混凝土拌合物的表观密度也受到影响。为了减小配合比设计的误差，根据试验研究，将不同强度等级的海砂混凝土拌合物分成两个表观密度范围。

6.4 配合比试配、调整与确定

6.4.1 海砂混凝土的配合比试配、调整与确定，在操作上与普通混凝土无异。

6.4.2 海砂混凝土中的贝壳和轻物质等使得海砂的吸水率略高于河砂，这是影响拌合物性能的重要因素，也是海砂混凝土区别于非海砂混凝土的特点之一。

6.4.3 由于海砂混凝土的特点，调方工作一般是不

可少的。

6.4.4 规定了何种情况下应对配合比计算方量进行调整。

6.4.5 在海砂混凝土的配合比设计过程中，需要检测拌合物的水溶性氯离子含量，符合本规范的规定才能用于工程中。

6.4.6 本条强调在配合比试配过程中应包括混凝土耐久性能验证试验的工作内容，这对海砂混凝土尤为重要。

7 施 工

7.1 一般规定

7.1.1 海砂混凝土施工的总体要求与普通混凝土无异，执行相应的标准规范即可。

7.1.2 本条规定了海砂混凝土施工中的质量控制要求。

7.2 海砂混凝土的制备、运输、浇筑和养护

7.2.1 预拌混凝土是现代混凝土生产的最佳方式，有利于混凝土质量控制和环境保护。海砂混凝土优先选择预拌方式生产。

7.2.3 现代混凝土的掺合料和外加剂较为复杂，为保证混凝土的均匀性，宜采用双卧轴强制式搅拌机进行拌合。由于混凝土原材料性能与生产条件差异较大，生产时可根据实际情况调整到适宜的拌合时间，保证拌合均匀即可。当采用较细的海砂和（或）粉剂外加剂配制混凝土时，需要适当延长搅拌时间。

7.2.4、7.2.5 海砂的含水率变化对混凝土性能影响极大，通过加强测试，及时发现变化情况，适时调整配合比。海砂的含水率较高，且与含盐量密切相关，含水率的不均匀会影响海砂混凝土的质量。因此，采取保证含水率均匀的措施是必要的。

7.2.6 海砂混凝土的运输、浇筑、养护与普通混凝土无异，按照相应规范和标准执行即可。

8 质量检验和验收

8.1 混凝土原材料质量检验

8.1.2 本条规定了海砂混凝土原材料的进场要求。

8.1.3 本条规定了海砂等原材料的检验项目。

8.1.4 本条规定了海砂等原材料的检验规则。

8.2 混凝土拌合物性能检验

8.2.1 计量仪器和系统的正常是混凝土质量控制的基本前提。因计量仪器故障出现的工程事故并不少见，因此，本条规定了计量仪器的检查频率，以确保

计量的精准性。

8.2.2 海砂混凝土拌合物质量控制是关键环节之一。本条规定了拌合物检验项目及其检验地点。

8.2.3 本条规定了海砂混凝土拌合物有关性能检验的频率。

8.2.4 本条为评定的规定。

8.2.5 海砂混凝土拌合物性能出现异常,可能是使用海砂的原因,也可能是其他方面的原因,需要及时分析,然后做出针对性处理。

8.3 硬化混凝土性能检验

8.3.1 本规范的第 5.2 和 5.3 节分别对海砂混凝土的力学性能、长期性能和耐久性能进行了较为全面的规定,但这些项目并非都需要检验。具体的检验项目需要根据设计要求而定。

8.3.2 《混凝土耐久性检验评定标准》JGJ/T 193 未对混凝土长期性能的检验作出规定,但其中的耐久性检验规则可以适用于长期性能的检验。

8.4 混凝土工程验收

8.4.1 海砂混凝土工程验收的一般要求与非海砂混凝土工程无异。

8.4.2 本条强调需将海砂混凝土的长期性能和耐久性能作为验收的主要内容之一。

中华人民共和国行业标准

纤维混凝土应用技术规程

Technical specification for application of
fiber reinforced concrete

JGJ/T 221—2010

批准部门：中华人民共和国住房和城乡建设部
施行日期：2 0 1 1 年 3 月 1 日

中华人民共和国住房和城乡建设部
公　告

第 706 号

关于发布行业标准
《纤维混凝土应用技术规程》的公告

现批准《纤维混凝土应用技术规程》为行业标准，编号为 JGJ/T 221-2010，自 2011 年 3 月 1 日起实施。

本规程由我部标准定额研究所组织中国建筑工业出版社出版发行。

中华人民共和国住房和城乡建设部

2010 年 7 月 23 日

前　言

根据原建设部《关于印发〈二〇〇二～二〇〇三年度工程建设城建、建工行业标准制订、修订计划〉的通知》（建标〔2003〕104 号）的要求，编制组经广泛调查研究，认真总结实践经验，参考有关国际标准和国外先进标准，并在广泛征求意见的基础上，制定本规程。

本规程的主要技术内容是：1　总则；2　术语；3　原材料；4　纤维混凝土性能；5　配合比设计；6　施工；7　质量检验和验收；以及相关附录。

本规程由住房和城乡建设部负责管理，由中国建筑科学研究院负责具体技术内容的解释。执行过程中如有意见或建议，请寄送至中国建筑科学研究院（地址：北京市北三环东路 30 号，邮政编码：100013）。

本 规 程 主 编 单 位：中国建筑科学研究院
　　　　　　　　　　　大连悦泰建设工程有限公司

本 规 程 参 编 单 位：大连理工大学
　　　　　　　　　　　哈尔滨工业大学
　　　　　　　　　　　北京中纺纤建科技有限公司
　　　　　　　　　　　同济大学
　　　　　　　　　　　中国铁道科学研究院
　　　　　　　　　　　中冶集团建筑研究总院
　　　　　　　　　　　郑州大学
　　　　　　　　　　　北京市建筑材料质量监督检验站
　　　　　　　　　　　恒律发展有限公司
　　　　　　　　　　　北京旺虹佳盛经贸有限公司
　　　　　　　　　　　深圳市海川实业股份有限公司
　　　　　　　　　　　辽阳康达特种纤维厂
　　　　　　　　　　　上海哈瑞克斯金属制品有限公司
　　　　　　　　　　　嘉兴市七星钢纤维有限公司
　　　　　　　　　　　总参工程兵第四设计研究院
　　　　　　　　　　　镇江特密斯混凝土外加剂总厂
　　　　　　　　　　　厦门资贸达工业有限公司
　　　　　　　　　　　北京中科九千建筑工程质量检测有限公司
　　　　　　　　　　　重庆市建筑科学研究院

本规程主要起草人员：丁　威　郭延辉　丁一宁
　　　　　　　　　　　高丹盈　赵景海　史小兴
　　　　　　　　　　　马一平　徐蕴贤　苏　波
　　　　　　　　　　　宋作宝　朱万里　韦庆东
　　　　　　　　　　　龚　益　王　蕾　何唯平
　　　　　　　　　　　卞铁强　张学军　陈加梅
　　　　　　　　　　　顾渭建　薛　庆　左彦峰
　　　　　　　　　　　陈国忠　蓝廷骏　王玉棠
　　　　　　　　　　　罗　晖

本规程主要审查人员：石云兴　罗保恒　张仁瑜
　　　　　　　　　　　张　君　付　智　郝挺宇
　　　　　　　　　　　朋改非　陶梦兰　蔡亚宁

目　　次

1　总则 ································· 21—5

2　术语 ································· 21—5

3　原材料 ······························ 21—5

　3.1　钢纤维 ·························· 21—5

　3.2　合成纤维 ······················ 21—5

　3.3　其他原材料 ···················· 21—6

4　纤维混凝土性能 ··················· 21—6

　4.1　拌合物性能 ···················· 21—6

　4.2　力学性能 ······················ 21—7

　4.3　长期性能和耐久性能 ·········· 21—7

5　配合比设计 ······················· 21—7

　5.1　一般规定 ······················ 21—7

　5.2　配制强度的确定 ··············· 21—8

　5.3　配合比计算 ···················· 21—8

　5.4　配合比试配、调整与确定 ····· 21—9

6　施工 ································· 21—9

　6.1　纤维混凝土的制备 ············· 21—9

　6.2　纤维混凝土的运输、浇筑和养护 ··· 21—9

7　质量检验和验收 ················· 21—10

　7.1　原材料质量检验 ·············· 21—10

　7.2　混凝土拌合物性能检验 ········ 21—10

　7.3　硬化纤维混凝土性能检验 ······ 21—10

　7.4　混凝土工程验收 ·············· 21—10

附录A　混凝土用钢纤维性能检验
　　　　方法 ························· 21—10

附录B　纤维混凝土抗弯韧性（等效
　　　　抗弯强度）试验方法 ········ 21—11

附录C　纤维混凝土弯曲韧性和初
　　　　裂强度试验方法 ············ 21—12

附录D　纤维混凝土抗剪强度试验
　　　　方法 ························· 21—13

附录E　钢纤维对混凝土轴心抗拉
　　　　强度、弯拉强度的影响
　　　　系数 ························· 21—14

附录F　钢纤维混凝土拌合物中钢纤
　　　　维体积率检验方法 ·········· 21—15

本规程用词说明 ····················· 21—15

引用标准名录 ······················· 21—15

附：条文说明 ······················· 21—16

Contents

1　General Provisions ·················· 21—5

2　Terms ·································· 21—5

3　Raw Materials ························ 21—5

　3.1　Steel Fiber ······················ 21—5

　3.2　Synthetic Fiber ·················· 21—5

　3.3　Other Materials ·················· 21—6

4　Technical Properties of Fiber
　Reinforced Concrete ················ 21—6

　4.1　Mixture Properties ·············· 21—6

　4.2　Mechanical Properties ·········· 21—7

　4.3　Long-term Properties and Durable
　　　Properties ······················ 21—7

5　Mix Design ·························· 21—7

　5.1　General Requirements ·········· 21—7

　5.2　Determination of Design
　　　Strength ························ 21—8

　5.3　Calculation of Mix Design ········ 21—8

　5.4　Trial Mix, Adjustment and Deter-
　　　mination of Mix Design ·········· 21—9

6　Construction ························ 21—9

　6.1　Production of Fiber Reinforced
　　　Concrete ························ 21—9

　6.2　Transportation, Casting and Curing
　　　of Fiber Reinforced Concrete ·········· 21—9

7　Quality Inspection and
　Acceptance ························ 21—10

　7.1　Quality Inspection of Faw
　　　Materials ························ 21—10

　7.2　Performance Inspection of Concrete
　　　Mixture ·························· 21—10

　7.3　Performance Inspection of Hardened
　　　Fiber Reinforced Concrete ·········· 21—10

　7.4　Inspection and Acceptance of Concrete
　　　Construction ···················· 21—10

Appendix A　Method of Properties
　　　Examination of Steel
　　　Fiber for Concrete ········ 21—10

Appendix B　Test Method for Toughness
　　　(Equivalent Flexural Tensile
　　　Strengths) of Fiber
　　　Reinforced Concrete ······ 21—11

Appendix C　Test Method for Toughness
　　　and Initial Crack Strength
　　　of Fiber Reinforced
　　　Concrete ···················· 21—12

Appendix D　Test Method for Shear
　　　Strength of Fiber Reinforced
　　　Concrete ···················· 21—13

Appendix E　Influence Coefficient of
　　　Steel Fiber on Axial
　　　Tensile Strength and
　　　Flexural Tensile
　　　Strength ···················· 21—14

Appendix F　Test for Fraction of Steel
　　　Fiber by Volume in Steel
　　　Fiber Reinforced
　　　Concrete ···················· 21—15

Explanation of Wording in This
　　Specification ···················· 21—15

List of Quoted Standards ·············· 21—15

Addition: Explanation of
　　　Provisions ···················· 21—16

1 总　则

1.0.1 为规范纤维混凝土在建设工程中的应用，保证工程质量，做到技术先进、安全可靠、经济合理，制定本规程。

1.0.2 本规程适用于钢纤维混凝土和合成纤维混凝土的配合比设计、施工、质量检验和验收。

1.0.3 纤维混凝土的应用除应符合本规程外，尚应符合国家现行有关标准的规定。

2 术　语

2.0.1 钢纤维　steel fiber

由细钢丝切断、薄钢片切削、钢锭铣削或由熔钢抽取等方法制成的纤维。

2.0.2 纤维混凝土　fiber reinforced concrete

掺加短钢纤维或短合成纤维的混凝土总称。

2.0.3 钢纤维混凝土　steel fiber reinforced concrete

掺加短钢纤维作为增强材料的混凝土。

2.0.4 当量直径　equivalent diameter

纤维截面为非圆形时，按截面积相等原则换算成圆形截面的直径。

2.0.5 纤维长径比　aspect ratio of fiber

纤维的长度与直径或当量直径的比值。

2.0.6 合成纤维　synthetic fiber

用有机合成材料经过挤出、拉伸、改性等工艺制成的纤维。

2.0.7 膜裂纤维　fibrillated fiber

展开后能形成网状的合成纤维。

2.0.8 合成纤维混凝土　synthetic fiber reinforced concrete

掺加短合成纤维作为增强材料的混凝土。

2.0.9 纤维用量　fiber content

每立方米纤维混凝土中纤维的质量。

2.0.10 纤维体积率　fraction of fiber by volume

纤维体积占混凝土体积的百分比。

3 原材料

3.1 钢纤维

3.1.1 钢纤维混凝土可采用碳钢纤维、低合金钢纤维或不锈钢纤维。钢纤维的形状可为平直形或异形，异形钢纤维又可为压痕形、波形、端钩形、大头形和不规则麻面形等。

3.1.2 钢纤维的几何参数宜符合表 3.1.2 的规定。

表 3.1.2　钢纤维的几何参数

用　途	长度（mm）	直径（当量直径）（mm）	长径比
一般浇筑钢纤维混凝土	20～60	0.3～0.9	30～80
钢纤维喷射混凝土	20～35	0.3～0.8	30～80
钢纤维混凝土抗震框架节点	35～60	0.3～0.9	50～80
钢纤维混凝土铁路轨枕	30～35	0.3～0.6	50～70
层布式钢纤维混凝土复合路面	30～120	0.3～1.2	60～100

3.1.3 钢纤维抗拉强度等级及其抗拉强度应符合表 3.1.3 的规定。当采用制作钢纤维的母材做试验时，试件抗拉强度等级及其抗拉强度也应符合表 3.1.3 的规定。

表 3.1.3　钢纤维抗拉强度等级

钢纤维抗拉强度等级	抗拉强度（MPa）	
	平均值	最小值
380 级	600＞R≥380	342
600 级	1000＞R≥600	540
1000 级	R≥1000	900

3.1.4 钢纤维弯折性能的合格率不应低于 90%。

3.1.5 钢纤维尺寸偏差的合格率不应低于 90%。

3.1.6 异形钢纤维形状合格率不应低于 85%。

3.1.7 样本平均根数与标称根数的允许误差应为 ±10%。

3.1.8 钢纤维杂质含量不应超过钢纤维质量的 1.0%。

3.1.9 钢纤维抗拉强度、弯折性能、尺寸偏差、异形钢纤维形状、钢纤维根数误差、钢纤维杂质含量的检验方法应符合本规程附录 A 的规定。

3.2 合成纤维

3.2.1 合成纤维混凝土可采用聚丙烯腈纤维、聚丙烯纤维、聚酰胺纤维或聚乙烯醇纤维等。合成纤维可为单丝纤维、束状纤维、膜裂纤维和粗纤维等。合成纤维应为无毒材料。

3.2.2 合成纤维的规格宜符合表 3.2.2 的规定。

表 3.2.2 合成纤维的规格

外　形	公称长度（mm）		当量直径（μm）
	用于水泥砂浆	用于水泥混凝土	
单丝纤维	3～20	6～40	5～100
膜裂纤维	5～20	15～40	—
粗纤维	—	15～60	>100

3.2.3 合成纤维的性能应符合表 3.2.3 的规定。

表 3.2.3 合成纤维的性能

项　　目	防裂抗裂纤维	增韧纤维
抗拉强度（MPa）	≥270	≥450
初始模量（MPa）	≥3.0×10³	≥5.0×10³
断裂伸长率（%）	≤40	≤30
耐碱性能（%）	≥95.0	

3.2.4 合成纤维的分散性相对误差、混凝土抗压强度比和韧性指数应符合表 3.2.4 的规定。

表 3.2.4 合成纤维的分散性相对误差、混凝土抗压强度比和韧性指数

项　　目	防裂抗裂纤维	增韧纤维
分散性相对误差	−10%～+10%	
混凝土抗压强度比	≥90%	
韧性指数（I_5）		≥3

3.2.5 单丝合成纤维的主要性能参数宜经试验确定；当无试验资料时，可按表 3.2.5 选用。

表 3.2.5 单丝合成纤维的主要性能参数

项　目	聚丙烯腈纤维	聚丙烯纤维	聚丙烯粗纤维	聚酰胺纤维	聚乙烯醇纤维
截面形状	肾形或圆形	圆形或异形	圆形或异形	圆形	圆形
密度（g/cm³）	1.16～1.18	0.90～0.92	0.90～0.93	1.14～1.16	1.28～1.30
熔点（℃）	190～240	160～176	160～176	215～225	215～220
吸水率（%）	<2	<0.1	<0.1	<4	<5

3.2.6 合成纤维主要性能的试验方法应符合现行国家标准《水泥混凝土和砂浆用合成纤维》GB/T 21120 的规定。

3.3 其他原材料

3.3.1 水泥应符合现行国家标准《通用硅酸盐水泥》GB 175 和《道路硅酸盐水泥》GB 13693 的规定。钢纤维混凝土宜采用普通硅酸盐水泥和硅酸盐水泥。

3.3.2 粗、细骨料应符合现行行业标准《普通混凝土用砂、石质量及检验方法标准》JGJ 52 的规定，并宜采用 5mm～25mm 连续级配的粗骨料以及级配Ⅱ区中砂。钢纤维混凝土不得使用海砂，粗骨料最大粒径不宜大于钢纤维长度的 2/3；喷射钢纤维混凝土的骨料最大粒径不宜大于 10mm。

3.3.3 外加剂应符合现行国家标准《混凝土外加剂》GB 8076 和《混凝土外加剂应用技术规范》GB 50119 的规定，并不得使用含氯盐的外加剂。速凝剂应符合现行行业标准《喷射混凝土用速凝剂》JC 477 的规定，并宜采用低碱速凝剂。

3.3.4 粉煤灰和粒化高炉矿渣粉等矿物掺合料应符合现行国家标准《用于水泥和混凝土中的粉煤灰》GB/T 1596 和《用于水泥和混凝土中的粒化高炉矿渣粉》GB/T 18046 的规定。

3.3.5 拌合用水应符合现行行业标准《混凝土用水标准》JGJ 63 的规定，并不得采用海水。

4 纤维混凝土性能

4.1 拌合物性能

4.1.1 纤维混凝土拌合物应具有良好的和易性，不得离析、泌水或纤维聚团，并应满足设计和施工要求。拌合物性能的试验方法应符合现行国家标准《普通混凝土拌合物性能试验方法标准》GB/T 50080 的规定。

4.1.2 泵送纤维混凝土拌合物在满足施工要求的条件下，入泵坍落度不宜大于 180mm，其可泵性应符合现行行业标准《混凝土泵送施工技术规程》JGJ/T 10 的规定。

4.1.3 纤维混凝土拌合物中水溶性氯离子最大含量应符合表 4.1.3 的规定。纤维混凝土拌合物中水溶性氯离子含量的试验方法宜符合现行行业标准《水运工程混凝土试验规程》JTJ 270 中混凝土拌合物中氯离子含量的快速测定方法的规定。

表 4.1.3 纤维混凝土拌合物中水溶性氯离子最大含量

环境条件	水溶性氯离子最大含量（%）		
	钢纤维混凝土	配钢筋的合成纤维混凝土	预应力钢筋纤维混凝土
干燥或有防潮措施的环境	0.30	0.30	0.06
潮湿但不含氯离子的环境	0.10	0.20	

环境条件	水溶性氯离子最大含量（%）		
	钢纤维混凝土	配钢筋的合成纤维混凝土	预应力钢筋纤维混凝土
潮湿并含有氯离子的环境	0.06	0.10	0.06
除冰盐等腐蚀环境	0.06	0.06	

注：水溶性氯离子含量是指占水泥用量的质量百分比。

4.2 力 学 性 能

4.2.1 纤维混凝土的强度等级应按立方体抗压强度标准值确定。合成纤维混凝土的强度等级不应小于C20；钢纤维混凝土的强度等级应采用 CF 表示，并不应小于CF25；喷射钢纤维混凝土的强度等级不宜小于CF30。纤维混凝土抗压强度的合格评定应符合现行国家标准《混凝土强度检验评定标准》GB/T 50107 的规定。

4.2.2 纤维混凝土的轴心抗压强度、受压和受拉弹性模量、剪变模量、泊松比、线膨胀系数以及合成纤维混凝土轴心抗拉强度标准值可按国家现行标准《混凝土结构设计规范》GB 50010 和《公路钢筋混凝土及预应力混凝土桥涵设计规范》JTG D 62 的规定采用。纤维体积率大于0.15％的合成纤维混凝土的轴心抗压强度、受压和受拉弹性模量、剪变模量、泊松比、线膨胀系数以及合成纤维混凝土轴心抗拉强度标准值应经试验确定；钢纤维混凝土轴心抗拉强度标准值应符合本规程第4.2.4条的规定。纤维混凝土轴心抗压强度和弹性模量试验方法应符合现行国家标准《普通混凝土力学性能试验方法标准》GB/T 50081 的规定。

4.2.3 纤维混凝土的抗弯韧性、弯曲韧性、抗剪强度、抗疲劳性能和抗冲击性能应符合设计要求；抗弯韧性试验方法应符合本规程附录 B 的规定；弯曲韧性试验方法应符合本规程附录 C 的规定；抗剪强度试验方法应符合本规程附录 D 的规定；抗疲劳性能试验方法应符合现行国家标准《普通混凝土长期性能和耐久性能试验方法标准》GB/T 50082 的规定；抗冲击性能试验方法应符合现行国家标准《水泥混凝土和砂浆用合成纤维》GB/T 21120 的规定。

注：抗弯韧性和弯曲韧性试验方法不同，两者取其一即可。

4.2.4 钢纤维混凝土的轴心抗拉强度标准值可按下式计算：

$$f_{ftk} = f_{tk}(1 + \alpha_t \rho_f l_f / d_f) \quad (4.2.4)$$

式中：f_{ftk}——钢纤维混凝土轴心抗拉强度标准值

（MPa）；

f_{tk}——同强度等级混凝土轴心抗拉强度标准值（MPa），应按现行国家标准《混凝土结构设计规范》GB 50010采用；

ρ_f——钢纤维体积率（%）；

l_f——钢纤维长度（mm）；

d_f——钢纤维直径或当量直径（mm）；

α_t——钢纤维对钢纤维混凝土轴心抗拉强度的影响系数，宜通过试验确定，在没有试验依据的情况下，也可按本规程附录 E 采用。

钢纤维混凝土的轴心抗拉强度可采用劈裂抗拉强度乘以 0.85 确定；钢纤维混凝土劈裂抗拉强度试验方法应符合现行国家标准《普通混凝土力学性能试验方法标准》GB/T 50081 的规定，并应满足设计要求。

4.2.5 钢纤维混凝土的弯拉强度标准值可按下式计算：

$$f_{ftm} = f_{tm}(1 + \alpha_{tm} \rho_f l_f / d_f) \quad (4.2.5)$$

式中：f_{ftm}——钢纤维混凝土的弯拉强度标准值（MPa）；

f_{tm}——同强度等级混凝土的弯拉强度标准值（MPa），应按现行行业标准《公路水泥混凝土路面设计规范》JTG D 40 的规定确定；

α_{tm}——钢纤维对钢纤维混凝土弯拉强度的影响系数，宜通过试验确定，在没有试验依据的情况下，也可按本规程附录 E 采用。

钢纤维混凝土弯拉强度试验方法应符合现行行业标准《公路工程水泥及水泥混凝土试验规程》JTG E 30 的规定。

4.3 长期性能和耐久性能

4.3.1 纤维混凝土的收缩和徐变性能应符合设计要求。纤维混凝土的收缩和徐变试验方法应符合现行国家标准《普通混凝土长期性能和耐久性能试验方法标准》GB/T 50082 的规定。

4.3.2 纤维混凝土的抗冻、抗渗、抗氯离子渗透、抗碳化、早期抗裂、抗硫酸盐侵蚀等耐久性能应符合设计要求。纤维混凝土耐久性能的检验评定应符合现行行业标准《混凝土耐久性检验评定标准》JGJ/T 193 的规定。纤维混凝土耐久性能试验方法应符合现行国家标准《普通混凝土长期性能和耐久性能试验方法标准》GB/T 50082 的规定。

5 配合比设计

5.1 一 般 规 定

5.1.1 纤维混凝土配合比设计应满足混凝土试配强

度的要求，并应满足混凝土拌合物性能、力学性能和耐久性能的设计要求。

5.1.2 纤维混凝土的最大水胶比应符合现行国家标准《混凝土结构耐久性设计规范》GB/T 50476 的规定。

5.1.3 纤维混凝土的最小胶凝材料用量应符合表5.1.3 的规定；喷射钢纤维混凝土的胶凝材料用量不宜小于 380kg/m³。

表 5.1.3　纤维混凝土的最小胶凝材料用量

最大水胶比	最小胶凝材料用量（kg/m³）	
	钢纤维混凝土	合成纤维混凝土
0.60	—	280
0.55	340	300
0.50	360	320
≤0.45	360	340

5.1.4 矿物掺合料掺量和外加剂掺量应经混凝土试配确定，并应满足纤维混凝土强度和耐久性能的设计要求以及施工要求；钢纤维混凝土矿物掺合料掺量不宜大于胶凝材料用量的 20%。

5.1.5 用于公路路面的钢纤维混凝土的配合比设计应符合现行行业标准《公路水泥混凝土路面施工技术规范》JTG F 30 的规定。

5.2　配制强度的确定

5.2.1 纤维混凝土的配制强度应符合下列规定：

　1 当设计强度等级小于 C60 时，配制强度应符合下列规定：

$$f_{cu,0} \geqslant f_{cu,k} + 1.645\sigma \quad (5.2.1\text{-}1)$$

式中：$f_{cu,0}$——纤维混凝土的配制强度（MPa）；

　　　$f_{cu,k}$——纤维混凝土立方体抗压强度标准值（MPa）；

　　　σ——纤维混凝土的强度标准差（MPa）。

　2 当设计强度等级大于或等于 C60 时，配制强度应符合下列规定：

$$f_{cu,0} \geqslant 1.15 f_{cu,k} \quad (5.2.1\text{-}2)$$

5.2.2 纤维混凝土强度标准差的取值应符合表5.2.2 的规定。

表 5.2.2　纤维混凝土强度标准差（MPa）

混凝土强度标准值	≤C20	C25～C45	C50～C55
σ	4.0	5.0	6.0

5.3　配合比计算

5.3.1 掺加纤维前的混凝土配合比计算应符合现行行业标准《普通混凝土配合比设计规程》JGJ 55 的规定。

5.3.2 配合比中的每立方米混凝土纤维用量应按质量计算；在设计参数选择时，可用纤维体积率表达。

5.3.3 普通钢纤维混凝土中的纤维体积率不宜小于0.35%，当采用抗拉强度不低于 1000MPa 的高强异形钢纤维时，钢纤维体积率不宜小于 0.25%；钢纤维混凝土的纤维体积率范围宜符合表 5.3.3 的规定。

表 5.3.3　钢纤维混凝土的纤维体积率范围

工程类型	使用目的	体积率（%）
工业建筑地面	防裂、耐磨、提高整体性	0.35～1.00
薄型屋面板	防裂、提高整体性	0.75～1.50
局部增强预制桩	增强、抗冲击	≥0.50
桩基承台	增强、抗冲切	0.50～2.00
桥梁结构构件	增强	≥1.00
公路路面	防裂、耐磨、防重载	0.35～1.00
机场道面	防裂、耐磨、抗冲击	1.00～1.50
港区道路和堆场铺面	防裂、耐磨、防重载	0.50～1.20
水工混凝土结构	高应力区局部增强	≥1.00
	抗冲磨、防空蚀区增强	≥0.50
喷射混凝土	支护、砌衬、修复和补强	0.35～1.00

5.3.4 合成纤维混凝土的纤维体积率范围宜符合表5.3.4 的规定。

表 5.3.4　合成纤维混凝土的纤维体积率范围

使用部位	使用目的	体积率（%）
楼面板、剪力墙、楼地面、建筑结构中的板壳结构、体育场看台	控制混凝土早期收缩裂缝	0.06～0.20
刚性防水屋面	控制混凝土早期收缩裂缝	0.10～0.30
机场跑道、公路路面、桥面板、工业地面	控制混凝土早期收缩裂缝	0.06～0.20
	改善混凝土抗冲击、抗疲劳性能	0.10～0.30
水坝面板、储水池、水渠	控制混凝土早期收缩裂缝	0.06～0.20
	改善抗冲磨和抗冲蚀等性能	0.10～0.30
喷射混凝土	控制混凝土早期收缩裂缝、改善混凝土整体性	0.06～0.25

注：增韧用粗纤维的体积率可大于 0.5%，并不宜超过 1.5%。

5.3.5 纤维最终掺量应经试验验证确定。

5.4 配合比试配、调整与确定

5.4.1 纤维混凝土配合比的试配、调整与确定应符合现行行业标准《普通混凝土配合比设计规程》JGJ 55 的规定。

5.4.2 纤维混凝土配合比应根据纤维掺量按下列规定进行试配：

　　1 对于钢纤维混凝土，应保持水胶比不降低，可适当提高砂率、用水量和外加剂用量；对于钢纤维长径比为 35～55 的钢纤维混凝土，钢纤维体积率增加 0.5% 时，砂率可增加 3%～5%，用水量可增加 4kg～7kg，胶凝材料用量应随用水量相应增加，外加剂用量应随胶凝材料用量相应增加，外加剂掺量也可适当提高；当钢纤维体积率较高或强度等级不低于 C50 时，其砂率和用水量等宜取给出范围的上限值。喷射钢纤维混凝土的砂率宜大于 50%。

　　2 对于纤维体积率为 0.04%～0.10% 的合成纤维混凝土，可按计算配合比进行试配和调整；当纤维体积率大于 0.10% 时，可适当提高外加剂用量或（和）胶凝材料用量，但水胶比不得降低。

　　3 对于掺加增韧合成纤维的混凝土，配合比调整可按本条第 1 款进行，砂率和用水量等宜取给出范围的下限值。

5.4.3 在配合比试配的基础上，纤维混凝土配合比应按现行行业标准《普通混凝土配合比设计规程》JGJ 55 的规定进行混凝土强度试验并进行配合比调整。

5.4.4 调整后的纤维混凝土配合比应按下列方法进行校正：

　　1 纤维混凝土配合比校正系数应按下式计算：

$$\delta = \frac{\rho_{c,t}}{\rho_{c,c}} \qquad (5.4.4)$$

式中：δ——纤维混凝土配合比校正系数；

　　　$\rho_{c,t}$——纤维混凝土拌合物的表观密度实测值（kg/m³）；

　　　$\rho_{c,c}$——纤维混凝土拌合物的表观密度计算值（kg/m³）。

　　2 调整后的配合比中每项原材料用量均应乘以校正系数（δ）。

5.4.5 校正后的纤维混凝土配合比，应在满足混凝土拌合物性能要求和混凝土试配强度的基础上，对设计提出的混凝土耐久性项目进行检验和评定，符合要求的，可确定为设计配合比。

5.4.6 纤维混凝土设计配合比确定后，应进行生产适应性验证。

6 施　　工

6.1 纤维混凝土的制备

6.1.1 纤维混凝土宜采用预拌方式制备。原材料计量宜采用电子计量仪器，使用前应确认其工作正常。每盘混凝土原材料计量的允许偏差应符合表 6.1.1 的规定。

表 6.1.1　原材料计量的允许偏差

原材料种类	计量允许偏差（按质量计）
纤维	±1%
水泥和矿物掺合料	±2%
外加剂	±1%
粗、细骨料	±3%
拌合用水	±1%

6.1.2 纤维混凝土应采用强制式搅拌机搅拌，并应配备纤维专用计量和投料设备；宜先将纤维和粗、细骨料投入搅拌机干拌 30s～60s，然后再加水泥、矿物掺合料、水和外加剂搅拌 90s～120s，纤维体积率较高或强度等级不低于 C50 时，宜取搅拌时间范围的上限。当混凝土中钢纤维体积率超过 1.5% 或合成纤维体积率超过 0.20% 时，宜延长搅拌时间。

6.2 纤维混凝土的运输、浇筑和养护

6.2.1 纤维混凝土在运输过程中不应离析和分层。

6.2.2 当纤维混凝土拌合物因运输或等待浇筑的时间较长而造成坍落度损失较大时，可在卸料前掺入适量减水剂进行搅拌，但不得加水。

6.2.3 用于泵送钢纤维混凝土的泵的功率，应比泵送普通混凝土的泵大 20%。喷射钢纤维混凝土时，宜采用湿喷工艺。

6.2.4 纤维混凝土拌合物浇筑倾落的自由高度不应超过 1.5m。当倾落高度大于 1.5m 时，应加串筒、斜槽、溜管等辅助工具。

6.2.5 纤维混凝土浇筑应保证纤维分布的均匀性和结构的连续性，在浇筑过程中不得加水。

6.2.6 纤维混凝土应采用机械振捣，在保证其振捣密实的同时，应避免离析和分层。

6.2.7 钢纤维混凝土的浇筑应避免钢纤维露出混凝土表面。对于竖向结构，宜将模板角修成圆角，可采用模板附着式振动器进行振动；对于上表面积较大的平面结构，宜采用平板式振动器进行振动，再用表面带凸棱的金属圆辊将竖起的钢纤维压下，然后用金属圆辊将表面滚压平整，待钢纤维混凝土表面无泌水时，可用金属抹刀抹平，经修整的表面不得裸露钢

纤维。

6.2.8 当采用三棍轴机组铺筑钢纤维混凝土路面时，应在三棍轴机前方使用表面带凸棱的金属圆辊将钢纤维压下，再用三棍轴机整平施工。当采用滑模摊铺机铺筑钢纤维混凝土路面时，应在挤压底板前方配备机械夯实杆装置，将钢纤维和大颗粒骨料压下。

6.2.9 纤维混凝土浇筑成型后，应及时用塑料薄膜等覆盖和养护。

6.2.10 当采用自然养护时，用普通硅酸盐水泥或硅酸盐水泥配制的纤维混凝土的湿养护时间不应少于7d；用矿渣水泥、粉煤灰水泥或复合水泥配制的纤维混凝土的湿养护时间不应少于14d。

6.2.11 在采用蒸汽养护前，纤维混凝土构件静停时间不宜少于2h，养护升温速度不宜大于25℃/h，恒温温度不宜大于65℃，降温速度不宜大于20℃/h。

7 质量检验和验收

7.1 原材料质量检验

7.1.1 纤维混凝土原材料进场时，供方应按规定批次向需方提供质量证明文件，质量证明文件应包括型式检验报告、出厂检验报告与合格证等，纤维和外加剂产品还应提供使用说明书。

7.1.2 纤维混凝土原材料进场后，应进行进场检验；在施工过程中，还应对纤维混凝土原材料进行抽检。

7.1.3 纤维混凝土原材料进场检验和工程中抽检的项目应符合下列规定：

  1 钢纤维抽检项目应包括抗拉强度、弯折性能、尺寸偏差和杂质含量。

  2 合成纤维抽检项目应包括纤维抗拉强度、初始模量、断裂伸长率、耐碱性能、分散性相对误差、混凝土抗压强度比，增韧纤维还应抽检韧性指数和抗冲击次数比。

  3 其他原材料应按相关标准执行。

7.1.4 纤维混凝土原材料的检验规则应符合下列规定：

  1 用于同一工程的同品种和同规格的钢纤维，应按每20t为一个检验批；用于同一工程的同品种和同规格的合成纤维，应按每50t为一个检验批。

  2 散装水泥应按每500t为一个检验批；袋装水泥应按每200t为一个检验批；矿物掺合料应按每200t为一个检验批；砂、石骨料应按每400m³或600t为一个检验批；外加剂应按每50t为一个检验批。

  3 不同批次或非连续供应的纤维混凝土原材料，在不足一个检验批量情况下，应按同品种和同规格（或等级）材料每批次检验一次。

7.1.5 纤维及其他原材料的质量应符合本规程第3章的规定。

7.2 混凝土拌合物性能检验

7.2.1 纤维混凝土制备系统各种计量仪器设备在投入使用前应经标定合格后方可使用。原材料计量偏差应每班检查2次，混凝土搅拌时间应每班检查2次，检验结果应符合本规程第6.1节的规定。

7.2.2 纤维混凝土拌合物抽样检验项目应包括坍落度、坍落度经时损失、凝结时间、离析、泌水、黏稠性、保水性；对于钢纤维混凝土拌合物，还应按本规程附录F的规定测试钢纤维体积率。坍落度、离析、泌水、黏稠性和保水性应在搅拌地点和浇筑地点分别取样检验；钢纤维体积率应在浇筑地点取样检验。

7.2.3 纤维混凝土的坍落度、离析、泌水、黏稠性、保水性，每工作班应至少检验2次，凝结时间和坍落度经时损失应24h检验一次。

7.2.4 纤维混凝土拌合物性能应符合本规程第4.1节的规定。

7.3 硬化纤维混凝土性能检验

7.3.1 硬化纤维混凝土性能检验应符合下列规定：

  1 强度等级检验应符合现行国家标准《混凝土强度检验评定标准》GB/T 50107的规定；弯拉强度检验应符合现行行业标准《公路水泥混凝土路面施工技术规范》JTG F 30的规定；其他力学性能检验应符合有关标准和工程要求的规定。

  2 耐久性能检验评定应符合现行行业标准《混凝土耐久性检验评定标准》JGJ/T 193的规定。

7.3.2 纤维混凝土力学性能和耐久性能应符合设计规定。

7.4 混凝土工程验收

7.4.1 纤维混凝土工程验收应符合国家现行标准《混凝土结构工程施工质量验收规范》GB 50204、《屋面工程质量验收规范》GB 50207、《建筑地面工程施工质量验收规范》GB 50209、《地下工程防水技术规范》GB 50108和《公路水泥混凝土路面施工技术规范》JTG F 30的规定。

7.4.2 纤维混凝土工程的耐久性能应符合设计要求。当有不合格的项目，应组织专家进行专项评审并提出处理意见，作为验收文件的一部分备案。

附录 A 混凝土用钢纤维性能检验方法

A.1 钢纤维抗拉强度

A.1.1 每个验收批应随机抽取10根钢纤维。

A.1.2 抗拉强度试验应符合现行国家标准《金属材料 室温拉伸试验方法》GB/T 228的规定。当钢纤维在夹持处断裂时，该次试验应为无效，并应在该验收批中另取 10 根钢纤维进行试验。

A.1.3 当采用钢丝、钢板为原料制作钢纤维时，可用母材做抗拉强度试验，所取母材应为切断成型最后一道工序前的母材，每个验收批应随机抽取 5 个样品。拉伸试验应符合现行国家标准《金属材料 室温拉伸试验方法》GB/T 228 的规定。

A.2 钢纤维弯折性能

A.2.1 每批产品应随机抽取 10 根钢纤维。

A.2.2 应将每根钢纤维围绕直径 3mm 的圆钢棒用手向最易弯折的方向弯折 90°，钢纤维应能承受一次 90° 弯折不断裂。

A.2.3 计算钢纤维弯折性能的合格率（%）。

A.3 尺寸偏差

A.3.1 对于圆形截面钢纤维，每个验收批应随机抽取 10 根钢纤维；对于非圆形不规则截面钢纤维的检验，每个验收批应随机取样 100 根钢纤维。

A.3.2 测量直径和长度的卡尺分度值不应低于 0.02mm。

A.3.3 对于矩形截面的钢纤维，应按与矩形截面面积相等的圆形截面面积计算当量直径。

A.3.4 对于非圆形不规则截面的钢纤维，应采用感量为 0.01g 的天平称量，采用符合本规程第 A.3.2 条要求的卡尺测量钢纤维的实际曲线长度的平均值作为其平均长度 l_{fa}，精确至 0.01mm，并应按式（A.3.4）计算钢纤维的平均直径 d_{fa}，精确至 0.01mm，平均直径与标称直径误差应为 ±10%。

$$d_{fa} = 1.13 \sqrt{W_o / (l_{fa}\gamma)} \qquad (A.3.4)$$

式中：d_{fa}——钢纤维的平均直径（mm）；

W_o——100 根钢纤维的实测质量（g）；

l_{fa}——钢纤维的平均长度（mm）；

γ——钢材的质量密度，取 7.85×10^{-3} g/mm³。

A.3.5 测量后，应确定尺寸偏差不超过 10% 的钢纤维的根数，计算合格率（%）。

A.4 异形钢纤维形状

A.4.1 每个验收批应随机抽取 100 根钢纤维。

A.4.2 通过人工逐根检查钢纤维的形状，并应确定断钩、单边成型和不符合出厂形状规定的纤维根数。

A.4.3 计算合格率（%）。

A.5 钢纤维根数

A.5.1 每个验收批应随机取样 50 组，每组钢纤维应为 100g。

A.5.2 应采用精度为 0.01g 的天平对每组钢纤维分别进行称重，并应检验每组钢纤维的根数。

A.5.3 计算每千克钢纤维根数的平均值，应精确至 0.1 根/kg。

A.6 钢纤维杂质含量

A.6.1 每个验收批应随机抽取 5kg 钢纤维。

A.6.2 应通过人工挑选出粘结连片、锈蚀纤维、铁锈粉等杂质，并应称量钢纤维杂质的质量。

A.6.3 计算钢纤维杂质含量（%），应精确至 0.1%。

附录 B 纤维混凝土抗弯韧性 （等效抗弯强度）试验方法

B.0.1 本试验方法适用于掺加钢纤维或增韧合成纤维的混凝土抗弯韧性（等效抗弯强度）的测定。

B.0.2 试验设备应符合下列规定：

1 试验设备应采用闭环液压伺服系统，应具有足够的刚度，并应具有等速位移控制装置。

2 挠度测量位移传感器（LVDT）应准确测量试件跨中挠度，测量精度不应低于 0.01mm。

3 荷载测量传感器应准确测量施加于试件上的荷载，测量精度不应低于 0.1kN。

4 数据采集系统应定时采集荷载与挠度的数据，采集频率可根据具体的试验要求确定，并应按要求绘制荷载-挠度全曲线。

5 夹式引伸仪的测量精度应与位移传感器相同。

B.0.3 成型试件应符合下列规定：

1 应沿试模的长度方向分两层均匀、连续浇筑混凝土，装填量宜在试件振实后与试模上沿平齐。

2 试件宜采用振动台振实，振动时间应以试件表面开始泛浆为止。

3 振实后应及时抹平混凝土表面，纤维不得露出混凝土表面。

B.0.4 试件应符合下列规定：

1 试件尺寸应为 150mm×150mm×550mm。

2 每组试验至少应制备 4 个试件。

3 试件养护应按现行国家标准《普通混凝土力学性能试验方法标准》GB/T 50081 规定的标准养护条件养护至 28d。

4 试件从养护环境中取出后，应将表面水分擦干，并使用湿锯在试件垂直于非浇筑面的某个侧面跨中位置进行预开口，开口宽度不应大于 5mm，开口深度应为 25mm±1mm。然后进行加荷试验。

B.0.5 试验测试应按下列步骤进行：

1 试件应无偏心地放置于试验支座上，开口向下，浇筑面应垂直于支撑面（图 B.0.5）。

2 加载点应对准试件下部开口，试件跨距应为 500mm。两个支撑和加载压头应均为直径 30mm 的钢制滚轴，并应调节使其与试件纵轴垂直。

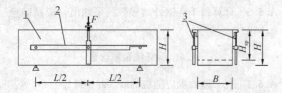

图 B.0.5　试验装置示意

1—试件；2—铝板（钢板）；3—位移传感器

3　位移传感器应分别安装在试件跨中位置的两侧面；挠度测量装置宜安装在试件两边支座处。

4　启动试验机，加荷速度应以挠度 0.2mm/min 的速率进行等速加载。试验应进行至试件跨中挠度不小于 3mm 或者试件破坏。

5　若试件未在预开口处断裂，应舍弃该试验结果。

6　在试件断裂面的附近，对试件每一面的高度和宽度应各测量一次，并应精确到 1.0mm，然后应计算试件高度和宽度的平均值。

B.0.6　试验结果计算及处理应符合下列规定：

1　试验结束后应绘制荷载-挠度曲线（图 B.0.6）。

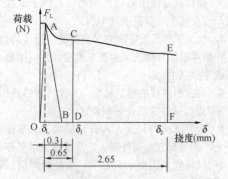

图 B.0.6　荷载-挠度简图

2　确定比例极限荷载（F_L），即挠度间隔为 0.05mm 的荷载最大值。比例极限（f）应按下式计算，并应精确至 0.1MPa：

$$f = \frac{3F_L L}{2BH_{sp}^2} \qquad (B.0.6\text{-}1)$$

式中：f——比例极限（MPa）；

F_L——图 B.0.6 中比例极限荷载（N）；

L——试件的跨度（mm）；

B——试件的截面宽度（mm）；

H_{sp}——试件开槽处的净截面高度（mm）。

3　能量吸收值的计算应符合下列规定：

1）跨中挠度 δ_1 和 δ_2（图 B.0.6）应按下式计算：

$$\delta_1 = \delta_L + 0.65 \qquad (B.0.6\text{-}2)$$
$$\delta_2 = \delta_L + 2.65 \qquad (B.0.6\text{-}3)$$

式中：δ_L——比例极限荷载对应的挠度值（mm）。

2）D_1^f 为跨中挠度为 δ_1 时纤维对混凝土所贡献

的能量吸收值，在数值上应等于荷载曲线 AC、直线 AB、BD 和 CD 围成的图形面积；D_2^f 为跨中挠度为 δ_2 时纤维对混凝土所贡献的能量吸收值，在数值上应等于荷载曲线 AE、直线 AB、BF 和 EF 围成的图形面积。

D_n 为纤维混凝土的能量吸收值（N·mm），$D_n = D_c + D_n^f$，$n = 1, 2, \cdots\cdots$

4　跨中挠度为 δ_1 时的等效荷载和等效抗弯强度应按下列公式计算：

$$F_{eq,1} = D_1^f / 0.5 \qquad (B.0.6\text{-}4)$$
$$f_{eq,1} = \frac{3F_{eq,1} L}{2BH_{sp}^2} \qquad (B.0.6\text{-}5)$$

式中：$F_{eq,1}$——跨中挠度为 δ_1 时的等效荷载（N）；

$f_{eq,1}$——跨中挠度为 δ_1 时的等效抗弯强度（MPa），精确至 0.1MPa。

5　跨中挠度为 δ_2 时的等效荷载和等效抗弯强度应按下列公式计算：

$$F_{eq,2} = D_2^f / 2.5 \qquad (B.0.6\text{-}6)$$
$$f_{eq,2} = \frac{3F_{eq,2} L}{2BH_{sp}^2} \qquad (B.0.6\text{-}7)$$

式中：$F_{eq,2}$——跨中挠度为 δ_2 时的等效荷载（N）；

$f_{eq,2}$——跨中挠度为 δ_2 时的等效抗弯强度（MPa），精确至 0.1MPa。

附录 C　纤维混凝土弯曲韧性和初裂强度试验方法

C.0.1　本试验方法适用于掺加钢纤维或增韧合成纤维的混凝土的弯曲韧性和初裂强度的测定。

C.0.2　试验设备应符合本规程第 B.0.2 条的规定。

C.0.3　成型试件应符合本规程第 B.0.3 条的规定。

C.0.4　试件应符合下列规定：

1　当纤维长度不大于 40mm 时，应采用 100mm×100mm×400mm 的试件；当纤维长度大于 40mm 时，应采用 150mm×150mm×550mm 的试件；试件跨距应为截面高度的 3 倍。每组试验至少应制备 4 个试件。

2　试件养护应按现行国家标准《普通混凝土力学性能试验方法标准》GB/T 50081 中规定的标准养护条件养护至 28d。

3　试件从养护环境中取出后，应将表面水分擦干后进行试验。

C.0.5　试验测试应按下列步骤进行：

1　试件应无偏心地放置于试验支座上，浇筑面应垂直于支撑面，两个加载点之间和距支座的距离应分别为 1/3 跨度（图 C.0.5）。

2　位移传感器应分别安装在试件跨中位置的两侧面；挠度测量装置宜安装在试件两边支座处。

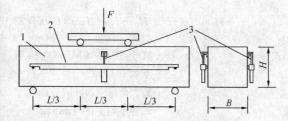

图 C.0.5　试验装置示意
1—试件；2—铝板（钢板）；
3—位移传感器

3 启动试验机，加荷速度应以 0.1mm/min 的速率进行等速加载。试验应进行至跨中挠度不小于试件跨度的 1/200。

4 在试件断裂面的附近，对试件每一面的高度和宽度应各测量一次，并应精确到 1.0mm，然后应计算试件高度和宽度的平均值。

5 应测量断裂面至试件最近端部的距离。当断裂面的位置位于试件加载点以外，且与加载点的距离超过试件跨度的 5% 时，应舍弃该测试结果。

C.0.6 试验结果计算及处理应符合下列规定：

1 试验结束后应绘制荷载-挠度曲线（图 C.0.6），将直尺与荷载-挠度曲线的线性部分重叠放置，确定曲线由线性转为非线性的点为初裂点 A；A 点对应的纵坐标为初裂荷载 F_{cra}，横坐标为初裂挠度 δ。

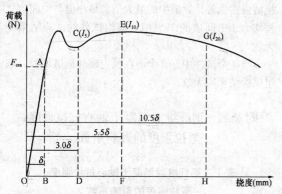

图 C.0.6　弯曲韧性指数定义示意

2 弯曲韧性指数的计算应符合下列规定：

1）以 O 为原点，在横轴上分别按初裂挠度的 3.0、5.5 和 10.5 的倍数确定 D、F 和 H 点。

2）跨中挠度为 3.0δ 时的弯曲韧性指数应按下列公式计算：

$$I_5 = \frac{S_{OACD}}{S_{OAB}} \qquad (C.0.6\text{-}1)$$

式中：I_5——跨中挠度为 3.0δ 时的弯曲韧性指数，精确至 0.01；

S_{OAB}——初裂挠度 δ 的韧度实测值（N·mm）；

S_{OACD}——跨中挠度为 3.0δ 时的韧度实测值（N·mm）。

3）跨中挠度为 5.5δ 时的弯曲韧性指数应按下式计算：

$$I_{10} = \frac{S_{OAEF}}{S_{OAB}} \qquad (C.0.6\text{-}2)$$

式中：I_{10}——跨中挠度为 5.5δ 时的弯曲韧性指数，精确至 0.01；

S_{OAEF}——跨中挠度为 5.5δ 时的韧度实测值（N·mm）。

4）跨中挠度为 10.5δ 时的弯曲韧性指数应按下式计算：

$$I_{20} = \frac{S_{OAGH}}{S_{OAB}} \qquad (C.0.6\text{-}3)$$

式中：I_{20}——跨中挠度为 10.5δ 时的弯曲韧性指数，精确至 0.01；

S_{OAGH}——跨中挠度为 10.5δ 时的韧度实测值（N·mm）。

5）应取 4 个试件计算值的算术平均值作为该组试件的弯曲韧性指数，精确至 0.01；若计算值中的最大值或最小值与两个中间值的平均值之差大于 15%，则应取两个中间值的平均值作为该组试件的弯曲韧性指数；若计算值中的最大值和最小值与两个中间值的平均值之差均大于 15% 时，该组试件的试验结果应无效。

3 初裂强度应按下式计算：

$$f_{fc,cra} = F_{cra}L/BH^2 \qquad (C.0.6\text{-}4)$$

式中：$f_{fc,cra}$——纤维混凝土的初裂强度（MPa），精确至 0.1MPa；

F_{cra}——纤维混凝土的初裂荷载（N）；

L——支座间距（mm）；

B——试件截面宽度（mm）；

H——试件截面高度（mm）。

应以 4 个试件初裂强度的算术平均值作为该组试件的试验结果，精确至 0.1MPa。

附录 D　纤维混凝土抗剪强度试验方法

D.0.1 本方法适用于采用双面直接剪切法测定纤维混凝土的抗剪强度。

D.0.2 试件截面为 100mm×100mm，长度应为截面高度的 2 倍~4 倍。每组应为 4 个试件。试件的制作及养护应符合现行国家标准《普通混凝土力学性能试验方法标准》GB/T 50081 中的相关规定。

D.0.3 试验设备应符合下列规定：

1 压力试验机应符合现行国家标准《普通混凝土力学性能试验方法标准》GB/T 50081 中的相关规定。

2 试验机上下压板中应有一块带有球形铰座。

3 双面剪切试验装置的上下刀口应垂直相对运

动。刀口宽度应为试件公称高度 H 的 1/10，上刀口外缘间距应等于 H，上下刀口错位 a 应小于 1mm（图 D.0.3）。

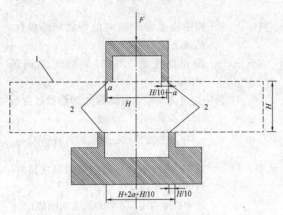

图 D.0.3　双面剪切试验装置简图
1—试件；2—刀口

D.0.4 抗剪强度试验应按照下列步骤进行：

1 从养护地点取出的试件应先擦净并检查外观；然后应测量试件两个预定破坏面的高度和宽度，测量精度及尺寸取值应符合现行国家标准《普通混凝土力学性能试验方法标准》GB/T 50081 中的相关规定。

2 将试件放入试验装置，应使成型时的两个侧面与剪切装置刀口接触。剪切装置的中轴线应与试验机压力作用线重合，调整球铰座，使接触均衡。

3 试件应以 0.06MPa/s～0.10MPa/s 的速率连续、均匀加荷。当试件临近破坏、变形速度增快时，停止调整试验机油门，直至试件破坏，应记录最大荷载，精确至 0.01MPa。

4 当试件的破坏面不在预定破坏面时（图 D.0.4），该试件的试验结果应无效。

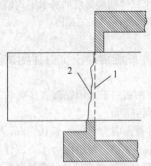

图 D.0.4　剪切破坏示意
1—预定破坏面；2—破坏面

D.0.5 该组试件的抗剪强度应按下列公式计算：

$$f_{fc,v} = \frac{F_{max}}{2BH} \quad (\text{D}.0.5\text{-}1)$$

$$B = \frac{1}{4}(B_1 + B_2 + B_3 + B_4) \quad (\text{D}.0.5\text{-}2)$$

$$H = \frac{1}{4}(H_1 + H_2 + H_3 + H_4) \quad (\text{D}.0.5\text{-}3)$$

式中：　$f_{fc,v}$ ——抗剪强度（MPa），精确至 0.1MPa；
　　　　F_{max} ——最大荷载（N）；
　　　　B ——试件平均宽度（mm）；
　　　　H ——试件平均高度（mm）；
　　　　B_1、B_2、B_3、B_4 ——由本规程第 D.0.4 条测得的预定破坏截面的宽度（mm）；
　　　　H_1、H_2、H_3、H_4 ——由本规程第 D.0.4 条测得的预定破坏截面的高度（mm）。

4 个试件均在预定面破坏情况下，应取 4 个试件计算值的算术平均值作为该组试件的抗剪强度；若计算值中的最大值或最小值与两个中间值的平均值之差大于 15%，则应取两个中间值的平均值作为该组试件的抗剪强度；若计算值中的最大值和最小值与两个中间值的平均值之差均大于 15% 时，该组试件的试验结果应无效。

4 个试件中有一个不在预定面破坏情况下，应取另外 3 个试件计算值的算术平均值作为该组试件的抗剪强度；若计算值中的最大值或最小值与中间值之差大于中间值的 15%，则应取中间值作为该组试件的抗剪强度；若计算值中的最大值和最小值与中间值之差均大于中间值的 15% 时，该组试件的试验结果应无效。

当 4 个试件中有 2 个不在预定破坏面破坏时，该组试验结果应无效。

附录 E　钢纤维对混凝土轴心抗拉强度、弯拉强度的影响系数

表 E　钢纤维对混凝土轴心抗拉强度、弯拉强度的影响系数

钢纤维品种	纤维外形	混凝土强度等级	α_t	α_{tm}
高强钢丝切断型	端钩形	CF20～CF45	0.76	1.13
		CF50～CF80	1.03	1.25
钢板剪切型	平直形	CF20～CF45	0.42	0.68
		CF50～CF80	0.46	0.75
	异形	CF20～CF45	0.55	0.79
		CF50～CF80	0.63	0.93
钢锭铣削型	端钩形	CF20～CF45	0.70	0.92
		CF50～CF80	0.84	1.10
低合金钢熔抽型	大头形	CF20～CF45	0.52	0.73
		CF50～CF80	0.62	0.91

附录F 钢纤维混凝土拌合物中钢纤维体积率检验方法

F.0.1 本试验方法适用于测定钢纤维混凝土拌合物中钢纤维体积率。

F.0.2 试验设备应符合下列规定：

1 容量筒：钢制，容积5L，直径和筒高均为 (186±2) mm，壁厚3mm。

2 托盘天平：最大称量2kg，感量2g。

3 台秤：最大称量100kg，感量50g。

4 振动台：频率50Hz±2Hz，空载振幅0.5mm ±0.02mm。

5 木槌：质量1kg。

F.0.3 试验步骤应符合下列规定：

1 将钢纤维混凝土拌合物装入容量筒中，当拌合物坍落度小于50mm时，用振动台振实；拌合物坍落度不小于50mm时，分两层装料，每层应沿侧壁四周用木槌均匀敲振30次，敲毕，底部垫直径16mm钢棒，在混凝土或石材地面上应左右交错颠击15次。振实后应将容量筒上口抹平。

2 在倒出钢纤维拌合物的过程中，应边水洗边用磁铁搜集钢纤维。

3 应将搜集的钢纤维在105℃±5℃的温度下烘干到恒重，冷却至室温后确定其质量，精确至2g。

4 试验应进行两次。

F.0.4 钢纤维体积率应按下式计算：

$$V_{sf} = \frac{m_{sf}}{\rho_{sf} V} \times 100\% \qquad (F.0.4)$$

式中：V_{sf}——钢纤维体积率（%），精确至0.01；

m_{sf}——容量筒中钢纤维质量（g）；

V——容量筒容积（L）；

ρ_{sf}——钢纤维质量密度（kg/m³）。

F.0.5 应取两次试验测得的钢纤维体积率的平均值作为试验结果，并应符合下式要求，否则试验结果无效。

$$|V_{sf1} - V_{sf2}| \leqslant 0.05 V_{sf,m} \qquad (F.0.5)$$

式中：$V_{sf,m}$——两次试验测得钢纤维体积率的平均值（%）；

V_{sf1}，V_{sf2}——两次试验分别测得的钢纤维体积率（%）。

本规程用词说明

1 为便于在执行本规程条文时区别对待，对要求严格程度不同的用词说明如下：

1）表示很严格，非这样做不可的：

正面词采用"必须"，反面词采用"严禁"；

2）表示严格，在正常情况下均应这样做的：

正面词采用"应"，反面词采用"不应"或"不得"；

3）表示允许稍有选择，在条件许可时，首先应这样做的：

正面词采用"宜"，反面词采用"不宜"；

4）表示有选择，在一定条件下可以这样做的，采用"可"。

2 条文中指明应按其他有关标准执行的写法为："应符合……的规定"或"应按……执行"。

引用标准名录

1 《混凝土结构设计规范》GB 50010

2 《普通混凝土拌合物性能试验方法标准》GB/T 50080

3 《普通混凝土力学性能试验方法标准》GB/T 50081

4 《普通混凝土长期性能和耐久性能试验方法标准》GB/T 50082

5 《混凝土强度检验评定标准》GB/T 50107

6 《地下工程防水技术规范》GB 50108

7 《混凝土外加剂应用技术规范》GB 50119

8 《混凝土结构工程施工质量验收规范》GB 50204

9 《屋面工程质量验收规范》GB 50207

10 《建筑地面工程施工质量验收规范》GB 50209

11 《混凝土结构耐久性设计规范》GB/T 50476

12 《通用硅酸盐水泥》GB 175

13 《金属材料 室温拉伸试验方法》GB/T 228

14 《用于水泥和混凝土中的粉煤灰》GB/T 1596

15 《混凝土外加剂》GB 8076

16 《道路硅酸盐水泥》GB 13693

17 《用于水泥和混凝土中的粒化高炉矿渣粉》GB/T 18046

18 《水泥混凝土和砂浆用合成纤维》GB/T 21120

19 《混凝土泵送施工技术规程》JGJ/T 10

20 《普通混凝土用砂、石质量及检验方法标准》JGJ 52

21 《普通混凝土配合比设计规程》JGJ 55

22 《混凝土用水标准》JGJ 63

23 《混凝土耐久性检验评定标准》JGJ/T 193

24 《水运工程混凝土试验规程》JTJ 270

25 《喷射混凝土用速凝剂》JC 477

26 《公路工程水泥及水泥混凝土试验规程》JTG E 30

27 《公路水泥混凝土路面施工技术规范》JTG F 30

28 《公路水泥混凝土路面设计规范》JTG D 40

29 《公路钢筋混凝土及预应力混凝土桥涵设计规范》JTG D 62

中华人民共和国行业标准

纤维混凝土应用技术规程

JGJ/T 221—2010

条 文 说 明

制 订 说 明

《纤维混凝土应用技术规程》JGJ/T 221 - 2010，经住房和城乡建设部 2010 年 7 月 23 日以第 706 号公告批准、发布。

本规程制定过程中，编制组进行了广泛而深入的调查研究，总结了我国工程建设中纤维混凝土应用的实践经验，同时参考了国外先进技术法规、技术标准，通过试验取得了纤维混凝土应用的重要技术参数。

为便于广大设计、施工、科研、学校等单位有关人员在使用本规程时能正确理解和执行条文规定，《纤维混凝土应用技术规程》编制组按章、节、条顺序编制了本规程的条文说明，供使用者参考。但是，本条文说明不具备与规程正文同等的法律效力，仅供使用者作为理解和把握规程规定的参考。

目　次

1　总则 ……………………………… 21—19
2　术语 ……………………………… 21—19
3　原材料 …………………………… 21—19
　3.1　钢纤维 ……………………… 21—19
　3.2　合成纤维 …………………… 21—20
　3.3　其他原材料 ………………… 21—20
4　纤维混凝土性能 ………………… 21—20
　4.1　拌合物性能 ………………… 21—20
　4.2　力学性能 …………………… 21—20
　4.3　长期性能和耐久性能 ……… 21—21
5　配合比设计 ……………………… 21—21
　5.1　一般规定 …………………… 21—21
　5.2　配制强度的确定 …………… 21—21
　5.3　配合比计算 ………………… 21—21
　5.4　配合比试配、调整与确定 … 21—21
6　施工 ……………………………… 21—22
　6.1　纤维混凝土的制备 ………… 21—22
　6.2　纤维混凝土的运输、浇筑和养护 …… 21—22
7　质量检验和验收 ………………… 21—22

7.1　原材料质量检验 ……………… 21—22
7.2　混凝土拌合物性能检验 ……… 21—22
7.3　硬化纤维混凝土性能检验 …… 21—22
7.4　混凝土工程验收 ……………… 21—22
附录 A　混凝土用钢纤维性能检验
　　　　方法 ……………………… 21—22
附录 B　纤维混凝土抗弯韧性（等
　　　　效抗弯强度）试验方法 … 21—23
附录 C　纤维混凝土弯曲韧性和初
　　　　裂强度试验方法 ………… 21—23
附录 D　纤维混凝土抗剪强度试验
　　　　方法 ……………………… 21—23
附录 E　钢纤维对混凝土轴心抗拉
　　　　强度、弯拉强度的影响
　　　　系数 ……………………… 21—23
附录 F　钢纤维混凝土拌合物中钢纤维
　　　　体积率检验方法 ………… 21—23

1 总 则

1.0.1 纤维混凝土技术在我国已得到广泛应用。本规程的制定旨在规范纤维混凝土技术的应用，确保纤维混凝土工程质量。本规程主要根据我国现有的标准规范、科研成果和实践经验，并参考国外先进标准制定而成。

1.0.2 钢纤维与合成纤维的材料性能不同，对混凝土性能的贡献也不相同，需合理地发挥各自的优越性。钢纤维混凝土适用于对弯拉（抗折）强度、弯曲韧性、抗裂、抗冲击、抗疲劳等性能要求较高的混凝土工程、结构或构件；合成纤维混凝土适用于要求改善早期抗裂、抗冲击、抗疲劳等性能的混凝土工程、结构或构件。

1.0.3 纤维混凝土涉及不同工程类别及国家标准或行业标准，在使用中除应执行本规程外，还应按所属工程类别符合现行有关国家和行业标准规范的规定。

2 术 语

2.0.1 本条给出钢纤维的材料和主要制作工艺。本规程中的钢纤维为可在混凝土中乱向均匀分散的短纤维。

2.0.2 本规程中的纤维混凝土仅包括钢纤维混凝土和合成纤维混凝土两类，不包括玻璃纤维混凝土、注浆纤维混凝土和活性粉末混凝土等类型。

2.0.3 钢纤维混凝土为钢纤维和混凝土复合材料。

2.0.4 本规程中钢纤维与合成纤维都采用当量直径，其他文献中钢纤维的等效直径的内涵与本规程中的当量直径相同。

2.0.5 合成纤维的长径比决定了纤维在混凝土中的破坏机制，在大于临界长径比时，合成纤维在混凝土破坏时被拉断，而小于临界长径比时，合成纤维在混凝土破坏时被拉出混凝土基体；钢纤维在混凝土中的作用也与长径比有关。

2.0.6 本条给出合成纤维的材料和主要制作工艺。本规程中的合成纤维为可在混凝土中乱向均匀分散的短纤维。

2.0.7 膜裂纤维经过挤出裂膜，成品呈互相牵连的网状短纤维束。

2.0.8 合成纤维混凝土为合成纤维和混凝土复合材料。

2.0.9 纤维用量常用于纤维混凝土配合比设计。

2.0.10 纤维体积率是纤维混凝土中纤维含量的表示方法之一，常用于分析计算。在设计参数选择时，可采用纤维体积率。

3 原 材 料

3.1 钢 纤 维

3.1.1 钢纤维原材料主要为碳钢、低合金钢，用于特殊腐蚀环境中，可采用不锈钢。目前国内外广泛使用的钢纤维主要有四大类：高强钢丝切断型、薄板剪切型、钢锭铣削型和熔抽型。钢丝切断型钢纤维是用切断机将冷拔钢丝按需要的长度切断制造的钢纤维；薄板剪切型钢纤维是由冷延薄钢带剪切而成的；熔抽型钢纤维是将外缘头部做成螺旋角状的圆盘与熔融的钢水表面接触，旋转时圆盘与钢水接触的瞬间即将钢水带了出来，由于旋转时的离心力，同时对圆盘进行冷却，被圆盘带出来的钢水迅速凝固成纤维；钢锭铣削型钢纤维是用专用铣刀对钢锭进行铣削制成的纤维。

由于钢纤维混凝土基体破坏时，钢纤维基本上是从基体中拔出而不是拉断，因此，钢纤维的增强作用主要取决于与基体的粘结性能，异形、表面粗糙的钢纤维品种粘结性能较好。

纤维的形状也影响它在拌合物中的分散性和混凝土拌合物的流动性，异形、表面粗糙和长径比大的钢纤维混凝土的流动性有所降低。

3.1.2 钢纤维的增强、增韧效果与钢纤维的长度、直径（或当量直径）、长径比、纤维形状和表面特性等因素有关。钢纤维的增强作用随长径比增大而提高，钢纤维长度太短增强作用不明显，太长则影响拌合物性能；太细在拌合过程中易被弯折甚至结团，太粗则在等体积含量时增强效果差。大量试验研究和工程经验表明：长度在 20mm～60mm，直径在 0.3mm～0.9mm，长径比在 30～80 范围内的钢纤维，增强效果和拌合物性能较佳。超出上述范围的钢纤维，试验验证增强效果和施工性能均能满足要求时，也可以采用。对于层布式钢纤维混凝土，因纤维无需与混凝土拌合物一起搅拌，因此，钢纤维的长度限制可以放宽。

一般而言，纤维的抗拉强度比水泥基体高两个数量级，延伸率比混凝土高一个数量级。纤维与基体的弹性模量的比值对复合材料的力学性能影响很大，比值越大，纤维在承担拉伸或弯曲荷载时承担的应力份额也越大。

3.1.3 根据目前广泛使用的钢纤维的抗拉强度，可归纳为表 3.1.3 中的三个等级。随着钢纤维高强度混凝土的研究和应用，发现采用高强度混凝土和低强度钢纤维配制的纤维混凝土，断裂时较多钢纤维被拉断，增强增韧效果差，而异形钢纤维的增强增韧效果也与钢纤维本身的强度有关，所以有必要区分钢纤维的强度等级。不小于 1000 级的钢纤维可称为高强度钢纤维。

3.1.4 钢纤维的弯折要求是为了保证钢纤维的材质质量，及其在拌合过程中不发生脆断。

3.1.5 钢纤维的尺寸偏差要求是为了检验钢纤维的生产控制质量，减少同一产品的差异。

3.1.6 异形钢纤维形状要求是为了检验钢纤维的生产控制质量，减少同一产品的差异，并保证与混凝土的粘结效果。

3.1.7 钢纤维的平均根数要求是为了检验钢纤维的生产控制质量，减少同一产品的差异。

3.1.8 钢纤维表面粘有油污等不利于与水泥粘结的物质，会影响与混凝土的粘结强度；钢纤维中含有杂质会影响钢纤维混凝土性能。

3.1.9 附录 A 规定了第 3.1.3～3.1.8 条中钢纤维检验的方法。

3.2 合成纤维

3.2.1 目前通常从纤维的材料品种和外观形式等方面进行区分。本条给出了适用于混凝土中的合成纤维和常用的产品形状。因粗纤维与单丝之间存有差异，故单独列出。

3.2.2 表 3.2.2 给出了通常使用的合成纤维的产品规格范围，亦可生产工程所需规格以外的产品。目前国内外生产的粗合成纤维绝大多数都是聚烯烃类的，主要为聚丙烯粗纤维；另有一种聚乙烯醇粗纤维，国内开始同类产品生产，在混凝土中应用尚不广泛。

3.2.3 抗拉强度是合成纤维主要技术指标之一，直接影响合成纤维的增强和增韧效果；初始模量属弹性模量范畴，合成纤维弹性模量与混凝土弹性模量相差较大，承受荷载时，合成纤维分担的应力较小，对硬化混凝土强度影响不大，但能改善混凝土早期抗裂性；混凝土中为碱环境，合成纤维的耐碱性能非常重要。

3.2.4 掺入混凝土中的合成纤维应易于分散均匀，并不应对混凝土强度产生负面影响，增韧纤维还应有比较明显的增韧效果。

合成纤维混凝土的抗裂、增韧、抗冲击和耐久性等性能宜根据工程设计要求，通过混凝土试配对比试验确定。

3.2.5 合成纤维的材料品种和规格繁多，外形也各不相同，当无试验资料时，用户选用时易产生困惑，通过表 3.2.5，可以指导用户根据使用条件选择合成纤维。

聚丙烯纤维在碱液和升温条件下，pH＝14，80℃，6h 后，强度保持率大于 95％，具有非常高的耐碱性能，是目前用于混凝土最主要的合成纤维品种；聚酰胺纤维的耐碱性能十分优秀；聚乙烯醇纤维耐酸、碱的性能甚好，对碱的稳定性还优于对酸的稳定性。

资料显示，聚丙烯腈纤维在碱液和升温条件下，当 pH＝14，80℃，6h 后，其强度保持率仅为 76％，当 pH＝13，80℃，24h 后，其强度保持率也仅为 85％；但是在环境 pH 值较低时的强度保持率还是可以的，在此种条件下可以用于混凝土。

聚酯纤维耐碱性差，不适用于水泥混凝土，故未在表中列出。

3.2.6 本条给出表 3.2.3 和表 3.2.4 中试验项目的试验方法。

3.3 其他原材料

3.3.1 钢纤维混凝土宜采用普通硅酸盐水泥和硅酸盐水泥，有利于防止钢纤维锈蚀。

3.3.2 纤维增强混凝土中粗骨料粒径不宜过大，否则影响纤维的分散，并削弱纤维的作用效果。采用细砂会增加用水量和水泥用量；采用过粗的砂容易导致混凝土产生离析和泌水，故宜使用中砂。由于考虑到钢纤维的锈蚀问题，故钢纤维混凝土严禁使用海砂。

3.3.3 含氯盐的外加剂会导致混凝土中钢纤维的锈蚀；高碱速凝剂也对混凝土的耐久性不利。

3.3.4 现行国家标准《用于水泥和混凝土中的粉煤灰》GB/T 1596 和《用于水泥和混凝土中的粒化高炉矿渣粉》GB/T 18046 等标准基本涵盖了当前主要应用的矿物掺合料的质量要求。

3.3.5 未经淡化的海水会引起严重的混凝土耐久性问题。

4 纤维混凝土性能

4.1 拌合物性能

4.1.1 钢纤维和增韧纤维配制的混凝土应注意调配拌合物的和易性，并使之不离析；合成纤维混凝土拌合物性能一般较好，仅坍落度比普通混凝土稍微低一点。

4.1.2 在满足施工要求的情况下，采用较小的坍落度有利于提高混凝土的耐久性能。

4.1.3 应从严控制钢纤维混凝土中氯离子含量，以减少氯离子对钢纤维锈蚀的影响；合成纤维混凝土中氯离子含量可按普通混凝土要求控制。

4.2 力学性能

4.2.1 本条规定了纤维混凝土强度等级的划分。合成纤维混凝土的最小强度等级为 C20，钢纤维混凝土的最小强度等级为 CF25，喷射钢纤维混凝土的最小强度等级为 CF30，都比普通混凝土略高。纤维混凝土最高强度等级定为 C80 和 CF80，与普通混凝土现行标准的相关规定相同。用现行国家标准《混凝土强度检验评定标准》GB/T 50107 评定纤维混凝土抗压强度是安全的。

4.2.2 纤维混凝土的轴心抗压强度、受压和受拉弹性模量、剪变模量、泊松比、线膨胀系数以及合成纤维轴心抗拉强度标准值和设计值采用现行国家标准《混凝土结构设计规范》GB 50010 的规定是安全的。纤维体积率大于 0.15％的合成纤维混凝土因合成纤维用量较多，有可能出现搅拌不匀的情况，所以上述混凝土性能应经试验确定。

4.2.3 纤维混凝土工程设计会用到弯曲韧性、抗剪强度、抗疲劳性能和抗冲击等性能指标，本条给出了测定这些性能的试验方法。

4.2.4 钢纤维混凝土的轴心抗拉强度标准值与普通混凝土有所不同，本条给出了计算方法。检验钢纤维混凝土的轴心抗拉强度时，采用劈裂法试验测得强度换算成轴心抗拉强度。

4.2.5 本条给出了钢纤维混凝土的弯拉强度标准值的计算方法，主要用于公路水泥混凝土路面设计。检验钢纤维混凝土的弯拉强度时，采用现行行业标准《公路工程水泥及水泥混凝土试验规程》JTG E 30 规定的试验方法。

4.3 长期性能和耐久性能

4.3.1 纤维混凝土的收缩和徐变属于长期性能，应按普通混凝土的试验方法测试。

4.3.2 纤维混凝土的主要耐久性能项目与普通混凝土相同，应按普通混凝土的试验方法测试，也应按普通混凝土的检验评定方法进行检验评定。

5 配合比设计

5.1 一般规定

5.1.1 混凝土配合比设计不仅应满足试配强度要求，同时也应满足施工要求和耐久性能要求。

5.1.2 现行国家标准《混凝土结构耐久性设计规范》GB/T 50476 详细规定了不同使用条件和不同结构构件的混凝土的最大水胶比。

5.1.3 根据现行国家标准《混凝土结构耐久性设计规范》GB/T 50476 选定的混凝土最大水胶比，可按表 5.1.3 确定纤维混凝土的最小胶凝材料用量。实际胶凝材料用量应以保证混凝土拌合物性能、力学性能和耐久性能为目的。喷射钢纤维混凝土的胶凝材料用量不宜太少，否则施工性能不易保证，进而影响硬化混凝土性能。

5.1.4 掺加矿物掺合料和外加剂有利于改善纤维混凝土性能，但应以满足纤维混凝土设计和施工要求为原则，掺量应经试验确定。钢纤维混凝土矿物掺合料掺量不宜超过 20％，以减少混凝土碳化对钢纤维锈蚀的影响。

5.1.5 公路路面钢纤维混凝土的配合比设计规定与普通混凝土不同，公路行业专有规定。

5.2 配制强度的确定

5.2.1 实验室配制强度不仅应达到设计强度等级值，尚应满足 95％的保证率，因此公式（5.2.1-1）中采用大于等于号。对于高强混凝土，强度标准差已不宜用于配制强度计算，公式（5.2.1-2）已经长期采用，应用效果良好。

5.2.2 纤维混凝土工程一般比较特殊，往往没有系统的强度统计资料，按表 5.2.2 中的混凝土强度标准差取值是偏于安全的。

5.3 配合比计算

5.3.1 先按现行行业标准《普通混凝土配合比设计规程》JGJ 55 的规定计算未掺加纤维的普通混凝土配合比。

5.3.2 纤维用量常用于纤维混凝土配合比，便于计量。纤维体积率是纤维混凝土中纤维含量的表示方法之一，常用于分析计算。在设计参数选择时，可采用纤维体积率。

5.3.3 不同工程钢纤维混凝土情况差异较大，设计人员可根据不同工程钢纤维混凝土的具体要求从表 5.3.3 中选用纤维体积率，最终确定采用的纤维体积率值应经试验验证。

5.3.4 设计人员可根据不同工程采用的合成纤维混凝土要求从表 5.3.4 中选用纤维体积率，目前工程中，用于合成纤维混凝土的纤维体积率绝大多数为 0.06％～0.12％，主要用于控制混凝土早期收缩裂缝。最终确定采用的纤维体积率值应经试验验证。

5.3.5 第 5.3.3 和第 5.3.4 条仅推荐了不同工程纤维混凝土的纤维体积率范围，由于纤维混凝土的使用和性能要求比较特殊，因此纤维体积率最终确定取值，应经试验验证确定。

5.4 配合比试配、调整与确定

5.4.1 现行行业标准《普通混凝土配合比设计规程》JGJ 55 关于混凝土配合比试配、调整与确定的规定也适用于纤维混凝土。

5.4.2 按现行行业标准《普通混凝土配合比设计规程》JGJ 55 计算未掺加纤维的普通混凝土配合比，在此基础上掺入纤维进行试拌，使混凝土拌合物满足和易性和坍落度等性能要求。

试拌的主要原则是在水胶比不变条件下调整配合比，满足混凝土施工的和易性和坍落度要求。

5.4.3 配合比试配中的混凝土强度试验主要是为调整水胶比，获得合理的强度提供依据；配合比调整是在强度试验的基础上，确定合理的水胶比，进而调整每立方米纤维混凝土的各原材料用量。

5.4.4 在配合比试配过程中，由于在计算配合比基础上外掺了纤维，尤其是钢纤维的掺入，使每立方米混凝土的方量发生了变化，应经过调整使每立方米混凝土的方量准确。

5.4.5 对设计提出的纤维混凝土耐久性能进行试验验证，也应成为纤维混凝土配合比设计的重要内容。

5.4.6 采用设计配合比进行试生产并对配合比进行相应调整是确定施工配合比的重要环节。

6 施 工

6.1 纤维混凝土的制备

6.1.1 纤维计量允许偏差为1％可以满足纤维混凝土质量要求；外加剂和拌合用水计量允许偏差较过去有所收紧。

6.1.2 为了保证纤维均匀分散在混凝土中，最好先将纤维和粗、细骨料干拌，将纤维打散，然后再加入其他材料共同湿拌。纤维混凝土的搅拌时间应比普通混凝土长。

6.2 纤维混凝土的运输、浇筑和养护

6.2.1 合成纤维混凝土拌合物的稳定性较好，相对而言，由于钢纤维材质密度大，钢纤维混凝土易于离析和分层，应予以注意。

6.2.2 采用加水方法解决坍落度不足问题会严重影响混凝土的性能，造成很大危害，必须禁止。

6.2.3 由于钢纤维混凝土密度略大，并且泵送时与输送管壁的摩擦阻力较大，所以采用的泵的功率应比泵送普通混凝土略大。

6.2.4 由于钢纤维材质密度大，所以钢纤维混凝土拌合物浇筑倾落的自由高度过高易于导致离析，应予以注意。

6.2.5 浇筑时在混凝土中加水会严重影响混凝土的性能，造成很大危害，必须禁止。

6.2.6 机械振捣易使纤维混凝土均匀和密实；混凝土（尤其是钢纤维混凝土）振动时间过长易产生离析和分层。

6.2.7 钢纤维露出混凝土表面不利于安全，也不利于质量，应该避免。

6.2.8 我国混凝土路面的主导施工方式为：高等级公路使用滑模摊铺机；二级以下的一般公路大多使用三棍轴机组。此条规定了滑模摊铺与三棍轴机组的纤维混凝土路面施工要求。

6.2.9 纤维混凝土表面失水太快同样会产生细微裂缝，影响纤维混凝土的用途。

6.2.10 矿渣水泥、粉煤灰水泥或复合水泥混凝土的湿养护时间应长于普通硅酸盐水泥或硅酸盐水泥混凝土的湿养护时间，以保证胶凝材料水化和混凝土强度

增长。

6.2.11 本条规定蒸汽养护制度的基本原则，有利于避免混凝土内部由于温度变化过快或温度过高产生细微缺陷。

7 质量检验和验收

7.1 原材料质量检验

7.1.1 原材料质量文件齐全方可进场。

7.1.2 原材料进场后和施工过程中，由监理进行抽检，可有效控制工程使用的原材料质量。

7.1.3 本条规定了钢纤维、合成纤维和其他原材料的抽检项目。

7.1.4 本条规定了钢纤维、合成纤维和其他原材料的检验批量。

7.1.5 本条规定了钢纤维、合成纤维和其他原材料评定依据。

7.2 混凝土拌合物性能检验

7.2.1 精准计量是纤维混凝土质量控制的重要保证。本条规定了计量仪器的标定及检查频率，以确保计量的精准性。

7.2.2 纤维混凝土拌合物质量控制是施工质量控制的关键环节之一。本条规定了纤维混凝土拌合物检验项目及其检验地点。

7.2.3 本条规定了纤维混凝土拌合物有关性能检验的频率。

7.2.4 本条规定了纤维混凝土拌合物性能的评定依据。

7.3 硬化纤维混凝土性能检验

7.3.1 本条规定了对硬化纤维混凝土性能进行检验的依据，具体内容可见条文中给出的相关标准。

7.3.2 本条规定了纤维混凝土力学性能和耐久性能的设计要求。

7.4 混凝土工程验收

7.4.1 纤维混凝土可用于建工、公路、水工和其他各建设行业，工程验收应执行相关国家和行业的标准。

7.4.2 纤维混凝土的耐久性能应列为工程验收的主要内容之一。

附录 A 混凝土用钢纤维
性能检验方法

A.1 本节对应正文3.1.3条内容的试验方法。

A.2 本节对应正文3.1.4条内容的试验方法。

A.3 本节对应正文 3.1.5 条内容的试验方法。

A.4 本节对应正文 3.1.6 条内容的试验方法。

A.5 本节对应正文 3.1.7 条内容的试验方法。

A.6 本节对应正文 3.1.8 条内容的试验方法。

附录 B 纤维混凝土抗弯韧性 （等效抗弯强度）试验方法

本试验方法源于 RILEM TC 162 - TDF，用等效荷载和等效抗弯强度来描述纤维混凝土复合材料开裂后的韧性比较合理，在欧洲纤维混凝土构件设计中已被广泛采用。

试验试件剪跨比为 1.7，力学性能及破坏形态均较为合理，较适合于评价混凝土复合材料的抗弯韧性。

本试验方法不但可以确定荷载与挠度之间的关系，而且可以通过预留开口，可准确判定裂缝出现的位置，减小随机因素对开裂位置的影响，更好地分析纤维对结构裂缝的抵抗性能。

附录 C 纤维混凝土弯曲韧性和 初裂强度试验方法

本试验方法与现行国家标准《水泥混凝土和砂浆用合成纤维》GB/T 21120 和协会标准《钢纤维混凝土试验方法》CECS 13 相协调，基本上源于《纤维混凝土弯曲韧性和初裂强度标准实验方法（三点负荷梁法）》ASTM C1018 - 97，目前国际上对纤维混凝土试验方法的研究较多，相关试验方法也在发展。为了与目前国家和行业已有标准相协调，以及保持标准规程的连续性，本标准仍保留了本试验方法。

在采用本试验方法时，宜根据工程设计要求，通过混凝土试配进行对比试验。

计算弯曲韧性指数 I_5、I_{10} 和 I_{20} 时，韧度实测值 S_{OAB}、S_{OACD}、S_{OAEF} 和 S_{OAGH} 在数值上等于图 C.0.6 中不同的图形面积：

S_{OAB} 在数值上应等于荷载曲线 OA、直线 AB 和 OB 围成的图形面积；

S_{OACD} 在数值上应等于荷载曲线 OAC、直线 CD 和 OD 围成的图形面积；

S_{OAEF} 在数值上应等于荷载曲线 OAE、直线 EF 和 OF 围成的图形面积；

S_{OAGH} 在数值上应等于荷载曲线 OAG、直线 GH 和 OH 围成的图形面积。

附录 D 纤维混凝土抗剪强度试验方法

本试验方法源于 JCI 钢纤维混凝土试验方法标准，为双面剪切，虽然不是纯剪状态，但与纯剪状态相对比较接近，试验中试件的破坏绝大多数在预定的剪切面上。规定的梁试件截面尺寸为 100mm × 100mm，与 JCI 标准相同。

附录 E 钢纤维对混凝土轴心抗拉强度、 弯拉强度的影响系数

钢纤维对钢纤维混凝土轴心抗拉强度的影响系数 α_t 和对钢纤维混凝土弯拉强度的影响系数 α_{tm} 宜通过试验确定，因此，将在没有试验依据情况下的推荐取值放在附录中。

附录 F 钢纤维混凝土拌合物中 钢纤维体积率检验方法

本试验方法源于 JCI 钢纤维混凝土中纤维体积率的测定方法，为水洗法。水洗法不需要专用仪器，测量精度也较高，可以满足使用要求。JCI 同时规定了磁测法，可以测量新拌混凝土和硬化混凝土内钢纤维体积率，但其测量精度低于水洗法。

中华人民共和国行业标准

预拌砂浆应用技术规程

Technical specification for application of ready-mixed mortar

JGJ/T 223—2010

批准部门：中华人民共和国住房和城乡建设部
施行日期：2 0 1 1 年 1 月 1 日

中华人民共和国住房和城乡建设部
公　告

第 727 号

关于发布行业标准
《预拌砂浆应用技术规程》的公告

现批准《预拌砂浆应用技术规程》为行业标准，编号为 JGJ/T 223-2010，自 2011 年 1 月 1 日起实施。

本规程由我部标准定额研究所组织中国建筑工业出版社出版发行。

中华人民共和国住房和城乡建设部

2010 年 8 月 3 日

前　言

根据住房和城乡建设部《关于印发〈2008 年工程建设标准规范制订、修订计划（第一批）〉的通知》（建标〔2008〕102 号）的要求，规程编制组经广泛调查研究，认真总结实践经验，参考有关国内外先进标准，并在广泛征求意见的基础上，制订本规程。

本规程的主要技术内容是：1. 总则；2. 术语和符号；3. 基本规定；4. 预拌砂浆进场检验、储存与拌合；5. 砌筑砂浆施工与质量验收；6. 抹灰砂浆施工与质量验收；7. 地面砂浆施工与质量验收；8. 防水砂浆施工与质量验收；9. 界面砂浆施工与质量验收；10. 陶瓷砖粘结砂浆施工与质量验收。

本规程由住房和城乡建设部负责管理，由中国建筑科学研究院负责具体技术内容的解释。执行过程中如有意见或建议，请寄送中国建筑科学研究院（地址：北京市北三环东路 30 号，邮编：100013）。

本规程主编单位：中国建筑科学研究院
　　　　　　　　广州市建筑集团有限公司

本规程参编单位：广州市建筑科学研究院有限公司
　　　　　　　　中国散装水泥推广发展协会干混砂浆专业委员会
　　　　　　　　陕西省建筑科学研究院
　　　　　　　　上海市建筑科学研究院（集团）有限公司
　　　　　　　　深圳市亿东阳建材公司
　　　　　　　　厦门兴华岳新型建材有限公司

无锡江加建设机械有限公司

上海曹杨建筑粘合剂厂

秦皇岛市第三建筑工程公司开发分公司

上海浩赛干粉建材制品有限公司

江西时代高科节能环保建材有限公司

中国工程建设标准化协会建筑防水专业委员会

重庆市建筑科学研究院

杭州益生宜居建材科技有限公司

福建沙县华鸿化工有限公司

常州市伟凝建材有限公司

北京能高共建新型建材有限公司

本规程参加单位：北京建筑材料科学研究总院有限公司
　　　　　　　　中国建筑第八工程局有限公司

本规程主要起草人员：张秀芳　赵霄龙　高俊岳
　　　　　　　　　　任　俊　王新民　李　荣
　　　　　　　　　　赵立群　宿　东　陈义青
　　　　　　　　　　薛国龙　杨宇峰　尚文广
　　　　　　　　　　徐海军　刘承英　舒文锋

高延继　宋开伟　俞锡贤　　　　本规程主要审查人员：马保国　张增寿　陈家珑
陈虬生　茆阿林　袁泽辉　　　　　　　　　　　　　兰明章　杨秉钧　张俊生
梁天宇　　　　　　　　　　　　　　　　　　　　　李清海　牛贯仲　刘洪波

目　次

1 总则 ……………………………… 22—6

2 术语和符号 …………………… 22—6

　2.1 术语 …………………………… 22—6

　2.2 符号 …………………………… 22—6

3 基本规定 ……………………… 22—6

4 预拌砂浆进场检验、储存与拌合 … 22—6

　4.1 进场检验 ……………………… 22—6

　4.2 湿拌砂浆储存 ………………… 22—6

　4.3 干混砂浆储存 ………………… 22—7

　4.4 干混砂浆拌合 ………………… 22—7

5 砌筑砂浆施工与质量验收 …… 22—7

　5.1 一般规定 ……………………… 22—7

　5.2 块材处理 ……………………… 22—7

　5.3 施工 …………………………… 22—7

　5.4 质量验收 ……………………… 22—8

6 抹灰砂浆施工与质量验收 …… 22—8

　6.1 一般规定 ……………………… 22—8

　6.2 基层处理 ……………………… 22—8

　6.3 施工 …………………………… 22—8

　6.4 质量验收 ……………………… 22—9

7 地面砂浆施工与质量验收 …… 22—9

　7.1 一般规定 ……………………… 22—9

　7.2 基层处理 ……………………… 22—9

　7.3 施工 …………………………… 22—9

　7.4 质量验收 ……………………… 22—9

8 防水砂浆施工与质量验收 …… 22—10

　8.1 一般规定 ……………………… 22—10

　8.2 基层处理 ……………………… 22—10

　8.3 施工 …………………………… 22—10

　8.4 质量验收 ……………………… 22—10

9 界面砂浆施工与质量验收 …… 22—11

　9.1 一般规定 ……………………… 22—11

　9.2 施工 …………………………… 22—11

　9.3 质量验收 ……………………… 22—11

10 陶瓷砖粘结砂浆施工与质量
　　验收 …………………………… 22—11

　10.1 一般规定 …………………… 22—11

　10.2 基层要求 …………………… 22—11

　10.3 施工 ………………………… 22—11

　10.4 质量验收 …………………… 22—12

附录A 预拌砂浆进场检验 ……… 22—12

附录B 散装干混砂浆均匀性试验 … 22—13

本规程用词说明 …………………… 22—14

引用标准名录 ……………………… 22—14

附：条文说明 ……………………… 22—15

Contents

1 General Provisions ···················· 22—6
2 Terms and Symbols ················· 22—6
　2.1 Terms ································ 22—6
　2.2 Symbols ····························· 22—6
3 Basic Requirements ················ 22—6
4 Site Acceptance and Storage and
　Mixing of Ready-mixed Mortar ········ 22—6
　4.1 Site Acceptance ···················· 22—6
　4.2 Storage of Wet-mixed Mortar ········· 22—6
　4.3 Storage of Dry-mixed Mortar ········· 22—7
　4.4 Mixing of Dry-mixed Mortar ········· 22—7
5 Construction and Quality
　Acceptance of Masonry Mortar ······ 22—7
　5.1 General Requirements ················ 22—7
　5.2 Preparation for Units ················ 22—7
　5.3 Construction ······················ 22—7
　5.4 Quality Acceptance ················· 22—8
6 Construction and Quality
　Acceptance of Plastering
　Mortar ······························· 22—8
　6.1 General Requirements ················ 22—8
　6.2 Preparation for Base Course ········· 22—8
　6.3 Construction ····················· 22—8
　6.4 Quality Acceptance ················· 22—9
7 Construction and Quality
　Acceptance of Flooring Mortar ······ 22—9
　7.1 General Requirements ················ 22—9
　7.2 Preparation for Base Course ········· 22—9
　7.3 Construction ····················· 22—9
　7.4 Quality Acceptance ················· 22—9
8 Construction and Quality

Acceptance of Waterproof
Mortar ······························· 22—10
　8.1 General Requirements ··············· 22—10
　8.2 Preparation for Base Course ········· 22—10
　8.3 Construction ····················· 22—10
　8.4 Quality Acceptance ················· 22—10
9 Construction and Quality
　Acceptance of Interface
　Treating Mortar ···················· 22—11
　9.1 General Requirements ··············· 22—11
　9.2 Construction ····················· 22—11
　9.3 Quality Acceptance ················· 22—11
10 Construction and Quality
　Acceptance of Tile Adhesive
　Mortar ···························· 22—11
　10.1 General Requirements ·············· 22—11
　10.2 Requirement of Base Course ········· 22—11
　10.3 Construction ····················· 22—11
　10.4 Quality Acceptance ················· 22—12
Appendix A Site Acceptance of
　　　　　　　Ready-mixed
　　　　　　　Mortar ···················· 22—12
Appendix B Uniformity Test of Bulk
　　　　　　　Dry-mixed Mortar ········· 22—13
Explanation of Wording in This
　Specification ························ 22—14
List of quoted Standards ··········· 22—14
Addition: Explanation of
　　　　　　Provisions ················· 22—15

1 总　则

1.0.1 为规范预拌砂浆在建筑工程中的应用，并做到技术先进，经济合理，安全适用，确保质量，制定本规程。

1.0.2 本规程适用于水泥基砌筑砂浆、抹灰砂浆、地面砂浆、防水砂浆、界面砂浆和陶瓷砖粘结砂浆等预拌砂浆的施工与质量验收。

1.0.3 预拌砂浆的施工与质量验收除应符合本规程外，尚应符合国家现行有关标准的规定。

2　术语和符号

2.1　术　语

2.1.1 预拌砂浆　ready-mixed mortar
专业生产厂生产的湿拌砂浆或干混砂浆。

2.1.2 湿拌砂浆　wet-mixed mortar
水泥、细骨料、矿物掺合料、外加剂、添加剂和水，按一定比例，在搅拌站经计量、拌制后，运至使用地点，并在规定时间内使用的拌合物。

2.1.3 干混砂浆　dry-mixed mortar
水泥、干燥骨料或粉料、添加剂以及根据性能确定的其他组分，按一定比例，在专业生产厂经计量、混合而成的混合物，在使用地点按规定比例加水或配套组分拌合使用。

2.1.4 验收批　acceptance batch
由同种材料、相同施工工艺、同类基体或基层的若干个检验批构成，用于合格性判定的总体。

2.1.5 可操作时间　operation time
干混砂浆拌制后，放置在标准试验条件下，砂浆稠度损失率不大于30%或砂浆拉伸粘结强度不降低的一段时间。

2.1.6 薄层砂浆施工法　thin-bed mortar construction method
采用专用砂浆施工，砂浆厚度不大于5mm的施工方法。

2.2　符　号

C_v——砂浆细度离散系数；

C_v'——砂浆抗压强度离散系数；

T——砂浆细度均匀度；

T'——砂浆抗压强度均匀度；

W_i——75μm筛的筛余量；

X——75μm筛的通过率；

$\overline{X}$——各样品的75μm筛通过率的平均值；

$\overline{X}'$——各样品的砂浆试块抗压强度的平均值；

σ——各样品的75μm筛通过率的标准差；

σ'——各样品的砂浆试块抗压强度的标准差。

3　基 本 规 定

3.0.1 预拌砂浆的品种选用应根据设计、施工等的要求确定。

3.0.2 不同品种、规格的预拌砂浆不应混合使用。

3.0.3 预拌砂浆施工前，施工单位应根据设计和工程要求及预拌砂浆产品说明书等编制施工方案，并应按施工方案进行施工。

3.0.4 预拌砂浆施工时，施工环境温度宜为5℃～35℃。当温度低于5℃或高于35℃施工时，应采取保证工程质量的措施。五级风及以上、雨天和雪天的露天环境条件下，不应进行预拌砂浆施工。

3.0.5 施工单位应建立各道工序的自检、互检和专职人员检验制度，并应有完整的施工检查记录。

3.0.6 预拌砂浆抗压强度、实体拉伸粘结强度应按验收批进行评定。

4　预拌砂浆进场检验、储存与拌合

4.1　进 场 检 验

4.1.1 预拌砂浆进场时，供方应按规定批次向需方提供质量证明文件。质量证明文件应包括产品型式检验报告和出厂检验报告等。

4.1.2 预拌砂浆进场时应进行外观检验，并应符合下列规定：

1 湿拌砂浆应外观均匀，无离析、泌水现象。

2 散装干混砂浆应外观均匀，无结块、受潮现象。

3 袋装干混砂浆应包装完整，无受潮现象。

4.1.3 湿拌砂浆应进行稠度检验，且稠度允许偏差应符合表4.1.3的规定。

表 4.1.3　湿拌砂浆稠度偏差

规定稠度（mm）	允许偏差（mm）
50、70、90	±10
110	+5 -10

4.1.4 预拌砂浆外观、稠度检验合格后，应按本规程附录A的规定进行复验。

4.2　湿拌砂浆储存

4.2.1 施工现场宜配备湿拌砂浆储存容器，并应符合下列规定：

1 储存容器应密闭、不吸水；

2 储存容器的数量、容量应满足砂浆品种、供货量的要求；

    3 储存容器使用时，内部应无杂物、无明水；

    4 储存容器应便于储运、清洗和砂浆存取；

    5 砂浆存取时，应有防雨措施；

    6 储存容器宜采取遮阳、保温等措施。

4.2.2 不同品种、强度等级的湿拌砂浆应分别存放在不同的储存容器中，并应对储存容器进行标识，标识内容应包括砂浆的品种、强度等级和使用时限等。砂浆应先存先用。

4.2.3 湿拌砂浆在储存及使用过程中不应加水。砂浆存放过程中，当出现少量泌水时，应拌合均匀后使用。砂浆用完后，应立即清理其储存容器。

4.2.4 湿拌砂浆储存地点的环境温度宜为5℃～35℃。

4.3 干混砂浆储存

4.3.1 不同品种的散装干混砂浆应分别储存在散装移动筒仓中，不得混存混用，并应对筒仓进行标识。筒仓数量应满足砂浆品种及施工要求。更换砂浆品种时，筒仓应清空。

4.3.2 筒仓应符合现行行业标准《干混砂浆散装移动筒仓》SB/T 10461 的规定，并应在现场安装牢固。

4.3.3 袋装干混砂浆应储存在干燥、通风、防潮、不受雨淋的场所，并应按品种、批号分别堆放，不得混堆混用，且应先存先用。配套组分中的有机类材料应储存在阴凉、干燥、通风、远离火和热源的场所，不应露天存放和曝晒，储存环境温度应为5℃～35℃。

4.3.4 散装干混砂浆在储存及使用过程中，当对砂浆质量的均匀性有疑问或争议时，应按本规程附录B的规定检验其均匀性。

4.4 干混砂浆拌合

4.4.1 干混砂浆应按产品说明书的要求加水或其他配套组分拌合，不得添加其他成分。

4.4.2 干混砂浆拌合水应符合现行行业标准《混凝土用水标准》JGJ 63 中对混凝土拌合用水的规定。

4.4.3 干混砂浆应采用机械搅拌，搅拌时间除应符合产品说明书的要求外，尚应符合下列规定：

    1 采用连续式搅拌器搅拌时，应搅拌均匀，并应使砂浆拌合物均匀稳定。

    2 采用手持式电动搅拌器搅拌时，应先在容器中加入规定量的水或配套液体，再加入干混砂浆搅拌，搅拌时间宜为3min～5min，且应搅拌均匀。应按产品说明书的要求静停后再拌合均匀。

    3 搅拌结束后，应及时清洗搅拌设备。

4.4.4 砂浆拌合物应在砂浆可操作时间内用完，且应满足工程施工的要求。

4.4.5 当砂浆拌合物出现少量泌水时，应拌合均匀后使用。

5 砌筑砂浆施工与质量验收

5.1 一般规定

5.1.1 本章适用于砖、石、砌块等块材砌筑时所用预拌砌筑砂浆的施工与质量验收。

5.1.2 砌筑砂浆的稠度可按表5.1.2选用。

表 5.1.2　砌筑砂浆的稠度

砌体种类	砂浆稠度(mm)
烧结普通砖砌体 粉煤灰砖砌体	70～90
混凝土多孔砖、实心砖砌体 普通混凝土小型空心砌块砌体 蒸压灰砂砖砌体 蒸压粉煤灰砖砌体	50～70
烧结多孔砖、空心砖砌体 轻骨料混凝土小型空心砌块砌体 蒸压加气混凝土砌块砌体	60～80
石砌体	30～50

注：1　砌筑其他块材时，砌筑砂浆的稠度可根据块材吸水特性及气候条件确定。
    2　采用薄层砂浆施工法砌筑蒸压加气混凝土砌块等砌体时，砌筑砂浆稠度可根据产品说明书确定。

5.1.3 砌体砌筑时，块材应表面清洁，外观质量合格，产品龄期应符合国家现行有关标准的规定。

5.2 块材处理

5.2.1 砌筑非烧结砖或砌块砌体时，块材的含水率应符合国家现行有关标准的规定。

5.2.2 砌筑烧结普通砖、烧结多孔砖、蒸压灰砂砖、蒸压粉煤灰砖砌体时，砖应提前浇水湿润，并宜符合国家现行有关标准的规定。不应采用干砖或处于吸水饱和状态的砖。

5.2.3 砌筑普通混凝土小型空心砌块、混凝土多孔砖及混凝土实心砖砌体时，不宜对其浇水湿润；当天气干燥炎热时，宜在砌筑前对其喷水湿润。

5.2.4 砌筑轻骨料混凝土小型空心砌块砌体时，应提前浇水湿润。砌筑时，砌块表面不应有明水。

5.2.5 采用薄层砂浆施工法砌筑蒸压加气混凝土砌块砌体时，砌块不宜湿润。

5.3 施　工

5.3.1 砌筑砂浆的水平灰缝厚度宜为10mm，允许误差宜为±2mm。采用薄层砂浆施工法时，水平灰缝厚度不应大于5mm。

5.3.2 采用铺浆法砌筑砖砌体时，一次铺浆长度不得超过 750mm；当施工期间环境温度超过 30℃时，一次铺浆长度不得超过 500mm。

5.3.3 对砖砌体、小砌块砌体，每日砌筑高度宜控制在 1.5m 以下或一步脚手架高度内；对石砌体，每日砌筑高度不应超过 1.2m。

5.3.4 砌体的灰缝应横平竖直、厚薄均匀、密实饱满。砖砌体的水平灰缝砂浆饱满度不得小于 80%；砖柱水平灰缝和竖向灰缝的砂浆饱满度不得小于 90%；小砌块砌体灰缝的砂浆饱满度，按净面积计算不得低于 90%，填充墙砌体灰缝的砂浆饱满度，按净面积计算不得低于 80%。竖向灰缝不应出现瞎缝和假缝。

5.3.5 竖向灰缝应采用加浆法或挤浆法使其饱满，不应先干砌后灌缝。

5.3.6 当砌体上的砖或砌块被撞动或需移动时，应将原有砂浆清除再铺浆砌筑。

5.4 质量验收

5.4.1 对同品种、同强度等级的砌筑砂浆，湿拌砌筑砂浆应以 50m³ 为一个检验批，干混砌筑砂浆应以 100t 为一个检验批；不足一个检验批的数量时，应按一个检验批计。

5.4.2 每检验批应至少留置 1 组抗压强度试块。

5.4.3 砌筑砂浆取样时，干混砌筑砂浆宜从搅拌机出料口、湿拌砌筑砂浆宜从运输车出料口或储存容器随机取样。砌筑砂浆抗压强度试块的制作、养护、试压等应符合现行行业标准《建筑砂浆基本性能试验方法标准》JGJ/T 70 的规定，龄期应为 28d。

5.4.4 砌筑砂浆抗压强度应按验收批进行评定，其合格条件应符合下列规定：

　　1 同一验收批砌筑砂浆试块抗压强度平均值应大于或等于设计强度等级所对应的立方体抗压强度的 1.10 倍，且最小值应大于或等于设计强度等级所对应的立方体抗压强度的 0.85 倍；

　　2 当同一验收批砌筑砂浆抗压强度试块少于 3 组时，每组试块抗压强度值应大于或等于设计强度等级所对应的立方体抗压强度的 1.10 倍。

　　检验方法：检查砂浆试块抗压强度检验报告单。

6 抹灰砂浆施工与质量验收

6.1 一般规定

6.1.1 本章适用于墙面、柱面和顶棚一般抹灰所用预拌抹灰砂浆的施工与质量验收。

6.1.2 抹灰砂浆的稠度应根据施工要求和产品说明书确定。

6.1.3 砂浆抹灰层的总厚度应符合设计要求。

6.1.4 外墙大面积抹灰时，应设置水平和垂直分格缝。水平分格缝的间距不宜大于 6m，垂直分格缝宜按墙面面积设置，且不宜大于 30m²。

6.1.5 施工前，施工单位宜和砂浆生产企业、监理单位共同模拟现场条件制作样板，在规定龄期进行实体拉伸粘结强度检验，并应在检验合格后封存留样。

6.1.6 天气炎热时，应避免基层受日光直接照射。施工前，基层表面宜洒水湿润。

6.1.7 采用机械喷涂抹灰时，应符合现行行业标准《机械喷涂抹灰施工规程》JGJ/T 105 的规定。

6.2 基层处理

6.2.1 基层应平整、坚固，表面应洁净。上道工序留下的沟槽、孔洞等应进行填实修整。

6.2.2 不同材质的基体交接处，应采取防止开裂的加强措施。当采用在抹灰前铺设加强网时，加强网与各基体的搭接宽度不应小于 100mm。门窗口、墙阳角处的加强护角应提前抹好。

6.2.3 在混凝土、蒸压加气混凝土砌块、蒸压灰砂砖、蒸压粉煤灰砖等基体上抹灰时，应采用相配套的界面砂浆对基层进行处理。

6.2.4 在混凝土小型空心砌块、混凝土多孔砖等基体上抹灰时，宜采用界面砂浆对基层进行处理。

6.2.5 在烧结砖等吸水速度快的基体上抹灰时，应提前对基体浇水湿润。施工时，基层表面不得有明水。

6.2.6 采用薄层砂浆施工法抹灰时，基层可不做界面处理。

6.3 施　工

6.3.1 抹灰施工应在主体结构完工并验收合格后进行。

6.3.2 抹灰工艺应根据设计要求、抹灰砂浆产品说明书、基层情况等确定。

6.3.3 采用普通抹灰砂浆抹灰时，每遍涂抹厚度不宜大于 10mm；采用薄层砂浆施工法抹灰时，宜一次成活，厚度不应大于 5mm。

6.3.4 当抹灰砂浆厚度大于 10mm 时，应分层抹灰，且应在前一层砂浆凝结硬化后再进行后一层抹灰。每层砂浆应分别压实、抹平，且抹平应在砂浆凝结前完成。抹面层砂浆时，表面应平整。

6.3.5 当抹灰砂浆总厚度大于或等于 35mm 时，应采取加强措施。

6.3.6 室内墙面、柱面和门洞口的阳角做法应符合设计要求。

6.3.7 顶棚宜采用薄层抹灰砂浆找平，不应反复赶压。

6.3.8 抹灰砂浆层在凝结前应防止快干、水冲、撞击、振动和受冻。抹灰砂浆施工完成后，应采取措施防止玷污和损坏。

6.3.9 除薄层抹灰砂浆外，抹灰砂浆层凝结后应及时保湿养护，养护时间不得少于 7d。

6.4 质量验收

6.4.1 抹灰工程检验批的划分应符合下列规定：

1 相同材料、工艺和施工条件的室外抹灰工程，每 1000m² 应划分为一个检验批；不足 1000m² 时，应按一个检验批计。

2 相同材料、工艺和施工条件的室内抹灰工程，每 50 个自然间（大面积房间和走廊按抹灰面积 30m² 为一间）应划分为一个检验批；不足 50 间时，应按一个检验批计。

6.4.2 抹灰工程检查数量应符合下列规定：

1 室外抹灰工程，每检验批每 100m² 应至少抽查一处，每处不得小于 10m²。

2 室内抹灰工程，每检验批应至少抽查 10%，并不得少于 3 间；不足 3 间时，应全数检查。

6.4.3 抹灰层应密实，应无脱层、空鼓，面层应无起砂、爆灰和裂缝。

检验方法：观察和用小锤轻击检查。

6.4.4 抹灰表面应光滑、平整、洁净、接槎平整、颜色均匀，分格缝应清晰。

检验方法：观察检查。

6.4.5 护角、孔洞、槽、盒周围的抹灰表面应整齐、光滑；管道后面的抹灰表面应平整。

检验方法：观察检查。

6.4.6 室外抹灰砂浆层应在 28d 龄期时，按现行行业标准《抹灰砂浆技术规程》JGJ/T 220 的规定进行实体拉伸粘结强度检验，并应符合下列规定：

1 相同材料、工艺和施工条件的室外抹灰工程，每 5000m² 应至少取一组试件；不足 5000m² 时，也应取一组。

2 实体拉伸粘结强度应按验收批进行评定。当同一验收批实体拉伸粘结强度的平均值不小于 0.25MPa 时，可判定为合格；否则，应判定为不合格。

检验方法：检查实体拉伸粘结强度检验报告单。

6.4.7 当抹灰砂浆外表面粘贴饰面砖时，应按现行行业标准《外墙饰面砖工程施工及验收规程》JGJ 126、《建筑工程饰面砖粘结强度检验标准》JGJ 110 的规定进行验收。

7 地面砂浆施工与质量验收

7.1 一般规定

7.1.1 本章适用于建筑地面工程的找平层和面层所用预拌地面砂浆的施工与质量验收。

7.1.2 地面砂浆的强度等级不应小于 M15，面层砂浆的稠度宜为 50mm±10mm。

7.1.3 地面找平层和面层砂浆的厚度应符合设计要求，且不应小于 20mm。

7.2 基层处理

7.2.1 基层应平整、坚固，表面应洁净。上道工序留下的沟槽、孔洞等应进行填实修整。

7.2.2 基层表面宜提前洒水湿润，施工时表面不得有明水。

7.2.3 光滑基面宜采用相匹配的界面砂浆进行界面处理。

7.2.4 有防水要求的地面，施工前应对立管、套管和地漏与楼板节点之间进行密封处理。

7.3 施工

7.3.1 面层砂浆的铺设宜在室内装饰工程基本完工后进行。

7.3.2 地面砂浆铺设时，应随铺随压实。抹平、压实工作应在砂浆凝结前完成。

7.3.3 做踢脚线前，应弹好水平控制线，并应采取措施控制出墙厚度一致。踢脚线突出墙面厚度不应大于 8mm。

7.3.4 踏步面层施工时，应采取保证每级踏步尺寸均匀的措施，且误差不应大于 10mm。

7.3.5 地面砂浆铺设时宜设置分格缝，分格缝间距不宜大于 6m。

7.3.6 地面面层砂浆凝结后，应及时保湿养护，养护时间不应少于 7d。

7.3.7 地面砂浆施工完成后，应采取措施防止玷污和损坏。面层砂浆的抗压强度未达到设计要求前，应采取保护措施。

7.4 质量验收

7.4.1 地面砂浆检验批的划分应符合下列规定：

1 每一层次或每层施工段（或变形缝）应作为一个检验批。

2 高层及多层建筑的标准层可按每 3 层作为一个检验批，不足 3 层时，应按一个检验批计。

7.4.2 地面砂浆的检查数量应符合下列规定：

1 每检验批应按自然间或标准间随机检验，抽查数量不应少于 3 间，不足 3 间时，应全数检查。走廊（过道）应以 10 延长米为 1 间，工业厂房（按单跨计）、礼堂、门厅应以两个轴线为 1 间计算。

2 对有防水要求的建筑地面，每检验批应按自然间（或标准间）总数随机检验，抽查数量不应少于 4 间，不足 4 间时，应全数检查。

7.4.3 砂浆层应平整、密实，上一层与下一层应结合牢固，应无空鼓、裂缝。当空鼓面积不大于400mm²，且每自然间（标准间）不多于2处时，可不计。

检验方法：观察和用小锤轻击检查。

7.4.4 砂浆层表面应洁净，并应无起砂、脱皮、麻面等缺陷。

检验方法：观察检查。

7.4.5 踢脚线应与墙面结合牢固、高度一致、出墙厚度均匀。

检验方法：观察和用钢尺、小锤轻击检查。

7.4.6 砂浆面层的允许偏差和检验方法应符合表7.4.6的规定。

表7.4.6 砂浆面层的允许偏差和检验方法

项　　目	允许偏差（mm）	检　验　方　法
表面平整度	4	用2m靠尺和楔形塞尺检查
踢脚线上口平直	4	拉5m线和用钢尺检查
缝格平直	3	拉5m线和用钢尺检查

7.4.7 对同一品种、同一强度等级的地面砂浆，每检验批且不超过1000m²应至少留置一组抗压强度试块。抗压强度试块的制作、养护、试压等应符合现行行业标准《建筑砂浆基本性能试验方法标准》JGJ/T 70的规定，龄期应为28d。

7.4.8 地面砂浆抗压强度应按验收批进行评定。当同一验收批地面砂浆试块抗压强度平均值大于或等于设计强度等级所对应的立方体抗压强度值时，可判定该批地面砂浆的抗压强度为合格；否则，应判定为不合格。

检验方法：检查砂浆试块抗压强度检验报告单。

8 防水砂浆施工与质量验收

8.1 一　般　规　定

8.1.1 本章适用于在混凝土或砌体结构基层上铺设预拌普通防水砂浆、聚合物水泥防水砂浆作刚性防水层的施工与质量验收。

8.1.2 防水砂浆的施工应在基体及主体结构验收合格后进行。

8.1.3 防水砂浆施工前，相关的设备预埋件和管线应安装固定好。

8.1.4 防水砂浆施工完成后，严禁在防水层上凿孔打洞。

8.2 基　层　处　理

8.2.1 基层应平整、坚固，表面应洁净。当基层

平整度超出允许偏差时，宜采用适宜材料补平或剔平。

8.2.2 防水砂浆施工时，基层混凝土或砌筑砂浆抗压强度应不低于设计值的80%。

8.2.3 基层宜采用界面砂浆进行处理；当采用聚合物水泥防水砂浆时，界面可不做处理。

8.2.4 当管道、地漏等穿越楼板、墙体时，应在管道、地漏根部做出一定坡度的环形凹槽，并嵌填适宜的防水密封材料。

8.3 施　　工

8.3.1 防水砂浆可采用抹压法、涂刮法施工，且宜分层涂抹。砂浆应压实、抹平。

8.3.2 普通防水砂浆应采用多层抹压法施工，并应在前一层砂浆凝结后再涂抹后一层砂浆。砂浆总厚度宜为18mm～20mm。

8.3.3 聚合物水泥防水砂浆的厚度，对墙面、室内防水层，厚度宜为3mm～6mm；对地下防水层，砂浆层单层厚度宜为6mm～8mm，双层厚度宜为10mm～12mm。

8.3.4 砂浆防水层各层应紧密结合，每层宜连续施工，当需留施工缝时，应采用阶梯坡形槎，且离阴阳角处不得小于200mm，上下层接槎应至少错开100mm。防水层的阴阳角处宜做成圆弧形。

8.3.5 屋面做砂浆防水层时，应设置分格缝，分格缝间距不宜大于6m，缝宽宜为20mm，分格缝应嵌填密封材料，且应符合现行国家标准《屋面工程技术规范》GB 50345的规定。

8.3.6 砂浆凝结硬化后，应保湿养护，养护时间不应少于14d。

8.3.7 防水砂浆凝结硬化前，不得直接受水冲刷。储水结构应待砂浆强度达到设计要求后再注水。

8.4 质　量　验　收

8.4.1 对同一类型、同一品种、同施工条件的砂浆防水层，每100m²应划分为一个检验批，不足100m²时，应按一个检验批计。

8.4.2 每检验批应至少抽查一处，每处应为10m²。同一验收批抽查数量不得少于3处。

8.4.3 砂浆防水层各层之间应结合牢固、无空鼓。

检验方法：观察和用小锤轻击检查。

8.4.4 砂浆防水层表面应平整、密实，不得有裂纹、起砂、麻面等缺陷。

检验方法：观察检查。

8.4.5 砂浆防水层的平均厚度应符合设计要求，最小厚度不得小于设计值的85%。

检验方法：观察和尺量检查。

9 界面砂浆施工与质量验收

9.1 一般规定

9.1.1 本章适用于对混凝土、蒸压加气混凝土、模塑聚苯板和挤塑聚苯板等表面采用界面砂浆进行界面处理的施工与质量验收。

9.1.2 界面处理时，应根据基层的材质、设计和施工要求、施工工艺等选择相匹配的界面砂浆。

9.1.3 界面砂浆的施工应在基层验收合格后进行。

9.2 施　工

9.2.1 基层应平整、坚固，表面应洁净、无杂物。上道工序留下的沟槽、孔洞等应进行填实修整。

9.2.2 界面砂浆的施工方法应根据基层的材性、平整度及施工要求等确定，并可采用涂抹法、滚刷法及喷涂法。

9.2.3 在混凝土、蒸压加气混凝土基层涂抹界面砂浆时，应涂抹均匀，厚度宜为 2mm，并应待表干时再进行下道工序施工。

9.2.4 在模塑聚苯板、挤塑聚苯板表面滚刷或喷涂界面砂浆时，应刷涂均匀，厚度宜为 1mm～2mm，并应待表干时再进行下道工序施工。当预先在工厂滚刷或喷涂界面砂浆时，应待涂层固化后再进行下道工序施工。

9.3 质量验收

9.3.1 界面砂浆层应涂刷（抹）均匀，不得漏涂（抹）。

检验方法：全数观察检查。

9.3.2 除模塑聚苯板和挤塑聚苯板表面涂抹界面砂浆外，涂抹界面砂浆的工程应在 28d 龄期进行实体拉伸粘结强度检验，检验方法可按现行行业标准《抹灰砂浆技术规程》JGJ/T 220 的规定进行，也可根据对涂抹在界面砂浆外表面的抹灰砂浆层实体拉伸粘结强度的检验结果进行判定，并应符合下列规定：

1 相同材料、相同施工工艺的涂抹界面砂浆的工程，每 5000m² 应至少取一组试件；不足 5000m² 时，也应取一组。

2 当实体拉伸粘结强度检验时的破坏面发生在非界面砂浆层时，可判定为合格；否则，应判定为不合格。

检验方法：检查实体拉伸粘结强度检验报告单。

10 陶瓷砖粘结砂浆施工与质量验收

10.1 一般规定

10.1.1 本章适用于在水泥基砂浆、混凝土等基层采用陶瓷砖粘结砂浆粘贴陶瓷墙地砖的施工与质量验收。

10.1.2 陶瓷砖粘结砂浆的品种应根据设计要求、施工部位、基层及所用陶瓷砖性能确定。

10.1.3 陶瓷砖的粘贴方法及涂层厚度应根据施工要求、陶瓷砖规格和性能、基层等情况确定。陶瓷砖粘结砂浆涂层平均厚度不宜大于 5mm。

10.1.4 粘贴外墙饰面砖时应设置伸缩缝。伸缩缝应采用柔性防水材料嵌填。

10.1.5 天气炎热时，贴砖后应在 24h 内对已贴砖部位采取遮阳措施。

10.1.6 施工前，施工单位应和砂浆生产单位、监理单位等共同制作样板，并应经拉伸粘结强度检验合格后再施工。

10.2 基层要求

10.2.1 基层应平整、坚固，表面应洁净。当基层平整度超出允许偏差时，宜采用适宜材料补平或剔平。

10.2.2 基体或基层的拉伸粘结强度不应小于 0.4MPa。

10.2.3 天气干燥、炎热时，施工前可向基层浇水湿润，但基层表面不得有明水。

10.3 施　工

10.3.1 陶瓷砖的粘贴应在基层或基体验收合格后进行。

10.3.2 对有防水要求的厨卫间内墙，应在墙地面防水层及保护层施工完成并验收合格后再粘贴陶瓷砖。

10.3.3 陶瓷砖应清洁，粘结面应无浮灰、杂物和油渍等。

10.3.4 粘贴陶瓷砖前，应按设计要求，在基层表面弹出分格控制线或挂外控制线。

10.3.5 陶瓷砖粘贴的施工工艺应根据陶瓷砖的吸水率、密度及规格等确定。

10.3.6 采用单面粘贴法粘贴陶瓷砖时，应按下列程序进行：

1 用齿形抹刀的直边，将配制好的陶瓷砖粘结砂浆均匀地涂抹在基层上。

2 用齿形抹刀的疏齿边，以与基面成 60°的角度，对基面上的砂浆进行梳理，形成带肋的条纹状砂浆。

3 将陶瓷砖稍用力扭压在砂浆上。

4 用橡皮锤轻轻敲击陶瓷砖，使其密实、平整。

10.3.7 采用双面粘贴法粘贴陶瓷砖时，应按下列程序进行：

1 根据本规程第 10.3.6 条规定的程序，在基层上制成带肋的条纹状砂浆。

2 将陶瓷砖粘结砂浆均匀涂抹在陶瓷砖的背面，再将陶瓷砖稍用力扭压在砂浆上。

3 用橡皮锤轻轻敲击陶瓷砖，使其密实、平整。

10.3.8 陶瓷砖位置的调整应在陶瓷砖粘结砂浆晾置时间内完成。

10.3.9 陶瓷砖粘贴完成后，应擦除陶瓷砖表面的污垢、残留物等，并应清理砖缝中多余的砂浆。72h应检查陶瓷砖有无空鼓，合格后宜采用填缝剂处理陶瓷砖之间的缝隙。

10.3.10 施工完成后，应自然养护7d以上，并应做好成品的保护。

10.4 质 量 验 收

10.4.1 饰面砖工程检验批的划分应符合下列规定：

1 同类墙体、相同材料和施工工艺的外墙饰面砖工程，每1000m²应划分为一个检验批；不足1000m²时，应按一个检验批计。

2 同类墙体、相同材料和施工工艺的内墙饰面砖工程，每50个自然间（大面积房间和走廊按施工面积30m²为一间）应划分为一个检验批；不足50间时，应按一个检验批计。

3 同类地面、相同材料和施工工艺的地面饰面砖工程，每1000m²应划分为一个检验批；不足1000m²时，应按一个检验批计。

10.4.2 饰面砖工程检查数量应符合下列规定：

1 外墙饰面砖工程，每检验批每100m²应至少抽查一处，每处应为10m²。

2 内墙饰面砖工程，每检验批应至少抽查10%，并不得少于3间；不足3间时，应全数检查。

3 地面饰面砖工程，每检验批每100m²应至少抽查一处，每处应为10m²。

10.4.3 陶瓷砖应粘贴牢固，不得有空鼓。

检验方法：观察和用小锤轻击检查。

10.4.4 饰面砖墙面或地面应平整、洁净、色泽均匀，不得有歪斜、缺棱掉角和裂缝现象。

检验方法：观察检查。

10.4.5 饰面砖砖缝应连续、平直、光滑，嵌填密实，宽度和深度一致，并应符合设计要求。

检验方法：观察和尺量检查。

10.4.6 陶瓷砖粘贴的尺寸允许偏差和检验方法应符合表10.4.6的要求。

表10.4.6 陶瓷砖粘贴的尺寸允许偏差和检验方法

检验项目	允许偏差（mm）	检验方法
立面垂直度	3	用2m托线板检查
表面平整度	2	用2m靠尺、楔形塞尺检查
阴阳角方正	2	用方尺、楔形塞尺检查
接缝平直度	3	拉5m线，用尺检查
接缝深度	1	用尺量
接缝宽度	1	用尺量

10.4.7 对外墙饰面砖工程，每检验批应至少检验一组实体拉伸粘结强度。试样应随机抽取，一组试样应由3个试样组成，取样间距不得小于500mm，每相邻的三个楼层应至少取一组试样。

10.4.8 拉伸粘结强度的检验评定应符合现行行业标准《建筑工程饰面砖粘结强度检验标准》JGJ 110的规定。

附录A 预拌砂浆进场检验

A.0.1 预拌砂浆进场时，应按表A.0.1的规定进行进场检验。

表A.0.1 预拌砂浆进场检验项目和检验批量

砂浆品种		检验项目	检验批量
湿拌砌筑砂浆		保水率、抗压强度	同一生产厂家、同一品种、同一等级、同一批号且连续进场的湿拌砂浆，每250m³为一个检验批，不足250m³时，应按一个检验批计
湿拌抹灰砂浆		保水率、抗压强度、拉伸粘结强度	
湿拌地面砂浆		保水率、抗压强度	
湿拌防水砂浆		保水率、抗压强度、抗渗压力、拉伸粘结强度	
干混砌筑砂浆	普通砌筑砂浆	保水率、抗压强度	同一生产厂家、同一品种、同一等级、同一批号且连续进场的干混砂浆，每500t为一个检验批，不足500t时，应按一个检验批计
	薄层砌筑砂浆	保水率、抗压强度	
干混抹灰砂浆	普通抹灰砂浆	保水率、抗压强度、拉伸粘结强度	
	薄层抹灰砂浆	保水率、抗压强度、拉伸粘结强度	
干混地面砂浆		保水率、抗压强度	
干混普通防水砂浆		保水率、抗压强度、抗渗压力、拉伸粘结强度	
聚合物水泥防水砂浆		凝结时间、耐碱性、耐热性	同一生产厂家、同一品种、同一批号且连续进场的砂浆，每50t为一个检验批，不足50t时，应按一个检验批计

续表 A.0.1

砂浆品种	检验项目	检验批量
界面砂浆	14d 常温常态拉伸粘结强度	同一生产厂家、同一品种、同一批号且连续进场的砂浆，每 30t 为一个检验批，不足 30t 时，应按一个检验批计
陶瓷砖粘结砂浆	常温常态拉伸粘结强度、晾置时间	同一生产厂家、同一品种、同一批号且连续进场的砂浆，每 50t 为一个检验批，不足 50t 时，应按一个检验批计

A.0.2 当预拌砂浆进场检验项目全部符合现行行业标准《预拌砂浆》GB/T 25181 的规定时，该批产品可判定为合格；当有一项不符合要求时，该批产品应判定为不合格。

附录 B 散装干混砂浆均匀性试验

B.0.1 本方法适用于测定散装干混砂浆运送到施工现场后的均匀性。

B.0.2 砂浆均匀性试验应采用下列仪器：

1 试验筛：筛孔边长分别为 4.75mm、2.36mm、1.18mm、600μm、300μm、150μm、75μm 的方孔筛各一支，筛的底盘和盖各一支；筛筐直径为 300mm 或 200mm，其质量应符合现行国家标准《建筑用砂》GB/T 14684 的规定。

2 天平：称量 1000g，感量 1g；秤：称量 10kg，感量 10g。

3 砂浆稠度仪：应符合现行行业标准《建筑砂浆基本性能试验方法标准》JGJ/T 70 的规定。

4 试模：尺寸为 70.7mm×70.7mm×70.7mm 的带底试模，其质量应符合现行行业标准《建筑砂浆基本性能试验方法标准》JGJ/T 70 的规定。

B.0.3 取样应符合下列规定：

1 散装干混砂浆移动筒仓中砂浆总量应均匀分为 10 个部分，并应分别对应每个部分，从筒仓底部下料口随机取样，每份样品的取样数量不应少于 8kg。

2 当移动筒仓中砂浆为非连续性使用时，可将每次连续使用砂浆总量均匀分为 10 个部分，然后按照第 1 款的方法取样。

B.0.4 砂浆细度均匀度试验应按下列步骤进行：

1 取一份样品，充分拌合均匀，称取筛分试样 500g；

2 将称好的试样倒入附有筛底的砂试验套筛中，按现行国家标准《建筑用砂》GB/T 14684 规定的方法进行筛分试验，称量 75μm 筛的筛余量；

3 75μm 筛的通过率应按下式计算：

$$X = \frac{500 - W_i}{500} \times 100\% \qquad (B.0.4)$$

式中：X——75μm 筛的通过率（%），精确至 0.1%；

W_i——75μm 筛的筛余量（g），精确至 0.1g；

500——样品质量，g。

应以两次试验结果的算术平均值作为测定值，并应精确至 0.1%。

4 按照本条第 1 款～第 3 款的步骤分别对其他 9 个样品进行筛分试验，求出各样品的 75μm 筛的通过率。

B.0.5 砂浆细度均匀度试验结果应按下列步骤计算：

1 计算 10 个样品的 75μm 筛通过率的平均值（$\overline{X}$），精确至 0.1%；

2 计算 10 个样品的 75μm 筛通过率的标准差（σ），精确至 0.1%；

3 砂浆细度离散系数应按下式计算：

$$C_v = \frac{\sigma}{\overline{X}} \times 100\% \qquad (B.0.5-1)$$

式中：C_v——砂浆细度离散系数（%），精确至 0.1%；

σ——各样品的 75μm 筛通过率的标准差（%）；

$\overline{X}$——各样品的 75μm 筛通过率的平均值（%）。

4 砂浆细度均匀度应按下式计算：

$$T = 100\% - C_v \qquad (B.0.5-2)$$

式中：T——砂浆细度均匀度（%），精确至 1%。

5 当砂浆细度均匀度不小于 90% 时，该筒仓中的砂浆均匀性可判定为合格；当砂浆细度均匀度小于 90% 时，尚应进行砂浆抗压强度均匀度试验。

B.0.6 砂浆抗压强度均匀度试验应按下列步骤进行：

1 在已取得的 10 份样品中，分别称取 4000g 试样，加水拌合。加水量按砂浆稠度控制，干混砌筑砂浆稠度为 70mm～80mm，干混抹灰砂浆稠度为 90mm～100mm，干混地面砂浆稠度为 45mm～55mm，干混普通防水砂浆稠度为 70mm～80mm。砂浆稠度试验应按现行行业标准《建筑砂浆基本性能试验方法标准》JGJ/T 70 规定的方法进行。

2 每个样品成型一组抗压强度试块，测试其 28d 抗压强度。试块的成型、养护及试压应符合现行行业标准《建筑砂浆基本性能试验方法标准》JGJ/T 70 的规定。

B.0.7 砂浆抗压强度均匀度试验结果应按下列步骤

计算：

1 计算 10 组砂浆试块的 28d 抗压强度的平均值，精确至 0.1MPa；

2 计算 10 组砂浆试块的 28d 抗压强度的标准差，精确至 0.01MPa；

3 砂浆抗压强度离散系数应按下式计算：

$$C'_v = \frac{\sigma'}{\overline{X'}} \times 100\% \qquad (B.0.7\text{-}1)$$

式中：C'_v ——砂浆抗压强度离散系数（%），精确至 0.1%；

    σ' ——各样品的砂浆试块抗压强度的标准差（MPa）；

    $\overline{X'}$ ——各样品的砂浆试块抗压强度的平均值（MPa）。

4 砂浆抗压强度均匀度应按下式计算：

$$T' = 100\% - C'_v \qquad (B.0.7\text{-}2)$$

式中：T' ——砂浆抗压强度均匀度（%），精确至 1%。

5 当砂浆抗压强度均匀度不小于 85% 时，该筒仓中的砂浆均匀性可判定为合格。

本规程用词说明

1 为便于在执行本规程条文时区别对待，对要求严格程度不同的用词说明如下：

  1）表示很严格，非这样做不可的：

    正面词采用"必须"，反面词采用"严禁"；

  2）表示严格，在正常情况下均应这样做的：

    正面词采用"应"，反面词采用"不应"或"不得"；

  3）表示允许稍有选择，在条件许可时首先应这样做的：

    正面词采用"宜"，反面词采用"不宜"；

  4）表示有选择，在一定条件下可以这样做的，采用"可"。

2 条文中指明应按其他有关标准执行的写法为："应符合……的规定"或"应按……执行"。

引用标准名录

1 《屋面工程技术规范》GB 50345

2 《建筑用砂》GB/T 14684

3 《预拌砂浆》GB/T 25181

4 《混凝土用水标准》JGJ 63

5 《建筑砂浆基本性能试验方法标准》JGJ/T 70

6 《机械喷涂抹灰施工规程》JGJ/T 105

7 《建筑工程饰面砖粘结强度检验标准》JGJ 110

8 《外墙饰面砖工程施工及验收规程》JGJ 126

9 《抹灰砂浆技术规程》JGJ/T 220

10 《干混砂浆散装移动筒仓》SB/T 10461

中华人民共和国行业标准

预拌砂浆应用技术规程

JGJ/T 223—2010

条 文 说 明

制 订 说 明

《预拌砂浆应用技术规程》JGJ/T 223-2010，经住房和城乡建设部 2010 年 8 月 3 日以第 727 号公告批准、发布。

本规程制订过程中，编制组进行了广泛的调查研究，总结了我国预拌砂浆工程应用实践经验，同时参考了国外先进技术法规、技术标准（欧洲标准《硬化粉刷和抹灰砂浆与基底层粘结强度的测定》（Determination of adhesivestrength of hardened rendering and plastering mortars on stubstrates）BS EN 1015-12：2000 等），并通过大量的调研及验证试验，提出了各品种预拌砂浆施工及质量验收的要点。

为便于广大设计、施工、科研、学校等单位有关人员在使用本规程时能正确理解和执行条文规定，《预拌砂浆应用技术规程》编制组按章、节、条顺序编制了本规程的条文说明，对条文规定的目的、依据以及执行中需注意的有关事项进行了说明。但是，本条文说明不具备与规程正文同等的法律效力，仅供使用者作为理解和把握规程规定的参考。在使用过程中如果发现本条文说明有不妥之处，请将意见函寄中国建筑科学研究院。

目　次

1 总则 ································· 22—18

3 基本规定 ························· 22—18

4 预拌砂浆进场检验、储存与
　拌合 ······························· 22—19
　4.1 进场检验 ···················· 22—19
　4.2 湿拌砂浆储存 ·············· 22—19
　4.3 干混砂浆储存 ·············· 22—19
　4.4 干混砂浆拌合 ·············· 22—20

5 砌筑砂浆施工与质量验收 ······ 22—20
　5.1 一般规定 ···················· 22—20
　5.2 块材处理 ···················· 22—20
　5.3 施工 ························· 22—20
　5.4 质量验收 ···················· 22—21

6 抹灰砂浆施工与质量验收 ······ 22—21
　6.1 一般规定 ···················· 22—21
　6.2 基层处理 ···················· 22—21
　6.3 施工 ························· 22—22
　6.4 质量验收 ···················· 22—22

7 地面砂浆施工与质量验收 ········ 22—22

7.1 一般规定 ···················· 22—22
7.2 基层处理 ···················· 22—23
7.3 施工 ························· 22—23
7.4 质量验收 ···················· 22—23

8 防水砂浆施工与质量验收 ········ 22—23
　8.1 一般规定 ···················· 22—23
　8.2 基层处理 ···················· 22—23
　8.3 施工 ························· 22—23
　8.4 质量验收 ···················· 22—24

9 界面砂浆施工与质量验收 ········ 22—24
　9.1 一般规定 ···················· 22—24
　9.2 施工 ························· 22—24
　9.3 质量验收 ···················· 22—24

10 陶瓷砖粘结砂浆施工与质量
　验收 ······························· 22—25
　10.1 一般规定 ·················· 22—25
　10.2 基层要求 ·················· 22—25
　10.3 施工 ························ 22—25
　10.4 质量验收 ·················· 22—25

1 总　则

1.0.1 预拌砂浆是近年来随着建筑业科技进步和文明施工要求发展起来的一种新型建筑材料，它具有产品质量高、品种全、生产效率高、使用方便、对环境污染小、便于文明施工等优点，它可大量利用粉煤灰等工业废渣，并可促进推广应用散装水泥。推广使用预拌砂浆是提高散装水泥使用量的一项重要措施，也是保证建筑工程质量、提高建筑施工现代化水平、实现资源综合利用、促进文明施工的一项重要技术手段。

由于预拌砂浆在我国的发展历史并不长，为了规范预拌砂浆在工程中的应用，使设计、施工及监理各方掌握预拌砂浆的特性，正确使用预拌砂浆，从而保证预拌砂浆的工程质量，制定本规程。

1.0.2 用于建筑工程中量大面广的砂浆主要有砌筑砂浆、抹灰砂浆及地面砂浆，此外还有防水砂浆、陶瓷砖粘结砂浆、界面砂浆等，而且绝大部分砂浆为水泥基的，因此对这六类水泥基预拌砂浆作了规定。

1.0.3 不同品种的预拌砂浆应用于不同的工程中，还应满足相应工程的验收规范，如砌筑砂浆还应符合《砌体工程施工质量验收规范》GB 50203 的要求，抹灰砂浆还应符合《建筑装饰装修工程质量验收规范》GB 50210 的要求，地面砂浆还应符合《建筑地面工程施工质量验收规范》GB 50209 的要求等等。

3 基 本 规 定

3.0.1 预拌砂浆的品种、规格、型号很多，不同的基体、基材、环境条件、施工工艺等对砂浆有着不同的要求，因此，应根据设计、施工等要求选择与之配套的产品。

传统建筑砂浆往往是按照材料的比例进行设计的，如1∶3（水泥∶砂）水泥砂浆、1∶1∶4（水泥∶石灰膏∶砂）混合砂浆等，而普通预拌砂浆则是按照抗压强度等级划分的。为了使设计及施工人员了解两者之间的关系，给出表1，供选择预拌砂浆时参考。

表1　预拌砂浆与传统砂浆的对应关系

品　种	预拌砂浆	传统砂浆
砌筑砂浆	WM M5、DM M5	M5 混合砂浆、M5 水泥砂浆
	WM M7.5、DM M7.5	M7.5 混合砂浆、M7.5 水泥砂浆
	WM M10、DM M10	M10 混合砂浆、M10 水泥砂浆
	WM M15、DM M15	M15 水泥砂浆
	WM M20、DM M20	M20 水泥砂浆

续表1

品　种	预拌砂浆	传统砂浆
抹灰砂浆	WP M5、DP M5	1∶1∶6 混合砂浆
	WP M10、DP M10	1∶1∶4 混合砂浆
	WP M15、DP M15	1∶3 水泥砂浆
	WP M20、DP M20	1∶2 水泥砂浆、1∶2.5 水泥砂浆、1∶1∶2 混合砂浆
地面砂浆	WS M15、DS M15	1∶3 水泥砂浆
	WS M20、DS M20	1∶2 水泥砂浆

3.0.2 不同品种的砂浆其性能也不同，混用将会影响砂浆质量及工程质量，因此，作此规定。

3.0.3 预拌砂浆施工时，对不同的基体、基层或块材等所采取的处理措施、施工工艺等也不同，因此，需根据预拌砂浆的性能、基体或基层情况、块材的材性等并参考预拌砂浆产品说明书，制定有针对性的施工方案，并按施工方案组织施工。

3.0.4 在低温环境中，砂浆会因水泥水化迟缓或停止而影响强度的发展，导致砂浆达不到预期的性能；另外，砂浆通常是以薄层使用，极易受冻害，因此，应避免在低温环境中施工。当必须在5℃以下施工时，应采取冬期施工措施，如砂浆中掺入防冻剂、缩短砂浆凝结时间、适当降低砂浆稠度等；对施工完的砂浆层及时采取保温防冻措施，确保砂浆在凝结硬化前不受冻；施工时尽量避开早晚低温。

高温天气下，砂浆失水较快，尤其是抹灰砂浆，因其涂抹面积较大且厚度较薄，水分蒸发更快，砂浆会因缺水而影响强度的发展，导致砂浆达不到预期的性能，因此，应避免在高温环境中施工。当必须在35℃以上施工时，应采取遮阳措施，如搭设遮阳棚、避开正午高温时施工、及时给硬化的砂浆喷水养护、增加喷水养护的次数等。

雨天露天施工时，雨水会混进砂浆中，使砂浆水灰比发生变化，从而改变砂浆性能，难以保证砂浆质量及工程质量，故应避免雨天露天施工。大风天气施工，砂浆会因失水太快，容易引起干燥收缩，导致砂浆开裂，尤其对抹灰层质量影响极大，而且对施工人员也不安全，故应避免大风天气室外施工。

3.0.5 施工质量对保证砂浆的最终质量起着很关键的作用，因此要加强施工现场的质量管理水平。

3.0.6 抗压强度试块、实体拉伸粘结强度检验是按照检验批进行留置或检测的，在评定其质量是否合格时，按由同种材料、相同施工工艺、同类基体或基层的若干个检验批构成的验收批进行评定。

4 预拌砂浆进场检验、储存与拌合

4.1 进场检验

4.1.1 预拌砂浆进场时，生产厂家应提供产品质量证明文件，它们是验收资料的一部分。质量证明文件包括产品型式检验报告和出厂检验报告等，进场时提交的出厂检验报告可先提供砂浆拌合物性能检验结果，如稠度、保水率等，其他力学性能出厂检验结果应在试验结束后的7d内提供给需方。

同时，生产厂家还需提供产品使用说明书等，使用说明书是施工时参考的主要依据，必要的内容信息一定要完善齐全。

4.1.2 预拌砂浆在储存与运输过程中，容易造成物料分离，从而影响砂浆的质量，因此，预拌砂浆进场时，首先应进行外观检验，初步判断砂浆的匀质性与质量变化。

湿拌砂浆在运输过程中，会因颠簸造成颗粒分离、泌水现象等，因此湿拌砂浆进场后，应先进行外观的目测检查。

干混砂浆如储存不当，会发生受潮、结块现象，从而影响砂浆的品质，因此干混砂浆进场后，应先进行外观检查。

干混砂浆中掺有较多的胶凝材料，如水泥等，如果包装袋破损，容易使水泥受潮，而水泥受潮后就会结块，影响砂浆的品质，也会缩短干混砂浆的储存期，因此要求包装袋要完整，不能破损。

4.1.3 随着时间的延长，湿拌砂浆稠度会逐步损失，当稠度损失过大时，就会影响砂浆的可施工性，因此，湿拌砂浆稠度偏差应控制在表4.1.3允许的范围内。

4.1.4 预拌砂浆经外观、稠度检验合格后，还应检验其他性能指标。不同品种预拌砂浆的进厂检验项目详见附录A，复验结果应符合《预拌砂浆》GB/T 25181的要求。

4.2 湿拌砂浆储存

4.2.1 湿拌砂浆是在专业生产厂经计量、加水拌制后，用搅拌运输车运至使用地点。目前，湿拌砂浆大多由混凝土搅拌站供应，与混凝土相比，砂浆用量要少得多，搅拌站通常集中在某段时间拌制砂浆，然后运到工地，因此一次运输量往往较大。而目前我国建筑砂浆施工大部分为手工操作，施工速度较慢，运到工地的砂浆不能很快使用完，需放置较长时间，甚至一昼夜，因此，砂浆除了直接使用外，其余砂浆应储存在储存容器中，随用随取。储存容器要求密闭、不吸水，容器大小不作要求，可根据工程实际情况决定，但应遵循经济、实用原则，且便于储运和清洗。

湿拌砂浆在现场储存时间较长，可通过掺用缓凝剂来延缓砂浆的凝结，并通过调整缓凝剂掺量，来调整砂浆的凝结时间，使砂浆在不失水的情况下能长时间保持不凝结，一旦使用则能正常凝结硬化。

拌制好的砂浆应防止水分的蒸发，夏季应采取遮阳、防雨措施，冬季应采取保温防冻措施。

4.2.2 目前，湿拌砂浆的品种主要有四种：砌筑砂浆、抹灰砂浆、地面砂浆和防水砂浆，其基本性能为抗压强度，因此采用抗压强度对普通预拌砂浆进行标识。由于湿拌砂浆已加水搅拌好，其使用时间受到一定的限制，当超过其凝结时间后，砂浆会逐渐硬化，失去可操作性，因此，要在其规定的时间内使用。

4.2.3 随意加水会改变砂浆的性能，降低砂浆的强度，因此规定砂浆储存时不应加水。由于普通砂浆的保水率不是很高，湿拌砂浆在存放期间往往会出现少量泌水现象，使用前可再次拌合。储存容器中的砂浆用完后，如不立即清理，砂浆硬化后会粘附在底板和容器壁上，造成清理的难度。

4.2.4 湿拌砂浆在高温下，水分蒸发较快，稠度损失也较大，从而影响其可操作性能；在低温下，湿拌砂浆中的水泥会因水化速度缓慢，影响其强度等性能的发展，因此对湿拌砂浆储存地点的温度作出规定。

4.3 干混砂浆储存

4.3.1 施工现场应配备散装干混砂浆移动筒仓。在筒仓外壁明显位置做好砂浆标记，内容有砂浆品种、类型、批号等。散装干混砂浆在输送和储存过程中，应避免颗粒与粉状材料的分离。

存放在现场的砂浆品种有时很多，而不同品种的砂浆其性能也不同，混用将会影响砂浆的性能及工程质量，因此，砂浆不得混存混用。更换砂浆品种时，筒仓要清理干净。

4.3.2 干混砂浆散装移动筒仓一般较高，盛载砂浆时重量较重，可达30t～40t。如果基础沉降不均匀，可能造成安全隐患，因此，筒仓应按照筒仓供应商的要求安装牢固、安全。

4.3.3 袋装干混砂浆的保存、防潮是关键。干混砂浆中含有较多的水泥组分，水泥遇水会发生化学反应，使水泥结块，从而影响砂浆性能，降低砂浆强度，并缩短砂浆的储存期，因此，干混砂浆储存时不得受潮和遭受雨淋。由于干混砂浆的储存期较短，先进场的砂浆先用，以免超过储存期。有机类材料主要指聚合物乳液等，有机材料易燃，且燃烧时可能会挥发出有毒有害气体，因此要远离火源、热源。聚合物乳液在低温下，会因受冻而失效，因此，规定储存温度应为5℃～35℃。

4.3.4 干混砂浆在运输、装卸及储存过程中，容易造成颗粒与粉状材料分离，进而影响砂浆性能的均质性。可采用不同抽样点的各样品的筛分结果及抗压强度，用砂浆细度均匀度或抗压强度均匀度对材料的均匀性进行合格判定。

4.4 干混砂浆拌合

4.4.1 干混砂浆是在施工现场加水（或配套组分）搅拌而成，而用水量对砂浆性能有着较大的影响，因此规定应按照产品说明书的要求进行配制。干混砂浆产品说明书中规定了加水量或加水范围，这是生产厂家经反复试验、验证后给定的，超过这个范围，将会影响砂浆的性能及可操作性。

4.4.3 干混砂浆中常常掺有少量的外加剂、添加剂等组分，为使各组分在砂浆中均匀分布，只有通过一定时间的机械搅拌，才能保证砂浆的均匀性，从而保证砂浆的质量。因干混砂浆有散装和袋装之分，其搅拌方式也不一样。散装干混砂浆通常储存在干混砂浆散装移动筒仓中，在筒仓的下部设有连续搅拌器，接上水后，即可连续搅拌，搅拌时间应符合设备的要求。袋装普通干混砂浆一般采用强制式搅拌机进行搅拌，因砂浆中掺有矿物掺合料、添加剂等组分，搅拌时间一般不少于 3min。而使用量较少的特种干混砂浆，有时采用手持式搅拌器进行搅拌，搅拌时间一般为 3min～5min，当砂浆中掺有粉状聚合物（如可再分散乳胶粉）时，搅拌完后需静置 5min 左右，让砂浆熟化，然后再搅拌 3min。因搅拌时间与砂浆的储存方式、砂浆品种、搅拌设备等有关，不宜作统一规定，应根据具体情况及产品说明书的要求确定，以砂浆搅拌均匀为准。

砂浆搅拌结束后要及时清理搅拌设备，否则，砂浆硬化后会粘附在搅拌叶片及容器上，造成清理的难度。

4.4.4 随着时间的推移，砂浆拌合物中的水分会逐渐蒸发，稠度逐渐减小，当稠度损失到一定程度时，砂浆就失去了可操作性，不能正常使用，因此要控制一次搅拌的数量。当天气干燥炎热时，水泥水化较快，水分蒸发也快，砂浆稠度损失较大，宜适当减少一次搅拌的数量。

4.4.5 普通干混砂浆保水率较低，在存放过程中会出现少量泌水。为了保证砂浆材料均匀，易于施工，搅拌好的砂浆当出现少量泌水现象时，使用前应再拌合均匀。

5 砌筑砂浆施工与质量验收

5.1 一般规定

5.1.3 混凝土多孔砖、混凝土普通砖、灰砂砖、粉煤灰砖等块材早期收缩较大，如果过早用于墙体上，会容易出现明显的收缩裂缝，因而要求砌筑时块材的生产龄期应符合相关标准的要求，这样使其早期收缩

值在此期间内完成大部分，这是预防墙体早期开裂的一个重要技术措施。大多数块材的生产龄期为 28d，如混凝土多孔砖、混凝土实心砖、蒸压灰砂砖、蒸压粉煤灰砖、普通混凝土小型空心砌块等。

5.2 块材处理

5.2.1 非烧结制品含水率过大时，会导致砌体后期收缩偏大，因此应控制其上墙时的含水率。由于各类块材的吸水特性，如吸水率、初始吸水速度和失水速度不同，以及环境湿度的差异，块材砌筑时适宜的含水率也各异。

5.2.2 烧结砖砌筑前，应提前 1d～2d 浇水湿润，做到表干内湿，表面不得有明水。砖的湿润程度对砌体的施工质量影响较大。试验证明，适宜的含水率不仅可以提高砖与砂浆之间的粘结力，提高砌体的抗剪强度，还可以使砂浆强度保持正常增长，提高砌体的抗压强度。同时，适宜的含水率还可以使砂浆在操作面上保持一定的摊铺流动性能，便于施工操作，有利于保证砂浆的饱满度，因而对确保砖砌体的力学性能和施工质量是十分有利的。

试验表明，干砖砌筑会大大降低砌体的抗剪和抗压强度，还会造成砌筑困难并影响砂浆强度正常增长；吸水饱和的砖砌筑时，不仅使刚砌的砌体稳定性差，还会影响砂浆与砖的粘结力。

5.2.3 普通混凝土小砌块具有吸水率低和吸水速度迟缓的特点，一般情况下砌筑时可不浇水。

5.2.4 轻骨料混凝土小砌块的吸水率较大，砌筑时应提前浇水湿润。

5.2.5 蒸压加气混凝土砌块具有吸水速率慢、总吸水量大的特点，不适宜采用提前洒水湿润的方法。由于蒸压加气混凝土砌块尺寸偏差较小，可采用薄层砌筑砂浆进行干法施工。

5.3 施 工

5.3.1 灰缝增厚会降低砌体抗压强度，过薄将不能很好垫平块材，产生局部挤压现象。由于薄层砌筑砂浆中常掺有少量添加剂，砂浆的保水性及粘结性能均较好，可以实现薄层砌筑。目前薄层砂浆施工法多用于块材尺寸精度高的块材砌筑，如蒸压加气混凝土砌块。

5.3.2 砖砌体砌筑宜随铺砂浆随砌筑。采用铺浆法砌筑时，铺浆长度对砌体的抗剪强度有明显影响，因而对铺浆长度作了规定。当空气干燥炎热时，提前湿润的砖及砂浆中的水分蒸发较快，影响工人操作和砌筑质量，因而应缩短铺浆长度。

5.3.3 对墙体砌筑时每日砌筑高度进行控制，目的是保证砌体的砌筑质量和安全生产。

5.3.4 灰缝横平竖直，厚薄均匀，不仅使砌体表面美观，还能保证砌体的变形及传力均匀。此外，对各

种块材墙体砌筑时的砂浆饱满度作了规定，以保证砌体的砌筑质量和使用安全。由于砖柱为独立受力的重要构件，为保证其安全性，对灰缝砂浆饱满度的要求有所提高。

小砌块砌体的砂浆饱满度严于砖砌体的要求。究其原因：一是由于小砌块壁较薄、肋较窄，小砌块与砂浆的粘结面不大；二是砂浆饱满度对砌体强度及墙体整体性影响比砖砌体大，其中，抗剪强度较低又是小砌块的一个弱点；三是考虑了建筑物使用功能（如防渗漏）的需要。另外，竖向灰缝饱满度对防止墙体裂缝和渗水至关重要。

5.3.5 竖向灰缝砂浆的饱满度一般对砌体的抗压强度影响不大，但对砌体的抗剪强度影响明显。此外，透明缝、瞎缝和假缝对房屋的使用功能也会产生不良影响。因此，对砌体施工时的竖向灰缝的质量要求作出了相应的规定，以保证竖向灰缝饱满，避免出现假缝、瞎缝、透明缝等。

5.3.6 块材位置变动，会影响与砂浆的粘结性能，降低砌体的安全性。

5.4 质量验收

5.4.1 砌筑砂浆的使用量较大，且预拌砌筑砂浆的质量比较稳定，验收批量比现场拌制砂浆可适当放宽。根据现场实际使用情况及施工进度，分别规定了湿拌砌筑砂浆和干混砌筑砂浆的验收批量。

5.4.2 预拌砂浆是在专业生产厂生产的，材料稳定，计量准确，砂浆质量较好，强度值离散性较小，可适当减少现场砂浆抗压强度试块的制作量，但每验收批各类型、各强度等级的预拌砌筑砂浆留置的试块组数不宜少于3组。

5.4.4 明确抗压强度是按验收批进行评定，其合格标准参考了相关的标准规范。当同一验收批砂浆试块抗压强度平均值和最小值或单组值均满足规定要求时，判该验收批砂浆试块抗压强度合格。

6 抹灰砂浆施工与质量验收

6.1 一般规定

6.1.2 抹灰砂浆稠度应满足施工的要求，施工单位可根据抹灰部位、基层情况、气候条件以及产品说明书等确定抹灰砂浆的稠度。表2是不同抹灰部位砂浆稠度的参考表。

表2 抹灰砂浆稠度参考表

抹灰层部位	稠度（mm）
底层	100～120
中层	70～90
面层	70～80

6.1.4 设置分格缝的目的是释放收缩应力，避免外墙大面积抹灰时引起的砂浆开裂。

6.1.5 抹灰层空鼓、起壳和开裂既有材料因素，也有施工操作因素，制作样板和留样是为了明确界面，分清职责，方便日后出现问题时查找原因和划分责任。

6.1.6 天气干燥炎热时，水分蒸发较快，砂浆会因失水而影响强度的发展，可根据现场条件采取相应的遮阳措施。施工前，对基层表面洒水湿润，可避免基层从砂浆中吸取较多的水分。

6.1.7 机械喷涂抹灰可加快施工进度，提高施工质量，提倡使用。

6.2 基层处理

6.2.1 抹灰前对基层进行认真处理，是保证抹灰质量，防止抹灰层裂缝、起鼓、脱落极为关键的工序，抹灰工程应对此给予高度重视。孔洞、缝隙等处的堵塞、填平，若与抹灰同时进行，这些部位的抹灰厚度会过厚，导致与其他部位的抹灰层有不同收缩，易产生裂缝。明显凹凸处如不处理，会使抹灰层过薄或过厚，影响抹灰层的质量。

6.2.2 不同材质基体相接处，由于材质的吸水和收缩不一致，容易导致交接处表面的抹灰层开裂，故应采取加强措施。可采取在同一表面钉金属网或钢板等措施，可避免因基体收缩、变形不同引起的砂浆裂缝。

6.2.3 混凝土墙体表面比较光滑，不容易吸附砂浆；蒸压加气混凝土砌块具有吸水速度慢，但吸水量大的特点，在这些材料基层上抹灰比较困难。采用与之配套的界面砂浆在基层上先进行界面增强处理，然后再抹灰，这样可增加抹灰层与基层之间的粘结，也可降低高吸水性蒸压加气混凝土砌块吸收砂浆中水分的能力。

可采用涂抹、喷涂、滚涂等方法在基层上先均匀涂抹一层1mm～2mm厚的界面砂浆，表面稍收浆后，进行第一遍抹灰。

6.2.4 这些块材也有与之配套的界面砂浆，优先采用界面砂浆对基层进行界面增强处理，也可参照烧结黏土砖砌体抹灰的施工方法，即提前洒水湿润。

6.2.5 基底湿润是保证抹灰砂浆质量的重要环节，为了避免砂浆中的水分过快损失，影响施工操作和砂浆的固化质量，在吸水性较强的基底上抹灰时应提前洒水湿润基层。洒水量及洒水时间应根据材料、基底、气候等条件进行控制，不可过多或过少。洒水过少易使砂浆中的水分被基底吸走，使水泥缺水不能正常硬化；过多会造成抹灰时产生流淌，挂不住砂浆，也会因超量的水产生相对运动，降低抹灰层与基底层的粘结。一般，天气干燥有风时多洒，天气寒冷、蒸发小时少洒。我国幅员辽阔，各地气候不同，各种基底的吸水能力又有很大差异，应根据具体情况，掌握洒水的频次与洒水量。

6.2.6 对平整度较好的基底，如蒸压加气混凝土砌块砌体，可通过采用薄层抹灰砂浆实现薄层抹灰。由于薄层抹灰砂浆中掺有少量的添加剂，砂浆的保水性及粘结性能较好，可直接抹灰，不需做界面处理。

6.3 施　工

6.3.1 主体结构一般在 28d 后进行验收，这时砌体上的砌筑砂浆或混凝土结构达到了一定的强度且趋于稳定，而且墙体收缩变形也减小，此时抹灰可减少对抹灰砂浆体积变形的影响。

6.3.2 抹灰工艺因砂浆品种、基层的不同而有所差异，通常，抹灰砂浆的产品说明书中会对施工方法有详细的描述。

6.3.3 砂浆一次涂抹厚度过厚，容易引起砂浆开裂，因此应控制一次抹灰厚度。薄层抹灰砂浆中常掺有少量添加剂，砂浆的保水性及粘结性能均较好，当基底平整度较好时，涂层厚度可控制在 5mm 以内，而且涂抹一遍即可。

6.3.4 为防止砂浆内外收水不均匀，引起裂缝、起鼓，也为了易于找平，一次抹的不宜太厚，应分层涂抹。每层施工的间隔时间视不同品种砂浆的特性以及气候条件而定，并参考生产厂家的建议，要求后一层砂浆施工应待前一层砂浆凝结硬化后进行。为了增加抹灰层与底基层间的粘结，底层要用力压实；为了提高与上一层砂浆的粘结力，底层砂浆与中间层砂浆表面要搓毛。在抹中间层和面层砂浆时，需注意表面平整，使之能符合设定的规、距。抹面层时要注意压光，用木抹找平，铁抹压光。压光时间过早，表面易出现泌水，影响砂浆强度；压光时间过迟，会影响砂浆强度的增长。

6.3.5 为了防止抹灰总厚度太厚引起砂浆层裂缝、脱落，当总厚度超过 35mm 时，需采取增设金属网等加强措施。

6.3.7 顶棚基本为混凝土或混凝土构件，其表面平整度较好，且光滑，可采用薄层抹灰砂浆进行找平，也可采用腻子进行找平。

6.3.8 砂浆过快失水，会引起砂浆开裂，影响砂浆力学性能的发展，从而影响砂浆抹灰层的质量；由于抹灰层很薄，极易受冻害，故应避免早期受冻。目前高层建筑窗墙比大，靠近高层窗洞口墙体往往受穿堂风影响很大，应采取措施，不然，抹灰层失水较快，造成空鼓、起壳和开裂。对完工后的抹灰砂浆层进行保护，以保证砂浆的外观质量。

6.3.9 养护是保证抹灰工程质量的关键。砂浆中的水泥有了充足的水，才能正常水化、凝结硬化。由于抹灰层厚度较薄，基底层的吸水和砂浆表层水分的蒸发，都会使抹灰砂浆中的水分散失。如砂浆失水过多，将不能保证水泥的正常水化硬化，砂浆的抗压强度和粘强度将不能满足设计要求。因此，抹灰砂浆凝结后应及时保湿养护，使抹灰层在养护期内经常保持湿润。

保湿养护的方式有：喷水、洒水、涂养护剂或养护膜、覆盖湿草帘等。

采用洒水养护时，当气温在 15℃ 以上时，每天宜洒 2 次以上养护水。当砂浆保水性较差、基底吸水性强或天气干燥、蒸发量大时，应增加洒水次数。洒水次数以抹灰层在养护期内经常保持湿润、不影响砂浆正常硬化为原则。目前国内许多抹灰工程没有进行养护，这样既浪费了材料，又不能保证工程质量，有的还发生抹灰层起鼓、脱落等质量事故，应引起足够的重视。为了节约用水，避免多洒的水流淌，可改用喷嘴雾化水养护。

因薄层抹灰砂浆中掺有少量的保水增稠材料、砂浆的保水性和粘结强度较高，砂浆中的水分不易蒸发，可采用自然养护。

6.4 质量验收

6.4.1、6.4.2 检验批的划分和检查数量是参考现行国家标准《建筑装饰装修工程质量验收规范》GB 50210 的相关规定确定的。

6.4.3～6.4.5 这几项要求是保证抹灰工程质量的最基本要求。

6.4.6 抹灰砂浆质量的好坏关键在于抹灰层与基底层之间及各抹灰层之间必须粘结牢固，判别方法是在实体抹灰层上进行拉拔试验。

为了给出抹灰砂浆实体拉伸粘结强度的验收指标，规程编制组做了大量验证试验，在不同品种的砌块、烧结砖及非烧结砖墙体上进行抹灰，采用不同的基层处理方法（不处理、提前 24h 洒水、涂界面砂浆、刷水泥净浆等）和养护方法（洒水养护、自然养护），在不同龄期进行实体拉伸粘结强度检测。试验结果表明，对拉伸粘结强度影响最大的因素是养护的方式，不管抹灰前采取何种基层处理方法，包括涂刷界面砂浆，但抹灰后未采取任何措施进行养护的，其拉伸粘结强度基本在 0.2MPa 以下，而同样经过 7d 洒水养护的，其拉伸粘结强度大部分在 0.3MPa～0.6MPa，可见，抹灰后进行适当保湿养护，拉伸粘结强度达到 0.25MPa 是容易通过的。

6.4.7 若抹灰层外表面设计粘贴饰面砖时，还应符合相应的标准。

7 地面砂浆施工与质量验收

7.1 一般规定

7.1.1 建筑地面工程是指无特殊要求的地面，包括屋面、楼（地）面。

7.1.2 地面砂浆层需承受一定的荷载，且要求具有一定的耐磨性，因而要求地面砂浆应具有较高的抗压强度。砂浆稠度过大，容易造成砂浆失水收缩而引起的开裂，因此，控制砂浆用水量，是保证地面面层砂浆不起砂、不起灰的有效措施。

7.1.3 地面砂浆层需承受一定的荷载，故对其厚度作了规定。

7.2 基层处理

7.2.1 基层表面的处理效果直接影响到地面砂浆的施工质量，因而要对基层进行认真处理，使基层表面达到平整、坚固、清洁。

7.2.2 地面比较容易洒水，对粗糙地面可以采取提前洒水湿润的处理方法。

7.2.3 对光滑基层，如混凝土地面，可采取涂抹界面砂浆等界面处理措施，以提高砂浆与基层的粘结强度。

7.3 施 工

7.3.2 地面面层砂浆施工时应刮抹平整；表面需要压光时，应做到收水压光均匀，不得泛砂。压光时间要恰当，若压光时间过早，表面易出现泌水，影响表层砂浆强度；压光时间过迟，易损伤水泥胶凝体的凝结结构，影响砂浆强度的增长，容易导致面层砂浆起砂。

7.3.3 目的是保证踢脚线与墙面紧密结合，高度一致，厚度均匀。

7.3.4 踏步面层施工时，可根据平台和楼面的建筑标高，先在侧面墙墙上弹一道踏级标准斜线，然后根据踏级步数将斜线等分，等分各点即为踏级的阳角位置。每级踏步的高（宽）度与上一级踏步和下一级踏步的高（宽）度误差不应大于10mm。楼梯踏步齿角要整齐，防滑条顺直。

7.3.5 客厅、会议室、集体活动室、仓库等房间的面积较大，设置变形缝是为了避免地面砂浆由于收缩变形导致的较多裂缝的发生。

7.3.6 养护工作的好坏对地面砂浆质量影响极大，潮湿环境有利于砂浆强度的增长；养护不够，且水分蒸发过快，水泥水化减缓甚至停止水化，从而影响砂浆的后期强度。另外，地面砂浆一般面积大，面层厚度薄，又是湿作业，故应特别防止早期受冻，为此要确保施工环境温度在5℃以上。

7.3.7 地面砂浆受到污染或损坏，会影响到其美观及使用。当面层砂浆强度较低时就过早使用，面层易遭受损伤。

7.4 质量验收

7.4.1、7.4.2 检验批的划分和检查数量是参考国家

标准《建筑地面工程施工质量验收规范》GB 50209的相关规定确定的。

7.4.7 预拌砂浆是专业工厂生产的，质量比较稳定，每检验批可留取一组抗压强度试块。

7.4.8 砂浆抗压强度按验收批进行评定，给出了砂浆试块抗压强度合格的判别标准。

8 防水砂浆施工与质量验收

8.1 一般规定

8.1.1 本章所指防水砂浆包括预拌普通防水砂浆和聚合物水泥防水砂浆。普通防水砂浆主要指掺外加剂的防水砂浆，为刚性防水材料，适应变形能力较差，需与基层粘结牢固并连成一体，共同承受外力及压力水的作用，适用于防水要求较低的工程。聚合物水泥防水砂浆具有一定的柔性，可适应较小的变形要求。

刚性防水砂浆主要用于混凝土浇筑体（包括现浇混凝土和预制混凝土构件）、砌体结构（包括框架混凝土结构的填充砌块和独立的砌块砌体）。根据工程类型、防水要求，可以做成独立防水层，可以与结构自防水进行复合，也可以与其他类型的防水材料构成复合防水。

8.1.3 防水砂浆施工前，应将节点部位、相关的设备预埋件和管线安装固定好，验收合格后方可进行防水砂浆的施工。

8.1.4 凿孔打洞会破坏防水砂浆层，引起渗漏，因此，应作好砂浆防水层的保护工作，避免对防水砂浆层造成破坏。

8.2 基层处理

8.2.1 基层的平整、坚固、清洁，对保证砂浆防水层的施工质量具有很重要的作用，因此，需要作好此环节的工作。

8.2.2 本条是依据现行国家标准《地下防水工程质量验收规范》GB 50208作出的规定。

8.2.3 使用界面砂浆进行界面处理，可提高防水砂浆与基层的粘结强度。聚合物水泥防水砂浆具有较好的黏性和保水性，界面可不用处理，直接施工。

8.2.4 嵌填防水密封材料是为了强化管道、地漏根部的防水。有一定的坡度是保证排水效果，坡度一般为5%。

8.3 施 工

8.3.1 用于混凝土或砌体结构基层上的水泥砂浆防水层，应采用多层抹压的施工工艺，以提高砂浆层的防水能力。多层抹压可防止砂浆防水层的空鼓、裂

缝，有利于提高防水效果。

8.3.2 普通防水砂浆为刚性防水材料，抗裂性能相对较差，只有达到一定的厚度才能满足防水的要求。为了防止一次涂抹太厚，引起砂浆层空鼓、裂缝和脱落，砂浆防水层应分层施工，分层还有利于毛细孔阻断，提高防水效果。抹灰时要压实，以保证防水层各层之间结合牢固、无空鼓现象，但注意不要反复压的次数过多，以免产生空鼓、裂缝。

砂浆铺抹时，通常在砂浆收水后二次压光，使表面坚固密实、平整。

8.3.3 由于聚合物水泥防水砂浆中的聚合物为合成高分子材料，具有堵塞毛细孔的作用，可以提高防水的效能，同时又具有一定的柔性，因此，砂浆厚度可薄些。

8.3.4 施工缝是砂浆防水层的薄弱部位，由于施工缝接槎不严密及位置留设不当等原因，导致防水层渗漏。因此，各层应紧密结合，每层宜连续施工，如必须留槎时，应采用阶梯坡形槎，并符合本条要求。接槎要依层次顺序操作，层层搭接紧密。

8.3.5 屋面分格缝的设置是防止砂浆防水层变形产生的裂缝，具体做法、间隔距离、处理方法等应符合现行国家标准《屋面工程技术规范》GB 50345 的规定。

8.3.6 保湿养护是保证砂浆防水层质量的关键。砂浆中的水泥有充足的水才能正常水化硬化，如砂浆失水过多，砂浆的抗压强度和粘结强度都无法达到设计要求，砂浆的防水性能将得不到保证。因此需从砂浆凝结后立即开始保湿养护，以防止砂浆层早期脱水而产生裂缝，导致渗水。保湿养护可采用浇水、喷雾、覆盖浇水、喷养护剂、涂刷冷底子油等方式。采用淋水方式时，每天不宜少于两次。当基底吸水性强或天气干燥、蒸发量大时，应增加淋水次数。墙面防水层可采用喷雾器洒水养护，地面防水层可采用湿草袋覆盖养护。

聚合物水泥砂浆防水层可采用干湿交替的养护方法，早期（硬化后 7d 内）采用潮湿养护，后期采用自然养护。在潮湿环境中，可在自然条件下养护。

8.3.7 砂浆未凝结硬化前受到水的冲刷，会使砂浆表层受到损害。储水结构如过早使用，面层砂浆宜遭受损伤，不能起到防水的作用，因此，应等到砂浆强度达到设计要求后方可使用。

8.4 质 量 验 收

8.4.1 根据不同的砂浆防水层工程做法确定的检验批。

8.4.3、8.4.4 此两条是参考现行国家标准《地下防水工程质量验收规范》GB 50208 确定的。

8.4.5 砂浆防水层须达到必要的厚度，以保证砂浆防水层的防水效果。

9 界面砂浆施工与质量验收

9.1 一 般 规 定

9.1.1 界面砂浆主要用于基层表面比较光滑、吸水慢但总吸水量较大的基层处理，如混凝土、加气混凝土基层，解决由于这些表面光滑或吸水特性引起的界面不易粘结，抹灰层空鼓、开裂、剥落等问题，可大大提高砂浆与基层之间的粘结力，从而提高施工质量，加快施工进度。在很多不易被砂浆粘结的致密材料上，界面砂浆作为必不可少的辅助材料，得到广泛的应用。

界面砂浆在轻质砌块、加气混凝土砌块等易产生干缩变形的砌体结构上，具有一定的防止墙体吸水，降低开裂，使基材稳定的作用。

9.1.2 界面砂浆的种类很多，有混凝土、加气混凝土专用界面砂浆，有模塑聚苯板、挤塑聚苯板专用界面砂浆，还有自流平砂浆专用界面砂浆，随着预拌砂浆的发展，还会开发出更多、性能更全的品种。由于各种界面砂浆的性能要求不同，适应性也不同，因此，应根据基层、施工要求等情况选择相匹配的界面砂浆。

9.2 施 工

9.2.1 基层良好的处理是保证界面砂浆与基层结合牢固，不空鼓、不开裂的关键工序，应认真处理好基层，使其平整、坚固、洁净。

9.2.2 当基层表面比较光滑、平整时，可采用滚刷法施工。

9.2.3 界面砂浆涂抹好后，待其表面稍收浆（用手指触摸，不粘手）后即可进行下道抹灰施工。夏季气温高时，界面砂浆干燥较快，一般间隔时间在 10min ～20min；气温低时，界面砂浆干燥较慢，一般间隔时间约 1h～2h。

9.2.4 在工厂预先对保温板进行界面处理时，应待界面砂浆固化（大约 24h）后才可进行下道工序。

9.3 质 量 验 收

9.3.1 涂刷不均匀会影响下道工序的施工质量。

9.3.2 界面砂浆施工完成后，即被下道施工工序所覆盖，可通过对涂抹在界面砂浆外表面的抹灰砂浆实体拉伸粘结强度的检验结果判定界面砂浆的材料及施工质量。

10 陶瓷砖粘结砂浆施工与质量验收

10.1 一般规定

10.1.1 陶瓷砖粘结砂浆适用范围为普通的工业（不含耐酸碱腐蚀等特殊要求）和民用建筑，规定了陶瓷砖粘结砂浆的适用基层及其粘结对象。

10.1.2 施工部位分为内墙、外墙、地面及外保温系统等，它们对粘结砂浆的要求也不一样，内墙上粘贴的陶瓷砖，所处环境的温湿度变化幅度不是很大，对粘结砂浆的要求相对低些；而外墙上粘贴的陶瓷砖，所处的环境条件比较恶劣，要能经受得住严寒酷暑及雨水的侵袭，因此对粘结砂浆的要求高于内墙用的粘结砂浆；而在外保温系统上粘贴陶瓷砖，除了能经受得住严寒酷暑及雨水的侵袭，还要求粘结砂浆具有较好的柔韧性，能适应基底的变形。

陶瓷砖的质量差异也很大，有吸水率高的陶质砖，吸水率低的瓷质砖，还有几乎不吸水的玻化砖，所以应针对具体情况选择相匹配的粘结砂浆。

10.1.3 陶瓷砖的粘贴方法有单面粘贴法和双面粘贴法，根据施工要求、陶瓷砖种类、基层等情况选择适宜的粘贴方法。表3给出不同种类陶瓷砖常采用的粘贴方法及涂层厚度，其中涂层厚度为基层质量符合验收标准的情况下粘结砂浆的最佳厚度，供参考。

表3 陶瓷墙地砖的粘贴方法及涂层厚度

陶瓷墙地砖种类	粘贴方法	涂层厚度（mm）
纸面小面砖	双面粘贴	2～3
纸面马赛克	双面粘贴	2～3
釉面面砖	单面粘贴	2～3
陶瓷面砖（嵌缝）	单面粘贴	2～3
陶瓷地砖	单面粘贴	3～4
大理石、花岗石	双面粘贴	5～7
陶瓦土片（正打）	单面粘贴	3～5
陶瓦土片（反打）	单面粘贴	2～3

10.1.5 刚贴完砖的部位如过早受阳光照射，会影响陶瓷砖的粘贴质量，降低陶瓷砖与砂浆的粘结强度，所以应在早期采取防护措施。

10.1.6 为避免大面积粘贴陶瓷砖后出现拉伸粘结强度不合格造成的损失，施工前应制作样板，经检验拉伸粘结强度合格后方可按所用材料及施工工艺进行施工。

10.2 基层要求

10.2.1 基层表面附着物处理干净与否直接影响粘结砂浆的粘结质量。应将基层表面的尘土、污垢、油渍、墙面的混凝土残渣和隔离剂、养护剂等清理干净。基层表面平整度应符合施工要求，对墙面平整度超差部分应剔凿或修补，表面疏松处必须剔除，以保证陶瓷砖的粘贴质量。

10.2.2 外墙饰面砖验收标准是其平均拉伸粘结强度不小于0.4MPa，因此，要求贴砖的基体或基层也应达到0.4MPa，方能满足饰面砖的验收要求。

10.2.3 天气干燥、炎热时，基层吸附水的能力比较强，水分蒸发也比较快，施工前可向基层适量浇水湿润。

10.3 施 工

10.3.1 基层或基体属于隐蔽工程，应待其验收合格后方可贴砖。

10.3.3 陶瓷砖一定要清理干净，尤其是砖背面的隔离粉等必须擦净，否则会影响粘贴质量。

10.3.5 由于陶瓷砖的品种、规格较多，其性能也千差万别，应根据陶瓷砖的特点如吸水率、密度、规格尺寸等选择相适应的施工工艺。一般，对吸水率较大的陶质类面砖，可先浸湿阴干，然后再粘贴；而对吸水率较小的瓷质砖、玻化砖，不需湿润，直接粘贴。对轻质、尺寸小的砖，可从上向下粘贴，而对重质、尺寸较大的砖，应自下而上双面粘贴。

10.3.6 单面粘贴法也称为镘抹法，适用于密度较轻、尺寸较小的陶瓷砖粘贴。

10.3.7 双面粘贴法也称为组合法。优先选择双面粘贴法，虽然该方法多用掉一些砂浆，但粘贴较牢固、安全。

通常情况下，可先在基面上按压批刮一层较薄的胶浆，以达到胶浆嵌固润湿基面的增强效果。

10.3.8 超过陶瓷砖粘结砂浆晾置时间后再调整陶瓷砖的位置，会影响砖的粘贴质量，导致陶瓷砖粘贴不牢固。

10.3.10 养护期间应做好防止陶瓷砖污染、碰撞及损坏等保护工作。

10.4 质量验收

10.4.1、10.4.2 检验批的划分及检查数量是参考相关标准确定的。

10.4.7 外墙饰面砖若粘贴不牢固，饰面砖容易脱落，伤人毁物，威胁到人民生命财产的安全，因此，对外墙饰面砖要进行拉伸粘结强度的检验。

中华人民共和国行业标准

再生骨料应用技术规程

Technical specification for application
of recycled aggregate

JGJ/T 240—2011

批准部门：中华人民共和国住房和城乡建设部
施行日期：２０１１年１２月１日

中华人民共和国住房和城乡建设部
公　告

第 994 号

关于发布行业标准《再生骨料
应用技术规程》的公告

现批准《再生骨料应用技术规程》为行业标准，编号为 JGJ/T 240 - 2011，自 2011 年 12 月 1 日起实施。

本规程由我部标准定额研究所组织中国建筑工业

出版社出版发行。

中华人民共和国住房和城乡建设部

2011 年 4 月 22 日

前　言

根据原建设部《关于印发〈2007 年工程建设标准规范制订、修订计划（第一批）〉的通知》（建标〔2007〕125 号）的要求，规程编制组经广泛调查研究，认真总结实践经验，参考有关国际标准和国外先进标准，并在广泛征求意见的基础上，编制本规程。

本规程的主要技术内容是：1. 总则；2. 术语和符号；3. 基本规定；4. 再生骨料的技术要求、进场检验、运输和储存；5. 再生骨料混凝土；6. 再生骨料砂浆；7. 再生骨料砌块；8. 再生骨料砖。

本规程由住房和城乡建设部负责管理，由中国建筑科学研究院负责具体技术内容的解释。执行过程中如有意见或建议，请寄送中国建筑科学研究院（地址：北京市北三环东路 30 号，邮编：100013）。

本 规 程 主 编 单 位：中国建筑科学研究院
　　　　　　　　　　　青建集团股份公司

本 规 程 参 编 单 位：同济大学
　　　　　　　　　　　青岛理工大学
　　　　　　　　　　　北京建筑工程学院
　　　　　　　　　　　中国建筑材料科学研究
　　　　　　　　　　　总院
　　　　　　　　　　　广州市建筑科学研究院
　　　　　　　　　　　邯郸市建筑科学研究所
　　　　　　　　　　　北京城建建材工业有限
　　　　　　　　　　　公司
　　　　　　　　　　　邯郸全有生态建材有限
　　　　　　　　　　　公司
　　　　　　　　　　　西麦斯（青岛）有限公司
　　　　　　　　　　　中建商品混凝土有限公司
　　　　　　　　　　　青岛农业大学

青岛信达荣昌基础建设工程有限公司
辽宁省建设科学研究院
天津市水利科学研究院
北京元泰达环保建材科技有限责任公司
甘肃土木工程科学研究院
哈尔滨工业大学
青岛绿帆再生建材有限公司
贵州成智重工科技有限公司
许昌金科建筑清运有限公司
建研建材有限公司

本规程主要起草人员：赵霄龙　张同波　肖建庄
　　　　　　　　　　　李秋义　陈家珑　王武祥
　　　　　　　　　　　张秀芳　何更新　任　俊
　　　　　　　　　　　冷发光　蔡亚宁　梅爱华
　　　　　　　　　　　张文彬　张胜彦　寇全有
　　　　　　　　　　　邹超英　全洪珠　王　军
　　　　　　　　　　　曹　剑　李　红　王　岩
　　　　　　　　　　　王春波　孙永军　杨　慧
　　　　　　　　　　　吴建民　陈　勇　朱东敏
　　　　　　　　　　　李建明

本规程主要审查人员：王　甦　阎培渝　陶驷骧
　　　　　　　　　　　曹万林　关淑君　赵文海
　　　　　　　　　　　路来军　杨思忠　兰明章
　　　　　　　　　　　檀春丽

目 次

1 总则 ················ 23—5

2 术语和符号 ············· 23—5

2.1 术语 ············· 23—5

2.2 符号 ············· 23—5

3 基本规定 ············· 23—5

4 再生骨料的技术要求、进场检验、
运输和储存 ············ 23—5

4.1 技术要求 ·········· 23—5

4.2 进场检验 ·········· 23—6

4.3 运输和储存 ········· 23—6

5 再生骨料混凝土 ·········· 23—6

5.1 一般规定 ·········· 23—6

5.2 技术要求和设计取值 ····· 23—7

5.3 配合比设计 ········· 23—7

5.4 制备和运输 ········· 23—8

5.5 浇筑和养护 ········· 23—8

5.6 施工质量验收 ········ 23—8

6 再生骨料砂浆 ··········· 23—8

6.1 一般规定 ·········· 23—8

6.2 技术要求 ·········· 23—8

6.3 配合比设计 ········· 23—8

6.4 制备和施工 ········· 23—9

6.5 施工质量验收 ········ 23—9

7 再生骨料砌块 ··········· 23—9

7.1 一般规定 ·········· 23—9

7.2 技术要求 ·········· 23—9

7.3 进场检验 ·········· 23—10

7.4 施工质量验收 ········ 23—10

8 再生骨料砖 ············ 23—10

8.1 一般规定 ·········· 23—10

8.2 技术要求 ·········· 23—11

8.3 进场检验 ·········· 23—11

8.4 施工质量验收 ········ 23—12

本规程用词说明 ············ 23—12

引用标准名录 ············· 23—12

附：条文说明 ············· 23—13

Contents

1　General Provisions ･･････････ 23—5

2　Terms and Symbols ･････････････ 23—5

　2.1　Terms ･････････････ 23—5

　2.2　Symbols ･･････････ 23—5

3　Basic Requirements ･･･････････ 23—5

4　Technical Requirements, Incoming Inspection, Transportation and Storage of Recycled Aggregates ･････････････ 23—5

　4.1　Technical Requirements ･･････････ 23—5

　4.2　Incoming Inspection ･･････････ 23—6

　4.3　Transportation and Storage ･････････ 23—6

5　Recycled Aggregate Concrete ･･････････ 23—6

　5.1　General Requirements ･････････ 23—6

　5.2　Technical Requirements and Design Value ･･････････ 23—7

　5.3　Mix Proportion Design ･･････････ 23—7

　5.4　Production and Transportation ･･････ 23—8

　5.5　Casting and Curing ･･･････････ 23—8

　5.6　Construction Quality Acceptance ･･････････ 23—8

6　Recycled Aggregate Mortar ･･････････ 23—8

　6.1　General Requirements ･････････ 23—8

6.2　Technical Requirements ････････････ 23—8

6.3　Mix Proportion Design ･･･････････ 23—8

6.4　Production and Construction ･･････････ 23—9

6.5　Construction Quality Acceptance ･･････････ 23—9

7　Recycled Aggregate Block ･･･････ 23—9

　7.1　General Requirements ････････ 23—9

　7.2　Technical Requirements ･････････ 23—9

　7.3　Incoming Inspection ････････ 23—10

　7.4　Constrcution Quality Acceptance ････････ 23—10

8　Recycled Aggregate Brick ･･･････ 23—10

　8.1　General Requirements ･････････ 23—10

　8.2　Technical Requirements ･････････ 23—11

　8.3　Incoming Inspection ･･･････ 23—11

　8.4　Constrcution Quality Acceptance ･･･････ 23—12

Explanation of Wording in This Specification ･････････ 23—12

List of Quoted Standards ･････････ 23—12

Addtion: Explanation of Provisions ････････ 23—13

1 总　则

1.0.1 为贯彻执行国家有关节约资源、保护环境的技术经济政策，保证再生骨料在建筑工程中的合理应用，做到安全适用、技术先进、经济合理、确保质量，制定本规程。

1.0.2 本规程适用于再生骨料在建筑工程中的应用。

1.0.3 再生骨料在建筑工程中的应用，除应符合本规程外，尚应符合国家现行有关标准的规定。

2　术语和符号

2.1　术　语

2.1.1 再生粗骨料　recycled coarse aggregate
由建筑垃圾中的混凝土、砂浆、石或砖瓦等加工而成，粒径大于 4.75mm 的颗粒。

2.1.2 再生细骨料　recycled fine aggregate
由建筑垃圾中的混凝土、砂浆、石或砖瓦等加工而成，粒径不大于 4.75mm 的颗粒。

2.1.3 再生骨料混凝土　recycled aggregate concrete
掺用再生骨料配制而成的混凝土。

2.1.4 再生骨料砂浆　recycled aggregate mortar
掺用再生细骨料配制而成的砂浆。

2.1.5 再生粗骨料取代率　replacement ratio of recycled coarse aggregate
再生骨料混凝土中再生粗骨料用量占粗骨料总用量的质量百分比。

2.1.6 再生细骨料取代率　replacement ratio of recycled fine aggregate
再生骨料混凝土或再生骨料砂浆中再生细骨料用量占细骨料总用量的质量百分比。

2.1.7 再生骨料砌块　recycled aggregate block
掺用再生骨料，经搅拌、成型、养护等工艺过程制成的砌块。

2.1.8 相对含水率　relative water percentage
含水率与吸水率之比。

2.1.9 再生骨料砖　recycled aggregate brick
掺用再生骨料，经搅拌、成型、养护等工艺过程制成的砖。

2.2　符　号

c——再生骨料混凝土比热容；

E_c——再生骨料混凝土弹性模量；

f_c、f_{ck}——再生骨料混凝土轴心抗压强度设计值、标准值；

f_c^f——再生骨料混凝土轴心抗压疲劳强度设计值；

f_t、f_{tk}——再生骨料混凝土轴心抗拉强度设计值、标

准值；

f_t^f——再生骨料混凝土轴心抗拉疲劳强度设计值；

G_c——再生骨料混凝土剪切变形模量；

K_c——再生骨料砌块或再生骨料砖的碳化系数；

K_f——再生骨料砌块或再生骨料砖的软化系数；

W——砌块或砖的相对含水率；

a_c——再生骨料混凝土温度线膨胀系数；

δ_g——再生粗骨料取代率；

δ_s——再生细骨料取代率；

λ——再生骨料混凝土导热系数；

ν_c——再生骨料混凝土泊松比；

σ——再生骨料混凝土抗压强度标准差；

ω_1——砌块或砖的含水率；

ω_2——砌块或砖的吸水率。

3　基 本 规 定

3.0.1 被污染或腐蚀的建筑垃圾不得用于制备再生骨料。再生骨料及其制品的放射性应符合现行国家标准《建筑材料放射性核素限量》GB 6566 的规定。

3.0.2 再生骨料的选择应满足所制备的混凝土、砂浆、砌块或砖的性能要求。

3.0.3 再生骨料的应用应符合国家有关安全和环保的规定。

4　再生骨料的技术要求、进场检验、运输和储存

4.1　技 术 要 求

4.1.1 制备混凝土用的再生粗骨料应符合现行国家标准《混凝土用再生粗骨料》GB/T 25177 的规定。

4.1.2 制备混凝土和砂浆用的再生细骨料应符合现行国家标准《混凝土和砂浆用再生细骨料》GB/T 25176 的规定。

4.1.3 制备砌块和砖的再生骨料应符合下列规定：

　　1 再生粗骨料的性能指标应满足表 4.1.3-1 的要求，再生细骨料的性能 指标应满足表 4.1.3-2 的要求；

　　2 再生粗骨料性能试验方法按现行国家标准《混凝土用再生粗骨料》GB/T 25177 相关规定执行，再生细骨料性能试验方法按现行国家标准《混凝土和砂浆用再生细骨料》GB/T 25176 相关规定执行；

　　3 再生粗骨料和再生细骨料应进行型式检验，并应分别包括表 4.1.3-1 和表 4.1.3-2 的全部项目；

　　4 再生粗骨料的出厂检验应包括表 4.1.3-1 中的微粉含量、泥块含量和吸水率，再生细骨料的出厂检验应包括表 4.1.3-2 中的微粉含量和泥块含量；

　　5 再生粗骨料和再生细骨料的型式检验及出厂

检验的组批规则、试样数量和判定规则应分别按现行国家标准《混凝土用再生粗骨料》GB/T 25177 和《混凝土和砂浆用再生细骨料》GB/T 25176 的规定执行。

表 4.1.3-1　制备砌块和砖的再生粗骨料性能指标

项　　　目	指标要求
微粉含量（按质量计，%）	<5.0
吸水率（按质量计，%）	<10.0
杂物（按质量计，%）	<2.0
泥块含量、有害物质含量、坚固性、压碎指标、碱集料反应性能	应符合现行国家标准《混凝土用再生粗骨料》GB/T 25177 的规定

表 4.1.3-2　制备砌块和砖的再生细骨料性能指标

项　　　目		指标要求
微粉含量（按质量计，%）	MB 值<1.40 或合格	<12.0
	MB 值≥1.40 或不合格	<6.0
泥块含量、有害物质含量、坚固性、单级最大压碎指标、碱集料反应性能		应符合现行国家标准《混凝土和砂浆用再生细骨料》GB/T 25176 的规定

4.2　进场检验

4.2.1 再生骨料进场时，应按规定批次检查型式检验报告、出厂检验报告及合格证等质量证明文件。

4.2.2 再生骨料进场检验应符合下列规定：

　　1 制备混凝土的再生粗骨料，应对其泥块含量、吸水率、压碎指标和表观密度进行检验；

　　2 制备混凝土和砂浆的再生细骨料，应对其泥块含量、再生胶砂需水量比和表观密度进行检验；

　　3 制备砌块和砖的再生粗骨料，应对其泥块含量和吸水率进行检验；制备砌块和砖的再生细骨料，应对其泥块含量进行检验；

　　4 同一厂家、同一类别、同一规格、同一批次的再生骨料，每 400m³ 或 600t 应作为一个检验批，不足 400m³ 或 600t 的应按一批计；

　　5 再生骨料进场检验结果应符合本规程第 4.1 节的规定。当有一项指标达不到要求时，可从同一批产品中加倍取样，对不符合要求的项目进行复检。复检结果合格的，可判定该批产品为合格产品；复检结果不合格的，应判定该批产品为不合格产品。

4.3　运输和储存

4.3.1 再生骨料运输时，应采取防止混入杂物和粉尘飞扬的措施。

4.3.2 再生骨料应按类别、规格分开堆放储存，且应采取防止混入杂物、人为碾压和污染的措施。

5　再生骨料混凝土

5.1　一般规定

5.1.1 再生骨料混凝土用原材料应符合下列规定：

　　1 天然粗骨料和天然细骨料应符合现行行业标准《普通混凝土用砂、石质量及检验方法标准》JGJ 52 的规定。

　　2 水泥宜采用通用硅酸盐水泥，并应符合现行国家标准《通用硅酸盐水泥》GB 175 的规定；当采用其他品种水泥时，其性能应符合国家现行有关标准的规定；不同水泥不得混合使用。

　　3 拌合水和养护用水应符合现行行业标准《混凝土用水标准》JGJ 63 的规定。

　　4 矿物掺合料应分别符合国家现行标准《用于水泥和混凝土中的粉煤灰》GB/T 1596、《用于水泥和混凝土中的粒化高炉矿渣粉》GB/T 18046、《高强高性能混凝土用矿物外加剂》GB/T 18736 和《混凝土和砂浆用天然沸石粉》JG/T 3048 的规定。

　　5 外加剂应符合现行国家标准《混凝土外加剂》GB 8076 和《混凝土外加剂应用技术规范》GB 50119 的规定。

5.1.2 Ⅰ类再生粗骨料可用于配制各种强度等级的混凝土；Ⅱ类再生粗骨料宜用于配制 C40 及以下强度等级的混凝土；Ⅲ类再生粗骨料可用于配制 C25 及以下强度等级的混凝土，不宜用于配制有抗冻性要求的混凝土。

5.1.3 Ⅰ类再生细骨料可用于配制 C40 及以下强度等级的混凝土；Ⅱ类再生细骨料宜用于配制 C25 及以下强度等级的混凝土；Ⅲ类再生细骨料不宜用于配制结构混凝土。

5.1.4 再生骨料不得用于配制预应力混凝土。

5.1.5 再生骨料混凝土的耐久性设计应符合现行国家标准《混凝土结构设计规范》GB 50010 和《混凝土结构耐久性设计规范》GB/T 50476 的相关规定。当再生骨料混凝土用于设计使用年限为 50 年的混凝土结构时，其耐久性宜符合表 5.1.5 的规定。

表 5.1.5　再生骨料混凝土耐久性基本要求

环境类别	最大水胶比	最低强度等级	最大氯离子含量（%）	最大碱含量（kg/m³）
一	0.55	C25	0.20	3.0
二 a	0.50(0.55)	C30(C25)	0.15	3.0
二 b	0.45(0.50)	C35(C30)	0.15	3.0

续表 5.1.5

环境类别	最大水胶比	最低强度等级	最大氯离子含量（%）	最大碱含量（kg/m³）
三 a	0.40	C40	0.10	3.0

注：1 氯离子含量是指氯离子占胶凝材料总量的百分比；

2 素混凝土构件的水胶比及最低强度等级可不受限制；

3 有可靠工程经验时，二类环境中的最低混凝土强度等级可降低一个等级；

4 处于严寒和寒冷地区二 b、三 a 类环境中的混凝土应使用引气剂或引气型外加剂，并可采用括号中的有关参数；

5 当使用非碱活性骨料时，对混凝土中的碱含量可不作限制。

5.1.6 再生骨料混凝土中三氧化硫的允许含量应符合现行国家标准《混凝土结构耐久性设计规范》GB/T 50476 的规定。

5.1.7 当再生粗骨料或再生细骨料不符合现行国家标准《混凝土用再生粗骨料》GB/T 25177 或《混凝土和砂浆用再生细骨料》GB/T 25176 的规定，但经过试验试配验证能满足相关使用要求时，可用于非结构混凝土。

5.2 技术要求和设计取值

5.2.1 再生骨料混凝土的拌合物性能、力学性能、长期性能和耐久性能、强度检验评定及耐久性检验评定等，应符合现行国家标准《混凝土质量控制标准》GB 50164 的规定。

5.2.2 再生骨料混凝土的轴心抗压强度标准值（f_{ck}）、轴心抗压强度设计值（f_c）、轴心抗拉强度标准值（f_{tk}）、轴心抗拉强度设计值（f_t）、轴心抗压疲劳强度设计值（f_c^f）、轴心抗拉疲劳强度设计值（f_t^f）、剪切变形模量（G_c）和泊松比（ν_c）均可按现行国家标准《混凝土结构设计规范》GB 50010 的相关规定取值。

5.2.3 仅掺用Ⅰ类再生粗骨料配制的混凝土，其受压和受拉弹性模量（E_c）可按现行国家标准《混凝土结构设计规范》GB 50010 的规定取值。其他情况下配制的再生骨料混凝土，其弹性模量宜通过试验确定；在缺乏试验条件或技术资料时，可按表 5.2.3 的规定取值。

表 5.2.3 再生骨料混凝土弹性模量

强度等级	C15	C20	C25	C30	C35	C40
弹性模量（$\times10^4$ N/mm²）	1.83	2.08	2.27	2.42	2.53	2.63

5.2.4 再生骨料混凝土的温度线膨胀系数（a_c）、比热容（c）和导热系数（λ）宜通过试验确定。当缺乏试验条件或技术资料时，可按现行国家标准《混凝土结构设计规范》GB 50010 和《民用建筑热工设计规范》GB 50176 的规定取值。

5.3 配合比设计

5.3.1 再生骨料混凝土配合比设计应满足混凝土和易性、强度和耐久性的要求。

5.3.2 再生骨料混凝土配合比设计可按下列步骤进行：

1 根据已有技术资料和混凝土性能要求，确定再生粗骨料取代率（δ_g）和再生细骨料取代率（δ_s）；当缺乏技术资料时，δ_g 和 δ_s 不宜大于 50%，Ⅰ类再生粗骨料取代率（δ_g）可不受限制；当混凝土中已掺用Ⅲ类再生粗骨料时，不宜再掺入再生细骨料。

2 确定混凝土强度标准差（σ），并可按下列规定进行：

1）对于不掺用再生细骨料的混凝土，当仅掺Ⅰ类再生粗骨料或Ⅱ类、Ⅲ类再生粗骨料取代率（δ_g）小于 30% 时，σ 可按现行行业标准《普通混凝土配合比设计规程》JGJ 55 的规定取值。

2）对于不掺用再生细骨料的混凝土，当Ⅱ类、Ⅲ类再生粗骨料取代率（δ_g）不小于 30% 时，σ 值应根据相同再生粗骨料掺量和同强度等级的同品种再生骨料混凝土统计资料计算确定。计算时，强度试件组数不应小于 30 组。对于强度等级不大于 C20 的混凝土，当 σ 计算值不小于 3.0MPa 时，应按计算结果取值；当 σ 计算值小于 3.0MPa 时，σ 应取 3.0MPa；对于强度等级大于 C20 且不大于 C40 的混凝土，当 σ 计算值不小于 4.0MPa 时，应按计算结果取值，当 σ 计算值小于 4.0MPa 时，σ 应取 4.0MPa。

当无统计资料时，对于仅掺再生粗骨料的混凝土，其 σ 值可按表 5.3.2 的规定确定。

表 5.3.2 再生骨料混凝土抗压强度标准差推荐值

强度等级	≤C20	C25、C30	C35、C40
σ（MPa）	4.0	5.0	6.0

3）掺用再生细骨料的混凝土，也应根据相同再生骨料掺量和同强度等级的同品种再生骨料混凝土统计资料计算确定 σ 值。计算时，强度试件组数不应小于 30 组。对于各强度等级的混凝土，当 σ 计算值小于表 5.3.2 中对应值时，应取表 5.3.2 中对应值。当无统计资料时，σ 值也可按表 5.3.2 选取。

3 计算基准混凝土配合比，应按现行行业标准《普通混凝土配合比设计规程》JGJ 55 的方法进行。外加剂和掺合料的品种和掺量应通过试验确定；在满足和易性要求前提下，再生骨料混凝土宜采用较低的砂率。

4 以基准混凝土配合比中的粗、细骨料用量为基础，并根据已确定的再生粗骨料取代率（δ_g）和再生细骨料取代率（δ_s），计算再生骨料用量。

5 通过试配及调整，确定再生骨料混凝土最终配合比，配制时，应根据工程具体要求采取控制拌合物坍落度损失的相应措施。

5.4 制备和运输

5.4.1 再生骨料混凝土原材料的储存和计量应符合现行国家标准《混凝土质量控制标准》GB 50164、《混凝土结构工程施工规范》GB 50666 和《预拌混凝土》GB/T 14902 的相关规定。

5.4.2 再生骨料混凝土的搅拌和运输应符合现行国家标准《混凝土质量控制标准》GB 50164、《混凝土结构工程施工规范》GB 50666 和《预拌混凝土》GB/T 14902 的相关规定。

5.5 浇筑和养护

5.5.1 再生骨料混凝土的浇筑和养护应符合现行国家标准《混凝土质量控制标准》GB 50164 和《混凝土结构工程施工规范》GB 50666 的相关规定。

5.6 施工质量验收

5.6.1 再生骨料混凝土的施工质量验收应符合现行国家标准《混凝土结构工程施工质量验收规范》GB 50204 的相关规定。

6 再生骨料砂浆

6.1 一般规定

6.1.1 再生细骨料可用于配制砌筑砂浆、抹灰砂浆和地面砂浆。再生骨料地面砂浆不宜用于地面面层。

6.1.2 再生骨料砌筑砂浆和再生骨料抹灰砂浆宜采用通用硅酸盐水泥或砌筑水泥；再生骨料地面砂浆应采用通用硅酸盐水泥，且宜采用硅酸盐水泥或普通硅酸盐水泥。除水泥和再生细骨料外，再生骨料砂浆的其他原材料应符合国家现行标准《预拌砂浆》GB/T 25181 和《抹灰砂浆技术规程》JGJ/T 220 的规定。

6.1.3 Ⅰ类再生细骨料可用于配制各种强度等级的砂浆，Ⅱ类再生细骨料可用于配制强度等级不高于M15的砂浆，Ⅲ类再生细骨料宜用于配制强度等级不高于M10的砂浆。

6.1.4 再生骨料抹灰砂浆应符合现行行业标准《抹灰砂浆技术规程》JGJ/T 220 的规定；当采用机械喷涂抹灰施工时，再生骨料抹灰砂浆还应符合现行行业标准《机械喷涂抹灰施工规程》JGJ/T 105 的规定。

6.1.5 再生骨料砂浆用于建筑砌体结构时，尚应符合现行国家标准《砌体结构设计规范》GB 50003 的相关规定。

6.2 技术要求

6.2.1 采用再生骨料的预拌砂浆性能应符合现行国家标准《预拌砂浆》GB/T 25181 的规定。

6.2.2 现场配制的再生骨料砂浆的性能应符合表6.2.2的规定。

表 6.2.2　现场配制的再生骨料砂浆性能指标要求

砂浆品种	强度等级	稠度（mm）	保水率（%）	14d 拉伸粘结强度（MPa）	抗冻性	
					强度损失率（%）	质量损失率（%）
再生骨料砌筑砂浆	M2.5、M5、M7.5、M10、M15	50～90	≥82	—	≤25	≤5
再生骨料抹灰砂浆	M5、M10、M15	70～100	≥82	≥0.15	≤25	≤5
再生骨料地面砂浆	M15	30～50	≥82	—	≤25	≤5

注：有抗冻性要求时，应进行抗冻性试验。冻融循环次数按夏热冬暖地区 15 次、夏热冬冷地区 25 次、寒冷地区 35 次、严寒地区 50 次确定。

6.2.3 再生骨料砂浆性能试验方法应按现行行业标准《建筑砂浆基本性能试验方法标准》JGJ/T 70 的规定执行。

6.3 配合比设计

6.3.1 再生骨料砂浆配合比设计应满足砂浆和易性、强度和耐久性的要求。

6.3.2 再生骨料砂浆配合比设计可按下列步骤进行：

1 按现行行业标准《砌筑砂浆配合比设计规程》JGJ/T 98 的规定计算基准砂浆配合比；

2 根据已有技术资料和砂浆性能要求确定再生细骨料取代率（δ_s），当无技术资料作为依据时，再生细骨料取代率（δ_s）不宜大于 50%；

3 以再生细骨料取代率（δ_s）和基准砂浆配合比中的砂用量，计算再生细骨料用量；

4 通过试验确定外加剂、添加剂和掺合料等的品种和掺量；

5 通过试配和调整，确定符合性能要求且经济性好的配合比作为最终配合比。

6.3.3 配制同一品种、同一强度等级再生骨料砂浆时，宜采用同一水泥厂生产的同一品种、同一强度等级水泥。

6.4 制备和施工

6.4.1 在专业生产厂以预拌方式生产的再生骨料砂浆，其制备应符合现行国家标准《预拌砂浆》GB/T 25181 的相关规定，其施工应符合现行行业标准《预拌砂浆应用技术规程》JGJ/T 223 的相关规定。

6.4.2 现场配制的再生骨料砂浆，其原材料储存和计量应符合现行国家标准《预拌砂浆》GB/T 25181 中有关湿拌砂浆的规定。

6.4.3 现场配制再生骨料砂浆时，宜采用强制式搅拌机搅拌，并应拌合均匀。搅拌时间应符合下列规定：

  1 仅由水泥、细骨料和水配制的砂浆，从全部材料投料完毕开始计算，搅拌时间不宜少于 120s；

  2 掺有矿物掺合料、添加剂或外加剂的砂浆，从全部材料投料完毕开始计算，搅拌时间不宜少于 180s；

  3 具体搅拌时间可根据搅拌机的技术参数经试验确定。

6.4.4 现场配制的再生骨料砂浆的使用应符合下列规定：

  1 以通用硅酸盐水泥为胶凝材料，现场配制的水泥砂浆宜在拌制后的 2.5h 内用完；当施工环境最高气温超过 30℃时，宜在拌制后的 1.5h 内用完。

  2 以通用硅酸盐水泥为胶凝材料，现场配制的水泥混合砂浆宜在拌制后的 3.5h 内用完；当施工环境最高气温超过 30℃时，宜在拌制后的 2.5h 内用完。

  3 砌筑水泥砂浆和掺用缓凝成分的砂浆，其使用时间可根据具体情况适当延长。

  4 现场拌制好的砂浆应采取防止水分蒸发的措施；夏季应采取遮阳措施，冬季应采取保温措施；砂浆堆放地点的气温宜为 5℃~35℃。

  5 当砂浆拌合物出现少量泌水现象，使用前应再拌合均匀。

  6 现场配制的再生骨料砂浆施工应符合现行行业标准《预拌砂浆应用技术规程》JGJ/T 223 的相关规定。

6.5 施工质量验收

6.5.1 现场配制的再生骨料抹灰砂浆的施工质量验收应按现行行业标准《抹灰砂浆技术规程》JGJ/T 220 的规定执行；再生骨料砌筑砂浆、再生骨料地面砂浆和预拌再生骨料抹灰砂浆的施工质量验收应按现行行业标准《预拌砂浆应用技术规程》JGJ/T 223 的

规定执行。

7 再生骨料砌块

7.1 一 般 规 定

7.1.1 再生骨料砌块按抗压强度可分为 MU3.5、MU5、MU7.5、MU10、MU15 和 MU20 六个等级。

7.1.2 再生骨料砌块所用原材料应符合下列规定：

  1 骨料的最大公称粒径不宜大于 10mm；

  2 再生骨料应符合本规程第 4.1.3 条的规定；

  3 当采用石屑作为骨料时，石屑中小于 0.15mm 的颗粒含量不应大于 20%；

  4 其他原材料应符合本规程第 5.1.1 条和国家现行有关标准的规定。

7.2 技 术 要 求

7.2.1 再生骨料砌块尺寸允许偏差和外观质量应符合表 7.2.1 的规定。

表 7.2.1 再生骨料砌块尺寸允许偏差和外观质量

项　　目		指标
尺寸允许偏差 （mm）	长度	±2
	宽度	±2
	高度	±2
最小外壁厚 （mm）	用于承重墙体	≥30
	用于非承重墙体	≥16
肋厚（mm）	用于承重墙体	≥25
	用于非承重墙体	≥15
缺棱掉角	个数（个）	≤2
	三个方向投影的最小值（mm）	≤20
裂缝延伸投影的累计尺寸（mm）		≤20
弯曲（mm）		≤2

7.2.2 再生骨料砌块的抗压强度应符合表 7.2.2 的规定。

表 7.2.2 再生骨料砌块抗压强度

强度等级	抗压强度（MPa）	
	平均值	单块最小值
MU3.5	≥3.5	≥2.8
MU5	≥5.0	≥4.0
MU7.5	≥7.5	≥6.0
MU10	≥10.0	≥8.0
MU15	≥15.0	≥12.0
MU20	≥20.0	≥16.0

7.2.3 再生骨料砌块干燥收缩率不应大于 0.060%；相对含水率应符合表 7.2.3-1 的规定；抗冻性应符合表 7.2.3-2 的规定；碳化系数（K_c）和软化系数（K_f）均不应小于 0.80。

相对含水率可按下式计算：

$$W = 100 \times \frac{\omega_1}{\omega_2} \qquad (7.2.3)$$

式中：W ——砌块的相对含水率（%）；

ω_1 ——砌块的含水率（%）；

ω_2 ——砌块的吸水率（%）。

表 7.2.3-1　再生骨料砌块相对含水率

使用地区的湿度条件	潮湿	中等	干燥
相对含水率（%）	≤40	≤35	≤30

注：潮湿是指年平均相对湿度大于 75% 的地区；中等是指年平均相对湿度为 50%～75% 的地区；干燥是指年平均相对湿度小于 50% 的地区。

表 7.2.3-2　再生骨料砌块抗冻性

使用条件	抗冻指标	质量损失率（%）	强度损失率（%）
夏热冬暖地区	D15	≤5	≤25
夏热冬冷地区	D25		
寒冷地区	D35		
严寒地区	D50		

7.2.4 再生骨料砌块各项性能的试验方法应按现行国家标准《混凝土小型空心砌块试验方法》GB/T 4111 的规定执行。

7.2.5 再生骨料砌块型式检验应包括放射性及本规程第 7.2.1 条、第 7.2.2 条和第 7.2.3 条规定的所有项目，出厂检验应包括尺寸允许偏差、外观质量和抗压强度。

7.2.6 同一配合比、同一工艺制作的同一强度等级的再生骨料砌块，每 10000 块应作为一个检验批，不足 10000 块的应按一批计。

7.2.7 型式检验时，每批应随机抽取 64 块再生骨料砌块。受检的 64 块砌块中，尺寸允许偏差和外观质量的不合格数不超过 8 块时，可判定该批砌块尺寸允许偏差和外观质量合格，否则，应判定该批砌块尺寸允许偏差和外观质量为不合格。从尺寸允许偏差和外观质量合格的样品中应随机抽取再生骨料砌块，进行下列检验：

　　1　抽取 5 块进行抗压强度检验；

　　2　抽取 3 块进行干燥收缩率检验；

　　3　抽取 3 块进行相对含水率检验；

　　4　抽取 10 块进行抗冻性检验；

　　5　抽取 12 块进行碳化系数检验；

　　6　抽取 10 块进行软化系数检验；

　　7　抽取 5 块进行放射性检验。

当所有检验项目的检验结果均符合本规程第 7.2.1 条、第 7.2.2 条和第 7.2.3 条以及现行国家标准《建筑材料放射性核素限量》GB 6566 的规定时，应判定该批产品合格，否则，应判定该批产品不合格。

7.2.8 出厂检验时，每批应随机抽取 32 块再生骨料砌块。受检的 32 块砌块中，尺寸允许偏差和外观质量的不合格数不超过 4 块时，应判定该批砌块尺寸允许偏差和外观质量合格，否则，应判定该批砌块尺寸允许偏差和外观质量为不合格。从尺寸允许偏差和外观质量合格的样品中随机抽取 5 块进行抗压强度检验，当抗压强度符合本规程第 7.2.2 条的规定时，应判定该批产品合格，否则，应判定该批产品不合格。

7.3　进 场 检 验

7.3.1 再生骨料砌块进场时，应按规定批次检查型式检验报告、出厂检验报告及合格证等质量证明文件。

7.3.2 再生骨料砌块进场时，应对尺寸允许偏差、外观质量和抗压强度进行检验。

7.3.3 再生骨料砌块进场检验批的划分应按本规程第 7.2.6 条执行；检验抽样规则和判定规则应按本规程第 7.2.8 条执行。

7.4　施工质量验收

7.4.1 再生骨料砌块砌体工程施工可按现行行业标准《混凝土小型空心砌块建筑技术规程》JGJ/T 14 的有关规定执行。

7.4.2 再生骨料砌块砌体工程质量验收应按现行国家标准《砌体结构工程施工质量验收规范》GB 50203 的有关规定执行。

8　再生骨料砖

8.1　一 般 规 定

8.1.1 再生骨料可用于制备多孔砖和实心砖，且再生骨料砖按抗压强度可分为 MU7.5、MU10、MU15 和 MU20 四个等级。

8.1.2 再生骨料实心砖主规格尺寸宜为 240mm× 115mm×53mm，再生骨料多孔砖主规格尺寸宜为 240mm×115mm×90mm；再生骨料砖其他规格可由供需双方协商确定。

8.1.3 再生骨料砖所用原材料应符合下列规定：

　　1　骨料的最大公称粒径不应大于 8mm；

　　2　再生骨料应符合本规程第 4.1.3 条的规定；

　　3　其他原材料应符合本规程第 5.1.1 条和国家现行有关标准的规定。

8.2 技术要求

8.2.1 再生骨料砖的尺寸允许偏差和外观质量应符合表8.2.1的规定。

表8.2.1 再生骨料砖尺寸允许偏差和外观质量

项 目		指标
尺寸允许偏差（mm）	长度	±2.0
	宽度	±2.0
	高度	±2.0
缺棱掉角	个数（个）	≤1
	三个方向投影的最小值（mm）	≤10
裂缝长度	大面上宽度方向及其延伸到条面的长度（mm）	≤30
	大面上长度方向及其延伸到顶面的长度或条、顶面水平裂纹的长度（mm）	≤50
弯曲（mm）		≤2.0
完整面		不少于一条面和一顶面
层 裂		不允许
颜 色		基本一致

8.2.2 再生骨料砖的抗压强度应符合表8.2.2的规定。

表8.2.2 再生骨料砖抗压强度

强度等级	抗压强度（MPa）	
	平均值	单块最小值
MU7.5	≥7.5	≥6.0
MU10	≥10.0	≥8.0
MU15	≥15.0	≥12.0
MU20	≥20.0	≥16.0

8.2.3 每块再生骨料砖的吸水率不应大于18%；干燥收缩率和相对含水率应符合表8.2.3-1的规定；抗冻性应符合表8.2.3-2的规定；碳化系数（K_c）和软化系数（K_f）均不应小于0.80。

相对含水率可按下式计算：

$$W = 100 \times \frac{\omega_1}{\omega_2} \quad\quad (8.2.3)$$

式中：W——砖的相对含水率（%）；

ω_1——砖的含水率（%）；

ω_2——砖的吸水率（%）。

表8.2.3-1 再生骨料砖干燥收缩率和相对含水率

干燥收缩率（%）	相对含水率平均值（%）		
	潮湿环境	中等环境	干燥环境
≤0.060	≤40	≤35	≤30

注：潮湿是指年平均相对湿度大于75%的地区；中等是指年平均相对湿度为50%～75%的地区；干燥是指年平均相对湿度小于50%的地区。

表8.2.3-2 再生骨料砖抗冻性

强度等级	冻后抗压强度平均值（MPa）	冻后质量损失率平均值（%）
MU20	≥16.0	≤2.0
MU15	≥12.0	≤2.0
MU10	≥8.0	≤2.0
MU7.5	≥6.0	≤2.0

注：冻融循环次数按照使用地区确定：夏热冬暖地区15次，夏热冬冷地区25次，寒冷地区35次，严寒地区50次。

8.2.4 再生骨料砖的尺寸允许偏差、外观质量和抗压强度的试验方法应按现行国家标准《砌墙砖试验方法》GB/T 2542的规定执行；吸水率、干燥收缩率、相对含水率、抗冻性、碳化系数和软化系数的试验方法应按现行国家标准《混凝土小型空心砌块试验方法》GB/T 4111的规定执行，测定干燥收缩率的初始标距应设为200mm。

8.2.5 再生骨料砖型式检验应包括放射性及本规程第8.2.1条、第8.2.2条和第8.2.3条规定的所有项目，出厂检验应包括尺寸允许偏差、外观质量和抗压强度。

8.2.6 同一配合比、同一工艺制作的同一品种、同一强度等级的再生骨料砖，每100000块应作为一个检验批，不足100000块的应按一批计。

8.2.7 再生骨料砖检验的抽样及判定规则应按现行行业标准《非烧结垃圾尾矿砖》JC/T 422中的相关规定执行。

8.3 进场检验

8.3.1 再生骨料砖进场时，应按规定批次检查型式检验报告、出厂检验报告及合格证等质量证明文件。

8.3.2 再生骨料砖进场时，应对尺寸允许偏差、外观质量和抗压强度进行检验。

8.3.3 再生骨料砖进场检验批的划分应按本规程第8.2.6条执行。每批应随机抽取50块进行检验。受检的50块再生骨料砖中，尺寸允许偏差和外观质量的不合格数不超过7块时，应判定该批砖尺寸允许偏差和外观质量合格，否则，应判定该批砖尺寸允许偏差和外观质量为不合格。从尺寸允许偏差和外观质量合格的样品中随机抽取10块进行抗压强度检验，当抗压强度符合本规程第8.2.2条的规定时，应判定该批产品合格，否则，应判定该批产品不合格。

8.4 施工质量验收

8.4.1 再生骨料砖砌体工程施工可按现行行业标准《多孔砖砌体结构技术规范》JGJ 137 的有关规定执行。

8.4.2 再生骨料砖砌体工程质量验收应按现行国家标准《砌体结构工程施工质量验收规范》GB 50203 的有关规定执行。

本规程用词说明

1 为便于在执行本规程条文时区别对待，对要求严格程度不同的用词说明如下：

   1）表示很严格，非这样做不可的：

     正面词采用"必须"，反面词采用"严禁"；

   2）表示严格，在正常情况下均应这样做的：

     正面词采用"应"，反面词采用"不应"或"不得"；

   3）表示允许稍有选择，在条件许可时首先应这样做的：

     正面词采用"宜"，反面词采用"不宜"；

   4）表示有选择，在一定条件下可以这样做的，采用"可"。

2 条文中指明应按其他有关标准执行的写法为："应符合……的规定（或要求）"或"应按……执行"。

引用标准名录

1 《砌体结构设计规范》GB 50003

2 《混凝土结构设计规范》GB 50010

3 《混凝土外加剂应用技术规范》GB 50119

4 《混凝土质量控制标准》GB 50164

5 《民用建筑热工设计规范》GB 50176

6 《砌体结构工程施工质量验收规范》GB 50203

7 《混凝土结构工程施工质量验收规范》GB 50204

8 《混凝土结构耐久性设计规范》GB/T 50476

9 《混凝土结构工程施工规范》GB 50666

10 《通用硅酸盐水泥》GB 175

11 《用于水泥和混凝土中的粉煤灰》GB/T 1596

12 《砌墙砖试验方法》GB/T 2542

13 《混凝土小型空心砌块试验方法》GB/T 4111

14 《建筑材料放射性核素限量》GB 6566

15 《混凝土外加剂》GB 8076

16 《预拌混凝土》GB/T 14902

17 《用于水泥和混凝土中的粒化高炉矿渣粉》GB/T 18046

18 《高强高性能混凝土用矿物外加剂》GB/T 18736

19 《混凝土和砂浆用再生细骨料》GB/T 25176

20 《混凝土用再生粗骨料》GB/T 25177

21 《预拌砂浆》GB/T 25181

22 《混凝土小型空心砌块建筑技术规程》JGJ/T 14

23 《普通混凝土用砂、石质量及检验方法标准》JGJ 52

24 《普通混凝土配合比设计规程》JGJ 55

25 《混凝土用水标准》JGJ 63

26 《建筑砂浆基本性能试验方法标准》JGJ/T 70

27 《砌筑砂浆配合比设计规程》JGJ/T 98

28 《机械喷涂抹灰施工规程》JGJ/T 105

29 《多孔砖砌体结构技术规范》JGJ 137

30 《抹灰砂浆技术规程》JGJ/T 220

31 《预拌砂浆应用技术规程》JGJ/T 223

32 《混凝土和砂浆用天然沸石粉》JG/T 3048

33 《非烧结垃圾尾矿砖》JC/T 422

中华人民共和国行业标准

再生骨料应用技术规程

JGJ/T 240—2011

条 文 说 明

制 定 说 明

《再生骨料应用技术规程》(JGJ/T 240－2011)，经住房和城乡建设部 2011 年 4 月 22 日以第 994 号公告批准、发布。

本标准制定过程中，编制组进行了广泛而深入的调查研究，总结了我国工程建设中再生骨料应用的实践经验，同时参考了国外先进技术法规、技术标准，通过实验室和工程现场试验取得了再生骨料应用的重要技术参数。

为便于广大设计、施工、科研、学校等单位有关人员在使用本规程时能正确理解和执行条文规定，《再生骨料应用技术规程》编制组按章、节、条顺序编制了本规程的条文说明，对条文规定的目的、依据以及执行中需注意的有关事项进行了说明。但是，本条文说明不具备与规程正文同等的法律效力，仅供使用者作为理解和把握规程规定的参考。

目 次

1 总则 ······································ 23—16
2 术语和符号 ·························· 23—16
　2.1 术语 ······························ 23—16
3 基本规定 ···························· 23—16
4 再生骨料的技术要求、进场检验、
　运输和储存 ························· 23—17
　4.1 技术要求 ······················ 23—17
　4.2 进场检验 ······················ 23—18
　4.3 运输和储存 ··················· 23—18
5 再生骨料混凝土 ·················· 23—18
　5.1 一般规定 ······················ 23—18
　5.2 技术要求和设计取值 ······· 23—18
　5.3 配合比设计 ··················· 23—19
　5.4 制备和运输 ··················· 23—20

5.5 浇筑和养护 ····················· 23—20
6 再生骨料砂浆 ······················ 23—20
　6.1 一般规定 ······················ 23—20
　6.3 配合比设计 ··················· 23—20
　6.4 制备和施工 ··················· 23—20
　6.5 施工质量验收 ················ 23—20
7 再生骨料砌块 ······················ 23—21
　7.1 一般规定 ······················ 23—21
　7.2 技术要求 ······················ 23—21
　7.3 进场检验 ······················ 23—21
8 再生骨料砖 ························· 23—21
　8.1 一般规定 ······················ 23—21
　8.2 技术要求 ······················ 23—21
　8.3 进场检验 ······················ 23—21

1 总　则

1.0.1　推广使用再生骨料可减轻建筑垃圾对环境的不良影响，实现建筑垃圾的资源化利用，节约天然资源，促进建筑业的节能减排和可持续发展，符合国家节约资源、保护环境的大政策。但是，由于再生骨料的性能有别于天然骨料，其应用也有一定的特殊性，所以，为了保证再生骨料应用的效果和质量，推动再生骨料在建筑工程中的应用技术进步，需要制定专门的规程。

1.0.2　在我国，再生骨料主要用于取代天然骨料来配制普通混凝土或普通砂浆，或者作为原材料用于生产非烧结砌块或非烧结砖。例如，采用再生粗骨料部分取代或全部取代天然粗骨料配制混凝土，已经在很多工程中得以成功应用，有些商品混凝土搅拌站已经专设储存库将再生骨料作为固定原材料；采用再生细骨料部分取代天然砂来配制建筑砂浆也已经有不少工程实例；利用再生骨料生产非烧结砌块和非烧结砖能够消纳更多的建筑垃圾，是我国目前建筑垃圾资源化利用的主力军，全国已经拥有数十条生产线，相关产品已经广泛用于各类建筑工程。

　　本规程不仅对混凝土、砂浆、砌块和砖的生产过程中使用再生骨料作出了技术规定，而且对再生骨料混凝土、再生骨料砂浆、再生骨料砌块和再生骨料砖在建筑工程中的应用也作出了技术规定。

2　术语和符号

2.1　术　语

2.1.1~2.1.2　现行国家标准《混凝土用再生粗骨料》GB/T 25177 中对"混凝土用再生粗骨料"定义为：由建(构)筑废物中的混凝土、砂浆、石、砖瓦等加工而成，用于配制混凝土的、粒径大于 4.75mm 的颗粒；现行国家标准《混凝土和砂浆用再生细骨料》GB/T 25176 中对"混凝土和砂浆用再生细骨料"定义为：由建(构)筑废物中的混凝土、砂浆、石、砖瓦等加工而成，用于配制混凝土和砂浆的粒径不大于 4.75mm 的颗粒。本规程的再生粗骨料、再生细骨料不仅用于配制混凝土和砂浆，还可用于再生骨料砖、再生骨料砌块等，所以，此处再生粗骨料、再生细骨料定义只规定来源和粒径。事实上，再生粗骨料、再生细骨料的来源也不仅局限于定义中列出的几种建筑垃圾，还可能来源于废弃墙板、废弃砌块等，有些建筑垃圾生产的再生骨料可能不适于配制混凝土或砂浆，但是可以用来生产再生骨料砖、再生骨料砌块等，这样就可以大大提高建筑垃圾的再生利用率，有利于节能减排。

　　本规程没有另行给出"再生骨料"的术语和定义，

因为行业标准《建筑材料术语标准》JGJ/T 191 中已经有了"再生骨料"术语和定义。

2.1.3　混凝土在配制过程中掺用再生骨料，较常见的是再生粗骨料部分取代或全部取代天然粗骨料，而细骨料采用天然砂；也有某些工程应用实例是再生粗骨料、再生细骨料分别部分取代天然粗骨料和天然砂。根据工程需要和再生骨料性能品质不同，再生骨料取代天然骨料的比例范围很宽泛。一般情况下，再生骨料取代天然骨料的质量百分比不低于 30%，甚至可以达到 100%，目前国内的技术水平已经完全可以达到这样的能力。所以，鼓励行业内充分利用现有技术提高再生骨料的取代比例，将有利于促进再生产品技术进步，可以逐步提高建筑垃圾的再生利用率，有利于节能减排。另一方面，如果再生骨料掺量过低，配制技术实际上就与普通混凝土无区别，不能体现再生骨料混凝土的技术内涵。

2.1.4　砂浆在配制过程中掺用再生细骨料，目前较为可靠的做法是再生细骨料部分取代天然砂。根据工程需要和再生细骨料性能品质不同，再生细骨料取代天然砂的比例范围也可以很宽泛。一般情况下，建议再生细骨料取代率不低于 30%。一方面是因为目前国内的技术水平已经完全可以达到这样的能力，另一方面，努力提高再生细骨料的取代比例，将有利于促进再生产品技术进步，可以逐步提高建筑垃圾的再生利用率，有利于节能减排。

2.1.7、2.1.9　本规程所说的"再生骨料砌块"、"再生骨料砖"，都是指采用养护方式而非烧结的方式制成。利用再生骨料生产非烧结砌块和非烧结砖能够消纳更多的建筑垃圾，目前国内的技术已经可以实现完全以再生骨料甚至建筑垃圾混合破碎物辅之以胶凝材料来生产再生骨料砌块和再生骨料砖，大大促进了建筑垃圾的再生利用。针对目前我国的主流技术现状，本规程所说的再生骨料砌块和再生骨料砖是采用水泥或水泥加矿物掺合料等水硬性胶凝材料作为胶结料；为了符合节能减排的要求，这类再生骨料砌块和再生骨料砖宜采用自然养护或蒸汽养护，不宜采用蒸压养护，不适合采用烧结工艺。所以，本规程所指再生骨料砌块和再生骨料砖均是指非烧结类型的砌块和砖。

　　再生骨料砌块或再生骨料砖如果采用蒸汽养护，则有利于提高早期强度，提高生产效率，且蒸汽养护可以利用工业余热，以实现能源高效利用。蒸压养护工艺尽管也可以用于再生骨料砌块和再生骨料砖，但是设备要求较复杂，能耗也比蒸汽养护高，所以不提倡采用蒸压养护。自然养护能耗小，但是养护时间相对较长，适合于生产场地宽敞的企业。

3　基本规定

3.0.1　原则上，有害杂质含量不足以影响再生骨料混凝土、再生骨料砂浆、再生骨料砌块或再生骨料砖使用性能的建筑垃圾均能用来生产再生骨料，但下列情况下的建筑垃圾不宜用于生产再生骨料：

1 建筑垃圾来自于有特殊使用场合的混凝土（如核电站、医院放射室等）；

2 建筑垃圾中硫化物含量高于600mg/L；

3 建筑垃圾已受重金属或有机物污染；

4 建筑垃圾已受硫酸盐或氯盐等腐蚀介质严重侵蚀；

5 原混凝土已发生严重的碱集料反应。

现行行业标准《建筑垃圾处理技术规范》CJJ1 34-2010中对"建筑垃圾"定义为：建筑垃圾指人们在从事建设、拆迁、装修、修缮等建筑业的生产活动中产生的渣土、砖石、泥浆及其他废弃物的统称。按产生源分类，建筑垃圾可分为工程渣土、装修垃圾、拆迁垃圾、工程泥浆等；按组成成分分类，建筑垃圾中主要包括渣土、泥浆、碎石块、废砂浆、砖瓦碎块、混凝土块、沥青块、废塑料、废金属、废竹木等。

本规程所说的建筑垃圾是指建筑物或构筑物拆除过程中产生的建筑垃圾，以及预拌混凝土或混凝土预制构件等生产企业在生产过程中产生的、混凝土现场浇筑施工过程产生的废弃硬化混凝土等，不包含对废弃的、尚处于拌合物状态的混凝土进行回收利用，因为这种情况的回收利用一般只是对拌合物进行冲洗等工序，分离出清洗干净的骨料进行重新利用，这与本规程所说的再生骨料不是一个概念。

4 再生骨料的技术要求、进场检验、运输和储存

4.1 技术要求

4.1.3 表4.1.3-1和表4.1.3-2中微粉含量、吸水率等指标名称的含义与现行国家标准《混凝土用再生粗骨料》GB/T 25177和《混凝土和砂浆用再生细骨料》GB/T 25176中的相关指标名称含义相同。

符合现行国家标准《混凝土用再生粗骨料》GB/T 25177和《混凝土和砂浆用再生细骨料》GB/T 25176规定的再生骨料可用于制备再生骨料砌块和再生骨料砖。但实际生产经验和应用案例证明，用于制备砌块和砖的再生骨料，其某些性能指标完全可以放宽，所以本规程作出了第4.1.3条的规定。

再生粗骨料颗粒级配、表观密度、针片状颗粒含量、空隙率等性能指标对再生骨料砌块或砖性能影响不大，故不作要求。再生粗骨料泥块含量、压碎指标、有机物、硫化物及硫酸盐、氯化物、坚固性、碱集料反应性能等指标关系到砌块或砖的强度和耐久性等关键性能，所以，这些指标应严格，需要满足现行国家标准《混凝土用再生粗骨料》GB/T 25177的相关

要求，而且经过调研和验证试验，上述这些指标都可以较容易达到GB/T 25177的Ⅲ类再生粗骨料相关要求。

再生粗骨料微粉含量、吸水率或杂物含量过高，会对砌块或砖的干燥收缩、强度、耐久性等性能带来不利影响，所以应对这些指标有所限制。但是，如果这些指标按照GB/T 25177的要求来限制又过于苛刻，对生产砌块或砖没有必要，反而不利于推动建筑垃圾资源化利用。调研和试验验证数据证明，这些指标比GB/T 25177的要求稍大一点并不会对砌块或砖性能带来明显影响，且指标适当放宽有利于再生骨料的推广。所以，相对于GB/T 25177的要求，本规程此处适当放宽了微粉含量、吸水率和杂物含量等指标的限值，规定再生粗骨料微粉含量＜5.0%，吸水率＜10.0%，杂物含量＜2.0%。

再生细骨料颗粒级配、再生胶砂需水量比、再生胶砂强度比、表观密度、堆积密度、空隙率等性能指标对再生骨料砌块或砖性能影响不大，故不作要求。再生细骨料泥块含量、坚固性、单级最大压碎指标、有害物质含量、碱集料反应性能等指标关系到砌块或砖的强度和耐久性等关键性能，所以，这些指标应较为严格，需要满足现行国家标准《混凝土和砂浆用再生细骨料》GB/T 25176的相关要求，而且经过调研和试验验证，这些指标都可以较容易达到GB/T 25176的Ⅲ类再生细骨料相关要求。

再生细骨料微粉含量过高，会对砌块或砖的干燥收缩带来不利影响，所以应对该指标有所限制。但是同样道理，如果该指标按照GB/T 25176的要求来限制又过于苛刻，对生产砌块或砖没有必要，反而不利于推动建筑垃圾资源化利用。调研和试验验证数据证明，该指标比GB/T 25176的要求稍大一点并不会对砌块或砖性能带来明显影响，且指标适当放宽有利于再生骨料的推广。所以，相对于GB/T 25176的要求，此处适当放宽指标限值，根据MB值不同规定再生细骨料微粉含量＜12.0%或＜6.0%。

在再生骨料砌块或再生骨料砖实际生产过程中，所采用的再生骨料往往是粗骨料和细骨料混合在一起。此种情况下，在对再生骨料进行检验时，可以先采用4.75mm的筛将混合再生骨料进行筛分，之后分别按照表4.1.3-1和表4.1.3-2进行检测评价。

由于目前尚无用于砌块或砖的再生骨料产品标准，也就没有相应的型式检验和出厂检验项目要求、组批规则等依据，而本规程对再生骨料的进场检验又要求供货方提供型式检验报告和出厂检验报告，所以本规程在此处给出了用于砌块或砖的再生骨料型式检验和出厂检验的相关规定，相关企业可以照此执行。

总的来说，砌块或砖对再生骨料的性能要求较低，本规程重点在于控制砌块或砖的产品质量，这体现于本规程第7章和第8章的相关规定。

4.2 进场检验

4.2.1 由于再生骨料的来源较复杂，为了保证来货的性能质量和进行质量追溯，再生骨料进场手续检验应更加严格，应验收质量证明文件，包括型式检验报告、出厂检验报告及合格证等；质量证明文件中还要体现生产厂信息、合格证编号、再生骨料类别、批号及出厂日期、再生骨料数量等内容。

用于混凝土或砂浆的再生骨料型式检验、出厂检验按照现行国家标准《混凝土用再生粗骨料》GB/T 25177 和《混凝土和砂浆用再生细骨料》GB/T 25176 来执行。

4.2.2 再生骨料的进场检验是按照用户最关心且便于检验指标的原则来确定所选项目的。

4.3 运输和储存

4.3.2 为了避免使用时出现误用等差错，用户在储存原材料时，应在堆场或料库等储存地点设置明显的标志或专门标识，例如"混凝土用再生粗骨料"、"砂浆用再生细骨料"等。

5 再生骨料混凝土

5.1 一般规定

5.1.2 由于Ⅰ类再生粗骨料品质已经基本达到常用天然粗骨料的品质，所以其应用不受强度等级限制。为充分保证结构安全，达到Ⅱ类产品指标要求的再生粗骨料限制可以用于配制不高于 C40 的再生骨料混凝土，目前我国国内如北京、青岛等地再生骨料混凝土在实际工程中应用已经达到了 C40；Ⅲ类再生粗骨料由于品质相对较差，可能对结构混凝土或较高强度再生骨料混凝土性能带来不利影响，所以限制其仅可用于 C25 以下的再生骨料混凝土，且由于吸水率等指标相对较高，所以Ⅲ类再生粗骨料不宜用于有抗冻要求的混凝土。本规程所说混凝土均指符合现行国家标准《混凝土结构设计规范》GB 50010 规定的混凝土。

国外相关标准对再生骨料混凝土强度应用范围也有类似限定，例如对于近似于我国Ⅱ类再生粗骨料配制的混凝土，比利时限定为不超过 C30，丹麦限定为不超过 40MPa，荷兰限定为不超过 C50（荷兰国家标准规定再生骨料取代天然骨料的质量比不能超过 20%）。

5.1.3 尽管Ⅰ类再生细骨料主要技术性能已经基本达到常用天然砂的品质，但是由于再生细骨料中往往含有水泥石颗粒或粉末，而且目前采用再生细骨料配制混凝土的应用实践相对较少，所以对再生细骨料在混凝土中的应用比再生粗骨料限制严格一些。Ⅲ类再生细骨料由于品质较差，不宜用于混凝土。

5.1.4 再生骨料往往会增大混凝土的收缩，由此可能增大预应力损失，所以本规程从严规定不得用于预应力混凝土。

5.1.5、5.1.6 现行国家标准《混凝土结构设计规范》GB 50010 中对设计使用寿命为 50 年的结构用混凝土耐久性进行了相关规定。由于来源的客观原因，再生骨料吸水率、有害物质含量等指标状况往往比天然骨料差一些，这些指标可能影响混凝土耐久性或长期性能，所以，为了确保安全，本规程对最大水胶比、最低强度等级、最大氯离子含量等的要求相对于 GB 50010 中的相关规定均相应提高了一级要求。

本规程目前仅就再生骨料混凝土用于设计使用年限为 50 年及以内的工程作出规定，对用于更长设计使用年限的情况，为慎重稳妥起见，还需要继续积累研究与工程应用数据及经验。

由于来源的复杂性，再生骨料中氯离子含量、三氧化硫含量可能高于天然骨料。由于氯离子含量等对混凝土尤其是钢筋混凝土和预应力混凝土的耐久性影响较大，所以，本规程并没有将掺用了再生骨料的混凝土中氯离子含量、三氧化硫含量要求有所降低，而是严格执行现行国家标准《混凝土结构设计规范》GB 50010 和《混凝土结构耐久性设计规范》GB/T 50476 的规定。

5.1.7 近年来，随着城市化进程的加快，我国很多地区排放了大量的建筑垃圾，亟待消纳处理。但是由于建筑垃圾来源的复杂性、各地技术及产业发达程度差异和加工处理的客观条件限制，生产出来的大量再生骨料往往有一些指标不能满足现行国家标准《混凝土用再生粗骨料》GB/T 25177 或《混凝土和砂浆用再生细骨料》GB/T 25176 的要求，例如微粉含量、骨料级配等，这些再生骨料尽管不宜用来配制结构混凝土，但是完全可以配制垫层等非结构混凝土。所以，为了扩大建筑垃圾的消纳利用范围，提高利用率，此处作出了较为宽松的补充规定。

5.2 技术要求和设计取值

5.2.1 再生骨料混凝土的拌合物性能试验方法按现行国家标准《普通混凝土拌合物性能试验方法标准》GB 50080 执行；力学性能试验方法及试件尺寸换算系数按现行国家标准《普通混凝土力学性能试验方法标准》GB 50081 执行；耐久性能和长期性能试验方法按现行国家标准《普通混凝土长期性能和耐久性能试验方法标准》GB 50082 执行；质量控制应符合现行国家标准《混凝土质量控制标准》GB 50164 的规定；强度检验评定应符合现行国家标准《混凝土强度检验评定标准》GB/T 50107 的规定；耐久性的检验评定应符合现行行业标准《混凝土耐久性检验评定标准》JGJ/T 193 的规定。

5.2.2 由于本规程对用于混凝土的再生骨料性能指

标要求与天然骨料产品标准要求总体一致，有区别的项目也或者是偏于严格（例如针片状含量），或者是对混凝土力学性能影响不大（指标宽松于天然骨料的项目主要是吸水率、有害物质含量等，这些指标影响的是混凝土耐久性或长期性能，这已在耐久性要求方面加以约束），再生混凝土其力学性能与常规混凝土要求应该一致，所以本规程对再生骨料混凝土的轴心抗压强度标准值、轴心抗压强度设计值、轴心抗拉强度标准值、轴心抗拉强度设计值、轴心抗压疲劳强度设计值、轴心抗拉疲劳强度设计值、剪切变形模量和泊松比的相关规定与 GB 50010 一致。

5.2.3 表 5.2.3 参考了上海市地方标准《再生混凝土应用技术规程》DG/TJ08-2018-2007 中的数据，该数据是上海地标编制组基于国内外 528 组代表性实验数据统计出来的。表 5.2.3 的取值相比于现行国家标准《混凝土结构设计规范》GB 50010 都相应有所折减，这是考虑到再生骨料对混凝土力学性能的影响，基于试验验证而给出的数据。

5.2.4 国内外研究表明，再生骨料混凝土其热工性能与普通混凝土没有明显区别，所以本规程规定，如果没有试验条件，则再生骨料混凝土热工性能取值可与现行国家标准《混凝土结构设计规范》GB 50010 或《民用建筑热工设计规范》GB 50176 中的取值一致。GB 50010 规定混凝土线膨胀系数 α_c 为 $1 \times 10^{-5}/\text{℃}$，比热容 c 为 $0.96\text{kJ}/(\text{kg} \cdot \text{K})$；GB 50176 规定钢筋混凝土导热系数 λ 为 $1.74\text{W}/(\text{m} \cdot \text{K})$，碎石或卵石混凝土导热系数 λ 为 $1.51\text{W}/(\text{m} \cdot \text{K})$。

5.3 配合比设计

5.3.2 Ⅰ类再生粗骨料品质较好，可以按照常用天然粗骨料来使用，所以其取代率可不受限制。

近年来各相关企业积累的实践经验表明，对于 C30、C40 混凝土，再生粗骨料掺量一般为 50% 以内为宜，这样较容易控制和易性及保证强度。所以，在缺乏实践经验情况下来计算配合比参数，Ⅱ类、Ⅲ类再生粗骨料的取代率一般不宜大于 50%。

混凝土中掺用再生细骨料的试验研究和工程应用实践较少，所以宜通过充分的验证试验来确定其可行性，且由于再生细骨料中容易引入较多的微粉，可能对混凝土性能尤其是耐久性造成影响，所以再生细骨料取代率也不宜大于 50%。

一般不宜同时掺用再生粗骨料和再生细骨料，因为这样操作的交互影响因素过多，对配制技术要求较高，且再生细骨料易导致混凝土坍落度损失加快。所以为保险起见，在目前实践经验较少、没有经过试验验证的情况下，暂不提倡同时掺用再生粗、细骨料，尤其是如果已经掺用了Ⅲ类再生粗骨料时，则不宜再掺入再生细骨料；如果同时掺用，必须进行充分的试验验证。

由于Ⅰ类再生粗骨料品质已经相当于天然骨料，所以对于仅掺Ⅰ类再生粗骨料的混凝土可以视其为常规混凝土。如果掺用Ⅱ类、Ⅲ类再生粗骨料，但是取代率小于 30%，由于再生骨料掺量较小，对混凝土性能影响很有限，此时也可以视为常规混凝土。所以对于不掺用再生细骨料的混凝土，如果仅掺Ⅰ类再生粗骨料或Ⅱ类、Ⅲ类再生粗骨料取代率小于 30% 时，抗压强度标准差 σ 可按现行行业标准《普通混凝土配合比设计规程》JGJ 55 的规定执行。当再生骨料掺量较大，例如当Ⅱ类、Ⅲ类再生粗骨料取代率大于 30% 时，由于建筑垃圾来源的复杂性、再生骨料品质的离散性导致其对混凝土性能的影响相应增大，这种情况下，根据统计资料计算时，为了更好的保证统计数据的代表性，本规程规定强度试件组数提高到不小于 30 组（《普通混凝土配合比设计规程》JGJ 55-2000 要求是不小于 25 组），且为了保证再生骨料混凝土配制强度具有较好的富余度，进一步降低再生骨料离散性带来的影响，本规程对 σ 计算值的最低限值作出了相应的下限要求。

当无统计资料时，对于仅掺再生粗骨料的混凝土，其 σ 值可按表 5.3.2 确定。表 5.3.2 取值比上述计算值最低限值相应增大，目的是保证无统计资料时的配制强度富余度足够。

掺用再生细骨料或同时掺用再生粗骨料和再生细骨料的混凝土，混凝土强度的影响因素往往更为复杂，此时，也应根据统计资料计算确定 σ 值。计算时，强度试件组数同样提高到不小于 30 组，σ 要取计算值和表 5.3.2 中对应值中的大者，取值要求更高；当无统计资料时，抗压强度标准差也按表 5.3.2 取值。此处规定偏严格的目的就是为了充分保证再生细骨料复杂影响情况下的配制强度。

配制再生骨料混凝土离不开外加剂，尤其建议选择使用氨基磺酸盐、聚羧酸盐等减水率较高的高效减水剂，这对于保证再生骨料混凝土性能具有较明显优势。

由于再生骨料的微粉含量等往往高于天然骨料，有可能影响混凝土强度和耐久性；砂率较高也会影响混凝土强度和耐久性，所以适当降低砂率可以在一定程度上弥补再生骨料带来的不利影响。因此，在设计基准混凝土配合比时，宜采用较低的砂率。

基于目前我国再生骨料的生产水平，再生骨料的吸水率往往高于天然骨料，在相同用水量情况下，再生骨料混凝土拌合物工作性往往比基准混凝土差，所以，在设计水灰比基础上，一般需要通过掺入减水剂或增加减水剂掺量等方式来保证工作性；配制时也可以适当增加用水量以满足再生骨料的吸水率需要，此时增加的用水量被再生骨料吸附而不是用于水泥水化，所以一般不会影响混凝土的性能，但用水增加量一般不宜超过 5%。此外，由于再生骨料的吸水率往往高于天然骨料，再生骨料混凝土的坍落度损失也往往会偏快，所以需要采取比普通混凝土更有效的措施加以控制，例如增加缓凝剂或坍落度抑制剂的掺量，减水剂延时掺加，再生骨料预湿处理等。

5.4 制备和运输

5.4.1、5.4.2 再生骨料混凝土原材料的储存和计量，再生骨料混凝土搅拌、运输等，总体上和普通混凝土的要求一样。由于再生骨料混凝土制备对综合技术要求较高，应鼓励采用预拌方式生产，且目前我国的再生骨料混凝土基本都是在生产条件较好的大中城市加以发展，所以，对再生骨料混凝土的制备和运输要求基本上采纳了现行国家标准《预拌混凝土》GB/T 14902 的规定。

5.5 浇筑和养护

5.5.1 由于再生骨料混凝土对干燥收缩更为敏感，预防混凝土早期收缩开裂尤为重要，所以对于再生骨料混凝土应特别加强早期养护。

6 再生骨料砂浆

6.1 一般规定

6.1.1 再生骨料砂浆用于地面砂浆时，宜用于找平层而不宜用于面层，因为面层对耐磨性要求较高，再生骨料砂浆往往难以达到。

6.1.2 现行国家标准《预拌砂浆》GB/T 25181 对砂浆所用水泥、细骨料、掺合料、外加剂、拌合水以及添加剂（例如保水增稠材料、可再分散胶粉、颜料、纤维等）和填料（例如重质碳酸钙、轻质碳酸钙、石英粉、滑石粉等）作出了规定；现行行业标准《抹灰砂浆技术规程》JGJ/T 220 对砂浆用石灰膏、磨细生石灰粉、建筑石膏等作出了规定。尽管已经有行业标准《预拌砂浆》JG/T 230-2007，但是目前已经颁布了国标《预拌砂浆》GB/T 25181-2010，所以本规程引用最新的国标《预拌砂浆》GB/T 25181。

6.1.3 现行国家标准《混凝土和砂浆用再生细骨料》GB/T 25176 中规定的 I 类再生细骨料技术性能指标已经类似于天然砂，所以其在砂浆中的强度等级应用范围不受限制。而 II 类再生细骨料、III 类再生细骨料由于综合品质逊色于天然骨料，尽管实际验证试验中也配制出了 M20 等较高强度等级的砂浆，但是为可靠起见，规定 II 类再生细骨料一般只适用于配制 M15 及以下的砂浆，III 类再生细骨料一般只适用于配制 M10 及以下的砂浆。

6.3 配合比设计

6.3.2 本规程提出的再生骨料砂浆配合比设计方法

适用于现场配制的砂浆和预拌砂浆中的湿拌砂浆。由于生产方式的特殊性，干混砂浆配合比设计一般由生产厂根据工艺特点采用专门的技术路线，本规程不作规定。

由于再生细骨料的吸水率往往较天然砂大一些，配制的砂浆抗裂性能相对较差，所以对于抗裂性能要求较高的抹灰砂浆或地面砂浆，再生细骨料取代率不宜过大，一般限制在 50% 以下为宜；对于砌筑砂浆，由于需要充分保证砌体强度，所以在没有技术资料可以借鉴的情况下，再生细骨料取代率一般也要限制在 50% 以下较为稳妥。

再生骨料砂浆配制过程中一般应掺入外加剂、添加剂和掺合料，并需要试验调整外加剂、添加剂、掺合料掺量，以此来满足工作性要求。在设计用水量基础上，也可根据再生细骨料类别和取代率适当增加单位体积用水量，但增加量一般不宜超过 5%。

6.4 制备和施工

6.4.1 该条规定的是再生骨料预拌砂浆的制备和施工。制备包括原料储存、计量、搅拌生产等环节，按照国家标准《预拌砂浆》GB/T 25181 相关规定执行；进厂检验、砂浆储存、拌合、基层要求、施工操作等环节，按照《预拌砂浆应用技术规程》JGJ/T 223 的相关规定执行。

6.4.2~6.4.4 这几条规定的是现场配制的再生骨料砂浆的制备、生产和施工。现场拌制的砂浆在很多技术环节上与湿拌砂浆类似。

不论是预拌砂浆还是现场拌制的砂浆，其施工要求都是一样的，所以现场配制的再生骨料砂浆施工也按照《预拌砂浆应用技术规程》JGJ/T 223 的相关规定执行。

6.5 施工质量验收

6.5.1 《抹灰砂浆技术规程》JGJ/T 220 规定：抹灰砂浆的施工质量验收包括砂浆试块抗压强度验收和实体拉伸粘结强度检验两个指标，这说明，不论是预拌的还是现场配制的抹灰砂浆，都需要检验这两个指标。

《预拌砂浆应用技术规程》JGJ/T 223 相关条文显示出，预拌抹灰砂浆在进场时已对抗压强度进行进场检验，为避免重复繁冗的检验，施工验收时就不用再进行抗压强度检验，验收时只需检验实体拉伸粘结强度即可。所以，预拌再生骨料抹灰砂浆施工质量验收遵循《预拌砂浆应用技术规程》JGJ/T 223 即可。

而现场配制的抹灰砂浆的施工质量验收则需要检验砂浆试块抗压强度和拉伸粘结强度实体检测值，就不能直接执行《预拌砂浆应用技术规程》JGJ/T 223 关于验收的相关规定，否则就会缺少砂浆试块抗压强度检验过程。所以，此处对现场配制的再生骨料抹灰砂浆的施工质量验收单独作出了规定，即按照《抹灰砂浆技术规程》JGJ/T 220规定执行。

7 再生骨料砌块

7.1 一般规定

7.1.2 砌块生产中往往掺用石屑等破碎石材作为部分骨料，此处对小于0.15mm的细石粉颗粒的限制参考了现行国家标准《普通混凝土小型空心砌块》GB 8239的相关规定。

其他相关标准例如，如果砌块中使用轻集料，则应符合现行国家标准《轻集料及其试验方法 第1部分：轻集料》GB/T 17431.1的规定，如果砌块中使用重矿渣骨料，则应符合现行行业标准《混凝土用高炉重矿渣碎石技术条件》YBJ 20584的规定。

7.2 技术要求

7.2.1 尺寸允许偏差和外观质量指标要求参考了现行行业标准《粉煤灰混凝土小型空心砌块》JC/T 862的规定。

7.2.2 强度等级规定也参考了现行行业标准《粉煤灰混凝土小型空心砌块》JC/T 862的规定。

7.2.5 由于目前尚无专门的再生骨料砌块产品国家标准或行业标准，根据产品具体情况，再生骨料砌块的型式检验和出厂检验一般是依据企业标准或参考现行相关行业标准或国家标准执行。所以，再生骨料砌块型式检验和出厂检验项目可以根据企业所依据标准情况而定，但是型式检验应包含有放射性及本规程第7.2节所列所有项目，出厂检验应包含有本规程第7.2节所列的尺寸允许偏差、外观质量和抗压强度等项目。放射性按照现行国家标准《建筑材料放射性核素限量》GB 6566规定执行。

7.3 进场检验

7.3.1 再生骨料砌块各项性能指标达到要求方能出厂。产品出厂时，应提供产品质量合格证，合格证一般应标明生产厂信息、产品名称、批量及编号、产品实测技术性能和生产日期等。

为了保证再生骨料砌块的生产质量，生产厂需要重视养护和运输储存等环节。在正常生产工艺条件下，再生骨料砌块收缩值最终可达0.60mm/m，经28d养护后收缩值可完成60%。因此，延长养护时间，能保证砌体强度并减少因砌块收缩过多而引起的墙体裂缝。一般地，养护时间不少于28d；当采用人工自然养护时，在养护的前7d应适量喷水养护，人工自然养护总时间不少于28d。

再生骨料砌块在堆放、储存和运输时，应采取防雨措施。再生骨料砌块应按规格和强度等级分批堆放，不应混杂。堆放、储存时保持通风流畅，底部宜用木制托盘或塑料托盘支垫，不宜直接贴地堆放。堆放场地必须平整，堆放高度一般不宜超过1.6m。

7.3.2 再生骨料砌块的进场检验项目一般应包括尺寸允许偏差、外观质量和抗压强度；如果用户方根据工程需要提出更多进场检验项目要求，则供需双方可以协商附加选择本规程第7.2节中的其他检验项目。

8 再生骨料砖

8.1 一般规定

8.1.1 尽管现行国家标准《砌体结构设计规范》GB 50003、现行行业标准《多孔砖砌体结构技术规范》JGJ 137中对砖的强度等级最低规定为MU10，现行国家标准《混凝土实心砖》GB/T 21144和现行行业标准《非烧结垃圾尾矿砖》JC/T 422中最低抗压强度为MU15，但是为了拓宽再生骨料的推广应用，本规程将再生骨料多孔砖和再生骨料实心砖的最低强度拓宽为MU7.5。

8.2 技术要求

8.2.1 本规程基本上采纳了现行行业标准《非烧结垃圾尾矿砖》JC/T 422中关于尺寸允许偏差和外观质量的规定。

8.2.2 再生骨料砖抗压强度主要是参考了现行行业标准《非烧结垃圾尾矿砖》JC/T 422和《混凝土多孔砖》JC 943等标准中的规定，MU7.5的强度规定是按照线性外推计算得到的。

8.2.3 在验证试验数据基础上，再生骨料砖吸水率单块值、干燥收缩率、碳化系数和软化系数指标参考现行行业标准《非烧结垃圾尾矿砖》JC/T 422的规定，相对含水率指标参考现行国家标准《混凝土实心砖》GB/T 21144的规定。再生骨料砖的抗冻指标要求也参考了现行行业标准《非烧结垃圾尾矿砖》JC/T 422的规定，并采用线性外推方法补充了MU7.5和MU10的抗冻指标要求。

8.2.5 由于目前尚无专门的再生骨料砖产品国家标准或行业标准，根据产品具体情况，再生骨料砖的型式检验和出厂检验一般是依据企业标准或参考现行相关行业标准或国家标准。所以，再生骨料砖型式检验和出厂检验项目可以根据企业所依据标准情况而定，但是型式检验应包含有放射性及本规程第8.2节所列所有项目，出厂检验应包含有本规程第8.2节所列的尺寸允许偏差、外观质量和抗压强度等项目。放射性按照现行国家标准《建筑材料放射性核素限量》GB 6566规定执行。

8.3 进场检验

8.3.1 再生骨料砖各项性能指标达到要求方能出厂。

产品出厂时，应提供产品质量合格证，合格证一般应标明生产厂信息、产品名称、批量及编号、产品实测技术性能和生产日期等。

为了保证再生骨料砖的生产质量，需要重视养护和运输储存等环节。在正常生产工艺条件下，再生骨料砖收缩值最终可达 0.60mm/m，经 28d 养护后收缩值可完成 60%。因此，延长养护时间，能保证砌体强度并减少因砖收缩过多而引起的墙体裂缝。一般地，养护时间不少于 28d；当采用人工自然养护时，在养护的前 7d 应适量喷水养护，人工自然养护总时间不少于 28d。

再生骨料砖在堆放、储存和运输时，应采取防雨措施。再生骨料砖应按规格和强度等级分批堆放，不应混杂。堆放、储存时保持通风流畅，底部宜用木制托盘或塑料托盘支垫，不宜直接贴地堆放。堆放场地必须平整，堆放高度一般不宜超过 1.6m。

8.3.2 再生骨料砖的进场检验项目一般应包括尺寸允许偏差、外观质量和抗压强度；如果用户方根据工程需要提出更多进场检验项目要求，则供需双方可以协商附加选择本规程第 8.2 节中的其他检验项目。

中华人民共和国行业标准

人工砂混凝土应用技术规程

Technical specification for application of
manufactured sand concrete

JGJ/T 241—2011

批准部门：中华人民共和国住房和城乡建设部
施行日期：２０１１年１２月１日

中华人民共和国住房和城乡建设部
公 告

第 995 号

关于发布行业标准
《人工砂混凝土应用技术规程》的公告

现批准《人工砂混凝土应用技术规程》为行业标准，编号为 JGJ/T 241-2011，自 2011 年 12 月 1 日起实施。

本规程由我部标准定额研究所组织中国建筑工业出版社出版发行。

中华人民共和国住房和城乡建设部

2011 年 4 月 22 日

前 言

根据住房和城乡建设部《关于印发〈2009 年工程建设标准规范制订、修订计划（第一批）〉的通知》（建标〔2009〕88 号）的要求，规程编制组经广泛调查研究，认真总结实践经验，参考有关国际标准和国外先进标准，并在广泛征求意见的基础上，制定本规程。

本规程的主要技术内容是：1. 总则；2. 术语；3. 基本规定；4. 原材料；5. 人工砂混凝土性能；6. 配合比设计；7. 施工；8. 质量检验及验收。

本规程由住房和城乡建设部负责管理，由重庆大学负责具体技术内容的解释。本规程执行过程中如有意见或建议，请寄送至重庆大学材料科学与工程学院（地址：重庆市沙坪坝区沙北街 83 号，邮编：400045）。

本 规 程 主 编 单 位：重庆大学
中建五局第三建设有限公司

本 规 程 参 编 单 位：中冶建工集团有限公司
重庆市正源水务工程质量检测技术有限公司
厦门市建筑科学研究院集团股份有限公司
重庆市公路工程质量检测中心
重庆市建筑科学研究院
四川建筑职业技术学院
招商局重庆交通科研设计院有限公司
江苏博特新材料有限公司
江苏铸本混凝土工程有限公司
上海嘉华混凝土有限公司
重庆建工住宅建设有限公司
重庆凯威混凝土有限公司
上海金路创展工程机械有限公司
张家界鼎立建材有限公司

本规程主要起草人员：杨长辉　粟元甲　张智强
何昌杰　叶建雄　王　冲
王于益　杨琼辉　陈　越
刘加平　张东长　彭军芝
黄洪胜　李江华　龙　宇
霍　涛　王进勇　刘建忠
张　意　桂苗苗　张学智
张顺华　陈希才　高　彬
陈　科　王有负　丁祖仁

本规程主要审查人员：丁　威　郝挺宇　王自强
陈友治　秦鸿根　陈火炎
陈普法　胡红梅　陈昌礼

目　次

1 总则 ……………………………… 24—5

2 术语 ……………………………… 24—5

3 基本规定 ………………………… 24—5

4 原材料 …………………………… 24—5

  4.1 细骨料 ……………………… 24—5

  4.2 水泥 ………………………… 24—6

  4.3 粗骨料 ……………………… 24—6

  4.4 矿物掺合料 ………………… 24—6

  4.5 外加剂 ……………………… 24—6

  4.6 拌合用水 …………………… 24—6

5 人工砂混凝土性能 ……………… 24—6

  5.1 拌合物技术要求 …………… 24—6

  5.2 力学性能 …………………… 24—7

  5.3 长期性能和耐久性能 ……… 24—7

6 配合比设计 ……………………… 24—7

  6.1 一般规定 …………………… 24—7

  6.2 配合比计算与确定 ………… 24—7

7 施工 ……………………………… 24—7

  7.1 一般规定 …………………… 24—7

  7.2 原材料计量 ………………… 24—8

  7.3 混凝土搅拌 ………………… 24—8

  7.4 拌合物运输 ………………… 24—8

  7.5 混凝土浇筑 ………………… 24—8

  7.6 拆模 ………………………… 24—8

  7.7 混凝土养护 ………………… 24—9

8 质量检验及验收 ………………… 24—9

  8.1 原材料质量检验 …………… 24—9

  8.2 混凝土拌合物性能检验 …… 24—10

  8.3 硬化混凝土性能检验 ……… 24—10

  8.4 混凝土工程验收 …………… 24—10

本规程用词说明 …………………… 24—10

引用标准名录 ……………………… 24—10

附：条文说明 ……………………… 24—12

Contents

1 General Provisions .... 24—5

2 Terms .... 24—5

3 Basic Requirements .... 24—5

4 Raw Materials .... 24—5

  4.1 Fine Aggregate .... 24—5

  4.2 Cement .... 24—6

  4.3 Coarse Aggregate .... 24—6

  4.4 Mineral Additives .... 24—6

  4.5 Chemical Admixture .... 24—6

  4.6 Mixing Water .... 24—6

5 Manufactured Sand Concrete
Performance .... 24—6

  5.1 Technical Requirements of
Mixtures .... 24—6

  5.2 Mechanical Performance .... 24—7

  5.3 Long-term Performance and
Durability .... 24—7

6 Design of Mix Proportion .... 24—7

  6.1 General Requirements .... 24—7

  6.2 Calculation and Determination of
Mix Design .... 24—7

7 Construction .... 24—7

  7.1 General Requirements .... 24—7

7.2 Weighing of Raw Material .... 24—8

7.3 Mixing of Fresh Concrete .... 24—8

7.4 Transportation of Fresh
Concrete .... 24—8

7.5 Casting of Concrete .... 24—8

7.6 Demould .... 24—8

7.7 Curing of Concrete .... 24—9

8 Quality Inspection and
Acceptance .... 24—9

  8.1 Quality Inspection of Concrete Raw
Materials .... 24—9

  8.2 Property Inspection of Concrete
Mixture .... 24—10

  8.3 Property Inspection of Hardened
Concrete .... 24—10

  8.4 Acceptance of Concrete
Engineering .... 24—10

Explanation of Wording in This
Specification .... 24—10

List of Quoted Standards .... 24—10

Addition: Explanation of
Provisions .... 24—12

1 总　则

1.0.1 为规范人工砂混凝土的工程应用，做到技术先进、经济合理、安全适用，保证工程质量，制定本规程。

1.0.2 本规程适用于人工砂混凝土的原材料质量控制、配合比设计、施工、质量检验与验收。

1.0.3 人工砂混凝土的应用除应符合本规程外，尚应符合国家现行有关标准的规定。

2 术　语

2.0.1 人工砂　artificial sand

岩石或卵石经除土开采、机械破碎、筛分而成的，公称粒径小于 5mm 的岩石或卵石（不包括软质岩和风化岩）颗粒。

2.0.2 石粉含量　crushed dust content

人工砂中公称粒径小于 80 μm，且其矿物组成和化学成分与被加工母岩相同的颗粒含量。

2.0.3 亚甲蓝（MB）值　methylene blue value

用于判定人工砂石粉中泥土含量的指标。

2.0.4 吸水率　water absorption

骨料表面干燥而内部孔隙含水达到饱和时的含水率。

2.0.5 压碎值指标　crushing value index

人工砂抵抗压碎的能力。

2.0.6 人工砂混凝土　manufactured sand concrete

以人工砂为主要细骨料配制而成的水泥混凝土。

3 基本规定

3.0.1 人工砂混凝土应采用强制式搅拌机搅拌。

3.0.2 人工砂混凝土的力学性能和耐久性能应符合现行国家标准《混凝土结构设计规范》GB 50010 和《混凝土结构耐久性设计规范》GB/T 50476 的规定。

3.0.3 用于建筑工程的人工砂混凝土放射性应符合现行国家标准《建筑材料放射性核素限量》GB 6566 的规定。

3.0.4 石灰岩质人工砂混凝土用于低温硫酸盐侵蚀环境时，混凝土应进行耐久性试验论证，并应满足设计要求。

4 原材料

4.1 细骨料

4.1.1 人工砂应符合下列规定：

1 人工砂的粗细程度可按其细度模数（μ_f）分

为粗、中、细三级，并应符合下列规定：

粗砂的 μ_f 应为 3.7～3.1；

中砂的 μ_f 应为 3.0～2.3；

细砂的 μ_f 应为 2.2～1.6。

2 人工砂的颗粒级配宜符合表 4.1.1-1 的规定。

表 4.1.1-1　人工砂的颗粒级配

筛孔尺寸		4.75 mm	2.36 mm	1.18 mm	600 μm	300 μm	150 μm
累计筛余（%）	Ⅰ区	10～0	35～5	65～35	85～71	95～80	100～90
	Ⅱ区	10～0	25～0	50～10	70～41	92～70	100～90
	Ⅲ区	10～0	15～0	25～0	40～16	85～55	100～90

人工砂的实际颗粒级配与表 4.1.1-1 中累计筛余相比，除筛孔为 4.75mm 和 600 μm 的累计筛余外，其余筛孔的累计筛余可超出表中限定范围，但超出量不应大于 5%。

当人工砂的实际颗粒级配不符合表 4.1.1-1 的规定时，宜采取相应的技术措施，并应经试验证明能确保混凝土质量后再使用。

3 人工砂中的石粉含量应符合表 4.1.1-2 的规定。

表 4.1.1-2　人工砂的石粉含量

项　目		指　标		
		≥C60	C55～C30	≤C25
石粉含量（%）	MB<1.4（合格）	≤5.0	≤7.0	≤10.0
	MB≥1.4（不合格）	≤2.0	≤3.0	≤5.0

4 用于生产人工砂母岩的强度应符合表 4.1.1-3 的规定。

表 4.1.1-3　人工砂母岩的强度

项　目	指　标		
	火成岩	变质岩	沉积岩
母岩强度（MPa）	≥100	≥80	≥60

5 人工砂的吸水率不宜大于 3%。

6 人工砂的总压碎值指标应小于 30%。

7 人工砂的氯离子含量、碱活性、坚固性、泥块含量和有害物质含量应符合现行行业标准《普通混凝土用砂、石质量及检验方法标准》JGJ 52 的规定。

4.1.2 人工砂性能的试验方法应按现行行业标准《普通混凝土用砂、石质量及检验方法标准》JGJ 52

的规定执行。

4.1.3 人工砂堆放应搭建雨篷、硬化场地、采取排水措施、符合环保要求，并应防止颗粒离析、混入杂质。

4.1.4 当人工砂与天然砂混合使用时，天然砂的品质应符合现行行业标准《普通混凝土用砂、石质量及检验方法标准》JGJ 52 的规定。

4.2 水 泥

4.2.1 人工砂混凝土宜选用通用硅酸盐水泥，且其性能应符合现行国家标准《通用硅酸盐水泥》GB 175 的规定；当采用其他品种水泥时，其性能应符合国家现行有关标准的规定。

4.2.2 水泥的入机温度不宜超过60℃。

4.2.3 水泥性能的试验方法应符合国家现行有关标准的规定。

4.3 粗 骨 料

4.3.1 粗骨料应符合现行行业标准《普通混凝土用砂、石质量及检验方法标准》JGJ 52 的规定。

4.3.2 粗骨料宜采用连续级配的碎石或卵石。当颗粒级配不符合要求时，可采取多级配组合的方式进行调整。

4.3.3 粗骨料最大粒径应符合现行国家标准《混凝土结构工程施工质量验收规范》GB 50204 和《混凝土质量控制标准》GB 50164 的规定。

4.3.4 粗骨料性能的试验方法应符合现行行业标准《普通混凝土用砂、石质量及检验方法标准》JGJ 52 的规定。

4.4 矿物掺合料

4.4.1 矿物掺合料宜采用粉煤灰、粒化高炉矿渣粉、钢渣粉、硅灰和磷渣粉等，其性能应分别符合国家现行标准《用于水泥和混凝土中的粉煤灰》GB/T 1596、《用于水泥和混凝土中的粒化高炉矿渣粉》GB/T 18046、《高强高性能混凝土用矿物外加剂》GB/T 18736、《用于水泥和混凝土中的钢渣粉》GB/T 20491 和《水工混凝土掺用磷渣粉技术规范》DL/T 5387 的规定。

4.4.2 矿物掺合料可单独使用，亦可混合使用，并应符合国家现行有关标准的规定。

4.4.3 矿物掺合料的试验方法应符合国家现行标准《用于水泥和混凝土中的粉煤灰》GB/T 1596、《用于水泥和混凝土中的粒化高炉矿渣粉》GB/T 18046、《高强高性能混凝土用矿物外加剂》GB/T 18736、《用于水泥和混凝土中的钢渣粉》GB/T 20491 和《水工混凝土掺用磷渣粉技术规范》DL/T 5387 的规定。

4.4.4 矿物掺合料储存时，不得与其他材料混杂，且应防止受潮。

4.5 外 加 剂

4.5.1 人工砂混凝土用外加剂应符合国家现行标准《混凝土外加剂应用技术规范》GB 50119、《混凝土外加剂》GB 8076、《混凝土膨胀剂》GB 23439 和《混凝土防冻剂》JC 475 等的规定。

4.5.2 外加剂性能的试验方法应符合国家现行有关标准的规定。

4.6 拌合用水

4.6.1 人工砂混凝土拌合用水应符合现行行业标准《混凝土用水标准》JGJ 63 的规定。

4.6.2 人工砂混凝土拌合用水性能的试验方法应符合现行行业标准《混凝土用水标准》JGJ 63 的规定。

5 人工砂混凝土性能

5.1 拌合物技术要求

5.1.1 人工砂混凝土拌合物应具有良好的黏聚性、保水性和流动性，不得离析或泌水。

5.1.2 人工砂混凝土坍落度应满足工程设计和施工要求；用于泵送的人工砂混凝土坍落度经时损失不宜大于30mm/h。人工砂混凝土坍落度的试验方法应符合现行国家标准《普通混凝土拌合物性能试验方法标准》GB/T 50080 的规定。

5.1.3 人工砂混凝土拌合物的凝结时间应满足施工要求和混凝土性能要求。

5.1.4 人工砂混凝土拌合物宜具备良好的早期抗裂性能。人工砂混凝土抗裂性能的试验方法应符合现行国家标准《普通混凝土长期性能和耐久性能试验方法标准》GB/T 50082 的规定。

5.1.5 人工砂混凝土拌合物的水溶性氯离子最大含量应符合表5.1.5的规定。人工砂混凝土拌合物的水溶性氯离子含量宜按现行行业标准《水运工程混凝土试验规程》JTJ 270 中的快速测定方法进行测定。

表 5.1.5 人工砂混凝土拌合物水溶性氯离子最大含量

环境条件	水溶性氯离子最大含量（胶凝材料用量的质量百分比，%）		
	钢筋混凝土	预应力混凝土	素混凝土
干燥环境	0.30		
潮湿但不含氯离子的环境	0.20	0.06	1.00
潮湿且含有氯离子的环境	0.10		
腐蚀环境	0.06		

5.1.6 人工砂混凝土拌合物的总碱含量应符合现行国家标准《混凝土结构设计规范》GB 50010 的规定。碱含量宜按现行行业标准《普通混凝土配合比设计规程》JGJ 55 的规定进行测定和计算。

5.2 力学性能

5.2.1 人工砂混凝土强度等级应按立方体抗压强度标准值确定，并应按现行国家标准《混凝土强度检验评定标准》GB/T 50107 进行评定。

5.2.2 人工砂混凝土的强度标准值、强度设计值、弹性模量、轴心抗压强度与轴心抗拉疲劳强度设计值、疲劳变形模量等应符合现行国家标准《混凝土结构设计规范》GB 50010 的规定。人工砂混凝土力学性能应按照现行国家标准《普通混凝土力学性能试验方法标准》GB/T 50081 的规定进行试验测定，并应满足设计要求。

5.3 长期性能和耐久性能

5.3.1 人工砂混凝土的收缩和徐变性能应符合设计要求。人工砂混凝土的收缩和徐变性能试验方法应符合现行国家标准《普通混凝土长期性能和耐久性能试验方法标准》GB/T 50082 的规定。

5.3.2 人工砂混凝土的抗冻、抗渗、抗氯离子渗透、抗碳化和抗硫酸盐侵蚀等耐久性能应符合设计要求；当设计无要求时，人工砂混凝土耐久性应符合现行国家标准《混凝土质量控制标准》GB 50164 的规定。人工砂混凝土耐久性能试验方法应符合现行国家标准《普通混凝土长期性能和耐久性能试验方法标准》GB/T 50082的规定。

6 配合比设计

6.1 一般规定

6.1.1 人工砂混凝土配合比设计应根据混凝土强度等级、施工性能、长期性能和耐久性能等要求，在满足工程设计和施工要求的条件下，遵循低水泥用量、低用水量和低收缩性能的原则，按现行行业标准《普通混凝土配合比设计规程》JGJ 55 的规定进行。

6.1.2 对有抗裂性能要求的人工砂混凝土，应通过混凝土早期抗裂试验和收缩试验确定配合比。

6.1.3 配制混凝土时，宜采用细度模数为 2.3~3.2 的人工砂。

6.1.4 对于有抗冻、抗渗、抗碳化、抗氯离子侵蚀和抗化学腐蚀等耐久性要求的人工砂混凝土，应符合现行国家标准《混凝土结构耐久性设计规范》GB/T 50476 和《混凝土结构设计规范》GB 50010 的规定。

6.1.5 采用外加剂配制人工砂混凝土，除应进行拌合物坍落度和凝结时间试验外，还应进行坍落度经时损失试验，并应确认满足施工要求后才可使用。

6.1.6 用于泵送施工的人工砂混凝土的配合比设计，应根据混凝土原材料、混凝土运输距离、混凝土泵与混凝土输送管径、泵送距离、环境气温等具体施工条件进行试配，并应符合国家现行标准《混凝土质量控制标准》GB 50164、《混凝土泵送施工技术规程》JGJ/T 10 的规定。

6.1.7 当人工砂混凝土的原材料品种或质量有显著变化，或对混凝土性能指标有特殊要求，或混凝土生产间断半年以上时，应重新进行混凝土配合比设计。

6.2 配合比计算与确定

6.2.1 人工砂混凝土配合比计算、试配、调整与确定应按现行行业标准《普通混凝土配合比设计规程》JGJ 55 的有关规定进行。

6.2.2 在配制相同强度等级的混凝土时，人工砂混凝土的胶凝材料总量宜在天然砂混凝土胶凝材料总量的基础上适当提高；对于配制高强度人工砂混凝土，水泥和胶凝材料用量分别不宜大于 $500kg/m^3$ 和 $600kg/m^3$。

6.2.3 当采用相同细度模数的砂配制混凝土时，人工砂混凝土的砂率宜在天然砂混凝土砂率的基础上适当提高。

6.2.4 当对混凝土耐久性有设计要求时，应采用 MB 值小于 1.4 的人工砂，且应进行相关耐久性试验验证。

6.2.5 当采用人工砂与天然砂混合配制混凝土时，人工砂与天然砂的质量比应根据其颗粒级配进行合理调整。

6.2.6 对于掺加矿物掺合料的人工砂混凝土，掺合料的品种和用量应通过试验确定。

6.2.7 掺加外加剂的人工砂混凝土，外加剂的品种与掺量应根据人工砂混凝土的强度等级、施工要求、运输距离、混凝土所处环境条件等因素经试验后确定，并应符合现行国家标准《混凝土外加剂应用技术规范》GB 50119 的规定。

6.2.8 人工砂混凝土的氯离子含量和总碱量应分别符合本规程第 5.1.5 条和第 5.1.6 条的规定。

7 施 工

7.1 一般规定

7.1.1 施工前，施工单位应根据设计要求、工程性质、结构特点和环境条件等，制定人工砂混凝土施工技术方案。

7.1.2 施工过程中，应对混凝土原材料计量、混凝土搅拌、拌合物运输、混凝土浇筑、拆模及养护进行全过程控制。

7.1.3 人工砂、粗骨料含水率的检验每工作班不应少于1次；当雨雪天气等外界影响导致混凝土骨料含水率变化时，应及时检验，并应根据检验结果及时调整施工配合比。

7.1.4 人工砂混凝土运输、输送、浇筑过程中严禁加水。

7.2 原材料计量

7.2.1 原材料计量应符合现行国家标准《混凝土质量控制标准》GB 50164 和《混凝土结构工程施工规范》GB 50666 的规定。

7.2.2 原材料称量宜采用自动计量，并应严格按照施工配合比进行计量。每盘原材料计量的允许偏差应符合表7.2.2的规定。

表 7.2.2 每盘原材料计量的允许偏差

原材料种类	允许偏差（按质量计）
胶凝材料	±2%
外加剂	±1%
粗、细骨料	±3%
拌合用水	±1%

7.3 混凝土搅拌

7.3.1 人工砂混凝土的搅拌应符合现行国家标准《混凝土质量控制标准》GB 50164 和《混凝土结构工程施工规范》GB 50666 的有关规定。

7.3.2 混凝土搅拌机应符合现行国家标准《混凝土搅拌机》GB/T 9142 的有关规定。

7.3.3 人工砂混凝土的搅拌时间应在天然砂混凝土搅拌时间的基础上适当延长，且应每班检查2次。

7.3.4 人工砂混凝土的坍落度允许偏差应符合表7.3.4的规定。

表 7.3.4 坍落度允许偏差

坍落度（mm）	允许偏差（mm）
≤40	±10
50～90	±20
≥100	±30

7.4 拌合物运输

7.4.1 人工砂混凝土的运输应符合现行国家标准《混凝土质量控制标准》GB 50164、《混凝土结构工程施工规范》GB 50666 和《预拌混凝土》GB/T 14902 的相关规定。

7.4.2 采用泵送施工的人工砂混凝土，其运输应能保证混凝土的连续泵送，并应符合现行行业标准《混凝土泵送施工技术规程》JGJ/T 10 的有关规定。

7.4.3 混凝土运输至浇筑现场时，不得出现离析或分层现象。

7.4.4 对于采用搅拌运输车运输的混凝土，当坍落度损失较大不能满足施工要求时，可在运输车罐内加入适量的与原配合比相同成分的减水剂，并快速旋转搅拌均匀，并应在达到要求的工作性能后再泵送或浇筑。减水剂加入量应事先由试验确定，并应进行记录。

7.5 混凝土浇筑

7.5.1 人工砂混凝土的浇筑应符合现行国家标准《混凝土质量控制标准》GB 50164 和《混凝土结构工程施工规范》GB 50666 的有关规定。

7.5.2 混凝土浇筑时的自由倾落高度不宜大于3m，当大于3m时，应采用滑槽、漏斗、串筒等器具辅助输送混凝土。

7.5.3 振捣应保证混凝土密实、均匀，并应避免欠振、过振和漏振。

7.5.4 夏期施工时，混凝土拌合物入模温度不应超过35℃，并宜选择夜间浇筑混凝土。当现场温度高于35℃时，宜对金属模板进行浇水降温，并不得留有积水，并可采取遮挡措施避免阳光照射金属模板。

7.5.5 冬期施工时，混凝土拌合物入模温度不应低于5℃，并应采取相应保温措施。

7.5.6 当风速大于5m/s时，人工砂混凝土浇筑宜采取挡风措施。

7.5.7 浇筑大体积混凝土时，应采取必要的温控措施，保证混凝土温差控制在设计要求的范围以内。当混凝土温差设计无要求时，应符合现行国家标准《大体积混凝土施工规范》GB 50496 的规定。

7.5.8 浇筑竖向尺寸较大的结构物时，应分层浇筑，每层浇筑厚度宜控制在300mm～350mm。

7.5.9 混凝土浇筑时，应在平面内均匀布料，不得用振捣棒赶料。

7.5.10 人工砂混凝土振捣时，应避免碰撞模板、钢筋及预埋件。

7.5.11 人工砂混凝土在浇筑过程中，应观察模板支撑的稳定性和接缝的密合状态，不得出现漏浆现象。

7.5.12 人工砂混凝土振捣密实后，在终凝以前应采用抹面机械或人工多次抹压，并应在抹压后进行保湿养护。保湿养护可采用洒水、覆盖、喷涂养护剂等方式。

7.5.13 人工砂混凝土构件成型后，在抗压强度达到1.2MPa以前，不得在混凝土上面踩踏行走。

7.6 拆 模

7.6.1 人工砂混凝土侧模拆除时，其强度应能保证结构表面、棱角以及内部不受损伤。

7.6.2 人工砂混凝土底模拆除时，其强度应符合设计要求；当设计无要求时，强度应符合表 7.6.2 的规定。

表 7.6.2 底模拆除时混凝土强度

结构类型	结构尺度（m）	达到混凝土设计强度的百分比（%）
板	≤2	≥50
	>2，≤8	≥75
	>8	≥100
梁、拱、壳	≤8	≥75
	>8	≥100
悬臂构件	—	≥100

7.6.3 人工砂混凝土拆模后，其强度未达到设计强度的 75% 时，应避免与流动水接触。

7.6.4 当遇大风或气温急剧变化时，不宜拆模。

7.7 混凝土养护

7.7.1 人工砂混凝土的养护应按现行国家标准《混凝土质量控制标准》GB 50164 和《混凝土结构工程施工规范》GB 50666 的相关规定执行。

7.7.2 人工砂混凝土养护时间应符合下列规定：

1 对于采用硅酸盐水泥、普通硅酸盐水泥或矿渣硅酸盐水泥配制的混凝土，采取洒水和潮湿覆盖的养护时间不得少于 7d；

2 对于采用粉煤灰硅酸盐水泥、火山灰质硅酸盐水泥和复合硅酸盐水泥配制的混凝土，或掺加缓凝剂的混凝土，以及大掺量矿物掺合料混凝土，采取浇水和潮湿覆盖的养护时间不得少于 14d；

3 对于竖向混凝土结构，养护时间宜适当延长。

7.7.3 人工砂混凝土构件或制品养护应符合下列规定：

1 采用蒸汽养护或湿热养护时，养护时间和养护制度应满足混凝土及其制品性能的要求。

2 采用蒸汽养护时，应分为静停、升温、恒温和降温四个阶段。混凝土成型后的静停时间不宜少于 2h，升温速度不宜超过 25℃/h，降温速度不宜超过 20℃/h，最高温度和恒温温度均不宜超过 65℃；混凝土构件或制品在出池或撤除养护措施前，应进行温度测量，且构件出池或撤除养护措施时，表面与外界温差不得大于 20℃。

3 采用潮湿自然养护时，应符合本规程第 7.7.2 条的规定。

7.7.4 大体积混凝土养护过程中应进行温度控制，混凝土内部和表面的温差不宜超过 25℃，表面与外界温差不宜大于 20℃；保温层拆除时，混凝土表面与环境最大温差不宜大于 20℃。

7.7.5 冬期施工的人工砂混凝土，日均气温低于

5℃时，不得采取浇水自然养护方法。撤除养护措施时，混凝土强度应至少达到设计强度等级的 50%。

7.7.6 掺用膨胀剂的人工砂混凝土，应采取保湿养护，养护龄期不应小于 14d。冬期施工时，对于墙体，带模养护不应小于 7d。

7.7.7 人工砂混凝土养护用水应符合现行行业标准《混凝土用水标准》JGJ 63 的规定。

8 质量检验及验收

8.1 原材料质量检验

8.1.1 人工砂混凝土原材料进场时，应按规定批次验收型式检验报告、出厂检验报告或合格证等质量证明文件，外加剂产品还应具有使用说明书。

8.1.2 原材料进场后，应进行进场检验，且在混凝土生产过程中，宜对混凝土原材料进行随机抽检。

8.1.3 原材料进场检验和生产中抽检的项目应符合下列规定：

1 人工砂应对颗粒级配、细度模数、压碎指标、泥块含量、石粉含量、亚甲蓝试验和吸水率进行检验；对于有抗渗、抗冻要求的混凝土，还应检验其坚固性；对于有预防混凝土碱骨料反应要求的混凝土，还应进行碱活性试验。

2 水泥应对胶砂强度、凝结时间、安定性、氧化镁、氯离子含量和烧失量进行检验；对于有预防混凝土碱骨料反应要求的混凝土，还应检验其碱含量；当用于大体积混凝土时，还应检验其水化热。

3 粗骨料应对颗粒级配、含泥量、泥块含量、针片状颗粒含量、压碎值指标和坚固性进行检验；当用于高强度混凝土时，还应检验其母岩抗压强度；对于有预防混凝土碱骨料反应要求的混凝土，还应进行碱活性试验。

4 矿物掺合料应检验下列项目：

1）粉煤灰应检验细度、需水量比、烧失量和三氧化硫含量，C 类粉煤灰还应包括游离氧化钙含量和安定性；

2）粒化高炉矿渣粉应检验比表面积、三氧化硫含量、活性指数和流动度比；

3）钢渣粉应检验比表面积、活性指数、流动度比、游离氧化钙含量、三氧化硫含量、氧化镁含量和安定性；

4）磷渣粉应检验比表面积、活性指数、流动度比、三氧化硫含量、五氧化二磷含量和安定性；

5）硅灰应检验比表面积、二氧化硅含量和活性指数；

6）矿物掺合料均应进行放射性检验。

5 外加剂应对 pH、氯离子含量、碱含量、减水

率、凝结时间差和抗压强度比进行检验；引气剂和引气减水剂还应检验其含气量；防冻剂还应检验其含气量和50次冻融强度损失率比；膨胀剂还应检验其凝结时间、限制膨胀率和抗压强度。

6 拌合用水应对 pH、不溶物含量、可溶物含量、硫酸根离子含量、氯离子含量、凝结时间差和抗压强度比进行检验；对于有预防混凝土碱骨料反应要求的混凝土，还应检验其碱含量。

7 当工程设计有其他要求时，原材料还应增加相应检验项目。

8.1.4 原材料的检验规则应符合下列规定：

1 人工砂应以 400m³ 或 600t 为一个检验批；不足一个检验批时，应按一检验批计；

2 对于同一生产厂家、同一强度等级、同一品种、同一批号且连续进场的水泥，袋装水泥应以 200t 为一个检验批，散装水泥应以 500t 为一检验批；不足一个检验批时，也应按一检验批计；

3 粗骨料应以 400m³ 或 600t 为一个检验批；不足一个检验批时，也应按一检验批计；

4 粉煤灰、粒化高炉矿渣粉、钢渣粉和磷渣粉等矿物掺合料应按 200t 为一个检验批，硅灰应按每 30t 为一检验批；不足一个检验批时，也应按一检验批计；

5 外加剂应按每 50t 为一检验批；不足一个检验批时，也应按一检验批计；

6 拌合用水应按同一水源不少于一个检验批；

7 当原材料来源稳定且连续三次检验合格时，可将检验批量扩大一倍。

8.1.5 原材料的取样应符合下列规定：

1 人工砂的取样应按现行行业标准《普通混凝土用砂、石质量及检验方法标准》JGJ 52 的规定执行；

2 其他原材料的取样应按国家现行有关标准执行。

8.1.6 人工砂及其他原材料的质量应符合本规程第 4 章的规定。

8.2 混凝土拌合物性能检验

8.2.1 人工砂混凝土原材料计量系统应经检定合格后才可使用，且混凝土生产单位每月应自检一次。原材料计量偏差应每班检查 1 次，原材料计量偏差应符合本规程第 7.2.2 条的规定。

8.2.2 在生产和施工过程中，应对人工砂混凝土拌合物进行抽样检验，流动性、黏聚性和保水性应在搅拌地点和浇筑地点分别取样检验。

8.2.3 对于人工砂混凝土拌合物的流动性、黏聚性和保水性项目，每工作班应至少检验 2 次。

8.2.4 人工砂混凝土拌合物性能应符合本规程第 5.1 节的规定。

8.3 硬化混凝土性能检验

8.3.1 人工砂混凝土强度的检验评定应符合现行国家标准《混凝土强度检验评定标准》GB/T 50107 的规定。

8.3.2 人工砂混凝土长期性能和耐久性能的检验评定应符合现行行业标准《混凝土耐久性检验评定标准》JGJ/T 193 的规定。

8.3.3 人工砂混凝土的力学性能、长期性能和耐久性能应分别符合本规程第 5.2 节和第 5.3 节的规定。

8.4 混凝土工程验收

8.4.1 人工砂混凝土工程施工质量验收应符合现行国家标准《混凝土结构工程施工质量验收规范》GB 50204 的规定。

8.4.2 人工砂混凝土工程验收时，应符合本规程对混凝土长期性能和耐久性能的规定。

本规程用词说明

1 为便于在执行本规程条文时区别对待，对要求严格程度不同的用词说明如下：

　1）表示很严格，非这样做不可的：
　　正面词采用"必须"，反面词采用"严禁"；

　2）表示严格，在正常情况下均应这样做的：
　　正面词采用"应"，反面词采用"不应"或"不得"；

　3）表示允许稍有选择，在条件许可时首先应这样做的：
　　正面词采用"宜"，反面词采用"不宜"；

　4）表示有选择，在一定条件下可以这样做的，采用"可"。

2 条文中指明应按其他有关标准执行的写法为："应符合……的规定"或"应按……执行"。

引用标准名录

1 《混凝土结构设计规范》GB 50010

2 《普通混凝土拌合物性能试验方法标准》GB/T 50080

3 《普通混凝土力学性能试验方法标准》GB/T 50081

4 《普通混凝土长期性能和耐久性能试验方法标准》GB/T 50082

5 《混凝土强度检验评定标准》GB/T 50107

6 《混凝土外加剂应用技术规范》GB 50119

7 《混凝土质量控制标准》GB 50164

8 《混凝土结构工程施工质量验收规范》GB 50204

9　《混凝土结构耐久性设计规范》GB/T 50476

10　《大体积混凝土施工规范》GB 50496

11　《混凝土结构工程施工规范》GB 50666

12　《通用硅酸盐水泥》GB 175

13　《用于水泥和混凝土中的粉煤灰》GB/T 1596

14　《建筑材料放射性核素限量》GB 6566

15　《混凝土外加剂》GB 8076

16　《混凝土搅拌机》GB/T 9142

17　《预拌混凝土》GB/T 14902

18　《用于水泥和混凝土中的粒化高炉矿渣粉》GB/T 18046

19　《高强高性能混凝土用矿物外加剂》GB/T 18736

20　《用于水泥和混凝土中的钢渣粉》GB/T 20491

21　《混凝土膨胀剂》GB 23439

22　《混凝土泵送施工技术规程》JGJ/T 10

23　《普通混凝土用砂、石质量及检验方法标准》JGJ 52

24　《普通混凝土配合比设计规程》JGJ 55

25　《混凝土用水标准》JGJ 63

26　《混凝土耐久性检验评定标准》JGJ/T 193

27　《水运工程混凝土试验规程》JTJ 270

28　《水工混凝土掺用磷渣粉技术规范》DL/T 5387

29　《混凝土防冻剂》JC 475

中华人民共和国行业标准

人工砂混凝土应用技术规程

JGJ/T 241—2011

条 文 说 明

制 定 说 明

《人工砂混凝土应用技术规程》JGJ/T 241-2011，经住房和城乡建设部 2011 年 4 月 22 日以第 995 号公告批准、发布。

本规程制定过程中，编制组进行了人工砂混凝土应用情况的调查研究，总结了人工砂生产和应用经验，同时参考了国内外技术法规、技术标准，并经过试验研究，取得了制定本规程所必要的重要技术参数。

为便于广大设计、施工、科研、学校等单位有关人员在使用本规程时能正确理解和执行条文规定，《人工砂混凝土应用技术规程》编制组按章、节、条顺序编制了本规程的条文说明，对条文规定的目的、依据以及执行中需注意的有关事项进行了说明。但是，本条文说明不具备与规程正文同等的法律效力，仅供使用者作为理解和把握规程规定的参考。

目　次

1　总则 ···················· 24—15

2　术语 ···················· 24—15

3　基本规定 ················ 24—15

4　原材料 ·················· 24—15

  4.1　细骨料 ·············· 24—15

  4.2　水泥 ················ 24—16

  4.3　粗骨料 ·············· 24—16

  4.4　矿物掺合料 ·········· 24—16

  4.5　外加剂 ·············· 24—16

  4.6　拌合用水 ············ 24—16

5　人工砂混凝土性能 ········ 24—16

  5.1　拌合物技术要求 ······ 24—16

  5.2　力学性能 ············ 24—16

  5.3　长期性能和耐久性能 ·· 24—16

6　配合比设计 ·············· 24—17

6.1　一般规定 ·············· 24—17

6.2　配合比计算与确定 ······ 24—17

7　施工 ···················· 24—18

  7.1　一般规定 ············ 24—18

  7.2　原材料计量 ·········· 24—18

  7.3　混凝土搅拌 ·········· 24—18

  7.4　拌合物运输 ·········· 24—18

  7.5　混凝土浇筑 ·········· 24—18

  7.6　拆模 ················ 24—18

  7.7　混凝土养护 ·········· 24—18

8　质量检验及验收 ·········· 24—18

  8.1　原材料质量检验 ······ 24—18

  8.2　混凝土拌合物性能检验 · 24—18

  8.3　硬化混凝土性能检验 ·· 24—19

  8.4　混凝土工程验收 ······ 24—19

1 总 则

1.0.1 近年来人工砂在混凝土工程中的应用越来越普遍，但尚无专门的人工砂混凝土应用技术的国家或行业标准，鉴于人工砂的技术性能与天然砂有较大差异，若沿用现有的相关技术标准来指导人工砂混凝土应用则欠准确。制定本规程的目的是规范人工砂混凝土在建设工程中的应用，保证工程质量。

1.0.2 本条主要是明确人工砂混凝土应用中进行质量控制的主要环节。

1.0.3 本条规定了本规程与其他标准、规范的关系。本规程难以对所有人工砂混凝土的应用情况作出规定，在实际应用中，本规程作出规定的，按本规程执行，未作出规定的，按现行相关标准执行。

2 术 语

2.0.1~2.0.3 本条列出的术语与国家现行标准《建筑用砂》GB/T 14684 和《普通混凝土用砂、石质量及检验方法标准》JGJ 52 一致。

2.0.4 本条主要参考美国材料与试验协会标准《细骨料的密度、表观密度和吸水率标准试验方法》ASTM C128-01 中对吸水率的定义，即指以烘干质量为基准的饱和面干吸水率。该参数可用于人工砂的配合比计算。

2.0.5 本条列出的术语与现行行业标准《普通混凝土用砂、石质量及检验方法标准》JGJ 52-2006 一致。

2.0.6 编制组根据对重庆、四川、贵州、云南、江苏、北京、湖南和福建等省市人工砂级配的调查统计，满足《普通混凝土用砂、石质量及检验方法标准》JGJ 52-2006 中 I 区级配要求的占样本的 13.9%，满足 II 区级配要求的仅占 1.5%，其中，公称粒径 2.5mm 的累计筛余基本上不符合现行行业标准规定的级配要求。因此，可掺用部分天然砂进行调配，以保证人工砂混凝土质量；无论天然砂掺加比例多少，都视为人工砂混凝土。

3 基 本 规 定

3.0.1 为提高人工砂混凝土拌合物的匀质性，保证混凝土质量，生产人工砂混凝土时应采用机械式强制搅拌措施。

3.0.2 本条规定了人工砂混凝土的力学性能和耐久性能的设计依据。

3.0.3 人体放射医学研究表明，人体遭受过量辐射会损伤人的身体健康，导致癌症。为保障建筑环境辐射安全，应对用于建筑工程的人工砂混凝土放射性作

出规定，并按现行国家标准《建筑材料放射性核素限量》GB 6566 的规定严格控制。

3.0.4 碳硫硅钙石型硫酸盐腐蚀（TSA）是一种危害极大的新型硫酸盐腐蚀类型。国内外研究成果表明，石灰岩质人工砂混凝土在 15℃ 以下的低温硫酸盐侵蚀环境中，会发生碳硫硅钙石型硫酸盐腐蚀。本条参考英国混凝土标准《第 1 部分：混凝土分类指南》、《第 2 部分：混凝土拌合料的方法》、《第 3 部分：混凝土生产和运输中所用方法标准》、《第 4 部分：混凝土取样、试验和合格评定所用方法规范》BS5328：Concrete 和英国标准《混凝土（规范、性能、产生及符合性）》BSEN206-1 Concrete 的相关技术要求，规定了石灰岩质人工砂混凝土用于可能发生 TSA 环境时，应进行专项试验论证，并采取必要的技术措施，以保证混凝土工程的耐久性。

4 原 材 料

4.1 细 骨 料

4.1.1 人工砂技术要求如下：

1 人工砂细度模数 μ_f 分级与现行行业标准《普通混凝土用砂、石质量及检验方法标准》JGJ 52 基本一致；考虑生产效率和生产能耗，人工砂不宜包括特细砂。

2、3 人工砂颗粒级配和石粉含量的技术要求与现行行业标准《普通混凝土用砂、石质量及检验方法标准》JGJ 52 一致。本条的筛孔尺寸即是方孔筛筛孔边长尺寸。

4 鉴于母岩的强度和质量直接影响骨料的性能，进而影响混凝土的物理力学性能、长期性能和耐久性能，本规程规定了生产人工砂的母岩种类和强度，技术要求主要参考了现行行业标准《普通混凝土用砂、石质量及检验方法标准》JGJ 52 和武汉理工大学编写的《机制砂在混凝土中应用技术指南》的规定和分类。

5 控制人工砂吸水率，是控制混凝土水胶比和拌合物工作性能的主要措施之一，同时也是拌合预冷混凝土时确定加冰量的要求。其指标是根据《水工混凝土施工规范》DL/T 5144 中的相关规定和编制组验证试验结果确定，部分验证试验结果见表 1。

表 1 试模法人工砂吸水率试验结果

机制砂石粉含量（%）	3	7	15	20
饱和面干吸水率（%） 石灰石质	1.60	1.58	2.06	2.16
饱和面干吸水率（%） 卵石质	1.54	1.55	1.87	2.01

6、7 人工砂的其他性能要求与现行行业标准

《普通混凝土用砂、石质量及检验方法标准》JGJ 52一致。

4.1.3 为保证人工砂的质量稳定和保护环境，应采取相应措施，避免人工砂吸入大量水分、混入杂物、产生扬尘。

4.1.4 本条规定了当人工砂与天然砂混合使用时，天然砂质量的控制标准。

4.2 水 泥

4.2.2 水泥的使用温度直接影响混凝土拌合物的温度，并影响混凝土的工作性能和体积稳定性。《水工混凝土施工规范》DL/T 5144中规定，散装水泥入罐温度限定为不宜高于60℃。当工程进度需要而水泥供不应求时，水泥的入罐温度允许放宽到70℃。

4.3 粗 骨 料

4.3.2 由于直接破碎的碎石和卵石一般均不能完全满足连续级配的要求，为保证粗骨料为连续级配，应采用两级配或多级配组合的方式进行调整。

4.3.3 本条按《混凝土结构工程施工质量验收规范》GB 50204、《混凝土质量控制标准》GB 50164和《混凝土泵送施工技术规程》JGJ/T 10的规定执行。

4.4 矿物掺合料

4.4.1~4.4.3 各种矿物掺合料的特性和在混凝土中的功效不同，其控制指标在已有国家现行标准中的相关规定不统一，因此，在使用矿物掺合料时，必须按照国家现行标准的规定和设计要求并经检验合格后方可使用。目前，《矿物掺合料应用技术规范》正在编制，当该规范正式发布实施后，矿物掺合料的使用可以按照该规范执行。

4.4.4 各种矿物掺合料的特性和在混凝土中的功效不同，使之在混凝土中的掺用方法和掺量不同，因此不允许混杂储存。

4.5 外 加 剂

4.5.1、4.5.2 混凝土外加剂包括减水剂、膨胀剂、防冻剂、速凝剂和防水剂等，其品质除应符合《混凝土外加剂》GB 8076、《混凝土膨胀剂》GB 23439、《混凝土防冻剂》JC 475外，还需满足《混凝土外加剂应用技术规范》GB 50119的规定，并应按相应标准检验合格后方可使用。

4.6 拌合用水

4.6.1、4.6.2 人工砂混凝土拌合用水的技术要求和试验方法应符合现行行业标准《混凝土用水标准》JGJ 63的规定。当工程设计有其他要求时，应按国家现行相关标准执行。

5 人工砂混凝土性能

5.1 拌合物技术要求

5.1.1 人工砂混凝土拌合物工作性能的好坏是决定混凝土质量的重要因素之一，因此，在配制人工砂混凝土时应主要调整拌合物的黏聚性、保水性和流动性，使之不离析、不泌水。

5.1.2 当采用人工砂配制泵送混凝土时，人工砂中泥粉含量的多少对混凝土的坍落度损失有较大影响，此外，用于制备人工砂的母岩种类也对混凝土流动性能的变化影响较大，因此，加强对混凝土坍落度经时损失的控制十分重要。实践表明，一般情况下应将坍落度经时损失控制在30mm/h内。

5.1.4 由于人工砂混凝土早期失水速率较快、收缩变形大而易产生微裂缝，因此，为保证人工砂混凝土的质量，提高混凝土耐久性，控制人工砂混凝土拌合物早期抗裂性能是较为重要的。

5.1.5 本条主要按照现行国家标准《混凝土结构设计规范》GB 50010、《预拌混凝土》GB/T 14902和《混凝土结构耐久性设计规范》GB/T 50476对不同环境下混凝土中氯离子最大含量作出相关规定；同时，也明确了人工砂混凝土中水溶性氯离子最大含量的测定方法可按《水运工程混凝土试验规程》JTJ 270的规定进行，也可以根据试验条件采取化学滴定法测试以及其他精度更高的快速测定方法。我国台湾地区的标准《新拌混凝土中水溶性氯离子含量试验法》CNS 13465可以作为参考，但应将其测定结果（kg/m³）换算为胶凝材料的质量百分比。

5.2 力 学 性 能

5.2.1 近年来，随着混凝土结构工程特点的变化，工程中使用的混凝土强度等级不断提高，且使用量逐年增加，因此，参考了《混凝土质量控制标准》GB 50164的规定，人工砂混凝土强度等级的可划分为C10~C100，并应按现行国家标准《混凝土强度检验评定标准》GB/T 50107进行评定。

5.2.2 明确了现行国家标准《混凝土结构设计规范》GB 50010、《混凝土强度检验评定标准》GB/T 50107和《普通混凝土力学性能试验方法标准》GB/T 50081等规范有关混凝土力学性能的规定同样适用于人工砂混凝土。

5.3 长期性能和耐久性能

5.3.1 本条明确了人工砂混凝土长期性能的参数，同时也强调现行国家标准《普通混凝土长期性能和耐久性能试验方法标准》GB/T 50082等规范同样适用于人工砂混凝土。

5.3.2 本条明确了人工砂混凝土耐久性能的参数，同时也强调现行国家标准《混凝土质量控制标准》GB 50164、《普通混凝土长期性能和耐久性能试验方法标准》GB/T 50082 等规范有关混凝土耐久性能的规定同样适用于人工砂混凝土。

6 配合比设计

6.1 一般规定

6.1.1、6.1.2 遵循低水泥用量、低用水量的混凝土配合比设计原则，是保证混凝土质量和经济适用的重要技术措施，这也是现行国家标准《混凝土结构耐久性设计规范》GB/T 50476 中对混凝土的要求。编制组对人工砂混凝土早期抗裂和收缩性能的试验证明，人工砂混凝土早期失水速率较快、收缩变形大而易产生微裂缝，因此，其配合比设计应优选早期抗裂性能好且收缩小的人工砂混凝土配合比。

6.1.3 配制人工砂混凝土时宜优先选用颗粒级配在Ⅱ区范围的人工砂，以便在保证人工砂混凝土质量的前提下，尽可能减少人工砂的生产能耗。

6.1.5 通常，外加剂与水泥混凝土体系存在适应性问题，其中外加剂与胶凝材料、人工砂中石粉和粉泥含量的适应性问题最为突出，因此，在配制掺外加剂的人工砂混凝土时，应进行混凝土拌合物坍落度经时损失试验，确认满足施工要求后方可使用。

6.1.6 用于泵送施工的混凝土配合比设计，在《普通混凝土配合比设计规程》JGJ 55 和《混凝土泵送施工技术规程》JGJ/T 10 中均作了相应规定，鉴于人工砂具有表面粗糙、棱角多、石粉含量大等技术特点，因此，用于泵送施工的人工砂混凝土配合比确定，应根据混凝土原材料、混凝土运输距离、混凝土泵与输送管径、泵送距离、环境气温、混凝土浇筑部位结构特点等具体施工条件进行设计和试配，必要时，应通过试泵确定配合比。

6.2 配合比计算与确定

6.2.2 在配制相同强度等级的人工砂混凝土时，胶凝材料的最大用量限值与现行行业标准《普通混凝土配合比设计规程》JGJ 55 的规定一致；但与天然砂相比，人工砂比表面积较大，在混凝土达到相同工作性能时，人工砂混凝土的胶凝材料用量应较多，因此，建议人工砂混凝土的胶凝材料最低用量比《普通混凝土配合比设计规程》JGJ 55 中规定的胶凝材料最低限量提高 20kg/m³ 左右。

6.2.3 与天然砂相比，人工砂的表面粗糙、比表面积大，在砂率和其他条件相同的情况下，人工砂混凝土的流动性较小。因此，为保证人工砂混凝土的工作性，应适当提高其砂率，并经试验后确定配合比。

6.2.4 已有研究结果及编制组的试验结果均表明当 MB 值在 1.4 以上（不合格）时，泥在石粉中的比例约在 30% 以上，由于混凝土中泥含量的大小是影响混凝土性能尤其是混凝土耐久性的重要因素之一，因此，为了保证人工砂混凝土的耐久性，延长人工砂混凝土工程的寿命，应控制人工砂中泥的含量。

6.2.5 编制组根据对重庆、四川、贵州、云南、江苏、北京、湖南和福建等省市人工砂级配的调研表明，目前国内的人工砂颗粒级配较差，因此，为保证人工砂混凝土质量，可采用天然砂与人工砂混合使用，其质量比例应根据砂颗粒级配的要求合理调整。实践表明：当天然砂为特细砂和细砂时，人工砂与天然砂的质量比宜在 1:1～4:1 之间。

6.2.6 掺加粉煤灰的人工砂混凝土配合比设计，应按照《普通混凝土配合比设计规程》JGJ 55 和《粉煤灰在混凝土和砂浆中应用技术规程》JGJ 28 的规定执行，掺加其他矿物掺合料的人工砂混凝土配合比设计，可按照《普通混凝土配合比设计规程》JGJ 55 的规定执行。

目前我国使用的矿物掺合料种类较多，但对其掺用限量均无明确的标准规定，鉴于掺合料在人工砂混凝土中的应用已较为普遍，且实践证明，使用矿物掺合料可提高混凝土的综合技术经济性能。为促进掺合料在人工砂混凝土中的应用，保证人工砂混凝土的质量，在参考有关技术标准、国内外文献报道和试验研究的基础上，将几种常用矿物掺合料在人工砂混凝土中掺量限值列入表 2 中，供使用者参考。

表 2　矿物掺合料的设计参数

矿物掺合料种类	水胶比或强度等级	取代水泥率（%）	超量系数	占胶凝材料的百分率（%）
粉煤灰	≤0.40	≤20	1.0～2.0	≤50
	>0.40			≤30
粒化高炉矿渣粉	≤0.40	≤50	1.0～1.5	≤60
	>0.40			≤55
钢渣粉	≤0.40	≤50	1.0～2.0	≤50
	>0.40			≤30
硅灰	C50 以上	≤10	1.0	≤10
磷渣粉	≤0.40	≤20	1.0～2.0	≤50
	>0.40			≤30

注：表中水泥指普通硅酸盐水泥；当采用 P·Ⅰ和 P·Ⅱ硅酸盐水泥配制人工砂混凝土时，掺合料的掺量和限量可适当增加，并经试验确定。

6.2.7 在确认外加剂与人工砂混凝土体系适应性良好的基础上，外加剂的品种和掺量应根据工程设计和施工要求，按《混凝土外加剂应用技术规范》GB 50119 的规定，经试验及技术经济比较后确定。

7 施 工

7.1 一般规定

7.1.1 本条强调了人工砂混凝土施工前应制定详细、周密的施工技术方案，以保证混凝土施工质量。

7.2 原材料计量

7.2.1 本条规定了人工砂混凝土原材料计量的质量控制依据。

7.2.2 电子计量系统能更精确称量原材料，是控制混凝土质量的基本前提。每盘原材料计量的允许偏差依据《混凝土质量控制标准》GB 50164 的相关规定。

7.3 混凝土搅拌

7.3.1 本条规定了人工砂混凝土拌合物搅拌质量的控制依据。

7.3.2 本规程规定了人工砂混凝土应采用强制式搅拌机生产，所以搅拌机应符合相关国家现行标准的规定。

7.3.3 鉴于人工砂颗粒表面粗糙、多棱角，颗粒级配波动较大，其混凝土的黏稠度较大，在天然砂混凝土搅拌时间基础上适当延长搅拌时间可以提高人工砂混凝土拌合物的均匀性。

7.4 拌合物运输

7.4.1 本条规定了人工砂混凝土拌合物运输过程中的质量控制依据。

7.4.2 本条规定了人工砂混凝土泵送施工过程质量控制依据。

7.4.3 人工砂的颗粒级配波动较大，运输过程中的颠簸等容易加剧人工砂混凝土拌合物的离析与分层，所以本条规定应采取措施，确保混凝土运输至浇筑现场时不得出现离析或分层现象。

7.4.4 本规定与现行国家标准《混凝土结构工程施工规范》GB 50666 一致，强调坍落度损失过大时的正确处理方法。

7.5 混凝土浇筑

7.5.1 本条规定了人工砂混凝土施工过程中，拌合物浇筑成型过程应遵循的技术依据。

7.5.3 机械振捣更容易使混凝土密实，从而保证混凝土硬化后质量。应根据混凝土拌合物性能、浇筑高度、钢筋密度等确定适宜的振捣时间。振捣时间不足混凝土难以充分密实，过振容易导致混凝土分层离析。

7.5.4、7.5.5 本条依据《混凝土质量控制标准》GB 50164 的相关规定。

7.5.6 试验证明，人工砂混凝土拌合物的水分蒸发速率比天然砂的大，人工砂混凝土拌合物在大风环境下的水分蒸发更快，不利于水泥水化和强度发展，同时可能导致混凝土干缩大，引起混凝土开裂。故人工砂混凝土拌合物在大风条件下浇筑时，宜采取适当挡风措施。本条对风速的限定主要参考《普通混凝土长期性能和耐久性能试验方法标准》GB/T 50082 中早期抗裂试验的要求。

7.5.12 鉴于人工砂混凝土的早期塑性收缩较大，在终凝以前采用抹面机械或人工多次抹压可保证混凝土质量。抹压后应及时采取保湿措施，避免出现早期干缩裂缝。

7.6 拆 模

7.6.1 侧模拆除时，混凝土结构表面、棱角以及内部结构应不被损伤。

7.6.2 本条按《混凝土结构工程施工质量验收规范》GB 50204 的相关规定执行。底模拆除时的混凝土强度应参照同条件养护试件的强度。

7.6.4 本条规定主要是为避免因风速和温度变化较大造成的混凝土温度应力过大而危害混凝土结构。

7.7 混凝土养护

7.7.1 本条规定了人工砂混凝土养护过程中的质量控制依据。

8 质量检验及验收

8.1 原材料质量检验

8.1.2 本条规定了人工砂混凝土原材料的进场要求。

8.1.3 本条规定了人工砂混凝土原材料的检验项目。

8.1.4 本条规定了人工砂混凝土原材料的检验规则。

8.1.5 本条规定了人工砂混凝土原材料的取样方法。

8.1.6 本条规定了人工砂及其他原材料应符合的质量要求。

8.2 混凝土拌合物性能检验

8.2.1 本条规定了人工砂混凝土原材料的计量仪器的检查频次和计量偏差，以确保计量的精准性。

8.2.2 本条规定了人工砂混凝土拌合物的检验项目及其检验地点。

8.2.3 本条规定了人工砂混凝土拌合物的检验频次。

8.2.4 本条规定了人工砂混凝土拌合物性能应符合的质量要求。

8.3 硬化混凝土性能检验

8.3.1 本条规定了人工砂混凝土强度检验评定依据。

8.3.2 本条规定了人工砂混凝土长期性能和耐久性能的检验评定依据。

8.3.3 本条规定了人工砂混凝土的力学性能、长期性能和耐久性能应符合的质量要求。

8.4 混凝土工程验收

8.4.1、8.4.2 本条规定了人工砂混凝土的工程质量验收依据。

中华人民共和国行业标准

高强混凝土应用技术规程

Technical specification for application of high strength concrete

JGJ/T 281—2012

批准部门：中华人民共和国住房和城乡建设部
施行日期：２０１２年１１月１日

中华人民共和国住房和城乡建设部
公 告

第 1366 号

关于发布行业标准《高强混凝土应用技术规程》的公告

现批准《高强混凝土应用技术规程》为行业标准，编号为 JGJ/T 281-2012，自 2012 年 11 月 1 日起实施。

本规程由我部标准定额研究所组织中国建筑工业

出版社出版发行。

中华人民共和国住房和城乡建设部

2012 年 5 月 3 日

前 言

根据住房和城乡建设部《关于印发〈2010 年工程建设标准规范制订、修订计划〉的通知》（建标 [2010] 43 号）的要求，编制组经广泛调查研究，认真总结实践经验，参考有关国际标准和国外先进标准，并在广泛征求意见的基础上，编制本规程。

本规程的主要技术内容是：1. 总则；2. 术语和符号；3. 基本规定；4. 原材料；5. 混凝土性能；6. 配合比；7. 施工；8. 质量检验。

本规程由住房和城乡建设部负责管理，由中国建筑科学研究院负责具体技术内容的解释。执行过程中如有意见或建议，请寄送至中国建筑科学研究院（地址：北京市北三环东路 30 号；邮政编码：100013）。

本 规 程 主 编 单 位：中国建筑科学研究院
浙江大东吴集团建设有限公司

本 规 程 参 编 单 位：四川华蓥建工集团有限公司
上海建工（集团）总公司
甘肃三远硅材料有限公司
东莞市万科建筑技术研究有限公司
江苏博特新材料有限公司
深圳市安托山混凝土有限公司
合肥天柱包河特种混凝土有限公司
上海市建筑科学研究院（集团）有限公司
中建商品混凝土有限公司
辽宁省建设科学研究院
北京东方建宇混凝土科学

技术研究院有限公司
上海建工材料工程有限公司
广东三和管桩有限公司
青岛一建集团有限公司
云南建工混凝土有限公司
中国建筑第八工程局有限公司
贵州中建建筑科研设计院有限公司
陕西建工集团第三建筑工程有限公司
浙江中联建设集团有限公司
山西省建筑科学研究院
青岛理工大学

本规程主要起草人员：冷发光　丁　威　韦庆东
周永祥　姚新良　郭朝友
龚　剑　王洪涛　谭宇昂
刘建忠　高芳胜　沈　骥
俞海勇　王　军　王　元
路来军　吴德龙　魏宜龄
孙从磊　李章建　曹建华
王玉岭　冉志伟　刘军选
王芳芳　赵铁军　王　晶
张　俐　孙　俊　纪宪坤
王永海

本规程主要审查人员：石云兴　郝挺宇　张仁瑜
杜　雷　杨再富　陈文耀
闻德荣　罗保恒　封孝信
李帼英　刘数华

目 次

1 总则 ················· 25—5

2 术语和符号 ············ 25—5

  2.1 术语 ·············· 25—5

  2.2 符号 ·············· 25—5

3 基本规定 ············· 25—5

4 原材料 ·············· 25—5

  4.1 水泥 ·············· 25—5

  4.2 矿物掺合料 ·········· 25—5

  4.3 细骨料 ············· 25—5

  4.4 粗骨料 ············· 25—6

  4.5 外加剂 ············· 25—6

  4.6 水 ··············· 25—6

5 混凝土性能 ············ 25—6

  5.1 拌合物性能 ·········· 25—6

  5.2 力学性能 ··········· 25—6

  5.3 长期性能和耐久性能 ····· 25—6

6 配合比 ·············· 25—7

7 施工 ··············· 25—7

  7.1 一般规定 ··········· 25—7

  7.2 原材料贮存 ·········· 25—7

  7.3 计量 ·············· 25—7

  7.4 搅拌 ·············· 25—8

  7.5 运输 ·············· 25—8

  7.6 浇筑 ·············· 25—8

  7.7 养护 ·············· 25—9

8 质量检验 ············· 25—9

附录 A 倒置坍落度筒排空试验
      方法 ··········· 25—9

本规程用词说明 ··········· 25—10

引用标准名录 ············ 25—10

附：条文说明 ············ 25—11

Contents

1 General Provisions ·············· 25—5

2 Terms and Symbols ············ 25—5

  2.1 Terms ···················· 25—5

  2.2 Symbols ·················· 25—5

3 Basic Requirements ············· 25—5

4 Raw Materials ·················· 25—5

  4.1 Cement ·················· 25—5

  4.2 Mineral Admixture ·········· 25—5

  4.3 Fine Aggregate ············ 25—5

  4.4 Coarse Aggregate ·········· 25—6

  4.5 Chemical Admixture ········ 25—6

  4.6 Water ···················· 25—6

5 Technical Properties of
Concrete ······················ 25—6

  5.1 Mixture Properties ········· 25—6

  5.2 Mechanical Properties ······ 25—6

  5.3 Long-term Properties and
Durabilities ················ 25—6

6 Mix Design ···················· 25—7

7 Construction ···················· 25—7

  7.1 Basic Requirements ·········· 25—7

  7.2 Storage of Raw Materials ······· 25—7

  7.3 Metering ···················· 25—7

  7.4 Mixing ······················ 25—8

  7.5 Transportation ··············· 25—8

  7.6 Casting ····················· 25—8

  7.7 Curing ······················ 25—9

8 Quality Inspection ·············· 25—9

Appendix A Test Methods for
Flow Time of Mixture
from the Inverted Slump
Cone ···················· 25—9

Explanation of Wording in This
Specification ················ 25—10

List of Quoted Standards ········· 25—10

Addition: Explanation of
Provisions ···················· 25—11

1 总　则

1.0.1 为规范高强混凝土应用技术，保证工程质量，做到技术先进、安全可靠、经济合理，制定本规程。

1.0.2 本规程适用于高强混凝土的原材料控制、性能要求、配合比设计、施工和质量检验。

1.0.3 高强混凝土的应用除应符合本规程外，尚应符合国家现行有关标准的规定。

2　术语和符号

2.1　术　语

2.1.1 高强混凝土　high strength concrete

强度等级不低于 C60 的混凝土。

2.1.2 硅灰　silica fume

在冶炼硅铁合金或工业硅时，通过烟道收集的以无定形二氧化硅为主要成分的粉体材料。

2.2　符　号

$f_{cu,0}$——混凝土配制强度；

$f_{cu,k}$——混凝土立方体抗压强度标准值；

$t_{sf,m}$——两次试验测得的倒置坍落度筒中混凝土拌合物排空时间的平均值；

t_{sf1}, t_{sf2}——两次试验分别测得的倒置坍落度筒中混凝土拌合物排空时间。

3　基 本 规 定

3.0.1 高强混凝土的拌合物性能、力学性能、耐久性能和长期性能应满足设计和施工的要求。

3.0.2 高强混凝土应采用预拌混凝土，其标记应符合现行国家标准《预拌混凝土》GB/T 14902 的规定。

3.0.3 强度等级不小于 C60 的纤维混凝土、补偿收缩混凝土、清水混凝土和大体积混凝土除应符合本规程的规定外，还应分别符合国家现行标准《纤维混凝土应用技术规程》JGJ/T 221、《补偿收缩混凝土应用技术规程》JGJ/T 178、《清水混凝土应用技术规程》JGJ 169 和《大体积混凝土施工规范》GB 50496 的规定。

3.0.4 当施工难度大的重要工程结构采用高强混凝土时，生产和施工前宜进行实体模拟试验。

3.0.5 对有预防混凝土碱骨料反应设计要求的高强混凝土工程结构，尚应符合现行国家标准《预防混凝土碱骨料反应技术规范》GB/T 50733 的规定。

4　原 材 料

4.1　水　泥

4.1.1 配制高强混凝土宜选用硅酸盐水泥或普通硅酸盐水泥。水泥应符合现行国家标准《通用硅酸盐水泥》GB 175 的规定。

4.1.2 配制 C80 及以上强度等级的混凝土时，水泥 28d 胶砂强度不宜低于 50MPa。

4.1.3 对于有预防混凝土碱骨料反应设计要求的高强混凝土工程，宜采用碱含量低于 0.6% 的水泥。

4.1.4 水泥中氯离子含量不应大于 0.03%。

4.1.5 配制高强混凝土不得采用结块的水泥，也不宜采用出厂超过 3 个月的水泥。

4.1.6 生产高强混凝土时，水泥温度不宜高于 60℃。

4.2　矿物掺合料

4.2.1 用于高强混凝土的矿物掺合料可包括粉煤灰、粒化高炉矿渣粉、硅灰、钢渣粉和磷渣粉。粉煤灰应符合现行国家标准《用于水泥和混凝土中的粉煤灰》GB/T 1596 的规定，粒化高炉矿渣粉应符合现行国家标准《用于水泥和混凝土中的粒化高炉矿渣粉》GB/T 18046 的规定，钢渣粉应符合现行国家标准《用于水泥和混凝土中的钢渣粉》GB/T 20491 的规定，磷渣粉应符合现行行业标准《混凝土用粒化电炉磷渣粉》JG/T 317 的规定，硅灰应符合现行国家标准《高强高性能混凝土用矿物外加剂》GB/T 18736 的规定。

4.2.2 配制高强混凝土宜采用Ⅰ级或Ⅱ级的 F 类粉煤灰。

4.2.3 配制 C80 及以上强度等级的高强混凝土掺用粒化高炉矿渣粉时，粒化高炉矿渣粉不宜低于 S95 级。

4.2.4 当配制 C80 及以上强度等级的高强混凝土掺用硅灰时，硅灰的 SiO_2 含量宜大于 90%，比表面积不宜小于 $15×10^3$ m^2/kg。

4.2.5 钢渣粉和粒化电炉磷渣粉宜用于强度等级不大于 C80 的高强混凝土，并应经过试验验证。

4.2.6 矿物掺合料的放射性应符合现行国家标准《建筑材料放射性核素限量》GB 6566 的有关规定。

4.3　细骨料

4.3.1 细骨料应符合现行行业标准《普通混凝土用砂、石质量及检验方法标准》JGJ 52 和《人工砂混凝土应用技术规程》JGJ/T 241 的规定；混凝土用海砂应符合现行行业标准《海砂混凝土应用技术规范》JGJ 206 的规定。

4.3.2 配制高强混凝土宜采用细度模数为 2.6～3.0 的 Ⅱ 区中砂。

4.3.3 砂的含泥量和泥块含量应分别不大于 2.0% 和 0.5%。

4.3.4 当采用人工砂时，石粉亚甲蓝（MB）值应小于 1.4，石粉含量不应大于 5%，压碎指标值应小于 25%。

4.3.5 当采用海砂时，氯离子含量不应大于 0.03%，贝壳最大尺寸不应大于 4.75mm，贝壳含量不应大于 3%。

4.3.6 高强混凝土用砂宜为非碱活性。

4.3.7 高强混凝土不宜采用再生细骨料。

4.4 粗 骨 料

4.4.1 粗骨料应符合现行行业标准《普通混凝土用砂、石质量及检验方法标准》JGJ 52 的规定。

4.4.2 岩石抗压强度应比混凝土强度等级标准值高 30%。

4.4.3 粗骨料应采用连续级配，最大公称粒径不宜大于 25mm。

4.4.4 粗骨料的含泥量不应大于 0.5%，泥块含量不应大于 0.2%。

4.4.5 粗骨料的针片状颗粒含量不宜大于 5%，且不应大于 8%。

4.4.6 高强混凝土用粗骨料宜为非碱活性。

4.4.7 高强混凝土不宜采用再生粗骨料。

4.5 外 加 剂

4.5.1 外加剂应符合现行国家标准《混凝土外加剂》GB 8076 和《混凝土外加剂应用技术规范》GB 50119 的规定。

4.5.2 配制高强混凝土宜采用高性能减水剂；配制 C80 及以上等级混凝土时，高性能减水剂的减水率不宜小于 28%。

4.5.3 外加剂应与水泥和矿物掺合料有良好的适应性，并应经试验验证。

4.5.4 补偿收缩高强混凝土宜采用膨胀剂，膨胀剂及其应用应符合国家现行标准《混凝土膨胀剂》GB 23439 和《补偿收缩混凝土应用技术规程》JGJ/T 178 的规定。

4.5.5 高强混凝土冬期施工可采用防冻剂，防冻剂应符合现行行业标准《混凝土防冻剂》JC 475 的规定。

4.5.6 高强混凝土不应采用受潮结块的粉状外加剂，液态外加剂应储存在密闭容器内，并应防晒和防冻，当有沉淀等异常现象时，应经检验合格后再使用。

4.6 水

4.6.1 高强混凝土拌合用水和养护用水应符合现行行业标准《混凝土用水标准》JGJ 63 的规定。

4.6.2 混凝土搅拌与运输设备洗刷水不宜用于高强混凝土。

4.6.3 未经淡化处理的海水不得用于高强混凝土。

5 混凝土性能

5.1 拌合物性能

5.1.1 泵送高强混凝土拌合物的坍落度、扩展度、倒置坍落度筒排空时间和坍落度经时损失宜符合表 5.1.1 的规定。

表 5.1.1 泵送高强混凝土拌合物的坍落度、扩展度、倒置坍落度筒排空时间和坍落度经时损失

项　　目	技术要求
坍落度(mm)	≥220
扩展度(mm)	≥500
倒置坍落度筒排空时间(s)	>5 且<20
坍落度经时损失(mm/h)	≤10

5.1.2 非泵送高强混凝土拌合物的坍落度宜符合表 5.1.2 的规定。

表 5.1.2 非泵送高强混凝土拌合物的坍落度

项　　目	技术要求	
	搅拌罐车运送	翻斗车运送
坍落度(mm)	100～160	50～90

5.1.3 高强混凝土拌合物不应离析和泌水，凝结时间应满足施工要求。

5.1.4 高强混凝土拌合物的坍落度、扩展度和凝结时间的试验方法应符合现行国家标准《普通混凝土拌合物性能试验方法标准》GB/T 50080 的规定；坍落度经时损失试验方法应符合现行国家标准《混凝土质量控制标准》GB 50164 的规定；倒置坍落度筒排空试验方法应符合本规程附录 A 的规定。

5.2 力 学 性 能

5.2.1 高强混凝土的强度等级应按立方体抗压强度标准值划分为 C60、C65、C70、C75、C80、C85、C90、C95 和 C100。

5.2.2 高强混凝土力学性能试验方法应符合现行国家标准《普通混凝土力学性能试验方法标准》GB/T 50081 的规定。

5.3 长期性能和耐久性能

5.3.1 高强混凝土的抗冻、抗硫酸盐侵蚀、抗氯离子渗透、抗碳化和抗裂等耐久性能等级划分应符合国家现行标准《混凝土质量控制标准》GB 50164 和《混凝土耐久性检验评定标准》JGJ/T 193 的规定。

5.3.2 高强混凝土早期抗裂试验的单位面积的总开裂面积不宜大于 $700mm^2/m^2$。

5.3.3 用于受氯离子侵蚀环境条件的高强混凝土的抗氯离子渗透性能宜满足电通量不大于 1000C 或氯离子迁移系数（D_{RCM}）不大于 $1.5×10^{-12}m^2/s$ 的要求；用于盐冻环境条件的高强混凝土的抗冻等级不宜小于 F350；用于滨海盐渍土或内陆盐渍土环境条件的高强混凝土的抗硫酸盐等级不宜小于 KS150。

5.3.4 高强混凝土长期性能与耐久性能的试验方法应符合现行国家标准《普通混凝土长期性能和耐久性能试验方法标准》GB/T 50082 的规定。

6 配 合 比

6.0.1 高强混凝土配合比设计应符合现行行业标准《普通混凝土配合比设计规程》JGJ 55 的规定，并应满足设计和施工要求。

6.0.2 高强混凝土配制强度应按下式确定：

$$f_{cu,0} \geqslant 1.15 f_{cu,k} \qquad (6.0.2)$$

式中：$f_{cu,0}$——混凝土配制强度（MPa）；

$f_{cu,k}$——混凝土立方体抗压强度标准值（MPa）。

6.0.3 高强混凝土配合比应经试验确定，在缺乏试验依据的情况下宜符合下列规定：

　　1 水胶比、胶凝材料用量和砂率可按表 6.0.3 选取，并应经试配确定；

表 6.0.3 水胶比、胶凝材料用量和砂率

强度等级	水胶比	胶凝材料用量（kg/m³）	砂率（%）
≥C60，＜C80	0.28～0.34	480～560	35～42
≥C80，＜C100	0.26～0.28	520～580	
C100	0.24～0.26	550～600	

　　2 外加剂和矿物掺合料的品种、掺量，应通过试配确定；矿物掺合料掺量宜为 25%～40%；硅灰掺量不宜大于 10%。

6.0.4 对于有预防混凝土碱骨料反应设计要求的工程，高强混凝土中最大碱含量不应大于 3.0kg/m³；粉煤灰的碱含量可取实测值的 1/6，粒化高炉矿渣粉和硅灰的碱含量可分别取实测值的 1/2。

6.0.5 配合比试配应采用工程实际使用的原材料，进行混凝土拌合物性能、力学性能和耐久性能试验，试验结果应满足设计和施工的要求。

6.0.6 大体积高强混凝土配合比试配和调整时，宜控制混凝土绝热温升不大于 50℃。

6.0.7 高强混凝土设计配合比应在生产和施工前进行适应性调整，应以调整后的配合比作为施工配合比。

6.0.8 高强混凝土生产过程中，应及时测定粗、细骨料的含水率，并应根据其变化情况及时调整称量。

7 施 工

7.1 一 般 规 定

7.1.1 高强混凝土的施工应符合现行国家标准《混凝土结构工程施工规范》GB 50666 和《混凝土质量控制标准》GB 50164 的有关规定。

7.1.2 生产高强混凝土的搅拌站（楼）应符合现行国家标准《混凝土搅拌站（楼）》GB/T 10171 的规定。

7.1.3 在施工之前，应制订高强混凝土施工技术方案，并应做好各项准备工作。

7.1.4 在高强混凝土拌合物的运输和浇筑过程中，严禁往拌合物中加水。

7.2 原材料贮存

7.2.1 各种原材料贮存应符合下列规定：

　　1 水泥应按品种、强度等级和生产厂家分别贮存，不得与矿物掺合料等其他粉状料相混，并应防止受潮；

　　2 骨料应按品种、规格分别堆放，堆场应采用能排水的硬质地面，并应有遮雨防尘措施；

　　3 矿物掺合料应按品种、质量等级和产地分别贮存，不得与水泥等其他粉状料相混，并应防雨和防潮；

　　4 外加剂应按品种和生产厂家分别贮存。粉状外加剂应防止受潮结块；液态外加剂应贮存在密闭容器内，并应防晒和防冻，使用前应搅拌均匀。

7.2.2 各种原材料贮存处应有明显标识。

7.3 计 量

7.3.1 原材料计量应采用电子计量设备，其精度应符合现行国家标准《混凝土搅拌站（楼）》GB/T 10171 的规定。每一工作班开始前，应对计量设备进行零点校准。

7.3.2 原材料的计量允许偏差应符合表 7.3.2 的规定，并应每班检查 1 次。

表 7.3.2 原材料的计量允许偏差（按质量计，%）

原材料品种	水泥	骨料	水	外加剂	掺合料
每盘计量允许偏差	±2	±3	±1	±1	±2
累计计量允许偏差	±1	±2	±1	±1	±1

注：累计计量允许偏差是指每一运输车中各盘混凝土的每种材料计量和的偏差。

7.3.3 在原材料计量过程中，应根据粗、细骨料的含水率的变化及时调整水和粗、细骨料的称量。

7.4 搅 拌

7.4.1 高强混凝土采用的搅拌机应符合现行国家标准《混凝土搅拌站（楼）》GB/T 10171 的规定，宜采用双卧轴强制式搅拌机，搅拌时间宜符合表 7.4.1 的规定。

表 7.4.1 高强混凝土搅拌时间（s）

混凝土强度等级	施工工艺	搅拌时间
C60～C80	泵送	60～80
	非泵送	90～120
＞C80	泵送	90～120
	非泵送	≥120

7.4.2 当高强混凝土掺用纤维、粉状外加剂时，搅拌时间宜在表 7.4.1 的基础上适当延长，延长时间不宜少于 30s；也可先将纤维、粉状外加剂和其他干料投入搅拌机干拌不少于 30s，然后再加水按表 7.4.1 的搅拌时间进行搅拌。

7.4.3 清洁过的搅拌机搅拌第一盘高强混凝土时，宜分别增加 10％水泥用量、10％砂子用量和适量外加剂，相应调整用水量，保持水胶比不变，补偿搅拌机容器挂浆造成的混凝土拌合物中的砂浆损失；未清理过的搅拌高水胶比混凝土的搅拌机用来搅拌高强混凝土时，该盘混凝土宜增加适量水泥和外加剂，且水胶比不应增大。

7.4.4 搅拌应保证高强混凝土拌合物质量均匀，同一盘混凝土的搅拌匀质性应符合现行国家标准《混凝土质量控制标准》GB 50164 的有关规定。

7.5 运 输

7.5.1 运输高强混凝土的搅拌运输车应符合现行行业标准《混凝土搅拌运输车》JG/T 5094 的规定；翻斗车应仅限用于现场运送坍落度小于 90mm 的混凝土拌合物。

7.5.2 搅拌运输车装料前，搅拌罐内应无积水或积浆。

7.5.3 高强混凝土从搅拌机装入搅拌运输车至卸料时的时间不宜大于 90min；当采用翻斗车时，运输时间不宜大于 45min；运输应保证浇筑连续性。

7.5.4 搅拌运输车到达浇筑现场时，应使搅拌罐高速旋转 20s～30s 后再将混凝土拌合物卸出。当混凝土拌合物因稠度原因出罐困难而掺加减水剂时，应符合下列规定：

1 应采用同品种减水剂；

2 减水剂掺量应有经试验确定的预案；

3 减水剂掺入混凝土拌合物后，应使搅拌罐高速旋转不少于 90s。

7.6 浇 筑

7.6.1 高强混凝土浇筑前，应检查模板支撑的稳定性以及接缝的密合情况，并应保证模板在混凝土浇筑过程中不失稳、不跑模和不漏浆；天气炎热时，宜采取遮挡措施避免阳光照射金属模板，或从金属模板外侧进行浇水降温。

7.6.2 当暑期施工时，高强混凝土拌合物入模温度不应高于 35℃，宜选择温度较低时段浇筑混凝土；当冬期施工时，拌合物入模温度不应低于 5℃，并应有保温措施。

7.6.3 泵送设备和管道的选择、布置及其泵送操作可按现行行业标准《混凝土泵送施工技术规程》JGJ/T 10 的有关规定执行。

7.6.4 当缺乏高强混凝土泵送经验时，施工前宜进行试泵。

7.6.5 当泵送高度超过 100m 时，宜采用高压泵进行泵送。

7.6.6 对于泵送高度超过 100m 的、强度等级不低于 C80 的高强混凝土，宜采用 150mm 管径的输送管。

7.6.7 当向下泵送高强混凝土时，输送管与垂线的夹角不宜小于 12°。

7.6.8 在向上泵送高强混凝土过程中，当泵送间歇时间超过 15min 时，应每隔 4min～5min 进行四个行程的正、反泵，且最大间歇时间不宜超过 45min；当向下泵送高强混凝土时，最大间歇时间不宜超过 15min。

7.6.9 当改泵较高强度等级混凝土时，应清空输送管道中原有的较低强度等级混凝土。

7.6.10 当高强混凝土自由倾落高度大于 3m 时，宜采用导管等辅助设备。

7.6.11 高强混凝土浇筑的分层厚度不宜大于 500mm，上下层同一位置浇筑的间隔时间不宜超过 120min。

7.6.12 不同强度等级混凝土现浇对接处应设在低强度等级混凝土构件中，与高强度等级构件间距不宜小于 500mm；现浇对接处可设置密孔钢丝网拦截混凝土拌合物，浇筑时应先浇高强度等级混凝土，后浇低强度等级混凝土；低强度等级混凝土不得流入高强度等级混凝土构件中。

7.6.13 高强混凝土可采用振捣棒捣实，插入点间距不应大于振捣棒振动作用半径，泵送高强混凝土每点振捣时间不宜超过 20s，当混凝土拌合物表面出现泛浆，基本无气泡逸出，可视为捣实；连续多层浇筑时，振捣棒应插入下层拌合物 50mm 进行振捣。

7.6.14 浇筑大体积高强混凝土时，应采取温控措施，温控应符合现行国家标准《大体积混凝土施工规范》GB 50496 的规定。

7.6.15 混凝土拌合物从搅拌机卸出后到浇筑完毕的延续时间不宜超过表 7.6.15 的规定。

表 7.6.15 混凝土拌合物从搅拌机卸出后到浇筑完毕的延续时间（min）

混凝土施工情况		气 温	
		≤25℃	>25℃
泵送高强混凝土		150	120
非泵送高强混凝土	施工现场	120	90
	制品厂	60	45

7.7 养 护

7.7.1 高强混凝土浇筑成型后，应及时对混凝土暴露面进行覆盖。混凝土终凝前，应用抹子搓压表面至少两遍，平整后再次覆盖。

7.7.2 高强混凝土可采取潮湿养护，并可采取蓄水、浇水、喷淋洒水或覆盖保湿等方式，养护水温与混凝土表面温度之间的温差不宜大于 20℃；潮湿养护时间不宜少于 10d。

7.7.3 当采用混凝土养护剂进行养护时，养护剂的有效保水率不应小于 90%，7d 和 28d 抗压强度比均不应小于 95%。养护剂有效保水率和抗压强度比的试验方法应符合现行行业标准《公路工程混凝土养护剂》JT/T 522 的规定。

7.7.4 在风速较大的环境下养护时，应采取适当的防风措施。

7.7.5 当高强混凝土构件或制品进行蒸汽养护时，应包括静停、升温、恒温和降温四个阶段。静停时间不宜小于 2h，升温速度不宜大于 25℃/h，恒温温度不应超过 80℃，恒温时间应通过试验确定，降温速度不宜大于 20℃/h。构件或制品出池或撤除养护措施时的表面与外界温差不宜大于 20℃。

7.7.6 对于大体积高强混凝土，宜采取保温养护等温控措施；混凝土内部和表面的温差不宜超过 25℃，表面与外界温差不宜大于 20℃。

7.7.7 当冬期施工时，高强混凝土养护应符合下列规定：

1 宜采用带模养护；

2 混凝土受冻前的强度不得低于 10MPa；

3 模板和保温层应在混凝土冷却到 5℃ 以下再拆除，或在混凝土表面温度与外界温度相差不大于 20℃ 时再拆除，拆模后的混凝土应及时覆盖；

4 混凝土强度达到设计强度等级标准值的 70% 时，可撤除养护措施。

8 质 量 检 验

8.0.1 高强混凝土的原材料质量检验、拌合物性能检验和硬化混凝土性能检验应符合现行国家标准《混凝土质量控制标准》GB 50164 的规定。

8.0.2 高强混凝土的原材料质量应符合本规程第 4 章的规定；拌合物性能、力学性能、长期性能和耐久性能应符合本规程第 5 章的规定。

附录 A 倒置坍落度筒排空试验方法

A.0.1 本方法适用于倒置坍落度筒中混凝土拌合物排空时间的测定。

A.0.2 倒置坍落度筒排空试验应采用下列设备：

1 倒置坍落度筒：材料、形状和尺寸应符合现行行业标准《混凝土坍落度仪》JG/T 248 的规定，小口端应设置可快速开启的封盖。

2 台架：当倒置坍落度筒支撑在台架上时，其小口端距地面不宜小于 500mm，且坍落度筒中轴线应垂直于地面；台架应能承受装填混凝土和插捣。

3 捣棒：应符合现行行业标准《混凝土坍落度仪》JG/T 248 的规定。

4 秒表：精度 0.01s。

5 小铲和抹刀。

A.0.3 混凝土拌合物取样与试样的制备应符合现行国家标准《普通混凝土拌合物性能试验方法标准》GB/T 50080 的有关规定。

A.0.4 倒置坍落度筒排空试验测试应按下列步骤进行：

1 将倒置坍落度筒支撑在台架上，筒内壁应湿润且无明水，关闭封盖。

2 用小铲把混凝土拌合物分两层装入筒内，每层捣实后高度宜为筒高的 1/2。每层用捣棒沿螺旋方向由外向中心插捣 15 次，插捣应在横截面上均匀分布，插捣筒边混凝土时，捣棒可以稍稍倾斜。插捣第一层时，捣棒应贯穿混凝土拌合物整个深度；插捣第二层时，捣棒应透到第一层表面下 50mm。插捣完刮去多余的混凝土拌合物，用抹刀抹平。

3 打开封盖，用秒表测量自开盖至坍落度筒内混凝土拌合物全部排空的时间（t_{sf}），精确至 0.01s。从开始装料到打开封盖的整个过程应在 150s 内完成。

A.0.5 试验应进行两次，并应取两次试验测得排空时间的平均值作为试验结果，计算应精确到 0.1s。

A.0.6 倒置坍落度筒排空试验结果应符合下式规定：

$$|t_{sf1} - t_{sf2}| \leqslant 0.05 t_{sf,m} \qquad (A.0.6)$$

式中：$t_{sf,m}$——两次试验测得的倒置坍落度筒中混凝土拌合物排空时间的平均值（s）；

t_{sf1}，t_{sf2}——两次试验分别测得的倒置坍落度筒中混凝土拌合物排空时间（s）。

本规程用词说明

1 为便于在执行本规程条文时区别对待，对要求严格程度不同的用词说明如下：

    1） 表示很严格，非这样做不可的：

        正面词采用"必须"，反面词采用"严禁"；

    2） 表示严格，在正常情况下均应这样做的：

        正面词采用"应"，反面词采用"不应"或"不得"；

    3） 表示允许稍有选择，在条件许可时，首先应这样做的：

        正面词采用"宜"，反面词采用"不宜"；

    4） 表示有选择，在一定条件下可以这样做的，采用"可"。

2 条文中指明应按其他有关标准执行的写法为："应符合……的规定"或"应按……执行"。

引用标准名录

1 《普通混凝土拌合物性能试验方法标准》GB/T 50080

2 《普通混凝土力学性能试验方法标准》GB/T 50081

3 《普通混凝土长期性能和耐久性能试验方法标准》GB/T 50082

4 《混凝土外加剂应用技术规范》GB 50119

5 《混凝土质量控制标准》GB 50164

6 《大体积混凝土施工规范》GB 50496

7 《混凝土结构工程施工规范》GB 50666

8 《预防混凝土碱骨料反应技术规范》GB/T 50733

9 《通用硅酸盐水泥》GB 175

10 《用于水泥和混凝土中的粉煤灰》GB/T 1596

11 《建筑材料放射性核素限量》GB 6566

12 《混凝土外加剂》GB 8076

13 《混凝土搅拌站（楼）》GB/T 10171

14 《预拌混凝土》GB/T 14902

15 《用于水泥和混凝土中的粒化高炉矿渣粉》GB/T 18046

16 《高强高性能混凝土用矿物外加剂》GB/T 18736

17 《用于水泥和混凝土中的钢渣粉》GB/T 20491

18 《混凝土膨胀剂》GB 23439

19 《混凝土泵送施工技术规程》JGJ/T 10

20 《普通混凝土用砂、石质量及检验方法标准》JGJ 52

21 《普通混凝土配合比设计规程》JGJ 55

22 《混凝土用水标准》JGJ 63

23 《清水混凝土应用技术规程》JGJ 169

24 《补偿收缩混凝土应用技术规程》JGJ/T 178

25 《混凝土耐久性检验评定标准》JGJ/T 193

26 《海砂混凝土应用技术规范》JGJ 206

27 《纤维混凝土应用技术规程》JGJ/T 221

28 《人工砂混凝土应用技术规程》JGJ/T 241

29 《混凝土防冻剂》JC 475

30 《混凝土坍落度仪》JG/T 248

31 《混凝土用粒化电炉磷渣粉》JG/T 317

32 《混凝土搅拌运输车》JG/T 5094

33 《公路工程混凝土养护剂》JT/T 522

中华人民共和国行业标准

高强混凝土应用技术规程

JGJ/T 281—2012

条 文 说 明

制 订 说 明

《高强混凝土应用技术规程》JGJ/T 281－2012，经住房和城乡建设部 2012 年 5 月 3 日以第 1366 号公告批准、发布。

本规程编制过程中，编制组进行了广泛而深入的调查研究，总结了我国工程建设中高强混凝土应用技术的实践经验，同时参考了国外先进技术法规、技术标准，通过试验取得了高强混凝土应用技术的相关重要技术参数。

为便于广大设计、施工、科研、学校等单位有关人员在使用本规程时能正确理解和执行条文规定，《高强混凝土应用技术规程》编制组按章、节、条顺序编制了本规程的条文说明，供使用者参考。但是，本条文说明不具备与规程正文同等的法律效力，仅供使用者作为理解和把握规程规定的参考。

目　次

1　总则 ………………………………… 25—14
2　术语和符号 ………………………… 25—14
　2.1　术语 ……………………………… 25—14
3　基本规定 …………………………… 25—14
4　原材料 ……………………………… 25—14
　4.1　水泥 ……………………………… 25—14
　4.2　矿物掺合料 ……………………… 25—14
　4.3　细骨料 …………………………… 25—15
　4.4　粗骨料 …………………………… 25—15
　4.5　外加剂 …………………………… 25—16
　4.6　水 ………………………………… 25—16
5　混凝土性能 ………………………… 25—16
　5.1　拌合物性能 ……………………… 25—16
　5.2　力学性能 ………………………… 25—16

　5.3　长期性能和耐久性能 …………… 25—16
6　配合比 ……………………………… 25—17
7　施工 ………………………………… 25—17
　7.1　一般规定 ………………………… 25—17
　7.2　原材料贮存 ……………………… 25—18
　7.3　计量 ……………………………… 25—18
　7.4　搅拌 ……………………………… 25—18
　7.5　运输 ……………………………… 25—18
　7.6　浇筑 ……………………………… 25—18
　7.7　养护 ……………………………… 25—19
8　质量检验 …………………………… 25—19
附录A　倒置坍落度筒排空试验
　　　　方法 ………………………… 25—19

1 总 则

1.0.1 近年来，高强混凝土及其应用技术迅速发展并逐步成熟，在我国得到广泛应用，总结和归纳高强混凝土技术成果和应用经验，制订高强混凝土技术标准，有利于进一步促进高强混凝土的健康发展。

1.0.2 由于高强混凝土强度等级高，因此其特性和有关技术要求与常规的普通混凝土有所不同，原材料、混凝土性能、配合比和施工的控制要求也比常规的普通混凝土严格。本规程是针对高强混凝土的原材料、配合比、性能要求、施工和质量检验的专用标准，可以指导我国高强混凝土的应用。

1.0.3 与本规程有关的、难以详尽的技术要求，应符合国家现行标准的有关规定。

2 术语和符号

2.1 术 语

2.1.1 高强混凝土属于普通混凝土范畴，由于强度等级高带来的技术特殊性，现行国家标准《预拌混凝土》GB/T 14902 将高强混凝土列为特制品。

2.1.2 硅灰主要用于强度等级不低于 C80 的混凝土。国家标准《砂浆、混凝土用硅灰》正在编制过程中，在其发布并实施之前，可采用现行国家标准《高强高性能混凝土用矿物外加剂》GB/T 18736 中有关硅灰的规定。

3 基 本 规 定

3.0.1 本条规定了控制高强混凝土拌合物性能、力学性能、长期性能与耐久性能的基本原则。高强混凝土拌合物性能包括坍落度、扩展度、倒置坍落度筒排空时间、坍落度经时损失、凝结时间、不离析和不泌水等；力学性能包括抗压强度、轴压强度、弹性模量、抗折强度和劈拉强度等；长期性能与耐久性能主要包括收缩、徐变、抗冻、抗硫酸盐侵蚀、抗氯离子渗透、抗碳化和抗裂等性能。

3.0.2 高强混凝土技术要求高，预拌混凝土有利于质量控制。现行国家标准《预拌混凝土》GB/T 14902 规定高强混凝土为特制品，特制品代号 B，高强混凝土代号 H。高强混凝土标记示例：C80 强度等级、240mm 坍落度、F350 抗冻等级的高强混凝土，其标记为 B-H-C80-240(S5)-F350-GB/T 14902。

3.0.3 强度等级不小于 C60 的纤维混凝土、补偿收缩混凝土、清水混凝土和大体积混凝土可属于高强混凝土范畴。由于纤维混凝土、补偿收缩混凝土、清水混凝土和大体积混凝土都有较大的特殊性，所以有各

自的专业技术标准。本标准与纤维混凝土、补偿收缩混凝土、清水混凝土和大体积混凝土的相关标准是协调的。高强混凝土用于压蒸养护工艺生产的离心混凝土桩可按相关专业标准的技术要求操作。

3.0.4 高强混凝土经常用于重要的或特殊的工程，这些结构往往比较复杂，对生产施工要求较高，并且情况差异较大，因此，对于这类工程结构，进行生产和施工的实体模拟试验是保证工程质量的比较通行的做法。

3.0.5 预防混凝土碱骨料反应对于高强混凝土工程结构非常重要，尤其是在不得不采用碱活性骨料的情况下。现行国家标准《预防混凝土碱骨料反应技术规范》GB/T 50733 中包括了抑制骨料碱活性有效性的检验和预防混凝土碱骨料反应技术措施等重要内容。

4 原 材 料

4.1 水 泥

4.1.1 配制高强混凝土宜选用新型干法窑或旋窑生产的硅酸盐水泥或普通硅酸盐水泥。立窑水泥的质量稳定性不如新型干法窑和旋窑生产的水泥。硅酸盐水泥或普通硅酸盐水泥之外的通用硅酸盐水泥内掺混合材比例高，混合材品质也较低，胶砂强度较低，与之比较，采用硅酸盐水泥或普通硅酸盐水泥并掺加较高质量的矿物掺合料配制高强混凝土更具有技术和经济的合理性。

4.1.2 采用胶砂强度低于 50MPa 的水泥配制 C80 及其以上强度等级混凝土的技术经济合理性较差，甚至难以实现强度等级上限水平的配制目的。

4.1.3 混凝土碱骨料反应的重要条件之一就是混凝土中有较高的碱含量，引起混凝土碱骨料反应的有效碱主要是水泥带来的，因此，采用低碱水泥是预防混凝土碱骨料反应的重要技术措施。

4.1.4 烧成后的水泥熟料中残留的氯离子含量很低，但在粉磨工艺中采用的助磨剂却良莠不齐，严格控制水泥中氯离子含量有利于避免熟料烧成后粉磨时掺入不良材料。再者高强混凝土水泥用量较高，控制水泥中氯离子含量有利于控制混凝土中总的氯离子含量。

4.1.5 配制高强混凝土对水泥要求相对较严，结块的水泥和过期水泥的质量会有变化。

4.1.6 在水泥供应紧张时，散装水泥运到搅拌站输入储罐时，经常会温度过高，如立即采用，会对混凝土性能带来不利影响，应引起充分注意。

4.2 矿物掺合料

4.2.1 高强混凝土中可掺入较大掺量的矿物掺合料，有利于改善高强混凝土技术性能（比如改善泵送性能，减少水化热，减少收缩等）和经济性。粉煤灰、

粒化高炉矿渣粉和硅灰是高强混凝土最常用的矿物掺合料，磷渣粉和钢渣粉经过试验验证也是可以适量掺用的。

4.2.2 配备粉煤灰分选设备的年发电能力较大的电厂产出的粉煤灰，一般可达到Ⅱ级灰或Ⅰ级灰质量水平。实践表明，Ⅱ级粉煤灰也能够满足高强混凝土的配制要求，目前许多高强混凝土工程采用的是Ⅱ级灰。C类粉煤灰为高钙灰，由于潜在的游离氧化钙问题，技术安全性不及F类粉煤灰。

4.2.3 S95级和S105级的粒化高炉矿渣粉，活性较好，易于配制C80及以上强度等级的高强混凝土。

4.2.4 配制C80及以上强度等级的高强混凝土时，对硅灰质量要求较高。

4.2.5 钢渣粉和粒化电炉磷渣粉活性一般低于粒化高炉矿渣粉，并且质量稳定性也比粒化高炉矿渣粉差，在采用普通硅酸盐水泥的情况下，在混凝土中掺用限量为20%，比粒化高炉矿渣粉低得多。

4.2.6 矿物掺合料属于工业废渣，可能出现放射性问题，比如粒化电炉磷渣粉等，应避免使用放射性不符合现行国家标准《建筑材料放射性核素限量》GB 6566规定的矿物掺合料。

4.3 细 骨 料

4.3.1 天然砂包括河砂、山砂和海砂等，人工砂是采用除软质岩和风化岩之外的岩石经机械破碎和筛分制成的砂。现行行业标准《普通混凝土用砂、石质量及检验方法标准》JGJ 52和《人工砂混凝土应用技术规程》JGJ/T 241包括了对天然砂和人工砂的规定，但对于海砂，现行行业标准《海砂混凝土应用技术规范》JGJ 206的规定更为合理，主要表现在氯离子含量和贝壳含量的规定方面。

4.3.2 采用细度模数为2.6～3.0的Ⅱ区中砂配制高强混凝土有利于混凝土性能和经济性的优化。

4.3.3 砂的含泥量和泥块含量会影响混凝土强度和耐久性，高强混凝土的强度对此尤为敏感。

4.3.4 高强混凝土胶凝材料用量多，控制人工砂的石粉含量，有利于减少混凝土中浆体总量，从而有利于控制混凝土收缩等不利影响。规定人工砂的压碎指标值便于人工砂颗粒强度控制，对实现高强混凝土的强度要求是比较重要的。

4.3.5 现行行业标准《海砂混凝土应用技术规范》JGJ 206借鉴了日本和我国台湾地区的标准，并同时考虑到我国大陆地区的实际情况，将钢筋混凝土用海砂的氯离子含量限值规定为0.03%，低于现行行业标准《普通混凝土用砂、石质量及检验方法标准》JGJ 52规定的0.06%。现行行业标准《海砂混凝土应用技术规范》JGJ 206规定的海砂氯离子含量低于现行行业标准《普通混凝土用砂、石质量及检验方法标准》JGJ 52的另一个原因是，现行行业标准《普通混凝土用砂、石质量及检验方法标准》JGJ 52测定氯离子含量的制样存在烘干过程，而海砂净化后实际应用是湿砂状态，研究表明，这种差异会低估实际应用时海砂中氯离子的含量。因此，在不改变现行行业标准《普通混凝土用砂、石质量及检验方法标准》JGJ 52干燥制样方法的前提下，可以通过降低氯离子含量的限值来解决这一问题。

规定贝壳最大尺寸的原因是，大贝壳会影响高强混凝土的性能，尤其是强度。目前宁波、舟山地区经过净化的海砂，其贝壳含量的常见范围是5%～8%。试验研究发现，采用贝壳含量在7%～8%的海砂可以配制C60混凝土，且试验室的耐久性指标良好。从目前取得的贝壳含量对普通混凝土抗压强度和自然碳化深度影响的10年数据来看，贝壳含量从2.4%增加到22.0%，抗压强度和自然碳化深度无明显变化。2003年发布的《宁波市建筑工程使用海砂管理规定》（试行）对贝壳含量有如下规定：混凝土强度等级大于C60，净化海砂的贝壳含量小于4.0%；强度等级为C30～C60，净化海砂的贝壳含量小于（4.0%～8.0%）；强度等级小于C30，净化海砂的贝壳含量小于（8.0%～10.0%）。《普通混凝土用砂、石质量及检验方法标准》JGJ 52规定：用于不小于C60强度等级的混凝土，海砂的贝壳含量不应大于3.0%。

4.3.6 通常高强混凝土用于重要结构，且水泥用量略高，出于安全性考虑，尽量不要采用碱活性骨料。由于高强混凝土结构的混凝土用量一般有限，尚可接受调运骨料的情况。

4.3.7 现行行业标准《再生骨料应用技术规程》JGJ/T 240规定再生细骨料最高可配制C40及以下强度等级混凝土。在国内实际工程中应用，目前仅北京和青岛等地区应用了C40等级再生骨料混凝土。

4.4 粗 骨 料

4.4.1 现行行业标准《普通混凝土用砂、石质量及检验方法标准》JGJ 52对高强混凝土用粗骨料是适用的。

4.4.2 岩石抗压强度高的粗骨料有利于配制高强混凝土，尤其混凝土强度等级值越高就越明显。试验研究和工程实践表明，用于高强混凝土的岩石的抗压强度比混凝土设计强度等级值高30%是比较合理的。

4.4.3 连续级配粗骨料堆积相对比较紧密，空隙率比较小，有利于混凝土性能，也有利于节约其他更重要资源的原材料。试验研究和工程实践表明，高强混凝土粗骨料的最大公称粒径为25mm比较合理，既有利于强度、控制收缩，也有利于施工性能，经济上也比较合理。

4.4.4 粗骨料含泥（包括泥块）较多将明显影响混凝土强度，高强混凝土的强度对此比较敏感。

4.4.5 如果粗骨料针片状颗粒含量较多，则级配较差，空隙率比较大，针片状颗粒易于断裂，这些对混凝土性能会有影响，强度等级值越高影响越明显，同时对混凝土泵送性能影响也较明显。

4.4.6 与4.3.6条文说明相同。

4.4.7 由于高强混凝土多数用于重要或特殊工程，目前尚缺乏再生粗骨料用于高强混凝土工程的实例。

4.5 外 加 剂

4.5.1 现行国家标准《混凝土外加剂》GB 8076 规定的外加剂品种包括高性能减水剂、高效减水剂、普通减水剂、引气减水剂、泵送剂、早强剂、缓凝剂和引气剂等；现行国家标准《混凝土外加剂应用技术规范》GB 50119 规定了不同剂种外加剂的应用技术要求。

4.5.2 现行国家标准《混凝土外加剂》GB 8076 规定的高性能减水剂包括不同品种，但规定减水率不小于25%。工程实践表明，采用减水率不小于28%的聚羧酸系高性能减水剂配制 C80 及以上等级混凝土具有良好的表现，也是目前主要的做法。

4.5.3 外加剂品种多，差异大，掺量范围也不同，在实际工程应用时，不同产地、品种或品牌的水泥对外加剂和矿物掺合料的适应情况有差异，可能与水泥和矿物掺合料产生适应性问题，只有经过试验验证，才能证明是否适用。

4.5.4 膨胀剂是与水泥、水拌合后经水化反应生成钙矾石、氢氧化钙或钙矾石和氢氧化钙，使混凝土产生体积膨胀的外加剂。补偿收缩混凝土是由膨胀剂或膨胀水泥配制的自应力为 0.2MPa～1.0MPa 的混凝土。对于高强混凝土结构，减少高强混凝土早期收缩是非常重要的，采用适量膨胀剂可以在一定程度上改善高强混凝土早期收缩。

4.5.5 采用防冻剂是混凝土冬期施工常用的低成本方法，高强混凝土也可采用。

4.5.6 配制高强混凝土对外加剂要求严格，结块的粉状外加剂，即便重新磨处理后质量也会有变化；液态外加剂出现沉淀等异常现象后质量会有变化。

4.6 水

4.6.1 高强混凝土用水技术要求与其他普通混凝土用水并无差异。现行行业标准《混凝土用水标准》JGJ 63 包括了对各种水用于混凝土的规定。

4.6.2 混凝土企业设备洗刷水碱含量高，且水中粉体颗粒含量高，质量却不高，不适宜配制高强混凝土。

4.6.3 未经淡化处理的海水含有大量氯盐和其他盐类，会引起严重的混凝土钢筋锈蚀问题和其他混凝土性能问题，危及混凝土结构的安全性。

5 混凝土性能

5.1 拌合物性能

5.1.1 试验研究和工程实践表明，泵送高强混凝土拌合物性能在表 5.1.1 给出的技术范围内，即能较好地满足泵送施工要求和硬化混凝土的各方面性能，并在一般情况下，泵送高强混凝土坍落度 220mm～250mm，扩展度 500mm～600mm，坍落度经时损失值 0mm～10mm，对工程有比较强的适应性。泵送高强混凝土拌合物黏度较大，倒置坍落度筒流出时间指标的设置，有利于将拌合物黏度控制在可顺利泵送施工的水平，并且使大高程泵送的泵压不至于过高。

5.1.2 采用搅拌罐车运输，出罐的最低坍落度约为 90mm，否则出罐困难。另外，由于调度、运输、泵送前压车等情况的影响，坍落度需有一定的富余。对于非泵送高强混凝土，坍落度 50mm～90mm 混凝土的各方面性能较好，翻斗车运送时坍落度大了混凝土拌合物易于分层和离析。

5.1.3 高强混凝土控制拌合物不泌水、不离析很重要；对于不同的现场条件，可以通过采用外加剂调节凝结时间满足施工要求。

5.1.4 高强混凝土拌合物性能试验方法与常规的普通混凝土拌合物性能试验方法基本相同。

5.2 力 学 性 能

5.2.1 立方体抗压强度标准值系指按标准方法制作和养护的边长为 150mm 的立方体试体，在 28d 龄期用标准试验方法测得的具有不小于 95% 保证率的抗压强度值。目前我国混凝土相关企业配制的混凝土强度可以超过 130MPa，相当于超过 C110，本规程最大强度等级为 C100 是可行的。

5.2.2 现行国家标准《普通混凝土力学性能试验方法标准》GB/T 50081 规定了抗压强度、轴压强度、弹性模量、抗折强度和劈拉强度等试验方法。

5.3 长期性能和耐久性能

5.3.1 国家现行标准《混凝土质量控制标准》GB 50164 和《混凝土耐久性检验评定标准》JGJ/T 193 对混凝土抗冻、抗硫酸盐侵蚀、抗氯离子渗透、抗碳化和抗裂等耐久性能划分了等级。现行国家标准《混凝土质量控制标准》GB 50164 关于耐久性能等级的划分同样适用高强混凝土，只是高强混凝土的耐久性能等级不会落入比较低的等级范围。一般来说，高强混凝土的耐久性能可以达到表 1 的指标范围。

5.3.2 早期抗裂试验的单位面积上的总开裂面积不大于 $700mm^2/m^2$ 是采用萘系外加剂的一般强度等级混凝土的较好水平，而采用聚羧酸系外加剂的

表 1 高强混凝土可达到的耐久性能指标范围

耐久性项目	技术要求	
	≥C60	≥C80
抗冻等级	≥F250	≥F350
抗渗等级	>P12	>P12
抗硫酸盐等级	≥KS150	≥KS150
28d 氯离子渗透（库仑电量，C）	≤1500	≤1000
84d 氯离子迁移系数 D_{RCM}（RCM 法）（$\times 10^{-12}\,m^2/s$）	≤2.5	≤1.5
碳化深度（mm）	≤1.0	≤0.1

一般强度等级混凝土的较好水平是不大于 $400mm^2/m^2$。

5.3.3 滨海或海洋等氯离子侵蚀环境条件，以及盐冻和盐渍土环境条件是典型的不利于混凝土耐久性的严酷环境条件，本条文关于高强混凝土耐久性指标的有关规定，有利于提高高强混凝土在上述典型严酷环境条件下应用的耐久性水平。试验研究和工程实践表明，高强混凝土达到本条文规定的高强混凝土耐久性能指标范围是可行的。

5.3.4 现行国家标准《普通混凝土长期性能和耐久性能试验方法标准》GB/T 50082 规定了收缩、徐变、抗冻、抗水渗透、抗硫酸盐侵蚀、抗氯离子渗透、碳化和抗裂等与本规程高强混凝土长期性能与耐久性能有关的试验方法。

6 配 合 比

6.0.1 现行行业标准《普通混凝土配合比设计规程》JGJ 55 包括了高强混凝土配合比设计的技术内容，因此对高强混凝土配合比设计也是适用的。本标准未涉及的配合比设计的通用技术内容可执行现行行业标准《普通混凝土配合比设计规程》JGJ 55 的规定。

6.0.2 对于高强混凝土配制强度计算公式，现行行业标准《普通混凝土配合比设计规程》JGJ 55 和《公路桥涵施工技术规范》JTG/T F50 都已经采用了本条文给出的计算公式［即式（6.0.2）］，实际上，这一公式早已经在公路桥涵和建筑工程等混凝土工程中得到应用和检验。

6.0.3 高强混凝土配合比参数变化范围相对比较小，适合于根据经验直接选择参数然后通过试验确定配合比。试验研究和工程应用表明，本条给出的配合比参数范围对高强混凝土配合比设计具有实际应用的指导意义。对于泵送高强混凝土，为保证泵送施工顺利，推荐控制每立方米高强混凝土拌合物中粉料浆体的体积为 340L～360L（水泥、粉煤灰、粒化高炉矿渣粉、硅灰和水等密度可知大致，容易估算粉料浆体的体积），这也有利于配合比参数的优选。对于高强混凝土，较高强度等级水胶比较低，在满足拌合物施工性

能要求前提下宜采用较少的胶凝材料用量和较小的砂率，矿物掺合料掺量应满足混凝土性能要求并兼顾经济性，这些规律与常规的普通混凝土配合比设计规律没有太大差别。

6.0.4 对于高强混凝土，要将混凝土中碱含量控制在 $3.0kg/m^3$ 以内，需要采用低碱水泥，并采用较大掺量的碱含量较低的粉煤灰和粒化高炉矿渣粉等矿物掺合料。混凝土中碱含量是测定的混凝土各原材料碱含量计算之和，而实测的粉煤灰和粒化高炉矿渣粉等矿物掺合料碱含量并不是参与碱骨料反应的有效碱含量，对于矿物掺合料中有效碱含量，粉煤灰碱含量取实测值的 1/6，粒化高炉矿渣粉和硅灰的碱含量分别取实测值的 1/2，已经被混凝土工程界采纳。

6.0.5 配合比试配采用的工程实际原材料，以基本干燥为准，即细骨料含水率小于 0.5%，粗骨料含水率小于 0.2%。高强混凝土配合比设计不仅仅应满足强度要求，还应满足施工性能、其他力学性能和耐久性能的要求。

6.0.6 混凝土绝热温升可以在试验室通过测试绝热容器中混凝土的温度升高过程测得，也可在现场通过实测足尺寸混凝土模拟试件内的温度升高过程测得。

6.0.7 现行行业标准《普通混凝土配合比设计规程》JGJ 55 中配合比设计过程中经历计算配合比、试拌配合比，然后形成设计配合比。生产和施工现场会出现各种情况，需要对设计配合比进行适应性调整后才能用于生产和施工。

6.0.8 在高强混凝土生产过程中，堆场上的粗、细骨料的含水率会变化，从而影响高强混凝土的水胶比和用水量等，因此，在生产过程中，应根据粗、细骨料的含水率变化情况及时调整配合比。

7 施 工

7.1 一 般 规 定

7.1.1 高强混凝土的施工要求严于常规的普通混凝土，因此，在符合现行国家标准《混凝土结构工程施工规范》GB 50666 和《混凝土质量控制标准》GB 50164 的基础上，还应符合本规程的规定。

7.1.2 现行国家标准《混凝土搅拌站（楼）》GB/T 10171 对主要参数系列、搅拌设备、供料系统、贮料仓、配料装置、混凝土贮斗、安全环保和其他方面作出了全面细致的规定，对保证高强混凝土生产质量十分重要。

7.1.3 高强混凝土施工技术方案可分为两个方面：一方面是搅拌站的生产技术方案（涉及原材料、混凝土制备和运输等），进行生产质量控制；另一方面是工程现场的施工技术方案（涉及浇筑、成型、养护及其相关的工艺和技术等），进行现场施工质量控制。

当然，这两个方面可以合为一体。

7.1.4 高强混凝土水胶比低，强度对用水量的变化极其敏感，因此，在运输和浇筑成型过程中往混凝土拌合物中加水会明显影响混凝土强度，同时也会对高强混凝土的耐久性能和其他力学性能产生影响，对工程质量具有很大危害。

7.2 原材料贮存

7.2.1 高强混凝土所用的粉料种类多，避免相混和防潮是共同的要求。骨料堆场采用遮雨设施已逐步在预拌混凝土搅拌站得到实施，高强混凝土水胶比低，强度对用水量的变化极其敏感，采用遮雨措施防止骨料含水量波动，对保证施工配合比的准确性非常重要。高强混凝土常用的液态外加剂（比如聚羧酸系高性能减水剂）受冻后性能会降低。

7.2.2 原材料分别标识清楚有利于避免混乱和用料错误。

7.3 计 量

7.3.1 高强混凝土生产对原材料计量要求较高，尤其是对水和外加剂的计量要求高。采用电子计量设备有利于保证计量精度，保证高强混凝土生产质量。

7.3.2 符合现行国家标准《混凝土搅拌站（楼）》GB/T 10171规定称量装置可以满足表7.3.2的要求。

7.3.3 如果堆场上的粗、细骨料的含水率变化而称量不变，对水胶比和用水量会有影响，从而影响高强混凝土性能；相对而言，粗、细骨料用量对高强混凝土性能影响较小。

7.4 搅 拌

7.4.1 采用双卧轴强制式搅拌机有利于高强混凝土的搅拌。对于高强混凝土，强度等级高比强度等级低的搅拌时间长；非泵送施工比泵送施工搅拌时间长。

7.4.2 高强混凝土拌合物黏度较大，适当延长搅拌时间或采取合适的投料措施，有利于纤维和粉状外加剂在高强混凝土中分散均匀。

7.4.3 本条文的规定仅针对清洁过的或未清理过的搅拌机搅拌的第一盘混凝土。

7.4.4 现行国家标准《混凝土质量控制标准》GB 50164关于同一盘混凝土的搅拌匀质性的规定有两点：①混凝土中砂浆密度两次测值的相对误差不应大于0.8%；②混凝土稠度两次测值的差值不应大于混凝土拌合物稠度允许偏差的绝对值。

7.5 运 输

7.5.1 搅拌运输车难以将坍落度小于90mm的高强混凝土拌合物卸出。

7.5.2 罐内积水或积浆会使混凝土配合比欠准确。

7.5.3 采用外加剂调整混凝土拌合物的可操作时间并控制混凝土出机至现场接收不超过90min是易行的。运输保证浇筑的连续性有利于避免高强混凝土结构出现因浇筑间断产生的"冷缝"或薄弱层。

7.5.4 在现场施工组织不畅而导致压车或因交通阻塞延长运输时间等场合下，多发生混凝土拌合物坍落度损失过大导致搅拌运输车卸料困难的问题，向搅拌罐内掺加适量减水剂并搅拌均匀可改善拌合物稠度将混凝土拌合物卸出。

7.6 浇 筑

7.6.1 高强混凝土拌合物中浆体多，流动性大，浇筑时对模板的压力大，浇筑时易于漏浆和胀模，因此，支模是高强混凝土施工的关键环节之一；天气炎热时金属模板会被晒得发烫，对高强混凝土性能不利。

7.6.2 在不得已的情况下，降低高强混凝土拌合物温度的常用方法是采用加冰的拌合水；提高拌合物温度的常用方法是采用加热的拌合水，拌合用水可加热到60℃以上，应先投入骨料和热水搅拌，然后再投入胶凝材料等共同搅拌。

7.6.3 现行行业标准《混凝土泵送施工技术规程》JGJ/T 10规定了普通混凝土和高强混凝土的泵送设备和管道的选择、布置及其泵送操作的有关规定。

7.6.4 高强混凝土泵送是施工的关键环节之一。一般认为：高强混凝土拌合物用水量小，黏度大，尤其在大高程泵送情况下，有一定的控制难度，解决了高强混凝土的泵送问题，基本就解决了高强混凝土施工的主要问题。施工前进行高强混凝土试泵能够为提高泵送的可靠性做准备。

7.6.5 由于高强混凝土黏度大，间歇后开始泵送瞬间黏滞作用大，进行较大高程的高强混凝土泵送，对泵压要求高。

7.6.6 强度等级不低于C80的高强混凝土黏度很大，采用较大管径的输送管有利于减小黏度对泵送的影响。

7.6.7 向下泵送高强混凝土时，控制输送管与垂线的夹角大一些有利于防止形成空气栓塞引起堵泵。

7.6.8 在泵送过程中，为了防止混凝土在输送管中形成栓塞导致堵泵，应尽量避免混凝土在输送管中长时间停滞不动。当向下泵送高强混凝土时，反泵无益。

7.6.9 输送管道中的原有较低强度等级混凝土混入后来浇筑的较高强度等级混凝土中会引发工程事故。

7.6.10 高强混凝土自由倾落不易离析，但结构配筋较密时，高强混凝土会被结构配筋筛打成离析状态。

7.6.11 高强混凝土结构通常是分层浇筑的，分层厚度不宜过大和层间浇筑间隔时间不宜过长，有利于保证每层混凝土浇筑质量和整体结构的匀质性。自密实高强混凝土浇筑不受此条规定的限制。

7.6.12 例如，在整体现浇柱和梁时，柱可能是高强混凝土，而梁不是高强混凝土，那么现浇对接处应设在梁中；由于高强混凝土流动性大，所以需要设置密孔钢丝网拦截；填补柱头混凝土时应注意不要采用梁的混凝土。

7.6.13 泵送高强混凝土振捣时间不宜过长，以避免石子和浆体分层。非泵送的高强混凝土也可以采用其他密实方法，比如预制桩采用的离心法等。

7.6.14 高强混凝土结构尺寸较大的情况不少，并且由于高强混凝土温升较高，温控就尤为重要。采取措施后，高强混凝土可以满足现行国家标准《大体积混凝土施工规范》GB 50496 的温控要求。

7.6.15 混凝土制品厂采用的高强混凝土可以是塑性混凝土或低流动性混凝土，操作时间相对减少。

7.7 养　护

7.7.1 高强混凝土早期收缩比较大，如果再发生表面水分损失，会加大混凝土开裂倾向，因此，应采取措施防止混凝土浇筑成型后的表面水分损失。

7.7.2 一方面，高强混凝土强度发展比较快，另一方面，由于施工性能要求和经济原因，矿物掺合料掺量比较大，因此，潮湿养护时间不宜少于 10d。

7.7.3 对于竖向结构的混凝土立面，采用混凝土养护剂比较有利。

7.7.4 风速较大对高强混凝土养护十分不利，一方面，如果混凝土不好，混凝土表面会迅速失水，导致表面裂缝，另一方面，大风会破坏养护的覆盖条件。

7.7.5 混凝土成型后蒸汽养护前的静停时间长一些有利于减少混凝土在蒸养过程中的内部损伤；控制升温速度和降温速度慢一些，可减小温度应力对混凝土内部结构的不利影响；如果生产效率和时间允许，控

制最高和恒温温度不超过 65℃比较合适。

7.7.6 对于大体积高强混凝土，通常采用保温措施控制混凝土内部、表面和外界的温差。

7.7.7 冬期施工时，高强混凝土结构带模养护比较有利，易于采取保温措施（比如保温模板等），保湿效果也可以；采用高强混凝土的结构往往比较重要，提高受冻前的强度要求是有益的；对通常用于重要结构的高强混凝土，撤除养护措施时混凝土强度达到设计强度等级的 70% 比常规普通混凝土的 50% 高一些有利于结构安全，主要是考虑到高强混凝土强度后期发展潜力比较小。

8　质　量　检　验

8.0.1 高强混凝土的检验规则与常规的普通混凝土一致，现行国家标准《混凝土质量控制标准》GB 50164 第 7 章混凝土质量检验完全适用于高强混凝土的检验。

8.0.2 高强混凝土性能以满足设计和施工要求为合格；设计和施工未提出要求的性能可不评价。

附录 A　倒置坍落度筒排空试验方法

高强混凝土拌合物黏性较大，流动速度也较慢，对泵送施工有影响。本试验方法可用于检验评价混凝土拌合物的流动速度和与输送管壁的黏滞性。对于高强混凝土，排空时间越短，拌合物与输送管壁的黏滞性就越小，流动速度也越大，有利于高强混凝土的泵送施工。

中华人民共和国行业标准

自密实混凝土应用技术规程

Technical specification for application
of self-compacting concrete

JGJ/ T 283—2012

批准部门：中华人民共和国住房和城乡建设部
施行日期：２０１２年８月１日

中华人民共和国住房和城乡建设部
公　告

第 1330 号

关于发布行业标准《自密实混凝土应用技术规程》的公告

现批准《自密实混凝土应用技术规程》为行业标准，编号为 JGJ/T 283-2012，自 2012 年 8 月 1 日起实施。

本规程由我部标准定额研究所组织中国建筑工业出版社出版发行。

中华人民共和国住房和城乡建设部
2012 年 3 月 15 日

前　言

根据住房和城乡建设部《关于印发〈2010 年工程建设标准规范制订、修订计划（第一批）〉的通知》（建标〔2010〕43 号）的要求，规程编制组经广泛调查研究，认真总结实践经验，参考有关国际标准和国外先进标准，并在广泛征求意见的基础上，编制本规程。

本规程的主要技术内容是：1. 总则；2. 术语和符号；3. 材料；4. 混凝土性能；5. 混凝土配合比设计；6. 混凝土制备与运输；7. 施工；8. 质量检验与验收。

本规程由住房和城乡建设部负责管理，由厦门市建筑科学研究院集团股份有限公司负责具体技术内容的解释。本规程执行过程中如有意见或建议，请寄送厦门市建筑科学研究院集团股份有限公司（地址：厦门市湖滨南路 62 号，邮编：361004）。

本规程主编单位：厦门市建筑科学研究院集团股份有限公司
福建六建集团有限公司

本规程参编单位：四川华西绿舍建材有限公司
中冶建工集团有限公司
厦门源昌城建集团有限公司
中国建筑第四工程局有限公司
辽宁省建设科学研究院
中南大学
重庆大学
湖南大学
同济大学
重庆建工住宅建设有限公司
云南省建筑科学研究院
厦门天润锦龙建材有限公司
福建科之杰新材料有限公司
厦门市工程检测中心有限公司
江苏山水建设集团有限公司

本规程主要起草人员：李晓斌　桂苗苗　王世杰
程志潮　曾冲盛　余志武
钱觉时　彭军芝　王德辉
龙广成　孙振平　王　元
杨善顺　张　明　王于益
邓　岗　周尚永　马　林
杨克红　林添兴　麻秀星
陈怡宏　陈　维　刘登贤
蒋亚清　吴方华　徐仁崇
钟怀武

本规范主要审查人员：阎培渝　路来军　马保国
樊粤明　李美利　王自强
文恒武　颜万军　刘忠群
李镇华　严捍东　蔡森林

目　次

1 总则 ································· 26—5
2 术语和符号 ························· 26—5
　2.1 术语 ···························· 26—5
　2.2 符号 ···························· 26—5
3 材料 ······························· 26—5
　3.1 胶凝材料 ······················ 26—5
　3.2 骨料 ·························· 26—6
　3.3 外加剂 ························ 26—6
　3.4 混凝土用水 ···················· 26—6
　3.5 其他 ·························· 26—6
4 混凝土性能 ······················· 26—6
　4.1 混凝土拌合物性能 ·············· 26—6
　4.2 硬化混凝土的性能 ·············· 26—7
5 混凝土配合比设计 ················· 26—7
　5.1 一般规定 ····················· 26—7
　5.2 混凝土配合比设计 ·············· 26—7
6 混凝土制备与运输 ················· 26—9
　6.1 原材料检验与贮存 ·············· 26—9
　6.2 计量与搅拌 ···················· 26—9

6.3 运输 ···························· 26—9
7 施工 ······························· 26—9
　7.1 一般规定 ····················· 26—9
　7.2 模板施工 ····················· 26—10
　7.3 浇筑 ·························· 26—10
　7.4 养护 ·························· 26—10
8 质量检验与验收 ··················· 26—11
　8.1 质量检验 ····················· 26—11
　8.2 检验评定 ····················· 26—11
　8.3 工程质量验收 ·················· 26—11
附录A 混凝土拌合物自密实性能
　　　试验方法 ····················· 26—11
附录B 自密实混凝土试件成型
　　　方法 ························· 26—13
本规程用词说明 ····················· 26—14
引用标准名录 ······················· 26—14
附：条文说明 ······················· 26—15

Contents

1 General Provisions ·················· 26—5

2 Terms and Symbols ················ 26—5

  2.1 Terms ························ 26—5

  2.2 Symbols ···················· 26—5

3 Materials ·························· 26—5

  3.1 Cementitious Materials ·············· 26—5

  3.2 Aggregate ·················· 26—6

  3.3 Admixture ·················· 26—6

  3.4 Mixing Water ·················· 26—6

  3.5 Others ···················· 26—6

4 Properties of Concrete ·············· 26—6

  4.1 Mixture Properties ·············· 26—6

  4.2 Hardened Concrete Properties ········· 26—7

5 Calculation of Mix Proportion ········ 26—7

  5.1 General Requirements ············ 26—7

  5.2 Design Procedure of Mix Proportion ················ 26—7

6 Preparation and Transportation of Concrete ·················· 26—9

  6.1 Inspection and Storage of Raw Materials ·················· 26—9

  6.2 Metering and mixing ········ 26—9

  6.3 Transportation ················ 26—9

7 Construction ···················· 26—9

  7.1 General Requirements ············ 26—9

  7.2 Formwork Construction ·········· 26—10

  7.3 Pouring ···················· 26—10

  7.4 Curing ···················· 26—10

8 Quality Inspection and Acceptance ·················· 26—11

  8.1 Quality Inspect of Concrete ········· 26—11

  8.2 Evaluation of Concrete ··········· 26—11

  8.3 Inspection and Acceptance of Construction ················ 26—11

Appendix A Testing Methods of Workability of Self-compacting Concrete ········· 26—11

Appendix B Molding Methods of Self-compacting Concrete ·············· 26—13

Explanation of Wording in This Specification ················ 26—14

List of Quoted Standards ·········· 26—14

Addition: Explanation of Provisions ·················· 26—15

1 总　则

1.0.1 为规范自密实混凝土的生产与应用，做到技术先进、经济合理、安全适用，确保工程质量，制定本规程。

1.0.2 本规程适用于自密实混凝土的材料选择、配合比设计、制备与运输、施工及验收。

1.0.3 自密实混凝土的材料选择、配合比设计、制备与运输、施工及验收除应符合本规程外，尚应符合国家现行有关标准的规定。

2　术语和符号

2.1　术　语

2.1.1 自密实混凝土　self-compacting concrete

具有高流动性、均匀性和稳定性，浇筑时无需外力振捣，能够在自重作用下流动并充满模板空间的混凝土。

2.1.2 填充性　filling ability

自密实混凝土拌合物在无需振捣的情况下，能均匀密实成型的性能。

2.1.3 间隙通过性　passing ability

自密实混凝土拌合物均匀通过狭窄间隙的性能。

2.1.4 抗离析性　segregation resistance

自密实混凝土拌合物中各种组分保持均匀分散的性能。

2.1.5 坍落扩展度　slump-flow

自坍落度筒提起至混凝土拌合物停止流动后，测量坍落扩展面最大直径和与最大直径呈垂直方向的直径的平均值。

2.1.6 扩展时间（T_{500}）　slump-flow time

用坍落度筒测量混凝土坍落扩展度时，自坍落度筒提起开始计时，至拌合物坍落扩展面直径达到500mm的时间。

2.1.7 J 环扩展度　J-Ring flow

J 环扩展度试验中，拌合物停止流动后，扩展面的最大直径和与最大直径呈垂直方向的直径的平均值。

2.1.8 离析率　segregation percent

标准法筛析试验中，拌合物静置规定时间后，流过公称直径为 5mm 的方孔筛的浆体质量与混凝土质量的比例。

2.2　符　号

2.2.1　自密实性能等级

f_m——粗骨料振动离析率；

PA——坍落扩展度与 J 环扩展度之差；

SF——坍落扩展度；

SR——离析率；

VS——扩展时间（T_{500}）。

2.2.2　体积

V_a——每立方米混凝土中引入的空气体积；

V_g——每立方米混凝土中粗骨料的体积；

V_s——每立方米混凝土中细骨料的体积；

V_m——每立方米混凝土中砂浆的体积；

V_p——每立方米混凝土中去除粗、细骨料后剩下的浆体体积；

V_w——每立方米混凝土中水的体积。

2.2.3　质量

m_b——每立方米混凝土中胶凝材料的质量；

m_{ca}——每立方混凝土中外加剂的质量；

m_g——每立方米混凝土中粗骨料的质量；

m_s——每立方米混凝土中细骨料的质量；

m_m——每立方米混凝土中矿物掺合料的质量；

m_w——每立方米混凝土中用水的质量。

2.2.4　密度

ρ_b——胶凝材料的表观密度；

ρ_c——水泥表观密度；

ρ_g——粗骨料的表观密度；

ρ_m——矿物掺合料表观密度；

ρ_s——细骨料的表观密度；

ρ_w——拌合水的表观密度。

2.2.5　强度

$f_{cu,0}$——混凝土配制强度值；

f_{ce}——水泥的 28d 实测抗压强度。

2.2.6　其他

α——每立方米混凝土中外加剂占胶凝材料总量的质量百分数；

β——每立方米混凝土中矿物掺合料占胶凝材料的质量分数；

H——混凝土侧压力计算位置处至新浇筑混凝土顶面的总高度；

γ——矿物掺合料胶凝系数；

γ_c——混凝土的重力密度；

Φ_s——单位体积砂浆中砂所占的体积分数。

3　材　料

3.1　胶凝材料

3.1.1 配制自密实混凝土宜采用硅酸盐水泥或普通硅酸盐水泥，并应符合现行国家标准《通用硅酸盐水泥》GB 175 的规定。当采用其他品种水泥时，其性能指标应符合国家现行相关标准的规定。

3.1.2 配制自密实混凝土可采用粉煤灰、粒化高炉矿渣粉、硅灰等矿物掺合料，且粉煤灰应符合国家现行标准《用于水泥和混凝土中的粉煤灰》GB/T 1596 的规定，粒化高炉矿渣粉应符合现行国家标准《用于水泥和混凝土中的粒化高炉矿渣粉》GB/T 18046 的规定，硅灰应符合现行国家标准《高强高性能混凝土用矿物外加剂》GB/T 18736 的规定。当采用其他矿物掺合料时，应通过充分试验进行验证，确定混凝土性能满足工程应用要求后再使用。

3.2 骨　料

3.2.1　粗骨料宜采用连续级配或 2 个及以上单粒径级配搭配使用，最大公称粒径不宜大于 20mm；对于结构紧密的竖向构件、复杂形状的结构以及有特殊要求的工程，粗骨料的最大公称粒径不宜大于 16mm。粗骨料的针片状颗粒含量、含泥量及泥块含量，应符合表 3.2.1 的规定，其他性能及试验方法应符合现行行业标准《普通混凝土用砂、石质量及检验方法标准》JGJ 52 的规定。

表 3.2.1　粗骨料的针片状颗粒含量、含泥量及泥块含量

项　目	针片状颗粒含量	含泥量	泥块含量
指标（%）	≤8	≤1.0	≤0.5

3.2.2　轻粗骨料宜采用连续级配，性能指标应符合表 3.2.2 的规定，其他性能及试验方法应符合国家现行标准《轻集料及其试验方法　第 1 部分：轻集料》GB/T 17431.1 和《轻骨料混凝土技术规程》JGJ 51 的规定。

表 3.2.2　轻粗骨料的性能指标

项目	密度等级	最大粒径	粒型系数	24h 吸水率
指标	≥700	≤16mm	≤2.0	≤10%

3.2.3　细骨料宜采用级配Ⅱ区的中砂。天然砂的含泥量、泥块含量应符合表 3.2.3-1 的规定；人工砂的石粉含量应符合表 3.2.3-2 的规定。细骨料的其他性能及试验方法应符合现行行业标准《普通混凝土用砂、石质量及检验方法标准》JGJ 52 的规定。

表 3.2.3-1　天然砂的含泥量和泥块含量

项　目	含泥量	泥块含量
指标（%）	≤3.0	≤1.0

表 3.2.3-2　人工砂的石粉含量

项　目		指　标		
		≥C60	C55～C30	≤C25
石粉含量（%）	MB<1.4	≤5.0	≤7.0	≤10.0
	MB≥1.4	≤2.0	≤3.0	≤5.0

3.3 外加剂

3.3.1　外加剂应符合现行国家标准《混凝土外加剂》GB 8076 和《混凝土外加剂应用技术规范》GB 50119 的有关规定。

3.3.2　掺用增稠剂、絮凝剂等其他外加剂时，应通过充分试验进行验证，其性能应符合国家现行有关标准的规定。

3.4 混凝土用水

3.4.1　自密实混凝土的拌合用水和养护用水应符合现行行业标准《混凝土用水标准》JGJ 63 的规定。

3.5 其　他

3.5.1　自密实混凝土加入钢纤维、合成纤维时，其性能应符合现行行业标准《纤维混凝土应用技术规程》JGJ/T 221 的规定。

4　混凝土性能

4.1　混凝土拌合物性能

4.1.1　自密实混凝土拌合物除应满足普通混凝土拌合物对凝结时间、黏聚性和保水性等的要求外，还应满足自密实性能的要求。

4.1.2　自密实混凝土拌合物的自密实性能及要求可按表 4.1.2 确定，试验方法应按本规程附录 A 执行。

表 4.1.2　自密实混凝土拌合物的自密实性能及要求

自密实性能	性能指标	性能等级	技术要求
填充性	坍落扩展度（mm）	SF1	550～655
		SF2	660～755
		SF3	760～850
	扩展时间 T_{500}（s）	VS1	≥2
		VS2	<2
间隙通过性	坍落扩展度与 J 环扩展度差值（mm）	PA1	25<PA1≤50
		PA2	0≤PA2≤25
抗离析性	离析率（%）	SR1	≤20
		SR2	≤15
	粗骨料振动离析率（%）	f_m	≤10

注：当抗离析性试验结果有争议时，以离析率筛析法试验结果为准。

4.1.3　不同性能等级自密实混凝土的应用范围应按表 4.1.3 确定。

表 4.1.3 不同性能等级自密实混凝土的应用范围

自密实性能	性能等级	应用范围	重要性
填充性	SF1	1 从顶部浇筑的无配筋或配筋较少的混凝土结构物； 2 泵送浇筑施工的工程； 3 截面较小，无需水平长距离流动的竖向结构物	控制指标
	SF2	适合一般的普通钢筋混凝土结构	
	SF3	适用于结构紧密的竖向构件、形状复杂的结构等（粗骨料最大公称粒径宜小于16mm）	
	VS1	适用于一般的普通钢筋混凝土结构	
	VS2	适用于配筋较多的结构或有较高混凝土外观性能要求的结构，应严格控制	
间隙通过性[1]	PA1	适用于钢筋净距 80mm～100mm	可选指标
	PA2	适用于钢筋净距 60mm～80mm	
抗离析性[2]	SR1	适用于流动距离小于5m、钢筋净距大于80mm的薄板结构和竖向结构	可选指标
	SR2	适用于流动距离超过5m、钢筋净距大于80mm的竖向结构。也适用于流动距离小于5m、钢筋净距小于80mm的竖向结构，当流动距离超过5m，SR值宜小于10%	

注：1 钢筋净距小于60mm时宜进行浇筑模拟试验；对于钢筋净距大于80mm的薄板结构或钢筋净距大于100mm的其他结构可不作间隙通过性指标要求。

2 高填充性（坍落扩展度指标为SF2或SF3）的自密实混凝土，应有抗离析性要求。

4.2 硬化混凝土的性能

4.2.1 硬化混凝土力学性能、长期性能和耐久性能

应满足设计要求和国家现行相关标准的规定。

5 混凝土配合比设计

5.1 一般规定

5.1.1 自密实混凝土应根据工程结构形式、施工工艺以及环境因素进行配合比设计，并应在综合考虑混凝土自密实性能、强度、耐久性以及其他性能要求的基础上，计算初始配合比，经试验室试配、调整得出满足自密实性能要求的基准配合比，经强度、耐久性复核得到设计配合比。

5.1.2 自密实混凝土配合比设计宜采用绝对体积法。自密实混凝土水胶比宜小于 0.45，胶凝材料用量宜控制在 400kg/m³～550kg/m³。

5.1.3 自密实混凝土宜采用通过增加粉体材料的方法适当增加浆体体积，也可通过添加外加剂的方法来改善浆体的黏聚性和流动性。

5.1.4 钢管自密实混凝土配合比设计时，应采取减少收缩的措施。

5.2 混凝土配合比设计

5.2.1 自密实混凝土初始配合比设计宜符合下列规定：

1 配合比设计应确定拌合物中粗骨料体积、砂浆中砂的体积分数、水胶比、胶凝材料用量、矿物掺合料的比例等参数。

2 粗骨料体积及质量的计算宜符合下列规定：

1）每立方米混凝土中粗骨料的体积（V_g）可按表 5.2.1 选用；

表 5.2.1 每立方米混凝土中粗骨料的体积

填充性指标	SF1	SF2	SF3
每立方米混凝土中粗骨料的体积（m³）	0.32～0.35	0.30～0.33	0.28～0.30

2）每立方米混凝土中粗骨料的质量（m_g）可按下式计算：

$$m_g = V_g \cdot \rho_g \qquad (5.2.1\text{-}1)$$

式中：ρ_g——粗骨料的表观密度（kg/m³）。

3 砂浆体积（V_m）可按下式计算：

$$V_m = 1 - V_g \qquad (5.2.1\text{-}2)$$

4 砂浆中砂的体积分数（Φ_s）可取 0.42～0.45。

5 每立方米混凝土中砂的体积（V_s）和质量（m_s）可按下列公式计算：

$$V_s = V_m \cdot \Phi_s \qquad (5.2.1\text{-}3)$$

$$m_s = V_s \cdot \rho_s \qquad (5.2.1\text{-}4)$$

式中：ρ_s——砂的表观密度（kg/m³）。

6 浆体体积（V_p）可按下式计算：

$$V_p = V_m - V_s \qquad (5.2.1-5)$$

7 胶凝材料表观密度（ρ_b）可根据矿物掺合料和水泥的相对含量及各自的表观密度确定，并可按下式计算：

$$\rho_b = \frac{1}{\dfrac{\beta}{\rho_m} + \dfrac{(1-\beta)}{\rho_c}} \qquad (5.2.1-6)$$

式中：ρ_m——矿物掺合料的表观密度（kg/m^3）；

ρ_c——水泥的表观密度（kg/m^3）；

β——每立方米混凝土中矿物掺合料占胶凝材料的质量分数（%）；当采用两种或两种以上矿物掺合料时，可以 β_1、β_2、β_3 表示，并进行相应计算；根据自密实混凝土工作性、耐久性、温升控制等要求，合理选择胶凝材料中水泥、矿物掺合料类型，矿物掺合料占胶凝材料用量的质量分数 β 不宜小于 0.2。

8 自密实混凝土配制强度（$f_{cu,0}$）应按现行行业标准《普通混凝土配合比设计规程》JGJ 55 的规定进行计算。

9 水胶比（m_w/m_b）应符合下列规定：

1）当具备试验统计资料时，可根据工程所使用的原材料，通过建立的水胶比与自密实混凝土抗压强度关系式来计算得到水胶比；

2）当不具备上述试验统计资料时，水胶比可按下式计算：

$$m_w/m_b = \frac{0.42 f_{ce}(1-\beta+\beta \cdot \gamma)}{f_{cu,0} + 1.2} \qquad (5.2.1-7)$$

式中：m_b——每立方米混凝土中胶凝材料的质量（kg）；

m_w——每立方米混凝土中用水的质量（kg）；

f_{ce}——水泥的 28d 实测抗压强度（MPa）；当水泥 28d 抗压强度未能进行实测时，可采用水泥强度等级对应值乘以 1.1 得到的数值作为水泥抗压强度值；

γ——矿物掺合料的胶凝系数；粉煤灰（$\beta \leq 0.3$）可取 0.4，矿渣粉（$\beta \leq 0.4$）可取 0.9。

10 每立方米自密实混凝土中胶凝材料的质量（m_b）可根据自密实混凝土中的浆体体积（V_p）、胶凝材料的表观密度（ρ_b）、水胶比（m_w/m_b）等参数确定，并可按下式计算：

$$m_b = \frac{(V_p - V_a)}{\left(\dfrac{1}{\rho_b} + \dfrac{m_w/m_b}{\rho_w}\right)} \qquad (5.2.1-8)$$

式中：V_a——每立方米混凝土中引入空气的体积（L），对于非引气型的自密实混凝土，V_a 可取 10L～20L；

ρ_w——每立方米混凝土中拌合水的表观密度（kg/m^3），取 $1000kg/m^3$。

11 每立方米混凝土中用水的质量（m_w）应根据每立方米混凝土中胶凝材料质量（m_b）以及水胶比（m_w/m_b）确定，并可按下式计算：

$$m_w = m_b \cdot (m_w/m_b) \qquad (5.2.1-9)$$

12 每立方米混凝土中水泥的质量（m_c）和矿物掺合料的质量（m_m）应根据每立方米混凝土中胶凝材料的质量（m_b）和胶凝材料中矿物掺合料的质量分数（β）确定，并可按下列公式计算：

$$m_m = m_b \cdot \beta \qquad (5.2.1-10)$$

$$m_c = m_b - m_m \qquad (5.2.1-11)$$

13 外加剂的品种和用量应根据试验确定，外加剂用量可按下式计算：

$$m_{ca} = m_b \cdot \alpha \qquad (5.2.1-12)$$

式中：m_{ca}——每立方米混凝土中外加剂的质量（kg）；

α——每立方米混凝土中外加剂占胶凝材料总量的质量百分数（%）。

5.2.2 自密实混凝土配合比的试配、调整与确定应符合下列规定：

1 混凝土试配时应采用工程实际使用的原材料，每盘混凝土的最小搅拌量不宜小于 25L。

2 试配时，首先应进行试拌，先检查拌合物自密实性能必控指标，再检查拌合物自密实性能可选指标。当试拌得出的拌合物自密实性能不能满足要求时，应在水胶比不变、胶凝材料用量和外加剂用量合理的原则下调整胶凝材料用量、外加剂用量或砂的体积分数等，直到符合要求为止。应根据试拌结果提出混凝土强度试验用的基准配合比。

3 混凝土强度试验时至少应采用三个不同的配合比。当采用不同的配合比时，其中一个应为本规程第 5.2.2 条中第 2 款确定的基准配合比，另外两个配合比的水胶比宜较基准配合比分别增加和减少 0.02；用水量与基准配合比相同，砂的体积分数可分别增加或减少 1%。

4 制作混凝土强度试验试件时，应验证拌合物自密实性能是否达到设计要求，并以该结果代表相应配合比的混凝土拌合物性能指标。

5 混凝土强度试验时每种配合比至少应制作一组试件，标准养护到 28d 或设计要求的龄期时试压，也可同时多制作几组试件，按《早期推定混凝土强度试验方法标准》JGJ/T 15 早期推定混凝土强度，用于配合比调整，但最终应满足标准养护 28d 或设计规定龄期的强度要求。如有耐久性要求时，还应检测相应的耐久性指标。

6 应根据试配结果对基准配合比进行调整，调整与确定应按《普通混凝土配合比设计规程》JGJ 55 的规定执行，确定的配合比即为设计配合比。

7 对于应用条件特殊的工程，宜采用确定的配合比进行模拟试验，以检验所设计的配合比是否满足工程应用条件。

6 混凝土制备与运输

6.1 原材料检验与贮存

6.1.1 自密实混凝土原材料进场时，供方应按批次向需方提供质量证明文件。

6.1.2 原材料进场后，应进行质量检验，并应符合下列规定：

1 胶凝材料、外加剂的检验项目与批次应符合现行国家标准《预拌混凝土》GB/T 14902 的规定；

2 粗、细骨料的检验项目与批次应符合现行行业标准《普通混凝土用砂、石质量及检验方法标准》JGJ 52 的规定，其中人工砂检验项目还应包括亚甲蓝（MB）值；

3 其他原材料的检验项目和批次应按国家现行有关标准执行。

6.1.3 原材料贮存应符合下列规定：

1 水泥应按品种、强度等级及生产厂家分别贮存，并应防止受潮和污染；

2 掺合料应按品种、质量等级和产地分别贮存，并应防雨和防潮；

3 骨料宜采用仓储或带棚堆场贮存，不同品种、规格的骨料应分别贮存，堆场仓设有分隔区域；

4 外加剂应按品种和生产厂家分别贮存，采取遮阳、防水等措施。粉状外加剂应防止受潮结块；液态外加剂应贮存在密闭容器内，并应防晒和防冻，使用前应搅拌均匀。

6.2 计量与搅拌

6.2.1 原材料的计量应按质量计，且计量允许偏差应符合表 6.2.1 的规定。

表 6.2.1 原材料计量允许偏差（％）

序号	原材料品种	胶凝材料	骨料	水	外加剂	掺合料
1	每盘计量允许偏差	±2	±3	±1	±1	±2
2	累计计量允许偏差	±1	±2	±1	±1	±1

注：1 现场搅拌时原材料计量允许偏差应满足每盘计量允许偏差要求；
  2 累计计量允许偏差是指每一运输车中各盘混凝土的每种材料计量和的偏差，该项指标仅适用于采用计算机控制计量的搅拌站。

6.2.2 自密实混凝土宜采用集中搅拌方式生产，生产过程应符合现行国家标准《预拌混凝土》GB/T 14902 的规定。

6.2.3 自密实混凝土在搅拌机中的搅拌时间不应少于 60s，并应比非自密实混凝土适当延长。

6.2.4 生产过程中，每台班应至少检测一次骨料含水率。当骨料含水率有显著变化时，应增加测定次数，并应依据检测结果及时调整材料用量。

6.2.5 高温施工时，生产自密实混凝土原材料最高入机温度应符合表 6.2.5 的规定，必要时应对原材料采取温度控制措施。

表 6.2.5 原材料最高入机温度

原材料	最高入机温度（℃）
水泥	60
骨料	30
水	25
粉煤灰等掺合料	60

6.2.6 冬期施工时，宜对拌合水、骨料进行加热，但拌合水温度不宜超过 60℃、骨料不宜超过 40℃；水泥、外加剂、掺合料不得直接加热。

6.2.7 泵送自密实轻骨料混凝土所用的轻粗骨料在使用前，宜采用浸水、洒水或加压预湿等措施进行预湿处理。

6.3 运 输

6.3.1 自密实混凝土运输应采用混凝土搅拌运输车，并宜采取防晒、防寒等措施。

6.3.2 运输车在接料前应将车内残留的混凝土清洗干净，并应将车内积水排尽。

6.3.3 自密实混凝土运输过程中，搅拌运输车的滚筒应保持匀速转动，速度应控制在 3r/min～5r/min，并严禁向车内加水。

6.3.4 运输车从开始接料至卸料的时间不宜大于 120min。

6.3.5 卸料前，搅拌运输车罐体宜高速旋转 20s以上。

6.3.6 自密实混凝土的供应速度应保证施工的连续性。

7 施 工

7.1 一 般 规 定

7.1.1 自密实混凝土施工前应根据工程结构类型和特点、工程量、材料供应情况、施工条件和进度计划等确定施工方案，并对施工作业人员进行技术交底。

7.1.2 自密实混凝土施工应进行过程监控，并应根据监控结果调整施工措施。

7.1.3 自密实混凝土施工应符合现行国家标准《混凝土结构工程施工规范》GB 50666 的规定。

7.2 模板施工

7.2.1 模板及其支架设计应符合现行国家标准《混凝土结构工程施工规范》GB 50666 的相关规定。新浇筑混凝土对模板的最大侧压力应按下式计算：

$$F = \gamma_c H \qquad (7.2.1)$$

式中：F——新浇筑混凝土对模板的最大侧压力（kN/m²）；

γ_c——混凝土的重力密度（kN/m³）；

H——混凝土侧压力计算位置处至新浇筑混凝土顶面的总高度（m）。

7.2.2 成型的模板应拼装紧密，不得漏浆，应保证构件尺寸、形状，并应符合下列规定：

1 斜坡面混凝土的外斜坡表面应支设模板；

2 混凝土上表面模板应有抗自密实混凝土浮力的措施；

3 浇筑形状复杂或封闭模板空间内混凝土时，应在模板上适当部位设置排气口和浇筑观察口。

7.2.3 模板及其支架拆除应符合现行国家标准《混凝土结构工程施工规范》GB 50666 的规定，对薄壁、异形等构件宜延长拆模时间。

7.3 浇 筑

7.3.1 高温施工时，自密实混凝土入模温度不宜超过 35℃；冬期施工时，自密实混凝土入模温度不宜低于 5℃。在降雨、降雪期间，不宜在露天浇筑混凝土。

7.3.2 大体积自密实混凝土入模温度宜控制在 30℃以下；混凝土在入模温度基础上的绝热温升值不宜大于 50℃，混凝土的降温速率不宜大于 2.0℃/d。

7.3.3 浇筑自密实混凝土时，应根据浇筑部位的结构特点及混凝土自密实性能选择机具与浇筑方法。

7.3.4 浇筑自密实混凝土时，现场应有专人进行监控，当混凝土自密实性能不能满足要求时，可加入适量的与原配合比相同成分的外加剂，外加剂掺入后搅拌运输车滚筒应快速旋转，外加剂掺量和旋转搅拌时间应通过试验验证。

7.3.5 自密实混凝土泵送施工应符合现行行业标准《混凝土泵送施工技术规程》JGJ/T 10 的规定。

7.3.6 自密实混凝土泵送和浇筑过程应保持连续性。

7.3.7 大体积自密实混凝土采用整体分层连续浇筑或推移式连续浇筑时，应缩短间歇时间，并应在前层混凝土初凝之前浇筑次层混凝土，同时应减少分层浇筑的次数。

7.3.8 自密实混凝土浇筑最大水平流动距离应根据施工部位具体要求确定，且不宜超过 7m。布料点应根据混凝土自密实性能确定，并通过试验确定混凝土布料点的间距。

7.3.9 柱、墙模板内的混凝土浇筑倾落高度不宜大于 5m，当不能满足规定时，应加设串筒、溜管、溜槽等装置。

7.3.10 浇筑结构复杂、配筋密集的混凝土构件时，可在模板外侧进行辅助敲击。

7.3.11 型钢混凝土结构应均匀对称浇筑。

7.3.12 钢管自密实混凝土结构浇筑应符合下列规定：

1 应按设计要求在钢管适当位置设置排气孔，排气孔孔径宜为 20mm。

2 混凝土最大倾落高度不宜大于 9m，倾落高度大于 9m 时，应采用串筒、溜槽、溜管等辅助装置进行浇筑。

3 混凝土从管底顶升浇筑时应符合下列规定：

　　1）应在钢管底部设置进料管，进料管应设止流阀门，止流阀门可在顶升浇筑的混凝土达到终凝后拆除；

　　2）应合理选择顶升浇筑设备，控制混凝土顶升速度，钢管直径不宜小于泵管直径的 2 倍；

　　3）浇筑完毕 30min 后，应观察管顶混凝土的回落下沉情况，出现下沉时，应人工补浇管顶混凝土。

7.3.13 自密实混凝土宜避开高温时段浇筑。当水分蒸发速率过快时，应在施工作业面采取挡风、遮阳等措施。

7.4 养 护

7.4.1 制定养护方案时，应综合考虑自密实混凝土性能、现场条件、环境温湿度、构件特点、技术要求、施工操作等因素。

7.4.2 自密实混凝土浇筑完毕，应及时采用覆盖、蓄水、薄膜保湿、喷淋或涂刷养护剂等养护措施，养护时间不得少于 14d。

7.4.3 大体积自密实混凝土养护措施应符合设计要求，当设计无具体要求时，应符合现行国家标准《大体积混凝土施工规范》GB 50496 的有关规定。对裂缝有严格要求的部位应适当延长养护时间。

7.4.4 对于平面结构构件，混凝土初凝后，应及时采用塑料薄膜覆盖，并应保持塑料薄膜内有凝结水。混凝土强度达到 1.2N/mm² 后，应覆盖保湿养护，条件许可时宜蓄水养护。

7.4.5 垂直结构构件拆模后，表面宜覆盖保湿养护，也可涂刷养护剂。

7.4.6 冬期施工时，不得向裸露部位的自密实混凝土直接浇水养护，应用保温材料和塑料薄膜进行保温、保湿养护，保温材料的厚度应经热工计算确定。

7.4.7 采用蒸汽养护的预制构件，养护制度应通过试验确定。

8 质量检验与验收

8.1 质量检验

8.1.1 自密实混凝土拌合物检验项目除应符合现行国家标准《混凝土结构工程施工质量验收规范》GB 50204 的规定外，还应检验自密实性能，并应符合下列规定：

1 混凝土自密实性能指标检验应包括坍落扩展度和扩展时间；

2 出厂检验时，坍落扩展度和扩展时间应每 100m³ 相同配合比的混凝土至少检验 1 次；当一个台班相同配合比的混凝土不足 100m³ 时，检验不得少于 1 次；

3 交货时坍落扩展度和扩展时间检验批次应与强度检验批次一致；

4 实测坍落扩展度应符合设计要求，混凝土拌合物不得出现外沿泌浆和中心骨料堆积现象。

8.1.2 对掺引气型外加剂的自密实混凝土拌合物应检验其含气量，含气量应符合国家现行相关标准的规定。

8.1.3 自密实混凝土强度应满足设计要求，检验的试件应符合下列规定：

1 出厂检验试件留置方法和数量应符合现行国家标准《预拌混凝土》GB/T 14902 的规定；

2 交货检验试件留置方法和数量应符合现行国家标准《混凝土结构工程施工质量验收规范》GB 50204 的规定。

8.1.4 对有耐久性设计要求的自密实混凝土，还应检验耐久性项目，其试件留置方法和数量应符合现行行业标准《混凝土耐久性检验评定标准》JGJ/T 193 的规定。

8.1.5 混凝土拌合物自密实性能的试验方法应按本规程附录 A 执行，混凝土试件成型方法应按本规程附录 B 执行。混凝土拌合物的其他性能试验方法应按现行国家标准《普通混凝土拌合物性能试验方法标准》GB/T 50080 的规定执行。自密实混凝土的力学性能、长期性能和耐久性能试验方法应分别按现行国家标准《普通混凝土力学性能试验方法标准》GB/T 50081 和《普通混凝土长期性能和耐久性能试验方法标准》GB/T 50082 的规定执行。

8.2 检验评定

8.2.1 自密实混凝土强度应按现行国家标准《混凝土强度检验评定标准》GB/T 50107 的规定进行检验评定。

8.2.2 自密实混凝土耐久性能应按现行行业标准《混凝土耐久性检验评定标准》JGJ/T 193 的规定进行检验评定。

8.3 工程质量验收

8.3.1 自密实混凝土工程质量验收应按现行国家标准《混凝土结构工程施工质量验收规范》GB 50204 的规定执行。

附录 A 混凝土拌合物自密实性能试验方法

A.1 坍落扩展度和扩展时间试验方法

A.1.1 本方法用于测试自密实混凝土拌合物的填充性。

A.1.2 自密实混凝土的坍落扩展度和扩展时间试验应采用下列仪器设备：

1 混凝土坍落度筒，应符合现行行业标准《混凝土坍落度仪》JG/T 248 的规定；

2 底板应为硬质不吸水的光滑正方形平板，边长应为 1000mm，最大挠度不得超过 3mm，并应在平板表面标出坍落度筒的中心位置和直径分别为 200mm、300mm、500mm、600mm、700mm、800mm 及 900mm 的同心圆（图 A.1.2）。

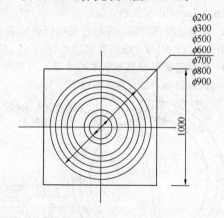

图 A.1.2 底板

A.1.3 混凝土拌合物的填充性能试验应按下列步骤进行：

1 应先润湿底板和坍落度筒，坍落度筒内壁和底板上应无明水；底板应放置在坚实的水平面上，并把筒放在底板中心，然后用脚踩住两边的脚踏板，坍落度筒在装料时应保持在固定的位置。

2 应在混凝土拌合物不产生离析的状态下，利用盛料容器一次性使混凝土拌合物均匀填满坍落度筒，且不得捣实或振动。

3 应采用刮刀刮除坍落度筒顶部及周边混凝土余料，使混凝土与坍落度筒的上缘齐平后，随即将坍落度筒沿铅直方向匀速地向上快速提起 300mm 左右的高度，提起时间宜控制在 2s。待混凝土停止流动后，应测量展开圆形的最大直径，以及与最大直径呈垂直方向的直径。自开始入料至填充结束应在1.5min内完成，坍落度筒提起至测量拌合物扩展直径结束应控制在40s之内完成。

4 测定扩展度达500mm的时间（T_{500}）时，应自坍落度筒提起离开地面时开始，至扩展开的混凝土外缘初触平板上所绘直径500mm的圆周为止，应采用秒表测定时间，精确至0.1s。

A.1.4 混凝土的扩展度应为混凝土拌合物坍落扩展终止后扩展面相互垂直的两个直径的平均值，测量精确应至1mm，结果修约至5mm。

A.1.5 应观察最终坍落后的混凝土状况，当粗骨料在中央堆积或最终扩展后的混凝土边缘有水泥浆析出时，可判定混凝土拌合物抗离析性不合格，应记录。

A.2 J环扩展度试验方法

A.2.1 本方法适用于测试自密实混凝土拌合物的间隙通过性。

A.2.2 自密实混凝土J环扩展度试验应采用下列仪器设备：

1 J环，应采用钢或不锈钢，圆环中心直径和厚度应分别为300mm、25mm，并用螺母和垫圈将16根 $\phi16mm×100mm$ 圆钢锁在圆环上，圆钢中心间距应为58.9 mm（图A.2.2）。

2 混凝土坍落度筒，应符合现行行业标准《混凝土坍落度仪》JG/T 248的规定。

3 底板应采用硬质不吸水的光滑正方形平板，边长应为1000mm，最大挠度不得超过3mm。

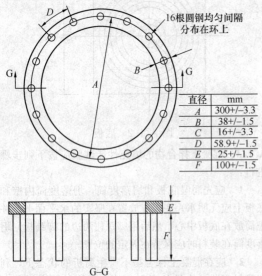

直径	mm
A	300+/−3.3
B	38+/−1.5
C	16+/−3.3
D	58.9+/−1.5
E	25+/−1.5
F	100+/−1.5

16根圆钢均匀间隔分布在环上

G-G

图 A.2.2 J环的形状和尺寸

A.2.3 自密实混凝土拌合物的间隙通过性试验应按下列步骤进行：

1 应先润湿底板、J环和坍落度筒，坍落度筒内壁和底板上应无明水。底板应放置在坚实的水平面

上，J环应放在底板中心。

2 应将坍落度筒倒置在底板中心，并应与J环同心。然后将混凝土一次性填充至满。

3 应采用刮刀刮除坍落度筒顶部及周边混凝土余料，随即将坍落度筒沿垂直方向连续地向上提起300mm，提起时间宜为2s。待混凝土停止流动后，测量展开扩展面的最大直径以及与最大直径呈垂直方向的直径。自开始入料至提起坍落度筒应在1.5min内完成。

4 J环扩展度应为混凝土拌合物坍落扩展终止后扩展面相互垂直的两个直径的平均值，测量应精确至1mm，结果修约至5mm。

5 自密实混凝土间隙通过性性能指标（PA）结果应为测得混凝土坍落扩展度与J环扩展度的差值。

6 应目视检查J环圆钢附近是否有骨料堵塞，当粗骨料在J环圆钢附近出现堵塞时，可判定混凝土拌合物间隙通过性不合格，应予记录。

A.3 离析率筛析试验方法

A.3.1 本方法适用于测试自密实混凝土拌合物的抗离析性。

A.3.2 自密实混凝土离析率筛析试验应采用下列仪器设备和工具：

1 天平，应选用称量10kg、感量5g的电子天平。

2 试验筛，应选用公称直径为5mm的方孔筛，且应符合现行国家标准《金属穿孔板试验筛》GB/T 6003.2的规定。

3 盛料器，应采用钢或不锈钢，内径为208mm，上节高度为60mm，下节带底净高为234mm，在上、下层连接处需加宽3mm～5mm，并设有橡胶垫圈（图A.3.2）。

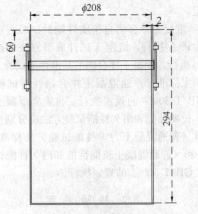

图 A.3.2 盛料器形状和尺寸

A.3.3 自密实混凝土拌合物的抗离析性筛析试验应按下列步骤进行：

1 应先取10L±0.5L混凝土置于盛料器中，放置在水平位置上，静置15min±0.5min。

2 将方孔筛固定在托盘上,然后将盛料器上节混凝土移出,倒入方孔筛;用天平称量其 m_0,精确到 1g。

3 倒入方孔筛,静置 120s±5s 后,先把筛及筛上的混凝土移走,用天平称量筛孔流到托盘上的浆体质量 m_1,精确到 1g。

A.3.4 混凝土拌合物离析率(SR)应按下式计算:

$$SR = \frac{m_1}{m_0} \times 100\% \quad (A.3.4)$$

式中:SR——混凝土拌合物离析率(%),精确到 0.1%;

m_1——通过标准筛的砂浆质量(g);

m_0——倒入标准筛混凝土的质量(g)。

A.4 粗骨料振动离析率跳桌试验方法

A.4.1 本方法适用于测试自密实混凝土拌合物的抗离析性能。

A.4.2 粗骨料振动离析率跳桌试验应采用下列仪器设备和工具:

1 检测筒应采用硬质、光滑、平整的金属板制成,检测筒内径为 115mm,外径应为 135mm,分三节,每节高度均应为 100mm,并应用活动扣件固定(图 A.4.2)。

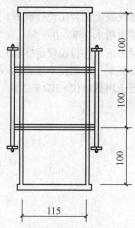

图 A.4.2 检测筒尺寸

2 跳桌振幅应为 25mm±2mm。

3 天平,应选用称量 10kg、感量 5g 的电子天平。

4 试验筛,应选用公称直径为 5mm 的方孔筛,其性能指标应符合现行国家标准《金属穿孔板试验筛》GB/T 6003.2 的规定。

A.4.3 自密实混凝土拌合物的抗离析性跳桌试验应按下列步骤进行:

1 应将自密实混凝土拌合物用料斗装入稳定性检测筒内,平至料斗口,垂直移走料斗,静置 1min,用抹刀将多余的拌合物除去并抹平,且不得压抹。

2 应将检测筒放置在跳桌上,每秒转动一次摇柄,使跳桌跳动 25 次;

3 应分节拆除检测筒,并将每节筒内拌合物装入孔径为 5mm 的圆孔筛子中,用清水冲洗拌合物,筛除浆体和细骨料,将剩余的粗骨料用海绵拭干表面的水分,用天平称其质量,精确到 1g,分别得到上、中、下三段拌合物中粗骨料的湿重 m_1、m_2 和 m_3。

A.4.4 粗骨料振动离析率应按下式计算:

$$f_m = \frac{m_3 - m_1}{\overline{m}} \times 100\% \quad (A.4.4)$$

式中:f_m——粗骨料振动离析率(%),精确到 0.1%;

$\overline{m}$——三段混凝土拌合物中湿骨料质量的平均值(g);

m_1——上段混凝土拌合物中湿骨料的质量(g);

m_3——下段混凝土拌合物中湿骨料的质量(g)。

附录 B 自密实混凝土试件成型方法

B.0.1 本方法适用于自密实混凝土试件的成型。

B.0.2 自密实混凝土试件成型应采用下列设备和工具:

1 试模,应符合国家现行有关标准的规定。

2 盛料容器。

3 铲子、抹刀、橡胶手套等。

B.0.3 混凝土试件的制作应符合下列规定:

1 成型前,应检查试模尺寸,并对试模表面涂一薄层矿物油或其他不与混凝土发生反应的隔离剂。

2 在试验室拌制混凝土时,其材料用量应以质量计,且计量允许偏差应符合表 B.0.3 的规定。

表 B.0.3 原材料计量允许偏差(%)

原材料品种	水泥	骨料	水	外加剂	掺合料
计量允许偏差	±0.5	±1	±0.5	±0.5	±0.5

B.0.4 取样应按现行国家标准《普通混凝土拌合物性能试验方法标准》GB/T 50080 中的规定执行。

B.0.5 试样成型应符合下列规定:

1 取样或试验室拌制的自密实混凝土在拌制后,应尽快成型,不宜超过 15min。

2 取样或拌制好的混凝土拌合物应至少拌三次,再装入盛料器。

3 应分两次将混凝土拌合物装入试模,每层的装料厚度宜相等,中间间隔 10s,混凝土拌合物应高出试模口,不应使用振动台或插捣方法成型。

4 试模上口多余的混凝土应刮除,并用抹刀抹平。

本规程用词说明

1 为便于在执行本规程条文时区别对待，对要求严格程度不同的用词说明如下：

  1）表示很严格，非这样做不可的：

    正面词采用"必须"，反面词采用"严禁"；

  2）表示严格，在正常情况下均应这样做的：

    正面词采用"应"，反面词采用"不应"或"不得"；

  3）表示允许稍有选择，在条件许可时首先应这样做的：

    正面词采用"宜"，反面词采用"不宜"；

  4）表示有选择，在一定条件下可以这样做的采用"可"。

2 条文中指明应按其他有关标准执行的写法为："应符合……的规定"或"应按……执行"。

引用标准名录

1 《普通混凝土拌合物性能试验方法标准》GB/T 50080

2 《普通混凝土力学性能试验方法标准》GB/T 50081

3 《普通混凝土长期性能和耐久性能试验方法标准》GB/T 50082

4 《混凝土强度检验评定标准》GB/T 50107

5 《混凝土外加剂应用技术规范》GB 50119

6 《混凝土结构工程施工质量验收规范》GB 50204

7 《大体积混凝土施工规范》GB 50496

8 《混凝土结构工程施工规范》GB 50666

9 《通用硅酸盐水泥》GB 175

10 《用于水泥和混凝土中的粉煤灰》GB/T 1596

11 《金属穿孔板试验筛》GB/T 6003.2

12 《混凝土外加剂》GB 8076

13 《预拌混凝土》GB/T 14902

14 《轻集料及其试验方法 第1部分：轻集料》GB/T 17431.1

15 《用于水泥和混凝土中的粒化高炉矿渣粉》GB/T 18046

16 《高强高性能混凝土用矿物外加剂》GB/T 18736

17 《混凝土泵送施工技术规程》JGJ/T 10

18 《早期推定混凝土强度试验方法标准》JGJ/T 15

19 《轻骨料混凝土技术规程》JGJ 51

20 《普通混凝土用砂、石质量及检验方法标准》JGJ 52

21 《普通混凝土配合比设计规程》JGJ 55

22 《混凝土用水标准》JGJ 63

23 《混凝土耐久性检验评定标准》JGJ/T 193

24 《纤维混凝土应用技术规程》JGJ/T 221

25 《混凝土坍落度仪》JG/T 248

中华人民共和国行业标准

自密实混凝土应用技术规程

JGJ/T 283—2012

条 文 说 明

制 订 说 明

《自密实混凝土应用技术规程》JGJ/T 283 - 2012，经住房和城乡建设部 2012 年 3 月 15 日以第 1330 号公告批准、发布。

本规程制订过程中，编制组进行了广泛而深入的调查研究，总结了我国工程建设中自密实混凝土工程应用的实践经验，同时参考了国外技术标准，通过试验取得了自密实混凝土应用的重要技术参数。

为便于广大设计、施工、科研、学校等单位有关人员在使用本规程时能正确理解和执行条文规定，《自密实混凝土应用技术规程》编制组按章、节、条顺序编制了本规程的条文说明，对条文规定的目的、依据以及执行中需注意的有关事项进行了说明。但是，本条文说明不具备与规程正文同等的法律效力，仅供使用者作为理解和把握规程规定的参考。

目　次

1　总则 ……………………………… 26—18

2　术语和符号 …………………… 26—18

　2.1　术语 ……………………… 26—18

3　材料 …………………………… 26—18

　3.1　胶凝材料 ………………… 26—18

　3.2　骨料 ……………………… 26—18

　3.3　外加剂 …………………… 26—21

　3.4　混凝土用水 ……………… 26—21

　3.5　其他 ……………………… 26—21

4　混凝土性能 …………………… 26—21

　4.1　混凝土拌合物性能 ……… 26—21

　4.2　硬化混凝土的性能 ……… 26—23

5　混凝土配合比设计 …………… 26—23

　5.1　一般规定 ………………… 26—23

　5.2　混凝土配合比设计 ……… 26—24

6　混凝土制备与运输 …………… 26—25

　6.1　原材料检验与贮存 ……… 26—25

　6.2　计量与搅拌 ……………… 26—25

　6.3　运输 ……………………… 26—26

7　施工 …………………………… 26—26

　7.1　一般规定 ………………… 26—26

　7.2　模板施工 ………………… 26—26

　7.3　浇筑 ……………………… 26—26

　7.4　养护 ……………………… 26—27

附录B　自密实混凝土试件成型
　　　　方法 …………………… 26—27

1 总　　则

1.0.1 近年来自密实混凝土在工程中的应用越来越多，但尚无专门的自密实混凝土应用技术的行业标准或者国家标准指导自密实混凝土的生产和应用，无法为自密实混凝土在建筑工程中的广泛应用提供技术依据。因此，有必要制定本规程。

1.0.2 本条明确了规程的适用范围。自密实混凝土适用于现场浇筑的自密实混凝土工程和生产预制自密实混凝土构件，尤其适用于浇筑量大、振捣困难的结构以及对施工进度、噪声有特殊要求的工程。本规程对自密实混凝土生产与应用所涉及的各环节作出规定。

1.0.3 本条规定了本规程与其他标准、规范的关系。

2 术语和符号

2.1 术　　语

2.1.1～2.1.4 强调自密实混凝土的特点。

2.1.5 本条对坍落扩展度进行定义，以区别《普通混凝土拌合物性能试验方法标准》GB/T 50080－2002 第3.1.3条所定义的普通混凝土坍落扩展度。

2.1.6 本条对扩展时间（T_{500}）进行定义。

2.1.7 本条根据美国 ASTM 标准《Standard Test Method for Passing Ability of Self-Consolidating Concrete by J-Ring》C1621/C1621M-09b 对 J 环扩展度进行定义。

2.1.8 本条根据欧洲自密实混凝土指南《The European Guidelines for Self-Compacting Concrete—Specification，Production and Use》对离析率进行定义。

3 材　　料

3.1 胶凝材料

3.1.1 本条规定了自密实混凝土所用的水泥品种。当有特殊要求时，可根据设计、施工要求以及工程所处环境确定。自密实混凝土宜选用通用硅酸盐水泥，不宜采用铝酸盐水泥、硫铝酸盐水泥等凝结时间短、流动性经时损失大的水泥。

3.1.2 自密实混凝土可掺入粉煤灰、磨细矿渣粉、硅粉等矿物掺合料，并应符合相关矿物掺合料应用技术规范以及相关标准的要求。不同的矿物掺合料对混凝土工作性和物理力学性能、耐久性所产生的作用既有共性，又不完全相同。因此，应依据混凝土所处环境、设计要求、施工工艺要求等因素，经试验确定矿物掺合料种类及用量。当使用磨细矿化碳酸钙、石英

粉等其他掺合料时，应考虑掺合料的粒径分布、形状和需水量，减少对混凝土拌合物需水量或敏感度的影响，并通过试验验证，方可使用。

3.2 骨　　料

3.2.1 在满足自密实混凝土性能的前提下，可根据优质、经济、就地取材的原则选择天然骨料、人工骨料或两者混合使用来制备自密实混凝土。粗骨料最大粒径对自密实混凝土工作性能影响较大，根据国内外标准相关规定和工程实际经验，粗骨料最大粒径不宜超过20mm。欧洲自密实混凝土指南《The European Guidelines for Self-Compacting Concrete—Specification，Production and Use》中对配筋密集、形状复杂的结构或有特殊要求的工程，要求自密实混凝土坍落扩展度在760mm～850mm 或850mm 以上，粗骨料的最大粒径不宜大于16mm。

粗骨料中针片状颗粒含量对自密实混凝土间隙通过性影响较大，将增加拌合物的流动阻力，同时，对混凝土强度等性能也存在不利影响。《自密实混凝土应用技术规程》CECS203：2006规定粗骨料中针、片状含量不宜超过8%；而《自密实混凝土设计与施工指南》CCES 02-2004规定粗骨料中针、片状含量不宜超过10%。因此，编制组开展了关于针片状颗粒对自密实混凝土自密实性能相关性的试验，主要试验研究结果见表1和表2。从表1可看出，本次验证试验混凝土配合比中矿物掺合料掺量超过总胶凝材料用量40%，因此，设计采用混凝土60d龄期强度。

表1　验证试验混凝土基准配合比

系列	强度等级	每立方米混凝土材料用量（kg/m³）						
		水	水泥	矿粉	粉煤灰	砂子	石子	外加剂
BZA	C60	163	316	132	79	805	880	1.24%
BZB	C60	164	318	106	106	817	853	1.22%
BZC	C30	166	207	46	207	805	880	0.9%

表2　验证试验自密实混凝土测试结果

编号	石子针片状含量（%）	坍落扩展度（mm）	J环扩展度（mm）	坍落扩展度与J环扩展度差值（mm）	扩展时间 T_{500}（s）	离析率（%）	7d抗压强度（MPa）	28d抗压强度（MPa）	60d抗压强度（MPa）	拌合物中粗骨料堆积现象
BZA-1	6	760	760	0	1.8	17.9	36.3	50.8	67.5	轻微
BZA-2	7	755	745	10	2.1	12.7	40.3	56.0	72.3	
BZA-3	8	755	745	10	1.8	18.1	38.5	52.3	70.6	
BZA-4	9	760	750	10	2.3	16.4	42.6	57.5	74.1	
BZA-5	10	770	735	35	1.9	20.1	45.0	55.8	72.8	轻微
BZB-1	6	670	665	5	3.6	6.6	43.7	54.0	71.2	
BZB-2	7	660	655	5	2.8	5.2	46.4	60.5	76.5	

续表2

编号	石子针片状含量(%)	坍落扩展度(mm)	J环扩展度(mm)	坍落扩展度与J环扩展度差值(mm)	扩展时间T_{500}(s)	离析率(%)	7d抗压强度(MPa)	28d抗压强度(MPa)	60d抗压强度(MPa)	拌合物中粗骨料堆积现象
BZB-3	8	650	640	10	4.4	4.8	40.1	53.7	72.9	
BZB-4	9	700	625	65	2.1	13.6	41.3	55.6	75.8	严重
BZB-5	10	665	630	35	3.9	2.1	39.0	51.9	70.1	轻微
BZC-1	5	655	650	5	3.4	3.5	21.6	31.7	42.4	
BZC-2	6	650	640	10	2.4		22.9	32.5	45.5	
BZC-3	7	680	670	10	3.9	8.1	26.6	37.5	48.9	
BZC-4	8	725	690	35	15.6		20.2	30.1	41.7	轻微
BZC-5	9	660	645	25	3.5	5.9	29.4	44.0	46.6	

由表1和表2可看出，当胶凝材料用量较多时，粗骨料的针、片状颗粒含量控制在8%以下，混凝土拌合物性能易满足相关要求；当胶凝材料用量较低时，粗骨料的针、片状颗粒含量过高，易造成拌合物粗骨料堆积，混凝土拌合物间隙通过性下降。结合试验验证结果，本规程确定粗骨料针、片状颗粒含量上限值为8%。

粗骨料含泥量、泥块含量等性能指标对自密实混凝土性能也有较大影响，本规程按《普通混凝土用砂、石质量及检验方法标准》JGJ 52-2006 相关要求严格取值，规定含泥量、泥块含量应分别小于1.0%、0.5%。

3.2.2 轻粗骨料吸水率的大小，不仅影响轻骨料混凝土的性能，还将影响正常泵送施工。根据国内相关研究情况，编制组开展了关于轻骨料吸水率对自密实混凝土自密实性能相关性试验，研究结果见表3、表4和表5。

表3 试验采用轻粗骨料性能指标

种类	密度等级	最大粒径(mm)	筒压强度(MPa)	24h吸水率(%)
圆形海泥陶粒	1000	≤16	6.733	11.31
椭圆形陶粒	900	≤20	6.421	12.22
圆形淤泥陶粒	1100	≤16	7.653	18.90
碎石形页岩陶粒	900	≤20	9.460	7.38

表4 试验混凝土基准配合比

种类	编号	水	水泥	粉煤灰	矿粉	砂子	陶粒	外加剂	陶粒预湿时间(h)
圆形淤泥陶粒	LSCC-1	241	338	145	0	793	560	6.88	0
圆形淤泥陶粒	LSCC-2	174	338	145	0	793	560	5.55	0.5
圆形淤泥陶粒	LSCC-3	174	338	145	0	793	560	5.55	1
圆形淤泥陶粒	LSCC-4	175	360	103	51	805	543	6.20	2
椭圆形陶粒	LSCC-5	189	330	167	0	796	593	7.72	0
椭圆形陶粒	LSCC-6	174	330	167	0	796	593	6.45	0.5
椭圆形陶粒	LSCC-7	186	510			796	593	6.12	1
椭圆形陶粒	LSCC-8	179	410	103		796	593	5.90	2
圆形海泥陶粒	LSCC-9	175	360			805	504	9.71	0
圆形海泥陶粒	LSCC-10	175	360			805	504	5.45	1
圆形海泥陶粒	LSCC-11	170	349			781	592	6.00	0.5
圆形海泥陶粒	LSCC-12	158	296	182		769	551	6.20	2
碎石形页岩陶粒	LSCC-13	175	360	103		805	557	5.45	0.5

表5 试验测试结果

编号	坍落扩展度(mm)	J环扩展度(mm)	扩展时间T_{500}(s)	离析率(%)	1h扩展度(mm)	1h扩展度损失百分比(%)
LSCC-1	690	660	2.1	3.9	455	34.1
LSCC-2	630	640	2.9	15.0	485	31.8
LSCC-3	670	660	2.3	16.4	465	30.6
LSCC-4	680	680	2.9	13.3	505	26.5
LSCC-5	690	685	3.1	1.1	545	21.9
LSCC-6	635	605	3.9	1.2	535	20.5
LSCC-7	675	685	4.9	4.4	565	15.0
LSCC-8	660	650	4.1	2.20	590	10.6
LSCC-9	620	615	7.0	2.9	565	15.7
LSCC-10	640	635	3.2	2.9	605	10.9
LSCC-11	600	605	4.3	2.9	550	8.3
LSCC-12	630	630	5.1	2.9	630	4.8
LSCC-13	590	570	3.8	0.2	565	4.3

由表4和表5试验结果可看出，陶粒的吸水率过大，导致拌合物坍落扩展度损失过快，影响到自密实混凝土自密实性能。结合《轻骨料混凝土技术规程》JGJ 51-2002 相关规定以及国内相关研究文献，因此，本规程规定轻粗骨料24h吸水率宜不大于10%。当24h吸水率大于10%时，应通过试验验证，确保满足可泵送施工要求。

当采用密度等级过低的轻骨料配制自密实混凝土时，混凝土拌合物易产生离析，因此，本规程规定轻粗骨料密度等级不宜低于700级。轻骨料最大粒径、粒型系数按行业标准《轻骨料混凝土技术规程》JGJ 51-2002相关要求严格取值，规定最大粒径不大于16mm、粒型系数不大于2.0。

3.2.3 本条规定自密实混凝土所用细骨料宜选用中砂。砂的含泥量、泥块含量对自密实混凝土自密实性能影响较大，故本规程规定天然砂的含泥量、泥块含量分别不大于3.0%、1.0%。

人工砂中含有适量石粉能改善混凝土的工作性，但过量的石粉会因吸附更多的水分，导致混凝土工作性变差，编制组以胶凝材料用量、石粉含量、人工砂MB值为主要影响因素，开展人工砂石粉、MB值对自密实混凝土自密实性能影响试验，试验方案见表6、表7和表8。

表6 人工砂的 MB 测试结果

编 号	人工砂	石粉（%）	亚甲基蓝（mL）	MB 值
1	未洗	2	20	1
2	未洗	3	20	1
3	未洗	5	25	1.25
4	洗过	7	10	0.5
5	洗过	12	15	0.75
6	洗过	15	15	0.75

从表6人工砂MB值测试结果可看出，当采用未洗过的人工砂，石粉含量≥2%时，人工砂MB值均≥1；当采用洗过的人工砂，石粉含量≤15%时，人工砂MB值均≤1。因此，编制组通过清洗人工砂、人工添加石粉含量来控制人工砂MB值。

表7 人工砂自密实混凝土验证试验基准配合比

强度	每立方米混凝土材料用量（kg/m³）						
	水	水泥	矿粉	粉煤灰	人工砂	石子	外加剂
C60	166	305	107	123	798	853	1.25%
C55	168	280	50	170	818	854	1.23%
C25	179	192	48	240	830	880	0.92%

验证试验混凝土配合比中矿物掺合料掺量超过总胶凝材料用量40%，因此，设计采用混凝土60d龄期强度。

表8 人工砂自密实混凝土验证试验方案

编号	强度等级	人工砂石粉含量（%）	人工砂MB值
BZYA-1	C25	10	<1
BZYA-2	C25	12	<1

续表8

编号	强度等级	人工砂石粉含量（%）	人工砂MB值
BZYA-3	C25	15	<1
BZYA-4	C55	8	<1
BZYA-5	C55	10	<1
BZYA-6	C55	12	<1
BZYA-7	C60	5	<1
BZYA-8	C60	7	<1
BZYA-9	C60	8	<1
BZYB-1	C25	4	≥1
BZYB-2	C25	5	≥1
BZYB-3	C25	6	≥1
BZYB-4	C55	2	≥1
BZYB-5	C55	3	≥1
BZYB-6	C55	4	≥1
BZYB-7	C60	1	≥1
BZYB-8	C60	2	≥1
BZYB-9	C60	3	≥1

表9 洗过人工砂的自密实混凝土验证试验结果

编号	石粉含量（%）	坍落扩展度（mm）	J环扩展度（mm）	坍落扩展度与J环扩展度差值（mm）	扩展时间 T_{500}（s）	7d抗压强度（MPa）	28d抗压强度（MPa）	60d抗压强度（MPa）	和易性
BZYA-1	10	675	670	5	2.9	22.9	32.2	43.3	良好
BZYA-2	12	660	650	10	2.7	25.0	37.8	42.8	良好
BZYA-3	15	675	665	10	2.9	19.3	30.9	41.9	良好
BZYA-4	8	605	605	0	2.0	35.4	50.9	65.5	良好
BZYA-5	10	645	635	10	5.0	36.8	49.6	66.7	稍黏
BZYA-6	12	645	635	10	8.8	39.9	51.3	68.0	较黏
BZYA-7	6	705	705	0	2.4	40.2	57.1	75.2	良好
BZYA-8	7	680	670	10	4.6	42.6	52.2	74.3	良好
BZYA-9	8	660	650	10	6.7	50.2	57.8	76.4	稍黏

由表8和表9可知，当人工砂MB<1，配制C60、C55、C25人工砂自密实混凝土时，人工砂中石粉含量可分别控制在7%、10%、15%以内，混凝土具有良好的和易性。

表 10　未洗过人工砂的自密实混凝土验证试验结果

编号	石粉含量（%）	坍落扩展度（mm）	J环扩展度（mm）	扩展度与J环扩展度差值（mm）	扩展时间 T_{500}（s）	7d抗压强度（MPa）	28d抗压强度（MPa）	60d抗压强度（MPa）	和易性
BZYB-1	4	660	650	10	3.1	25.8	34.9	41.5	良好
BZYB-2	5	650	640	10	2.7	22.7	31.2	39.2	良好
BZYB-3	6	620	620	0	4.9	24.6	33.8	42.9	稍黏
BZYB-4	2	605	605	0	2.8	33.3	47.8	63.3	良好
BZYB-5	3	645	635	10	3.8	38.2	49.7	65.9	良好
BZYB-6	4	640	635	5	4.5	38.3	48.6	65.8	稍黏
BZYB-7	1	685	685	0	3.6	45.4	57.7	73.7	良好
BZYB-8	2	690	680	10	3.3	42.4	55.1	71.5	良好
BZYB-9	3	690	680	10	5.8	49.7	56.0	72.3	稍黏

由表 8 和表 10 可知，在人工砂 MB 值≥1.0 时，石粉含量对自密实混凝土拌合物黏聚性影响较明显，石粉用量过大将会使混凝土拌合物过黏，混凝土流动性降低，影响到自密实混凝土自密实性能。

结合试验结果及现行行业标准《普通混凝土用砂、石质量及检验方法标准》JGJ 52-2006 的相关规定，本规程规定配制 C25 及以下、C30～C55、C60 以上的人工砂自密实混凝土，当 MB 值＜1.4 时，人工砂中石粉含量宜分别控制在 5%、7%、10% 以内；当 MB 值≥1.4 时，人工砂中石粉含量宜控制在 2%、3%、5% 以内。根据人工砂 MB 值和石粉含量的相关性试验以及相关研究表明：若将 MB 值降低至 1.0 时，石粉中以粉为主，含泥量低，即使石粉含量达到 15%，人工砂的含泥量仍控制在现行行业标准规定的限额内。当人工砂 MB≤1.0 时，配制 C25 及以下混凝土时，经试验验证能确保混凝土质量后，其石粉含量可放宽到 15%。

3.3　外　加　剂

3.3.1　本条规定制备自密实混凝土所用外加剂的种类。为获得外加剂最佳的性能，需考虑胶凝材料的物理与化学特性，如细度、碳含量、碱含量和 C_3A 等因素对外加剂产生的影响。聚羧酸系高性能减水剂具有掺量低、减水率高、混凝土强度增长快、混凝土拌合物坍落度损失小、拌合物黏滞阻力小等优点，而且相比于其他类型的高效减水剂，聚羧酸系高性能减水剂还具有引气功能，可以明显改善混凝土的收缩性能，并在一定程度上弥补自密实混凝土收缩较大的缺陷。所以，聚羧酸系高性能减水剂适用于配制自密实混凝土，尤其是在配制高强自密实混凝土方面表现出更加明显的性能优势。

3.3.2　为了使拌合物在高流动性条件下获得良好的黏聚性而不离析，配制低强度等级自密实混凝土及水下自密实混凝土时，可用增稠剂、絮凝剂等其他外加剂，改善混凝土拌合物的和易性，但需通过试验进行验证。

3.4　混凝土用水

3.4.1　本条规定自密实混凝土的拌合用水和养护用水与普通混凝土一样，应按现行行业标准《混凝土用水标准》JGJ 63 的规定执行。

3.5　其　　他

3.5.1　纤维在自密实混凝土和普通混凝土中的作用相同，其性能指标应符合行业标准《纤维混凝土应用技术规程》JGJ/T 221 中的相关规定。加入纤维一般会降低拌合物的流动性，具体掺量需要通过试验确定。

4　混凝土性能

4.1　混凝土拌合物性能

4.1.1　与普通混凝土相比，自密实混凝土特有的性能要求为自密实性能，其他性能参照普通混凝土的相关标准要求。

4.1.2　编制组收集了日本、英国、欧洲、美国等国家制定的标准规范，各标准自密实性能指标及相应的测试方法见表 11～表 13。

表 11　国内外自密实混凝土标准汇编

标 准 名 称	编制时间	编制机构
JSCE-D101 高流動化コンクリート施工指針	1997	日本土木学会
JASS 5T-402 流動化コンクリート指針	2004	日本建築学会
高流動（自己充填）コンクリート製造マニュアル	1997	日本预拌混凝土行业协会
Specification and Guidelines For Self-Compacting Concrete 欧洲自密实混凝土规程	2002	EFNARC
European Self-Compacting Concrete Guidelines 欧洲自密实混凝土应用指南	2005	EFNARC、BIBM、ER-MCO、EFCA、CEMBUREAU
ASTM C 1610/C1610Ma-2006 Standard Test Method for Static Segregation of Self-Consolidating Concrete Using Column Technique	2006	美国试验与材料协会

标 准 名 称	编制时间	编制机构
ASTM C1621/C1621M-09b Standard Test Method for Passing Ability of Self-Consolidating Concrete by J-Ring	2009	美国试验与材料协会
ASTM C 1611/C 1611M-05 Standard Test Method for Slump Flow of Self-Consolidating Concrete	2005	美国试验与材料协会
BS EN206-9-2010 Additional Rules for Self-Compacting Concrete（SCC）	2010	英国标准学会
CCES 02-2004 自密实混凝土设计与施工指南	2004	中国土木学会
CECS203-2006 自密实混凝土应用技术规程	2006	中国工程建设标准化协会
DBJ13-55-2004 自密实高性能混凝土技术规程	2004	福建省建设厅
DB29-197-2010 自密实混凝土应用技术规程	2008	天津市建设厅
DBJ04-254-2007 高流态自密实混凝土应用技术规程	2007	山西省建设厅
CNS 14840 A3398 自充填混凝土障碍通过性试验法（U形或箱形法）	1993	中国台湾标准
CNS 14841 A3399 自充填混凝土流下性试验法（漏斗法）	1993	中国台湾标准
CNS 14842 A3400 高流动性混凝土坍流度试验法	1993	中国台湾标准

表 12　不同标准自密实性能指标

英国标准	日本标准	欧洲指南	欧洲规程	中国标准化协会标准	中国土木学会指南	中国台湾标准
坍落扩展度	U形槽充填高度	流动性/填充性	填充性	填充性	填充性	U形槽填充高度
黏聚性	流动性	黏聚性	间隙通过性	流动性	间隙通过性	流动性
间隙通过性	抗离析性	间隙通过性	抗离析性	抗离析性	抗离析性	抗离析性
抗离析性		抗离析性				

表 13　不同标准自密实混凝土自密实性能测试方法

标　准	测　试　方　法
英国标准	坍落扩展度、T_{50}、V形漏斗、L形仪、J环、筛析法
日本标准	坍落扩展度、U形仪、V形漏斗、T_{500}
欧洲规程	坍落扩展度、T_{50}、V形漏斗、J环、Orimet 漏斗、L形仪、U形仪、填充箱、GMT法
欧洲指南	坍落扩展度、方筒箱、T_{500}、V形漏斗、O形漏斗、Orimet漏斗、L形仪、U形仪、J环、筛析法、针入度、静态沉降柱等
美国标准	坍落扩展度、T_{500}、J环、静态沉降柱
中国标准化协会标准	坍落扩展度、U形仪、V形漏斗、T_{50}
中国土木学会指南	坍落扩展度、T_{500}、L形仪、U形仪、拌合物跳桌试验
中国台湾标准	坍落扩展度、U形仪、V形漏斗、T_{50}

由表 12 可看出，混凝土自密实性能主要可通过流动性、填充性、间隙通过性、抗离析性来表征。自密实性能指标相应测试方法也主要以坍落扩展度、T_{500}、J环、L形仪、U形仪、筛析法和拌合物跳桌试验为主。

根据国内相关研究情况，编制组选择坍落扩展度、T_{500}、J环、U形仪、V形漏斗、筛析法、静态沉降柱等测试方法对自密实混凝土自密实性能进行验证试验，试验基准配合比及结果见表 14、表 15 和表 16。

表 14　自密实混凝土验证试验基准配合比

编号	设计强度	单方混凝土材料用量(kg/m³)							胶凝材料用量(kg/m³)
		水	水泥	矿粉	粉煤灰	砂	石子	外加剂	
BZP-TR-2	60	175	310	137	110	784	798	4.38	548
BZP-TR-3	60	163	316	132	79	805	880	4.22	527
BZP-TR-4	60	159	308	128	77	752	908	5.39	513
BZP-TR-5	30	176	203	101	201	833	770	4.08	503
BZP-TR-6	30	171	203	45	203	786	880	3.83	451
BZP-TR-7	30	166	196	44	196	764	935	3.71	436
BZP-TR-8	60	163	316	132	79	880	880	5.66	529
BZP-TR-9	60	164	307	127	77	793	908	5.12	512
BZP-TR-10	60	167	313	130	78	775	908	5.47	521

表 15　不同测试方法的测试结果

编号	强度	坍落扩展度(mm)	J环扩展度(mm)	坍落扩展度与J环扩展度差值(mm)	U形槽填充高度(mm)	V形漏斗时间(s)	T_{500}时间(s)	静态沉降柱(%)	自密实性能
BZP-TR-1	C60	750	750	0	330	16	2.6	14.9	合格
BZP-TR-2	C60	720	705	15	335	12	2.1	12.7	合格
BZP-TR-3	C60	650	645	5	320	47	7.0	27.0	不合格
BZP-TR-4	C30	720	710	10	335	11	3.9	14.4	合格
BZP-TR-5	C30	695	635	50	315	18	4.5	4.7	不合格
BZP-TR-6	C30	605	565	40	310	32	7.7	1.6	不合格

由表 15 可看出，与我国协会标准《自密实混凝土应用技术规程》CECS203：2006 相比较，采用美国标准规定坍落扩展度、T_{500}、J 环扩展度、静态沉降柱法均可准确表征自密实混凝土自密实性能。但从实验可操作性来看，静态沉降柱体积较大，操作起来极为不便。因此，为进一步优化测试方案，引入英国标准《Additional Rules for Self-Compacting Concrete》BS EN206-9：2010 规定的自密实混凝土拌合物抗离析性测试方法，即筛析法。

表 16　不同测试方法的测试结果

编号	强度	坍落扩展度(mm)	J环扩展度(mm)	坍落扩展度与J环扩展度之差(mm)	U形槽填充高度(mm)	V形漏斗时间(s)	T_{500}时间(s)	筛析法(%)	自密实性能
BZP-TR-7	60	710	655	55	305	43	2.8	20.6	不合格
BZP-TR-8	60	620	620	0	325	56	8.3	8.8	不合格
BZP-TR-9	60	580	570	10	330	20	3.9	4.3	合格

由表 16 可看出，采用坍落扩展度、J 环、T_{500}、筛析法这四种组合测试方法可准确表征自密实混凝土拌合物性能，同时更具有可操作性和实用性，容易在自密实混凝土工程实践中应用。

在参考国内外文献、相关标准及试验验证的基础上，结合考虑测试方法可操作性和准确性，本规程规定自密实混凝土自密实性能包括填充性、间隙通过性和抗离析。混凝土填充性通过坍落扩展度试验和 T_{500} 试验共同测试，间隙通过性通过 J 环扩展试验进行测试，抗离析性通过筛析试验或跳桌试验测试。

4.1.3 自密实混凝土应根据工程应用特点着重对其中一项或者几项指标作为主要要求，一般不需要每个指标都达到最高要求。填充性是自密实混凝土的必控指标，间隙通过性和抗离析性可根据建（构）筑物的结构特点和施工要求进行选择。参考欧洲标准《Eu-

ropean Self-Compacting Concrete Guidelines》对各自密实性能指标适用范围的规定，本规程规定了自密实混凝土自密实性能的性能等级及适用范围。

坍落扩展度值描述非限制状态下新拌混凝土的流动性，是检验新拌混凝土自密实性能的主要指标之一。T_{500} 时间是自密实混凝土的抗离析性和填充性综合指标，同时，可以用来评估流动速率。VS1 的流动时间较长，表现出良好的触变性能，有利于减轻模板压力或提高抗离析性，但容易使混凝土表面形成孔洞，堵塞，阻碍连续泵送，建议控制在 2s～8s 范围内使用；VS2 具有良好的填充性能和自流平的性能，使混凝土能获得良好的表观性能，一般适合于配筋密集的结构或要求流动性有良好表观的混凝土，但是该等级自密实混凝土拌合物易泌水和离析。

间隙通过性用来描述新拌混凝土流过具有狭口的有限空间（比如密集的加筋区），而不会出现分离、失去黏性或者堵塞的情况。因此，在定义间隙通过性的时候，应考虑加筋的几何形状、密度、混凝土填充性、骨料最大粒径。自密实混凝土可以连续填满模板的最小间隔为限定尺寸，这个间隔常和加筋间隔有关。除非配筋非常紧密，否则，通常不会把配筋和模板之间的空间考虑在内。

抗离析性是保证自密实混凝土均匀性和质量的基本性能。对于高层或者薄板结构来说，浇筑后产生的离析有很大的危害性，它可导致表面开裂等质量问题。

4.2　硬化混凝土的性能

4.2.1　自密实混凝土硬化后的其他性能和普通混凝土的要求一样，可以参照普通混凝土的检验方法进行。

5　混凝土配合比设计

5.1　一 般 规 定

5.1.1　本条规定了自密实混凝土配合比设计的基本要求。

5.1.2　混凝土的配合比一般可采用假定表观密度法和绝对体积法进行设计。目前，国内外自密实混凝土相关标准主要采用绝对体积法进行设计，同时，采用绝对体积法可避免因胶凝组分密度不同引起的计算误差，因此，本规程规定自密实混凝土配合比设计宜采用绝对体积法。大量工程实践表明，为使自密实混凝土具有良好的施工性能和优异的硬化后的性能，自密实混凝土的水胶比选择不宜过大，一般不宜大于 0.45；胶凝材料用量宜控制在 400 kg/m³～550kg/m³。

5.1.3　增加粉体材料用量和选用高性能减水剂有利

于浆体充分包裹粗细骨料颗粒，使骨料悬浮于浆体中，达到自密实性能。对于低强度等级的混凝土，由于其水胶比较大，浆体黏度较小，仅靠增加单位体积浆体量不能满足工作性要求，特别是难以满足抗离析性能要求，可通过掺加增黏剂予以改善，但增黏剂的使用应通过试验确定。

5.1.4 钢管自密实混凝土结构要求浇筑硬化后的自密实混凝土与钢管壁之间结合紧密，以便共同工作，因此，要求必须采取降低自密实混凝土收缩变形的措施。例如，可通过以下几方面减少钢管自密实混凝土收缩：掺入优质矿物掺合料取代部分水泥，减少水泥化学收缩；掺入膨胀剂来补偿混凝土收缩，但膨胀剂掺量需通过试验确定；混凝土浇筑完后，采用蓄水养护，减少混凝土早期塑性收缩。

5.2 混凝土配合比设计

5.2.1 初始配合比设计应符合下列要求：

1 确定了拌合物中的粗骨料体积、砂浆中砂的体积、水胶比、胶凝材料中矿物掺合料用量，也就确定了混凝土中各种原材料的用量。鉴于骨料对自密实混凝土自密实性的重要影响，因此在配合比设计中特别给出粗细骨料参数；尽管国外在自密实混凝土配合比设计中给出了水粉比参数，但考虑我国传统混凝土配合比设计常采用水胶比参数；同时，已有标准中给出的水粉比范围较窄（如欧洲自密实规程为水粉体积比 0.85～1.10），而且还需根据不同胶凝材料的表观密度进行换算。故此考虑实用性和有效性，本规程沿用水胶比的概念，并给出了水胶比的上限值 0.45。

2 在其他条件一定的情况下，粗骨料的体积是影响拌合物和易性的重要因素。大量研究结果表明，$1m^3$ 混凝土中粗骨料体积宜控制在 $0.28m^3$～$0.35m^3$。过小则混凝土弹性模量等力学性能显著降低，过大则拌合物的工作性显著降低，不能满足自密实性能的要求。

3 粗骨料和砂浆共同组成了自密实混凝土，因此确定了粗骨料体积就可得到单方自密实混凝土中的砂浆体积。

4 砂浆中砂的体积分数显著影响砂浆的稠度，从而影响自密实混凝土拌合物的和易性。大量试验研究表明，自密实混凝土的砂浆中砂的体积分数在 0.42～0.45 之间较为适宜，过大则混凝土的工作性和强度降低，过小则混凝土收缩较大，体积稳定性不良。使用其他类型的砂，其最佳砂率应由试验确定。

7 为改善混凝土自密实性能、水化温升特性、强度及收缩等性能，须掺入适当比例的矿物掺合料，实践表明其总质量掺量不宜少于 20% 的总胶凝材料用量。

8 自密实混凝土与普通混凝土相同，其配制强度对生产施工的混凝土强度应具有充分的保证率。自密实混凝土的强度确定仍采用与普通混凝土相似的方法。

9 为使混凝土水胶比计算公式更符合普遍掺加矿物掺合料的技术应用情况，结合大量的国内外实践经验和试验验证，采用矿物掺合料胶凝系数和相应的混凝土强度进行统计分析，充分考虑矿物掺合料对体系的强度贡献，从而计算出水胶比。实践表明，该公式适用于水胶比在 0.25～0.45 之间。由于本规程水胶比计算公式与《普通混凝土配合比设计规程》JGJ 55 有所不同，因此，粉煤灰、矿渣粉等矿物掺合料的胶凝系数，应按表 17 进行取值。

表 17　矿物掺合料胶凝系数

种　类	掺量（%）	掺合料胶凝系数
Ⅰ级或Ⅱ级粉煤灰	≤30	0.4
矿渣粉	≤40	0.9

11 根据单方自密实混凝土中胶凝材料用量以及确定的水胶比，即可计算得到单方用水量，一般而言自密实混凝土的用水量不宜超过 $190kg/m^3$。

5.2.2 试配、调整与确定。

1 在试配过程中，为减少试配与实际生产配合比误差，进行试配时应采用实际使用的原材料。如果搅拌量太小，由于混凝土拌合物浆体粘锅的因素影响和体量不足等原因，拌合物的代表性不足。

2、3 初始配合比进行试配时，首先应测试拌合物自密实性能的控制指标，再检查拌合物自密实性能可选指标。当混凝土拌合物自密实性能满足要求后，即开始混凝土强度试验。混凝土强度试验的目的是通过三个不同水胶比的配合比的比较，取得能够满足配制强度要求、胶凝材料用量经济合理的配合比。由于混凝土强度试验是在混凝土拌合物性能调整合格后进行的，所以强度试验采用三个不同水胶比的配合比的混凝土拌合物性能应维持不变，同时维持用水量不变，增加和减少胶凝材料用量，并相应减少和增加砂的体积分数，外加剂掺量也作微调。在没有特殊规定的情况下，混凝土强度试件在 28d 龄期进行抗压试验；当设计规定采用 60d 或 90d 等其他龄期强度时，混凝土强度试件在相应的龄期进行抗压试验。

5 高耐久性是高性能混凝土的一个重要特征，如果实际工程对混凝土耐久性有具体要求，则需要对自密实混凝土相应的耐久性指标进行检测，并据此调整混凝土配合比直至满足耐久性要求。

7 有些工程的施工条件特殊，采用试验室的测试方法并不能准确评价混凝土拌合物的施工性能是否满足实际要求，可根据需要进行足尺试验，以便直观准确地判断拌合物的工作性能是否适宜。

自密实混凝土的工作性对原材料的波动较为敏感，工程施工时，其原材料应与试配时采用的原材料一致。当原材料发生显著变化时，应对配合比重新进行试配调整。

当混凝土配合比需要调整时，可按表18进行调整。

自密实混凝土配合比表示方法可按表19进行表示。

表19　自密实混凝土配合比表示方法

自密实等级		
设计强度等级		
使用环境条件/耐久性要求		
拌合物性能目标值	坍落扩展度（mm）	
	T_{500}（s）	
	…	
	…	
1m³自密实混凝土材料用量	体积用量(L)	质量用量(kg)
粗骨料		
砂		
水		
水泥		
矿物掺合料 A		
矿物掺合料 B		
高效减水剂		
其他外加剂		

表18　各因素措施对自密实混凝土拌合物性能的影响

采取措施	影响性能					
	填充性	间隙通过性	抗离析性	强度	收缩	徐变
1　黏性太高						
1.1　增大用水量	+	+	−	−	−	−
1.2　增大浆体积	+	+	+	+	−	−
1.3　增加外加剂用量	+	+	−	+	0	0
2　黏性太低						
2.1　减少用水量	−	−	+	+	+	+
2.2　减少浆体积	−	−	+	+	+	+
2.3　减少外加剂用量	−	−	+	+	0	0
2.4　添加增稠剂	+	+	+	0	0	0
2.5　采用细粉	+	+	+	0	−	−
2.6　采用细砂	+	+	+	+	0	−
3　屈服值太高						
3.1　增大外加剂用量	+	+	−	+	−	−
3.2　增大浆体积	+	+	+	+	−	−
3.3　增大灰体积	+	+	+	+	−	−
4　离析						
4.1　增大浆体积	+	+	+	+	−	−
4.2　增大灰体积	+	+	+	+	−	−
4.3　减少用水量	−	−	+	+	+	+
4.4　采用细粉	+	+	+	0	−	−
5　工作性损失过快						
5.1　采用慢反应型水泥	0	0	−	−	0	0
5.2　增大惰性物掺量	+	+	−	−	0	0
5.3　用不同类型外加剂	※	※	※	※	※	※
5.4　采用矿物掺合料	※	※	※	※	※	※
6　堵塞						
6.1　降低最大粒径	+	+	−	−	−	−
6.2　增大浆体积	+	+	+	+	−	−
6.3　增大灰体积	+	+	+	+	−	−
说明	+			具有好的效果		
	−			具有较差的效果		
	0			没有显著效果		
	※			结果发展趋势不确定		

6　混凝土制备与运输

6.1　原材料检验与贮存

6.1.1、6.1.2　本条规定了原材料进场检验项目和复检的规则。原材料性能除应符合国家现行相关标准，还应根据本规程对原材料特殊要求，按本规程相关规定对原材料进行进场检验。

6.1.3　规定本条第 3 款是因为混凝土自密实性能对用水量比较敏感，为减少骨料含水率变化导致混凝土质量波动，建议对骨料采取仓储和加屋顶遮盖处置。在春、夏多雨季节，应严格控制砂、石的含水率，稳定混凝土质量；在夏季高温季节，挡雨棚能够避免太阳直射骨料，降低骨料温度，进而降低混凝土拌合物温度。

本条第 4 款规定外加剂贮存要求。不同类型的外加剂间的相容性较差，如聚羧酸系减水剂与萘系减水剂不相容，相混时容易出现混凝土流动性变差、用水量急增、坍落度损失严重等现象，因此，使用不同类型的化学外加剂时，必须严格分类贮存避免相混。

6.2　计量与搅拌

6.2.2　采用集中搅拌方式生产有利于控制自密实混凝土质量的稳定性，其生产过程与预拌混凝土相同。

6.2.3　自密实混凝土所用胶凝材料较多，混凝土拌合物要求具有较高的流变性能。为确保新拌自密实混凝土的匀质性，自密实混凝土在搅拌机中的搅拌时间（从全部材料投完算起）不应少于60s，并应比非自密实混凝土适当延长搅拌时间，具体时间应根据现场试验确定。

6.2.4 自密实混凝土性能对用水量较为敏感，必须严格根据骨料含水率调整拌合用水量。

6.2.5 根据工程调研结果和国内相关标准规定，高温施工时，混凝土搅拌首先宜对机具设备采取遮阳措施；当对混凝土搅拌温度进行估算，达不到规定要求温度时，对原材料采取直接降温措施；采取对原材料进行直接降温时，对水、骨料进行降温最方便和有效；混凝土加冰屑拌合时，冰屑的重量不宜超过剩余水的50%，以便于冰的融化。

6.2.6 当采用热水拌制混凝土，特别是60℃以上的热水，若水泥直接与热水接触，易造成急凝、速凝或假凝现象；同时，也会对混凝土的工作性造成影响，坍落度损失加大，因此，当采用60℃以上的热水时，应先投入骨料和水或者是2/3的水进行预拌，待水温降低后，再投入胶凝材料与外加剂进行搅拌，搅拌时间应较常温条件下延长30s～60s。

6.2.7 泵送轻骨料自密实混凝土时，轻骨料孔隙率和吸水率比普通骨料大，在泵送压力下，轻骨料会急剧吸收拌合物中的水分，使泵送管道内的拌合物坍落度明显下降，和易性变差，影响泵送，甚至发生堵泵现象。当压力消失后，轻骨料内部吸收的水分又会释放出来，影响轻骨料混凝土的凝结和硬化后的性能。《轻骨料混凝土技术规程》JGJ 51-2002附录B中的第B.1.2条规定：泵送轻骨料混凝土采用的轻粗骨料在使用前，宜浸水或洒水进行预湿处理，预湿后的吸水率不应少于24h吸水率。因此，泵送轻骨料自密实混凝土所用的轻骨料，宜采用浸水、洒水或加压预湿等措施进行预湿处理，以保证轻骨料自密实混凝土性能。

6.3 运 输

6.3.3 在运输过程中，搅拌车的滚筒保持匀速转动有利于减少自密实混凝土拌合物流动性损失。搅拌车内加水将严重影响自密实混凝土的自密实性能，必须严格控制。

6.3.5 卸料前快速旋转的目的是提高混凝土的均匀性。

7 施 工

7.1 一般规定

7.1.1 自密实混凝土的施工质量对各种因素变化比较敏感，因此应由具有一定经验的技术人员编制专项施工方案（必要时可请配合比设计人员参与编制）并应对参与施工人员事先进行适当的培训和技术交底。

7.1.2 由于自密实混凝土流动性大、侧压力大等特点，在施工过程中应加强对结构复杂、施工环境条件特殊的混凝土结构模板的施工过程监控，并根据检测情况及时调整施工措施。

7.1.3 自密实混凝土自密实性能直接影响到工程施工质量，因此，自密实混凝土施工时，除应符合《混凝土结构工程施工规范》GB 50666相关规定，尚应充分考虑其流动性大、侧压力大等特点，符合本章的相关规定。

7.2 模板施工

7.2.1 由于自密实混凝土流动性大，模板的侧压力标准值应按 $F = \gamma_c \cdot H$（液体压力）计算。与普通混凝土相比，自密实混凝土屈服值较低，几乎没有支撑自重的能力，浇筑的过程中下部模板所承受的侧向压力会随浇筑高度增长而线性增加，这样就要求模板具有更高的刚度和坚固程度。然而由于自密实混凝土具有触变性，在浇筑流动到位静置较短时间后，其屈服值就会快速增长，支撑自重的能力同步增大，对模板作用的侧向压力则会相应减少。因此，设计时应以混凝土自重传递的液压力大小为作用压力，同时考虑分隔板、配筋状况、浇筑速度、温度影响，提高安全系数。

7.2.2 自密实混凝土流动性大，模板间的微小缝隙会造成跑浆、漏浆等现象，影响自密实混凝土均匀性和强度发展。《混凝土结构工程施工质量验收规范》GB 50204-2002第4.2.4条要求为"模板的接缝不应漏浆"，《建筑施工模板安全技术规范》JGJ 162-2008第6.1.3条要求"防止漏浆"，考虑自密实混凝土流动性大，按 GB 50204-2002 要求，不得漏浆。对上部封闭的空间部位的浇筑，应在上部留有排气孔，否则会造成混凝土的空洞。

7.2.3 模板及其支架拆除的顺序及相应的施工安全措施对避免重大工程事故非常重要，在制定施工技术方案时应考虑周全。模板及其支架拆除时，混凝土结构可能尚未形成设计要求的受力体系，必要时应加设临时支撑。后浇带模板的拆除及支顶易被忽视而造成结构缺陷，应特别注意。

7.3 浇 筑

7.3.1 本条规定了高温施工、冬期施工混凝土入模温度的上下限值要求。降雨、雪或模板内积水均会对自密实混凝土自密实性能产生较大影响，甚至导致混凝土离析，因此，在降雨、雪时，不宜直接在露天浇筑混凝土。在采取相应挡雨、雪措施后方可使用。

7.3.4 根据工程实践经验，当减水剂的加入量受控时，对混凝土的其他性能无明显影响。本条对此作出明确规定，要求采取该种做法时，应事先批准、作出记录，外加剂掺量和搅拌时间应经试验确定。因此，当运抵现场的混凝土坍落扩展度低于设计要求下限值时，可采取调整外加剂用量等方法来改善自密实混凝土拌合物性能。

7.3.6 自密实混凝土的浇筑效果主要取决于混凝土的工作性能。因此，保持混凝土浇筑的连续性是其关键，如停泵时间过长，自密实混凝土自密实性能变差，必须对泵管内的混凝土进行处理。

7.3.8 在浇筑过程中为了保证混凝土质量，控制混凝土流淌距离，应选择适宜的布料点并控制间距。

7.3.9 混凝土浇筑离析现象的产生，主要与混凝土下料方式、最大粗骨料粒径以及混凝土倾落高度有关。《混凝土结构工程施工规范》GB 50666－2011 中规定当骨料粒径小于或等于 25mm，倾落高度宜在 6m 以内。而自密实混凝土所用粗骨料最大粒径小于 20mm，骨料是悬浮在浆体中，为避免因混凝土下落产生的冲击力过大造成自密实混凝土中骨料下沉产生离析，本规程从严考虑，规定混凝土浇筑倾落高度应在 5m 以下。

7.3.11 混凝土均衡上升可以避免混凝土流动不均匀造成的缺陷，有利于排除混凝土内部气孔。同时均匀、对称浇筑，可防止高差过大造成模板变形或其他质量、安全隐患。

7.3.12 本条第 3 款是指在具备相应浇筑设备的条件下，从管底顶升浇筑混凝土也是可以采取的施工方法。在钢管底部设置的进料管应能与混凝土输送管道进行可靠的连接，止流阀门是为了在混凝土浇筑后及时关闭，以便拆除混凝土输送管。

7.4 养 护

7.4.3 自密实混凝土每立方米胶凝材料用量一般都在 400kg/m³ 以上，水化温升较大。因此，采用大体积自密实混凝土的结构部位应采取有效的温控和养护措施。

7.4.4 由于楼板和底板等平面结构构件，相对面积较大，又较薄，容易失水，所以应采用塑料薄膜覆盖，防止表面水分蒸发，但在夏季施工时应注意避免阳光直射塑料薄膜以防混凝土温升过高。当脚踩上去混凝土板表面没有脚印时，混凝土强度接近 1.2N/mm²，应及时进行覆盖保温养护或蓄水养护。

附录 B 自密实混凝土试件成型方法

本附录对自密实混凝土拌合物性能、力学性能、长期性能和耐久性能试件的成型方法进行规定。

中华人民共和国行业标准

高强混凝土强度检测技术规程

Technical specification for strength testing of high strength concrete

JGJ/T 294—2013

批准部门：中华人民共和国住房和城乡建设部
施行日期：2 0 1 3 年 1 2 月 1 日

中华人民共和国住房和城乡建设部
公 告

第 26 号

住房城乡建设部关于发布行业标准
《高强混凝土强度检测技术规程》的公告

现批准《高强混凝土强度检测技术规程》为行业标准，编号为 JGJ/T 294 - 2013，自 2013 年 12 月 1 日起实施。

本规程由我部标准定额研究所组织中国建筑工业出版社出版发行。

中华人民共和国住房和城乡建设部

2013 年 5 月 9 日

前 言

根据原建设部《关于印发〈二〇〇二~二〇〇三年度工程建设城建、建工行业标准制订、修订计划〉的通知》（建标［2003］104 号）的要求，规程编制组经广泛调查研究，认真总结实践经验，参考有关标准，并在广泛征求意见的基础上，制定本规程。

本规程主要技术内容是：1. 总则；2. 术语和符号；3. 检测仪器；4. 检测技术；5. 混凝土强度的推定；6. 检测报告。

本规程由住房和城乡建设部负责管理，由中国建筑科学研究院负责具体技术内容的解释。执行过程中如有意见和建议，请寄送中国建筑科学研究院（地址：北京市北三环东路 30 号，邮政编码：100013）。

本 规 程 主 编 单 位：中国建筑科学研究院

本 规 程 参 编 单 位：甘肃省建筑科学研究院
山西省建筑科学研究院
中山市建设工程质量检测中心
重庆市建筑科学研究院
贵州中建建筑科学研究院
河北省建筑科学研究院
深圳市建设工程质量检测中心
山东省建筑科学研究院
广西建筑科学研究设计院
沈阳市建设工程质量检测中心
陕西省建筑科学研究院

本 规 程 参 加 单 位：乐陵市回弹仪厂

本 规 程 主 要 起 草 人 员：张荣成　冯力强　邱 平　魏利国　朱艾路　林文修　张 晓　强万明　陈少波　崔士起　李杰成　陈伯田　王宇新　王先芬　颜丙山　黎 刚　谢小玲　边智慧　赵士永　郑 伟　陈灿华　赵 强　赵 波　王金山　孔旭文　王金环　蒋莉莉　肖 嫦　张翼鹏　贾玉新　晏大玮　孟康荣　文恒武　魏超琪

本 规 程 主 要 审 查 人 员：艾永祥　张元勃　李启棣　国天逢　胡耀林　路来军　周聚光　郝挺宇　王文明　黄政宇　王若冰　金 华

目　次

1　总则 ················· 27—5

2　术语和符号 ············· 27—5

  2.1　术语 ··············· 27—5

  2.2　符号 ··············· 27—5

3　检测仪器 ·············· 27—5

  3.1　回弹仪 ············· 27—5

  3.2　混凝土超声波检测仪器 ··· 27—6

4　检测技术 ·············· 27—6

  4.1　一般规定 ··········· 27—6

  4.2　回弹测试及回弹值计算 ··· 27—7

  4.3　超声测试及声速值计算 ··· 27—7

5　混凝土强度的推定 ········ 27—7

6　检测报告 ·············· 27—8

附录A　采用标称动能4.5J回弹仪

     推定混凝土强度 ········· 27—9

附录B　采用标称动能5.5J回弹仪

     推定混凝土强度 ········· 27—9

附录C　建立专用或地区高强混凝土

     测强曲线的技术要求 ····· 27—9

附录D　测强曲线的验证方法 ··· 27—10

附录E　超声回弹综合法测区混凝土

     强度换算表 ············ 27—11

附录F　高强混凝土强度检测

     报告 ················· 27—20

本规程用词说明 ············ 27—21

引用标准名录 ·············· 27—21

附：条文说明 ·············· 27—22

Contents

1 General Provisions ···················· 27—5

2 Terms and Symbols ···················· 27—5

  2.1 Terms ······························· 27—5

  2.2 Symbols ···························· 27—5

3 Test Instrument ······················· 27—5

  3.1 Rebound Hammer ·················· 27—5

  3.2 Ultrasonic Concrete Tester ········· 27—6

4 Testing Technology ···················· 27—6

  4.1 General Requirements ·············· 27—6

  4.2 Measurement and Calculation of
    Rebound Value ···················· 27—7

  4.3 Measurement and Calculation of
    Velocity of Ultrasonic Wave ········· 27—7

5 Estimation of Compressive
  Strength for Concrete ················ 27—7

6 Test Report ·························· 27—8

Appendix A   Estimate Compressive
        Strength for Concrete
        by Using Rebound
        Hammer of 4.5J Nominal
        Kinetic Energy ·············· 27—9

Appendix B   Estimate Compressive
        Strength for Concrete
        by Using Rebound
        Hammer of 5.5J Nominal

        Kinetic Energy ·············· 27—9

Appendix C   Technical Requirement for
        Create Special or Regional
        Curves of High Strength
        Concrete ···················· 27—9

Appendix D   Confirmation Method
        for Strength Curve of
        High Strength
        Concrete ···················· 27—10

Appendix E   Conversion Table of
        Compressive Strength of
        Concrete by Ultrasonic-
        rebound Combined
        Method for Testing
        Zone ······················ 27—11

Appendix F   Test Report of
        Compressive Strength
        for High Strength
        Concrete ···················· 27—20

Explanation of Wording in This
  Specification ······················· 27—21

List of Quoted Standards ··············· 27—21

Addition: Explanation of
        Provisions ···················· 27—22

1 总 则

1.0.1 为检测工程结构中的高强混凝土抗压强度，保证检测结果的可靠性，制定本规程。

1.0.2 本规程适用于工程结构中强度等级为 C50～C100 的混凝土抗压强度检测。本规程不适用于下列情况的混凝土抗压强度检测：

    1 遭受严重冻伤、化学侵蚀、火灾而导致表里质量不一致的混凝土和表面不平整的混凝土；

    2 潮湿的和特种工艺成型的混凝土；

    3 厚度小于 150mm 的混凝土构件；

    4 所处环境温度低于 0℃或高于 40℃的混凝土。

1.0.3 当对结构中的混凝土有强度检测要求时，可按本规程进行检测，其强度推定结果可作为混凝土结构处理的依据。

1.0.4 当具有钻芯试件或同条件的标准试件作校核时，可按本规程对 900d 以上龄期混凝土抗压强度进行检测和推定。

1.0.5 当采用回弹法检测高强混凝土强度时，可采用标称动能为 4.5J 或 5.5J 的回弹仪。采用标称动能为 4.5J 的回弹仪时，应按本规程附录 A 执行，采用标称动能为 5.5J 的回弹仪时，应按本规程附录 B 执行。

1.0.6 采用本规程的方法检测及推定混凝土强度时，除应符合本规程外，尚应符合国家现行有关标准的规定。

2 术语和符号

2.1 术 语

2.1.1 测区 testing zone

    按检测方法要求布置的具有一个或若干个测点的区域。

2.1.2 测点 testing point

    在测区内，取得检测数据的检测点。

2.1.3 测区混凝土抗压强度换算值 conversion value of concrete compressive strength of testing zone

    根据测区混凝土中的声速代表值和回弹代表值，通过测强曲线换算所得的该测区现龄期混凝土的抗压强度值。

2.1.4 混凝土抗压强度推定值 estimation value of strength for concrete

    测区混凝土抗压强度换算值总体分布中保证率不低于 95%的结构或构件现龄期混凝土强度值。

2.1.5 超声回弹综合法 ultrasonic-rebound combined method

    通过测定混凝土的超声波声速值和回弹值检测混凝土抗压强度的方法。

2.1.6 回弹法 rebound method

    根据回弹值推定混凝土强度的方法。

2.1.7 超声波速度 velocity of ultrasonic wave

    在混凝土中，超声脉冲波单位时间内的传播距离。

2.1.8 波幅 amplitude of wave

    超声脉冲波通过混凝土被换能器接收后，由超声波检测仪显示的首波信号的幅度。

2.2 符 号

e_r——相对标准差；

$f_{cu,i}$——结构或构件第 i 个测区的混凝土抗压强度换算值；

$f_{cu,e}$——结构混凝土抗压强度推定值；

$f_{cu,min}^c$——结构或构件最小的测区混凝土抗压强度换算值；

$f_{cor,i}$——第 i 个混凝土芯样试件的抗压强度；

$f_{cu,i}$——第 i 个同条件混凝土标准试件的抗压强度；

$f_{cu,i0}^c$——第 i 个测区修正前的混凝土强度换算值；

$f_{cu,i1}^c$——第 i 个测区修正后的混凝土强度换算值；

l_i——第 i 个测点的超声测距；

$m_{f_{cu}^c}$——结构或构件测区混凝土抗压强度换算值的平均值；

n——测区数、测点数、立方体试件数、芯样试件数；

R_i——第 i 个测点的有效回弹值；

R——测区回弹代表值；

$s_{f_{cu}^c}$——结构或构件测区混凝土抗压强度换算值的标准差；

T_k——空气的摄氏温度；

t_i——第 i 个测点的声时读数；

t_0——声时初读数；

v——测区混凝土中声速代表值；

v_k——空气中声速计算值；

v^0——空气中声速实测值；

v_i——第 i 个测点的混凝土中声速值；

Δ_{tot}——测区混凝土强度修正量。

3 检测仪器

3.1 回 弹 仪

3.1.1 回弹仪应具有产品合格证和检定合格证。

3.1.2 回弹仪的弹击锤脱钩时，指针滑块示值刻线应对应于仪壳的上刻线处，且示值误差不应超过±0.4mm。

3.1.3 回弹仪率定应符合下列规定：

1 钢砧应稳固地平放在坚实的地坪上；

2 回弹仪应向下弹击；

3 弹击杆应旋转 3 次，每次应旋转 90°，且每旋转 1 次弹击杆，应弹击 3 次；

4 应取连续 3 次稳定回弹值的平均值作为率定值。

3.1.4 当遇有下列情况之一时，回弹仪应送法定计量检定机构进行检定：

1 新回弹仪启用之前；

2 超过检定有效期；

3 更换零件和检修后；

4 尾盖螺钉松动或调整后；

5 遭受严重撞击或其他损害。

3.1.5 当遇有下列情况之一时，应在钢砧上进行率定，且率定值不合格时不得使用：

1 每个检测项目执行之前和之后；

2 测试过程中回弹值异常时。

3.1.6 回弹仪每次使用完毕后，应进行维护。

3.1.7 回弹仪有下列情况之一时，应将回弹仪拆开维护：

1 弹击超过 2000 次；

2 率定值不合格。

3.1.8 回弹仪拆开维护应按下列步骤进行：

1 将弹击锤脱钩，取出机芯；

2 擦拭中心导杆和弹击杆的端面、弹击锤的内孔和冲击面等；

3 组装仪器后做率定。

3.1.9 回弹仪拆开维护应符合下列规定：

1 经过清洗的零件，除中心导杆需涂上微量的钟表油外，其他零部件均不得涂油；

2 应保持弹击拉簧前端钩入拉簧座的原孔位；

3 不得转动尾盖上已定位紧固的调零螺钉；

4 不得自制或更换零部件。

3.2 混凝土超声波检测仪器

3.2.1 混凝土超声波检测仪应具有产品合格证和校准证书。

3.2.2 混凝土超声波检测仪可采用模拟式和数字式。

3.2.3 超声波检测仪应符合现行行业标准《混凝土超声波检测仪》JG/T 5004 的规定，且计量检定结果应在有效期内。

3.2.4 应符合下列规定：

1 应具有波形清晰、显示稳定的示波装置；

2 声时最小分度值应为 $0.1\mu s$；

3 应具有最小分度值为 1dB 的信号幅度调整系统；

4 接收放大器频响范围应为 10kHz～500kHz，总增益不应小于 80dB，信噪比为 3:1 时的接收灵敏度不应大于 $50\mu V$；

5 超声波检测仪的电源电压偏差在额定电压的 $\pm10\%$ 的范围内时，应能正常工作；

6 连续正常工作时间不应少于 4h。

3.2.5 模拟式超声波检测仪除应符合本规程第 3.2.4 条的规定外，尚应符合下列规定：

1 应具有手动游标和自动整形两种声时测读功能；

2 数字显示应稳定，声时调节应在 $20\mu s\sim30\mu s$ 范围内，连续静置 1h 数字变化不应超过 $\pm0.2\mu s$。

3.2.6 数字式超声波检测仪除应符合本规程第 3.2.4 条的规定外，尚应符合下列规定：

1 应具有采集、储存数字信号并进行数据处理的功能；

2 应具有手动游标测读和自动测读两种方式，当自动测读时，在同一测试条件下，在 1h 内每 5min 测读一次声时值的差异不应超过 $\pm0.2\mu s$；

3 自动测读时，在显示器的接收波形上，应有光标指示声时的测读位置。

3.2.7 超声波检测仪器使用时的环境温度应为 0℃～40℃。

3.2.8 换能器应符合下列规定：

1 换能器的工作频率应在 50kHz～100kHz 范围内；

2 换能器的实测主频与标称频率相差不应超过 $\pm10\%$。

3.2.9 超声波检测仪在工作前，应进行校准，并应符合下列规定：

1 应按下式计算空气中声速计算值（v_k）：

$$v_k = 331.4\sqrt{1+0.00367T_k} \qquad (3.2.9)$$

式中：v_k——温度为 T_k 时空气中的声速计算值（m/s）；

T_k——测试时空气的温度（℃）。

2 超声波检测仪的声时计量检验，应按"时-距"法测量空气中声速实测值（v），且 v 相对 v_k 误差不应超过 $\pm0.5\%$。

3 应根据测试需要配置合适的换能器和高频电缆线，并应测定声时初读数（t_0），检测过程中更换换能器或高频电缆线时，应重新测定 t_0。

3.2.10 超声波检测仪应至少每年保养一次。

4 检测技术

4.1 一般规定

4.1.1 使用回弹仪、混凝土超声波检测仪进行工程检测的人员，应通过专业培训，并证上岗。

4.1.2 检测前宜收集下列有关资料：

1 工程名称及建设、设计、施工、监理单位名称；

2 结构或构件的部位、名称及混凝土设计强度等级；

3 水泥品种、强度等级、砂石品种、粒径、外加剂品种、掺合料类别及等级、混凝土配合比等；

4 混凝土浇筑日期、施工工艺、养护情况及施工记录；

5 结构及现状；

6 检测原因。

4.1.3 当按批抽样检测时，同时符合下列条件的构件可作为同批构件：

1 混凝土设计强度等级、配合比和成型工艺相同；

2 混凝土原材料、养护条件及龄期基本相同；

3 构件种类相同；

4 在施工阶段所处状态相同。

4.1.4 对同批构件按批抽样检测时，构件应随机抽样，抽样数量不宜少于同批构件的 30%，且不宜少于 10 件。当检验批中构件数量大于 50 时，构件抽样数量可按现行国家标准《建筑结构检测技术标准》GB/T 50344 进行调整，但抽取的构件总数不宜少于10 件，并应按现行国家标准《建筑结构检测技术标准》GB/T 50344 进行检测批混凝土的强度推定。

4.1.5 测区布置应符合下列规定：

1 检测时应在构件上均匀布置测区，每个构件上的测区数不应少于 10 个；

2 对某一方向尺寸不大于 4.5m 且另一方向尺寸不大于 0.3m 的构件，其测区数量可减少，但不应少于 5 个。

4.1.6 构件的测区应符合下列规定：

1 测区应布置在构件混凝土浇筑方向的侧面，并宜布置在构件的两个对称的可测面上，当不能布置在对称的可测面上时，也可布置在同一可测面上；在构件的重要部位及薄弱部位应布置测区，并应避开预埋件；

2 相邻两测区的间距不宜大于 2m；测区离构件边缘的距离不宜小于 100mm；

3 测区尺寸宜为 200mm×200mm；

4 测试面应清洁、平整、干燥，不应有接缝、饰面层、浮浆和油垢；表面不平处可用砂轮适度打磨，并擦净残留粉尘。

4.1.7 结构或构件上的测区应注明编号，并应在检测时记录测区位置和外观质量情况。

4.2 回弹测试及回弹值计算

4.2.1 在构件上回弹测试时，回弹仪的纵轴线应始终与混凝土成型侧面保持垂直，并应缓慢施压、准确读数、快速复位。

4.2.2 结构或构件上的每一测区应回弹 16 个测点，或在待测超声波测区的两个相对测试面各回弹 8 个测点，每一测点的回弹值应精确至 1。

4.2.3 测点在测区范围内宜均匀分布，不得分布在气孔或外露石子上。同一测点应只弹击一次，相邻两测点的间距不宜小于 30mm；测点距外露钢筋、铁件的距离不宜小于 100mm。

4.2.4 计算测区回弹值时，在每一测区内的 16 个回弹值中，应先剔除 3 个最大值和 3 个最小值，然后将余下的 10 个回弹值按下式计算，其结果作为该测区回弹值的代表值：

$$R = \frac{1}{10} \sum_{i=1}^{10} R_i \qquad (4.2.4)$$

式中：R——测区回弹代表值，精确至 0.1；

R_i——第 i 个测点的有效回弹值。

4.3 超声测试及声速值计算

4.3.1 采用超声回弹综合法检测时，应在回弹测试完毕的测区内进行超声测试。每一测区应布置 3 个测点。超声测试宜优先采用对测，当被测构件不具备对测条件时，可采用角测和单面平测。

4.3.2 超声测试时，换能器辐射面应采用耦合剂使其与混凝土测试面良好耦合。

4.3.3 声时测量应精确至 0.1μs，超声测距测量应精确至 1mm，且测量误差应在超声测距的 ±1% 之内。声速计算应精确至 0.01km/s。

4.3.4 当在混凝土浇筑方向的两个侧面进行对测时，测区混凝土中声速代表值应为该测区中 3 个测点的平均声速值，并应按下式计算：

$$v = \frac{1}{3} \sum_{i=1}^{3} \frac{l_i}{t_i - t_0} \qquad (4.3.4)$$

式中：v——测区混凝土中声速代表值（km/s）；

l_i——第 i 个测点的超声测距（mm）；

t_i——第 i 个测点的声时读数（μs）；

t_0——声时初读数（μs）。

5 混凝土强度的推定

5.0.1 本规程给出的强度换算公式适用于配制强度等级为 C50～C100 的混凝土，且混凝土应符合下列规定：

1 水泥应符合现行国家标准《通用硅酸盐水泥》GB 175 的规定；

2 砂、石应符合现行行业标准《普通混凝土用砂、石质量及检验方法标准》JGJ 52 的规定；

3 应自然养护；

4 龄期不宜超过 900d。

5.0.2 结构或构件中第 i 个测区的混凝土抗压强度换算值应按本规程第 3 章的规定，计算出所用检测方法对应的测区测试参数代表值，并应优先采用专用测强曲线或地区测强曲线换算取得。专用测强曲线和地区测强曲线应按本规程附录 C 的规定制定。

5.0.3 当无专用测强曲线和地区测强曲线时，可按本规程附录 D 的规定，通过验证后，采用本规程第 5.0.4 条或第 5.0.5 条给出的全国高强混凝土测强曲线公式，计算结构或构件中第 i 个测区混凝土抗压强度换算值。

5.0.4 当采用回弹法检测时，结构或构件第 i 个测区混凝土强度换算值，可按本规程附录 A 或附录 B 查表得出。

5.0.5 当采用超声回弹综合法检测时，结构或构件第 i 个测区混凝土强度换算值，可按下式计算，也可按本规程附录 E 查表得出：

$$f_{cu,i}^c = 0.117081 v^{0.539038} \cdot R^{1.33947} \quad (5.0.5)$$

式中：$f_{cu,i}^c$——结构或构件第 i 个测区的混凝土抗压强度换算值（MPa）；

R——4.5J 回弹仪测区回弹代表值，精确至 0.1。

5.0.6 结构或构件的测区混凝土换算强度平均值可根据各测区的混凝土强度换算值计算。当测区数为 10 个及以上时，应计算强度标准差。平均值和标准差应按下列公式计算：

$$m_{f_{cu}^c} = \frac{1}{n} \sum_{i=1}^{n} f_{cu,i}^c \quad (5.0.6-1)$$

$$s_{f_{cu}^c} = \sqrt{\frac{\sum_{i=1}^{n} (f_{cu,i}^c)^2 - n(m_{f_{cu}^c})^2}{n-1}} \quad (5.0.6-2)$$

式中：$m_{f_{cu}^c}$——结构或构件测区混凝土抗压强度换算值的平均值（MPa），精确到 0.1MPa；

$s_{f_{cu}^c}$——结构或构件测区混凝土抗压强度换算值的标准差（MPa），精确到 0.01MPa；

n——测区数。对单个检测的构件，取一个构件的测区数；对批量检测的构件，取被抽检构件测区数之总和。

5.0.7 当检测条件与测强曲线的适用条件有较大差异或曲线没有经过验证时，应采用同条件标准试件或直接从结构构件测区内钻取混凝土芯样进行推定强度修正，且试件数量或混凝土芯样不应少于 6 个。计算时，测区混凝土强度修正量及测区混凝土强度换算值的修正应符合下列规定：

1 修正量应按下列公式计算：

$$\Delta_{tot} = \frac{1}{n} \sum_{i=1}^{n} f_{cor,i} - \frac{1}{n} \sum_{i=1}^{n} f_{cu,i}^c \quad (5.0.7-1)$$

$$\Delta_{tot} = \frac{1}{n} \sum_{i=1}^{n} f_{cu,i} - \frac{1}{n} \sum_{i=1}^{n} f_{cu,i}^c \quad (5.0.7-2)$$

式中：Δ_{tot}——测区混凝土强度修正量（MPa），精确到 0.1MPa；

$f_{cor,i}$——第 i 个混凝土芯样试件的抗压强度；

$f_{cu,i}$——第 i 个同条件混凝土标准试件的抗压强度；

$f_{cu,i}^c$——对应于第 i 个芯样部位或同条件混凝土标准试件的混凝土强度换算值；

n——混凝土芯样或标准试件数量。

2 测区混凝土强度换算值的修正应按下式计算：

$$f_{cu,i1}^c = f_{cu,i0}^c + \Delta_{tot} \quad (5.0.7-3)$$

式中：$f_{cu,i0}^c$——第 i 测区修正前的混凝土强度换算值（MPa），精确到 0.1MPa；

$f_{cu,i1}^c$——第 i 测区修正后的混凝土强度换算值（MPa），精确到 0.1MPa。

5.0.8 结构或构件的混凝土强度推定值（$f_{cu,e}$）应按下列公式确定：

1 当该结构或构件测区数少于 10 个时，应按下式计算：

$$f_{cu,e} = f_{cu,min} \quad (5.0.8-1)$$

式中：$f_{cu,min}$——结构或构件最小的测区混凝土抗压强度换算值（MPa），精确至 0.1MPa。

2 当该结构或构件测区数不少于 10 个或按批量检测时，应按下式计算：

$$f_{cu,e} = m_{f_{cu}^c} - 1.645 s_{f_{cu}^c} \quad (5.0.8-2)$$

5.0.9 对按批量检测的结构或构件，当该批构件混凝土强度标准差出现下列情况之一时，该批构件应全部按单个构件检测：

1 该批构件的混凝土抗压强度换算值的平均值（$m_{f_{cu}^c}$）不大于 50.0MPa，且标准差（$s_{f_{cu}^c}$）大于 5.50MPa；

2 该批构件的混凝土抗压强度换算值的平均值（$m_{f_{cu}^c}$）大于 50.0MPa，且标准差（$s_{f_{cu}^c}$）大于 6.50MPa。

6 检测报告

6.0.1 检测报告应信息完整、齐全，并宜包括下列内容：

1 工程名称；

2 工程地址；

3 委托单位；

4 设计单位；

5 监理单位；

6 施工单位；

7 检测部位；

8 混凝土浇筑日期；

9 检测原因；

10 检测依据；

11 检测时间；

12 检测仪器；

13 检测结果；

14 报告批准人、审核人和主检人签字;

15 出具报告日期;

16 检测单位公章。

6.0.2 检测报告宜采用本规程附录 F 的格式,并可增加所检测构件平面分布图。

附录 A 采用标称动能 4.5J 回弹仪推定混凝土强度

A.0.1 标称动能为 4.5J 的回弹仪应符合下列规定:

1 水平弹击时,在弹击锤脱钩的瞬间,回弹仪的标称动能应为 4.5J;

2 在配套的洛氏硬度为 HRC60±2 钢砧上,回弹仪的率定值应为 88±2。

A.0.2 采用标称动能为 4.5J 回弹仪时,结构或构件的第 i 个测区混凝土强度换算值可按表 A.0.2 直接查得。

表 A.0.2 采用标称动能为 4.5J 回弹仪时测区混凝土强度换算值

R	$f^c_{cu,i}$	R	$f^c_{cu,i}$	R	$f^c_{cu,i}$	R	$f^c_{cu,i}$
28.0	—	42.0	37.6	56.0	58.9	70.0	83.4
29.0	20.6	43.0	39.0	57.0	60.6	71.0	85.2
30.0	21.8	44.0	40.5	58.0	62.2	72.0	87.1
31.0	23.0	45.0	41.9	59.0	63.9	73.0	89.0
32.0	24.3	46.0	43.4	60.0	65.6	74.0	90.9
33.0	25.5	47.0	44.9	61.0	67.3	75.0	92.9
34.0	26.8	48.0	46.4	62.0	69.0	76.0	94.8
35.0	28.1	49.0	47.9	63.0	70.8	77.0	96.8
36.0	29.4	50.0	49.4	64.0	72.5	78.0	98.7
37.0	30.7	51.0	51.0	65.0	74.3	79.0	100.7
38.0	32.1	52.0	52.5	66.0	76.1	80.0	102.7
39.0	33.4	53.0	54.1	67.0	77.9	81.0	104.8
40.0	34.8	54.0	55.7	68.0	79.7	82.0	106.8
41.0	36.2	55.0	57.3	69.0	81.5	83.0	108.8

注: 1 表内未列数值可用内插法求得,精度至 0.1MPa;

2 表中 R 为测区回弹代表值,$f^c_{cu,i}$ 为测区混凝土强度换算值;

3 表中数值是根据曲线公式 $f^c_{cu,i} = -7.83 + 0.75R + 0.0079R^2$ 计算得出。

附录 B 采用标称动能 5.5J 回弹仪推定混凝土强度

B.0.1 标称动能为 5.5J 的回弹仪应符合下列规定:

1 水平弹击时,在弹击锤脱钩的瞬间,回弹仪的标称动能应为 5.5J;

2 在配套的洛氏硬度为 HRC60±2 钢砧上,回弹仪的率定值应为 83±1。

B.0.2 采用标称动能为 5.5J 回弹仪时,结构或构件的第 i 个测区混凝土强度换算值可按表 B.0.2 直接查得。

表 B.0.2 采用标称动能为 5.5J 回弹仪时的测区混凝土强度换算值

R	$f^c_{cu,i}$	R	$f^c_{cu,i}$	R	$f^c_{cu,i}$	R	$f^c_{cu,i}$
35.6	60.2	39.6	66.1	43.6	72.0	47.6	77.9
35.8	60.5	39.8	66.4	43.8	72.3	47.8	78.2
36.0	60.8	40.0	66.7	44.0	72.6	48.0	78.5
36.2	61.1	40.2	67.0	44.2	72.9	48.2	78.8
36.4	61.4	40.4	67.3	44.4	73.2	48.4	79.1
36.6	61.7	40.6	67.6	44.6	73.5	48.6	79.3
36.8	62.0	40.8	67.9	44.8	73.8	48.8	79.6
37.0	62.3	41.0	68.2	45.0	74.1	49.0	79.9
37.2	62.6	41.2	68.5	45.2	74.4	—	
37.4	62.9	41.4	68.8	45.4	74.7	—	
37.6	63.2	41.6	69.1	45.6	75.0	—	
37.8	63.5	41.8	69.4	45.8	75.3	—	
38.0	63.8	42.0	69.7	46.0	75.6	—	
38.2	64.1	42.2	70.0	46.2	75.9	—	
38.4	64.4	42.4	70.3	46.4	76.1	—	
38.6	64.7	42.6	70.6	46.6	76.4	—	
38.8	64.9	42.8	70.9	46.8	76.7	—	
39.0	65.2	43.0	71.2	47.0	77.0	—	
39.2	65.5	43.2	71.5	47.2	77.3	—	
39.4	65.8	43.4	71.8	47.4	77.6	—	

注: 1 表内未列数值可用内插法求得,精度至 0.1MPa;

2 表中 R 为测区回弹代表值,$f^c_{cu,i}$ 为测区混凝土强度换算值;

3 表中数值根据曲线公式 $f^c_{cu,i} = 2.51246R^{0.889}$ 计算。

附录 C 建立专用或地区高强混凝土测强曲线的技术要求

C.0.1 混凝土应采用本地区常用水泥、粗骨料、细骨料,并应按常用配合比制作强度等级为 C50～C100、边长 150mm 的混凝土立方体标准试件。

C.0.2 试件应符合下列规定:

1 试模应符合现行行业标准《混凝土试模》JG 237 的规定;

2 每个强度等级的混凝土试件数宜为 39 块,并应采用同一盘混凝土均匀装模振捣成型;

3 试件拆模后应按"品"字形堆放在不受日晒雨淋处自然养护;

4 试件的测试龄期宜分为 7d、14d、28d、60d、90d、180d、365d 等；

5 对同一强度等级的混凝土，应在每个测试龄期测试 3 个试件。

C.0.3 试件的测试应按下列步骤进行：

1 试件编号：将被测试件四个浇筑侧面上的尘土、污物等擦拭干净，以同一强度等级混凝土的 3 个试件作为一组，依次编号；

2 选择测试面，标注测点：在试件测试面上标示超声测点，并取试块浇筑方向的侧面为测试面，在两个相对测试面上分别标出相对应的 3 个测点（图C.0.3）；

3 测量试件的超声测距：采用钢卷尺或钢板尺，在两个超声测试面的两侧边缘处对应超声波测点高度逐点测量两测试面的垂直距离（l_1、l_2、l_3），取两边缘对应垂直距离的平均值作为测点的超声测距值；

4 测量试件的声时值：在试件两个测试面的对应测点位置涂抹耦合剂，将一对发射和接收换能器耦合在对应测点上，并始终保持两个换能器的轴线在同一直线上，逐点测读声时（t_1、t_2、t_3）；

5 计算声速值：分别计算 3 个测点的声速值（v_i），并取 3 个测点声速的平均值作为该试件的混凝土中声速代表值（v）；

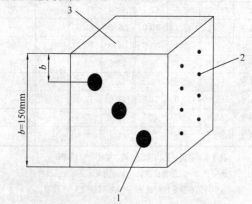

图 C.0.3 声时测量测点布置示意
1—超声测点；2—回弹测点；3—混凝土浇筑面

6 测量回弹值：先将试件超声测试面的耦合剂擦拭干净，再置于压力机上下承压板之间，使另外一对侧面朝向便于回弹测试的方向，然后加压至 60kN～100kN，并保持此压力；分别在试件两个相对侧面上按本规程第 4.2.2 条规定的水平测试方法各测 8 点回弹值，精确至 1；剔除 3 个最大值和 3 个最小值，取余下 10 个有效回弹值的平均值作为该试件的回弹代表值 R，计算精确至 0.1；

7 抗压强度试验：回弹值测试完毕后，卸荷将回弹测试面放置在压力机承压板正中，按现行国家标准《普通混凝土力学性能试验方法标准》GB/T 50081 的规定速度连续均匀加荷至破坏；计算抗压强

度实测值 f_{cu}，精确至 0.1MPa。

C.0.4 测强曲线应按下列步骤进行计算：

1 数据整理：将各试件测试所得的声速值（v）、回弹值（R）和试件抗压强度实测值（f_{cu}）汇总；

2 回归分析：得出回弹法或超声回弹综合法测强曲线公式；

3 误差计算：测强曲线的相对标准差（e_r）应按下式计算：

$$e_r = \sqrt{\frac{\sum_{i=1}^{n}\left(\frac{f_{cu,i}^c}{f_{cu,i}} - 1\right)^2}{n}} \times 100\% \quad (C.0.4)$$

式中：e_r——相对标准差；

$f_{cu,i}$——第 i 个立方体标准试件的抗压强度实测值（MPa）；

$f_{cu,i}^c$——第 i 个立方体标准试件按相应检测方法的测强曲线公式计算的抗压强度换算值（MPa）。

C.0.5 所建立的专用或地区测强曲线的抗压强度相对标准差（e_r）应符合下列规定：

1 超声回弹综合法专用测强曲线的相对标准差（e_r）不应大于 12%；

2 超声回弹综合法地区测强曲线的相对标准差（e_r）不应大于 14%；

3 回弹法专用测强曲线的相对标准差（e_r）不应大于 14%；

4 回弹法地区测强曲线的相对标准差（e_r）不应大于 17%。

C.0.6 建立专用或地区高强混凝土测强曲线时，可根据测强曲线公式给出测区混凝土抗压强度换算表。

C.0.7 测区混凝土抗压强度换算时，不得在建立测强曲线时的标准立方体试件强度范围之外使用。

附录 D 测强曲线的验证方法

D.0.1 在采用本规程测强曲线前，应进行验证。

D.0.2 回弹仪应符合本规程第 3.1 节的规定，超声波检测仪应符合本规程第 3.2 节的规定。

D.0.3 测强曲线可按下列步骤进行验证：

1 根据本地区具体情况，选用高强混凝土的原材料和配合比，制作强度等级 C50～C100，边长为 150mm 混凝土立方体标准试件各 5 组，每组 6 块，并自然养护；

2 按 7d、14d、28d、60d 和 90d，进行欲验证测强曲线对应方法的测试和试件抗压试验；

3 根据每个试件测得的参数，计算出对应方法的换算强度；

4 根据实测试件抗压强度和换算强度，按下式计算相对标准差（e_r）：

$$e_r = \sqrt{\dfrac{\displaystyle\sum_{i=1}^{n}\left(\dfrac{f^c_{cu,i}}{f_{cu,i}}-1\right)^2}{n}} \times 100\% \qquad (D.0.3)$$

式中：e_r——相对标准差；

$f_{cu,i}$——第 i 个立方体标准试件的抗压强度实测值（MPa）；

$f^c_{cu,i}$——第 i 个立方体标准试件按相应的检测方法测强曲线公式计算的抗压强度换算值（MPa）。

5 当 e_r 小于等于15%时，可使用本规程测强曲线；当 e_r 大于15%，应采用钻取混凝土芯样或同条件标准试件对检测结果进行修正或另建立测强曲线；

6 测强曲线的验证也可采用高强混凝土结构同条件标准试件或采用钻取混凝土芯样的方法，按本条第1～5款的要求进行，试件数量不得少于30个。

附录 E 超声回弹综合法测区混凝土强度换算表

表 E 超声回弹综合法测区混凝土强度换算表

R \ v (f^c_{cu})	3.18	3.20	3.22	3.24	3.26	3.28	3.30	3.32	3.34	3.36	3.38	3.40	3.42
28.0	—	—	—	—	—	—	—	—	—	—	—	—	—
29.0	—	—	20.0	20.1	20.1	20.2	20.3	20.3	20.4	20.5	20.5	20.6	20.7
30.0	20.8	20.9	20.9	21.0	21.1	21.2	21.2	21.3	21.4	21.4	21.5	21.5	21.6
31.0	21.7	21.8	21.9	22.0	22.0	22.1	22.2	22.2	22.3	22.4	22.5	22.5	22.6
32.0	22.7	22.8	22.8	22.9	23.0	23.1	23.1	23.2	23.3	23.3	23.4	23.5	23.6
33.0	23.6	23.7	23.8	23.9	24.0	24.0	24.1	24.2	24.3	24.3	24.4	24.5	24.6
34.0	24.6	24.7	24.7	24.8	24.9	25.0	25.0	25.1	25.2	25.3	25.4	25.5	25.6
35.0	25.6	25.7	25.7	25.8	25.9	26.0	26.1	26.2	26.3	26.3	26.4	26.5	26.6
36.0	26.5	26.6	26.6	26.7	26.9	26.9	27.0	27.1	27.2	27.3	27.4	27.5	27.6
37.0	27.5	27.6	27.7	27.8	27.8	28.0	28.1	28.2	28.3	28.4	28.5	28.6	28.6
38.0	28.5	28.6	28.7	28.8	28.9	29.0	29.1	29.1	29.3	29.4	29.5	29.6	29.7
39.0	29.6	29.7	29.8	29.9	30.0	30.1	30.1	30.2	30.3	30.5	30.6	30.6	30.7
40.0	30.6	30.7	30.8	30.9	31.0	31.1	31.2	31.3	31.4	31.5	31.6	31.7	31.8
41.0	31.6	31.7	31.8	31.9	32.0	32.1	32.2	32.3	32.4	32.6	32.7	32.8	32.9
42.0	32.6	32.7	32.9	33.0	33.1	33.2	33.3	33.5	33.6	33.7	33.8	33.9	33.9
43.0	33.7	33.8	33.9	34.0	34.1	34.3	34.4	34.5	34.6	34.7	34.8	34.9	35.0
44.0	34.7	34.8	35.0	35.1	35.2	35.3	35.4	35.7	35.9	35.9	36.0	36.1	36.1
45.0	35.8	35.9	36.0	36.2	36.3	36.4	36.5	36.6	36.8	36.9	37.0	37.1	37.2
46.0	36.9	37.0	37.1	37.2	37.4	37.5	37.6	37.7	37.8	38.0	38.1	38.2	38.3
47.0	37.9	38.1	38.2	38.3	38.4	38.6	38.7	38.8	39.0	39.1	39.2	39.3	39.5
48.0	39.0	39.2	39.3	39.4	39.5	39.7	39.8	39.9	40.1	40.2	40.3	40.5	40.6
49.0	40.1	40.2	40.4	40.5	40.7	40.8	40.9	41.1	41.2	41.3	41.5	41.6	41.7
50.0	41.2	41.3	41.5	41.6	41.8	41.9	42.0	42.2	42.3	42.5	42.6	42.7	42.9
51.0	42.3	42.5	42.6	42.7	42.9	43.0	43.2	43.3	43.5	43.6	43.7	43.9	44.0
52.0	43.4	43.6	43.7	43.9	44.0	44.2	44.3	44.4	44.6	44.7	44.9	45.0	45.2
53.0	44.6	44.7	44.9	45.0	45.2	45.3	45.4	45.6	45.7	45.9	46.0	46.2	46.3
54.0	45.7	45.8	46.0	46.1	46.3	46.4	46.6	46.6	46.9	47.1	47.2	47.4	47.5
55.0	46.8	47.0	47.1	47.3	47.4	47.6	47.8	47.9	48.1	48.2	48.4	48.5	48.7
56.0	48.0	48.1	48.3	48.4	48.6	48.8	48.9	49.1	49.2	49.4	49.6	49.7	49.9
57.0	49.1	49.3	49.4	49.6	49.8	49.9	50.1	50.3	50.4	50.6	50.7	50.9	51.1
58.0	50.3	50.4	50.6	50.8	50.9	51.1	51.3	51.4	51.6	51.8	51.9	52.1	52.3
59.0	51.4	51.6	51.8	51.9	52.1	52.3	52.6	52.6	52.8	53.0	53.1	53.3	53.5
60.0	52.6	52.8	52.9	53.1	53.3	53.5	53.7	53.8	54.0	54.2	54.4	54.5	54.7
61.0	53.8	54.0	54.1	54.3	54.5	54.7	54.9	55.0	55.2	55.4	55.6	55.7	55.9
62.0	55.0	55.1	55.3	55.5	55.7	55.9	56.1	56.2	56.4	56.6	56.8	57.0	57.2
63.0	56.1	56.3	56.5	56.7	56.9	57.1	57.3	57.5	57.6	57.8	58.0	58.2	58.4
64.0	57.3	57.5	57.7	57.9	58.1	58.3	58.5	58.7	58.9	59.1	59.3	59.4	59.6
65.0	58.5	58.7	58.9	59.1	59.3	59.5	59.7	59.9	60.1	60.3	60.5	60.7	60.9
66.0	59.7	59.9	60.2	60.4	60.6	60.8	61.0	61.2	61.3	61.5	61.7	61.9	62.1
67.0	61.0	61.2	61.4	61.6	61.8	62.0	62.2	62.4	62.6	62.8	63.0	63.2	63.4
68.0	62.2	62.4	62.6	62.8	63.0	63.2	63.4	63.6	63.8	64.1	64.3	64.5	64.7
69.0	63.4	63.6	63.8	64.1	64.3	64.5	64.7	64.9	65.1	65.3	65.5	65.7	65.9
70.0	64.6	64.9	65.1	65.3	65.5	65.7	65.9	66.2	66.4	66.6	66.8	67.0	67.2
71.0	65.9	66.1	66.3	66.5	66.8	67.0	67.2	67.4	67.6	67.9	68.1	68.3	68.5
72.0	67.1	67.4	67.6	67.8	68.0	68.3	68.5	68.7	68.9	69.1	69.4	69.6	69.8
73.0	68.4	68.6	68.8	69.1	69.3	69.5	69.8	70.0	70.2	70.4	70.7	70.9	71.1
74.0	69.6	69.9	70.1	70.3	70.6	70.8	71.0	71.3	71.5	71.7	72.0	72.2	72.4
75.0	70.9	71.1	71.4	71.6	71.8	72.1	72.3	72.6	72.8	73.0	73.3	73.5	73.7
76.0	72.2	72.4	72.6	72.9	73.1	73.4	73.6	73.9	74.1	74.3	74.6	74.8	75.0
77.0	73.4	73.7	73.9	74.2	74.4	74.7	74.9	75.2	75.4	75.6	75.9	76.1	76.4
78.0	74.7	75.0	75.2	75.5	75.7	76.0	76.2	76.5	76.7	77.0	77.2	77.5	77.7
79.0	76.0	76.3	76.5	76.8	77.0	77.3	77.5	77.8	78.0	78.3	78.5	78.8	79.0
80.0	77.3	77.5	77.8	78.1	78.3	78.6	78.8	79.1	79.4	79.6	79.9	80.1	80.4
81.0	78.6	78.8	79.1	79.4	79.6	79.9	80.2	80.4	80.7	80.9	81.2	81.5	81.7
82.0	79.9	80.2	80.4	80.7	81.0	81.2	81.5	81.8	82.0	82.3	82.6	82.8	83.1
83.0	81.2	81.5	81.7	82.0	82.3	82.6	82.8	83.1	83.4	83.6	83.9	84.2	84.4
84.0	82.5	82.8	83.1	83.3	83.6	83.9	84.2	84.4	84.7	85.0	85.3	85.5	85.8
85.0	83.8	84.1	84.4	84.7	84.9	85.2	85.5	85.8	86.1	86.3	86.6	86.9	87.2
86.0	85.1	85.4	85.7	86.0	86.3	86.6	86.9	87.1	87.4	87.7	88.0	88.3	88.5
87.0	86.5	86.8	87.1	87.3	87.6	87.9	88.2	88.5	88.8	89.0	89.3	89.6	89.9
88.0	87.8	88.1	88.4	88.7	89.0	89.3	89.6	89.9	90.2	90.4	90.7	91.0	91.3
89.0	89.1	89.4	89.7	90.0	90.3	90.6	90.9	91.2	91.5	91.8	92.1	92.4	92.7
90.0	90.5	90.8	91.1	91.4	91.7	92.0	92.3	92.6	92.9	93.2	93.5	93.8	94.1

（续表 E 续上表）

R \ f_{cu}^c / v	3.44	3.46	3.48	3.50	3.52	3.54	3.56	3.58	3.60	3.62	3.64	3.66	3.68
28.0	—	—	—	20.0	20.0	20.1	20.2	20.2	20.3	20.3	20.4	20.5	20.5
29.0	20.7	20.8	20.9	20.9	21.0	21.1	21.1	21.2	21.3	21.3	21.4	21.4	21.5
30.0	21.7	21.8	21.8	21.9	22.0	22.0	22.1	22.2	22.2	22.3	22.4	22.4	22.5
31.0	22.7	22.7	22.8	22.9	23.0	23.0	23.1	23.2	23.2	23.3	23.4	23.4	23.5
32.0	23.7	23.7	23.8	23.9	24.0	24.0	24.1	24.2	24.2	24.3	24.4	24.5	24.5
33.0	24.7	24.7	24.8	24.9	25.0	25.0	25.1	25.2	25.3	25.3	25.4	25.5	25.6
34.0	25.7	25.7	25.8	25.9	26.0	26.1	26.1	26.2	26.3	26.4	26.5	26.5	26.6
35.0	26.7	26.8	26.8	26.9	27.0	27.1	27.2	27.3	27.3	27.4	27.5	27.6	27.7
36.0	27.7	27.8	27.9	28.0	28.0	28.1	28.2	28.3	28.4	28.5	28.6	28.6	28.7
37.0	28.7	28.8	28.9	29.0	29.1	29.2	29.3	29.4	29.4	29.5	29.6	29.7	29.8
38.0	29.8	29.9	30.0	30.1	30.2	30.2	30.3	30.4	30.5	30.6	30.7	30.8	30.9
39.0	30.8	30.9	31.0	31.1	31.2	31.3	31.4	31.5	31.6	31.7	31.8	31.9	32.0
40.0	31.9	32.0	32.1	32.2	32.3	32.4	32.5	32.6	32.7	32.8	32.9	33.0	33.1
41.0	33.0	33.1	33.2	33.3	33.4	33.5	33.6	33.7	33.8	33.9	34.0	34.1	34.2
42.0	34.0	34.2	34.3	34.4	34.5	34.6	34.7	34.8	34.9	35.0	35.1	35.2	35.3
43.0	35.1	35.2	35.4	35.5	35.6	35.7	35.8	35.9	36.0	36.1	36.2	36.3	36.4
44.0	36.2	36.3	36.5	36.6	36.7	36.8	36.9	37.0	37.1	37.2	37.4	37.5	37.6
45.0	37.3	37.5	37.6	37.7	37.8	37.9	38.0	38.2	38.3	38.4	38.5	38.6	38.7
46.0	38.5	38.6	38.7	38.8	38.9	39.1	39.2	39.3	39.4	39.5	39.6	39.8	39.9
47.0	39.6	39.7	39.8	39.9	40.1	40.2	40.3	40.4	40.6	40.7	40.8	40.9	41.0
48.0	40.7	40.8	41.0	41.1	41.2	41.3	41.5	41.6	41.7	41.8	42.0	42.1	42.2
49.0	41.8	42.0	42.1	42.2	42.4	42.5	42.6	42.8	42.9	43.0	43.1	43.3	43.4
50.0	43.0	43.1	43.3	43.4	43.5	43.7	43.8	43.9	44.1	44.2	44.3	44.5	44.6
51.0	44.1	44.3	44.4	44.6	44.7	44.8	45.0	45.1	45.2	45.4	45.5	45.6	45.8
52.0	45.3	45.5	45.6	45.7	45.9	46.0	46.2	46.3	46.4	46.6	46.7	46.8	47.0
53.0	46.5	46.6	46.8	46.9	47.1	47.2	47.3	47.5	47.6	47.8	47.9	48.1	48.2
54.0	47.7	47.8	48.0	48.1	48.2	48.4	48.5	48.7	48.8	49.0	49.1	49.3	49.4
55.0	48.8	49.0	49.1	49.3	49.4	49.6	49.8	49.9	50.1	50.2	50.4	50.5	50.6
56.0	50.0	50.2	50.3	50.5	50.7	50.8	51.0	51.1	51.3	51.4	51.6	51.7	51.9
57.0	51.2	51.4	51.6	51.7	51.9	52.0	52.2	52.3	52.5	52.7	52.8	53.0	53.1
58.0	52.4	52.6	52.8	52.9	53.1	53.3	53.4	53.6	53.7	53.9	54.1	54.2	54.4
59.0	53.6	53.8	54.0	54.2	54.3	54.5	54.7	54.8	55.0	55.1	55.3	55.5	55.6

续表 E

R \ f_{cu}^c / v	3.44	3.46	3.48	3.50	3.52	3.54	3.56	3.58	3.60	3.62	3.64	3.66	3.68
60.0	54.9	55.0	55.2	55.4	55.6	55.7	55.9	56.1	56.2	56.4	56.6	56.7	56.9
61.0	56.1	56.3	56.4	56.6	56.8	57.0	57.1	57.3	57.5	57.7	57.8	58.0	58.2
62.0	57.3	57.5	57.7	57.9	58.0	58.2	58.4	58.6	58.8	58.9	59.1	59.3	59.5
63.0	58.6	58.8	58.9	59.1	59.3	59.5	59.7	59.8	60.0	60.2	60.4	60.6	60.7
64.0	59.8	60.0	60.2	60.4	60.6	60.8	60.9	61.1	61.3	61.5	61.7	61.9	62.0
65.0	61.1	61.3	61.5	61.6	61.8	62.0	62.2	62.4	62.6	62.8	63.0	63.1	63.3
66.0	62.3	62.5	62.7	62.9	63.1	63.3	63.5	63.7	63.9	64.1	64.3	64.5	64.6
67.0	63.6	63.8	64.0	64.2	64.4	64.6	64.8	65.0	65.2	65.4	65.6	65.8	66.0
68.0	64.9	65.1	65.3	65.5	65.7	65.9	66.1	66.3	66.5	66.7	66.9	67.1	67.3
69.0	66.2	66.4	66.6	66.8	67.0	67.2	67.4	67.6	67.8	68.0	68.2	68.4	68.6
70.0	67.4	67.7	67.9	68.1	68.3	68.5	68.7	68.9	69.1	69.3	69.5	69.7	69.9
71.0	68.7	68.9	69.2	69.4	69.6	69.8	70.0	70.2	70.4	70.6	70.9	71.1	71.3
72.0	70.0	70.2	70.5	70.7	70.9	71.1	71.3	71.6	71.8	72.0	72.2	72.4	72.6
73.0	71.3	71.6	71.8	72.0	72.2	72.4	72.7	72.9	73.1	73.3	73.5	73.8	74.0
74.0	72.6	72.9	73.1	73.3	73.6	73.8	74.0	74.2	74.4	74.7	74.9	75.1	75.3
75.0	74.0	74.2	74.4	74.7	74.9	75.1	75.3	75.6	75.8	76.0	76.2	76.5	76.7
76.0	75.3	75.5	75.8	76.0	76.2	76.5	76.7	76.9	77.2	77.4	77.6	77.8	78.1
77.0	76.6	76.9	77.1	77.3	77.6	77.8	78.0	78.3	78.5	78.7	79.0	79.2	79.4
78.0	77.9	78.2	78.4	78.7	78.9	79.2	79.4	79.6	79.9	80.1	80.4	80.6	80.8
79.0	79.3	79.5	79.8	80.0	80.3	80.5	80.8	81.0	81.3	81.5	81.7	82.0	82.2
80.0	80.6	80.9	81.1	81.4	81.6	81.9	82.1	82.4	82.6	82.9	83.1	83.4	83.6
81.0	82.0	82.2	82.5	82.8	83.0	83.3	83.5	83.8	84.0	84.3	84.5	84.8	85.0
82.0	83.3	83.6	83.9	84.1	84.4	84.6	84.9	85.2	85.4	85.7	85.9	86.2	86.4
83.0	84.7	85.0	85.2	85.5	85.8	86.0	86.3	86.5	86.8	87.1	87.3	87.6	87.8
84.0	86.1	86.3	86.6	86.9	87.1	87.4	87.7	87.9	88.2	88.5	88.7	89.0	89.3
85.0	87.4	87.7	88.0	88.3	88.5	88.8	89.1	89.3	89.6	89.9	90.1	90.4	90.7
86.0	88.8	89.1	89.4	89.7	89.9	90.2	90.5	90.8	91.0	91.3	91.6	91.8	92.1
87.0	90.2	90.5	90.8	91.1	91.3	91.6	91.9	92.2	92.4	92.7	93.0	93.3	93.5
88.0	91.6	91.9	92.2	92.5	92.7	93.0	93.3	93.6	93.9	94.2	94.4	94.7	95.0
89.0	93.0	93.3	93.6	93.9	94.2	94.4	94.7	95.0	95.3	95.6	95.9	96.2	96.4
90.0	94.4	94.7	95.0	95.3	95.6	95.9	96.2	96.4	96.7	97.0	97.3	97.6	97.9

R \ f^c_{cu} \ v	3.70	3.72	3.74	3.76	3.78	3.80	3.82	3.84	3.86	3.88	3.90	3.92	3.94
28.0	20.6	20.6	20.7	20.8	20.8	20.9	20.9	21.0	21.1	21.1	21.2	21.2	21.3
29.0	21.6	21.6	21.7	21.8	21.8	21.9	21.9	22.0	22.1	22.1	22.2	22.3	22.3
30.0	22.6	22.6	22.7	22.8	22.8	22.9	23.0	23.0	23.1	23.2	23.2	23.3	23.4
31.0	23.6	23.7	23.7	23.8	23.9	23.9	24.0	24.1	24.1	24.2	24.3	24.3	24.4
32.0	24.6	24.7	24.8	24.8	24.9	25.0	25.0	25.1	25.2	25.2	25.3	25.4	25.5
33.0	25.6	25.7	25.8	25.9	25.9	26.0	26.1	26.2	26.2	26.3	26.4	26.5	26.5
34.0	26.7	26.8	26.8	26.9	27.0	27.1	27.2	27.2	27.3	27.4	27.5	27.5	27.6
35.0	27.7	27.8	27.9	28.0	28.1	28.1	28.2	28.3	28.4	28.5	28.5	28.6	28.7
36.0	28.8	28.9	29.0	29.1	29.1	29.2	29.3	29.4	29.5	29.6	29.6	29.7	29.8
37.0	29.9	30.0	30.1	30.1	30.2	30.3	30.4	30.5	30.6	30.7	30.7	30.8	30.9
38.0	31.0	31.1	31.2	31.2	31.3	31.4	31.5	31.6	31.7	31.8	31.9	32.0	32.0
39.0	32.1	32.2	32.3	32.3	32.4	32.5	32.6	32.7	32.8	32.9	33.0	33.1	33.2
40.0	33.2	33.3	33.4	33.5	33.6	33.7	33.7	33.8	33.9	34.0	34.1	34.2	34.3
41.0	34.3	34.4	34.5	34.6	34.7	34.8	34.9	35.0	35.1	35.2	35.3	35.4	35.5
42.0	35.4	35.5	35.6	35.7	35.8	35.9	36.0	36.1	36.2	36.3	36.4	36.5	36.6
43.0	36.5	36.6	36.8	36.9	37.0	37.1	37.2	37.3	37.4	37.5	37.6	37.7	37.8
44.0	37.7	37.8	37.9	38.0	38.1	38.2	38.3	38.4	38.6	38.7	38.8	38.9	39.0
45.0	38.8	38.9	39.1	39.2	39.3	39.4	39.5	39.6	39.7	39.8	40.0	40.1	40.2
46.0	40.0	40.1	40.2	40.3	40.5	40.6	40.7	40.8	40.9	41.0	41.1	41.3	41.4
47.0	41.2	41.3	41.4	41.5	41.6	41.8	41.9	42.0	42.1	42.2	42.3	42.5	42.6
48.0	42.3	42.5	42.6	42.7	42.8	43.0	43.1	43.2	43.3	43.4	43.6	43.7	43.8
49.0	43.5	43.6	43.8	43.9	44.0	44.2	44.3	44.4	44.5	44.7	44.8	44.9	45.0
50.0	44.7	44.8	45.0	45.1	45.2	45.4	45.5	45.6	45.7	45.9	46.0	46.1	46.3
51.0	45.9	46.0	46.2	46.3	46.4	46.6	46.7	46.8	47.0	47.1	47.2	47.4	47.5
52.0	47.1	47.3	47.4	47.5	47.7	47.8	47.9	48.1	48.2	48.3	48.5	48.6	48.7
53.0	48.3	48.5	48.6	48.8	48.9	49.0	49.2	49.3	49.5	49.6	49.7	49.9	50.0
54.0	49.6	49.7	49.9	50.0	50.1	50.3	50.4	50.6	50.7	50.8	51.0	51.1	51.3
55.0	50.8	50.9	51.1	51.2	51.4	51.5	51.7	51.8	52.0	52.1	52.3	52.4	52.5
56.0	52.0	52.2	52.3	52.5	52.6	52.8	52.9	53.1	53.2	53.4	53.5	53.7	53.8
57.0	53.3	53.4	53.6	53.7	53.9	54.1	54.2	54.4	54.5	54.7	54.8	55.0	55.1
58.0	54.5	54.7	54.9	55.0	55.2	55.3	55.5	55.6	55.8	56.0	56.1	56.3	56.4

R \ f^c_{cu} \ v	3.70	3.72	3.74	3.76	3.78	3.80	3.82	3.84	3.86	3.88	3.90	3.92	3.94
59.0	55.8	56.0	56.1	56.3	56.4	56.6	56.8	56.9	57.1	57.2	57.4	57.6	57.7
60.0	57.1	57.2	57.4	57.6	57.7	57.9	58.1	58.2	58.4	58.5	58.7	58.9	59.0
61.0	58.3	58.5	58.7	58.9	59.0	59.2	59.4	59.5	59.7	59.9	60.0	60.2	60.4
62.0	59.6	59.8	60.0	60.1	60.3	60.5	60.7	60.8	61.0	61.2	61.3	61.5	61.7
63.0	60.9	61.1	61.3	61.4	61.6	61.8	62.0	62.1	62.3	62.5	62.7	62.8	63.0
64.0	62.2	62.4	62.6	62.8	62.9	63.1	63.3	63.5	63.7	63.8	64.0	64.2	64.4
65.0	63.5	63.7	63.9	64.1	64.3	64.4	64.6	64.8	65.0	65.2	65.3	65.5	65.7
66.0	64.8	65.0	65.2	65.4	65.6	65.8	66.0	66.1	66.3	66.5	66.7	66.9	67.1
67.0	66.1	66.3	66.5	66.7	66.9	67.1	67.3	67.5	67.7	67.9	68.1	68.2	68.4
68.0	67.5	67.7	67.9	68.1	68.3	68.4	68.6	68.8	69.0	69.2	69.4	69.6	69.8
69.0	68.8	69.0	69.2	69.4	69.6	69.8	70.0	70.2	70.4	70.6	70.8	71.0	71.2
70.0	70.1	70.3	70.5	70.8	71.0	71.2	71.4	71.6	71.8	72.0	72.2	72.4	72.6
71.0	71.5	71.7	71.9	72.1	72.3	72.5	72.7	72.9	73.1	73.3	73.5	73.7	73.9
72.0	72.8	73.0	73.3	73.5	73.7	73.9	74.1	74.3	74.5	74.7	74.9	75.1	75.3
73.0	74.2	74.4	74.6	74.8	75.1	75.3	75.5	75.7	75.9	76.1	76.3	76.5	76.7
74.0	75.6	75.8	76.0	76.2	76.4	76.6	76.9	77.1	77.3	77.5	77.7	77.9	78.2
75.0	76.9	77.1	77.4	77.6	77.8	78.0	78.3	78.5	78.7	78.9	79.1	79.4	79.6
76.0	78.3	78.5	78.8	79.0	79.2	79.4	79.7	79.9	80.1	80.3	80.6	80.8	81.0
77.0	79.7	79.9	80.1	80.4	80.6	80.8	81.1	81.3	81.5	81.7	82.0	82.2	82.4
78.0	81.1	81.3	81.5	81.8	82.0	82.2	82.5	82.7	82.9	83.2	83.4	83.6	83.9
79.0	82.5	82.7	82.9	83.2	83.4	83.7	83.9	84.1	84.4	84.6	84.8	85.1	85.3
80.0	83.9	84.1	84.3	84.6	84.8	85.1	85.3	85.6	85.8	86.0	86.3	86.5	86.8
81.0	85.3	85.5	85.8	86.0	86.3	86.5	86.7	87.0	87.2	87.5	87.7	88.0	88.2
82.0	86.7	86.9	87.2	87.4	87.7	87.9	88.2	88.4	88.7	88.9	89.2	89.4	89.7
83.0	88.1	88.4	88.6	88.9	89.1	89.4	89.6	89.9	90.1	90.4	90.6	90.9	91.1
84.0	89.5	89.8	90.0	90.3	90.6	90.8	91.1	91.3	91.6	91.8	92.1	92.3	92.6
85.0	90.9	91.2	91.5	91.7	92.0	92.3	92.5	92.8	93.0	93.3	93.6	93.8	94.1
86.0	92.4	92.7	92.9	93.2	93.5	93.7	94.0	94.3	94.5	94.8	95.0	95.3	95.6
87.0	93.8	94.1	94.4	94.6	94.9	95.2	95.5	95.7	96.0	96.3	96.5	96.8	97.1
88.0	95.3	95.5	95.8	96.1	96.4	96.6	96.9	97.2	97.5	97.7	98.0	98.3	98.6
89.0	96.7	97.0	97.3	97.6	97.8	98.1	98.4	98.7	99.0	99.2	99.5	99.8	100.1
90.0	98.2	98.5	98.7	99.0	99.3	99.6	99.9	100.2	100.4	100.7	101.0	101.3	101.6

R \ f_cu \ v	3.96	3.98	4.00	4.02	4.04	4.06	4.08	4.10	4.12	4.14	4.16	4.18	4.20
28.0	21.4	21.4	21.5	21.5	21.6	21.6	21.7	21.8	21.8	21.9	21.9	22.0	22.0
29.0	22.4	22.4	22.5	22.6	22.6	22.7	22.7	22.8	22.9	22.9	23.0	23.0	23.1
30.0	23.4	23.5	23.5	23.6	23.7	23.7	23.8	23.9	23.9	24.0	24.0	24.1	24.2
31.0	24.5	24.5	24.6	24.7	24.7	24.8	24.9	24.9	25.0	25.1	25.1	25.2	25.3
32.0	25.5	25.6	25.7	25.7	25.8	25.9	25.9	26.0	26.1	26.1	26.2	26.3	26.4
33.0	26.6	26.7	26.7	26.8	26.9	27.0	27.0	27.1	27.2	27.2	27.3	27.4	27.5
34.0	28.8	28.9	28.9	29.0	29.1	29.2	29.2	29.3	29.4	29.5	29.6	29.6	29.7
35.0	28.8	28.9	28.9	29.0	29.1	29.2	29.2	29.3	29.4	29.5	29.6	29.6	29.7
36.0	29.9	30.0	30.0	30.1	30.2	30.3	30.4	30.5	30.5	30.6	30.7	30.8	30.8
37.0	31.0	31.1	31.2	31.3	31.3	31.4	31.5	31.6	31.7	31.8	31.8	31.9	32.0
38.0	32.1	32.2	32.3	32.4	32.5	32.6	32.6	32.7	32.8	32.9	33.0	33.1	33.2
39.0	33.3	33.4	33.4	33.5	33.6	33.7	33.8	33.9	34.0	34.1	34.2	34.2	34.3
40.0	34.4	34.5	34.6	34.7	34.8	34.9	35.0	35.1	35.2	35.2	35.3	35.4	35.5
41.0	35.6	35.7	35.8	35.9	36.0	36.0	36.1	36.2	36.3	36.4	36.5	36.6	36.7
42.0	36.7	36.8	36.9	37.0	37.1	37.2	37.3	37.4	37.5	37.6	37.7	37.8	37.9
43.0	37.9	38.0	38.1	38.2	38.3	38.4	38.5	38.6	38.7	38.8	38.9	39.0	39.1
44.0	39.1	39.2	39.3	39.4	39.5	39.6	39.7	39.8	39.9	40.0	40.1	40.2	40.3
45.0	40.3	40.4	40.5	40.6	40.7	40.8	40.9	41.0	41.2	41.3	41.4	41.5	41.6
46.0	41.5	41.6	41.7	41.8	41.9	42.0	42.2	42.3	42.4	42.5	42.6	42.7	42.8
47.0	42.7	42.8	42.9	43.0	43.2	43.3	43.4	43.5	43.6	43.7	43.8	44.0	44.1
48.0	43.9	44.0	44.2	44.3	44.4	44.5	44.6	44.7	44.9	45.0	45.1	45.2	45.3
49.0	45.1	45.3	45.4	45.5	45.6	45.8	45.9	46.0	46.1	46.2	46.4	46.5	46.6
50.0	46.4	46.5	46.6	46.8	46.9	47.0	47.1	47.3	47.4	47.5	47.6	47.8	47.9
51.0	47.6	47.8	47.9	48.0	48.1	48.3	48.4	48.5	48.7	48.8	48.9	49.0	49.2
52.0	48.9	49.0	49.1	49.3	49.4	49.5	49.7	49.8	49.9	50.1	50.2	50.3	50.5
53.0	50.1	50.3	50.4	50.6	50.7	50.8	51.0	51.1	51.2	51.4	51.5	51.6	51.8
54.0	51.4	51.6	51.7	51.8	52.0	52.1	52.2	52.4	52.5	52.7	52.8	52.9	53.1
55.0	52.7	52.8	53.0	53.1	53.3	53.4	53.5	53.7	53.8	54.0	54.1	54.2	54.4
56.0	54.0	54.1	54.3	54.4	54.6	54.7	54.9	55.0	55.1	55.3	55.4	55.6	55.7
57.0	55.3	55.4	55.6	55.7	55.9	56.0	56.2	56.3	56.5	56.6	56.8	56.9	57.1
58.0	56.6	56.7	56.9	57.0	57.2	57.3	57.5	57.6	57.8	57.9	58.1	58.2	58.4

R \ f_cu \ v	3.96	3.98	4.00	4.02	4.04	4.06	4.08	4.10	4.12	4.14	4.16	4.18	4.20
59.0	57.9	58.0	58.2	58.4	58.5	58.7	58.8	59.0	59.1	59.3	59.4	59.6	59.7
60.0	59.2	59.4	59.5	59.7	59.8	60.0	60.2	60.3	60.5	60.6	60.8	60.9	61.1
61.0	60.5	60.7	60.8	61.0	61.2	61.3	61.5	61.7	61.8	62.0	62.1	62.3	62.5
62.0	61.9	62.0	62.2	62.4	62.5	62.7	62.9	63.0	63.2	63.4	63.5	63.7	63.8
63.0	63.2	63.4	63.5	63.7	63.9	64.0	64.2	64.4	64.6	64.7	64.9	65.1	65.2
64.0	64.5	64.7	64.9	65.1	65.2	65.4	65.6	65.8	65.9	66.1	66.3	66.4	66.6
65.0	65.9	66.1	66.2	66.4	66.6	66.8	67.0	67.1	67.3	67.5	67.7	67.8	68.0
66.0	67.2	67.4	67.6	67.8	68.0	68.2	68.3	68.5	68.7	68.9	69.1	69.2	69.4
67.0	68.6	68.8	69.0	69.2	69.4	69.5	69.7	69.9	70.1	70.3	70.5	70.6	70.8
68.0	70.0	70.2	70.4	70.6	70.7	70.9	71.1	71.3	71.5	71.7	71.9	72.1	72.2
69.0	71.4	71.6	71.8	71.9	72.1	72.3	72.5	72.7	72.9	73.1	73.3	73.5	73.7
70.0	72.8	73.0	73.2	73.3	73.5	73.7	73.9	74.1	74.3	74.5	74.7	74.9	75.1
71.0	74.1	74.4	74.6	74.8	75.0	75.2	75.4	75.6	75.8	75.9	76.1	76.3	76.5
72.0	75.6	75.8	76.0	76.2	76.4	76.6	76.8	77.0	77.2	77.4	77.6	77.8	78.0
73.0	77.0	77.2	77.4	77.6	77.8	78.0	78.2	78.4	78.6	78.8	79.0	79.2	79.4
74.0	78.4	78.6	78.8	79.0	79.2	79.4	79.6	79.9	80.1	80.3	80.5	80.7	80.9
75.0	79.8	80.0	80.2	80.4	80.7	80.9	81.1	81.3	81.5	81.7	81.9	82.2	82.4
76.0	81.2	81.4	81.7	81.9	82.1	82.3	82.5	82.8	83.0	83.2	83.4	83.6	83.8
77.0	82.7	82.9	83.1	83.3	83.5	83.8	84.0	84.2	84.4	84.7	84.9	85.1	85.3
78.0	84.1	84.3	84.5	84.8	85.0	85.2	85.5	85.7	85.9	86.1	86.4	86.6	86.8
79.0	85.5	85.8	86.0	86.2	86.5	86.7	87.0	87.2	87.4	87.6	87.8	88.1	88.3
80.0	87.0	87.2	87.5	87.7	87.9	88.2	88.4	88.6	88.9	89.1	89.3	89.6	89.8
81.0	88.4	88.7	88.9	89.2	89.4	89.6	89.9	90.1	90.4	90.6	90.8	91.1	91.3
82.0	89.9	90.2	90.4	90.6	90.9	91.1	91.4	91.6	91.9	92.1	92.3	92.6	92.8
83.0	91.4	91.6	91.9	92.1	92.4	92.6	92.9	93.1	93.4	93.6	93.8	94.1	94.3
84.0	92.9	93.1	93.4	93.6	93.9	94.1	94.4	94.6	94.9	95.1	95.4	95.6	95.8
85.0	94.3	94.6	94.9	95.1	95.4	95.6	95.9	96.1	96.4	96.6	96.9	97.1	97.4
86.0	95.8	96.1	96.3	96.6	96.9	97.1	97.4	97.6	97.9	98.2	98.4	98.7	98.9
87.0	97.3	97.6	97.8	98.1	98.4	98.6	98.9	99.2	99.4	99.7	99.9	100.2	100.5
88.0	98.8	99.1	99.4	99.6	99.9	100.2	100.4	100.7	101.0	101.2	101.5	101.7	102.0
89.0	100.3	100.6	100.9	101.1	101.4	101.7	102.0	102.2	102.5	102.8	103.0	103.3	103.6
90.0	101.8	102.1	102.4	102.7	102.9	103.2	103.5	103.8	104.0	104.3	104.6	104.8	105.1

R \ v / f_{cu}^c	4.22	4.24	4.26	4.28	4.30	4.32	4.34	4.36	4.38	4.40	4.42	4.44	4.46
28.0	22.1	22.2	22.2	22.3	22.3	22.4	22.4	22.5	22.5	22.6	22.7	22.7	22.8
29.0	23.2	23.2	23.3	23.3	23.4	23.5	23.5	23.6	23.6	23.7	23.7	23.8	23.9
30.0	24.2	24.3	24.4	24.4	24.5	24.5	24.6	24.7	24.7	24.8	24.8	24.9	25.0
31.0	25.3	25.4	25.4	25.5	25.6	25.6	25.7	25.8	25.8	25.9	26.0	26.0	26.1
32.0	26.4	26.5	26.6	26.6	26.7	26.8	26.8	26.9	27.0	27.0	27.1	27.2	27.2
33.0	27.5	27.6	27.7	27.7	27.8	27.9	27.9	28.0	28.1	28.2	28.2	28.3	28.4
34.0	29.8	29.9	29.9	30.0	30.1	30.2	30.2	30.3	30.4	30.5	30.5	30.6	30.7
35.0	29.8	29.9	29.9	30.0	30.1	30.2	30.2	30.3	30.4	30.5	30.5	30.6	30.7
36.0	30.9	31.0	31.1	31.2	31.2	31.3	31.4	31.5	31.6	31.6	31.7	31.8	31.9
37.0	32.1	32.2	32.2	32.3	32.4	32.5	32.6	32.7	32.7	32.8	32.9	33.0	33.1
38.0	33.2	33.3	33.4	33.5	33.6	33.7	33.8	33.8	33.9	34.0	34.1	34.2	34.3
39.0	34.4	34.5	34.6	34.7	34.8	34.9	34.9	35.0	35.1	35.2	35.3	35.4	35.5
40.0	35.6	35.7	35.8	35.9	36.0	36.1	36.2	36.2	36.3	36.4	36.5	36.6	36.7
41.0	36.8	36.9	37.0	37.1	37.2	37.3	37.4	37.5	37.6	37.6	37.7	37.8	37.9
42.0	38.0	38.1	38.2	38.3	38.4	38.5	38.6	38.7	38.8	38.9	39.0	39.1	39.2
43.0	39.2	39.3	39.4	39.5	39.6	39.7	39.8	39.9	40.0	40.1	40.2	40.3	40.4
44.0	40.5	40.6	40.7	40.8	40.9	41.0	41.1	41.2	41.3	41.4	41.5	41.6	41.7
45.0	41.7	41.8	41.9	42.0	42.1	42.2	42.3	42.4	42.5	42.6	42.7	42.8	42.9
46.0	42.9	43.0	43.2	43.3	43.4	43.5	43.6	43.7	43.8	43.9	44.0	44.1	44.2
47.0	44.2	44.3	44.4	44.5	44.6	44.7	44.9	45.0	45.1	45.2	45.3	45.4	45.5
48.0	45.4	45.6	45.7	45.8	45.9	46.0	46.1	46.3	46.4	46.5	46.6	46.7	46.8
49.0	46.7	46.8	47.0	47.1	47.2	47.3	47.4	47.5	47.7	47.8	47.9	48.0	48.1
50.0	48.0	48.1	48.2	48.4	48.5	48.6	48.7	48.9	49.0	49.1	49.2	49.3	49.5
51.0	49.3	49.4	49.5	49.7	49.8	49.9	50.0	50.2	50.3	50.4	50.5	50.7	50.8
52.0	50.6	50.7	50.8	51.0	51.1	51.2	51.4	51.5	51.6	51.7	51.9	52.0	52.1
53.0	51.9	52.0	52.2	52.3	52.4	52.6	52.7	52.8	52.9	53.1	53.2	53.3	53.5
54.0	53.2	53.3	53.5	53.6	53.7	53.9	54.0	54.1	54.3	54.4	54.6	54.7	54.8
55.0	54.5	54.7	54.8	54.9	55.1	55.2	55.4	55.5	55.6	55.8	55.9	56.0	56.2
56.0	55.9	56.0	56.1	56.3	56.4	56.6	56.7	56.8	57.0	57.1	57.3	57.4	57.5
57.0	57.2	57.3	57.5	57.6	57.8	57.9	58.1	58.2	58.4	58.5	58.6	58.8	58.9
58.0	58.5	58.7	58.8	59.0	59.1	59.3	59.4	59.6	59.7	59.9	60.0	60.2	60.3

R \ v / f_{cu}^c	4.22	4.24	4.26	4.28	4.30	4.32	4.34	4.36	4.38	4.40	4.42	4.44	4.46
59.0	59.9	60.1	60.2	60.4	60.5	60.7	60.8	61.0	61.1	61.3	61.4	61.6	61.7
60.0	61.3	61.4	61.6	61.7	61.9	62.0	62.2	62.3	62.5	62.7	62.8	63.0	63.1
61.0	62.6	62.8	62.9	63.1	63.3	63.4	63.6	63.7	63.9	64.1	64.2	64.4	64.5
62.0	64.0	64.2	64.3	64.5	64.7	64.8	65.0	65.1	65.3	65.5	65.6	65.8	65.9
63.0	65.4	65.6	65.7	65.9	66.1	66.2	66.4	66.6	66.7	66.9	67.0	67.2	67.4
64.0	66.8	67.0	67.1	67.3	67.5	67.6	67.8	68.0	68.1	68.3	68.5	68.6	68.8
65.0	68.2	68.4	68.5	68.7	68.9	69.1	69.2	69.4	69.6	69.7	69.9	70.1	70.2
66.0	69.6	69.8	69.9	70.1	70.3	70.5	70.7	70.8	71.0	71.2	71.4	71.5	71.7
67.0	71.0	71.2	71.4	71.5	71.7	71.9	72.1	72.3	72.4	72.6	72.8	73.0	73.2
68.0	72.4	72.6	72.8	73.0	73.2	73.3	73.5	73.7	73.9	74.1	74.3	74.4	74.6
69.0	73.9	74.0	74.2	74.4	74.6	74.8	75.0	75.2	75.4	75.5	75.7	75.9	76.1
70.0	75.3	75.5	75.7	75.9	76.1	76.2	76.4	76.6	76.8	77.0	77.2	77.4	77.6
71.0	76.7	76.9	77.1	77.3	77.5	77.7	77.9	78.1	78.3	78.5	78.7	78.9	79.1
72.0	78.2	78.4	78.6	78.8	79.0	79.2	79.4	79.6	79.8	80.0	80.2	80.4	80.6
73.0	79.6	79.8	80.0	80.2	80.5	80.7	80.9	81.1	81.3	81.5	81.7	81.9	82.1
74.0	81.1	81.3	81.5	81.7	81.9	82.1	82.3	82.5	82.7	83.0	83.2	83.4	83.6
75.0	82.6	82.8	83.0	83.2	83.4	83.6	83.8	84.0	84.2	84.5	84.7	84.9	85.1
76.0	84.1	84.3	84.5	84.7	84.9	85.1	85.3	85.5	85.8	86.0	86.2	86.4	86.6
77.0	85.5	85.8	86.0	86.2	86.4	86.6	86.8	87.1	87.3	87.5	87.7	87.9	88.1
78.0	87.0	87.2	87.5	87.7	87.9	88.1	88.3	88.6	88.8	89.0	89.2	89.4	89.7
79.0	88.5	88.7	89.0	89.2	89.4	89.6	89.9	90.1	90.3	90.5	90.8	91.0	91.2
80.0	90.0	90.3	90.5	90.7	90.9	91.2	91.4	91.6	91.8	92.1	92.3	92.5	92.7
81.0	91.5	91.8	92.0	92.2	92.5	92.7	92.9	93.2	93.4	93.6	93.8	94.1	94.3
82.0	93.0	93.3	93.5	93.8	94.0	94.2	94.5	94.7	94.9	95.2	95.4	95.6	95.9
83.0	94.6	94.8	95.0	95.3	95.5	95.8	96.0	96.2	96.5	96.7	97.0	97.2	97.4
84.0	96.1	96.3	96.6	96.8	97.1	97.3	97.6	97.8	98.0	98.3	98.5	98.8	99.0
85.0	97.6	97.9	98.1	98.4	98.6	98.9	99.1	99.4	99.6	99.9	100.1	100.3	100.6
86.0	99.2	99.4	99.7	99.9	100.2	100.4	100.7	100.9	101.2	101.4	101.7	101.9	102.2
87.0	100.7	101.0	101.2	101.5	101.7	102.0	102.2	102.5	102.8	103.0	103.3	103.5	103.8
88.0	102.3	102.5	102.8	103.0	103.3	103.6	103.8	104.1	104.3	104.6	104.9	105.1	105.4
89.0	103.8	104.1	104.4	104.6	104.9	105.1	105.4	105.7	105.9	106.2	106.4	106.7	107.0
90.0	105.4	105.7	105.9	106.2	106.5	106.7	107.0	107.3	107.5	107.8	108.1	108.3	108.6

R \\ f^c_{cu} \\ v	4.48	4.50	4.52	4.54	4.56	4.58	4.60	4.62	4.64	4.66	4.68	4.70	4.72
28.0	22.8	22.9	22.9	23.0	23.0	23.1	23.1	23.2	23.3	23.3	23.4	23.4	23.5
29.0	23.9	24.0	24.0	24.1	24.1	24.2	24.3	24.3	24.4	24.4	24.5	24.5	24.6
30.0	25.0	25.1	25.1	25.2	25.3	25.3	25.4	25.4	25.5	25.6	25.6	25.7	25.7
31.0	26.1	26.2	26.3	26.3	26.4	26.5	26.5	26.6	26.6	26.7	26.8	26.8	26.9
32.0	27.3	27.3	27.4	27.5	27.5	27.6	27.7	27.7	27.8	27.9	27.9	28.0	28.1
33.0	28.4	28.5	28.6	28.6	28.7	28.8	28.8	28.9	29.0	29.0	29.1	29.2	29.2
34.0	30.8	30.8	30.9	31.0	31.1	31.1	31.2	31.3	31.3	31.4	31.5	31.6	31.6
35.0	30.8	30.8	30.9	31.0	31.1	31.1	31.2	31.3	31.3	31.4	31.5	31.6	31.6
36.0	31.9	32.0	32.1	32.2	32.2	32.3	32.4	32.5	32.6	32.6	32.7	32.8	32.9
37.0	33.1	33.2	33.3	33.4	33.5	33.5	33.6	33.7	33.8	33.8	33.9	34.0	34.1
38.0	34.3	34.4	34.5	34.6	34.7	34.7	34.8	34.9	35.0	35.1	35.2	35.2	35.3
39.0	35.6	35.6	35.7	35.8	35.9	36.0	36.1	36.1	36.2	36.3	36.4	36.5	36.6
40.0	36.8	36.9	37.0	37.0	37.1	37.2	37.3	37.4	37.5	37.6	37.7	37.7	37.8
41.0	38.0	38.1	38.2	38.3	38.4	38.5	38.6	38.6	38.7	38.8	38.9	39.0	39.1
42.0	39.3	39.4	39.4	39.5	39.6	39.7	39.8	39.9	40.0	40.1	40.2	40.3	40.4
43.0	40.5	40.6	40.7	40.8	40.9	41.0	41.1	41.2	41.3	41.4	41.5	41.6	41.7
44.0	41.8	41.9	42.0	42.1	42.2	42.3	42.4	42.5	42.6	42.7	42.8	42.9	43.0
45.0	43.1	43.2	43.3	43.4	43.5	43.6	43.7	43.8	43.9	44.0	44.1	44.2	44.3
46.0	44.3	44.4	44.6	44.7	44.8	44.9	45.0	45.1	45.2	45.3	45.4	45.5	45.6
47.0	45.6	45.7	45.9	46.0	46.1	46.2	46.3	46.4	46.5	46.6	46.7	46.8	46.9
48.0	46.9	47.0	47.2	47.3	47.4	47.5	47.6	47.7	47.8	47.9	48.1	48.2	48.3
49.0	48.2	48.4	48.5	48.6	48.7	48.8	48.9	49.1	49.2	49.3	49.4	49.5	49.6
50.0	49.6	49.7	49.8	49.9	50.0	50.2	50.3	50.4	50.5	50.6	50.8	50.9	51.0
51.0	50.9	51.0	51.1	51.3	51.4	51.5	51.6	51.8	51.9	52.0	52.1	52.2	52.4
52.0	52.2	52.4	52.5	52.6	52.7	52.9	53.0	53.1	53.2	53.4	53.5	53.6	53.7
53.0	53.6	53.7	53.8	54.0	54.1	54.2	54.4	54.5	54.6	54.7	54.9	55.0	55.1
54.0	54.9	55.1	55.2	55.3	55.5	55.6	55.7	55.9	56.0	56.1	56.3	56.4	56.5
55.0	56.3	56.4	56.6	56.7	56.9	57.0	57.1	57.3	57.4	57.5	57.7	57.8	57.9
56.0	57.7	57.8	58.0	58.1	58.2	58.4	58.5	58.7	58.8	58.9	59.1	59.2	59.3
57.0	59.1	59.2	59.4	59.5	59.6	59.8	59.9	60.1	60.2	60.3	60.5	60.6	60.8
58.0	60.5	60.6	60.8	60.9	61.0	61.2	61.3	61.5	61.6	61.8	61.9	62.0	62.2

R \\ f^c_{cu} \\ v	4.48	4.50	4.52	4.54	4.56	4.58	4.60	4.62	4.64	4.66	4.68	4.70	4.72
59.0	61.9	62.0	62.2	62.3	62.5	62.6	62.7	62.9	63.0	63.2	63.3	63.5	63.6
60.0	63.3	63.4	63.6	63.7	63.9	64.0	64.2	64.3	64.5	64.6	64.8	64.9	65.1
61.0	64.7	64.8	65.0	65.1	65.3	65.5	65.6	65.8	65.9	66.1	66.2	66.4	66.5
62.0	66.1	66.3	66.4	66.6	66.7	66.9	67.1	67.2	67.4	67.5	67.7	67.8	68.0
63.0	67.5	67.7	67.9	68.0	68.2	68.3	68.5	68.7	68.8	69.0	69.1	69.3	69.5
64.0	69.0	69.1	69.3	69.5	69.6	69.8	70.0	70.1	70.3	70.5	70.6	70.8	70.9
65.0	70.4	70.6	70.8	70.9	71.1	71.3	71.4	71.6	71.8	71.9	72.1	72.3	72.4
66.0	71.9	72.0	72.2	72.4	72.6	72.7	72.9	73.1	73.2	73.4	73.6	73.8	73.9
67.0	73.3	73.5	73.7	73.9	74.0	74.2	74.4	74.6	74.7	74.9	75.1	75.3	75.4
68.0	74.8	75.0	75.2	75.3	75.5	75.7	75.9	76.1	76.2	76.4	76.6	76.8	76.9
69.0	76.3	76.5	76.6	76.8	77.0	77.2	77.4	77.6	77.7	77.9	78.1	78.3	78.5
70.0	77.8	77.9	78.1	78.3	78.5	78.7	78.9	79.1	79.2	79.4	79.6	79.8	80.0
71.0	79.2	79.4	79.6	79.8	80.0	80.2	80.4	80.6	80.8	80.9	81.1	81.3	81.5
72.0	80.7	80.9	81.1	81.3	81.5	81.7	81.9	82.1	82.3	82.5	82.7	82.9	83.0
73.0	82.3	82.4	82.6	82.8	83.0	83.2	83.4	83.6	83.8	84.0	84.2	84.4	84.6
74.0	83.8	84.0	84.2	84.4	84.6	84.8	85.0	85.2	85.4	85.6	85.8	86.0	86.2
75.0	85.3	85.5	85.7	85.9	86.1	86.3	86.5	86.7	86.9	87.1	87.3	87.5	87.7
76.0	86.8	87.0	87.2	87.4	87.6	87.8	88.0	88.3	88.5	88.7	88.9	89.1	89.3
77.0	88.3	88.5	88.8	89.0	89.2	89.4	89.6	89.8	90.0	90.2	90.4	90.6	90.9
78.0	89.9	90.1	90.3	90.5	90.7	90.9	91.2	91.4	91.6	91.8	92.0	92.2	92.4
79.0	91.4	91.6	91.9	92.1	92.3	92.5	92.7	92.9	93.2	93.4	93.6	93.8	94.0
80.0	93.0	93.2	93.4	93.6	93.9	94.1	94.3	94.5	94.7	95.0	95.2	95.4	95.6
81.0	94.5	94.8	95.0	95.2	95.4	95.7	95.9	96.1	96.3	96.6	96.8	97.0	97.2
82.0	96.1	96.3	96.6	96.8	97.0	97.2	97.5	97.7	97.9	98.2	98.4	98.6	98.8
83.0	97.7	97.9	98.1	98.4	98.6	98.8	99.1	99.3	99.5	99.8	100.0	100.2	100.5
84.0	99.2	99.5	99.7	100.0	100.2	100.4	100.7	100.9	101.1	101.4	101.6	101.8	102.1
85.0	100.8	101.1	101.3	101.6	101.8	102.0	102.3	102.5	102.8	103.0	103.2	103.5	103.7
86.0	102.4	102.7	102.9	103.2	103.4	103.6	103.9	104.1	104.4	104.6	104.9	105.1	105.3
87.0	104.0	104.3	104.5	104.8	105.0	105.3	105.5	105.8	106.0	106.2	106.5	106.7	107.0
88.0	105.6	105.9	106.1	106.4	106.6	106.9	107.1	107.4	107.6	107.9	108.1	108.4	108.6
89.0	107.2	107.5	107.7	108.0	108.3	108.5	108.8	109.0	109.3	109.5	109.8	110.0	—
90.0	108.8	109.1	109.4	109.6	109.9	—	—	—	—	—	—	—	—

R \ $\dfrac{v}{f^c_{cu}}$	4.74	4.76	4.78	4.80	4.82	4.84	4.86	4.88	4.90	4.92	4.94	4.96	4.98
28.0	23.5	23.6	23.6	23.7	23.7	23.8	23.8	23.9	23.9	24.0	24.1	24.1	24.2
29.0	24.7	24.7	24.8	24.8	24.9	24.9	25.0	25.0	25.1	25.2	25.2	25.3	25.3
30.0	25.8	25.9	25.9	26.0	26.0	26.1	26.1	26.2	26.3	26.3	26.4	26.4	26.5
31.0	27.0	27.0	27.1	27.1	27.2	27.3	27.3	27.4	27.4	27.5	27.6	27.6	27.7
32.0	28.1	28.2	28.3	28.3	28.4	28.4	28.5	28.6	28.6	28.7	28.8	28.8	28.9
33.0	29.3	29.4	29.4	29.5	29.6	29.6	29.7	29.8	29.8	29.9	30.0	30.0	30.1
34.0	31.7	31.8	31.9	31.9	32.0	32.1	32.1	32.2	32.3	32.4	32.4	32.5	32.6
35.0	31.7	31.8	31.9	31.9	32.0	32.1	32.1	32.2	32.3	32.4	32.4	32.5	32.6
36.0	32.9	33.0	33.1	33.2	33.2	33.3	33.4	33.4	33.5	33.6	33.7	33.7	33.8
37.0	34.2	34.2	34.3	34.4	34.5	34.5	34.6	34.7	34.8	34.8	34.9	35.0	35.1
38.0	35.4	35.5	35.6	35.6	35.7	35.8	35.9	36.0	36.0	36.1	36.2	36.3	36.4
39.0	36.6	36.7	36.8	36.9	37.0	37.1	37.1	37.2	37.3	37.4	37.5	37.6	37.6
40.0	37.9	38.0	38.1	38.2	38.3	38.3	38.4	38.5	38.6	38.7	38.8	38.9	38.9
41.0	39.2	39.3	39.4	39.5	39.5	39.6	39.7	39.8	39.9	40.0	40.1	40.2	40.2
42.0	40.5	40.6	40.7	40.7	40.8	40.9	41.0	41.1	41.2	41.3	41.4	41.5	41.6
43.0	41.8	41.9	42.0	42.0	42.1	42.2	42.3	42.4	42.5	42.6	42.7	42.8	42.9
44.0	43.1	43.2	43.3	43.4	43.5	43.6	43.7	43.7	43.8	43.9	44.0	44.1	44.2
45.0	44.4	44.5	44.6	44.7	44.8	44.9	45.0	45.1	45.2	45.3	45.4	45.5	45.6
46.0	45.7	45.8	45.9	46.0	46.1	46.2	46.3	46.4	46.5	46.6	46.7	46.8	46.9
47.0	47.0	47.1	47.3	47.4	47.5	47.6	47.7	47.8	47.9	48.0	48.1	48.2	48.3
48.0	48.4	48.5	48.6	48.7	48.8	48.9	49.0	49.2	49.3	49.4	49.5	49.6	49.7
49.0	49.7	49.9	50.0	50.1	50.2	50.3	50.4	50.5	50.6	50.7	50.9	51.0	51.1
50.0	51.1	51.2	51.3	51.4	51.6	51.7	51.8	51.9	52.0	52.1	52.3	52.4	52.5
51.0	52.5	52.6	52.7	52.8	52.9	53.1	53.2	53.3	53.4	53.5	53.7	53.8	53.9
52.0	53.9	54.0	54.1	54.2	54.3	54.5	54.6	54.7	54.8	54.9	55.1	55.2	55.3
53.0	55.2	55.4	55.5	55.6	55.7	55.9	56.0	56.1	56.2	56.4	56.5	56.6	56.7
54.0	56.6	56.8	56.9	57.0	57.2	57.3	57.4	57.5	57.7	57.8	57.9	58.0	58.2
55.0	58.1	58.2	58.3	58.4	58.6	58.7	58.8	59.0	59.1	59.2	59.4	59.5	59.6
56.0	59.5	59.6	59.7	59.9	60.0	60.1	60.3	60.4	60.5	60.7	60.8	60.9	61.1
57.0	60.9	61.0	61.2	61.3	61.4	61.6	61.7	61.9	62.0	62.1	62.3	62.4	62.5
58.0	62.3	62.5	62.6	62.8	62.9	63.0	63.2	63.3	63.5	63.6	63.7	63.9	64.0

R \ $\dfrac{v}{f^c_{cu}}$	4.74	4.76	4.78	4.80	4.82	4.84	4.86	4.88	4.90	4.92	4.94	4.96	4.98
59.0	63.8	63.9	64.1	64.2	64.3	64.5	64.6	64.8	64.9	65.1	65.2	65.3	65.5
60.0	65.2	65.4	65.5	65.7	65.8	66.0	66.1	66.3	66.4	66.5	66.7	66.8	67.0
61.0	66.7	66.8	67.0	67.1	67.3	67.4	67.6	67.7	67.9	68.0	68.2	68.3	68.5
62.0	68.1	68.3	68.5	68.6	68.8	68.9	69.1	69.2	69.4	69.5	69.7	69.8	70.0
63.0	69.6	69.8	69.9	70.1	70.3	70.4	70.6	70.7	70.9	71.0	71.2	71.3	71.5
64.0	71.1	71.3	71.4	71.6	71.7	71.9	72.1	72.2	72.4	72.5	72.7	72.9	73.0
65.0	72.6	72.8	72.9	73.1	73.3	73.4	73.6	73.7	73.9	74.1	74.2	74.4	74.6
66.0	74.1	74.3	74.4	74.6	74.8	74.9	75.1	75.3	75.4	75.6	75.8	75.9	76.1
67.0	75.6	75.8	75.9	76.1	76.3	76.5	76.6	76.8	77.0	77.1	77.3	77.5	77.6
68.0	77.1	77.3	77.5	77.6	77.8	78.0	78.2	78.3	78.5	78.7	78.8	79.0	79.2
69.0	78.6	78.8	79.0	79.2	79.3	79.5	79.7	79.9	80.1	80.2	80.4	80.6	80.8
70.0	80.2	80.3	80.5	80.7	80.9	81.1	81.2	81.4	81.6	81.8	82.0	82.1	82.3
71.0	81.7	81.9	82.1	82.3	82.4	82.6	82.8	83.0	83.2	83.4	83.5	83.7	83.9
72.0	83.2	83.4	83.6	83.8	84.0	84.2	84.4	84.6	84.7	84.9	85.1	85.3	85.5
73.0	84.8	85.0	85.2	85.4	85.6	85.7	85.9	86.1	86.3	86.5	86.7	86.9	87.1
74.0	86.3	86.5	86.7	86.9	87.1	87.3	87.5	87.7	87.9	88.1	88.3	88.5	88.7
75.0	87.9	88.1	88.3	88.5	88.7	88.9	89.1	89.3	89.5	89.7	89.9	90.1	90.3
76.0	89.5	89.7	89.9	90.1	90.3	90.5	90.7	90.9	91.1	91.3	91.5	91.7	91.9
77.0	91.1	91.3	91.5	91.7	91.9	92.1	92.3	92.5	92.7	92.9	93.1	93.3	93.5
78.0	92.6	92.9	93.1	93.3	93.5	93.7	93.9	94.1	94.3	94.5	94.7	94.9	95.1
79.0	94.2	94.5	94.7	94.9	95.1	95.3	95.5	95.7	95.9	96.2	96.4	96.6	96.8
80.0	95.8	96.1	96.3	96.5	96.7	96.9	97.1	97.4	97.6	97.8	98.0	98.2	98.4
81.0	97.4	97.7	97.9	98.1	98.3	98.6	98.8	99.0	99.2	99.4	99.6	99.9	100.1
82.0	99.1	99.3	99.5	99.7	100.0	100.2	100.4	100.6	100.8	101.1	101.3	101.5	101.7
83.0	100.7	100.9	101.1	101.4	101.6	101.8	102.0	102.3	102.5	102.7	102.9	103.2	103.4
84.0	102.3	102.5	102.8	103.0	103.2	103.5	103.7	103.9	104.2	104.4	104.6	104.8	105.1
85.0	103.9	104.2	104.4	104.6	104.9	105.1	105.3	105.6	105.8	106.0	106.3	106.5	106.7
86.0	105.6	105.8	106.1	106.3	106.5	106.8	107.0	107.2	107.5	107.7	108.0	108.2	108.4
87.0	107.2	107.5	107.7	108.0	108.2	108.4	108.7	108.9	109.2	109.4	109.6	—	—
88.0	108.9	109.1	109.4	109.6	109.9	—	—	—	—	—	—	—	—

R \\ v, f_cu	5.00	5.02	5.04	5.06	5.08	5.10	5.12	5.14	5.16	5.18	5.20	5.22	5.24
28.0	24.2	24.3	24.3	24.4	24.4	24.5	24.5	24.6	24.6	24.7	24.7	24.8	24.8
29.0	25.4	25.4	25.5	25.5	25.6	25.6	25.7	25.8	25.8	25.9	25.9	26.0	26.0
30.0	26.6	26.6	26.7	26.7	26.8	26.8	26.9	27.0	27.0	27.1	27.1	27.2	27.2
31.0	27.7	27.8	27.9	27.9	28.0	28.0	28.1	28.2	28.2	28.3	28.3	28.4	28.5
32.0	28.9	29.0	29.1	29.1	29.2	29.3	29.3	29.4	29.4	29.5	29.6	29.6	29.7
33.0	30.2	30.2	30.3	30.4	30.4	30.5	30.6	30.6	30.7	30.7	30.8	30.9	30.9
34.0	32.6	32.7	32.8	32.8	32.9	33.0	33.1	33.1	33.2	33.3	33.3	33.4	33.5
35.0	32.6	32.7	32.8	32.8	32.9	33.0	33.1	33.1	33.2	33.3	33.3	33.4	33.5
36.0	33.9	34.0	34.0	34.1	34.2	34.3	34.3	34.4	34.5	34.5	34.6	34.7	34.8
37.0	35.2	35.2	35.3	35.4	35.5	35.5	35.6	35.7	35.8	35.8	35.9	36.0	36.1
38.0	36.4	36.5	36.6	36.7	36.7	36.8	36.9	37.0	37.1	37.1	37.2	37.3	37.4
39.0	37.7	37.8	37.9	38.0	38.0	38.1	38.2	38.3	38.4	38.4	38.5	38.6	38.7
40.0	39.0	39.1	39.2	39.3	39.4	39.4	39.5	39.6	39.7	39.8	39.9	39.9	40.0
41.0	40.3	40.4	40.5	40.6	40.7	40.8	40.8	40.9	41.0	41.1	41.2	41.3	41.4
42.0	41.7	41.7	41.8	41.9	42.0	42.1	42.2	42.3	42.4	42.5	42.5	42.6	42.7
43.0	43.0	43.1	43.2	43.3	43.4	43.4	43.5	43.6	43.7	43.8	43.9	44.0	44.1
44.0	44.3	44.4	44.5	44.6	44.7	44.8	44.9	45.0	45.1	45.2	45.3	45.4	45.5
45.0	45.7	45.8	45.9	46.0	46.1	46.2	46.3	46.4	46.5	46.6	46.7	46.8	46.8
46.0	47.0	47.1	47.2	47.3	47.4	47.5	47.6	47.7	47.8	47.9	48.0	48.1	48.2
47.0	48.4	48.5	48.6	48.7	48.8	48.9	49.0	49.1	49.2	49.3	49.4	49.6	49.7
48.0	49.8	49.9	50.0	50.1	50.2	50.3	50.4	50.5	50.7	50.8	50.9	51.0	51.1
49.0	51.2	51.3	51.4	51.5	51.6	51.7	51.9	52.0	52.1	52.2	52.3	52.4	52.5
50.0	52.6	52.7	52.8	52.9	53.0	53.2	53.3	53.4	53.5	53.6	53.7	53.8	53.9
51.0	54.0	54.1	54.2	54.4	54.5	54.6	54.7	54.8	54.9	55.0	55.2	55.3	55.4
52.0	55.4	55.5	55.7	55.8	55.9	56.0	56.1	56.3	56.4	56.5	56.6	56.7	56.8
53.0	56.9	57.0	57.1	57.2	57.3	57.5	57.6	57.7	57.8	58.0	58.1	58.2	58.3
54.0	58.3	58.4	58.5	58.7	58.8	58.9	59.0	59.2	59.3	59.4	59.5	59.7	59.8
55.0	59.7	59.9	60.0	60.1	60.3	60.4	60.5	60.6	60.8	60.9	61.0	61.2	61.3
56.0	61.2	61.3	61.5	61.6	61.7	61.9	62.0	62.1	62.3	62.4	62.5	62.6	62.8
57.0	62.7	62.8	62.9	63.1	63.2	63.3	63.5	63.6	63.7	63.9	64.0	64.1	64.3

R \\ v, f_cu	5.00	5.02	5.04	5.06	5.08	5.10	5.12	5.14	5.16	5.18	5.20	5.22	5.24
58.0	64.1	64.3	64.4	64.6	64.7	64.8	65.0	65.1	65.2	65.4	65.5	65.7	65.8
59.0	65.6	65.8	65.9	66.1	66.2	66.3	66.5	66.6	66.8	66.9	67.0	67.2	67.3
60.0	67.1	67.3	67.4	67.6	67.7	67.8	68.0	68.1	68.3	68.4	68.6	68.7	68.8
61.0	68.6	68.8	68.9	69.1	69.2	69.4	69.5	69.7	69.8	69.9	70.1	70.2	70.4
62.0	70.1	70.3	70.4	70.6	70.7	70.9	71.0	71.2	71.3	71.5	71.6	71.8	71.9
63.0	71.7	71.8	72.0	72.1	72.3	72.4	72.6	72.7	72.9	73.0	73.2	73.3	73.5
64.0	73.2	73.3	73.5	73.7	73.8	74.0	74.1	74.3	74.4	74.6	74.7	74.9	75.1
65.0	74.7	74.9	75.0	75.2	75.4	75.5	75.7	75.8	76.0	76.2	76.3	76.5	76.6
66.0	76.3	76.4	76.6	76.7	76.9	77.1	77.2	77.4	77.6	77.7	77.9	78.0	78.2
67.0	77.8	78.0	78.1	78.3	78.5	78.6	78.8	79.0	79.1	79.3	79.5	79.6	79.8
68.0	79.4	79.5	79.7	79.9	80.0	80.2	80.4	80.6	80.7	80.9	81.1	81.2	81.4
69.0	80.9	81.1	81.3	81.5	81.6	81.8	82.0	82.1	82.3	82.5	82.7	82.8	83.0
70.0	82.5	82.7	82.9	83.0	83.2	83.4	83.6	83.7	83.9	84.1	84.3	84.4	84.6
71.0	84.1	84.3	84.4	84.6	84.8	85.0	85.2	85.3	85.5	85.7	85.9	86.1	86.2
72.0	85.7	85.9	86.0	86.2	86.4	86.6	86.8	87.0	87.1	87.3	87.5	87.7	87.9
73.0	87.3	87.5	87.6	87.8	88.0	88.2	88.4	88.6	88.8	88.9	89.1	89.3	89.5
74.0	88.9	89.1	89.3	89.4	89.6	89.8	90.0	90.2	90.4	90.6	90.8	91.0	91.1
75.0	90.5	90.7	90.9	91.1	91.3	91.5	91.6	91.8	92.0	92.2	92.4	92.6	92.8
76.0	92.1	92.3	92.5	92.7	92.9	93.1	93.3	93.5	93.7	93.9	94.1	94.3	94.5
77.0	93.7	93.9	94.1	94.3	94.5	94.7	94.9	95.1	95.3	95.5	95.7	95.9	96.1
78.0	95.4	95.6	95.8	96.0	96.2	96.4	96.6	96.8	97.0	97.2	97.4	97.6	97.8
79.0	97.0	97.2	97.4	97.6	97.8	98.0	98.2	98.4	98.7	98.9	99.1	99.3	99.5
80.0	98.6	98.9	99.1	99.3	99.5	99.7	99.9	100.1	100.3	100.5	100.7	101.0	101.2
81.0	100.3	100.5	100.7	100.9	101.2	101.4	101.6	101.8	102.0	102.2	102.4	102.6	102.9
82.0	102.0	102.2	102.4	102.6	102.8	103.0	103.3	103.5	103.7	103.9	104.1	104.3	104.6
83.0	103.6	103.8	104.1	104.3	104.5	104.7	105.0	105.2	105.4	105.6	105.8	106.1	106.3
84.0	105.3	105.5	105.7	106.0	106.2	106.4	106.6	106.9	107.1	107.3	107.5	107.8	108.0
85.0	107.0	107.2	107.4	107.7	107.9	108.1	108.4	108.6	108.8	109.0	109.3	109.5	109.7
86.0	108.7	108.9	109.1	109.4	109.6	—	—	—	—	—	—	—	—

R \ f_{cu}^c \ v	5.26	5.28	5.30	5.32	5.34	5.36	5.38	5.40	5.42	5.44	5.46	5.48	5.50
28.0	24.9	24.9	25.0	25.0	25.1	25.1	25.2	25.2	25.3	25.3	25.4	25.4	25.5
29.0	26.1	26.1	26.2	26.2	26.3	26.3	26.4	26.4	26.5	26.6	26.6	26.7	26.7
30.0	27.3	27.3	27.4	27.5	27.5	27.6	27.6	27.7	27.7	27.8	27.8	27.9	28.0
31.0	28.5	28.6	28.6	28.7	28.7	28.8	28.9	28.9	29.0	29.0	29.1	29.1	29.2
32.0	29.7	29.8	29.9	29.9	30.0	30.1	30.1	30.2	30.2	30.3	30.4	30.4	30.5
33.0	31.0	31.1	31.1	31.2	31.3	31.3	31.4	31.4	31.5	31.6	31.6	31.7	31.8
34.0	33.5	33.6	33.7	33.7	33.8	33.9	33.9	34.0	34.1	34.2	34.2	34.3	34.4
35.0	33.5	33.6	33.7	33.7	33.8	33.9	33.9	34.0	34.1	34.2	34.2	34.3	34.4
36.0	34.8	34.9	35.0	35.0	35.1	35.2	35.3	35.3	35.4	35.5	35.5	35.6	35.7
37.0	36.1	36.2	36.3	36.3	36.4	36.5	36.6	36.6	36.7	36.8	36.9	36.9	37.0
38.0	37.4	37.5	37.6	37.7	37.7	37.8	37.9	38.0	38.0	38.1	38.2	38.3	38.4
39.0	38.8	38.8	38.9	39.0	39.1	39.2	39.2	39.3	39.4	39.5	39.6	39.6	39.7
40.0	40.1	40.2	40.3	40.3	40.4	40.5	40.6	40.7	40.8	40.8	40.9	41.0	41.1
41.0	41.4	41.5	41.6	41.7	41.8	41.9	42.0	42.0	42.1	42.2	42.3	42.4	42.5
42.0	42.8	42.9	43.0	43.1	43.2	43.2	43.3	43.4	43.5	43.6	43.7	43.8	43.8
43.0	44.2	44.3	44.4	44.4	44.5	44.6	44.7	44.8	44.9	45.0	45.1	45.2	45.2
44.0	45.6	45.6	45.7	45.8	45.9	46.0	46.1	46.2	46.3	46.4	46.5	46.6	46.7
45.0	46.9	47.0	47.1	47.2	47.3	47.4	47.5	47.6	47.7	47.8	47.9	48.0	48.1
46.0	48.3	48.4	48.5	48.6	48.7	48.8	48.9	49.0	49.1	49.2	49.3	49.4	49.5
47.0	49.8	49.9	50.0	50.1	50.2	50.3	50.4	50.5	50.6	50.7	50.8	50.9	51.0
48.0	51.2	51.3	51.4	51.5	51.6	51.7	51.8	51.9	52.0	52.1	52.2	52.3	52.4
49.0	52.6	52.7	52.8	52.9	53.0	53.1	53.3	53.4	53.5	53.6	53.7	53.8	53.9
50.0	54.1	54.2	54.3	54.4	54.5	54.6	54.7	54.8	54.9	55.0	55.1	55.3	55.4
51.0	55.5	55.6	55.7	55.8	56.0	56.1	56.2	56.3	56.4	56.5	56.6	56.7	56.9
52.0	57.0	57.1	57.2	57.3	57.4	57.5	57.7	57.8	57.9	58.0	58.1	58.2	58.4
53.0	58.4	58.6	58.7	58.8	58.9	59.0	59.1	59.3	59.4	59.5	59.6	59.7	59.9
54.0	59.9	60.0	60.2	60.3	60.4	60.5	60.6	60.8	60.9	61.0	61.1	61.3	61.4
55.0	61.4	61.5	61.7	61.8	61.9	62.0	62.2	62.3	62.4	62.5	62.7	62.8	62.9
56.0	62.9	63.0	63.2	63.3	63.4	63.5	63.7	63.8	63.9	64.1	64.2	64.3	64.4
57.0	64.4	64.5	64.7	64.8	64.9	65.1	65.2	65.3	65.5	65.6	65.7	65.8	66.0

R \ f_{cu}^c \ v	5.26	5.28	5.30	5.32	5.34	5.36	5.38	5.40	5.42	5.44	5.46	5.48	5.50
58.0	65.9	66.1	66.2	66.3	66.5	66.6	66.7	66.9	67.0	67.1	67.3	67.4	67.5
59.0	67.5	67.6	67.7	67.9	68.0	68.1	68.3	68.4	68.5	68.7	68.8	69.0	69.1
60.0	69.0	69.1	69.3	69.4	69.5	69.7	69.8	70.0	70.1	70.2	70.4	70.5	70.7
61.0	70.5	70.7	70.8	71.0	71.1	71.2	71.4	71.5	71.7	71.8	72.0	72.1	72.2
62.0	72.1	72.2	72.4	72.5	72.7	72.8	73.0	73.1	73.3	73.4	73.5	73.7	73.8
63.0	73.6	73.8	73.9	74.1	74.2	74.4	74.5	74.7	74.8	75.0	75.1	75.3	75.4
64.0	75.2	75.4	75.5	75.7	75.8	76.0	76.1	76.3	76.4	76.6	76.7	76.9	77.0
65.0	76.8	76.9	77.1	77.3	77.4	77.6	77.7	77.9	78.0	78.2	78.3	78.5	78.7
66.0	78.4	78.5	78.7	78.8	79.0	79.2	79.3	79.5	79.6	79.8	80.0	80.1	80.3
67.0	80.0	80.1	80.3	80.5	80.6	80.8	80.9	81.1	81.3	81.4	81.6	81.7	81.9
68.0	81.6	81.7	81.9	82.1	82.2	82.4	82.6	82.7	82.9	83.1	83.2	83.4	83.5
69.0	83.2	83.3	83.5	83.7	83.8	84.0	84.2	84.4	84.5	84.7	84.9	85.0	85.2
70.0	84.8	85.0	85.1	85.3	85.5	85.7	85.8	86.0	86.2	86.3	86.5	86.7	86.9
71.0	86.4	86.6	86.8	86.9	87.1	87.3	87.5	87.6	87.8	88.0	88.2	88.3	88.5
72.0	88.0	88.2	88.4	88.6	88.8	88.9	89.1	89.3	89.5	89.7	89.8	90.0	90.2
73.0	89.7	89.9	90.1	90.2	90.4	90.6	90.8	91.0	91.1	91.3	91.5	91.7	91.9
74.0	91.3	91.5	91.7	91.9	92.1	92.3	92.4	92.6	92.8	93.0	93.2	93.4	93.6
75.0	93.0	93.2	93.4	93.6	93.7	93.9	94.1	94.3	94.5	94.7	94.9	95.1	95.2
76.0	94.6	94.8	95.0	95.2	95.4	95.6	95.8	96.0	96.2	96.4	96.6	96.8	97.0
77.0	96.3	96.5	96.7	96.9	97.1	97.3	97.5	97.7	97.9	98.1	98.3	98.5	98.7
78.0	98.0	98.2	98.4	98.6	98.8	99.0	99.2	99.4	99.6	99.8	100.0	100.2	100.4
79.0	99.7	99.9	100.1	100.3	100.5	100.7	100.9	101.1	101.3	101.5	101.7	101.9	102.1
80.0	101.4	101.6	101.8	102.0	102.2	102.4	102.6	102.8	103.0	103.2	103.4	103.6	103.8
81.0	103.1	103.3	103.5	103.7	103.9	104.1	104.3	104.5	104.8	105.0	105.2	105.4	105.6
82.0	104.8	105.0	105.2	105.4	105.6	105.8	106.1	106.3	106.5	106.7	106.9	107.1	107.3
83.0	106.5	106.7	106.9	107.1	107.4	107.6	107.8	108.0	108.2	108.4	108.7	108.9	109.1
84.0	108.2	108.4	108.7	108.9	109.1	109.3	109.5	109.8	—	—	—	—	—
85.0	109.9	—	—	—	—	—	—	—	—	—	—	—	—

R \ v / f^c_{cu}	5.52	5.54	5.56	5.58	5.60	5.62	5.64	5.66	5.68	5.70	5.72	5.74	5.76
28.0	25.5	25.6	25.6	25.7	25.7	25.8	25.8	25.9	25.9	26.0	26.0	26.1	26.1
29.0	26.8	26.8	26.9	26.9	27.0	27.0	27.1	27.1	27.2	27.2	27.3	27.3	27.4
30.0	28.0	28.1	28.1	28.2	28.2	28.3	28.3	28.4	28.4	28.5	28.5	28.6	28.7
31.0	29.3	29.3	29.4	29.4	29.5	29.5	29.6	29.7	29.7	29.8	29.9	29.9	29.9
32.0	30.5	30.6	30.7	30.7	30.8	30.8	30.9	30.9	31.0	31.1	31.1	31.2	31.2
33.0	31.8	31.9	31.9	32.0	32.1	32.1	32.2	32.2	32.3	32.4	32.4	32.5	32.6
34.0	33.1	33.2	33.2	33.3	33.4	33.4	33.5	33.6	33.7	33.7	33.8	33.9	33.9
35.0	34.4	34.5	34.6	34.6	34.7	34.8	34.8	34.9	35.0	35.0	35.1	35.2	35.2
36.0	35.7	35.8	35.9	36.0	36.0	36.1	36.2	36.3	36.3	36.4	36.4	36.5	36.6
37.0	37.1	37.2	37.2	37.3	37.4	37.4	37.5	37.6	37.7	37.7	37.8	37.9	37.9
38.0	38.4	38.5	38.6	38.7	38.7	38.8	38.9	38.9	39.0	39.1	39.2	39.2	39.3
39.0	39.8	39.9	39.9	40.0	40.1	40.1	40.2	40.3	40.4	40.5	40.6	40.6	40.7
40.0	41.2	41.2	41.3	41.4	41.5	41.6	41.6	41.7	41.8	41.9	42.0	42.0	42.1
41.0	42.5	42.6	42.7	42.8	42.9	43.0	43.0	43.1	43.2	43.3	43.4	43.4	43.5
42.0	43.9	44.0	44.1	44.2	44.3	44.4	44.4	44.5	44.6	44.7	44.8	44.9	45.0
43.0	45.3	45.4	45.5	45.6	45.7	45.8	45.9	46.0	46.0	46.1	46.2	46.3	46.4
44.0	46.8	46.8	46.9	47.0	47.1	47.2	47.3	47.4	47.5	47.6	47.7	47.7	47.8
45.0	48.2	48.3	48.4	48.4	48.6	48.6	48.7	48.8	49.0	49.0	49.1	49.2	49.3
46.0	49.6	49.7	49.8	49.9	50.0	50.1	50.2	50.3	50.4	50.5	50.6	50.7	50.8
47.0	51.1	51.2	51.3	51.4	51.5	51.6	51.7	51.8	51.9	52.0	52.1	52.2	52.3
48.0	52.5	52.6	52.7	52.8	52.9	53.0	53.1	53.2	53.3	53.4	53.5	53.6	53.7
49.0	54.0	54.1	54.2	54.3	54.4	54.5	54.6	54.7	54.8	54.9	55.0	55.1	55.2
50.0	55.5	55.6	55.7	55.8	55.9	56.0	56.1	56.2	56.3	56.4	56.6	56.7	56.8
51.0	57.0	57.1	57.2	57.3	57.4	57.5	57.6	57.7	57.8	58.0	58.1	58.2	58.3
52.0	58.5	58.6	58.7	58.8	58.9	59.0	59.1	59.3	59.4	59.5	59.6	59.7	59.8
53.0	60.0	60.1	60.2	60.3	60.4	60.6	60.7	60.8	60.9	61.0	61.1	61.3	61.4
54.0	61.5	61.6	61.7	61.9	62.0	62.1	62.2	62.3	62.4	62.6	62.7	62.8	62.9
55.0	63.0	63.1	63.3	63.4	63.5	63.6	63.8	63.9	64.0	64.1	64.2	64.4	64.5
56.0	64.6	64.7	64.8	64.9	65.1	65.2	65.3	65.4	65.6	65.7	65.8	65.9	66.1
57.0	66.1	66.2	66.4	66.5	66.6	66.7	66.9	67.0	67.1	67.3	67.4	67.5	67.6
58.0	67.7	67.8	67.9	68.1	68.2	68.3	68.5	68.6	68.7	68.8	69.0	69.1	69.2
59.0	69.2	69.4	69.5	69.6	69.8	69.9	70.0	70.2	70.3	70.4	70.6	70.7	70.8
60.0	70.8	70.9	71.1	71.2	71.4	71.5	71.6	71.8	71.9	72.0	72.2	72.3	72.4
61.0	72.4	72.5	72.7	72.8	72.9	73.1	73.2	73.4	73.5	73.6	73.8	73.9	74.1
62.0	74.0	74.1	74.3	74.4	74.6	74.7	74.8	75.0	75.1	75.3	75.4	75.6	75.7
63.0	75.6	75.7	75.9	76.0	76.2	76.3	76.5	76.6	76.8	76.9	77.0	77.2	77.3
64.0	77.2	77.3	77.5	77.6	77.8	77.9	78.1	78.2	78.4	78.5	78.7	78.8	79.0
65.0	78.8	79.0	79.1	79.3	79.4	79.6	79.7	79.9	80.0	80.2	80.3	80.5	80.6
66.0	80.4	80.6	80.7	80.9	81.1	81.2	81.4	81.5	81.7	81.8	82.0	82.1	82.3
67.0	82.1	82.2	82.4	82.5	82.7	82.9	83.0	83.2	83.3	83.5	83.7	83.8	84.0
68.0	83.7	83.9	84.0	84.2	84.4	84.5	84.7	84.8	85.0	85.2	85.3	85.5	85.7
69.0	85.4	85.5	85.7	85.9	86.0	86.2	86.4	86.5	86.7	86.9	87.0	87.2	87.3
70.0	87.0	87.2	87.4	87.5	87.7	87.9	88.0	88.2	88.4	88.5	88.7	88.9	89.0
71.0	88.7	88.9	89.0	89.2	89.4	89.6	89.7	89.9	90.1	90.2	90.4	90.6	90.7

R \ v / f^c_{cu}	5.52	5.54	5.56	5.58	5.60	5.62	5.64	5.66	5.68	5.70	5.72	5.74	5.76
72.0	90.4	90.5	90.7	90.9	91.1	91.2	91.4	91.6	91.8	91.9	92.1	92.3	92.5
73.0	92.0	92.2	92.4	92.6	92.8	92.9	93.1	93.3	93.5	93.7	93.8	94.0	94.2
74.0	93.7	93.9	94.1	94.3	94.5	94.6	94.8	95.0	95.2	95.4	95.6	95.7	95.9
75.0	95.4	95.6	95.8	96.0	96.2	96.4	96.5	96.7	96.9	97.1	97.3	97.5	97.7
76.0	97.1	97.3	97.5	97.7	97.9	98.1	98.3	98.5	98.7	98.8	99.0	99.2	99.4
77.0	98.9	99.0	99.2	99.4	99.6	99.8	100.0	100.2	100.4	100.6	100.8	101.0	101.1
78.0	100.6	100.8	101.0	101.2	101.4	101.6	101.8	101.9	102.1	102.3	102.5	102.7	102.9
79.0	102.3	102.5	102.7	102.9	103.1	103.3	103.5	103.7	103.9	104.1	104.3	104.5	104.7
80.0	104.0	104.2	104.4	104.7	104.9	105.1	105.3	105.5	105.7	105.9	106.1	106.3	106.5
81.0	105.8	106.0	106.2	106.4	106.6	106.8	107.0	107.2	107.4	107.6	107.8	108.0	108.2
82.0	107.5	107.7	108.0	108.2	108.4	108.6	108.8	109.0	109.2	109.4	109.6	109.8	—
83.0	109.3	109.5	109.7	109.9	—	—	—	—	—	—	—	—	—

注：1 表内未列数值可用内插法求得，精度至 0.1MPa；

2 表中 v 为测区声速代表值，R 为 4.5J 回弹仪测区回弹代表值，f^c_{cu} 为测区混凝土强度换算值。

附录 F 高强混凝土强度检测报告

检测单位名称：

报告编号：　　　　　　　　　　共　页　第　页

工程名称				
工程地址				
委托单位				
设计单位				
监理单位				
施工单位				
混凝土浇筑日期				
检测原因			检测日期	
检测依据			检测仪器	
混凝土强度检测结果				
构件名称、	混凝土强度换算值（MPa）			构件混凝土强度
轴线编号	平均值	标准差	最小值	推定值（MPa）
强度修正量 Δ_{tot}				
强度批推定值 （MPa） $n=$	$m^c_{cu}=$　　MPa	$s^c_{cu}=$　　MPa		$f_{cu,e}=$　　MPa
测强曲线	规程，地区，专用	备注		

批准：　　　　　审核：　　　　　主检：　　　　　年　月　日

单位公章

本规程用词说明

1 为便于在执行本规程条文时区别对待，对要求严格程度不同的用词说明如下：

1）表示很严格，非这样做不可的用词：
正面词采用"必须"，反面词采用"严禁"；

2）表示严格，在正常情况下均应这样做的用词：
正面词采用"应"；反面词采用"不应"或"不得"；

3）表示允许稍有选择，在条件许可时首先应这样做的用词：
正面词采用"宜"；反面词采用"不宜"；

4）表示有选择，在一定条件下可以这样做的用词，采用"可"。

2 条文中指明应按其他有关标准执行的写法为："应符合……的规定"或"应按……执行"。

引用标准名录

1 《普通混凝土力学性能试验方法标准》GB/T 50081

2 《建筑结构检测技术标准》GB/T 50344

3 《通用硅酸盐水泥》GB 175

4 《普通混凝土用砂、石质量及检验方法标准》JGJ 52

5 《混凝土试模》JG 237

6 《混凝土超声波检测仪》JG/T 5004

中华人民共和国行业标准

高强混凝土强度检测技术规程

JGJ/T 294—2013

条 文 说 明

制 订 说 明

《高强混凝土强度检测技术规程》JGJ/T 294 - 2013，经住房和城乡建设部 2013 年 5 月 9 日以第 26 号文公告批准、发布。

本规程编制过程中，编制组开展了大量的实验研究和工程质量检测，取得了高强混凝土强度检测的重要技术参数。

为便于广大工程设计、施工、科研、学校等单位有关人员在使用本规程时能正确理解和执行条文规定，《高强混凝土强度检测技术规程》编制组按章、节、条顺序编制了本规程的条文说明。对条文规定的目的、依据以及执行中需要注意的有关事项进行了说明。但是，本条文说明不具备与规程正文同等的法律效力，仅供使用者作为理解和把握规程规定的参考。

目　次

1　总则 ································ 27—25

3　检测仪器 ··························· 27—25

　3.1　回弹仪 ························ 27—25

4　检测技术 ··························· 27—25

　4.1　一般规定 ····················· 27—25

4.2　回弹测试及回弹值计算 ··········· 27—25

4.3　超声测试及声速值计算 ··········· 27—25

5　混凝土强度的推定 ················· 27—26

6　检测报告 ························· 27—26

1 总　　则

1.0.1 为 C50 及以上强度等级的混凝土抗压强度检测，制定本规程。

1.0.2 本规程所述的混凝土材料是符合现行国家有关标准的、由一般机械搅拌或泵送的配制强度等级为 C50～C100 的混凝土。在检测仪器技术性能允许的前提下，可适当放宽对仪器工作环境温度的限制。

1.0.3 在正常情况下，应当按现行国家标准《混凝土结构工程施工质量规范》GB 50204 及《混凝土强度检验评定标准》GB/T 50107 验收评定混凝土强度，不允许用本规程取代国家标准对制作混凝土标准试件的要求。但是，由于管理不善、施工质量不良，试件与结构中混凝土质量不一致或对混凝土标准试件检验结果有怀疑时，可以按本规程进行检测，推定混凝土强度，并作为处理混凝土质量问题的主要依据。

1.0.4 本规程测强曲线为 900d 的期龄。如果检测 900d 以上期龄混凝土强度，需钻取混凝土芯样（或同条件标准试件）对测强曲线进行修正。

3 检测仪器

3.1 回弹仪

3.1.1 回弹仪属于量具，在使用之前，应当由法定计量检定机构进行检定，使检测精度得到保证。

3.1.2 确认回弹仪标称动能的具体检查方法。满足该条款要求后方可投入使用。检查方法是：先将回弹仪刻度尺从仪壳上拆下，露出指针滑块。然后将弹击杆压缩至外露长度约 1/3 时，用手将指针滑块拨至刻度尺率定值对应的仪壳刻线以上的高度，继续施压至弹击锤脱钩，按住按钮，观察指针滑块示值刻线停留位置。此时的停留位置应与仪壳上的上刻线对齐。否则需调整尾盖上的螺栓。率定时应采用与回弹仪配套的质量为 20.0kg 的钢砧。

3.1.3 回弹仪每次使用前，通常都要进行率定。本条给出具体率定方法和率定值计算方法。

3.1.4、3.1.5 对回弹仪检定和率定的条件划分。回弹仪的检定和率定，直接关系到检测精度。

3.1.6～3.1.9 由于回弹仪的使用环境中，粉尘含量较高，加之仪器内各相互移动的部件间有相对磨损。因此，必须经常地做好维护和保养工作。保养工作结束后，将回弹仪外壳和弹击杆擦拭干净，使弹击杆处于外伸状态并装入仪器盒内，水平置于干燥阴凉处。需要注意的是，维护保养的人员必须是对回弹仪工作原理很熟悉的，或经过相应技术培训的技术人员。

4 检测技术

4.1 一般规定

4.1.2 本条中的第 1～6 款资料系对结构或构件检测混凝土强度所需要的资料。

4.1.3 当按批抽样检测时，四个条件同时相同，方可视为同批构件。

4.1.4 为按批检测时，对构件数量的要求。

4.1.5 对测区布置的规定和要求。其中第 2 款的规定，对某一方向尺寸不大于 4.5m 且另一方向尺寸不大于 0.3m 的同批构件按批抽样检测时，最少测区数量可以为 5 个。

4.1.6、4.1.7 对在构件上布置测区的规定和要求。为了解构件强度变化情况，应当将测区编号记录下来，以供强度分析计算使用。

4.2 回弹测试及回弹值计算

4.2.1 考虑到高强混凝土多用于竖向承载的构件，所以绝大多数检测面为混凝土浇筑侧面，本规程的测强曲线就是在混凝土成型侧面建立的。因此，测区换算强度按混凝土浇筑侧面对应的测强曲线计算。测试时回弹仪的轴线方向应与结构或构件的测试面相垂直。

4.2.2、4.2.3 规定测区测点数量和测点位置。

4.3 超声测试及声速值计算

4.3.1 3 个超声测点应布置在回弹测试的同一测区内。由于测强曲线建立时采用了超声对测方法，所以，实际工程检测时应优先采用对测的方法。当被测构件不具备对测条件时（如地下室外墙面），可采用角测或平测法。平测时两个换能器的连线应与附近钢筋的轴线保持 40°～50°夹角，以避免钢筋的影响。大量实践证明，平测时测距宜采用 350mm～450mm，以便使接收信号首波清晰易辨认。角测和平测的具体测试方法可参照现行标准《超声回弹综合法检测混凝土强度技术规程》CECS 02：2005。

4.3.2 使用耦合剂是为了保证换能器辐射面与混凝土测试面达到完全面接触，排除其间的空气和杂物。同时，每一测点均应使耦合层达到最薄，以保持耦合状态一致，这样才能保证声时测量条件的一致性。

4.3.3 本条对声时读数和测距量测的精度提出了严格要求。因为声速值准确与否，完全取决于声时和测距量测是否准确可靠。

4.3.4 规定了测区混凝土中声速代表值的计算方法。测区混凝土中声速代表值是取超声测距除以测区内 3 个测点混凝土中声时平均值。当超声测点在浇筑方向的侧面对测时，声速不做修正。如果超声测试采用了角测或平测，应考虑参照现行标准《超声回弹综合法检测混凝土强度技术规程》CECS 02：2005 的有关规定，事先找到声速的修正系数对声速进行修正。

声时初读数 t_0 是声时测试值中的仪器及发、收换能器系统的声延时，是每次现场测试开始前都应确认的声参数。

5 混凝土强度的推定

5.0.1 具体说明了本规程给出的全国高强混凝土测强曲线公式适用范围。由于高强混凝土在施工过程中，早期强度的增长情况备受关注。因此，建立测强曲线公式时，采用了最短龄期为 1d 的试验数据。测强曲线公式在短龄期的适用，有利于采用本规程为控制短龄期高强混凝土质量提供技术依据。该条所提及的高强混凝土所用水、外加剂和掺合料等尚应符合国家有关标准要求。

5.0.2 实践证明专用测强曲线精度高于地区测强曲线，而地区测强曲线精度高于全国测强曲线。所以本条鼓励优先采用专用测强曲线或地区测强曲线。

5.0.3 如果检测部门未建立专用或地区测强曲线，可使用本规程给出的全国测强曲线。为了掌握全国测强曲线在本地区的检测精度情况，应对其进行验证。

5.0.5 对全国 11 个省、直辖市提供的 4000 余组数据回归分析后得到如表 1 所示的测强曲线公式。

表 1 测强曲线公式和统计分析指标

检测方法	测强曲线公式	相关系数 r	相对标准差 e_r	平均相对误差 δ	试件龄期 (d)	试件强度范围 (MPa)
超声回弹综合法	$f_{cu,i} = 0.117081\tau^{0.539038} \cdot R^{1.33947}$	0.90	16.1%	±12.9%	1~900	7.4~113.8

考虑到高强混凝土质量控制时，需要掌握高强混凝土在强度增长过程的强度变化情况，公式的强度应用范围定为 20.0MPa~110.0MPa。建立表 1 中所示的测强曲线公式时，所用仪器为混凝土超声波检测仪和标称动能为 4.5J 回弹仪。

5.0.6 结构或构件混凝土强度的平均值和标准差是用各测区的混凝土强度换算值计算得出的。当按批推定混凝土强度时，如果测区混凝土强度标准差超过本规程第 5.0.9 条规定，说明该批构件的混凝土制作条件不尽相同，混凝土强度质量均匀性差，不能按批推定混凝土强度。

5.0.7 当现场检测条件与测强曲线的适用条件有较大差异时，应采用同条件立方体标准试件或在测区钻取的混凝土芯样试件进行修正。为了与《建筑结构检测技术标准》GB/T 50344-2004 所规定的修正量法相协调，本规程采用了修正量法。按式（5.0.7-1）或式（5.0.7-2）计算修正量。这里需要注意的是，1 个混凝土芯样钻取位置只能制作 1 个芯样试件进行抗压试验。混凝土芯样直径宜为 100mm，高径比为 1。此外，规程中所说的混凝土芯样抗压强度试验，仅是参照现行标准《钻芯法检测混凝土强度技术规程》CECS 03 的规定进行。

5.0.8 按本规程推定的混凝土抗压强度，不能等同于施工现场取样成型并标准养护 28d 所得的标准试件抗压强度。因此，在正常情况下混凝土强度的验收与评定，应按现行国家标准执行。

当构件测区数少于 10 个时，应按式（5.0.8-1）计算推定抗压强度。当构件测区数不少于 10 个或按批推定构件混凝土抗压强度时，应按式（5.0.8-2）计算推定抗压强度。注意批推定构件混凝土抗压强度时的强度平均值和标准差，应采用该检验批中所有抽检构件的测区强度来计算。

当结构或构件的测区抗压强度换算值中出现小于 20.0MPa 的值时，该构件混凝土抗压强度推定值 $f_{cu,e}$ 应取小于 20MPa。若测区换算值小于 20.0MPa 或大于 110.0MPa，因超出了本规程强度换算方法的规定适用范围，故该测区的混凝土抗压强度应表述为"<20.0MPa"，或">110.0MPa"。若构件测区中有小于 20.0MPa 的测区，因不能计算构件混凝土的强度标准差，则该构件混凝土的推定强度应表述为"<20.0MPa"；若构件测区中有大于 110.0MPa 的测区，也不能计算构件混凝土的强度标准差，此时，构件混凝土抗压强度的推定值取该构件各测区中最小的测区混凝土抗压强度换算值。

5.0.9 对按批量检测的构件，如该批构件的混凝土质量不均匀，测区混凝土强度标准差大于规定的范围，则该批构件应全部按单个构件进行强度推定。

考虑到实际工程中可能会出现结构或构件混凝土未达到设计强度等级的情况，$m_{f_{cu}^c} \leqslant 50$MPa 的情形是存在的。本条中混凝土抗压强度平均值 $m_{f_{cu}^c} \leqslant 50$MPa 和 $m_{f_{cu}^c} > 50$MPa 时，对标准差 $s_{f_{cu}^c}$ 的限值，沿用了《超声回弹综合法检测混凝土强度技术规程》CECS 02：2005 中的规定。

6 检测报告

要求检测报告的信息尽量齐全。对于较复杂的工程，还需要在检测报告中反映工程概况、所检测构件种类及分布等信息。对于检测结果，可以与设计强度等级对应的强度相对比，给出是否满足设计要求的结论。

中华人民共和国行业标准

高抛免振捣混凝土应用技术规程

Technical specification for application of high
dropping non vibration concrete

JGJ/ T 296—2013

批准部门：中华人民共和国住房和城乡建设部
施行日期：2 0 1 3 年 1 2 月 1 日

中华人民共和国住房和城乡建设部
公 告

第 27 号

住房城乡建设部关于发布行业标准
《高抛免振捣混凝土应用技术规程》的公告

现批准《高抛免振捣混凝土应用技术规程》为行业标准，编号为 JGJ/T 296 - 2013，自 2013 年 12 月 1 日起实施。

本规程由我部标准定额研究所组织中国建筑工业

出版社出版发行。

中华人民共和国住房和城乡建设部
2013 年 5 月 9 日

前 言

根据住房和城乡建设部《关于印发〈2010 年工程建设标准规范制订、修订计划〉的通知》（建标〔2010〕43 号）的要求，规程编制组经广泛调查研究，认真总结实践经验，参考有关国际标准和国外先进标准，并在广泛征求意见的基础上，制定本规程。

本规程的主要技术内容是：1. 总则；2. 术语和符号；3. 基本规定；4. 原材料；5. 混凝土性能；6. 配合比设计；7. 制备、运输与泵送；8. 施工；9. 检验与验收。

本规程由住房和城乡建设部负责管理，由重庆建工集团股份有限公司、重庆建工住宅建设有限公司负责具体技术内容的解释。执行过程中如有意见或建议，请寄送重庆建工住宅建设有限公司（地址：重庆市渝中区桂花园 43 号，邮政编码：400015）。

本 规 程 主 编 单 位：重庆建工集团股份有限公司
重庆建工住宅建设有限公司

本 规 程 参 编 单 位：重庆大学
山东省建筑科学研究院
中铁四局集团建筑工程有限公司
厦门市建筑科学研究院集团股份有限公司
云南省建筑科学研究院
重庆建工新型建材有限公司
重庆建工第二建设有限公司
重庆建工第三建设有限责任公司
武汉理工大学

安徽建筑工业学院
上海城建集团建设机场道路工程有限公司
四川建筑职业技术学院
中交二航局第二工程有限公司
重庆市建筑科学研究院
重庆交通大学
重庆建工设计研究院有限公司
重庆富皇混凝土有限公司

本规程主要起草人员：杨镜璞　陈　晓　唐建华
龚文璞　郑建武　周尚永
陈怡宏　陈世权　曹兴松
刘宗建　蒋红庆　邓　斌
张兴礼　张　意　张庆明
黄　杰　罗庆志　杨长辉
吴建华　叶建雄　王守宪
沈文忠　伍　军　董燕囡
林燕妮　黄小文　陈家全
邓　岗　陈　维　许国伟
陈国福　向中富　刘大超
陈友治　何夕平　曹亚东
刘　剑　明　亮　于海祥
王俊如　魏河广　邓朝飞
李文科　李浩武

本规程主要审查人员：冷发光　黄政宇　路来军
陈昌礼　何昌杰　黄啓政
王自强　刘晓亮　周忠明

目　次

1　总则 ……………………………… 28—5

2　术语和符号 …………………… 28—5

　2.1　术语 ………………………… 28—5

　2.2　符号 ………………………… 28—5

3　基本规定 ……………………… 28—5

4　原材料 ………………………… 28—5

5　混凝土性能 …………………… 28—6

　5.1　混凝土拌合物性能 ………… 28—6

　5.2　硬化混凝土性能 …………… 28—6

6　配合比设计 …………………… 28—6

　6.1　一般规定 …………………… 28—6

　6.2　试配强度的确定 …………… 28—7

　6.3　配合比设计、试配、调整
　　　　与确定 ……………………… 28—7

7　制备、运输与泵送 …………… 28—8

　7.1　一般规定 …………………… 28—8

　7.2　原材料贮存、计量和混凝土
　　　　搅拌 ………………………… 28—8

　7.3　运输与泵送 ………………… 28—8

8　施工 …………………………… 28—8

　8.1　模板与钢筋工程 …………… 28—8

　8.2　浇筑 ………………………… 28—8

　8.3　养护 ………………………… 28—9

9　检验与验收 …………………… 28—9

　9.1　原材料质量检验 …………… 28—9

　9.2　混凝土拌合物性能检验 …… 28—9

　9.3　硬化混凝土性能检验 ……… 28—9

附录A　混凝土拌合物离析率试验
　　　　方法 ……………………… 28—9

附录B　混凝土拌合物间隙通过性试验
　　　　方法（U形箱高差法） ……… 28—10

附录C　扩展时间（T_{500}）的试验
　　　　方法 ……………………… 28—10

本规程用词说明 ………………… 28—11

引用标准名录 …………………… 28—11

附：条文说明 …………………… 28—12

Contents

1　General Provisions ·············· 28—5

2　Terms and Symbols ·············· 28—5

　2.1　Terms ···················· 28—5

　2.2　Symbols ················· 28—5

3　Basic Requirements ············· 28—5

4　Raw Materials ················· 28—5

5　Concrete Properties ·············· 28—6

　5.1　Mixture Properties ········· 28—6

　5.2　Hardened Concrete Properties ········· 28—6

6　Design of Mix Proportion for
　Concrete ···················· 28—6

　6.1　General Requirements ··········· 28—6

　6.2　Determination of
　　　Compounding Strength ·········· 28—7

　6.3　Design, Trial Mix, Adjustment
　　　and Determination of Mix
　　　Proportion ··············· 28—7

7　Production, Transportation and
　Pumping ···················· 28—8

　7.1　General Requirements ·········· 28—8

　7.2　Storage, Weight of Raw Materials
　　　and Concrete Mixing ········· 28—8

　7.3　Transportation and Pumping ·········· 28—8

8　Construction ··················· 28—8

　8.1　Formwork and Steel ·········· 28—8

　8.2　Placing of Concrete ··········· 28—8

　8.3　Curing ····················· 28—9

9　Quality Inspection and Acceptance
　of Concrete ·················· 28—9

　9.1　Quality Inspection of Raw
　　　Materials ··············· 28—9

　9.2　Performance Inspection of
　　　Concrete Mixture ·········· 28—9

　9.3　Performance Inspection of
　　　Hardened Concrete ·········· 28—9

Appendix A　Test Method for Concrete
　　　　　　Mixture Ratio of
　　　　　　Separation ·········· 28—9

Appendix B　Test Method for Concrete
　　　　　　Mixture Performance
　　　　　　through the Gap of
　　　　　　Reinforce (Height
　　　　　　Diffence of U-Box) ········· 28—10

Appendix C　Test Method for Slump-Flow
　　　　　　Time (T_{500}) ·············· 28—10

Explanation of Wording in this
　Specification ················ 28—11

Lists of Quoted Standards ·········· 28—11

Addition: Explanation of
　　　　　Provisions ··········· 28—12

1 总 则

1.0.1 为规范高抛免振捣混凝土应用，做到技术先进、经济合理、安全适用，保证工程质量，制定本规程。

1.0.2 本规程适用于高抛免振捣混凝土的原材料质量控制、配合比设计、制备、运输、施工和验收。

1.0.3 高抛免振捣混凝土的应用除应符合本规程外，尚应符合国家现行有关标准的规定。

2 术语和符号

2.1 术 语

2.1.1 高抛免振捣混凝土 high dropping non vibration concrete

具有高流动性、稳定性、抗离析性，浇筑时从高处下抛就能实现流动自密实的混凝土。

2.1.2 胶凝材料 binder

混凝土中水泥和活性矿物掺合料的总称。

2.1.3 增稠材料 plastic material

用于改善混凝土拌合物黏性，提高混凝土拌合物抗离析性能的材料。

2.1.4 水胶比 water-binder ratio

混凝土中用水量与胶凝材料用量的质量比。

2.1.5 浆体体积 volume of slurry

每立方米混凝土拌合物中浆体的体积。

2.1.6 坍落扩展度 slump-flow

自坍落度筒提至混凝土拌合物停止流动后，坍落扩展面最大直径和与最大直径呈垂直方向的直径的平均值。

2.1.7 U形箱高差 height difference of U-box

混凝土拌合物通过设有钢筋栅的U形箱后的高差。

2.1.8 离析率 segregation percent

标准法筛析试验中，拌合物静置规定的时间后，流过公称直径为5mm的方孔筛的浆体质量与混凝土质量的比例。

2.1.9 扩展时间 slump-flow time

用坍落度筒测量混凝土扩展度时，自坍落度筒提起开始计时，至拌合物坍落扩展面直径达到500mm的时间。

2.2 符 号

f_c——混凝土轴心抗压强度设计值；

f_{ck}——混凝土轴心抗压强度标准值；

$f_{cu,i}$——第 i 组的试件强度平均值；

$f_{cu,k}$——高抛免振捣混凝土立方体抗压强度标

准值；

$f_{cu,0}$——高抛免振捣混凝土的配制强度；

f_m——离析率；

H——浇注高度，浇注时混凝土的出管与浇筑点的落差；

m_a——每立方米混凝土中外加剂的用量；

m_b——每立方米混凝土中胶凝材料的用量；

m_c——每立方米混凝土中水泥的用量；

m_{fcu}——n组试件的强度平均值；

m_g——每立方米混凝土中粗骨料的用量；

m_s——每立方米混凝土中细骨料的用量；

m_w——每立方米混凝土中的用水量；

S_p——砂率；

T——混凝土的龄期；

T_{500}——扩展时间；

V_b——浆体体积；

W/B——水胶比；

α——每立方米混凝土中的含气量；

σ——高抛免振捣混凝土的强度标准差；

Δh——U形箱试验前后槽混凝土拌合物的高差；

ρ_b——胶凝材料的表观密度；

ρ_c——水泥的表观密度；

$\rho_{c,c}$——混凝土拌合物表观密度计算值，即每立方米混凝土所用原材料质量之和；

$\rho_{c,t}$——混凝土拌合物表观密度实测值；

ρ_g——粗骨料的表观密度；

ρ_s——细骨料的表观密度。

3 基 本 规 定

3.0.1 采用高抛免振捣混凝土工艺前，应根据工程特点、施工条件，制定专项技术方案，并进行技术交底。

3.0.2 高抛免振捣混凝土宜用于抛落高度为3m～12m、混凝土强度等级为C25及以上的工程。当结构形状复杂、有特殊要求、混凝土强度等级低于C25或抛落高度大于12m时，应进行混凝土高抛模拟试验确定混凝土配合比。

3.0.3 高抛免振捣混凝土生产和使用过程中，应采取措施，保证混凝土生产、运输、泵送、施工的连续性。

4 原 材 料

4.0.1 水泥应符合现行国家标准《通用硅酸盐水泥》GB 175 的规定，并宜采用硅酸盐水泥或普通硅酸盐水泥。

4.0.2 粗骨料的性能指标应符合现行行业标准《普通混凝土用砂、石质量及检验方法标准》JGJ 52 的规

定，并宜采用连续级配，且最大公称粒径不宜大于 20mm，针片状含量不应大于 8%。当粗骨料颗粒级配不满足要求时，可采用多个粒级级配粗骨料组合的方式进行调整。

4.0.3 细骨料的性能指标应符合现行行业标准《普通混凝土用砂、石质量及检验方法标准》JGJ 52 和《人工砂混凝土应用技术规程》JGJ/T 241 的规定，并宜采用级配 II 区的中砂，且天然砂的含泥量和泥块含量应符合表 4.0.3 的规定。

表 4.0.3　天然砂的含泥量和泥块含量

项　目	含泥量（%）	泥块含量（%）
指标	≤2.0	≤0.5

4.0.4 掺合料可采用粉煤灰、粒化高炉矿渣粉、硅灰或复合掺合料，且粉煤灰等级不应低于 II 级，粒化高炉矿渣粉等级不应低于 S95 级。粉煤灰和粒化高炉矿渣粉应分别符合现行国家标准《用于水泥和混凝土中的粉煤灰》GB/T 1596 和《用于水泥和混凝土中的粒化高炉矿渣粉》GB/T 18046 的规定。硅灰的技术要求应符合表 4.0.4 的规定。

表 4.0.4　硅灰的技术要求

项目	SiO_2（%）	比表面积（m^2/kg）	需水量比（%）	活性指数 28d（%）
指标	≥85	≥15000	≤125	≥85

4.0.5 外加剂应符合现行国家标准《混凝土外加剂》GB 8076、《混凝土膨胀剂》GB 23439 和《混凝土外加剂应用技术规范》GB 50119 的规定。

4.0.6 高抛免振捣混凝土的拌合用水和养护用水应符合现行行业标准《混凝土用水标准》JGJ 63 的规定。

5　混凝土性能

5.1　混凝土拌合物性能

5.1.1 高抛免振捣混凝土拌合物性能应满足设计和施工要求。

5.1.2 高抛免振捣混凝土拌合物性能指标应符合表 5.1.2 的规定，并应根据结构形式、截面尺寸、配筋的密集程度等进行确定。坍落扩展度试验应按现行国家标准《普通混凝土拌合物性能试验方法标准》GB/T 50080 执行，离析率、U 形箱高差和扩展时间（T_{500}）试验应按本规程附录 A、附录 B 和附录 C 执行。

表 5.1.2　高抛免振捣混凝土拌合物性能指标

性能指标	技术要求
扩展时间（T_{500}）（s）	3≤T_{500}≤5

续表 5.1.2

性能指标		技术要求
坍落扩展度（mm）	I 级	600＜I≤650
	II 级	550＜II≤600
	III 级	500＜III≤550
离析率 f_m（%）		≤10
U 形箱高差（Δh）（mm）		≤40

注：表中将坍落扩展度分为 3 个级别，各级别适用范围如下：

I 级：适用于结构形式复杂、构件截面尺寸小的钢筋混凝土结构及构件的浇筑，钢筋的最小净间距为 35mm～60mm；钢筋最小净距在 35 mm 以下时，骨料公称粒径需要适当减小；

II 级：适用于钢筋最小净间距为 60mm～200mm 的钢筋混凝土结构及构件的浇筑；

III 级：适用于钢筋最小净间距为 200mm 以上、构件截面尺寸大、配筋量少以及无配筋的钢筋混凝土结构及构件的浇筑。

5.2　硬化混凝土性能

5.2.1 高抛免振捣混凝土力学性能应满足设计要求和国家现行有关标准的规定。高抛免振捣混凝土力学性能试验方法应符合现行国家标准《普通混凝土力学性能试验方法标准》GB/T 50081 的规定；试件成型方法应按自密实混凝土试件的成型方法进行，并应符合现行行业标准《自密实混凝土应用技术规程》JGJ/T 283 的规定。

5.2.2 高抛免振捣混凝土的长期性能和耐久性能应满足现行国家标准《混凝土结构设计规范》GB 50010 的规定和设计要求。高抛免振捣混凝土的长期性能和耐久性能的试验方法应符合现行国家标准《普通混凝土长期性能和耐久性能试验方法标准》GB/T 50082 的规定。

6　配合比设计

6.1　一般规定

6.1.1 高抛免振捣混凝土配合比应根据工程结构形式、施工条件以及环境条件进行设计，并应在满足拌合物性能、力学性能、耐久性能要求的基础上确定设计配合比。

6.1.2 高抛免振捣混凝土的最大水胶比应符合现行国家标准《混凝土结构设计规范》GB 50010 的规定。

6.1.3 高抛免振捣混凝土的胶凝材料用量不宜低于 380kg/m³，并不宜超过 600kg/m³。

6.1.4 高抛免振捣混凝土的含气量宜控制在 2.0%～4.0%。

6.1.5 强度等级为 C25 及以下的高抛免振捣混凝土宜采用复合掺合料或增稠材料，且掺量应经过混凝土试配确定。

6.1.6 遇有下列情况时，应重新进行高抛免振捣混凝土配合比设计：

1 当混凝土性能指标有变化或对混凝土性能有特殊要求时；

2 当原材料品质发生明显改变时；

3 同一配合比的混凝土生产间断三个月以上时。

6.2 试配强度的确定

6.2.1 高抛免振捣混凝土的配制强度应符合下列规定：

1 当设计强度等级小于 C60 时，配制强度应按下式确定：

$$f_{cu,0} \geqslant f_{cu,k} + 1.645\sigma \qquad (6.2.1-1)$$

式中：$f_{cu,0}$——高抛免振捣混凝土的配制强度（MPa）；

$f_{cu,k}$——混凝土立方体抗压强度标准值（MPa）；

σ——高抛免振捣混凝土的强度标准差（MPa）。

2 当设计强度等级不小于 C60 时，配制强度应按下式确定：

$$f_{cu,0} \geqslant 1.15 f_{cu,k} \qquad (6.2.1-2)$$

6.2.2 高抛免振捣混凝土的强度标准差可按表 6.2.2 取值。

表 6.2.2　高抛免振捣混凝土的强度标准差（MPa）

混凝土立方体抗压强度标准值	C25 及以下	C30～C45	≥C50
σ	4.0	5.0	6.0

6.3 配合比设计、试配、调整与确定

6.3.1 高抛免振捣混凝土初步配合比设计应按下列步骤进行：

1 先确定矿物掺合料及其掺量，再按现行行业标准《普通混凝土配合比设计规程》JGJ 55 的规定计算水胶比（W/B）；

2 确定不同强度等级混凝土浆体体积（V_b），并宜按表 6.3.1 取值；

表 6.3.1　不同强度等级混凝土浆体体积（m³）

混凝土强度等级	浆体体积（V_b）
C25～C45	0.30～0.33
C45～C55	0.33～0.36
≥C60	0.36～0.39

注：本表用水量是采用中砂和 5mm～20mm 碎石时的取值，当采用其他种类和规格的骨料时，用水量需要在本表基础上，通过试验进行调整。

3 按下列公式计算每立方米混凝土中胶凝材料的用量（m_b）、用水量（m_w）：

$$\frac{m_b}{\rho_b} + \frac{m_w}{\rho_w} + \alpha = V_b \qquad (6.3.1-1)$$

$$\frac{m_w}{m_b} = W/B \qquad (6.3.1-2)$$

$$\rho_b = \frac{1}{\frac{\alpha_c}{\rho_c} + \frac{\alpha_f}{\rho_f} + \frac{\alpha_{sl}}{\rho_{sl}}} \qquad (6.3.1-3)$$

式中：ρ_b——胶凝材料的表观密度（kg/m³）；

ρ_w——水的密度（kg/m³），可取 1000kg/m³；

α——每立方米混凝土中含气量百分数，根据外加剂引气量确定，宜取 2%～4%；

V_b——混凝土浆体体积（m³）；

W/B——混凝土的水胶比；

α_c——水泥占胶凝材料的质量比；

α_f——粉煤灰占胶凝材料的质量比；

α_{sl}——矿渣粉占胶凝材料的质量比；

ρ_c——水泥的表观密度（kg/m³）；

ρ_f——粉煤灰的表观密度（kg/m³）；

ρ_{sl}——矿渣粉的表观密度（kg/m³）。

4 按下列公式计算每立方米混凝土中细骨料（m_s）、粗骨料（m_g）的用量：

$$S_p = \frac{m_s}{m_s + m_g} \times 100\% \qquad (6.3.1-4)$$

$$\frac{m_s}{\rho_s} + \frac{m_g}{\rho_g} = 1 - V_b \qquad (6.3.1-5)$$

式中：S_p——砂率（%），并宜为 40%～50%；

ρ_s——细骨料的表观密度（kg/m³）；

ρ_g——粗骨料的表观密度（kg/m³）。

5 按下式计算每立方米混凝土中外加剂的用量：

$$m_a = m_b \cdot \beta_a \qquad (6.3.1-6)$$

式中：m_a——每立方米混凝土中外加剂的用量（kg/m³）；

β_a——外加剂的掺量（%），应经混凝土试验确定。

6.3.2 高抛免振捣混凝土试配应采用强制式搅拌机搅拌。

6.3.3 高抛免振捣混凝土试拌时，宜在水胶比不变、胶凝材料用量与外加剂用量合理的原则下调整浆体体积、砂率等参数，并应在拌合物性能符合本规程表 5.1.2 的规定后确定试拌配合比。每盘混凝土的最小搅拌量不宜小于 50L。

6.3.4 高抛免振捣混凝土在进行强度试验时，应至少采用三个不同的配合比。当采用三个不同的配合比时，其中一个应为本规程第 6.3.3 条确定的试拌配合比，另外两个配合比的水胶比与试拌配合比相比，宜分别增加和减少 0.05。

6.3.5 高抛免振捣混凝土配合比的调整应符合现行行业标准《普通混凝土配合比设计规程》JGJ 55 的

规定。

6.3.6 在确定设计配合比前，应测定混凝土拌合物表观密度，并应按下式计算配合比校正系数（δ）：

$$\delta = \frac{\rho_{c,t}}{\rho_{c,c}} \quad (6.3.6)$$

式中：$\rho_{c,t}$——混凝土拌合物表观密度实测值（kg/m³）；

$\rho_{c,c}$——混凝土拌合物表观密度计算值，即每立方米混凝土所用原材料质量之和（kg/m³）。

6.3.7 当混凝土拌合物表观密度实测值与计算值之差的绝对值超过计算值的2%时，应将配合比中每项材料用量均乘以配合比校正系数（δ）。

6.3.8 配合比调整后，应测定拌合物水溶性氯离子含量，并应对设计要求的混凝土耐久性能进行试验，符合设计要求和国家现行有关标准规定的氯离子含量和耐久性能要求的配合比，可确定为设计配合比。

7 制备、运输与泵送

7.1 一般规定

7.1.1 高抛免振捣混凝土的制备、运输与泵送应按专项技术方案组织实施。

7.1.2 高抛免振捣混凝土应采用预拌混凝土。

7.2 原材料贮存、计量和混凝土搅拌

7.2.1 高抛免振捣原材料贮存应符合下列规定：

1 水泥应按品种、强度等级和生产厂家分别贮存，并应防止受潮和污染；

2 掺合料应按品种、质量等级和产地分别贮存，并应防雨和防潮；

3 骨料宜采用仓储或带棚堆场贮存，不同品种、规格的骨料应分仓贮存；

4 粉状外加剂贮存应采取防晒、防雨、防潮措施；液态外加剂应贮存在密闭容器内，并应防晒和防冻。

7.2.2 高抛免振捣混凝土计量应符合下列规定：

1 计量设备的精度应符合现行国家标准《混凝土搅拌站（楼）》GB/T 10171 的有关规定，并应定期校准，使用前设备应归零；

2 水泥、骨料、掺合料等的计量应按重量计，水和外加剂溶液可按体积计，允许偏差应符合现行国家标准《预拌混凝土》GB/T 14902 的有关规定。

7.2.3 高抛免振捣混凝土的搅拌应采用强制式搅拌机。混凝土的生产设备应符合现行国家标准《混凝土搅拌站（楼）》GB/T 10171 和《混凝土搅拌机》GB/T 9142 的规定。

7.2.4 高抛免振捣混凝土搅拌的最短时间应在现行

国家标准《混凝土质量控制标准》GB 50164 规定的基础上适当延长，且延长时间应经试验确定。

7.3 运输与泵送

7.3.1 高抛免振捣混凝土拌合物的运输宜采用混凝土搅拌运输车；运输车性能应符合现行行业标准《混凝土搅拌运输车》JG/T 5094 的规定。

7.3.2 运输车在装料前应将筒内积水排尽。

7.3.3 运输和等待泵送过程中，搅拌运输车滚筒保持3r/min～5r/min的慢速转动，卸料前应至少高速旋转滚筒 20s。

7.3.4 采用搅拌运输车运输混凝土，当混凝土的坍落度损失较大，不能满足施工要求时，可在运输车滚筒内加入适量的与原配合比相同成分的高效减水剂。高效减水剂加入量应事先由试验确定，并应做记录。加入高效减水剂后，搅拌运输车滚筒应快速旋转，并应使混凝土的工作性能满足施工要求后再泵送或浇筑。

7.3.5 高抛免振捣混凝土拌合物在运输、输送、浇筑过程中严禁加水。

7.3.6 高抛免振捣混凝土从搅拌完毕、运送至施工作业面到泵入模内的时间应符合现行国家标准《预拌混凝土》GB/T 14902 的规定。

7.3.7 运输车在运送过程中应采取避免遗撒的措施。

7.3.8 混凝土输送管的铺设应符合国家现行标准《混凝土结构工程施工规范》GB 50666 和《混凝土泵送施工技术规程》JGJ/T 10 的规定。

7.3.9 当施工环境温度达到 30℃ 及以上时，应采取混凝土暑天施工措施。冬期施工应符合现行行业标准《建筑工程冬期施工规程》JGJ/T 104的规定。

8 施 工

8.1 模板与钢筋工程

8.1.1 模板和支架系统应根据结构形式、荷载大小、基础承载力、施工顺序、施工机具等条件进行确定，模板及支架系统应符合现行国家标准《混凝土结构工程施工规范》GB 50666 的规定，并应能抵抗混凝土的高抛冲击力，宜对模板和支架进行抗冲击性能模拟试验。

8.1.2 高抛免振捣混凝土的钢筋宜采用机械连接，并应定位牢固。钢筋定位件应能抵抗混凝土的高抛冲击力。

8.2 浇 筑

8.2.1 浇筑高抛免振捣混凝土前，应根据工程的浇筑区域、构件类别、钢筋配置状况、高抛高度等选择机具与浇筑方法。

8.2.2 混凝土泵的种类、台数、输送管径、配管距离等应根据施工的实际条件进行确定。

8.2.3 浇筑时，高抛免振捣混凝土拌合物性能应符合本规程第5.1.2条的规定。

8.2.4 高抛免振捣混凝土浇筑布料点的间距应根据拌合物性能和工程特点选择，且不宜大于4m；相邻布料点应均匀卸料；当构件钢筋最小净距小于35mm时，宜缩小布料点的间距，且布料点间距宜通过试验确定。

8.2.5 浇筑高抛免振捣混凝土的过程中，应保持泵送和浇筑的连续性。

8.2.6 钢管混凝土柱采用高抛免振捣混凝土施工时，混凝土施工缝位置宜错开钢管连接位置。

8.3 养 护

8.3.1 高抛免振捣混凝土浇筑完毕后，应及时养护，且养护时间不得少于14d。

8.3.2 浇筑后的高抛免振捣混凝土可采用覆盖、洒水、喷雾、喷养护剂或用薄膜保湿等养护措施。

8.3.3 高抛免振捣混凝土冬期施工的养护应符合现行行业标准《建筑工程冬期施工规程》JGJ/T 104的规定。

9 检验与验收

9.1 原材料质量检验

9.1.1 原材料的质量检验应符合现行国家标准《混凝土质量控制标准》GB 50164的规定。

9.1.2 骨料的质量应符合现行行业标准《普通混凝土用砂、石质量及检验方法标准》JGJ 52的规定，粗骨料的最大粒径应符合本规程第4.0.2条的规定。

9.2 混凝土拌合物性能检验

9.2.1 在制备和施工过程中，应分别对混凝土拌合物性能进行出厂检验和交货检验。取样应符合现行国家标准《预拌混凝土》GB/T 14902的规定。

9.2.2 混凝土拌合物性能出厂检验项目应包括扩展时间（T_{500}）、坍落扩展度、含气量、U形箱高差（Δh）、离析率（f_m）。每100m³相同配合比的混凝土取样检验不得少于1次，当一个工作班相同配合比的混凝土不足100m³时，其取样检验也不得少于1次。

9.2.3 混凝土拌合物性能交货检验项目应包括扩展时间（T_{500}）、坍落扩展度。每100m³同配合比的混凝土检验不得少于1次；当一个工作班相同配合比的混凝土不足100m³时，其取样检验也不得少于1次。

9.2.4 混凝土强度试件的制作取样频率应符合下列规定：

1 对于出厂检验，混凝土强度应每100m³同配合比的混凝土检验不少于1次；每个工作班相同配合比的混凝土不足100m³时，检验不得少于1次。

2 对于交货检验，当一次连续浇筑不足1000m³时，混凝土强度每100m³的同配合比的混凝土检验不得少于1次，每工作班相同配合比的混凝土不足100m³时，其取样检验不得少于1次；当一次连续浇筑超过1000m³时，相同配合比的混凝土每200m³取样检验不得少于1次。

3 每次取样检验不得少于1组。

9.3 硬化混凝土性能检验

9.3.1 混凝土强度检验应符合现行国家标准《混凝土强度检验评定标准》GB/T 50107的规定，其他力学性能检验应符合设计要求和国家现行有关标准的规定。

9.3.2 混凝土耐久性能检验评定应符合现行行业标准《混凝土耐久性检验评定标准》JGJ/T 193的规定。

9.3.3 混凝土长期性能检验规则可按现行行业标准《混凝土耐久性检验评定标准》JGJ/T 193的有关规定执行。

附录A 混凝土拌合物离析率试验方法

A.0.1 本方法用于测定高抛免振捣混凝土拌合物的离析率（f_m）。

A.0.2 高抛免振捣混凝土拌合物的离析率试验应采用下列仪器设备：

1 拌合物离析率检测筒：应由硬质、光滑、平整的金属板制成，检测筒内径应为115mm，外径宜为135mm，且应分三节，每节高度均应为100mm，并应用活动扣件固定（图A.0.2）。

2 跳桌：振幅应为25 mm±2mm。

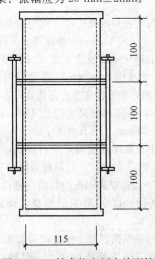

图A.0.2 拌合物离析率检测筒

3 天平：应选用称量 10kg、感量 5g 的电子天平。

4 试验筛：应选用公称直径为 5mm 的方孔筛，其性能指标应符合现行国家标准《金属穿孔板试验筛》GB/T 6003.2 的规定。

A.0.3 高抛免振捣混凝土拌合物的离析率试验应按下列试验步骤进行：

1 将高抛免振捣混凝土拌合物用料斗装入拌合物离析率检测筒内，平至料斗口，垂直移走料斗静置 1min，用抹刀将多余的拌合物除去并抹平，且应轻抹，不得压抹；

2 将拌合物离析率检测筒放置在跳桌上，每秒转动一次摇柄，使跳桌跳动 25 次；

3 分节拆除拌合物离析率检测筒，并将每节筒内拌合物装入孔径为 5mm 的方孔筛中，用清水冲洗拌合物，筛除浆体，将剩余的骨料用海绵拭干表面水分，用天平称其质量，精确到 1g，分别得到上、中、下三段拌合物中骨料的湿重 m_1、m_2、m_3。

A.0.4 高抛免振捣混凝土拌合物的离析率应按下列公式计算：

$$f_m = \frac{m_3 - m_1}{\overline{m}} \times 100\% \quad (A.0.4-1)$$

$$\overline{m} = \frac{m_1 + m_2 + m_3}{3} \quad (A.0.4-2)$$

式中：f_m——拌合物离析率（%）；

$\overline{m}$——三段混凝土拌合物中湿骨料质量的平均值（g）；

m_1——上段混凝土拌合物中湿骨料质量（g）；

m_2——中段混凝土拌合物中湿骨料质量（g）；

m_3——下段混凝土拌合物中湿骨料质量（g）。

附录 B 混凝土拌合物间隙通过性试验方法（U 形箱高差法）

B.0.1 高抛免振捣混凝土拌合物间隙通过性的 U 形箱高差试验应采用 U 形箱，并应符合下列规定：

1 U 形箱应采用硬质不吸水材料制成，高度应为 680mm，宽度应为 200mm，厚度应为 280mm，并应分为前后槽，前后槽应在底部连通，连通部分高度应为 190mm，分隔部分高度应为 490mm，后槽高度可比前槽低 200mm（图 B.0.1）；

2 槽中央底部连通部位应有隔板，隔板下应留有高度为 190mm 的间隙，且隔板处应设有闸板；

3 在 U 形箱中央隔板的后槽一侧设置的垂直钢筋栅应由直径 Φ12 光圆钢筋组成，钢筋净间距应为 40mm。

B.0.2 高抛免振捣混凝土拌合物间隙通过性的 U 形箱高差试验应按下列步骤进行，且整个试验应在

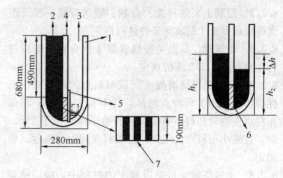

图 B.0.1 U 形箱
1—U 形箱；2—前槽；3—后槽；4—隔板；
5—闸板；6—混凝土拌合物；7—钢筋栅

5min 内完成：

1 将 U 形箱水平放在地面上，并保证活动门可以自由开关；

2 润湿箱内表面，清除多余的水；

3 用混凝土拌合物将 U 形箱前槽填满，并抹平；

4 静置 1min 后，提起闸板使混凝土拌合物流进后槽；

5 当混凝土拌合物停止流动后，分别测量前后槽混凝土高度 h_1、h_2；

6 计算得 U 形箱高差（Δh）。

B.0.3 试验报告应包含下列内容：

1 试验日期（年，月，日）；

2 混凝土编号；

3 混凝土拌合物在 U 形箱前后槽混凝土的高度，精确至 1mm；

4 混凝土拌合物的间隙通过性，并应用高度差（Δh）表示。

附录 C 扩展时间（T_{500}）的试验方法

C.0.1 本方法用于测量新拌高抛免振捣混凝土的扩展时间（T_{500}）。

C.0.2 高抛免振捣混凝土的扩展时间（T_{500}）试验应采用下列仪器设备：

1 混凝土坍落度筒：应符合现行行业标准《混凝土坍落度仪》JG/T 248 的相关规定；

2 底板：应为硬质不吸水的光滑正方形平板，边长应为 1000mm，最大挠度不应超过 3mm，应在板的表面标出坍落度筒的中心位置和直径，并应分别为 500mm、600mm、700mm、800mm 及 900mm 的同心圆（图 C.0.2）。

C.0.3 高抛免振捣混凝土的扩展时间（T_{500}）试验应按下列试验步骤进行：

1 润湿底板和坍落度筒，且坍落度筒内壁和底

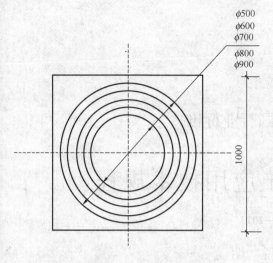

$\phi500$
$\phi600$
$\phi700$
$\phi800$
$\phi900$

1000

图 C.0.2 底板

板上应无明水；底板应放置在坚实的水平面上，并把筒放在底板中心，然后用脚踩住两边的脚踏板，坍落度筒在装料时应保持在固定的位置；

2 在混凝土拌合物试样不产生离析、不分层的状态下，一次性均匀地填满坍落度筒，自开始入料至填充结束应在 1.5min 内完成，且不得施以任何捣实或振动；

3 用抹刀刮除坍落度筒顶部多余的混凝土，然后抹平，随即将坍落度筒沿铅直方向匀速地向上提起30cm 的高度，自坍落度筒提起时开始，至混凝土拌合物扩展开的混凝土外缘初触平板上所绘直径500mm 的圆周为止，以秒表测定时间，精确至 0.1s，该时间记为 T_{500}。

本规程用词说明

1 为便于在执行本规程条文时区别对待，对要求严格程度不同的用词说明如下：

1）表示很严格，非这样做不可的用词：

正面词采用"必须"，反面词采用"严禁"；

2）表示严格，在正常情况下均应这样做的用词：

正面词采用"应"，反面词采用"不应"或"不得"；

3）表示允许稍有选择，在条件许可时首先应这样做的用词：

正面词采用"宜"，反面词采用"不宜"；

4）表示有选择，在一定条件下可以这样做的用词，采用"可"。

2 条文中指明应按其他有关标准执行的写法为："应符合……的规定"或"应按……执行"。

引用标准名录

1 《混凝土结构设计规范》GB 50010

2 《普通混凝土拌合物性能试验方法标准》GB/T 50080

3 《普通混凝土力学性能试验方法标准》GB/T 50081

4 《普通混凝土长期性能和耐久性能试验方法标准》GB/T 50082

5 《混凝土强度检验评定标准》GB/T 50107

6 《混凝土外加剂应用技术规范》GB 50119

7 《混凝土质量控制标准》GB 50164

8 《混凝土结构工程施工规范》GB 50666

9 《通用硅酸盐水泥》GB 175

10 《金属穿孔板试验筛》GB/T 6003.2

11 《混凝土外加剂》GB 8076

12 《混凝土搅拌机》GB/T 9142

13 《混凝土搅拌站（楼）》GB/T 10171

14 《预拌混凝土》GB/T 14902

15 《用于水泥和混凝土中的粉煤灰》GB/T 1596

16 《用于水泥和混凝土中的粒化高炉矿渣粉》GB/T 18046

17 《混凝土膨胀剂》GB 23439

18 《混凝土泵送施工技术规程》JGJ/T 10

19 《普通混凝土用砂、石质量及检验方法标准》JGJ 52

20 《普通混凝土配合比设计规程》JGJ 55

21 《混凝土用水标准》JGJ 63

22 《建筑工程冬期施工规程》JGJ/T 104

23 《混凝土耐久性检验评定标准》JGJ/T 193

24 《人工砂混凝土应用技术规程》JGJ/T 241

25 《自密实混凝土应用技术规程》JGJ/T 283

26 《混凝土坍落度仪》JG/T 248

27 《混凝土搅拌运输车》JG/T 5094

中华人民共和国行业标准

高抛免振捣混凝土应用技术规程

JGJ/T 296—2013

条 文 说 明

制 订 说 明

《高抛免振捣混凝土应用技术规程》JGJ/T 296-2013 经住房和城乡建设部 2013 年 5 月 9 日以第 27 号公告批准、发布。

本规程编制过程中，编制组进行了高抛免振捣混凝土应用情况的调查研究，总结了高抛免振捣混凝土生产和应用经验，同时参考了国内外技术标准，并经过试验研究，取得了制订本规程所必要的重要技术参数。

为便于广大设计、施工、科研、学校等单位有关人员在使用本规程时能正确理解和执行条文规定，《高抛免振捣混凝土应用技术规程》编制组按章、节、条顺序编制了本规程的条文说明，对条文规定的目的、依据以及执行中需注意的有关事项进行了说明。但是，本条文说明不具备与规程正文同等的法律效力，仅供使用者作为理解和把握规程规定的参考。

目　　次

1　总则 ……………………………… 28—15
2　术语和符号 …………………… 28—15
　2.1　术语 ……………………… 28—15
3　基本规定 ……………………… 28—15
4　原材料 ………………………… 28—15
5　混凝土性能 …………………… 28—16
　5.1　混凝土拌合物性能 ……… 28—16
　5.2　硬化混凝土性能 ………… 28—16
6　配合比设计 …………………… 28—16
　6.1　一般规定 ………………… 28—16
　6.2　试配强度的确定 ………… 28—16
　6.3　配合比设计、试配、调整与
　　　确定 ……………………… 28—16

7　制备、运输与泵送 …………… 28—17
　7.1　一般规定 ………………… 28—17
　7.2　原材料贮存、计量和混凝土
　　　搅拌 ……………………… 28—17
　7.3　运输与泵送 ……………… 28—17
8　施工 …………………………… 28—17
　8.1　模板与钢筋工程 ………… 28—17
　8.2　浇筑 ……………………… 28—18
　8.3　养护 ……………………… 28—18
9　检验与验收 …………………… 28—18
　9.1　原材料质量检验 ………… 28—18
　9.2　混凝土拌合物性能检验 … 28—18
　9.3　硬化混凝土性能检验 …… 28—18

1 总 则

1.0.1 随着我国建筑技术的不断进步，高抛免振捣混凝土在工程上的应用逐渐增多。为加强高抛免振捣混凝土工程质量的控制，保证工程质量，制定本规程。本规程不包括高抛免振捣混凝土结构设计等方面的内容。

1.0.2 本规程的适用范围为工业与民用建筑混凝土结构工程，尤其适用于振捣困难的结构以及对施工进度、噪声有特殊要求的工程。对于港工、水工、道路等工程，除按照各行业标准执行外，也可参照本规程执行。

1.0.3 高抛免振捣混凝土的生产和应用除应符合本规程外，尚应符合现行国家标准《混凝土质量控制标准》GB 50164、《混凝土结构工程施工质量验收规范》GB 50204、《混凝土结构工程施工规范》GB 50666 和施工项目设计文件提出的各项要求。

2 术语和符号

2.1 术 语

2.1.1 高抛免振捣混凝土的重要特征是必须从高处抛落，使混凝土利用其自身重量由高处抛落时产生的动能来实现免振捣流动并充满模板，即要求拌合物具有很高的流动性、间隙通过性且不离析、不泌水。

2.1.2 胶凝材料的术语定义在混凝土工程技术领域已被普遍接受。

2.1.3 高抛免振捣混凝土拌合物性能要求较高，特别是抗离析性能，混凝土增稠剂的研究和应用已有多年，并能很好的提高混凝土拌合物的黏性、抗离析性能。

2.1.4、2.1.5 随着混凝土矿物掺合料的广泛应用，国内外已经普遍采用水胶比、浆体体积。

2.1.6～2.1.8 为高抛免振捣混凝土拌合物性能要求指标。

3 基 本 规 定

3.0.1 高抛免振捣混凝土具有特殊的应用范围，工程施工时，除应满足普通混凝土施工所需要的混凝土力学性能及施工性能外，对混凝土配合比、原材料、模板、钢筋等有严格的要求，应根据结构形式、荷载大小、施工顺序等制定有针对性的技术方案；技术要求应对相关人员进行交底，切实贯彻执行。

3.0.2 当高抛免振捣混凝土用于形状复杂、有特殊要求的结构时，混凝土的填充性能能否满足要求；当混凝土强度等级低于C25时，混凝土的水胶比大、浆

体少，混凝土拌合物的性能是否能够满足要求，充满模板达到密实；以及当混凝土的抛落高度大于12m时，将对混凝土拌合物性能产生较大影响；这些情况下，宜进行混凝土高抛模拟试验，对试验室混凝土配合比进行验证后，确定混凝土设计配合比。

通过多次试验（表1），确定混凝土的抛落高度宜选择在3m～12m，超过12m则需要进行验证模板以及混凝土相关性能；混凝土浇筑布点间距不宜大于4m。

表 1　混凝土抛落高度试验

模板、试模尺寸	浇筑方法	拌合物性能	抛落高度	拆模后混凝土外观质量
钢模（直径1.5m、高度3.0m）无配筋	泵送	满足要求	3m	有少量气孔、无蜂窝麻面，混凝土表面平整致密，超声检测测试区域内部混凝土密实、较均匀，浇筑的混凝土结构质量良好
	吊斗吊装			
钢管高度12m，无配筋	泵送	满足要求	12m	无明显气孔、无蜂窝麻面，混凝土表面平整致密
	吊斗吊装			
木模（长6m×宽1m×高2m），距底部1m以下配有钢筋，净间距分别为40mm、35mm和20mm，各2m长	泵送	满足要求	8m、部分12m	在浇筑点2m内，无论有无配筋，混凝土表面质量良好；离浇筑点2m远处开始出现明显气孔、蜂窝、麻面，在不连续浇筑的部位出现明显的施工缝
木模（长0.8m×宽0.8m×高3m），无配筋	泵送		12m、部分15m	混凝土表面质量良好；当浇筑高度超过12m时，混凝土下落的冲击力使模板不稳

3.0.3 混凝土生产、运输、泵送、施工等每个环节应保证连续性，各种资源的配置（如搅拌、运输和泵送设备等）应充足，并有应急措施。

4 原 材 料

4.0.2 粗骨料的粒形对混凝土拌合物性能影响较大，所以要求骨料针片状含量不应大于8%。由于直接破碎的粗骨料一般均不能满足连续级配的要求，为了保证粗骨料为连续级配，应采用多个粒级级配粗骨料组合的方式进行调整。粗骨料粒径过大，则混凝土拌合物性能难以满足高抛免振捣的要求，所以粗骨料最大粒径不宜大于20mm。

4.0.3 高抛免振捣混凝土中粉体的含量相对较大，所以对细骨料含泥量和泥块含量均按高限要求执行。

4.0.4 矿物掺合料的使用直接影响到混凝土拌合物性能，而高抛免振捣混凝土对拌合物的性能要求较高，所以在采用矿物掺合料时不宜选择等级过低的。

对于低强度等级高抛免振捣混凝土，在要求足够数量的粉体时，不必使用活性矿物掺合料，可采用复合矿物掺合料，在复合掺合料中掺加一定量的石灰石粉、白云石粉等惰性掺合料。惰性掺合料的技术性能指标只要不含有对混凝土力学性能、长期耐久性不良影响的成分，并满足一定的细度即可。其技术指标参考标准《用于水泥和混凝土中的粒化高炉矿渣粉》GB/T 18046、《混凝土结构耐久性设计规范》GB/T 50476，并满足表2的要求。

表2 惰性掺合料的技术要求

项目	Cl⁻（%）	SO₃（%）	比表面积（m²/kg）
指标	≤0.02	≤4.0	≥350

4.0.5 高抛免振捣混凝土拌合物性能要求较高，可选用高效减水剂。

5 混凝土性能

5.1 混凝土拌合物性能

5.1.2 高抛免振捣混凝土拌合物性能是进行高抛免振捣施工的关键，所以要求混凝土的坍落扩展度不宜过大，否则容易离析。

在拌合物性能的要求上，混凝土的抗离析性能高于普通混凝土，通过试验研究，如果采用普通混凝土拌合物的性能指标，由于高抛施工时，混凝土从高处抛落产生的势能转变为动能而易造成离析，所以指标要求取本规程表5.1.2。

5.2 硬化混凝土性能

5.2.1、5.2.2 硬化高抛免振捣混凝土性能包括力学性能、长期和耐久性能，均按现行国家标准、规范执行。但混凝土试件成型如果按普通混凝土的成型方式，则与实体的高抛施工混凝土相差较大。高抛免振捣混凝土试件制作如何能体现高抛免振捣要求，国内还无明确要求，经过大量模拟高抛免振捣混凝土成型的试件与自密实混凝土成型方法的试件强度对比，证明两种方法成型的混凝土试件强度基本相当，故试件的制作采取《自密实混凝土应用技术规程》JGJ/T 283中试件的成型方法。

6 配合比设计

6.1 一般规定

6.1.1 不同的工程结构条件、施工条件要求高抛免振捣混凝土有不同的流动性、稳定性、抗离析性以及填充性，而不同的环境条件则影响到混凝土的耐久性和其他的性能要求。高抛免振捣混凝土的配合比设计必须保证配制或生产的混凝土拌合物以及硬化后的混凝土的性能满足工程要求。

工程结构条件主要包括断面尺寸与形状、钢筋间距、配筋量；施工条件主要包括模板材质、模板形状、施工区间、泵送距离、抛落高度、混凝土水平流动距离；环境条件包括环境温度、侵蚀介质等。

6.1.4 有抗冻要求的混凝土其含气量按《混凝土结构耐久性设计规范》GB/T 50476选择。

6.1.5 从满足设计强度要求的角度，C25及以下强度等级的高抛免振捣混凝土胶凝材料用量较少，难以满足高抛免振捣混凝土工作性能。复合掺合料或增稠材料的使用有助于提高高抛免振捣混凝土拌合物的黏聚性，因此，采用复合掺合料或增稠材料对保证混凝土拌合物性能，满足高抛免振捣混凝土密实要求十分必要。

6.2 试配强度的确定

6.2.1 高抛免振捣混凝土的配制强度对生产施工的混凝土强度应具有充分的保证率。对于强度等级小于C60的混凝土，实践证明传统公式是合理的，因此仍然沿用传统的计算公式；对于强度等级不小于C60的混凝土，传统的计算公式已经不能满足要求，修订后采用公式（6.2.1-2）。

6.2.2 根据实际生产技术水平和大量的调研，适当调高了强度标准差值，并给出表6.2.2的强度标准差取值，这些取值与目前实际控制水平的标准差比较，是偏于安全的，也与国际上提高安全性的总体趋势是一致的。

6.3 配合比设计、试配、调整与确定

6.3.1 水胶比的确认与新修订的《普通混凝土配合比设计规程》JGJ 55中相同，主要是通过水泥品种、矿物掺合料的品种和掺量以及强度等级等因素决定。水胶比、浆体体积、砂率是配制良好高抛免振捣混凝土工作性能的重要参数，选择合理的浆体体积、用水量和砂率是保证高抛免振捣混凝土性能的先决条件。

本条款中推荐的浆体体积、砂率的值均采用天然中砂时的配制参数，当采用其他种类和细度模数的砂时，应做适当的调整，并通过试验最终确认。

计算过程分为：

1 用浆体体积和水胶比、含气量算出胶凝材料、用水量（用水量宜小于185kg/m³）；

2 用砂率、骨料的体积计算出粗细骨料的用量。

6.3.3 在试配过程中，首先是试拌，调整混凝土拌合物性能。在试拌调整的基础上，尽量保持水胶比不变，采用适当的胶凝材料用量，通过调整外加剂和砂

率，使高抛免振捣混凝土拌合物性能满足施工要求，提出试拌配合比。

试拌时如果搅拌量太小，由于混凝土拌合物浆体黏性等因素影响或体量不足等原因，拌合物则不具有代表性。

6.3.4 调整好高抛免振捣混凝土拌合物性能并形成试拌配合比后，即开始混凝土强度试验。无论是计算配合比还是试拌配合比，都不一定能保证混凝土配制强度满足要求，混凝土强度试验的目的是通过三个不同水胶比的配合比性能测试取得能够满足配制强度要求的、胶凝材料用量经济合理的配合比。由于混凝土强度是在混凝土拌合物调整适宜后进行，所以强度试验采用三个不同水胶比的试验配合比，混凝土拌合物性能应维持不变，即维持用水量不变，增加或减少胶凝材料用量，并相应减少或增加砂率，外加剂掺量也作减少或增加的微调。

6.3.6、6.3.7 混凝土配合比是指每立方米混凝土中各种材料的比例。在配合比计算、混凝土试拌和配合比调整过程中，每立方米混凝土各种材料混合而成的混凝土可能不足或超过 $1m^3$，即通常所说的亏方或盈方，通过配合比校正，可使依据配合比计算的混凝土生产方量更为准确。

6.3.8 在确定设计配合比前，对高抛免振捣混凝土氯离子含量和耐久性能的试验验证是非常必要的。

7 制备、运输与泵送

7.1 一般规定

7.1.1 高抛免振捣混凝土生产单位应建立质量管理体系，除此之外，考虑到高抛免振捣混凝土配合比设计及施工工艺的特殊性，应有完善的生产、运输、泵送专项技术方案。

7.1.2 高抛免振捣混凝土施工属于预拌混凝土的一种特殊施工工艺，两者的生产方法本质上是一致的。

7.2 原材料贮存、计量和混凝土搅拌

7.2.1 用水量对高抛免振捣混凝土拌合物性能影响较大，为减少骨料含水率变化导致混凝土质量波动，建议对骨料采取仓储和加屋顶遮盖处理。在多雨季节，应严格控制砂、石的含水率，稳定混凝土质量；在高温季节，挡雨棚能够避免太阳直射骨料，降低骨料温度，进而降低混凝土拌合物温度。

不同类型的外加剂间的相容性较差，如聚羧酸系减水剂与萘系减水剂不相容，相混时容易出现混凝土流动性变差、用水量急增、坍落度损失严重等现象，因此，使用不同类型的化学外加剂时，必须严格分类储存避免相混。

7.2.2 高抛免振捣混凝土采用原材料与预拌混凝土基本一致，配合比设计方面更偏重预拌混凝土的高流动性和抗离析性，因此，直接引用《预拌混凝土》GB/T 14902 的计量规定。

7.2.3 目前，预拌混凝土搅拌站、预制混凝土构件厂和施工现场搅拌站基本采用双卧轴强制式搅拌机，但一些条件落后的地方还在使用自落式搅拌机。

混凝土拌制投料法宜采用二次投料法，此法可明显改善混凝土拌合物和易性，保证混凝土质量，并且增稠材料应最后添加。

7.2.4 目前，预拌混凝土搅拌站、预制混凝土构件厂和施工现场搅拌站的混凝土搅拌时间一般都不足60s。高抛免振捣混凝土拌合物的性能要求相对普通混凝土要高，所以为保证混凝土拌合物的性能，应适当延长搅拌时间。

7.3 运输与泵送

7.3.2 工程案例中，由于管理不善，类似问题导致的混凝土报废和结构质量问题比较普遍，因此将此条单独列出。

7.3.4 在遇暑期作业等情况时，由于各种原因导致混凝土拌合物工作性能损失的现象非常普遍。常规的处理方法即为二次添加外加剂，经快速搅拌后改善其性能。

7.3.5 在生产施工过程中向混凝土拌合物中加水会严重影响混凝土力学性能、长期性能和耐久性能，对混凝土工程质量危害极大，必须严格禁止。

7.3.6 《预拌混凝土》GB/T 14902 中规定：混凝土的运送时间指混凝土从搅拌机卸入运输车开始至该运输车开始卸料为止。运送时间应满足合同规定，当合同未作规定，采用搅拌运输车运送的混凝土，宜在1.5h 内卸料；当最高气温低于 25℃时，运送时间可延长 0.5h。如需延长运送时间，则应采取相应的技术措施，并应通过试验验证。

7.3.9 混凝土炎热气温施工的定义温度，美国是24℃，日本和澳大利亚是30℃，《铁路混凝土工程施工技术指南》中规定，当昼夜平均气温高于30℃时，按照暑期规定施工。针对高抛免振捣混凝土高流动性的要求，考虑到高温对混凝土拌合物的流动性影响非常显著，因此单独列出此条。

暑天施工通常需要采取一定措施，如砂石原材料避免阳光直射，必要时喷水降温；拌用水输送管线及设施可埋入地下或用隔热材料覆盖；控制原材料水泥等的入机温度；掺入缓凝剂，延长混凝土凝结时间等措施。

8 施 工

8.1 模板与钢筋工程

8.1.1 高抛免振捣混凝土施工时，模板及支架系统

除了要承受混凝土自重、侧压力及施工荷载外，还要承受混凝土的高抛冲击力。模板及支架系统设计要重点考虑混凝土高抛冲击力影响；必要时，应对拟采用的模板、支架进行模拟冲击试验。

8.1.2 高抛免振捣混凝土施工的特点决定了高抛冲击力对钢筋接头影响大，钢筋连接采用搭接和焊接时，冲击易导致接头破坏，且接头处钢筋断面增大，高抛影响大；因此不宜采用搭接和焊接，宜采用机械连接。混凝土高抛时，钢筋易发生移位现象，应采用有效的定位装置固定。

混凝土垫块等钢筋保护层控制措施在混凝土的高抛冲击力下易发生变形或移位，为保证工程质量，应采取有效措施。

8.2 浇 筑

8.2.1、8.2.2 规定了结合高抛混凝土的特殊性和施工现场的实际情况，确定浇筑方法、施工机具、混凝土泵的种类、台数、输送管径、配管距离等。

8.2.4 高抛免振捣混凝土浇筑布料点应结合拌合物特性和工程特点选择适宜的间距，不宜大于 4m。特殊情况下混凝土布料点下料间距应通过试验确定。

8.2.5 高抛免振捣混凝土施工部位一般具有特殊性，如形成了施工缝难以按施工缝相关要求进行施工。因此，混凝土的泵送和浇筑应保持其连续性。

8.2.6 钢管混凝土柱钢管焊接时，温度高，对混凝土质量有影响。所以，每段钢管混凝土柱的浇筑位置应适当考虑焊接高温对混凝土质量的影响。

8.3 养 护

8.3.1 为保证工程质量，从严控制，规定适当延长养护时间，养护时间不得少于 14d。

8.3.2 为保证混凝土的养护质量，应根据浇筑部位、季节等具体情况，制定养护方案，采取覆盖、洒水、喷雾、喷养护剂或薄膜保湿等有效的养护措施。

9 检验与验收

9.1 原材料质量检验

9.1.1 混凝土原材料质量检验应包括型式检验报告、出厂检验报告或合格证等质量证明文件的查验和存。应在混凝土原材料交货时检验把关，不合格的原材料不能进场。混凝土原材料每个检验批的量不能多于《混凝土质量控制标准》GB 50164 规定的量。

9.1.2 粗骨料复检时增加对粗骨料最大粒径检验，检验结果符合本规程要求时为合格。

9.2 混凝土拌合物性能检验

9.2.1 混凝土拌合物性能检验在搅拌地点和浇筑地点都要进行，搅拌地点的出厂检验为控制性自检，浇筑地点的交货检验为验收检验。

9.2.2 出厂检验包括扩展时间 T_{500}、坍落扩展度、含气量、U 形箱高差（Δh）、离析率（f_m），检验合格后方可出厂使用。

9.2.3 鉴于现场检验的条件限制，交货不检验含气量、U 形箱高差（Δh）、离析率（f_m）。

9.3 硬化混凝土性能检验

9.3.1～9.3.3 现行国家标准《混凝土强度检验评定标准》GB/T 50107 和现行行业标准《混凝土耐久性检验评定标准》JGJ/T 193 中包括了相应混凝土强度和混凝土耐久性的检验规则。

中华人民共和国行业标准

磷渣混凝土应用技术规程

Technical specification for application of phosphorous slag
powder concrete

JGJ/ T 308—2013

批准部门：中华人民共和国住房和城乡建设部
施行日期：２０１４年２月１日

中华人民共和国住房和城乡建设部
公　告

第 88 号

住房城乡建设部关于发布行业标准
《磷渣混凝土应用技术规程》的公告

现批准《磷渣混凝土应用技术规程》为行业标准，编号为 JGJ/T 308 - 2013，自 2014 年 2 月 1 日起实施。

本规程由我部标准定额研究所组织中国建筑工业

出版社出版发行。

中华人民共和国住房和城乡建设部

2013 年 7 月 26 日

前　　言

根据住房和城乡建设部《关于印发〈2010 年工程建设标准规范制订、修订计划〉的通知》（建标〔2010〕43 号）的要求，规程编制组经广泛调查研究，认真总结实践经验，参考有关国际标准和国外先进标准，并在广泛征求意见的基础上，编制本规程。

本规程的主要技术内容有：1. 总则；2. 术语和符号；3. 原材料；4. 磷渣混凝土性能；5. 磷渣混凝土配合比设计；6. 磷渣混凝土的生产与施工；7. 质量检验与验收。

本规程由住房和城乡建设部负责管理，由云南省建筑科学研究院负责具体技术内容的解释。执行过程中如有意见或建议，请寄送至云南省建筑科学研究院（地址：昆明市学府路 150 号，邮编：650223）。

本 规 程 主 编 单 位：云南省建筑科学研究院
云南建工第五建设有限公司

本 规 程 参 编 单 位：云南建工集团有限公司
昆明理工大学
云南省建筑工程质量监督检验站
重庆大学
云南建工混凝土有限公司
云南省建筑材料科学研究设计院
厦门市建筑科学研究院集团股份有限公司

上海市建筑科学研究院（集团）有限公司
陕西建工集团第三建筑工程有限公司
北京建工集团
重庆建工住宅建设有限公司
中铁二局集团有限公司
云南建工水利水电建设有限公司
云南建工集团第四建设有限公司

本规程主要起草人员：
陈文山　甘永辉　邓　岗
孙　群　杜庆檐　许国伟
陈　维　李继荣　方菊明
焦伦杰　罗卓英　刘　芳
李章建　徐　清　黎　杰
王剑非　黄小文　林添兴
李彦钊　刘军选　汪亚冬
周尚永　陈怡宏　张　意
刘学力　沈家文　王天锋
李家祥

本规程主要审查人员：
谭洪光　冷发光　徐天平
杨再富　王国维　唐祥正
陈玉福　袁　梅　祝海雁

目　次

1 总则 ························ 29—5

2 术语和符号 ················ 29—5

  2.1 术语 ····················· 29—5

  2.2 符号 ····················· 29—5

3 原材料 ···················· 29—5

4 磷渣混凝土性能 ············ 29—5

  4.1 拌合物技术要求 ·········· 29—5

  4.2 力学性能 ················ 29—6

  4.3 长期性能与耐久性能 ······ 29—6

5 磷渣混凝土配合比设计 ······ 29—6

  5.1 一般规定 ················ 29—6

  5.2 配合比计算和确定 ········ 29—6

6 磷渣混凝土的生产与施工 ···· 29—6

  6.1 一般规定 ················ 29—6

6.2 原材料计量 ·············· 29—7

6.3 混凝土搅拌 ·············· 29—7

6.4 混凝土运输 ·············· 29—7

6.5 混凝土浇筑 ·············· 29—7

6.6 混凝土养护 ·············· 29—7

7 质量检验与验收 ············ 29—8

  7.1 混凝土原材料质量检验 ···· 29—8

  7.2 混凝土拌合物性能检验 ···· 29—8

  7.3 硬化混凝土性能检验 ······ 29—8

  7.4 混凝土工程验收 ·········· 29—8

本规程用词说明 ··············· 29—8

引用标准名录 ················· 29—8

附：条文说明 ················· 29—10

Contents

1 General Provisions .... 29—5

2 Terms and Symbols .... 29—5

  2.1 Terms .... 29—5

  2.2 Symbols .... 29—5

3 Raw Materials .... 29—5

4 Phosphorous Slag Powder
  Concrete Performance .... 29—5

  4.1 Technical Requirements of
      Mixture .... 29—5

  4.2 Mechanical Performance .... 29—6

  4.3 Long-term Performance and
      Durability .... 29—6

5 Mix Design of Phosphorous Slag
  Powder Concrete .... 29—6

  5.1 General Requirements .... 29—6

  5.2 Calculation and Determination
      of Mix Proportion .... 29—6

6 Production and Construction
  of Phosphorous Slag Powder
  Concrete .... 29—6

  6.1 General Requirements .... 29—6

6.2 Weighing of Raw Material .... 29—7

6.3 Mixing of Fresh Concrete .... 29—7

6.4 Transporting of Fresh Concrete ..... 29—7

6.5 Casting of Concrete .... 29—7

6.6 Curing of Concrete .... 29—7

7 Quality Inspection and
  Acceptance .... 29—8

  7.1 Quality Inspection of Concrete
      Raw Materials .... 29—8

  7.2 Property Inspection of Concrete
      Mixture .... 29—8

  7.3 Property Inspection of Hardened
      Concrete .... 29—8

  7.4 Acceptance of Concrete
      Engineering .... 29—8

Explanation of Wording in This
  Specification .... 29—8

List of Quoted Standards .... 29—8

Addition: Explanation of
  Provisions .... 29—10

1 总　则

1.0.1 为规范磷渣混凝土的应用，充分利用工业废料，节约资源、保护环境，做到技术先进、经济合理，保证工程质量，制定本规程。

1.0.2 本规程适用于磷渣混凝土的配合比设计、施工、质量检验和验收。

1.0.3 磷渣混凝土的应用除应符合本规程外，尚应符合国家现行有关标准的规定。

2 术语和符号

2.1 术　语

2.1.1 粒化电炉磷渣粉 granulated electric furnace phosphorous slag powder

以电炉法生产黄磷时所得到的以硅酸钙为主要成分的熔融物，经淬冷成粒、磨细加工制成的粉末，简称磷渣粉。

2.1.2 磷渣混凝土 phosphorous slag powder concrete

以磷渣粉作为主要掺合料的混凝土。

2.1.3 胶凝材料 cementitious material

混凝土中水泥和矿物掺合料的总称。

2.1.4 磷渣粉掺量 percentage of phosphorous slag powder

磷渣粉质量占胶凝材料总质量的百分比。

2.2 符　号

m_b——每立方米混凝土中胶凝材料总量；

m_c——每立方米矿物掺合料混凝土中的水泥用量；

m_{fp}——每立方米混凝土磷渣粉用量；

β_t——磷渣粉取代水泥量的百分比。

3 原 材 料

3.0.1 水泥宜采用硅酸盐水泥、普通硅酸盐水泥，也可采用矿渣硅酸盐水泥、火山灰质硅酸盐水泥、粉煤灰硅酸盐水泥、复合硅酸盐水泥。水泥应符合现行国家标准《通用硅酸盐水泥》GB 175 的规定，当采用其他品种水泥时应符合相应标准的要求。

3.0.2 粗骨料、细骨料应符合现行行业标准《普通混凝土用砂、石质量及检验方法标准》JGJ 52 的规定。

3.0.3 磷渣粉应符合现行行业标准《混凝土用粒化电炉磷渣粉》JG/T 317 的规定。

3.0.4 粒化高炉矿渣粉性能指标应符合现行国家标准《用于水泥和混凝土中的粒化高炉矿渣粉》GB/T 18046 的规定，粉煤灰性能指标应符合现行国家标准《用于水泥和混凝土中的粉煤灰》GB/T 1596 的规定，硅灰性能指标应符合现行国家标准《砂浆和混凝土用硅灰》GB/T 27690 的规定。当采用其他掺合料时，性能指标也应符合国家现行相关标准的规定，并应通过试验验证。

3.0.5 外加剂应符合现行国家标准《混凝土外加剂》GB 8076 和《混凝土外加剂应用技术规范》GB 50119 的规定。掺用其他外加剂时，应通过试验验证，性能应满足现行有关标准的规定。

3.0.6 混凝土拌合用水应符合现行行业标准《混凝土用水标准》JGJ 63 的规定。

4 磷渣混凝土性能

4.1 拌合物技术要求

4.1.1 磷渣混凝土拌合物应具有良好的流动性、黏聚性和保水性，不得离析或泌水。

4.1.2 磷渣混凝土拌合物性能应满足工程设计与施工要求。混凝土拌合物的稠度等级划分及允许偏差应符合现行国家标准《混凝土质量控制标准》GB 50164 的规定；混凝土拌合物性能的试验方法应符合现行国家标准《普通混凝土拌合物性能试验方法标准》GB/T 50080 的规定。

4.1.3 混凝土拌合物的坍落度经时损失不应影响混凝土的正常施工。泵送磷渣混凝土的坍落度经时损失不宜大于 30mm/h。

4.1.4 磷渣混凝土拌合物的凝结时间应满足工程施工要求和混凝土性能要求。

4.1.5 磷渣混凝土拌合物的总碱含量应符合现行国家标准《预防混凝土碱骨料反应技术规范》GB/T 50733 的规定。碱含量宜按现行行业标准《普通混凝土配合比设计规程》JGJ 55 的规定进行测定和计算，对于磷渣粉碱含量可取实测值的 1/2。

4.1.6 磷渣混凝土拌合物的水溶性氯离子最大含量应符合表 4.1.6 的要求。磷渣混凝土拌合物的水溶性氯离子含量宜按现行行业标准《水运工程混凝土试验规程》JTJ 270 中混凝土拌合物氯离子含量的快速测定方法进行测定。

表 4.1.6　磷渣混凝土拌合物的水溶性氯离子最大含量

环境条件	水溶性氯离子最大含量（胶凝材料用量的质量百分比，%）		
	钢筋混凝土	预应力混凝土	素混凝土
干燥环境	0.30	0.06	1.00
潮湿但不含氯离子的环境	0.20		

续表 4.1.6

环境条件	水溶性氯离子最大含量（胶凝材料用量的质量百分比，%）		
	钢筋混凝土	预应力混凝土	素混凝土
潮湿且含有氯离子的环境	0.10	0.06	1.00
腐蚀环境	0.06		

4.2 力学性能

4.2.1 磷渣混凝土力学性能应符合现行国家标准《混凝土结构设计规范》GB 50010 的规定，应按现行国家标准《普通混凝土力学性能试验方法标准》GB/T 50081 的规定进行试验测定，并应满足设计要求。

4.2.2 磷渣混凝土的强度应按现行国家标准《混凝土强度检验评定标准》GB/T 50107 进行评定，并应满足设计要求。

4.3 长期性能与耐久性能

4.3.1 磷渣混凝土的收缩率和徐变系数应满足设计要求。磷渣混凝土的收缩和徐变性能试验方法应符合现行国家标准《普通混凝土长期性能和耐久性能试验方法标准》GB/T 50082 的规定。

4.3.2 磷渣混凝土的抗冻、抗渗、抗氯离子渗透、抗碳化和抗硫酸盐侵蚀等耐久性能应符合设计要求，并符合现行国家标准《混凝土质量控制标准》GB 50164 的规定。

4.3.3 磷渣混凝土长期性能与耐久性能的试验方法应符合现行国家标准《普通混凝土长期性能和耐久性能试验方法标准》GB/T 50082的规定。

5 磷渣混凝土配合比设计

5.1 一般规定

5.1.1 磷渣混凝土配合比设计，应按现行行业标准《普通混凝土配合比设计规程》JGJ 55 的有关规定执行，并应满足设计和施工要求。

5.1.2 磷渣粉可单独使用，也可将磷渣粉和矿渣粉、粉煤灰及其他活性掺合料通过试验验证后复合使用。

5.1.3 磷渣粉掺量和外加剂的品种、掺量及材料间的相容性应经混凝土试配试验确定，并应满足强度和耐久性设计以及施工要求。

5.1.4 磷渣混凝土的配合比应根据工程使用的水泥、粗细骨料、外加剂、磷渣的质量指标，对混凝土的凝结时间、早期强度等技术要求经计算、试配和调整后确定。

5.1.5 当磷渣粉的质量或其他原材料的品种与质量有显著变化时，或对混凝土性能有特殊要求时，应重新进行混凝土配合比设计。

5.2 配合比计算和确定

5.2.1 磷渣粉可用于素混凝土、钢筋混凝土和预应力混凝土，最大掺量可按表 5.2.1 并经试验确定。

表 5.2.1 磷渣粉的最大掺量（%）

水泥品种 \ 混凝土种类	素混凝土	钢筋混凝土	预应力混凝土
硅酸盐水泥	35	30	20
普通水泥	25	20	10

注：采用其他通用硅酸盐水泥时，宜将水泥混合材掺量 20%以上的混合材量计入矿物掺合料。

5.2.2 每立方米混凝土的水泥用量 m_c，可按下式计算：

$$m_c = m_b(1 - \beta_f) \qquad (5.2.2)$$

式中：m_c——每立方米矿物掺合料混凝土中的水泥用量（kg/m³）；

m_b——每立方米混凝土中胶凝材料总量（kg/m³）；

β_f——磷渣粉取代水泥量的百分比（%）。

5.2.3 每立方米混凝土磷渣粉用量 m_{fp}，可按下式计算：

$$m_{fp} = m_b \cdot \beta_f \qquad (5.2.3)$$

式中：m_{fp}——每立方米混凝土磷渣粉用量（kg/m³）；

m_b——每立方米混凝土中胶凝材料总量（kg/m³）；

β_f——磷渣粉取代水泥量的百分比（%）。

5.2.4 最小胶凝材料用量、最大水胶比应符合现行行业标准《普通混凝土配合比设计规程》JGJ 55 的规定。

5.2.5 外加剂掺量，按胶凝材料总用量的百分比计。

5.2.6 磷渣混凝土施工配合比应按现行行业标准《普通混凝土配合比设计规程》JGJ 55 的规定进行试配调整，经验证合格后使用。

6 磷渣混凝土的生产与施工

6.1 一般规定

6.1.1 施工前，施工单位应根据设计要求、工程性质、结构特点和环境条件等，编制磷渣混凝土施工技术方案。

6.1.2 粗、细骨料的含水率检验每工作班不应少于 1 次；当雨雪天气等外界影响导致混凝土骨料含水率变化时，应及时检验，并应根据检验结果及时调整施工配合比。

6.1.3 磷渣混凝土在运输、输送、浇筑过程中严禁加水。

6.2 原材料计量

6.2.1 原材料计量应符合现行国家标准《混凝土质量控制标准》GB 50164 和《混凝土结构工程施工规范》GB 50666 的规定。

6.2.2 原材料计量宜采用电子计量仪器，计量仪器在使用前应进行检查。每盘原材料计量允许偏差和累计计量允许偏差应符合表 6.2.2 的规定。

表 6.2.2 每盘原材料计量允许偏差和累计计量允许偏差

原材料种类	按质量计（%）	
	计量允许偏差	累计计量允许偏差
胶凝材料、外加剂、拌合用水	±2.0	±1.0
粗、细骨料	±3.0	±1.5

6.3 混凝土搅拌

6.3.1 磷渣混凝土的搅拌应符合现行国家标准《混凝土质量控制标准》GB 50164 和《混凝土结构工程施工规范》GB 50666 的有关规定。

6.3.2 磷渣混凝土宜采用强制式混凝土搅拌机搅拌，混凝土搅拌机应符合现行国家标准《混凝土搅拌机》GB/T 9142 的有关规定。

6.3.3 磷渣混凝土的搅拌时间应在普通混凝土搅拌时间的基础上适当延长，确保搅拌均匀。磷渣混凝土最短搅拌时间应符合现行国家标准《混凝土结构工程施工规范》GB 50666 的有关规定。

6.4 混凝土运输

6.4.1 磷渣混凝土的运输应符合现行国家标准《混凝土质量控制标准》GB 50164、《混凝土结构工程施工规范》GB 50666 和《预拌混凝土》GB/T 14902 的相关规定。

6.4.2 采用泵送施工的磷渣混凝土，运输应能保证混凝土的连续泵送，并应符合现行行业标准《混凝土泵送施工技术规程》JGJ/T 10 的有关规定。

6.4.3 磷渣混凝土运输至浇筑现场时，不得出现离析或分层现象。

6.4.4 对于采用搅拌运输车运输的混凝土，当坍落度损失较大不能满足施工要求时，可在运输车罐内加入适当的与原配合比相同成分的减水剂。减水剂加入量应事先由试验确认，并应进行记录。减水剂加入后，混凝土罐车应快速旋转搅拌均匀，并应在达到要求的工作性能后再泵送或浇筑。

6.5 混凝土浇筑

6.5.1 磷渣混凝土的浇筑应符合现行国家标准《混凝土质量控制标准》GB 50164 和《混凝土结构工程施工规范》GB 50666 的有关规定。

6.5.2 振捣应保证混凝土密实、均匀，并应避免欠振、过振和漏振。

6.5.3 夏季施工时，磷渣混凝土拌合物入模温度不应超过 35℃，并宜选择夜间浇筑混凝土。现场温度高于 35℃时，宜对金属模板进行浇水降温，不得留有积水，并可采取遮挡措施避免阳光照射金属模板。

6.5.4 冬期施工时，磷渣混凝土拌合物入模温度不应低于 5℃，并应采取相应保温措施。

6.5.5 当风速大于 5.0m/s 时，磷渣混凝土浇筑宜采取挡风措施。

6.5.6 浇筑竖向尺寸较大的结构物时，应分层浇筑，每层浇筑厚度宜控制在 300mm～350mm。

6.5.7 磷渣混凝土浇筑时，应在平面内均匀布料，不得用振捣棒赶料。

6.5.8 磷渣混凝土振捣时，应避免碰撞模板、钢筋及预埋件。

6.5.9 磷渣混凝土在浇筑过程中，应观察模板支撑的稳定性和接缝的密合状态，不得出现漏浆现象。

6.5.10 磷渣混凝土振捣密实后，在终凝以前应采用抹面机械或人工多次压实，并应抹压后进行保湿养护。保湿养护可采用洒水、覆盖、喷涂养护剂等方式。

6.5.11 磷渣混凝土构件成型后，在抗压强度达到 1.2MPa 以前，不得在混凝土上面踩踏行走。

6.6 混凝土养护

6.6.1 磷渣混凝土的养护应按现行国家标准《混凝土质量控制标准》GB 50164 和《混凝土结构工程施工规范》GB 50666 的相关规定执行。

6.6.2 磷渣混凝土构件或制品养护应符合下列规定：

1 采用蒸汽养护或湿热养护时，养护时间和养护制度应满足混凝土及制品性能的要求；

2 采用蒸汽养护时，应分为静置、升温、恒温和降温四个阶段；混凝土成型后的静置时间不宜少于 1h，升温速度不宜超过 25℃/h，降温速度不宜超过 20℃/h，最高温度和恒温温度应小于或等于 75℃；混凝土构件或制品在出池或撤除养护措施前，应进行温度测量，且构件出池或撤除养护措施时，表面与外界温差不得大于 20℃；

3 采用潮湿自然养护时，应符合本规程第 6.6.1 条的规定。

6.6.3 磷渣混凝土的冬期施工，应符合现行行业标准《建筑工程冬期施工规程》JGJ/T 104 的有关规定；养护应符合下列规定：

1 日均气温低于 5℃时，不得采取浇水自然养护方法；

2 混凝土受冻前的强度不得低于 5MPa；

3 模板和保温层应在混凝土冷却到 5℃方可拆

除，或在混凝土表面温度与外界温度相差不大于20℃时拆模，拆模后的混凝土亦应及时覆盖，使其缓慢冷却；

4 混凝土强度达到设计强度等级的50%时，方可撤除养护措施。

6.6.4 掺用膨胀剂的磷渣混凝土，应采取保湿养护，养护龄期不应小于14d。冬期施工时，对于墙体，带模养护不应小于7d。

6.6.5 磷渣混凝土养护用水应符合现行行业标准《混凝土用水标准》JGJ 63的规定。

7 质量检验与验收

7.1 混凝土原材料质量检验

7.1.1 磷渣混凝土原材料进场时，应按规定批次验收型式检验报告、出厂检验报告或合格证等质量证明文件，外加剂产品还应具有使用说明书。

7.1.2 原材料进场时，应进行进场检验，且在混凝土生产过程中，宜对混凝土原材料进行随机抽检。

7.1.3 原材料进场检验和生产中抽检的项目应符合下列规定：

1 磷渣粉的检验项目包括比表面积、流动度、含水量、五氧化二磷含量、三氧化硫含量、烧失量、氯离子含量和安定性；

2 其他原材料的检验项目应按国家现行有关标准执行。

7.1.4 原材料的检验规则应符合下列规定：

1 磷渣粉不超过200t为一个检验批；散装水泥不超过500t为一个检验批，袋装水泥不超过200t为一个检验批；粉煤灰及矿渣粉等矿物掺合料不超过200t为一个检验批；骨料不超过400m³或600t为一个检验批；外加剂不超过50t为一个检验批；

2 当磷渣粉来源稳定且连续三次检验合格时，可将检验批扩大一倍。

7.1.5 原材料的取样应符合下列规定：

1 磷渣粉的取样应按现行行业标准《混凝土用粒化电炉磷渣粉》JG/T 317的规定执行；

2 其他原材料的取样应按国家现行有关标准执行。

7.1.6 磷渣粉及其他原材料的质量应符合本规程第3章的规定。

7.2 混凝土拌合物性能检验

7.2.1 磷渣混凝土原材料计量系统应经检定合格后方可使用，且混凝土生产单位每月应自检一次。原材料计量偏差应每班检查1次，原材料计量偏差应符合本规程第6.2.2条的规定。

7.2.2 在生产和施工过程中，应对磷渣混凝土拌合物进行抽样检验；磷渣混凝土拌合物工作性能应在搅拌地点和浇筑地点分别取样检验；水溶性氯离子含量应在浇筑地点取样检验。

7.2.3 对于磷渣混凝土拌合物的工作性能检查每100m³ 不应少于1次，且每一工作班不应少于2次，必要时可增加检查次数；同一工程、同一配合比的磷渣混凝土，水溶性氯离子含量应至少检验1次。

7.2.4 磷渣混凝土拌合物性能应符合本规程第4.1节的规定。

7.2.5 磷渣混凝土拌合物性能出现异常时，应查找原因，并应根据实际情况，对配合比进行调整。

7.3 硬化混凝土性能检验

7.3.1 磷渣混凝土强度检验应符合本规程第4.2.2条规定，其他力学性能检验应符合工程要求和国家现行有关标准的规定。

7.3.2 磷渣混凝土长期性能和耐久性的检验评定应符合现行行业标准《混凝土耐久性检验评定标准》JGJ/T 193的规定。

7.3.3 磷渣混凝土的力学性能、长期性能和耐久性能应分别符合本规程第4.2节和第4.3节的规定。

7.4 混凝土工程验收

7.4.1 磷渣混凝土工程施工质量验收应符合现行国家标准《混凝土结构工程施工质量验收规范》GB 50204的规定。

7.4.2 磷渣混凝土工程验收时，应符合本规程对混凝土长期性能和耐久性能的规定。

本规程用词说明

1 为便于在执行本规程条文时区别对待，对要求严格程度不同的用词说明如下：

1）表示很严格，非这样做不可的：
正面词采用"必须"，反面词采用"严禁"；

2）表示严格，在正常情况下均应这样做的：
正面词采用"应"，反面词采用"不应"或"不得"；

3）表示允许稍有选择，在条件许可时首先应这样做的：
正面词采用"宜"，反面词采用"不宜"；

4）表示有选择，在一定条件下可以这样做的采用"可"。

2 条文中指明应按其他有关标准执行的写法为："应符合……的规定"或"应按……执行"。

引用标准名录

1 《混凝土结构设计规范》GB 50010

2 《普通混凝土拌合物性能试验方法标准》GB/T 50080

3 《普通混凝土力学性能试验方法标准》GB/T 50081

4 《普通混凝土长期性能和耐久性能试验方法标准》GB/T 50082

5 《混凝土强度检验评定标准》GB/T 50107

6 《混凝土外加剂应用技术规范》GB 50119

7 《混凝土质量控制标准》GB 50164

8 《混凝土结构工程施工质量验收规范》GB 50204

9 《混凝土结构工程施工规范》GB 50666

10 《预防混凝土碱骨料反应技术规范》GB/T 50733

11 《通用硅酸盐水泥》GB 175

12 《用于水泥和混凝土中的粉煤灰》GB/T 1596

13 《混凝土外加剂》GB 8076

14 《混凝土搅拌机》GB/T 9142

15 《预拌混凝土》GB/T 14902

16 《用于水泥和混凝土中的粒化高炉矿渣粉》GB/T 18046

17 《砂浆和混凝土用硅灰》GB/T 27690

18 《混凝土泵送施工技术规程》JGJ/T 10

19 《普通混凝土用砂、石质量及检验方法标准》JGJ 52

20 《普通混凝土配合比设计规程》JGJ 55

21 《混凝土用水标准》JGJ 63

22 《建筑工程冬期施工规程》JGJ/T 104

23 《混凝土耐久性检验评定标准》JGJ/T 193

24 《混凝土用粒化电炉磷渣粉》JG/T 317

25 《水运工程混凝土试验规程》JTJ 270

中华人民共和国行业标准

磷渣混凝土应用技术规程

JGJ/T 308—2013

条 文 说 明

制 订 说 明

《磷渣混凝土应用技术规程》JGJ/T 308－2013，经住房和城乡建设部 2013 年 7 月 26 日以第 88 号公告批准、发布。

本规程在编制过程中，编制组进行了广泛而深入的调查研究，总结了我国工程建设中磷渣混凝土应用的实践经验，同时参考了国外先进技术法规、技术标准，通过试验取得了磷渣混凝土应用的重要技术参数。

为便于广大设计、施工、科研、学校等单位有关人员在使用本规程时能正确理解和执行条文规定，《磷渣混凝土应用技术规程》按章、节、条顺序编制了本规程的条文说明，对条文规定的目的、依据以及执行中需要注意的有关事项进行了说明。但是，本条文说明不具备与规程正文同等的法律效力，仅供使用者作为理解和把握规程规定的参考。

目　次

1 总则 ……………………………………… 29—13
2 术语和符号 …………………………… 29—13
　2.1 术语 ……………………………… 29—13
3 原材料 ………………………………… 29—13
4 磷渣混凝土性能 ……………………… 29—13
　4.1 拌合物技术要求 ………………… 29—13
　4.2 力学性能 ………………………… 29—14
　4.3 长期性能与耐久性能 …………… 29—14
5 磷渣混凝土配合比设计 ……………… 29—14
　5.1 一般规定 ………………………… 29—14
　5.2 配合比计算和确定 ……………… 29—14
6 磷渣混凝土的生产与施工 …………… 29—15

6.1 一般规定 …………………………… 29—15
6.2 原材料计量 ………………………… 29—15
6.3 混凝土搅拌 ………………………… 29—15
6.4 混凝土运输 ………………………… 29—15
6.5 混凝土浇筑 ………………………… 29—15
6.6 混凝土养护 ………………………… 29—16
7 质量检验与验收 ……………………… 29—16
　7.1 混凝土原材料质量检验 ………… 29—16
　7.2 混凝土拌合物性能检验 ………… 29—16
　7.3 硬化混凝土性能检验 …………… 29—16
　7.4 混凝土工程验收 ………………… 29—16

1 总　则

1.0.1 近年来，磷渣粉作为混凝土掺合料在水利水电工程及一些民用建筑工程中得到了成功应用，积累了较多的工程经验。在混凝土中掺磷渣粉，不仅能够提高混凝土的抗拉强度和抗裂性能，改善混凝土的耐久性，也有利于节能减排、保护环境、节约水泥，降低混凝土的水化热温升，简化混凝土的温控措施，实现快速施工，获得较大的技术经济效益和社会效益。为了规范磷渣混凝土在建设工程中的应用、保证工程质量，根据我国现有的标准规范、科研成果和实践经验制定本规程。

1.0.2 本条主要是明确磷渣混凝土在工业与民用建筑和一般构筑物、市政基础设施工程应用中进行质量控制的主要环节。

1.0.3 本条规定了本规程与其他标准、规范的关系。本规程难以对所有磷渣混凝土的应用情况作出规定，在实际应用中，本规程作出规定的，按本规程执行，未作出规定的，按现行相关标准执行。

2　术语和符号

2.1　术　语

2.1.1 粒化电炉磷渣是以电炉法生产黄磷时所得到的以硅酸钙为主要成分的熔融物，化学成分为：$CaO\ 47\% \sim 52\%$、$SiO_2\ 40\% \sim 43\%$、$P_2O_5\ 0.8\% \sim 2.5\%$、$Al_2O_3\ 2\% \sim 5\%$、$Fe_2O_3\ 0.8\% \sim 3.0\%$、$F\ 2.5\% \sim 3.0\%$，潜在矿物相为假硅灰石、枪晶石及少量的磷灰石，结构90%左右为玻璃体。

用作混凝土掺合料的磷渣粉是以粒化电炉磷渣经磨细加工制成的比表面积 $\geqslant 350m^2/kg$ 的粉末。在本规程制定前，由粒化电炉磷渣磨细加工而成的粉末有"磷矿粉"、"磷渣粉"、"磷渣微粉"等各种称谓，本标准统称为"磷渣粉"。

2.1.2 在混凝土拌合物中，磷渣粉占混凝土总掺合料质量百分比最大的混凝土，视为磷渣混凝土；否则按普通混凝土处理。

2.1.3 胶凝材料的术语和定义在混凝土工程技术领域已被普遍接受。

2.1.4 本规程中，掺量含义是相对质量百分比，用量含义是绝对质量。

3　原　材　料

3.0.1 本条规定磷渣混凝土所用水泥应符合现行国家标准《通用硅酸盐水泥》GB 175 的规定，当采用其他品种水泥时应符合相应标准的要求。

3.0.2 磷渣混凝土用粗骨料、细骨料应符合现行行业标准《普通混凝土用砂、石质量及检验方法标准》JGJ 52 的规定。当工程设计有其他要求时，应按国家现行相关标准执行。

3.0.3 磷渣粉的性能指标包括质量系数 K、比表面积、流动度、含水量、五氧化二磷含量、三氧化硫含量、烧失量、氯离子含量、安定性、氟含量和放射性，性能指标和试验方法应符合现行行业标准《混凝土用粒化电炉磷渣粉》JG/T 317 的有关规定。

3.0.4 混凝土各种矿物掺合料的特性和在混凝土中的功效不同，控制指标在国家现行标准中的相关规定不统一，因此，在使用矿物掺合料时，必须按国家现行标准的规定和设计要求并经检验合格后方可使用。目前，《矿物掺合料应用技术规范》正在编制，当该规范正式发布实施后，矿物掺合料的使用可以按该规范执行。

本条中粒化高炉矿渣是指在高炉冶炼生铁时，所得以硅酸盐为主要成分的熔融物，经淬冷成粒、具有潜在水硬性的材料；现行国家标准《用于水泥和混凝土中的粒化高炉矿渣粉》GB/T 18046 规定粒化高炉矿渣粉是以粒化高炉矿渣为主要原材料，可掺少量石膏磨制成一定细度的粉体，可用于水泥和混凝土中。而粒化电炉磷渣是以电炉法生产黄磷时所得到的以硅酸钙为主要成分的熔融物，现行行业标准《混凝土用粒化电炉磷渣粉》JG/T 317 规定磷渣粉是用电炉法制黄磷时所得到的以硅酸钙为主要成分的熔融物经淬冷成粒、磨细加工制成的粉末，作为混凝土掺合料。因此，粒化电炉磷渣粉与粒化高炉矿渣粉在生产工艺、化学组分、质量控制指标、检测方法等都存在差异，作为掺合料在混凝土中的应用应符合本规程的有关规定。

3.0.5 混凝土外加剂包括减水剂、膨胀剂、防冻剂、速凝剂和防水剂等，品质除应符合现行国家标准《混凝土外加剂》GB 8076、《混凝土膨胀剂》GB 23439、现行行业标准《混凝土防冻剂》JC 475 外，还需满足现行国家标准《混凝土外加剂应用技术规范》GB 50119 的规定，并应按相应标准检验合格后方可使用。

3.0.6 磷渣混凝土拌合用水的技术要求和试验方法应符合现行行业标准《混凝土用水标准》JGJ 63 的规定。当工程设计有其他要求时，应按国家现行相关标准执行。

4　磷渣混凝土性能

4.1　拌合物技术要求

4.1.1 磷渣混凝土拌合物工作性能的好坏是决定混凝土质量的重要因素之一，因此，在配制磷渣混凝土时应主要调整拌合物的黏聚性、保水性和流动性，使之不离析、不泌水。

4.1.2 混凝土拌合物的稠度可采用坍落度、维勃稠度或扩展度表示。坍落度检验适用于坍落度不小于 10mm 的混凝土拌合物，维勃稠度检验适用于维勃稠度 5s～30s 的混凝土拌合物，扩展度适用于泵送高强混凝土和自密实混凝土。混凝土拌合物性能的试验方法应按现行国家标准《普通混凝土拌合物性能试验方法标准》GB/T 50080 的规定执行。

4.1.3 混凝土坍落度经时损失为混凝土初始坍落度与混凝土拌合物静置至 1h（从加水搅拌时开始计算）后的坍落度保留值的差值。当采用磷渣粉配制泵送磷渣混凝土时，磷渣粉的质量对混凝土的坍落度损失有影响，因此，加强对混凝土坍落度经时损失的控制十分重要。实践表明，一般情况下应将坍落度经时损失控制在 30mm/h 内。

4.1.4 掺磷渣粉后会延长混凝土的凝结时间，因此应对混凝土的凝结时间进行试验确认，以满足工程施工和混凝土性能要求。

4.1.5 为了预防混凝土碱骨料反应，将磷渣混凝土中碱含量控制在 $3.0kg/m^3$ 以内；混凝土中碱含量是测定混凝土各原材料碱含量计算之和，而实测的磷渣粉、粉煤灰和粒化高炉矿渣等矿物掺合料碱含量并不是参与碱-骨料反应的有效碱含量，对于矿物掺合料中的有效碱含量，粉煤灰碱含量取实测值的 1/6，粒化高炉矿渣碱含量取实测值的 1/2，已经被混凝土工程界采纳，本条同时规定磷渣粉碱含量取实测值的 1/2。

4.1.6 现行国家标准《混凝土结构设计规范》GB 50010、《预拌混凝土》GB 14902 和《混凝土结构耐久性设计规范》GB/T 50476 均对不同环境中混凝土的氯离子最大含量进行了规定。参照以上标准规范的规定，本规程将环境类别简单清楚地分为四类。本着从严控制的原则，对处于存在氯离子的潮湿环境的钢筋混凝土，水溶性氯离子最大含量一律规定为不超过水泥用量的 0.06%，对于其他环境的钢筋混凝土或素混凝土结构，本规程的限值也明显比其他标准规范严格。

现行行业标准《水运工程混凝土试验规程》JTJ 270 中提供了混凝土拌合物中氯离子含量的快速测定方法，磷渣混凝土拌合物水溶性氯离子含量可以采用该方法进行测定，也可以根据试验条件采取化学滴定法等方法，以及其他精度更高的快速测定方法。我国台湾地区的标准《新拌混凝土中水溶性氯离子含量试验方法》CNS 13465 可以作为参考，但要将测试结果（kg/m^3）换算为水泥用量的质量百分比。

4.2 力 学 性 能

4.2.1、4.2.2 明确了现行国家标准《混凝土结构设计规范》GB 50010、《普通混凝土力学性能试验方法标准》GB/T 50081、《混凝土强度检验评定标准》GB/T 50107 等规范有关混凝土力学性能的规定也同样适用于磷渣混凝土。

4.3 长期性能与耐久性能

4.3.1 明确了磷渣混凝土长期性能的参数，同时也强调现行国家标准《普通混凝土长期性能和耐久性试验方法标准》GB/T 50082 等规范同样适用于磷渣混凝土。

4.3.2、4.3.3 强调现行国家标准《混凝土质量控制标准》GB 50164、《普通混凝土长期性能和耐久性试验方法标准》GB/T 50082 等规范有关混凝土耐久性能的规定同样适用于磷渣混凝土。

5 磷渣混凝土配合比设计

5.1 一 般 规 定

5.1.1 明确磷渣混凝土配合比设计方法，与现行国家标准相协调。

5.1.2 本规程规定在混凝土拌合物中，磷渣粉占混凝土总掺合料质量百分比最大的混凝土为磷渣混凝土；否则按普通混凝土处理。因此，磷渣粉可单独使用，也可将磷渣粉和矿渣粉、粉煤灰及其他活性掺合料复合使用；磷渣粉与其他矿物掺合料复合使用时必须进行试验验证相容性，以保证磷渣混凝土满足工程施工和混凝土性能要求。

5.1.3 磷渣粉与其他矿物掺合料、外加剂的适应性对混凝土的性能有重要影响。由于磷渣粉含有氟、磷等化合物，可能与其他矿物掺合料、外加剂不相适应，可能导致混凝土拌合物出现凝结时间异常等现象，为保证磷渣混凝土满足工程施工和混凝土性能要求，对磷渣粉掺量和外加剂的品种、掺量及材料间的相容性必须经过混凝土试配试验确定。

5.1.4 本条规定磷渣混凝土配合比设计必须根据原材料质量情况、混凝土技术要求经过计算、试配和调整后确定。

5.1.5 工程结构使用的水泥、粗细骨料、外加剂、磷渣粉的品种或质量有显著变化，磷渣混凝土的配合比需要通过试配确定，以满足工程施工和混凝土性能的要求。原材料质量显著变化是指诸如水泥胶砂强度、外加剂减水率和矿物掺合料细度等发生明显变化；对混凝土性能有特殊要求是磷渣混凝土工程结构对混凝土性能有另行规定的，如抗硫酸盐性能、抗碳化性能等。

5.2 配合比计算和确定

5.2.1 本条规定磷渣粉可适用混凝土的种类。磷渣粉最大掺量与现行行业标准《普通混凝土配合比设计规程》JGJ 55相协调；规定磷渣粉最大掺量主要是为了保证混凝土耐久性能，磷渣粉在混凝土中的实际掺量是通过试验确定的。当采用超出表5.2.2给出的磷渣粉最大掺量时，全盘否定不妥，通过对混凝土性能进行全面试验论证，证明结构混凝土安全性和耐久性可满足设计要求后，还是能够采用的。

5.2.2、5.2.3 规定了磷渣混凝土配合比设计应遵照的基本步骤。

5.2.4 与现行国家标准相协调。

5.2.5 明确外加剂掺量是按胶凝材料总用量相对质量百分比计。

5.2.6 磷渣混凝土的配合比试配、调整与确定，在操作上与普通混凝土无异。

6 磷渣混凝土的生产与施工

6.1 一般规定

6.1.1 本条强调了磷渣混凝土施工前应制定详细、周密的施工技术方案和施工过程中应进行全过程控制。完整的生产施工技术方案和施工全过程控制能够充分研究确定各个环节及相互联系的控制技术，有利于做好充分准备，保证磷渣混凝土工程的顺利实施，进而保证混凝土工程质量。

6.1.2 混凝土骨料含水情况变化是长期以来影响混凝土质量的重要因素。为了保证能在混凝土生产过程中对骨料含水情况变化做及时、相应的准确调控，本条规定了骨料含水率的检验频率和外界因素影响导致混凝土骨料含水率变化时应进行及时检验。

6.1.3 在生产施工过程中向混凝土拌合物中加水会严重影响混凝土力学性能、长期性能和耐久性能，对混凝土工程质量危害极大，必须严格禁止。

6.2 原材料计量

6.2.1 本条规定了磷渣混凝土原材料计量的质量控制依据。

6.2.2 采用电子计量设备进行原材料计量对混凝土生产质量控制意义重大，无论是规模生产可控性还是控制精度，都是现代混凝土生产所要求的；混凝土生产企业应重视计量设备的自检和零点校准，保证计量设备运行质量。本条同时规定了每盘原材料计量的允许偏差。

6.3 混凝土搅拌

6.3.1 本条规定了磷渣混凝土拌合物搅拌质量的控制依据。

6.3.2 本规程规定了磷渣混凝土应采用强制式搅拌机生产，所用搅拌机应符合相关国家标准的规定。

6.3.3 本条规定了磷渣混凝土拌合物最短搅拌时间。采用的搅拌时间一般不少于现行国家标准《混凝土结构工程施工规范》GB 50666规定的最短时间，但只要能保证磷渣混凝土拌合物搅拌均匀，都是允许的。

6.4 混凝土运输

6.4.1 本条规定了磷渣混凝土拌合物运输过程中的质量控制依据。

6.4.2 本条规定了磷渣混凝土泵送施工过程质量控制依据。

6.4.3 在运输过程中的颠簸等容易导致磷渣混凝土拌合物的离析与分层，所以本条规定应采取措施，确保混凝土运输至浇筑现场时不得出现离析或分层现象。

6.4.4 本规定与现行国家标准《混凝土结构工程施工规范》GB 50666一致，强调混凝土拌合物坍落度损失过大时的正确处理方法。

6.5 混凝土浇筑

6.5.1 本条规定了磷渣混凝土施工过程中，拌合物浇筑成型过程应遵循的技术依据。

6.5.2 机械振捣更容易使混凝土密实，从而保证混凝土硬化后质量。应根据混凝土拌合物性能、浇筑高度、钢筋密度等确定适宜的振捣时间。振捣时间不足混凝土难以充分密实，过振容易导致混凝土分层离析。

6.5.3、6.5.4 依据现行国家标准《混凝土质量控制标准》GB 50164的相关规定。

6.5.5 试验证明，混凝土拌合物在大风环境下的水分蒸发过快，不利于水泥水化和强度发展，同时可能导致混凝土干缩大，引起混凝土开裂。故磷渣混凝土拌合物在大风条件下浇筑时，宜采取适当挡风措施。本条款对风速的限定主要参考现行国家标准《普通混凝土长期性能和耐久性能试验方法标准》GB/T 50082中早期抗裂试验的要求。

6.5.6 混凝土分层浇筑厚度过大不利于混凝土振捣，影响混凝土的成型质量。

6.5.7 在平面内均匀布料可避免混凝土流动距离过远，不得用振捣棒赶料可避免混凝土拌合物不均匀分布，从而影响混凝土的成型质量。

6.5.8 混凝土振捣时碰撞模板、钢筋及预埋件会直接影响混凝土的施工质量。

6.5.9 支模质量直接影响混凝土的施工质量，如模板失稳或跑模会打乱混凝土浇筑节奏，影响混凝土质量；支模质量也对混凝土外观质量有直接影响。

6.5.10 磷渣混凝土在终凝以前采用抹面机械或人工多次抹压可保证混凝土质量。抹压后应及时采取保湿措施，避免出现早期干缩裂缝。

6.5.11 混凝土硬化不足时人为踩踏会给混凝土造成

伤害。磷渣混凝土自然保湿养护下强度达到 1.2MPa 的时间按现行国家标准《混凝土质量控制标准》GB 50164 有关规定适当增加时间执行。混凝土强度的发展还受混凝土强度等级、配合比设计、结构尺寸、施工工艺等因素影响。

6.6 混凝土养护

6.6.1 本条规定了磷渣混凝土养护过程中的质量控制依据。

6.6.2 采用蒸汽养护时，在可接受生产效率范围内，混凝土成型后的静停时间长一些有利于减少混凝土在蒸养过程中的内部损伤；控制升温速度和降温速度慢一些，可减小温度应力对混凝土内部结构的不利影响；控制最高和恒温温度不宜超过 65℃ 比较合适，最高不应超过 80℃。

6.6.3 对于冬期施工的磷渣混凝土，同样应注意避免混凝土内外温差过大，有效控制混凝土温度应力的不利影响。混凝土强度不低于 5MPa 即具有了一定的非冻融循环大气条件下的抗冻能力，这个强度也称为抗冻临界强度。

6.6.4 本条规定了掺用膨胀剂的磷渣混凝土保湿养护的质量控制依据。

6.6.5 本条规定了磷渣混凝土养护用水的质量控制依据。

7 质量检验与验收

7.1 混凝土原材料质量检验

7.1.1 磷渣混凝土原材料质量检验应包括型式检验报告、出厂检验报告或合格证等质量证明文件的查验和收存。

7.1.2 本条规定了磷渣混凝土原材料的进场要求，应在磷渣混凝土原材料进场时检验把关，不合格的原材料不能进场。

7.1.3 本条规定了磷渣混凝土原材料的检验项目，磷渣混凝土原材料进场检验和生产中抽检的项目不能少于规定的项目。

7.1.4 本条规定了磷渣混凝土原材料的检验规则，磷渣混凝土原材料每个检验批的量不能多于规定的量。

7.1.5 本条规定了磷渣混凝土原材料的取样方法。

7.1.6 本条规定了磷渣及其他原材料应符合的质量要求，符合本规程第 3 章规定的原材料为质量合格，可以验收。

7.2 混凝土拌合物性能检验

7.2.1 计量仪器和系统的正常是混凝土质量控制的基本前提，因计量仪器故障出现的工程事故并不少见。因此，本条规定了磷渣混凝土原材料的计量仪器的检查频次和计量偏差，以确保计量的精准性。

7.2.2 磷渣混凝土拌合物质量控制是关键环节之一；本条规定了磷渣混凝土拌合物的检验项目及检验地点。磷渣混凝土拌合物的工作性能包括流动性、黏聚性和保水性；坍落度与和易性检验在搅拌地点和浇筑地点都要进行，浇筑地点检验为验收检验。

7.2.3 本条规定了磷渣混凝土拌合物有关性能的检验频次。

7.2.4 本条规定了磷渣混凝土拌合物性能应符合的质量要求。符合本规程第 4.1 节的规定的磷渣混凝土拌合物为质量合格，可以验收。

7.2.5 磷渣混凝土拌合物性能出现异常，可能是使用磷渣粉的原因，也可能是其他方面的原因，需要及时分析，然后作出针对性处理。

7.3 硬化混凝土性能检验

7.3.1 本条规定了磷渣混凝土强度检验评定依据。根据磷渣粉、粉煤灰等矿物掺合料在水泥及混凝土中大量应用，以及磷渣混凝土工程发展的实际情况，磷渣混凝土的检验龄期在条件允许时根据设计要求而定。

7.3.2 本条规定了磷渣混凝土长期性能和耐久性的检验评定依据。

7.3.3 本条规定了磷渣混凝土的力学性能、长期性能和耐久性能应符合的质量要求。符合本规程第 4.2 节和第 4.3 节规定的磷渣混凝土的力学性能、长期性能和耐久性能为质量合格，可以验收。

7.4 混凝土工程验收

7.4.1 磷渣混凝土工程验收的一般要求与非磷渣混凝土工程无异。

7.4.2 本条强调将磷渣混凝土的长期性能和耐久性能作为验收的主要内容之一。

中华人民共和国行业标准

石灰石粉在混凝土中应用技术规程

Technical specification for application
of ground limestone in concrete

JGJ/T 318—2014

批准部门：中华人民共和国住房和城乡建设部
施行日期：2 0 1 4 年 1 0 月 1 日

中华人民共和国住房和城乡建设部
公　告

第 308 号

住房城乡建设部关于发布行业标准
《石灰石粉在混凝土中应用技术规程》的公告

现批准《石灰石粉在混凝土中应用技术规程》为行业标准，编号为 JGJ/T 318-2014，自 2014 年 10 月 1 日起实施。

本规程由我部标准定额研究所组织中国建筑工业出版社出版发行。

中华人民共和国住房和城乡建设部

2014 年 2 月 10 日

前　言

根据住房和城乡建设部《关于印发〈2011 年工程建设标准规范制订、修订计划〉的通知》（建标〔2011〕17 号）的要求，编制组经广泛调查研究，认真总结实践经验，参考有关国际标准和国外先进标准，并在广泛征求意见的基础上，编制本规程。

本规程的主要技术内容是：1 总则；2 术语；3 原材料技术要求；4 混凝土性能；5 配合比；6 施工；7 质量检验。

本规程由住房和城乡建设部负责管理，由中国建筑科学研究院负责具体技术内容的解释。执行过程中如有意见或建议，请寄送至中国建筑科学研究院（地址：北京市北三环东路 30 号；邮政编码：100013）。

本规程主编单位：中国建筑科学研究院
　　　　　　　　　温州建设集团有限公司

本规程参编单位：江苏铸本混凝土工程有限公司
　　　　　　　　　宁波市大自然新型墙材有限公司
　　　　　　　　　博坤建设集团有限公司
　　　　　　　　　临沂市建设安全工程质量检测中心
　　　　　　　　　深圳市安托山混凝土有限公司
　　　　　　　　　深圳市为海建材有限公司
　　　　　　　　　上海城建物资有限公司
　　　　　　　　　北京金隅股份有限公司
　　　　　　　　　中建商品混凝土有限公司
　　　　　　　　　中国水利水电第三工程局

有限公司
重庆市建筑科学研究院
济宁汇能商品混凝土有限公司
上海中技桩业股份有限公司
华新混凝土（武汉）有限公司
河北麒麟建筑科技发展有限公司
唐山冀东水泥混凝土投资发展有限公司
广西大都混凝土集团有限公司

本规程主要起草人员：周永祥　丁　威　冷发光
　　　　　　　　　　　胡正华　王永海　龙　宇
　　　　　　　　　　　仇心金　余尧天　王　辉
　　　　　　　　　　　何更新　梁锡武　杨根宏
　　　　　　　　　　　陈柯柯　姜长禄　高育欣
　　　　　　　　　　　李灼然　杨再富　杨　轩
　　　　　　　　　　　金　瓯　杨末丽　齐广华
　　　　　　　　　　　董　杰　赵雪静　韦庆东
　　　　　　　　　　　张　涛　李志雄　赵林峰
　　　　　　　　　　　王　晶　王　伟

本规程主要审查人员：阎培渝　张仁瑜　石云兴
　　　　　　　　　　　陈家珑　闻德荣　陈爱芝
　　　　　　　　　　　蒋勤俭　郝挺宇　李家正
　　　　　　　　　　　周岳年　刘数华

目 次

1 总则 ································ 30—5

2 术语 ································ 30—5

3 原材料技术要求 ···················· 30—5

  3.1 石灰石粉 ······················ 30—5

  3.2 其他混凝土原材料 ·············· 30—5

4 混凝土性能 ························ 30—6

  4.1 拌合物性能 ···················· 30—6

  4.2 力学性能 ······················ 30—6

  4.3 长期性能与耐久性能 ············ 30—6

5 配合比 ······························ 30—7

6 施工 ································ 30—7

  6.1 一般规定 ······················ 30—7

6.2 原材料贮存与计量 ············· 30—7

6.3 混凝土的制备、运输、浇筑

    和养护 ······················ 30—8

7 质量检验 ·························· 30—8

  7.1 原材料质量检验 ·············· 30—8

  7.2 混凝土拌合物性能检验 ········ 30—8

  7.3 硬化混凝土性能检验 ·········· 30—8

附录 A 石灰石粉亚甲蓝值

      测试方法 ··············· 30—8

本规程用词说明 ··················· 30—9

引用标准名录 ····················· 30—9

附：条文说明 ····················· 30—11

Contents

1 General Provisions ···················· 30—5

2 Terms ···················· 30—5

3 Technical Requirements for Concrete
   Components ···················· 30—5
   3.1 Ground Limestone ···················· 30—5
   3.2 Other Concrete Components ············ 30—5

4 Concrete Performance ···················· 30—6
   4.1 Mixture Performance ···················· 30—6
   4.2 Mechanical Performance ···················· 30—6
   4.3 Long-term Performance
        and Durability ···················· 30—6

5 Mix Proportion ···················· 30—7

6 Construction ···················· 30—7
   6.1 General Requirements ···················· 30—7
   6.2 Storage and Metering of Concrete
        Components ···················· 30—7
   6.3 Production, Transportation, Casting
        and Curing of Concrete ·············· 30—8

7 Quality Inspection and
   Acceptance ···················· 30—8
   7.1 Inspection and Acceptance of
        Concrete Components ···················· 30—8
   7.2 Inspection and Acceptance of Concrete
        Mixture Performance ···················· 30—8
   7.3 Inspection and Acceptance of Harden
        Concrete Performance ···················· 30—8

Appendix A: Test Method for the
            Methylene Blue Value
            of Ground Limestone ······ 30—8

Explanation of Wording in This
   Specification ···················· 30—9

List of Quoted Standards ···················· 30—9

Addition: Explanation of
   Provisions ···················· 30—11

1 总　则

1.0.1 为规范石灰石粉在混凝土中的应用技术，保证混凝土质量，制定本规程。

1.0.2 本规程适用于建筑工程中将石灰石粉作为矿物掺合料使用的混凝土的应用。

1.0.3 石灰石粉在混凝土中的应用除应符合本规程外，尚应符合国家现行有关标准的规定。

2 术　语

2.0.1 石灰石粉　ground limestone

以一定纯度的石灰石为原料，经粉磨至规定细度的粉状材料。

2.0.2 亚甲蓝值　methylene blue value

采用规定的方法测试，用于判定石灰石粉颗粒吸附性能的指标。简称 MB 值。

2.0.3 胶凝材料　binder

混凝土中水泥和活性矿物掺合料的总称。

2.0.4 石灰石粉影响系数　influence value of ground limestone

在推算掺加石灰石粉的胶凝材料 28d 胶砂抗压强度时，用于折减水泥 28d 胶砂抗压强度的系数，为无量纲的数值，记为 γ_L。

3 原材料技术要求

3.1 石　灰　石　粉

3.1.1 石灰石粉的碳酸钙含量、细度、活性指数、流动度比、含水量、亚甲蓝值及测试方法应符合表3.1.1的规定。

表 3.1.1　石灰石粉技术要求和测试方法

项　　目	技术指标	测试方法
碳酸钙含量（%）	≥75	应按 1.785 倍 CaO 含量折算，CaO 含量应按现行国家标准《建材用石灰石、生石灰和熟石灰化学分析方法》GB/T 5762 测定。
细度（45μm 方孔筛筛余，%）	≤15	应按现行国家标准《水泥细度检验方法筛析法》GB/T 1345 所列的负压筛分析法测试。

续表 3.1.1

项　　目		技术指标	测试方法
活性指数（%）	7d	≥60	应按现行行业标准《水泥砂浆和混凝土用天然火山灰质材料》JG/T 315 的有关规定，并将天然火山灰质材料替代为石灰石粉后进行测试。
	28d	≥60	
流动度比（%）		≥100	
含水量（%）		≤1.0	应按现行行业标准《水泥砂浆和混凝土用天然火山灰质材料》JG/T 315 的有关规定，并将天然火山灰质材料替代为石灰石粉后进行测试。
亚甲蓝值（g/kg）		≤1.4	应按本规程附录 A 的方法测定。

3.1.2 石灰石粉的放射性核素限量应符合现行国家标准《建筑材料放射性核素限量》GB 6566 的规定。

3.1.3 当石灰石粉用于有碱活性骨料配制的混凝土时，可由供需双方协商确定碱含量。石灰石粉的碱含量应按下式计算：

$$M = M_{Na_2O} + 0.658M_{K_2O} \quad (3.1.3)$$

式中：M——石灰石粉的碱含量；

M_{Na_2O}——石灰石粉中 Na_2O 含量，应按现行国家标准《水泥化学分析方法》GB/T 176 测定；

M_{K_2O}——石灰石粉中 K_2O 含量，应按现行国家标准《水泥化学分析方法》GB/T 176 测定。

3.2 其他混凝土原材料

3.2.1 水泥应采用符合现行国家标准《通用硅酸盐水泥》GB 175 规定的硅酸盐水泥和普通硅酸盐水泥。

3.2.2 骨料应符合国家现行标准《建设用砂》GB/T 14684、《建设用卵石、碎石》GB/T 14685 及《普通混凝土用砂、石质量及检验方法标准》JGJ 52 的规定。人工砂应符合现行行业标准《人工砂混凝土应用技术规程》JGJ/T 241 的规定。使用经过净化处理的海砂时，应符合现行行业标准《海砂混凝土应用技术规范》JGJ 206 的规定。

3.2.3 粉煤灰应符合现行国家标准《用于水泥和混凝土中的粉煤灰》GB/T 1596 的规定；粒化高炉矿渣粉应符合现行国家标准《用于水泥和混凝土中的粒化高炉矿渣粉》GB/T 18046 的规定；钢渣粉应符合现行国家标准《用于水泥和混凝土中的钢渣粉》GB/

20491 的规定；磷渣粉应符合现行行业标准《混凝土用粒化电炉磷渣粉》JG/T 317 的规定；硅灰应符合现行国家标准《砂浆和混凝土用硅灰》GB/T 27690 的规定；钢铁渣粉应符合现行国家标准《钢铁渣粉》GB/T 28293 的规定。

3.2.4 外加剂应符合现行国家标准《混凝土外加剂》GB 8076 和《混凝土外加剂应用技术规范》GB 50119 的规定。混凝土膨胀剂应符合现行国家标准《混凝土膨胀剂》GB 23439 的规定。防冻剂符合现行行业标准《混凝土防冻剂》JC 475 的规定。外加剂与石灰石粉、水泥和其他矿物掺合料的适应性应经试验验证。

3.2.5 混凝土拌合用水和施工用水应符合现行行业标准《混凝土用水标准》JGJ 63 的规定。

4 混凝土性能

4.1 拌合物性能

4.1.1 掺加石灰石粉的混凝土拌合物的坍落度和扩展度等级划分及允许偏差应符合表 4.1.1-1、表 4.1.1-2 和表 4.1.1-3 的规定。

表 4.1.1-1 掺加石灰石粉的混凝土拌合物的坍落度等级划分

等级	坍落度（mm）	等级	坍落度（mm）
S1	10～40	S4	160～210
S2	50～90	S5	≥220
S3	100～150		

表 4.1.1-2 掺加石灰石粉的混凝土拌合物的扩展度等级划分

等级	扩展度（mm）	等级	扩展度（mm）
F1	≤340	F4	490～550
F2	350～410	F5	560～620
F3	420～480	F6	≥630

表 4.1.1-3 掺加石灰石粉的混凝土拌合物稠度实测值与控制目标值的允许偏差

项 目	设计值（mm）	允许偏差（mm）
坍落度	≤40	±10
	50～90	±20
	≥100	±30
扩展度	≥350	±30

4.1.2 掺加石灰石粉的泵送混凝土的拌合物坍落度

不宜大于 180mm，坍落度经时损失不宜大于 30mm/h，并应满足施工要求。配制自密实混凝土时，扩展度不宜小于 600mm，并应满足施工要求。

4.1.3 拌合物凝结时间应满足施工要求。

4.1.4 当有抗冻要求时，掺加石灰石粉的混凝土宜掺用引气剂，且含气量实测值不宜大于 7%。

4.1.5 掺加石灰石粉的混凝土拌合物中，水溶性氯离子最大含量应符合表 4.1.5 的规定。

表 4.1.5 掺加石灰石粉的混凝土拌合物中水溶性氯离子最大含量

环境条件	水溶性氯离子最大含量（占水泥用量的质量百分比，%）		
	钢筋混凝土	预应力混凝土	素混凝土
干燥环境	0.3		
潮湿但不含氯离子的环境	0.2		
潮湿且含有氯离子的环境、盐渍土环境	0.1	0.06	1.0
除冰盐等侵蚀性物质的腐蚀环境	0.06		

4.1.6 掺加石灰石粉的混凝土拌合物性能试验方法应符合现行国家标准《普通混凝土拌合物性能试验方法标准》GB/T 50080 的规定。

4.2 力 学 性 能

4.2.1 掺加石灰石粉的混凝土强度等级应划分为 C10、C15、C20、C25、C30、C35、C40、C45、C50、C55、C60、C65、C70、C75 和 C80。

4.2.2 掺加石灰石粉的混凝土强度应满足设计要求。

4.2.3 掺加石灰石粉的混凝土力学性能试验方法应符合现行国家标准《普通混凝土力学性能试验方法标准》GB/T 50081 的规定。

4.3 长期性能与耐久性能

4.3.1 当有预防碱骨料反应要求时，掺加石灰石粉的混凝土应符合现行国家标准《预防混凝土碱骨料反应技术规范》GB/T 50733 的规定。

4.3.2 在低温、硫酸盐侵蚀环境中，掺加石灰石粉混凝土的性能应经试验确认。

4.3.3 掺加石灰石粉的混凝土长期性能与耐久性能的试验方法，应符合现行国家标准《普通混凝土长期性能和耐久性能试验方法标准》GB/T 50082 的规定。

4.3.4 掺加石灰石粉的混凝土的抗冻、抗硫酸盐侵蚀的等级划分，应符合现行行业标准《混凝土耐久性检验评定标准》JGJ/T 193 的规定。

5 配 合 比

5.0.1 掺加石灰石粉的混凝土配合比设计应符合现行行业标准《普通混凝土配合比设计规程》JGJ 55 的有关规定。

5.0.2 石灰石粉在混凝土中的掺量应通过试验确定。采用硅酸盐水泥或普通硅酸盐水泥时，钢筋混凝土和预应力混凝土中石灰石粉掺量不宜大于表 5.0.2 的规定。复合掺合料中石灰石粉的掺量不应超过单掺时的最大掺量。

表 5.0.2 钢筋混凝土和预应力混凝土
中石灰石粉的最大掺量

结构类型	水胶比	最大掺量（%）	
		采用硅酸盐水泥时	采用普通硅酸盐水泥时
钢筋混凝土	≤0.40	35	25
	>0.40	30	20
预应力混凝土	≤0.40	30	20
	>0.40	25	15

注：石灰石粉掺量是指石灰石粉占胶凝材料用量的质量百分比。

5.0.3 配合比计算时，应将石灰石粉用量计入胶凝材料用量。

5.0.4 配合比计算时，胶凝材料 28d 胶砂抗压强度宜根据试验确定。当胶凝材料 28d 胶砂抗压强度无实测值，且石灰石粉掺量不超过 25% 时，胶凝材料 28d 胶砂抗压强度值可按下式计算：

$$f_b = \gamma_L \gamma_f \gamma_s f_{ce} \qquad (5.0.4)$$

式中：f_b——胶凝材料 28d 胶砂抗压强度（MPa）；

γ_L——石灰石粉影响系数，可按表 5.0.4-1 取值；

γ_f、γ_s——分别为粉煤灰影响系数和粒化高炉矿渣粉影响系数，可按表 5.0.4-2 取值；

f_{ce}——水泥 28d 胶砂抗压强度（MPa）。

表 5.0.4-1 石灰石粉影响系数

石灰石粉掺量（%）	石灰石粉影响系数
0	1.00
10	0.90
15	0.85
20	0.80
25	0.75

注：当掺量在本表所列数值之间时，可采用线性插值估算；当掺量超过 25% 时，按实测值计算。

表 5.0.4-2 粉煤灰影响系数和粒化
高炉矿渣粉影响系数

种类 掺量（%）	粉煤灰影响系数 γ_f	粒化高炉矿渣粉影响系数 γ_s
0	1.00	1.00
10	0.85~0.95	1.00
20	0.75~0.85	0.95~1.00
30	0.65~0.75	0.90~1.00
40	0.55~0.65	0.80~0.90
50	—	0.70~0.85

注：1 采用 I 级粉煤灰宜取上限值；

2 采用 S75 级粒化高炉矿渣粉宜取下限值，采用 S95 级粒化高炉矿渣粉宜取上限值，采用 S105 级粒化高炉矿渣粉可取上限值加 0.05；

3 当超出表中的掺量时，粉煤灰和粒化高炉矿渣粉影响系数应经试验确定。

5.0.5 在施工前，应进行混凝土试生产，确定施工配合比。

6 施 工

6.1 一 般 规 定

6.1.1 掺加石灰石粉的混凝土的施工应符合现行国家标准《混凝土结构工程施工规范》GB 50666 和《混凝土质量控制标准》GB 50164 的有关规定。

6.1.2 采用预拌方式生产的掺加石灰石粉的混凝土应符合现行国家标准《预拌混凝土》GB/T 14902 的规定。

6.2 原材料贮存与计量

6.2.1 石灰石粉应单独贮存，并应防止受潮和被泥尘等其他杂物污染。

6.2.2 其他混凝土原材料的贮存应符合现行国家标准《混凝土质量控制标准》GB 50164 的有关规定。

6.2.3 各种原材料贮存处应有明显标识，标识应注明材料品名、产地、厂家、等级、规格等信息。

6.2.4 原材料计量应采用电子计量设备，其精度应满足现行国家标准《混凝土搅拌站（楼）》GB/T 10171 的要求。每一工作班开始前，应对计量设备进行零点校准。

6.2.5 石灰石粉和其他原材料的计量允许偏差应符合表 6.2.5 的规定，并应每班检查 1 次。

表 6.2.5　混凝土原材料计量允许偏差

原材料品种	水泥	骨料	水	外加剂	石灰石粉	其他掺合料
每盘计量允许偏差（％）	±2	±3	±1	±1	±2	±2
累计计量允许偏差（％）	±1	±2	±1	±1	±1	±1

注：累计计量允许偏差是指每一运输车中各盘混凝土的每种材料计量和的偏差。

6.2.6　在原材料计量过程中，应根据粗、细骨料含水率的变化调整水和粗、细骨料的计量。

6.3　混凝土的制备、运输、浇筑和养护

6.3.1　石灰石粉宜与其他胶凝材料一起投料搅拌；应采用强制式搅拌机搅拌，并应符合现行国家标准《混凝土搅拌机》GB/T 9142 有关的规定。

6.3.2　掺加石灰石粉的混凝土拌合物应搅拌均匀；同一盘混凝土的搅拌匀质性应符合现行国家标准《混凝土质量控制标准》GB 50164 的规定。

6.3.3　在掺加石灰石粉的混凝土拌合物的运输和浇筑过程中，不应往拌合物中加水。

6.3.4　掺加石灰石粉的混凝土浇筑后，应及时进行保湿养护。保湿养护可采用洒水、覆盖、喷涂养护剂等方式。养护方式应根据现场条件、环境温湿度、构件特点、技术要求、施工操作等因素确定。养护时间不应少于 14d。在混凝土初凝前和终凝前宜分别对混凝土裸露表面进行抹面处理，抹面后应继续保持湿养护。

6.3.5　冬期施工时，应符合现行行业标准《建筑工程冬期施工规程》JGJ/T 104 的有关规定。

6.3.6　掺用石灰石粉的高强混凝土的施工，应符合现行行业标准《高强混凝土应用技术规程》JGJ/T 281 的规定；掺用石灰石粉的大体积混凝土施工，应符合现行国家标准《大体积混凝土施工规范》GB 50496 的规定。

7　质　量　检　验

7.1　原材料质量检验

7.1.1　混凝土原材料进场时，应按规定划分的检验批验收型式检验报告、出厂检验报告或合格证等质量证明文件，外加剂产品尚应具有使用说明书。

7.1.2　混凝土原材料进场时应对材料的外观、规格、等级、生产日期等进行检查，并按检验批随机抽取样品进行检验。每个检验批检验不得少于 1 次。

7.1.3　石灰石粉进场检验项目应包括碳酸钙含量、细度、活性指数、流动度比、含水量和亚甲蓝值。当使用碱活性骨料的混凝土，石灰石粉进场检验项目尚应包括碱含量。在同一工程中，同一厂家生产的石灰石粉，当连续三次进场检验均一次检验合格时，后续的检验批量可扩大一倍。

7.1.4　其他混凝土原材料的检验项目应符合现行国家标准《混凝土质量控制标准》GB 50164 的规定。

7.1.5　石灰石粉应以每 200t 为一个检验批，每个批次的石灰石粉应来自同一厂家、同一矿源；非连续供应不足 200t 应作为一个检验批。其他混凝土原材料的检验规则应符合现行国家标准《混凝土质量控制标准》GB 50164 的有关规定。

7.2　混凝土拌合物性能检验

7.2.1　在生产和施工过程中，应在搅拌地点和浇筑地点分别对混凝土拌合物进行抽样检验。

7.2.2　混凝土拌合物的检验频率应符合下列规定：

　　1　混凝土坍落度检验取样频率应按现行国家标准《混凝土强度检验评定标准》GB/T 50107 中规定的强度检验频率执行；

　　2　同一工程、同一配合比的混凝土的凝结时间应至少检验 1 次；

　　3　同一工程、同一配合比的混凝土的氯离子含量应至少检验 1 次。

7.3　硬化混凝土性能检验

7.3.1　掺加石灰石粉的混凝土强度检验评定应符合现行国家标准《混凝土强度检验评定标准》GB/T 50107 的规定，其他力学性能检验应符合设计要求和国家现行有关标准的规定。

7.3.2　掺加石灰石粉的混凝土耐久性能检验评定，应符合现行行业标准《混凝土耐久性检验评定标准》JGJ/T 193 的规定。

7.3.3　掺加石灰石粉的混凝土长期性能检验规则，可按现行行业标准《混凝土耐久性检验评定标准》JGJ/T 193 中耐久性检验的有关规定执行。

附录 A　石灰石粉亚甲蓝值测试方法

A.0.1　本测试方法适用于石灰石粉亚甲蓝值的测试。

A.0.2　试验仪器设备及其精度应符合下列规定：

　　1　烘箱：烘箱的温度控制范围应为（105±5）℃；

　　2　天平：应配备天平 2 台，其称量应分别为1000g 和 100g，感量应分别为 0.1g 和 0.01g；

　　3　移液管：应配备 2 个移液管，容量应分别为

5mL 和 2mL；

4 搅拌器：搅拌器应为三片或四片式转速可调的叶轮搅拌器，最高转速应达到(600±60)r/min，直径应为(75±10)mm；

5 定时装置：定时装置的精度应为1s；

6 玻璃容量瓶：玻璃容量瓶的容量应为1L；

7 温度计：温度计的精度应为1℃；

8 玻璃棒：应配备2支玻璃棒，直径应为8mm，长应为300mm；

9 滤纸：滤纸应为快速定量滤纸；

10 烧杯：烧杯的容量应为1000mL。

A.0.3 试样应按下列步骤进行制备：

1 石灰石粉的样品应缩分至200g，并在烘箱中于(105±5)℃下烘干至恒重，冷却至室温；

2 应采用粒径为0.5mm～1.0mm的标准砂；

3 分别称取50g石灰石粉和150g标准砂，称量应精确至0.1g。石灰石粉和标准砂应混合均匀，作为试样备用。

A.0.4 亚甲蓝溶液应按下列步骤配制：

1 亚甲蓝的含量不应小于95%，样品粉末应在(105±5)℃下烘干至恒重，称取烘干亚甲蓝粉末10g，称量应精确至0.01g。

2 在烧杯中注入600mL蒸馏水，并加温到(35～40)℃。将亚甲蓝粉末倒入烧杯中，用搅拌器持续搅拌40min，直至亚甲蓝粉末完全溶解，并冷却至20℃。

3 将溶液倒入1L容量瓶中，用蒸馏水淋洗烧杯等，使所有亚甲蓝溶液全部移入容量瓶，容量瓶和溶液的温度应保持在(20±1)℃，加蒸馏水至容量瓶1L刻度。振荡容量瓶以保证亚甲蓝粉末完全溶解。

4 将容量瓶中的溶液移入深色储藏瓶中，置于阴暗处保存。应在瓶上标明制备日期、失效日期。

A.0.5 应按下列步骤进行试验操作：

1 将试样倒入盛有(500±5)mL蒸馏水的烧杯中，用叶轮搅拌机以(600±60)r/min转速搅拌5min，形成悬浮液，然后以(400±40)r/min转速持续搅拌，直至试验结束。

2 在悬浮液中加入5mL亚甲蓝溶液，用叶轮搅拌机以(400±40)r/min转速搅拌至少1min后，用玻璃棒蘸取一滴悬浮液，滴于滤纸上。所取悬浮液滴在滤纸上形成的沉淀物直径应为8mm～12mm。滤纸应置于空烧杯或其他合适的支撑物上，滤纸表面不得与任何固体或液体接触。当滤纸上的沉淀物周围未出现色晕，应再加入5mL亚甲蓝溶液，继续搅拌1min，再用玻璃棒蘸取一滴悬浮液，滴于滤纸上。当沉淀物周围仍未出现色晕，应重复上述步骤，直至沉淀物周围出现约1mm宽的稳定浅蓝色晕。

3 应继续搅拌，不再加入亚甲蓝溶液，每1min进行一次蘸染试验。当色晕在4min内消失，再加入

5mL亚甲蓝溶液；当色晕在第5min消失，再加入2mL亚甲蓝溶液。在上述两种情况下，均应继续进行搅拌和蘸染试验，直至色晕可持续5min。

4 当色晕可以持续5min时，应记录所加入的亚甲蓝溶液总体积，数值应精确至1mL。

5 石灰石粉的亚甲蓝值应按下式计算：

$$MB = V/G \times 10 \qquad (A.0.5)$$

式中：MB——石灰石粉的亚甲蓝值(g/kg)，精确至0.01；

　　　G——试样质量(g)；

　　　V——所加入的亚甲蓝溶液的总量(mL)；

　　　10——用于将每千克试样消耗的亚甲蓝溶液体积换算成亚甲蓝质量的系数。

本规程用词说明

1 为便于在执行本规程条文时区别对待，对要求严格程度不同的用词说明如下：

　　1）表示很严格，非这样做不可的：
　　　　正面词采用"必须"，反面词采用"严禁"；

　　2）表示严格，在正常情况下均应这样做的：
　　　　正面词采用"应"，反面词采用"不应"或"不得"；

　　3）表示允许稍有选择，在条件许可时，首先应这样做的：
　　　　正面词采用"宜"，反面词采用"不宜"；

　　4）表示有选择，在一定条件下可以这样做的，采用"可"。

2 条文中指明应按其他有关标准执行的写法为："应符合……的规定"或"应按……执行"。

引用标准名录

1 《普通混凝土拌合物性能试验方法标准》GB/T 50080

2 《普通混凝土力学性能试验方法标准》GB/T 50081

3 《普通混凝土长期性能和耐久性能试验方法标准》GB/T 50082

4 《混凝土强度检验评定标准》GB/T 50107

5 《混凝土外加剂应用技术规范》GB 50119

6 《混凝土质量控制标准》GB 50164

7 《大体积混凝土施工规范》GB 50496

8 《混凝土结构工程施工规范》GB 50666

9 《预防混凝土碱骨料反应技术规范》GB/T 50733

10 《通用硅酸盐水泥》GB 175

11 《水泥化学分析方法》GB/T 176

12 《水泥细度检验方法　筛析法》GB/T 1345

13 《用于水泥和混凝土中的粉煤灰》GB/T 1596

14 《建材用石灰石、生石灰和熟石灰化学分析方法》GB/T 5762

15 《建筑材料放射性核素限量》GB 6566

16 《混凝土外加剂》GB 8076

17 《混凝土搅拌机》GB/T 9142

18 《混凝土搅拌站(楼)》GB/T 10171

19 《建设用砂》GB/T 14684

20 《建设用卵石、碎石》GB/T 14685

21 《预拌混凝土》GB/T 14902

22 《用于水泥和混凝土中的粒化高炉矿渣粉》GB/T 18046

23 《用于水泥和混凝土中的钢渣粉》GB/T 20491

24 《混凝土膨胀剂》GB 23439

25 《砂浆和混凝土用硅灰》GB/T 27690

26 《钢铁渣粉》GB/T 28293

27 《普通混凝土用砂、石质量及检验方法标准》JGJ 52

28 《普通混凝土配合比设计规程》JGJ 55

29 《混凝土用水标准》JGJ 63

30 《建筑工程冬期施工规程》JGJ/T 104

31 《混凝土耐久性检验评定标准》JGJ/T 193

32 《海砂混凝土应用技术规范》JGJ 206

33 《人工砂混凝土应用技术规程》JGJ/T 241

34 《高强混凝土应用技术规程》JGJ/T 281

35 《水泥砂浆和混凝土用天然火山灰质材料》JG/T 315

36 《混凝土用粒化电炉磷渣粉》JG/T 317

37 《混凝土防冻剂》JC 475

中华人民共和国行业标准

石灰石粉在混凝土中应用技术规程

JGJ/T 318—2014

条 文 说 明

制 订 说 明

《石灰石粉在混凝土中应用技术规程》JGJ/T 318 - 2014，经住房和城乡建设部 2014 年 2 月 10 日以第 308 号公告批准发布。

本规程编制过程中，编制组进行了广泛而深入的调查研究，总结了我国工程建设中石灰石粉在混凝土中应用技术的实践经验，同时参考了国外先进技术法规、技术标准，通过试验取得了掺加石灰石粉的混凝土应用技术的相关重要技术参数。

为便于广大设计、施工、科研、学校等单位有关人员在使用本规程时能正确理解和执行条文规定，《石灰石粉在混凝土中应用技术规程》编制组按章、节、条顺序编制了本规程的条文说明，对条文规定的目的、依据以及执行中需要注意的有关事项进行了说明。但是，本条文说明不具备与规程正文同等的法律效力，仅供使用者作为理解和把握规程规定的参考。

目　次

1　总则 ………………………………… 30—14

2　术语 ………………………………… 30—14

3　原材料技术要求 …………………… 30—14

　3.1　石灰石粉 ………………………… 30—14

　3.2　其他混凝土原材料 ……………… 30—15

4　混凝土性能 ………………………… 30—15

　4.1　拌合物性能 ……………………… 30—15

　4.2　力学性能 ………………………… 30—16

　4.3　长期性能与耐久性能 …………… 30—16

5　配合比 ……………………………… 30—16

6　施工 ………………………………… 30—16

6.1　一般规定 ………………………… 30—16

6.2　原材料贮存与计量 ……………… 30—16

6.3　混凝土的制备、运输、浇筑
　　 和养护 ………………………… 30—17

7　质量检验 …………………………… 30—17

7.1　原材料质量检验 ………………… 30—17

7.2　混凝土拌合物性能检验 ………… 30—17

7.3　硬化混凝土性能检验 …………… 30—17

附录A　石灰石粉亚甲蓝值测试
　　　　方法 ………………………… 30—17

1 总　则

1.0.1　矿物掺合料已经成为现代混凝土不可缺少的组分。随着我国基础建设的大规模展开，粉煤灰、矿渣粉等传统矿物掺合料在一些地区日益紧缺。而石灰石粉作为容易获取、质优价廉的新型矿物掺合料已在行业内逐步得到应用。掺用石灰石粉，可以节约水泥用量、改善混凝土和易性、降低水化热及减小收缩等，技术性能优良，经济效益明显。但在此之前，我国尚没有标准对石灰石粉在混凝土中的应用技术给予明确的规定，石灰石粉在实际工程应用中也出现了一些质量问题。本规程根据我国在该领域的科研成果和工程实践经验，结合国内现有的标准规范，参考国外先进标准制定而成，意在指导石灰石粉在混凝土中的科学、合理应用，保证混凝土质量，促进节能环保。

1.0.2　本规程适用于将石灰石粉作为一种矿物掺合料外掺入混凝土的情况，对于机制砂（人工砂）所含有的石粉问题，属于细骨料的范畴，不在本规程规定的范围内。石灰石粉在很多领域被广泛使用，长期以来作为水泥混合材的一种掺入水泥中。另外，我国还生产有石灰石硅酸盐水泥。石灰石粉作为混凝土的矿物掺合料被用于碾压混凝土、自密实混凝土、大体积混凝土等。本规程主要针对建筑工程中掺用石灰石粉的混凝土应用技术进行规定。

1.0.3　石灰石粉在混凝土中的应用涉及不同工程类别及国家标准或行业标准，在使用中除应执行本规程外，还应按所属工程类别符合有关的现行国家和行业标准规范的规定。这些标准可能包括《预拌混凝土》GB/T 14902、《混凝土质量控制标准》GB 50164、《自密实混凝土应用技术规程》JGJ/T 283 等。

2 术　语

2.0.1　用于磨细制作石灰石粉的石灰岩需要有一定的纯度，即 $CaCO_3$ 含量。细度也是影响石灰石粉性能的主要因素之一。从成本和能耗方面考虑，石灰石粉宜以生产石灰石碎石和机制砂时产生的石屑或石粉为原料，通过分选或粉磨制成。但这种生产方式需要在生产过程中严格控制石灰石粉的黏土质和其他杂质的含量。必要时，石屑或碎石在粉磨之前需要经过清洗处理。

2.0.2　亚甲蓝值，业内也习惯简称为 MB 值。在《建设用砂》GB/T 14684-2011 中，亚甲蓝值是反映细骨料吸附性能的技术指标。该指标用于石灰石粉也能很好地反映这一性能。应该注意的是，在《建设用砂》GB/T 14684-2011 中亚甲蓝值测试方法针对细骨料本身，而本规程制定的石灰石粉亚甲蓝值测试方法是针对石灰石粉（掺入了标准砂作为参考），二者除了检

测对象（试样）不同，操作方法则基本相同。

2.0.4　石灰石粉影响系数的含义类似于粉煤灰影响系数、矿渣粉影响系数，可参见《普通混凝土配合比设计规程》JGJ 55。

3 原材料技术要求

3.1 石 灰 石 粉

3.1.1　石灰石粉化学成分以 $CaCO_3$ 为主要含量，本规程规定石灰石粉中 $CaCO_3$ 含量不小于 75%。规定石灰石粉中 $CaCO_3$ 含量的下限指标主要是明确区分石灰石粉与其他石粉。某些岩石粉性能与石灰石粉有较大区别，如对水和外加剂的吸附。

石灰石易于粉磨加工，有研究结果表明，采用水泥厂开流磨在粉磨初期，石灰石粉的平均粒径、中径值（D_{50}）随粉磨时间的延长迅速降低，比表面积及细度快速增大，在粉磨 15min 后，石灰石粉的平均粒径、中径值随粉磨时间的延长减小速率放慢，趋于平稳。此后比表面积增加速率与所耗电能比值迅速下降。因此，宜从平衡石灰石粉性能和生产能耗两方面综合考虑，制定石灰石粉的细度指标或比表面积指标。由于细度相对比表面积来说测试比较便捷，应用较广，本规程选用细度指标控制。从平衡石灰石粉性能和生产能耗两方面综合考虑确定细度为 $45\mu m$ 方孔筛筛余不应大于 15%。

试验表明，石灰石粉的 7d 和 28d 活性指数一般均大于 65%，接近于 70%，比较容易满足本规程规定的 7d 和 28d 活性指数不应小于 60%。应该说明，活性指数并非认为石灰石粉具有明显的活性，该指标也不是反映石灰石粉本质特性的技术指标，但该指标作为混凝土质量控制的指标是必要的。石灰石粉的活性指数在有的标准或文献中称为抗压强度比。因活性指数在试验方法和物理意义上更为广泛地被理解和应用，本规程仍称为活性指数，国外标准亦多如此称呼。

流动度比与需水量比都是反映石灰石粉同一性能的指标，由于流动度比测定起来相对快捷方便，因此本规程采用流动度比指标。石灰石粉由于对水和外加剂的吸附性较小，因而表现出一定的减水作用。试验结果表明，石灰石粉流动度比一般接近 100% 或大于 100%。流动度比是衡量石灰石粉在混凝土中应用是否具有技术价值的重要指标，该指标越高，说明石灰石粉的减水效应越明显，对混凝土拌合物的和易性改善作用越明显。还需要说明的是，在掺加减水剂的情况下，石灰石粉与其他岩石粉的差别更为明显。品质优良的石灰石粉对水和外加剂的吸附小，在混凝土中的应用价值更加明显。应该注意，本规程规定的测试石灰石粉的流动度比试验中未掺加减水剂。

亚甲蓝值是反映石灰石粉吸附性的技术指标，该值是石灰石粉能否用于混凝土并发挥减水效应的重要技术指标。值得特别注意的是，本规程确定 MB 值的试验方法与一般情况不同：采用 50g 石灰石粉和 150g 标准砂混合后进行测试。

在上述石灰石粉的技术指标中，碳酸钙含量、流动度比、亚甲蓝值尤为关键。一般情况下，优先选用碳酸钙含量高、细度适宜、流动度比大、亚甲蓝值小的石灰石粉。石灰石粉中碳酸钙含量越高，石灰石粉在混凝土中越能发挥其优势特性。一般来说，石灰石粉越细，在混凝土中的减水效应和填充效应越明显，有利于改善混凝土的性能，但应考虑细度、性能和能耗之间的平衡关系。因此，选择适宜的细度也是需要综合考虑的。含泥量往往会非常明显地影响到石灰石粉的吸附性，含泥量越高，亚甲蓝值也越高，这时不仅需要增加外加剂的用量，还会在一定程度上影响混凝土的拌合物性能和硬化混凝土的性能，从而大大削弱在混凝土中掺用石灰石粉带来的技术和经济效益。

编制组曾对石灰石粉中碳酸钙含量测试方法开展了专题研究，对 X 荧光分析法、EDTA 滴定法、酸碱中和法三种方法进行了对比研究（见表 1 和表 2），从测试的准确度及测试方法的普适性考虑，选用 EDTA 滴定法作为本规程测试方法，具体参照现行国家标准《建材用石灰石、生石灰和熟石灰化学分析方法》GB/T 5762 规定的试验方法测定。

表 1　不同测试方法的石灰石粉中 CaCO₃ 含量结果

编号	产地	X荧光分析 CaCO₃ 含量（%）	EDTA 滴定根据 CaO 推算 CaCO₃ 含量（%）	中和法依据 CO₂ 量完全为 CaCO₃ 释放，推算 CaCO₃ 含量（%）	中和法依据 CO₂ 按 Ca、Mg 离子比例推算 CaCO₃ 含量（%）
1	山东济宁	87.33	86.02	86.63	77.87
2	江苏徐州	93.18	90.11	90.93	83.55
3	重庆铜梁	78.88	81.78	74.27	69.86
4	浙江金华	63.36	61.20	56.89	51.26
5	湖北大冶	77.99	82.64	77.39	70.38
6	河北唐山	89.81	89.68	81.11	81.11
7	陕西咸阳	98.12	98.50	90.18	90.18

表 2　不同测试方法的石灰石粉中 CaCO₃ 含量与平均值的偏差

编号	产地	CaCO₃ 含量（%）				与平均值偏差（%）		
		X荧光分析	EDTA 滴定	中和法	三种方法的平均值	X荧光分析	EDTA 滴定	中和法
1	山东济宁	87.33	86.02	86.63	86.66	0.8	0.7	0.0
2	江苏徐州	93.18	90.11	90.93	91.41	1.9	1.4	0.5
3	重庆铜梁	78.88	81.78	74.27	78.31	0.7	4.4	5.2
4	浙江金华	63.36	61.20	56.89	60.48	4.8	1.2	5.9
5	湖北大冶	77.99	82.64	77.39	79.34	1.7	4.2	2.5
6	河北唐山	89.81	89.68	81.11	86.87	3.4	3.2	6.6
7	陕西咸阳	98.12	98.50	90.18	95.60	2.6	3.0	5.7

石灰石粉的活性指数和流动度比的试验方法，是用 30% 的石灰石粉替代水泥后进行对比试验，具体操作方法参照行业标准《水泥砂浆和混凝土用天然火山灰质材料》JG/T 315－2011 附录 A 的规定。

3.1.3 全国不同地区的 7 种石灰石粉样品的化学成分分析表明，石灰石粉中的 K₂O 含量很低，Na₂O 含量为零，碱含量均小于 1%，因此对碱含量不再单独规定。当石灰石粉用于碱活性骨料配制的混凝土而需要限制碱含量时，可由供需双方协商确定。

3.2　其他混凝土原材料

3.2.1 硅酸盐水泥和普通硅酸盐水泥之外的通用硅酸盐水泥内掺混合材比例高，胶砂强度较低，与之比较，采用普通硅酸盐水泥配制掺加石灰石粉的混凝土更具有技术和经济的合理性。

3.2.2 骨料应满足国家现行有关标准。《建设用砂》GB/T 14684 和《建设用卵石、碎石》GB/T 14685 未做规定的，则参照《普通混凝土用砂、石质量及检验方法标准》JGJ 52 执行。

3.2.3 其他矿物掺合料应满足国家现行有关标准。

3.2.4 外加剂应满足国家现行有关标准，同时应与石灰石粉等其他矿物掺合料具有良好的适应性。

3.2.5 混凝土拌合用水和施工用水应满足现行有关标准规定。

4　混凝土性能

4.1　拌合物性能

4.1.1 本条规定与《混凝土质量控制标准》GB 50164 一致，将坍落度划分为 5 个等级，扩展度划分为 6 个等级。

4.1.2 石灰石粉在等量取代水泥的情况下，会在一定程度上降低混凝土的黏聚性，对于掺加石灰石粉的混凝土应控制拌合物的性能。

4.1.3 试验研究表明，石灰石粉会促进水泥早期水化放热，对混凝土有促凝作用，因此，掺加石灰石粉的混凝土拌合物需要采取合理措施控制好凝结时间。

4.1.4 试验研究表明，在掺加石灰石粉的混凝土中掺加引气剂可显著提高混凝土的抗冻性，对于有抗冻设计要求时，混凝土中可掺加引气剂，但含气量不宜过大，含气量超过7%会较大幅度降低混凝土的强度。值得注意的是，这里混凝土拌合物的含气量建议控制上限值7%为实测值，应区别于其他标准控制的是设计值。

4.1.5 本条规定的掺加石灰石粉的混凝土拌合物水溶性氯离子含量与现行国家标准《混凝土质量控制标准》GB 50164一致。

4.2 力 学 性 能

4.2.1 本条规定了掺加石灰石粉的混凝土强度等级的划分，因石灰石粉基本上认为是惰性填充材料，可广泛应用于中低强度等级混凝土，掺加石灰石粉的混凝土最低强度等级规定为C10。根据目前的混凝土技术水平，石灰石粉也可配制高强混凝土，但最高强度不宜超过C80。

4.2.3 掺加石灰石粉的混凝土力学性能主要包括抗压强度、轴压强度、弹性模量、劈裂抗拉强度和抗折强度等。

4.3 长期性能与耐久性能

4.3.1 试验表明，石灰石粉中碱含量很低，因此一般情况下，石灰石粉对混凝土发生碱骨料反应的潜在危害很低。当然不排除有的石灰石粉及其他原材料含有较高的有效碱，因此当掺加石灰石粉的混凝土可能存在碱骨料反应危害时，掺加石灰石粉的混凝土应符合现行国家标准《预防混凝土碱骨料反应技术规范》GB/T 50733的规定。

4.3.2 石灰石粉取代水泥掺入混凝土后，对混凝土抗冻融及抗硫酸盐侵蚀有一定的不利影响，因此特别在冻融环境和硫酸盐中度以上侵蚀环境中，需要经试验确认混凝土的耐久性。在潮湿、低温（低于15℃）且存在硫酸盐环境中，需要充分重视$CaCO_3$和水化硅酸钙及硫酸盐生成碳硫硅钙石，引起混凝土微结构的解体。在这种情况下，原则上不得使用石灰石粉。

4.3.4 掺加石灰石粉的混凝土的主要耐久性能项目应按普通混凝土的试验方法测试。

5 配 合 比

5.0.1 现行行业标准《普通混凝土配合比设计规程》JGJ 55关于混凝土配合比试配、调整与确定的规定也适用于掺加石灰石粉的混凝土。

5.0.2 本条规定了各类混凝土中石灰石粉的最大掺量，是根据混凝土结构类型、水胶比及水泥品种确定的。石灰石粉最大掺量的确定，除了与强度、施工时的环境温度、大体积混凝土等有关外，也关系到混凝土的抗冻性、抗碳化性能等耐久性指标。试验表明，适宜的石灰石粉掺量可以改善混凝土拌合物性能，降低混凝土水化热，减小收缩，对混凝土强度及耐久性影响不大，掺量过大则会对混凝土的强度及抗冻、抗硫酸盐等耐久性能产生较大影响。现行行业标准《普通混凝土配合比设计规程》JGJ 55的对复合掺合料的使用作出了明确规定，为了保证混凝土质量，本规程规定了复合掺合料中石灰石粉的掺量不超过单掺时的最大掺量。例如在钢筋混凝土结构中，采用普通硅酸盐水泥时，在水胶比大于0.40的情况下，复合掺合料的最大掺量为45%，如复合掺量料为石灰石粉与矿渣粉等，其中，石灰石粉不超过20%（即单掺时的上限值）。

5.0.3 研究表明，石灰石粉在混凝土中具有加速水泥早期水化效应和填充效应，但基本上属于惰性材料，原则上不属于胶凝材料，但作为混凝土的掺合料使用时，为了便于与其他掺合料一起使用，同时为了简化配合比设计，沿用已经习惯使用的水胶比等概念，在计算时，将石灰石粉的用量视为胶凝材料总量的一部分。

5.0.4 在混凝土配合比水胶比计算中，胶凝材料28d胶砂抗压强度值应根据试验确定，在试验无实测值时，石灰石粉影响系数可按本条规定取值。粉煤灰影响系数和粒化高炉矿渣粉影响系数与现行行业标准《普通混凝土配合比设计规程》JGJ 55的规定一致。

5.0.5 采用设计配合比进行试生产并对配合比进行相应调整是确定施工配合比的重要环节。

6 施 工

6.1 一 般 规 定

6.1.1 本条规定了掺加石灰石粉的混凝土施工的标准依据。

6.1.2 本条规定了采用预拌混凝土生产的掺加石灰石粉混凝土的标准依据。

6.2 原材料贮存与计量

6.2.1 石灰石粉需要单独贮存。搅拌站可以使用筒仓，有利于投料和防潮。

6.2.2 本条规定了其他混凝土原材料贮存的标准依据。

6.2.3 原材料分别标识清楚有利于避免混乱和用料错误。

6.2.4 采用电子计量设备有利于保证计量精度，保证掺加石灰石粉的混凝土生产质量。

6.2.5 符合现行国家标准《混凝土搅拌站（楼）》GB/T 10171 规定称量装置可以满足表 6.2.5 的规定。

6.2.6 如果堆场上的粗、细骨料的含水率发生变化，而称量不变，对水胶比和用水量会有影响，从而影响掺加石灰石粉的混凝土的性能。

6.3 混凝土的制备、运输、浇筑和养护

6.3.1 石灰石粉宜与其他胶凝材料一起投料，采用强制式搅拌机有利于石灰石粉在混凝土中均匀分散。

6.3.2 现行国家标准《混凝土质量控制标准》GB 50164 关于同一盘混凝土的搅拌匀质性的规定有两点：①混凝土中砂浆密度两次测值的相对误差不应大于 0.8%；②混凝土稠度两次测值的差值不应大于混凝土拌合物稠度允许偏差的绝对值。

6.3.3 在混凝土拌合物中加水会增大混凝土的水胶比，降低混凝土的力学性能及耐久性能。在混凝土拌合物中加水将严重损害混凝土性能，是应该坚决杜绝的错误行为。因此，在《混凝土质量控制标准》GB 50164 列为强制性条文。

6.3.4 及时保湿养护是减少混凝土早期开裂和提高硬化混凝土渗透性及其他耐久性能的重要措施，原则上，浇筑后即需要进行养护。石灰石粉活性相对较低，早期强度较低，养护时间不宜小于 14d。混凝土有裸露表面的，在初凝前和终凝前进行抹压，实践证明，对于减小早期开裂和改善表层混凝土质量具有很好的效果。

7 质 量 检 验

7.1 原材料质量检验

7.1.1 混凝土原材料质量检验应包括型式检验报告、出厂检验报告或合格证等质量证明文件的查验和收存。

7.1.2 混凝土原材料进场时需要检验把关，不合格的原材料不能进场。

7.1.3 本条规定了石灰石粉的检验项目。

7.1.5 本条规定了石灰石粉的检验批划分。

7.2 混凝土拌合物性能检验

7.2.1 和易性检验在搅拌地点和浇筑地点都要进行，搅拌地点检验为控制性自检，浇筑地点检验为验收检验，凝结时间检验可以在搅拌地点进行。

7.2.2 水泥和外加剂及其相容性是影响混凝土凝结时间的主要因素，且不同批次的石灰石粉、水泥和外加剂对混凝土凝结时间的影响可能会有变化。

7.3 硬化混凝土性能检验

7.3.1 本条规定了掺加石灰石粉的混凝土强度检验评定及其他力学性能检验的标准依据。

7.3.2 本条规定了掺加石灰石粉的混凝土耐久性能检验评定的标准依据。

7.3.3 《混凝土耐久性检验评定标准》JGJ/T 193 没有对混凝土的长期性能的检验规则进行规定，本条规定了掺加石灰石粉的混凝土长期性能检验规则可以按该标准耐久性能的检验规则执行。

附录 A 石灰石粉亚甲蓝值测试方法

在《建设用砂》GB/T 14684-2011 和《普通混凝土用砂、石质量及检验方法标准》JGJ 52-2006 中第 6.11 节中，规定了建设用砂的亚甲蓝值测试方法。本规程制定的石灰石粉亚甲蓝值试验方法参考了上述标准的试验方法。应该注意的是，在《建设用砂》GB/T 14684-2011 中亚甲蓝值测试方法针对含有石粉的机制砂，而本规程制定的石灰石粉亚甲蓝值测试方法是针对石灰石粉（掺入了标准砂作为参考），二者除了检测对象（试样）不同，操作方法则基本相同。

中华人民共和国行业标准

混凝土中氯离子含量检测技术规程

Technical specification for test of chloride ion
content in concrete

JGJ/T 322—2013

批准部门：中华人民共和国住房和城乡建设部
施行日期：２０１４ 年 ６ 月 １ 日

中华人民共和国住房和城乡建设部
公　告

第 229 号

住房城乡建设部关于发布行业标准
《混凝土中氯离子含量检测技术规程》的公告

现批准《混凝土中氯离子含量检测技术规程》为行业标准，编号为 JGJ/T 322-2013，自 2014 年 6 月 1 日起实施。

本规程由我部标准定额研究所组织中国建筑工业出版社出版发行。

中华人民共和国住房和城乡建设部

2013 年 12 月 3 日

前　言

根据住房和城乡建设部《关于印发〈2012 年工程建设标准规范制订、修订计划〉的通知》（建标[2012] 5 号）的要求，编制组经广泛调查研究，认真总结实践经验，参考有关国际标准和国外先进标准，并在广泛征求意见的基础上，编制本规程。

本规程的主要技术内容是：1 总则；2 术语和符号；3 基本规定；4 混凝土拌合物中氯离子含量检测；5 硬化混凝土中氯离子含量检测；6 既有结构或构件混凝土中氯离子含量检测。

本规程由住房和城乡建设部负责管理，中国建筑科学研究院负责具体技术内容的解释。执行过程中如有意见或建议，请寄送至中国建筑科学研究院（地址：北京市北三环东路 30 号；邮政编码：100013）。

本 规 程 主 编 单 位：中国建筑科学研究院
　　　　　　　　　　　江西昌南建设集团有限公司
本 规 程 参 编 单 位：江苏博特新材料有限公司
　　　　　　　　　　　舟山市博远科技开发有限公司
　　　　　　　　　　　广东省建筑科学研究院
　　　　　　　　　　　河北建设集团有限公司混凝土分公司
　　　　　　　　　　　新疆西部建设股份有限公司
　　　　　　　　　　　浙江恒力建设有限公司
　　　　　　　　　　　贵州中建建筑科研设计院有限公司
　　　　　　　　　　　丰润建筑安装股份有限公司
　　　　　　　　　　　上海中技桩业股份有限公司
　　　　　　　　　　　上海市建筑科学研究院（集团）有限公司
　　　　　　　　　　　北京市建设工程质量第三检测所有限责任公司
　　　　　　　　　　　宁波市建工检测有限公司
　　　　　　　　　　　广东瑞安科技实业有限公司
　　　　　　　　　　　浙江求是工程检测有限公司
　　　　　　　　　　　北京中关村开发建设股份有限公司
　　　　　　　　　　　浙江盛业建设有限公司
　　　　　　　　　　　哈尔滨佳连混凝土技术开发有限公司
　　　　　　　　　　　宁波三江检测有限公司
　　　　　　　　　　　深圳市罗湖区建设工程质量检测中心

本规程主要起草人员：冷发光　丁　威　王　晶
　　　　　　　　　　　周永祥　何春凯　诸华丰
　　　　　　　　　　　王元光　刘建忠　魏立学
　　　　　　　　　　　吴志旗　董志坚　何更新
　　　　　　　　　　　钟安鑫　户均永　聂顺金
　　　　　　　　　　　马永胜　张　墙　姜钦德
　　　　　　　　　　　於林锋　王军民　毛朝晖
　　　　　　　　　　　仲以林　范晓冬　袁勇军

韦庆东　王永海　张洪基　　　　　　　张显来　陈爱芝　王　军

裴晓文　蒋屹军　王　伟　　　　　　　李昕成　蓝九元　崔金华

本规程主要审查人员：阎培渝　石云兴　郝挺宇　　　桂苗苗　周岳年　刘数华

目　次

目　次

1　总则 ……………………………… 31—6

2　术语和符号 …………………… 31—6

　2.1　术语 ………………………… 31—6

　2.2　符号 ………………………… 31—6

3　基本规定 ……………………… 31—6

4　混凝土拌合物中氯离子含量检测 …… 31—6

　4.1　一般规定 …………………… 31—6

　4.2　取样 ………………………… 31—6

　4.3　检测方法与结果评定 ……… 31—7

5　硬化混凝土中氯离子含量检测 …… 31—7

　5.1　一般规定 …………………… 31—7

　5.2　试件的制作和养护 ………… 31—7

　5.3　取样 ………………………… 31—7

　5.4　检测方法与结果评定 ……… 31—7

6　既有结构或构件混凝土中氯离子
含量检测 ………………………… 31—7

　6.1　一般规定 …………………… 31—7

　6.2　取样 ………………………… 31—7

　6.3　检测方法与结果评定 ……… 31—8

附录A　混凝土拌合物中水溶性氯
离子含量快速测试方法 …… 31—8

附录B　混凝土拌合物中水溶性氯
离子含量测试方法 ………… 31—9

附录C　硬化混凝土中水溶性氯离子
含量测试方法 ……………… 31—10

附录D　硬化混凝土中酸溶性氯离子
含量测试方法 ……………… 31—10

本规程用词说明 ………………… 31—12

引用标准名录 …………………… 31—12

附：条文说明 …………………… 31—13

Contents

1 General Provisions ·················· 31—6

2 Terms and Symbols ················ 31—6

  2.1 Terms ····························· 31—6

  2.2 Symbols ·························· 31—6

3 Basic Requirements ················· 31—6

4 Test of Chloride Ion Content in
  Fresh Concrete ····················· 31—6

  4.1 General Requirements ·········· 31—6

  4.2 Sampling ························· 31—6

  4.3 Test Method and Test Result
     Assessment ···················· 31—7

5 Test of Chloride Ion Content in
  Hardened Concrete ················· 31—7

  5.1 General Requirements ·········· 31—7

  5.2 Preparation and Curing of Specimen ·········
    ·· 31—7

  5.3 Sampling ························· 31—7

  5.4 Test Method and Test Result
     Assessment ···················· 31—7

6 Test of Chloride Ion Content in
  Concrete Exisiting Sturcture
  or Concrete Component ············ 31—7

  6.1 General Requirements ·········· 31—7

  6.2 Sampling ························· 31—7

  6.3 Test Method and Test Result

    Assessment ······················· 31—8

Appendix A Quick Test Method for the
     Water-soluble Chloride
     Ion Content in Fresh
     Concrete ····················· 31—8

Appendix B Test Method for the
     Water-soluble Chloride
     Ion Content in Fresh
     Concrete ····················· 31—9

Appendix C Test Method for the
     Water-soluble Chloride
     Ion Content in Hardened
     Concrete ···················· 31—10

Appendix D Test Method for the
     Acid-soluble Chloride
     Ion Content in Hardened
     Concrete ···················· 31—10

Explanation of Wording in This
  Specification ····················· 31—12

List of Quoted Standards ············ 31—12

Addition: Explanation of Provisions ·········
  ·· 31—13

1 总　　则

1.0.1 为保证混凝土工程的耐久性，规范混凝土中氯离子含量的检测，制定本规程。

1.0.2 本规程适用于混凝土拌合物、硬化混凝土中氯离子含量的检测。

1.0.3 混凝土中氯离子含量的检测除应符合本规程外，尚应符合国家现行有关标准的规定。

2 术语和符号

2.1 术　语

2.1.1 水溶性氯离子　water-soluble chloride ion
混凝土中可溶于水的氯离子。

2.1.2 酸溶性氯离子　acid-soluble chloride ion
混凝土中用规定浓度的酸溶液溶出的氯离子。

2.2 符　号

C_{AgNO_3}——硝酸银标准溶液的浓度；

C_{NaCl}——氯化钠标准溶液的浓度；

C_{Cl^-}——混凝土滤液试样的水溶性氯离子浓度；

G——砂浆样品质量；

m_{Cl^-}——每立方米混凝土拌合物中水溶性氯离子质量；

m_B——混凝土配合比中每立方米混凝土的胶凝材料用量；

m_S——混凝土配合比中每立方米混凝土的砂用量；

m_W——混凝土配合比中每立方米混凝土的用水量；

m_C——混凝土配合比中每立方米混凝土的水泥用量；

$W_{Cl^-}^W$——硬化混凝土中水溶性氯离子占砂浆试样质量的百分比；

$W_{Cl^-}^A$——硬化混凝土中酸溶性氯离子占砂浆试样质量的百分比；

$W_{Cl^-}^C$——硬化混凝土中水溶性氯离子含量占水泥质量的百分比；

$W_{Cl^-}^B$——硬化混凝土中酸溶性氯离子含量占胶凝材料质量的百分比；

w_{Cl^-}——混凝土拌合物中水溶性氯离子含量占水泥质量的百分比。

3 基 本 规 定

3.0.1 预拌混凝土应对其拌合物进行氯离子含量检测。

3.0.2 硬化混凝土可采用混凝土标准养护试件或结构混凝土同条件养护试件进行氯离子含量检测，也可钻取混凝土芯样进行氯离子含量检测。存在争议时，应以结构实体钻取混凝土芯样的氯离子含量的检测结果为准。

3.0.3 受检方应提供实际采用的混凝土配合比。

3.0.4 在氯离子含量检测和评定时，不得采用将混凝土中各原材料的氯离子含量求和的方法进行替代。

4 混凝土拌合物中氯离子含量检测

4.1 一 般 规 定

4.1.1 混凝土施工过程中，应进行混凝土拌合物中水溶性氯离子含量检测。

4.1.2 同一工程、同一配合比的混凝土拌合物中水溶性氯离子含量的检测不应少于 1 次；当混凝土原材料发生变化时，应重新对混凝土拌合物中水溶性氯离子含量进行检测。

4.2 取　样

4.2.1 拌合物应随机从同一搅拌车中取样，但不宜在首车混凝土中取样。从搅拌车中取样时应使混凝土充分搅拌均匀，并在卸料量约为 1/4～3/4 之间取样。取样应自加水搅拌 2h 内完成。

4.2.2 取样方法应符合现行国家标准《普通混凝土拌合物性能试验方法标准》GB/T 50080 的有关规定。

4.2.3 取样数量应至少为检测试验实际用量的 2 倍，且不应少于 3L。

4.2.4 雨天取样应有防雨措施。

4.2.5 取样时应进行编号、记录下列内容并写入检测报告：

1　取样时间、取样地点和取样人；

2　混凝土的加水搅拌时间；

3　采用海砂的情况；

4　混凝土标记；

5　混凝土配合比；

6　环境温度、混凝土温度，现场取样时的天气状况。

4.2.6 检测应采用筛孔公称直径为 5.00mm 的筛子对混凝土拌合物进行筛分，获得不少于 1000g 的砂浆，称取 500g 砂浆试样两份，并向每份砂浆试样加入 500g 蒸馏水，充分摇匀后获得两份悬浊液密封备用。

4.2.7 滤液的获取应自混凝土加水搅拌 3h 内完成，并应按本规程附录 A.0.5 条的规定分取不少于 100mL 的滤液密封以备仲裁，用于仲裁的滤液保存时间应为一周。

4.2.8 检测结果应在试验后及时告知受检方。

4.3 检测方法与结果评定

4.3.1 混凝土拌合物中水溶性氯离子含量可采用本规程附录 A 或附录 B 的方法进行检测，也可采用精度更高的测试方法进行检测；当作为验收依据或存在争议时，应采用本规程附录 B 的方法进行检测。

4.3.2 当采用本规程附录 A 的方法检测混凝土拌合物中水溶性氯离子含量时，每个混凝土试样检测前均应重新标定电位-氯离子浓度关系曲线。

4.3.3 混凝土拌合物中水溶性氯离子含量，可表示为水泥质量的百分比，也可表示为单方混凝土中水溶性氯离子的质量。

4.3.4 混凝土拌合物中水溶性氯离子含量应符合国家现行标准《混凝土质量控制标准》GB 50164、《预拌混凝土》GB/T 14902 和《海砂混凝土应用技术规范》JGJ 206 的有关规定。

5 硬化混凝土中氯离子含量检测

5.1 一 般 规 定

5.1.1 当检测硬化混凝土中氯离子含量时，可采用标准养护试件、同条件养护试件；存在争议时，应采用标准养护试件。

5.1.2 当检测硬化混凝土中氯离子含量时，标准养护试件测试龄期宜为 28d，同条件养护试件的等效养护龄期宜为 600℃·d。

5.2 试件的制作和养护

5.2.1 用于检测氯离子含量的硬化混凝土试件的制作应符合现行国家标准《普通混凝土力学性能试验方法标准》GB/T 50081 的有关规定；也可采用抗压强度测试后的混凝土试件进行检测。

5.2.2 用于检测氯离子含量的硬化混凝土试件应以 3 个为一组。

5.2.3 试件养护过程中，不应接触外界氯离子源。

5.2.4 试件制作时应进行编号、记录下列内容并写入检测报告：

1 试件制作时间、制作人；
2 养护条件；
3 采用海砂的情况；
4 混凝土标记；
5 混凝土配合比；
6 试件对应的工程及其结构部位。

5.3 取 样

5.3.1 检测硬化混凝土中氯离子含量时，应从同一组混凝土试件中取样。

5.3.2 应从每个试件内部各取不少于 200g、等质量

的混凝土试样，去除混凝土试样中的石子后，应将 3 个试样的砂浆砸碎后混合均匀，并应研磨至全部通过筛孔公称直径为 0.16mm 的筛；研磨后的砂浆粉末应置于 105℃±5℃ 烘箱中烘 2h，取出后应放入干燥器冷却至室温备用。

5.4 检测方法与结果评定

5.4.1 硬化混凝土中水溶性氯离子含量应按本规程附录 C 的方法进行检测。

5.4.2 硬化混凝土中酸溶性氯离子含量应按本规程附录 D 的方法进行检测。

5.4.3 硬化混凝土中水溶性氯离子含量应符合现行国家标准《混凝土质量控制标准》GB 50164 的有关规定。硬化混凝土中酸溶性氯离子含量应符合现行国家标准《混凝土结构设计规范》GB 50010 的有关规定。存在争议时，应以酸溶性氯离子含量作为最终结果进行评定。

6 既有结构或构件混凝土中氯离子含量检测

6.1 一 般 规 定

6.1.1 在对既有结构或构件混凝土进行氯离子含量检测时，当缺少同条件养护混凝土试件时，可从既有结构或构件钻取混凝土芯样检测混凝土中氯离子含量。

6.1.2 氯离子含量检测宜选择结构部位中具有代表性的位置，并可利用测试抗压强度后的破损芯样制作试样。

6.2 取 样

6.2.1 钻取混凝土芯样检测氯离子含量时，相同混凝土配合比的芯样应为一组，每组芯样的取样数量不应少于 3 个；当结构部位已经出现钢筋锈蚀、顺筋裂缝等明显劣化现象时，每组芯样的取样数量应增加一倍，同一结构部位的芯样应为同一组。

6.2.2 氯离子含量检测的取样深度不应小于钢筋保护层厚度。

6.2.3 取得的样品应密封保存和运输，不得被其他物质污染。

6.2.4 取样时应进行编号、记录下列内容并写入检测报告：

1 取样时间、取样地点和取样人；
2 工程名称、结构部位和混凝土标记；
3 采用海砂的情况；
4 取样方案简图和样品数量；
5 混凝土配合比。

6.2.5 既有结构或构件混凝土中氯离子含量的检测应从同一组混凝土芯样中取样。应从每个芯样内部各

取不于 200g、等质量的混凝土试样，去除混凝土试样中的石子后，应将 3 个试样的砂浆砸碎后混合均匀，并应研磨至全部通过筛孔公称直径为 0.16mm 的筛；研磨后的砂浆粉末应置于 105℃±5℃烘箱中烘 2h，取出后应放入干燥器冷却至室温备用。

6.3 检测方法与结果评定

6.3.1 既有结构或构件混凝土中水溶性氯离子含量应按本规程附录 C 的方法进行检测。

6.3.2 既有结构或构件混凝土中酸溶性氯离子含量应按本规程附录 D 的方法进行检测。

6.3.3 既有结构或构件混凝土中水溶性氯离子含量应符合现行国家标准《混凝土质量控制标准》GB 50164 的有关规定。既有结构或构件混凝土中酸溶性氯离子含量应符合现行国家标准《混凝土结构设计规范》GB 50010 的有关规定。存在争议时，应以酸溶性氯离子含量作为最终结果进行评定。

附录 A　混凝土拌合物中水溶性氯离子含量快速测试方法

A.0.1 本方法适用于现场或试验室的混凝土拌合物中水溶性氯离子含量的快速测定。

A.0.2 试验用仪器设备应符合下列规定：

1 氯离子选择电极：测量范围宜为 5×10^{-5} mol/L ～1×10^{-2} mol/L；响应时间不得大于 2min；温度宜为 5℃～45℃；

2 参比电极：应为双盐桥饱和甘汞电极；

3 电位测量仪器：分辨值应为 1mV 的酸度计、恒电位仪、伏特计或电位差计，输入阻抗不得小于 7MΩ；

4 系统测试的最大允许误差应为±10%。

A.0.3 试验用试剂应符合下列规定：

1 活化液：应使用浓度为 0.001mol/L 的 NaCl 溶液；

2 标准液：应使用浓度分别为 5.5×10^{-4} mol/L 和 5.5×10^{-3} mol/L 的 NaCl 标准溶液。

A.0.4 试验前应按下列步骤建立电位-氯离子浓度关系曲线：

1 氯离子选择电极应放入活化液中活化 2h；

2 应将氯离子选择电极和参比电极插入温度为 20℃±2℃、浓度为 5.5×10^{-4} mol/L 的 NaCl 标准液中，经 2min 后，应采用电位测量仪测得两电极之间的电位值（图 A.0.4）；然后应按相同操作步骤测得温度为 20℃±2℃、浓度为 5.5×10^{-3} mol/L 的 NaCl 标准液的电位值。应将分别测得的两种浓度 NaCl 标准液的电位值标在 E-lg$C$ 坐标上，其连线即为电位-氯离子浓度关系曲线；

3 在测试每个 NaCl 标准液电位值前，均应采用蒸馏水对氯离子选择电极和参比电极进行充分清洗，并用滤纸擦干；

4 当标准液温度超出 20℃±2℃时，应对电位-氯离子浓度关系曲线进行温度校正。

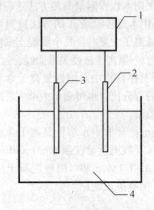

图 A.0.4　电位值测量示意图

1—电位测量仪；2—氯离子选择电极；
3—参比电极；4—标准液或滤液

A.0.5 试验应按下列步骤进行：

1 试验前应先将氯离子选择电极浸入活化液中活化 1h；

2 应将按本规程 4.2.6 条的规定获得的两份悬浊液分别摇匀后，以快速定量滤纸过滤，获取两份滤液，每份滤液均不少于 100mL；

3 应分别测量两份滤液的电位值；将氯离子选择电极和参比电极插入滤液中，经 2min 后测定滤液的电位值；测量每份滤液前应采用蒸馏水对氯离子选择电极和参比电极进行充分清洗，并用滤纸擦干；应分别测量两份滤液的温度，并对建立的电位-氯离子浓度关系曲线进行温度校正；

4 应根据测定的电位值，分别从 E-lg$C$ 关系曲线上推算两份滤液的氯离子浓度，并应将两份滤液的氯离子浓度的平均值作为滤液的氯离子浓度的测定结果。

A.0.6 每立方米混凝土拌合物中水溶性氯离子的质量应按下式计算：

$$m_{cr} = C_{cr} \times 0.03545 \times (m_B + m_S + 2m_W)$$

$$\text{(A.0.6)}$$

式中：m_{cr} ——每立方米混凝土拌合物中水溶性氯离子质量（kg），精确至 0.01kg；

C_{cr} ——滤液的氯离子浓度（mol/L）；

m_B ——混凝土配合比中每立方米混凝土的胶凝材料用量（kg）；

m_S ——混凝土配合比中每立方米混凝土的砂用量（kg）；

m_W ——混凝土配合比中每立方米混凝土的用

水量（kg）。

A.0.7 混凝土拌合物中水溶性氯离子含量占水泥质量的百分比应按下式计算：

$$w_{Cl} = \frac{m_{Cl}}{m_C} \times 100 \qquad (A.0.7)$$

式中：w_{Cl} —— 混凝土拌合物中水溶性氯离子占水泥质量的百分比（%），精确至 0.001%；

m_C —— 混凝土配合比中每立方米混凝土的水泥用量（kg）。

附录 B 混凝土拌合物中水溶性氯离子含量测试方法

B.0.1 试验用仪器设备应符合下列规定：

1 天平：配备天平两台，其中一台称量宜为 2000g、感量应为 0.01g；另一台称量宜为 200g、感量应为 0.0001g；

2 滴定管：宜为 50mL 棕色滴定管；

3 容量瓶：100mL、1000mL 容量瓶应各一个；

4 试验筛：筛孔公称直径为 5.00mm 金属方孔筛，应符合现行国家标准《试验筛 金属丝编织网、穿孔板和电成型薄板 筛孔的基本尺寸》GB/T 6005 的有关规定；

5 移液管：应为 20mL 移液管；

6 三角烧瓶：应为 250mL 三角烧瓶；

7 烧杯：应为 250mL 烧杯；

8 带石棉网的试验电炉、快速定量滤纸、量筒、表面皿等。

B.0.2 试验用试剂应符合下列内容：

1 分析纯-硝酸；

2 乙醇：体积分数为 95% 的乙醇；

3 化学纯-硝酸银；

4 化学纯-铬酸钾；

5 酚酞；

6 分析纯-氯化钠。

B.0.3 铬酸钾指示剂溶液的配制步骤应为：称取 5.00g 化学纯铬酸钾溶于少量蒸馏水中，加入硝酸银溶液直至出现红色沉淀，静置 12h，过滤后移入 100mL 容量瓶中，稀释至刻度。

B.0.4 物质的量浓度为 0.0141 mol/L 的硝酸银标准溶液的配制步骤应为：称取 2.40g 化学纯硝酸银，精确至 0.01g，用蒸馏水溶解后移入 1000mL 容量瓶中，稀释至刻度，混合均匀后，储存于棕色玻璃瓶中。

B.0.5 物质的量浓度为 0.0141 mol/L 的氯化钠标准溶液的配制步骤应为：称取在 550℃±50℃灼烧至恒重的分析纯氯化钠 0.8240g，精确至 0.0001g，用蒸馏水溶解后移入 1000mL 容量瓶中，并稀释至刻度。

B.0.6 酚酞指示剂的配制步骤应为：称取 0.50g 酚酞，溶于 50mL 乙醇，再加入 50mL 蒸馏水。

B.0.7 硝酸溶液的配制步骤应为：量取 63mL 分析纯硝酸缓慢加入约 800mL 蒸馏水中，移入 1000mL 容量瓶中，稀释至刻度。

B.0.8 试验应按下列步骤进行：

1 应将按本规程 4.2.6 条的规定获得的两份悬浊液分别摇匀后，分别移取不少于 100mL 的悬浊液于烧杯中，盖好表面皿后放到带石棉网的试验电炉或其他加热装置上沸煮 5min，停止加热，静置冷却至室温，以快速定量滤纸过滤，获取滤液；

2 应分别移取两份滤液各 20mL（V_1），置于两个三角烧瓶中，各加两滴酚酞指示剂，再用硝酸溶液中和至刚好无色；

3 滴定前应分别向两份滤液中各加入 10 滴铬酸钾指示剂，然后用硝酸银标准溶液滴至略带桃红色的黄色不消失，终点的颜色判定必须保持一致。应分别记录两份滤液各自消耗的硝酸银标准溶液体积 V_{21} 和 V_{22}，取两者的平均值 V_2 作为测定结果。

B.0.9 硝酸银标准溶液浓度的标定步骤应为：用移液管移取氯化钠标准溶液 20mL（V_3）于三角瓶中，加入 10 滴铬酸钾指示剂，立即用硝酸银标准溶液滴至略带桃红色的黄色不消失，记录所消耗的硝酸银体积（V_4）。硝酸银标准溶液的浓度应按下式计算：

$$C_{AgNO_3} = C_{NaCl} \times \frac{V_3}{V_4} \qquad (B.0.9)$$

式中：C_{AgNO_3} —— 硝酸银标准溶液的浓度（mol/L），精确至 0.0001mol/L；

C_{NaCl} —— 氯化钠标准溶液的浓度（mol/L）；

V_3 —— 氯化钠标准溶液的用量（mL）；

V_4 —— 硝酸银标准溶液的用量（mL）。

B.0.10 每立方米混凝土拌合物中水溶性氯离子的质量应按下式计算：

$$m_{Cl} = \frac{C_{AgNO_3} \times V_2 \times 0.03545}{V_1} \times (m_B + m_S + 2m_W)$$

$$(B.0.10)$$

式中：m_{Cl} —— 每立方米混凝土拌合物中水溶性氯离子质量（kg），精确至 0.01kg；

V_2 —— 硝酸银标准溶液的用量的平均值（mL）；

V_1 —— 滴定时量取的滤液量（mL）；

m_B —— 混凝土配合比中每立方米混凝土的胶凝材料用量（kg）；

m_S —— 混凝土配合比中每立方米混凝土的砂用量（kg）；

m_W —— 混凝土配合比中每立方米混凝土的用水量（kg）。

B.0.11 混凝土拌合物中水溶性氯离子含量占水泥质量的百分比应按本规程附录 A.0.7 计算。

附录 C 硬化混凝土中水溶性氯离子含量测试方法

C.0.1 试验用仪器设备应符合下列规定：

1 天平：配备天平两台，其中一台称量宜为 2000g、感量应为 0.01g；另一台称量宜为 200g、感量应为 0.0001g；

2 滴定管：应为 50mL 棕色滴定管；

3 容量瓶：100mL、1000mL 容量瓶应各一个；

4 移液管：应为 20mL 移液管；

5 三角烧瓶：应为 250mL 三角烧瓶；

6 带石棉网的试验电炉、快速定量滤纸、量筒、小锤等。

C.0.2 试验用试剂应符合下列内容：

1 分析纯-硝酸；

2 乙醇：体积分数为 95% 的乙醇；

3 化学纯-硝酸银；

4 化学纯-铬酸钾；

5 酚酞；

6 分析纯-氯化钠。

C.0.3 铬酸钾指示剂溶液的配制步骤应为：称取 5.00g 化学纯铬酸钾溶于少量蒸馏水中，加入硝酸银溶液直至出现红色沉淀，静置 12h，过滤并移入 100mL 容量瓶中，稀释至刻度。

C.0.4 物质的量浓度为 0.0141mol/L 的硝酸银标准溶液的配制步骤应为：称取 2.40g 化学纯硝酸银，精确至 0.01g，用蒸馏水溶解后移入 1000mL 容量瓶中，稀释至刻度，混合均匀后，储存于棕色玻璃瓶中。

C.0.5 物质的量浓度为 0.0141mol/L 的氯化钠标准溶液的配制步骤应为：称取在 550℃±50℃ 灼烧至恒重的分析纯氯化钠 0.8240g，精确至 0.0001g，用蒸馏水溶解后移入 1000mL 容量瓶中，并稀释至刻度。

C.0.6 酚酞指示剂的配制步骤应为：先称取 0.50g 酚酞，溶于 50mL 乙醇，再加入 50mL 蒸馏水。

C.0.7 硝酸溶液的配制步骤应为：量取 63mL 分析纯硝酸缓慢加入约 800mL 蒸馏水中，移入 1000mL 容量瓶中，稀释至刻度。

C.0.8 试验应按下列步骤进行：

1 应称取 20.00g 磨细的砂浆粉末，精确至 0.01g，置于三角烧瓶中，并加入 100mL（V_1）蒸馏水，摇匀后，盖好表面皿后放到带石棉网的试验电炉或其他加热装置上沸煮 5min，停止加热，盖好瓶塞，静置 24h 后，以快速定量滤纸过滤，获取滤液；

2 应分别移取两份滤液 20mL（V_2），置于两个三角烧瓶中，各加两滴酚酞指示剂，再用硝酸溶液中和至刚好无色；

3 滴定前应分别向两份滤液中加入 10 滴铬酸钾

指示剂，然后用硝酸银标准溶液滴至略带桃红色的黄色不消失，终点的颜色判定必须保持一致。应分别记录各自消耗的硝酸银标准溶液体积 V_{31} 和 V_{32}，取两者的平均值 V_3 作为测定结果。

C.0.9 硝酸银标准溶液浓度的标定应按本规程附录 B.0.9 条的规定进行。

C.0.10 硬化混凝土中水溶性氯离子含量应按下式计算：

$$W_{Cl^-}^W = \frac{C_{AgNO_3} \times V_3 \times 0.03545}{G \times \dfrac{V_2}{V_1}} \times 100$$

(C.0.10)

式中：$W_{Cl^-}^W$ —— 硬化混凝土中水溶性氯离子占砂浆质量的百分比（%），精确至 0.001%；

C_{AgNO_3} —— 硝酸银标准溶液的浓度（mol/L）；

V_3 —— 滴定时硝酸银标准溶液的用量（mL）；

G —— 砂浆样品质量（g）；

V_1 —— 浸样品的蒸馏水用量（mL）；

V_2 —— 每次滴定时提取的滤液量（mL）。

C.0.11 在已知混凝土配合比时，硬化混凝土中水溶性氯离子含量占水泥质量的百分比应按下式计算：

$$W_{Cl^-}^C = \frac{W_{Cl^-}^W \times (m_B + m_S + m_W)}{m_C} \times 100$$

(C.0.11)

式中：$W_{Cl^-}^C$ —— 硬化混凝土中水溶性氯离子占水泥质量的百分比（%），精确至 0.001%；

m_B —— 混凝土配合比中每立方米混凝土的胶凝材料用量（kg）；

m_S —— 混凝土配合比中每立方米混凝土的砂用量（kg）；

m_W —— 混凝土配合比中每立方米混凝土的用水量（kg）；

m_C —— 混凝土配合比中每立方米混凝土的水泥用量（kg）。

附录 D 硬化混凝土中酸溶性氯离子含量测试方法

D.0.1 试验用仪器设备应符合下列规定：

1 天平：配备天平两台，其中一台称量宜为 2000g、感量应为 0.01g；另一台称量宜为 200g、感量应为 0.0001g；

2 滴定管：应为 50mL 棕色滴定管；

3 容量瓶：应为 1000mL 容量瓶；

4 移液管：应为 20mL 移液管；

5 三角烧瓶：应为 250mL 三角烧瓶；

6 烧杯：应为 300mL 烧杯；

7 电位测量仪器：应使用分辨率为 1mV 的酸度计或分辨率为 1mV 的电位计；

8 指示电极：可为 216 型银电极或氯离子选择电极；

9 参比电极：应为双盐桥饱和甘汞电极；

10 可调式微量移液器、电磁搅拌器、快速定量滤纸、小锤等。

D.0.2 试验用试剂应符合下列内容：

1 硝酸溶液：分析纯硝酸与蒸馏水按体积比为 1：7 配制；

2 化学纯-硝酸银；

3 淀粉溶液：浓度为 10g/L 的淀粉溶液；

4 分析纯-氯化钠。

D.0.3 物质的量浓度为 0.01mol/L 的硝酸银标准溶液的配制步骤应：称取 1.70g 化学纯硝酸银，精确至 0.01g，用蒸馏水溶解后移入 1000mL 容量瓶中，稀释至刻度，混合均匀后，储存于棕色玻璃瓶中。

D.0.4 物质的量浓度为 0.01mol/L 的氯化钠标准溶液的配制步骤应：称取在 550℃±50℃ 灼烧至恒重的分析纯氯化钠 0.5844g，精确至 0.0001g，用蒸馏水溶解后移入 1000mL 容量瓶中，并稀释至刻度。

D.0.5 硝酸银标准溶液的浓度应按下列步骤进行标定：

1 应移取 20mL 的氯化钠标准溶液于烧杯中，加蒸馏水稀释至 100mL，再加淀粉溶液 20mL，在电磁搅拌下，应用硝酸银标准溶液以电位滴定法测定终点，用二次微商法计算出硝酸银溶液消耗的体积 V_{01}；

2 等当量点的判定应按二次微商法计算；

3 应移取蒸馏水 20mL 于烧杯中，按同样方法进行空白试验，空白试验的滴定应使用可调式微量移液器，计算空白试验硝酸银标准溶液的用量 V_{02}，所用硝酸银标准溶液体积 V_0 应按下式计算：

$$V_0 = V_{01} - V_{02} \qquad (D.0.5-1)$$

式中：V_0——20mL 氯化钠标准溶液消耗的硝酸银标准溶液体积（mL）；

V_{01}——达到等当量点时所消耗硝酸银标准溶液的体积（mL）；

V_{02}——空白试验达到等当量点所消耗硝酸银标准溶液的体积（mL）。

4 硝酸银标准溶液的浓度 C_{AgNO_3} 应按下式计算：

$$C_{AgNO_3} = \frac{C_{NaCl} \times V}{V_0} \qquad (D.0.5-2)$$

式中：C_{AgNO_3}——硝酸银标准溶液的浓度（mol/L）；

C_{NaCl}——氯化钠标准溶液的浓度（mol/L）；

V——氯化钠标准溶液的体积（mL）。

D.0.6 试验应按下列步骤进行：

1 应称取 20.00g（G）磨细的砂浆粉末，精确至 0.01g，置于 250mL 的三角烧瓶中，并加入 100mL

（V_1）硝酸溶液，盖上瓶塞，剧烈振摇 1min~2min，浸泡 24h 后，以快速定量滤纸过滤，获取滤液；期间应摇动三角烧瓶。

2 应移取滤液 20mL（V_2）于 300mL 烧杯中，加 100mL 蒸馏水，再加入 20mL 淀粉溶液，烧杯内放入电磁搅拌器；

3 将烧杯放在电磁搅拌器上后，应开动搅拌器并插入指示电极及参比电极，两电极应与电位测量仪器连接，用硝酸银标准溶液缓慢滴定，同时应记录电势和对应的滴定管读数；

4 由于接近等当量点时，电势增加很快，此时应缓慢滴加硝酸银溶液，每次定量加入 0.1mL，当电势发生突变时，表示等当量点已过，此时应继续滴入硝酸银溶液，直至电势趋向变化平缓；用二次微商法计算出达到等当量点时硝酸银溶液消耗的体积 V_{11}；

5 同条件下，空白试验的步骤应为：在干净的烧杯中加入 100mL 蒸馏水和 20mL 硝酸溶液，再加入 20mL 淀粉溶液，在电磁搅拌下，应使用微量移液器缓慢滴加硝酸银溶液，同时记录电势和对应的硝酸银溶液的用量，应按二次微商法计算出达到等当量点时硝酸银标准溶液消耗的体积 V_{12}。

D.0.7 硬化混凝土中酸溶性氯离子含量应按下式计算：

$$W_{Cl^-}^A = \frac{C_{AgNO_3} \times (V_{11} - V_{12}) \times 0.03545}{G \times \dfrac{V_2}{V_1}} \times 100$$

$$\qquad (D.0.7)$$

式中：$W_{Cl^-}^A$——硬化混凝土中酸溶性氯离子占砂浆质量的百分比（%），精确至 0.001%；

V_{11}——20mL 滤液达到等当量点所消耗硝酸银标准溶液的体积（mL）；

V_{12}——空白试验达到等当量点所消耗硝酸银标准溶液的体积（mL）；

G——砂浆样品质量（g）；

V_1——浸样品的硝酸溶液用量（mL）；

V_2——电位滴定时提取的滤液量（mL）。

D.0.8 在已知混凝土配合比时，硬化混凝土中酸溶性氯离子含量占胶凝材料质量的百分比应按下式计算：

$$W_{Cl^-}^B = \frac{W_{Cl^-}^A \times (m_B + m_S + m_W)}{m_B} \times 100$$

$$\qquad (D.0.8)$$

式中：$W_{Cl^-}^B$——硬化混凝土中酸溶性氯离子占胶凝材料质量的百分比（%），精确至 0.001%；

m_B——混凝土配合比中每立方米混凝土的胶凝材料用量（kg）；

m_S——混凝土配合比中每立方米混凝土的砂用量（kg）；

m_{w} ——混凝土配合比中每立方米混凝土的用水量（kg）。

本规程用词说明

1 为便于在执行本规程条文时区别对待，对要求严格程度不同的用词说明如下：

    1）表示很严格，非这样做不可的：

        正面词采用"必须"，反面词采用"严禁"；

    2）表示严格，在正常情况下均应这样做的：

        正面词采用"应"，反面词采用"不应"或"不得"；

    3）表示允许稍有选择，在条件许可时，首先应这样做的：

        正面词采用"宜"，反面词采用"不宜"；

    4）表示有选择，在一定条件下可以这样做的，采用"可"。

2 条文中指明应按其他有关标准执行的写法为："应符合……的规定"或"应按……执行"。

引用标准名录

1 《混凝土结构设计规范》GB 50010

2 《普通混凝土拌合物性能试验方法标准》GB/T 50080

3 《普通混凝土力学性能试验方法标准》GB/T 50081

4 《混凝土质量控制标准》GB 50164

5 《试验筛　金属丝编织网、穿孔板和电成型薄板　筛孔的基本尺寸》GB/T 6005

6 《预拌混凝土》GB/T 14902

7 《海砂混凝土应用技术规范》JGJ 206

中华人民共和国行业标准

混凝土中氯离子含量检测技术规程

JGJ/T 322—2013

条 文 说 明

制 订 说 明

《混凝土中氯离子含量检测技术规程》JGJ/T 322 - 2013，经住房和城乡建设部 2013 年 12 月 3 日以第 229 号公告批准、发布。

本规程编制过程中，编制组进行了广泛而深入的调查研究，总结了我国目前工程建设中混凝土氯离子含量检测技术的实践经验，同时参考了国外先进技术法规、技术标准，通过试验取得了混凝土氯离子检测的重要技术参数。

为便于广大设计、施工、科研、学校等单位有关人员在使用本规程时能正确理解和执行条文规定，《混凝土中氯离子含量检测技术规程》编制组按章、节、条顺序编制了本规程的条文说明，对条文规定的目的、依据以及执行中需注意的有关事项进行了说明。但是，本条文说明不具备与规程正文同等的法律效力，仅供使用者作为理解和把握规程规定的参考。

目　次

1　总则 ················· 31—16

2　术语和符号 ········· 31—16

  2.1　术语 ·············· 31—16

  2.2　符号 ·············· 31—16

3　基本规定 ············ 31—16

4　混凝土拌合物中氯离子含量检测 ··· 31—16

  4.1　一般规定 ··········· 31—16

  4.2　取样 ·············· 31—16

  4.3　检测方法与结果评定 ···· 31—17

5　硬化混凝土中氯离子含量检测 ····· 31—17

  5.1　一般规定 ··········· 31—17

  5.2　试件的制作和养护 ····· 31—17

  5.3　取样 ·············· 31—18

  5.4　检测方法与结果评定 ···· 31—18

6　既有结构或构件混凝土中氯离子
含量检测 ·············· 31—18

  6.1　一般规定 ··········· 31—18

  6.2　取样 ·············· 31—18

  6.3　检测方法与结果评定 ···· 31—18

附录A　混凝土拌合物中水溶性氯
离子含量快速测试方法 ········ 31—19

附录B　混凝土拌合物中水溶性氯
离子含量测试方法 ········ 31—19

附录C　硬化混凝土中水溶性氯离
子含量测试方法 ········ 31—20

附录D　硬化混凝土中酸溶性氯离子
含量测试方法·············· 31—21

1 总　则

1.0.1 混凝土主要由水泥、矿物掺合料、骨料、水和外加剂等原材料组成，混凝土拌制过程中引入的氯离子和在服役过程中受到氯离子的侵蚀，均会使混凝土含有氯离子，当混凝土中氯离子含量，尤其是水溶性氯离子超过一定浓度时就会引起钢筋的锈蚀，直接危害混凝土结构的耐久性和安全性。本规程以确保混凝土的工程质量为目的，主要根据我国现有的标准规范、科研成果和实践经验，并参考国外先进标准制定而成。本规程规定的试验方法适用于普通混凝土，对于聚合物混凝土、纤维混凝土等特种混凝土来说，具备条件时可参照本规程规定的方法执行。

1.0.2 本规程的适用范围包括混凝土拌合物，以及硬化混凝土试件和既有结构或构件混凝土。

1.0.3 对于混凝土中氯离子含量检测的有关技术内容，本规程规定的以本规程为准，未作规定的应按其他标准执行。

2　术语和符号

2.1　术　语

2.1.1 一般来讲，混凝土中的氯离子可以分为两大类：混凝土中的氯离子，其中一类氯离子在混凝土孔隙溶液中仍保持游离状态，称为自由氯离子，可溶于水；另一类氯离子是结合氯离子。这里水溶性氯离子指混凝土中可用水溶出的氯离子。

2.1.2 混凝土中氯离子包括自由氯离子和结合氯离子，其中结合氯离子又包括与水化产物反应以化学结合方式固化的氯离子和被水泥带正电的水化物所吸附的氯离子。氯离子的这些状态也是可以相互转化的，如以化学结合方式固化的氯离子只有在强碱性环境下才能生成和保持稳定，而当混凝土的碱度降低时，以化学结合方式固化的氯离子转化为游离形式存在的自由氯离子，参与对钢筋的锈蚀反应。因此，酸溶性氯离子含量有时也称为氯离子总含量，包括水溶性氯离子和以物理化学吸附、化学结合等方式存在的固化氯离子。

2.2　符　号

为了避免与密度单位"kg/m³"相混淆，m_B、m_S、m_W 和 m_C 所代表混凝土配合比中每立方米混凝土原材料的用量单位采用"kg"，而且采用单位"kg"在相应的计算公式中的意义也更加明确。由于计算公式中 m_{CT} 与 m_B、m_S、m_W 和 m_C 单位量纲一致，因此每立方米混凝土拌合物中水溶性氯离子质量 m_{CT} 的单位也为"kg"。

3　基本规定

3.0.1 本条规定了预拌混凝土的检测对象，应对混凝土拌合物进行氯离子含量检测。

3.0.2 本条规定了硬化混凝土的检测对象，可对混凝土标准养护试件、结构混凝土同条件养护试件和钻取芯样进行氯离子含量检测。由于结构实体的芯样最能够反映混凝土结构的真实情况，因此规定在存在争议时，以结构实体钻取芯样的氯离子含量作为最终检测结果进行评定。

3.0.3 本条规定了受检方需要提供实际采用的混凝土配合比，用于检测混凝土中氯离子含量的结果计算与评定。

3.0.4 混凝土中各原材料中氯离子含量的检测方法与本规程规定的测试方法存在一定差异，测试结果存在一定出入，故规定在执行本规程进行氯离子含量检测和评定时，不得采用将混凝土中各原材料氯离子含量相加求和的方法进行替代。

4　混凝土拌合物中氯离子含量检测

4.1　一　般规定

4.1.1 由于混凝土中的水溶性氯离子含量的高低会直接影响钢筋混凝土结构的耐久性，造成严重的工程质量问题甚至酿成事故。因此，在配合比设计阶段和生产施工过程中检测混凝土拌合物的水溶性氯离子含量是非常必要的。本条中规定了配合比设计阶段和施工过程中对混凝土拌合物中水溶性氯离子含量由第三方检测机构进行检测。

4.1.2 对同一工程、同一配合比的混凝土，至少检测1次混凝土拌合物中水溶性氯离子含量的规定有利于质量控制，确保所用混凝土的安全性。当原材料发生变化时，应重新对混凝土拌合物中水溶性氯离子含量进行检测。对于海砂混凝土来说，当海砂砂源批次改变时，也应重新检测新拌海砂混凝土中水溶性氯离子含量。

4.2　取　样

4.2.1 对混凝土中氯离子含量进行检测评定时，保证混凝土取样的随机性，是使所取试样具有代表性的重要条件。现场混凝土的拌制和浇筑是以一盘或一车混凝土为基本单位，一盘指搅拌混凝土的搅拌机一次搅拌的混凝土，因此也可以盘为基本单位进行取样。只有在同一盘或同一车混凝土拌合物中取样，才能代表该基本单位的混凝土，但不宜在首车或首盘混凝土中取样。另外规定了取样前使混凝土充分搅拌均匀，并在卸料量约为 1/4～3/4 之间取样，也是为了保证所取试样能够代表该车或该盘混凝土，使所取试样更具代表性。同时考虑到混凝土拌合物经运输到达施工现场，混凝土的质量还可能发生变化，因此宜在施工现场取样。当运送时间超过 2h 时，混凝土拌合物性能与刚出机混凝土差异较大，而且此时取样试验的可操作性变差，因此宜在搅拌机出口取样。并且还规定了完成混凝土拌合物取样的时限，加水搅拌后 2h 以内砂浆未完全硬化，在等质量蒸馏水中能够分散均匀。

4.2.2 按现行国家标准《普通混凝土拌合物性能试验方法标准》GB/T 50080 的规定取样也是保证所取试样具有代表性和试验的可操作性。

4.2.3 本条规定了最小取样量：应至少为试验实际用量的 2 倍，且不少于 3L，以免影响取样的代表性和试验的可操作性。

4.2.4 本条规定了雨天取样应有防雨措施，避免外界雨水影响样品的代表性和客观性。

4.2.5 本条规定了取样记录内容的有关要求。其中取样时间应注明混凝土的加水搅拌时间；取样还应包含是否采用海砂和混凝土配合比等信息，以及环境温度及混凝土样品温度应记录取样时的天气状况。

4.2.6 取样后，应立即用筛孔公称直径为 5.00mm 的筛子进行筛分，否则时间越长筛分离的难度越大。本规程附录 A 和附录 B 的试验方法规定的砂浆试样均为 2 份，每份 500g，向砂浆试样中加入 500g 蒸馏水。因此本条规定从筛出的砂浆中称取 2 份、每份 500g 的砂浆试样，加入 500g 蒸馏水摇匀后密封，能够防止污染和水分挥发。同时盛放样品的容器应为玻璃容器或对溶液氯离子浓度无影响的塑料密封容器，避免污染滤液试样。

4.2.7 规定了完成滤液获取的时限。自加水搅拌 3h 内完成能够避免试验时差对氯离子溶出结果的影响，减小试验结果的波动并且规定按照本规程附录 A.0.5 的规定要求提取足量滤液密封保存，用于仲裁的滤液保存时间应为一周。

4.2.8 混凝土拌合物中氯离子含量的检测结果直接影响着施工进度和混凝土质量控制，因此检测结果应在试验后及时告知受检者。

4.3 检测方法与结果评定

4.3.1 本条规定了混凝土拌合物中水溶性氯离子含量测试方法及其应用范围：混凝土拌合物中水溶性氯离子含量可采用本规程附录 A 或者附录 B 的方法进行检测，也可采用离子色谱法等精度更高的测试方法进行检测；附录 A 的测试方法主要作为筛查和质检的检测方法；当作为验收依据或存在争议时，按照本规程附录 B 的规定检测混凝土拌合物中水溶性氯离子含量。

4.3.2 为了提高检测的精度和稳定性，本条规定采用本规程附录 A 的方法检测混凝土拌合物中水溶性

氯离子含量时，每测一个试样前均应重新标定电位-氯离子浓度关系曲线。

4.3.3 本条规定了试验结果的表示方式。通过对国外标准的调研，美国混凝土学会（ACI）分别在 ACI 201.2R《耐久混凝土指南》、ACI 222R《混凝土中金属防锈保护》与 ACI 318M《美国混凝土结构设计规范》中作出相关规定，均以氯离子占水泥质量的百分比作为限制指标进行了规定；而日本的标准规定了单方混凝土中氯离子质量的限定值。在混凝土配合比已知的条件下，两者是可以相互换算的。我国现行国家标准《混凝土质量控制标准》GB 50164 和《预拌混凝土》GB/T 14902 中均以混凝土拌合物中水溶性氯离子含量占水泥的质量分数作为限制指标进行了规定，考虑到换算的简便性和与我国相关标准的协调性，规定混凝土拌合物的水溶性氯离子含量可表示为占水泥质量的百分比，也可以表示为单方混凝土所含的水溶性氯离子质量。

4.3.4 混凝土拌合物水溶性氯离子含量应符合国家现行标准《混凝土质量控制标准》GB 50164、《预拌混凝土》GB/T 14902 和《海砂混凝土应用技术规范》JGJ 206 的有关规定。

5 硬化混凝土中氯离子含量检测

5.1 一般规定

5.1.1 本条对硬化混凝土氯离子含量检测试件的要求进行了规定。当检测硬化混凝土中氯离子含量时，可采用标准养护试件、同条件养护试件。存在争议时应采用标准养护试件。

5.1.2 本条规定了硬化混凝土氯离子含量检测时试件龄期的要求。标准养护试件龄期宜为 28d，同条件养护试件的等效养护龄期宜为 600℃·d。

5.2 试件的制作和养护

5.2.1 本条规定了硬化混凝土氯离子含量检测试件的制作要求。硬化混凝土中氯离子含量的检测试件应符合现行国家标准《普通混凝土力学性能试验方法标准》GB/T 50081 中有关抗压强度试件制作的规定；当检测氯离子含量的试件要求与测试强度的试件一致时，也可采用抗压强度测试后的混凝土试件。

5.2.2 本条规定了每组试件的数量要求。3 个试件为一组。

5.2.3 本条规定了试件的养护要求。养护过程中应避免外界的氯离子污染试件，保证试验的客观准确。

5.2.4 本条规定了试件制作时需要记录并写入检测报告的信息。对于制作的混凝土试件应进行编号，记录试件制作时间、制作人、养护条件、是否采用海砂和试件对应的工程及其结构部位等信息。

5.3 取 样

5.3.1、5.3.2 这两条规定了硬化混凝土氯离子含量的取样方法。从一组（3个）硬化混凝土试件内部分别取样200g，去除石子，这里的石子指公称粒径大于5.00mm的岩石颗粒及其破碎部分；去除石子后将剩余砂浆混合，研磨全部通过筛孔公称直径为0.16mm的筛，105℃±5℃烘箱中烘2h后应放入干燥器冷却至室温备用。之所以采用筛孔公称直径为0.16mm的筛，是因为编制组对于同一硬化混凝土试样，进行分别通过筛孔公称直径分别为0.63mm、0.315mm、0.16mm和0.08mm筛的砂浆粉末的水溶性氯离子含量的对比试验，检测结果表明通过筛孔公称直径0.16mm筛的砂浆粉末的水溶性氯离子含量最高（图1），试验结果最安全。而且与日本JIS A1154规定加工成0.15mm以下的粉末要求基本相当，考虑到试验的可操作性和测试结果的安全性，以及与我国相关标准的协调性，故规定采用筛孔公称直径为0.16mm的筛。

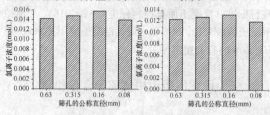

图1 两组混凝土经过不同公称直径筛孔的砂浆粉磨水溶性氯离子含量检测结果

5.4 检测方法与结果评定

5.4.1、5.4.2 这两条规定了硬化混凝土中氯离子含量的检测方法。硬化混凝土中水溶性氯离子含量应按照本规程附录C的方法进行检测，硬化混凝土中酸溶性氯离子含量应按照本规程附录D的方法进行检测。

5.4.3 本条对硬化混凝土中氯离子含量要求进行了规定：硬化混凝土中水溶性氯离子含量应符合现行国家标准《混凝土质量控制标准》GB 50164的规定。硬化混凝土中酸溶性氯离子含量应符合现行国家标准《混凝土结构设计规范》GB 50010的规定。与硬化混凝土中水溶性氯离子含量相比，《混凝土结构设计规范》GB 50010中对酸溶性氯离子含量的限值规定更加严格，偏于安全。因此，当存在争议时，应以酸溶性氯离子含量为准进行评定。

6 既有结构或构件混凝土中氯离子含量检测

6.1 一般规定

6.1.1 从既有结构或构件混凝土钻取芯样容易对结构或构件造成损伤，应尽量避免从既有结构或构件中钻取芯样来检测混凝土的氯离子含量，因此，有同条件混凝土试件时，检测同条件混凝土试件氯离子含量。但是，当缺少同条件混凝土试件或已有资料无法确认既有结构或构件混凝土中氯离子含量时，可从既有结构或构件钻取芯样检测混凝土中氯离子含量。

6.1.2 既有结构或构件混凝土取样应具有代表性，既有结构或构件混凝土的氯离子含量检测的试样可利用测试抗压强度后的破损芯样，可在降低对结构或构件的损伤的同时，减少了工作量，提高了可操作性。

6.2 取 样

6.2.1 本条规定了既有结构或构件混凝土取样要求。对相同配合比的混凝土进行取样，所取混凝土芯样为一组，每组的混凝土芯样数量不应少于3个；如该结构部位已经出现钢筋锈蚀、顺筋裂缝等明显劣化现象时，取样数量应增加一倍，同一结构部位所取的芯样归为一组。

6.2.2、6.2.3 这两条规定了钻取芯样的要求。深度应不小于钢筋保护层厚度；在保存和运输过程中进行密封，使其他物质不会污染待检试样，保证试验的客观准确。

6.2.4 本条规定了对既有结构或构件混凝土中氯离子含量进行检测时，需要记录并写入检测报告的取样信息。包括：取样时间、取样地点和取样人、工程名称、结构部位和混凝土标记、是否采用海沙和混凝土配合比等信息。

6.2.5 本条规定了对既有结构或构件混凝土中氯离子含量检测时的制样方法：石子是指公称粒径大于5.00mm的岩石颗粒及其破碎部分。

6.3 检测方法与结果评定

6.3.1、6.3.2 这两条规定了既有结构或构件混凝土中氯离子含量的检测方法。既有结构或构件混凝土中水溶性氯离子含量应按照本规程附录C的方法进行检测，既有结构或构件混凝土中酸溶性氯离子含量应按照本规程附录D的方法进行检测。

6.3.3 本条对既有结构或构件混凝土中氯离子含量要求进行了规定。结构或构件混凝土中水溶性氯离子含量应符合现行国家标准《混凝土质量控制标准》GB 50164的有关规定。结构或构件混凝土中酸溶性氯离子含量应符合现行国家标准《混凝土结构设计规范》GB 50010的有关规定。与硬化混凝土中氯离子含量的规定相同，《混凝土结构设计规范》GB 50010中对酸溶性氯离子含量的限值规定更加严格，偏于安全。因此，当存在争议时，应以酸溶性氯离子含量为准进行评定。

附录 A 混凝土拌合物中水溶性氯离子含量快速测试方法

本测试方法源于《水运工程混凝土试验规程》JTJ 270-1998 中的"海砂、混凝土拌合物中氯离子含量的快速测定",原理不变,操作变动有以下几点:

1 增加了对测试系统误差的规定:系统测试的最大允许误差为±10%。原标准发布实施已有 15 年之久,在此期间测试技术和仪器设备的精度不断得到提升,根据对目前测试设备和相关氯离子含量快速测定仪主流产品的调研,测试的最大允许误差可以满足±10%的要求。

2 原测试方法将电极直接插入混凝土拌合物砂浆试样中进行测试,在工程实践中,操作方面的异议很多。本测试方法改变为采用砂浆与蒸馏水质量比1:1混合后的滤液进行测试。原因如下:1)氯离子选择电极和参比电极(的敏感膜)与溶液接触的良好程度直接关系到测量精度,而砂浆由于其非液态特性,有碍于氯离子在其中的自由扩散,使得电极敏感膜表面的氯离子浓度因扩散受限而小于实际值,直接插入砂浆中测量将难以保证其良好接触;2)砂浆中存在大量杂质颗粒,有损氯离子选择电极和参比电极的敏感膜(敏感膜的厚度非常薄),将严重损害电极的使用寿命;3)以滤液作为测试对象能较好地避免以上两个问题,而且测试状态与"电位-氯离子浓度"曲线标定的状态一致;4)验证试验证明可操作性提高,测试误差减小。

3 原标准中只对砂浆试样进行一次测试,作为试验结果进行计算,本规程分别测量两份砂浆样品的氯离子含量,以计算平均值作为检测结果,能够降低主观因素和系统测试造成的误差,保证试验结果的科学性和客观性。

A.0.3 试验所用的浓度分别为 5.5×10^{-4} mol/L 和 5.5×10^{-3} mol/L 的 NaCl 标准溶液参照《化学试剂标准滴定溶液的制备》GB/T 601 中氯化钠标准滴定溶液的相关规定配制。

A.0.6 本条规定了每立方米混凝土拌合物中水溶性氯离子质量的计算方法。由于砂浆为混凝土拌合物在加水搅拌初期取样,设水溶性氯离子分散于砂浆中,试验砂浆质量为 500g,水溶性氯离子占砂浆质量分数为 x,则可根据测试数据建立下列公式:

$$\frac{\frac{500x}{35.45}}{500 + 500 \times \frac{m_{\mathrm{W}}}{m_{\mathrm{B}} + m_{\mathrm{S}} + m_{\mathrm{W}}}} = C_{\mathrm{Cl^-}} \qquad (1)$$

式(1)中分子 $\dfrac{500x}{35.45}$ 为砂浆中水溶性氯离子的

摩尔数;分母 $\dfrac{500 + 500 \times \frac{m_{\mathrm{W}}}{m_{\mathrm{B}} + m_{\mathrm{S}} + m_{\mathrm{W}}}}{\rho}$ 为滤液的

体积,其中 ρ 为滤液的密度,滤液密度 ρ 近似取 1000g/L。

因此,式(1)推导可得:

$$x = C_{\mathrm{Cl^-}} \times 0.03545 \times \frac{m_{\mathrm{B}} + m_{\mathrm{S}} + 2m_{\mathrm{W}}}{m_{\mathrm{B}} + m_{\mathrm{S}} + m_{\mathrm{W}}} \qquad (2)$$

换算为每立方米混凝土拌合物中水溶性氯离子质量只需进行下列计算:

$$m_{\mathrm{Cl^-}} = x \times (m_{\mathrm{B}} + m_{\mathrm{S}} + m_{\mathrm{W}}) \qquad (3)$$

将式(2)代入式(3)中,即可得到本规程附录式(A.0.6),单位为 kg。

A.0.7 本条规定了混凝土拌合物中水溶性氯离子含量占水泥质量的百分比的计算方法。每立方米混凝土拌合物中水溶性氯离子含量与每立方米混凝土拌合物的水泥用量的比值,为混凝土拌合物中水溶性氯离子含量占水泥质量的百分比,即本规程附录式(A.0.7)。

附录 B 混凝土拌合物中水溶性氯离子含量测试方法

本测试方法源于我国台湾标准《混凝土拌合物中水溶性氯离子含量试验方法》CNS 13465 A3343 中的"以硝酸银滴定法分析氯离子含量"方法,原理不变,操作变动有以下几点:

1 将原标准中试样滤液的取样方式由抽气过滤或离心分离的方式调整为加蒸馏水后、沸煮、再过滤。变动的主要理由是:对于强度等级 C40 以下的混凝土来说,通过抽气过滤或离心分离的方式能够获得足量的滤液,但对较高强度的混凝土或水胶比较小的普通强度的混凝土来说,通过抽气过滤或离心分离的方式获得的滤液量非常有限,在试验操作过程中由于滤液挥发或人为因素引入的误差对最终试验结果影响较大,而且可操作性较差。本规程规定加入等质量水获取滤液的方法,误差小,测试结果比较准确。

2 原标准对滤液未进行进一步的处理,本规程参照 ASTM C1218 增加了沸煮、过滤的处理。经过沸煮 5min 能够有效促进水溶性氯离子的溶出,沸煮处理后的滤液试样比只经过振摇后的略高(图2),所得测试结果偏于安全。

3 省去了添加除干扰离子的特殊试剂。变动的主要理由是:本规程针对的是混凝土拌合物水溶性氯离子含量的测定,测定时采用了蒸馏水制备滤液,因此干扰离子含量非常低,故省去了添加除干扰离子的化学试剂,验证试验结果表明,是否添加除干扰离子化学试剂对试验结果没有影响。

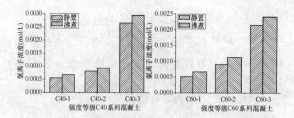

图 2 不同氯离子含量的 C40 和 C60 系列混凝土的
氯离子含量试验结果

B.0.8 根据莫尔法试验原理，以 K_2CrO_4 作指示剂，用 $AgNO_3$ 标准溶液滴定 Cl^- 时，由于 $AgCl$ 的溶解度比 Ag_2CrO_4 小，溶液中先出现 $AgCl$ 白色沉淀，当 $AgCl$ 定量沉淀完全后，稍过量的 Ag^+ 与 K_2CrO_4 生成砖红色的 Ag_2CrO_4 沉淀，从而指示终点的到达。滴定试验必须在中性或在弱碱性溶液中进行，适宜 pH 值范围为 6.5～10.5，必要时可用稀硝酸、氢氧化钠溶液和酚酞指示剂，调整滤液 pH 值至 7～10。

B.0.10 本条规定了每立方米混凝土拌合物中水溶性氯离子质量的计算方法。由于砂浆为混凝土拌合物的加水搅拌初期取样，设水溶性氯离子分布于砂浆中，试验砂浆质量为 500g，水溶性氯离子占砂浆质量分数为 x，则可根据测试数据建立下列公式：

$$\frac{\frac{500x}{35.45}}{500 + 500 \times \frac{m_W}{m_B + m_S + m_W}} = \frac{C_{AgNO_3} \times V_2}{V_1} \quad (4)$$

式（4）中 ρ 近似取 1000g/L，推导可得：

$$x = \frac{C_{AgNO_3} \times V_2 \times 0.03545}{V_1} \times \frac{m_B + m_S + 2m_W}{m_B + m_S + m_W} \quad (5)$$

换算为每立方米混凝土拌合物中水溶性氯离子质量只需进行下列计算：

$$m_{Cl} = x \times (m_B + m_S + m_W) \quad (6)$$

将式（5）代入式（6）中，即可得到本规程附录式（B.0.10），单位为 kg。

附录 C 硬化混凝土中水溶性氯离子含量测试方法

本测试方法源于《水运工程混凝土试验规程》JTJ 270-1998 中的"混凝土中砂浆的水溶性氯离子含量测定"，同时借鉴了我国台湾标准《混凝土拌合物中水溶性氯离子含量试验方法》CNS 13465 A3343 中的"以硝酸银滴定法分析氯离子含量"方法中的相关规定，JTJ 270-1998 和 CNS 13465 A3343 的原理一致。主要变动为：

1 将原标准中滴定所配制的硝酸银浓度、标定的氯化钠浓度 0.02mol/L，均参照 CNS 13465 A3343 调整为 0.0141mol/L。调整的理由是：通常硬化混凝

土中水溶性氯离子含量较低，低浓度的硝酸银溶液具有很好的灵敏性，在滴定过程中可操作性更强，不容易过量，而且每消耗 1mL 该浓度的硝酸银，表明待测溶液中含有 0.500mg 氯离子，折算更加直接。

2 将原标准中调 pH 值的硫酸调整为硝酸。调整的理由是：硫酸容易引入硫离子和亚硫酸根离子，对滴定来说引入了干扰离子，而硝酸则不会引入干扰离子，对滴定试验没有影响。

3 在原标准静置 24h 的基础上增加了沸煮 5min 的处理。沸煮 5min，停止加热，静置 24h 后，以快速定量滤纸过滤，是考虑与 ASTM C1218 的试样处理方法协调性规定的，试验结果也表明，进行沸煮 5min 后，静置 24h 的水溶性氯离子含量也比先沸煮再静置 24h 略高，说明沸煮有利于硬化混凝土中水溶性氯离子的溶出，所测结果偏于安全。

4 将原标准中判定溶液滴定终点的砖红色改为略带桃红色的黄色。根据试验经验可知，当溶液滴定至显砖红色时硝酸银溶液已过量，计算结果超过真实值较大，而以略带桃红色的黄色不消失作为滴定终点的判定颜色则与真实值较为接近，误差较小。编制组按照两种不同的终点颜色进行了精确配制的已知浓度的氯化钠标准溶液的验证试验，试验结果如图 3 所示。根据图 3 的验证试验结果可知，与真实浓度相比，两种判定颜色所得结果均表现为正偏差，选定带桃红色的黄色的作为滴定终点更接近真实值，能够更准确反映混凝土中真实的氯离子含量。

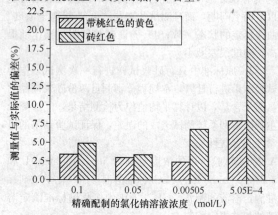

图 3 精确配制不同浓度氯化钠溶液的试验结果

C.0.11 本条规定了硬化混凝土中水溶性氯离子占水泥质量的百分比的计算方法。在已知混凝土配合比时，每立方米混凝土中的砂浆质量近似为 $(m_B + m_S + m_W)$，因此，每立方米混凝土水溶性氯离子质量可按下式计算：

$$m_{Cl} = W_{Cl}^W \times (m_B + m_S + m_W) \quad (7)$$

计算硬化混凝土中水溶性氯离子含量占水泥质量的百分比，只需将式（7）代入下式：

$$W_{Cl}^C = \frac{m_{Cl}}{m_C} \times 100 \quad (8)$$

即可得本规程附录式（C.0.11）。

附录 D　硬化混凝土中酸溶性氯离子含量测试方法

本测试方法源于《建筑结构检测技术标准》GB/T 50344-2004 中的"附录 B 混凝土中氯离子含量测定"方法。主要变动为：

1 浸泡试样的溶液由水改为硝酸溶液（1+7）。改动理由是：原标准是对混凝土氯离子含量测定，根据其使用水浸泡判断，应为混凝土中水溶性氯离子含量的测定，并不包含混凝土酸溶性氯离子含量，本试验的目的是检测硬化混凝土中氯离子的总含量，因此需要在硝酸溶液中浸泡一定时间后，待混凝土中的自由氯离子和物理吸附和化学结合氯离子溶出后进行检测，才能够反映硬化混凝土氯离子总含量的真实值，故本方法将浸泡液调整为硝酸溶液（1+7），与 ASTM C1152 中砂浆试样浸泡液的实际浓度一致。

2 取消了滴定前向待测液加入硝酸（1+1）的步骤。变动原因是：原标准电位滴定时，待检液 50mL 为蒸馏水浸泡砂浆粉末的滤液，呈碱性，故在滴定前用硝酸（1+1）调为酸性，由于本测试方法采用 100ml 硝酸溶液（1+7）浸泡 20g 砂浆粉磨，量取 20mL 硝酸溶液（1+7）加入 100mL 蒸馏水后也为酸性，从试验原理上来说不会影响试验结果。

3 将原标准中试验用 216 型银电极调整为"216 型银电极或氯离子选择电极"。调整的理由是：银电极和氯离子选择电极均能够反映氯离子和银离子浓度的变化，而且编制组进行了平行对比试验，试验结果如图 4 所示。图 4 的结果表明，氯离子选择电极所测试结果的精度与银电极的基本相当。

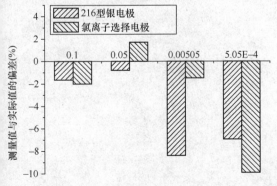

图 4　不同电极所测不同浓度氯化钠溶液的试验结果

4 将 50mL 滤液作为待测液调整为 20mL 滤液＋100mL 蒸馏水作为待测液。改动的理由是：原标准中待测液较少，在 100mL 烧杯中试验，由于烧杯口径太小，插入电极后，不便于滴定操作，在较大容量的烧杯中试验，液面太低，转子容易碰到电极，原试验方法可操作性较差。通过按照比例放大待测液进行试验，能够在 300mL 的烧杯中进行试验，避免了以上问题，可操作性强。

D.0.5　电位滴定试验应按照下列试验原理进行：用电位滴定法，以 216 型银电极或氯离子选择电极作为指示电极，其电势分别随 Ag^+ 或 Cl^- 浓度而变化，以甘汞电极为参比电极，用电位计或酸度计测定两电极在溶液中组成原电池的电势，银离子与氯离子反应生成溶解度很小的氯化银白色沉淀。在等当量点前滴入硝酸银生成氯化银沉淀，两电极间电势变化缓慢，达到等当量点时氯离子全部生成氯化银沉淀，这时滴入少量硝酸银即引起电势急剧变化，可指示出滴定终点。等当量点的判定应按二次微商法计算：即绘制电压-消耗硝酸银溶液体积曲线，通过电压对体积二次导数变成零的办法来求出等当量点。假如在临近等当量点时，每次加入的硝酸银溶液是相等的，此函数（$\Delta^2 E/\Delta V^2$）将在正负两个符号发生变化的体积之间的某一点变成零，通过电压对消耗硝酸银溶液体积二次导数变为零的点即为等当量点，对应这一点消耗的硝酸银体积即为等当量点，可用内插法计算求得；结合该曲线函数的一次导数在等当量点达到极值的规律，也可用于等当量点的判定。

D.0.8　本条规定了硬化混凝土中酸溶性氯离子含量占胶凝材料质量百分比的计算方法。在已知混凝土配合比时，每立方米混凝土中的砂浆质量近似为（$m_B+m_S+m_W$），因此，可得到本规程附录式（D.0.8）计算每立方米混凝土中酸溶性氯离子含量占胶凝材料质量的百分比。

中华人民共和国行业标准

预拌混凝土绿色生产及管理技术规程

Technical specification for green production and management of
ready-mixed concrete

JGJ/T 328—2014

批准部门：中华人民共和国住房和城乡建设部
施行日期：２０１４年１０月１日

中华人民共和国住房和城乡建设部
公　告

第 382 号

住房城乡建设部关于发布行业标准
《预拌混凝土绿色生产及管理技术规程》的公告

现批准《预拌混凝土绿色生产及管理技术规程》为行业标准，编号为 JGJ/T 328 - 2014，自 2014 年 10 月 1 日起实施。

本规程由我部标准定额研究所组织中国建筑工业出版社出版发行。

中华人民共和国住房和城乡建设部

2014 年 4 月 16 日

前　言

根据住房和城乡建设部《关于印发 2012 年工程建设标准规范制订修订计划的通知》（建标［2012］5 号）的要求，编制组经广泛调查研究，认真总结实践经验，参考有关国际标准和国外先进标准，并在广泛征求意见的基础上，编制本规程。

本规程的主要技术内容是：1 总则；2 术语；3 厂址选择和厂区要求；4 设备设施；5 控制要求；6 监测控制；7 绿色生产评价。

本规程由住房和城乡建设部负责管理，由中国建筑科学研究院负责具体技术内容的解释。执行过程中如有意见和建议，请寄送至中国建筑科学研究院（地址：北京市北三环东路 30 号，邮政编码：100013）。

本 规 程 主 编 单 位：中国建筑科学研究院
博坤建设集团公司

本 规 程 参 编 单 位：江苏大自然新材料有限公司
上海城建物资有限公司
中建商品混凝土有限公司
河北建设集团有限公司混凝土分公司
江苏苏博特新材料股份有限公司
江苏铸本混凝土工程有限公司
北京金隅混凝土有限公司
广东省建筑科学研究院
新疆西部建设股份有限公司
深圳市为海建材有限公司
上海建工材料工程有限公司
深圳市安托山混凝土有限公司
华新水泥股份有限公司
辽宁省建设科学研究院
北京天恒泓混凝土有限公司
天津港保税区航保商品砼供应有限公司
天津市澳川混凝土科技有限公司
浙江省台州四强新型建材有限公司
舟山市金土木混凝土技术开发有限公司
浙江建工检测科技有限公司

本规程主要起草人员：韦庆东　周永祥　丁　威
冷发光　仇心金　徐亚玲
吴文贵　刘加平　刘永奎
余尧天　龙　宇　陈旭峰
王新祥　孙　俊　朱炎宁
杨根宏　吴德龙　梁锡武
齐广华　王　元　高金枝

目　次

1　总则 ……………………………… 32—6

2　术语 ……………………………… 32—6

3　厂址选择和厂区要求 …………… 32—6

  3.1　厂址选择 …………………… 32—6

  3.2　厂区要求 …………………… 32—6

4　设备设施 ………………………… 32—6

5　控制要求 ………………………… 32—7

  5.1　原材料 ……………………… 32—7

  5.2　生产废水和废浆 …………… 32—7

  5.3　废弃混凝土 ………………… 32—7

  5.4　噪声 ………………………… 32—7

  5.5　生产性粉尘 ………………… 32—8

  5.6　运输管理 …………………… 32—8

  5.7　职业健康安全 ……………… 32—8

6　监测控制 ………………………… 32—8

7　绿色生产评价 …………………… 32—9

附录 A　绿色生产评价通用要求 …… 32—10

附录 B　二星级及以上绿色生产评价
       专项要求 ………………… 32—12

附录 C　三星级绿色生产评价专项
       要求 ……………………… 32—12

本规程用词说明 …………………… 32—13

引用标准名录 ……………………… 32—13

附：条文说明 ……………………… 32—14

Contents

1 General Provisions ···················· 32—6

2 Terms ································· 32—6

3 Factory Location and District
   Requirements ······················ 32—6
   3.1 Factory Location ················ 32—6
   3.2 Factory District Requirements ········ 32—6

4 Facilities ···························· 32—6

5 Controlling Requirements ············· 32—7
   5.1 Raw Materials ················· 32—7
   5.2 Industrial Waste Water and Nud ····· 32—7
   5.3 Waste Concrete ················ 32—7
   5.4 Noise ························ 32—7
   5.5 Industrial Dust ················ 32—8
   5.6 Transportation Managment ········ 32—8
   5.7 Personnel Health and Safety ········ 32—8

6 Monitoring and Controlling ··········· 32—8

7 Evaluation for Green

Production ························· 32—9

Appendix A General Requirements of
            Evaluation for Green
            Production ················ 32—10

Appendix B Special Requirements
            for Two-star Class
            and Three-star Class ··· 32—12

Appendix C Special Requirements
            for Three-star
            Class ···················· 32—12

Explanation of Wording in This
   Specification ···················· 32—13

List of Quoted Standards ·············· 32—13

Addition: Explanation of
          Provisions ················· 32—14

1 总　则

1.0.1 为规范预拌混凝土绿色生产及管理技术，保证混凝土质量，满足节地、节能、节材、节水和环境保护要求，做到技术先进、经济合理、安全适用，制定本规程。

1.0.2 本规程适用于预拌混凝土绿色生产、管理及评价。

1.0.3 专项试验室宜具备监测噪声和生产性粉尘的能力。

1.0.4 在绿色生产过程中，不得向厂界以外直接排放生产废水和废弃混凝土。

1.0.5 预拌混凝土绿色生产、管理及评价除应符合本规程外，尚应符合国家现行有关标准的规定。

2 术　语

2.0.1 废浆　industrial waste nud

清洗混凝土搅拌设备、运输设备和搅拌站（楼）出料位置地面所形成的含有较多固体颗粒物的液体。

2.0.2 生产废水处置系统　treatment system of industrial waste water

对生产废水、废浆进行回收和循环利用的设备设施的总称。

2.0.3 砂石分离机　separator

将废弃的新拌混凝土分离处理成可再利用砂、石的设备。

2.0.4 厂界　boundary

以法律文书确定的业主拥有使用权或所有权的场所或建筑物的边界。

2.0.5 生产性粉尘　industrial dust

预拌混凝土生产过程中产生的总悬浮颗粒物、可吸入颗粒物和细颗粒物的总称。

2.0.6 无组织排放　unorganized emission

未经专用排放设备进行的、无规则的大气污染物排放。

2.0.7 总悬浮颗粒物　total suspended particle

环境空气中空气动力学当量直径不大于 $100\mu m$ 的颗粒物。

2.0.8 可吸入颗粒物　particulate matter under 10 microns

环境空气中空气动力学当量直径不大于 $10\mu m$ 的颗粒物。

2.0.9 细颗粒物　particulate matter under 2.5microns

环境空气中空气动力学当量直径不大于 $2.5\mu m$ 的颗粒物。

3 厂址选择和厂区要求

3.1 厂　址　选　择

3.1.1 搅拌站（楼）厂址应符合规划、建设和环境保护的要求。

3.1.2 搅拌站（楼）厂址宜满足生产过程中合理利用地方资源和方便供应产品的要求。

3.2 厂　区　要　求

3.2.1 厂区内的生产区、办公区和生活区宜分区布置，可采取下列隔离措施降低生产区对生活区和办公区环境的影响：

　　1 可设置围墙和声屏障，或种植乔木和灌木来减弱或阻止粉尘和噪声传播；

　　2 可设置绿化带来规范引导人员和车辆流动。

3.2.2 厂区内道路应硬化，功能应满足生产和运输要求。

3.2.3 厂区内未硬化的空地应进行绿化或采取其他防止扬尘措施，且应保持卫生清洁。

3.2.4 生产区内应设置生产废弃物存放处。生产废弃物应分类存放、集中处理。

3.2.5 厂区内应配备生产废水处置系统。宜建立雨水收集系统并有效利用。

3.2.6 厂区门前道路和环境应符合环境卫生、绿化和社会秩序的要求。

4 设　备　设　施

4.0.1 预拌混凝土绿色生产宜选用技术先进、低噪声、低能耗、低排放的搅拌、运输和试验设备。设备应符合国家现行标准《混凝土搅拌站（楼）》GB/T 10171、《混凝土搅拌机》GB/T 9142 和《混凝土搅拌运输车》GB/T 26408 等的相应规定。

4.0.2 搅拌站（楼）宜采用整体封闭方式。

4.0.3 搅拌站（楼）应安装除尘装置，并应保持正常使用。

4.0.4 搅拌站（楼）的搅拌层和称量层宜设置水冲洗装置，冲洗产生的废水宜通过专用管道进入生产废水处置系统。

4.0.5 搅拌主机卸料口应设置防喷溅设施。装料区域的地面和墙壁应保持清洁卫生。

4.0.6 粉料仓应标识清晰并配备料位控制系统，料位控制系统应定期检查维护。

4.0.7 骨料堆场应符合下列规定：

　　1 地面应硬化并确保排水通畅；

　　2 粗、细骨料应分隔堆放；

　　3 骨料堆场宜建成封闭式堆场，宜安装喷淋抑尘装置。

4.0.8 配料地仓宜与骨料仓一起封闭，配料用皮带输送机宜侧面封闭且上部加盖。

4.0.9 粗、细骨料装卸作业宜采用布料机。

4.0.10 处理废弃新拌混凝土的设备设施宜符合下列规定：

1 当废弃新拌混凝土用于成型小型预制构件时，应具有小型预制构件成型设备；

2 当采用砂石分离机处置废弃新拌混凝土时，砂石分离机应状态良好且运行正常；

3 可配备压滤机等处理设备；

4 废弃新拌混凝土处理过程中产生的废水和废浆应通过专用管道进入生产废水和废浆处理系统。

4.0.11 预拌混凝土绿色生产应配备运输车清洗装置，冲洗产生的废水应通过专用管道进入生产废水处置系统。

4.0.12 搅拌站（楼）宜在皮带传输机、搅拌主机和卸料口等部位安装实时监控系统。

5 控 制 要 求

5.1 原 材 料

5.1.1 原材料的运输、装卸和存放应采取降低噪声和粉尘的措施。

5.1.2 预拌混凝土生产用大宗粉料不宜使用袋装方式。

5.1.3 当掺加纤维等特殊原材料时，应安排专人负责技术操作和环境安全。

5.2 生产废水和废浆

5.2.1 预拌混凝土绿色生产应配备完善的生产废水处置系统，可包括排水沟系统、多级沉淀池系统和管道系统。排水沟系统应覆盖连通搅拌站（楼）装车层、骨料堆场、砂石分离机和车辆清洗场等区域，并与多级沉淀池连接；管道系统可连通多级沉淀池和搅拌主机。

5.2.2 当采用压滤机对废浆进行处理时，压滤后的废水应通过专用管道进入生产废水回收利用装置，压滤后的固体应做无害化处理。

5.2.3 经沉淀或压滤处理的生产废水用作混凝土拌合用水时，应符合下列规定：

1 与取代的其他混凝土拌合用水按实际生产用比例混合后，水质应符合现行行业标准《混凝土用水标准》JGJ 63 的规定，掺量应通过混凝土试配确定；

2 生产废水应经专用管道和计量装置输入搅拌主机。

5.2.4 废浆用于预拌混凝土生产时，应符合下列规定：

1 取废浆静置沉淀 24h 后的澄清水与取代的其他混凝土拌合用水按实际生产用比例混合后，水质应符合现行行业标准《混凝土用水标准》JGJ 63 的规定；

2 在混凝土用水中可掺入适当比例的废浆，配合比设计时可将废浆中的水计入混凝土用水量，固体颗粒量计入胶凝材料用量，废浆用量应通过混凝土试配确定；

3 掺用废浆前，应采用均化装置将废浆中固体颗粒分散均匀；

4 每生产班检测废浆中固体颗粒含量不应少于1次；

5 废浆应经专用管道和计量装置输入搅拌主机。

5.2.5 生产废水、废浆不宜用于制备预应力混凝土、装饰混凝土、高强混凝土和暴露于腐蚀环境的混凝土；不得用于制备使用碱活性或潜在碱活性骨料的混凝土。

5.2.6 经沉淀或压滤处理的生产废水也可用于硬化地面降尘和生产设备冲洗。

5.3 废弃混凝土

5.3.1 废弃新拌混凝土可用于成型小型预制构件，也可采用砂石分离机进行处置。分离后的砂石应及时清理、分类使用。

5.3.2 废弃硬化混凝土可生产再生骨料和粉料由预拌混凝土生产企业消纳利用，也可由其他固体废弃物再生利用机构消纳利用。

5.4 噪 声

5.4.1 预拌混凝土绿色生产应根据现行国家标准《声环境质量标准》GB 3096 和《工业企业厂界环境噪声排放标准》GB 12348 的规定以及规划，确定厂界和厂区声环境功能区类别，制定噪声区域控制方案和绘制噪声区划图，建立环境噪声监测网络与制度，评价和控制声环境质量。

5.4.2 搅拌站（楼）的厂界声环境功能区类别划分和环境噪声最大限值应符合表 5.4.2 的规定。

表 5.4.2 搅拌站（楼）的厂界声环境功能区类别划分和环境噪声最大限值（dB（A））

声环境功能区域	时段	
	昼间	夜间
以居民住宅、医疗卫生、文化教育、科研设计、行政办公为主要功能，需要保持安静的区域	55	45
以商业金融、集市贸易为主要功能，或者居住、商业、工业混杂，需要维护住宅安静的区域	60	50

续表 5.4.2

声环境功能区域	时段	
	昼间	夜间
以工业生产、仓储物流为主要功能，需要防止工业噪声对周围环境产生严重影响的区域	65	55
高速公路、一级公路、二级公路、城市快速路、城市主干路、城市次干路、城市轨道交通地面段、内河航道两侧区域，需要防止交通噪声对周围环境产生严重影响的区域	70	55
铁路干线两侧区域，需要防止交通噪声对周围环境产生严重影响的区域	70	60

注：环境噪声限值是指等效声级。

5.4.3 对产生噪声的主要设备设施应进行降噪处理。

5.4.4 搅拌站（楼）临近居民区时，应在对应厂界安装隔声装置。

5.5 生产性粉尘

5.5.1 预拌混凝土绿色生产应根据现行国家标准《环境空气质量标准》GB 3095 和《水泥工业大气污染物排放标准》GB 4915 的规定以及环境保护要求，确定厂界和厂区内环境空气功能区类别，制定厂区生产性粉尘监测点平面图，建立环境空气监测网络与制度，评价和控制厂区和厂界的环境空气质量。

5.5.2 搅拌站（楼）厂界环境空气功能区类别划分和环境空气污染物中的总悬浮颗粒物、可吸入颗粒物和细颗粒物的浓度控制要求应符合表 5.5.2 的规定。厂界平均浓度差值应符合下列规定：

　　1 厂界平均浓度差值是在厂界处测试 1h 颗粒物平均浓度与当地发布的当日 24h 颗粒物平均浓度的差值。

　　2 当地不发布或发布值不符合混凝土站（楼）所处实际环境时，厂界平均浓度差值应采用在厂界处测试 1h 颗粒物平均浓度与参照点当日 24h 颗粒物平均浓度的差值。

表 5.5.2 总悬浮颗粒物、可吸入颗粒物和细颗粒物的浓度控制要求

污染物项目	测试时间	厂界平均浓度差值最大限值（$\mu g/m^3$）	
		自然保护区、风景名胜区和其他需要特殊保护的区域	居住区、商业交通居民混合区、文化区、工业区和农村地区
总悬浮颗粒物	1h	120	300
可吸入颗粒物	1h	50	150
细颗粒物	1h	35	75

5.5.3 厂区内生产时段无组织排放总悬浮颗粒物的 1h 平均浓度应符合下列规定：

　　1 混凝土搅拌站（楼）的计量层和搅拌层不应大于 $1000\mu g/m^3$；

　　2 骨料堆场不应大于 $800\mu g/m^3$；

　　3 搅拌站（楼）的操作间、办公区和生活区不应大于 $400\mu g/m^3$。

5.5.4 预拌混凝土绿色生产宜采取下列防尘技术措施：

　　1 对产生粉尘排放的设备设施或场所进行封闭处理或安装除尘装置；

　　2 采用低粉尘排放量的生产、运输和检测设备；

　　3 利用喷淋装置对砂石进行预湿处理。

5.6 运输管理

5.6.1 运输车应达到当地机动车污染物排放标准要求，并应定期保养。

5.6.2 原材料和产品运输过程应保持清洁卫生，符合环境卫生要求。

5.6.3 预拌混凝土绿色生产应制定运输管理制度，并应合理指挥调度车辆，且宜采用定位系统监控车辆运行。

5.6.4 冲洗运输车辆宜使用循环水，冲洗运输车产生的废水可进入废水回收利用设施。

5.7 职业健康安全

5.7.1 预拌混凝土绿色生产除应符合现行国家标准《职业健康安全管理体系　要求》GB/T 28001 的规定外，尚应符合下列规定：

　　1 应设置安全生产管理小组和专业安全工作人员，制定安全生产管理制度和安全事故应急预案，每年度组织不少于一次的全员安全培训；

　　2 在生产区内噪声、粉尘污染较重的场所，工作人员应佩戴相应的防护器具；

　　3 工作人员应定期进行体检。

5.7.2 生产区的危险设备和地段应设置醒目安全标识，安全标识的设定应符合现行国家标准《安全标志及其使用导则》GB 2894 的规定。

6 监 测 控 制

6.0.1 绿色生产监测控制对象应包括生产性粉尘和噪声。当生产废水和废浆用于制备混凝土时，监测控制对象尚应包括生产废水和废浆。预拌混凝土绿色生产应编制监测控制方案，并针对监测控制对象定期组织第三方监测和自我监测。废浆、生产废水、噪声和生产性粉尘的监测时间应选择满负荷生产时段，监测频率最小限值应符合表 6.0.1 的规定，检测结果应符合本规程第 5 章的规定。

表 6.0.1 废浆、生产废水、生产性粉尘和噪声的监测频率最小限值

监测对象	监测频率（次/年）		
	第三方监测	自我监测	总计
废浆	1	—	1
生产废水	1		1
噪声	1	2	3
生产性粉尘	1		2

6.0.2 生产废水的检测方法应符合现行行业标准《混凝土用水标准》JGJ 63 的规定。废浆的固体颗粒含量检测方法可按现行国家标准《混凝土外加剂匀质性试验方法》GB/T 8077 的规定执行。

6.0.3 环境噪声的测点分布和监测方法除应符合现行国家标准《声环境质量标准》GB 3096 和《工业企业厂界环境噪声排放标准》GB 12348 的规定外，尚应符合下列规定：

1 当监测厂界环境噪声时，应在厂界均匀设置四个以上监控点，并应包括受被测声源影响大的位置；

2 当监测厂区内环境噪声时，应在厂区的骨料堆场、搅拌站（楼）控制室、食堂、办公室和宿舍等区域设置监控点，并应包括噪声敏感建筑物的受噪声影响方向；

3 各监控点应分别监测昼间和夜间环境噪声，并应单独评价。

6.0.4 生产性粉尘排放的测点分布和监测方法除应符合国家现行标准《大气污染物无组织排放监测技术导则》HJ/T 55、《环境空气 总悬浮颗粒物的测定 重量法》GB/T 15432 和《环境空气 PM$_{10}$ 和 PM$_{2.5}$ 的测定 重量法》HJ 618 的规定外，尚应符合下列规定：

1 当监测厂界生产性粉尘排放时，应在厂界外 20m 处、下风口方向均匀设置二个以上监控点，并应包括受被测粉尘源影响大的位置，各监控点应分别监测 1h 平均值，并应单独评价；

2 当监测厂区内生产性粉尘排放时，当日 24h 细颗粒物平均浓度值不应大于 75μg/m³，应在厂区的骨料堆场、搅拌站（楼）的搅拌层、称量层、办公和生活等区域设置监控点，各监控点应分别监测 1h 平均值，并应单独评价；

3 当监测参照点大气污染物浓度时，应在上风口方向且距离厂界 50m 位置均匀设置二个以上参照点，各参照点应分别监测 24h 平均值，取算术平均值

作为参照点当日 24h 颗粒物平均浓度。

6.0.5 预拌混凝土绿色生产应定期检查和维护除尘、降噪和废水处理等环保设施，并应记录运行情况。

7 绿色生产评价

7.0.1 预拌混凝土绿色生产评价指标体系可由厂址选择和厂区要求、设备设施、控制要求和监测控制四类指标组成。每类指标应包括控制项和一般项。当控制项不合格时，绿色生产评价结果应为不通过。

7.0.2 绿色生产评价等级应划分为一星级、二星级和三星级。绿色生产评价等级、总分和评价指标要求应符合表 7.0.2 的规定。

表 7.0.2 绿色生产评价等级、总分和评价指标要求

等级	总分	厂区要求			设备设施			控制要求			监测控制		
		控制项	一般项	分值	控制项	一般项	分值	控制项	一般项	分值	控制项	一般项	分值
★	100	1	5	10	2	10	50	1	7	30	1	3	10
★★	130	1	5	10	12	0	50	4	12	60	1	3	10
★★★	160	1	5	10	12	0	50	7	15	90	1	3	10

7.0.3 一星级绿色生产评价应按本规程附录 A 的规定进行评价。当评价总分不低于 80 分时，评价结果应为通过。

7.0.4 二星级绿色生产评价应符合下列规定：

1 应按本规程附录 A 和附录 B 分别评价，并累计评价总分；

2 按本规程附录 A 进行评价，评价总分不应低于 85 分，且设备设施评价应得满分；按本规程附录 B 进行评价，评价总分不应低于 20 分；

3 当累计评价总分不低于 110 分时，评价结果应为通过。

7.0.5 三星级绿色生产评价宜符合下列规定：

1 应按本规程附录 A、附录 B 和附录 C 分别评价，并累计评价总分；

2 按本规程附录 A 进行评价，评价总分不应低于 90 分，且设备设施评价应得满分；按本规程附录 B 进行评价，评价总分不应低于 25 分；按本规程附录 C 进行评价，评价总分不应低于 20 分；

3 当累计评价总分不低于 140 分时，评价结果应为通过。

附录 A 绿色生产评价通用要求

表 A 绿色生产评价通用要求

评价指标	指标类型	分值	分项评价内容	分项分值	评价要素
厂区要求	控制项	4	道路硬化及质量	4	道路硬化率达到100%，得2分；硬化道路质量良好、无明显破损，得2分
	一般项	6	功能分区	1	厂区内的生产区、办公区和生活区采用分区布置，得1分
			未硬化空地的绿化	1	厂区内未硬化空地的绿化率达到80%以上，得1分
			绿化面积	1	厂区整体绿化面积达10%以上，得1分
			生产废弃物存放处的设置	1	生产区内设置生产废弃物存放处，得0.5分；生产废弃物分类存放、集中处理，得0.5分
			整体清洁卫生	2	厂区门前道路、环境按门前三包要求进行管理，并符合要求，得1分；厂区内保持卫生清洁，得1分
设备设施	控制项	14	除尘装置	7	粉料筒仓顶部、粉料贮料斗、搅拌机进料口或骨料贮料斗的进料口均安装除尘装置，除尘装置状态和功能完好，运转正常，得7分
			生产废水、废浆处置系统	7	生产废水、废浆处置系统包括排水沟系统、多级沉淀池系统和管道系统且正常运转，得4分；排水沟系统覆盖连通装车层、骨料堆场和废弃新拌混凝土处置设备设施，并与多级沉淀池连接，得1分。当生产废水和废浆用作混凝土拌合用水时，管道系统连通多级沉淀池和搅拌主机，得1分，沉淀池设有均化装置，得1分；当经沉淀或压滤处理的生产废水用于硬化地面降尘、生产设备和运输车辆冲洗时，得2分
	一般项	36	监测设备	3	拥有经校准合格的噪声测试仪，得1分；拥有经校准合格的粉尘检测仪，得2分
			清洗装置	4	预拌混凝土绿色生产配备运输车清洗装置，得2分；搅拌站（楼）的搅拌层和称量层设置水冲洗装置，冲洗废水通过专用管道进入生产废水处理系统，得2分
			防喷溅设施	2	搅拌主机卸料口设下料软管等防喷溅设施，得2分
			配料地仓、皮带输送机	6	配料地仓与骨料仓一起封闭，得2分；当采用高塔式骨料仓时，配料地仓单独封闭得2分。骨料用皮带输送机侧面封闭且上部加盖，得4分
			废弃新拌混凝土处置设备设施	4	采用砂石分离机时，砂石分离机的状态和功能良好，运行正常，得4分；利用废弃新拌混凝土成型小型预制构件时，小型预制构件成型设备的状态和功能良好，运行正常，得4分；采用其他先进设备设施处理废弃新拌混凝土并实现砂、石和水的循环利用时，得4分
			粉料仓标识和料位控制系统	3	水泥、粉煤灰矿粉等粉料仓标识清晰，得1分；粉料仓均配备料位控制系统，得2分
			雨水收集系统	2	设有雨水收集系统并有效利用，得2分
			骨料堆场或高塔式骨料仓	5	当采用高塔式骨料仓时，得5分。当采用骨料堆场时：地面硬化率100%，并排水通畅，得1分；采用有顶盖无围墙的简易封闭骨料堆场，得2分，噪声和生产性粉尘排放满足本规程5.4节和5.5节要求，得2分；采用有三面以上围墙的封闭式堆场，得3分，噪声和生产性粉尘排放满足本规程5.4节和5.5节要求，得1分；采用有三面以上围墙且安装喷淋抑尘装置的封闭式堆场，得4分

评价指标	指标类型	分值	分项评价内容	分项分值	评 价 要 素
设备设施	一般项	36	整体封闭的搅拌站（楼）	5	当搅拌站（楼）四周封闭时，得4分，噪声和生产性粉尘排放满足本规程5.4节和5.5节要求，得1分；当搅拌站（楼）四周及顶部同时封闭时，得5分；当搅拌站不封闭并满足本规程第5.4节和第5.5节要求时，得5分
			隔声装置	2	搅拌站（楼）临近居民区时，在厂界安装隔声装置，得2分；搅拌站（楼）厂界与居民最近距离大于50m时，不安装隔声装置，得2分
控制要求	控制项	5	废弃物排放	5	不向厂区以外直接排放生产废水、废浆和废弃混凝土，得5分
	一般项	25	环境噪声控制	5	第三方监测的厂界声环境噪声限值符合本规程表5.4.2的规定，得5分
			生产性粉尘控制	7	第三方监测的厂界环境空气污染物中的总悬浮颗粒物、可吸入颗粒物和细颗粒物的浓度符合本规程表5.5.2中浓度限值的规定，得4分；厂区无组织排放总悬浮颗粒物的1h平均浓度限值符合本规程第5.5.3条规定，得3分
			生产废水利用	3	沉淀或压滤处理的生产废水用作混凝土拌合用水并符合本规程第5.2.3条的规定，得3分；沉淀或压滤处理的生产废水完全循环用于硬化地面降尘、生产设备和运输车辆冲洗时，得3分
			废浆处置和利用	2	利用压滤机处置废浆并做无害化处理，且有应用证明，得2分；或者废浆直接用于预拌混凝土生产并符合本规程第5.2.4条的规定，得2分
			废弃混凝土利用	2	利用废弃新拌混凝土成型小型预制构件且利用率不低于90%，得1分；或者废弃新拌混凝土经砂石分离机分离生产砂石且砂石利用率不低于90%，得1分；当循环利用硬化混凝土时：由固体废弃物再生利用机构消纳利用并有相关证明材料，得1分；由混凝土生产商自己生产再生骨料和粉料消纳利用，得1分
			运输管理	3	采用定位系统监控车辆运行，得1分；运输车达到当地机动车污染物排放标准要求并定期保养，得2分
			职业健康安全管理	3	每年度组织不少于一次的全员安全培训，得1分；在生产区内噪声、粉尘污染较重的场所，工作人员佩戴相应的防护器具，得1分；工作人员定期进行体检，得1分
监测控制	控制项	5	监测资料	5	具有第三方监测结果报告，得2分；具有生产废水和废浆处置或循环利用记录，得1分；具有除尘、降噪和废水处理等环保设施检查或维护记录，得1分；具有料位控制系统定期检查记录，得1分
	一般项	5	生产性粉尘的监测	2	生产性粉尘的监测符合本规程第6.0.4条的规定，监测频率符合本规程表6.0.1的规定，具有监测结果报告，得2分
			生产废水和废浆的监测	2	生产废水和废浆用于制备混凝土时，监测符合本规程第6.0.2条的规定，监测频率符合本规程表6.0.1的规定，具有监测结果报告，得2分；生产废水完全循环用于硬化地面降尘、生产设备和运输车辆冲洗时，不需要监测，得2分
			环境噪声的监测	1	环境噪声的监测符合本规程第6.0.3条的规定，监测频率符合本规程表6.0.1的规定，具有监测结果报告，得1分

附录 B 二星级及以上绿色生产评价专项要求

表 B 二星级及以上绿色生产评价专项要求

评价指标	指标类型	分值	分项评价内容	分项分值	评价要素
控制技术	控制项	12	生产废水控制	4	全年的生产废水消纳利用率或循环利用率达到100%，并有相关证明材料
			厂界生产性粉尘控制	5	厂区位于住区、商业交通居民混合区、文化区、工业区和农村地区时，总悬浮颗粒物、可吸入颗粒物和细颗粒物的厂界浓度差值最大限值分别为250μg/m^3、120$\mu g/m^3$ 和 55$\mu g/m^3$
			厂界噪声控制	3	比本规程第5.4节规定的所属声环境昼间噪声限值低5dB（A）以上，或最大噪声限值55dB（A）
	一般项	18	废浆和废弃混凝土控制	4	废浆和废弃混凝土的回收利用率或集中消纳利用率均达到90%以上
			厂区内生产性粉尘控制	4	厂区内无组织排放总悬浮颗粒物的1h平均浓度限值符合下列规定：混凝土搅拌站（楼）的计量层和搅拌层不应大于 800$\mu g/m^3$；骨料堆场不应大于 600$\mu g/m^3$
			厂区内噪声控制	3	厂区内噪声敏感建筑物的环境噪声最大限值（dB（A））符合下列规定：昼间生活区 55，办公区 60；夜间生活区 45，办公区 50
			环境管理	4	应符合现行国家标准《环境管理体系 要求及使用指南》GB/T 24001 规定
			质量管理	3	应符合现行国家标准《质量管理体系 要求》GB/T 19001 规定

附录 C 三星级绿色生产评价专项要求

表 C 三星级绿色生产评价专项要求

评价指标	指标类型	分值	分项评价内容	分项分值	评价要素
控制技术	控制项	18	生产废弃物	6	全年的生产废弃物的消纳利用率或循环利用率达到100%，达到零排放
			厂界生产性粉尘控制	6	厂区位于住区、商业交通居民混合区、文化区、工业区和农村地区时，总悬浮颗粒物、可吸入颗粒物和细颗粒物的厂界浓度差值最大限值分别为200μg/m^3、80$\mu g/m^3$ 和 35$\mu g/m^3$
			厂界噪声控制	6	比本规程第5.4节规定的所属声环境昼间噪声限值低10dB（A）以上，或最大噪声限值55dB（A）
	一般项	12	厂区内生产性粉尘控制	5	厂区内无组织排放总悬浮颗粒物的1h平均浓度限值符合下列规定：混凝土搅拌站（楼）的计量层和搅拌层不应大于 600$\mu g/m^3$；骨料堆场不应大于 400$\mu g/m^3$
			厂区内噪声控制	5	厂区内噪声敏感建筑物的环境噪声最大限值（dB（A））符合下列规定：昼间办公区 55；夜间办公区 45
			职业健康安全管理	2	应符合现行国家标准《职业健康安全管理体系 要求》GB/T 28001 规定

本规程用词说明

1 为便于在执行本规程条文时区别对待，对要求严格程度不同的用词说明如下：

    1）表示很严格，非这样做不可的：

        正面词采用"必须"，反面词采用"严禁"；

    2）表示严格，在正常情况下均应这样做的：

        正面词采用"应"，反面词采用"不应"或"不得"；

    3）表示允许稍有选择，在条件许可时，首先应这样做的：

        正面词采用"宜"，反面词采用"不宜"；

    4）表示有选择，在一定条件下可以这样做的，采用"可"。

2 条文中指明应按其他有关标准执行的写法为："应符合……的规定"或"应按……执行"。

引用标准名录

1 《安全标志及其使用导则》GB 2894

2 《环境空气质量标准》GB 3095

3 《声环境质量标准》GB 3096

4 《水泥工业大气污染物排放标准》GB 4915

5 《混凝土外加剂匀质性试验方法》GB/T 8077

6 《混凝土搅拌机》GB/T 9142

7 《混凝土搅拌站(楼)》GB/T 10171

8 《工业企业厂界环境噪声排放标准》GB 12348

9 《环境空气　总悬浮颗粒物的测定　重量法》GB/T 15432

10 《质量管理体系　要求》GB/T 19001

11 《环境管理体系　要求及使用指南》GB/T 24001

12 《混凝土搅拌运输车》GB/T 26408

13 《职业健康安全管理体系　要求》GB/T 28001

14 《混凝土用水标准》JGJ 63

15 《大气污染物无组织排放监测技术导则》HJ/T 55

16 《环境空气　PM_{10}和$PM_{2.5}$的测定　重量法》HJ 618

中华人民共和国行业标准

预拌混凝土绿色生产及管理技术规程

JGJ/T 328—2014

条 文 说 明

制 订 说 明

《预拌混凝土绿色生产及管理技术规程》JGJ/T 328—2014，经住房和城乡建设部 2014 年 4 月 16 日以第 382 号公告批准、发布。

本规程编制过程中，编制组进行了广泛而深入的调查研究，总结了我国预拌混凝土绿色生产及管理的实践经验，同时参考了国外先进技术法规、技术标准，通过试验和监测取得了绿色生产的相关重要技术参数。

为便于广大设计、施工、科研、学校等单位有关人员在使用本规程时能正确理解和执行条文规定，《预拌混凝土绿色生产及管理技术规程》编制组按章、节、条顺序编制了本规程的条文说明，供使用者参考。但是，本条文说明不具备与规程正文同等的法律效力，仅供使用者作为理解和把握规程规定的参考。

目　次

1　总则 ……………………… 32—17
2　术语 ……………………… 32—17
3　厂址选择和厂区要求 ……… 32—17
　　3.1　厂址选择 ……………… 32—17
　　3.2　厂区要求 ……………… 32—17
4　设备设施 …………………… 32—18
5　控制要求 …………………… 32—18
　　5.1　原材料 ………………… 32—18
　　5.2　生产废水和废浆 ……… 32—18
　　5.3　废弃混凝土 …………… 32—19
　　5.4　噪声 …………………… 32—19

　　5.5　生产性粉尘 …………… 32—19
　　5.6　运输管理 ……………… 32—20
　　5.7　职业健康安全 ………… 32—20
6　监测控制 …………………… 32—20
7　绿色生产评价 ……………… 32—20
附录A　绿色生产评价通用要求 …… 32—20
附录B　二星级及以上绿色生产评价
　　　　专项要求 ……………… 32—21
附录C　三星级绿色生产评价
　　　　专项要求 ……………… 32—21

1 总　　则

1.0.1 我国预拌混凝土通常在预拌混凝土搅拌站（楼）、预制混凝土构件厂及施工现场搅拌楼进行集中搅拌生产。采用绿色生产及管理技术，保证混凝土质量并满足节地、节能、节材、节水和保护环境，对于我国混凝土行业健康发展具有重要意义。

1.0.2 本条规定了本规程的适用范围。

1.0.3 实施绿色生产时，必须严格控制粉尘和噪声排放并实现动态管理，并须具备及时发现问题和解决问题的能力。因此，在绿色生产过程中除第三方检测外，专项试验室尚需要自身具备检测噪声和生产性粉尘的能力，以加强过程监控力度，特别是二星级及以上绿色生产必须具备噪声和粉尘检测设备。

1.0.4 预拌混凝土生产废水含有较多的固体，直接排放到厂界外面的河道或市政管道会造成河床污染或管道堵塞，并对环境产生较大的负面影响。直接排放废弃混凝土不仅给环境带来压力，也造成材料浪费。废弃混凝土应按本规程第 5 章的规定循环利用，以达到节材目标。

1.0.5 预拌混凝土绿色生产、管理和评价涉及不同标准和管理制度规定内容，在使用中除应执行本规程外，尚应符合国家现行有关标准规范的规定。

2 术　　语

2.0.1 本条文明确了废浆的主要来源及组分。含泥量较高的废浆不宜回收利用。

2.0.2 本条文定义的生产废水处置系统包括用于回收目的的收集管道系统和用于沉淀的多级沉淀池系统。当生产废水和废浆用于制备混凝土时，还应包括用于循环利用的计量和均匀搅拌系统，应当注意，使用萘系外加剂生产混凝土形成的生产废水不得和使用聚羧酸系外加剂生产混凝土形成的生产废水相混合使用。当生产废水完全用于循环冲洗或除尘，生产废水处置系统则不包括搅拌系统。

2.0.3 砂石分离机通常包括进料槽、搅拌分离机、供水系统和筛分系统，有滚筒式分离机和螺旋式分离机等产品类型。其工作原理是废弃新拌混凝土在水流冲击下通过进料槽进入搅拌分离机，利用离心原理和筛分系统，分离并生产出砂石，伴随产生生产废水。分离出的砂石可部分替代生产用骨料用于生产混凝土。

2.0.4 厂界是由法律文书确定的业主所拥有使用权或所有权的场所或建筑物的边界。现行国家标准《工业企业厂界环境噪声排放标准》GB 12348 规定了"厂界"术语，本规程基本等同采用。

2.0.5 根据现行国家职业卫生标准《工作场所职业病危害作业分级　第 1 部分：生产性粉尘》GBZ/T 229.1 规定，生产性粉尘分为无机粉尘、有机粉尘和混合性粉尘。预拌混凝土生产过程主要产生无机粉尘，本规程是指总悬浮颗粒物、可吸入颗粒物和细颗粒物的总称。

2.0.6 搅拌站（楼）的大气污染物排放方式主要是无组织排放。

2.0.7 总悬浮颗粒物又称 TSP。现行国家标准《环境空气质量标准》GB 3095 规定了"总悬浮颗粒物"术语，本规程等同采用。

2.0.8 可吸入颗粒物又称 PM_{10}。现行国家标准《环境空气质量标准》GB 3095 规定了"可吸入颗粒物"术语，本规程等同采用。

2.0.9 细颗粒物又称 $PM_{2.5}$。现行国家标准《环境空气质量标准》GB 3095 规定了"细颗粒物"术语，本规程等同采用。

3 厂址选择和厂区要求

3.1 厂　址　选　择

3.1.1 搅拌站（楼）新建、改建或扩建时，应向所在区（市）规划和建设主管部门提出相关申请和材料，并符合所在区域环境保护要求。具体选址时，宜注意自身对环境和交通可能造成的负面影响。

3.1.2 厂址选择时应考虑原材料及产品运输距离对成本的影响。减少运输过程的碳排放并降低运输成本。

3.2 厂　区　要　求

3.2.1 绿色生产时应将厂区划分为办公区、生活区和生产区，应采用有效措施降低生产过程产生的噪声和粉尘对生活和办公活动的影响。其中设置围墙或声屏障，或种植乔木和灌木均可降低粉尘和噪声传播。利用绿化带来规范引导人员和车辆流动也是有效措施之一。

3.2.2 厂区道路硬化是控制道路扬尘的基本要求，也是保持环境卫生的重要手段。应根据厂区道路荷载要求，按照相关标准进行道路混凝土配合比设计及施工。

3.2.3 厂区内绿化除了保持生态平衡和保持环境作用外，还可以利用高大乔木类植物达到降低噪声和减少粉尘排放的目的。对不宜绿化的空地，应做好防尘措施。

3.2.4 生产废弃物包括混凝土生产过程中直接或间接产生的各种废弃物，对其分类存放、集中处理有利于提高其消纳利用率。

3.2.5 配备生产废水处置系统是实现生产废水有效利用的基本条件。实现雨污分流并建立雨水收集系统可以达到利用雨水以达到节水目的。从实际应用情况来看，当厂区设计排水沟系统时，生产废水处置系统和雨水收集系统可以合并使用，即雨水通过排水沟收集并进入生产废水处置系统，从而实现有效利用。

3.2.6 本条规定了预拌混凝土生产时在门前责任区内应承担的市容环境责任，即"一包"清扫保洁；"二包"秩序良好；"三包"设施、设备和绿地整洁等。

4 设 备 设 施

4.0.1 国家现行标准《混凝土搅拌站（楼）》GB/T 10171、《混凝土搅拌机》GB/T 9142 和《混凝土搅拌运输车》GB/T 26408 详细规定了混凝土搅拌机、运输车和搅拌站（楼）配套主机、供料系统、储料仓、配料装置、混凝土贮斗、电气系统、气路系统、液压系统、润滑系统、安全环保等技术要求。噪声和粉尘排放，以及碳排放与设备密切相关，因此绿色生产应优先采购技术先进、节能、绿色环保的各种设备。

4.0.2 生产性粉尘和噪声排放达到标准要求是搅拌站（楼）绿色生产主要控制目标，搅拌站（楼）可以采用开放式或整体封闭式生产方式，开放式生产必须采用加装吸尘装置、降低生产噪声等各种综合技术措施，要求均高。当开放式生产不能满足标准要求时，则应采用整体封闭式。

4.0.3 对粉料筒仓顶部、粉料贮料斗、搅拌机进料口安装除尘装置可以避免粉尘的外泄，滤芯等易损装置应定期保养或更换。胶凝材料粉尘收集后可作为矿物掺合料使用，通过管道和计量装置进入搅拌主机。当矿粉与粉煤灰共用收尘器时，收集后粉尘可作为粉煤灰计量并循环使用。

4.0.4 一般来说，搅拌站（楼）的搅拌层和称量层是生产性粉尘较多区域，因此对于开放或封闭搅拌站（楼）来说，均应配置水冲洗设施，及时清除粉尘并保持搅拌层和称量层卫生。当搅拌层和称量层地面存有油污时，应先清除油污，避免油污进入冲洗废水中。冲洗废水应进入生产废水处置系统实现循环利用。

4.0.5 可通过加长搅拌机下料软管等方式防止混凝土喷溅。对于喷溅混凝土应及时清除以保持卫生。保持装车层的地面和墙壁卫生是绿色生产的考核指标之一。

4.0.6 粉料仓是指存储水泥和矿物掺合料的各种筒仓，标识清楚方可避免材料误用。配备料位控制系统并进行定期维护有利于原材料管理。

4.0.7 建成封闭式骨料堆场的目的是控制骨料含水率稳定性，并减少生产性粉尘排放，对于绿色生产和控制混凝土质量均具有重要意义。因此，当不封闭骨料堆场也能达到上述目的时，预拌混凝土绿色生产可

采用其他灵活方式。

4.0.8 本条规定的技术措施主要是避免配料地仓和配料用皮带输送机造成的生产性粉尘外排。

4.0.9 采用布料机进行砂石装卸作业更有利于噪声控制，但是初次投入成本较高，后期用电成本较低。

4.0.10 利用废弃新拌混凝土成型小型构件可取得了较好的经济效益。利用砂石分离机可及时实现新拌混凝土的砂石分离，并循环利用。利用压滤机处置废浆也是常见技术手段。也可利用其他有效技术措施，实现废弃混凝土的循环利用。

4.0.11 绿色生产时应设计运输车清洗装置，并可以实现运输车辆的自动清洗，以达到车辆外观清洁卫生的目标，确保运输车出入厂区时外观清洁。冲洗用水可采用自来水或沉淀后的生产废水。当搅拌车表面存有油污时，应先清除油污，避免油污、草酸和洗涤剂等进入冲洗废水中，冲洗废水应进入生产废水处置系统实现循环利用。

4.0.12 利用实时监控系统有利于专业技术人员和管理人员全面掌握生产原材料进场、混凝土生产、混凝土出厂以及过程质量控制等信息，并能及时作出相关处理。

5 控 制 要 求

5.1 原 材 料

5.1.1 容易扬尘或遗洒的原材料在运输过程中应采用封闭或遮盖措施。声环境要求较高时，砂石装卸作业宜采用低噪声装载机。

5.1.2 预拌混凝土生产用粉料宜采用散装水泥等材料。使用袋装粉料不仅提高了生产成本、降低了生产效率，同时不利于控制混凝土质量和生产性粉尘排放。

5.1.3 对于掺加纤维等特殊材料时，通过专人负责计量方式可控制生产质量并提高管理水平。

5.2 生产废水和废浆

5.2.1 本条规定了生产废水处置设备设施的一般性构成，其主要包括排水沟、各种管道和沉淀池，其中排水沟系统不仅起到引导生产废水作用，还有助于保护良好的环境卫生。当生产废水和废浆用于制备混凝土时，还应包括均化装置和计量装置等。

5.2.2 利用压滤机处置生产废浆，将产生的废水回收利用，将压滤后的固体进行无害化处理也是有效的处置办法。利用压滤后的固体做道路地基材料或回填材料也是循环利用的有效途径之一。

5.2.3 本条规定了沉淀或压滤处理后的生产废水用作混凝土拌合用水时的质量要求及使用方法。

5.2.4 本条规定了废浆直接使用时的应用要求，包

括检测指标、检测频率、配合比设计及控制技术指标。废浆中含有胶凝材料和外加剂等组分，硬化及未硬化颗粒具有微填充作用，可以改善混凝土拌合物性能，因此可以计入胶凝材料总量之中。但是由于废浆中同样会存在一定量的泥，会对混凝土性能产生负面作用。所以废浆的实际用量必须经过试验来确定。

5.2.5 由于生产废水和废浆的碱含量较高，因此不得用于使用碱活性或潜在碱活性骨料的混凝土和高强混凝土。此外，使用生产废水和废浆对预应力混凝土、装饰混凝土和暴露于腐蚀环境的混凝土性能也有负面影响。

5.2.6 生产废水处置系统产生的生产废水，可完全用于循环冲洗或除尘，从而大幅提高节水效果，此时，生产废水不宜用作混凝土拌合用水，也不需要监测其水质变化。即，经沉淀或压滤处理的生产废水可直接用于硬化地面喷淋降尘，用于冲洗搅拌主机、装车层地面和冲洗装置。

5.3 废弃混凝土

5.3.1 利用废弃新拌混凝土成型小型预制构件是普遍采取的处理方式。预拌混凝土资质管理规定可生产"市政工程方砖、道牙、隔离墩、地面砖、花饰、植草砖等小型预制构件"。另外，采用砂石分离机对新拌混凝土处置，并及时对分离后的砂石进行清理和使用也是绿色生产的主要技术手段。传统砂石分离机分离的砂石在机身同一个侧面，容易形成混料。应安排专人对分离后的砂石及时清理，并分类使用。

5.3.2 自身配置简易破碎机对废弃硬化混凝土处置，在控制再生骨料质量的前提下，通过与天然骨料复配使用方式，可实现再生骨料的消纳并保证混凝土质量。利用各地区已有的建筑垃圾固体废弃物再生利用专业机构集中消纳利用废弃混凝土也是有效措施之一。不得直接用作垃圾填埋。

5.4 噪 声

5.4.1 现行国家标准《声环境质量标准》GB 3096和《工业企业厂界环境噪声排放标准》GB 12348均详细规定了噪声要求。对噪声进行有效控制并达到相关标准要求，是绿色生产核心内容之一。应根据厂界的声环境功能区类别以及厂区内不同区域要求，建立监测网络和制度，因地制宜地针对厂区内不同区域进行差异性控制，最终达到整体、有效控制噪声的目的。

5.4.2 本规程等同采用现行国家标准《声环境质量标准》GB 3096规定的声环境功能区类别及环境噪声限值。

5.4.3 环境噪声限值不符合本规程规定时，对搅拌主机等主要设备进行降噪隔声处理是有效技术措施。

5.4.4 混凝土站（楼）临近居民区且环境噪声限值不符合本规程规定的情况，应采取安装隔声装置的措施。

5.5 生产性粉尘

5.5.1 现行国家标准《环境空气质量标准》GB 3095和《水泥工业大气污染物排放标准》GB 4915均详细规定了粉尘排放要求。对生产性粉尘进行有效控制并达到相关标准要求，也是绿色生产核心内容之一。应根据厂界和厂区的环境空气功能区类别，建立监测网络和制度，因地制宜地针对厂区内不同粉尘来源进行差异性控制，最终达到整体、有效控制生产性粉尘的目的。

5.5.2 对于生产性粉尘控制而言，现行国家标准《水泥工业大气污染物排放标准》GB 4915规定混凝土企业的厂界无组织排放总悬浮颗粒物的1h平均浓度不应大于$500\mu g/m^3$，而现行国家标准《环境空气质量标准》GB 3095规定控制项目包括总悬浮颗粒物、可吸入颗粒物和细颗粒物，且控制技术指标更严格。考虑我国混凝土行业整体技术水平和混凝土生产特点可知，利用《环境空气质量标准》GB 3095控制混凝土绿色生产要求偏严，而利用《水泥工业大气污染物排放标准》GB 4915控制则要求偏松。因此，为确保混凝土绿色生产满足生产和环保要求，本规程分别提出厂界和厂区内粉尘控制指标，且厂界控制项目包括总悬浮颗粒物、可吸入颗粒物和细颗粒物。此外，监测浓度规定为1h颗粒物平均浓度，限制并可避免某时间粉尘集中排放现象的产生，浓度限值修改为平均浓度差值则合理降低了控制指标，避免上风口监测的大气污染物对混凝土生产性粉尘排放的干扰。本条根据搅拌站（楼）厂界环境空气功能区类别划分，给出环境空气污染物中的总悬浮颗粒物、可吸入颗粒物和细颗粒物的浓度控制指标，即厂界平均浓度差值。该指标系指在厂界处测试1h颗粒物平均浓度与当地发布的当日24h颗粒物平均浓度的差值。本条同时给出当地不发布当日24h颗粒物平均浓度或发布数据不符合混凝土站（楼）所处实际环境时的空气质量控制指标。

5.5.3 现行国家标准《水泥工业大气污染物排放标准》GB 4915没有规定厂区内无组织排放总悬浮颗粒物的1h平均浓度限值。一般而言，搅拌站（楼）粉尘排放最严重区域为计量层和搅拌层，因此本规程规定其1h平均浓度限值不应大于$1000\mu g/m^3$。骨料堆场也是粉尘排放的重点区域，但是通过骨料预湿或喷淋方法可以有效降低粉尘排放，因此规定其不应大于$800\mu g/m^3$。操作间和办公区和生活区是人员密集区，不应大于$400\mu g/m^3$，以保证身体健康。通过控制厂区内总悬浮颗粒物浓度限值，确保厂界生产性粉尘排放浓度限值达到本规程规定。

5.5.4 本条针对生产粉尘排放不符合本规程规定的

情况，提出控制粉尘排放的具体技术措施。

5.6 运 输 管 理

5.6.1 车辆尾气显著影响空气质量。运输车污染物排放应满足各地要求。对车辆定期保养有利于延长车辆寿命和保证交通安全。

5.6.2 原材料和产品运输过程清洁卫生，也是绿色生产的重要内容。

5.6.3 本条主要规定车辆运输管理要求，提高车辆利用率并节能减排。中国建设的北斗卫星导航系统BDS可提供开放服务和授权服务（属于第二代系统）两种服务方式。目前"北斗"终端价格已经趋于全球定位系统GPS终端价格。采用BDS或GPS可避免交通拥挤，降低运输成本。

5.6.4 利用生产废水循环冲洗运输车辆有利于节水。将冲洗运输车产生的废水进行回收利用时，应避免混入油污。

5.7 职业健康安全

5.7.1 职业健康和安全生产是绿色生产的基石。现行国家标准《职业健康安全管理体系　要求》GB/T 28001对职业健康和安全生产管理提出具体要求。在噪声、粉尘污染较重的场所从业人员应通过佩戴防护器具，保护身体健康。而定期进行体检可及时了解长久面临粉尘和噪声的从业人员的身体健康情况，并体现人文关怀。

5.7.2 对生产区的危险设备和地段设置安全标志，可提高安全生产水平。

6 监 测 控 制

6.0.1 预拌混凝土绿色生产时可利用自我检测结果加强内部控制，可利用第三方监测结果进行绿色生产等级评价。二星级及以上绿色生产等级应具备生产性粉尘和噪声自我监测能力。未达到绿色生产等级或一星级绿色生产等级也可委托法定检测机构监测来替代自我监测。应当强调的是，生产废水和废浆用于制备混凝土时，方需要进行监测。生产废水完全循环用于路面除尘、生产和运输设备清洗时，则不需要监测。废浆不用于制备混凝土时，也不需要监测，但是其作为固体废弃物被处置时，必须有处置记录。由于混凝土生产规模的不同，会影响生产废水、废浆、生产性粉尘和噪声的指标，一般来说，连续生产时粉尘和噪声指标会偏高。因此，监测时间应选择满负荷生产期。预拌混凝土绿色生产的废弃物监测控制方案应包括监测对象、控制目标、监测方法、监测结果记录和应急预案等内容。

6.0.2 本条规定了生产废水的检测方法，以及废浆的固体颗粒含量检测方法。

6.0.3 本条针对噪声提出具体的测点分布和监测方法。当第三方检测机构出具噪声检测报告时，应注明当天混凝土实际生产量和气象条件。

6.0.4 针对生产性粉尘提出具体的测点分布和监测方法。当第三方检测机构出具粉尘检测报告时，应注明当天混凝土实际生产量和气象条件。

6.0.5 本条规定了除尘、降噪和废水处理环保设施的日常管理。

7 绿 色 生 产 评 价

7.0.1 本条规定了预拌混凝土绿色生产评价指标体系组成，即由厂址选择和厂区要求、设备设施、控制要求和监测控制四类指标组成。控制项应为绿色生产的必备条件，一般项为划分绿色生产等级的可选条件。一般项的单项可不合格。

7.0.2 本条规定了绿色生产评价等级划分，及其对应不同评价指标的控制项、一般项和分值规定，用以评价和表征不同混凝土企业的绿色生产及管理技术水平。

7.0.3 本条规定了一星级绿色生产的评价标准，一星级绿色生产是绿色生产的初级，重点关注设备设施的硬件要求以及关键控制技术。

7.0.4 本条规定了二星级绿色生产的评价标准。混凝土绿色生产达到二星级绿色生产等级时，应完全满足绿色生产所需设备设施要求，并显著提升废弃物利用、厂界噪声和厂区内总悬浮颗粒物控制水平。含职工宿舍的生活区和含食堂的办公区噪声不宜过高，以保障职工生活舒适性和身心健康。因此，本规程参照现行国家标准《声环境质量标准》GB 3096给出了生活区和办公区的噪声控制要求。二星级绿色生产累计评价总分是指按本规程附录A表A得到的评价总分与按本规程附录B表B得到的评价总分之和。

7.0.5 本条规定了三星级绿色生产的具体要求。混凝土绿色生产达到三星级绿色生产等级时，同样应完全满足设备设施要求，并具有更高绿色生产水平。具体表现为：混凝土生产过程的厂界和厂区噪声、粉尘排放均得到有效控制，并与周边环境和谐共处；生产过程产生的生产废水、废浆和废弃混凝土100%回收利用或消纳。三星级绿色生产累计评价总分是指按本规程附录A表A得到的评价总分、按本规程附录B表B得到的评价总分和按本规程附录C表C得到的评价总分三者之和。

附录A 绿色生产评价通用要求

绿色生产评价通用要求包括厂址选择和厂区要求、设备设施、控制要求和监测控制四类指标，突出设备设施和关键控制技术指标，共包括 5 个控制项和 25 个一般项。本规程针对不同绿色生产评价等级，提出了不同评分要求，用以表征不同混凝土企业的绿色生产及管理技术水平。绿色生产评价达到二星级和三星级等级时，必须具备通用要求所规定的设备设施，即设备设施评价应得满分。

附录 B 二星级及以上绿色生产评价专项要求

二星级绿色生产等级代表预拌混凝土绿色生产及管理更高水平。申请二星级绿色生产评价时，应完全满足设备设施要求，具有较高的废弃物利用、噪声和生产性粉尘控制水平，并可通过环境管理体系认证和质量管理体系认证。因此，二星级及以上绿色生产评价专项要求重点针对上述内容提出详细要求，共包括 3 个控制项和 5 个一般项。此外，申请三星级绿色生产评价时，应基本满足二星级及以上绿色生产评价专项要求。

附录 C 三星级绿色生产评价专项要求

三星级绿色生产等级代表预拌混凝土绿色生产及管理最高水平。申请三星级绿色生产评价时，同样应完全满足设备设施要求，具有更高的废弃物利用、噪声和生产性粉尘控制水平，并可通过职业健康安全管理体系认证。因此，三星级绿色生产评价专项要求重点针对上述内容提出详细要求，共包括 3 个控制项和 3 个一般项。

中华人民共和国行业标准

泡沫混凝土应用技术规程

Technical specification for application of foamed concrete

JGJ/T 341—2014

批准部门：中华人民共和国住房和城乡建设部
施行日期：２０１５年８月１日

中华人民共和国住房和城乡建设部
公 告

第 685 号

住房城乡建设部关于发布行业标准
《泡沫混凝土应用技术规程》的公告

现批准《泡沫混凝土应用技术规程》为行业标准，编号为 JGJ/T 341-2014，自 2015 年 8 月 1 日起实施。

本规程由我部标准定额研究所组织中国建筑工业出版社出版发行。

中华人民共和国住房和城乡建设部

2014 年 12 月 17 日

前 言

根据住房和城乡建设部《关于印发〈2011 年工程建设标准规范制订、修订计划〉的通知》（建标 [2011] 17 号）的要求，规程编制组经广泛调查研究，认真总结科研和工程实践经验，参考有关国际标准和国外先进标准，并在广泛征求意见的基础上，编制本规程。

本规程的主要技术内容是：1. 总则；2. 术语和符号；3. 泡沫混凝土性能；4. 泡沫混凝土制备；5. 设计；6. 施工；7. 质量检验与验收。

本规程由住房和城乡建设部负责管理，由中国建筑科学研究院负责具体技术内容的解释。执行过程中如有意见或建议，请寄送中国建筑科学研究院（地址：北京市北三环东路 30 号，邮政编码：100013）。

本规程主编单位：中国建筑科学研究院
　　　　　　　　　温州建设集团有限公司

本规程参编单位：驻马店市永泰建筑节能材料设备有限公司
　　　　　　　　　河南建筑科学研究院
　　　　　　　　　中国建筑技术集团有限公司
　　　　　　　　　河南华泰建材开发有限公司
　　　　　　　　　烟台驰龙建筑节能科技有限公司
　　　　　　　　　上海同凝节能科技有限公司
　　　　　　　　　辽宁省建筑节能环保协会
　　　　　　　　　浙江建工检测科技有限公司
　　　　　　　　　烟台汇福节能保温技术有限公司
　　　　　　　　　北京翰高兄弟科技发展有限公司
　　　　　　　　　烟台市福山区建筑业管理处
　　　　　　　　　中国建筑第八工程局有限公司
　　　　　　　　　江西省丰和营造集团有限公司
　　　　　　　　　北京聚星复合材料技术发展有限公司
　　　　　　　　　沈阳建筑大学
　　　　　　　　　南京臣功节能材料有限责任公司
　　　　　　　　　永城煤电控股集团有限公司
　　　　　　　　　驻马店市鑫鑫建筑有限公司
　　　　　　　　　驻马店市百基节能建材有限公司
　　　　　　　　　江西天泰建筑节能材料有限公司
　　　　　　　　　云南博博科技有限公司
　　　　　　　　　徐州绿创建筑节能工程有限公司
　　　　　　　　　长春铸诚集团有限责任

公司 艾明星　余忠林　牟世宁
沈阳纳天智科技有限公司 吴　飞　邹积光　李　栋
大连保税区泰华保温板厂 揭建刚　刘长山　谷亚新
大连晟唐建材有限公司 张成功　贺东升　李新平
海城市大德广消防门业材 刘　伟　吴和生　柳茂潮
料有限公司 晁计华　孙　凯　徐立新
建研建材有限公司 张立民　姚湘桃　张　琰
冷万芳　付洪伟
本规程主要起草人员：郭向勇　胡正华　高永昌
栾景阳　王建军　朱　敏 本规程主要审查人员：汪道金　钱选青　蒋勤俭
张建华　曹力强　郑笑芳 朋改非　兰明章　王　元
吕文朴　王景贤　李建民 赵文海　蔡亚宁　扈士凯
牟世友　苏　奇　宋怀亮

目　次

1　总则 ·················· 33—6

2　术语和符号 ·············· 33—6

　2.1　术语 ··············· 33—6

　2.2　符号 ··············· 33—6

3　泡沫混凝土性能 ··········· 33—6

　3.1　一般规定 ············· 33—6

　3.2　现浇泡沫混凝土 ········· 33—7

　3.3　泡沫混凝土制品 ········· 33—8

4　泡沫混凝土制备 ··········· 33—9

　4.1　原材料 ············· 33—9

　4.2　配合比设计 ··········· 33—9

　4.3　准备与计量 ··········· 33—10

　4.4　泡沫混凝土料浆制备 ······ 33—10

　4.5　泡沫混凝土拌合物制备 ····· 33—11

5　设计 ················ 33—11

　5.1　一般规定 ············· 33—11

　5.2　现浇泡沫混凝土 ········· 33—11

　5.3　泡沫混凝土制品 ········· 33—14

6　施工 ················ 33—15

　6.1　现浇泡沫混凝土 ········· 33—15

　6.2　泡沫混凝土制品 ········· 33—17

7　质量检验与验收 ··········· 33—19

　7.1　泡沫混凝土原材料质量检验 ··· 33—19

　7.2　泡沫混凝土性能质量检验 ···· 33—19

　7.3　现浇泡沫混凝土工程验收 ···· 33—20

　7.4　泡沫混凝土保温工程验收 ···· 33—20

　7.5　泡沫混凝土填筑工程验收 ···· 33—21

　7.6　泡沫混凝土砌体工程验收 ···· 33—21

附录A　泡沫混凝土抗冻试验 ····· 33—21

附录B　新拌泡沫混凝土流动度

　　　　试验 ············· 33—22

附录C　泡沫混凝土湿密度试验 ····· 33—23

本规程用词说明 ············· 33—23

引用标准名录 ·············· 33—23

附：条文说明 ·············· 33—25

Contents

1 General Provisions ·············· 33—6

2 Terms and Symbols ··············· 33—6

  2.1 Terms ················· 33—6

  2.2 Symbols ··············· 33—6

3 Foamed Concrete Performance ······ 33—6

  3.1 General Requirements ············· 33—6

  3.2 Cast-in-situ Foamed Concrete ········· 33—7

  3.3 Foamed Concrete Products ············· 33—8

4 Foamed Concrete Preparation ········ 33—9

  4.1 Raw Material ············· 33—9

  4.2 Mix Proportioning Design ·············· 33—9

  4.3 Preparation and Measurement ········· 33—10

  4.4 Foamed Concrete Mortars
Preparation ················· 33—10

  4.5 Foamed Concrete Mixing
Preparation ················· 33—11

5 Design ················· 33—11

  5.1 General Requirements ··············· 33—11

  5.2 Cast-in-situ Foamed Concrete ········· 33—11

  5.3 Foamed Concrete Products ············· 33—14

6 Construction ················· 33—15

  6.1 Cast-in-situ Foamed Concrete ········· 33—15

  6.2 Foamed Concrete Products ············· 33—17

7 Quality Control and Acceptance ··· 33—19

  7.1 Foamed Concrete Raw Material
Quality Control ················· 33—19

7.2 Foamed Concrete Performance
Quality Control ················· 33—19

7.3 Cast-in-situ Foamed Concrete
Acceptance ················· 33—20

7.4 Foamed Concrete Thermal Insulation
Acceptance ················· 33—20

7.5 Foamed Concrete Filling
Acceptance ················· 33—21

7.6 Foamed Concrete Masonry
Acceptance ················· 33—21

Appendix A Test Methods for Resistance
of Foamed Concrete
to Freezing and
Thawing ················· 33—21

Appendix B Test Methods for Fresh
Foamed Concrete
Fluidity ················· 33—22

Appendix C Test Methods for Apparent
Density of Fresh Foamed
Concrete ················· 33—29

Explanation of Wording in This
Specification ················· 33—29

List of Quoted Standards ·············· 33—29

Addition: Explanation of
Provisions ················· 33—25

1 总 则

1.0.1 为规范泡沫混凝土的应用，做到技术先进、安全适用、经济合理、确保质量，制定本规程。

1.0.2 本规程适用于建筑工程中泡沫混凝土的设计、施工及验收。

1.0.3 泡沫混凝土的工程应用，除应符合本规程外，尚应符合国家现行有关标准的规定。

2 术语和符号

2.1 术 语

2.1.1 泡沫混凝土 foamed concrete

以水泥为主要胶凝材料，并在骨料、外加剂和水等组分共同制成的料浆中引入气泡，经混合搅拌、浇筑成型、养护而成的具有闭孔孔结构的轻质多孔混凝土。

2.1.2 现浇泡沫混凝土墙体 cast-in-situ foamed concrete wall

在现场原位支模后并整体浇筑泡沫混凝土而成的墙体，又称可拆模板现浇泡沫混凝土墙体，简称现浇墙体。

2.1.3 泡沫混凝土复合墙体 foamed concrete complex wall

由免拆模板与泡沫混凝土浇筑成一体的墙体，又称免拆模板现浇泡沫混凝土墙体，简称复合墙体。

2.1.4 物理发泡 physical foaming

在泡沫混凝土搅拌过程中，以机械方式引入气泡的方法。

2.1.5 化学发泡 chemical foaming

在泡沫混凝土搅拌过程中，以化学反应产生气泡的方法。

2.1.6 泡沫剂 foam agent

制备泡沫混凝土过程中，通过物理方法产生泡沫的添加剂。

2.1.7 发泡剂 foaming agent

制备泡沫混凝土过程中，通过化学方法产生气泡的添加剂。

2.1.8 湿表观密度 apparent density of fresh foamed concrete

泡沫混凝土料浆硬化前单位体积的质量，简称湿密度。

2.1.9 干表观密度 dry apparent density of concrete

硬化后的泡沫混凝土单位体积的烘干质量，简称干密度。

2.1.10 发泡倍数 multiple of performed foam

在物理发泡中，一定的泡沫体积与形成该泡沫的

发泡剂的体积比。

2.1.11 稀释倍数 multiple of dilution

在物理发泡中，用水将泡沫剂稀释成泡沫液后，泡沫液的质量与泡沫剂质量的比值。

2.1.12 沉降距 settlement distance

物理发泡中测定泡沫在大气中静置 1h 时泡沫从起始位置沉降的距离。

2.1.13 泌水量 bleeding

物理发泡中测定泡沫在大气中静置 1h 所分泌出的水量。

2.2 符 号

B ——水胶比；

b ——墙长范围内的洞口宽度；

H_0 ——墙体的计算高度；

h ——墙厚；

K ——富余系数；

L ——墙长；

m_c ——1m³ 泡沫混凝土的水泥用量；

m_f ——1m³ 泡沫混凝土的泡沫剂用量；

m_m ——1m³ 泡沫混凝土的掺合料用量；

m_s ——1m³ 泡沫混凝土的骨料用量；

m_w ——1m³ 泡沫混凝土的用水量；

m_y ——物理发泡形成的泡沫液质量；

m_1 ——量杯质量；

m_2 ——量杯加泡沫混凝土料浆的总质量；

S_a ——质量系数；

V_1 ——由水泥、掺合料、骨料和水组成料浆总体积；

V_2 ——物理发泡泡沫添加量；

β ——物理发泡泡沫剂稀释倍数；

$[\beta]$ ——允许高厚比；

η ——校正系数；

μ_1 ——非承重墙允许高厚比修正系数；

μ_2 ——有门窗洞口墙允许高厚比修正系数；

ρ_d ——泡沫混凝土设计干密度；

ρ_c ——水泥密度；

ρ_{cc} ——泡沫混凝土拌合物的实测湿密度；

ρ_{co} ——按选定的配合比各组成材料计算的湿密度；

ρ_f ——实测物理发泡泡沫剂的密度；

ρ_m ——掺合料的密度；

ρ_s ——骨料表观密度；

ρ_w ——水的密度。

3 泡沫混凝土性能

3.1 一 般 规 定

3.1.1 泡沫混凝土密度等级按其干密度可分为十六

个等级，其密度等级应符合表 3.1.1 的规定。

表 3.1.1　泡沫混凝土密度等级

密度等级	干密度 ρ_d（kg/m³）		试验方法
	标准值	允许范围	
A01	100	$50 < \rho_d \leqslant 150$	
A02	200	$150 < \rho_d \leqslant 250$	
A03	300	$250 < \rho_d \leqslant 350$	
A04	400	$350 < \rho_d \leqslant 450$	
A05	500	$450 < \rho_d \leqslant 550$	
A06	600	$550 < \rho_d \leqslant 650$	
A07	700	$650 < \rho_d \leqslant 750$	
A08	800	$750 < \rho_d \leqslant 850$	现行行业标准
A09	900	$850 < \rho_d \leqslant 950$	《泡沫混凝土》
A10	1000	$950 < \rho_d \leqslant 1050$	JG/T 266
A11	1100	$1050 < \rho_d \leqslant 1150$	
A12	1200	$1150 < \rho_d \leqslant 1250$	
A13	1300	$1250 < \rho_d \leqslant 1350$	
A14	1400	$1350 < \rho_d \leqslant 1450$	
A15	1500	$1450 < \rho_d \leqslant 1550$	
A16	1600	$1550 < \rho_d \leqslant 1650$	

3.1.2　泡沫混凝土的强度等级应按抗压强度平均值划分，泡沫混凝土强度等级应采用符号 FC 与立方体抗压强度平均值表示。泡沫混凝土每组立方体试件抗压强度的平均值和每块最小值不应小于表 3.1.2 的规定。

表 3.1.2　泡沫混凝土的强度等级

强度等级	抗压强度（MPa）		试验方法
	每组平均值	每块最小值	
FC0.2	0.20	0.170	
FC0.3	0.30	0.255	
FC0.5	0.50	0.425	
FC1	1.00	0.850	
FC2	2.00	1.700	
FC3	3.00	2.550	
FC4	4.00	3.400	现行行业标准
FC5	5.00	4.250	《泡沫混凝土》
FC7.5	7.50	6.375	JG/T 266
FC10	10.00	8.500	
FC15	15.00	12.760	
FC20	20.00	17.000	
FC25	25.00	21.250	
FC30	30.00	25.500	

3.1.3　泡沫混凝土导热系数不应大于表 3.1.3 中的规定。

表 3.1.3　泡沫混凝土导热系数

密度等级	导热系数〔W/(m·K)〕	试验方法
A01	0.05	
A02	0.06	
A03	0.08	
A04	0.10	
A05	0.12	
A06	0.14	
A07	0.18	
A08	0.21	现行行业标准
A09	0.24	《泡沫混凝土》
A10	0.27	JG/T 266
A11	0.29	
A12	0.31	
A13	0.33	
A14	0.37	
A15	0.41	
A16	0.46	

注：表中导热系数由泡沫混凝土含水率为 6% 时测定，自然状态下可乘以 1.25 的修正系数。

3.1.4　泡沫混凝土不同使用环境的抗冻性要求应符合表 3.1.4 的规定；泡沫混凝土不同使用环境的抗冻性要求试验方法应符合本规程附录 A 的规定。

表 3.1.4　泡沫混凝土不同使用环境的抗冻性要求

使用条件		抗冻标号	试验方法
非采暖地区		D15	现行行业标准
采暖地区	相对湿度≤60%	D25	《泡沫混凝土应用
	相对湿度>60%	D35	技术规程》
	干湿交替部位和水位变化部位	≥D50	JGJ/T 341

注：1　非采暖地区系指最冷月份的平均气温高于-5℃的地区；

2　采暖地区系指最冷月份的平均气温低于或等于-5℃的地区；

3　保温泡沫混凝土以保温系统抗冻性试验进行检测。

3.2　现浇泡沫混凝土

3.2.1　泡沫混凝土拌合物应具有良好的黏聚性、保水性和流动性，不得泌水。

3.2.2 硬化泡沫混凝土性能应符合表 3.2.2 的规定。

表 3.2.2 硬化泡沫混凝土性能

项 目	技术要求	试验方法
干密度，kg/m³	应符合本规程第 3.1.1 条的规定	现行行业标准《泡沫混凝土》JG/T 266
抗压强度，MPa	应符合本规程第 3.1.2 条的规定	现行行业标准《泡沫混凝土》JG/T 266
导热系数（平均温度 25℃±2℃），W/(m·K)	应符合本规程第 3.1.3 条的规定	现行国家标准《绝热材料稳态热阻及有关特性的测定 防护热板法》GB/T 10294 或现行国家标准《绝热材料稳态热阻及有关特性的测定 热流计法》GB/T 10295
干燥收缩值，mm/m	≤1	现行国家标准《蒸压加气混凝土性能试验方法》GB/T 11969
吸水率，%	应符合现行行业标准《泡沫混凝土》JG/T 266 的规定	现行行业标准《泡沫混凝土》JG/T 266
线膨胀系数，1/℃	8×10⁻⁶	现行国家标准《蒸压加气混凝土性能试验方法》GB/T 11969
抗冻性	应符合本规程第 3.1.4 条的规定	现行行业标准《泡沫混凝土应用技术规程》JGJ/T 341
燃烧性能等级	A₁级	现行国家标准《建筑材料及制品燃烧性能分级》GB 8624

注：表中干燥收缩值适用于密度等级为 A07～A16 的泡沫混凝土。

3.2.3 泡沫混凝土作为不燃烧材料，其建筑构件的耐火极限应符合现行国家标准《建筑设计防火规范》GB 50016 的规定。

3.3 泡沫混凝土制品

3.3.1 用于墙体工程的泡沫混凝土保温板，按产品干密度可分为Ⅰ型和Ⅱ型。Ⅰ型干密度不应大于 180kg/m³，Ⅱ型的干密度不应大于 250kg/m³。

3.3.2 泡沫混凝土保温板的性能应符合表 3.3.2 的规定。导热系数测试的平均温度应为 25℃±2℃，试样应在 65℃±2℃烘干至恒重，且升温速度控制在 10℃/h 以内，仲裁时应按现行国家标准《绝热材料稳态热阻及有关特性的测定 防护热板法》GB/T 10294 进行；软化系数试样数量应为 4 块，尺寸为 100mm×100mm×板厚。

表 3.3.2 泡沫混凝土保温板的性能

项 目	技术要求		试验方法
	Ⅰ型	Ⅱ型	
干密度，kg/m³	≤180	≤250	现行国家标准《无机硬质绝热制品试验方法》GB/T 5486
抗压强度，MPa	≥0.30	≥0.40	现行国家标准《无机硬质绝热制品试验方法》GB/T 5486
导热系数（平均温度 25℃±2℃），W/(m·K)	≤0.055	≤0.065	现行国家标准《绝热材料稳态热阻及有关特性的测定 防护热板法》GB/T 10294 或现行国家标准《绝热材料稳态热阻及有关特性的测定 热流计法》GB/T 10295
干燥收缩值（浸水 24h），mm/m	≤3.5	≤3.0	现行国家标准《蒸压加气混凝土性能试验方法》GB/T 11969
垂直于板面的抗拉强度，kPa	≥80	≥100	现行行业标准《膨胀聚苯板薄抹灰外墙外保温系统》JG 149
燃烧性能等级	A₁级		现行国家标准《建筑材料及制品燃烧性能分级》GB 8624
软化系数	≥0.70		现行国家标准《建筑保温砂浆》GB/T 20473
体积吸水率，%	≤10		现行国家标准《无机硬质绝热制品试验方法》GB/T 5486
碳化系数	≥0.70		现行国家标准《蒸压加气混凝土性能试验方法》GB/T 11969
放射性	同时满足内照射指数 I_{Ra}≤1.0 和外照射指数 I_γ≤1.0		现行国家标准《建筑材料放射性核素限量》GB 6566

3.3.3 界面砂浆应符合现行行业标准《胶粉聚苯颗粒外墙外保温系统材料》JG/T 158 的规定。

3.3.4 泡沫混凝土砌块性能应符合现行行业标准《泡沫混凝土砌块》JC/T 1062 的规定。

4 泡沫混凝土制备

4.1 原 材 料

4.1.1 水泥应符合现行国家标准《通用硅酸盐水泥》GB 175 的规定。

4.1.2 泡沫混凝土用轻骨料、砂应分别符合现行国家标准《轻集料及其试验方法 第 1 部分：轻集料》GB/T 17431.1 和《建设用砂》GB/T 14684 的规定。膨胀珍珠岩应符合现行行业标准《膨胀珍珠岩》JC 209 的规定，膨胀珍珠岩的堆积密度应大于 80kg/m³。聚苯颗粒应符合现行行业标准《胶粉聚苯颗粒外墙外保温系统材料》JG/T 158 中的规定。

4.1.3 泡沫混凝土配制中可采用粉煤灰、矿渣粉、硅灰等掺合料。

4.1.4 泡沫混凝土用粉煤灰等级不宜低于 Ⅱ 级，矿渣粉等级不宜低于 S95 级。粉煤灰和矿渣粉应分别符合现行国家标准《用于水泥和混凝土中的粉煤灰》GB/T 1596 和《用于水泥和混凝土中的粒化高炉矿渣粉》GB/T 18046 的规定。硅灰应符合现行国家标准《高强高性能混凝土用矿物外加剂》GB/T 18736 的规定。泡沫混凝土用掺合料的放射性应符合现行国家标准《建筑材料放射性核素限量》GB 6566 的规定。

4.1.5 泡沫混凝土用外加剂应符合现行国家标准《混凝土外加剂》GB 8076 的规定。

4.1.6 泡沫混凝土泡沫剂应满足发泡要求，发泡后的泡沫混凝土性能应符合现行行业标准《泡沫混凝土》JG/T 266 的规定。泡沫混凝土发泡剂宜采用过氧化氢，过氧化氢应符合现行国家标准《工业过氧化氢》GB 1616 的规定。

4.1.7 泡沫混凝土用水应符合现行行业标准《混凝土用水标准》JGJ 63 的规定。

4.1.8 当泡沫混凝土配置钢筋时，宜掺加钢筋阻锈剂。阻锈剂的应用应符合现行行业标准《钢筋阻锈剂应用技术规程》JGJ/T 192 的规定。

4.2 配合比设计

Ⅰ 一般规定

4.2.1 泡沫混凝土的配合比设计应满足抗压强度、密度、和易性以及保温性能的要求，并应以合理使用材料和节约水泥为原则。

4.2.2 泡沫混凝土的配合比应通过计算和试配确定。

配合比设计应采用同厂家、同产地、同品种、同规格的原材料。

4.2.3 泡沫混凝土配合比设计指标应包括干密度、新拌泡沫混凝土的流动度及抗压强度，并应符合下列规定：

    1 干密度应符合本规程第 3.1.1 条的规定；

    2 新拌泡沫混凝土的流动度不应小于 400mm，新拌泡沫混凝土的流动度试验方法应符合本规程附录 B 的规定；

    3 试配抗压强度应大于设计抗压强度的 1.05 倍，当有实际统计资料时，可按实际统计资料确定。

Ⅱ 配合比计算与调整

4.2.4 泡沫混凝土的配合比宜按设计所需干密度配制，并应按干密度计算材料用量。

4.2.5 泡沫混凝土设计干密度和泡沫混凝土用水量可按下列公式计算：

$$\rho_d = S_a(m_c + m_m) \qquad (4.2.5\text{-}1)$$
$$m_w = B(m_c + m_m) \qquad (4.2.5\text{-}2)$$

式中：ρ_d——泡沫混凝土设计干密度（kg/m³）；

    S_a——泡沫混凝土养护 28d 后，各基本组成材料的干物料总量与成品中非蒸发物总量所确定的质量系数，普通硅酸盐水泥取 1.2；

    m_c——1m³ 泡沫混凝土的水泥用量（kg）；

    m_m——1m³ 泡沫混凝土的掺合料用量（kg）；

    m_w——1m³ 泡沫混凝土的用水量（kg）；

    B——水胶比，用水量与胶凝材料质量之比，未掺外加剂时，水胶比可按 0.5～0.6 选取；掺入外加剂时，水胶比应通过试验确定。

4.2.6 1m³ 泡沫混凝土中，由水泥、掺合料、骨料和水组成料浆总体积和泡沫添加量可按下列公式计算：

$$V_1 = \frac{m_c}{\rho_c} + \frac{m_m}{\rho_m} + \frac{m_s}{\rho_s} + \frac{m_w}{\rho_w} \qquad (4.2.6\text{-}1)$$
$$V_2 = K(1 - V_1) \qquad (4.2.6\text{-}2)$$

式中：V_1——由水泥、掺合料、骨料和水组成料浆总体积（m³）；

    ρ_c——水泥密度（kg/m³），取 3100kg/m³；

    ρ_m——掺合料的密度（kg/m³），粉煤灰密度取 2600kg/m³；矿渣粉密度取 2800kg/m³；

    m_s——1m³ 泡沫混凝土的骨料用量（kg）；

    ρ_s——骨料表观密度（kg/m³）；

    ρ_w——水的密度（kg/m³），取 1000kg/m³；

    V_2——泡沫添加量（m³）；

    K——富余系数：视泡沫剂质量、制泡时间及泡沫加入到料浆中再混合时的损失等而定，对于稳定性好的泡沫剂，取 1.1～1.3。

4.2.7 物理发泡泡沫剂的用量可按下列公式计算：

$$m_f = \frac{m_y}{\beta + 1} \qquad (4.2.7-1)$$

$$m_y = V_2 \rho_f \qquad (4.2.7-2)$$

式中：m_f ——1m³ 泡沫混凝土的泡沫剂用量（kg）；

m_y ——形成的泡沫液质量（kg）；

β ——泡沫剂稀释倍数；

ρ_f ——实测泡沫剂密度（kg/m³），测试方法应符合现行国家标准《混凝土外加剂匀质性试验方法》GB/T 8077 的规定。

4.2.8 在泡沫混凝土配合比中加入的发泡剂、化学外加剂或矿物掺合料的品种、掺量以及对水泥的适应性，应通过试验确定。

4.2.9 计算出的泡沫混凝土配合比应通过试配予以调整。

4.2.10 泡沫混凝土配合比的调整应按下列步骤进行：

1 以计算的泡沫混凝土配合比为基础，再选取与之相差±10%的相邻两个水泥用量，用水量不变，掺合料相应适当增减，分别按三个配合比拌制泡沫混凝土拌合物；测定拌合物的流动度，调整用水量，以达到要求的流动度为止；

2 按校正后的三个泡沫混凝土配合比进行试配，检验泡沫混凝土拌合物的流动度和湿密度，制作100mm×100mm×100mm 立方体试块，每种配合比至少制作一组 3 块；

3 试块标准养护 28d 后，测定泡沫混凝土抗压强度和干密度；以泡沫混凝土配制强度和干密度满足设计要求，且具有最小水泥用量的配合比作为选定的配合比。

4 应对选定的配合比进行质量校正，校正系数应按下列公式计算：

$$\rho_{cc} = m_c + m_m + m_s + m_f + m_w$$
$$(4.2.10-1)$$

$$\eta = \frac{\rho_{co}}{\rho_{cc}} \qquad (4.2.10-2)$$

式中：η ——校正系数；

ρ_{co} ——按配合比各组成材料计算的湿密度（kg/m³）；

ρ_{cc} ——泡沫混凝土拌合物的实测湿密度（kg/m³）；

m_f ——配合比计算所得的 1m³ 泡沫混凝土的泡沫剂用量（kg）。

5 选定配合比中的各项材料用量均应乘以校正系数作为最终的配合比设计值。

4.2.11 泡沫混凝土使用过程中，应根据材料的变化或泡沫混凝土质量动态信息及时进行调整配合比。

4.3 准备与计量

4.3.1 原材料准备应符合下列规定：

1 各种材料应分仓储存，并应有明显的标识；

2 水泥、粉煤灰等胶凝材料应按生产厂家、规格及等级分别储存，同时应防止受潮、变质及污染；

3 骨料的储存应保证骨料的均匀性，不得使大小颗粒分离，同时应将不同品种、不同规格的骨料分别储存；骨料的储存地面应为能排水的硬质地面；

4 外加剂应按生产厂家、品种分别储存，并应有防止其质量发生变化的措施；

5 泡沫混凝土采用的泡沫剂应质量可靠、性能良好，严禁使用过期、变质的泡沫剂；

6 物理发泡的泡沫剂稀释倍数应按相关产品说明执行，发泡应均匀，泡沫直径宜小于 1mm，稳泡时间应大于 30min。

4.3.2 设备准备应符合下列规定：

1 施工前应对相关设备进行检查、试运行，确保设备的正常运转；

2 施工前应检查设备的相关安全保护及维护措施，确保设备安全运行；

3 施工前应配备设备相关易损部件，设备出现故障及时维修，严禁设备带病运行；

4 设备检修应有专业人员进行操作，未经培训不得进行设备的检修工作；

5 现浇泡沫混凝土施工设备应包括搅拌机、发泡机、泵送设备、蓄水袋、高压胶管等。

4.3.3 泡沫混凝土配料及生产过程，应有可靠的计量手段和控制措施，制备设备应有物理量指示装置。

4.3.4 固体原材料的计量均应按质量计量，水和液体外加剂的计量可按质量计量或体积计量。

4.3.5 泡沫混凝土生产与计量设备应符合下列规定：

1 泡沫混凝土搅拌机宜采用强制式搅拌机；采用其他类型的搅拌机时，应符合设计及生产需要；

2 计量设备应按有关规定由法定计量单位进行校定，使用期间应定期进行校准；

3 计量设备应能连续计量不同配合比的各种材料，宜具有实际计量结果记录和储存功能。

4.4 泡沫混凝土料浆制备

4.4.1 泡沫混凝土料浆的制备应符合下列规定：

1 投料顺序宜先投入细骨料、水泥、粉煤灰及其他掺合料，搅拌 1min 后再投入 2/3 的用水量搅拌 1min 以上，然后加入剩余水量和外加剂搅拌 5min 以上，泡沫混凝土料浆应充分搅匀，不应有粉体料硬块；

2 采用强制式搅拌机时，料浆搅拌时间不得少于 10min；

3 生产过程中应测定骨料的含水率，每个工作班不应少于1次，当含水率发生显著变化时，应增加测定次数，并应根据检测结果及时调整用水量和骨料用量，不得随意改变配合比；

4 制备泡沫混凝土料浆时，应按本规程附录C的规定每隔1h检查泡沫混凝土的湿密度。

4.4.2 物理发泡中泡沫制备应符合下列规定：

1 泡沫剂的相关性能指标应符合现行行业标准《泡沫混凝土》JG/T 266；泡沫剂设备的相关参数应符合泡沫剂发泡要求；

2 泡沫剂按生产厂家推荐的最大稀释倍数配成溶液制泡，稀释好的泡沫剂应充分搅拌、混合均匀且其发泡倍数宜为15倍～30倍；

3 泡沫制备后的性能应符合现行行业标准《泡沫混凝土》JG/T 266的规定；对应配合比设计要求，调整泡沫用量；

4 泡沫应均匀无大于5mm以上的气泡。

4.5 泡沫混凝土拌合物制备

4.5.1 在物理发泡中，泡沫混凝土料浆与泡沫混合时，应在混合搅拌机中进行，搅拌时间宜为3min～5min。

4.5.2 在物理发泡中，连续上料宜采用双桶式搅拌机，上料与出料时差不应小于2min。搅拌机转速不应小于90r/min。

4.5.3 化学发泡用搅拌机其转速不应小于120r/min，搅拌时间宜大于1min，但不应大于3min。

5 设 计

5.1 一般规定

5.1.1 现浇泡沫混凝土及泡沫混凝土制品适用于建筑工程的非承重墙体，外墙、屋面、楼（地）面保温隔热层，回填等。

5.1.2 现浇泡沫混凝土墙体和泡沫混凝土砌块砌体应进行高厚比验算。

5.1.3 泡沫混凝土制品尺寸宜标准化和模数化。

5.1.4 泡沫混凝土保温层的厚度，应根据建筑物的使用要求、结构形式、基层材料、环境气候条件、防水处理方法和施工条件等因素进行合理设计。

5.1.5 泡沫混凝土设计使用年限不应小于50年。

5.2 现浇泡沫混凝土

5.2.1 泡沫混凝土非承重墙体抗震设计应符合现行国家标准《建筑抗震设计规范》GB 50011的有关规定，并应符合下列规定：

1 现浇泡沫混凝土墙体，当墙长大于5m时或墙长超过层高2倍时，宜在墙体中间位置设置钢筋混凝土构造柱；浇筑墙体时，先浇筑构造柱，待构造柱

终凝后再浇筑连接的泡沫混凝土墙体；构造柱应与墙同厚，截面宽度不宜小于200mm，构造柱混凝土强度等级不宜低于C20，纵向应设置四根直径不小于12mm的钢筋，箍筋直径不应小于6mm，箍筋间距不宜大于200mm；构造柱与泡沫混凝土墙应采用拉结筋连接，拉结筋应为两根直径不小于6mm的钢筋，两根钢筋间距不宜大于50mm，沿高间距不宜大于500mm，锚入现浇泡沫混凝土墙体长度不应小于300mm，并应与墙内钢筋网架绑扎；拉结筋和锚入泡沫混凝土的钢筋应做防锈处理；

2 现浇泡沫混凝土墙体，墙高超过4m时，墙体半高处宜设置与柱连接且沿墙全长贯通的钢筋混凝土现浇带，现浇带应与墙同宽，截面高度宜为120mm，水平方向应配置四根直径不小于10mm的钢筋，箍筋直径不宜小于6mm，箍筋间距不宜大于250mm；设置现浇带的泡沫混凝土墙体应分层浇筑，先浇筑现浇带下面的泡沫混凝土墙体，待泡沫混凝土墙体终凝后，在其上进行钢筋混凝土现浇带的浇筑，现浇带终凝后其上浇筑泡沫混凝土墙体。

5.2.2 高层及超高层建筑中现浇泡沫混凝土墙宜用于内墙；当用于外墙时，应采取加强措施，并应符合下列规定：

1 泡沫混凝土墙与主体结构应设置两根直径为6mm的水平拉结筋连接，水平拉结筋应通长设置，锚入主体结构的长度不应小于300mm，两根钢筋间距不宜大于50mm，沿高间距不宜大于500mm；

2 高层及超高层建筑中现浇泡沫混凝土墙体除应满足本条第1款的规定外，尚应满足本规程第5.2.1条的规定。

5.2.3 泡沫混凝土墙体的竖向布置应规则、均匀，不宜错位，且应避免过大的外挑和内收。门窗洞口宜上下对齐，成列布置。

5.2.4 泡沫混凝土墙体的高厚比应按下列公式验算：

$$\beta \leqslant \mu_1 \mu_2 [\beta] \qquad (5.2.4-1)$$

$$\beta = H_0/h \qquad (5.2.4-2)$$

$$\mu_2 = 1 - 0.4b/L \qquad (5.2.4-3)$$

式中：β ——高厚比；

H_0 ——墙体的计算高度，取墙体高度（mm）；

h ——墙厚（mm）；

μ_1 ——非承重墙允许高厚比修正系数：250mm厚度取1.2；100mm厚时取1.5；墙厚在100 mm至250 mm之间时，可按内插法取用；

μ_2 ——有门窗洞口墙允许高厚比修正系数，其值 μ_2 不应小于0.7；

L ——墙长（mm）；

b —— L 范围内的洞口宽度（mm）；

$[\beta]$ ——允许高厚比，取22。

5.2.5 泡沫混凝土外墙的厚度不宜小于200mm，墙体内应配置厚度不小于100mm的焊接钢丝网架，钢丝直径不宜小于4mm。

5.2.6 泡沫混凝土内隔墙的厚度不宜小于120mm，墙体内应配置厚度不小于60mm的焊接钢丝网架，钢丝直径不宜小于4mm。

5.2.7 泡沫混凝土墙钢筋保护层厚度不应小于30mm。

5.2.8 外填充墙用泡沫混凝土强度等级不应低于FC4；内填充墙用泡沫混凝土强度等级不应低于FC3。

5.2.9 在泡沫混凝土墙上吊挂重物时，固定螺栓宜穿透墙体并加设钢垫板，铁件应进行防腐处理。

5.2.10 泡沫混凝土非承重墙应与主体结构构件有可靠的连接措施。结构构件可预留拉接筋或后植入钢筋锚入泡沫混凝土墙体内；泡沫混凝土墙宜与柱脱开或采用柔性连接（图5.2.10）。

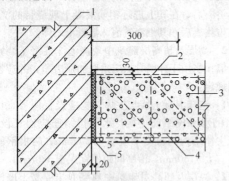

图5.2.10　泡沫混凝土墙体与柱柔性连接示意
1—主体结构柱或墙；2—拉结筋；3—泡沫混凝土墙体；
4—钢丝网架；5—柔性保温材料

5.2.11 泡沫混凝土纵横墙交接处及隔墙转角处，当墙高大于3m时应设钢筋混凝土构造柱。构造柱应符合本规程第5.2.1条的规定。构造柱与泡沫混凝土墙应采用拉结筋连接，拉结筋直径不应小于6mm，每100mm墙厚不应少于一根，沿墙高间距不宜大于500mm，伸入墙体长度不应小于300mm，并应与墙内钢丝网架绑扎；当墙高不大于3m时，可设置暗柱，暗柱应与墙同厚，截面宽度不应小于200mm，纵向应设置四根直径不小于12mm的钢筋，箍筋直径不应小于6mm，箍筋间距不宜大于200mm，且应锚入结构构件。

5.2.12 门窗洞口四周泡沫混凝土墙内应每边增设两根直径不小于8mm的加强钢筋，在门窗安装点宜预埋铁件，铁件锚筋应与加强钢筋绑扎；预埋铁件宜采用3mm厚钢板，锚筋直径不宜小于6mm。预埋铁件数量应按设计要求和有关规定执行。

5.2.13 当窗洞口宽度大于1.5m、小于2m时，窗台处宜设置三根水平钢筋，水平钢筋直径不应小于6mm，水平钢筋锚入墙内不应小于400mm；窗洞口宽度大于2m时，宜设置钢筋混凝土窗台板，窗台板宽度应预留出保温层的厚度，高度宜为100mm，纵筋应配置三根，纵筋直径不应小于8mm，分布筋直径不应小于6mm，分布筋间距不应大于250mm，普通混凝土强度等级不宜低于C20。

门窗洞口顶不到结构梁时，应设钢筋混凝土过梁，过梁配筋应由结构计算确定；过梁在泡沫混凝土墙上搁置长度不得小于300mm。

5.2.14 泡沫混凝土墙用作外墙时，应符合下列规定：

1 泡沫混凝土与结构构件外表面的交接处宜采取铺加钢丝网片的措施，钢丝直径不宜小于4mm（图5.2.14-1）；

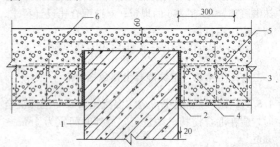

图5.2.14-1　泡沫混凝土墙体与主体结构
交接处构造示意
1—主体结构柱或墙；2—柔性保温材料；3—钢丝网架；
4—泡沫混凝土墙体；5—拉结筋；6—钢丝网片

2 泡沫混凝土墙体窗洞口保温构造（图5.2.14-2）应符合下列规定：

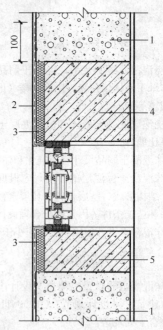

图5.2.14-2　窗洞口保温构造示意
1—泡沫混凝土墙体；2—钢丝片网或玻璃纤维网格布；
3—柔性保温材料；4—窗过梁；5—窗台板

（1）应采用柔性保温材料包覆窗过梁和窗台板外侧；柔性保温材料厚度不应小于 20mm，并应保持泡沫混凝土和柔性保温材料在同一水平面内；

（2）应在柔性保温材料表面铺设钢丝片网或玻璃纤维网格布；钢丝片网或玻璃纤维网格布宜采用锚栓固定。

5.2.15 泡沫混凝土复合墙体的构造设计应符合现行国家标准《砌体结构设计规范》GB 50003 中夹心墙的有关规定。

5.2.16 泡沫混凝土复合墙体构造应符合下列规定：

1 泡沫混凝土复合墙与主体墙或柱连接时，可预设置龙骨固定件，龙骨固定件宜采用射钉与主体结构固定连接，龙骨固定件应符合现行国家标准《建筑用轻钢龙骨》GB 11981 的规定，射钉应符合现行国家标准《射钉》GB/T 18981 的规定（图 5.2.16-1）；

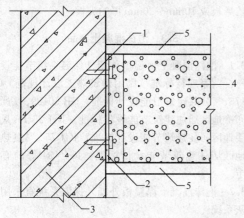

图 5.2.16-1　泡沫混凝土复合墙与主体墙或柱连接示意

1—射钉；2—龙骨固定件；3—主体结构墙或柱；4—泡沫混凝土墙体；5—免拆模板

2 泡沫混凝土复合墙底部与主体结构连接时，可预设置龙骨固定件，龙骨固定件宜采用射钉与主体结构固定连接（图 5.2.16-2）；

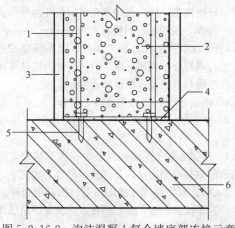

图 5.2.16-2　泡沫混凝土复合墙底部连接示意

1—龙骨；2—泡沫混凝土墙；3—免拆模板；4—龙骨固定件；5—射钉；6—主体结构

3 泡沫混凝土复合墙顶部与主体结构连接时，可预设置龙骨固定件，龙骨固定件宜采用射钉与主体结构固定连接（图 5.2.16-3）；

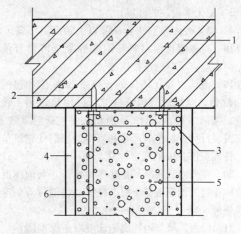

图 5.2.16-3　泡沫混凝土复合墙顶部连接示意

1—主体结构；2—射钉；3—龙骨固定件；4—免拆模板；5—泡沫混凝土墙；6—龙骨

4 泡沫混凝土复合一字形墙体宜采用对拉螺栓固定免拆模板，对拉螺栓间距宜为 500mm（图 5.2.16-4）；

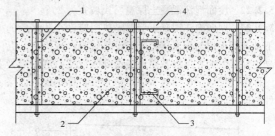

图 5.2.16-4　泡沫混凝土复合墙体一字形墙体示意

1—对拉螺栓；2—泡沫混凝土墙；3—龙骨；4—免拆模板

5 泡沫混凝土复合墙体门洞口宜预设置龙骨固定件与龙骨固定连接（5.2.16-5）。

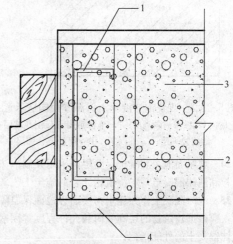

图 5.2.16-5　泡沫混凝土复合墙体门洞口示意

1—龙骨；2—龙骨固定件；3—泡沫混凝土；4—免拆模板

5.2.17 泡沫混凝土墙不得在下列部位使用：

1 建筑物防潮层以下部位；

2 长期浸水或经常干湿交替的部位；

3 受化学侵蚀的环境；

4 墙体表面经常处于80℃以上的高温环境。

5.2.18 当外墙保温材料与泡沫混凝土墙复合使用时，两者应有可靠的连接措施。

5.2.19 泡沫混凝土墙体的传热系数 K 值和热惰性指标 D 值，应按现行国家标准《民用建筑热工设计规范》GB 50176 规定计算，外墙的平均传热系数 K_m 值应按现行行业标准《严寒和寒冷地区居住建筑节能设计标准》JGJ 26 的规定计算。

5.2.20 在严寒、寒冷和夏热冬冷地区，与泡沫混凝土墙体连接的钢筋混凝土梁、柱等热桥部位外侧应做断桥处理。

5.2.21 屋面、楼（地）面泡沫混凝土保温隔热层厚度设计应符合国家现行标准《民用建筑热工设计规范》GB 50176、《公共建筑节能设计标准》GB 50189、《严寒和寒冷地区居住建筑节能设计标准》JGJ 26、《夏热冬暖地区居住建筑节能设计标准》JGJ 75、《夏热冬冷地区居住建筑节能设计标准》JGJ 134 等的有关规定。

5.2.22 屋面泡沫混凝土保温层找坡宜为 2%。

5.2.23 屋面泡沫混凝土保温隔热层应设在防水层的下部，防水层与保温层之间应设排气管，现浇泡沫混凝土保温屋面在屋面基层上应设置隔汽层，泡沫混凝土保温找坡层，砂浆找平层，防水层，保护层，面层（图 5.2.23）。

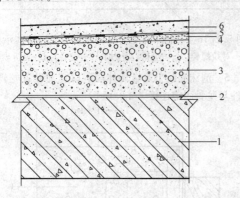

图 5.2.23 现浇泡沫混凝土保温屋面构造示意
1—屋面基层；2—隔汽层；3—泡沫混凝土保温找坡层；
4—砂浆找平层；5—防水层；6—保护层、面层

5.2.24 坡屋面泡沫混凝土保温层可采用预制泡沫混凝土板和泡沫混凝土现场浇筑相结合的施工工艺。

5.2.25 泡沫混凝土作为建筑物楼面、地面保温隔热层时，应根据建筑物的层高和荷载允许程度等因素确定泡沫混凝土的性能指标。

5.2.26 直接与土壤接触的地面或有潮湿气体侵入的地面，泡沫混凝土保温层下部应设置防潮层；严寒和寒冷地区应进行断桥处理。

5.2.27 泡沫混凝土填筑体的承载力和稳定性应符合现行行业标准《气泡混合轻质土填筑工程技术规程》CJJ/T 177 中的规定。

5.2.28 当泡沫混凝土在冻融环境中填筑时，抗冻性应符合本规程第 3.1.4 条的规定。

5.2.29 泡沫混凝土填筑体与斜坡体间的衔接应采用台阶形式。

5.2.30 泡沫混凝土填筑体沉降缝设置应符合下列规定：

1 当填筑体长度超过 15m 时，应按 10m～15m 间距设置沉降缝，缝宽不宜小于 10mm；

2 当填筑体底面有突变时，应在突变位置增设沉降缝；

3 沉降缝填缝材料宜采用 20mm～30mm 厚的聚苯乙烯板或 10mm～20mm 厚的夹板。

5.3 泡沫混凝土制品

5.3.1 泡沫混凝土保温板外墙外保温系统节能设计应符合国家现行标准《民用建筑热工设计规范》GB 50176、《公共建筑节能设计标准》GB 50189、《严寒和寒冷地区居住建筑节能设计标准》JGJ 26、《夏热冬暖地区居住建筑节能设计标准》JGJ 75、《夏热冬冷地区居住建筑节能设计标准》JGJ 134 等的有关规定。

5.3.2 泡沫混凝土保温板外墙外保温系统宜采用薄抹灰系统。

5.3.3 泡沫混凝土保温板外墙外保温系统的构造除应符合现行行业标准《外墙外保温工程技术规程》JGJ 144 的规定外，尚应符合下列规定：

1 泡沫混凝土保温板与基层墙面的连接应采用粘结砂浆按点框法粘结，粘结面积不应小于 60%；

2 抹面层中应压入玻纤网格布；建筑物首层应由两层玻纤网格布组成，二层及二层以上墙面可采用一层玻纤网格布，抹面层的厚度单层玻纤网格布宜为 3mm～5mm，双层玻纤网格布宜为 5mm～7mm。

5.3.4 泡沫混凝土保温板外墙外保温系统应采用粘贴工艺；当符合下列情况之一时，应使用机械锚固件作为保温层与基层墙体的辅助连接：

1 高层建筑的 20m 高度以上部分；

2 基层墙体的表面材料影响粘贴性能；

3 工程设计要求采用。

5.3.5 泡沫混凝土保温板外墙外保温系统外墙阳角和门窗外侧洞口周边及四角部位应符合下列规定：

1 在建筑物首层外墙阳角部位的抹面层中应设置专用护角线条增强，玻纤网格布应设在护角线条的外侧；

2 二层以上外墙阳角以及门窗外侧周边部位的抹面层中应采用附加玻纤网格布增强，附加网格布应搭

接宽度不应小于200mm；

3 门窗外侧洞口四周应在45°方向加贴300mm×400mm的玻纤网格布加强。

5.3.6 泡沫混凝土保温板外墙外保温系统勒脚部位底部应设置支撑托架。支撑托架离散水坡高度应适应建筑结构沉降而不导致外墙外保温系统损坏的规定。

5.3.7 泡沫混凝土保温板外墙外保温系统女儿墙应设置混凝土压顶或金属板盖板，并应采取双侧保温措施，内侧外保温的高度距离屋面完成面不应低于300mm。

5.3.8 泡沫混凝土保温板外墙外保温系统门窗洞口部位的外保温构造应符合下列规定：

1 门窗外侧洞口四周墙体，保温板厚度不应小于30mm；

2 板与板接缝距洞口四角距离不得小于200mm；

3 门窗的收口、泡沫混凝土保温板与门窗框间应在预留6mm～10mm的缝内灌注硅酮耐候密封胶。

5.3.9 泡沫混凝土保温板外墙外保温系统檐沟部位的上下侧面应采用泡沫混凝土保温板整体包覆。

5.3.10 当基层墙体设有变形缝时，泡沫混凝土保温板外墙外保温系统应在变形缝处断开，缝中可粘贴泡沫混凝土板，缝口应设变形缝金属盖板，并应采取措施防止生物侵害（图5.3.10）。

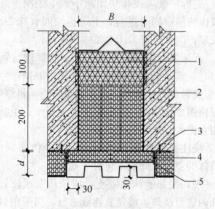

图5.3.10 墙体变形缝部位构造示意
1—软质弹性发泡材料；2—憎水岩棉带；3—膨胀螺栓；4—自攻螺钉；5—镀锌角钢

5.3.11 泡沫混凝土砌块宜作为非承重填充墙和隔断的材料使用；泡沫混凝土砌块非承重填充墙和隔断设计应符合现行国家标准《砌体结构设计规范》GB 50003中非承重填充墙和隔断的规定。

5.3.12 泡沫混凝土砌块墙体宜设控制缝，并应做好室内墙面的盖缝粉刷。

5.3.13 处于潮湿环境的泡沫混凝土砌块墙体，墙面应采用水泥砂浆粉刷等有效的防潮措施。

5.3.14 泡沫混凝土砌块墙体与主体结构交接处，应在沿墙高每400mm的水平灰缝内设置不少于二根直径4mm、横筋间距不大于200mm的焊接钢筋网片。

5.3.15 泡沫混凝土砌块墙体用砌筑砂浆应具有良好的和易性，分层度不得大于30mm；砌筑砂浆稠度宜为60mm～90mm，并应按现行行业标准《建筑砂浆基本性能试验方法》JGJ 70的规定执行。

6 施 工

6.1 现浇泡沫混凝土

Ⅰ 一般规定

6.1.1 现浇泡沫混凝土工程的施工单位应与设计单位相配合，并应针对工程实际编制专项施工方案。

6.1.2 现浇泡沫混凝土拌合物进场后，应按规定抽样复检，不得在工程中使用不合格材料。

6.1.3 现浇泡沫混凝土施工前，应做样板房。

6.1.4 现浇泡沫混凝土工程应在上一道施工工序质量验收合格后再进行下一道工序施工。

6.1.5 现浇泡沫混凝土施工时环境温度不宜低于10℃，风力不应大于5级。

6.1.6 现浇泡沫混凝土工程施工的安全技术要求应符合现行国家标准《建筑施工安全技术统一规范》GB 50870的规定。

Ⅱ 施工准备

6.1.7 现浇泡沫混凝土施工基面准备应符合下列规定：

1 屋面、楼（地）面的施工前应检查基层质量，凡基层有裂缝、蜂窝的地方，应采用水泥砂浆进行封闭处理，及时清扫浮灰；天气干燥时，应先湿润基层，基层不得有明显积水；

2 现浇泡沫混凝土施工屋面找平层的厚度和技术要求应符合现行国家标准《屋面工程质量验收规范》GB 50207中的有关规定。

6.1.8 施工前有关水、电管线、预埋件应验收合格。

6.1.9 模板安装应符合下列规定：

1 模板的接缝不应漏浆，模板内不应有积水，模板内的杂物应清理干净；

2 模板表面应清理干净并涂刷隔离剂，隔离剂不应影响结构性能或后续工序施工；

3 墙体预埋件、预留孔和预留洞不得遗漏，且应安装牢固，模板安装的偏差应按现行国家标准《混凝土结构工程施工规范》GB 50666有关规定执行。

6.1.10 在浇筑泡沫混凝土之前，应对模板工程进行验收；模板安装和浇筑泡沫混凝土时，应对模板及其支架进行观察和维护。发生异常情况时，应按施工技术方案及时进行处理。

6.1.11 模板及其支架拆除时，泡沫混凝土强度应符合现行国家标准《混凝土结构工程施工规范》GB 50666 对模板拆除的有关规定；拆除时应保证墙体表面及棱角不受损伤。

6.1.12 钢筋安装时，钢筋的品种、规格、数量、位置应满足设计要求；在浇筑泡沫混凝土之前，应进行钢筋隐蔽工程验收，并应包括下列内容：

1 钢筋的品种、规格、数量、位置；

2 钢筋的连接方式、接头位置、接头数量、接头面积百分率；

3 箍筋、横向钢筋的品种、规格、数量、间距；

4 预埋件的规格、数量、位置。

Ⅲ 输送与浇筑

6.1.13 泡沫混凝土流动性应满足工程设计和施工要求。

6.1.14 泡沫混凝土拌合物的初凝时间不应大于 2h。

6.1.15 泡沫混凝土料浆运输应符合下列规定：

1 搅拌站拌合好的泡沫混凝土料浆应由搅拌车运输至施工现场；

2 搅拌车应符合现行行业标准《混凝土搅拌运输车》JG/T 5094 的规定；

3 搅拌车在运输时应能保持泡沫混凝土料浆的均匀性，不应产生分层离析现象；

4 搅拌车在运输过程中，不得在中途停留，途中运输时间不应大于泡沫混凝土料浆初凝时间。

6.1.16 采用搅拌车输送泡沫混凝土料浆时，应符合下列规定：

1 搅拌车到达施工现场后，料浆应匀速卸料至二次搅拌机，并应对浆料进行二次搅拌；

2 在二次搅拌机的进料口应加装过滤结块、石子等的过滤网；

3 经二次搅拌的料浆在泡浆混合设备内与泡泡应充分混合，混泡时间宜为 3min~5min。

6.1.17 现场泡沫混凝土的输送应采用输送泵输送，输送泵输送泡沫混凝土应符合现行行业标准《混凝土泵送施工技术规程》JGJ/T 10 的规定。

6.1.18 现浇泡沫混凝土工程在施工过程中禁止振捣。

6.1.19 现浇泡沫混凝土应随制随用，留置时间不宜大于 30min。

6.1.20 浇筑高度大于 3m 时，泡沫混凝土应分层浇筑。

6.1.21 泡沫混凝土运输、浇筑及间歇的全部时间不应大于泡沫混凝土的初凝时间。同一施工段的泡沫混凝土宜连续浇筑；分层浇筑时，应在底层泡沫混凝土终凝之前将上一层混凝土浇筑完成。

6.1.22 泵送泡沫混凝土施工应符合下列规定：

1 泡浆混合好后宜由软管泵送至浇筑部位；

2 泡沫混凝土水平泵送距离不应大于 500m，当水平泵送距离大于 500m 时，应采用泡浆分离中继泵送的方法，在离浇筑部位 200m 内的位置进行泡浆混合继续泵送；

3 泡沫混凝土垂直泵送距离不应大于 100m，当垂直泵送距离大于 100m 时，应采用泡浆分离中继泵送的方法，在浇筑部位 100m 以内的位置进行泡浆混合继续泵送；

4 泡沫混凝土在泵送浇筑过程中宜降低出料口与浇筑面之间的落差，出料口离浇筑面垂直距离不应大于 0.5m；泵送出料口与浇注面的高度差不应大于 0.5m；

5 单次浇筑厚度不应大于 1m，再次浇筑时间应以前次浇筑面达到终凝要求为准；

6 单次浇筑厚度大于 1m 时，应对泡沫混凝土温度进行实时监控；当温度超过 75℃时，应制定合理施工方案，并应在方案中控制保温、降温措施。

6.1.23 泡沫混凝土复合墙体施工应符合下列规定：

1 施工前，应进行基层清理、定位放线；应对水平标高及墙体控制线、门窗位置线进行中间验收；

2 竖龙骨沿墙体水平方向宜每 900mm 设置一道，并与主体结构连接固定；竖龙骨垂直度的偏差不应大于 4mm；

3 应在墙体底部铺筑一层 30mm 厚 1∶4 水泥砂浆层作为定位两侧免拆模板底部的导墙；

4 免拆模板应按排块图从下到上依次安装，安装时墙体两侧应同时进行，上下板块间宜抹 2mm 厚水泥胶浆，两侧板可采用对拉螺栓连接；

5 泡沫混凝土复合墙体中，对拉螺栓与钢筋发生冲突时，宜遵循钢筋避让对拉螺栓的原则；

6 安装免拆模板时应注意横平竖直，拼缝密合；当有板块需要切割时，也应保持表面平整；免拆模板宜采用水泥胶浆封缝；

7 浇注孔留置数量应根据现场墙体布局确定，单一墙体的浇筑孔间距不应大于 6m；

8 现场搅拌泡沫混凝土，应采用泵送软管伸入浇注孔内进行浇筑，浇筑宜连续进行；当采用分层浇筑时，应符合本规程第 6.1.21 条的规定；

9 当墙高超过 4m 时，墙体 2m 高处采用水平龙骨与竖向龙骨铆接形成贯通水平龙骨带，在其上进行免拆模板安装；

10 泡沫混凝土浇筑完毕 24h 后方可拆除对拉螺杆。

6.1.24 泡沫混凝土屋面保温隔热层施工除应符合现行国家标准《屋面工程技术规范》GB 50345，尚应符合下列规定：

1 泡沫混凝土屋面现浇应根据浇筑部位的工程情况编制具体的作业方案；

2 浇筑面应做到平整，并一次成型，浇筑达到设计标高后应用刮板刮平；

3 刮平后在终凝前不得扰动和上人，不应承重，在终凝后应及时做砂浆找平层；

4 泡沫混凝土大面积浇筑时可采用分区逐片浇筑的方法；

5 当屋面的坡度大于 2% 并用泡沫混凝土进行找坡施工时，应采用模板辅助；

6 当屋面铺设地砖或铺设混凝土时，可在泡沫混凝土终凝 2h 后进行。

6.1.25 泡沫混凝土楼（地）面保温隔热层施工除应符合现行国家标准《建筑工程施工质量验收统一标准》GB 50300 和《建筑地面工程施工质量验收规范》GB 50209 外，尚应符合下列规定：

1 现场浇筑应先内后外的顺序进行浇筑；

2 楼（地）面浇筑前应首先确定保温隔热层厚度找平线，浇筑后应使用刮板刮平；

3 浇筑完成后应进行 3d 以上自然养护方可铺设加热管，期间不得进行交叉作业以防止踩踏破坏。

6.1.26 泡沫混凝土填筑施工除应符合现行国家标准《建筑工程施工质量验收统一标准》GB 50300 外，尚应符合下列规定：

1 泡沫混凝土填筑应采用分块分层方式进行浇筑作业；

2 泡沫混凝土填筑单层浇筑厚度宜按 30cm～100cm 控制；上一层浇筑应在下一层浇筑终凝后进行；

3 泡沫混凝土填筑浇筑过程中，泵送管出口应与浇筑面保持水平，不宜采用喷射方式浇筑。

6.1.27 现浇泡沫混凝土雨期、高温和冬期施工应符合下列规定：

1 雨季和降雨期间应按雨期施工要求采取措施，严禁在下雨而无防护下进行现浇泡沫混凝土施工；

2 当日平均气温达到 30℃ 及以上时，应按高温施工要求采取措施；

3 根据当地气象资料，当室外日平均气温连续 5 日稳定低于 10℃ 时，应采取冬期施工措施；当室外日平均气温连续 5 日稳定高于 10℃ 时，可解除冬期施工措施；当气温骤降至 0℃ 以下时，应按冬期施工的要求采取应急防护措施；泡沫混凝土工程越冬期间，应采取维护保温措施；

4 现浇泡沫混凝土冬期施工，应按现行行业标准《建筑工程冬期施工规程》JGJ/T 104 的有关规定进行热工计算。

Ⅳ 养 护

6.1.28 泡沫混凝土浇筑完毕后，应按施工技术方案采取有效的养护措施，并应符合下列规定：

1 应在浇筑完毕后的 12h 以内对泡沫混凝土加以覆盖并保湿养护；

2 养护时间不得少于 14d；

3 保湿养护应能保持泡沫混凝土处于湿润状态；泡沫混凝土养护用水应与拌制用水相同。

6.1.29 泡沫混凝土早期养护期间应防止失水和过量水浸泡。

6.1.30 现浇泡沫混凝土工程不宜在夜间施工；泡沫混凝土浇筑完成后，外露表面及时养护；新老泡沫混凝土搭接处做好保温措施，保温层厚度应为其他保温层厚度的 2 倍，搭接长度不应小于 30cm。

6.2 泡沫混凝土制品

Ⅰ 一般规定

6.2.1 泡沫混凝土制品模板宜采用金属模板。模板的接缝应紧密，不应有料浆从模内流出。

6.2.2 模板在使用之前，应在清除粘着在模内的残留物后涂刷一层隔离剂。

6.2.3 泡沫混凝土制品在模板内浇筑的高度不宜大于 800mm；浇筑时应将泡沫混凝土料浆均匀地分布到模板内，并应充满模内。

6.2.4 制品生产车间的环境温度不应低于 10℃。

6.2.5 制品注模完成后，应在其上覆盖保水材料后进行养护。

6.2.6 泡沫混凝土制品不应有未切割面，其切割面不应有切割附着屑。

6.2.7 制品的成品不应露天存放。泡沫混凝土保温板应侧立无空隙码放成垛；每垛可堆二至三层高。在每层中间及底层与地面之间，宜放置厚度相同的木垫块。

6.2.8 在运输泡沫混凝土保温板时，应把板材无空隙码放侧立装运，码放高度不应高于三层，板的纵轴应顺着运输方向。在层与层之间及底层之下，宜垫以相同厚度的木块。

6.2.9 制品的装卸不得抛掷。

6.2.10 泡沫混凝土制品的施工安全技术要求应符合现行国家标准《建筑施工安全技术统一规范》GB 50870 的规定。

Ⅱ 泡沫混凝土制品制备

6.2.11 制备时应具有强制式砂浆搅拌机、电动搅拌机、电钻、靠尺、抹子等主要生产机具。

6.2.12 制备用机具应有专人管理和使用，定期维护校验。

6.2.13 泡沫混凝土制品模板的用量应根据泡沫混凝土搅拌机的生产能力、工作班数、蒸汽养护室的生产能力、模板尺寸及周转率等情况确定。

6.2.14 自然养护的泡沫混凝土制品拆模期应视周围的温度、浇筑的高度及泡沫混凝土所达到的强度等情况决定，且不应少于 48h。

6.2.15 自然养护凝固的泡沫混凝土制品经 48h 硬化

后，应在制品上标明制造日期；用蒸汽养护法制造的泡沫混凝土制品，其标记应在运出蒸汽养护室后标明。

6.2.16 泡沫混凝土注模 2h～3h 达到硬化时，应开始保湿养护。

6.2.17 泡沫混凝土制品蒸汽养护的恒温温度应为 70℃～80℃，在整个蒸养期内蒸养温度不应发生剧烈变化。

Ⅲ 施工条件

6.2.18 泡沫混凝土保温板外墙外保温系统的施工应符合下列规定：

1 基层墙体应符合现行国家标准《混凝土结构工程施工质量验收规范》GB 50204 和《砌体工程施工质量验收规范》GB 50203 的规定；

2 外墙外保温系统施工应在基层粉刷水泥砂浆找平层，并应在施工质量验收合格后进行；

3 外墙外保温系统施工前，门窗洞口应通过验收，洞口尺寸、位置应符合设计要求并应验收合格，门窗框或辅框应安装完毕，并应做防水处理。伸出墙面的消防梯、水落管、各种进户管线和空调器等的预埋件、连接件应安装完毕，并应预留出外保温层的厚度；

4 保温工程应制定专项施工方案；

5 既有建筑改造工程外墙外保温系统施工中，基层墙面必须坚实平整，空鼓处应铲除，原装饰面层应清除，并应采用水泥砂浆补平；

6 对于潮湿或吸水性过高，影响粘结和施工的基层应涂抹界面砂浆；

7 应按抹灰墙面的高度搭设抹灰用脚手架；脚手架应稳固、可靠；

8 进场材料应储存在干燥阴凉的场所，储存期及条件应按材料供应商产品说明要求进行。

6.2.19 泡沫混凝土砌块施工应符合下列规定：

1 堆放泡沫混凝土砌块的场地应预先夯实平整，并应便于排水；不同规格型号、强度等级的砌块应分别覆盖堆放；堆垛上应有标志，垛间应留适当宽度的通道，堆放场地应有防潮、防水措施；装卸时不得采用翻斗卸车和随意抛投；

2 不得使用有竖向裂缝、断裂、龄期不足 28d 的泡沫混凝土砌块及外表明显受潮的泡沫混凝土砌块上墙砌筑；

3 泡沫混凝土砌块表面的污物和砌块周围毛边应在砌筑前清理干净；

4 砌筑底层墙体前应对墙下工程按有关规定进行检查和验收，符合要求后方可进行墙体施工。

6.2.20 泡沫混凝土砌块雨期施工应符合下列规定：

1 雨期施工，堆放室外的泡沫混凝土砌块应有覆盖设施；

2 小雨以上雨量时，应停止砌筑外墙，对已砌筑的墙体宜覆盖；继续施工时，应复核墙体的垂直度；

3 雨期施工砌筑砂浆稠度应视实际情况适当减小。

6.2.21 泡沫混凝土砌块应符合下列规定：

1 当室外日平均气温连续 5d 稳定低于 5℃或气温骤然下降时，应及时采取冬期施工措施；当室外日平均气温连续 5d 高于 5℃时应解除冬期施工；

2 冬期施工所用的材料，应符合下列规定：

1）不得使用浇过水或浸水后受冻的泡沫混凝土砌块；

2）砌筑砂浆宜采用普通硅酸盐水泥拌制；

3）拌合砌筑砂浆宜采用两步投料法，其水的温度不得大于 80℃，砂的温度不得大于 40℃，砂浆稠度宜较常温适当减小；

4）现场运输与储存砂浆应有冬期施工措施。

3 砌筑后，应及时用保温材料对新砌砌体进行覆盖，砌筑面不得留有砂浆；继续砌筑前，应清扫砌筑面；

4 冬期施工时，对低于 M10 强度等级的砌筑砂浆，应比常温施工提高一级，且砂浆使用温度不应低于 5℃；

5 记录冬期砌筑的施工日记除按常规要求外，尚应记载室外空气温度、砌筑时砂浆温度、外加剂掺量以及其他有关资料；

6 泡沫混凝土砌块砌体不得采用冻结法施工，埋有未经防腐处理的钢筋（网片）的泡沫混凝土砌块砌体不应采用掺氯盐砂浆法施工；

7 采用掺外加剂法时，其掺量应由试验确定，并应符合现行国家标准《混凝土外加剂应用技术规范》GB 50119 的有关规定；

8 采用暖棚法施工时，泡沫混凝土砌块和砂浆在砌筑时的温度不应低于 5℃，同时离所砌筑的结构地面 500mm 处的棚内温度不应低于 5℃；

9 暖棚内的泡沫混凝土砌块砌体养护时间，应根据暖棚内的温度按表 6.2.21 确定。

表 6.2.21 暖棚法泡沫混凝土砌块砌体的养护时间

暖棚内温度，℃	5	10	15	20
养护时间不少于，d	7	5	4	3

Ⅳ 泡沫混凝土制品施工

6.2.22 泡沫混凝土保温板施工应按现行国家标准《建筑节能工程施工质量验收规范》GB 50411 中施工与控制的有关规定执行。

6.2.23 泡沫混凝土保温板的粘贴应符合下列规定：

1 施工应在距勒脚地面 300mm 处弹出水平控制线，自下而上沿水平方向横向铺贴泡沫混凝土保温

板，上下排之间泡沫混凝土保温板的粘贴应错缝 1/2
板长；

2 泡沫混凝土保温板应及时粘贴并挤压到基层
上，板与板之间的接缝缝隙不得大于 3mm；

3 在墙面转角处，应先排好尺寸；裁切泡沫混
凝土保温板应使其垂直交错连接，并应保证墙角垂
直度；

4 在粘贴窗框四周的阳角和外墙角时，应先弹
出垂直基准线，作为控制阳角上下竖直的依据；门窗
洞口四角部位的泡沫混凝土保温板应采用整块板裁成
"L"形进行铺贴，不得拼接；接缝距洞口四周距离
不应小于 200mm。

6.2.24 泡沫混凝土砌块砌筑前不得浇水，泡沫混凝
土砌块应根据施工时实际气温和砌筑情况提前喷水
湿润。

6.2.25 泡沫混凝土砌块墙内不得混砌黏土砖或其他
墙体材料。镶砌时，应采用与砌块材料强度同级别的
预制混凝土块。

6.2.26 泡沫混凝土砌块墙顶接触梁板底的部位应采
用斜砌楔紧。

6.2.27 砌筑泡沫混凝土砌块的砂浆应随铺随砌，墙
体灰缝应横平竖直。水平灰缝宜采用坐浆法满铺泡沫
混凝土砌块底面；竖向灰缝应采取将泡沫混凝土砌块
端面朝上铺满砂浆再上墙挤紧，然后加浆插捣密实。
饱满度均不宜低于 80%。水平灰缝厚度和竖向灰缝
宽度宜为 10mm，不得小于 8mm，也不应大
于 12mm。

6.2.28 砌入墙内的钢筋焊接网片和拉结筋应放置在
水平灰缝的砂浆层中，不得有露筋现象。钢筋网片的
纵横筋不得重叠点焊，应控制在同一平面内。

6.2.29 对设计规定或施工所需的孔洞、管道、沟槽
和预埋件等，应在砌筑时进行预留或预埋，不得在已
砌筑的墙体上打洞和凿槽。

7 质量检验与验收

7.1 泡沫混凝土原材料质量检验

7.1.1 泡沫混凝土原材料进场时，应按规定批次验
收其型式检验报告、出厂检验报告或合格证等质量证
明文件，对外加剂产品尚应具有使用说明书。

7.1.2 泡沫混凝土原材料进场后，应进行进场检验；
在泡沫混凝土生产过程中，宜对泡沫混凝土原材料进
行随机抽样检验，每个检验批检验不得少于 1 次。

7.1.3 泡沫混凝土原材料检验应符合下列规定：

1 散装水泥应按每 500t 为一个检验批，袋装水
泥应按每 200t 为一个检验批；骨料应按每 400m³ 或
600t 为一个检验批；掺合料应按每 200t 为一个检验
批；外加剂应按每 50t 为一个检验批；泡沫剂应每

1t 为一个检验批；

2 不同批次或非连续供应的泡沫混凝土原材
料，在不足一个检验批情况下，应按同品种和同等
级材料每批次检验一次；

3 当采用饮用水作为混凝土用水时，可不检验；
当采用中水、搅拌站清洗水或施工现场循环水等其他
水源时，应对其成分进行检验。

7.1.4 泡沫混凝土原材料的性能应符合本规程第
4.1 节的规定。

7.2 泡沫混凝土性能质量检验

7.2.1 现浇泡沫混凝土每盘原材料计量允许偏差应
符合表 7.2.1 的规定。

表 7.2.1 每盘原材料计量允许偏差

项 目	计量允许偏差（%）
水泥、粉煤灰及其他掺合料	±0.5
骨料	±2.0
水、外加剂	±0.5

7.2.2 泡沫混凝土拌合物性能检验应符合下列规定：

1 生产前应检查泡沫混凝土所用原材料的品种、
规格与施工配合比一致；在生产过程中应检查原材料
实际称量误差满足要求，每一工作班应至少检查
2 次；

2 生产前应检查生产设备和控制系统正常、计
量设备归零；

3 泡沫混凝土拌合物的工作性检查每 100m³ 不
应少于 1 次，且每一工作班不应少于 2 次，可增加检
查次数；

4 骨料含水率的检验每工作班不应少于 1 次；
当雨雪天气等外界影响导致泡沫混凝土骨料含水率
变化时，应及时检验；

5 泡沫混凝土拌合物流动度的检验应符合本规
程附录 B 的规定，流动度允许偏差应为 ±30mm。

7.2.3 硬化泡沫混凝土性能应符合本规程第 3.2.2
条的规定。

7.2.4 泡沫混凝土填筑性能质量检验应符合下列
规定：

1 泡沫混凝土填筑性能质量检验应以填筑体为
构造单元，并应按单个或若干个构造单元划分为检
验批；

2 新拌泡沫混凝土试样宜在浇筑管管口制取，
每个构造单元应至少制取二组试件；

3 当同一配合比连续浇筑大于 400m³ 时，应按
每 400m³ 制取至少一组试件；

4 当同一配合比连续浇筑不足 400m³ 时，也应
制取至少一组试件；

5 浇筑的质量检验应符合表 7.2.4 的规定。

7.2.5 泡沫混凝土保温板的规格尺寸应符合表7.2.5的规定。

表7.2.4 浇筑的质量检验

序号	检验项目	允许偏差	检验方法	检验频率
1	泡沫（kg/m³）	48～52	现行国家标准《混凝土外加剂匀质性试验方法》GB/T 8077	每工作班开工前自检1次
2	湿密度（kg/m³）	±10%	本规程附录C	连续浇筑每100m³自检1次
3	流动度（mm）	160～200	本规程附录B	连续浇筑每100m³自检1次

表7.2.5 泡沫混凝土保温板的规格尺寸（mm）

长 度			宽 度	厚 度
300	450	600	300	30～120

注：其他规格尺寸可由供需双方协商确定。

7.2.6 泡沫混凝土保温板尺寸允许偏差应符合表7.2.6的规定。

表7.2.6 泡沫混凝土保温板尺寸允许偏差（mm）

项 目	允许偏差	试验方法
长度	±3	现行国家标准《无机硬质绝热制品试验方法》GB/T 5486
宽度	±3	
厚度	±2	
对角线差	3	现行行业标准《外墙内保温板》JG/T 159

7.2.7 泡沫混凝土保温板的性能应符合本规程第3.3.2条的规定。

7.2.8 泡沫混凝土砌块性能质量检验应符合现行行业标准《泡沫混凝土砌块》JC/T 1062的规定。

7.3 现浇泡沫混凝土工程验收

7.3.1 现浇泡沫混凝土工程验收应符合现行国家标准《建筑工程施工质量验收统一标准》GB 50300和《混凝土结构工程施工质量验收规范》GB 50204的有关规定。

7.4 泡沫混凝土保温工程验收

Ⅰ 一 般 规 定

7.4.1 泡沫混凝土保温隔热工程质量验收应符合现行国家标准《建筑节能工程施工质量验收规范》GB 50411的相关规定。

7.4.2 主体结构完成后施工的墙体节能工程，应在基层质量验收合格后施工，施工过程中应及时进行质量检查、隐蔽工程验收和检验批验收，施工完成后应进行墙体节能分项工程验收。与主体结构同时施工的墙体节能工程，应与主体结构一同验收。

7.4.3 泡沫混凝土保温板外墙外保温系统型式检验报告中应包括安全性和耐候性。

7.4.4 泡沫混凝土保温隔热工程验收的检验批划分应符合下列规定：

1 采用相同材料、工艺和施工做法的泡沫混凝土保温工程，每500m²～1000m²面积划分为一个检验批，不足500m²也应作为一个检验批。

2 检验批的划分也可根据与施工流程相一致且方便施工与验收的原则，由施工单位与监理、建设单位共同商定。

Ⅱ 主 控 项 目

7.4.5 泡沫混凝土保温隔热工程的材料、制品等，其品种、规格应满足设计要求并应符合现行行业标准《泡沫混凝土》JG/T 266的规定。

检验方法：观察、尺量检查；按出厂检验批核查质量证明文件。

检查数量：按进场批次，每批随机抽取3个试样进行检查。

7.4.6 泡沫混凝土导热系数、密度、抗压强度、燃烧性能应符合本规程第3章的规定。

检验方法：按出厂检验批核查质量证明文件及进场复验报告。

检查数量：全数检查。

7.4.7 泡沫混凝土保温板和粘结材料等，进场时应对其下列性能进行复验，并应见证取样送检：

1 泡沫混凝土保温板的导热系数、密度、抗压强度；

2 粘结材料的粘结强度不应小于0.3MPa，并应按现行行业标准《外墙外保温工程技术规程》JGJ 144的试验方法检测；

3 玻璃纤维网格布的力学性能，应按现行行业标准《外墙外保温工程技术规程》JGJ 144的试验方法检测。

检验方法：按出厂检验批随机抽样送检，核查复验报告。

检查数量：当单位工程建筑面积在20000m²以下时，同一厂家同一品种的产品各抽查不应少于6次。

7.4.8 严寒和寒冷地区泡沫混凝土保温板外保温使用的粘结材料，其冻融试验结果应符合该地区最低气温环境的使用要求。

检验方法：核查质量证明文件。

检查数量：全数检查。

7.4.9 泡沫混凝土外保温工程施工前应对基层进行处理，处理后的基层应满足设计和保温层施工方案的要求。

检验方法：对照设计和施工方案观察检查；核查隐蔽工程验收记录。

检查数量：全数检查。

7.4.10 泡沫混凝土保温工程应符合设计要求，并应按施工方案施工。

检验方法：对照设计和施工方案观察检查；核查隐蔽工程验收记录。

检查数量：全数检查。

7.4.11 泡沫混凝土屋面保温隔热层的敷设方式、厚度、缝隙填充质量及屋面热桥部位的保温隔热做法，必须符合设计要求和现行国家标准《屋面工程技术规范》GB 50345 的规定。

检验方法：观察、尺量检查。

检查数量：每 100m² 抽查一处，每处 10m²，整个屋面抽查不得少于 3 处。

7.4.12 严寒和寒冷地区的建筑物首层直接与土壤接触的地面，应按设计要求采取保温措施。

检验方法：对照设计观察检查。

检查数量：全数检查。

Ⅲ 一 般 项 目

7.4.13 进场的泡沫混凝土保温板外观和包装应完整无破损，并应符合设计要求和现行行业标准《水泥基泡沫保温板》JC/T 2200 的规定。

检验方法：观察检查。

检查数量：全数检查。

7.4.14 施工产生的墙体缺陷，如穿墙套管、脚手架眼、孔洞等，应按施工方案采取断桥措施，不得影响墙体热工性能。

检验方法：对照施工方案观察检查。

检查数量：全数检查。

7.4.15 泡沫混凝土保温板接缝方法应符合施工方案要求。泡沫混凝土保温板接缝应平整严密。

检验方法：观察检查。

检查数量：每个检验批抽查 10%，并不应少于 5 处。

7.4.16 墙体上容易碰撞的阳角、门窗洞口及不同材料集体的交接处等特殊部位，泡沫混凝土保温层应按施工方案采取防止开裂和破损的加强措施。

检验方法：观察检查；核查隐蔽工程验收记录。

检查数量：按不同部位，每类抽查 10%，并不应少于 5 处。

7.4.17 采用地面辐射采暖的工程，其泡沫混凝土地面保温做法应符合设计要求，并应符合现行行业标准《辐射供暖供冷技术规程》JGJ 142 的规定。

检验方法：观察检查。

检查数量：全数检查。

7.5 泡沫混凝土填筑工程验收

7.5.1 泡沫混凝土填筑工程验收除应符合现行国家标准《建筑工程施工质量验收统一标准》GB 50300

的有关规定外，尚应符合下列规定：

1 填筑体主控项目的质量应全部检验合格；

2 一般项目的合格率应达到 80% 及以上，且不合格点的最大偏差值不得大于规定允许偏差值的 1.5 倍；

3 具有完整的施工质量检查记录。

7.5.2 填筑体的主控项目检验应包括干密度和抗压强度，并应符合表 7.5.2 的规定。

表 7.5.2 填筑体的主控项目检验

序号	检验项目	允许偏差	检验方法	检验频率
1	干密度（kg/m³）	符合本规程第 3.1.1 条的规定	现行行业标准《泡沫混凝土》JG/T 266	符合本规程第 7.2.4 条第 3 款、第 4 款的规定
2	抗压强度（MPa）	符合本规程第 3.1.2 条的规定	现行行业标准《泡沫混凝土》JG/T 266	符合本规程第 7.2.4 条第 3 款、第 4 款的规定

7.5.3 填筑体的一般项目检验应包括外观质量检验和实测项目，并应符合表 7.5.3 的规定。

表 7.5.3 填筑体实测项目的允许偏差

序号	检验项目	允许偏差	检验仪器	检验频率
1	顶面高程（mm）	±50	水准仪	每个构造单元测 2 点或每 20m 测 1 点
2	厚度（mm）	±100	卷尺	每个构造单元测 2 点或每 20m 测 1 点
3	轴线偏位（mm）	50	经纬仪或拉尺	每个构造单元测 2 点或每 20m 测 1 点
4	宽度（mm）	不小于设计要求	卷尺	每个构造单元测 2 点或每 20m 测 1 点
5	基底高程（mm） 土质	±50	水准仪	每个构造单元测 2 点或每 20m 测 1 点
	石质	+50，-200		

7.6 泡沫混凝土砌体工程验收

7.6.1 泡沫混凝土砌块砌体工程验收应符合现行国家标准《砌体工程施工质量验收规范》GB 50203 的有关规定。

附录 A 泡沫混凝土抗冻试验

A.0.1 本方法适用于测定泡沫混凝土试件在气冻水融条件下的冻融循环次数表示的泡沫混凝土抗冻性能。

A.0.2 抗冻试验所采用的试验所采用的试件应符合下列规定：

1 试验应采用尺寸为 100mm×100mm×100mm 的立方体试件;

2 抗冻试验所需的试件组数应符合表 A.0.2 的规定,每组试件应由 3 块组成。

表 A.0.2 抗冻试验所需要的试件组数

设计抗冻标号	D15	D25	D35	D50	>D50
检查强度所需冻融次数	15	25	35	50	50以上
鉴定 28d 强度所需试件组数	1	1	1	1	1
冻融试件组数	1	1	1	1	2
对比试件组数	1	1	1	1	2
总计试件组数	3	3	3	3	5

A.0.3 泡沫混凝土抗冻试验应具备下列仪器设备:

1 低温箱或冷冻室:最低工作温度应在 −30℃ 以下;

2 恒温水槽:水温 (20±5)℃;

3 托盘天平或磅秤:称量 2000g,感量 1g;

4 电热鼓风干燥箱:最高温度应为 200℃。

A.0.4 泡沫混凝土冻融应按下列步骤进行试验:

1 将冻融试件放在电热鼓风干燥箱内,在 (60±5)℃ 下保温 24h,然后在 80℃ 下烘干至恒质;

2 试件冷却至室温后,立即称取质量,精确至 1g,然后浸入水温为 (20±5)℃ 恒温水槽中,水面应高出试件 30mm,保持 48h;

3 取出试件,用湿布抹去表面水分,放入预先降温至 −15℃ 以下的低温箱或冷冻室中,试件之间间距不应小于 20mm,当温度降至 −18℃ 时立即记录时间;在 (−20±2)℃ 下冻 6h 取出,放入水温为 (20±5)℃ 的恒温水槽中,融化 5h 作为一次冻融循环,如此冻融循环至所需的冻融次数为止;

4 将达到冻融次数的试件,放入电热鼓风干燥箱内,按本条第 1 款规定烘至恒质;

5 试件冷却至室温后,立即称取质量,精确至 1g;

6 每 5 次循环宜对冻融试件进行一次外观检查;当出现严重破坏时,应立即进行称重;当一组试件的平均质量损失率超过 5%,可停止其冻融循环试验;

7 试件在达到本附录表 A.0.2 规定的冻融循环次数后,试件应称重并进行外观检查,当详细记录试件表面破损、裂缝及边角缺损严重时,应先用高强石膏找平,然后应进行抗压强度试验,抗压强度试验应符合现行国家标准《蒸压加气混凝土性能试验方法》GB/T 11969 的相关规定;

8 当冻融循环因故中断且试件处于冷冻状态时,试件应继续保持冷冻状态,直至恢复冻融试验为止,并应将故障原因及暂停时间在试验结果中注明,当试件处在融化状态下因故中断时,中断时间不应超过两个冻融循环的时间,在整个试验过程中,超过两个冻融循环时间的中断故障次数不得超过两次;

9 当部分试件由于破坏失效或者停止试验被取出时,应用空白试件填充空位;

10 对比时间应继续保持原有的养护条件,直到完成冻融循环后,与冻融试验的试件同时进行抗压强度试验。

A.0.5 当冻融循环出现下列三种情况之一时,应停止试验:

1 已达到规定的循环次数;

2 抗压强度损失率已达到 25%;

3 质量损失率已达到 5%。

A.0.6 试验结果计算及其评定条件应符合下列规定:

1 质量损失率应按下式计算:

$$M_m = \frac{M_0 - M_s}{M_0} \times 100 \quad (A.0.6-1)$$

式中:M_m——质量损失率,精确至 0.1%;

M_0——冻融试件试验前的干质量 (g);

M_s——经冻融试验后试件的干质量 (g)。

2 冻后试件的抗压强度可按下式计算:

$$f = \frac{F}{A} \quad (A.0.6-2)$$

式中:f——试件的抗压强度 (MPa),精确至 0.001MPa;

F——最大破坏荷载 (N);

A——试件受压面积 (mm²)。

A.0.7 抗冻性按冻融试件的质量损失率平均值不应小于 5% 和抗压强度平均值不应小于 20% 进行评定。

附录 B 新拌泡沫混凝土流动度试验

B.0.1 新拌泡沫混凝土流动度的试验应包括下列设备:

1 发泡装置 1 套;

2 试验用搅拌机 1 台;

3 黄铜或其他硬质材料空心圆筒 1 个,内径 80mm,净高 80mm,内壁光滑;

4 光滑硬塑料板 1 块,边长 400mm×400mm;

5 带刻度的不锈钢量杯 2 个,内径 108mm,净高 108mm,壁厚 2mm,容积 1L;

6 平口刀 1 把,刀长 150mm;

7 深度游标卡尺 1 把,精度为 0.02mm;

8 秒表 1 块。

B.0.2 试验用料应取用 10L 新拌泡沫混凝土。

B.0.3 试样可采用下列方法制取:

1 现场取样:在泵送管出口处制取;

2 室内取样:在搅拌好的拌合物中制取。

B.0.4 流动性试验应按下列步骤进行:

1 用水彩笔分别在量杯杯身外侧标明量杯1、量杯2；

2 应清洗并擦干仪器设备；

3 应将空心圆筒垂直竖于光滑硬质塑料板中间；

4 用量杯1接取试样，并应将试样倒入量杯2中；

5 应慢慢地将量杯2中的试样倒入空心圆筒，并用平口刀轻敲空心圆筒外侧，使试样充满整个空心圆筒；

6 用平口刀慢慢地沿空心圆筒的端口平面刮平试样；

7 应慢慢地将空心圆筒垂直向上提起，并应使试样自然塌落；

8 静置1min后，应采用深度游标卡尺测得塌落体最大水平直径，即为试样的流动度；

9 应重复第2款至第8款的试验步骤，并应取3次试验结果的算术平均值为新拌泡沫混凝土的流动度。

附录C 泡沫混凝土湿密度试验

C.0.1 泡沫混凝土湿密度试验应包括下列仪器设备：

1 发泡装置1套；

2 试验用搅拌机1台；

3 电子秤1台，最大量程应为2000g，精度应为1g；

4 塑料桶1个，容积15L；

5 带刻度的不锈钢量杯2个，内径108mm，净高108mm，壁厚2mm，容积1L；

6 平口刀1把，刀长150mm。

C.0.2 试验用料应取用10L新拌泡沫混凝土。

C.0.3 试样可采用下列方法制取：

1 现场取样：在泵送管出口处制取；

2 室内取样：在搅拌好的拌合物中制取。

C.0.4 泡沫混凝土试验应按下列步骤进行：

1 用水彩笔分别在量杯杯身外侧标明量杯1、量杯2；

2 应准备好电子秤，并应将其水平放置；

3 将量杯1平放电子秤上，并应称取其量杯1质量 m_1；

4 用量杯2接取试样，并应将试样慢慢倒入量杯1中；

5 当试样装满量杯1时，应用平口刀轻敲量杯1外壁，并应使试样充满整个量杯1中；

6 用平口刀慢慢地沿量杯1端口平面刮平试样；

7 将装满试样的量杯1平放于电子秤上，并应测得试样加量杯1的质量 m_2；

8 泡沫混凝土湿密度应按下式计算：

$$\rho_{cc} = \frac{1000 \times (m_2 - m_1)}{v_1} \quad (C.0.4)$$

式中：ρ_{cc} ——泡沫混凝土湿密度（kg/m³），精确至0.1kg/m³；

m_1 ——量杯1质量（g），精确至0.1g；

m_2 ——量杯加试样的质量（g），精确至0.1g；

v_1 ——量杯1体积（m³），精确至0.1m³。

9 应重复第3款至第8款的试验步骤，并应取3次试验结果的算术平均值作为新拌泡沫混凝土的湿密度；

10 泡沫混凝土湿密度试验应在每次取样后5min内完成。

本规程用词说明

1 为便于在执行本规程条文时区别对待，对要求严格程度不同的用词说明如下：

1） 表示很严格，非这样做不可的：

正面词采用"必须"，反面词采用"严禁"；

2） 表示严格，在正常情况下均应这样做的：

正面词采用"应"，反面词采用"不应"或"不得"；

3） 表示允许稍有选择，在条件许可时首先应这样做的：

正面词采用"宜"，反面词采用"不宜"；

4） 表示有选择，在一定条件下可以这样做的采用"可"。

2 条文中指明应按其他有关标准执行的写法为："应符合……的规定"或"应按……执行"。

引用标准名录

1 《砌体结构设计规范》GB 50003

2 《建筑抗震设计规范》GB 50011

3 《建筑设计防火规范》GB 50016

4 《混凝土外加剂应用技术规范》GB 50119

5 《民用建筑热工设计规范》GB 50176

6 《公共建筑节能设计标准》GB 50189

7 《砌体工程施工质量验收规范》GB 50203

8 《混凝土结构工程施工质量验收规范》GB 50204

9 《屋面工程质量验收规范》GB 50207

10 《建筑地面工程施工质量验收规范》GB 50209

11 《建筑工程施工质量验收统一标准》GB 50300

12 《屋面工程技术规范》GB 50345

13 《建筑节能工程施工质量验收规范》GB 50411

14 《混凝土结构工程施工规范》GB 50666

15 《建筑施工安全技术统一规范》GB 50870

16 《通用硅酸盐水泥》GB 175

17 《用于水泥和混凝土中的粉煤灰》GB/T 1596

18 《工业过氧化氢》GB 1616

19 《无机硬质绝热制品试验方法》GB/T 5486

20 《建筑材料放射性核素限量》GB 6566

21 《混凝土外加剂》GB 8076

22 《混凝土外加剂匀质性试验方法》GB/T 8077

23 《建筑材料及制品燃烧性能分级》GB 8624

24 《绝热材料稳态热阻及有关特性的测定 防护热板法》GB/T 10294

25 《绝热材料稳态热阻及有关特性的测定 热流计法》GB/T 10295

26 《蒸压加气混凝土性能试验方法》GB/T 11969

27 《建筑用轻钢龙骨》GB 11981

28 《建设用砂》GB/T 14684

29 《轻集料及其试验方法 第1部分：轻集料》GB/T 17431.1

30 《用于水泥和混凝土中的粒化高炉矿渣粉》GB/T 18046

31 《高强高性能混凝土用矿物外加剂》GB/T 18736

32 《射钉》GB/T 18981

33 《建筑保温砂浆》GB/T 20473

34 《气泡混合轻质土填筑工程技术规程》CJJ/T 177

35 《混凝土泵送施工技术规程》JGJ/T 10

36 《严寒和寒冷地区居住建筑节能设计标准》JGJ 26

37 《混凝土用水标准》JGJ 63

38 《建筑砂浆基本性能试验方法》JGJ 70

39 《夏热冬暖地区居住建筑节能设计标准》JGJ 75

40 《建筑工程冬期施工规程》JGJ/T 104

41 《夏热冬冷地区居住建筑节能设计标准》JGJ 134

42 《辐射供暖供冷技术规程》JGJ 142

43 《外墙外保温工程技术规程》JGJ 144

44 《钢筋阻锈剂应用技术规程》JGJ/T 192

45 《膨胀珍珠岩》JC 209

46 《泡沫混凝土砌块》JC/T 1062

47 《水泥基泡沫保温板》JC/T 2200

48 《膨胀聚苯板薄抹灰外墙外保温系统》JG 149

49 《胶粉聚苯颗粒外墙外保温系统材料》JG/T 158

50 《外墙内保温板》JG/T 159

51 《泡沫混凝土》JG/T 266

52 《混凝土搅拌运输车》JG/T 5094

中华人民共和国行业标准

泡沫混凝土应用技术规程

JGJ/T 341—2014

条 文 说 明

制 订 说 明

《泡沫混凝土应用技术规程》JGJ/T 341-2014，经住房和城乡建设部 2014 年 12 月 17 日以第 685 号公告批准、发布。

本规程制订过程中，编制组进行了广泛的调查研究，总结了近几年我国泡沫混凝土工程建设的实践经验，同时参考了国外先进技术法规、技术标准，并做了大量的有关材料性能、节点连接等试验。

为便于广大设计、施工、科研、学校等单位有关人员在使用本规程时能正确理解和执行条文规定，《泡沫混凝土应用技术规程》编制组按章、节、条顺序编制了本规程的条文说明，对条文规定的目的、依据以及执行中需要注意的有关事项进行了说明。但是，本规程条文说明不具备与标准正文同等的法律效力。仅供使用者作为理解和把握标准规定的参考。

目 次

1 总则 ………………………………… 33—28
2 术语和符号 ……………………………… 33—28
  2.1 术语 ……………………………… 33—28
  2.2 符号 ……………………………… 33—28
3 泡沫混凝土性能 ……………………… 33—28
  3.1 一般规定 ………………………… 33—28
4 泡沫混凝土制备 ……………………… 33—29
  4.1 原材料 …………………………… 33—29
  4.2 配合比设计 ……………………… 33—29
  4.3 准备与计量 ……………………… 33—30
  4.4 泡沫混凝土料浆制备 …………… 33—30
  4.5 泡沫混凝土拌合物制备 ………… 33—30

5 设计 …………………………………… 33—30
  5.1 一般规定 ………………………… 33—30
  5.2 现浇泡沫混凝土 ………………… 33—31
  5.3 泡沫混凝土制品 ………………… 33—31
6 施工 …………………………………… 33—32
  6.1 现浇泡沫混凝土 ………………… 33—32
  6.2 泡沫混凝土制品 ………………… 33—33
7 质量检验与验收 ……………………… 33—35
  7.1 泡沫混凝土原材料质量检验 …… 33—35
  7.2 泡沫混凝土性能质量检验 ……… 33—35
  7.4 泡沫混凝土保温工程验收………… 33—35

1 总 则

1.0.1 随着人类社会与科学技术的不断发展，低碳已成为城市发展的要求，节能环保已成为建筑设计与施工的重要控制指标。泡沫混凝土是一种具有多功能性的环保的建筑材料，因其质轻、整体性好、保温和隔声性能好、防火阻燃、工艺简便、施工快捷等特点，逐渐在建筑工程中应用与推广。

为了使泡沫混凝土工程的设计、施工、验收等有章可循，使泡沫混凝土工程做到安全可靠、技术先进和经济合理。本规程的制定，具有重要的现实意义。

本规程是依据国家和行业标准、规范的有关规定，并在对我国近些年来使用泡沫混凝土进行调研的基础上，结合泡沫混凝土的特性和技术要求，同时参考了一些先进国家有关泡沫混凝土的标准、规范而编制的。

1.0.3 凡国家现行标准中已有明确规定的，本规程原则上不再重复。在设计、施工及验收中除符合本规程的要求外，尚应满足国家现行有关标准的规定。国内外相关的配套专用技术，在满足本规程和相关标准规定的基础上，可参考采用。

2 术语和符号

2.1 术 语

2.1.1 在泡沫混凝土的成型过程中，引入气泡的方式有两种，一种是物理发泡，另一种是化学发泡；定义中指的轻质多孔混凝土不包括加气混凝土。

泡沫混凝土中的胶凝材料包括水泥和掺合料。

泡沫混凝土所用骨料包括轻骨料（页岩陶粒、粉煤灰陶粒、黏土陶粒、自然煤矸石、火山渣）、细砂、聚苯颗粒等。

2.1.4 物理发泡是在泡沫混凝土生产过程中，将泡沫剂水溶液制成泡沫，再将泡沫加入到由水泥、骨料、掺合料、外加剂和水等制成的料浆中，加入泡沫的方式是通过机械设备完成的。

2.1.5 化学发泡是发泡剂在水泥浆体的碱性环境中发生分解反应，在短时间内生成大量气体，气体与料浆混合后，料浆包裹住气泡产生体积膨胀。

以过氧化氢（H_2O_2）作为化学发泡剂为例。泡沫混凝土的料浆属于弹-塑-黏性体系，过氧化氢在碱性环境中分解，放出氧气（O_2），形成大量均匀散布的气源。随着分解反应的进行，气源周围局部区域逐渐产生气压，作用在弹-塑-黏性料浆上。当气体压力引起的剪切应力尚未超过料浆的极限剪切应力时，料浆不会产生膨胀。但随着分解反应的继续进行，生成的气体量逐渐增多，气体压力逐渐增大；当生成气体的气体压力引起的剪切应力大于料浆的极限剪切应力时，气源尺寸增大，形成气泡，料浆开始膨胀。这些气泡均匀分散在料浆中，在适宜的试验配合比及合理的试验工艺下，浆体的凝结速率与双氧水分解发气的速率基本一致，这种情况下，料浆的膨胀一直进行到发泡剂发泡结束为止。从某种程度上可以认为，料浆的膨胀过程也就是球形气孔的发生和长大过程。

2.2 符 号

本节符号是根据有关标准的规定和一般的应用规则而设置的。本节所列的符号为本规程内容表达需要的主要符号。

3 泡沫混凝土性能

3.1 一 般 规 定

3.1.1 泡沫混凝土干密度随环境温湿度有细微变化。干密度越轻，泡沫混凝土中气泡含量越多，干密度变化率越大；反之，干密度变化率越小。根据现行行业标准《泡沫混凝土》JG/T 266 中的规定，泡沫混凝土干密度允许偏差为 5%，每个等级干密度允许偏差范围列于本条中。同时，泡沫用量越多，其干密度等级越小，抗压强度越低。为保证设计同时满足密度等级和强度要求，设计时密度等级和强度可参考表 1 选取。

表 1 泡沫混凝土干密度等级与强度的对应关系

干密度等级	强度（MPa）
A01	0.1～0.2
A02	0.2～0.5
A03	0.3～0.7
A04	0.5～1.0
A05	0.8～1.2
A06	1.0～1.5
A07	1.2～2.0
A08	1.8～3.0
A09	2.5～4.0
A10	3.5～5.0
A11	4.0～5.5
A12	4.5～6.0
A13	5.0～9.5
A14	5.5～10.0
A15	7.0～25.0
A16	8.0～30.0

3.1.2 泡沫混凝土试件尺寸是按照现行行业标准《泡沫混凝土》JG/T 266 的规定执行，其抗压强度试件尺寸为 100mm×100mm×100mm 的立方体，其值为在标准条件养护 28d 的无侧限抗压强度值。抗压强度的每块最小值是按抗压强度标准值的 85% 取值，每组平均值为 3 块试件抗压强度的算术平均值。参照《混凝土强度检验评定标准》GB/T 50107 的有关规定，泡沫混凝土的样本容量不应少于 10 组。

本规程中对结构泡沫混凝土没有作出具体的规定，如果在施工中采用，其强度标准值、强度设计值、弹性模量、剪切模量等必须通过试验确定，并应符合设计要求。

4 泡沫混凝土制备

4.1 原 材 料

4.1.1 水泥是制备泡沫混凝土的主要原材料。在工程应用中，一般采用通用硅酸盐水泥。当采用快硬水泥或特殊水泥时，使用前应进行配合比试验和性能测试，符合设计要求，方可使用。

一般情况下，建议选用 42.5 级及以上的水泥。

本条提出的设计要求，是指工程设计要求。

4.1.2 本条规定了无机骨料、有机骨料以及砂要符合的国家现行标准。

4.1.4 泡沫混凝土所用的掺合料凡设计有要求的应符合设计要求，同时也要符合国家有关产品质量标准的规定，即对它们的质量进行"双控"。对于设计未提出要求或尚无国家和行业标准的掺合料，则应在合同中约定，或在施工方案中明确，并且应得到监理或建设单位的同意或确认。

本条提出的设计要求，是指工程设计要求。

4.1.6 物理发泡泡沫剂应选用专用泡沫剂，且质量可靠、性能良好，其环保指标应符合国家现行有关标准的规定。泡沫剂应符合发泡要求，所制得泡沫应具有良好的稳定性，且气泡独立，硬化后的泡沫混凝土性能应符合现行行业标准《泡沫混凝土》JG/T 266 的规定。

化学发泡剂除了过氧化氢（俗称双氧水）外，还有碳化钙、铵盐等。碳化钙（CaC_2）俗称电石，遇水反应生成乙炔（C_2H_2）气体，乙炔气体具有一定毒性，属易燃气体；铵盐在碱性水溶液中会分解产生氨气（NH_3），产生氨气的速率往往较为缓慢，氨气对人体有一定的刺激性；而过氧化氢在碱性环境下放出氧气，环保无害，推荐使用。

4.1.7 条文中的水包括拌合用水、稀释用水。水的选用一般以不影响泡沫混凝土性能为原则，可采用饮用水、自来水、河水、湖泊水和鱼塘水，不应采用油污水、海水、含泥量大的水。

4.2 配合比设计

I 一 般 规 定

4.2.2 考虑到配合比对泡沫混凝土性能的重要性，本规程给出了配合比计算和调整的详细步骤。为了使配合比设计服务于实际工程施工，配合比设计与实际工程施工的配合比一致，要求采用同厂家、同产地、同品种、同规格的原材料进行试配。

4.2.3 对于新拌泡沫混凝土的目标配合比主要检验干密度、流动度、抗压强度是否满足要求。流动度是衡量泡沫混凝土流动性的指标，复杂结构及填充工程对此指标要求较高。

由于现场配制的抗压强度值具有一定的波动性，为了保证施工时的抗压强度满足设计要求，施工配合比的实测抗压强度值应在抗压强度设计值的基础上予以适当提高。一般情况下，室内实测抗压强度应大于设计抗压强度的 1.05 倍。

II 配合比计算与调整

4.2.4～4.2.9 泡沫混凝土配合比设计可依据固定原材料重量法和固体混合料体积法进行。通过检测泡沫混凝土湿密度，进而控制泡沫混凝土干密度和均匀性，达到控制泡沫混凝土抗压强度及导热系数的目的。本规程采用固定原材料重量法进行泡沫混凝土配合比设计。制取泡沫用的水和泡沫剂的数量在生产用的泡沫混凝土搅拌机中，用试验方法来测定。配制好泡沫剂后，根据泡沫测定仪测定，如果经 1h 后，泡沫的下陷度不大于 10mm，排出的液体不大于 80cm³，泡沫的倍数不小于 20，则此种泡沫符合要求。

根据泡沫特性所得出的良好指标以及最小的泡沫剂用量而得出的配合比，被认为是制造泡沫混凝土用的最适宜的配合比。

仅当制造新泡沫剂时，才需要确定所有各项泡沫特性，而在日常实际生产时，只确定泡沫的下陷度就可以了。如长时间存放泡沫剂时，使用前应做性能检测。

确定水泥砂子的比率和水胶比。在选择泡沫混凝土的配比时，水泥砂浆的水胶比乃是一项基本因素，该水胶比应保证在砂浆与泡沫混合之后获得一种结构优良强度最大的泡沫混凝土。水泥砂浆最适宜的水胶比，对这些材料来说，主要取决于水泥的活性，水泥与砂子的比率和泡沫混凝土的密度。配制泡沫混凝土的水泥砂浆的水胶比是这样一个比率，即是在灰浆内水的质量与胶凝材料总质量之比，因为泡沫混凝土在成型过程中，除水泥以外的其他活性材料也参与化学反应。

为了确定泡沫混凝土最适宜的水胶比，应采用不同的水胶比进行试拌。在实验室条件下，拌合后的泡沫混凝土养护时间应不小于 6h，然后测量下陷度，确定最佳水胶比。

若得到的泡沫混凝土的抗压强度比设计的高出20%，应适当减少配合比中水泥用量。在泡沫混凝土搅拌机中每拌合一次所需要的材料数量，取决于搅拌机每一次的产量，而此产量系根据泡沫混凝土预定密度的变化。

4.3 准备与计量

4.3.1 骨料应将不同品种、不同规格的骨料分别储存，避免混杂或污染。

4.3.3 实际调查发现，目前国内成套现浇机组多采用连续加料方式，水泥净浆配比、泡沫混合比例及泡沫料浆湿密度等仍靠人工凭经验来调，无法做到精确计量，浆体密度难以控制，是造成泡沫混凝土质量波动很大的主要原因。

拥有先进的配合比不能保证高质量泡沫混凝土，如何做到实际生产中各种材料用量准确，还需要保证搅拌现场各种计量工具的准确性。泡沫混凝土是一种混合材料，只有各种材料按照正确比例配合，才能拌制出符合要求的泡沫混凝土，任何材料多一点、少一点都会对泡沫混凝土的性能造成不利的影响。要想生产出符合配合比要求的泡沫混凝土必须有可靠的计量手段和控制措施。泡沫混凝土配料及生产过程中以下三个方面的计量必须严格控制：

（1）混泡搅拌时间

泡沫混凝土生产的特殊性在于将气泡引入料浆，使气泡均匀分布在料浆中，才能获得有良好性能的泡沫混凝土。而这一混泡的过程需要通过搅拌设备完成。在混泡的过程中控制搅拌时间是非常必要的。搅拌时间长了，容易使气泡破裂，影响泡沫混凝土性能；搅拌时间短了，混泡不均匀，同样影响泡沫混凝土的性能，因此，在泡沫混凝土搅拌设备上必须要有可靠的定时装置和指示装置，方便操作。

（2）水和泡沫计量

大量的试验证明，其他参数不变，在每立方800kg/m³密度的泡沫混凝土中每增加 10kg 水，可降低泡沫混凝土 28d 强度 1.9MPa 左右。据调查，工程中泡沫混凝土大量出现粉化、塌陷的主要原因是添加了过量的泡沫所致，这严重影响了泡沫混凝土的各项性能。因此，现场拌制泡沫混凝土应严格控制用水量和泡沫用量。

（3）外加剂的计量

泡沫混凝土外加剂，对改善泡沫混凝土的性能作用很大，其掺量少了达不到预期目的，掺量多了会起反作用，所以现场搅拌必须采用专用计量工具。

因此，避免上述现象发生的有效措施是必须采用可靠的专用计量工具，安装指示装置并且派专人负责使用和管理。

4.4 泡沫混凝土料浆制备

4.4.1 本条的规定是为了通过过程控制，保证泡沫混凝土的浇筑质量。

因为水泥硬块可破坏泡沫混凝土的组织结构，并使其强度降低。水泥硬块将使泡沫混凝土结构不均匀且影响质量。因此，泡沫混凝土料浆应充分搅拌。

出浆量应与该搅拌机在理论上规定的出浆量相一致或相差不大，因为泡沫混凝土的配料，系根据理论出浆量并按泡沫混凝土的设计密度进行的。

4.4.2 众所周知泡沫混凝土中所使用的泡沫对于泡沫混凝土的各项品质起着至关重要的作用，而泡沫是单个气泡所构成的。故泡沫的性能也是由每个气泡性质集体的一种表现。泡沫混凝土中所采用的不同性质的泡沫直接决定着泡沫混凝土的具体使用范围。

在成型阶段，由于大气泡的泡壁较薄，体积较大，力学稳定性差。随着泡沫混凝土中的胶联材料的不断硬化，泡壁中的水分不断反应和挥发，泡壁逐渐变薄，单个气泡与周边的气泡在化合热、重力、表面收缩张力以及毛细孔效应的共同作用下逐渐串通，形成空洞。

在硬化阶段，大孔处宜产生微裂纹，微裂纹的扩展、连通，形成贯穿泡沫混凝土的主裂纹，导致泡沫混凝土破坏。因此，应限制泡沫混凝土中泡沫的最大孔径，并使其均匀稳定。

4.5 泡沫混凝土拌合物制备

4.5.1 为了将料浆与泡沫混合起来，在泡沫混凝土搅拌机料混合搅拌筒中先注入料浆，后注入泡沫进行搅拌，当泡沫混凝土浆的颜色均匀和其表面上的个别白斑点不再有明显变化后可停止搅拌。搅拌时间为3min～5min，搅拌时间过长，会大量损失泡沫；搅拌时间过短，会使泡沫与浆料混合不均，均会影响泡沫混凝土性能。

5 设 计

5.1 一 般 规 定

5.1.3 为了合理安排施工，设计图纸中需明确泡沫混凝土类型及细部要求。为做到安全适用、经济合理，在考虑泡沫混凝土质量的同时兼顾标准化和模数化。

5.1.4 保温层的设计应由设计单位完成，设计单位应综合考虑各方面的影响因素，确保其满足功能要求。设计内容应包括泡沫混凝土的抗拉强度、导热系数、厚度、干密度。

通过泡沫混凝土保温层设计，不同密度等级的泡沫混凝土建筑可以满足现行行业标准《严寒和寒冷地区居住建筑节能设计标准》JGJ 26、《夏热冬冷地区居住建筑节能设计标准》JGJ 134、《夏热冬暖地区居住建筑节能设计标准》JGJ 75 和现行国家标准《公共建筑节能设计标准》GB 50189 的有关要求。

5.1.5 国家标准《住宅建筑规范》GB 50368 - 2005 "设计使用年限的取值"中规定，"普通房屋和构筑物，设计使用年限为 50 年"，并且国家标准《砌体结构设计规范》GB 50003 - 2011 第 6.3.2 规定，"在正常使用和正常维护条件下，填充墙的使用年限宜与主体结构相同"。为了达到泡沫混凝土与建筑物同等使用寿命，节能减排，本规程规定"泡沫混凝土设计使用年限不应小于 50 年"；通过抗冻性检测保证设计使用年限。

5.2 现浇泡沫混凝土

5.2.1 有构造柱的墙体浇筑时，先浇筑构造柱，待构造柱终凝后再浇筑连接的泡沫混凝土墙体；设置现浇带的泡沫混凝土墙体应分层浇筑，先浇筑现浇带下面的泡沫混凝土墙体，待泡沫混凝土墙体终凝后，在其上进行钢筋混凝土现浇带的浇筑，现浇带终凝后在其上浇筑泡沫混凝土墙体。

5.2.4 泡沫混凝土墙体的高厚比验算参照了现行国家标准《砌体结构设计规范》GB 50003 墙、柱高厚比计算公式验算。

5.2.5、5.2.6 考虑建筑节能和隔声的要求，规定泡沫混凝土外墙和内墙的最小厚度，并对墙体内的钢丝作出规定。钢丝网架具体做法应参照现行行业标准《冷拔低碳钢丝应用技术规程》JGJ 19，自承重墙钢丝直径不应小于 4mm。

5.2.7 泡沫混凝土钢筋保护层是指泡沫混凝土构件中，起到保护钢筋避免钢筋直接裸露、避免碳化的那一部分泡沫混凝土。泡沫混凝土的碳化是泡沫混凝土所受到的一种化学腐蚀。空气中 CO_2 气体渗透到泡沫混凝土内，与其碱性物质起化学反应后生成碳酸盐和水，使泡沫混凝土碱度降低。水泥在水化过程中生成大量的氢氧化钙，使泡沫混凝土空隙中充满了饱和氢氧化钙溶液，其碱性介质对钢筋有良好的保护作用，使钢筋表面生成难溶的 Fe_2O_3 和 Fe_3O_4 钝化膜。碳化后使泡沫混凝土的碱度降低，当碳化超过泡沫混凝土的保护层时，在水与空气存在的条件下，就会使泡沫混凝土失去对钢筋的保护作用，钢筋开始生锈。对于配置了钢筋和钢丝的泡沫混凝土来说，碳化会使泡沫混凝土的碱度降低，同时，增加泡沫混凝土孔溶液中氢离子数量，因而会使泡沫混凝土对钢筋的保护作用减弱。由于泡沫混凝土的多孔性，泡沫混凝土墙钢筋保护层厚度不应小于 30mm。

泡沫混凝土钢筋保护层从泡沫混凝土表面到最外层钢筋公称直径外边缘之间的最小距离。钢筋保护层厚度的规定是为了使泡沫混凝土构件满足耐久性的要

求和对受力钢筋有效锚固的要求。一般设计中是采用最小值的。

5.2.8 本条规定了泡沫混凝土墙体使用的泡沫混凝土最小强度等级，应严格执行。泡沫混凝土复合墙体其面层材料与泡沫混凝土复合后，作为外墙的复合墙体其强度等级不应低于 FC4，作为隔墙的复合墙体其强度等级不应低于 FC3。

5.2.10 主体结构构件包括柱、梁或剪力墙。本条规定了泡沫混凝土墙体与主体结构构件应可靠连接。

5.2.14 泡沫混凝土复合墙体设计时应符合现行国家标准《混凝土结构工程施工规范》GB 50666 对模板工程的规定；构造要求应符合国家标准《砌体结构设计规范》GB 50003 中夹心墙的有关规定。

5.2.17 本条中受化学侵蚀的环境包括强酸、强碱或高浓度二氧化碳的环境。

5.2.18 由于泡沫混凝土内部有大量的小孔，在地下水或潮湿环境下小孔内吸入水分，降低泡沫混凝土的强度和保温隔热性能，且在冻融循环下导致混凝土破坏。因此规定了不适宜采用泡沫混凝土的部位。

5.2.19 本条的规定是为了避免在连接处产生热桥，并保证复合墙体的安全性。

5.2.20 在严寒和夏热冬冷地区，泡沫混凝土墙体中的钢筋混凝土梁、柱等热桥部位外侧应做保温处理，使热桥部位不结露。当处理后该部位的热阻值大于或等于外墙主体部位的热阻值，可取外墙主体部位的传热系数作为外墙的平均传热系数，否则应按第 5.2.18 条的规定计算外墙平均传热系数。

5.2.21 本条的规定是为了保证使热桥部位不结露。

5.2.23 现浇泡沫混凝土保温屋面构造中，当屋面不平整，需要找平时，采用找平砂浆进行找平。

5.2.25 本条文中的防潮层是指为了防止地下土壤中的水分进入底层泡沫混凝土保温层而设置的材料层。

严寒和寒冷地区，冬季室外最低气温在 -15℃ 以下，冻土层厚度在 400mm 以上，建筑物首层直接与土壤接触的周边地面是热桥部位，如不采取有效措施进行处理，会在建筑室内地面产生结露，影响节能效果，因此必须对这些部位采取断桥措施。

5.2.28 当填筑高度不超过 2m 时，衔接面可不设置台阶；当填筑高度超过 2m 时，衔接面宜设置台阶过渡，台阶宽度不宜小于 0.5m，以便对台阶或基底进行压实作业，并使填筑体与填土或自然坡体结合更紧密、牢靠。衔接面的坡度视工程需要和地形等确定，一般情况不宜陡于 1:1；严禁反坡。

5.3 泡沫混凝土制品

5.3.2 基层墙体宜为钢筋混凝土墙体或混凝土空心砌块、混凝土多孔砖及黏土多孔砖砌体墙体。泡沫混凝土保温板外墙外保温系统由找平层、粘接层、保温层、防护层和饰面层组成；饰面层宜采用涂料。泡沫

混凝土保温板薄抹灰外墙外保温系统基本构造应符合表2的规定。

表2　泡沫混凝土保温板薄抹灰外墙外保温系统基本构造

系统的基本构造							构造示意图
基层①	界面层②	找平层③	粘结层④	保温层⑤	抹面层⑥	饰面层⑦	
混凝土墙及各种砌体墙	界面砂浆	防水砂浆（设计需要时使用）	粘结砂浆	泡沫混凝土保温板	抹面砂浆＋网格布	柔性耐水腻子＋涂料	①②③④⑤⑥⑦

5.3.6～5.3.9　泡沫混凝土保温板外墙外保温系统构造和技术要求可参照现行行业标准《外墙外保温工程技术规程》JGJ 144 的相关规定。

5.3.10　变形缝中设置憎水岩棉带是为了满足防火保温的要求。憎水岩棉带视缝宽分成几块塞入，也可以整体塞入。软质弹性发泡材料可按 $100×$（缝宽 $B+30$）进行设置；憎水岩棉带可按 $200×$（缝宽 $B+10$）进行设置；膨胀螺栓可采用 $\phi6$ 膨胀螺栓中距800；镀锌角钢可采用 L40×3 型号。

5.3.12　设控制缝对于防止泡沫混凝土砌块墙体开裂是一项有作用的"放"的措施。在国外早有报道，在国内近几年来也有采用。

根据国内外经验，非配筋砌体控制缝间距与在水平灰缝内设钢筋网片的间距有关，控制缝在墙体薄弱和应力集中处，如墙体高度和厚度突变处、门窗洞口的一侧或量测设置，并与抗震缝、沉降缝、温度变形缝及楼地面、屋面的施工缝合并设置。控制缝与结构抗震应结合考虑。

在单排砌块墙上设控制缝，在室内会有缝出现。若室内装修允许设缝，则可按室内变形缝做法做盖缝处理。若内墙上不希望有缝，则应作盖缝粉刷，例如可在缝口用聚合物胶结剂贴耐碱玻纤网格布，再用防裂砂浆粉刷。

5.3.14　泡沫混凝土砌块墙体与主体结构的牢固连接是保证墙体结构安全使用和耐久性的重要措施，根据设计和应用经验应加强连接构造。

5.3.15　砌筑砂浆的操作性能对泡沫混凝土砌块砌体质量影响较大，它不仅影响砌体的抗压强度，而且对砌体抗剪和抗拉强度影响较为明显。砂浆良好的保水性、稠度及粘结力对防止墙体渗漏、开裂与消除干缩裂缝有一定的成效。

6　施　　工

6.1　现浇泡沫混凝土

Ⅰ　一般规定

6.1.1　采用泡沫混凝土的工程，在施工技术方案中应包括有关的针对性内容，反映对泡沫混凝土施工的特殊要求。

6.1.3　通过样板对现浇泡沫混凝土的配合比、施工工艺等进行验证，并进行技术交底。本条所指的专项施工方案包括：模板施工方案、钢筋施工方案、泡沫混凝土施工方案、预留预埋施工方案、成品保护施工方案、表面处理施工方案、季节性施工方案、施工管理措施等。

6.1.5　环境温度低于 $10℃$，风力大于 5 级都会对现浇泡沫混凝土的稳泡产生不利影响，进而影响泡沫混凝土的质量，因此，在环境温度低于 $10℃$，风力大于 5 级时，应采取相应的保温防风措施。

6.1.6　现浇泡沫混凝土工程施工中的安全措施、劳动保护、防火要求等，应符合国家现行有关标准的规定。

Ⅱ　施工准备

6.1.8　检查水、电管线、预埋件的规格、数量、位置及固定情况。

Ⅲ　输送与浇筑

6.1.14　考虑到泡沫混凝土拌合物的稳泡情况和施工要求，本条规定泡沫混凝土拌合物的初凝时间不应大于 2h。

　　1）水泥的初凝时间也应由泡沫混凝土拌合浆注模时的温度来确定；

　　2）不能使用塑性水泥及防水水泥；

　　3）宜采用 42.5 级与 52.5 级的普通硅酸盐水泥。

6.1.15　搅拌站距离施工现场较远时，需要用搅拌车运输，泡沫应在施工现场与料浆混合。

在料浆到达施工现场时，卸料前应对料浆进行强化搅拌，防止料浆结皮、分层、离析等现象的发生。

6.1.16　在二次搅拌机的进料口加装过滤网，对料浆中的结块、石子等进行过滤是为了保证泡沫混凝土料浆的均匀性，并防止设备堵塞。

6.1.18～6.1.20　这三条的规定均是为了防止泡沫混凝土消泡并且保证浇筑均匀。

6.1.22　出料口离浇筑面垂直距离不应超过 0.5m，以防止冲击力过大造成气泡破损过多。

6.1.23

7 当为 T 形、L 形、十形墙体时，应在每个墙体均设浇筑孔。

8 对于某一工程，现浇泡沫混凝土的初凝时间和终凝时间采用贯入阻力法在试验室中测定。泡沫混凝土凝结时间测试可采用维卡仪和水泥凝结时间的测试方法，测试泡沫混凝土的沉入深度。但是，考虑到泡沫混凝土的多孔性，水泥初凝时间测试时采用的 $\varphi 1.13mm$ 试针不适合泡沫混凝土。故泡沫混凝土的初、终凝时间测试，都以水泥实验中的终凝针测定试针距离底板的深度计量。

6.1.24 屋面泡沫混凝土的终凝时间应根据气温高低适当调整。

6.1.25 泡沫混凝土楼（地）面现场浇筑应按照先内后外的顺序进行浇筑，是为了现场浇筑的楼（地）面泡沫混凝土在终凝期内，不应受到外界的干扰和破坏。

6.1.26 为减少水泥水化热对填筑体质量的影响，浇筑时应采用分块分层方式进行浇筑作业。

泵送管出口与浇筑面高度不宜大于 0.5m。

分层厚度一般控制在 30cm～100cm，太薄不利于单层泡沫混凝土的整体性，太厚容易引起下部泡沫混凝土中的气泡压缩影响密度，同时对施工操作带来不便。浇筑过程中，应注意气温、昼夜温差，合理安排每层浇筑厚度，避免因水化热聚积过大，产生温度裂缝，对泡沫混凝土性能产生影响。泡沫混凝土填筑每层间隔 10h～14h 浇筑 1 层为宜，适当控制竖向填筑速度。分块面积的大小应首先参考沉降缝位置，根据泡沫混凝土的初凝时间、设备供料能力以及分层厚度确定。纵向填筑分块 5m～15m 为宜，横向浇筑宽度大于 15m 也应进行分块。

6.1.27 本条对现浇泡沫混凝土在雨期、高温和冬期施工作了规定。

1 "雨期"并不完全是指气象概念上的雨季，而是指必须采取措施保证泡沫混凝土施工质量的下雨时间段。本规程所指雨期包括雨季和雨天两种情况。

2 高温条件下拌合、浇筑和养护的普通混凝土比低温度下施工养护的普通混凝土早期强度高，但 28d 强度和后期强度通常要低。根据美国规范 ACI 305R-99 *Hot Weather Concreting*，当普通混凝土 24h 初始养护温度为 100F（38℃），试块的 28d 抗压强度将比规范规定的温度下养护低 10%～15%。

普通混凝土高温施工的定义温度，美国 24℃，日本和澳大利亚是 30℃。我国《铁路混凝土工程施工技术指南》中给规定，当日平均气温高于 30℃时，按照暑期规定施工。现行国家标准《混凝土结构工程施工规范》GB 50666 规定高温施工温度为日平均气温达到 30℃。本规程综合考虑我国气候特点和施工技术水平，以及泡沫混凝土的特殊性，高温施工温度定义为日平均气温达到 30℃。

3 冬期施工中的冬期界限划分原则在各个国家的规范中都有规定，且气象部门可提供这方面的资料。由于泡沫混凝土对环境温度的敏感性，本规范以 10℃作为进入或退出冬期施工的界线。

我国的气候属于大陆性季风型气候，在秋末冬初和冬末春初时节，常有寒流突袭，气温骤降 5℃～10℃的现象经常发生，此时会有一两天之内最低气温突然降至 0℃以下，寒流过后气温又恢复正常。因此，为防止短期内的寒流袭击造成新浇筑的泡沫混凝土发生冻结损伤，特规定当气温骤降至 0℃以下时，泡沫混凝土应按冬期施工要求采取应急防护措施。

6.2 泡沫混凝土制品

Ⅰ 一 般 规 定

6.2.1 通常模板是用厚 1.5mm～2mm 的钢板制造拆装式的。四边相接处及侧边与底板相接处，应作成直角。

6.2.2 模型应按样板装配，检查其直角是否正确，并用水平尺严格检查，不应歪斜。浇筑时不应使泡沫混凝土拌合物从模型中溢出。为了消除漏浆现象，应在模型四周的外面填上预先准备的砂子予以堵塞。

最好使用气泵喷雾器来向模板喷油。利用铁丝刷来刷除粘着在模内的泡沫混凝土。禁止使用铁锥或其他尖锐工具来敲打粘着在模内的泡沫混凝土。

6.2.5 制品注模完成后养护时，应防止温度的急剧和太阳光的照射、过堂风以及能引起水分快速蒸发的各种不利因素。

6.2.6 泡沫混凝土制品包括砌块和保温板为模具浇筑成型，为了制品脱模方便，通常要在模具表面涂刷废机油等隔离剂。若不将制品的油面切除掉，必然严重影响墙体的砌筑与抹灰质量。工程调查发现，砌块表面为油面是导致墙体裂缝、空鼓的直接原因，故生产企业必须具备制品"六面扒皮"的能力。同样，当泡沫混凝土砌块和泡沫混凝土保温板坯体切割刀具过宽（宽度大于 0.8mm）时，切割面将残留较多的切割附着屑，这些浮着于块体表面的渣屑将成为影响墙体砌筑与抹灰质量的障碍。经验表明控制好切割刀具的宽度（宽度不大于 0.8mm）和改善配合比可有效避免上述现象的发生。

6.2.7 本条的规定是为了防止雨水、太阳和风对泡沫混凝土制品的侵害。

6.2.10 泡沫混凝土制品施工中的安全措施、劳动保护、防火要求等，应符合国家现行有关标准的规定。

Ⅱ 泡沫混凝土制品制备

6.2.13 在组织泡沫混凝土生产时，模型的数量应按泡沫混凝土昼夜生产及模型的整个周转周期来计算。当计算模型用量时，不仅要计算泡沫混凝土的硬化时间，同时还要计算拆模、清洗、装模、润滑及修理等所需的时间。

泡沫混凝土制品模板的用量还应考虑泡沫混凝土在模板中的硬化期限。

6.2.14 模型侧壁经 24h 即可拆除，而隔板则须经过 48h。经过 48h 后，可小心地将泡沫混凝土砌块侧放。用这种方法，模型的数量便可减少。

6.2.16 泡沫混凝土在浇筑后应保湿养护，以保证在最初二、三周的硬化期内有足够的湿度。若采用洒水保湿，每天宜浇水两次以上。

Ⅲ 施工条件

6.2.20 本条是对泡沫混凝土砌块雨期施工的规定。

1 泡沫混凝土砌块被雨水淋湿后用于墙体砌筑将不利于墙体保温，并且日后干燥易使墙体开裂，所以对堆放在室外的泡沫混凝土砌块应有防雨覆盖设施。

2 当雨量为小雨及以上量级时，若继续往上砌筑，常因已砌好砌体的灰缝尚未凝固而使墙体发生偏斜。

3 砌筑砂浆稠度应视气温和天气变化情况而适当作调整。雨期不利于泡沫混凝土砌块砌筑。因此，日砌筑高度也应适当减小。

6.2.21 本条是对泡沫混凝土砌块冬季施工的规定。

1 本条文是我国对冬期施工期限界定的最新规定，和其他国家基本一致，并体现了我国气候的特点，其中气温根据当地气象资料确定；冬期施工期限以外，当日最低气温低于 −3℃时，也应根据本节的规定执行。详见现行行业标准《建筑工程冬期施工规程》JGJ/T 104。

2 泡沫混凝土制品遇水受冻后会降低与砌筑砂浆间的粘结强度，故冬期施工中不得使用。

普通硅酸盐水泥早期强度增长较快，有利于砂浆在冻结前即具有一定强度，应优先选用。抹面与砌筑砂浆的现场运输与储存应按当地技术标准的有关规定，并结合施工现场的实际情况，采取相应的御寒防冻措施。

3 本条的明文规定是为了保证砌体冬期砌筑的质量。

4 冬期施工期间适当提高砌筑砂浆强度等级有利于砌体质量得到保证。

5 记录条文规定的内容的数据和情况，便于日后施工质量检查。

6 因泡沫混凝土砌块砌体的水平灰缝中有效铺灰面较小，若采用冻结法施工在解冻期间施工中易产生墙体稳定性问题，故不予采用。

掺有氯盐的砂浆对未经防腐处理的钢筋、网片易造成腐蚀，故也不应采用。

7 现市场上防冻剂产品较多，为保证砂浆质量，使其在负温下强度能缓慢增长，应关注产品的适用条件并符合现行国家标准《混凝土外加剂应用技术规范》GB 50119 中有关规定，实际掺量由试验确定。

8 暖棚法施工可使制品中砂浆强度始终在大于 5℃的气温状态下得到增长而不遭受冻结的一项施工技术措施。

9 表中数值是最少养护期限，如果施工要求强度能较快增长，可以提高棚内温度或适当延长养护时间。

Ⅳ 泡沫混凝土制品施工

6.2.23 本条对泡沫混凝土保温板的粘贴施工进行了规定。

1 先检查并除去保温隔热板背面有碍粘结的污垢，再摆放于基层表面上的既定位置，无误后再进行粘贴；

2 粘贴时应均匀挤压滑动就位，并用橡皮锤轻轻敲打，确保板就位准确，粘结牢固，做到外表面平整，接缝紧密平直；

3 粘贴工序应从建筑物底部开始，由下而上进行，横向应从转角部位开始；

4 采用锚栓作为保温板加固时，栓上涂密封胶浆，加固栓孔用胶浆涂平；

5 阴阳角处理应采用错缝对接。

6.2.24 浇过水的泡沫混凝土砌块与表面明显潮湿的泡沫混凝土砌块会产生膨胀和干缩现象，砌筑上墙易使墙体产生裂缝，所以严禁浇过水的泡沫混凝土上墙使用。考虑到气候特别炎热干燥时，砂浆铺摊后会失水过快，影响砌筑砂浆与泡沫混凝土砌块间的粘结。因此，可根据施工情况喷水湿润。

6.2.25 泡沫混凝土砌块与黏土砖等其他墙体材料强度不等，而且两者间的线膨胀值也不一致。混砌极易引起砌体裂缝，影响砌体强度。所以，即使混砌也应采用与泡沫混凝土砌块同等强度的预制混凝土块。

6.2.26 本条的规定是为了让泡沫混凝土砌块墙与梁板连接稳固、紧密。

6.2.27 泡沫混凝土砌块不应浇水砌筑，为防止砂浆中水分被泡沫混凝土砌块吸收，以随铺随砌为宜。垂直灰缝饱满度对防止墙体灰缝和渗水至关重要，故要求饱满度不宜低于 90%。

6.2.28 砌入泡沫混凝土砌块墙体的四根直径 4mm 的钢筋点焊网片，若纵横向钢筋重叠为 8mm 厚则有露筋的可能。因此，要求钢筋点焊应在同一平面内。

6.2.29 因为泡沫混凝土砌块是轻质材料，砌好后打洞、凿槽会影响砌体强度，甚至产生微裂缝。因此，在编制泡沫混凝土砌块排块图时要求将土建施工与水电安装通盘考虑，做到预留、预埋。施工时，负责水电安装的施工人员应时时跟随现场，密切配合土建施工进度，做好管线暗敷和空调、脱排油烟机等家电设备工作，以确保墙体工程质量。

7 质量检验与验收

7.1 泡沫混凝土原材料质量检验

7.1.1 原材料进场时，供方应按材料进场验收划分的检验批，向需方提供有效的质量证明文件，这是证明材料质量合格以及保证材料能够安全使用的基本要求。各种建筑材料均应具有质量证明文件，这一要求已经列入我国法律、法规和各项技术标准。

7.1.2 本条规定的目的，一是通过原材料进厂检验，保证材料质量合格，杜绝假冒伪劣和不合格产品用于工程；二是在保证工程材料质量合格的前提下，合理降低检验成本。

7.2 泡沫混凝土性能质量检验

7.2.4 每个连续浇筑区即为一个填筑体，即一个构造单元。质量检验与验收时，如果项目中单个构造单位方量少于400m³，可把三个以内构造单元划分为一个检验批。

7.4 泡沫混凝土保温工程验收

Ⅰ 一般规定

7.4.3 本条规定了泡沫混凝土保温板薄抹灰外墙外保温系统型式检验报告的内容应包括耐候性检验。当供应方不能提供耐候性检验参数时，应由具备资格的检测机构予以补做。

7.4.4 建筑节能工程分项工程划分的方法和应遵守的原则已由现行国家标准《建筑节能工程施工质量验收规范》GB 50411 的规定。如果分项工程量较大，出现需要划分检验批的情况时，可按照本条规定进行。本条规定的原则与现行国家标准《建筑节能工程施工质量验收规范》GB 50411 保持一致。

应注意建筑围护结构节能保温工程检验批的划分并非是唯一或绝对的。当遇到较为特殊的情况时，检验批的划分也可根据方便施工与验收的原则，由施工单位与监理（建设）单位共同商定。

Ⅱ 主控项目

7.4.5 本条是对泡沫混凝土保温隔热工程使用材料、制品的基本规定。要求材料、制品的品种、规格等应符合设计要求，不能随意改变和替代。在材料、制品进场时通过目视和尺量、秤重等方法检查，并对其质量证明文件进行核查确认。检查数量为每种材料、制品按进场批次每批随机抽取3个试样进行检查。当能够证实多次进场的同种材料属于同一生产批次时，可按该材料的出厂检验批次和抽样数量进行检查。如果

发现问题，应扩大抽查数量，最终确定该批材料、制品是否符合设计要求。

7.4.6 本条是在第7.4.5条规定的基础上，要求作为保温隔热使用的泡沫混凝土其导热系数、密度、抗压强度、燃烧性能应符合本规程第3章的规定。

作为保温隔热使用的泡沫混凝土的主要热工性能和燃烧性能是否满足本条规定，主要依靠对各种质量证明文件的核查和进场复验。核查质量证明文件包括核查材料的出厂合格证、性能检测报告、制品的型式检验报告等。对有进场复验规定的要核查进场复验报告。本条中除泡沫混凝土燃烧性能外均应进行现场复验，故均应核查复验报告。对泡沫混凝土燃烧性能则应核查其质量证明文件。

应该注意，当上述质量证明文件和各种检测报告为复印件时，应加盖证明其真实性的相关单位印章和经手人签字，并应注明原件存放处。必要时，还应核对原件。

7.4.7 本条列出了泡沫混凝土保温板和粘结材料等进场复验的具体项目和参数要求。泡沫混凝土保温板复验的试验方法应按本规程第3.3.2条的规定进行检测；粘结材料的粘结强度和玻纤网的力学性能按现行行业标准《外墙外保温工程技术规程》JGJ 144 的试验方法检测。泡沫混凝土保温板复验是合格应按本规程第3.3.2条的规定进行判定，粘结材料的粘结强度不应小于0.3MPa，玻纤网格布的力学性能，复验是否合格应按现行行业标准《外墙外保温工程技术规程》JGJ 144 的规定判定。不同厂家、不同种类（品种）的材料均应分别抽样进行复验。复验为见证取样送检，见证取样试验应由建设单位委托。

7.4.8 严寒和寒冷地区泡沫混凝土保温板外保温粘结材料，由于处在较为严酷的条件下，故对其增加了冻融试验要求。本条所要求进行的冻融试验不是进场复验，是指由材料生产、供应方委托送检的试验。这些试验应按有关产品标准进行，其结果应符合产品标准的规定。冻融试验可由生产或供应方委托通过计量认证具备产品检验资质的检验机构进行试验并提供报告。

7.4.9 为了保证泡沫混凝土外保温工程质量，需要对基层表面进行处理，然后进行保温层施工。基层表面处理对于保证安全和节能效果很重要，由于基层表面处理属于隐蔽工程，施工中容易被忽视，事后无法检查。本条强调对基层表面施工工艺的需要，并规定施工中应全数检查，验收时则应核查所有隐蔽工程验收记录。

7.4.10 除面层外，泡沫混凝土保温工程均为隐蔽工程，完工后难以检查。因为本条给出了施工中实体检验和验收时资料核查两种检查方法和数量。在施工过程中对于隐蔽工程应该随做随验，并做好记录。检查的内容主要是泡沫混凝土保温板外墙外保温工程各层

构造做法、屋面保温隔热构造、楼（地）面保温隔热构造是否符合设计要求，以及施工工艺是否符合施工方案要求。检验批验收时则应该核查这些隐蔽工程验收记录。

泡沫混凝土保温板外墙外保温工程施工，必须按照现行国家标准《建筑节能工程施工质量验收规范》GB 50411 中的下列强制性条文执行：

1 保温隔热材料的厚度必须符合设计要求。

2 保温板材与基层及各构造层之间的粘结或连接必须牢固。粘结强度和连接方式应符合设计要求。保温板材与基层的粘结强度应做现场拉拔试验。

3 保温浆料应分层施工。当采用保温浆料做外保温时，保温层与基层之间及各层之间的粘结必须牢固，不应脱层、空鼓和开裂。

4 当墙体节能工程的保温层采用预埋或后置锚固件固定时，锚固件数量、位置、锚固深度和拉拔力应符合设计要求。后置锚固件应进行锚固力现场试验。

另外，现行国家标准《建筑节能工程施工质量验收规范》GB 50411 强制性条文还规定：严寒和寒冷地区外墙热桥部位，应按设计要求采取节能保温等隔断热桥措施。

7.4.11 影响屋面保温隔热效果主要因素除了保温隔热材料的性能以外，另一重要因素是保温隔热材料的厚度、敷设方式以及热桥部位的处理等。在一般情况下，只要保温隔热材料的热工性能（导热系数、干密度）和厚度、敷设方式均达到设计标准要求，其保温隔热效果也基本上能达到设计要求。本条规定了对保温隔热材料的厚度、敷设方式以及热桥部位也按主控项目进行验收。

检验方法：对于屋面保温隔热层的敷设方式、缝隙填充质量和热桥部位采取观察检查，检查敷设方式、位置、缝隙填充的方式是否正确，是否符合设计要求和国家现行标准的有关规定。保温隔热层的厚度采取将保温层切开用尺量。

7.4.12 检验方法按本规程第 5.2.25 条的规定观察检查。

Ⅲ 一般项目

7.4.13 在出厂运输和装卸过程中，泡沫混凝土保温板的外观如棱角、表面等容易损坏，其包装容易破损，这些都可能进一步影响到保温板的性能。如包装破损后保温板受潮，运输中出现裂缝等，这类现象应该引起重视。本条针对这些情况作出规定。

7.4.16 本条主要针对容易碰撞、破损的泡沫混凝土保温层特殊部位要求采取加强措施，防止被破坏。具体防止开裂和破坏的加强措施由设计或施工技术方案确定。

7.4.17 本条规定了以泡沫混凝土作为保温材料的地面辐射供暖工程应按现行行业标准《辐射供暖供冷技术规程》JGJ 142 的规定执行。

中华人民共和国行业标准

喷射混凝土应用技术规程

Technical specification for application of sprayed concrete

JGJ/T 372—2016

批准部门：中华人民共和国住房和城乡建设部
施行日期：２０１６年８月１日

中华人民共和国住房和城乡建设部
公 告

第 1051 号

住房城乡建设部关于发布行业标准
《喷射混凝土应用技术规程》的公告

现批准《喷射混凝土应用技术规程》为行业标准，编号为 JGJ/T 372-2016，自 2016 年 8 月 1 日起实施。

本规程由我部标准定额研究所组织中国建筑工业

出版社出版发行。

中华人民共和国住房和城乡建设部

2016 年 2 月 22 日

前 言

根据住房和城乡建设部《关于印发 2012 年工程建设标准规范制订、修订计划的通知》（建标〔2012〕5 号）的要求，规程编制组经广泛调查研究，认真总结实践经验，参考有关国际标准和国外先进标准，并在广泛征求意见的基础上，编制了本规程。

本规程的主要技术内容是：1 总则；2 术语和符号；3 材料；4 设计要求；5 喷射混凝土性能；6 喷射混凝土配合比；7 施工；8 安全环保措施；9 质量检验与验收。

本规程由住房和城乡建设部负责管理，由厦门市建筑科学研究院集团股份有限公司负责具体技术内容的解释。执行过程中如有意见或建议，请寄送至厦门市建筑科学研究院集团股份有限公司（地址：厦门市湖滨南路 62 号；邮编：361004）。

本 规 程 主 编 单 位：厦门市建筑科学研究院集团股份有限公司
厦门特房建设工程集团有限公司

本 规 程 参 编 单 位：贵州中建建筑科研设计院有限公司
中铁岩锋成都科技有限公司
厦门源昌城建集团有限公司

中联重科股份有限公司
中交一公局厦门工程有限公司
长安大学
重庆建工住宅建设有限公司
中国建筑科学研究院
辽宁省建设科学研究院
厦门天润锦龙建材有限公司
科之杰新材料集团有限公司
厦门市工程检测中心有限公司

本规程主要起草人员：林燕妮　桂苗苗　庄景峰
龚明子　陈庆猛　罗朝廷
陈建勋　黄 斌　刘小明
钟安鑫　杨克红　阳大福
罗彦斌　张大利　罗庆志
张声军　谢生华　徐仁崇
黄快忠　邓永新

本规程主要审查人员：张仁瑜　程良奎　徐祯祥
王华牢　吴 杰　王世杰
何振明　邓兴才　倪 清

目　次

1　总则 ……………………………… 34—5
2　术语和符号 ……………………… 34—5
　2.1　术语 …………………………… 34—5
　2.2　符号 …………………………… 34—5
3　材料 ……………………………… 34—5
　3.1　胶凝材料 ……………………… 34—5
　3.2　骨料 …………………………… 34—5
　3.3　外加剂 ………………………… 34—6
　3.4　其他 …………………………… 34—6
4　设计要求 ………………………… 34—6
　4.1　一般规定 ……………………… 34—6
　4.2　地下工程喷射混凝土设计 …… 34—7
　4.3　边坡工程喷射混凝土设计 …… 34—7
　4.4　基坑工程喷射混凝土设计 …… 34—7
　4.5　加固工程喷射混凝土设计 …… 34—7
5　喷射混凝土性能 ………………… 34—7
　5.1　拌合物性能 …………………… 34—7
　5.2　力学性能 ……………………… 34—8
　5.3　长期性能和耐久性能 ………… 34—8
6　喷射混凝土配合比 ……………… 34—8
　6.1　一般规定 ……………………… 34—8
　6.2　配制强度的确定 ……………… 34—9
　6.3　配合比计算 …………………… 34—9
　6.4　配合比试配、试喷、调整与确定 … 34—9
　6.5　高强喷射混凝土 ……………… 34—10
7　施工 ……………………………… 34—10
　7.1　一般规定 ……………………… 34—10
　7.2　设备 …………………………… 34—10
　7.3　喷射准备工作 ………………… 34—11
　7.4　喷射混凝土的制备与运输 …… 34—11
　7.5　喷射作业 ……………………… 34—12
　7.6　养护 …………………………… 34—13
8　安全环保措施 …………………… 34—13
　8.1　安全技术 ……………………… 34—13
　8.2　环保要求 ……………………… 34—13
9　质量检验与验收 ………………… 34—13
　9.1　质量检验与评定 ……………… 34—13
　9.2　工程质量验收 ………………… 34—14
附录A　掺无碱速凝剂的水泥净浆
　　　　凝结时间试验 ……………… 34—14
附录B　喷射混凝土试件的制作
　　　　方法 ………………………… 34—15
附录C　喷射混凝土抗压强度试验 … 34—15
附录D　喷射混凝土粘结强度试验 … 34—15
附录E　喷射混凝土抗弯强度和
　　　　残余抗弯强度等级试验 …… 34—16
附录F　喷射混凝土能量吸收等
　　　　级试验 ……………………… 34—17
附录G　喷射混凝土回弹率试验 …… 34—18
本规程用词说明 …………………… 34—18
引用标准名录 ……………………… 34—18
附：条文说明 ……………………… 34—20

Contents

1　General Provisions ···················· 34—5

2　Terms and Symbols ·················· 34—5

　2.1　Terms ························· 34—5

　2.2　Symbols ······················ 34—5

3　Materials ··························· 34—5

　3.1　Cementitious Materials ··········· 34—5

　3.2　Aggregate ···················· 34—5

　3.3　Admixture ···················· 34—6

　3.4　Others ······················· 34—6

4　Design Requirements ··············· 34—6

　4.1　General Requirements ··········· 34—6

　4.2　Sprayed Concrete Design of
　　　 Underground Engineering ········ 34—7

　4.3　Sprayed Concrete Design of
　　　 Slope Engineering ············· 34—7

　4.4　Sprayed Concrete Design of
　　　 Foundation Pit Engineering ······ 34—7

　4.5　Sprayed Concrete Design of
　　　 Strengthening Structures ········ 34—7

5　Properties of Sprayed Concrete ······ 34—7

　5.1　Mixture Properties ············· 34—7

　5.2　Mechanical Properties ··········· 34—8

　5.3　Long-term Properties and
　　　 Durability ··················· 34—8

6　Mix Design of Sprayed Concrete ··· 34—8

　6.1　General Requirements ··········· 34—8

　6.2　Determination of Design Strength ······ 34—9

　6.3　Calculation of Mix Design ········ 34—9

　6.4　Trial Mix, Preconstruction Spraying,
　　　 Adjustment and Determination
　　　 of Mix Design ················ 34—9

　6.5　High Strength Sprayed Concrete ····· 34—10

7　Construction ······················ 34—10

　7.1　General Requirements ··········· 34—10

　7.2　Equipment ··················· 34—10

　7.3　Preparatory of Spraying ········· 34—11

　7.4　Production and Transportation of
　　　 Sprayed Concrete ············· 34—11

　7.5　Execution of Spraying ·········· 34—12

　7.6　Curing ······················ 34—13

8　Safety and Environmental
　 Protection ························· 34—13

　8.1　Security Control ··············· 34—13

　8.2　Requirement of Environmental
　　　 Protection ··················· 34—13

9　Quality Inspection and
　 Acceptance ························ 34—13

　9.1　Quality Inspection and Evaluation ··· 34—13

　9.2　Quality Acceptance of
　　　 Construction ················· 34—14

Appendix A　Testing of Setting Time for
　　　　　　Cement Paste Containing
　　　　　　Alkali-free Accelerator ··· 34—14

Appendix B　Fabrication Methods of
　　　　　　Sprayed Concrete
　　　　　　Specimen ··············· 34—15

Appendix C　Compressive Strength
　　　　　　Testing of Sprayed
　　　　　　Concrete ················ 34—15

Appendix D　Bond Strength Testing of
　　　　　　Sprayed Concrete ········· 34—15

Appendix E　Testing of Flexural
　　　　　　Strength and Residual
　　　　　　Flexural Strength Class for
　　　　　　Sprayed Concrete ········· 34—16

Appendix F　Testing of Energy Absorption
　　　　　　Class for Sprayed
　　　　　　Concrete ················ 34—17

Appendix G　Testing of Rebound Ratio
　　　　　　for Sprayed Concrete ··· 34—18

Explanation of Wording in This
Specification ·························· 34—18

List of Quoted Standards ················ 34—18

Addition: Explanation of
Provisions ···························· 34—20

1 总　则

1.0.1 为规范喷射混凝土在工程中的应用，做到安全适用、经济合理、技术先进，保证质量，制定本规程。

1.0.2 本规程适用于喷射混凝土的材料选择、设计、配合比计算、施工及验收。

1.0.3 喷射混凝土的应用除应符合本规程外，尚应符合国家现行有关标准的规定。

2 术语和符号

2.1 术　语

2.1.1 喷射混凝土　sprayed concrete

将胶凝材料、骨料等按一定比例拌制的混凝土拌合物送入喷射设备，借助压缩空气或其他动力输送，高速喷至受喷面所形成的一种混凝土。

2.1.2 喷射纤维混凝土　fibers reinforced sprayed concrete

混凝土拌合物由胶凝材料、骨料、纤维等组成的喷射混凝土。

2.1.3 高强喷射混凝土　high strength sprayed concrete

强度等级不低于 C40 的喷射混凝土。

2.1.4 喷射回弹率　rebound ratio of spraying

喷射时，喷嘴喷出未粘结在受喷面上的溅落拌合物与总喷出拌合物的质量百分比。

2.1.5 碱性速凝剂　alkali accelerator

总碱含量大于 10.0% 的速凝剂，以 Na_2O 当量计。

2.1.6 低碱速凝剂　low-alkali accelerator

总碱含量大于 1.0% 且不大于 5.0% 的速凝剂，以 Na_2O 当量计。

2.1.7 无碱速凝剂　alkali-free accelerator

总碱含量不大于 1.0% 的速凝剂，以 Na_2O 当量计。

2.2 符　号

f_c ——混凝土轴心抗压强度设计值；

f_b ——胶凝材料 28d 胶砂抗压强度；

f_{ck} ——混凝土轴心抗压强度标准值；

$f_{cu,0}$ ——混凝土配制强度值；

$f_{cu,k}$ ——混凝土立方体抗压强度标准值；

f_t ——混凝土轴心抗拉强度设计值；

f_{tk} ——混凝土轴心抗拉强度标准值；

k_1 ——混凝土密实度系数；

k_2 ——速凝剂强度影响系数；

α_a、α_b ——混凝土水胶比计算公式中的回归系数；

σ ——混凝土强度标准差。

3 材　料

3.1 胶 凝 材 料

3.1.1 配制喷射混凝土宜采用硅酸盐水泥或普通硅酸盐水泥，并应符合现行国家标准《通用硅酸盐水泥》GB 175 的规定。当采用其他品种水泥时，其性能指标应符合国家现行有关标准的规定。用于永久性结构喷射混凝土的水泥强度等级不应低于 42.5 级。

3.1.2 矿物掺合料应符合下列规定：

　　1 粉煤灰的等级不应低于Ⅱ级，烧失量不应大于 5%，其他性能应符合现行国家标准《用于水泥和混凝土中的粉煤灰》GB/T 1596 的规定；

　　2 粒化高炉矿渣粉的等级不应低于 S95，其他性能应符合现行国家标准《用于水泥和混凝土中的粒化高炉矿渣粉》GB/T 18046 的规定；

　　3 硅灰应符合现行国家标准《砂浆和混凝土用硅灰》GB/T 27690 的规定；

　　4 当采用其他矿物掺合料时，其性能除应符合现行国家标准《矿物掺合料应用技术规范》GB/T 51003 外，尚应通过试验验证，确定喷射混凝土性能满足设计要求后方可使用。

3.2 骨　料

3.2.1 粗骨料应选用连续级配的碎石或卵石，最大公称粒径不宜大于 12mm；对于薄壳、形状复杂的结构及有特殊要求的工程，粗骨料的最大公称粒径不宜大于 10mm；喷射钢纤维混凝土的粗骨料最大公称粒径不宜大于 10mm。当使用碱性速凝剂时，不得使用含有活性二氧化硅的骨料。粗骨料的针、片状颗粒含量、含泥量及泥块含量，应符合表 3.2.1 的要求，其他性能及试验方法应符合现行行业标准《普通混凝土用砂、石质量及检验方法标准》JGJ 52 中的规定。

表 3.2.1　粗骨料的针、片状颗粒含量、含泥量及泥块含量

项目	针、片状颗粒含量		含泥量	泥块含量
	C20～C35	≥C40		
指标（%）	≤12.0	≤8.0	≤1.0	≤0.5

3.2.2 细骨料宜选用Ⅱ区砂，细度模数宜为 2.5～3.2；干拌法喷射时，细骨料的含水率不宜大于 6%。天然砂的含泥量和泥块含量应符合表 3.2.2-1 的要求；人工砂的石粉含量应符合表 3.2.2-2 的要求。细骨料其他性能及试验方法应符合现行行业标准《普通混凝土用砂、石质量及检验方法标准》JGJ 52 的

规定。

表 3.2.2-1 天然砂的含泥量和泥块含量

项目	含泥量	泥块含量
指标（%）	≤3.0	≤1.0

表 3.2.2-2 人工砂的石粉含量

项目		≤C20	C25～C35	≥C40
石粉含量（%）	MB<1.4	≤15.0	≤10.0	≤5.0
	MB≥1.4	≤5.0	≤3.0	≤2.0

3.2.3 喷射混凝土用骨料的颗粒级配范围宜满足表 3.2.3 的要求。

表 3.2.3 骨料的颗粒级配范围

累计筛余（%）　　最大公称粒径（mm） 方孔筛筛孔边长（mm）	10	12
16.00	0	0
9.50	18～27	10～38
4.75	40～50	30～60
2.36	57～65	46～74
1.18	69～77	59～82
0.60	78～83	69～87
0.30	85～95	78～95
0.15	93～95	92～96

3.3 外 加 剂

3.3.1 喷射混凝土用速凝剂应符合下列规定：

1 速凝剂应与水泥具有良好的适应性，速凝剂掺量应通过试验确定，且不宜超过 10%；

2 掺速凝剂的水泥净浆初凝时间不宜大于 3min，终凝时间不应大于 12min。掺碱性速凝剂和低碱速凝剂的水泥净浆凝结时间试验方法应按现行行业标准《喷射混凝土用速凝剂》JC 477 执行；掺无碱速凝剂的水泥净浆凝结时间试验方法应按本规程附录 A 执行；

3 掺速凝剂的胶砂试件，与不掺速凝剂试件的 28d 抗压强度比不应低于 90%；

4 喷射混凝土宜采用无碱或低碱速凝剂。

3.3.2 外加剂性能应符合现行国家标准《混凝土外加剂》GB 8076 和《混凝土外加剂应用技术规范》GB 50119 的规定。

3.4 其 他

3.4.1 混凝土拌合用水和养护用水应符合现行行业标准《混凝土用水标准》JGJ 63 的规定。

3.4.2 喷射混凝土用钢纤维和合成纤维应符合下列规定：

1 钢纤维的抗拉强度不宜低于 $600N/mm^2$，直径宜为 0.30mm～0.80mm，长度宜为 20mm～35mm，且不得大于拌合物输送管内径的 0.7 倍，长径比宜为 30～80；

2 钢纤维不得有明显的锈蚀和油渍及其他妨碍钢纤维与水泥粘结的杂质；钢纤维内含有的因加工不良造成的粘连片、铁屑及杂质的总重量不应超过钢纤维重量的 1%；

3 合成纤维的抗拉强度不应低于 $270N/mm^2$，直径宜为 $10\mu m$～$100\mu m$，长度宜为 12mm～25mm；

4 纤维其他性能应符合现行行业标准《纤维混凝土应用技术规程》JGJ/T 221 的规定。

4 设 计 要 求

4.1 一 般 规 定

4.1.1 喷射混凝土的轴心抗压强度标准值 f_{ck}、轴心抗压强度设计值 f_c、轴心抗拉强度标准值 f_{tk} 和轴心抗拉强度设计值 f_t 均应符合现行国家标准《混凝土结构设计规范》GB 50010 的规定。

4.1.2 喷射混凝土的弹性模量可按表 4.1.2 进行取值。

表 4.1.2 喷射混凝土的弹性模量（N/mm²）

强度等级	C20	C25	C30	C35	C40
弹性模量	2.3×10^4	2.6×10^4	2.8×10^4	3.0×10^4	3.15×10^4

4.1.3 用于永久性结构的喷射混凝土应进行粘结强度试验，喷射混凝土与岩石或混凝土基底间的最小粘结强度应符合本规程第 5.2.3 条的规定。

4.1.4 喷射钢纤维混凝土以及用于含有大范围黏土的剪切带、高塑性流变、高应力岩层或松动岩石区的喷射混凝土应进行抗弯强度试验，喷射混凝土的最小抗弯强度应符合本规程第 5.2.4 条的规定。

4.1.5 喷射混凝土抗渗等级不应低于 P6，含水岩层中的喷射混凝土抗渗等级不应低于 P8；恶劣的暴露环境下喷射混凝土宜使用防水喷射混凝土，喷射混凝土的渗水高度最大值应小于 50mm，其平均值应小于 20mm。

4.1.6 处于冻融侵蚀环境的永久性喷射混凝土工程，喷射混凝土的抗冻融循环等级不应低于 F200。

4.1.7 处于受化学侵蚀环境的喷射混凝土，应进行氯离子渗透试验或抗硫酸盐侵蚀试验，并应符合现行国家标准《混凝土结构耐久性设计规范》GB/T 50476 的规定。

4.1.8 含水岩层中的喷射混凝土设计厚度不应小于 80mm；钢筋网喷射混凝土设计厚度不应小于 80mm，

双层钢筋网喷射混凝土设计厚度不应小于150mm，且两层钢筋网之间的间距不应小于60mm。

4.2 地下工程喷射混凝土设计

4.2.1 地下工程用喷射混凝土的设计强度等级不应低于C25，喷射混凝土的1d龄期混凝土抗压强度不应低于8MPa，最小粘结强度应符合本规程第5.2.3条的规定。

4.2.2 软弱围岩及浅埋隧道地下工程用喷射混凝土的3h强度不应小于2MPa且1d抗压强度应大于设计值的40%。

4.2.3 喷射混凝土设计厚度不应小于50mm，且不宜超过300mm；单层衬砌喷射混凝土设计厚度不应小于60mm。

4.2.4 钢筋网喷射混凝土的钢筋保护层厚度不应小于20mm，双层钢筋网喷射混凝土的钢筋保护层厚度不应小于25mm，钢架喷射混凝土的钢筋保护层厚度不应小于40mm。

4.2.5 处于塑性流变岩体、高应力挤压层的岩体、受采动影响或承受高速水流冲刷的地下工程，宜采用喷射钢纤维混凝土。

4.3 边坡工程喷射混凝土设计

4.3.1 边坡工程用喷射混凝土设计应符合现行国家标准《建筑边坡工程技术规范》GB 50330的规定。对边坡和锚杆间的不稳定岩块，以及局部不稳定块体应采取加强支护的措施，并应验算喷层的抗冲切能力。

4.3.2 边坡工程宜采用钢筋网喷射混凝土或喷射钢纤维混凝土。

4.3.3 边坡工程采用的喷射混凝土设计强度等级不应低于C20，1d龄期的抗压强度不应低于5MPa，其最小粘结强度应符合本规程第5.2.3条的规定。

4.3.4 边坡工程喷射混凝土的设计厚度不应小于50mm，含水岩层中的喷射混凝土和钢筋网喷射混凝土设计厚度不应小于100mm。Ⅲ、Ⅳ类岩质边坡及土质边坡宜采用钢筋网喷射混凝土，且设计厚度不宜小于150mm。钢筋保护层厚度不应小于25mm。

4.3.5 喷射混凝土面层宜沿边坡纵向每20m～30m的长度分段设置竖向伸缩缝，伸缩缝宽宜为20mm～30mm。

4.4 基坑工程喷射混凝土设计

4.4.1 基坑工程用喷射混凝土设计应符合现行行业标准《建筑基坑支护技术规范》JGJ 120的规定。

4.4.2 基坑工程用喷射混凝土强度等级不应低于C20，3d强度不应低于12MPa。

4.4.3 喷射混凝土厚度宜为80mm～150mm，且不应小于50mm。钢筋网喷射混凝土的钢筋保护层厚度

不应小于20mm，用于永久性基坑的喷射混凝土钢筋保护层厚度不应小于25mm。

4.5 加固工程喷射混凝土设计

4.5.1 加固工程用喷射混凝土设计应符合现行国家标准《混凝土结构加固设计规范》GB 50367的规定，抗震加固用喷射混凝土设计应符合现行行业标准《建筑抗震加固技术规程》JGJ 116的规定。

4.5.2 采用喷射混凝土加固结构、构件时，应符合下列规定：

1　混凝土结构的加固设计，应采取有效措施，保证新增结构与原结构连接可靠，形成整体共同工作，并应避免对未加固部分、有关结构和构件以及地基基础造成不利影响；

2　喷射混凝土加固设计和施工时，应优先采用卸荷加固方法；

3　喷射混凝土加固宜选用增大截面加固法或置换混凝土加固法；

4　结构加固用喷射混凝土强度等级应比原加固结构、构件的混凝土强度提高一级，且设计强度等级不应低于C20；采用置换混凝土加固法时，设计强度等级不应低于C25；

5　喷射混凝土最小粘结强度应符合本规程第5.2.3条的规定，其耐久性不应低于原加固结构、构件。

4.5.3 新增喷射混凝土厚度，板不应小于40mm，梁、柱不应小于50mm。钢筋网喷射混凝土的钢筋保护层厚度不应小于20mm，双层钢筋网喷射混凝土的钢筋保护层厚度不应小于25mm。钢筋保护层厚度尚应符合现行国家标准《混凝土结构设计规范》GB 50010的规定。

4.5.4 采用置换混凝土加固法时，其非置换部分的原构件混凝土强度等级，现场检测结果不应低于该混凝土结构建造时规定的强度等级；置换长度应按混凝土强度和缺陷的检测及验算结果确定，对非全长置换的情况，其两端应分别延伸不小于100mm的长度。

4.5.5 采用喷射混凝土板墙对砌体结构进行抗震加固时，应符合下列规定：

1　宜采用钢筋网喷射混凝土。喷射混凝土板墙应采用呈梅花状布置锚筋、穿墙筋与原有砌体结构连接。

2　喷射混凝土板墙厚度宜为60mm～100mm；采用双面板墙加固且总厚度不小于140mm时，其增强系数可按增设混凝土抗震加固法取值。

5 喷射混凝土性能

5.1 拌合物性能

5.1.1 喷射混凝土应具有良好的黏聚性，并应满足

工程设计和施工要求。

5.1.2 湿拌法喷射混凝土拌合物坍落度应为 80mm～200mm。

5.1.3 引气型湿拌法喷射混凝土喷射前，应测试混凝土拌合物含气量，含气量宜为 5%～12%。

5.1.4 喷射混凝土拌合物中水溶性氯离子含量应符合现行国家标准《混凝土质量控制标准》GB 50164 的规定；喷射纤维混凝土拌合物中水溶性氯离子含量应符合现行行业标准《纤维混凝土应用技术规程》JGJ/T 221 的规定。

5.1.5 有预防混凝土碱骨料反应设计要求的工程，喷射混凝土中总碱含量不应大于 3.0kg/m³。

5.2 力 学 性 能

5.2.1 喷射混凝土力学性能试件的制作应进行大板喷射取样，喷射混凝土试件的制作方法应按本规程附录 B 执行。

5.2.2 喷射混凝土工程应进行 28d 龄期抗压强度试验；有早期强度要求时，应根据设计龄期要求进行早期强度试验。喷射混凝土的强度等级应按立方体抗压强度标准值或圆柱体抗压强度标准值确定，喷射混凝土抗压强度的评定应按现行国家标准《混凝土强度检验评定标准》GB/T 50107 执行。喷射混凝土抗压强度试验方法应按本规程附录 C 执行。当设计的早期强度龄期小于 1d 或强度低于 5MPa 时，宜采用拉拔法或贯入法检测。

5.2.3 喷射混凝土的粘结强度试验应按本规程附录 D 执行，且喷射混凝土与岩石及混凝土基底的最小粘结强度应符合表 5.2.3 的规定。

**表 5.2.3 喷射混凝土与岩石及混凝土
基底的最小粘结强度（MPa）**

粘结类型	与混凝土的最小粘结强度	与岩石的最小粘结强度
非结构作用	0.5	0.2
结构作用	1.0	0.8

5.2.4 喷射钢纤维混凝土及特殊条件下喷射混凝土应进行抗弯强度和抗拉强度试验，并应根据设计要求进行喷射混凝土弯曲韧性试验。喷射混凝土的最小抗弯强度应符合表 5.2.4-1 的规定。喷射混凝土的弯曲韧性可采用残余抗弯强度等级或能量吸收等级表示，不同变形等级和不同残余抗弯等级下喷射混凝土的残余抗弯强度不应小于表 5.2.4-2 的规定；不同能量吸收等级下的能量吸收值不应小于表 5.2.4-3 的规定。喷射混凝土抗拉强度试验应按现行行业标准《纤维混凝土应用技术规程》JGJ/T 221 执行，抗弯强度和残余抗弯强度试验应按本规程附录 E 执行，能量吸收等级试验应按本规程附录 F 执行。

表 5.2.4-1 喷射混凝土的最小抗弯强度（MPa）

抗压强度等级	C25	C30	C35	C40	C45
抗弯强度	3.5	3.8	4.2	4.4	4.6

**表 5.2.4-2 不同变形等级和不同残余抗弯
等级下的残余抗弯强度（MPa）**

变形等级	梁的挠度（mm）	残余抗弯强度			
		等级 1	等级 2	等级 3	等级 4
—	0.5	1.5	2.5	3.5	4.5
低	1.0	1.3	2.3	3.3	4.3
普通	2.0	1.0	2.1	3.0	4.0
高	4.0	0.5	1.5	2.5	3.5

表 5.2.4-3 不同能量吸收等级下的能量吸收值

能量吸收等级	试件中心点挠度为 25mm 的能量吸收值（J）
E500	500
E700	700
E1000	1000

5.3 长期性能和耐久性能

5.3.1 喷射混凝土的收缩和徐变性能应符合设计要求。收缩和徐变试验方法应按现行国家标准《普通混凝土长期性能和耐久性能试验方法标准》GB/T 50082 执行，试件的制作应进行大板喷射取样，制作方法应按本规程附录 B 执行。

5.3.2 喷射混凝土的抗冻、抗渗、抗氯离子渗透、抗硫酸盐侵蚀等耐久性能应符合设计要求。耐久性能试验方法应按现行国家标准《普通混凝土长期性能和耐久性能试验方法标准》GB/T 50082 执行。试件的制作应进行大板喷射取样，制作方法应按本规程附录 B 执行。

6 喷射混凝土配合比

6.1 一 般 规 定

6.1.1 喷射混凝土应根据工程特点、施工工艺及环境因素，在综合考虑喷射混凝土配制强度、拌合物性能、力学性能和耐久性能要求的基础上，计算初始配合比，经试验室试配、试喷、调整得出满足喷射性能、强度、耐久性要求的配合比。

6.1.2 喷射混凝土的水泥用量不应小于 300kg/m³，最小胶凝材料用量应符合表 6.1.2 的规定。喷射钢纤维混凝土的胶凝材料用量不宜小于 400kg/m³。

表 6.1.2 喷射混凝土的最小胶凝材料用量

最大水胶比	最小胶凝材料用量（kg/m³）
0.60	360
0.55	380
≤0.50	400

6.1.3 矿物掺合料的掺量应通过试验确定，有早期强度要求时应进行早期强度试验。采用硅酸盐水泥或普通硅酸盐水泥时，矿物掺合料最大掺量宜符合表6.1.3的规定。

表 6.1.3 喷射混凝土的矿物掺合料最大掺量

矿物掺合料	最大掺量（%）	
	硅酸盐水泥	普通硅酸盐水泥
粉煤灰	30	20
粒化高炉矿渣粉	30	20
硅灰	12	10
复掺	50	40

注：1 采用其他通用硅酸盐水泥时，宜将水泥混合材掺量的20%以上的混合材计入矿物掺合料。

2 在混合使用两种或两种以上矿物掺合料时，矿物掺合料的总掺量应符合表中复掺的规定，且各组分的掺量不宜超过单掺时的最大掺量。

6.2 配制强度的确定

6.2.1 喷射混凝土应先进行试配，并根据试配结果进行混凝土试喷，试喷强度应满足其配制强度的要求。喷射混凝土的配制强度应符合下列规定：

1 喷射混凝土的配制强度宜按下式计算：

$$f_{cu,0} \geqslant f_{cu,k} + 1.645\sigma \qquad (6.2.1)$$

式中：$f_{cu,0}$——混凝土配制强度值（MPa）；

$f_{cu,k}$——混凝土立方体抗压强度标准值，这里取喷射混凝土的设计强度等级值（MPa）；

σ——混凝土强度标准差（MPa）。

2 喷射混凝土强度标准差 σ 应按现行行业标准《普通混凝土配合比设计规程》JGJ 55确定。

6.3 配合比计算

6.3.1 喷射混凝土试配的水胶比应考虑喷射工艺、速凝剂对强度的影响。在无配制经验时，喷射混凝土试配的水胶比宜符合下列规定：

1 喷射混凝土的水胶比宜按下式计算：

$$W/B = \frac{\alpha_a f_b}{f_{cu,0}k_1k_2 + \alpha_a\alpha_b f_b} \qquad (6.3.1)$$

式中：W/B——混凝土水胶比；

α_a、α_b——回归系数，按现行行业标准《普通混凝土配合比设计规程》JGJ 55确定；

k_1——混凝土密实度系数；

k_2——速凝剂强度影响系数；

f_b——胶凝材料28d胶砂抗压强度（MPa），可实测，试验方法应按现行国家标准《水泥胶砂强度检验方法（ISO法）》GB/T 17671执行；也可按现行行业标准《普通混凝土配合比设计规程》JGJ 55确定。

2 喷射混凝土密实度系数 k_1 可按表6.3.1-1进行取值。

表 6.3.1-1 喷射混凝土密实度系数 k_1 取值

喷射工艺	湿拌法工艺	干拌法工艺
喷射混凝土密实度系数	1.05～1.25	1.20～1.45

3 喷射混凝土速凝剂强度影响系数 k_2 宜按表6.3.1-2进行取值。

表 6.3.1-2 速凝剂强度影响系数 k_2 取值

速凝剂	不掺速凝剂	无碱速凝剂	低碱速凝剂	碱性速凝剂
速凝剂强度影响系数	1.00	1.00～1.10	1.05～1.25	1.25～1.40

6.3.2 喷射混凝土的水胶比除应按本规程第6.3.1条计算外，还应通过下列方法确定，并应以水胶比的最小值为确定值。

1 根据喷射混凝土结构暴露的环境类别得到水胶比限制要求；

2 有早期强度要求时，应根据早期强度指标进行试验得到水胶比。

6.3.3 干拌法喷射混凝土的表观密度可取 2200kg/m³～2300kg/m³，湿拌法喷射混凝土的表观密度不应低于2300kg/m³。

6.3.4 喷射混凝土设计可选择适宜的减水剂，用水量宜为180kg/m³～220kg/m³。

6.3.5 喷射混凝土砂率宜为45%～60%。

6.3.6 喷射钢纤维混凝土中钢纤维掺量宜根据弯曲韧性指标确定，钢纤维的最小掺量可根据钢纤维的长径比按表6.3.6选取，并应经试配确定。

表 6.3.6 喷射钢纤维混凝土中钢纤维的最小掺量

钢纤维长径比	40	45	50	55	60	65	70	75	80
最小含量（kg/m³）	65	50	40	35	30	25	25	25	25
最小体积率（%）	0.83	0.64	0.51	0.45	0.38	0.32	0.25	0.25	0.25

6.3.7 喷射混凝土的配合比计算除应符合本规程外，尚应符合现行行业标准《普通混凝土配合比设计规程》JGJ 55的有关规定。

6.4 配合比试配、试喷、调整与确定

6.4.1 喷射混凝土试配应采用强制式搅拌机进行搅拌，搅拌方法宜与施工采用的方法相同。

6.4.2 在计算配合比的基础上应进行试拌,试拌的最小搅拌量每盘不应小于20L。计算水胶比宜保持不变,并应通过调整配合比其他参数使混凝土拌合物性能符合设计及施工要求,然后修正计算配合比,提出试配配合比。

6.4.3 应采用三个不同的配合比,其中一个为本规程第6.4.2条确定的试配配合比,另外两个配合比的水胶比宜较试配配合比分别增加和减少0.05,用水量应与试配配合比相同,砂率可分别增加和减少1%,三个配合比均应满足喷射混凝土施工要求。

6.4.4 用本规程第6.4.2条及第6.4.3条确定的三个配合比进行试喷,不能满足喷射施工要求的配合比应进行配合比优化,其水胶比应保持不变。喷射混凝土试喷的最小搅拌量每盘不应小于100L。

6.4.5 对试喷满足喷射施工要求的三个配合比应进行大板喷射取样和试件加工。

6.4.6 在配合比试喷的基础上,喷射混凝土配合比应按现行行业标准《普通混凝土配合比设计规程》JGJ 55的规定进行混凝土配合比调整和校正。

6.4.7 校正后的喷射混凝土配合比,应在满足混凝土施工要求和混凝土试喷强度的基础上,对耐久性有设计要求的混凝土进行相关耐久性试验验证,符合要求的,可确定为设计配合比。

6.4.8 喷射混凝土设计配合比确定后,应进行生产适应性验证。

6.5 高强喷射混凝土

6.5.1 高强喷射混凝土原材料应符合下列规定:

1 水泥应选用硅酸盐水泥或普通硅酸盐水泥;

2 粗骨料宜采用连续级配,其最大公称粒径不宜大于12mm,针片状颗粒含量不宜大于5.0%,含泥量不应大于0.5%,泥块含量不应大于0.2%;

3 细骨料细度模数宜为2.6~3.0,含泥量不应大于2.0%,泥块含量不应大于0.5%;

4 宜采用减水率不低于25%的高性能减水剂;

5 宜采用液态无碱速凝剂;

6 宜掺用硅灰。

6.5.2 高强喷射混凝土配合比应经试验确定,配合比设计应符合下列规定:

1 水胶比不应大于0.45,胶凝材料用量不应小于450kg/m³;

2 外加剂和矿物掺合料的品种、掺量应通过试验确定;硅灰掺量不宜大于10%。

6.5.3 应采用三个不同的配合比进行试喷,其中一个为试配配合比,另外两个配合比的水胶比宜较试配配合比分别增加和减少0.02。

6.5.4 高强喷射混凝土设计配合比确定后,尚应采用该配合比进行不少于三盘混凝土的重复性试喷,每盘混凝土应至少成型一组试件,每组混凝土的抗压强

度不应低于配制强度。

7 施 工

7.1 一般规定

7.1.1 喷射混凝土施工应按设计要求进行,并应编制喷射专项施工方案,配置相应的专业人员和仪器设备。

7.1.2 喷射施工操作应选择熟悉喷射设备性能的喷射工或在其指导下进行,且喷射混凝土施工前,喷射工应进行试喷,混凝土性能合格后方可进行喷射操作。

7.1.3 大断面隧道、大型洞室应采用湿拌法喷射施工,C30及以上强度等级喷射混凝土不宜采用干拌法喷射施工。

7.1.4 湿拌法喷射混凝土在运输及喷射过程中严禁加水。

7.1.5 喷射混凝土应在受喷面、配筋等质量验收符合要求后方可施工。

7.2 设 备

7.2.1 喷射设备应参考工程特点、基底条件、混凝土配合比以及喷射方量等施工条件进行选择。

7.2.2 湿拌法喷射设备的性能应符合下列规定:

1 应具有良好的密封性和连续均匀输料能力;

2 生产能力宜大于5m³/h,允许输送骨料的粒径不宜大于15mm;

3 水平输料距离不宜小于30m,竖向输料距离不宜小于20m。

7.2.3 干拌法喷射设备的性能应符合下列规定:

1 具有良好的密封性和连续均匀输料能力;

2 生产能力宜大于3m³/h,允许输送骨料的粒径不宜大于20mm;

3 水平输料距离不宜小于100m,竖向输料距离不宜小于30m。

7.2.4 空气压缩机的选择除应满足喷射设备工作风压和耗风量的要求外,尚应符合下列规定:

1 转子式喷射设备用空气压缩机的供风量不应小于9m³/min,泵送式喷射设备用空气压缩机的供风量不应小于4m³/min;

2 应能提供稳定的风压,其波动值不应大于0.01MPa,风压不宜小于0.6MPa;

3 空气压缩机至喷射设备的送风管工作时的承压能力不应小于0.8MPa。

7.2.5 干拌法喷射混凝土施工供水设施应保证喷头处的水压为0.15MPa~0.20MPa。

7.2.6 输料管工作时的承压能力应大于0.8MPa,管径应满足输送设计最大粒径骨料的要求,并应具有良

好的耐磨性能。

7.3 喷射准备工作

7.3.1 喷射混凝土施工现场，应做好下列准备工作：

1 应拆除喷射混凝土施工作业区的障碍物。

2 采用人工喷射，当水平喷射的高度超过1.5m，或竖向喷射的高度超过3m时，应搭设工作台架，工作台架外缘应设有栏杆。

3 应确保喷射设备司机与喷射手之间的联系畅通。

4 喷射作业区应有良好的通风和足够的光线。

5 应埋设控制喷射混凝土厚度的标志，其纵横间距宜为1.0m～1.5m。当设有锚杆时，可用锚杆露出岩面的长度作为控制喷层厚度的标志。

7.3.2 地下工程，施工前准备工作应符合下列规定：

1 应清除开挖面的浮石、碎石和黏土以及墙角的岩渣、堆积物等。

2 宜用高压水或压缩空气冲洗喷射面。对遇水易潮解、泥化的面层，应用压缩空气清扫。泥、砂质岩面应挂设钢筋网，并用锚钉或钢架固定。

3 基底出现渗水时，应设置导管或排水过滤材料等辅助措施进行排水处理。

7.3.3 边坡工程和基坑工程，施工前准备工作应符合下列规定：

1 新开挖的岩石边坡和基坑应选择合适的开挖方式，以减少对坡面的损伤及获得平整的喷射面。自然边坡应将基岩面整平，并将表面浮石、浮渣等覆盖物清除干净。

2 岩石边坡和基坑，喷射前应用高压水冲洗岩面，对遇水易分解、泥化的岩层则应用压缩空气吹除岩面上的浮渣和灰尘。

3 土层边坡和基坑，喷射前应清除坡面浮土、杂草等松散物并将坡面压实。

4 应按设计要求做好边坡的排水沟和泄水孔。

5 应埋设控制喷射混凝土厚度的标志，并铺设钢筋网或土工格栅。

6 边坡和基坑表面喷射前应保持湿润。

7.3.4 加固工程，施工前准备工作应符合下列规定：

1 应清除待喷面表面的装饰层。对于混凝土结构，尚应对原结构层进行凿毛处理，用钢丝刷等工具清除原构件混凝土表面松动的骨料、砂砾、浮渣和粉尘，并用压缩空气和水交替清洗干净；对于砌体结构，尚应对受侵蚀砌体或疏松灰缝进行处理，灰缝处理深度宜为10mm。

混凝土碳化深度超出规定时，应清除混凝土深度至第一层钢筋下至少20mm，且原混凝土的清除总深度不小于50mm。

3 混凝土的氯离子含量超过限值时，应清除混凝土至第一层钢筋下至少30mm深度，且氯离子含量

合格的混凝土面至原混凝土表面不小于100mm。

4 加固部位的钢筋松脱或突出混凝土表面达钢筋直径1/2时，应清除混凝土深度至第一层钢筋下至少20mm。

5 钢筋表面出现锈蚀现象时，钢筋表面应进行除锈；当钢筋锈蚀造成的截面面积削弱达原截面的1/12以上时，应按设计要求处理。

6 采用置换混凝土加固法时，清除被置换的混凝土应在达到缺陷边缘后，再向边缘外延伸清除一段，其长度不应小于50mm；对缺陷范围较小的构件，应从缺陷中心向四周扩展，其长度和宽度均不应小于200mm。

7 结构表面有渗、漏水时，应事先做好治防水工作。

8 基底应进行预湿处理至饱和面干。

7.3.5 异形结构工程施工的模板及其支架应符合下列规定：

1 应保证异形结构形状、尺寸和相互位置的正确性；

2 应具有足够的强度、刚度和稳定性，能可靠地承受喷射混凝土的重量及施工中所产生的荷载；

3 模板接缝应严密，不得漏浆。

7.4 喷射混凝土的制备与运输

7.4.1 原材料存储应符合下列规定：

1 水泥应按不同厂家、不同品种和强度等级分批存储，并应防止受潮和污染；

2 矿物掺合料存储时，应有明显标记，不同掺合料不得混杂堆放，并应防止受潮和污染；

3 骨料堆场应有遮雨设施，不同品种、规格的骨料应分别堆放，堆料仓应设有分隔区域；

4 外加剂应按不同的供货单位、品种和牌号进行标识，单独存放，不得污染。粉状外加剂应防止受潮结块，液体外加剂应存储在密封容器中，并应防晒和防冻，使用前应搅拌均匀。

7.4.2 原材料计量宜采用电子计量设备。原材料计量应符合现行国家标准《混凝土质量控制标准》GB 50164的规定。每盘混凝土原材料计量允许偏差应符合表7.4.2的规定，原材料计量偏差应每班检查1次。

表7.4.2 每盘混凝土原材料计量允许偏差（％）

原材料种类	胶凝材料	骨料	水	外加剂	纤维
每盘计量允许偏差	±2	±3	±1	±1	±1

7.4.3 搅拌前，应对现场骨料进行含水率测试，并根据骨料含水率的变化调整用水量和骨料用量。当骨料含水率有显著变化时，应增加测试次数。

7.4.4 喷射混凝土拌合物宜采用集中强制式搅拌机拌制，容量规格不应小于0.5m³，搅拌时间不宜小于120s。湿拌法喷射混凝土拌合物宜在混凝土搅拌楼完

成搅拌。

7.4.5 喷射纤维混凝土拌合物的搅拌方式和时间应符合现行行业标准《纤维混凝土应用技术规程》JGJ/T 221的规定，拌合物中纤维应分布均匀，不得成团。喷射纤维混凝土应采用湿拌法。

7.4.6 干拌法喷射混凝土拌合料在运输、存放过程中，应采取防晒、防水措施，应严防水滴、大石块等杂物混入，装入喷射设备前应过筛。湿拌法喷射混凝土运输应使用搅拌运输车。喷射混凝土拌合物拌制后至喷射的最长间隔时间应符合表7.4.6的规定。

表7.4.6 喷射混凝土拌合物拌制后至喷射的最长间隔时间

拌制方法	有无速凝剂	喷射前拌合物最长停放时间（min）
湿拌法	无	120
干拌法	有	20
	无	90

7.5 喷射作业

7.5.1 喷射混凝土的喷射作业区温度宜为5℃～35℃，喷射混凝土拌合物温度宜为10℃～30℃。喷射作业宜避开高温时段，当水分蒸发速率过快时，宜在施工作业面采取挡风、遮阳、浇水降温等措施。冬期施工时，应有保温措施，且不得在结冰的待喷面上进行直接喷射。

7.5.2 喷射混凝土施工作业应符合下列规定：

　1　喷射作业应分片、分段，自下而上的顺序，每段长度不宜大于6m。

　2　对有较大蜂窝、低凹处和裂缝的结构，应先进行处理符合要求后，再进行正常喷射。

　3　喷射作业时，喷嘴指向与受喷面应保持90°夹角，喷嘴与喷射面的距离宜符合表7.5.2-1的规定。

表7.5.2-1 喷嘴与喷射面的距离（m）

喷射方式	干喷	湿喷
人工喷射	0.8～1.2	1.0～1.5
机械式喷射	—	1.0～2.0

　4　混凝土喷射厚度大于100mm时，应采用分层喷射；加固工程喷射厚度大于70mm时，宜采用分层喷射。喷射混凝土一次喷射厚度宜符合表7.5.2-2规定。

表7.5.2-2 喷射混凝土一次喷射厚度（mm）

拌制方法	部位	掺速凝剂	不掺速凝剂
干拌	水平喷射	70～100	50～70
	竖直喷射	50～60	30～40
湿拌	水平喷射	80～150	—
	竖直喷射	60～100	—

　5　分层喷射时，第二次喷射应在第一次喷射的混凝土终凝后进行。间隔时间超过1h时，应采用高压水或压缩空气对混凝土喷层表面进行清洗处理。

7.5.3 喷射混凝土施工过程中，水平喷射混凝土拌合物回弹率不宜大于15%，竖直喷射混凝土拌合物回弹率不宜大于25%。喷射时产生的回弹物料，严禁重新掺入喷射拌合物中。喷射混凝土的喷射回弹率的试验方法应按本规程附录G执行。

7.5.4 喷射钢纤维混凝土表面宜再喷射一层保护层，其强度等级不应低于喷射钢纤维混凝土的强度等级。

7.5.5 遇到大风、气温达到冬期施工温度或雨水会冲刷新喷混凝土情况时，应采取遮挡、防寒等措施，可继续喷射。

7.5.6 地下工程喷射混凝土施工应符合下列规定：

　1　喷射混凝土施工顺序应与开挖顺序相适应；

　2　采用钻爆法施工，喷射混凝土紧跟开挖工作面施工时，混凝土终凝到下一循环爆破的间隔时间不应小于3h；

　3　喷射混凝土设计厚度变化处，厚度较大部位应向厚度较小部位延伸2m～3m。

7.5.7 边坡工程和基坑工程喷射混凝土施工应符合下列规定：

　1　喷射作业应从坡底开始自下而上、分段分片依次进行；

　2　喷射较平缓的坡面时，应防止喷射混凝土回弹物积于坡面产生夹层；

　3　严禁在冻土和松散土面上直接喷射混凝土。

7.5.8 加固工程喷射混凝土施工应符合下列规定：

　1　钢筋搭接、安装及焊接应符合现行行业标准《钢筋焊接及验收规程》JGJ 18的有关规定；

　2　模板内表面应光滑平整，尺寸应符合设计要求；

　3　梁、柱结构可用模板露出结构面的宽度作为控制混凝土厚度的标志；

　4　宜采用涂刷界面剂或栽插锚固筋的方法增加新旧混凝土界面的粘结；

　5　模板支设牢固，喷射混凝土施工作业时不得松动；

　6　喷射墙面和柱子时，应自下而上顺序进行；

　7　喷射作业中可用针探法随时检测厚度，厚度不够应及时补喷。

7.5.9 异形结构工程喷射混凝土施工应符合下列规定：

　1　筒形薄壳，喷射作业应沿长度方向自拱脚向拱顶对称进行；

　2　球形薄壳，喷射作业应自壳体底部向壳顶呈螺旋状绕壳体进行；

　3　扁壳结构，喷射作业应从四角开始对称地向壳顶进行；

4 多跨连续薄壳,可自中央跨开始或自两边跨向中央对称逐跨喷射,每跨按单跨程序施工;

5 喷射作业中可用针探法随时进行检测,厚度不够应及时补喷。

7.5.10 加固工程、异形结构工程及对表面有要求的喷射混凝土工程,喷射混凝土的表面修整应符合下列规定:

1 喷射混凝土表面的修整应在混凝土初凝以后进行,且不得影响混凝土的内部结构及其与结构面的粘结;

2 可采用人工或机械进行表面修整,将模板或基线以外多余的材料清除,必要时可再进行喷砂浆找平。

7.6 养 护

7.6.1 喷射混凝土应及时保湿养护。混凝土终凝后养护时间不得少于7d,重要工程不得少于14d。

7.6.2 喷射混凝土地下工程处于相对湿度在95%以上的环境中时,可不进行养护。

7.6.3 对于冬期施工的喷射混凝土,养护应符合下列规定:

1 日均温度低于5℃时,不得采用喷水养护;

2 喷射混凝土受冻前强度不得低于6MPa,且用普通硅酸盐水泥制备的喷射混凝土强度不得低于设计强度的40%;

3 混凝土强度达到设计强度等级标准值50%时,方可拆除养护措施。

8 安全环保措施

8.1 安全技术

8.1.1 喷射混凝土施工前,应根据工程场地条件、周边环境、与工程相关的资源供应情况、施工技术、施工工艺、材料、设备等编制喷射混凝土施工安全专项方案。

8.1.2 喷射混凝土施工前,应检查和处理喷射混凝土作业区的危石和其他危险物件。施工机具应布置于安全地带,严禁放置在危石地段或不坚实的地面及可能坍塌的边坡上。

8.1.3 喷射混凝土施工用工作台架应牢固可靠,并应设置安全栏杆。

8.1.4 喷射设备、水箱、风管等设备应进行密封性能和耐压试验,合格后方可使用。

8.1.5 喷射混凝土施工作业中,应检查出料弯头、输料管和管路接头等有无磨薄、击穿或松脱现象。喷射作业面转移时,输料软管不得随地拖拉和折弯,供风、供水系统应随之移动。

8.1.6 非施工作业人员不得进入正进行喷射混凝土施工的作业区。施工作业时,喷头前方严禁站人。

8.1.7 喷射混凝土施工作业时,工作人员必须佩戴安全帽、个体防尘用具等劳保用品。喷射钢纤维混凝土施工时,应采取措施防止回弹物扎伤操作人员。

8.1.8 在施工期间,瓦斯隧道应实施连续通风,防止瓦斯积聚。高瓦斯区和瓦斯突出区必须使用防爆型电气设备和作业机械。

8.2 环保要求

8.2.1 喷射混凝土应设法减少回弹,宜将回弹物料回收利用。

8.2.2 喷射混凝土作业区的粉尘浓度不应大于10mg/m³。当施工区域位于居民区时,宜采用湿拌法喷射混凝土。

8.2.3 喷射混凝土施工时宜采用下列措施减小粉尘浓度:

1 在粉尘浓度较高地段设置除尘水幕;

2 加强作业区的局部通风;

3 在喷射设备或混合料搅拌处设置集尘器或除尘器;

4 对干拌法喷射混凝土,在保证喷射混凝土喷射性的条件下,可增加骨料含水率及添加增粘剂等外加剂。

8.2.4 施工区域位于居民区时,现场搅拌机、空压机等均应采取降噪措施,以降低机器噪声对周围环境的影响。

9 质量检验与验收

9.1 质量检验与评定

9.1.1 喷射混凝土原材料进场时,应按规定批次查验型式检验报告、出厂检验报告或合格证等质量证明文件,外加剂产品和纤维尚应提供使用说明书。

9.1.2 原材料进场后,应进行进场检验,合格后方可使用,检验项目与批次应符合本规程第3章及现行国家标准《混凝土质量控制标准》GB 50164的规定。

9.1.3 不同工程类别中喷射混凝土性能的质量检验项目应符合表9.1.3的规定,并应满足设计要求。

表9.1.3 喷射混凝土性能的质量检验项目

用途	拌合物性能	厚度	抗压强度	早期强度	粘结强度	抗拉强度	抗弯强度	弯曲韧性	抗渗性	抗冻性	抗化学侵蚀
地下工程	●	●	●	●	●	▲	▲	▲	▲	▲	▲
边坡工程	●	●	●	▲	●	▲	▲	▲	▲	▲	▲
基坑工程	●	●	●	▲	▲	▲	▲	▲	▲	▲	▲
加固工程	●	●	●	▲	●	▲	▲	▲	▲	▲	▲
异形结构	●	●	●	▲	●	▲	▲	▲	▲	▲	▲

注:●必检;▲可选。

9.1.4 喷射混凝土性能检验频率应符合下列规定：

1 湿拌法喷射混凝土的黏聚性、坍落度的取样检验频率与强度检验相同。

2 喷射钢纤维混凝土，钢纤维含量测试应按现行行业标准《纤维混凝土应用技术规程》JGJ/T 221 的规定在喷射地点取样检验。

3 对于有抗冻要求的喷射混凝土，应检验拌合物含气量，每工作台班应至少检验 1 次。

4 同一工程、同一配合比混凝土的水溶性氯离子含量应至少检验 1 次。

5 喷层厚度检验频率应符合下列规定：

1）对于地下工程、边坡工程和基坑工程，结构性喷层为每 $50m^2$/个，防护性喷层为 $200m^2$/个，隧道的检查应从拱顶起；

2）对于加固工程和异形结构工程，喷层的检查点应根据不同构件的喷射面确定，检查点间距不得大于 2m，单个构件每一面的检查点不宜少于 3 个。

6 混凝土抗压强度取样检验频率应符合现行国家标准《混凝土强度检验评定标准》GB/T 50107 中的有关规定。

9.1.5 喷射混凝土厚度检验评定应符合下列规定：

1 喷射混凝土厚度应采用钻孔法检验；

2 喷层厚度应符合下列规定：

1）检验孔处喷层厚度的平均值不应小于设计厚度；

2）对于地下工程、边坡工程和基坑工程，80%喷层的检验孔处喷层厚度不应小于设计厚度，最小值不应小于设计厚度的 60%；

3）对于加固工程和异形结构工程，喷层的厚度的允许偏差值应为：-5mm～+8mm。

9.1.6 硬化喷射混凝土性能检验评定应符合下列规定：

1 喷射混凝土抗压强度的检验评定应符合下列规定：

1）抗压强度的评定应符合现行国家标准《混凝土强度检验评定标准》GB/T 50107 的规定；

2）当试件的抗压强度存在争议时，可在工程实体上钻取混凝土芯样进行强度评定。

2 对设计有要求的其他力学性能检验评定应符合国家现行相关标准规定和工程要求。

3 耐久性能的检验评定应符合现行行业标准《混凝土耐久性检验评定标准》JGJ/T 193 的规定。

4 喷射混凝土力学性能、长期性能和耐久性能应满足设计要求及符合本规程第 5.2 节和第 5.3 节的规定。

9.2 工程质量验收

9.2.1 喷射混凝土工程的质量验收应符合表 9.2.1 的规定。

表 9.2.1 喷射混凝土工程的质量验收

项目	检查项目	允许偏差或允许值
主控项目	拌合物性能	达到设计要求
	喷射混凝土抗压强度	达到设计要求
	喷射混凝土粘结强度	满足本规程第 5.2.3 条的规定
	喷射混凝土厚度	满足本规程第 9.1.5 条的规定
一般项目	表面质量	密实、无裂缝、无脱落、无漏喷、无露筋、无空鼓和无渗漏水

9.2.2 喷射混凝土工程验收应按设计要求和质量合格条件进行分项工程验收。喷射混凝土工程质量验收应提交下列文件：

1 施工图设计文件及施工方案；

2 材料的质量合格证明及进场复验报告；

3 喷射混凝土性能及厚度检测记录与报告；

4 喷射混凝土工程施工记录；

5 隐蔽工程验收记录；

6 其他必要的文件和记录。

附录 A 掺无碱速凝剂的水泥净浆凝结时间试验

A.0.1 试验应使用下列仪器：

1 水泥净浆标准稠度与凝结时间测定仪；

2 量程 2000g，分度值 2g 的天平；

3 量程 100g，分度值 0.1g 的天平；

4 直径 400mm、高 100mm 的拌和锅，直径 100mm 的拌和铲；

5 秒表；

6 200mL 量筒；

7 医用注射器。

A.0.2 试验应按下列步骤进行：

1 凝结时间试验方法应符合现行国家标准《水泥标准稠度用水量、凝结时间、安定性检验方法》GB/T 1346 的规定。

2 进行试验时，试验室温度应保持在 20℃±2℃，相对湿度不应低于 50%，所用材料的温度应与试验室温度保持一致。

3 在拌和锅内，将 400g 水泥与计算加水量（140mL 水减去无碱速凝剂中的水量）快速搅拌均匀后，用注射器迅速注入推荐掺量的无碱速凝剂，同时启动秒表开始计时，迅速搅拌 10s～15s 后，立即装入试模，人工振捣数次，削去多余的水泥净浆，并用洁净的小刀修平表面。从加速凝剂时算起，操作时间不应超过50s。

4 将装满水泥净浆的试模放在水泥净浆标准稠度与凝结时间测定仪下，使针尖与水泥净浆表面接触。迅速放松测定仪杆上的固定螺丝，针即自由插入水泥净浆中，观察指针读数，每隔10s测定一次，直到终凝为止。

5 从加入速凝剂时起至试针沉入净浆中距底板4mm±1mm时达到初凝，记录此时的时间即为初凝时间；初凝结束后，将试针更换为终凝针，同时将试模翻转进行测试，当试针沉入浆体中小于0.5mm、在试件表面不会留下环印时，净浆达到终凝，记录此时的时间即为终凝时间。

6 同一速凝剂应进行两次试验。试验结果应以两次结果的算术平均值表示。如两次试验结果的差值大于30s时，本次试验无效，应重新进行试验。

附录 B 喷射混凝土试件的制作方法

B.0.1 试件制作应使用下列仪器：
1 搅拌机；
2 喷射设备；
3 模具；
4 机械秤或电子秤；
5 铲子、抹刀、橡胶手套等其他辅助工具。

B.0.2 喷射混凝土性能试验的试件，除用于抗渗试验的混凝土试件可直接喷模成型外，其余试验的混凝土试件应从施工现场喷射的喷射混凝土大板上切割或钻芯法制取。模具的最小尺寸不应小于450mm×450mm×120mm，模具长侧边为敞开状。钢模具的厚度不宜小于4mm，胶合板模具的厚度不宜小于18mm。

B.0.3 喷射混凝土试件的制作应符合下列步骤：
1 将模具以与水平约80°夹角置于墙角或固定于墙面，模具长侧边敞开一侧朝下。
2 喷嘴与模具面的距离宜按本规程表7.5.2-1进行选择。先在模具外的边墙上喷射，待喷射稳定后，将喷头移至模具位置，由下至上逐层将模具喷满混凝土。模具上方或周边有模具需要进行喷射时，应进行遮盖，防止回弹物溅落在喷射混凝土大板上。
3 喷射后，喷射混凝土试件18h内不得移动，并应进行洒水养护或覆盖养护。采用贯入法进行早期强度测试时，应在喷射混凝土终凝前用抹刀刮平混凝土表面；进行1d早期强度测试时，试件宜在龄期前2h加工。
4 养护1d后脱模。将混凝土大板移至试验室，标准养护7d后，根据需要的试件尺寸进行切割或钻芯。喷射混凝土大板周边120mm范围内的混凝土不

得制作试件。

B.0.4 应将加工后的试件在标准条件下养护至所需龄期进行混凝土力学性能、长期性能和耐久性能试验。

附录 C 喷射混凝土抗压强度试验

C.0.1 试验应使用下列仪器：
1 压力试验机，测量精度为±1%；
2 切割机；
3 钻芯机；
4 磨平机。

C.0.2 试件应在喷射混凝土大板上切割或钻芯取得，试件的制作方法应按本规程附录B执行。

C.0.3 喷射混凝土1d早期强度试验，试件宜在到达龄期前2h加工。28d抗压强度应在标准条件下养护7d后进行试件加工。

C.0.4 喷射混凝土抗压强度的同组试件应在同一大板上切割或钻芯制取。切割法制备的试件应为边长100mm的立方体；钻芯法制备的试件应为直径和高度均为100mm的圆柱体，试件端面应在磨平机上磨平。有缺陷的试件应舍弃。

C.0.5 抗压强度试验应符合下列规定：
1 立方体试件尺寸的允许差值：边长不应大于±1mm，直角不应大于2°；圆柱体试件尺寸的允许差值：端面不平整度为每100mm长度不应大于0.05mm，垂直度不应大于2°；
2 试件在标准条件下养护至28d，试验方法应按现行国家标准《普通混凝土力学性能试验方法标准》GB/T 50081中抗压强度试验执行，测得值即为喷射混凝土试件的抗压强度；
3 加载方向应与大板喷射成型方向垂直。

附录 D 喷射混凝土粘结强度试验

D.0.1 试验应使用下列仪器：
1 钻芯机；
2 拉力试验机，测量精度为±1%；
3 混凝土拉拔仪；
4 千斤顶；
5 混凝土拉拔仪配套支撑装置、基座、托架等；
6 芯样直接轴拉试验配套支架、接头等。

D.0.2 喷射混凝土与岩石或硬化混凝土的粘结强度试验（图D.0.2）应采用现场钻芯拉拔试验或对钻取的芯样进行直接轴拉试验。

D.0.3 喷射混凝土现场钻芯拉拔试验应符合下列规定：

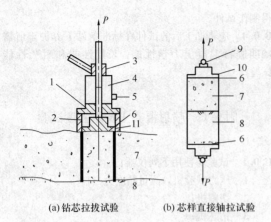

　　　(a)钻芯拉拔试验　　(b)芯样直接轴拉试验

图 D.0.2　喷射混凝土粘结强度试验示意图

1—基座；2—支撑装置；3—螺母；4—千斤顶；5—泵；
6—胶粘剂；7—喷射混凝土；8—基层；9—接头；
10—支架；11—夹具

　　1　钻芯拉拔法应在现场结构上直接钻芯拉拔，每个测区应钻芯 3 处，钻芯到结构边缘距离不应小于 150mm；

　　2　钻芯试件的直径可取 50mm～60mm，钻芯深入基层的深度不应小于 20mm。

D.0.4　喷射混凝土芯样直接轴拉试验应符合下列规定：

　　1　芯样直接轴拉试验试件应提前 3d 进行钻芯，并同条件养护至规定龄期；

　　2　钻芯试件的直径可取 50mm～60mm，试件的高度不应小于 2 倍的直径，任一试件表面至粘结面的距离不应小于 0.5 倍的直径。

D.0.5　进行钻芯拉拔试验和芯样直接轴拉试验的加荷速率应为 1.3 MPa/min～3.0MPa/min，加荷时应确保试件轴向受拉。

D.0.6　试验中试件破坏面在喷射混凝土与受喷面的结合处时，试验结果有效；破坏面在混凝土内部或为拉伸夹具与胶粘剂之间的界面时，试验结果无效。

D.0.7　喷射混凝土粘结强度应符合下列规定：

　　1　喷射混凝土粘结强度应按下式计算：

$$f_s = \frac{F_{max}}{A} \qquad (D.0.7)$$

式中：f_s——喷射混凝土粘结强度（MPa）；

　　　F_{max}——试验最大荷载（N）；

　　　A——粘结面的面积（mm^2）。

　　2　喷射混凝土粘结强度值应为三个试件测值的算术平均值，其中三个试件的最小值不得低于本规程表 5.2.3 要求值的 75%。三个计算值中的最大值或最小值与中间测量值之差大于中间值的 15% 时，取中间值作为该组试件的试验值；二者与中间值之差均大于中间值的 15% 时，该组试件的试验结果无效。

D.0.8　喷射混凝土粘结强度试验报告应包含试件编号、试件尺寸、养护条件、试验龄期、加荷速率、最

大荷载、计算的粘结强度以及对试件破坏形式的描述。

附录 E　喷射混凝土抗弯强度和残余抗弯强度等级试验

E.0.1　试验应使用下列仪器：

　　1　液压伺服万能试验机，测量精度不应低于 1.0%，并应采用等速位移控制；

　　2　挠度测量位移传感器，包括电阻位移计或 LVDT 位移计及配套的电测信号放大仪器，测量精度不应低于 0.01mm；

　　3　荷载测量传感器，量程应与试验要求的量程相匹配，测量精度不应低于 0.1kN；

　　4　数据采集系统，数据采集应可连续自动完成，可通过模数转换器与计算机连接，采集频率可根据具体的试验要求确定；

　　5　其他：钢直尺、游标卡尺等。

E.0.2　试件应为从喷射混凝土大板上切割 75mm×125mm×600mm 的小梁，每组试验应至少制备 3 个试件。切割后的试件应立即置于水中养护不少于 3d。

E.0.3　试验应在喷射混凝土试件标准养护至 28d 进行，试件表面应保持湿润，加载方向应垂直于喷射混凝土小梁试件上表面，试验的跨度为 450mm（图 E.0.3）。

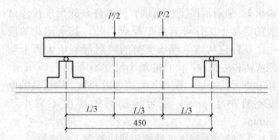

图 E.0.3　喷射混凝土小梁加载受力方式

E.0.4　试验加载过程中，应对梁的跨中挠度进行测定。梁的挠度达 0.5mm 前，梁跨中变形速度应控制为 (0.25±0.05)mm/min。梁的挠度达 0.5mm 后，梁跨中变形速度可增至 1.0mm/min。应连续记录梁跨中的荷载-挠度曲线（图 E.0.4）。试件在受拉面跨度三分点以外断裂时，该试件试验结果无效。

E.0.5　试验装置的支座与加荷点处均应设置半径为 10mm～20mm 的圆棒，跨中挠度达 4.0mm 时，试验即可结束。

E.0.6　喷射混凝土试件的抗弯强度应按下列方法确定：

　　1　将荷载-挠度曲线的线性部分平行移动 0.1mm 挠度值，平移 0.1mm 挠度值范围内的荷载-挠度曲线上最初峰值点的纵坐标为试件峰值荷载（$P_{0.1}$）。

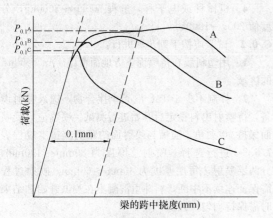

图 E.0.4　荷载-挠度曲线
1—曲线 A 中出现突然上升段，曲线无效；
2—曲线 B 为有效曲线；3—曲线 C 中出现
突然下降段，曲线无效

2 根据峰值荷载按下式计算喷射混凝土抗弯强度：

$$f_c = \frac{P_{0.1}L}{bd^2} \qquad (E.0.6)$$

式中：f_c——喷射混凝土抗弯强度值（MPa），精确至0.1MPa；

$P_{0.1}$——试件峰值荷载（kN）；

L——梁试件支座间的跨距（450mm）；

b——梁宽（125mm）；

d——梁高（75mm）。

3 喷射混凝土的抗弯强度应为三个试件计算值的算术平均值。三个计算值中的最大值或最小值与中间测量值之差大于中间值的15%时，取中间值作为该组试件的试验值；二者与中间值之差均大于中间值的15%时，该组试件的试验结果无效。

E.0.7 喷射混凝土试件的残余抗弯强度等级应按下列方法确定：

1 按喷射混凝土围岩等级和工程要求，对喷射混凝土有不同的变形限制要求，变形限制要求可用喷射混凝土变形等级表示；

2 根据本规程表 5.2.4-2 确定不同变形等级下进行试验对应的挠度值，按本规程第 E.0.4~E.0.7 条的步骤操作，加载至规定的挠度值，并测定该挠度值下的残余抗弯强度；

3 喷射混凝土的残余抗弯强度等级为：至少 2个试件的残余抗弯强度不小于该等级要求的残余抗弯强度，且第 3 个试件不小于低一等级要求的残余抗弯强度。

附录 F　喷射混凝土能量吸收等级试验

F.0.1　试验应使用下列仪器：

1 伺服万能试验机，也可采用承力架液压千斤顶系统加压，测量精度不应低于 1.0%，并采用等速位移控制；

2 位移传感器，量程不应小于 30mm，精度不应低于0.01mm；

3 荷载传感器，量程不应小于破坏荷载 120%，测量精度不应低于 1.0%；

4 数据采集系统，应能进行实时采集荷载与挠度的数据，采集频率不应低于 1kHz；

5 钢制加载垫块，边长 100mm 的正方形；

6 试件支座，内边边长 500mm 的正方形钢框，钢框的对角误差不应大于 0.5mm，其刚度应确保加载过程中不产生形变；

7 钢直尺、游标卡尺、水平仪等其他辅助量具和仪表。

F.0.2　试验应按下列步骤进行：

1 试件的尺寸为 600mm×600mm×100mm（图F.0.2），试件的尺寸误差不应大于±2mm，试件的不平度不宜大于 0.5mm/600mm，当不满足要求时宜用水泥砂浆修正使之满足要求；切割后的试件应立即置于水中养护不少于 3d；

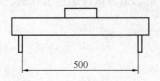

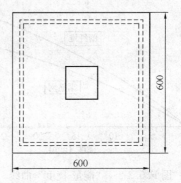

图F.0.2　四边简支板的加载方式（mm）

2 试验应在试件标准养护至 28d 进行，试验过程中应保持表面湿润；

3 将钢框平放在试验台上，并调整其水平度，然后将试件置于支座上，使其水平形成简支，试件的喷射面应朝下；

4 加载垫块对试件中心进行加载，加载方向应与试件喷射方向相反；

5 启动试验机，采用等速位移控制，控制速率为 1.5mm/min，试验进行至试件中心点处挠度为25mm 时止。

F.0.3　试验结果处理应符合下列规定：

1 根据试验，可得到"荷载-挠度"曲线（图F.0.3-1），试件吸收的能量为"荷载-挠度"曲线中挠度从0mm至25mm所覆盖的面积；

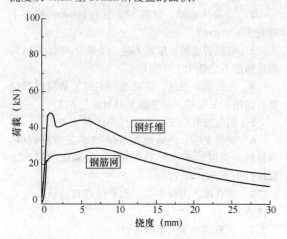

图F.0.3-1 "荷载-挠度"曲线

2 根据"荷载-挠度"曲线用数值积分法获得试件的"能量-挠度"曲线（图F.0.3-2）；

3 "能量-挠度"曲线中，试件中心点挠度为25mm时，对应的值为试件能量吸收值，单位符号为J。

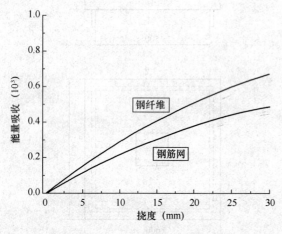

图F.0.3-2 "能量-挠度"曲线

F.0.4 喷射混凝土能量吸收等级试验报告应包含试验仪器的型号、试件编号、试件尺寸、养护条件、试验龄期、"能量-挠度"曲线、第一次开裂荷载、最大荷载、试件中心点挠度为25mm时的能量吸收值。

附录G 喷射混凝土回弹率试验

G.0.1 喷射混凝土回弹率试验应使用下列仪器：

1 搅拌机，容积大于1m³；

2 喷射设备；

3 塑料膜，面积为40m²～50m²；

4 机械秤或电子秤，量程500kg～3000kg，分度值200g～1000g。

G.0.2 试验应按下列步骤进行：

1 用塑料膜在待喷面下方地面覆盖40m²～50m²的区域。

2 拌制不少于1m³混凝土拌合物，送入喷射设备，待喷射出料稳定后开始进行测试。喷嘴应与受喷面保持90°夹角，喷嘴与喷射面的距离宜按本规程表7.5.2-1进行选择。喷射总厚度为80mm～120mm，分两层喷射，每层厚度为40mm～60mm。喷射过程需保证连续不中断，料斗里混凝土在测试开始和结束时需保持均匀一致。

3 喷射结束后，从塑料膜上收集回弹料，并进行称重。

4 回弹料与总喷出拌合物的质量百分比即为喷射回弹率。总喷出拌合物应扣除喷射稳定前喷射量。

本规程用词说明

1 为便于在执行本规程条文时区别对待，对要求严格程度不同的用词说明如下：

　　1） 表示很严格，非这样做不可的：

　　　　正面词采用"必须"，反面词采用"严禁"；

　　2） 表示严格，在正常情况下均应这样做的：

　　　　正面词采用"应"，反面词采用"不应"或"不得"；

　　3） 表示允许稍有选择，在条件许可时首先应这样做的：

　　　　正面词采用"宜"，反面词采用"不宜"；

　　4） 表示有选择，在一定条件下可以这样做的采用"可"。

2 条文中指明应按其他有关标准执行的写法为："应符合……的规定"或"应按……执行"。

引用标准名录

1 《混凝土结构设计规范》GB 50010

2 《普通混凝土力学性能试验方法标准》GB/T 50081

3 《普通混凝土长期性能和耐久性能试验方法标准》GB/T 50082

4 《混凝土强度检验评定标准》GB/T 50107

5 《混凝土外加剂应用技术规范》GB 50119

6 《混凝土质量控制标准》GB 50164

7 《建筑边坡工程技术规范》GB 50330

8 《混凝土结构加固设计规范》GB 50367

9 《混凝土结构耐久性设计规范》GB/T 50476

10 《矿物掺合料应用技术规范》GB/T 51003

11 《通用硅酸盐水泥》GB 175

12 《水泥标准稠度用水量、凝结时间、安定性检验方法》GB/T 1346

13 《用于水泥和混凝土中的粉煤灰》GB/T 1596

14 《混凝土外加剂》GB 8076

15 《水泥胶砂强度检验方法（ISO 法）》GB/T 17671

16 《用于水泥和混凝土中的粒化高炉矿渣粉》GB/T 18046

17 《砂浆和混凝土用硅灰》GB/T 27690

18 《钢筋焊接及验收规程》JGJ 18

19 《普通混凝土用砂、石质量及检验方法标准》JGJ 52

20 《普通混凝土配合比设计规程》JGJ 55

21 《混凝土用水标准》JGJ 63

22 《建筑抗震加固技术规程》JGJ 116

23 《建筑基坑支护技术规范》JGJ 120

24 《混凝土耐久性检验评定标准》JGJ/T 193

25 《纤维混凝土应用技术规程》JGJ/T 221

26 《喷射混凝土用速凝剂》JC 477

中华人民共和国行业标准

喷射混凝土应用技术规程

JGJ/T 372—2016

条 文 说 明

制 订 说 明

《喷射混凝土应用技术规程》JGJ/T 372-2016，经住房和城乡建设部 2016 年 2 月 22 日以第 1051 号公告批准发布。

本规程制订过程中，编制组对喷射混凝土应用情况进行了调查研究，总结了喷射混凝土应用的实践经验，同时参考了国内外技术法规和技术标准，并通过试验，取得了喷射混凝土应用的重要技术参数。

为便于广大设计、施工、科研、学校等单位有关人员在使用本规程时能正确理解和执行条文规定，《喷射混凝土应用技术规程》编制组按章、节、条顺序编制了本规程的条文说明，对条文规定的目的、依据以及执行中需注意的有关事项进行了说明。但是，本条文说明不具备与标准正文同等的法律效力，仅供使用者作为理解和把握规程规定的参考。

目　次

1　总则 ……………………………… 34—23
2　术语和符号 ………………………… 34—23
　　2.1　术语 ………………………… 34—23
3　材料 ………………………………… 34—23
　　3.1　胶凝材料 …………………… 34—23
　　3.2　骨料 ………………………… 34—23
　　3.3　外加剂 ……………………… 34—25
　　3.4　其他 ………………………… 34—25
4　设计要求 …………………………… 34—26
　　4.1　一般规定 …………………… 34—26
　　4.2　地下工程喷射混凝土设计 … 34—26
　　4.3　边坡工程喷射混凝土设计 … 34—27
　　4.4　基坑工程喷射混凝土设计 … 34—27
　　4.5　加固工程喷射混凝土设计 … 34—27
5　喷射混凝土性能 …………………… 34—27
　　5.1　拌合物性能 ………………… 34—27
　　5.2　力学性能 …………………… 34—27
　　5.3　长期性能和耐久性能 ……… 34—28
6　喷射混凝土配合比 ………………… 34—28
　　6.1　一般规定 …………………… 34—28
　　6.2　配制强度的确定 …………… 34—30
　　6.3　配合比计算 ………………… 34—30
　　6.4　配合比试配、试喷、调整与确定 … 34—30
　　6.5　高强喷射混凝土 …………… 34—31
7　施工 ………………………………… 34—31
　　7.1　一般规定 …………………… 34—31
　　7.2　设备 ………………………… 34—31
　　7.3　喷射准备工作 ……………… 34—31
　　7.4　喷射混凝土的制备与运输 … 34—32
　　7.5　喷射作业 …………………… 34—32
　　7.6　养护 ………………………… 34—33
8　安全环保措施 ……………………… 34—33
　　8.1　安全技术 …………………… 34—33
　　8.2　环保要求 …………………… 34—33
9　质量检验与验收 …………………… 34—34
　　9.1　质量检验与评定 …………… 34—34

1 总　　则

1.0.1 喷射混凝土在我国工程中得到了广泛应用。但目前相关标准中，喷射混凝土仅作为其中的一部分，没有专门的喷射混凝土应用技术的行业标准或国家标准指导喷射混凝土的生产与应用。本规程制定旨在规范喷射混凝土技术的应用，确保喷射混凝土工程质量。本规程主要根据我国现有的标准规范、科研成果和实践经验，参考国外先进标准制定而成。

1.0.2 本条文明确了喷射混凝土质量控制的主要环节。喷射混凝土具有加快施工进度、强度增长快、密实性良好、施工不受场地条件限制等特点，在隧道和洞室等地下工程、边坡与基坑工程、修复加固工程、异形薄壁结构等领域被大规模应用。由于喷射混凝土的质量受原材料、配合比、喷射工艺、喷射设备及施工操作人员等多方面因素影响，且不同的应用领域对喷射混凝土性能要求差异较大。本规程对喷射混凝土在地下工程、边坡与基坑工程、修复加固工程、异形薄壁结构等领域的生产和应用所涉及的各环节作出规定。

1.0.3 本条文规定了本规程与其他标准、规程的关系。喷射混凝土的应用涉及不同的工程类别以及相关的国家标准或行业标准。在工程应用中，本规程作出规定的，按本规程执行，未作出规定的，按国家现行相关标准执行。

2　术语和符号

2.1　术　　语

2.1.1 本条文主要根据 EFNARC 标准《European Specification for Sprayed Concrete》和喷射混凝土工艺特点对喷射混凝土进行定义。

2.1.3 随着湿喷技术的发展，喷射混凝土的强度呈现高强度化。日本道路公团对高强喷射混凝土设计基准强度规定：龄期 3h 达到 $2N/mm^2$，1d 达到 $10N/mm^2$，28d 强度达到 $36N/mm^2$。欧美国家喷射混凝土强度等级的变化范围在 C30～C60 之间，对 C40 以上喷射混凝土称为高强喷射混凝土，如挪威标准采用 C45MA 的标准配比（设计基准强度为 $40N/mm^2$）作为高强喷射混凝土的配合比示例。我国的工程应用实例和科研成果，对于强度大于 C35 的喷射混凝土称为高强喷射混凝土。本编制组结合国内外标准和资料，对高强喷射混凝土进行了定义。

2.1.4 本条文根据 EFNARC 标准《European Specification for Sprayed Concrete》对喷射混凝土回弹率进行定义。

2.1.5～2.1.7 条文根据欧洲 EN14487—1—2005

《Spayed Concrete-part 1：Definitions，Specifications And Conformity》对无碱速凝剂进行定义，并根据对国内碱性速凝剂、低碱速凝剂的调研及参考国内外文献，对碱性速凝剂和低碱速凝剂进行定义。

3　材　　料

3.1　胶凝材料

3.1.1 本条文对喷射混凝土用水泥品种和强度进行了规定。推荐优先使用硅酸盐水泥或普通硅酸盐水泥。硅酸盐水泥和普通硅酸盐水泥含有较多 C_3A 和 C_3S，凝结时间较快，与速凝剂的适应性较好。当存在含硫酸盐地下水或存在碱骨料反应时，应该采用 C_3A 含量较低的抗硫酸盐水泥。当有防火和防腐蚀等其他特殊要求时，可采用特种水泥。此外，由于喷射混凝土强度受到原材料和喷射作业的影响，强度波动较大，为更好的保证喷射混凝土的质量，用于永久性结构时水泥强度等级不应低于 42.5 级。

3.1.2 喷射混凝土可掺入粉煤灰、磨细矿渣粉、硅灰等矿物掺合料，并应符合相关矿物掺合料技术规范和相关标准的要求。不同的矿物掺合料对喷射混凝土工作性、力学性能和耐久性所产生的作用不同，应根据混凝土所处环境、设计要求、施工工艺等因素，经试验确定矿物掺合料种类及掺量。

3.2　骨　　料

3.2.1 在满足喷射混凝土性能的前提下，可根据经济、优质、就地取材的原则选择粗骨料来制备喷射混凝土。粗骨料的最大粒径对喷射混凝土拌合物工作性和回弹影响较大，为了减少回弹和防止管道堵塞，粗骨料最大尺寸一般多采用 10mm～15mm。根据国内外标准及实际工程，最大公称粒径不宜大于 12mm。美国 ACI506R《Guide to Shotcrete》中规定喷射混凝土用骨料粒径不宜大于 12mm，对于薄壳、形状复杂的结构及有特殊要求的工程，粗骨料的最大公称粒径不宜大于 10mm。掺入钢纤维对喷射混凝土的黏聚性和回弹有影响，为减小回弹需减小骨料最大粒径，《纤维混凝土应用技术规程》JGJ/T 221 规定喷射钢纤维混凝土粗骨料最大公称粒径不宜大于钢纤维长度的 2/3，且不宜大于 10mm。当喷射混凝土中掺入速凝剂时，不得使用含有活性二氧化硅的石材作为粗骨料，以避免碱骨料反应而使喷射混凝土开裂破坏。

粗骨料的尺寸、粒形和级配对喷射混凝土拌合物和易性影响很大，尤其是采用扁平及细长状粗骨料时，对喷射混凝土的黏聚性和包裹性影响更加明显。EFNARC《European Specification for Sprayed Concrete》指出：骨料粒形会影响喷射混凝土的喷射性和回弹率。实际工程应用中，粗骨料的针、片状含量通常控制在 10% 以内，其指标小于《普通混凝土用砂、石质量及检验方法标准》JGJ 52—2006 中的规定。因此，编制组开展了不同细度模数人工砂，不同粗骨料针、片状含量对喷射混凝土性能影响的试验，主要试验结果见表 1 和表 2。

表 1　针、片状含量验证试验混凝土基本配合比

编号	强度	每立方米混凝土材料用量（kg/m³）			
		水	水泥	砂子	石子
CB1	C30	189	420	958	783
CB2	C25	200	400	980	770
CB3	C30	189	420	905	836
CB4	C25	200	400	928	822

表 2　验证试验喷射混凝土测试结果

编号	粗骨料针片状含量（%）	坍落度（mm）	表观密度（kg/m³）	试喷抗压强度（MPa）		工作性
				1d	28d	
CB1-1	8	185	2407	14.3	42.1	包裹性好，黏聚性较好
CB1-2	10	165	2380	12.7	44	包裹性好，喷射性好
CB1-3	12	160	2414	13.5	38.9	黏聚性较好，回弹适中
CB1-4	13	165	2389	9.4	34.4	包裹性一般，石子偏多
CB1-5	14	150	2401	8.5	33.4	包裹性差，回弹大，有脉冲
CB2-1	8	175	2375	8.8	34.6	包裹性一般，回弹正常，无脉冲
CB2-2	10	170	2370	9.0	34.3	包裹性一般，回弹正常
CB2-3	12	170	2375	9.7	34.5	包裹性较好，微跌浆
CB2-4	13	155	2377	10.0	32.2	包裹性一般，微脉冲
CB2-5	14	165	2375	7.2	29.0	包裹性差，脉冲，回弹偏大
CB2-6	15	160	2360	7.8	30.7	包裹性差，黏聚性差，脉冲严重
CB3-1	10	165	2380	11.6	39.8	包裹性好，喷射性较好
CB3-2	12	180	2392	12.5	42.3	黏聚性较好，回弹正常
CB3-3	14	160	2400	9.5	37.2	包裹性较差，回弹偏大
CB4-1	8	175	2389	13.8	35.4	包裹性一般，无脉冲，回弹正常
CB4-2	10	180	2401	13.2	34.4	包裹性一般，回弹正常
CB4-3	12	165	2377	12.7	33.6	包裹性一般，微脉冲
CB4-4	14	170	2373	12.4	31.3	黏聚性差，脉冲严重

由表 1 和表 2 可以看出，对于强度低于 C40 的喷射混凝土，混凝土中砂浆含量较多时，粗骨料的针、片状含量控制在 12% 以下，喷射混凝土拌合物性能易满足喷射工作性要求；当混凝土中砂浆含量较低时，粗骨料的针、片状含量过高，易造成拌合物骨料

堆积，混凝土拌合物的回弹增大，易产生脉冲。结合试验验证结果，本规程确定粗骨料针、片状含量上限值为 12%。对于强度高于 C40 的喷射混凝土，喷射混凝土质量要求高，应按《普通混凝土用砂、石质量及检验方法标准》JGJ 52—2006 中高强混凝土要求严格取值，其粗骨料针、片状含量应≤8%。

骨料含泥量、泥块含量等性能指标对喷射混凝土性能也有较大影响，本规程按《普通混凝土用砂、石质量及检验方法标准》JGJ 52—2006 相关要求严格取值，规定含泥量、泥块含量应分别小于 1.0%、0.5%。

3.2.2 喷射混凝土所用细骨料宜选用 Ⅱ 区砂。喷射混凝土用细骨料可为天然砂、人工砂。砂的细度模数过细会导致喷射混凝土产生过大的收缩，细度模数过大对喷射混凝土的和易性和喷射效果产生影响。干拌法喷射时，细骨料含有一定的含水率可减少运输和喷射工程中的粉尘，但含水率过大会导致混合料结团及影响外加剂的作用效果，因而细骨料的含水率不宜大于 6%。

人工砂中的石粉能改善喷射混凝土的工作性，降低喷射混凝土胶凝材料的用量。但过量的石粉会导致喷射混凝土过黏，工作性变差。编制组以胶凝材料用量、石粉含量、水胶比为主要因素，开展石粉含量对喷射混凝土性能的影响试验，试验的配合比和主要试验结果见表 3 和表 4。

表 3　石粉含量验证试验混凝土基本配合比

编号	石粉含量（%）	每立方米混凝土材料用量（kg/m³）			
		水泥	水	石子	砂子
CA20-1	10	400	178	949	823
CA20-2	12	350	186	972	841
CA20-3	14	350	184	975	841
CA20-4	15	350	182	977	841
CA20-5	16	350	181	973	841
CA20-6	18	330	205	881	895
CA25-1	10	420	201	889	808
CA25-2	11	400	211	875	813
CA25-3	12	400	211	866	813
CA25-4	14	400	209	857	813
CA25-5	18	380	220	779	871
CA30-1	7	450	216	859	821
CA30-2	8	420	201	873	843
CA30-3	9	420	201	864	843
CA30-4	10	420	201	855	843
CA30-5	11	420	202	846	843
CA30-6	15	400	192	809	875

表 4　验证试验喷射混凝土测试结果

编号	砂率 (%)	石粉含量 (%)	坍落度 (mm)	表观密度 (kg/m³)	试喷抗压强度 (MPa) 1d	试喷抗压强度 (MPa) 28d	工作性
CA20-1	53	10	165	2386	14.4	32.4	混凝土偏黏，微脉冲
CA20-2	53	12	180	2389	11.1	28.2	包裹性偏差，回弹大
CA20-3	53	14	175	2374	11.3	26	和易性好，黏聚性好
CA20-4	53	15	170	2370	11.7	28	和易性好，微黏
CA20-5	53	16	180	2380	10.3	28.2	黏，有脉冲，流动性不好
CA20-6	50	18	180	2395	8.8	20	黏聚性好，跌浆
CA25-1	52	10	185	2391	15.4	36.5	坍落度过大，跌浆
CA25-2	52	11	180	2388	13.4	31.4	包裹性好，黏聚性好
CA25-3	52	12	185	2379	13.3	32.4	黏聚性较好
CA25-4	52	13	180	2372	11.7	28.4	偏黏，跌浆严重
CA25-5	50	18	185	2385	10.0	22.3	包裹性不好，回弹偏大
CA30-1	53	7	185	—	10.7	38.1	微跌浆，喷射性好
CA30-2	53	8	180	2387	11.4	39.5	黏聚性好，喷射性好
CA30-3	53	9	180	2387	13.8	43.8	黏聚性好，喷射性好
CA30-4	53	10	180	2390	12.7	41.3	微跌浆，喷射性好
CA30-5	53	11	180	2392	10.8	41.8	偏黏，跌浆
CA30-6	50	15	175	—	14.0	37.1	跌浆，脉冲

由试验结果可知，对于 MB 值≤1.4 的人工砂喷射混凝土，低强度等级喷射混凝土中石粉含量高达12%～15%时混凝土仍然具有很好的黏聚性和喷射性，拌和状态良好。对于 C20 喷射混凝土，水泥掺量350kg/m³，水胶比 0.6 时，石粉含量为 15% 时，强度 28MPa，符合要求。C25 喷射混凝土，水泥掺量400kg/m³，水胶比 0.55，石粉含量 12% 时，具有良好的黏聚性，超过此含量，喷射混凝土的施工性变差。由于喷射混凝土胶凝材料相比普通混凝土偏多，随着强度的增大，喷射混凝土的水胶比变小，而过多的石粉，会增加喷射混凝土的黏聚性，造成脉冲和跌浆增大，影响喷射混凝土的施工性。因此 C25～C35 喷射混凝土，石粉含量宜小于 10%。对于强度高于 C40 的喷射混凝土，喷射混凝土质量要求高，且胶凝材料用量通常高于 450kg/m³，过多的石粉对喷射混凝土的施工性能不利，应按《普通混凝土用砂、石质量及检验方法标准》JGJ 52—2006 中高强混凝土要求严格取值，人工砂中石粉含量宜小于 5%。

3.2.3 骨料级配对喷射混凝土的施工性、通过管道的流动性、对受喷面的粘附、回弹率以及最终混凝土的表观密度和经济性都有重要的影响。为获得最大的表观密度，应避免使用间断级配的骨料。对于薄壁、形状复杂的结构及特殊工程，应优先选用最大公称粒径为 10mm 的骨料级配。

3.3　外　加　剂

3.3.1 为加速喷射混凝土的凝结、硬化，提高早期强度和减少喷射混凝土施工过程中的回弹，一般在喷射混凝土中加入速凝剂。但速凝剂掺量过大，会影响喷射混凝土的喷射效果及后期强度，因此速凝剂的掺量不宜超过 10%，以便降低速凝剂对混凝土强度的影响。

目前实际工程应用过程中，无碱速凝剂的掺量一般为 4%～7%，而参照《喷射混凝土用速凝剂》JC 477—2005 方法确定无碱速凝剂掺量时，要达到目前的凝结时间掺量通常要达到 10% 以上，这与工程中无碱速凝剂实际掺量差异较大，对无碱速凝剂掺量的确定不具有实际指导意义。本规程附录 A 的试验方法根据 EFNARC《European Specification for Sprayed Concrete》制订，并针对该方法进行了验证试验，试验结果如表 5 和表 6 所示。

表 5　无碱速凝剂验证试验结果

掺量	无碱速凝剂 A (掺量 8%)		无碱速凝剂 B (掺量 6%)		无碱速凝剂 B (掺量 8%)	
时间	初凝 (min)	终凝 (min)	初凝 (min)	终凝 (min)	初凝 (min)	终凝 (min)
本规程附录 A	2：25	7：40	2：54	8：59	2：46	8：01
JC 477	6：07	13：57	10：16	17：50	6：10	13：51

表 6　低碱速凝剂验证试验结果

掺量	2%		4%		6%	
时间	初凝 (min)	终凝 (min)	初凝 (min)	终凝 (min)	初凝 (min)	终凝 (min)
本规程附录 A	10：07	19：24	2：30	7：50	2：05	4：28
JC 477	15：45	24：52	4：36	9：30	3：04	5：44

通过试验可知，《喷射混凝土用速凝剂》JC 477—2005 规定的试验方法对确定无碱速凝剂的掺量与实际情况差异较大。而附录 A 关于掺无碱速凝剂的水泥净浆凝结时间试验方法得到的试验结果与实际情况比较符合。

3.3.2 为了使喷射混凝土拌合物获得良好的黏聚性和施工性，喷射混凝土中可掺入减水剂、增稠剂等外加剂。外加剂掺量应通过试验确定，且其性能应符合国家现行相关标准的规定。掺入的外加剂之间应具有良好的适应性，尤其是减水剂与速凝剂的适应性。当掺入速凝剂时宜选择无缓凝效果的减水剂，如减水剂具有缓凝效果，应考虑减水剂对速凝剂的影响。

3.4　其　他

3.4.1 喷射混凝土拌合用水和养护用水与普通混凝

土一样，应满足现行行业标准《混凝土用水标准》JGJ 63 的有关规定。

3.4.2 纤维在混凝土中的增强、增韧效果与纤维的长度、直径、长径比、纤维形状和表面特征等因素有关。钢纤维长度太短和太粗的增强作用都不明显，太长则影响拌合物性能及喷射效果，太细则在搅拌和喷射过程中容易弯折或结团。大量的工程经验表明：长度在 20mm～60mm，直径在 0.3mm～0.9mm，长径比在 30～80 范围内的钢纤维，对混凝土的增强效果明显。喷射混凝土由于受到喷管的影响，选择短纤维的喷射效果较佳，其适宜长度、直径都应适当的减小。对于合成纤维，抗拉强度是合成纤维的主要技术指标，直接影响合成纤维的增强和增韧效果。

4 设计要求

4.1 一般规定

4.1.2 由于喷射混凝土胶凝材料偏多，骨料较少，喷射混凝土的弹性模量比同强度的普通混凝土低。与普通混凝土一样，喷射混凝土的弹性模量与混凝土的强度、表观密度、骨料、试件的干燥状态有关。混凝土的强度越高，表观密度越大，骨料的弹性模量越大，喷射混凝土的弹性模量越高。轻骨料喷射混凝土的弹性模量只有相同强度等级喷射混凝土弹性模量的50%～80%。轻骨料喷射混凝土的弹性模量的取值应符合《轻骨料混凝土技术规程》JGJ 51 的规定。潮湿状态的喷射混凝土弹性模量比干燥状态的高。纤维喷射混凝土的弹性模量的取值应符合《纤维混凝土应用技术规程》JGJ/T 221 的规定。

4.1.3 喷射混凝土的粘结强度是喷射混凝土的一个重要性能指标。喷射混凝土与受喷面（岩石或混凝土）共同作用，有效承担和传递受力，充分发挥支护作用及保证修补加固效果，其与受喷面间的粘结强度是质量控制的关键之一。在以往的工程中，由于对粘结强度不够重视，喷射混凝土常出现空鼓、脱壳等质量问题，因此，对用于永久性结构的喷射混凝土，需足够重视喷射混凝土与基底的粘结强度。

4.1.4 对于喷射钢纤维混凝土、大变形和不稳定等特殊条件下的喷射混凝土，为保证喷射混凝土具有良好的基底稳定性能力，需对抗弯曲强度进行要求。国内外的试验资料表明，与不掺钢纤维的喷射混凝土相比，喷射钢纤维混凝土的抗拉强度约提高 30%～60%，抗弯强度约提高 30%～90%。大变形和不稳定等特殊条件下的喷射混凝土，如不掺入钢纤维需要采取其他方法，获得较高的抗弯强度。

4.1.5 喷射混凝土抗渗性对材料的抗冻性及抵抗腐蚀离子的入侵起着重要的影响，尤其对水工及地下工程，抗渗性是保证混凝土质量、耐久性及建筑寿命的基础。由于喷射混凝土的胶凝材料用量大，水胶比较小，砂率高，并采用尺寸较小的粗骨料，有利于在骨料周边形成良好质量的砂浆包裹层。因而国内外一般认为，喷射混凝土具有较高的抗渗性。国内一些喷射混凝土实际工程的抗渗等级均在 P6 以上。

4.1.6 处于受冻融侵蚀的永久性喷射混凝土与普通混凝土一样需要对抗冻融循环能力进行要求。中冶建筑研究总院对普通硅酸盐水泥配制的喷射混凝土进行的抗冻性试验表明，在经过 200 次冻融循环后，试件的强度和质量损失变化不大，强度降低率最大为11%。日本对胶凝材料 360kg/m³ ～430kg/m³ 用量的喷射混凝土进行试验，喷射混凝土试件经 300 次快速冻融循环后满足喷射混凝土的抗冻耐久性指数大于60%。美国进行的冻融试验也表明，80%的试件经300 次冻融循环后，没有明显的膨胀，也没有质量损失和弹性模量的减小。

4.1.7 对长期处于盐类侵蚀环境中的喷射混凝土，为了提高混凝土耐久性及保证喷射混凝土工程后期质量，应进行氯离子渗透试验或抗硫酸盐侵蚀试验。在配合比设计阶段，可采用低热水泥、大掺量矿物掺合料及低水胶比等措施，减少混凝土的收缩及改善混凝土内部孔隙结构，增加喷射混凝土密实度，从而提高混凝土耐侵蚀的性能。

4.1.8 喷射混凝土厚度过薄无法产生足够的强度，且容易引起收缩开裂。喷射混凝土过厚，会产生过大的形变压力，容易导致喷层出现破坏。因而需要限制喷射混凝土的厚度，需对喷射混凝土的最小设计厚度进行规定。

4.2 地下工程喷射混凝土设计

4.2.1 喷射混凝土在地下工程中多起结构性支护作用，对喷射混凝土早期强度和 28d 强度要求较高。目前，国外地下工程支护结构喷射混凝土的设计基准强度多采用与衬砌混凝土同等龄期 28d 的抗压强度。德国规定二次衬砌和喷射混凝土均采用 B25，澳大利亚"喷射混凝土指南"中规定隧道初期支护的喷射混凝土最小强度等级是 SpB25，而作为单层衬砌的强度等级不小于 SpB30。从我国目前的技术水平和条件看，喷射混凝土作为结构初期支护的强度等级设定在 C25，作为永久性支护的强度等级设定在与衬砌混凝土同等强度是比较合适的。由于喷射混凝土在开挖后迅速施工，需要保持围岩稳定，因此确保有效率的作业，附着的喷射混凝土不因自重而剥落、同时能够承受爆破和振动荷载的早期强度是非常重要的。初期度的设定值应与 28d 设计强度相统一，因地下工程功能、断面形状等条件、荷载条件及设计方法而异，早期强度一般取 1d 的强度为标准，如有特殊要求，也可设定 3h 及 8h 的强度值。

4.2.2 软弱围岩及浅埋隧道，围岩和基体的稳定性差，需要快速获得额外的支撑，喷射混凝土早期强度至关重要，早龄期强度要求更加严格。

4.2.3 挪威标准指出喷射混凝土厚度设计需大于60mm，才能获得良好的力学与耐久性能。喷射混凝土厚度过大，对新喷射混凝土的稳定性不利。根据工程调研，目前地下工程喷射混凝土的厚度一般不超过300mm。

4.2.4 为保证钢筋喷射混凝土的钢筋耐久性，本条文对钢筋喷射混凝土的钢筋保护层厚度进行规定。

4.2.5 对变形大、产生应力大或应力集中、稳定性差的隧道，支护混凝土需要具有良好的抗变形、抗弯曲性能，需使用喷射钢纤维混凝土。

4.3 边坡工程喷射混凝土设计

4.3.2 边坡的面积较大，为防止喷射混凝土收缩开裂，保证喷射混凝土提供足够的抗弯和变形能力，边坡工程宜采用钢筋网喷射混凝土或喷射钢纤维混凝土。

4.3.3 当边坡工程中采用喷射钢纤维混凝土时，其强度应符合现行行业标准《纤维混凝土应用技术规程》JGJ/T 221中对喷射钢纤维混凝土强度的规定。边坡工程中喷射混凝土应重视早期强度，使喷射混凝土能快速的起到支护作用，保持边坡土体的稳定，通常规定1d龄期的抗压强度不应低于5MPa。

4.3.5 边坡工程面积较大，为防止喷射混凝土的整体收缩开裂，喷射混凝土宜沿边坡设置竖向伸缩缝。

4.4 基坑工程喷射混凝土设计

4.4.1～4.4.3 本节条文根据现行行业标准《建筑基坑支护技术规范》JGJ 120对基坑工程喷射混凝土设计要求进行了规定。

4.5 加固工程喷射混凝土设计

4.5.1、4.5.2 当采用喷射混凝土进行建筑结构构件加固时，应符合现行国家标准《混凝土结构加固设计规范》GB 50367的规定。喷射混凝土修复加固结构，采用结构构件增大截面加固法或置换混凝土加固法，并需考虑到结构二次受力的特点、实际荷载作用的位置、结构自重增大带来的次要影响等因素。为提高原结构构件的力学和耐久性能，喷射混凝土需具有足够的强度以起到加固作用，强度等级不应低于C20。为保证修复加固的效果，喷射混凝土的强度应高于被加固结构混凝土的强度，且其强度应较原结构提高至少一个强度等级。喷射混凝土与基底需具有足够的粘结强度，来保证两者之间的整体工作。

4.5.3 为保证喷射混凝土与原结构、构件之间的加固效果，保证新混凝土具有足够的力学和耐久性，根据现行国家标准《混凝土结构加固设计规范》GB 50367对新增喷射混凝土厚度或置换混凝土的厚度进

行了规定。

4.5.5 对砖砌体墙抗震加固时，为保证喷射混凝土夹板墙与原墙体、楼板等构件的可靠连接应采用配筋构造措施。本条文参照现行行业标准《建筑抗震加固技术规程》JGJ 116进行了规定。

5 喷射混凝土性能

5.1 拌合物性能

5.1.1 与普通混凝土相比，喷射混凝土需要具有更高要求的黏聚性和包裹性，来保证喷射混凝土的喷射效果，其他性能可参照普通混凝土的相关标准要求。

5.1.2 随着技术的发展，目前的湿拌法喷射混凝土的技术已与普通混凝土接近，湿拌法喷射混凝土可通过喷射前的工作性和表观密度对喷射混凝土质量进行控制。随着减水剂的应用，喷射混凝土坍落度已逐渐地扩大至80mm～200mm，并获得良好的表观密度。喷射混凝土坍落度过小，易造成较大的回弹率；当坍落度大于200mm，易造成较大的跌浆。

5.1.3 喷射混凝土在喷射过程中，由于喷射物的撞击会损失一部分的含气量。对于有抗冻要求的喷射混凝土，应采用引气型喷射混凝土。美国ASTM C1141《Standard Specification for Admixtures for Shotcrete》规定掺入外加剂的喷射混凝土，非引气型喷射混凝土含气量不宜大于5%，引气型喷射混凝土含气量宜控制在5%～12%之间。

5.1.4 喷射混凝土拌合物中水溶性氯离子最大含量与普通混凝土一样需满足现行国家标准《混凝土质量控制标准》GB 50164中有关规定。当掺入钢纤维时，为减少氯离子对钢纤维的腐蚀，喷射纤维混凝土拌合物中水溶性氯离子最大含量应符合现行行业标准《纤维混凝土应用技术规程》JGJ/T 221的规定。

5.1.5 喷射混凝土中最大总碱含量的要求与普通混凝土相同。

5.2 力 学 性 能

5.2.1 为保证喷射混凝土试件的性能与实际工程中喷射混凝土性能接近，制备混凝土力学性能的试件，除抗渗试件的切割不便可直接喷模外，其他试件需在施工现场进行大板喷射，并在喷射大板上切割或钻芯获得，严禁直接装模。

5.2.2 喷射混凝土抗压强度除应进行28d强度测试，必要时应额外测试3d和7d强度。有早期强度要求时，喷射混凝土应进行早期强度测试。1d早期强度试件可直接通过切割或钻芯取得，但特殊及重大工程对早期强度的要求更为严格，欧美和日本等国规定喷射混凝土的早期强度除1d强度外，尚应测试3h和8h强度，此时喷射混凝土无法进行切割或钻芯，需

采用贯入法检测。

5.2.3 粘结强度是保证喷射混凝土与受喷面共同承担和传递受力的基础。德国规定用于隧道、洞室等地下工程喷射混凝土粘结强度 6 个试件的平均值在 1.5MPa 以上，日本要求最小值不得低于 1.0MPa。本规程根据 EFNARC《European Specification for Sprayed Concrete》，对喷射混凝土粘结强度测试方法，及喷射混凝土与岩石和混凝土基底的粘结强度进行了规定。

5.2.4 抗弯强度决定了喷射混凝土横截面的首次发生断裂的负荷，韧性决定负荷重新分布和断裂发展期间能量吸收的特性。在较大的含黏土的剪切带、松动岩石区和易产生高应力的岩石区等特殊情况下，喷射混凝土的韧性和抗弯强度极为重要。

目前，欧美国家对喷射混凝土的弯曲韧性测试方法可分为梁试件弯折试验和板试件弯曲试验。梁试件弯折试验常用来测定混凝土的极限强度、极限应变以及残余抗弯强度等级等。板试件弯曲试验需直接制作板试件来研究喷射混凝土的能量吸收等级。与梁试件相比，板弯曲试验更适合于网状强化钢筋的测试，平板测试时减少离散性，符合喷射混凝土的实际工作形式，能更客观、全面、确切地反映喷射混凝土的实际工作性能。

5.3 长期性能和耐久性能

5.3.1 本条文明确了喷射混凝土长期性能的参数及试件成型方法，同时也强调现行国家标准《普通混凝土长期性能和耐久性能试验方法标准》GB/T 50082 等规定同样适用于喷射混凝土。

5.3.2 本条文规定了喷射混凝土耐久性能的参数及试件成型方法，喷射混凝土的主要耐久性项目与普通混凝土相同，国家现行标准《普通混凝土长期性能和耐久性能试验方法标准》GB/T 50082 等有关混凝土耐久性的规定同样适用于喷射混凝土。

6 喷射混凝土配合比

6.1 一般规定

6.1.1 本条文规定了喷射混凝土配合比设计的基本要求。

6.1.2 喷射混凝土需要有足够的胶凝材料增加浆体体积来改善喷射混凝土的喷射工作性。喷射混凝土在喷射过程中，其回弹率和拌合物的均匀性对喷射混凝土的强度和耐久性具有较大影响，因而其最大水胶比和最小胶凝材料用量与普通混凝土存在一定的差别。

欧洲喷射混凝土规范从耐久性出发规定水胶比不宜超过 0.55，最小胶凝材料用量为 300kg/m³。挪威规范提出了与结构工作环境相应的水胶比和最小胶凝

材料用量如表 7 所示。

表 7 挪威喷射混凝土规范规定的水胶比和最小胶凝材料用量

环境等级	环境描述	$W/(c+k \times s)$	建议的最小胶凝材料用量 $(c+k \times s)$
NA	有些侵蚀性	0.60	360kg/m³
NMA	较有侵蚀性	0.50	420kg/m³
MA	侵蚀性很强	0.45	470kg/m³
MMA	高度侵蚀性	0.40	530kg/m³

注：表中 W 为水重量；s 为微硅粉重量；c 为水泥重量；k 为系数，当微硅粉掺量<10%时，$k=2.0$；当微硅粉掺量 10%~25%时，$k=1.0$；NA 为室外或室内潮湿环境，淡水中结构；MA 为咸水中结构，受咸水溅射、喷射时，受侵蚀性气体、盐、其他化学物作用，潮湿环境的冻融循环。

日本的重大隧道、公路和新干线 C20 的喷射混凝土配合比的范围如表 8 所示。可看出，日本的常规喷射混凝土配合比的水胶比不超过 0.65，最小胶凝材料用量为 360kg/m³。

表 8 日本喷射混凝土常规配合比

行业	划分	骨料最大粒径 (mm)	坍落度 (mm)	砂率 (%)	水胶比	单位胶凝材料用量 (kg/m³)	速凝剂掺量 (%)
道路学会	—	10~15	—	55~65	0.45~0.65	360	5~8
铁路	—	10~15	8±2、14±2	60~65	0.50~0.60	360	—
道路公团	一般	10~15	8±2	—	—	360	5~8
	高强	10	18±2	—	0.40~0.50	450	10
水工	干式	15	—	55	0.45	360	5.5
	湿式	15	—	60	0.55	360	5.5

目前湿拌法喷射混凝土的配合比已基本可实现设计，且随着湿喷技术的发展，喷射混凝土的配制技术及性能逐渐向普通混凝土靠近，本规程对喷射混凝土的最小胶凝材料用量和最大水胶比进行了验证研究。通过对国内喷射混凝土技术的调研，及查阅资料，设定的配合比如表 9 所示，试验结果如表 10 所示。

表 9 喷射混凝土基本配合比

编号	水胶比	每立方米混凝土材料用量（kg/m³）			
		水泥	水	石子	砂子
CD1-1	0.5	360	180	815	996
CD1-2	0.55	360	198	806	986
CD1-3	0.6	360	216	798	976

编号	水胶比	每立方米混凝土材料用量（kg/m³）			
		水泥	水	石子	砂子
CD1-4	0.65	360	234	790	966
CD2-1	0.5	380	190	819	961
CD2-2	0.55	380	209	810	951
CD2-3	0.6	380	228	801	941
CD2-4	0.65	380	247	793	930
CD3-1	0.5	400	200	823	928
CD3-2	0.55	400	220	813	917
CD3-3	0.6	400	240	804	906
CD3-4	0.65	400	260	794	896
CD4-1	0.45	420	189	818	923
CD4-2	0.5	420	210	808	912
CD4-3	0.55	420	231	799	900
CD5-1	0.42	450	189	821	890
CD5-2	0.45	450	203	815	883
CD5-3	0.5	450	225	804	871
CD5-4	0.55	450	248	793	859

表10　喷射混凝土基本配合比试验结果

编号	坍落度（mm）	表观密度（kg/m³）	试喷抗压强度（MPa）		工作性
			1d	28d	
CD1-1	165	2390	13.2	35.4	包裹性不好，有脉冲
CD1-2	180	2371	12.6	33.6	流动性一般，包裹性一般，有脉冲
CD1-3	185	2330	10.8	27.7	流动性一般，黏聚性良好，喷射性好
CD1-4	165	2353	7.7	25.8	流动黏聚性良好，浆体偏多，跌浆
CD2-1	180	2401	13.7	38.4	包裹性一般，有脉冲
CD2-2	180	2368	13.9	32.8	包裹性好，喷射性较好
CD2-3	180	—	11.7	32.4	包裹性较好，喷射性较好
CD2-4	180	2337	9.7	25.4	包裹性较好，黏聚性一般，跌浆偏大
CD3-1	180	2347	16.5	39.4	流动性较好，黏聚性一般，回弹偏大
CD3-2	180	2360	13.3	37.2	包裹性好，喷射性好
CD3-3	175	2335	11.7	33.5	包裹性好，喷射性较好
CD3-4	180	2332	10.2	30.2	包裹性好，回弹正常，跌浆
CD4-1	160	2380	17.7	45.6	流动性较好，微跌浆，回弹较小
CD4-2	165	2407	13.8	42.3	包裹性一般，无脉冲，回弹正常
CD4-3	180	2411	12.3	37.6	流动性一般，包裹性较好，回弹正常

编号	坍落度（mm）	表观密度（kg/m³）	试喷抗压强度（MPa）		工作性
			1d	28d	
CD5-1	180	2370	18.4	48.5	偏黏，有脉冲，跌浆
CD5-2	175	2373	15.7	42.3	微偏黏
CD5-3	165	2390	12.9	38.6	包裹性较好，微跌浆
CD5-4	185	2421	13.8	32.4	包裹性较好，黏聚性较差

水泥 360kg/m³～400kg/m³、水胶比 0.5～0.65 范围内主要针对低强度喷射混凝土 C20～C25。可见，对于 C20 喷射混凝土，其水胶比可为 0.6～0.65，胶凝材料 360kg/m³ 满足要求。C25 喷射混凝土，其水胶比可为 0.55～0.6，胶凝材料 380kg/m³～400kg/m³ 满足要求。对于水泥 400kg/m³～450kg/m³，水胶比 0.42～0.55 范围内主要针对中等强度喷射混凝土，对于 C30 喷射混凝土，胶凝材料大于 420kg/m³，水胶比小于 0.5 可满足要求。强度高于 C35 的喷射混凝土，胶凝材料高于 450kg/m³，水胶比小于 0.45，能较好保证喷射混凝土质量。

本试验以湿拌法喷射混凝土施工工艺为基础。对于干拌法喷射混凝土，由于我国干拌法喷射混凝土施工技术水平相对较低，其配合比参数宜符合现行国家标准《岩土锚杆与喷射混凝土支护工程技术规范》GB 50086 的相关规定，水胶比不宜大于 0.45，胶凝材料用量不宜小于 400kg/m³。

6.1.3　规定矿物掺合料的最大掺量主要是为了保证喷射混凝土的喷射工作性和混凝土耐久性能。矿物掺合料在混凝土中的实际掺量应通过试验确定。本规程根据 EFNARC 标准《European Specification for Sprayed Concrete》及结合国内工程应用经验，对粉煤灰、粒化高炉矿渣粉和硅灰的最大掺量进行规定，EFNARC 的掺量规定如表11所示。粉煤灰和粒化高炉矿渣粉掺入对喷射混凝土的早期强度和耐久性有影响，如有要求需进行抗硫酸盐试验和早期强度测试。硅灰可改善喷射混凝土的反弹和密实度，硅灰的掺量一般为 3%～12%，掺量小起不到改善作用，掺量高混凝土易产生大的收缩。当采用超出本规程表 6.1.3 给出的矿物掺合料最大掺量时，不可全部否定，通过对喷射混凝土性能进行全面试验论证，证明喷射混凝土工作性、安全性和耐久性可以满足设计要求后，是可以采用的。

表11　EFNARC中矿物掺合料最大掺量

矿物掺合料	最大掺量
硅灰	15%硅酸盐水泥
粉煤灰	30%硅酸盐水泥
	15%粉煤灰水泥
	20%矿渣水泥
粒化高炉矿渣	30%硅酸盐水泥

当使用石灰石粉、钢渣等其他掺合料时，其性能除应符合国家现行有关标准的规定外，尚应考虑掺合料的活性、需水量，对早期强度和耐久性的影响，并通过试验验证，方可使用。

6.2 配制强度的确定

6.2.1 喷射混凝土强度的确定应经过试配和试喷两个步骤。喷射混凝土配对喷射混凝土试喷具有指导性，试配所得的强度是配制喷射混凝土的过程强度。喷射混凝土配制强度应符合现行行业标准《普通混凝土配合比设计规程》JGJ 55 配制强度要求。

2 本条款对射混凝土强度标准差值进行了规定。喷射混凝土的离散性比普通混凝土大，本规程第 6.3.1 条引入 k_1、k_2 系数后，将喷射混凝土的离散性分解为拌合配制偏离、喷射成型密实偏离及速凝硬化偏离三种，本条款中的值只是表征拌合试配偏离，可借用普通混凝土标准差。

6.3 配合比计算

6.3.1 喷射混凝土水胶比除受设计强度等级影响外，还受混凝土喷射工艺及喷射密实性、速凝剂种类和掺量、环境温度及养护系数等众多因素影响。与普通混凝土相比，喷射混凝土试配时的水胶比需要考虑喷射工艺造成混凝土密实度以及速凝剂对强度的影响。如喷射混凝土试配的水胶比按现行行业标准《普通混凝土配合比设计规程》JGJ 55 进行计算，由于受喷射工艺和速凝剂的影响，其试喷时得到的强度将无法满足设计要求。当无配制喷射混凝土经验时，宜根据公式(6.3.1)来计算喷射混凝土试配时的水胶比。

1 喷射混凝土试配时水胶比计算公式（6.3.1）对喷射混凝土试喷强度具有充分的保证率。喷射混凝土试配时水胶比计算公式结合了普通混凝土的水胶比计算公式，引入了对喷射混凝土强度影响较大的密实性参数与速凝剂影响参数，其他如温度参数及养护参数相对影响较小，不引入公式中。这样方便在普通混凝土的水胶比计算公式的基础上选择参数后进而计算喷射混凝土的试配时水胶比。公式（6.3.1）所得的水胶比对试喷的强度起指导作用，使试喷得到的强度满足喷射混凝土配制强度要求。

2 本条款对喷射混凝土密实度系数进行了规定。根据大量试验数据及相关规范条文，湿拌法工艺喷射混凝土表观密度为 $2300kg/m^3 \sim 2400kg/m^3$，干拌法工艺喷射混凝土表观密度为 $2200kg/m^3 \sim 2300kg/m^3$，相对混凝土表观密度 $2400kg/m^3$ 计算，湿拌法混凝土孔隙率为 $0 \sim 4.0\%$，干拌法混凝土孔隙率为 $3.3\% \sim 6.2\%$，根据孔隙增加 1% 强度折减 5% 计算，湿拌法强度折减 $0 \sim 20\%$，干拌法强度折减 $16.7\% \sim 31\%$，由此计算出密实度系数：湿拌法 $1.05 \sim 1.25$、干拌法 $1.2 \sim 1.45$。

3 本条款对速凝剂强度影响系数进行了规定。根据大量工程试验数据及相关规范条文，碱性速凝剂 28d 强度保证率为 $70\% \sim 80\%$，无碱速凝剂 28d 强度保证率为 $90\% \sim 100\%$，低碱速凝剂介于其间。由此确定速凝剂影响系数：碱性速凝剂 $1.25 \sim 1.40$、低碱速凝剂 $1.05 \sim 1.25$、无碱速凝剂 $1.00 \sim 1.10$。

6.3.2 喷射混凝土水胶比除受强度等级影响外，还应考虑环境因素的影响。对于地下工程等有早期强度要求的喷射混凝土，尚应考虑早期强度的影响。

6.3.3 本条文对干拌法喷射混凝土和湿拌法喷射混凝土的表观密度进行规定。干拌法喷射混凝土由于回弹大和施工工艺的限制，其实际配合比和设计配合比相差较大，其表观密度基本小于 $2300kg/m^3$。而湿拌法喷射混凝土的配合比已基本实现设计，喷射混凝土的配制技术及性能逐渐向普通混凝土靠近，湿拌法喷射混凝土的表观密度不应低于 $2300kg/m^3$。对于轻骨料喷射混凝土，其表观密度应符合《轻骨料混凝土技术规程》JGJ 51 的规定。

6.3.4 本条文对喷射混凝土的用水量进行了规定。用水量过大，会造成喷射混凝土的强度降低和喷射时的跌浆、剥落。反之，用水量过小，喷射混凝土的粉尘和回弹都会增加。喷射混凝土的各种试验表明，宜选用具有一定流动性的混凝土拌合物。用水量范围在 $180kg/m^3 \sim 220kg/m^3$ 时，能获得较好拌合物性能，超出这个用水量范围后，其喷射施工性能容易受影响，喷射混凝土强度等级较低时靠上限取值，强度等级高时靠下限取值。

6.3.5 本条文对喷射混凝土的砂率进行规定。喷射施工工艺决定了喷射混凝土砂率比普通混凝土砂率高的特性。较高的砂率，使喷射混凝土具有良好的黏聚性和较小的回弹率。细集料细度模数小于 2.7 或小于 0.075mm 粒级含量超出 10% 时，合理砂率宜靠下限取值；细集料细度模数超过 3.0 时，合理砂率宜靠上限取值；此外，对于泵送式喷设备需要高砂率对泵管进行润湿来达到喷射效果。泵送式设备喷射混凝土砂率宜靠上限取。根据日本的资料，日本众多工程的砂率都达到了 65%，美国标准指南中甚至达到 70%。

6.3.6 喷射混凝土钢纤维掺量宜根据弯曲韧度指标确定，并应考虑到喷射时钢纤维混凝土各组分回弹率不同的影响。钢纤维混凝土的钢纤维实际掺量不宜大于 $78.5kg/m^3$。本条文参考《铁路隧道工程施工技术指南》TZ204—2008 对喷射钢纤维混凝土中钢纤维掺量进行了规定。

6.4 配合比试配、试喷、调整与确定

6.4.1~6.4.3 喷射混凝土的配合比试配过程与普通混凝土相同，条文第 6.4.1~6.4.3 条根据现行行业标准《普通混凝土配合比设计规程》JGJ 55 制定。

6.4.4、6.4.5 喷射混凝土配合比设计包括试配、试

喷、调整等过程。前一部分是根据喷射混凝土的性能要求计算得出配合比，后一部分以计算配合比为前提，通过试喷、调整和验证确定设计配合比。根据试喷过程中喷射混凝土的回弹率及混凝土质量进行喷射混凝土配合比优化。为保证喷射混凝土的力学和耐久性，试喷的主要原则是在水胶比保持不变条件下优化配合比。

6.4.6 配合比试喷中的喷射混凝土强度试验主要为调整水胶比，确定合理的水胶比，进而调整配合比各参数，为获得合理的强度提供依据。

6.4.7 喷射混凝土设计配合比除应符合喷射混凝土的施工要求和强度外，对设计提出的喷射混凝土耐久性进行试验验证，也是喷射混凝土配合比设计重要的部分。

6.4.8 采用设计配合比进行试生产并对配合比进行相应调整是确定施工配合比不可缺少的环节。

6.5 高强喷射混凝土

6.5.1、6.5.2 条文对高强喷射混凝土的胶凝材料、骨料、矿物掺合料及配合比进行了规定。由于粉煤灰质量波动大，且对早期强度影响较大，高强喷射混凝土里不宜使用粉煤灰。

6.5.3 高强喷射混凝土的配合比范围较窄，因而相应减小配合比变化范围。两个配合比的水胶比宜较试拌配合比分别增加和减少 0.02。

6.5.4 高强喷射混凝土离散性大于普通喷射混凝土，所以应试喷不少于三次的喷射混凝土强度试验。

7 施 工

7.1 一般规定

7.1.1、7.1.2 施工前应编制喷射混凝土专项施工方案，包括：施工前的准备工作，设备进场和安置，混凝土制备和运输，配置相应的专业人员，现场的喷射作业安排和混凝土养护等。喷射混凝土的质量受喷射手的影响很大，喷射施工操作应选择具有丰富经验的喷射手。在喷射混凝土施工前，应对施工人员进行培训，且喷射手进行试喷混凝土性能合格后方可进行喷射混凝土施工。合格的喷射手是保证喷射混凝土施工质量的前提。

7.1.3 本条文对特殊情况下喷射混凝土的喷射工艺进行了规定。大断面隧道及大型洞室喷射混凝土的性能要求较高，且施工进度较快，干拌法喷射施工一般难以满足，故要求采用湿拌法喷射混凝土。此外，干拌法喷射施工工艺，其实际配合比和设计配合比差异较大，混凝土质量影响因素较多，强度波动较大，对于 C30 及以上强度等级喷射混凝土，采用干拌法喷射施工一般难以满足，故不宜采用干拌法喷射施工。

7.1.5 为保证喷射混凝土的质量，应保证其前一套工序已完成及验收合格后，才可进行喷射混凝土施工。

7.2 设 备

7.2.1 为了保证喷射混凝土质量，减少施工中的回弹率和粉尘浓度，提高作业效率，喷射设备的选择应参考工程尺寸和结构、基底条件、混凝土配合比和喷射数量等施工条件，选择可获得良好施工性和经济性的喷射设备。

7.2.2、7.2.3 条文对干拌法喷射设备和湿拌法喷射设备的性能进行了规定。为保证喷射混凝土的质量，减少施工中的回弹率和粉尘，提高作业效率，对喷射设备的生产能力，允许输送骨料的最大粒径，水平输料距离和竖向输料距离进行规定。

7.2.4 喷射混凝土施工应当配置专用的空气压缩机，压缩机的排风量决定了喷射设备的输送能力，因而稳定的风压和足够的风量，是喷射作业顺利进行和混凝土密实的保证。

7.2.5 对于干拌法喷射混凝土施工，喷头供水压力适宜是保证混合料与水混合均匀的重要条件，因而对供水设施应保证喷头处的水压进行规定。

7.2.6 喷射混凝土施工中，输送混合料的塑料管管壁经受骨料的反复磨损和压力，为了保证施工的安全并满足正常的施工要求，需要对输料管的承压能力进行规定，其管径应满足输送设计最大粒径骨料的要求。

7.3 喷射准备工作

7.3.1 本条文对喷射混凝土施工现场应做好的准备工作进行了规定：

1 将喷射混凝土施工作业区的障碍物进行清除，无法清除时应采取措施对障碍物进行遮挡，以保证正常的施工。

2 采用人工喷射时，当喷射面与喷射手具有一定的距离时，为保证喷嘴与喷射面的距离在 0.5m～1.5m 之间，应搭设工作台架。工作台架应搭设牢固，并配有安全栏杆，其宽度宜为 2.0m 左右，距作业面的距离宜为 0.5m～1.5m，以保证喷射作业方便灵活和安全。

3 当喷射司机和喷射手不能直接联系，为保证两人之间正常的沟通操作，需配备联络设备。

5 喷层厚度是评价喷射混凝土工程质量的主要项目之一。实际工程中，经常发生因喷层过薄而引起混凝土开裂，离鼓和剥落现象或是过喷造成材料浪费。因此，施工中必须控制好喷层厚度。一般可利用外露于喷射面的锚杆尾端，或埋设标桩等方法来控制喷射混凝土厚度，也可在施工中随时检查喷层厚度。

7.3.2 本条文对喷射混凝土用于地下工程待喷面处

理进行了规定：

1 喷射作业前，应认真清除作业面墙脚或坡底部的岩渣和回弹物料，以防止边墙混凝土喷层出现失脚现象。喷层失脚对穿过遇水膨胀或易潮解岩层或土层中的工程，会产生严重的不良后果，有的则产生岩层膨胀和喷层脱落，使支护结构逐步破坏。因此，喷射作业前，必须将墙角底部的浮石、岩渣和其他堆积物清除干净，以确保全部作业面均被喷射混凝土覆盖。

2 喷射作业前，用高压风或高压水（对遇水易泥化的岩面只能用压缩空气）清洗受喷面（对土层受喷面可不用清洗）是为使喷射混凝土与受喷面粘结牢固，保证喷射混凝土和底层良好的共同工作。

3 当地下水集中，应该采用在出水点埋导水管或导水槽的方法，将水引离岩面，然后再喷射混凝土。

7.3.3 对于边坡工程和基坑工程，其待喷面可为岩石坡面和土层坡面；边坡工程可分为自然边坡和新开挖边坡。需针对不同的坡面对待喷面进行不同处理，表面喷射前应保持湿润。

7.3.4 本条文对加固工程的待喷面处理方法进行了规定：

1 清除加固工程表面污物和其他装饰层，指的是对已有旧建筑物表面的处理，这些建筑物，在长期使用中，表面会粘有灰尘等污物，如不加清除，会严重影响新旧混凝土的粘结，降低新旧混凝土的整体受力性能；当建筑物表面有抹灰层时，在加固之前也必须彻底铲除，对混凝土表面尚应进行凿毛处理，增加喷射混凝土与原结构面的粘结强度。

2~4 参照标准 EFNARC《European Specification for Sprayed Concrete》，对混凝土发生碳化、氯离子超标和钢筋发生松脱情况下，对混凝土表面进行清除，减小已受侵蚀和污染的混凝土对新喷射混凝土以及两者之间黏结性的影响。

7 被加固的结构物表面有渗漏水，会影响喷射质量。渗漏严重时，混凝土会被水冲刷掉。因此，凡有渗漏水的结构，在喷射混凝土施工之前均要做好防水处理。严重渗漏部位可埋设导水管或截水槽等将水引出。渗漏轻微的用掺有速凝剂的混凝土喷射，可取得较好效果。

7.3.5 对于异形结构工程，喷射混凝土需直接喷射至模板上，模板需具有足够的强度和刚度，能可靠地承受喷射混凝土的重量及施工中所产生的荷载，且模板的形状和尺寸需与异形结构相同。

7.4 喷射混凝土的制备与运输

7.4.1 本条文对原材料的存储进行了规定。

7.4.2 本条文对喷射混凝土原材料计量及原材料的称量允许偏差进行规定。

7.4.4 采用集中强制式搅拌方式生产有利于控制喷射混凝土质量的稳定性。为了保证混凝土的匀质性，特别是加入速凝剂的混合料，均匀拌和尤为重要。因而，需对喷射混凝土及混合料搅拌时间作出规定。

7.4.5 为保证喷射纤维混凝土质量的均匀性，喷射纤维混凝土的搅拌时间宜适当增长。掺钢纤维喷射混凝土的回弹较大，为保证喷射钢纤维混凝土的质量、减少回弹，应进行湿拌法施工。

7.4.6 干拌混合料如被雨水、滴水淋湿，混合料中的水泥就可能在喷射作业前产生预水化作用，造成凝结时间延长，混凝土强度降低；大块石等杂物混入混合料中，喷射施工中极易堵管，严重影响施工效率，浪费混凝土材料，给施工带来麻烦。因此，本条文对这些问题作了相应的规定。湿拌法喷射混凝土的拌合料应与普通预拌混凝土一样需用运输搅拌车进行运输。喷射混凝土拌合物喷射前的停放时间与拌制方式以及是否掺速凝剂有关。过长的停放时间对喷射混凝土质量不利。

7.5 喷 射 作 业

7.5.1 本条文对喷射作业温度及喷射混凝土拌合料温度进行了规定。

7.5.2 本条文对喷射混凝土施工作业过程进行了规定：

1 按规定区、段的顺序进行喷射作业，有利于保证喷射混凝土支护的质量，并便于施工管理。喷射顺序自下而上，可避免松散的回弹物粘污尚未喷射的待喷面，同时，能起到下部喷层对上部喷层的支托作用，可减少或防止喷层的松脱和坠落。

2 当喷射面有较大蜂窝、孔洞等缺陷，喷射作业时应先喷孔洞和凹穴。对于这类工程表面，如按常规自下而上喷射作业，会使回弹物溅落在孔洞和凹穴处而形成松散层，严重影响混凝土的粘结。

3 当喷头与受喷面垂直，喷头与受喷面的距离保持在 0.5m~2.0m 的情况下进行喷射作业时，粗骨料易嵌入塑性砂浆层中，喷射冲击力适宜，表现为一次喷射厚度大，回弹率低和粉尘浓度小。

4 当喷射混凝土厚度过大，为保证混凝土的稳定性，防止混凝土掉落，应采用分层喷射。一次喷射的厚度受到喷射工艺、喷射方向、是否掺速凝剂等因素的影响，应根据实际情况确定一次喷射厚度。

5 为减少第二层喷射混凝土对第一层喷射混凝土产生影响，第二次喷射应在第一次终凝后再进行。且为增加两层混凝土之间的黏聚性，间隔时间超过 1h 后，应对表面进行湿润或用压缩空气清扫待喷面表面。

7.5.3 为控制喷射混凝土质量的稳定性，使喷射后混凝土配合比尽量接近喷射前混凝土配合比，需严格控制喷射回弹率。本条文对喷射混凝土施工过程中的回弹率进行了规定。施工中，应定期统计喷射混凝土的回弹率，对喷射混凝土的质量控制和经济性都具有重要的作用。

7.5.4 为增加喷射钢纤维混凝土的耐久性，减少钢纤维的锈蚀，在喷射钢纤维混凝土的表面宜再喷射一层厚度为 10mm 的同强度保护层对喷射钢纤维混凝土起保护作用。

7.5.6 本条文对地下工程喷射混凝土的施工要求进行了规定：

1 为保证地下工程围岩的稳定性，喷射混凝土的施工顺序应与地下工程的开挖顺序相同；

2 工程实践表明，喷射混凝土终凝 3h 后，紧靠喷射混凝土的工作面进行爆破时，混凝土的粘结力及其与壁面的粘结力足以抵抗爆破力对已喷混凝土区域范围的震动，而不会导致混凝土离鼓、开裂或脱落。

7.5.7 本条文对边坡工程和基坑工程喷射混凝土的施工要求进行了规定：

2 平缓的坡面，掉落的回弹物易堆积在坡面上，直接喷射容易产生夹层。

3 直接在冻土和松散的土面上喷射，会影响喷射混凝土与基层的粘结性，引起喷射混凝土与底层的剥离。

7.5.8 本条文对加固工程喷射混凝土的施工要求进行了规定：

3 建筑物用喷射混凝土加固的厚度通常较薄，一般在 30mm～60mm 范围内，为了能较准确地控制喷射混凝土的厚度，一般可采用外露于构件表面的模板宽度作为控制混凝土厚度的标志。

4 加固结构新旧界面的粘结强度是喷射混凝土与旧界面共同受力的基础，从提高加固构件新旧部分共同工作的角度，对新旧材料结合面上采取的措施作出了规定，以保证修复加固的效果。

5 本款要求模板支设应牢固可靠，以避免在喷射混凝土施工中，由于模板支设不牢，在喷射混凝土的冲击下晃动，影响喷射作业的顺利进行和加固质量。

7.5.9 本条文对异形结构工程喷射混凝土的施工要求进行了规定：

1～4 根据薄壳结构不同形状，规定其不同的施工作业顺序是为了保证施工荷载的均匀性，不使模板发生异常变形。但无论哪种形状的壳体，均应自下而上，即从壳体底部向顶部推进，采用这种喷射作业顺序可以避免由于施工作业人员对已绑扎好的钢筋网的损坏。同时在施工中应特别注意做好回弹物的清除工作。

5 薄壳结构厚度一般都是变化的，在喷射作业中控制好壳体不同部位的厚度十分重要，本条款规定控制喷射混凝土厚度的方法，为能较准确地控制好喷射混凝土的厚度，用针探法随时检查喷射混凝土厚度

更方便。

7.5.10 本条文对加固工程等对表面有要求的喷射混凝土修整进行了规定。喷射混凝土表面修整应在喷射混凝土初凝后进行，若在喷射后马上进行修整会破坏混凝土的内部结构及其与原结构的粘结，而当时间过长，混凝土达到终凝后再进行修整，则会给修整工作造成困难，又会破坏混凝土的强度。

7.6 养 护

7.6.1、7.6.2 喷射混凝土中由于砂率较高，水泥用量较大以及掺有速凝剂，其收缩变形要比现浇混凝土大。因此，喷射混凝土施工后，应对其保持较长时间的喷水养护。本条文规定了养护的时间和不需进行养护的情况。

8 安全环保措施

8.1 安 全 技 术

8.1.2 施工前认真检查和处理作业区（顶板、两边和工作面）的危石特别重要。由于危石未能全面清除，设备工具被砸坏，工伤事故屡见不鲜，故本条文作了明确规定。

8.1.4 喷射设备、水箱、风管和注浆罐等都属于承受压力的设备，使用前需做承压试验，防止发生崩裂事故。

8.1.5 出料弯头和输料管磨穿及管路连接处的松脱现象也时有发生，如不及时检查更换，十分危险。在喷射过程中，输料软管拖拉或折弯易出现堵管或是脉冲；为保证不影响喷射质量，喷射作业面转移时，供风和供水系统需要同步的转移。

8.1.7 钢纤维喷射混凝土施工中所用的钢纤维是直径为 0.3mm～0.8mm 的金属丝，其两端为针状较锋利，容易扎伤人。因此，在搅拌操作、上料喷射及处理回弹物时，应采取措施防止钢纤维扎伤操作人员。

8.2 环 保 要 求

8.2.1 对未污染的喷射混凝土的回弹料应回收利用，但其对喷射混凝土的施工性能有较大影响，因而严禁将回弹物料掺入喷射混凝土拌合料中。

8.2.2 喷射混凝土施工中的粉尘很大程度影响着作业人的健康。喷射混凝土作业区应具有良好的通风和有效地降低粉尘量的措施。施工区域位于居民区时，宜采用湿拌法喷射混凝土，减小对周围居民区的影响。

8.2.4 施工区域位于居民区时，需采取降噪措施，如：使用低噪声的施工工具，搅拌站、空压机、焊接棚等噪声较大处设置隔声屏，并加大施工现场管理制度，合理安排施工时间，严格控制夜间施工等，使得

施工噪声不超过所在地区的环境噪声标准，降低施工噪声对周围环境的影响。

9　质量检验与验收

9.1　质量检验与评定

9.1.3　本条文对不同工程中喷射混凝土的质量检验项目要求进行规定。不同工程对喷射混凝土的性能要求不同，目前国内大多标准对喷射混凝土的性能要求仅为强度，为保证喷射混凝土的质量，本规程参考日本土木学会编制的《喷射试验方法标准》JSCE - F565 - 2005 的基础上制定表 9.1.3 的性能要求，其中必检项目为相应工程用喷射混凝土必须检验项目，可检项目根据不同工程的设计要求进行选择。

9.1.4　本条文对喷射混凝土拌合物检验项目和检验地点、喷射混凝土厚度及强度检验频次进行了规定。

9.1.5　本条文对不同工程喷射混凝土厚度的检测方法和质量评定要求进行了规定。

9.1.6　本条文规定了硬化混凝土性能进行检验的依据，以及混凝土抗压强度质量评定方法进行了规定。喷射混凝土力学性能和耐久性能均应符合设计要求。

中华人民共和国行业标准

高性能混凝土评价标准

Standard for assessment of high performance concrete

JGJ/T 385—2015

批准部门：中华人民共和国住房和城乡建设部
施行日期：２０１６年４月１日

中华人民共和国住房和城乡建设部
公 告

第 881 号

住房城乡建设部关于发布行业标准
《高性能混凝土评价标准》的公告

现批准《高性能混凝土评价标准》为行业标准，编号为 JGJ/T 385 - 2015，自 2016 年 4 月 1 日起实施。

本标准由我部标准定额研究所组织中国建筑工业出版社出版发行。

中华人民共和国住房和城乡建设部

2015 年 8 月 21 日

前 言

根据住房和城乡建设部《关于印发〈2014 年工程建设标准规范制订、修订计划〉的通知》（建标〔2013〕170 号）的要求，标准编制组经广泛调查研究，认真总结实践经验，参考有关国际标准和国外先进标准，并在广泛征求意见的基础上，编制了本标准。

本标准的主要技术内容是：1. 总则；2. 术语；3. 基本规定；4. 设计评价；5. 生产评价；6. 工程评价。

本标准由住房和城乡建设部负责管理，由中国建筑科学研究院负责具体技术内容的解释。执行过程中如有意见或建议，请寄送中国建筑科学研究院（地址：北京市北三环东路 30 号，邮政编码：100013）。

本 标 准 主 编 单 位：中国建筑科学研究院

本 标 准 参 编 单 位：中国建筑材料科学研究总院

中国混凝土与水泥制品协会

中冶建筑研究总院有限公司

中国建筑工程总公司技术中心

江苏苏博特新材料股份有限公司

中建西部建设股份有限公司

北京金隅混凝土有限公司

上海市建筑科学研究院

深圳市安托山混凝土有限公司

中铁十八局集团第二工程有限公司

深圳市为海建材有限公司

中国建筑第二工程局有限公司

恩施兴州建设工程有限责任公司

浙江方远建材科技有限公司

本标准主要起草人员：丁 威　冷发光　周永祥
赵顺增　孙芹先　郝挺宇
韦庆东　李景芳　王永海
刘加平　王 军　王 晶
高金枝　徐景会　施钟毅
何更新　张文会　高芳胜
张文卷　杨根宏　张志明
张彦胜　杨晓华

本标准主要审查人员：王 元　王桂玲　杜 雷
黄政宇　杨再富　罗保恒
闻德荣　陈爱芝　朋改非
桂苗苗

目　次

1　总则　·················· 35—5

2　术语　·················· 35—5

3　基本规定　·············· 35—5

　3.1　一般规定　··········· 35—5

　3.2　评价方法与评价结果确定　 35—5

4　设计评价　·············· 35—7

5　生产评价　·············· 35—7

　5.1　原材料　············· 35—7

　5.2　配合比　············· 35—12

　5.3　制备　··············· 35—13

5.4　混凝土性能　··········· 35—15

6　工程评价　·············· 35—15

　6.1　原材料　············· 35—15

　6.2　配合比、制备　········ 35—16

　6.3　施工　··············· 35—16

　6.4　混凝土性能　········· 35—16

本标准用词说明　············ 35—17

引用标准名录　·············· 35—17

附：条文说明　·············· 35—18

Contents

1 General Provisions ·························· 35—5

2 Terms ································ 35—5

3 Basic Requirements ······················ 35—5

  3.1 General Requirements ··················· 35—5

  3.2 Assessment Method and Determination
    of Assessment Result ···················· 35—5

4 Design Assessment ······················ 35—7

5 Production Assessment ················· 35—7

  5.1 Raw Materials ························ 35—7

  5.2 Mix Proportion ······················· 35—12

  5.3 Fabrication ·························· 35—13

  5.4 Concrete Performances ··················· 35—15

6 Engineering Assessment ··············· 35—15

  6.1 Raw Materials ······················· 35—15

  6.2 Mix Proportion and Fabrication ······ 35—16

  6.3 Construction ························ 35—16

  6.4 Concrete Performances ················· 35—16

Explanation of Wording in This
  Standard ···························· 35—17

List of Quoted Standards ················· 35—17

Addition: Explanation of
  Provisions ···························· 35—18

1 总　则

1.0.1 为规范高性能混凝土评价，达到推广高性能混凝土及保证工程质量的目的，制定本标准。

1.0.2 本标准适用于高性能混凝土的评价。

1.0.3 高性能混凝土评价除应符合本标准外，尚应符合国家现行有关标准的规定。

2 术　语

2.0.1 高性能混凝土　high performance concrete

以建设工程设计、施工和使用对混凝土性能特定要求为总体目标，选用优质常规原材料，合理掺加外加剂和矿物掺合料，采用较低水胶比并优化配合比，通过预拌和绿色生产方式以及严格的施工措施，制成具有优异的拌合物性能、力学性能、耐久性能和长期性能的混凝土。

2.0.2 特制品高性能混凝土　special high performance concrete

符合高性能混凝土技术要求的轻骨料混凝土、高强混凝土、自密实混凝土、纤维混凝土。

2.0.3 常规品高性能混凝土　ordinary high performance concrete

除特制品高性能混凝土之外符合高性能混凝土技术要求并常规使用的混凝土。

3 基本规定

3.1 一般规定

3.1.1 高性能混凝土应以工程项目为单位进行评价，并应以同一工程、同一配合比和相同性能要求的混凝土作为同一种类混凝土进行评价。

3.1.2 高性能混凝土评价时应在评价文件中注明工程项目名称、混凝土标记。高性能混凝土标记代号应为 HPC，标记时，代号 HPC 应排在最前，其他标记部分应符合现行国家标准《预拌混凝土》GB/T 14902 的相关规定。

3.1.3 评价类别应分为下列三类：

1 设计评价：对设计采用的混凝土进行评价；评价应在工程设计文件通过审查后进行；

2 生产评价：对完成生产并交货的预拌混凝土进行评价；评价应在混凝土性能通过检验并符合工程设计和施工要求后进行；

3 工程评价：对完成设计、生产和施工的混凝土进行评价；评价应在混凝土现浇结构或装配式结构分项工程验收后，并在设计评价可满足要求的条件下进行。

三类评价均可独立进行，并单独形成评价报告。

3.1.4 三类评价体系组成应符合下列规定：

1 设计评价体系（图 3.1.4-1）应由混凝土性能方面指标组成；

2 生产评价体系（图 3.1.4-2）应由原材料、配合比、制备、混凝土性能 4 方面指标组成；

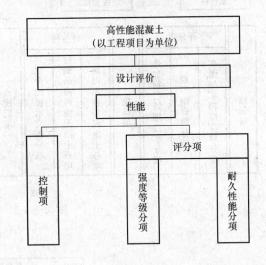

图 3.1.4-1　设计评价框架图

3 工程评价体系（图 3.1.4-3）应由原材料、配合比、制备、施工、混凝土性能 5 方面指标组成；

4 三类评价的每方面指标应包括控制项和评分项，评分项应下设分项。

3.1.5 申请评价方应按高性能混凝土的技术要求进行全过程控制，且应存档设计文件、质检报告、验收资料等技术文件，并应在申请高性能混凝土评价时提交相关技术文件及其清单。

3.1.6 评价机构应按本标准的有关要求，对申请评价方提交的报告、文件资料进行审查，经过分析和评价，出具评价报告，评价报告应给出结论：确定被评价的混凝土是否为高性能混凝土以及高性能混凝土的使用量。

3.2 评价方法与评价结果确定

3.2.1 在评价过程中，应根据评价类别，先对原材料、配合比、制备、施工、混凝土性能 5 方面进行单方面评价。

3.2.2 在对单方面进行评价时，应先进行控制项评价，当该方面所有控制项满足要求后，方可对该方面的评分项进行评分。

3.2.3 评分项评分应符合本标准第 4、5、6 章各节评分项中评分规则的要求。

3.2.4 高性能混凝土指标体系 5 个单方面各自评分项的满分均为 100 分。5 个单方面各自的评分项得分 P_1、P_2、P_3、P_4、P_5 均应按下式进行折算：

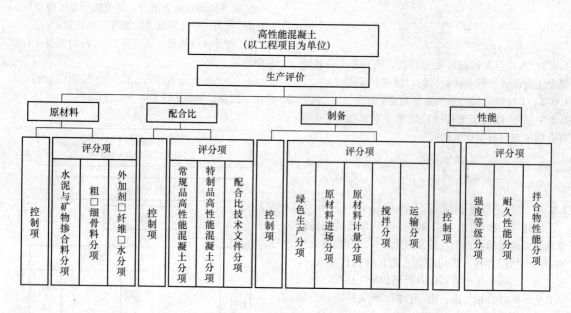

图 3.1.4-2　生产评价框架图

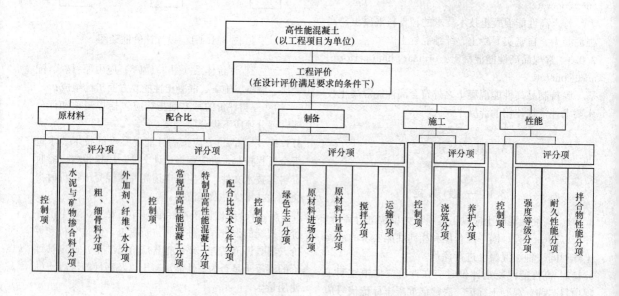

图 3.1.4-3　工程评价框架图

$$P_i = (p'_i/p_i) \times 100 \qquad (3.2.4)$$

式中：P_i——5 个单方面各自的评分项得分，精确至 0.1 分；对应 P_1、P_2、P_3、P_4、P_5，下标 i 分别为 1、2、3、4、5；

　　　p'_i——实际参与评分的评分项分项的得分之和；

　　　p_i——实际参与评分的评分项分项的最高设置分数之和。

3.2.5　高性能混凝土评分结果应按高性能混凝土评价总得分确定，高性能混凝土评价总得分应按下式进行计算：

$$P = w_1 P_1 + w_2 P_2 + w_3 P_3 + w_4 P_4 + w_5 P_5$$
$$(3.2.5)$$

式中：P——高性能混凝土评价总得分，精确至 0.1 分；

　　　w——评价指标体系指标评分项权重，5 个方面指标评分项权重 w_1、w_2、w_3、w_4、w_5 应按表 3.2.5 取值。对于设计评价，w_2、w_3、w_4、w_5 取 0；对于生产评价，w_5 取 0。

表 3.2.5　高性能混凝土各方面指标评分项权重

评价方面＼评价类别	混凝土性能 w_1	原材料 w_2	配合比 w_3	制备 w_4	施工 w_5
设计评价	1.00	—	—	—	—
生产评价	0.56	0.22	0.11	0.11	—
工程评价	0.50	0.20	0.10	0.10	0.10

3.2.6　单方面评价结果满足下列要求时应确定为单方面评价合格。

　　1　控制项应全部满足要求；

　　2　评分项得分应达到下列分数：

　　　1）设计评价：混凝土性能 100 分；

　　　2）生产评价：原材料不低于 75 分，配合比不低于 90 分，制备不低于 85 分，混凝土性能不低于 90 分；

　　　3）工程评价：原材料不低于 75 分，配合比不低于 90 分，制备不低于 85 分，施工不低于 85 分，混凝土性能不低于 90 分。

3.2.7　高性能混凝土评价结果满足下列要求时，应确定为高性能混凝土。

　　1　5 个单方面评价结果均应合格；

　　2　高性能混凝土评价总得分应达到下列分数：

　　　1）设计评价：100 分；

　　　2）生产评价：不低于 88 分；

　　　3）工程评价：在设计评价满足要求的条件下，不低于 88 分。

4　设 计 评 价

4.0.1　控制项应符合下列规定：

　　1　高性能混凝土力学性能设计应符合现行国家标准《混凝土结构设计规范》GB 50010 和《建筑抗震设计规范》GB 50011 的规定；

　　2　高性能混凝土耐久性能设计应符合现行国家标准《混凝土结构耐久性设计规范》GB/T 50476 的规定。

4.0.2　评分项评分应符合下列规定：

　　1　评分项应包括强度等级分项和耐久性能分项；

　　2　除合成纤维高性能混凝土外的特制品高性能混凝土设计性能评价至少应对强度等级分项进行评分；

　　3　常规品高性能混凝土和合成纤维高性能混凝土设计性能评价应对强度等级分项和耐久性能分项进行评分；

　　4　混凝土性能每个分项总分为：强度等级分项总分为 10 分，耐久性能分项总分不少于 10 分；评分规则应符合表 4.0.2 的规定。

表 4.0.2　设计性能评分规则

分项	评价要求、指标	审查文件	得分要求	得分
强度等级	常规品高性能混凝土不低于 C30	设计文件	1　设计文件作出规定； 2　仅选一种混凝土进行评分； 3　强度等级达到评价指标	10
	高强高性能混凝土不低于 C60			10
	自密实高性能混凝土不低于 C30			10
	钢纤维高性能混凝土不低于 CF35			10
	合成纤维高性能混凝土不低于 C30			10
	轻骨料高性能混凝土不低于 LC25			10
	用于预制制品的高性能混凝土不低于 C40，轻骨料高性能混凝土预制制品不低于 LC25			10
耐久性能	28d 碳化深度不大于 15mm	设计文件	1　设计文件作出规定； 2　至少选一项耐久性能进行评分； 3　耐久性能达到评价指标	10
	抗渗等级不小于 P12			10
	抗冻强度等级不小于 F250			10
	84d 氯离子迁移系数不大于 3.0×10^{-12} m²/s，或 28d 电通量不大于 1500C；当高性能混凝土中水泥混合材与矿物掺合料之和超过胶凝材料用量 50% 时，电通量测试龄期为 56d			10
	抗硫酸盐等级不小于 KS120			10

5　生 产 评 价

5.1　原　材　料

5.1.1　控制项应符合下列规定：

　　1　高性能混凝土采用的原材料应符合国家现行标准的规定；

　　2　原材料应符合工程验收要求，并且已经通过混凝土生产企业的验收；

　　3　水泥强度等级不应低于 42.5；

　　4　所有原材料应对人体和环境无毒无害。

5.1.2　评分项评分应符合下列规定：

　　1　评分项应包括水泥、矿物掺合料、粗细骨料、外加剂、纤维、水等分项；

　　2　原材料应为工程实际采用的原材料；采用的原材料参与评分，未采用的原材料不参与评分；

　　3　原材料每个分项总分为 10 分，原材料应按表 5.1.2-2、表 5.1.2-3 和表 5.1.2-4 的规则进行评分，并还应符合以下规定：

　　　1）所掺种类的矿物掺合料掺量应满足表 5.1.2-1 中的相应要求；

表 5.1.2-1　矿物掺合料参与评分的掺量要求

矿物掺合料种类	粉煤灰	矿渣粉	钢渣粉	磷渣粉	硅灰	石灰石粉	天然火山灰质材料
评分最低掺量（%）	10	10	7	7	3	5	5

　　　2）所用种类的细骨料用量不低于细骨料总用量的 30%；所用种类的粗骨料用量不低于粗骨料总用量的 30%；

表 5.1.2-2　水泥与矿物掺合料评分规则

分项	评价要求、指标	审查文件	得分要求	得分
水泥	比表面积不大于 360m²/kg		满足要求的批量不少于总批量的90%	10
			满足要求的批量不少于总批量的80%	9
	比表面积不大于 380m²/kg		满足要求的批量不少于总批量的90%	8
			满足要求的批量不少于总批量的80%	7
	比表面积不大于 400m²/kg		满足要求的批量不少于总批量的90%	4
		1　水泥：产品合格证、出厂检验报告；矿物掺合料：产品合格证； 2　除生产方外的、具有检验检测机构资质的检测机构出具的符合批检要求的批量检测报告，或表6.1.2中对应此分项的审查文件	满足要求的批量不少于总批量的80%	2
粉煤灰	满足Ⅰ级技术要求		满足要求的批量不少于总批量的90%	10
			满足要求的批量不少于总批量的85%	9
	满足Ⅱ级技术要求		满足要求的批量不少于总批量的90%	8
			满足要求的批量不少于总批量的85%	7
矿渣粉	满足 S95 级或 S105 级技术要求		满足要求的批量不少于总批量的90%	10
			满足要求的批量不少于总批量的85%	9
			满足要求的批量不少于总批量的95%	6
	满足 S75 级技术要求		满足要求的批量不少于总批量的90%	4

分项	评价要求、指标	审查文件	得分要求	得分
钢渣粉	满足一级技术要求		满足要求的批量不少于总批量的90％	10
			满足要求的批量不少于总批量的85％	9
	满足二级技术要求		满足要求的批量不少于总批量的95％	5
			满足要求的批量不少于总批量的90％	3
磷渣粉	满足L85级或L95级技术要求	1 水泥：产品合格证、出厂检验报告；矿物掺合料：产品合格证； 2 除生产方外的、具有检验检测机构资质的检测机构出具的符合批检要求的批量检测报告，或表6.1.2中对应此分项的审查文件	满足要求的批量不少于总批量的90％	10
			满足要求的批量不少于总批量的85％	9
	满足L70级技术要求		满足要求的批量不少于总批量的95％	5
			满足要求的批量不少于总批量的90％	3
硅灰	SiO₂含量不小于90％		满足要求的批量不少于总批量的90％	10
			满足要求的批量不少于总批量的85％	9
	SiO₂含量不小于85％		满足要求的批量不少于总批量的95％	8
			满足要求的批量不少于总批量的90％	7
石灰石粉	CaCO₃含量不小于80％		满足要求的批量不少于总批量的90％	10
			满足要求的批量不少于总批量的85％	9

分项	评价要求、指标	审查文件	得分要求	得分
石灰石粉	CaCO₃含量 不小于75%	1 水泥：产品合格证、出厂检验报告；矿物掺合料：产品合格证； 2 除生产方外的、具有检验检测机构资质的检测机构出具的符合批检要求的批量检测报告，或表6.1.2中对应此分项的审查文件	满足要求的批量不少于总批量的95%	7
			满足要求的批量不少于总批量的90%	5
天然火山灰质材料	流动度比 不小于90%		满足要求的批量不少于总批量的90%	10
			满足要求的批量不少于总批量的85%	9
	流动度比 不小于85%		满足要求的批量不少于总批量的95%	6
			满足要求的批量不少于总批量的90%	4

表 5.1.2-3 粗细骨料评分规则

分项	评价要求、指标	审查文件	得分要求	得分
人工砂	MB值小于1.2	除生产方外的、具有检验检测机构资质的检测机构出具的符合批检要求的批量检测报告，表6.1.2中对应此分项的审查文件	满足要求的批量不少于总批量的80%	7
	MB值小于1.4		满足要求的批量不少于总批量的80%	6
	石粉含量 不大于10%		满足要求的批量不少于总批量的70%	3
河砂	Ⅱ区中砂		满足要求的批量不少于总批量的70%	10
	Ⅱ区砂		满足要求的批量不少于总批量的80%	8
海砂	水溶性氯离子含量 不大于0.025%		满足要求的批量不少于总批量的80%	10

分项	评价要求、指标	审查文件	得分要求	得分
海砂	水溶性氯离子含量不大于 0.030%	除生产方外的、具有检验检测机构资质的检测机构出具的符合批检要求的批量检测报告，或表 6.1.2 中对应此分项的审查文件	满足要求的批量不少于总批量的 95%	8
陶砂	密度等级在 500～1000 范围内		满足工程要求密度等级的批量不少于总批量的 90%	10
碎石	连续级配		全部采用	6
	松散堆积空隙率不大于 45%		满足要求的批量不少于总批量的 80%	4
陶粒	连续级配		全部采用	5
	密度等级在 500～900 范围内		满足工程要求密度等级的批量不少于总批量的 90%	5

表 5.1.2-4　外加剂、纤维、水评分规则

分项	评价要求、指标	审查文件	得分要求	得分
高效减水剂	28d 收缩率比不大于 125%	1　产品合格证、出厂检验报告；2　除生产方外的、具有检验检测机构资质的检测机构出具的符合批检要求的批量检测报告，或表 6.1.2 中对应此分项的审查文件	满足要求的批量不少于总批量的 90%	10
	28d 收缩率比不大于 135%			7
泵送剂	28d 收缩率比不大于 125%			10
	28d 收缩率比不大于 135%			7
缓凝剂	28d 收缩率比不大于 125%			10
	28d 收缩率比不大于 135%			7
高性能减水剂	减缩型收缩率比不大于 90%			10

分项	评价要求、指标	审查文件	得分要求	得分
高性能减水剂	28d 收缩率比不大于 110%	1 产品合格证、出厂检验报告;	满足要求的批量不少于总批量的 90%	10
钢纤维	抗拉强度等级不小于 600 级	2 除生产方外的、具有检验检测机构资质的检测机构出具的符合批检要求的批量检测报告,或表 6.1.2 中对应此分项的审查文件	满足要求的批量不少于总批量的 95%	6
	异形		满足要求的批量不少于总批量的 95%	4
水	水质符合要求	水质检验报告、废水掺用技术文件	水质检测结果符合标准要求	6
	废水掺用比例不超过 15%		掺用比例符合要求	4

5.2 配 合 比

5.2.1 控制项应符合下列规定:

1 高性能混凝土配合比设计应符合国家现行相关标准的规定;

2 常规品高性能混凝土配合比应按强度和耐久性能进行设计,并应使混凝土达到设计与施工要求的混凝土力学性能、拌合物性能、长期性能和耐久性能;

3 特制品高性能混凝土配合比应符合下列规定:

   1) 高强高性能混凝土配合比应按强度进行设计,并应使混凝土达到设计与施工要求的混凝土力学性能、拌合物性能、长期性能和耐久性能;

   2) 轻骨料高性能混凝土配合比应按强度和表观密度进行设计,尚应使混凝土达到设计与施工要求的力学性能、拌合物性能、长期性能、耐久性能、密度等级和热工性能;

   3) 自密实高性能混凝土配合比应按强度和拌合物性能进行设计,应使混凝土达到施工要求的流动性、黏性、间隙通过性和抗离析性,并应达到设计要求的混凝土力学性能、长期性能和耐久性能;

   4) 纤维高性能混凝土配合比应按设计要求的力学性能和抗裂性能进行设计,并应使混凝土达到设计与施工要求的混凝土力学性能、拌合物性能、长期性能和耐久性能;

4 用于预制制品的高性能混凝土配合比尚应符合该制品技术标准的具体要求。

5.2.2 评分项评分应符合下列规定:

1 评分项应包括常规品高性能混凝土、特制品高性能混凝土、配合比技术文件等分项;

2 配合比应为工程实际采用的配合比;

3 工程实际采用的原材料与施工配合比通知单中的材料不一致则不能进行评分;

4 施工配合比通知单中矿物掺合料用量应细化到采用的每种矿物掺合料;

5 配合比应按表 5.2.2 的规则进行评分,配合比每个分项总分为:常规品高性能混凝土 15 分,特制品高性能混凝土 15 分,配合比技术文件分项 10 分。

表 5.2.2 配合比评分规则

分 项		评价要求、指标	审查文件	得分要求	得分
常规品高性能混凝土		水胶比不大于 0.45	施工配合比通知单	符合指标要求	10
		胶凝材料用量不大于 550kg/m³		符合指标要求	5
特制品高性能混凝土	高强高性能混凝土	C60、C65 的混凝土胶凝材料用量不大于 560kg/m³		符合指标要求	15
				超指标 10kg 以内	13
		C70、C75、C80 的混凝土胶凝材料用量不大于 580kg/m³		符合指标要求	15
				超指标 10kg 以内	13

分　项		评价要求、指标	审查文件	得分要求	得分
特制品高性能混凝土	轻骨料高性能混凝土	净水胶比不应大于 0.48	施工配合比通知单	符合指标要求	10
		胶凝材料用量不大于 550kg/m³		符合指标要求	5
	自密实高性能混凝土	水胶比不大于 0.45		符合指标要求	10
		水粉体积比在 0.8～1.15 范围内		符合指标要求	2
		胶凝材料用量不大于 600kg/m³		符合指标要求	3
				超指标 10kg 以内	2
	纤维高性能混凝土	水胶比不大于 0.45		符合指标要求	10
		钢纤维高性能混凝土胶凝材料用量不小于 360kg/m³，不大于 550kg/m³		符合指标要求	5
				超指标 10kg 以内	4
		合成纤维高性能混凝土的胶凝材料用量不大于 550kg/m³		符合指标要求	5
配合比技术文件		配合比原材料性能试验报告	1 配合比设计文件；2 开盘鉴定文件	当未同时具有配合比试配试验报告、施工配合比通知单时，本分项评为 0 分	1
		配合比试配试验报告，包括强度、耐久性试验报告			3
		施工配合比试生产的混凝土拌合物性能现场测试报告			1
		施工配合比试生产的混凝土强度评定报告			1
		施工配合比通知单			4

注：特制品高性能混凝土分项中只能选其中一种高性能混凝土进行评分。

5.3 制　备

5.3.1 控制项应符合下列规定：

1 混凝土搅拌站（楼）应符合现行国家标准《混凝土搅拌站（楼）》GB/T 10171 的规定；

2 生产设备及绿色生产应满足现行行业标准《预拌混凝土绿色生产及管理技术规程》JGJ/T 328 关于一星级的要求；

3 预拌混凝土应符合现行国家标准《预拌混凝土》GB/T 14902 的规定；

4 严禁向搅拌运输车搅拌罐内的混凝土中加水。

5.3.2 评分项评分应符合下列规定：

1 评分项应包括绿色生产、原材料进场；原材料计量、搅拌、运输等分项；

2 制备评分规则应符合表 5.3.2 的规定，制备每个分项总分为：绿色生产 16 分，原材料进场 10 分，计量 10 分，搅拌 5 分，运输 5 分。

表 5.3.2 制备评分规则

分项	评价要求、指标	审查方式	得分要求	得分
绿色生产	PM2.5厂界平均浓度差值不大于75μg/m³	PM2.5检测报告	正常生产时段检测数据不少于90%满足要求	5
			正常生产时段检测数据不少于75%满足要求	3
	骨料堆场有防雨、防扬尘的设施	现场检查	满足要求	3
	处理和再生利用废水、废浆、废弃新拌混凝土和废弃硬化混凝土的设施设备能够正常运转	现场检查	可利用废水、废浆、废弃新拌混凝土和废弃硬化混凝土	3
			可利用废水、废浆、废弃新拌混凝土	2
	严格控制废水、废浆、废弃新拌混凝土和废弃硬化混凝土的排放	现场检查	废水、废浆、废弃新拌混凝土和废弃硬化混凝土零排放	5
			废水、废浆、废弃新拌混凝土零排放	4
原材料进场	查收质量证明文件，包括型式检验报告、出厂检验报告与合格证等，外加剂、纤维具有使用说明书	要求的相应文件	文件齐全	3
	进场时进行抽样复检	批检报告	每种材料抽样复检的检验批不低于90%符合要求	7
			每种材料抽样复检的检验批不低于80%符合要求	5

原材料计量

原材料计量偏差每班检查1次，每盘混凝土原材料计量的允许偏差满足下表：

原材料品种	水泥	骨料	水	外加剂	掺合料	纤维
每盘计量允许偏差（%）	±2	±3	±1	±1	±2	±1
累计计量允许偏差（%）	±1	±2	±1	±1	±1	±1

注：累计计量允许偏差是指每一运输车中各盘混凝土的每种材料计量和的偏差

审查方式：计量设备运行记录　得分要求：满足要求　得分：10

分项	评价要求、指标	审查方式	得分要求	得分
搅拌	同一盘混凝土中，砂浆密度两次测值的相对误差不大于0.8%，稠度两次测值的差值不大于混凝土拌合物稠度允许偏差的绝对值	测试报告	满足要求	5
运输	对于寒冷、严寒或炎热的天气情况，搅拌运输车的搅拌罐有保温或隔热措施	现场检查	满足要求	5

5.4 混凝土性能

5.4.1 控制项应符合下列规定：

1 高性能混凝土力学性能和耐久性能应符合设计要求；

2 高性能混凝土应符合现行国家标准《预防混凝土碱骨料反应技术规范》GB/T 50733 的规定；

3 高性能混凝土拌合物性能应满足生产和施工的要求，拌合物中水溶性氯离子最大含量应满足表 5.4.1 的要求。

表 5.4.1 高性能混凝土拌合物中水溶性氯离子最大含量

环 境 条 件	水溶性氯离子最大含量（水泥用量的质量百分比，%）	
	钢筋混凝土	预应力混凝土
干燥环境	0.30	0.06
潮湿但不含氯离子的环境	0.20	
潮湿而含有氯离子的环境、盐渍土环境	0.10	
除冰盐等侵蚀性物质的腐蚀环境	0.06	

5.4.2 评分项评分应符合下列规定：

1 评分项应包括强度等级、耐久性能、拌合物性能等分项；

2 除合成纤维高性能混凝土外的特制品高性能混凝土性能评价至少应对强度等级分项和拌合物性能分项进行评价；

3 常规品高性能混凝土性能评价和合成纤维高性能混凝土性能评价应对强度等级指标、耐久性能指标和拌合物性能指标进行评价；

4 混凝土性能评分规则应符合表 5.4.2 的规定，每个分项总分为：强度等级分项总分为 10 分，耐久性能分项总分不少于 10 分，拌合物性能总分为 10 分。

表 5.4.2 混凝土性能评分规则

分项	评价要求、指标	审查文件	得分要求	得分
强度等级	常规品高性能混凝土不低于C30	除生产方外的，具有检验检测机构资质的检测机构出具的符合批检要求的批量检测报告，或表6.4.2中对应此分项的审查文件	1 仅选一种混凝土进行评分；2 批检满足要求的批量不少于总批量的95%得10分，满足要求的批量不少于总批量的90%得8分	10
				8
	高强高性能混凝土不低于C60			10
				8
	自密实高性能混凝土不低于C30			10
				8
	钢纤维高性能混凝土不低于CF35			10
				8
	合成纤维高性能混凝土不低于C30			10
				8
	轻骨料高性能混凝土不低于LC25			10
				8
	预制制品用高性能混凝土不低于C40，其中轻骨料高性能混凝土不低于LC25			10
				8

续表 5.4.2

分项	评价要求、指标	审查文件	得分要求	得分
耐久性能	抗渗等级不小于P12	除生产方外的，具有检验检测机构资质的检测机构出具的符合批检要求的批量检测报告，或表6.4.2中对应此分项的审查文件	1 至少选一项耐久性能进行评分；2 批检满足要求的批量不少于总批量的95%得10分，满足要求的批量不少于总批量的90%得8分	10
				8
	28d碳化深度不大于15mm			10
				8
	抗冻强度等级不小于F250			10
				8
	84d氯离子迁移系数不大于3.0×10^{-12} m²/s，或28d电通量不大于1500C；对高性能混凝土中水泥混合材与矿物掺合料之和超过胶凝材料用量50%时，电通量测试龄期为56d			10
				8
	抗硫酸盐等级不小于KS120			10
				8
拌合物性能	具有良好的工作性和匀质性，无分层、离析和泌水现象	施工记录或施工方签字确认	无明显问题	3
			仅有局部轻微问题	2
	项目 / 控制目标值(mm) / 允许偏差(mm)：坍落度 ≤40 ±10，50~90 ±20，100~150 ±20，≥160 ±30；扩展度 ≥500 ±50	除生产方外的，具有检验检测机构资质的检测机构出具的符合批检要求的批量检测报告，或表6.4.2中对应此分项的审查文件	批检满足要求的批量不少于总批量的90%得7分，满足要求的批量不少于总批量的85%得5分	7
				5

6 工 程 评 价

6.1 原 材 料

6.1.1 原材料的控制项应执行本标准第 5.1.1 条的规定，其中第 2 款应改为：原材料应符合工程验收要求，并且已经通过施工企业的验收。

6.1.2 评分项应执行本标准第 5.1.2 条的规定，其中表 5.1.2-2、表 5.1.2-3、表 5.1.2-4 中审查文件一栏内容应按表 6.1.2 的规定执行。

表 6.1.2 原材料审查文件

分项	审 查 文 件
水泥和矿物掺合料各分项	1 水泥：产品合格证、出厂检验报告；矿物掺合料：产品合格证；2 批量检测报告和混凝土分项工程原材料检验批质量验收记录
粗、细骨料各分项	批量检测报告和混凝土分项工程原材料检验批质量验收记录

分项	审 查 文 件
外加剂、纤维各分项	1　产品合格证、出厂检验报告； 2　批量检测报告和混凝土分项工程原材料检验批质量验收记录
水	水质检验报告、废水掺用技术文件

6.2　配合比、制备

6.2.1　配合比的控制项和评分项应执行本标准第5.2节的规定。

6.2.2　制备的控制项和评分项应执行本标准第5.3节的规定。

6.3　施　　工

6.3.1　控制项应符合下列规定：

1　施工应符合现行国家标准《混凝土质量控制标准》GB 50164、《建筑工程施工质量验收统一标准》GB 50300 和《混凝土结构工程施工规范》GB 50666的规定，并应满足国家和地方关于绿色施工的要求；

2　应制定高性能混凝土施工方案，并应做施工记录；

3　混凝土泵送和浇筑过程中严禁向混凝土中加水；

4　用于预制制品的高性能混凝土养护应满足该制品生产工艺规定养护制度的要求。

6.3.2　评分项评分应符合下列规定：

1　评分项应包括浇筑、养护等分项；

2　施工评分规则应符合表 6.3.2 的规定，施工每个分项的总分为：浇筑分项总分 16 分，养护分项总分 24 分。

表 6.3.2　施工评分规则

分项	评价要求、指标	审查方式	得分要求	得分
浇筑	入模温度不高于35℃，也不低于5℃	施工方案 施工记录	施工方案有规定，实际混凝土入模温度满足要求	4
	混凝土振捣密实		无不良记录，拆模后混凝土无蜂窝狗洞，外观良好	4
			无不良记录，拆模后混凝土外观质量无明显问题	2
	未发生涨模、漏浆现象	施工记录 现场检查	无不良记录，拆模后混凝土外观质量良好	4
			无不良记录，拆模后混凝土外观质量无明显问题	2
	同一施工段的混凝土连续浇筑，并在下一层混凝土初凝前将上一层混凝土浇筑完毕		无不良记录，拆模后混凝土无浇筑缝	4

分项	评价要求、指标	审查方式	得分要求	得分
养护	制定养护制度，实际养护符合养护制度要求	施工方案 施工记录 现场检查	施工方案有规定，无不良记录，混凝土无养护不良引起的裂缝	6
			施工方案有规定，无不良记录，混凝土无养护不良引起的明显裂缝	4
	浇筑成型后，采用塑料薄膜等养护材料及时对混凝土暴露面进行覆盖或养护		施工方案有规定，无不良记录，混凝土无养护不良引起的裂缝	6
			施工方案有规定，无不良记录，混凝土无养护不良引起的明显裂缝	4
	混凝土内部与表面的温差不大于25℃，撤除养护措施时，混凝土表面与外界温差不大于20℃，养护用水温度与混凝土表面温度之间的温差不大于15℃	施工记录 现场检查	无不良记录，混凝土无温度应力引起的裂缝	4
	对硅酸盐水泥、普通硅酸盐水泥或矿渣硅酸盐水泥配制的混凝土，采用浇水和潮湿覆盖的养护时间不少于7d；对粉煤灰硅酸盐水泥、火山灰硅酸盐水泥、复合硅酸盐水泥配制的混凝土，或掺加缓凝剂的混凝土以及大掺量矿物掺合料混凝土，采用浇水和潮湿覆盖的养护时间不少于14d	施工方案 施工记录 外观检查	无不良记录，拆模后外观质量良好，无养护不良引起的裂缝和起砂等问题	4
			养护时间略有不足，但混凝土质量满足要求	3
	混凝土强度达到1.2MPa前不在其上踩踏或安装模板及支架		无不良记录，混凝土表面质量良好	4

6.4　混凝土性能

6.4.1　控制项应执行本标准第 5.4.1 条的规定，并应补充 1 款：混凝土分项工程、现浇结构或装配结构分项工程应验收合格。

6.4.2　评分项应执行本标准 5.4.2 条的规定，其中表 5.4.2 中审查文件一栏内容应改为按表 6.4.2 规定执行。

表 6.4.2 混凝土性能审查文件

分 项	审 查 文 件
强度等级	批量检测报告和混凝土分项工程质量验收记录
耐久性能	批量检测报告和混凝土分项工程质量验收记录
拌合物性能	施工记录和批量检测报告和混凝土分项工程质量验收记录

本标准用词说明

1 为便于在执行本标准条文时区别对待，对要求严格程度不同的用词说明如下：

1）表示很严格，非这样做不可的：
正面词采用"必须"，反面词采用"严禁"；

2）表示严格，在正常情况下均应这样做的：
正面词采用"应"，反面词采用"不应"或"不得"；

3）表示允许稍有选择，在条件许可时，首先应这样做的：

正面词采用"宜"，反面词采用"不宜"；

4）表示有选择，在一定条件下可以这样做的，采用"可"。

2 条文中指明应按其他有关标准执行的写法为："应符合……的规定"或"应按……执行"。

引用标准名录

1 《混凝土结构设计规范》GB 50010

2 《建筑抗震设计规范》GB 50011

3 《混凝土质量控制标准》GB 50164

4 《建筑工程施工质量验收统一标准》GB 50300

5 《混凝土结构耐久性设计规范》GB/T 50476

6 《混凝土结构工程施工规范》GB 50666

7 《预防混凝土碱骨料反应技术规范》GB/T 50733

8 《混凝土搅拌站（楼）》GB/T 10171

9 《预拌混凝土》GB/T 14902

10 《预拌混凝土绿色生产及管理技术规程》JGJ/T 328

中华人民共和国行业标准

高性能混凝土评价标准

JGJ/T 385—2015

条 文 说 明

制 订 说 明

《高性能混凝土评价标准》JGJ/T 385-2015，经住房和城乡建设部 2015 年 8 月 21 日以第 881 号公告批准、发布。

本标准制订过程中，编制组进行了广泛而深入的调查研究，总结了我国目前工程建设中高性能混凝土生产应用技术的实践经验，同时参考了国外先进技术法规、技术标准。

为便于广大设计、施工、科研、学校等单位有关人员在使用本标准时能正确理解和执行条文规定，《高性能混凝土评价标准》编制组按章、节、条顺序编制了本标准的条文说明，对条文规定的目的、依据以及执行中需注意的有关事项进行了说明。但是，本条文说明不具备与标准正文同等的法律效力，仅供使用者作为理解和把握标准规定的参考。

目　次

1　总则 ……………………………… 35—21
2　术语 ……………………………… 35—21
3　基本规定 ………………………… 35—22
　　3.1　一般规定 …………………… 35—22
　　3.2　评价方法与评价结果确定 … 35—22
4　设计评价 ………………………… 35—23
5　生产评价 ………………………… 35—23
　　5.1　原材料 ……………………… 35—23

5.2　配合比 ………………………… 35—25
5.3　制备 …………………………… 35—26
5.4　混凝土性能 …………………… 35—27
6　工程评价 ………………………… 35—27
　　6.1　原材料 ……………………… 35—27
　　6.2　配合比、制备 ……………… 35—27
　　6.3　施工 ………………………… 35—27
　　6.4　混凝土性能 ………………… 35—28

1 总　　则

1.0.1 我国建筑和基础设施建设的工程量巨大，现代混凝土结构也向着高层、大跨、超深、特种结构等方向发展，从而对混凝土性能提出了更高的要求，诸如具有更大承载力以及能够抵御严寒、炎热、雨雪、腐蚀等严酷的使用环境等，高性能混凝土能够满足上述要求。高性能混凝土成功用于国内许多标志性建筑物，如上海环球金融中心、广州国际金融中心、天津117大厦等，也成功用于各建设行业的混凝土工程，如海洋工程、交通工程、市政工程、水电工程、核电工程等，其中典型工程实例包括：三峡工程、青藏铁路、杭州湾大桥、高速铁路工程等。

目前，业界对高性能混凝土已经形成共识，但尚缺乏具体界定高性能混凝土的操作性标准，本标准的制定，将弥补这一不足，有利于进一步促进高性能混凝土的推广应用和发展。

1.0.2 本标准规定了对设计采用的混凝土、完成生产并交货的预拌混凝土以及完成工程的混凝土进行高性能混凝土评价的技术方法和指标体系。

1.0.3 与本标准有关、难以详尽的技术内容，应符合国家现行标准的有关规定。

2 术　　语

2.0.1 关于高性能混凝土的术语，以下几个方面的说明有助于进一步理解。

1 高性能混凝土是针对工程具体要求，尤其是针对特定要求而制作的混凝土。例如：针对典型腐蚀环境条件须采用相应耐久性能要求而制作的混凝土；又如针对钢筋密集的结构部位须采用免振捣施工的自密实性能要求制作的混凝土等；同时也可以针对常规情况但对混凝土有较高技术性能要求的情况，等等。

传统上习惯于采用强度作为工程设计和施工的总体目标，而高性能混凝土则强调综合性能：不仅仅重视强度，还重视施工性能，长期性能和耐久性能。例如：对于某一海洋工程混凝土结构，高性能混凝土强度可与常规混凝土差异不大，但长期和耐久性能则大为不同，尤为优异；又如：某一配筋密集不利于振捣的工程结构，高性能混凝土强度可与常规混凝土差异不大，但拌合物性能尤为优异，可以免振捣自密实。

2 合理选用优质的常规原材料，按本标准要求，某些原材料不仅仅应满足标准的基本要求，还宜达到较高的指标要求，比如：用于高性能混凝土的粉煤灰为Ⅱ级粉煤灰，而Ⅲ级粉煤灰虽符合标准要求，但未列入适于制备高性能混凝土的优质原材料。再者，合理选用及应用技术十分重要，即便采用的是优质原材料，但应用技术不对，也不能发挥作用，比如：严寒

地区抗冻要求的混凝土宜采用硅酸盐水泥或普通硅酸盐水泥，而不是其他品种的通用硅酸盐水泥。

3 采用"双掺"技术。在混凝土中掺加外加剂和矿物掺合料推动了混凝土技术的发展，也是高性能混凝土的基础，但与常规混凝土有所不同的是，高性能混凝土宜采用高性能减水剂，并强调矿物掺合料的合理掺量。

4 采用较低水胶比，是高性能混凝土技术关键之一。一般来说，在不与混凝土拌合物施工性能和硬化混凝土抗裂性能相抵触的前提下，低水胶比的混凝土性能相对较高。本标准推荐高性能混凝土最大水胶比为0.45，主要考虑：①水胶比满足高性能混凝土性能的技术目标为好，不必一味追求低水胶比；②应涵盖部分施工性能、力学性能、耐久性能（含抗裂）、长期性能、经济性等综合情况较好，且应用面较广的混凝土，有利于提高混凝土行业整体水平。

5 优化配合比，也是高性能混凝土技术关键之一。优化配合比是具体操作的重要部分，主要体现在配合比设计的试配阶段，通过试验、调整和验证，使配合比可以实现高性能混凝土的性能要求，并且具有良好的经济性。虽然原材料不过水泥、矿物掺合料、骨料、外加剂、水这几项，但针对不同特定目标要求，各个原材料的不同用量的配合比例却变化不同。因此，无论工程要求的混凝土性能对配合比要求有何不同，配合比都应进行优化并符合技术规律，这是实现高性能混凝土的必由之路。

6 采用绿色预拌生产方式进行绿色生产。高性能混凝土应采用预拌混凝土生产方式，以确保生产质量控制水平以及产品生产质量。绿色生产内容主要包括节约资源和环境保护，是当今生产技术的基本要求，也是高性能混凝土必须遵循的。

7 采用严格的施工措施，精心施工，严格管理，是实现高性能混凝土的重要手段，也是制作高性能混凝土的重要环节。

高性能混凝土的术语概括了上述方面的涵义。高性能混凝土包括常规品高性能混凝土和特制品高性能混凝土。

2.0.2 特制品高性能混凝土与特制品混凝土的关系犹如常规品高性能混凝土与普通混凝土的关系。现行国家标准《预拌混凝土》GB/T 14902规定，特制品混凝土包括轻骨料混凝土、高强混凝土、自密实混凝土、纤维混凝土和重混凝土，其种类及强度等级代号见表1。

表 1　特制品混凝土种类及强度等级代号

混凝土种类	高强混凝土	自密实混凝土	纤维混凝土	轻骨料混凝土	重混凝土
混凝土种类代号	H	S	F	L	W
强度等级代号	C	C	C（合成纤维混凝土） CF（钢纤维混凝土）	LC	C

关于属于特制品的几种混凝土，说明如下：

1 轻骨料混凝土：用轻粗骨料、轻砂或普通砂等配制的干表观密度不大于 1950kg/m³ 的混凝土；

2 高强混凝土：强度等级不低于 C60 的混凝土；

3 自密实混凝土：无需振捣，能够在自重作用下流动密实的混凝土；

4 纤维混凝土：掺加钢纤维或合成纤维作为增强材料的混凝土；

5 重混凝土：用重晶石、磁铁矿、褐铁矿、铁砂（丸）等重骨料配制的干表观密度大于 2800kg/m³ 的混凝土。

2.0.3 常规品混凝土为通常使用的干表观密度为 2000kg/m³～2800kg/m³ 的普通混凝土，也包括大体积混凝土、清水混凝土、补偿收缩混凝土等。

3 基 本 规 定

3.1 一 般 规 定

3.1.1 在同一工程中，会有多个建筑物或结构物，且可能都不相同，即便在同一建筑物或结构物中，混凝土也会有所不同，比如：竖向结构构件与水平结构构件的混凝土强度等级就可能不同。因此，在高性能混凝土评价过程中，将相同的混凝土归类评价较为简明，易于操作。

3.1.2 高性能混凝土标记示例如下：

示例 1：采用通用硅酸盐水泥、河砂（也可是人工砂或海砂）、石、矿物掺合料、外加剂和水配制的常规品高性能混凝土，强度等级为 C50，坍落度为 180mm，抗冻等级为 F250，电通量 Q_s 为 1000C，其标记为：HPC-A-C50-180（S4）-F250 Q-Ⅲ（1000）-GB/T14902；

示例 2：采用通用硅酸盐水泥、砂（也可是陶砂）、陶粒、矿物掺合料、外加剂和水配制的特制品高性能混凝土之一的轻骨料高性能混凝土，强度等级为 LC40，坍落度为 210mm，抗冻等级为 F250，其标记为：HPC-B-L-LC40-210(S4)-F250-GB/T 14902。

3.1.3 设计采用高性能混凝土对于促进推广应用高性能混凝土十分重要，设计评价有利于推动设计采用高性能混凝土。商品搅拌站是混凝土生产领域重要的企业形式，独立生产经营，商品搅拌站生产的预拌混凝土是当今采用的最大宗的混凝土材料之一，生产评价有利于高性能混凝土的生产和应用，有利于混凝土生产行业技术水平的提高。施工企业采用商品搅拌站或自有的搅拌站生产预拌混凝土进行施工，对施工完成的混凝土进行评价顺理成章，工程评价有利于高性能混凝土对整个工程及其领域的贡献。

本标准规定了独立进行设计评价、生产评价和工程评价这三类评价的评价方法和指标体系，虽然有些

评价内容有所重合，但不影响分别独立进行评价。

3.1.4 本条规定了高性能混凝土的评价体系框架，这对于理解和操作高性能混凝土评价具有指导性。

3.1.5 高性能混凝土评价应由要求对混凝土进行评价的一方提出申请，并按要求提供评价所需的技术文件和资料。这些文件和资料，申请方可在高性能混凝土制作过程中同步准备，这也有利于提高高性能混凝土制作控制水平。

3.1.6 评价机构对高性能混凝土进行评价，需要进行文件审查和实物检查，文件审查主要包括形式审查和内容审查，审查的文件主要有设计文件、产品合格证和产品说明书、出厂检验报告、批检报告、施工记录、验收文件等；实物检查主要包括绿色生产设备设施检查和结构混凝土外观检查等。在此基础上，进行分析评分，作出评价结论。

3.2 评价方法与评价结果确定

3.2.1、3.2.2 原材料、配合比、制备、施工、混凝土性能 5 方面都设有控制项和评分项；控制项其中任何一项不符合要求就一票否决整个评价方面；评分项下设分项，分项中设有各项指标，各指标项是评分的基本单位。

3.2.3 评分项的具体评分规则见于本标准第 4、5、6 章各节对应的评分项中。

3.2.4 原材料、配合比、制备、施工、混凝土性能各单方面评分项分项设置的总分都不相同，分项总分之和也不同，并且有些方面比如原材料方面并不是列出的所有原材料都用于每次被评价的混凝土，单方面的分项总分之和也是随被评价的混凝土不同而不同，因此，为了分析比较以及后续采用权重进行总分计算，采用了按百分折算的方法，即评价过程中各单方面评分项的得分无论为多少，都折算为百分情况下的得分。

3.2.5 本条规定了高性能混凝土评价总得分的计算方法，即所涉及的单方面评分项的得分乘上该方面评分指标权重后求和。单方面评分指标权重按各方面的重要性不同而有所不同，比如：高性能混凝土的性能最为重要，并且是最终目标，所以权重最大。

3.2.6 在评价过程中，先对原材料、配合比、制备、施工、混凝土性能各个单方面分别进行评价，其中包括控制项评价和评分项评分。控制项若不满足则一票否决，评分项应满足规定分数要求，两项都满足要求为单方面评价合格。

3.2.7 混凝土性能、原材料、配合比、制备、施工任一单方面评价结果不合格时都一票否决；各单方面评价都合格方可计算高性能混凝土评价总得分。各单方面评价都合格未必高性能混凝土评价总得分满足要求，因为高性能混凝土评价总得分要求略高于各单方

面评分项的合格线得分乘上该方面评分指标权重之和。

4 设 计 评 价

4.0.1 关于控制项，现行国家标准《混凝土结构设计规范》GB 50010、《建筑抗震设计规范》GB 50011、《混凝土结构耐久性设计规范》GB/T 50476 均为设计应执行的标准规范，当采用高性能混凝土时也应遵循。

4.0.2 在评分过程中，特制品高性能混凝土（除合成纤维高性能混凝土外）仅可对强度等级分项进行评价，因为特制品高性能混凝土的特殊性能本身就是高性能的具体体现；合成纤维高性能混凝土与常规品高性能混凝土则需要对强度等级分项和耐久性能两个分项都进行评价。评分项所有分项总分之和就是评分项设置总分，所有分项得分之和就是评分项得分；给出各个分项总分是为了便于采用评分规则表进行评分。

对于设计评价的要求、指标，下列说明有助于理解。

1 高性能混凝土在强度等级方面，没有包括较低的强度等级，因为强度等级太低，一般来说无法达到高耐久性。用于预制制品的混凝土强度等级要求较高，低了不利于满足使用要求。

2 高性能混凝土在耐久性能方面，有以下说明：

1）在抗碳化性能方面，要求高性能混凝土快速碳化试验的 28d 碳化深度不大于 15mm，为抗碳化等级 T-Ⅲ中的中间值，未包括抗碳化等级 T-Ⅰ、T-Ⅱ，也不包括抗碳化等级 T-Ⅲ中大于 15mm 的值。快速碳化试验碳化深度不大于 15mm 的混凝土，其抗碳化性能良好；一些强度等级高、密实性好的混凝土在快速碳化试验中会出现测不出碳化的情况；

2）在抗（水）渗性能方面，要求高性能混凝土抗渗等级不小于 P12，为最高抗渗等级，未包括抗渗等级 P4、P6、P8、P10；对于有抗（水）渗性能要求的混凝土工程，抗渗等级 P12 可以充分满足，混凝土中掺加较多矿物掺合料并采用高效或高性能减水剂的情况，比较容易达到抗渗等级 P12；

3）在抗冻性能方面，要求高性能混凝土抗冻等级不小于 F250，未包括抗冻等级 F50、F100、F150、F200；抗冻等级的标记代号为 F，普遍用于建设工程中结构混凝土抗冻性能控制，抗冻等级 F250 的混凝土一般可以满足除盐冻情况下的抗冻要求；除高强混凝土外，混凝土中一般需要掺加引气剂方可达到抗冻等级 F250；

4）在抗氯离子渗透性能方面，要求高性能混凝土 84d 氯离子迁移系数不大于 2.5×10^{-12} m^2/s，为抗氯离子渗透等级 RCM-Ⅲ 的边界值，不包括抗氯离子渗透等级 RCM-Ⅲ 中大于 2.5×10^{-12} m^2/s 的值，当然也就排除了抗氯离子渗透等级 RCM-Ⅰ、RCM-Ⅱ；要求高性能混凝土 28d（当混凝土中水泥混合材与矿物掺合料之和超过胶凝材料用量 50% 时，电通量测试龄期应为 56d）电通量不大于 2000C，为抗氯离子渗透等级 Q-Ⅱ 的边界值，不包括抗氯离子渗透等级 Q-Ⅱ 中大于 2000C 的值，当然也就抗氯离子渗透等级 Q-Ⅰ。混凝土氯离子迁移系数往往是针对海洋环境等氯离子侵蚀环境的控制指标，一般对于滨海环境，84d 龄期的混凝土氯离子迁移系数不大于 2.5×10^{-12} m^2/s，表明混凝土具有较好的抗氯离子渗透性能；目前国内电通量指标较多用于土壤、某些侵蚀介质等腐蚀环境下对混凝土抗渗透性能的评价；对于抗渗透抗腐蚀性能要求高的混凝土，一般会增加较多矿物掺合料，28d 的试验结果不能准确反映混凝土真实的抗氯离子渗透性能，故测试龄期超出 28d；

5）在抗硫酸盐性能方面，要求高性能混凝土抗硫酸盐等级不小于 KS120，未包括抗硫酸盐等级 KS30、KS60、KS90。对于一般地下环境的混凝土工程，抗硫酸盐等级为 KS120 的混凝土具有较好的抗硫酸盐侵蚀性能。

5 生 产 评 价

5.1 原 材 料

5.1.1 关于 4 项控制项，说明如下：

1 高性能混凝土采用的原材料的现行国家标准或现行行业标准包括：水泥方面有现行国家标准《通用硅酸盐水泥》GB 175、《中热硅酸盐水泥 低热硅酸盐水泥 低热矿渣硅酸盐水泥》GB 200 等；矿物掺合料方面有现行国家标准《用于水泥和混凝土中的粉煤灰》GB/T 1596、《矿物掺合料应用技术规范》GB/T 51003 的规定、《用于水泥和混凝土中的粒化高炉矿渣粉》GB/T 18046、《用于水泥和混凝土中的钢渣粉》GB/T 20491 的规定、《用于水泥和混凝土中的粒化电炉磷渣粉》GB/T 26751、《砂浆和混凝土中用硅灰》GB/T 27690、《石灰石粉混凝土》GB/T 30190 和现行行业标准《石灰石粉在混凝土中应用技术规程》JGJ/T 318、《水泥砂浆和混凝土用天然火山灰质材料》JG/T 315 等；骨料方面有现行行业标准《普通混凝土用砂、石质量及检验方法标准》JGJ 52、《海砂混凝土应用技术规范》JGJ 206、现行国家标准《轻集料及其试验方法　第 1 部分：轻集料》GB/T 17431.1 等；外加剂方面有现行国家标准《混凝土外加剂》GB 8076 等；纤维方面有现行行业标准《纤维混凝土应用技术规程》JGJ/T 221 等；水有现行行业标准《混凝土用水标准》JGJ 63；

2 要求原材料已经被混凝土生产企业或施工企业验收，是要原材料满足质量标准和生产使用的基本要求；

3 要求用于高性能混凝土的水泥不包括普通混凝土允许使用的强度等级 32.5 的水泥，这主要是强调使用混合材料掺量相对较少的水泥，便于高性能混凝土配制过程中的技术控制，保证混凝土性能，尤其是耐久性能；

4 对人体和环境无毒无害是采用材料的基本原则之一，例如：有些矿物掺合料存在放射性的可能性，比如粉煤灰、磷渣粉等，须引起重视。又如：用于供水的预制混凝土制品不少，外加剂在混凝土中的掺量虽少，但有溶出的可能性，因此采用化学外加剂时应注意对人的安全性。

5.1.2 原材料评分项所有分项总分之和就是评分项设置总分，所有分项得分之和就是评分项得分。给出各个分项总分是为了便于采用评分规则表进行评分，因为各个分项中下设有指标项，且指标项按得分要求不同而有不同的得分。评分过程中应注意：

1 被评价的原材料应与工程实际采用的原材料相对应，避免以次充好；

2 矿物掺合料掺量太少不予以评分，可避免为了得分而象征性掺加的行为；即便矿物掺合料掺量少于评分掺量要求，但该矿物掺合料也应执行本节控制项第 1 项关于符合标准要求的规定；

3 粗、细骨料用量太少不予以评分，可避免为了得分而象征性使用的行为；即便粗、细骨料用量少于评分用量要求，但该骨料也应执行本节控制项第 1 款关于符合标准要求的规定。

关于评价规则表中原材料的评价要求、指标，做以下相应的说明以助理解。

1 关于水泥：《通用硅酸盐水泥》GB 175 - 2007 中，规定硅酸盐水泥和普通硅酸盐水泥的细度比表面积不小于 300m²/kg，但没有对水泥细度的上限作规定，并且，指标是选择性指标，可以由买卖双方协商；目前工程中遇到的问题是水泥普遍偏细，以 P·O 42.5 水泥为例，许多水泥比表面积为 380m²/kg～430m²/kg，水泥的放热速率快，导致混凝土收缩开裂现象普遍，后期强度增长率小，不太适合高性能混凝土。国内外研究表明，水泥中含有适量的中粗颗粒，不仅放热慢、收缩小，而且有利于保障混凝土后

期强度增长，对混凝土工程耐久性具有重要作用。因此，评分鼓励采用比表面积较小的水泥。

2 关于粉煤灰：粉煤灰是由燃煤电厂烟囱收集的粉体材料；磨细粉煤灰则是由较粗的粉煤灰或是其他来源的粉煤灰磨细而成，用于高性能混凝土的粉煤灰或磨细粉煤灰至少应达到Ⅱ级指标要求。

3 关于粒化高炉矿渣：粒化高炉矿渣粉是由符合现行国家标准《用于水泥中的粒化高炉矿渣》GB/T 203 标准的粒化高炉矿渣磨细而成；用于高性能混凝土的粒化高炉矿渣粉宜达到 S95 级粒化高炉矿渣粉的指标，虽然也允许使用的 S75 级粒化高炉矿渣粉，但在评分中鼓励采用 S95 及以上级粒化高炉矿渣粉，给分高于采用 S75 级粒化高炉矿渣粉。

4 关于钢渣粉：钢渣粉是由符合现行行业标准《用于水泥中的钢渣》YB/T 022 规定的转炉钢渣或电炉钢渣经磁选除铁处理后磨细而成；用于高性能混凝土的钢渣粉宜达到一级钢渣粉的指标，虽然也允许使用二级钢渣粉，但在评分中鼓励采用一级钢渣粉，给分高于采用二级钢渣粉的指标。

5 关于磷渣粉：磷渣粉是由电炉法制黄磷时经淬冷成粒的粒化电炉磷渣磨细而成；用于高性能混凝土的磷渣粉应达到 L85 级磷渣粉的指标，虽然也允许使用 L70 级磷渣粉，但在评分中鼓励采用 L85 级磷渣粉，给分高于采用 L70 级磷渣粉。

6 关于硅灰：硅灰是在冶炼硅铁合金或工业硅时，由烟道收集得到的以无定形二氧化硅为主要成分的粉体材料；用于高性能混凝土的硅灰的 SiO_2 含量不宜小于 90%，虽然也允许使用 SiO_2 含量不小于 85% 的硅灰，但在评分中鼓励采用前者，主要是强调硅灰的纯度。

7 关于石灰石粉：石灰石粉是由一定纯度的石灰石磨细而成；用于高性能混凝土的石灰石粉 $CaCO_3$ 含量不小于 80%，虽然也允许使用 $CaCO_3$ 含量不小于 75% 的石灰石粉，但在评分中鼓励采用前者，主要是强调石灰石原料的纯度。

8 关于天然火山灰质材料：天然火山灰质材料是以具有火山灰性的天然矿物质为原料磨细制成的粉体材料，原料主要包括：火山渣或火山灰、玄武岩、凝灰岩、天然沸石岩、天然浮石岩、安山岩等；高性能混凝土最好采用磨细火山渣，其流动度比可达 95% 以上，活性也较好。用于高性能混凝土的天然火山灰质材料的流动度比不宜小于 90%，为标准的最高要求；流动度比不小于 85% 也可采用，但评分略低。主要是强调天然火山灰质材料对于混凝土拌合物流动性的影响。

9 关于人工砂：人工砂也称机制砂，是由机械破碎后筛分制成的粒径小于 4.75mm 的岩石颗粒，但不包括软质岩、风化岩石的颗粒；用于高性能混凝土的人工砂评分鼓励采用Ⅱ区颗粒级配的中砂，且 MB

值为1.2，强调严格控制人工砂石粉中土的含量，同时，对 MB 值和石粉含量进行双控相对比较合理。

10 关于河砂：河砂是在江河中自然状态下形成的粒径小于 4.75mm 的岩石颗粒；用于高性能混凝土的河砂宜采用Ⅱ区颗粒级配的中砂，虽也可采用Ⅱ区，但评分鼓励采用前者。

11 关于海砂：海砂是出产于海洋和入海口附近的砂，包括滩砂、海底砂和入海口附近的砂；用于高性能混凝土的海砂主要是强调海砂必须进行净化处理，严格控制氯离子含量。

12 关于陶砂：陶砂是采用黏土、页岩、粉煤灰等材料经加工、制粒、高温焙烧等工艺而制成的粒径不大于 4.75mm 的多孔颗粒，属于人造轻细骨料；用于轻骨料高性能混凝土的陶砂的密度等级控制在 500～1000 范围内，主要是强调发挥轻质及保温的作用。

13 关于普通粗骨料：普通粗骨料一般是指粒径大于 4.75mm 的碎石和卵石；用于高性能混凝土的普通粗骨料采用连续级配的碎石，松散堆积空隙率不大于 45%，主要是强调碎石应有良好的粒型和级配，可以形成紧密堆积。

14 关于陶粒：陶粒是采用黏土、页岩、粉煤灰等材料经加工、制粒、高温焙烧等工艺而制成的指粒径大于 4.75mm 的多孔粗骨料，属于人造轻粗骨料，从外观上看，陶粒可分为圆球型和碎石型两种；用于轻骨料高性能混凝土的轻骨料采用人造轻粗骨料——陶粒，而不包括天然轻骨料和工业废渣轻骨料，主要是因为天然轻骨料和工业废渣轻骨料的技术性能不适合高性能混凝土的要求；由于考虑采用预拌生产方式和用于结构混凝土或结构保温混凝土，所以要求陶粒的密度等级控制在 600～900 范围内，未采纳强度较低的超轻陶粒和密度等级大于 900 的陶粒。

15 关于高效减水剂：高效减水剂在正常掺量时具有比普通减水剂更高的减水率，减水率不小于14%，没有严重的缓凝及引气过量的问题；用于高性能混凝土的高效减水剂评分鼓励采用收缩率较小的产品，主要是因为高性能混凝土对收缩要求较严，而大量应用的萘系高效减水剂在这方面相对较弱。

16 关于高性能减水剂：高性能减水剂的减水率不小于 25%，具有较好的保坍性能，并具有较小的混凝土收缩，目前以聚羧酸系减水剂为主；用于高性能混凝土的减缩型聚羧酸高性能减水剂主要用于抗裂要求高的高性能混凝土。

17 关于泵送剂：泵送剂通常为复配的减水剂，由减水、缓凝、引气以及保水等组分组成；用于高性能混凝土的泵送剂评分鼓励采用收缩率较小的产品，主要是因为高性能混凝土对收缩要求较严，而泵送剂中可能采用的萘系减水组分在这方面相对较弱。

18 关于缓凝剂：缓凝剂是可延长混凝土凝结和硬化时间的外加剂。用于高性能混凝土的缓凝剂评分

鼓励采用收缩率较小的产品，主要是因为高性能混凝土对收缩要求较严。

19 关于钢纤维：钢纤维是由细钢丝切断、薄钢片切削、钢锭铣削或熔钢抽取等方法制成的短纤维；用于钢纤维高性能混凝土的钢纤维选用异形钢纤维，其抗拉强度等级不小于 600 级，主要是强调钢纤维与混凝土的共同作用和抗拉性能。

20 关于水：设备洗涮水、废浆水和废弃新拌混凝土处理过程中产生的废水的 pH 值和碱含量较高，不适合单独用作高性能混凝土拌合用水，在用于高性能混凝土时，应严格控制掺用比例。在评分时，废水掺用比例只要不超过 15%，此指标项即可得分。

关于原材料评分规则中的审查文件，只要除生产方外的、具有检验检测机构资质的检测机构出具符合批检要求的批量检测报告即可，以便生产评价可以独立进行；当然，如果采用施工验收文件中的批量检测报告和混凝土分项工程原材料检验批质量验收记录也是可以的。

5.2 配合比

5.2.1 关于 4 项控制项，说明如下：

1 各建设行业在混凝土配合比设计方面都在关于混凝土的现行行业标准中有相关规定，并各行业有所不同，因此，高性能混凝土配合比设计应执行相关行业的标准规范；

2 常规品高性能混凝土配合比设计的重要特点就是强调强度和耐久性能并重，不仅仅以强度作为设计目标，同时也以耐久性能作为设计目标，而以往实际工程中的普通混凝土配合比设计往往对耐久性能重视不足；

3 特制品高性能混凝土配合比应使混凝土达到设计与施工要求的混凝土力学性能、拌合物性能、长期性能和耐久性能。在设计目标方面，轻骨料高性能混凝土、高强高性能混凝土、自密实高性能混凝土、纤维高性能混凝土各有特点：轻骨料高性能混凝土配合比设计的重要特点就是以强度和表观密度同时作为设计目标，尤其重视混凝土的轻质；高强高性能混凝土的强度等级不低于 C60，如抗裂措施到位，一般可以满足高性能混凝土的耐久性能要求，因此，高强高性能混凝土配合比设计的重要特点就是以高强作为设计目标；自密实高性能混凝土配合比设计的重要特点就是以强度和拌合物性能同时作为设计目标，尤其重视混凝土拌合物施工的自密实性能，如流动性、低黏性、间隙通过性和抗离析性等；纤维高性能混凝土的配合比设计的重要特点就是以力学性能和抗裂性能作为设计目标，对于钢纤维高性能混凝土，尤其重视抗拉强度和抗弯韧性（等效抗弯强度）；对于合成纤维高性能混凝土，尤其重视抗裂性能；

4 有些用于预制制品的混凝土配合比设计和试

配与常规混凝土和特制品混凝土有所不同，有其特殊性，一些预制制品混凝土的配合比特殊要求在相应的技术标准中有所具体体现。

5.2.2 配合比评分过程中应注意：被评价的混凝土配合比应与工程实际采用的配合比一致，杜绝阴阳配合比的问题。

对于配合比评价要求、指标，做以下说明以助理解。

1 关于常规高性能混凝土配合比：采用较低水胶比，是高性能混凝土技术关键之一。一般来说，在不与混凝土拌合物施工性能和硬化混凝土抗裂性能相抵触的前提下，低水胶比的混凝土性能相对较高。评价要求高性能混凝土最大水胶比为 0.45，主要考虑：①水胶比以满足高性能混凝土性能的技术目标为好，不必要一味追求低水胶比；②应涵盖部分施工性能、力学性能、耐久性能（含抗裂）、长期性能、经济性等综合情况较好，且应用面较广的混凝土，从而有利于提高混凝土行业整体水平。

2 关于高强高性能混凝土配合比：高强高性能混凝土配合比采用合理掺量的优质矿物掺合料、高性能外加剂以及采用低水胶比是基本的做法。由于水胶比低，为保证施工性能，胶凝材料用量往往较高，过高的胶凝材料用量对混凝土性能不利，因此应有所限制。

3 关于轻骨料高性能混凝土配合比：轻骨料高性能混凝土采用的净水胶比，是指扣除轻骨料吸水量的用水量与胶凝材料用量的比值，轻骨料高性能混凝土净水胶比不大于 0.48，有利于在满足强度和耐久性能要求情况下，降低表观密度，突出轻质的性能。

4 关于自密实高性能混凝土配合比：自密实高性能混凝土水胶比不宜太大，有利于控制离析；控制水粉体积比有利于拌合物流动性和黏性；自密实高性能混凝土胶凝材料用量较多，过高的胶凝材料用量对混凝土性能不利，因此应有所限制。

5 关于纤维高性能混凝土配合比：钢纤维高性能混凝土的胶凝材料用量和砂率略高于普通混凝土；一般合成纤维高性能混凝土与常规品高性能混凝土的配合比设计非常接近，只是掺加合成纤维与否。

关于配合比技术文件分项评分，如果没有配合比试配试验报告和施工配合比通知单，则整个分项都不能得分，说明其重要性。

5.3 制 备

5.3.1 关于 4 项控制项，说明如下：

1 高性能混凝土生产设备主要包括搅拌站（楼）、装载机、搅拌运输车、除尘装置、洗车装置和砂石分离机，生产设施包括：封闭式骨料堆场、粉料仓、配料地仓和沉淀池等。搅拌站（楼）是高性能混凝土生产的主要设备设施，通常包括配套主机、供料系统、储料仓、配料装置、混凝土贮斗、电气系统、气路系统、液压系统、润滑系统等，满足现行国家标准《混凝土搅拌站（楼）》GB/T 10171 要求的混凝土搅拌站（楼）是生产高性能混凝土的必要条件；在生产设备设施方面，高性能混凝土比普通混凝土要求严，具体体现为须满足现行行业标准《预拌混凝土绿色生产及管理技术规程》JGJ/T 328 中评定一星级的要求，重点是三方面：对搅拌站（楼）的要求；对绿色生产设备设施的要求；对废水、废浆和废弃新拌混凝土处理和再生利用设备设施的要求；

2 高性能混凝土绿色生产须满足现行行业标准《预拌混凝土绿色生产及管理技术规程》JGJ/T 328 中评定一星级的要求，具体评价要求和评价方法可参见该标准。

3 预拌混凝土生产方式是当今混凝土的主流生产方式，具有集成化和现代化的特点，也有利于绿色化生产，高性能混凝土应采用预拌混凝土生产方式，以确保生产质量控制水平以及产品生产质量，预拌混凝土的执行标准为现行国家标准《预拌混凝土》GB/T 14902。

4 无论出现何种情况，都严禁加水调整拌合物稠度。在运输和施工过程中向混凝土拌合物中加水会严重影响混凝土硬化后的性能，对混凝土工程质量危害极大。在运输过程中，由于交通和现场等问题造成坍落度损失较大而卸料困难等不得已时，可掺加适量减水剂快挡搅拌，但须有预案。

5.3.2 预拌混凝土的制备过程主要包括原材料进场、计量、搅拌、运输。对于制备的评价要求、指标，有以下 5 点说明。

1 关于绿色生产：PM2.5 厂界平均浓度差值是指，在正常生产时间段，厂界处测试 1h 颗粒物平均浓度与当地发布的当日 24h 颗粒物平均浓度差值，测试及监测方法可见于现行行业标准《预拌混凝土绿色生产及管理技术规程》JGJ/T 328；骨料堆场防雨、防扬尘设施可不限于一种形式，但应有效，因为在实际生产过程中，雨雪会明显影响骨料的含水率，进而影响混凝土水胶比，而高性能混凝土性能对水胶比非常敏感；具有处理和再生利用废水、废浆和废弃新拌混凝土的设施设备是实现废水、废浆、废弃新拌混凝土零排放的必要条件。这些绿色生产评价的要求，需要现场实地检查落实。

2 关于原材料进场：原材料进场时应技术文件资料齐全；进场见证检验应采取批量材料抽检，并应避免大、小样不同的问题，例如：外加剂受检样品与大宗批量货物不同的问题。

3 关于原材料计量：原材料计量允许偏差的控制主要取决于计量设备的精度控制水平，目前装备能够实现计量设备运行自动记录，满足高性能混凝土用水量和外加剂的计量精度要求。

4 关于搅拌：由于高性能混凝土掺加高性能外加剂（分散要求高）和较多矿物掺合料（粉体较细），水胶比也较低，以及特制品高性能混凝土中胶凝材料用量较大等原因，搅拌时间充分才能保证搅拌质量，从而减少混凝土质量问题，为了检验搅拌时间是否满足混凝土搅拌要求，可以通过搅拌后的混凝土匀质性试验进行确认。

5 关于运输：搅拌运输车的搅拌罐有保温或隔热措施可降低外界气候影响，有利于保证高性能混凝土拌合物性能的稳定。

关于评分规则中的审查方式，由于生产评价涉及生产设备设施以及绿色生产等重要硬件条件，因此，现场实地检查是十分必要的，而不仅仅是审查文件类资料。

5.4 混凝土性能

5.4.1 关于3项控制项，说明如下：

1 混凝土力学性能包括抗压强度、轴压强度、弹性模量、抗折强度、抗拉强度等，在设计对某些力学性能提出要求的情况下，高性能混凝土应予以满足；高性能混凝土耐久性能包括抗碳化性能、抗冻性能、抗渗性能、抗氯离子渗透性能、抗硫酸盐腐蚀性能等，这些指标是在设计时根据结构混凝土使用年限、环境作用等级以及用途情况等选择提出的，在实际工程中以设计提出的项目和指标为控制要求，设计未提出的项目和指标不作为高性能混凝土的评价要求；

2 不发生碱骨料反应破坏属于对高性能混凝土的基本要求；

3 混凝土拌合物性能主要是为生产和施工服务的，因此要求以满足生产和施工要求为总体目标；控制拌合物中水溶性氯离子最大含量的目的是预防钢筋锈蚀。

5.4.2 对于生产评价中的性能评价要求、指标，有以下说明：

1 关于强度等级、耐久性能的解释可参见条文说明第4.0.2条；

2 关于拌合物性能方面：混凝土拌合物稠度允许偏差是指可以接受的实测值与控制目标值的差值。例如，施工设计中拌合物坍落度控制目标值为180mm，本标准表5.4.2规定其允许偏差为30mm，则实际测试的拌合物坍落度在150mm～210mm的范围内都是允许的；混凝土拌合物具有良好的工作性和匀质性，无分层、离析和泌水现象对于保证高水平的施工操作是必要的。

生产评价中的性能评分与设计评分不同，主要有以下几点：

1 评分项应包括强度等级、耐久性能、拌合物性能等分项，比设计评分项多了拌合物性能分项；

2 评价的是实物混凝土的性能，而不是设计性能，实物混凝土的性能需要实测，而设计性能是预设目标，体现在设计文件中；

3 实物混凝土性能评价须进行批量检验并设定批量合格率，而设计性能只是在设计文件中进行规定。

上述3点也体现在评分规则的评价要求、审查文件、得分要求中。

6 工程评价

6.1 原材料

6.1.1 工程评价原材料的控制项与生产评价控制项的差异在于：第2款由"原材料应符合工程验收要求，并且已经通过混凝土生产企业的验收"改为："原材料应符合工程验收要求，并且已经通过施工企业的验收。"区别为一是混凝土生产企业，另一是施工企业。

6.1.2 工程评价原材料评分项与生产评价评分项的差异在于审查文件不同：工程评价原材料评分审查文件应以符合现行国家标准《建筑工程施工质量验收统一标准》GB 50300和《混凝土结构工程施工规范》GB 50666的规定的施工验收文件为依据；而工程评价原材料评分审查文件可采用除生产方外的、具有检验检测机构资质的检测机构出具的符合批检要求的批量检测报告为依据，也可以施工验收文件为依据。

6.2 配合比、制备

6.2.1、6.2.2 见本编制说明第5.2节和第5.3节。

6.3 施 工

6.3.1 关于4项控制项，说明如下：

1 绿色施工的有关内容可以参见现行国家标准《建筑工程绿色施工评价标准》GB/T 50640等标准规范；

2 制定施工方案并做施工记录是混凝土施工须遵循的重要程序和基本要求，也是进行施工评价的重要依据；

3 浇筑过程中严禁向混凝土中加水，是混凝土浇筑的关键，现行国家标准《混凝土结构工程施工规范》GB 50666的强制性条文规定有这方面的要求；尤其对于特制品混凝土，拌合物工作性相对难控制，损失也较快，操作者易于发生这方面的问题。浇筑过程中向混凝土中加水会严重影响混凝土硬化后的性能，对混凝土工程质量危害极大；

4 预制制品的混凝土养护方式与生产工艺密切关联，一般采用蒸汽养护，蒸汽养护一般都有特定的养护设备设施，并有严格的养护制度，例如：升温、恒温和降温等具体技术规定和实施细则。

6.3.2 现行国家标准《预拌混凝土》GB/T 14902 作为产品标准，涵盖的生产过程包括原材料进场、计量、搅拌和运输，因此，本标准中的施工特指浇筑和养护。对于施工评价要求、指标，做以下说明：

1 本标准要求高性能混凝土入模温度不高于35℃，不低于5℃，有利于水泥正常水化和混凝土硬化过程的发展，有利于保证实现高性能混凝土硬化后的性能；高性能混凝土振捣至混凝土拌合物表面泛浆，且混凝土拆模后无蜂窝狗洞，外观质量良好为宜；浇筑时发生涨模、漏浆现象会严重影响浇筑质量，从混凝土拆模后的外观质量可以明显反映出来；连续浇筑的混凝土不应显现浇筑缝；

2 养护是保证高性能混凝土达到预期性能的重要措施。由于高性能混凝土掺加较多的矿物掺合料和采用较低的水胶比，所以高性能混凝土强度发展、抗裂性能和耐久性能对养护十分敏感。养护制度是施工方案的重要组成部分，执行落实情况应在施工记录中反映，从混凝土外观也可以观察出养护是否充分。高性能混凝土养护主要应注意以下三个方面及其重要作用：

1）及时覆盖，加强早期养护，可大大减少高性能混凝土早期收缩，抑制裂缝的产生；

2）适当延长养护时间，有利于高性能混凝土中较大掺量的矿物掺合料发挥作用，并有利于抗裂；

3）采取温控措施，例如：采用保温养护控制混凝土内部与表面的温差；控制养护用水温度与混凝土表面温度之间的温差；以及控制撤除养护措施时混凝土表面与外界的温差等。采取温控措施的主要目的是为了抑制混凝土内部温度应力引起混凝土裂缝。

关于评分规则中的审查方式，因为浇筑和养护关系到在某种程度上从外观可以检查判断的结构混凝土质量，所以，现场检查混凝土外观质量是必要的，而不仅仅是审查文件类资料。

6.4 混凝土性能

6.4.1 工程评价混凝土性能的控制项与生产评价混凝土性能控制项的差异在于补充了 1 款：混凝土分项工程、现浇结构或装配结构分项工程应验收合格。即工程评价的高性能混凝土是经过工程验收且合格的混凝土；而生产评价的高性能混凝土是经过检测符合工程要求的混凝土，但可未经过工程验收。

6.4.2 工程评价混凝土性能评分项与生产评价混凝土性能评分项的差异在于审查文件不同：工程评价原材料评分审查文件应以符合现行国家标准《建筑工程施工质量验收统一标准》GB 50300 和《混凝土结构工程施工规范》GB 50666 的规定的施工验收文件为依据；而工程评价原材料评分审查文件可采用除生产方外的、具有检验检测机构资质的检测机构出具的符合批检要求的批量检测报告为依据，也可以施工验收文件为依据。